U0379918

热 处 理 手 册

第 3 卷

热处理设备和工辅材料

第 4 版修订本

中国机械工程学会热处理学会　编

机 械 工 业 出 版 社

本手册是一部热处理专业的综合工具书，是第4版的修订本，共4卷。本卷是第3卷，共15章，内容包括热处理设备分类、热处理设备常用材料及基础构件、热处理电阻炉、热处理浴炉及流态粒子炉、真空与等离子热处理炉、热处理燃料炉、热处理感应加热及火焰加热装置、表面改性热处理设备、热处理冷却设备、热处理辅助设备、热处理生产过程控制、热处理工艺材料、热处理节能与环境保护、热处理车间设计、热处理炉设计基础资料表等。本手册由中国机械工程学会热处理学会组织编写，具有一定的权威性；内容系统全面，具有科学性、实用性、可靠性和先进性。

本书可供热处理工程技术人员、质量检验和生产管理人员使用，也可供科研开发、设计人员，高校和中专材料科学与工程专业师生参考。

图书在版编目（CIP）数据

热处理手册. 第3卷，热处理设备和工辅材料/中国机械工程学会热处理学会编. —4版. —北京：机械工业出版社，2013.7（2023.1重印）
ISBN 978 - 7 - 111 - 42643 - 1

Ⅰ.①热… Ⅱ.①中… Ⅲ.①热处理 - 手册②热处理设备 - 手册③热处理 - 工程材料 - 手册 Ⅳ.①TG15 - 62

中国版本图书馆CIP数据核字（2013）第110657号

机械工业出版社（北京市百万庄大街22号 邮政编码100037）
策划编辑：陈保华 责任编辑：陈保华 版式设计：霍永明
责任校对：张晓蓉 封面设计：姚 毅 责任印制：单爱军
北京虎彩文化传播有限公司印刷
2023年1月第4版第4次印刷
184mm×260mm·50.25印张·2插页·1726千字
标准书号：ISBN 978 - 7 - 111 - 42643 - 1
定价：139.00元

修订本出版说明

《热处理手册》自 1984 年出版以来，历经 4 次修订再版，凝聚了几代热处理人的集体智慧和技术成果。她承载着传承、指导和培育一代代中国热处理界科技工作者的使命和责任，并成为热处理行业的权威出版物和重要参考书。

《热处理手册》第 4 版于 2008 年 1 月出版，至今已有 5 年多了，这期间出现了一些新材料、新技术、新设备、新标准，广大读者也陆续提出了一些宝贵意见，给予了热情的鼓励和帮助，例如王金忠先生对四卷手册进行了全面审读，提出了许多有价值的修改意见。因此，为了保持《热处理手册》的先进性和权威性，满足读者的需求，中国机械工程学会热处理学会、机械工业出版社商定出版《热处理手册》第 4 版修订本，以便及时反映热处理技术新成果，并更正手册中的不当之处。鉴于总体上热处理技术没有大的变化，本次修订基本保持了第 4 版的章节结构。在广大读者所提宝贵意见的基础上，中国机械工程学会热处理学会组织各章作者对手册内容，包括文字、技术、数据、符号、单位、图、表等进行了全面审读修订。在修订过程中，全面贯彻了现行的最新技术标准，将手册中相应的名词术语、引用内容、图表和数据按新标准进行了改写；对陈旧、淘汰的技术内容进行了删改，增补了相关热处理新技术内容。

最后，向对手册修订提出宝贵意见的广大读者表示衷心的感谢！

第 4 版前言

按照中国机械工程学会热处理学会第二届三次理事扩大会议关于《热处理手册》将逐版修订下去的决议，为了适应热处理、材料和机械制造等行业发展的需要，应机械工业出版社的要求，热处理学会决定对 2001 年出版的《热处理手册》第 3 版进行修订。本次修订的原则是：去掉陈旧和过时的内容，补充新的科研成果、实践经验和先进成熟的生产技术等相关内容，保持其实用性、可靠性、科学性和先进性，使《热处理手册》这一大型工具书能对热处理行业的技术进步持续发挥推动作用。

根据近年来热处理技术进展和《热处理手册》第 3 版的使用情况，第 4 版仍保持第 3 版的体例。主要读者对象为热处理工程技术人员，也可供热处理质量检验和生产管理人员、科研人员、设计人员、相关专业的在校师生参考。《热处理手册》第 4 版仍为四卷，即第 1 卷工艺基础，第 2 卷典型零件热处理，第 3 卷热处理设备和工辅材料，第 4 卷热处理质量控制和检验。

《热处理手册》第 4 版与第 3 版相比，主要作了以下变动：

第 1 卷增加和修订了第 1 章中的热处理标准题录，由第 3 版的 71 个标准增加到了 94 个，并对热处理工艺术语等按新标准进行了修订。第 2 章增加了"金属和合金相变过程的元素扩散"；在"加热介质和加热计算"一节中，增加了"金属与介质的作用"与"钢铁材料在加热过程中的氧化、脱碳行为"；充实了加热节能措施的内容。第 6 章增加了近年来生产中得到广泛应用的"QPQ 处理"一节；补充了"真空渗锌"的内容；"离子化学热处理"一节增加了"离子渗氮材料的选择及预处理"、"离子渗氮层的组织"、"离子渗氮层的性能"等内容；对"气相沉积技术"的内容进行了调整和补充，反映了该技术的快速发展；在"离子注入技术"中，增加了"非金属离子注入"、"金属离子注入"和"几种特殊的离子注入方法"。第 8 章增加了"高温合金的热处理"和"贵金属及其合金的热处理"两节，使其内容更加完整。第 10 章增加了"电性合金及其热处理"一节，对各种功能合金的概念和性能作了一定的补充。增加了"第 11 章其他热处理技术"，包括"磁场热处理"、"强烈淬火"和"微弧氧化"三节。这些热处理技术虽然早已有之，但从 20 世纪 90 年代以来，在国内外，特别在一些工业发达国家得到了快速发展，并受到日益广泛的重视，从这个意义上也可称为热处理新技术。

第 2 卷修订时增加了典型零件热处理新技术、新材料和新工艺。第 3 章增加了"齿轮的材料热处理质量控制与疲劳强度"一节。第 5 章增加了 55CrMnA、60CrMnA、60CrMnMoA 钢等新钢种的热处理。第 6 章全部采用最新标准，增加了不少新钢种的热处理。第 8 章增加了"如何得到高速钢工具的最佳使用寿命"一节。第 11 章补充了"连杆涨断生产新工艺"。第 12 章增加了数控机床零件热处理的内容。第 13 章重写了"凿岩用钎头"一节，增加了很多新钢种及其热处理工艺。第 14 章增加了"预防热处理缺陷的措施"一节。第 16 章增加了"天然气压缩机活塞杆的热处理"一节。第 17 章补充了柱塞泵热处理新工艺（真空热处理、稳定化热处理等）。第 19 章补充了飞机起落架新材料 16Co14Ni10Cr2Mo 热处理工艺、涡轮叶片定向合金和单晶合金热处理工艺。

第 3 卷的修订注意反映热处理设备相关领域的技术进展情况，增加了近几年开发的新技术和新设备方面的内容，增加了热处理节能、环保和安全方面的技术要求。各章增加的内容有：第 5 章增加了"活性屏离子渗氮炉"。第 9 章增加了"淬火冷却过程的控制装置"和"淬火槽冷却能力的测定"。第10章增加了"溶剂型真空清洗机"。第11章增加了"热处理过程真空控制"与"冷却过程控制"。第12章增加了"淬火冷却介质的选择"与"淬火冷却介质使用常见问题及原因"。

第4卷中对各章节内容进行了调整和充实，部分章节进行了重新编写。第1章充实了"计算机在质量管理中的应用"一节。第3章改写并充实了"光谱分析"与"微区化学成分分析"两节的内容。第7章重新编写了"内部缺陷检测"与"表层缺陷检测"，更深入地介绍了常用无损检测方法的原理与技术。第10章充实了金属材料全面腐蚀的内容，增加了液态金属腐蚀。第11章调整了部分内容结构，增加了相关的实用数据。

近年来，我国的国家标准和行业标准更新速度加快。2001年至今，与热处理技术相关的相当数量的标准被修订，并颁布了一些新标准，本版手册内容基本上按新标准进行了更新。对于个别标准，如 GB/T 228—2002《金属材料　室温拉伸试验方法》⊖，新旧标准指标、名称和符号差异较大，又考虑到手册中引用的资料、数据形成的历史跨度长，目前在手册中贯彻新标准，似乎尚不成熟。为了方便读者，我们采用了过渡方法，参照 GB/T 228—2002《金属材料　室温拉伸试验方法》⊖，在第4卷附录部分列出了拉伸性能指标名称和符号的对照表，供读者查阅参考。

本次参与修订工作的人员众多，从编写、审定到出版的时间较紧，手册不足之处在所难免，恳请读者指正。

中国机械工程学会热处理学会

《热处理手册》第4版编委会

⊖ GB/T 228—2002《金属材料　室温拉伸试验方法》已被 GB/T 228.1—2010《金属材料　拉伸试验　第1部分：室温试验方法》替代，本次修订采用了最新标准。

目　　录

修订本出版说明
第4版前言
第1章　绪论 ···················· 1
　1.1　热处理设备分类 ··············· 1
　　1.1.1　热处理主要设备 ··········· 1
　　1.1.2　热处理辅助设备 ··········· 1
　1.2　热处理炉的分类、特性和编号 ····· 2
　　1.2.1　热处理炉的分类 ··········· 2
　　1.2.2　热处理炉的主要特性 ······· 2
　　1.2.3　热处理炉的编号 ··········· 3
　1.3　加热装置的类别和特性 ·········· 4
　　1.3.1　感应加热装置 ············· 4
　　1.3.2　火焰加热装置 ············· 4
　　1.3.3　接触电阻加热装置 ········· 5
　　1.3.4　直接电阻加热装置 ········· 5
　　1.3.5　电解液加热装置 ··········· 5
　　1.3.6　等离子加热装置 ··········· 5
　　1.3.7　激光加热装置 ············· 5
　　1.3.8　电子束加热装置 ··········· 5
　1.4　气相沉积装置的类别和特性 ······ 5
　　1.4.1　气相沉积装置 ············· 5
　　1.4.2　离子束装置 ··············· 5
　1.5　热处理设备的技术经济指标 ······ 6
　1.6　热处理设备设计的一般程序和基本
　　　　要求 ························· 7
　　1.6.1　设计的初始资料 ··········· 7
　　1.6.2　热处理设备设计的基本内容和
　　　　　　步骤 ··················· 7
　1.7　热处理电热设备设计的一般要求 ··· 8
　　1.7.1　电热设备设计通用性技术要求 · 8
　　1.7.2　电阻炉的设计要求 ········· 9
第2章　热处理设备常用材料及基础
　　　　构件 ······················ 10
　2.1　耐火材料 ··················· 10
　　2.1.1　耐火材料的主要性能 ······ 10
　　2.1.2　常用的耐火制品 ·········· 10
　　2.1.3　不定形耐火材料 ·········· 23
　　2.1.4　耐火纤维 ················ 30
　2.2　隔热材料 ··················· 32
　　2.2.1　硅藻土及其制品 ·········· 32
　　2.2.2　石棉制品 ················ 32
　　2.2.3　矿渣棉及其制品 ·········· 33

　　2.2.4　蛭石及其制品 ············ 34
　　2.2.5　岩棉制品 ················ 34
　　2.2.6　膨胀珍珠岩制品 ·········· 34
　　2.2.7　硅酸钙绝热板 ············ 34
　　2.2.8　纳米绝热材料 ············ 35
　2.3　耐热金属材料 ··············· 36
　　2.3.1　耐热钢 ·················· 36
　　2.3.2　耐热铸钢及合金 ·········· 43
　　2.3.3　耐热铸铁 ················ 45
　2.4　电热材料及基础构件 ·········· 46
　　2.4.1　金属电热元件 ············ 46
　　2.4.2　非金属电热元件 ·········· 59
　　2.4.3　红外电热元件 ············ 77
　　2.4.4　管状电热元件 ············ 79
　　2.4.5　辐射管 ·················· 82
　2.5　常用设备和仪表 ············· 86
　　2.5.1　通风机 ·················· 86
　　2.5.2　泵 ····················· 106
　　2.5.3　真空泵 ················· 108
　　2.5.4　阀门 ··················· 120
　　2.5.5　真空阀 ················· 122
　　2.5.6　流速、流量计 ··········· 127
　　2.5.7　压力测量仪表 ··········· 127
　参考文献 ······················ 130
第3章　热处理电阻炉 ············· 131
　3.1　热处理电阻炉选择与设计内容 ·· 131
　3.2　热处理电阻炉炉体结构 ······· 131
　　3.2.1　炉架和炉壳 ············· 131
　　3.2.2　炉衬 ··················· 131
　　3.2.3　炉口装置 ··············· 133
　3.3　热处理电阻炉功率计算 ······· 134
　　3.3.1　间歇式炉功率计算 ······· 134
　　3.3.2　连续式热处理炉的功率计算 · 138
　3.4　普通间歇式箱式电阻炉 ······· 138
　　3.4.1　炉型种类及用途 ········· 138
　　3.4.2　炉子结构及特性 ········· 139
　3.5　台车炉 ····················· 140
　　3.5.1　炉型种类及用途 ········· 140
　　3.5.2　炉子结构 ··············· 140
　3.6　RJ系列自然对流井式电阻炉 ·· 141
　　3.6.1　炉型种类及用途 ········· 141
　　3.6.2　炉子结构及特性 ········· 141

3.7　强迫对流箱式电阻炉 ……………… 143
　3.7.1　炉型种类及用途 ………… 143
　3.7.2　炉子结构及特性 ………… 147
　3.7.3　气体流量计算 …………… 147
3.8　强迫对流井式电阻炉 ……………… 148
　3.8.1　炉型种类及用途 ………… 148
　3.8.2　炉子结构及特性 ………… 148
3.9　井式渗碳炉和渗氮炉 ……………… 149
　3.9.1　炉型种类及用途 ………… 149
　3.9.2　炉子结构及特性 ………… 151
3.10　罩式炉 …………………………… 153
　3.10.1　炉型种类及用途 ………… 153
　3.10.2　炉子结构及特性 ………… 153
　3.10.3　罩式炉功率分配 ………… 155
3.11　密封箱式炉 ……………………… 155
　3.11.1　炉型种类及用途 ………… 155
　3.11.2　炉子结构及特性 ………… 158
　3.11.3　密封箱式炉生产线 ……… 160
　3.11.4　炉内导轨 ………………… 161
3.12　转筒式炉 ………………………… 161
　3.12.1　转筒式炉的特点及用途 … 161
　3.12.2　转筒式炉的结构 ………… 162
3.13　推杆式连续热处理炉及其生产线 … 162
　3.13.1　推杆式炉的特点及用途 … 162
　3.13.2　推杆式渗碳炉及其生产线 … 162
　3.13.3　推杆式渗氮炉及其生产线 … 164
　3.13.4　推杆式普通热处理炉 …… 165
　3.13.5　推杆式炉的结构 ………… 165
　3.13.6　三室推杆式气体渗碳炉 … 168
3.14　输送带式炉及其生产线 ………… 170
　3.14.1　输送带式炉的特点及用途 … 170
　3.14.2　DM 型网带式炉 ………… 170
　3.14.3　TCN 型网带式炉 ………… 171
　3.14.4　无罐输送带式炉 ………… 171
　3.14.5　网带式炉的基本结构 …… 172
　3.14.6　链板式炉 ………………… 173
3.15　振底式炉 ………………………… 174
　3.15.1　振底式炉的特点及用途 … 174
　3.15.2　气动振底式炉 …………… 174
　3.15.3　机械式振底炉 …………… 177
　3.15.4　电磁振底炉 ……………… 178
3.16　辊底式炉 ………………………… 180
　3.16.1　辊底式炉的特点及用途 … 180
　3.16.2　炉型结构 ………………… 180
　3.16.3　辊子 ……………………… 181
　3.16.4　辊底式炉炉膛结构 ……… 182
3.17　转底式炉 ………………………… 183

3.17.1　转底式炉的特点及用途 ………… 183
3.17.2　炉型结构 ………………… 183
3.17.3　转底式炉的主要结构组成 … 184
3.18　滚筒式（鼓形）炉 ……………… 186
　3.18.1　滚筒式炉的特点及用途 … 186
　3.18.2　滚筒式炉结构 …………… 186
3.19　步进式和摆动步进式炉 ………… 187
　3.19.1　步进式炉的特点及用途 … 187
　3.19.2　摆动步进式炉及生产线 … 187
3.20　牵引式炉 ………………………… 188
　3.20.1　牵引式炉的特点及用途 … 188
　3.20.2　钢丝固溶处理、淬火炉及
　　　　　生产线 ………………… 188
　3.20.3　牵引式钢丝等温淬火炉及
　　　　　生产线 ………………… 188
　3.20.4　双金属锯带热处理生产线 … 189
参考文献 ……………………………… 190

第 4 章　热处理浴炉及流态粒子炉 …… 192
4.1　浴炉的特点和种类 ………………… 192
　4.1.1　浴炉的特点 ……………… 192
　4.1.2　按浴液分类的浴炉 ……… 192
　4.1.3　按加热方式分类的浴炉 … 192
　4.1.4　浴炉的品种代号 ………… 193
　4.1.5　浴炉的热工性能 ………… 193
4.2　低温浴炉 …………………………… 194
　4.2.1　结构形式 ………………… 194
　4.2.2　浴液需要量 ……………… 194
　4.2.3　浴槽 ……………………… 194
　4.2.4　浴炉功率计算 …………… 195
　4.2.5　加热装置 ………………… 196
　4.2.6　浴剂搅拌 ………………… 197
　4.2.7　浴剂冷却 ………………… 197
　4.2.8　浴槽的清理 ……………… 197
　4.2.9　硝盐浴炉安全防护 ……… 197
　4.2.10　低温浴炉示例 …………… 197
4.3　外部电加热中温浴炉 ……………… 198
　4.3.1　结构形式 ………………… 198
　4.3.2　浴槽 ……………………… 198
　4.3.3　炉子功率 ………………… 198
　4.3.4　加热装置 ………………… 199
　4.3.5　炉型示例 ………………… 199
4.4　燃料加热中温浴炉 ………………… 200
　4.4.1　结构形式 ………………… 200
　4.4.2　燃烧装置 ………………… 200
　4.4.3　炉子功率 ………………… 200
　4.4.4　燃料加热浴炉示例 ……… 201
4.5　插入式电极盐浴炉 ………………… 201

4.5.1 结构形式 ……………………… 201
4.5.2 浴槽 ………………………… 202
4.5.3 电极盐浴炉的功率 …………… 203
4.5.4 插入式电极布置 ……………… 203
4.5.5 电极材料及结构 ……………… 204
4.5.6 电极设计参数 ………………… 205
4.6 埋入式电极盐浴炉 …………………… 205
4.6.1 结构形式 ……………………… 205
4.6.2 埋入式电极盐浴炉炉膛尺寸
（浴槽内尺寸） ……………… 205
4.6.3 埋入式电极盐浴炉浴槽结构 … 205
4.6.4 埋入式电极盐浴炉钢板槽 …… 206
4.6.5 埋入式电极盐浴炉的功率 …… 206
4.6.6 埋入式盐浴炉的电极形式和
布置 ………………………… 207
4.6.7 电极冷却装置 ………………… 209
4.6.8 电极盐浴炉示例 ……………… 209
4.6.9 电极盐浴炉的启动 …………… 211
4.6.10 盐浴炉的变压器 ……………… 212
4.6.11 电极盐浴炉汇流板 …………… 214
4.7 盐浴炉排烟装置 ……………………… 215
4.8 盐浴炉设备机械化与自动化 ………… 215
4.8.1 盐浴炉用的工件运送机构 …… 215
4.8.2 回转式盐浴炉生产线 ………… 216
4.9 浴炉的使用、维修及安全操作 ……… 217
4.10 流态粒子炉 …………………………… 217
4.10.1 流态粒子炉技术性能 ………… 217
4.10.2 流态粒子炉工作原理 ………… 219
4.10.3 流态粒子炉的基本类型 ……… 221
4.10.4 流态粒子炉的应用 …………… 225
参考文献 ……………………………………… 226

第5章 真空与等离子热处理炉 ………… 227
5.1 真空热处理炉 ………………………… 227
5.1.1 真空热处理炉的基本类型 …… 227
5.1.2 真空热处理炉的结构与设计 … 230
5.1.3 真空系统 ……………………… 239
5.1.4 真空测量与供气 ……………… 242
5.1.5 真空热处理炉的性能考核与使用
维修 ………………………… 247
5.1.6 真空热处理炉实例 …………… 249
5.2 等离子热处理炉 ……………………… 271
5.2.1 等离子热处理炉的基本类型 … 271
5.2.2 等离子热处理炉的主要构件 … 272
5.2.3 等离子热处理炉的电源及控制
系统 ………………………… 277
5.2.4 等离子热处理炉实例 ………… 283
5.2.5 等离子热处理炉的性能考核与使用

维修 ………………………… 289
参考文献 ……………………………………… 293

第6章 热处理燃料炉 …………………… 294
6.1 燃料炉概述 …………………………… 294
6.1.1 常用燃料炉分类 ……………… 294
6.1.2 燃料炉炉型选择 ……………… 294
6.2 炉用燃料及燃烧计算 ………………… 296
6.2.1 燃料分类 ……………………… 296
6.2.2 燃料燃烧计算 ………………… 304
6.2.3 燃料换算 ……………………… 305
6.3 燃料炉设计与计算 …………………… 307
6.3.1 常用燃料炉设计 ……………… 307
6.3.2 燃料消耗量计算 ……………… 326
6.3.3 炉架设计与计算 ……………… 327
6.3.4 炉衬设计 ……………………… 330
6.4 燃料炉附属设备 ……………………… 338
6.4.1 燃烧装置 ……………………… 338
6.4.2 预热器 ………………………… 350
6.4.3 管道设计 ……………………… 355
6.4.4 炉用机械 ……………………… 360
6.5 排烟系统 ……………………………… 370
6.5.1 烟道布置及设计要求 ………… 370
6.5.2 烟道阻力计算 ………………… 371
6.5.3 烟囱设计 ……………………… 376
6.6 燃料炉的运行 ………………………… 377
6.6.1 烘炉 …………………………… 377
6.6.2 燃料炉操作规程 ……………… 378
6.6.3 燃料炉的调节 ………………… 379
参考文献 ……………………………………… 381

第7章 热处理感应加热及火焰加热
装置 ……………………………… 382
7.1 感应加热电源 ………………………… 382
7.1.1 概况 …………………………… 382
7.1.2 晶闸管（SCR）中频感应加热
电源 ………………………… 383
7.1.3 MOSFET 和 IGBT 固态感应加热
电源 ………………………… 391
7.1.4 真空管（电子管）高频感应加热
电源 ………………………… 401
7.1.5 工频感应加热装置 …………… 406
7.2 感应淬火机床 ………………………… 410
7.2.1 感应淬火机床分类 …………… 410
7.2.2 感应淬火机床的基本结构 …… 410
7.2.3 感应淬火机床的选择要求 …… 412
7.2.4 感应淬火机床中常用的机械、
电气部件 …………………… 412
7.2.5 感应淬火机床常用的数控系统 … 413

7.2.6　感应淬火机床实例 ·············· 413
7.3　火焰表面加热装置 ·············· 430
　7.3.1　乙炔 ·············· 430
　7.3.2　气瓶与管道 ·············· 434
　7.3.3　火焰加热用工具与阀类 ·············· 436
　7.3.4　火焰淬火机床 ·············· 441
参考文献 ·············· 443
第8章　表面改性热处理设备 ·············· 445
8.1　激光表面热处理装置 ·············· 445
　8.1.1　激光表面热处理装置的构成 ·············· 445
　8.1.2　激光热处理装置实例 ·············· 452
　8.1.3　激光加工的安全防护措施 ·············· 453
8.2　电子束表面改性装置 ·············· 454
　8.2.1　电子束表面改性装置的进展 ·············· 454
　8.2.2　电子束热处理装置组成 ·············· 456
8.3　气相沉积装置 ·············· 460
　8.3.1　化学气相沉积装置 ·············· 460
　8.3.2　等离子体辅助化学气相沉积
　　　　装置 ·············· 462
　8.3.3　等离子体增强化学气相沉积 ·············· 463
　8.3.4　物理气相沉积 ·············· 465
　8.3.5　沉积金刚石薄膜的技术 ·············· 474
参考文献 ·············· 474
第9章　热处理冷却设备 ·············· 476
9.1　淬火冷却设备的作用与要求 ·············· 476
9.2　淬火冷却设备的分类 ·············· 476
　9.2.1　按冷却工艺方法分类 ·············· 476
　9.2.2　按介质分类 ·············· 476
9.3　浸液式淬火冷却设备（淬火槽）
　　设计 ·············· 477
　9.3.1　设计准则 ·············· 477
　9.3.2　淬火冷却介质需要量计算 ·············· 477
　9.3.3　淬火槽的搅拌 ·············· 478
9.4　几种常见淬火槽的结构形式 ·············· 486
　9.4.1　普通型间歇作业淬火槽 ·············· 486
　9.4.2　深井式或大直径淬火槽 ·············· 487
　9.4.3　连续作业淬火槽 ·············· 488
　9.4.4　可相对移动的淬火槽 ·············· 490
9.5　淬火冷却介质的加热 ·············· 490
9.6　淬火冷却介质的冷却 ·············· 490
　9.6.1　冷却方法 ·············· 490
　9.6.2　冷却系统的设计 ·············· 492
9.7　淬火槽输送机械 ·············· 495
　9.7.1　淬火槽输送机械的作用 ·············· 495
　9.7.2　间歇作业淬火槽提升机械 ·············· 495
　9.7.3　连续作业淬火槽输送机械 ·············· 496
　9.7.4　升降、转位式淬火机械 ·············· 497

9.8　去除淬火槽氧化皮的装置 ·············· 499
9.9　淬火槽排烟装置与烟气净化 ·············· 499
　9.9.1　排烟装置 ·············· 499
　9.9.2　油烟净化装置 ·············· 500
9.10　淬火冷却过程的控制装置 ·············· 501
　9.10.1　淬火冷却过程的控制参数 ·············· 501
　9.10.2　淬火槽的控制装置 ·············· 501
9.11　淬火槽冷却能力的测定 ·············· 504
　9.11.1　动态下淬火冷却介质冷却曲线的
　　　　　测定 ·············· 504
　9.11.2　淬火槽冷却能力的连续监测 ·············· 505
9.12　淬火油槽的防火 ·············· 506
　9.12.1　淬火油槽发生火灾的原因 ·············· 506
　9.12.2　预防火灾的措施 ·············· 506
9.13　淬火压床和淬火机 ·············· 507
　9.13.1　淬火压床和淬火机的作用 ·············· 507
　9.13.2　轴类淬火机 ·············· 507
　9.13.3　大型环状零件淬火机 ·············· 507
　9.13.4　齿轮淬火压床 ·············· 507
　9.13.5　板件淬火压床 ·············· 509
　9.13.6　钢板弹簧淬火机 ·············· 509
9.14　喷射式淬火冷却装置 ·············· 510
　9.14.1　喷液淬火冷却装置 ·············· 510
　9.14.2　气体淬火冷却装置 ·············· 512
　9.14.3　喷雾淬火冷却装置 ·············· 512
9.15　冷处理设备 ·············· 513
　9.15.1　制冷原理 ·············· 513
　9.15.2　制冷剂 ·············· 513
　9.15.3　常用冷处理装置 ·············· 513
　9.15.4　低温低压箱冷处理装置 ·············· 514
　9.15.5　深冷处理设备 ·············· 514
　9.15.6　冷处理负荷和安全要求 ·············· 516
参考文献 ·············· 516
第10章　热处理辅助设备 ·············· 517
10.1　可控气氛发生装置 ·············· 517
　10.1.1　吸热式气氛发生装置 ·············· 517
　10.1.2　放热式气氛发生装置 ·············· 526
　10.1.3　工业氮制备装置 ·············· 532
　10.1.4　其他气氛发生装置 ·············· 538
　10.1.5　气体净化装置 ·············· 544
　10.1.6　可控气氛经济指标对比 ·············· 550
10.2　清洗设备 ·············· 551
　10.2.1　一般清洗机 ·············· 551
　10.2.2　超声波清洗设备 ·············· 554
　10.2.3　脱脂炉清洗设备 ·············· 555
　10.2.4　真空清洗设备 ·············· 557
　10.2.5　环保溶剂型真空清洗机 ·············· 558

10.3　清理及强化设备 ………………… 560
　　10.3.1　机械式抛丸设备 …………… 560
　　10.3.2　抛丸强化设备 ……………… 565
　　10.3.3　喷丸及喷砂设备 …………… 567
　　10.3.4　液体喷砂清理设备 ………… 567
10.4　矫直（校直）设备 ……………… 569
10.5　起重运输设备 …………………… 574
10.6　热处理夹具 ……………………… 574
　　10.6.1　热处理夹具设计要求 ……… 574
　　10.6.2　热处理夹具设计实例 ……… 574
　　10.6.3　热处理夹具材料 …………… 577
参考文献 ………………………………… 585

第11章　热处理生产过程控制 ……… 586
11.1　热处理生产过程控制系统 ……… 586
　　11.1.1　热处理生产自动控制装置的基本
　　　　　　组成 …………………………… 586
　　11.1.2　热处理生产过程控制的结构 … 586
11.2　温度控制 ………………………… 587
　　11.2.1　温度传感器 ………………… 587
　　11.2.2　温度显示与调节仪表 ……… 599
　　11.2.3　温度控制执行器 …………… 605
　　11.2.4　热处理温度控制方法 ……… 615
11.3　热处理气氛控制 ………………… 623
　　11.3.1　热处理气氛控制系统特点 … 623
　　11.3.2　气氛传感器 ………………… 625
　　11.3.3　气氛调节控制仪 …………… 630
　　11.3.4　气氛控制执行器 …………… 631
　　11.3.5　渗碳工艺过程控制 ………… 631
　　11.3.6　渗氮工艺过程控制 ………… 637
11.4　热处理过程真空控制 …………… 639
　　11.4.1　热处理真空度的选择 ……… 639
　　11.4.2　真空泵 ……………………… 639
11.5　冷却过程控制 …………………… 642
　　11.5.1　新型设备控制系统的设计要求 … 643
　　11.5.2　控制系统的结构组成与功能
　　　　　　实现 …………………………… 644
　　11.5.3　控制软件与功能实现 ……… 645
　　11.5.4　智能控制系统的特点 ……… 646
11.6　热处理生产过程控制 …………… 647
　　11.6.1　热处理生产过程控制设备 … 647
　　11.6.2　热处理生产过程控制的结构 … 650
　　11.6.3　热处理生产过程控制系统发展 … 650
11.7　虚拟仪器技术在热处理过程控制中的
　　　应用 ………………………………… 652
11.8　生产线控制示例——密封箱式渗碳炉
　　　生产线控制 ………………………… 653
参考文献 ………………………………… 655

第12章　热处理工艺材料 …………… 657
12.1　热处理原料气体 ………………… 657
　　12.1.1　氢气 ………………………… 657
　　12.1.2　氮气 ………………………… 657
　　12.1.3　氨气（液氨） ……………… 657
　　12.1.4　丙烷 ………………………… 658
　　12.1.5　丁烷 ………………………… 658
　　12.1.6　天然气 ……………………… 658
　　12.1.7　液化石油气 ………………… 658
12.2　热处理盐浴用盐 ………………… 658
　　12.2.1　盐浴用原料盐 ……………… 658
　　12.2.2　热处理盐浴成分及用途 …… 659
　　12.2.3　盐浴校正剂 ………………… 660
12.3　化学热处理渗剂 ………………… 661
　　12.3.1　渗碳剂 ……………………… 661
　　12.3.2　碳氮共渗剂 ………………… 663
　　12.3.3　渗氮剂 ……………………… 664
　　12.3.4　氮碳共渗剂 ………………… 665
　　12.3.5　渗硫剂 ……………………… 666
　　12.3.6　硫氮共渗及硫氮碳共渗剂 … 667
　　12.3.7　QPQ复合处理工艺用盐 …… 667
　　12.3.8　渗硅剂 ……………………… 668
　　12.3.9　渗锌剂 ……………………… 669
　　12.3.10　渗铝剂 …………………… 670
　　12.3.11　渗硼剂 …………………… 671
　　12.3.12　渗铬剂 …………………… 672
　　12.3.13　渗钒剂 …………………… 675
　　12.3.14　渗钛剂 …………………… 675
　　12.3.15　二元及多元金属共渗剂 … 676
　　12.3.16　TD超硬覆层处理剂 ……… 676
12.4　热处理涂料 ……………………… 678
　　12.4.1　热处理保护涂料 …………… 678
　　12.4.2　化学热处理防渗涂料 ……… 679
12.5　淬火冷却介质 …………………… 681
　　12.5.1　水及盐溶液 ………………… 681
　　12.5.2　淬火油 ……………………… 682
　　12.5.3　聚合物淬火液 ……………… 685
　　12.5.4　淬火冷却介质的选择 ……… 692
　　12.5.5　淬火冷却介质使用常见问题及
　　　　　　原因 …………………………… 693
参考文献 ………………………………… 694

第13章　热处理节能与环境保护 …… 696
13.1　热处理节能的几个基本因素 …… 696
　　13.1.1　能源利用率与能耗 ………… 696
　　13.1.2　热效率与加热次数 ………… 697
　　13.1.3　设备负荷率与设备利用率 … 698
　　13.1.4　生产率与产品质量 ………… 698

13.2　热处理节能技术导则 ·············· 698
　13.2.1　加热设备节能技术指标 ········· 698
　13.2.2　热处理设备节能技术措施 ······· 698
　13.2.3　热处理节能的工艺措施 ········· 699
　13.2.4　热处理节能的主要环节 ········· 699
　13.2.5　能源管理和合理利用 ··········· 699
13.3　热处理节能的基本策略 ············ 699
　13.3.1　处理时间最小化 ··············· 700
　13.3.2　能源转化过程最短化 ··········· 700
　13.3.3　能源利用效率最佳化 ··········· 700
　13.3.4　余热利用最大化 ··············· 700
13.4　热处理节能的基本途径 ············ 700
　13.4.1　热处理能源浪费的主要原因 ····· 700
　13.4.2　热处理节能的基本思路和途径 ··· 700
13.5　热处理能源及加热方式节能 ········ 701
　13.5.1　热处理能源 ··················· 701
　13.5.2　热处理加热方式与能耗 ········· 701
13.6　热处理工艺与节能 ················ 704
　13.6.1　工艺设计节能 ················· 704
　13.6.2　常规热处理工艺节能 ··········· 704
　13.6.3　热处理新工艺和特殊工艺节能 ··· 705
13.7　材料与节能 ······················ 710
13.8　热处理设备节能 ·················· 711
　13.8.1　热处理炉型选择与节能 ········· 711
　13.8.2　电阻炉的节能 ················· 712
　13.8.3　燃料炉的节能 ················· 712
13.9　热处理的余热利用 ················ 715
　13.9.1　采用烟气预热助燃空气 ········· 715
　13.9.2　铸造、热轧、锻造等工序与
　　　　　热处理有机结合 ············· 715
　13.9.3　生产线热能综合利用 ··········· 716
　13.9.4　废气通过预热带预热工件 ······· 716
13.10　热处理工辅具的节能 ············· 717
　13.10.1　工辅具能耗的产生 ············ 717
　13.10.2　减少工辅具能耗的措施 ········ 717
13.11　热处理控制节能 ················· 718
　13.11.1　电阻炉温度控制节能 ·········· 719
　13.11.2　燃料炉燃烧控制节能 ·········· 719
　13.11.3　计算机及智能控制节能 ········ 720
13.12　热处理专业化节能 ··············· 721
　13.12.1　热处理生产的专业化 ·········· 721
　13.12.2　热处理厂家的专业化 ·········· 721
13.13　生产管理节能 ··················· 721
　13.13.1　生产管理节能的基本任务 ······ 721
　13.13.2　生产管理节能的基本措施 ······ 721
13.14　热处理生产的环境污染与危害 ····· 722
　13.14.1　化学性有害因素对环境的影响 ··· 722
　13.14.2　物理性有害因素对环境的影响 ··· 724

13.14.3　忽视生产安全的危害和影响 ····· 724
13.15　热处理生产的环境保护 ··········· 725
　13.15.1　调整能源结构 ················ 725
　13.15.2　采用少无污染的生产工艺及
　　　　　设备 ······················ 726
　13.15.3　废弃物综合利用 ·············· 726
13.16　环境保护管理 ··················· 727
　13.16.1　环境保护法规 ················ 727
　13.16.2　环境保护的相关标准 ·········· 727
　13.16.3　环境保护技术管理 ············ 728
参考文献 ····························· 728

第 14 章　热处理车间设计 ··············· 730
14.1　工厂设计一般程序 ················ 730
　14.1.1　设计阶段 ····················· 730
　14.1.2　初步设计 ····················· 730
　14.1.3　施工设计 ····················· 730
14.2　热处理车间分类和特殊性 ·········· 730
　14.2.1　热处理车间分类 ··············· 730
　14.2.2　热处理车间生产的特殊性 ······· 731
14.3　热处理车间生产任务和生产纲领 ···· 731
14.4　车间工作制度及年时基数 ·········· 731
　14.4.1　工作制度 ····················· 731
　14.4.2　年时基数 ····················· 732
14.5　工艺设计 ························ 732
　14.5.1　工艺设计的基本原则 ··········· 732
　14.5.2　工艺设计的内容 ··············· 732
　14.5.3　零件技术要求的分析 ··········· 732
　14.5.4　零件加工路线和热处理工序的
　　　　　设置 ······················ 733
　14.5.5　热处理工艺方案的制订 ········· 733
　14.5.6　热处理工序生产纲领的计算 ····· 733
14.6　热处理设备的选型与计算 ·········· 733
　14.6.1　热处理设备选型的依据 ········· 733
　14.6.2　热处理设备选型的原则 ········· 734
　14.6.3　热处理设备的选型 ············· 734
　14.6.4　设备需要量的计算 ············· 737
14.7　车间位置与设备平面布置 ·········· 737
　14.7.1　总平面布置 ··················· 737
　14.7.2　车间平面布置 ················· 738
　14.7.3　热处理车间面积 ··············· 739
14.8　热处理车间建筑物与构筑物 ········ 745
　14.8.1　对建筑物的要求 ··············· 745
　14.8.2　厂房建筑参数 ················· 746
14.9　车间公用动力和辅助材料消耗量 ···· 747
　14.9.1　电气 ························· 747
　14.9.2　燃料消耗量计算 ··············· 748
　14.9.3　压缩空气消耗量计算 ··········· 748
　14.9.4　生产用水量计算 ··············· 749

14.9.5　可控气氛原料消耗量计算 ········· 750

14.9.6　蒸汽消耗量计算 ················· 751

14.9.7　辅助材料消耗量计算 ············· 751

14.10　热处理车间的职业安全卫生与环境
保护 ······························· 751

14.10.1　职业安全卫生 ·············· 751

14.10.2　环境保护 ·················· 752

14.11　节能与合理用能 ··················· 752

14.12　热处理车间人员定额 ··············· 752

14.13　热处理车间工艺投资及主要数据和
技术经济指标 ····················· 753

14.14　需要说明的主要问题及建议 ········· 755

参考文献 ································· 755

第15章　热处理炉设计基础资料表 ······· 756

表 15-1　常用热工单位换算表 ············· 756

表 15-2　金属材料的密度、比热容和
热导率 ························· 757

表 15-3　常用金属不同温度的比热容 ······· 759

表 15-4　保温、建筑及其他材料的密度和
热导率 ························· 759

表 15-5　几种保温、耐火材料的热导率与
温度的关系 ····················· 760

表 15-6　常用材料的线胀系数 ············· 760

表 15-7　常用材料的摩擦因数 ············· 761

表 15-8　常用材料极限强度的近似关系 ····· 761

表 15-9　某些物体间的滑动摩擦因数 ······· 762

表 15-10　材料滚动摩擦因数 ············· 762

表 15-11　某些物体间的滚动摩擦因数 ····· 762

表 15-12　水的物理性质 ················· 762

表 15-13　干空气的物理性质 ············· 763

表 15-14　1kg 空气的湿体积和饱和水含量 ··· 763

表 15-15　单一气体的密度 ··············· 764

表 15-16　单一气体的动力粘度 ··········· 764

表 15-17　单一气体的运动粘度 ··········· 765

表 15-18　单一气体的平均比热容 ········· 765

表 15-19　单一气体的热导率 ············· 766

表 15-20　单一气体的热扩散率 ··········· 766

表 15-21　单一气体的普兰特准数 ········· 766

表 15-22　碳氢化合物气体的密度 ········· 767

表 15-23　碳氢化合物气体的动力粘度和
运动粘度 ····················· 767

表 15-24　碳氢化合物气体的平均比热容 ··· 767

表 15-25　焦炉煤气和碳氢化合物气体的
热导率和热扩散率 ············· 768

表 15-26　碳氢化合物气体的普兰特准数 ····· 768

表 15-27　高炉煤气（G）、发生炉煤气（F）
和水煤气（B）的密度 ········· 768

表 15-28　高炉煤气（G）、发生炉煤气（F）

和水煤气（B）的动力粘度 ········· 768

表 15-29　高炉煤气（G）、发生炉煤气（F）
和水煤气（B）的运动粘度 ········· 769

表 15-30　高炉煤气（G）、发生炉煤气（F）
和水煤气（B）的实际比热容 ········· 769

表 15-31　高炉煤气（G）、发生炉煤气（F）
和水煤气（B）的平均比热容 ········· 770

表 15-32　高炉煤气（G）、发生炉煤气（F）
和水煤气（B）的热导率 ········· 770

表 15-33　高炉煤气（G）、发生炉煤气（F）
和水煤气（B）的热扩散率 ········· 770

表 15-34　高炉煤气（G）、发生炉煤气（F）
和水煤气（B）的普兰特准数 ········· 771

表 15-35　天然气（T）、石油气（H）和丙、
丁烷气（TD）的密度 ··········· 771

表 15-36　天然气（T）、石油气（H）和丙、
丁烷气（TD）的动力粘度 ········· 772

表 15-37　天然气（T）、石油气（H）和丙、
丁烷气（TD）的运动粘度 ········· 772

表 15-38　天然气（T）、石油气（H）和丙、
丁烷气（TD）的实际比热容 ····· 773

表 15-39　天然气（T）、石油气（H）和丙、
丁烷气（TD）的平均比热容 ····· 773

表 15-40　天然气（T）、石油气（H）和丙、
丁烷气（TD）的热导率 ········· 774

表 15-41　天然气（T）、石油气（H）和丙、
丁烷气（TD）的热扩散率 ······· 775

表 15-42　天然气（T）、石油气（H）和丙、
丁烷气（TD）的普兰特准数 ····· 775

表 15-43　可燃气的成分和燃烧性质 ········· 776

表 15-44　工业用气体燃料的比热容 ········· 776

表 15-45　辐射换热计算式 ··············· 777

表 15-46　常用材料的发射率（黑度） ······· 777

表 15-47　辐射遮蔽系数 ················· 778

表 15-48　热处理炉的综合热交换 ········· 778

表 15-49　炉壁外表面的综合传热系数 ······· 778

表 15-50　高电阻电热合金丝电阻、面积、
重量换算表 ····················· 779

表 15-51　高电阻电热合金带电阻、面积、
重量换算表 ····················· 780

表 15-52　炉子功率与电热元件（0Gr25Al5）
计算参考数据 ················· 782

表 15-53　热处理件加热时厚、薄件的极限
厚度 ························· 783

表 15-54　局部阻力系数表 ··············· 783

表 15-55　台车炉牵引力和推拉料机推拉力
计算式 ························· 787

表 15-56　炉衬材料图例 ················· 788

第1章 绪 论

山东大学 黄国靖

北京机电研究所 徐跃明

1.1 热处理设备分类

热处理设备是指用于实施热处理工艺的装备。在热处理车间内还有维持热处理生产所需的燃料、电力、水、气等动力供应设备,起重运输设备和生产安全及环保设备。

通常把完成热处理工艺操作的设备称为主要设备。把与主要设备配套的和维持生产所需的设备称为辅助设备。热处理车间内设备的分类如表1-1所示。

表1-1 热处理车间设备分类

主要设备	热处理炉	辅助设备	清洗、清理设备
	加热装置		炉气氛、加热介质、渗剂制备设备
	表面改性装置		淬火冷却介质循环冷却装置
	表面氧化装置		起重运输机械
	表面机械强化装置		质量检测设备
	淬火冷却设备		动力输送管路及辅助设备
	冷处理设备		防火、除尘等生产安全设备
	工艺参数检测、控制仪表		工夹具

1.1.1 热处理主要设备

1. 热处理炉 热处理炉是指具有炉膛的热处理加热设备。因在加热过程中炉膛首先被加热,再参与对工件的热交换,所以热处理炉的加热性质属间接加热。

2. 加热装置 加热装置是指热源直接对工件加热的装置。因此,其加热性质属直接加热。其加热方法可以是火焰直接喷烧工件,电流直接输入工件将其加热,在工件内产生感应电流加热工件及等离子体、激光、电子束冲击工件而加热等。

3. 表面改性装置 这类装置主要有气相沉积装置和离子注入装置等。气相沉积装置是指通过在气相中的物理、化学过程,在工件表面上沉积金属或化合物涂层的装置。离子注入是把氮、金属等的离子注入材料表面。这类工艺方法不同于传统的通过加热和冷却发生相变而强化金属的热处理方法,是现代新兴的一种改善金属表面性能的方法。

4. 表面氧化装置 表面氧化装置是指通过化学反应在工件表面生成一层致密的氧化膜的装置。它由一系列槽子组成,通常称发蓝槽或发黑槽。

5. 表面机械强化装置 表面机械强化装置是指利用金属丸抛击或压力辊压或施加预应力,使工件形成表面压应力或预应力状态的装置,有抛丸机和辊压机等。

6. 淬火冷却设备 淬火冷却设备是指用于热处理淬火冷却的装置,有各种冷却介质的淬火槽、喷射式淬火装置和压力淬火机等。

7. 冷处理设备 冷处理设备是指用于将热处理件冷却到0℃以下的设备。常用的装置有冷冻机、干冰冷却装置和液氮冷却装置。

8. 工艺参数检测、控制仪表 工艺参数检测、控制仪表,通常是指对温度、流量、压力等参数的检测、指示和控制仪表。随着计算机控制技术的应用,使对热处理工艺参数控制的概念发生了根本性的变化,除常规的工艺参数控制外,还有工艺过程静态和动态控制、生产过程机电一体化控制、计算机模拟仿真等。计算机的控制成为工艺过程和设备运行的指挥中心。

1.1.2 热处理辅助设备

1. 清洗和清理设备 清洗和清理设备是指对热处理前、后工件清洗或清理的设备。

常用的清洗设备有碱水溶液、磷酸水溶液、有机溶剂(氯乙烯、二氯乙烷等)的清洗槽和清洗机以及配合真空、超声波的清洗装置。

清理设备有化学法的酸洗设备,机械法的清理滚筒、喷砂机和抛丸机,燃烧法的脱脂炉等。

2. 炉气氛、加热介质、渗剂制备设备

(1)热处理气氛生成设备。这类设备有:由可燃物形成吸热式和放热式气氛;从空气中提取 N_2;由液氨分解或燃烧制备 H_2 和 N_2 气氛;有机液分解气氛和制 H_2 等设备。

(2)加热介质制备设备。这类设备主要有盐浴炉用盐、流态化粒子及油的储存、筛选、混料等装置。

（3）渗剂制备设备。这类设备主要有化学热处理用的固体、液体、气体渗剂，防工件加热氧化涂料，增强工件对辐射热吸收率的涂料等的储存、混料和再生设备。

3. 淬火冷却介质循环冷却装置　淬火冷却介质循环冷却装置是指为维持淬火冷却介质温度而设置的淬火冷却介质循环冷却的装置，主要包括储液槽、泵、冷却器和过滤器等。

4. 起重运输设备　车间起重运输设备是指用于车间内工件运输、设备维修吊装的机械设备，有时也用于工件装出炉的吊装。此类机械设备主要有：车间起重机、运输工件的车辆、传输工件的辊道和传送链等。

5. 质量检测设备　质量检测设备是指对热处理件进行质量检测的设备。此类设备范围很广，有金相组织、力学性能、工件尺寸、缺陷探伤和残余应力等检测设备。

6. 动力输送管路及辅助设备　动力输送管路和辅助设备是指提供给热处理设备的电力、燃料、压缩空气、蒸汽、水等动力的管路系统和附属的装置。主要有管路系统、风机、泵、储气罐及储液罐等。

7. 防火除尘等生产安全设备　防火除尘等生产安全设备是指防治热处理生产造成的粉尘、废气、废液的装置、预防和处理火灾、爆炸事故的装置，主要有抽风机、废气裂化炉、废液反应槽及防火喷雾器等。

1.2　热处理炉的分类、特性和编号

1.2.1　热处理炉的分类

为满足各种热处理件、各类热处理工艺和不同生产批量的需要，热处理炉有很多类型和规格。依据热处理炉的特性因素，它有多种分类方法，如表 1-2 所示。

1.2.2　热处理炉的主要特性

热处理炉的种类很多，但其基本组成和特性是由几个主要组成部分和特性参数所限定的。

1. 温度　炉子温度决定了炉子的传热特性。由于辐射能与 T^4 成正比，所以高温炉的结构应设计成辐射传热型。其主要特征是电热元件应能直接辐射加热工件。

表 1-2　热处理炉的分类

分类原则	热　　源	工作温度
炉型	电阻炉 燃料炉 煤气炉 油炉 煤炉	高温炉 （>1000℃） 中温炉 （650～1000℃） 低温炉 （<650℃）
分类原则	炉膛形式	工艺用途
炉型	箱式炉 井式炉 罩式炉 贯通式炉 转底式炉 管式炉	退火炉 淬火炉 回火炉 渗碳炉 渗氮炉 实验炉
分类原则	作业方式	使用介质
炉型	间歇式炉 连续式炉 脉动式 连续式	空气介质炉 火焰炉 可控气氛炉 盐浴炉 油浴炉 铅浴炉 流态化炉 真空炉
分类原则	机械形式	控制形式
炉型	台车式炉 升降底式炉 推杆式炉 输送带式炉 辊底式炉 振底式炉 步进式炉	温度控制炉 工艺过程控制炉 计算机仿真控制炉

低温炉主要依靠对流传热，其炉子结构应有强烈的气流循环。

2. 热源　电加热的热处理炉，因电热元件容易在炉内安装和控制，所以有较高的温度均匀性和精度。

燃气和油加热的热处理炉直接利用能源，比电热炉有较高的能源利用率。

燃气加热炉和油加热炉也能实现计算机控制，炉子的温度控制精度也可满足热处理工艺要求。

燃煤加热的热处理炉，控温精度低，热效率低，CO_2 排放量大，所以其应用将受限制，仅应用于技术要求不严格的热处理生产，如可锻铸铁退火等。

3. 炉膛结构与炉衬材料　炉膛是热处理炉的主

体，是炉衬包围的空间。对它们的基本要求是，在炉膛内形成均匀的温度场，对被加热件有较高的传热效果，较少的积蓄热和散热量。炉衬材料和结构向轻质化、纤维化、预制结构、复合结构、不定型材料浇注，以及喷涂增强辐射涂料的方向发展。

4. 燃烧装置和电热元件 燃烧装置和电热元件是炉子的主要部件。对燃烧装置的基本要求是，使燃料充分燃烧，达到所需的温度和所需的气氛状态，形成高辐射或强对流的火焰，满足热处理工艺要求，有较高的热效率和较轻的环境污染。燃烧装置的种类很多，较新型的烧嘴有：平焰烧嘴、自身预热烧嘴、高速烧嘴及调焰烧嘴等；目前迅速发展的有：高热效率的蓄热式烧嘴、燃烧器、辐射管和计算机控制燃烧。

热处理炉所用的电热元件，主要是电阻丝（或带）制成的元件或辐射管。在低温浴炉中多用管状加热元件；在可控气氛炉中多数用辐射管；在高温炉中主要用碳化硅、二硅化钼、镧铬氧化物质和石墨质电热元件。

电热元件和燃烧装置的合理布置以及组织好火焰流向或热风循环是提高炉子温度均匀度和热效率最重要的手段。

5. 炉气氛 热处理炉气氛状态有如下几类：

（1）空气气氛。空气气氛炉是一种结构最简单的炉型。工件在该炉内高于 560℃ 以上加热时会氧化脱碳。

（2）火焰气氛。火焰气氛是燃料炉燃烧产物气氛。燃烧产物的组成主要是 CO_2、H_2O 和 N_2。还可能有过剩的 O_2 或未完全燃烧的 CO。火焰气氛的性质主要是氧化性，只有当 CO 量较多时才为弱氧化性或弱还原性。

（3）可控气氛。可控气氛是人们特意加入炉内的气氛，主要是控制碳势、氮势或气氛还原性。按可控气氛的性质分类有：

1）中性气氛。主要是 N_2，在 N_2 基础上附加其他组分，形成氮基气氛，其性质随附加剂的性质而变化。

2）还原性气氛。主要是 H_2。H_2 密度小，粘度低，热导率高，还原性强，因此它有热容量小、流动状态好、温度均匀度高的优点。

3）含碳气氛。含碳气氛由碳氢化合物裂化或不完全燃烧而成，有吸热式和放热式两大类，此气氛可在热处理炉外或炉内生成。

4）浴态介质。常用的浴态介质有盐浴、铅浴和油浴，其性质是中性，有时在中性盐浴基础上加上其他物质，形成具有相应物质特性的盐浴，如含碳、含氮和含硼等盐浴。

5）真空状态。低于 101.325kPa 的稀薄气体状态，均称真空状态。在高真空状态下热处理有提高产品质量和保护环境的双重作用，是热处理设备发展的主要方向之一。

6. 作业方式 热处理设备按作业方式分间歇式作业炉和连续式作业炉两大类。间歇式炉一般为单一炉膛结构，工件成批装出料，在炉内固定位置上周期地完成一个工序的操作。简单型的间歇式炉有空气介质的箱式炉、井式炉等，其结构简单，但其生产产品的稳定性、再现性、同一性都很差。近代，在间歇式简单炉型基础上，配备了传动机械、可控气氛、计算机控制等装置，使这类炉子的特性发生了质的变化，如密封式箱式炉，它可完成高质量的淬火、渗碳等功能，还可与清洗、回火等设备组成柔性生产线。真空间歇式炉还被发展成一个炉膛工位上完成加热、冷却、回火等一个完整的热处理操作程序的生产模式。

连续式炉的炉膛为贯通式，多为直线贯通，亦有环形贯通。其操作程序是工件顺序地通过炉膛。热处理工艺规程是沿炉膛长度方向设置的，运行长度则为工艺时间。因此，每一个工件（或料盘）在炉内运行过程中都同样准确地执行同一个工艺程序，可获得同一性的品质。

7. 工件在炉内的传送机械 热处理炉的机械化状态是炉子先进程度的重要标志之一。各种形式的输送机械几乎都被应用于热处理炉。选择炉内工件传送机械应考虑：该机械是否与热处理件的形状、尺寸或料盘相适应；是采用连续式还是脉动式传送；工件与机械相对运动状态是相对静止还是相对运动的；工件支持点（或面）的接触状态；该机械与上下工序机械的衔接方式；该机械（包括料盘）是一直停留在炉内，还是反复进出炉，周期地被加热和冷却；传动机械的可靠性和使用寿命；调整工艺的灵活性等。这些因素对提高产品质量和节能都有重大影响。

8. 控制方式 热处理炉的控制，包括控制范围、控制方法和控制装置。控制范围有：对温度、压力、流量及气氛等工艺参数控制，传动机械控制，工艺过程控制和预测产品质量控制。由于计算机控制技术的应用，控制方法和装置正进入一个新时代，从单纯参数控制，向用可编程序控制器控制生产过程和计算机模拟仿真的方向发展。

1.2.3 热处理炉的编号

GB/T 10067.4—2005《电热装置基本技术条件 第4部分：间接电阻炉》，对热处理炉进行了分类和编号，如表1-3所示。

表1-3　热处理炉的编号

类别代号	类别名称
RB	罩式炉
RC	传送带式炉
RCW	网带式炉
RD	电烘箱
RF	强迫对流井式炉
RG	滚筒式炉
RJ	自然对流井式炉
RK	坑式炉
RL	流态粒子炉
RM	密封箱式淬火炉（多用炉）
RN	气体渗氮炉
RQ	井式气体渗碳炉
RR	辊底式炉
RS	推送式炉
RSU	隧道式炉
RT	台车式炉
RUN	转底炉
RW	步进炉
RX	箱式炉
RY	电热浴炉
RZ	振底式炉
ZC	真空淬火炉
ZT	真空退火炉
ZR	真空热处理炉和钎焊炉（无淬火装置）
ZST	真空渗碳炉
ZS	真空烧结炉
SG	实验用坩埚式炉
SK	实验用管式炉
SX	实验用箱式炉
SY	实验用油浴炉

1.3　加热装置的类别和特性

1.3.1　感应加热装置

热处理感应加热装置，一般由电源、感应器和淬火机床组成。

1. 感应电源　感应电源的主要参数是频率和功率，典型的感应热处理频率和功率范围如图1-1所示。

现阶段我国的感应电源是新、旧型并存。旧式的高频和超音频电源，其主体是一个大功率电子振荡器，通过它把50Hz工频电流转换为100~500kHz的高频或30~50kHz的超音频，其主要缺点是变频效率低，振荡器的寿命短。

旧式的中频电源是一种机式中频发电机，主要的

缺点是效率低、设备费用高。上述两类电源都将逐渐被晶体管式的中、高频电源所替代。

晶体管式的晶闸管中频电源是利用晶闸管元件把50Hz工频三相交流电变换成单相中频交流电，其特点是效率高，控制灵便。

新型的全固态高频电源是采用新型电力电子器件静电感应晶体管（SIT）使装置全固态化。具有转换效率高、工作电压低、操作安全、使用寿命长和可省去高压整流变压器的优点，但设备费用较高。

50Hz工频电源是一个工业变压器，无需变频装置。其设备简单，输出功率大，应用于大型工件表面淬火或透热。其主要缺点是加热速度低，加热效率也较低。

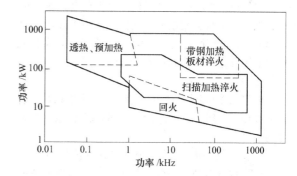

图1-1　典型的感应热处理频率和功率范围

2. 感应器　感应加热只有通过感应器才能实现。感应器的结构和尺寸随工件的特性和电源频率而异，感应器严重地影响工件感应热处理的质量和热效率。

3. 感应淬火机床　感应淬火机床使感应热处理机械化，并便于准确控制工艺参数。它有普通型和专用型两种，专用机床是依据某一工件的热处理要求而设计的。

4. 感应加热生产线　现代的生产组织常把感应热处理放置在机械加工线上组成生产线，这时感应加热装置是专用的成套设备，包括感应电源、多工位淬火机床、设备冷却和淬火冷却介质循环系统、感应器、感应回火、工件矫正变形装置，以及计算机控制系统。

1.3.2　火焰加热装置

火焰加热装置是以乙炔或其他可燃气为燃料的加热装置，一般由乙炔发生器、喷焰器和淬火机床组成。火焰温度可高达2000~3000℃。这种加热装置设备简单，生产成本低廉。其缺点是温度等工艺参数较难控制，通常应用于单件和就地大件生产。

1.3.3 接触电阻加热装置

接触电阻加热装置是由电源变压器、可移动的接触滚轮（铜滚轮或碳棒）和淬火机床组成。其操作是将变压器二次侧两端各连接滚轮，作为电极的两极，滚轮在工件表面上滚动，在接触面上产生局部电阻而发热，将此接触部位的工件加热，随后依靠工件自身导热冷却淬火。这种装置结构简单，多应用于类似机床导轨等大型件表面淬火。该装置因工艺参数难于控制，应用很少。

1.3.4 直接电阻加热装置

该装置由电源变压器、通电夹头和机床组成。两电极夹头夹持在欲加热件部位的两端，通以低压大电流，将该部位工件加热。夹头的结构有固定型和滑动型。有的装置利用两个滚轮代替夹头，两滚轮紧压工件，平行滚动，将滚轮间的工件加热。这种加热装置结构简单，热效率高，广泛应用于钢丝、钢管通电加热。

1.3.5 电解液加热装置

该加热装置由直流电源、电解液槽、工件夹持装置组成。被加热的工件连接电源阴极，浸入电极液槽中，槽体接电源阳极，通电发生电解，电解时在工件表面上形成氢气膜，此膜因电阻值高而发热，将工件加热。此装置一般应用于形状简单的小工件的局部加热，如气门顶杆端部加热淬火。对有锐角的工件易造成过热。此装置应用不多。

1.3.6 等离子加热装置

该装置由真空容器、工作台、产生等离子体的气源及供排气管路和控制电路组成。工件放在真空容器内的工作台上，连接电源阴极，容器连接电源阳极。控制电路使在低真空中的气体电离，产生等离子，等离子又在电场作用下高速冲击工件，将其动能转化为热能，加热工件。此装置主要用作渗氮等化学热处理，其优点是等离子体本身就是渗剂的离子如 N^+，N^+ 在冲击工件时，溅射掉工件表面的钝化膜，并渗入工件内，有较高的渗速和较致密的渗层。

1.3.7 激光加热装置

该装置由激光器、导光系统、工作台和控制系统组成。高能密度的激光束在工件上扫描，将工件加热，随后工件自行冷却淬火。该装置生产率高、加热速度快、工件淬火后有较高硬度，是正在发展中的加

热装置，应用于气缸套、齿轮、导轨等工件淬火。

1.3.8 电子束加热装置

该装置由电子束发生器、扫描系统、低真空工作室和控制系统组成。高速的电子束流扫描轰击放置在真空室内工作台上的工件，将其加热，随后工件自行冷却淬火。

1.4 气相沉积装置的类别和特性

1.4.1 气相沉积装置

气相沉积装置有化学气相沉积（CVD）、等离子体化学气相沉积（PCVD）和物理气相沉积（PVD）三类。

1.4.1.1 化学气相沉积装置

该装置由气源系统、反应沉积室、抽气系统和尾气处理系统组成。气源（例如 $TiCl_4$、N_2 和 H_2）进入 $900 \sim 1200℃$ 的反应沉积室内，发生化学反应，随即在工件表面沉积反应产物（例如 TiN）。

1.4.1.2 等离子体化学气相沉积装置

该装置由气源系统、离子沉积反应室和抽气系统组成。原料气进入离子沉积真空室后，在电场作用下电离，形成等离子体（氮离子、氢离子、钛离子等），等离子轰击连接阴极的工件，将其加热，并将离子体间的反应产物（例如 TiN）沉积在工件表面上。

1.4.1.3 物理气相沉积装置

物理气相沉积装置根据沉积物获得方法又分为如下几种：

1. 真空蒸镀装置 该装置由真空沉积室、盛沉积物原料的坩埚、电子枪（或电热元件）等组成。在低压下电子束（或电热元件）轰击、加热沉积物原料，使其蒸发成分子或原子，再沉积在工件表面上。

2. 离子镀膜装置 它是使镀膜原料形成离子而沉积在工件上的。根据形成离子放电方式不同分为辉光型和弧光型离子镀膜。其装置是在真空室内设有形成辉光或弧光的装置，并使工件带负偏压，离子镀是发展最快的物理气相沉积。

3. 溅射镀膜装置 该装置主要由真空室、靶阴极（沉积物）、工作架和电源等部分组成。在真空室内的氩被电离，氩离子轰击靶阴极，使靶材原子逸出，沉积在工件上。

1.4.2 离子束装置

该装置应用于材料改性的技术是离子注入。它是

从金属蒸发真空弧等离子源中引出离子，经加速后获得高能量的离子束，而后进入磁分析器纯化，再经二维偏转扫描器使离子束注入工件材料表面，使其强化，已应用于刀具、模具、轴承等方面。

1.5　热处理设备的技术经济指标

1. 功能参数

（1）炉温均匀性。炉温均匀性指炉子在试验温度下处于热稳定状态时炉内温度的均匀程度，通常指在空炉时、在有效工作区内、在规定的各测温点上所测得的最高和最低温度分别与设定温度的差。炉温均匀性是保证热处理工艺质量最重要的技术指标。

（2）空炉升温时间。空炉升温时间通常指在额定电压下把一台经过充分干燥的、没有装炉料的电阻炉，从冷态加热到最高工作温度所需的时间，单位为 h。

（3）空炉损耗功率。没有装炉料的电阻炉从冷态开始升温到最高工作温度下的热稳定态时所消耗的能量，称为空炉损耗功率，包括这个阶段炉体蓄热和散失到周围空间的能量，单位为 kW·h。

（4）炉温控制精度。热处理炉在试验温度下的热稳定状态时控温点温度的稳定程度，称为炉温控制精度。炉温控制精度按下式计算：

$$\sigma = \pm \sum_{i=1}^{m} (\theta_i - \theta_p)/n$$

式中　σ——炉温稳定度；

θ_p——所有测得的温度读数的算术平均值（℃）；

θ_i——大于 θ_p 的温度读数（℃）；

n——大于 θ_p 的读数个数。

（5）表面温升。热处理炉在最高工作温度下的热稳定状态时，炉体外表面指定范围内任意点的温度与环境温度的差，称为表面温升。

2. 运行性能

（1）炉内气氛。一般分为自然气氛（空气）、控制气氛（成分可控制在预定范围内的气氛）、保护气氛（炉内用来保护炉料使之在加热时避免或减少氧化和脱碳的气氛）及真空（炉膛内低于 101.325kPa 的气体状态）。

（2）最大装载量。间歇作业炉设计时规定的每一炉最多能装载的炉料的重量，称为最大装载量，包括随被加热工件或材料同时进炉的料筐、料盘或夹具等的重量。

（3）炉子生产能力。按单位时间计算的炉子加热能力，称为炉子生产能力，单位为 kg/h。炉子升温速度越快，则生产能力越高。

（4）炉子生产率。按单位时间、单位炉底面积计算的炉子加热能力称为炉子生产率，单位为 kg/(m²·h)。炉子装载量越大，升温速度越快，则炉子生产率越高。一般情况下，炉子生产率越高，则加热每千克工件的单位热量消耗越低，所以要降低能源消耗，首先应该满负荷生产，尽量提高炉子生产率。

（5）工艺适应性。其一般指满足热处理工艺的程度，产品品质的重现性。

（6）可比单位能耗（简称可比单耗）。其指按统计期内每吨合格热处理件折合重量计算的平均单耗。一般按可比单耗大小将工业炉划分为一等、二等和三等三个等级，达不到三等指标的为不合格工业炉。

（7）自动化程度。其指炉子和工艺过程控制的等级，如采用是否计算机控制。

3. 可靠性和寿命

（1）平均无故障工作时间。

（2）易损件寿命。

（3）大修期。

4. 结构

（1）热影响。其指炉子受热构件出现扭曲、变形、开裂、下垂及烧蚀等现象，影响炉子正常运行的状态和使用期。

（2）造型与外观。其指结构造型宏观状态、零件加工精细度、表面状态和色泽协调状态。

（3）操作维修便利性。其指维修劳动强度、操作维修方便程度和维修时间。

（4）工艺性。其指结构设计合理性、综合加工工艺性和选用材料合理性。

（5）标准化系数。其指选用标准件的程度。

5. 安全卫生

（1）安全防护。其指符合电热设备安全要求的程度。

（2）公害污染。其指产生有害气体和粉尘的程度，以及防治的水平。

6. 配套性

（1）成套水平。其指满足工艺操作配套装置的完整程度，如机械、气氛、控制等。

（2）技术文件齐全性。其指产品说明书、配套件说明书、合格证和出厂检验数据等的完善程度。

7. 生产过程和质量

（1）主要零部件的加工质量。其指关键部件和主要零件的合格程度。

（2）装配质量。其指运转机械、紧固件、管路、炉子密封性等装配质量。

（3）材质和加工工艺。其指主要零部件材质是否满足工艺要求和设计要求，产品加工工艺先进程度。

（4）涂漆和防锈。其指表面喷漆质量和抗腐蚀的程度。

1.6 热处理设备设计的一般程序和基本要求

以下主要以热处理炉的设计为例来介绍设计的一般程序。

1.6.1 设计的初始资料

设计前，应明确该项目的最基本的条件和要求。

（1）热处理件的特性，主要指处理件的品种、名称，零件的结构尺寸、重量、材质和技术要求，以及最大件的尺寸和最大件的重量。

（2）热处理件生产的任务，主要指各品种的任务，年生产任务（kg/a）。

（3）热处理工艺，主要指热处理工艺的种类、热处理工艺曲线、热处理气氛及热处理淬火要求等。

（4）热处理生产要求，主要指与其他工序的生产关系、机械化程度、自动化程度及应用计算机控制的要求。

（5）能源种类，主要指电力容量，燃料配备及水、气的供应等情况。

（6）车间工作制度，工作班次。

（7）对生产安全的要求。

（8）地理、气象条件。

1.6.2 热处理设备设计的基本内容和步骤

1. 设备方案拟定 在详细分析设计初始资料的基础上，拟定设备的总体结构方案，选择炉型。

（1）设备类型及作业方式。根据热处理件的特性及热处理技术要求，首先判断选择何种类型热处理工艺方案和设备，是采用整体加热的热处理炉，还是表面加热装置。

根据产品生产与其他工序的生产关系及生产批量，判断该设备是否与其他工种或工序组成生产线，与其他工序的生产如何衔接，如辊锻加工与热处理衔接及锻造余热利用的衔接；判断是否组成热处理全过程的生产线，包括淬火、清洗、回火等工序，选用连续式炉，或间歇式设备柔性生产线，或间歇式设备，确定设备的基本形式。

（2）工件在加热过程中的输送方法。根据热处理件的特征及生产批量和要求，确定设备机械化程度，选择合适的输送机械。

（3）电热元件或燃烧装置。根据生产提供的能源条件，确定电热元件或燃烧装置的结构方案。首先应考虑该设备主要是依靠辐射还是对流加热。对流加热的炉子应确定气流循环的方式。辐射加热的炉子应确定工件是否许可单面加热，或上下两面加热，或两侧加热，以确定电热元件及燃烧装置的布置。根据热处理气氛状态，确定电热元件或烧嘴是直接布置在炉膛内，还是选用辐射管。

对于燃料炉，确定燃烧装置的类型、预热器的结构、余热利用和排烟方式等方案。

（4）炉衬材料及炉衬结构。根据热处理工艺温度、气氛及电热元件支撑方法，确定炉子炉衬结构方案和材料。

（5）热处理气氛。根据热处理工艺要求，确定炉子气氛。根据气氛的特性，确定它对炉子结构的要求。

（6）设备的控制。根据热处理工艺及生产先进性的要求，确定设备自动化的程度，确定炉子控制的等级，是参数控制，还是工艺过程控制，还是整个生产过程控制，确定计算机控制的系统。

2. 设备设计计算和制图 设备的总体方案拟定后，则可逐项地进行设计计算。

（1）设备生产能力和装载量的计算

1）设备生产能力 P 的计算：

$$P = Q/F$$

式中 P——计算的小时生产能力（kg/h）；

Q——年生产任务（kg）；

F——设备年工作基数（h）。

2）设备装载量 G 的计算：

$$G = P\tau$$

式中 G——设备装载量［kg/炉（批）］；

τ——加热时间（h）。

（2）炉有效炉底面积。热处理炉的炉底面积，对品种较少的热处理件，宜按实际布料来确定有效炉底面积，再根据炉子温度均匀性的情况，确定实际炉底面积。概略计算时，可按单位炉底生产率 P_0 的经验值计算：

$$A = \frac{P}{P_0}$$

式中 A——有效炉底面积（m²）；

P_0——单位炉底面积生产率［kg/(m²·h)］。

对连续式炉要确定炉子长度：

$$L = (G/M)(l/\eta)$$

式中　L——炉子长度（m）；

　　　M——每坯料（包括料盘）的质量（kg）；

　　　l——坯料（料盘）长度（m）；

　　　η——炉底有效利用率。

（3）炉子区段划分。对连续作业炉，炉子沿全长划分工艺区段，例如，加热、渗碳、扩散、冷却等区段，再依据各段的温度和气氛的要求设置电热元件和气氛的进出管路。

（4）功率计算。炉子功率的确定，主要是热平衡计算，对间歇作业的热处理炉，应分清是冷炉状态装炉，还是热炉状态装炉；对连续式炉应对不同区段分别计算。

（5）传动机械设计和传动力计算。炉子传动机械主要包括：①炉内工件传送机械，炉外工件装卸和炉子间的传送机械，加热炉与淬火槽连接传送机械及炉门升降机构等；②确定传送机械的结构、传送速度和减速器；③计算传动力，确定电动机的功率和减速器或气缸的推力及直径。

（6）受热构件设计计算。炉内受热的金属构件，会因受热发生膨胀、烧蚀、氧化、蠕变等现象。因此，应选择合理的材料，计算耐热强度及膨胀量，设计正确的结构，这对热处理炉是至关重要的。

对较大型的炉子，还应对炉体的钢结构进行强度和刚度计算。

（7）控制系统设计计算。根据热处理工艺及生产要求，进行工艺参数控制、工艺过程控制、生产线控制以及计算机仿真等控制系统设计。

（8）绘制施工图。

1.7　热处理电热设备设计的一般要求

电热设备的技术要求在 GB/T 10067.1～4—2005《电热装置基本技术条件》中作了通用性的规定，设计和制造时都必须贯彻。

1.7.1　电热设备设计通用性技术要求

电热设备的设计，除满足工艺要求外，还应满足使用维护方便、可靠耐用、安全，经济合理、节约能源，实用美观和消除或减少对环境污染等要求。

（1）设计标准。电热设备的设计应符合有关机电产品设计的各项基础标准和一般机械零部件标准，例如机械制图、公差配合、电源电压等标准。

（2）环境条件。电热设备按以下使用环境条件设计：海拔不超过 1000m；环境温度在 5～40℃ 范围；使用地区最湿月每日最大相对湿度的月平均值不

大于90%，同时该月每日最低温度的月平均值不高于25℃；周围没有导电尘埃、爆炸性气体及能严重损坏金属和绝缘的腐蚀性气体；没有明显的振动和颠簸。

（3）水路系统。可依据使用要求选用以下三种结构形式，即城市自来水系统、单回路循环给水系统和双回路循环给水系统。双回路系统中有热交换器，水路分为内回路和外回路两部分。内回路用来冷却电热设备或工艺用水，外回路通过热交换器冷却内回路中的水。水路系统应适当分支、并集中控制，分别调节和便于监察各支路的出水情况。电热设备各部分应能得到尽可能均匀的冷却，特别是高温部位应能得到快速有效的冷却。各部分进出水接管的位置要适当，以保证通水后系统中不存在空气层。水质、水温和水压要符合标准要求。

（4）节能。炉子的节能包括直接节能和间接节能。直接节能是指尽可能提高炉子能源利用率，降低产品单耗，从而直接减少能源消耗量；间接节能则是通过降低原材料消耗、减少废品率、提高设备可靠性、延长设备使用寿命等途径而实现节能。

（5）安全和环境保护。电热设备设计、安装和使用应符合 GB 5959.1—2005《电热装置的安全　第1部分：通用要求》等环保、安全标准、规程、法则中对电热设备的要求。对采用可燃性控制气氛的设备，在设计中应考虑避免发生爆炸事故，在有可能发生事故时应能预先给出警告和采取防止措施。真空炉的抽气系统中应配备与电源联锁的自动阀门，以便在发生停电事故时能关断抽气管路，以防空气和真空泵油进入炉内。电热设备应配备手动应急按钮或开关，以便在紧急的情况下关闭阀门和切断电源。

（6）结构。电热设备的结构应考虑炉温对受热的机械部分和金属材料的热影响，即热膨胀、烧蚀、氧化、蠕变等的影响，以免设备在正常运行中因变形、开裂等而发生卡滞、咬死等事故。

电热设备的所有金属构件在设计时应考虑设备运行中所受到的电磁影响，以免因发热、振动等妨碍设备正常运行和降低其性能。

电热设备液压系统中应有油过滤系统，储液器上应有油面指示器，液压泵高压侧应有过载保护。

对需要减少磨损，保持较高机械效率的机构，对所有滑动零件和转动零件应加润滑。润滑系统的设计和结构应能承受所处位置的温度的作用，并能防止对电热设备的气氛、元件、材料或构件等造成任何污染。

设备的所有操作手柄、手轮、踏板等应位于安全

表 2-1　常用耐火制品及其性能

制品名称	品种牌号及等级	主要化学成分（质量分数，%）	密度/(g/cm³)	显气孔率(%)	耐火度/℃ 锥号CN	0.2MPa荷重软化开始温度/℃	常温抗压强度/MPa	加热永久线变化率 试验温度/℃×(时间/h)	变化率(%)	标准号
粘土质耐火砖	ZN-45	Al₂O₃≥45	2.0~2.4	16		1430	60	1400×2	-0.2~0.1	YB/T 5106—2009
	ZN-40	Al₂O₃≥40		19(22)		1380	40(35)	1400×2	-0.3~0.1	
	ZN-36	Al₂O₃≥36		22(24)		1350	35(30)	1400×2	-0.4~0.1	
	PN-1			24		1300	30	1350×2	-0.5~0.1	
	PN-2			26		1250	25	1350×2	-0.5~0.2	
	PN-3			28		1200	20	1350×2	-0.5~0.2	
热风炉用普通粘土砖	RN-42	Al₂O₃≥42	2.0~2.2	≤22		1410	≥35	1400×2	-0.4~0	YB/T 5107—2004
	RN-40	Al₂O₃≥40		≤22		1350	≥30	1350×2	-0.5~0	
	RN-36	Al₂O₃≥36		≤22		1300	≥25	1350×2	-0.5~0	
电阻炉用粘土砖	RNZ-40	Al₂O₃≥40	2.07	≤26	1730	1300	≥20	1350×2	-0.5~0	JB/T 3649.1—1994
	RNZ-35	Al₂O₃≥35		≤26	1670	1250	≥15	1350×2	-0.5~0	
	RNZ-30	Al₂O₃≥30		≤28	1610	1200	≥12.5	1300×2	-0.5~0	
高铝砖	LZ-80	Al₂O₃≥80		≤22		1530	≥55	1500×2	-0.4~0.1	GB/T 2988—2004
	LZ-75	Al₂O₃≥75		≤23		1520	≥50	1500×2	-0.4~0.1	
	LZ-65	Al₂O₃≥65	2.5	≤23		1500	≥45	1500×2	-0.4~0.1	
	LZ-55	Al₂O₃≥55	2.3	≤22		1450	≥40	1500×2	-0.4~0.1	
	LZ-48	Al₂O₃≥48	2.19	≤22		1420	≥35	1450×2	-0.4~0.1	
电炉用高铝砖	RLZ-65	Al₂O₃≥65		≤23	1790	1500	≥45	1500×3	-0.4~0.1	JB/T 3649.2—1994
	RLZ-55	Al₂O₃≥55		≤23	1770	1470	≥40	1500×3	-0.4~0.1	
	RLZ-48	Al₂O₃≥48		≤26	1750	1420	≥35	1450×3	-0.4~0.1	
塑性相复合刚玉砖	ZSG-1	Al₂O₃≥80 SiC6~10 Fe₂O₃≤1.0	3.0	≤15		1680	≥110	1500×2	-0.2~0.1	YB/T 4129—2005
	ZSG-2	Al₂O₃≥75 SiC6~10 Fe₂O₃≤1.0	2.9	≤16		1660	≥90	1500×2	-0.2~0.1	
	ZSG-3	Al₂O₃≥70 Si₃N₄6~10 SiC0~3 Fe₂O₃≤1.0	2.9	≤16		1680	≥100	1500×2	-0.2~0.1	

（续）

制品名称	品种牌号及等级	主要化学成分（质量分数，%）	密度/(g/cm³)	显气孔率（%）	耐火度/℃ 锥号 CN	0.2MPa荷重软化开始温度/℃	常温抗压强度/MPa	加热永久线变化率		标准号
								（试验温度/℃）×（时间/h）	变化率（%）	
塑性相复合刚玉砖	ZSG-4	$Al_2O_3 \geqslant 78$ $SiC2 \sim 5$ $Si_3N_4 \sim 8$ $Fe_2O_3 \leqslant 1.0$	2.9	≤16		1660	≥100	1500×2	-0.2~0.1	YB/T 4129—2005
微孔刚玉砖	WGZ-80	$Al_2O_3 \geqslant 80$ $Fe_2O_3 \leqslant 1.0$	3.1	≤15			≥130			YB/T 4134—2005
	WGZ-83	$Al_2O_3 \geqslant 83$ $Fe_2O_3 \leqslant 1.0$	3.2	≤13			≥150			
镁砖	MZ-97A	$MgO \geqslant 97$ $SiO_2 \leqslant 1.0$		≤16		1700	≥60	1650×2	-0.2~0	GB/T 2275—2007
	MZ-97B	$MgO \geqslant 96.5$ $SiO_2 \leqslant 2.0$		≤18		1700	≥60	1650×2	-0.2~0	
	MZ-95A	$MgO \geqslant 95$ $SiO_2 \leqslant 2.0$		≤16		1650	≥60	1650×2	-0.3~0	
	MZ-95B	$MgO \geqslant 94.5$ $SiO_2 \leqslant 2.0$ $CaO \leqslant 2.0$		≤18		1650	≥60	1650×2	-0.3~0	
	MZ-93	$MgO \geqslant 93$ $SiO_2 \leqslant 3.5$ $CaO \leqslant 2.0$		≤18		1620	≥60	1650×2	-0.4~0	
	MZ-91	$MgO \geqslant 91$ $CaO \leqslant 3.0$		≤18		1560	≥60	1650×2	-0.5~0	
	MZ-89	$MgO \geqslant 89$ $CaO \leqslant 3.0$		≤20		1550	≥50	1650×2	-0.6~0	
	MZ-87	$MgO \geqslant 87$ $CaO \leqslant 3.0$		≥20		1540	≥50			

（续）

制品名称	品种牌号及等级	主要化学成分（质量分数，%）	密度 /(g/cm³)	显气孔率 (%)	耐火度 /℃ 锥号 CN	0.2MPa 荷重软化开始温度/℃	常温抗压强度 /MPa	加热永久线变化率 ×（试验温度/℃ ×时间/h）	变化率 (%)	标准号
粘土质隔热耐火砖	NG135-1.3		1.3				≥5.0	1350	≤2	GB/T 3994—2005
	NG135-1.2		1.2				≥4.5	1350	≤2	
	NG135-1.1		1.1				≥4.0	1350	≤2	
	NG130-1.0		1.0				≥3.5	1350	≤2	
	NG125-0.8		0.8				≥3.0	1250	≤2	
	NG120-0.6		0.6				≥2.0	1200	≤2	
	NG115-0.4		0.4				≥1.0	1150	≤2	
普通高铝质隔热耐火砖	LG140-1.2	$Al_2O_3 \geqslant 48$ $Fe_2O_3 \leqslant 2.0$	1.2				≥4.5	1400	≤2	GB/T 3995—2006
	LG140-1.0		1.0				≥4.0	1400	≤2	
	LG140-0.8L		0.8				≥3.0	1400	≤2	
	LG135-0.7L		0.7				≥2.5	1350	≤2	
	LG135-0.6L		0.6				≥2.0	1350	≤2	
	LG125-0.5L		0.5				≥1.5	1250	≤2	
低铁高铝质隔热耐火砖	DLG180-1.5L	$Al_2O_3 \geqslant 90$ $Fe_2O_3 \leqslant 1.0$	1.5				≥9.5	1800	≤1	GB/T 3995—2006
	DLG170-1.3L	$Al_2O_3 \geqslant 72$ $Fe_2O_3 \leqslant 1.0$	1.3				≥5.0	1700	≤1	
	DLG160-1.0L	$Al_2O_3 \geqslant 60$ $Fe_2O_3 \leqslant 1.0$	1.0				≥3.0	1600	≤1	
	DLG150-0.8L	$Al_2O_3 \geqslant 55$ $Fe_2O_3 \leqslant 1.0$	0.8				≥2.5	1500	≤1	
	DLG140-0.7L	$Al_2O_3 \geqslant 50$ $Fe_2O_3 \leqslant 1.0$	0.7				≥2.0	1400	≤2	
	DLG125-0.5L	$Al_2O_3 \geqslant 48$ $Fe_2O_3 \leqslant 1.0$	0.5				≥1.5	1250	≤2	
电炉用抗渗碳耐火制品	RKZ-2.0	$Fe_2O_3 \leqslant 1.0$	2.0±0.05				≥15	1350×2	-0.5~0	JB/T 3649.6—1994
	RKZ-1.3		1.3±0.05				≥3.0	1300×12	-1.0~0	
	RKZ-1.0		1.0±0.05				≥2.5	1200×12	-1.0~0	
	RKZ-0.8		0.8±0.05				≥1.8	1200×12	-1.0~0	
	RKZ-0.6		0.6±0.05				≥1.0	1200×12	-1.0~0	
	RKZ-0.4		0.4±0.05				≥0.6	1150×12	-1.0~0	

（续）

制品名称	品种牌号及等级	主要化学成分（质量分数，%）	密度/(g/cm³)	显气孔率(%)	耐火度/℃ 锥号CN	性能指标 0.2MPa荷重软化开始温度/℃	常温抗压强度/MPa	加热永久线变化率 试验温度/℃×(时间/h)	变化率(%)	标准号
氧化铝质隔热耐火砖	RYZ-0.8 RYG-0.6 RYG-0.4	Al₂O₃≥90 Fe₂O₃≤0.5	0.8 0.6 0.4				2.0 1.0 0.8	1500×12 1450×12 1400×12	±0.2 ±0.2 ±0.2	JB/T 3649.5—1994
石墨块	单位：mm 200×200×L L≤2400 400×400×L L≤2700 400×500×L L≤2700 500×600×L L≤2400	C≥99 灰分≤0.5	1.53				≥18.5			YB/T 2818—2005
高强高密石墨块	单位：mm 200×200×90 220×220×130 300×170×90 320×140×100 350×160×100 380×140×100	C≥99 灰分≤0.5	1.7~1.8			电阻率≤12.0μΩ·m	≥40			非标订做
炭毡	单位：mm 10000×1200 厚度6~12	C≤95 灰分≤0.78	0.1~0.15			热导率(500℃) 0.12W/(m·℃)	破裂强度 0.14MPa			非标订做
电炉炭块	φ2~φ4mm 长度不限	C>92	1.5	25			>29.40			非标订做
炭绳		C>86					抗拉力294N			非标订做
高纯石墨	各种棒、块、管	C99.99	1.60~1.75			电阻率 6~10μΩ·m	≥19.60 抗拉强度 3.92~6.86			非标订做
碳化硅制品		SiC 50 SiC 70 SiC 80 SiC 90 SiC 95~97	2.3 2.3~2.4 2.35~2.45 2.4~2.55 2.2~2.85	20 20~23 17~20 18~24 10~31		1500 1600 1650 >1700 >1700	50~80 80~90 90~100			非标订做

表 2-2　刚玉莫来石制品及其性能

项　目	莫来石砖	重烧电熔莫来石砖	莫来石-刚玉砖	刚玉-莫来石砖	高纯刚玉砖
	MZ-70	SDM-75	MGZ-80	GM-88	GGZ-99
最高使用温度/℃	1600	1650	1700	1750	1800
$w(Al_2O_3)(\%)$ ≥	70	75	80	88	99
$w(SiO_2)(\%)$ ≤	25	23	18	8	0.2
$w(Fe_2O_3)(\%)$ ≤	0.5	0.5	0.5	0.3	0.15
体积密度/(g/cm^3) ≥	2.55	2.65	2.70	2.9	3.15
显气孔率(%) ≤	17	17	19	19	19
常温抗压强度/MPa ≥	90	100	80	70	70
荷重软化温度 (0.2MPa,0.6%)/℃ ≥	1630	1700	1700	1700	1700
用　途	高温工业炉内衬、耐磨构件	高温工业炉内衬、耐磨构件	高温炉窑内衬、耐磨构件	高温炉窑内衬、耐磨构件	高温炉窑内衬、耐磨构件

注：由洛阳耐火材料研究院生产。

5. 石墨制品　普通石墨制品是用天然石墨做原料，添加耐火粘土作结合剂制成的产品，该类制品有很高的耐火度和荷重软化温度。

优质石墨、高强石墨、高纯石墨等可制作电热元件，使用温度可达 2200 ~ 3000℃。

石墨制品机械加工性能好，常温强度比金属低，但强度随温度升高而加强，1700℃时其强度超过所有氧化材料和金属材料。

但石墨制品在大气中加热易氧化，一般多在保护气体炉和真空炉中使用。

6. 抗渗碳砖　抗渗碳砖用于砌筑渗碳炉，可以为粘土质也可为高铝质，严格控制氧化铁 $w(Fe_2O_3) \leqslant 1\%$。因渗碳炉内的还原气氛中的 H_2 和 CO 会使氧化铁发生还原性反应，在砌体中产生 Fe、

Fe_2C、C 等新生结构使体积膨胀，引起砖层破坏、疏松、剥落，使其强度大大下降。

抗渗碳砖分轻质和重质两种。重质抗渗碳砖用于无罐气体渗碳炉的炉膛内表面层和受负荷较大易磨损的部位，轻质抗渗碳砖用于无罐气体渗碳炉的隔热层。

7. 空心球砖　氧化铝空心球砖以氧化铝空心球作骨料，添加一定量的氧化铝粉，再加入 5%（质量分数）的 $Al_2(SO_4)$ 水溶液〔含量为 20%（质量分数）〕为结合剂，经混炼、成形、烧结等工序而成。该砖耐高温，热导率低，热震稳定性和强度较好，同时体积密度小，比热容低，在还原性或氧化气氛中有较好的化学稳定性，适用于高温炉的保温材料。空心球砖及其性能见表 2-3。

表 2-3　空心球砖及其性能

项　目	氧化铝空心球砖		氧化锆空心球砖	Sialon、Al_2O_3 空心球砖
	LKZ-88	LKZ-98	ZKZ-98	
最高使用温度/℃	1650	1800	2000 ~ 2200	1600
$w(Al_2O_3)(\%)$ ≥	88	99	—	70
$w(ZrO_2)(\%)$ ≥	—	—	98 (+稳定剂)	—
$w(SiO_2)(\%)$ ≤		0.2	0.2	

（续）

项　目	氧化铝空心球砖		氧化锆空心球砖	Sialon、Al_2O_3 空心球砖
	LKZ-88	LKZ-98	ZKZ-98	
$w(Fe_2O_3)(\%)$　≤	0.3	0.15	0.2	$N \geqslant 5$
体积密度/(g/cm^3)	1.30 ~ 1.45	1.40 ~ 1.65	≤3.0	≤1.5
常温抗压强度/MPa　≥	10	9	8	15
荷重软化温度(0.2MPa,0.6%)/℃	1650	1700	1700	1700
加热永久线变化率(1600℃×3h)(%)	±0.3	±0.3	±0.2	—
线胀系数(室温~1300℃)/(10^{-6}/℃)	~8.0	~8.6	—	热稳定性 1100℃水冷≥15 次
热导率(平均温度800℃) /[W/(m·K)]　≤	0.9	1.0	0.5	1.1 (1000℃)
用　途	高温炉窑的隔热衬及内衬	高温炉窑的隔热衬及内衬	烧制硬质合金真空炉内衬、隔热层,超高温炉内衬	高温炉窑的内衬

注：由洛阳耐火材料研究院生产。

8. 碳化硅制品　以粘土结合的碳化硅制品,碳化硅的含量为40%~90%（质量分数）;以二氧化硅结合的碳化硅制品,碳化硅的含量为85%（质量分数）左右。应用范围较广,可制成炉管、炉盘、炉膛、导轨、棚板等。

以氮化硅结合的碳化硅制品,$w(SiC) \geqslant 70\%$、$w(Si_3N_4) \geqslant 20\%$,具有良好的耐磨性、极好的抗热震性和良好的抗氧化性,抗折强度为粘土结合碳化硅制品的2倍,主要用于高炉炉底、高炉内衬、各种炉窑的隔焰板、燃烧室内衬及热交换器等。

高铝碳化硅砖是一种高级复合耐火材料,具有耐高温、强度高、热稳定性好、耐腐蚀及耐冲刷的优点,广泛用于加热炉、冶炼炉。该种制品的 $w(SiC)$ $\geqslant 13\%$、$w(Al_2O_3) \geqslant 60\%$。

再结晶的碳化硅制品,$w(SiC)$ 为99%,体积密度为 $2.55kg/cm^3$,热导率高,耐急冷急热性、高温化学稳定性和耐磨性都好,常用作炉罐、加热板、匣钵和电热元件。

碳化硅制品及其性能见表2-4;赛隆结合碳化硅砖、刚玉砖及其性能见表2-5;主要耐火材料及其性能见表2-6;直形砖的形状、砖号及规格尺寸见表2-7;侧厚楔形砖形状、砖号及规格尺寸见表2-8;竖厚楔形砖形状、砖号及规格尺寸见表2-9;竖宽楔形砖形状、砖号及规格尺寸见表2-10;拱脚砖的形状、砖号及规格尺寸见表2-11。

表2-4　碳化硅制品及其性能

项　目	粘土结合碳化硅制品	二氧化硅结合碳化硅制品	氮化硅结合碳化硅制品	高铝碳化硅制品
密度/(g/cm^3)	2.4 ~ 2.6	2.6	≥2.6	≥2.7
显气孔率(%)	15 ~ 25	15	≥20	≥20
化学成分（质量分数）(%)	SiC　60~85 Fe_2O_3　1~3	SiC　85	SiC≥70 Si_3N_4≥20 F·Si≤1.0 Fe_2O_3≤1.5	SiC≥13 Al_2O_3≥60
常温抗压强度/MPa	24 ~ 98		≥150	≥90
常温抗折强度/MPa	10 ~ 30	30	≥30	
高温抗折强度(1400℃)/MPa	5 ~ 20	25	≥40	

（续）

项　目	粘土结合碳化硅制品	二氧化硅结合碳化硅制品	氮化硅结合碳化硅制品	高铝碳化硅制品
最高使用温度/℃	1450	1550	1600	
窑具厚度/mm	30～50	30～50	15～25	
使用次数（1400℃）	30～40	40～50	150～200	
比热容（1400℃）/[kJ/（kg·℃）]	1.21	1.2	1.2	
热导率（1400℃）/[W/（m·℃）]	4.5	4.2	17	
线胀系数（常温～1400℃）/K			4.1×10^{-6}	

表 2-5　赛隆结合碳化硅砖、刚玉砖及其性能

项　目		Si_3N_4 结合 SiC 砖	Sialon 结合 SiC 砖	Sialon 结合 刚玉砖
$w(SiC)(\%)$　≥		72	70	$80(Al_2O_3)$
$w(Si_3N_4)(\%)$　≥		20	5(N)	5(N)
$w(Fe_2O_3)(\%)$　≤		0.7	0.7	0.7
体积密度/（g/cm³）　≥		2.65	2.65	3.1
显气孔率（%）　≤		16	16	16
常温抗压强度/MPa　≥		150	150	120
抗折强度 /MPa	常温　≥	42	42	12
	高温（1400℃×0.5h）　≥	45	42	20
荷重软化温度（0.2MPa、0.6%）/℃　>		1700	1700	1700
抗热震性（1100℃水冷）/次　≥		30	30	30
用　途		高炉炉身下部、炉腰、炉腹内衬、流化床锅炉内衬等	钢铁工业高炉炉身下部、炉腰、炉腹内衬	高炉陶瓷杯及炉腰、炉腹等内衬

注：由洛阳耐火材料研究院生产。

表 2-6　主要耐火材料及其性能

材　料	密度/（kg/dm³）	比热容/[kJ/（kg·℃）]	热导率/[W/（m·℃）]	平均线胀系数/K⁻¹	最高工作温度/℃
粘土质耐火砖	2.1	$0.84 + 2.72 \times 10^{-3}t$	$0.84 + 0.58 \times 10^{-3}t$	$(4.5～6) \times 10^{-6}$	1350～1400
粘土质隔热砖	1.3	$0.837 + 0.264 \times 10^{-3}t$	$0.407 + 0.349 \times 10^{-3}t$	0.1%～0.2%	1300～1350
	1.0		$0.291 + 0.256 \times 10^{-3}t$		1300
	0.8		$0.22 + 0.426 \times 10^{-3}t$		1250
高铝砖	2.5	$0.84 + 0.264 \times 10^{-3}t$	$2.09 + 1.86 \times 10^{-3}t$	$(5.5～5.8) \times 10^{-6}$	1450
	2.3				1400
	2.1				1300
镁砖	2.8	$1.05 + 0.293 \times 10^{-3}t$	$4.65 - 1.75 \times 10^{-3}t$	$(14～15) \times 10^{-6}$	1450
刚玉砖	2.8	$0.84 + 0.42 \times 10^{-3}t$	—	$(8～8.5) \times 10^{-6}$	1700
	3.5	$0.88 + 0.42 \times 10^{-3}t$			1700

（续）

材　料	密度/ （kg/dm³）	比热容/ [kJ/(kg·℃)]	热导率/ [W/(m·℃)]	平均线胀系数/ K⁻¹	最高工作温度 /℃
镁铝砖	2.75	—	—	10.6×10^{-6}	1650
抗渗碳砖	2.14	$0.88 + 0.23 \times 10^{-3}t$	$0.698 + 0.639 \times 10^{-3}t$	—	—
	0.88		$0.15 + 0.128 \times 10^{-3}t$		
碳砖	1.5	0.837	$3.139 + 2.093 \times 10^{-3}t$	$(5.2 \sim 5.8) \times 10^{-6}$	2000
红砖	1.6	$0.879 + 0.23 \times 10^{-3}t$	$0.814 + 0.465 \times 10^{-3}t$	—	700

注：t 为制品的平均温度（℃）。

表2-7　直形砖的形状、砖号及规格尺寸

形　　状

砖号	尺寸/mm			规格	一块直形砖半径增大量 $\left[(\Delta R)_1 = \dfrac{a+\delta}{2\pi}\right]$/mm 配砌尺寸 a/mm				体积/ cm³
	b	a	c		65	75	114	150	
T-1	172	114	65	172×114×65					1274.5
T-2	230	114	32	230×114×32					839.0
T-3	230	114	65	230×114×65	10.50		18.30		1704.3
T-4	230	172	65	230×172×65	10.50				2571.4
T-5	172	114	75	172×114×75					1470.6
T-6	230	114	75	230×114×75		12.10	18.30		1966.5
T-7	230	150	75	230×150×75				24.03	2587.5
T-8	230	172	75	230×172×75		12.10			2967.0
T-9	300	150	65	300×150×65	10.50				2925.0
T-10	300	150	75	300×150×75		12.10			3375.0
T-11	300	225	75	300×225×75		12.10			5062.5
T-12	345	114	65	345×114×65			18.30		2556.5
T-13	345	150	75	345×150×75				24.03	3881.3
T-14	380	150	65	380×150×65	10.66				3705.0
T-15	380	150	75	380×150×75		12.26			4275.0
T-16	380	225	75	380×225×75		12.26			6412.5
T-17	460	150	65	460×150×65	10.66				4485.0
T-18	460	150	75	460×150×75		12.26			5175.0
T-19	460	225	75	460×225×75		12.26			7762.5

注：1. 对与竖厚楔形砖或侧厚楔形砖配砌的直形砖而言，配砌尺寸 a 等于其厚度 c；对与竖宽楔形砖配砌直形砖而言，配砌尺寸 a 等于其宽度 a。

　　2. 对于不大于345mm长的砖而言，砖缝厚度 δ 取1mm；对于不小于380mm长的砖而言，砖缝厚度 δ 取2mm。

表 2-8 侧厚楔形砖的形状、砖号及规格尺寸

形 状

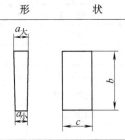

砖号	尺寸/mm			规格	外半径 $\left[R_0 = \dfrac{(a_大 + \delta)b}{a_大 - a_小}\right]$ /mm	每环极限块数 $K'_楔 = \dfrac{2\pi b}{a_大 - a_小}$	倾斜角 $\left[\theta_0 = \dfrac{180(a_大 - a_小)}{\pi b}\right]$ /(°)	体积/cm³
	b	$a_大/$ $a_小$	c					
T-21	114	65/35	230	114×(65/35)×230	250.8	23.876	15.078	1311.0
T-22	114	65/45	230	114×(65/45)×230	376.2	35.814	10.052	1442.1
T-23	114	65/55	230	114×(65/55)×230	752.4	71.628	5.026	1573.2
T-24	114	75/45	230	114×(75/45)×230	288.8	23.876	15.078	1573.2
T-25	114	75/55	230	114×(75/55)×230	433.2	35.814	10.052	1704.3
T-26	114	75/65	230	114×(75/65)×230	866.4	71.628	5.026	1835.4
T-27	150	65/35	300	150×(65/35)×300	330.0	31.416	11.459	2250.0
T-28	150	65/45	300	150×(65/45)×300	495.0	47.124	7.639	2475.0
T-29	150	65/55	300	150×(65/55)×300	990.0	94.248	3.826	2700.0
T-30	150	75/45	300	150×(75/45)×300	380.0	31.416	11.459	2700.0
T-31	150	75/55	300	150×(75/55)×300	570.0	47.124	7.639	2925.0
T-32	150	75/65	300	150×(75/65)×300	1140.0	94.248	3.820	3150.0

注：外半径 R_0 计算式中，对于不大于 345mm 长的砖，砖缝厚度 δ 取 1mm，其余取 2mm。

表 2-9 竖厚楔形砖的形状、砖号及规格尺寸

形 状

砖号	尺寸/mm			规格	外半径 $\left[R_0 = \dfrac{(a_大 + \delta)b}{a_大 - a_小}\right]$ /mm	每环极限块数 $\left(K'_楔 = \dfrac{2\pi b}{a_大 - a_小}\right)$	倾斜角 $\left[\theta_0 = \dfrac{180(a_大 - a_小)}{\pi b}\right]$ /(°)	体积/cm³
	b	$a_大/$ $a_小$	c					
T-41	230	65/35	114	230×(65/35)×114	506.0	48.171	7.473	1311.0
T-42	230	65/45	114	230×(65/45)×114	759.0	72.257	4.982	1442.1
T-43	230	65/55	114	230×(65/55)×114	1518.0	144.514	2.491	1573.2
T-44	230	65/60	114	230×(65/60)×114	3036.0	289.027	1.246	1638.8

（续）

砖号	尺寸/mm			规格	外半径 $\left[R_0 = \dfrac{(a_大+\delta)b}{a_大-a_小}\right]$ /mm	每环极限块数 $\left(K'_楔 = \dfrac{2\pi b}{a_大-a_小}\right)$	倾斜角 $\left[\theta_0 = \dfrac{180(a_大-a_小)}{\pi b}\right]$ /(°)	体积/cm³
	b	$a_大/$ $a_小$	c					
T-45	230	65/35	172	230×(65/35)×172	506.0	48.171	7.473	1978.0
T-46	230	65/45	172	230×(65/45)×172	759.0	72.257	4.982	2175.8
T-47	230	65/55	172	230×(65/55)×172	1518.0	144.514	2.491	2373.6
T-48	230	75/45	114	230×(75/45)×114	582.7	48.171	7.473	1573.6
T-49	230	75/55	114	230×(75/55)×114	874.0	72.257	4.982	1704.3
T-50	230	75/65	114	230×(75/65)×114	1748.0	144.514	2.491	1835.4
T-51	230	75/70	114	230×(75/70)×114	3496.0	289.027	1.246	1901.0
T—52	230	75/45	172	230×(75/45)×172	582.7	48.171	7.473	2373.6
T-53	230	75/55	172	230×(75/55)×172	874.0	72.257	4.982	2571.4
T-54	230	75/65	172	230×(75/65)×172	1748.0	144.514	2.491	2769.2
T-55	230	90/60*	114	230×(90/60)×114	697.7	48.171	7.473	1966.5
T-56	230	85/65*	114	230×(85/65)×114	989.0	72.257	4.982	1966.5
T-57	230	80/70*	114	230×(80/70)×114	1863.0	144.514	2.491	1966.5
T-58	230	90/60*	172	230×(90/60)×172	697.7	48.171	7.473	2967.0
T-59	230	85/65*	172	230×(85/65)×172	989.0	72.257	4.982	2967.0
T-60	230	80/70*	172	230×(80/70)×172	1863.0	144.514	2.491	2967.0
T-61	300	65/35*	150	300×(65/35)×150	660.0	62.832	5.730	2250.0
T-62	300	65/45*	150	300×(55/45)×150	990.0	94.248	3.820	2475.0
T-63	300	65/55*	150	300×(65/55)×150	1980.0	188.496	1.910	2700.0
T-64	300	65/60*	150	300×(65/60)×150	3960.0	376.992	0.955	2812.5
T-65	300	65/35*	225	300×(65/35)×225	660.0	62.832	5.730	3375.0
T-66	300	65/45*	225	300×(65/45)×225	990.0	94.248	3.820	3712.5
T-67	300	65/55*	225	300×(65/55)×225	1980.0	188.496	1.910	4050.0
T-68	300	75/45*	150	300×(75/45)×150	760.0	62.832	5.730	2700.0
T-69	300	75/55*	150	300×(75/55)×150	1140.0	94.248	3.820	2925.0
T-70	300	75/65*	150	300×(75/65)×150	2280.0	188.496	1.910	3150.0
T-71	300	75/70*	150	300×(75/70)×150	4560.0	376.992	0.955	3262.5
T-72	300	75/45*	225	300×(75/45)×225	760.0	62.832	5.730	4050.0
T—73	300	75/55*	225	300×(75/55)×225	1140.0	94.248	3.820	4387.5
T-74	300	75/65	225	300×(75/65)×225	2280.0	188.496	1.910	4725.0
T-75	300	90/60*	150	300×(90/60)×150	910.0	62.832	5.730	3375.0
T-76	300	85/65*	150	300×(85/65)×150	1290.0	94.248	3.820	3375.0
T-77	300	80/70*	150	300×(80/70)×150	2430.0	188.496	1.910	3375.0
T-78	300	90/60*	225	300×(90/60)×225	910.0	62.832	5.730	5062.5
T-79	300	85/65*	225	300×(85/65)×225	1290.0	94.248	3.820	5062.5
T-80	300	80/70*	225	300×(80/70)×225	2430.0	188.496	1.910	5062.5

（续）

砖号	尺寸 /mm			规格	外半径 $\left[R_0 = \dfrac{(a_大 + \delta)b}{a_大 - a_小}\right]$ /mm	每环极限块数 $\left(K'_楔 = \dfrac{2\pi b}{a_大 - a_小}\right)$	倾斜角 $\left[\theta_0 = \dfrac{180(a_大 - a_小)}{\pi b}\right]$ /(°)	体积/ cm^3
	b	$a_大/a_小$	c					
T-81	380	80/50	150	380 × (80/50) × 150	1038.7	79.587	4.523	3705.0
T-82	380	80/60	150	380 × (80/60) × 150	1558.0	119.381	3.016	3990.0
T-83	380	80/70*	150	380 × (80/70) × 150	3116.0	238.762	1.508	4275.0
T-84	380	80/75	150	380 × (80/75) × 150	6232.0	477.523	0.754	4417.5
T-85	380	70/60	150	380 × (70/60) × 150	2736.0	238.762	1.508	3705.0
T-86	380	80/50	225	380 × (80/50) × 225	1038.7	79.587	4.523	5557.5
T-87	380	80/60	225	380 × (80/60) × 225	1558.0	119.381	3.016	5985.0
T-88	380	80/70*	225	380 × (80/70) × 225	3116.0	238.762	1.508	6412.5
T-89	380	90/60*	150	380 × (90/60) × 150	1165.3	79.587	4.523	4275.0
T-90	380	85/65*	150	380 × (85/65) × 150	1653.0	119.381	3.016	4275.0
T-91	380	90/60*	225	380 × (90/60) × 225	1165.3	79.587	4.523	6412.5
T-92	380	85/65*	225	380 × (85/65) × 225	1653.0	119.381	3.016	6412.5
T-93	460	90/60*	150	460 × (90/60) × 150	1410.7	96.342	3.737	5175.0
T-94	460	80/60	150	460 × (80/60) × 150	1886.0	144.514	2.491	4830.0
T-95	460	80/70*	150	460 × (80/70) × 150	3772.0	289.027	1.246	5175.0
T-96	460	80/75	150	460 × (80/75) × 150	7544.0	578.054	0.623	5347.5
T-97	460	70/60	150	460 × (70/60) × 150	3312.0	289.027	1.246	4485.0
T-98	460	90/60*	225	460 × (90/60) × 225	1410.7	92.342	3.737	7762.5
T-99	460	80/60	225	460 × (80/60) × 225	1886.0	144.514	2.491	7245.0
T-100	460	80/70*	225	460 × (80/70) × 225	3772.0	289.027	1.246	7762.5
T-101	460	85/65*	150	460 × (85/65) × 150	2001.0	144.514	2.491	5175.0
T-102	460	85/65*	225	460 × (85/65) × 225	2001.0	144.514	2.491	7762.5

注：1. ＊为等中间尺寸。

2. 外半径 R_0 计算式中，对于不大于 345mm 长的砖而言，砖缝厚度 δ 取 1mm；对于不小于 380mm 长的砖而言，砖缝厚度 δ 取 2mm。

表 2-10　竖宽楔形砖的形状、砖号及规格尺寸

形 状
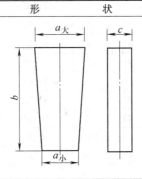

（续）

砖号	尺寸/mm			规格	外半径 $\left[R_0 = \dfrac{(a_大 + \delta)}{a_大 - a_小}\right]$ /mm	每环极限块数 $\left(K'_横 = \dfrac{2\pi b}{a_大 - a_小}\right)$	倾斜角 $\left[\theta_0 = \dfrac{180(a_大 - a_小)}{\pi b}\right]$ /(°)	体积/ cm³
	b	$a_大/$ $a_小$	c					
T-111	230	114/74	65	230×(114/74)×65	661.3	36.128	9.965	1405.3
T-112	230	114/94	65	230×(114/94)×65	1322.5	72.257	4.982	1554.8
T-113	230	114/104	65	230×(114/104)×65	2645.0	144.514	2.491	1629.6
T-114	230	150/135	65	230×(150/135)×65	2315.3	96.342	3.737	2130.4
T-115	345	114/69	65	345×(114/69)×65	881.7	48.171	7.473	2051.9
T-116	345	114/84	65	345×(114/84)×65	1322.5	72.257	4.982	2220.1
T-117	345	114/99	65	345×(114/99)×65	2645.0	144.514	2.491	2388.3
T-118	345	150/130	65	345×(150/130)×65	2604.8	108.385	3.322	3139.5
T-119	230	150/90	75	230×(150/90)×75	578.8	24.086	14.947	2070.0
T-120	230	150/120	75	230×(150/120)×75	1157.7	48.171	7.473	2328.8
T-121	230	150/135	75	230×(150/135)×75	2315.3	96.342	3.737	2458.1
T-122	230	114/104	75	230×(114/104)×75	2645.0	144.514	2.491	1880.3
T-123	345	150/90	75	345×(150/90)×75	868.3	36.128	9.985	3105.0
T-124	345	150/110	75	345×(150/110)×75	1302.4	54.193	6.643	3363.8
T-125	345	150/130	75	345×(150/130)×75	2604.8	108.385	3.322	3622.5
T-126	345	114/99	75	345×(114/99)×75	2645.0	144.514	2.491	2755.7

注：外半径 R_0 计算式中，对于不大于345mm长的砖而言，砖缝厚度 δ 取1mm；对于不小于380mm长的砖而言，砖缝厚度 δ 取2mm。

表2-11　拱脚砖的形状、砖号及规格尺寸

形　　状

砖号	尺寸/mm						倾斜角(α/β) /(°)	规　格	体积/ cm³
	L	a	b	c	d	l			
T-131	230	199	266	114	67	84	60/30	230×60°×114	4730.0
T-132	230	199	266	114	90	51	50/40	230×50°×114	4549.7
T-133	300	199	333	73	73	49	60/30	300×60°×73	3414.0
T-134	300	266	333	73	103	73	50/40	300×50°×73	4846.0
T-135	380	266	400	73	71	76	60/30	380×60°×73	5485.6
T-136	380	333	333	73	42	89	50/40	380×50°×73	5503.0
T-137	460	333	467	73	69	103	60/30	460×60°×73	8011.1
T-138	460	400	400	73	48	104	50/40	460×50°×73	7877.0

注：斜面长 L 尺寸为参考尺寸。

2.1.3　不定形耐火材料

常用的不定形耐火材料有耐火浇注料、耐火可塑料、耐火捣打料、耐火涂料及耐火泥浆等。

1. 耐火浇注料　耐火浇注料是不烧的耐火材料，与烧成的耐火制品相比，其耐火度接近或稍低，荷重软化温度低，线胀系数较小，重烧收缩较大，常温强度高，耐崩裂性好。

耐火浇注料由耐火骨料和结合剂组成混合料，加水或其他液体调配后经浇注、振动、捣打施工，不需加热即可凝固硬化。

粘土质和高铝质耐火浇注料的分类及理化性能见表 2-12。

表 2-12　粘土质和高铝质耐火浇注料的分类及理化性能（YB/T 5083—1997）

分类		粘土结合耐火浇注料			水泥结合耐火浇注料					低水泥结合耐火浇注料		磷酸盐结合耐火浇注料			水玻璃结合耐火浇注料
牌号		NL-70	NL-60	NN-45	GL-85	GL-70	GL-60	GN-50	GN-42	DL-80	DL-60	LL-75	LL-60	LL-45	BN-40
指标	$w(Al_2O_3)(\%) \geqslant$	70	60	45	85	70	60	50	42	80	60	75	60	45	40
	$w(CaO)(\%) \leqslant$	—	—	—	—	—	—	—	—	2.5	2.5	—	—	—	—
	耐火度/℃　≥	1760	1720	1700	1780	1720	1700	1660	1640	1780	1740	1780	1740	1700	—
	最高使用温度/℃	1450	1400	1350	1600	1450	1400	1350	1300	1500	1450	1600	1500	1400	1000
	加热永久线变化率不大于±1%的试验温度/℃（保温3h）	1450	1400	1350	1500	1450	1400	1400	1350	1500	1500	1500	1450	1350	1000
	(110±5)℃烘干后　抗压强度/MPa　≥	10	9	8	35	35	30	30	25	40	30	30	25	20	20
	(110±5)℃烘干后　抗压强度/MPa　≥	2	1.5	1	5	5	4	4	3.5	6	5	5	4	3.5	—

2. 耐热钢纤维增强耐火浇注料　耐热钢纤维增强耐火浇注料是在耐火浇注料中掺入短而细的耐热钢丝，具有较好的热稳定性和抗机械冲击、抗机械振动及耐磨损性，适用于加热炉的耐磨部位，使用寿命比不掺耐热纤维的同类浇注料提高 2~5 倍。

耐热钢纤维用 $w(Cr)$ 为 15%~25%、$w(Ni)$ 为 9%~35%的耐热钢制作，耐热钢纤维的使用温度允许高于其临界氧化温度。钢纤维长度与平均有效直径之比在 50~70 范围。钢纤维直径为 0.4~0.5mm。钢纤维掺入量越多，增强浇注料的高温韧性和强度将越高，一般的掺入量为 2%~8%（质量分数），国外采用的最大值为 10%（质量分数）。

3. 轻质耐火浇注料　轻质耐火浇注料以轻质多孔耐火材料为骨料和掺合料，加入粘结剂组成混合料，加水后施工。

轻质耐火浇注料其特点为质轻，热导率低，施工时比轻质耐火砖省工省力。该浇注料常用于炉子的隔热层及炉盖内衬等。

常用的轻质耐火浇注料及其性能见表 2-13。氧化铝空心球刚玉质浇注料及其性能见表 2-14。电炉用不定形耐火材料及其性能见表 2-15。

4. 耐火可塑料　耐火可塑料是耐火骨料、粘结剂和增塑剂组合的混合料，是一种具有可塑性的泥料和坯料，可以直接使用。耐火可塑料主要采用捣打法、振动法施工，在高于常温的加热条件下硬化。

粘土质和高铝质耐火可塑料的分类和理化性能见表 2-16。可塑料具有高温强度高和热震稳定性好等特点，使用时耐剥落性强。它的缺点是施工效率较低。硅酸铝质可塑料目前广泛应用于各种工业炉的捣打内衬和用作窑炉内衬的局部修补，修筑整体炉衬时常与锚固件配合使用。

耐火可塑料及其性能见表 2-17，陶瓷纤维可塑料及其性能见表 2-18。

表2-13　轻质耐火浇注料及其性能

项　目			1	2	3	4	5	6	7
材料组成（质量分数）（%）	粘结剂	硅酸盐水泥	29.5	15~20					
		水玻璃（加促凝剂）			40~45				
		矾土水泥				30~35	27~28	40	
	磷酸铝溶液/（kg/m³）								123.8
	硫酸铝溶液/（kg/m³）								41.2
	纸浆废液/（kg/m³）								33.0
	掺合料（<粒径0.088mm的大于70%）	陶粒粉	29.5						
		耐火粘土熟料粉		15~20	30~35				
		轻质高铝砖粉					8~9	25	
	骨料	膨胀蛭石：1.2~5mm	13.5			20~30（密度≤250 kg/m³）			
		膨胀蛭石：5~10mm	27.5						
		陶粒		60~65		65~70			
		轻质粘土砖碎块					37~38		
		轻质高铝砖碎块 1.2~5mm						10	
		轻质高铝砖碎块 5~10mm						25	
		膨胀珍珠岩/（kg/m³）							165
	水灰比（水：水泥+掺合料）		0.82~0.84	0.45~0.55	—	—	0.7~0.8	0.55~0.57	—
性能	最高使用温度/℃		900	900	700	900	1300	1300	1000
	常温抗压强度/（N/cm²）			1177~1471	785~834	1471~1765	1569		
	烧后抗压强度/（N/cm²）	110℃	304	1177~1471	785~834	1471~1761	981~1471	569	
		300℃		1771~1275	687~736	1275~1471			
		500℃	216	687~883	490~588	1471~1765	667	863	
		700℃		392~490	490~588	981~1471			
		900℃	128	392~490		981~1471	765	432	
		1000℃							31.4

（续）

项　目		材　料　编　号						
		1	2	3	4	5	6	7
性能	烧后线变化（%）	300℃		-0.05	-0.19~0.2	-0.14			
		500℃	-0.26	-0.048	-0.13	-0.05	-0.11	-0.07	
		700℃		-0.11	+0.25~0.3	-0.09			
		900℃	-0.85	-0.2~0.25		-0.17	-0.15	-0.31	
		1300℃					-0.45	-0.71	
	热导率/[W/(m·K)]		0.256 (24~34℃)				0.61 (30~357℃)	0.76 (30~357℃)	0.0488 (常温)
	荷重软化温度/℃	开始点	890	1000~1050	850~900	1080	1190	1140	
		变形4%	1150	1050~1090	900~950	1140	1280	1260	
	烘干后密度/(kg/m³)		890	1230	980	1400	1465	1380	211

注：1. 磷酸铝溶液按50%（质量分数）磷酸与工业氢氧化铝以7:1（质量比）比例调制。

　　2. 硫酸铝溶液用50%（质量分数）工业硫酸铝溶于水中。

　　3. 纸浆废液的化学成分为亚硫酸钠，密度为1.2~1.22g/cm³。

　　4. 膨胀珍珠岩要求粒径>0.6mm。

表 2-14　氧化铝空心球刚玉质浇注料及其性能

项　目	轻质浇注料		氧化铝空心球浇注料	刚玉质浇注料
	QNJ-1.0	QNJ-1.5	LKJ-94	GJ-94
最高使用温度/℃　≥	1000	1350	1700	1750
$w(Al_2O_3)$（%）　≥	30	45	94	94
$w(Fe_2O_3)$（%）　≤	—	—	0.2	0.2
体积密度(110℃×24h)/(g/cm³)　≤	1.1	1.3	1.7	2.8
常温抗压强度(110℃×24h)/MPa　≥	1.0	5.0	10	50
热导率(平均温度350℃)/[W/(m·K)]　≤	0.25	0.4	0.75	0.5~1.8
加热永久线变化率(1300℃×3h)（%）	±0.3	±0.3	±0.3 (1500℃×3h)	0.3 (1500℃×3h)
用　途	用于加热炉、石化二段炉及各种高温炉窑的保温隔热衬里		用于高温炉窑衬及保温衬里	用于高温炉窑衬里

注：由洛阳耐火材料研究院生产。

表 2-15　电炉用不定形耐火材料及其性能

项　目	炉顶浇注料	炉顶预制件	出钢口填充料	炉底干打料	喷补料
最高使用温度/℃　≥	1750	—	—	—	—
$w(Al_2O_3)$（%）　≥	82	82	—	—	—
$w(MgO)$（%）　≥	—	—	50	80	>86
$w(CaO)$（%）　≤	2.0	2.0	—	4~10	

（续）

项　　目		炉顶浇注料	炉顶预制件	出钢口填充料	炉底干打料	喷补料
$w(SiO_2)(\%)$ ≤		—	—	35~40	2.0	—
$w(Fe_2O_3)(\%)$		—	—	—	4~10	—
$w(Cr_2O_3)(\%)$		—	2~5	—	—	—
体积密度/(g/cm³) ≥	110℃×24h	2.9	2.9	—	2.3（堆密度）	2.2
	1600℃×3h	2.9	—	—		—
抗压强度/MPa ≥	110℃×24h	30	30	—	—	60
	1600℃×3h	40	—	—	80	—
抗折强度/MPa ≥	110℃×24h	6.0	6.0	—	—	—
	1600℃×3h	8.0	—	—	—	4.0(1500℃×3h)
耐火度/℃		—	—	1710~1750	—	—
粒度组成(%)		—	—	>6mm,≤10	—	<3mm,≥90 >1mm,≥35 <0.074mm,≥20
加热永久线变化率(%)		0.2~0.6 (1600℃×5h)	—	—	—	0~0.4 (1500℃×3h)
用　　途		电炉炉顶三角区部位现场浇注或预制		用于EBT出钢口填充	电炉炉底工作衬的干捣打	电炉渣线部位喷补

注：由洛阳耐火材料研究院生产。

表 2-16　粘土质和高铝质耐火可塑料分类和理化性能
（YB/T 5116—1993）

类　别			A　类						B　类				
牌　号			SG1	SG2	SG3	SG4	SG5	SG6	SD1	SD2	SD3	SD4	SD5	SD6
$w(Al_2O_3)(\%)$ ≥						48	60	70				48	60	70
耐火度/℃ ≥			1580	1690	1730	1770	1790	1790	1580	1690	1730	1770	1790	1790
加热永久线变化率(%)	1300℃		±2						±2					
	1350℃			±2						±2				
	1450℃				±2						±2			
	1500℃					±2						±2		
	1600℃						±2						±2	
	1700℃							±2						±2
110℃干燥后强度/MPa ≥	抗压				6.0						2.0			
	抗折				1.5						0.5			
可塑性指数 W_a(%)					15~40						15~40			
含水率(质量分数)(%) ≤					13.0						13.0			

注：可塑性指数 W_a 是指耐火可塑料施工或成形的难易程度。

表 2-17　耐火可塑料及其性能

项　目		耐火粘土结合可塑料	高铝耐火可塑料	莫来石耐火可塑料	刚玉耐火可塑料	碳化硅耐火可塑料
		YESO-PC	YESO-PHA	YESO-PMV	YESO-P	YESO-PT
体积密度/(g/cm³)		2.35	2.60	2.60	3.00	2.60
耐火度/℃		>1700	>1720	>1750	>1790	>1790
抗压强度/MPa	110℃×24h	15	40	42	45	45
	600℃×3h	20	60	65	65	68
	1300℃×3h	35	70	75	80	80
加热永久线变化率（%）		±0.2 (1400℃×3h)	±0.3 (1400℃×3h)	±0.3 (1450℃×3h)	±0.3 (1550℃×3h)	0.3 (1400℃×3h)
热震稳定性(1100℃水冷)/次		>30	>30	>30	>30	>30
化学成分（%）	$w(Al_2O_3)$	55	72	73	92	—
	$w(Fe_2O_3)$	1.2	1.1	0.8	0.3	—
	$w(SiC)$	—	—	—	—	71

注：由上海伊索热能技术有限公司生产。

表 2-18　陶瓷纤维可塑料及其性能

项　目		YESOK-9	YESOK-11	YESOK-12	YESOK-13
分类温度/℃		900	1100	1200	1400
堆密度(110℃,烘干24h)/(g/cm³)		0.55	0.55	0.65	0.65
抗折强度/MPa	105℃烘干	0.15	0.15	0.15	0.15
	加热到最高温度24h	0.3	0.3	0.3	0.3
抗压强度/MPa	自然干燥3天	0.4	0.4	0.4	0.4
	105℃烘干	1.2	1.2	1.2	1.2
	加热到最高温度24h	0.8	0.8	0.8	0.8
加热永久线变化率(%)	加热到最高使用温度24h	2.0	2.5	3.0	3.0
热导率/[W/(m·K)]	400	0.11	0.11	0.14	0.14
	600	0.15	0.15	0.19	0.19
	800	0.19	0.19	0.22	0.22
	1000	—	0.22	0.27	0.27

注：由上海伊索热能技术有限公司生产。

5. 耐火泥浆　各种耐火砌体除个别部位（如镁砖炉底等）采用干砌外，绝大部分均使用水泥浆砌筑。质量优良的耐火泥浆应具有一定的工作性质，并且在以后的烘烤、加热及操作期间内应使耐火砖彼此牢结、砖缝致密，能抵抗高温和炉气、炉渣的侵蚀。

耐火泥是砌筑耐火制品所用泥浆的干料成分。耐火泥的成分、抗化学侵蚀性、热膨胀率等应接近于被砌筑的耐火制品所对应的性能。砌筑炉体时应掺入一定量的水做成泥浆，使其具有一定的粘结性、透气性、耐火度和强度。

耐火泥由熟料和粘结剂组成。耐火泥的耐火度取决于原料的耐火度及其配料比，耐火泥的耐火度一般稍低于所砌耐火制品的耐火度。

砌筑粘土质耐火制品应采用粘土质耐火泥浆，砌筑其他耐火制品需应采用相应品质的耐火泥浆。粘土质耐火泥浆的理化性能见表2-19，高铝质耐火泥浆的理化性能见表2-20，硅酸铝质隔热耐火泥浆的理化性能见表2-21，非水系硅酸铝质耐火泥浆的理化性能见表2-22。

表2-19　粘土质耐火泥浆的理化性能（GB/T 14982—2008）

项　目			NN-30	NN-38	NN-42	NN-45	NN-45P
$w(Al_2O_3)$（%）		≥	30	38	42	45	45
耐火度/℃		≥	1620	1680	1700	1720	1720
常温抗折粘结强度/MPa	110℃干燥后	≥	1.0	1.0	1.0	1.0	2.0
	1200℃×3h烧后	≥	3.0	3.0	3.0	3.0	6.0
0.2MPa荷重软化温度/℃		≥	—				1200
加热永久线变化率（%）	1200℃×3h烧后		−5～1				
粘结时间/min			1～3				
粒度（%）	<1.0mm		100				
	>0.5mm	≤	2				
	<0.075mm	≥	50				

注：如有特殊要求，粘结时间由供需双方协议确定。

表2-20　高铝质耐火泥浆的理化性能（GB/T 2994—2008）

项　目		LN-55	LN-65	LN-75	LN-65P	LN-75P	GN-85P	GN-90P
$w(Al_2O_3)$（%）≥		55	65	75	65	75	85	90
耐火度/℃　≥		1760	1780	1780	1780	1780	1780	1800
常温抗折粘结强度/MPa　≥	110℃干燥后	1.0	1.0	1.0	2.0	2.0	2.0	2.0
	1400℃×3h烧后	4.0	4.0	4.0	6.0	6.0	—	—
	1500℃×3h烧后	—					6.0	6.0
0.2MPa荷重软化温度/℃　≥		—			1400		1600	1650
加热永久线变化率（%）	1400℃×3h烧后	−5～+1					—	
	1500℃×3h烧后	—					−5～+1	
粘结时间/min		1～3						
粒度（%）	<1.0mm	100						
	>0.5mm　≤	2						
	<0.075mm　≥	50					40	

注：如有特殊要求，粘结时间由供需双方协商确定。

表2-21　硅酸铝质隔热耐火泥浆的理化性能（YB/T 114—1997）

项　目		高铝质		粘土质	
		LGN-160	LGN-140	NGN-120	NGN-100
$w(Al_2O_3)$（%）　≥		80	65	35	
冷态抗折粘结强度/MPa　≥	110℃干燥后	1.0		0.5	
	烧后	1600℃×3h	1400℃×3h	1200℃×3h	1000℃×3h
		1.5		0.5	
加热永久线变化率（%）		1600℃×3h	1400℃×3h	1200℃×3h	1000℃×3h
		+1		+1	
		−3		−5	
粘结时间/s		60～120			
粒度（%）	>0.5mm，≤	2			
	<0.074mm，≥	60			
热导率（平均温度350℃±10℃）/[W/(m·K)]≤		0.6	0.55	0.35	

注：本标准适用于砌筑硅酸铝质隔热耐火砖用的隔热耐火泥浆。

表 2-22　非水系硅酸铝质耐火泥浆的理化性能

项　目		FSN-174N	FSN-178L
耐火度/℃　≥		1740	1780
粒度(%)	>0.5mm　≤	2	2
	<0.076mm　≥	50	50
粘结时间/s		40~100	40~100
冷态抗折粘结强度/MPa	200℃×16h　≥	0.5	0.5
	1400℃,烧结　≥	5.0	5.0
化学成分(%)	$w(Al_2O_3)$　≥	48	70

注：本标准适用于砌筑高炉综合炉底、炉缸等部位的粘土砖和高铝砖砌体的泥浆。

耐火泥浆的稠度与砖缝的厚度有关，稠泥浆用于砌筑 4~6mm 砖缝；半稠泥浆用于砌筑 2~3mm 砖缝。砌砖用耐火泥浆的组成见表 2-23，砌筑耐火浇注料预制块用耐火泥浆的种类和组成见表 2-24。

表 2-23　砌砖用耐火泥浆的组成

砖砌体	泥浆名称	泥浆组成 （质量分数）（%）		每块砖所需泥浆量/kg	泥浆干料用水量/(L/m³)	每立方米砖砌体用砖数	备注
粘土质耐火砖 轻质粘土砖	粘土质泥浆	粘土质耐火泥（中等粒度）		0.2	500	550	
高铝砖	高铝质泥浆	高铝质耐火泥		0.27	500	550	
刚玉砖	刚玉泥浆	刚玉粉（80目） 刚玉粉（3.5μm） 磷酸（外加）	70 30 1		适量		
抗渗碳砖	抗渗碳泥浆	结合粘土（<120目） 熟料粘土（<80目）	30 70		适量		
镁砖	干砌： 镁质耐火泥 湿砌： 镁质耐火泥	干燥的镁质耐火泥 （或加适量氧化铁粉） 镁质耐火泥　　100 卤水（相对密度为1.25）适量		0.29		550	
硅藻土砖	硅藻土粘土泥浆	硅藻土粉（体积分数）　60~70 结合粘土（体积分数）　40~30		0.061 0.072	400	550	
	水泥硅藻土泥浆	水泥（425号）:藻土粉=1:5 （质量比）		水泥:0.1 硅藻土粉: 0.09			硅酸盐水泥
膨胀蛭石砖	蛭石粉泥浆	膨胀蛭石（<3mm）　40 425号硅酸盐水泥　30 粘土质耐火泥　30			适量		
红砖	水泥砂浆	水泥:砂子=1:4 （体积比）		水泥:0.1 砂子:0.41	200	560	425号硅酸盐水泥
	粘土砂浆	普通粘土:砂子=7:3 （体积比）		粘土:0.38 砂子:0.15			
	耐热混合砂浆	普通水泥:粘土质耐火泥:砂子= 1:1:5.5 （体积比）		水泥:0.068 粘土:0.061 砂子:0.375			用于受热承压部分

表 2-24　砌筑耐火浇注料预制块用耐火泥浆的种类和组成

预制块名称	泥浆组成(质量份)		
硅酸盐水泥耐火浇注料	矿渣硅酸盐水泥	外加适量的水	5
	粘土熟料粉(<3mm)		5
	硅酸盐水泥		2
	粘土熟料粉	外加适量的水	5
	粘土质耐火泥		3
铝酸盐水泥耐火浇注料(包括高铝水泥耐火浇注料和低钙铝酸盐水泥耐火浇注料)	低钙铝酸盐耐火水泥	外加适量的水	5
	矾土熟料粉(<3mm)		5
	低钙铝酸盐耐火水泥	外加适量的水	1
	矾土熟料粉		3~5
	矾土熟料粉		10
	水玻璃(相对密度为1.32~1.4)(外加)		2~3
磷酸盐耐火浇注料	矾土熟料粉		10
	工业磷酸(相对密度为1.254~1.335)(外加)		3
镁质耐火浇注料	镁砂粉		80
	粘土质耐火泥		20
	卤水(相对密度为1.24左右)(外加)		54
	镁砂粉		100
	水玻璃(相对密度为1.33~1.4)(外加)		56

2.1.4　耐火纤维

1. 耐火纤维的特点　耐火纤维也称陶瓷纤维。该种纤维可加工成毯、毡、线、绳、带、板等形状的制品。耐火纤维有以下的特点:

(1) 耐高温。普通硅酸铝耐火纤维的长期使用温度可达1000℃,氧化铝和氧化锆纤维的长期使用温度可达1400℃,而一般玻璃棉、矿渣棉、石棉等的最高使用温度仅为580~830℃。

(2) 热导率低。耐火纤维在高温时的热导率很低,在1000℃时仅为粘土质耐火砖的20%,为轻质砖的38%,用耐火纤维制作炉墙,其厚度可减少一半左右。

(3) 密度小。耐火纤维的密度小、质量轻,仅为一般耐火材料的1/10~1/20,为普通隔热材料的1/5~1/10。

(4) 蓄热量少。用耐火纤维制作的炉墙,其蓄热量仅为一般炉子的1/4左右,因而炉体的升温时间短。

(5) 抗热震性能好。由于耐火纤维柔软,有弹性,耐急冷急热性能优良,抗热震能力强。

(6) 绝缘性能好。隔声效果优良,可作高温绝缘材料和消声材料。

(7) 化学稳定性好。在热处理设备中不受一般酸碱的侵蚀。

(8) 耐压能力差。不能用于铺炉底,耐高速气流的冲刷能力差。

2. 耐火纤维的类别

(1) 硅酸铝耐火纤维。硅酸铝耐火纤维以天然矿物(高岭土或耐火粘土)的熟料为原料,如焦宝石耐火土熟料,有的要再加入其他添加剂,在电弧炉或电阻炉内熔化,并经炉底的小孔流出形成稳定的流股,用压缩空气喷吹法或用离心甩丝法,将熔融液体急剧分散冷却形成纤维。它是非晶质耐火纤维,在高温下使用会转化为结晶体,使性能变脆,体积收缩。根据 Al_2O_3 含量的不同分为普通硅酸铝纤维和高纯硅酸铝纤维。

(2) 高铝耐火纤维。高铝耐火纤维是在一般硅酸铝原料的基础上,添加 Al_2O_3,形成高氧化铝成分,经电炉熔融喷吹成超细纤维。耐火度有提高,仍属非晶质纤维。

(3) 含锆耐火纤维。该产品是在硅酸铝原料基础上,添加 ZrO_2 成分制成的纤维,仍属非晶质纤维。

(4) 多晶氧化铝纤维。该产品主要是 $w(Al_2O_3)$ 为70%左右的莫来石质纤维, $w(Al_2O_3)$ 为95%左右的氧化铝纤维和氧化锆纤维，是微晶结构。采用胶体法和先驱体法制造，工作温度高达1600℃。用于高温炉窑。

3. 耐火纤维的性能　硅酸铝耐火纤维的化学成分及物理性能见表 2-25。硅酸铝耐火纤维的基本形态是散棉，散棉经过二次加工制成毡、板、毯、折叠

制块、绳、纸及砖等。硅酸铝耐火纤维毯的物理性能见表 2-26。硅酸铝板、毡、管壳的物理性能见表 2-27。耐火纤维根据不同使用场合采用不同配方和工艺制成真空成形制品，这种成品强度较好，化学结构不变。表 2-28 所列为不同平均温度下硅酸铝棉毡、毯的最大热导率。

表 2-25　硅酸铝耐火纤维的化学成分及物理性能（GB/T 16400—2003）

项　目		型　号					
		1 号 低温型	2 号 标准型	3 号 高纯型		4 号 高铝型	5 号 含锆型
化学成分（%）	$w(Al_2O_3)$	≥40	≥45	≥47	≥43	≥53	$w(Al_2O_3 + SiO_2 + ZrO_2) \geqslant 99$
	$w(Al_2O_3 + SiO_2)$	≥95	≥96	≥98	≥99	≥99	
	$w(Na_2O + K_2O)$	≤2.0	≤0.5	≤0.4	≤0.2	≤0.4	≤0.2
	$w(Fe_2O_3)$	≤1.5	≤1.2	≤0.3	≤0.2	≤0.3	≤0.2
	$w(Na_2O + K_2O + Fe_2O_3)$	<3.0	—	—	—	—	$w(ZrO_2) \geqslant 15$
分类温度/℃		1000	1200	1250		1350	1400
推荐使用温度/℃		≤800	≤1000	≤1100		≤1200	≤1300
渣球含量（粒径大于 0.21mm）（%）		≤20.0	≤20.0	≤20.0		≤20.0	≤20.0
热导率（平均温度 500℃ ±10℃）/[W/(m·K)]		≤0.153	≤0.153	≤0.153		≤0.153	≤0.153
测试热导率时试样的体积密度/(kg/m³)		160	160	160		160	160

表 2-26　硅酸铝耐火纤维毯的物理性能（GB/T 16400—2003）

体积密度/(kg/m³)	热导率（平均温度 500℃ ±10℃）/[W/(m·K)]	渣球含量（粒径大于 0.21mm）（%）	加热永久线变化率（%）	抗拉强度/kPa
65	≤0.178			≥10
100	≤0.161	≤20.0	≤5.0	≥14
130	≤0.156			≥21
160	≤0.153			≥35

表 2-27　硅酸铝板、毡、管壳的物理性能（GB/T 16400—2003）

体积密度/(kg/m³)	热导率（平均温度 500℃ ±10℃）/[W/(m·K)]	渣球含量（粒径大于 0.21mm）（%）	加热永久线变化率（%）
60	≤0.178		
90	≤0.161	≤20.0	≤5.0
120	≤0.156		
≥160	≤0.153		

表 2-28　不同平均温度下硅酸铝棉毡、毯的最大热导率

体积密度/ (kg/m³)	热导率/[W/(m·K)]				
	204℃	427℃	649℃	871℃	1093℃
48	0.096	0.163	0.258	0.398	0.605
64	0.089	0.148	0.239	0.372	0.552
96	0.078	0.136	0.212	0.329	0.480
128	0.076	0.133	0.203	0.291	0.392
192	0.076	0.131	0.199	0.259	0.313

注：此表采用 ASTM C177 测试方法测试，供参考。

2.2　隔热材料

热处理设备中经常使用的隔热材料有硅藻土及其制品、石棉制品、矿渣棉及其制品、蛭石及其制品、岩棉制品和耐火纤维及其制品（详见耐火材料）等。

隔热材料应具备密度小、热导率低和较高的使用温度等性能，而且要易于施工、价格便宜。常用隔热材料的主要性能见表 2-29。

2.2.1　硅藻土及其制品

硅藻土砖的主要性能见表 2-30，硅藻土粉在不同温度下的性能见表 2-31。

2.2.2　石棉制品

石棉板是石棉和粘结材料制成的板材，其烧失量不应大于 18%，含水量不应超过 3%（质量分数），石棉板的密度为 900 ~ 1000kg/m³，一般规格为 1000mm × 1000mm，厚度（mm）有 1.6、3.2、4.8、6.4、8.0、9.6、11.2、12.7、14.3、15.9。

石棉绳的含水量不应大于 3.5%（质量分数），烧失量不应大于 32%，直径（mm）有 3、5、6、8、10、13、16、19、22、25、32、38、45、50。

表 2-29　常用隔热材料的主要性能

材料名称	密度 /(kg/m³)	允许工作温度 /℃	比热容 /[kJ/(kg·℃)]	耐压强度 /MPa	热导率 /[W/(m·℃)]
硅藻土砖	500 ± 50	900			$0.105 + 0.233 \times 10^{-3}t$
硅藻土砖	550 ± 50	900			$0.131 + 0.233 \times 10^{-3}t$
硅藻土砖	650 ± 50	900			$0.159 + 0.314 \times 10^{-3}t$
泡沫硅藻土砖	500	900			$0.111 + 0.233 \times 10^{-3}t$
优质石棉绒	340	500			$0.087 + 0.233 \times 10^{-3}t$
矿渣棉	200	700	0.754		$0.07 + 0.157 \times 10^{-3}t$
玻璃绒	250	600			$0.037 + 0.256 \times 10^{-3}t$
膨胀蛭石	100 ~ 300	1000	0.657		$0.072 + 0.256 \times 10^{-3}t$
石棉板	900 ~ 1000	500	0.816		$0.163 + 0.174 \times 10^{-3}t$
石棉绳	800	300			$0.073 + 0.314 \times 10^{-3}t$
硅酸钙板	200 ~ 230	1050			$< 0.056 + 0.11 \times 10^{-3}t$
硅藻土粉	550	900			$0.072 + 0.198 \times 10^{-3}t$
硅藻土石棉粉	450	800			0.0698
碳酸钙石棉灰	310	700			0.085
浮石	900	700		10 ~ 20	0.2535
超细玻璃棉	20	350 ~ 400			$0.0326 + 0.0002t$
超细无碱玻璃棉	60	600 ~ 650			$0.0326 + 0.0002t$
膨胀珍珠岩	31 ~ 135	200 ~ 1000			0.035 ~ 0.047
磷酸盐珍珠岩	220	1000			$0.052 + 0.029 \times 10^{-3}t$
磷酸镁石棉灰	140	450			0.047

注：热导率公式中的 t 为制品的平均温度（℃）。

表 2-30　硅藻土砖的主要性能

项　目	GG-0.7a	GG-0.7b	GG-0.6	GG-0.5a	GG-0.5b	GG-0.4
密度/(g/cm³)　≤	0.7	0.7	0.6	0.5	0.5	0.4
常温抗压强度/MPa　≥	2.5	1.2	0.8	0.8	0.6	0.8
加热永久线变化率≤20%,保温 8h 的试验温度/℃	900(最高使用温度)					
热导率［平均温度（300 ± 10)℃]/[W/(m·℃)]　≤	0.20	0.21	0.17	0.15	0.16	0.13
形状及尺寸	应符合 GB/T 2992.1—2011《耐火砖形状尺寸　第1部分:通用砖》的规定					

表 2-31　硅藻土粉在不同温度下的性能

类别	密度 /(g/cm³)	温度 /℃	热导率 /[W/(m·℃)]	热导方程	粒径 /mm
生料	0.68	50	0.119	$0.105 + 0.279 \times 10^{-3} t$	<1.5 残余水分20%～25%(质量分数)
		350	0.202		
		500	0.244		
熟料	0.6	50	0.093	$0.083 + 0.209 \times 10^{-3} t$	<1.5 残余水分15%～20%(质量分数)
		350	0.156		
		500	0.187		

注:生料用于砌砖和隔热层抹面,熟料用于填充隔热层。

2.2.3　矿渣棉及其制品

将熔融的冶金矿渣用蒸汽喷射成雾状,迅速在空气中冷却,即成矿渣纤维棉。纤维直径 2～20μm,纤维长度 2～60mm,呈白色或暗灰色;密度低,热导率小,为不可燃物;堆积或受振动后密度增加,热导率增大。岩棉、矿渣棉的物理性能见表 2-32,其制品的物理性能见表 2-33。

表 2-32　岩棉、矿渣棉的物理性能　(GB/T 11835—2007)

项　目	指　标
渣球含量(颗粒直径>0.25mm)(%)	≤10.0
纤维平均直径/μm	≤7.0
密度/(kg/m³)	≤150
热导率(平均温度 70^{+5}_{-2}℃,试验密度150kg/m³)/[W/(m·K)]	≤0.044
热荷重收缩温度/℃	≥650

表 2-33　岩棉、矿渣棉制品的物理性能　(GB/T 11835—2007)

制品名称	密度 /(kg/m³)	密度允许偏差(%)	热导率(平均温度 70^{+5}_{-2}℃) /[W/(m·K)]	有机物含量 (质量分数)(%)	燃烧性能	热荷重收缩温度/℃
板	40～80	±15	≤0.044	≤4.0	不燃	≥500
	81～100					≥600
	101～160		≤0.043			
	161～300		≤0.044			
带	40～100	±15	≤0.052	≤4.0	不燃	≥600
	101～160		≤0.049			
毡、缝毡 贴面毡	40～100	±15	≤0.044	≤1.5	不燃	≥400
	101～160		≤0.043			≥600
管壳	40～200	±15	≤0.044	≤5.0	不燃	≥600

2.2.4　蛭石及其制品

蛭石又称黑云母，含水量为 5% ~ 10%（质量分数），加热后水分蒸发而膨胀，在 200℃ 开始膨胀，800℃ 达最大值。蛭石的熔点为 1300 ~ 1370℃，密度及热导率很小，可直接填入炉壳与炉衬之间作隔热材料；用水泥和水玻璃做粘结剂可制成各种制品。蛭石的主

要性能见表 2-34，蛭石制品的主要性能见表 2-35。

2.2.5　岩棉制品

岩棉是以精选的玄武岩（或辉绿岩）为主要原料，经高温熔融等工艺制成的人造无机纤维，在岩棉中加入结接剂和防尘油，经加工制成岩棉制品。岩棉及岩棉制品的主要性能见表 2-32、表 2-33。

表 2-34　蛭石的主要性能

项　　目		密度 /（g/cm³）	允许工作温度 /℃	热导率 /[W/(m·℃)]	粒径/mm
等级	Ⅰ级	0.1	1000	0.065 ~ 0.05	2.5 ~ 20
	Ⅱ级	0.2	1000	0.045 ~ 0.05	2.5 ~ 20
	Ⅲ级	0.3	1000	0.045 ~ 0.05	2.5 ~ 20

表 2-35　蛭石制品的主要性能

项　　目	密度 /（g/cm³）	允许工作温度 /℃	热导率 /[W/(m·℃)]	抗压强度 /MPa
水泥蛭石制品	430 ~ 500	600	0.08 ~ 0.12	>0.25
水玻璃蛭石制品	400 ~ 450	800	0.07 ~ 0.9	>0.5
沥青蛭石制品	300 ~ 400	70 ~ 90	0.07 ~ 0.9	>0.2

2.2.6　膨胀珍珠岩制品

膨胀珍珠岩的主要成分是 SiO_2（其质量分数约为 70%），膨胀珍珠岩是火山喷出的岩浆经急剧冷却的珍珠岩矿石。珍珠岩矿石经破碎，加热膨胀为空心小球。膨胀珍珠岩散料与各种粘结剂结合可制成各种不同的珍珠岩制品。制品主要有板、管等制品，是一种质轻保温

性能好的保温材料。其制品的性能见表 2-36。

2.2.7　硅酸钙绝热板

硅酸钙绝热板制品有含石棉和不含石棉两类。其耐高温，密度小，比强度高，是一种良好的保温材料。硅酸钙可制成板、弧形板和管壳，其性能见表 2-37，无石棉制品的性能见表 2-38。

表 2-36　膨胀珍珠岩制品的性能

项　　目		硅酸盐水泥 珍珠岩制品	矾土水泥 珍珠岩制品	水玻璃 珍珠岩制品	磷酸铝 珍珠岩制品
粘结剂		硅酸盐水泥	矾土水泥	水玻璃[①]	磷酸铝 （质量分数为50%）
珍珠岩密度/（kg/m³）		80 ~ 150	60 ~ 130	60 ~ 150	80 ~ 100
结合剂:膨胀珍珠岩 （体积比）		1:10 ~ 14.5	1:8 ~ 10	重量比 1:1 ~ 1.3	1:18 ~ 20
水灰比		2.1	1.6 ~ 1.7	—	—
压缩比		1.6 ~ 1.8	1.6 ~ 2.0	1.8	2
干密度/（kg/m³）		250 ~ 450	450 ~ 500	200 ~ 380	200 ~ 350
抗压强度/MPa		0.5 ~ 1.7	1.2 ~ 2.6	0.6 ~ 1.7	0.5 ~ 1.6
热导率 /[W/(m·℃)]	20℃	0.045 ~ 0.075	0.062 ~ 0.076	0.047 ~ 0.080	0.045 ~ 0.069
	高温 热面温度/℃	600	1000	600	1000
	平均温度/℃	400	635	400	680
	数值	0.070 ~ 0.105	0.097 ~ 0.105	0.071 ~ 0.115	0.110 ~ 0.105
最高使用温度/℃		≤600	≤800	60 ~ 650	≤900

① 水玻璃（模数为 2.4，密度为 1.38 ~ 1.42g/cm³）尿素占水玻璃质量的 2% ~ 3%。

表 2-37　硅酸钙绝热制品的性能（GB/T 10699—1998）

项　目		I　型			II　型			
		240 号	220 号	170 号	270 号	220 号	170 号	140 号
密度/(kg/m³)		≤240	≤220	≤170	≤270	≤220	≤170	≤140
含水率(质量分数)(%)		≤7.5			≤7.5			
抗压强度/MPa	平均值	≥0.5	≥0.4		≥0.5		≥0.4	
	单块值	≥0.4	≥0.32		≥0.4		≥0.32	
抗折强度/MPa	平均值	≥0.3	≥0.2		≥0.3		≥0.2	
	单块值	≥0.24	≥0.16		≥0.24		≥0.16	
热导率/[W/(m·K)]	平均温度 373K(100℃)	≤0.065	≤0.058		≤0.065		≤0.058	
	473K(200℃)	≤0.075	≤0.069		≤0.075		≤0.069	
	573K(300℃)	≤0.087	≤0.081		≤0.087		≤0.081	
	673K(400℃)	≤0.100	≤0.095		≤0.100		≤0.095	
	773K(500℃)	≤0.115	≤0.112		≤0.115		≤0.112	
	873K(600℃)	≤0.130	≤0.130		≤0.130		≤0.130	
最高使用温度	匀温灼烧试验温度/K	923(650℃)			1273(1000℃)			
	线收缩率(%)	≤2			≤2			
	裂缝	无贯穿裂缝			无			
	剩余抗压强度/MPa	≥0.4	≥0.32		≥0.40		≥0.32	

表 2-38　无石棉硅酸钙绝热制品的性能

项　目	伊索无石棉硅酸钙绝热制品							GB/T 10699—1998	
	Y2-13	Y2-17	Y2-22	Y2-30	Y1-17	Y1-22	Y1-35		
密度/(kg/m³)	135	170	220	300	170	220	350	170	240
抗折强度/MPa	0.2	0.3	0.35	0.4	0.25	0.3	1.0	0.2	0.3
抗压强度(变形5%)/MPa	0.4	0.6	0.7	0.8	0.5	0.6	2.0	0.4	0.5
线收缩率(%)	2	2	2	2	2	2	2	2	2
热导率(平均温度70℃)/[W/(m·K)]	0.049	0.058	0.062	0.07	0.055	0.62	0.1	0.065	0.065
最高使用温度/℃	1000	1000	1000	1000	650	650	650	650	650

注：由上海伊索热能技术有限公司生产。

2.2.8　纳米绝热材料

纳米绝热板是采用了纳米级的新型材料，通过特殊工艺生产的一种高级绝热制品。其主要特点是热导率低［热面温度 800℃时，热导率只有 0.038W/(m·K)］，而且热导率随温度上升的变化量比传统材料要小得多。该制品不含有机成分，在升温过程中不挥发有害气体，是一种新型的环保节能产品。

该种制品有绝热板、塑膜真空包装毡（垫）与异形制品。

纳米绝热板主要物理性能见表 2-39。

表 2-39　纳米绝热板主要物理性能

最高使用温度/℃	密度/(kg/m³)	抗压强度/MPa	加热收缩(%)	热导率/[W/(m·K)]	
800	400	≥1.0	400℃≤2.0	200℃	0.023
				400℃	0.028
1000	400	≥1.0	600℃≤2.0	600℃	0.034
				800℃	0.038

产品规格：板300mm×300mm×(10~20)mm
　　　　　　400mm×400mm×(10~20)mm
　　　　　　500mm×500mm×(10~20)mm
　　　　　　500mm×1000mm×(10~20)mm
　　　　毡(垫)300mm×300mm×(5、7、10)mm
　　　　　　400mm×400mm×(5、7、10)mm
　　　　　　500mm×500mm×(5、7、10)mm

纳米绝热材料与其他材料热导率比较见图2-1。

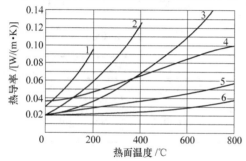

图 2-1　各种材料热导率比较
1—玻璃纤维　2—矿渣棉　3—陶瓷纤维
4—硅酸钙板　5—静止空气　6—纳米绝热材料

2.3　耐热金属材料

热处理设备使用的耐热金属材料有耐热钢、耐热铸钢及合金、耐热铸铁、优质碳素钢、合金结构钢及低合金高强度结构钢等。

2.3.1　耐热钢

耐热钢是指在高于450℃条件下工作，并具有足够的强度、抗氧化、耐蚀性和长期的组织稳定性的钢种。耐热钢包括热强钢和抗氧化钢。还有一类含镍量很高的耐热钢，在高温下有很高的热强性能和更好的抗氧化性能，这类钢在我国归入高温合金中。

1. 热强钢　在高温条件下具有足够的强度并有一定的抗氧化性能的钢种。常用的热强钢有马氏体热强钢和奥氏体热强钢。

（1）马氏体热强钢。该类钢有较好的热强度和耐蚀性，以及良好的减振性，如12Cr13、20Cr13等。其抗氧化性和减振性能好，可在450℃以下长期工作。加入钨、钼、钒等强化元素后可以制造在650℃以下长期工作的构件。含铬、硅的马氏体热强钢如42Cr9Si2、40Cr10Si2Mo，其抗氧化性和耐烟气腐蚀性能都有了提高，可以在800℃以下长期工作。

（2）奥氏体热强钢。该类钢含有较多的合金元素，尤其是含有镍和铬，在此基础上加入钨、钼、铌、钛等元素以提高其热强度，形成一系列的奥氏体热强钢，该类钢的热强度高，塑性、韧性好，抗氧化性强。常用的有14Cr23Ni18、65Cr14Ni14W2Mo等，该类钢可在600~850℃范围内长期使用。

2. 抗氧化钢　在高温下能保持良好的化学稳定性。因能抵抗氧化和介质的腐蚀而不起皮的钢，故又称为耐热不起皮钢。常用的抗氧化钢有铁素体抗氧化钢和奥氏体抗氧化钢。

（1）铁素体抗氧化钢。该类钢的抗氧化性能及耐含硫气体的腐蚀性能好。因含铬量高，在高温下其构件表面能形成一层致密的氧化膜，能有效地阻止构件表面继续氧化。但该类钢在高温下有晶粒长大变脆的倾向，不宜制作承受冲击载荷的构件。常用的有12Cr5Mo、10Cr17、06Cr13Al、16Cr25N等，该类钢适用于在800~900℃以下条件下工作的构件。

（2）奥氏体抗氧化钢。该类钢有较高的热强性和良好的韧性和抗渗碳性，可以在850~1200℃的高温下工作，常用的有16Cr23Ni13、20Cr25Ni20、16Cr25Ni20Si2等，在该类钢中加入锰和铝即为铁-铝-锰钢，可在850~900℃以下工作。在该类钢中加入锰和氮，可扩大和稳定钢中的奥氏体区域，即为铬-锰-氮钢，如26Cr18Mn12Si2N、22Cr20Mn9Ni2Si2N等，该种钢有好的抗氧化性、抗硫腐蚀性和抗渗碳性，高温时效后仍有较高的冲击韧度值，可在850~1000℃高温下工作。

3. 耐热钢的特性和用途　耐热钢的特性和用途见表2-40。耐热钢的弹性模量、热导率、线胀系数见表2-41。耐热钢的高温力学性能见表2-42。

表 2-40　耐热钢的特性和用途

类型	序号	牌　号	特 性 和 用 途
奥氏体型	1	33Cr21Mn9Ni4N	以经受高温强度为主的炉用部件
	2	22Cr21Ni12N	以抗氧化为主的炉用部件
	3	16Cr23Ni13	承受 980℃ 以下反复加热的抗氧化钢。加热炉部件,重油燃烧器
	4	20Cr25Ni20	承受 1035℃ 以下反复加热的抗氧化钢,炉用部件、喷嘴、燃烧室等
	5	12Cr16Ni35	抗渗碳、渗氮性大的钢种可承受 1035℃ 以下反复加热。炉用钢料、石油裂解装置
	6	06Cr15Ni25Ti2MoAlVB	耐 700℃ 高温的风机叶轮、螺栓、叶片、轴等
	7	06Cr18Ni9	通用耐氧化钢,可承受 870℃ 以下反复加热
	8	06Cr23Ni13	比 0Cr18Ni9 耐氧化性好,可承受 980℃ 以下反复加热的炉用部件
	9	06Cr25Ni20	比 0Cr23Ni13 抗氧化性好,可承受 1035℃ 加热的炉用部件
	10	06Cr17Ni12Mo2	高温具有优良的蠕变强度,作热交换器用部件,高温耐蚀螺栓
	11	45Cr14Ni14W2Mo	有较高的热强性,承受重载荷的炉用部件
	12	26Cr18Mn12Si2N	有较高的高温强度和一定的抗氧化性,并且有较好的抗硫及抗增碳性。用于吊挂支架,渗碳炉构件、加热炉传送带、料盘、炉爪等
	13	06Cr19Ni13Mo3	高温具有良好的蠕变强度,作热交换器用部件
	14	06Cr18Ni10Ti	作在 400~900℃ 腐蚀条件下使用的部件,高温用焊接结构部件
	15	06Cr18Ni11Nb	作在 400~900℃ 腐蚀条件下使用的部件,高温用焊接结构部件
	16	06Cr18Ni13Si4	具有与 0Cr25Ni20 相当的抗氧化性和类似的用途
	17	16Cr20Ni14Si2	具有较高的高温强度及抗氧化性,对含硫气氛较敏感,在 600~800℃ 有析出相的脆化倾向,适于制作承受应力的各种炉用构件
	18	16Cr25Ni20Si2	
铁素体型	19	16Cr25N	耐高温腐蚀性强,1082℃ 以下不产生易剥落的氧化皮,用于燃烧室
	20	06Cr13Al	由于冷却硬化少,用于退火箱、淬火台架
	21	022Cr12	耐高温氧化,为要求焊接的部件,炉子燃烧室构件
	22	10Cr17	作 900℃ 以下耐氧化部件,散热器、炉用部件、油喷嘴
马氏体型	23	12Cr5Mo	能抗石油裂化过程中产生的腐蚀。作再热蒸汽管、石油裂解管、炉内吊架、紧固件
	24	42Cr9Si2	有较高的热强性,作炉子料盘,辐射管吊挂
	25	40Cr10Si2Mo	有较高的热强性,用于 850℃ 以下工作的炉用构件
	26	80Cr20Si2Ni	作耐磨性为主的炉内构件
	27	14Cr11MoV	有较高的热强性、良好的减振性及组织稳定性。用于高温风机的叶片
	28	12Cr12Mo	作汽轮机叶片
	29	18Cr12MoVNbN	作高温结构部件
	30	15Cr12WMoV	有较高的热强性、良好的减振性及组织稳定性
	31	22Cr12NiMoWV	作高温结构部件
	32	12Cr13	作 800℃ 以下耐氧化用部件
	33	13Cr13Mo	作耐高温、高压蒸汽用机械部件
	34	20Cr13	淬火状态下硬度高,耐蚀性良好
	35	14Cr17Ni2	作具有较高程度的耐硝酸及有机酸腐蚀的零件、容器和设备
	36	13Cr11Ni2W2MoV	具有良好的韧性和抗氧化性能,在淡水和湿空气中有较好的耐蚀性
沉淀硬化型	37	05Cr17Ni4Cu4Nb	作燃气透平压缩机叶片、燃气透平发动机绝缘材料
	38	07Cr17Ni7Al	作高温弹簧、膜片、固定器、波纹管等

表 2-41 耐热钢的弹性模量、热导率、线胀系数

牌 号	物理性能	在下列温度时的数据								
14Cr11MoV	弹性模量 E/MPa	20℃		200℃		300℃	400℃		500℃	550℃
		0.2×10^5		2.1×10^5		2.01×10^5	1.9×10^5		1.77×10^5	1.68×10^5
	线胀系数 $\alpha/(10^{-6}/℃)$	20~200℃				20~500℃			20~600℃	
		11.4				11.9			12.3	
15Cr12WMoV	弹性模量 E/MPa	20℃		300℃		400℃		500℃		580℃
		2.16×10^5		2.0×10^5		1.9×10^5		1.8×10^5		1.7×10^5
	线胀系数 $\alpha/(10^{-6}/℃)$	20~100℃	20~200℃		20~300℃		20~400℃	20~500℃		20~600℃
			1.05~1.04		10.7		11.0~11.1	11.2~11.5		11.6~11.8
	热导率 $\lambda/[W/(m \cdot ℃)]$	100℃		200℃		300℃		400℃	500℃	600℃
		0.059		0.060		0.062		0.063	0.064	0.065
42Cr9Si2	弹性模量 E/MPa									
	热导率 $\lambda/[W/(m \cdot ℃)]$	100℃			300℃		600℃			800℃
		16.75			20.10		22.19			22.19
42Cr9Si2	线胀系数 $\alpha/(10^{-6}/℃)$	20~100℃	20~200℃	20~300℃	20~400℃	20~500℃	20~600℃	20~700℃	20~800℃	20~900℃
		11.5	11.5	12.3	14.0	14.4	14.5	14.4	16.1	9.6
12Cr5Mo	弹性模量 E/MPa	25℃		315℃		425℃			540℃	
		2.11×10^5		1.93×10^5		2.06×10^5			1.72×10^5	
	热导率 $\lambda/[W/(m \cdot ℃)]$	100℃		300℃		500℃			600℃	
		36.43		34.75		33.49			32.66	
	线胀系数 $\alpha/(10^{-6}/℃)$	0~425℃		0~485℃		0~540℃		0~650℃		0~705℃
		12.3		12.5		12.7		13.0		13.1
45Cr14Ni14W2Mo	弹性模量 E/MPa	20℃	300℃	400℃	500℃		600℃	700℃		800℃
		1.81×10^5	1.47×10^5	1.44×10^5	1.41×10^5		1.27×10^5	0.91×10^5		0.475×10^5
	线胀系数 $\alpha/(10^{-6}/℃)$	20~100℃	20~200℃	20~300℃	20~400℃		20~500℃	20~600℃		20~700℃
		16.6	17.2	17.7	17.9		18.0	18.6		18.9
	热导率 $\lambda/[W/(m \cdot ℃)]$	100℃	200℃	300℃	400℃	500℃	600℃	700℃	800℃	900℃
		0.038	0.042	0.046	0.049	0.053	0.057	0.061	0.066	0.072
12Cr13	弹性模量 E/MPa	20℃		200℃		300℃	400℃		500℃	550℃
		2.21×10^5		2.1×10^5		2.02×10^5	1.93×10^5		1.83×10^5	1.68×10^5
	热导率 $\lambda/[W/(m \cdot ℃)]$	100℃		200℃		300℃	400℃		500℃	
		25.12		25.96		26.80	28.05		28.89	
	线胀系数 $\alpha/(10^{-6}/℃)$	20~100℃		20~200℃		20~300℃	20~400℃		20~500℃	
		10.5		11.0		11.5	12.0		12.0	
16Cr20Ni14Si2	热导率 $\lambda/[W/(m \cdot ℃)]$	20℃					100℃			
		12.7					14.1			
	线胀系数 $\alpha/(10^{-6}/℃)$	20~200℃			20~400℃			20~600℃		
		16.6			17.5			18.3		
16Cr25Ni20Si2	弹性模量 E/MPa	20℃								
		2.03×10^5								
	热导率 $\lambda/[W/(m \cdot ℃)]$	20℃					500℃			
		14.65					18.84			
	线胀系数 $\alpha/(10^{-6}/℃)$	20~100℃		20~300℃		20~500℃		20~800℃		20~1000℃
		15.5		16.5		17.5		18.5		19.5

（续）

牌　号	物理性能	在下列温度时的数据									
26Cr18Mn12Si2N	弹性模量 E/MPa										
	热导率 λ/[W/(m·℃)]										
	线胀系数 α/(10⁻⁶/℃)	17~122℃	120~207℃	207~308℃	308~400℃	400~500℃	500~600℃	600~700℃			
		15.277	17.69	18.91	19.67	21.11	22.11	21.11			

线胀系数用 α/(10⁻⁶/℃) 表示。

牌　号	物理性能	数据									
22Cr20Mn9Ni2Si2N	线胀系数 α/(10⁻⁶/℃)	13~100℃	13~200℃	13~300℃	13~400℃	13~500℃	13~600℃	13~700℃	13~800℃	13~900℃	13~1000℃
		15.6	16.5	16.8	17.5	17.9	18.5	18.7	18.9	19.1	19.8
	热导率 λ/[W/(m·℃)]										
	弹性模量 E/MPa										

牌　号	物理性能	数据							
53Cr21Mn9Ni4N	弹性模量 E/MPa	20℃		600℃		700℃		800℃	
		2.129×10^5		1.499×10^5		1.449×10^5		1.101×10^5	
	热导率 λ/[W/(m·℃)]	20℃				800℃			
		14.24				24.7			
	线胀系数 α/(10⁻⁶/℃)	20~100℃	20~200℃	20~300℃	20~400℃	20~500℃	20~600℃	20~700℃	20~800℃
		12.2	14.5	15.7	16.5	17.1	17.6	18.1	18.6

牌　号	物理性能	数据				
14Cr23Ni18	弹性模量 E/MPa	20℃				
		2.1×10^5				
	热导率 λ/[W/(m·℃)]	20℃	100℃	500℃	1100℃	
		13.82	15.91	18.84	31.82	
	线胀系数 α/(10⁻⁶/℃)	20~100℃	20~300℃	20~500℃	20~800℃	20~1000℃
		15.5	16.5	17.5	18.5	19.5

牌　号	物理性能	数据						
20Cr13	弹性模量 E/MPa	20℃	100℃	200℃	300℃	400℃	500℃	600℃
		2.33×10^5	2.18×10^5	2.12×10^5	2.04×10^5	1.93×10^5	1.84×10^5	1.72×10^5
	线胀系数 α/(10⁻⁶/℃)	20~100℃	20~200℃	20~300℃	20~400℃	20~500℃		
		10.5	11.0	11.5	12.0	12.0		
	热导率 λ/[W/(m·℃)]	100℃	200℃	300℃	400℃	500℃		
		0.053	0.056	0.059	0.061	0.063		

牌　号	物理性能	数据							
13Cr11Ni2W2MoV	弹性模量 E/MPa	20℃	300℃	400℃	450℃	500℃	550℃		
		2.0×10^5	1.75×10^5	1.65×10^5	1.57×10^5	1.45×10^5	1.25×10^5		
	线胀系数 α/(10⁻⁶/℃)	20~100℃	20~200℃	20~300℃	20~400℃	20~500℃	20~600℃		
		11.0	11.3	11.6	12.0	12.3	12.5		
	热导率 λ/[W/(m·℃)]	20℃	100℃	200℃	300℃	400℃	500℃	600℃	700℃
		0.05	0.053	0.057	0.061	0.065	0.067	0.068	0.069

表 2-42　耐热钢的高温力学性能

牌　号	热处理制度	高温力学性能					备注
		温度 /℃	R_m	R_{eL}	A	Z	a_K/ (J/cm²)	
			MPa		(%)			
14Cr11MoV	1050℃油冷或空冷,720~740℃空冷(持久强度试验1000℃油淬,700℃空冷)	20	700	500	15		60	有较好的热强性,良好的减振性和较小的线胀系数,适于制造汽轮机和燃气轮机的叶片
		400	600	450	15		80	
		450	560	420	15		80	
		500	480	400	15		80	

（续）

牌　号	热处理制度	高温力学性能					备注
		温度/℃	R_m	R_{eL}	A	Z	a_K/
			MPa		（%）		（J/cm²）
15Cr12WMoV	1000 ~ 1020℃油冷，680 ~ 700℃空冷	20	890	$R_{p0.2}$ 750	15	58	90	热强性较高，在580℃左右有较高的持久强度和持久塑性，热加工性能良好
		300	750	630	15	63	150	
		400	690	600	14	62	150	
		500	580	530	14	78	120	
		550	510	480	19	71	90	
		600	400	380	23	88	130	
13Cr11Ni2W2MoV	1000 ~ 1020℃油淬，560 ~ 580℃回火	20	1100 ~ 1280	950 ~ 1100	10 ~ 16	50 ~ 60	70 ~ 150	属于低镍马氏体-铁素体不锈热强钢，有较高的强度和良好的韧性，广泛用于制造 600℃以下及高湿度条件下工作的轴、叶片、压缩弹簧等
		300	1050 ~ 1150	950 ~ 1000	10 ~ 16	50 ~ 60	80 ~ 150	
		400	950 ~ 1100	850 ~ 920	10 ~ 16	50 ~ 60	80 ~ 150	
		450	950 ~ 1050	800 ~ 880	10 ~ 16	50 ~ 60	80 ~ 150	
		500	800 ~ 900	700 ~ 770	12 ~ 18	55 ~ 65	100 ~ 160	
		550	750 ~ 850	470 ~ 530	13 ~ 18	55 ~ 65	100 ~ 160	
45Cr14Ni14W2Mo	1170℃、45min 水冷，760℃、5h 空冷	500	636 646		20.5 21.6	48.4 45.5	81 80	在 700℃以下有良好的热强性能，在800℃以下有良好的抗氧化性，广泛用于制造柴油发动机的进气阀、排气阀等
		600	568 609		19.6 17.2	50.1 51.8	88 85	
		200	332 328		22.4 23.5	56.8 65.5	100 110	
		800	241 237		32.0 47.6	61.7 65.2	110 114	
20Cr13	1000 ~ 1050℃油淬，720 ~ 750℃回火	20	720	520	21.0	65.0	65 ~ 175	是马氏体不锈耐热钢，有较好的耐蚀性和热强性，较好的消振性，适于制造透平机零件
		300	555	400	18.0	66.0	200	
		400	530	405	16.5	58.5	205	
		450	495	380	17.5	57.0	240	
		500	440	365	32.5	75.0	250	
		550	350	285	36.5	83.5	223	
42Cr9Si2	1040℃、30min 油冷，750℃、2h 油冷	200	908 ~ 923		21 ~ 21.8	60.7 ~61.6		1）42Cr9Si2 属于马氏体耐热钢，在800℃以下有良好的抗氧化性能，低于650℃有足够的热强性能。此钢主要用于制作内燃机的进气阀和工作温度低于650℃的排气阀，可用于低于800℃的抗氧化构件，如热处理炉的料盘、辐射管吊挂等 2）R_{eL} 项的数值为 $R_{p0.2}$
		400	800 ~ 853		21.6 ~ 24.2	64 ~ 66.4		
		500	538 ~ 550	445 ~ 457	38.8 ~ 45.0	82.5 ~ 85.5	207.8	
		550	420 ~ 425	343 ~ 345	46.8 ~ 49.4	90.0 ~ 90.3		
		600	319 ~ 321	235 ~ 243	54.4 ~ 60.4	94.2 ~ 94.7	237 ~ 249.9	
		650	234 ~ 241	148 ~ 161	41.2 ~ 73.8	95.2 ~ 96.4		
		700	151 ~ 152	88 ~ 89	80.4 ~ 81.8	97.8	272	
		750	85 ~ 100		101 ~ 147			
		800	65 ~ 68		111.2			
		900	35 ~ 37		104 ~ 124.8			
		1000	53 ~ 64		25.4 ~ 42.6	36.0 ~ 42.8		
40Cr10Si2Mo	1040℃、30min 油冷，750℃回火、2h 空冷	300	911 873		17.2 19.2	53.3 51.0		1）40Cr10Si2Mo 属于马氏体耐热钢，适于制造内燃机的进气阀和 700℃以下的排气阀，可以用于制造在 850℃以下工作的炉用构件 2）R_{eL} 的数值为 $R_{p0.2}$
		500	545 586	456 459	33.2 33.0	72.5 72.5	144 136	
		550	515 480	433 400	41.6 41.4	84.0 81.5		
		600	384 398	320 316	48.8 49.2	91.0 91.0	153 159.7	
		650	289 291	205 202	57.8 53.6	95.6 94.3		

（续）

牌 号	热处理制度	高温力学性能						备注
		温度 /℃	R_m	R_{eL}	A	Z	$a_K/$	
			MPa		（%）		(J/cm^2)	
40Cr10Si2Mo	1040℃、30min 油冷,750℃回火、2h 空冷	700	204 196	123 125	57.8 57.8	96.1 95.8	208	1）40Cr10Si2Mo 属于马氏体耐热钢,适于制造内燃机的进气阀和 700℃ 以下的排气阀,可以用于制造在 850℃ 以下工作的炉用构件 2）R_{eL} 的数值为 $R_{p0.2}$
		750	129 128	72 74	64.0 72.0	98.2 98.2		
		900	51 60		179.2 139.2			
		1100	29 34		93.6 83.6			
12Cr13	1030 ~ 1050℃ 油淬,680 ~ 700℃ 回火空冷	20	711	583	21.7	67.9	150	12Cr13 属于半马氏体热强钢,有一定的热强性,良好的减振性。在淡水、海水、蒸汽及湿空气中有很好的耐蚀性,750℃开始出现剧烈氧化 适于制造汽轮机零件及其他耐腐蚀件
		300	657	564	14.1	66.0	185	
		500	534	453	17.3	69.5	189	
		550	455	428	19.8	73.3		
		600	330	320	27.3	85.2	191	
16Cr20Ni14Si2		700	346 ~ 364		29.7 ~ 36.3	33.7 ~ 44.5		
		800	179 ~ 221		26.0 ~ 48.0	35.0 ~ 70.3		
		900	104 ~ 113		50.0 ~ 56.7	46.8 ~ 67.4		
		1000	46 ~ 69		50.5 ~ 80	62.5 ~ 93.0		
14Cr23Ni18	固溶处理后进行试验	20	670	330	35	51	156.8	该钢属奥氏体型耐热钢,有很好的抗高温氧化性能、耐蚀性能及抗渗碳性能,最高使用温度为 1150℃,在空气中连续使用的最高温度为 1040℃,间断工作温度为 1120℃。该钢适于制造在高温下工作的炉用构件(如辐射管等),也可制造在 750℃ 工作的燃气轮机叶片
		300	540	240	26	47	156.8	
		400	560	230	28	42	156.8	
		500	540	210	28	43	176.4	
		600	460	200	24	45	176.4	
		650	400	200	22	46	186.2	
		700	330	200	22	34	176.4	
		800	200	170	23	34	176.4	

（续）

牌　　号	热处理制度	高温力学性能						备注
		温度 /℃	R_m	R_{eL}	A	Z	$a_K/$	
			MPa		（%）		（J/cm²）	
16Cr25Ni20Si2	1100 ~ 1150℃ 水冷或空冷	600	440	130				该钢为奥氏体型耐热钢,抗氧化、抗渗碳性能较好,最高使用温度达1200℃,连续使用温度为1150℃,间歇使用温度为1050 ~ 1100℃。该钢适用于制造加热炉的各种构件,如辐射管、炉辊筒、燃烧室构件
		700		110				
		800		90				
		900		70				
		1000	75	50				
26Cr18Mn12Si2N	1100 ~ 1150℃、40min,空冷	700	407 ~ 451		20.0 ~ 28.0	14.5 ~ 28.0		铬锰氮型奥氏体不锈钢,有较好的抗氧化性、耐硫腐蚀和抗渗碳性。可长期在950℃以下使用,适用于制造加热炉传送带、退火炉底盘、炉底板及渗碳炉罐
		800	287 ~ 319		16.7 ~ 24.5	14.6 ~ 27.3		
		900	183 ~ 212		22.2 ~ 23.0	24.9 ~ 45.8		
		1000	89 ~ 106		47.5 ~ 60.3	50.0 ~ 69.4		
22Cr20Mn9Ni2Si2N	1100 ~ 1150℃,水冷（固溶处理）	700	≥350		≥15			该钢属 Cr-Mn-Ni-N 型奥氏体抗氧化耐热钢,可在850 ~ 1000℃使用,有较好的高温强度、抗氧化性能,良好的抗渗碳性及耐急冷急热性能。该钢用于制造渗碳炉和加热炉耐热构件及盐浴炉坩埚
		900	140 ~ 160		20 ~ 60			
		1000	80 ~ 90		35 ~ 67			
53Cr21Mn9Ni4N	1170℃、40min,水冷,750℃,5h空冷	500	≈744	≈331	≈33.4	≈37.5	≈63	1）该钢属 Cr-Mn-Ni-N 系奥氏体耐热钢,其高温强度、高温硬度和耐 PbO 腐蚀性能良好,价格便宜,广泛用于制造内燃机排气阀 2）R_{eL} 的数值应为 $R_{p0.2}$
		600	≈654	≈293	≈28.3	≈48.2	≈59	
		700	≈500	≈272	≈24.8	≈30.5	≈55	
		800	≈341	≈247	≈19.8	≈44.5	≈95	

2.3.2 耐热铸钢及合金

耐热铸钢及合金的化学成分见表2-43，其力学性能见表2-44。

表 2-43 耐热铸钢及合金的化学成分（GB/T 8492—2002）

牌 号	化学成分（质量分数）（%）								
	C	Si	Mn	P≤	S≤	Cr	Mo	Ni	其他
ZG30Cr7Si2	0.20 ~ 0.35	1.0 ~ 2.5	0.5 ~ 1.0	0.04	0.04	6 ~ 8	0.5	0.5	
ZG40Cr13Si2	0.3 ~ 0.5	1.0 ~ 2.5	0.5 ~ 1.0	0.04	0.03	12 ~ 14	0.5	1	
ZG40Cr17Si2	0.3 ~ 0.5	1.0 ~ 2.5	0.5 ~ 1.0	0.04	0.03	16 ~ 19	0.5	1	
ZG40Cr24Si2	0.3 ~ 0.5	1.0 ~ 2.5	0.5 ~ 1.0	0.04	0.03	23 ~ 26	0.5	1	
ZG40Cr28Si2	0.3 ~ 0.5	1.0 ~ 2.5	0.5 ~ 1.0	0.04	0.03	27 ~ 30	0.5	1	
ZGCr29Si2	1.2 ~ 1.4	1.0 ~ 2.5	0.5 ~ 1.0	0.04	0.03	27 ~ 30	0.5	1	
ZG25Cr18Ni9Si2	0.15 ~ 0.35	1.0 ~ 2.5	2	0.04	0.03	17 ~ 19	0.5	8 ~ 10	
ZG25Cr20Ni14Si2	0.15 ~ 0.35	1.0 ~ 2.5	2	0.04	0.03	19 ~ 21	0.5	13 ~ 15	
ZG40Cr22Ni10Si2	0.3 ~ 0.5	1.0 ~ 2.5	2	0.04	0.03	21 ~ 23	0.5	9 ~ 11	
ZG40Cr24Ni24Si2Nb	0.25 ~ 0.50	1.0 ~ 2.5	2	0.04	0.03	23 ~ 25	0.5	23 ~ 25	Nb 1.2 ~ 1.8
ZG40Cr25Ni12Si2	0.3 ~ 0.5	1.0 ~ 2.5	2	0.04	0.03	24 ~ 27	0.5	11 ~ 14	
ZG40Cr25Ni20Si2	0.3 ~ 0.5	1.0 ~ 2.5	2	0.04	0.03	24 ~ 27	0.5	19 ~ 22	
ZG40Cr27Ni4Si2	0.3 ~ 0.5	1.0 ~ 2.5	1.5	0.04	0.03	25 ~ 28	0.5	3 ~ 6	
ZG45Cr20Co20Ni20Mo3W3	0.35 ~ 0.60	1.0	2	0.04	0.03	19 ~ 22	2.5 ~ 3.0	18 ~ 22	Co 18 ~ 22 W 2 ~ 3
ZG10Ni31Cr20Nb1	0.05 ~ 0.12	1.2	1.2	0.04	0.03	19 ~ 23	0.5	30 ~ 34	Nb 0.8 ~ 1.5
ZC40Ni35Cr17Si2	0.3 ~ 0.5	1.0 ~ 2.5	2	0.04	0.03	16 ~ 18	0.5	34 ~ 36	
ZG40Ni35Cr26Si2	0.3 ~ 0.5	1.0 ~ 2.5	2	0.04	0.03	24 ~ 27	0.5	33 ~ 36	
ZG40Ni35Cr26Si2Nb1	0.3 ~ 0.5	1.0 ~ 2.5	2	0.04	0.03	24 ~ 27	0.5	33 ~ 36	Nb 0.8 ~ 1.8
ZC40Ni38Cr19Si2	0.3 ~ 0.5	1.0 ~ 2.5	2	0.04	0.03	18 ~ 21	0.5	36 ~ 39	
ZG40Ni38Cr19Si2Nb1	0.3 ~ 0.5	1.0 ~ 2.5	2	0.04	0.03	18 ~ 21	0.5	36 ~ 39	Nb 1.2 ~ 1.8
ZNiCr28Fe17W5Si2C0.4	0.35 ~ 0.55	1.0 ~ 2.5	1.5	0.04	0.03	27 ~ 30		47 ~ 50	W 4 ~ 6
ZNiCr50Nb1C0.1	0.1	0.5	0.5	0.02	0.02	47 ~ 52	0.5	余量	N 0.16 N + C 0.2 Nb 1.4 ~ 1.7

（续）

牌　　号	化学成分（质量分数）（%）								
	C	Si	Mn	P≤	S≤	Cr	Mo	Ni	其他
ZNiCr19Fe18Si1C0.5	0.4 ~ 0.6	0.5 ~ 2.0	1.5	0.04	0.03	16 ~ 21	0.5	50 ~ 55	
ZNiFe18Cr15Si1C0.5	0.35 ~ 0.65	2	1.3	0.04	0.03	13 ~ 19		64 ~ 69	
ZNiCr25Fe20Co15W5Si1C0.46	0.44 ~ 0.48	1 ~ 2	2	0.04	0.03	24 ~ 26		33 ~ 37	W 4 ~ 6 Co 14 ~ 16
ZCoCr28Fe18C0.3	0.5	1	1	0.04	0.03	25 ~ 30	0.5	1	Co 48 ~ 52 Fe≤20

注：表中的单个值表示最大值。

表2-44　耐热铸钢及合金的力学性能 （GB/T 8492—2002）

牌　　号	规定塑性强度 $R_{p0.2}$ /MPa ≥	抗拉强度 R_m /MPa ≥	断后伸长率 A(%) ≥	硬度 HBW	最高使用温度[1] /℃
ZG30Cr7Si2					750
ZG40Cr13Si2				300[2]	850
ZG40Cr17Si2				300[2]	900
ZG40Cr24Si2				300[2]	1050
ZG40Cr28Si2				320[2]	1100
ZGCr29Si2				400[2]	1100
ZG25Cr18Ni9Si2	230	450	15		900
ZG25Cr20Ni14Si2	230	450	10		900
ZC40Cr22Ni10Si2	230	450	8		950
ZG40Cr24Ni24Si2Nb1	220	400	4		1050
ZG40Cr25Ni12Si2	220	450	6		1050
ZG40Cr25Ni20Si2	220	450	6		1100
ZG45Cr27Ni4Si2	250	400	3	400[3]	1100
ZG40Cr20Co20Ni20Mo3W3	320	400	6		1150
ZG10Ni31Cr20Nb1	170	440	20		1000
ZG40Ni35Cr17Si2	220	420	6		980
ZG40Ni35Cr26Si2	220	440	6		1050
ZG40Ni35Cr26Si2Nb1	220	440	4		1050
ZG40Ni38Cr19Si2	220	420	6		1050
ZG40Ni38Cr19Si2Nb1	220	420	4		1100
ZNiCr28Fe17W5Si2C0.4	220	400	3		1200
ZNiCr50Nb1C0.1	230	540	8		1050
ZNiCr19Fe18Si1C0.5	220	440	5		1100
ZNiFe18Cr15Si1C0.5	200	400	3		1100
ZNiCr25Fe20Co15W5Si1C0.46	270	480	5		1200
ZCoCr28Fe18C0.3	[4]	[4]	[4]	[4]	1200

[1] 最高使用温度取决于实际使用条件，所列数据仅供用户参考。这些数据适用于氧化气氛，实际的合金成分对其也有影响。
[2] 退火态最大硬度值。铸件也可以铸态提供，此时硬度限制就不适用。
[3] 最大硬度值。
[4] 由供需双方协商确定。

2.3.3　耐热铸铁

耐热铸铁件的化学成分、力学性能及用途见表 2-45。

表 2-45　耐热铸铁件的化学成分、力学性能及用途（GB/T 9437—2009）

牌号	化学成分（质量分数）（%）						高温短时 R_m/MPa		室温		使用条件	应用举例
	C	Mn	Si	Cr(Al)	P	S			最小抗拉强度 R_m/MPa	硬度 HBW		
耐热铸铁												
HTRCr	3.0~3.8	≤1.0	1.5~2.5	0.50~1.00	≤0.20	≤0.12	500℃ 225	600℃ 144	200	189~288	在空气中，耐热温度到 550℃	炉条、高炉支架式水箱、金属模、玻璃模
HTRCr2	3.0~3.8	≤1.0	2.0~3.0	>1.00~2.00	≤0.20	≤0.12	500℃ 243	600℃ 166	150	207~288	在空气中，耐热温度到 600℃	煤气炉内灰盆、矿山烧结车挡板
HTRCr16	1.6~2.4	≤1.0	1.5~2.2	15.00~18.00	≤0.10	≤0.05	800℃ 144	900℃ 88	340	400~450	在空气中耐热温度到 900℃，在室温及高温下有抗磨性、耐硝酸腐蚀	退火罐、煤粉烧嘴、炉栅、水泥、焙烧炉零件、化工机械零件
HTRSi5	2.4~3.2	≤0.8	4.5~5.5	0.50~1.00	≤0.20	≤0.12	700℃ 41	800℃ 27	140	160~270	在空气中耐热温度到 700℃	炉条、煤粉烧嘴、换热器针形管、锅炉梳形定位板等
耐热球墨铸铁												
QTRSi4	2.4~3.2	≤0.7	3.5~4.5	—	≤0.10	≤0.03	700℃ 75	800℃ 35	480	187~269	在空气中耐热温度到 650℃，含硅上限时到 750℃，抗裂性较比 RTSi5 好	玻璃窑烟道闸门、加热炉两端用隔墙板、玻璃引上机墙板
QTRSi4Mo	2.7~3.5	≤0.5	3.5~4.5	Mo:0.3~0.7	≤0.10	≤0.03	700℃ 101	800℃ 46	540	197~280	在空气中耐热温度到 680℃，含硅上限时到 780℃，高温力学性能较好	罩式退火炉导向器、烧结炉中后热筛板、加热炉吊梁
QTRSi5	2.4~3.2	≤0.7	>4.5~5.5	—	≤0.10	≤0.03	700℃ 67	800℃ 30	370	228~302	在空气中耐热温度到 800℃，含硅上限时到 900℃	煤粉炉烧嘴、炉条、辐射管、烟道闸门、加热炉中间管架
QTRAl4Si4	2.5~3.0	≤0.5	3.5~4.5	(4.0~5.0)	≤0.10	≤0.02	800℃ 82	900℃ 32	250	285~341	在空气中耐热温度到 900℃	烧结机箅条、炉用构件
QTRAl5Si5	2.3~2.8	≤0.5	>4.5~5.2	(>5.0~5.8)	≤0.10	≤0.02	800℃ 167	900℃ 75	200	302~363	在空气中耐热温度到 1050℃	烧结机箅条、炉用构件
QTRAl22	1.6~2.2	≤0.7	1.0~2.0	(20.0~24.0)	≤0.10	≤0.03	800℃ 130	900℃ 77	300	241~364	在空气中耐热温度到 1100℃，抗高温硫蚀性好	链式加热炉炉爪、黄铁矿烧结零件、铜炉用侧壁密封块

注：1. 硅系、铝系耐热球墨铸铁件，一般应进行消除应力热处理。

2. 在使用温度下，铸件平均氧化增重速度不大于 0.5g/(m²·h)，生长率不大于 0.2%。

2.4 电热材料及基础构件

电热材料是制造电热体的材料,电热体是电阻炉的关键部件,正确地选用电热体材料,对电阻炉的加热性能和使用寿命都有极其重要的意义。

电热体材料分为金属和非金属两大类。电热体材料应具备下列技术性能:

(1) 良好的高温力学性能和化学稳定性。电热体的温度比炉膛温度高出 100 ~ 150℃,长期在高温条件下工作,必须具备良好的耐热性和高温强度,即在高温下变形小、不塌陷、不断裂、抗氧化,与耐火材料不发生化学反应。

(2) 高的电阻率。

(3) 较小的电阻温度系数。电阻温度系数小,炉温变化时炉内功率变化少,炉温波动小;如果电阻温度系数大,炉内温度变化时,炉内功率变化大,温度波动大,就应安装调压变压器。

(4) 低的热胀系数。

(5) 良好的机械加工性能。

2.4.1 金属电热元件

1. 金属电热材料 常用的金属电热材料有镍铬合金和铁铬铝合金,在真空中和保护气氛中也使用钼、钨和钽。

(1) 镍铬合金。镍铬合金分二元合金和三元合金两种,二元合金基本是镍和铬,铁含量只有 0.5% ~ 3% (质量分数),三元合金是镍铬铁合金。经常使用的镍铬合金有 Cr15Ni60、Cr20Ni80、Cr20Ni80Ti3、0Cr23Ni13、0Cr25Ni20 等。

镍铬合金在空气中加热后,表面形成一层较硬的 Cr_2O_3 保护膜并紧附在合金基体上,熔点比合金基体高,能经受交替性的加热和冷却,抗蚀能力强,高温时力学性能好,常温时易于加工和焊接,电阻率大,电阻温度系数小,功率稳定,最高使用温度达 1100℃。

镍铬合金在空气中长期加热,氧化膜逐渐增厚,当电热元件的截面积减少 20% 时就应更换。在含硫气氛中加热时,镍含量越高,对硫的亲和力越强,高温下元件表面生成硫化镍的熔液区,通过该区硫可渗到合金内部产生晶间腐蚀,最后形成熔点相,明显地缩短了电热元件的使用寿命。在含碳气氛中加热时,当温度不很高时,元件表面的氧化膜在一段时间内能防止碳化;当温度很高,氧化膜将逐步被破坏,碳可渗入合金基体并生成某些碳化物而沉淀在晶间或晶体内,这些碳化物的共晶点较低,能使元件在高温下产

生裂纹。在含氢 15% 的放热性气氛中使用时,元件温度不应高于 930 ~ 1150℃。在含一氧化碳的吸热性气氛中使用时,元件温度不应高于 1010℃。

(2) 铁铬铝合金。经常使用的铁铬铝合金有 Cr13Al4、Cr17Al5、0Cr25Al5、0Cr24Al6RE、0Cr13Al6Mo2、0Cr27Al7Mo2 等。铁铬铝合金的熔点比镍铬合金高,在空气中加热后表面形成一层 Al_2O_3 保护膜,其熔点比合金基体高。此种合金电阻率大,电阻温度系数小,价格低廉,但质脆,加工性能较差,弯曲时需要预热;高温时强度低,元件易于变形倒塌;加热后合金晶粒长大,脆性增加,经不起冲击和弯曲;维修时比较困难。

酸性耐火材料及氧化皮在高温下与铁铬铝合金起化学反应,破坏表面的氧化膜。因此在高温炉使用铁铬铝电热元件时,应采用高铝砖或较纯的氧化铝制品支托。

在氮气中使用铁铬铝合金时,其使用温度比在空气中为低,因铁、铝与氮的亲和力强,高温时氧化铝保护膜被破坏,生成氮化物。同时,由合金内部分离出来的铝也形成氮化物,使合金中的铬、铝贫化,降低了抗氧化性能。

铁铬铝合金在含硫的氧化性气氛中没有影响;但在含硫的还原性气氛中,合金氧化膜的致密性被破坏,使合金基体不能抵抗硫的侵蚀;在含碳气氛中的使用情况与镍铬合金在该气氛中的使用情况基本相同。

(3) 钼的纯度在 99.8% 左右,呈银灰色,坚韧,耐高温;高温时力学性能好,电阻率低,电阻温度系数大。为使电热元件功率稳定,必须安装调压器。

钼易氧化,在空气中 200℃ 保持金属光泽,300℃ 呈钢灰色,400℃ 呈微黄色,600℃ 在金属表面形成粘附的黑色氧化膜,在 300 ~ 700℃ 范围内是稳定的 MoO_2,700℃ 以上生成 MoO_3 升华。

高温时,钼在真空中,在纯氢、氩、氦等惰性气体中很稳定;在水蒸气、二氧化硫、氧化亚氮和氧化氮中均发生氧化;低于 1100℃ 时,钼在二氧化碳、氨气、氮气中较稳定;高于 1100℃ 时,钼在一氧化碳和碳氢化合物中发生碳化。

钼对高温的硫化氢耐腐蚀,对 200℃ 的氯气、450℃ 的溴、800℃ 的碘蒸气都有良好的耐蚀性,室温时对氟不耐腐蚀。

钼的线胀系数小,强度高,加工性能较差,加工较粗(厚)的型材时应预热到 400℃ 以下;对任何截面尺寸的钼,都不应在低于脆性转化点(纯钼为 18 ~ 38℃)以下进行加工,否则将失去塑性;钼在再结晶温度(纯钼为 1007℃)以上加热后,室温时强

度降低而脆性增加，很难进行再加工，此种特性经任何热处理也不能逆转。

（4）钨的熔点比钼高，硬度大，高温力学性能好，电阻率小，电阻温度系数大，加热过程中必须使用调压器。

钨在空气中常温时较稳定，500℃以上开始氧化，1200℃开始挥发；在干氢中稳定，在湿氢中1400℃以下稳定；在煤气中1300℃表面生成碳化物，钨适宜在氩气、氦气中加热，也适于在真空中工作，2000℃以上钨与氮将生成氮化钨。

钨的加工性能较差，弯曲和铆接时要预热，焊接必须在真空中或在保护气氛中进行。

（5）钽的熔点2900℃，最高使用温度2500℃，

电阻率比钼、钨高，电阻温度系数大，加热过程中必须用调压器。

钽适于在氩、氦气体中工作；可在真空中≤1.33×10^{-2}Pa及温度低于2200℃以下工作；在空气中400℃开始氧化，600℃剧烈氧化；在氮气中变脆。

钽的加工性能好，可制成各种形状。焊接需在真空中或保护气氛中进行。

电热元件材料的电阻系数见表2-46。

电热元件在可控气氛中的长期使用温度见表2-47。

高电阻电热合金的性能见表2-48、表2-49。

几种高温电热材料的性能见表2-50。

电热材料与耐火材料的反应温度见表2-51。

表 2-46　电热元件材料的电阻系数

材料	下列温度（℃）时的电阻系数 $\rho_t/(\Omega \cdot mm^2/m)$																
	20	100	200	300	400	500	600	700	800	900	1000	1100	1200	1300	1400	1600	1700
Cr15Ni60	1.100	1.114	1.132	1.151	1.168	1.181	1.180	1.191	1.198	1.207	1.216						
Cr20Ni80	1.110	1.117	1.128	1.137	1.144	1.149	1.139	1.131	1.129	1.133	1.141	1.152					
Cr13Al5	1.260	1.265	1.276	1.294	1.312	1.336	1.373	1.404	1.419	1.430	1.439						
0Cr13Al6Mo2	1.400	1.401	1.402	1.410	1.420	1.439	1.467	1.474	1.481	1.484	1.489	1.493	1.496				
0Cr25Al5	1.400	1.403	1.410	1.418	1.431	1.450	1.478	1.488	1.494	1.502	1.506	1.511	1.512				
0Cr27Al7Mo2	1.500	1.496	1.491	1.488	1.486	1.489	1.498	1.489	1.489	1.489	1.489	1.489	1.490	1.490			
0Cr24Al6RE	1.45	1.45	1.45	1.45	1.45	1.465	1.479	1.479	1.494	1.494	1.508	1.508	1.508	1.508	1.523		
0Cr21Al6Nb	1.43	1.43	1.43	1.43	1.43	1.444	1.459	1.459	1.473	1.473	1.487	1.487	1.487	1.487	1.502		
钼	0.054	0.074	0.100	0.126	0.152	0.179	0.205	0.232	0.258	0.284	0.314	0.344	0.374	0.404	0.435	0.496	0.526
钨	0.055	0.074	0.099	0.126	0.154	0.184	0.213	0.243	0.273	0.303	0.335	0.365	0.396	0.428	0.461	0.527	0.559
硅钼棒	0.25	0.35	0.50	0.65	0.83	1.02	1.24	1.46	1.70	1.94	2.20	2.44	2.70	2.96	3.21	3.73	4.00

表 2-47　电热元件在可控气氛中的长期使用温度

电热元件材料	在下列可控气氛中的长期使用温度/℃							
	空气	还原气氛氢或分解氨	含氢15%（体积分数）的放热式气氛	一氧化碳吸热式气氛	渗碳气氛	含硫的氧化性或还原性气氛	含铝锌的还原性气氛	真空
Cr20Ni80	<1150	<1180	<1150	<1010	不[①]	不	不	<1150
Cr15Ni60	<1010	<1010	<1010	<930	不	不	不	<1010
Cr20Ni35，余为Fe	<930	<930	<930	<870	不	<930	<930	—
Cr23Al5Co1 余为Fe	<1150	<1150[②]	不	不	不	含硫氧化性气氛可用	不	—
0Cr25Al5A	1300（干空气）1100（湿空气）	1300（氢）1100（分解氨）	1100	1000				

（续）

电热元件材料	在下列可控气氛中的长期使用温度/℃							
	空气	还原气氛氢或分解氨	含氢15%（体积分数）的放热式气氛	一氧化碳吸热式气氛	渗碳气氛	含硫的氧化性或还原性气氛	含铝锌的还原性气氛	真空
0Cr24Al6RE	1400（干空气）1200（湿空气）	1400（氢）1200（分解氨）	1150	1050				
Mo	不③	<1650	不	不	不	不	不	<1650
W	不	氢中<2480	不	不	不	不	不	2000
碳化硅	<1450	<1200	<1370	<1370	不	<1390	<1370	不
石墨	不	<2480	不	<2480	<2480	含硫气氛可用	<2480	2000

① 表面经陶瓷材料镀层处理后可以应用。

② 使用前需经过氧化处理。

③ 表面镀 MoS_2 后可以使用；表内"不"字表示完全不能应用。

表2-48　高电阻电热合金的性能 I

项　　目	Cr15Ni60	Cr20Ni80	Cr13Al4	Cr17Al5	0Cr25Al5	0Cr24Al6RE
20℃时电阻系数/（Ω·mm²/m）	1.10	1.11	1.26	1.30	1.40	1.45
密度/（g/cm³）	8.15	8.40	7.40	7.20	7.10	7.1
电阻温度系数/（10⁻⁵/℃）	（20~1000℃）14	（20~1100℃）8.5	（20~850℃）15	（20~1000℃）6	（20~1200℃）3~4	（20~1000℃）2~3
线胀系数/（10⁻⁶/℃）	13.0	14.0	16.5	15.5	15.0	13
热导率/[W/（m·℃）]	12.56	16.75	16.75	16.75	16.75	—
比热容/[kJ/（kg·℃）]	0.46	0.44	0.63	0.63	0.63	—
熔点/℃	1390	1400	1450	1500	1500	1500
抗拉强度/10⁴Pa	6.4~7.8	6.4~7.8	5.4~7.4	5.8~7.8	6.8~7.8	6.5~8.0
伸长率（%）	25~35	25~35	15~30	10~30	20~25	>15
断面收缩率（%）	60~75	60~70	65~75	65~75	70~75	—
硬度 HBW	130~150	130~150	200~260	200~260	200~260	—
快速寿命试验/h　1300℃	—	—	—	—	80~123	—
快速寿命试验/h　1400℃	—	—	—	—	21~22	—

项　　目	0Cr27Al5	0Cr27Al7Mo2	钼	钨	硅碳棒	硅钼棒
20℃时电阻系数/（Ω·mm²/m）	1.50	1.50	0.054	0.055	—	0.25
密度/（g/cm³）	7.10	7.10	10.2	19.3	3.5	5.4
电阻温度系数/（10⁻⁵/℃）	—	-0.65	550	550	—	—
线胀系数/（10⁻⁶/℃）	—	14.6	6.1	5.9	5	7.5
热导率/[W/（m·℃）]	—	—	146.5	129.7	23.3	30.2
比热容/[kJ/（kg·℃）]	—	—	0.314	0.147	0.172	—
熔点/℃	—	—	2625	3410	—	2000
抗拉强度/10⁴Pa	6.8~8.6	7.4~8.3	7.8~12	10.8	—	抗弯>12
伸长率（%）	9~20	15	—	—	—	—
断面收缩率（%）	64~73	65	—	—	—	—
硬度 HBW	—	210~240	—	—	—	—
快速寿命试验/h　1300℃	84	127~185	—	—	—	—
快速寿命试验/h　1400℃	32~41	60	—	—	—	—

表 2-49　高温电阻合金性能 II

性　能		HRE	0Cr21Al6Nb	0Cr25Al5	0Cr23Al5	0Cr19Al5	0Cr19Al3	1Cr13Al4	Cr20Ni80	Cr15Ni60
主要成分(质量分数)(%)	Cr	24.0	21.0	25.0	22.0	19.0	19.0	13.5	20.0	15.0
	Al	6.0	6.0	5.3	5.0	5.0	3.7	5.0		
	Fe	其余	其余	其余	其余	其余	其余	其余		25.0
	Ni								其余	其余
最高使用温度/℃		1400	1350	1300	1250	1200	1100	950	1200	1150
20℃时电阻率/μΩ·m		1.45	1.43	1.40	1.35	1.33	1.23	1.25	1.09	1.11
电阻温度系数/(10⁻⁴/℃)	800℃	1.03	1.03	1.05	1.06	1.05	1.17	1.13	1.04	1.10
	1000℃	1.04	1.04	1.06	1.07	1.06	1.19	1.14	1.05	1.11
	1200℃	1.04	1.04	1.06	1.08	1.06			1.07	1.13
密度/(g/cm³)		7.10	7.10	7.15	7.25	7.20	7.35	7.40	8.30	8.20
熔点/℃		1500	1500	1500	1500	1500	1500	1450	1400	1400
抗拉强度/MPa		750	750	750	750	750	750	750	750	750
伸长率(%)		16	16	16	16	16	16	16	25	25
磁性		磁性	磁性	磁性	磁性	磁性	磁性	磁性	无磁性	弱磁性

表 2-50　几种高温电热材料的性能

项　目	温度/℃	钼	钨	钽
最高使用温度/℃	—	2000(保护气) 1650	3000(保护气) 2500	2200
密度/(g/cm³)	—	10.2	19.6	16.6
熔点/℃	—	2600	3400	2900
比热容/[kJ/(kg·℃)]	20	0.259	0.142	0.142
	1000	—	—	0.159
	1500	—	0.184	—
	2000	0.334	0.196	0.184
电阻率/(Ω·mm²/m)	0	0.045	0.05	0.15
	900	0.278	0.298	0.505
	1000	0.301	0.326	0.541
	1200	0.356	0.386	0.614
	1300	0.385	0.411	0.650
	1400	0.418	0.451	0.688
	1500	0.452	0.486	0.722
	1600	0.488	0.523	0.758
	1800	0.564	0.594	0.831
	2000	0.651	0.671	0.903
	2200		0.761	1.012(2300℃)
	2400		0.82	1.084(2500℃)
	2600		0.88	

（续）

项　目	温度/℃	钼	钨	钽
辐射能/（W/cm²）	1027	1.43	2.57	2.73
	1127	3.18	3.84	3.95
	1227	4.53	5.54	5.47
	1327	6.3	7.03	7.36
	1427	8.5	10.5	10.1
	1527	11.3	14.2	13.3
	1627	14.8	18.6	17.1
	1727	19.2	24	21.6
	1827	24.4	30.4	27.1
	1927	30.7	38	34.2
	2027	24.4	47	42.2
	2127	30.7	57.5	51.3
	2227	38.2	69.5	62.4
	2327		83.4	75.4
	2427		99	89.9
	2527		117	105.5
	2627		137	123
	2727		160	
	2827		185	
	2927		214	
	3027		244	
电阻温度系数/（10⁻³/℃）		4.75	4.8	3.3
线胀系数/（10⁻⁶/℃）	20	5.5	4.44	6.5
	50	—	—	6.6
	1000	—	5.10	—
	1500	—	—	80
	2000	—	7.26	—
热导率/［W/（m·℃）］	20	146.3	—	—
	500	—	96.1	—
	1000	98.6	117	46.4
	1500	—	133.8	42.2
	2000	—	148.4	39.7
蒸汽压/Pa	1500℃	1×10^{-6}		—
	2000	4×10^{-3}		6.6×10^{-6}
	2500	1.3		4×10^{-3}
蒸发速度/［mg/（cm²·h）］	1530	3.1×10^{-4}	1.3×10^{-10}	—
	1730	3.6×10^{-2}	5.3×10^{-8}	5.9×10^{-6}
	1930	180	7.5×10^{-6}	3.5×10^{-4}

（续）

项　　目	温度/℃	钼	钨	钽
蒸发速度/[mg/(cm² · h)]	2130	—	4.6×10^{-4}	1.1×10^{-2}
	2330	—	1.4×10^{-2}	2×10^{-1}
	2530	—	2.7×10^{-1}	2.5
发射率(黑度)	727	0.096		0.136
	1027	—	0.158	0.63
	1227	0.157	0.192	0.184
	1427	0.179	0.222	0.205
	1627	0.199	0.25	0.223
	1827	0.22	0.274	0.24
	2027	0.239	0.295	0.254
	2227	—	0.312	0.269
	2427	—	0.327	0.282
	2627		0.34	
	2827		0.352	
	3027		0.362	
硬度 HBW		烧结状　150 ~ 160	烧结状　200 ~ 250	45 ~ 600
弹性模量/MPa		279490 ~ 294200 （钼丝）	343233 ~ 272653 （钨丝）	
抗拉强度/MPa		钼丝(退火) 785 ~ 1177 钼丝(未退火) 1373 ~ 2550	锻拉钨条 343 ~ 1471 退火钨丝 110 未退火钨丝 1765 ~ 4070	退火钽丝 32 ~ 46 未退火钽丝 88 ~ 125

表 2-51　电热材料与耐火材料的反应温度　　　　（单位：℃）

材料	Al_2O_3	BeO	MgO	ThO_2	ZrO_2	粘土砖	碱性耐火材料	石墨
钼	1900	1900①	1600①	1900①	2200 烧结	1200	1600	1200 以上生成碳化物
钨	2000①	2000①	2000①	2200①	1600①	1200	1600	1400 以上生成碳化物
钽	1900	1600	1800	1900	1600	1200	1200	1000 以上生成碳化物

①　真空度为 1.3×10^{-2} Pa 时，比表中数据低 100 ~ 200℃。

2. 金属电热元件结构　金属电热元件材料通常轧制成线材和带材，有的也可铸成异形截面，线材和带材可弯成螺旋线、波形线和波形带等形状。

螺旋线可安装在炉墙的搁砖上、炉底的沟槽内和炉顶的弧形槽里，也可装在耐火材料制作的套管上；波形线和波形带多悬挂在炉墙上，也可安装在搁砖上或炉底沟槽内。波形带还可安装在炉顶的 T 形槽里。

在炉温相同、单位炉膛面积的安装功率相同、电热元件使用寿命相同的条件下，电热元件的材料消耗量以波形线为最少，波形带次之，螺旋线最多。电热元件所需的电压以螺旋线为最高，波形线次之，波形带最低。因此，在选用波形线或波形带时，应考虑采用降压变压器的可能。

为保证电热元件在高温下工作具有一定的强度，必须对电热元件进行合理的设计。表 2-52 为几种常用的电热元件结构关系尺寸。

3. 金属电热元件的计算　计算电热元件前，应确定好炉子的安装功率、供电线路电压、电热元件材料和电热元件的连接方式。

电热元件的尺寸可按表 2-53 所列顺序进行计算，算出的电热元件尺寸和每相长度，再根据表 2-52 算出不同结构形式电热元件的具体尺寸。

表 2-52　几种常用的电热元件结构关系尺寸

类别	结构形式	关系尺寸					
螺旋线		元件材料	下列温度（℃）时的 $\dfrac{D}{d}$ 值				
			<1000	1100	1200	1300	
		铁铬铝	6~8	5~6	5	5	
		镍铬	6~9	5~8	5~6		
波形线		$h=\left(\dfrac{1}{4}\sim\dfrac{1}{6}\right)H,s>6d,\theta=10°\sim20°$ 镍铬合金　　　$H=200\sim300mm$ 铁铬铝合金　　$H=150\sim250mm$					

类别	结构形式	安装方式	电阻带宽度 b/mm	最大 H 值/mm				
				镍　铬		铁　铬　铝		
				元件温度/℃		元件温度/℃		
				1100	1200	1100	1200	1300
波形带	$r=(4\sim8)a$	悬挂	10	300	200	250	150	130
			20	400	300	270	230	200
			30	450	350	420	280	250
		水平放置	10	200	160	180	140	120
			20	270	220	250	175	150
			30	320	270	300	200	170

表 2-53　电热元件尺寸计算表

计算参数	连 接 方 式	
	星 形 Y	三 角 形 △
相功率/kW	$P_x=\dfrac{P}{3}$	$P_x=\dfrac{P}{3}$
相电压/V	$U_x=\dfrac{U}{\sqrt{3}}$	$U_x=U$
相电流/A	$I_x=\dfrac{10^3P_x}{U_x}=\dfrac{10^3P}{\sqrt{3}U}$	$I_x=\dfrac{10^3P_x}{U_x}=\dfrac{10^3P}{3U}$
线电流/A	$I=I_x=\dfrac{10^3P}{\sqrt{3}U}$	$I=\sqrt{3}I_x=\dfrac{10^3P}{\sqrt{3}U}$
相电阻/Ω	$R_x=\dfrac{U_x^2}{10^3P_x}$	$R_x=\dfrac{U_x^2}{10^3P_x}$
20℃时相电阻/Ω	$R_{20}=\dfrac{\rho_{20}}{\rho_t}R_x$	$R_{20}=\dfrac{\rho_{20}}{\rho_t}R_x$

计算参数	截 面 形 状	
	电阻丝	电阻带
截面尺寸/mm	$d=34.4\sqrt[3]{\dfrac{P_x^2\rho_t}{U_x^2W_y}}$	$a=\sqrt[3]{\dfrac{10^5\rho_tP_x^2}{1.88m(m+1)U_x^2W_y}}$
每相长度/m	$L_x=\dfrac{R_xA}{\rho_t}$	$L_x=\dfrac{R_xA}{\rho_t}$

（续）

计 算 参 数	截 面 形 状	
	电阻丝	电阻带
截面积/mm²	$A = \dfrac{\pi d^2}{4}$	$A = 0.94ab = 0.94ma^2$
每相元件重量/kg	$G = gL_x$	$G = gL_x$
元件实际单位表面功率/(W/cm²)	$W_b = \dfrac{10^3 P_x}{\pi d L_x} < W_y$	$W_b = \dfrac{10^2 P_x}{2(a+b)L_x} < W_y$

注：a—电阻带厚度（mm）；b—电阻带宽度（mm）；d—电阻丝直径（mm）；m—$b/a = 5 \sim 18$；g—每米元件重量（kg/m）；U—线电压（V）；P—安装功率（kW）；W_y—元件允许的单位表面功率（W/cm²）；ρ_{20}、ρ_t—20℃ 及 t℃时元件的电阻系数（$\Omega \cdot mm^2/m$）。

（1）螺旋线电热元件尺寸　每圈螺旋线长度为

$$L_q = \pi D$$

每相电热元件圈数为

$$n = \frac{1000 L_x}{L_q}$$

螺旋节距为

$$s = \frac{L_1}{n}$$

式中　L_1——螺旋长度，即炉内安装每相螺旋线的总长度（mm）；

L_x——每相电热元件的长度（m）；

D——螺旋平均直径（mm）。

（2）波形线电热元件尺寸　每个波的长度为

$$L_b = 2\left(\pi\,\frac{h}{\cos\theta} + H - \frac{2}{\cos\theta}\right)$$

每相电热元件的波数为

$$n = \frac{1000 L_x}{L_b}$$

波形线波距为

$$s = \frac{L_b}{n}$$

式中　H——波纹高度（mm）；

h——波纹弧高（mm）；

L_b——波形线长度，即炉内安装每相波形线的总长度（mm）。

（3）波形带电热元件尺寸　每个波的长度为

$$L_b = 2\,(\pi r + H - 2r)$$

每相电热元件的波数为

$$n = \frac{1000 L_x}{L_b}$$

波形带波距为

$$s = \frac{L_b}{n}$$

式中　H——波纹高度（mm）；

r——波纹弯曲半径（mm）；

L_b——波形带长度，即炉内安装每波形带的总长度（mm）。

4. 金属电热元件的单位表面功率　在一定炉温下，电热元件单位表面功率的选择是否适当，直接关系到电热元件的表面温度及其使用的寿命，因而是计算电热元件的重要参数。

在理想条件下，即假定炉墙的热损失为零，电热元件和炉内被加热工件是两个完全平行的无限大平面，电热元件的单位表面功率（W/cm²）按下式计算：

$$W_1 = \sigma\left[\left(\frac{T_1}{100}\right)^4 - \left(\frac{T_2}{100}\right)^4\right] \times 10^{-4} \qquad (2\text{-}1)$$

式中　T_1——电热元件的热力学温度（K）；

T_2——被加热工件的热力学温度（K）；

σ——导出辐射系数 [W/（m²·K⁴）]。

$$\sigma = \frac{5.68}{\dfrac{1}{\varepsilon_g} + \dfrac{1}{\varepsilon_d} - 1}$$

式中　ε_g——被加热工件的发射率（黑度）；

ε_d——电热元件的发射率（黑度）。

当考虑电热元件与炉膛内表面之间辐射热交换时，导出辐射系数按下式计算：

$$\sigma = \frac{5.68}{\dfrac{1}{\varepsilon_g} + \dfrac{A_g}{A_c}\left(\dfrac{1}{\varepsilon_d} - 1\right)} \qquad (2\text{-}2)$$

式中　A_g——工件朝向电热元件的表面积（m²）；

A_c——电热元件占据的炉膛表面积（m²）。

按式（2-1）算出的在理想条件下（$\varepsilon_g = \varepsilon_d = 0.8$，$\sigma = 3.786$）电热元件的单位表面功率见图 2-2。

炉墙的热损失实际上并不等于零，炉膛有室状、圆筒形，电热元件有线状、带状等，电热元件和被加热工件实际上也不是两个平行的无限大的平面；被加热工件有各种不同的材料，其发射率（黑度）也不都是等于 0.8；同时电热元件的单位表面功率还与工件尺寸、电热元件节距、导出辐射系数及有效辐射系数等因素有关。电热元件实际允许的单位表面功率按下式计算：

$$W_y = W_1\alpha_x\alpha_j\alpha_d\alpha_c \qquad (2-3)$$

式中　W_1——理想条件下元件允许的单位表面功率（W/cm^2）；

　　　α_x——有效辐射系数，见表2-54；

　　　α_j——电热元件的节距系数，见表2-55；

　　　α_d——导出辐射系数的影响系数，见表2-56；

　　　α_c——工件尺寸系数，见表2-57。

一般间断操作的电阻炉，当采用无触点连续控温时，工件对电热元件的温度影响小，α_d 和 α_c 均为 1；采用有触点控温时，工件尺寸和黑度对电热元件的温度将产生影响，当 $A_g/A_c > 0.3$ 时应计入 α_d，$A_g/A_c \leqslant 0.3$ 时不计入 α_d。

安装在炉底的电热元件因有炉底板的屏蔽作用，在相同的单位表面功率下，电热元件的温度比安装在炉墙上的要高。为了保持电热元件的使用寿命，其单位表面功率要降低 20% ~ 50%，具体数据见表2-58。

例题　在可控气氛热处理电阻炉中，电热元件为在搁砖上的 0Cr25Al5 螺旋线，$s/d = 2$，被加热工件为表面未被氧化的钢，$\varepsilon_g = 0.45$；工件温度为 850℃，电热元件温度为 1050℃；$A_g/A_c = 0.8$，求电热元件采用的单位表面功率。

解：$W_y = W_1\alpha_x\alpha_j\alpha_d\alpha_c$

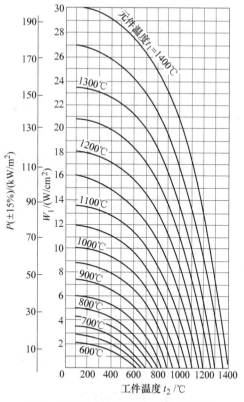

图 2-2　理想条件下电热元件的单位表面功率 W_1、单位炉墙面积功率 P 与电热元件温度及工件温度的关系

表 2-54　电热元件的有效辐射系数 α_x

电热元件类型	安装示意图	最小节距比	有效辐射系数 α_x
波形线		$\dfrac{l}{d} = 2.75$	0.68
波形带		$\dfrac{l}{b} = 0.9$	0.4
炉顶槽中波形带		$\dfrac{l}{b} = 0.9$	0.34

（续）

电热元件类型	安装示意图	最小节距比	有效辐射系数 α_x
套管上的螺旋线		$\dfrac{s}{d}=2$	0.32
搁砖上的螺旋线		$\dfrac{s}{d}=2$	0.32
炉顶槽中的螺旋线		$\dfrac{s}{d}=2$	0.22
电阻带与炉壁平行		$\dfrac{b}{a}=10$　$\dfrac{d}{b}=0.2\sim2$	$0.49\sim0.5$
炉底槽中的螺旋线		$\dfrac{s}{d}=2$　$\dfrac{s}{c}=1.5$　$\dfrac{h}{c}=1.5$	0.34

注：1. α_x 适于炉壁热损失很小，对流传热忽略不计，以辐射传热为先决条件。

　　2. 波形带元件的 α_x 适用于 $m=\dfrac{b}{a}\geqslant10$，$m<10$ 时，α_x 将由 0.4 增大到 0.68。

表 2-55　电热元件的节距系数

节距比 $\dfrac{s}{d}$、$\dfrac{l}{d}$、$\dfrac{l}{b}$　电热元件类型	下列节距比时的节距系数 a_j													
	0.5	1	1.5	2	2.5	3	3.5	4	4.5	5	5.5	6	6.5	7
螺纹线		0.525	0.75	1	1.23	1.4	1.54	1.69	1.81	1.91	—	—	—	—

（续）

节距比 $\frac{s}{d}$、$\frac{l}{d}$、$\frac{l}{b}$ 电热元件类型	下列节距比时的节距系数 a_j													
	0.5	1	1.5	2	2.5	3	3.5	4	4.5	5	5.5	6	6.5	7
波形线			0.72	0.825	—	1.04	—	1.15	—	1.23	—	1.25	—	1.25
波形带	0.6	1.05	—	1.65	—	1.9	—	2	—	2.1	—	2.15	—	

表 2-56　导出辐射系数的影响系数 α_d

导出辐射系数 σ	1	2	3	4
导出辐射系数的影响系数 α_d	0.3	0.6	0.9	1.2

表 2-57　工件尺寸系数 α_c

A_g/A_c	0.3	0.4	0.5	0.6	0.7	0.8
工作尺寸系数 α_c	0.35	0.47	0.59	0.72	0.86	1

注：A_c—电热元件占据的炉膛表面积（m^2）；
　　A_g—工件朝向电热元件的表面积（m^2）。

由图 2-2 求得 $W_1 = 5.5$；
由表 2-54 求得 $\alpha_x = 0.32$；
由表 2-55 求得 $\alpha_j = 1.0$；
由表 2-57 求得 $\alpha_c = 1$；

由式（2-2）求得 $\sigma = 2.35$；
由表 2-56 求得 $\alpha_d = 0.705$。
所以

$$W_y = 5.5 \times 0.32 \times 1.0 \times 0.705 \times 1 W/cm^2$$
$$= 1.24 W/cm^2$$

表 2-58　炉底电热元件表面功率降低率

炉底板材料	耐热钢	刚玉	碳化硅	粘土砖
单位表面功率降低（%）	20~30	30~40	30~40	40~50

多数化学热处理介质对电热元件表面的氧化膜起腐蚀破坏作用，所以在这些介质中使用时应采用较低的单位表面功率。

进行概略计算时，对在氧化气氛中加热的电热元件可参考表 2-59 选取单位表面功率。

表 2-59　金属电热元件的单位表面功率 W_y 值

电热元件材料	在下列炉温时允许的单位表面功率/（W/cm^2）							
	600℃	700℃	800℃	900℃	1000℃	1100℃	1200℃	1300℃
0Cr17Al5	2.6~3.2	2.0~2.6	1.6~2.0	1.1~1.5	0.8~1.0	0.5~0.7	—	
0Cr25Al5		3.0~3.7	2.6~3.2	2.1~2.6	1.6~2.0	1.2~1.5	0.8~1.0	0.5~0.7
Cr15Ni60	2.5	2.0	1.5	0.8	—	—	—	
Cr20Ni80	3.0	2.5	2.0	1.5	1.1	0.5	—	
Cr20Ni80Ti3		2.2	1.7	1.3	0.7	0.5	—	

5. 电热元件寿命计算 通常把电热元件截面积氧化率达到 20%，或元件的电阻增加 25%、功率降低 20% 时的使用时间作为电热元件的使用寿命。使用寿命为 10000h 时，各种电阻合金的氧化速度与温度的关系（在空气中）见图 2-3，直径为 $\phi1mm$ 的电阻丝其使用寿命见图 2-4，任意直径的电热元件的寿命可按下式计算：

$$\tau = \tau_1 d \tag{2-4}$$

式中 τ_1——直径为 $\phi1mm$ 的电阻丝的使用寿命（h/mm）；

d——电热元件的直径（mm）。

带状电热元件的使用寿命按下式计算：

$$\tau = 1.75a\tau_1 \quad (h) \tag{2-5}$$

式中 a——电阻带的厚度（mm）。

上式适于 $b/a > 10$ 的电阻带。

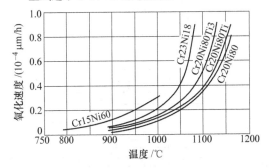

图 2-3 电阻合金的氧化速度与温度的
关系（使用寿命 10000h）

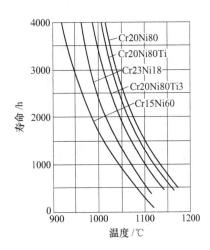

图 2-4 直径为 $\phi1mm$ 的电阻丝使用
寿命（氧化掉原截面积的 20%）

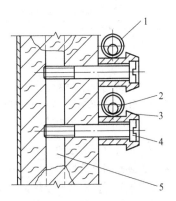

图 2-5 高温瓷管支承安装示意
1—螺旋状电阻丝 2—高温瓷管 3—高温
瓷套 4—耐热螺栓 5—支架

6. 电热元件的固定 在炉墙上安装电热元件有多种固定方式。波形线和波形带是用耐热合金钩或陶瓷钉固定在炉墙上，螺旋状电热元件则放在搁砖上并用砌在炉墙内的耐热合金钩钩住。安装在炉顶的电热元件一般安装在炉顶的耐火砖沟槽内，螺旋状电热元件还可绕在悬挂于炉顶的陶瓷管上，炉底电热元件均放在耐火砖砌的沟槽内。上述固定方式见表 2-54 所示的安装示意图内。

对于耐火纤维炉衬，电热元件的固定也有多种形式。

（1）高温瓷管支承。将螺旋状电阻丝套在高温瓷管上，瓷管两端放在用耐热钢螺栓固定在支架上的高温瓷套上，瓷管长为 400～1000mm，直径约 $\phi30mm$，耐热钢螺栓直径为 $\phi6～\phi8mm$，瓷管应具有良好的高温抗折性能和足够的高温激冷性能，结构形式之一见图 2-5。

（2）镶嵌瓷管挂钩。在耐火纤维预制块内的耐火陶瓷管，将耐热钢挂钩（圆钢或扁钢制成）的一端挂在耐火陶瓷管上，另一端钩住波形电热元件的波峰，元件的波谷也用同类耐热钢钩钩住，结构示意见图 2-6。

（3）异形瓷套固定。图 2-7 所示为耐热钢扁钩焊在金属支架上，耐火异形瓷套穿过耐火纤维预制块使其顶端的矩形孔插入耐热钢扁钩并旋转 90°，使异形瓷套与扁钩卡住，将波形带的波峰挂在异型瓷套上，波形带下端的波谷也用同样方法套在下边的异形瓷套上。不同之处在于，下边异形瓷套顶端的矩形孔与上边的异形瓷套的矩形孔相差 90°。

7. 电热元件的连接 电热元件之间、电热元件与引出棒之间用焊接方法连接；引出棒与金属炉架之间用连接装置连接；引出棒与电缆之间则通过接线板连接。

铁铬铝合金为单相铁基固溶体组织，焊接时会使

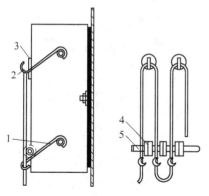

图 2-6　镶嵌瓷管挂钩

1—耐火陶瓷管　2—耐热钢钩　3—瓷垫圈
4—瓷垫圈　5—瓷管

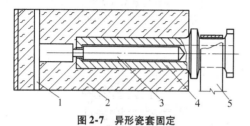

图 2-7　异形瓷套固定

1—支架　2—耐火纤维预制块　3—耐热钢扁钩
4—异型瓷套　5—波形带

晶粒粗大，且不能用热处理方法使其细化，因此要求快速焊接以限制受热范围及其过热程度，一般采用焊条电弧焊，最好用氩弧焊；镍铬合金焊接性能好，可用焊条电弧焊或氧乙炔焊，所有焊条应与电热元件材料相同。对于铁铬铝元件，炉温低于950℃时，可用镍铬合金焊条焊接；炉温高于950℃时，应采用铁铬铝焊条焊接。

（1）电热元件与引出棒的焊接。为降低引出棒与接线板连接处的温度，引出棒的直径应等于或大于电热元件直径的3倍。引出棒材质一般采用耐热钢，低温下可使用碳素钢，截面多为圆形，也可为矩形。

线状铁铬铝元件与引出棒一般采用钻孔焊（见图2-8）或铣槽焊（见图2-9）；带状铁铬铝元件与引出棒一般采用铣槽焊（见图2-10）；线状及带状镍铬

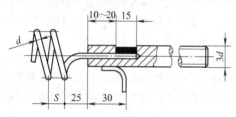

图 2-8　线状铁铬铝元件与引出棒钻孔焊

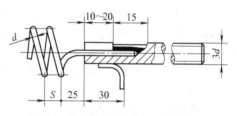

图 2-9　线状铁铬铝元件与引出棒铣槽焊

元件与引出棒多采用搭焊（见图2-11、图2-12）。为保证焊接区电热元件的强度，搭焊时端部应留有5～10mm的不焊接区。

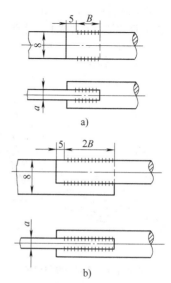

**图 2-10　带状铁铬铝元件
与引出棒铣槽焊**

a）电阻带宽边等于引出棒直径
b）电阻带宽边大于引出棒直径

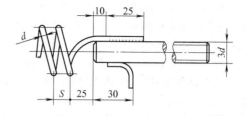

图 2-11　线状镍铬元件与引出棒搭焊

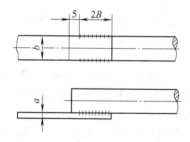

图 2-12　带状镍铬元件与引出棒搭焊

当采用低碳钢为引出棒时，线状镍铬元件及铁铬铝元件与引出棒的焊接均采用搭焊（见图 2-13）；带状元件（镍铬、铁铬铝）与引出棒的焊接参见图 2-10 及图 2-12。任何一种焊接，焊接处在炉墙内所处的温度均不应超过 600℃。否则产生氧化皮脱落后有造成元件短路的危险。

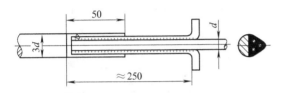

图 2-13　线状元件（镍铬、铁铬铝）与低碳钢引出棒的焊接

（2）电热元件间的焊接。线状铁铬铝元件间的焊接一般采用钻孔焊（见图 2-14a）或铣槽焊（见图 2-14b）；线状镍铬元件间的焊接采用搭焊（见图 2-14c）；带状镍铬元件及铁铬铝元件间多采用搭焊（见图 2-14d）。

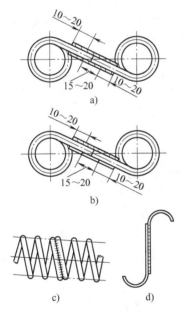

图 2-14　电热元件间的焊接

a）钻孔焊　b）铣槽焊

c）、d）搭焊

（3）引出棒与金属炉壳的连接。引出棒与炉壳的连接必须保证密封、牢固、绝缘和拆卸方便，图 2-15 所示为引出棒连接装置。引出棒插在中央，用绝缘子及密封填料与炉体金属壳体绝缘并密封，用螺母与炉壳固定，引出棒端头有金属接线板与电缆连接。引出棒连接装置尺寸见表 2-60。

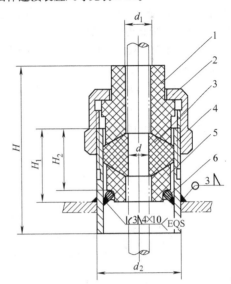

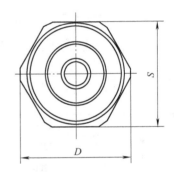

图 2-15　引出棒连接装置

1—绝缘子　2—螺母　3—填料
4—管座　5—绝缘子　6—挡圈

表 2-60　引出棒连接装置尺寸

（单位：mm）

引出棒直径 d	d_1	d_2	H	H_1	H_2	D	S
$\phi12$	14	$\phi45 \times 3$	80	38	30	60	55
$\phi20$	22	$\phi50 \times 3.5$	85	43	34	66	60

2.4.2　非金属电热元件

1. 碳化硅电热元件　碳化硅电热元件一般做成棒状和管状，是碳化硅的再结晶制品，$w(SiC)$ 在 94% 以上，熔点为 2227℃，硬度大，较脆，耐高温，变形小，耐急冷急热性能好，有良好的化学稳定性，与酸类物质不起作用。在高温下对碱、碱金属及低熔点的酸盐起作用，对二氧化碳及一氧化碳作用缓慢；

在650℃左右的空气中开始氧化，与水蒸气强烈氧化；与氢接触会变脆；有较大的电阻系数，使用过程中易老化，使电阻变大；炉温1400℃时可连续工作2000h左右，多用于高温电阻炉。其主要性能见表2-61。碳化硅的电阻系数在常温下较大，随着温度升高而降低，到900℃左右达到最低点，然后随温度的升高而增大，具体数值见表2-62。为使炉子温度稳定，通常要采用调压变压器。

表2-61　碳化硅电热元件主要性能

最高工作温度/℃	密度/(g/cm³)	热导率/[W/(m·℃)]	比热容/[kJ/(kg·℃)]
1500	3 ~ 3.2	23.26	0.71

电阻率/(Ω·mm²/m)	线胀系数(20 ~ 1500℃)(10⁻⁶/℃)	抗拉强度/MPa	抗弯强度/MPa
1000 ~ 2000	5	39.2 ~ 49	70 ~ 90

表2-62　碳化硅电热体的电阻系数

温度/℃	电阻率/(Ω·mm²/m)
20	3700
100	2400
200	1802
300	1600
400	1320
500	1200
600	1050
700	1020
800	1000
900	980
1000	1000
1100	1020
1200	1050
1300	1200
1400	1320
1500	1450

（1）碳化硅棒电热元件。碳化硅棒电热元件按形状分有端头加粗式、端头与工作段等直径式、凵形和山字形。其外形见图2-16。

为了使碳化硅棒老化后仍能保持炉子原有功率，调压变压器的电压应为工作时电压的两倍。

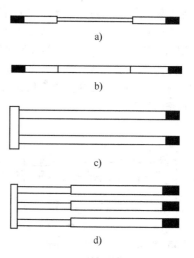

图2-16　碳化硅棒电热元件外形
a）端头加粗式碳化硅棒　b）等直径碳化硅棒　c）凵形　d）山字形

碳化硅棒电热元件有标准产品，根据炉温、安装功率和炉膛尺寸，即可算出电热元件的根数和通过元件的电流和电压。表2-63是碳化硅电热元件的规格尺寸及电气性能。不同直径的碳化硅棒电热元件在不同温度时的电阻率见图2-17。碳化硅棒电热元件允许的单位表面功率见图2-18。碳化硅棒电热元件常用单位表面功率见表2-64。

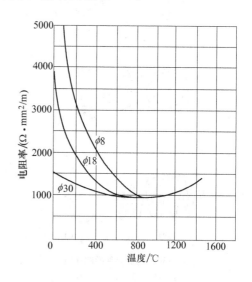

图2-17　不同直径的碳化硅棒电热元件在不同温度时的电阻率

碳化硅棒电热元件可以在炉内水平安装，也可以垂直安装。碳化硅棒的发热段（工作段）应与炉膛的有效尺寸相符合，具体安装尺寸见表2-65。

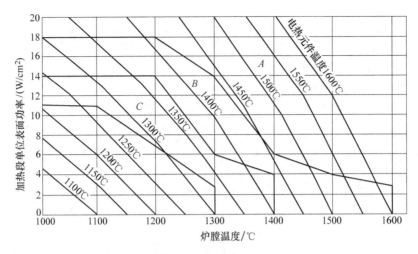

图 2-18　碳化硅棒电热元件允许的单位表面功率

A—在大气中　B—$\varphi(H_2)<20\%$ 的氮气或煤气不完全燃烧的生成气

$[\varphi(H_2)=20\%,\varphi(CO)=10\%\sim15\%,\varphi(CO_2)=4\%\sim7\%,$ 其余为 $N_2]$

C—$\varphi(H_2)>20\%$ 的氮气和纯氮

表 2-63　碳化硅棒电热元件规格尺寸及电气性能

规格尺寸 ($d/l_1/l_2$) /mm	总长 L /mm	冷端直径 D /mm	1400℃时电阻/Ω (±10%)	有效表面积 /cm²	不同炉温下每根碳化硅棒的功率、电压、电流 功率/W ÷ 电压/V(电流/A)				
					1200℃	1300℃	1350℃	1400℃	1500℃
6/60/75	210	12	2.2	11.5	$\dfrac{207}{21(9.7)}$	$\dfrac{160}{19(8.5)}$	$\dfrac{115}{16(7.2)}$	$\dfrac{70}{12.5(5.6)}$	$\dfrac{45}{10(4.5)}$
6/100/75 6/100/130	250 360	12	3.5	19.0	$\dfrac{342}{35(9.9)}$	$\dfrac{265}{30(8.8)}$	$\dfrac{190}{26(7.3)}$	$\dfrac{114}{20(5.7)}$	$\dfrac{72}{16(4.5)}$
8/150/85 8/150/150	320 450	14	3.6	38.0	$\dfrac{684}{50(13.4)}$	$\dfrac{525}{43(12.2)}$	$\dfrac{380}{37(10.3)}$	$\dfrac{228}{28.5(7.9)}$	$\dfrac{145}{23(6.3)}$
8/180/60 8/180/85 8/180/150	300 350 480	14	4.4	45.0	$\dfrac{810}{60(13.6)}$	$\dfrac{635}{53(12.0)}$	$\dfrac{460}{45(10.2)}$	$\dfrac{270}{34.5(7.9)}$	$\dfrac{170}{27.5(6.2)}$
8/200/85 8/200/150	370 500	14	4.8	50.0	$\dfrac{900}{66(13.7)}$	$\dfrac{700}{58(12.1)}$	$\dfrac{500}{49(10.2)}$	$\dfrac{300}{38(7.9)}$	$\dfrac{185}{30(6.2)}$
8/250/100 8/250/150	450 550	14	6.2	63.0	$\dfrac{1134}{84(13.5)}$	$\dfrac{880}{74(11.9)}$	$\dfrac{630}{62(10.1)}$	$\dfrac{385}{49(7.9)}$	$\dfrac{240}{38.5(6.2)}$
8/300/85	470	14	7.4	75.0	$\dfrac{1350}{100(13.5)}$	$\dfrac{1050}{88(12.0)}$	$\dfrac{750}{75(10.1)}$	$\dfrac{450}{58(7.8)}$	$\dfrac{285}{46(6.2)}$
8/400/85	570	14	10.0	100.0	$\dfrac{1800}{134(13.4)}$	$\dfrac{1400}{119(11.9)}$	$\dfrac{1000}{100(10.0)}$	$\dfrac{600}{77(7.7)}$	$\dfrac{380}{62(6.2)}$
12/150/200	550	18	1.7	56.5	$\dfrac{1017}{42(24.5)}$	$\dfrac{795}{37(21.4)}$	$\dfrac{565}{31(18.2)}$	$\dfrac{340}{24(14.2)}$	$\dfrac{215}{19(11.3)}$
12/200/200	600	18	2.2	75.0	$\dfrac{1350}{55(24.8)}$	$\dfrac{1050}{48(21.8)}$	$\dfrac{755}{41(18.5)}$	$\dfrac{450}{31.5(14.3)}$	$\dfrac{285}{25(11.4)}$
12/250/200	650	18	2.8	94.0	$\dfrac{1692}{69(24.6)}$	$\dfrac{1320}{61(21.6)}$	$\dfrac{940}{51(18.4)}$	$\dfrac{565}{40(14.2)}$	$\dfrac{355}{31.5(11.3)}$

（续）

规格尺寸 （$d/l_1/l_2$） /mm	总长 L /mm	冷端直径 D /mm	1400℃时电阻/Ω （±10%）	有效表面积 /cm²	不同炉温下每根碳化硅棒的功率、电压、电流 $\dfrac{功率/W}{电压/V（电流/A）}$				
					1200℃	1300℃	1350℃	1400℃	1500℃
14/200/250 14/200/350	700 900	22	1.8	88.0	$\dfrac{1584}{54(29.7)}$	$\dfrac{1230}{47(26.2)}$	$\dfrac{880}{40(22)}$	$\dfrac{530}{31(17.2)}$	$\dfrac{340}{25(13.7)}$
14/250/250 15/250/350	750 950	22	2.2	110.0	$\dfrac{1980}{66(30)}$	$\dfrac{1540}{58(26.6)}$	$\dfrac{1100}{49(22.4)}$	$\dfrac{665}{38(17.3)}$	$\dfrac{420}{30.5(13.8)}$
14/300/250 14/300/350	800 1000	22	2.6	132.0	$\dfrac{2376}{79(30.2)}$	$\dfrac{1850}{69(26.7)}$	$\dfrac{1320}{59(22.4)}$	$\dfrac{785}{45(17.4)}$	$\dfrac{500}{36(13.9)}$
14/400/250 14/400/350	900 1100	22	3.5	176.0	$\dfrac{3168}{105(30.7)}$	$\dfrac{2450}{93(26.4)}$	$\dfrac{1750}{78(22.5)}$	$\dfrac{1060}{61(17.4)}$	$\dfrac{675}{48.5(13.9)}$
14/500/250 14/500/350	1000 1200	22	4.4	220.0	$\dfrac{3960}{132(30)}$	$\dfrac{3080}{116(26.4)}$	$\dfrac{2200}{99(22.4)}$	$\dfrac{1320}{76(17.3)}$	$\dfrac{835}{60.5(13.8)}$
14/600/250 14/600/350	1100 1300	22	5.2	264.00	$\dfrac{4752}{157(30.2)}$	$\dfrac{3700}{139(26.6)}$	$\dfrac{2650}{118(22.6)}$	$\dfrac{1580}{91(17.4)}$	$\dfrac{1000}{72(13.9)}$
18/250/250 18/250/350	750 950	28	1.3	141.0	$\dfrac{2538}{57(44.2)}$	$\dfrac{1970}{51(38.8)}$	$\dfrac{1410}{43(32.8)}$	$\dfrac{840}{33(25.5)}$	$\dfrac{535}{26.5(20.3)}$
18/300/250 18/300/350 18/300/400	800 1000 1100	28	1.7	170.0	$\dfrac{3060}{72(42.4)}$	$\dfrac{2380}{64(37.2)}$	$\dfrac{1700}{54(31.5)}$	$\dfrac{1020}{41.5(24.5)}$	$\dfrac{645}{33(19.5)}$
18/400/250 18/400/350 18/400/400	900 1100 1200	28	2.3	226.0	$\dfrac{4068}{97(42.1)}$	$\dfrac{3160}{85(37.2)}$	$\dfrac{2260}{72(31.4)}$	$\dfrac{1360}{56(24.3)}$	$\dfrac{860}{43.5(19.4)}$
18/500/250 18/500/350 18/500/400	1000 1200 1300	28	2.7	283.0	$\dfrac{5094}{117(43.4)}$	$\dfrac{3840}{102(37.6)}$	$\dfrac{2860}{88(32.6)}$	$\dfrac{1700}{68(25.1)}$	$\dfrac{1080}{54(20)}$
18/600/250 18/600/350 18/600/400	1100 1300 1400	28	3.4	340.0	$\dfrac{6120}{144(42.4)}$	$\dfrac{4760}{127(37.6)}$	$\dfrac{3400}{107(31.8)}$	$\dfrac{2040}{83(24.5)}$	$\dfrac{1295}{66.5(19.5)}$
18/800/250 18/800/350	1300 1500	28	4.6	450.0	$\dfrac{8100}{193(42.0)}$	$\dfrac{6300}{170(37.0)}$	$\dfrac{4500}{144(31.3)}$	$\dfrac{2700}{111(24.3)}$	$\dfrac{1710}{88.5(19.3)}$
25/300/400	1100	38	1.0	236.0	$\dfrac{4248}{65(65)}$	$\dfrac{3360}{58(58)}$	$\dfrac{2400}{49(49)}$	$\dfrac{1410}{37.5(37.5)}$	$\dfrac{900}{30(50)}$
25/400/400	1200	38	1.3	314.0	$\dfrac{5652}{86(65.9)}$	$\dfrac{4400}{75(58.5)}$	$\dfrac{3140}{64(49.2)}$	$\dfrac{1900}{50(38.0)}$	$\dfrac{1200}{39.5(30.4)}$
25/600/500	1600	38	2.0	470.0	$\dfrac{8460}{130(65)}$	$\dfrac{6700}{116(58)}$	$\dfrac{4800}{98(49)}$	$\dfrac{2820}{75(37.5)}$	$\dfrac{1800}{60(30)}$
25/800/500	1800	38	2.6	628.0	$\dfrac{11304}{171(65.9)}$	$\dfrac{8800}{150(58.5)}$	$\dfrac{6300}{128(49.2)}$	$\dfrac{3800}{100(38.0)}$	$\dfrac{2400}{79(30.4)}$
30/900/500	1900	45	1.9	850.0	$\dfrac{15300}{171(98.7)}$	$\dfrac{11900}{151(79)}$	$\dfrac{8500}{127(67)}$	$\dfrac{5100}{98.5(51.7)}$	$\dfrac{3230}{78.5(41.2)}$
30/1000/500	2000	45	2.0	942.0	$\dfrac{16956}{184(92.1)}$	$\dfrac{13190}{161(80.2)}$	$\dfrac{9420}{137(68.5)}$	$\dfrac{5650}{106(53.2)}$	$\dfrac{3580}{84(42.3)}$
30/1200/500	2200	45	2.4	1130.0	$\dfrac{20340}{221(92.1)}$	$\dfrac{15820}{194(81)}$	$\dfrac{11300}{165(69)}$	$\dfrac{6780}{128(53)}$	$\dfrac{4295}{101.5(42.3)}$
30/1500/400	2300	45	3.0	1413.0	$\dfrac{25434}{276(92.1)}$	$\dfrac{19780}{243(81)}$	$\dfrac{14130}{206(68.6)}$	$\dfrac{8480}{159(53.2)}$	$\dfrac{5370}{127(42.3)}$

注：d—工作段直径（mm）；l_1—工作段长度（mm）；l_2—冷端长度（mm）。

表 2-64 碳化硅棒电热元件常用单位表面功率 （单位：W/cm²）

元件温度 /℃	炉温 /℃														
	20	100	200	300	400	500	600	700	800	900	1000	1100	1200	1300	1400
500	1.75	1.69	1.54	1.25	0.76										
600	2.87	2.81	2.65	2.36	1.88	1.12									
700	4.46	4.39	4.23	3.94	3.46	2.70	1.58								
800	6.62	6.56	6.40	6.11	5.63	4.87	3.75	2.17							
900	9.42	9.36	9.20	8.91	8.43	7.67	6.55	4.97	2.8						
1000	13.10	13.04	12.88	12.50	12.11	11.35	10.23	8.65	6.48	3.68					
1100	17.72	17.66	17.50	17.21	16.73	15.86	14.85	13.27	11.10	8.30	4.62				
1200	23.51	23.45	23.23	23.00	22.52	21.74	20.64	19.06	16.83	14.09	10.41	5.79			
1300	30.57	30.51	30.35	30.06	29.58	28.82	27.70	26.12	23.35	21.15	17.47	12.85	7.05		
1400	39.12	39.06	38.90	38.61	38.13	37.28	36.25	34.67	32.50	29.70	26.02	21.40	15.61	8.55	
1500	49.37	49.31	49.16	48.86	48.38	47.62	46.50	44.93	42.78	39.95	36.27	31.65	25.88	18.74	10.23

表 2-65 碳化硅棒安装尺寸

碳化硅棒工作段直径 d/mm	φ6	φ8	φ12	φ14	φ18	φ25	φ30	φ40
碳化硅棒最小中心间距/mm	25	35	50	60	75	105	125	160
碳化硅棒中心距炉墙距离/mm	15	20	25	30	40	50	60	80
碳化硅棒中心距工作边缘/mm	20	25	40	45	60	75	90	120

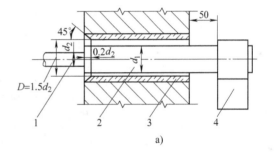

a)

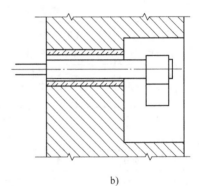

b)

图 2-19 碳化硅棒安装图

a）用于一般炉墙 b）用于较厚炉墙

1—碳化硅棒热端 2—冷端 3—衬套

4—接线板

为便于安装，碳化硅棒冷端应伸出炉外 50mm 左右，冷端与衬套间应留有适当间隙，见图 2-19a；炉墙较厚时，碳化硅棒冷端安装见图 2-19b。

（2）碳化硅管电热元件。碳化硅管电热元件有三种结构形式：

1）一端接线，工作段有双头螺纹。

2）两端接线，工作段有单头螺纹。

3）两端接线，工作段为直管，两端管径加粗。

碳化硅管的外形见图 2-20。

碳化硅管的标准电阻及发热段表面积见表 2-66。

碳化硅管一般多垂直悬挂在炉顶上，因管上有螺纹槽，进线和出线可在同一端接线，为确保两线间绝缘，安装时应在接线端装入高温绝缘性能可靠及化学稳定性好的高铝陶瓷塞 [$w(Al_2O_3) > 80\%$]。管端外面用高铝质卡瓦箍紧。碳化硅管与炉壁的垂直安装结构见图 2-21。

碳化硅管水平安装时，加热段端头应插到炉墙的不通孔中，见图 2-22。

为使碳化硅管有效地传热，碳化硅管与最靠近炉墙的距离不应小于 38mm，或两倍管径，碳化硅管的中心间距不应小于管径的两倍。

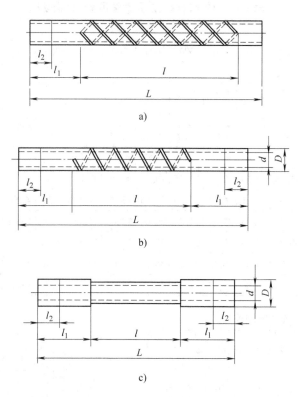

图 2-20　碳化硅管的外形

a）一端接线　b）两端接线　c）两端接线无螺纹

L—碳化硅管全长　l—发热段长度　l_1—冷端长度

l_2—喷铝段长度　D—管外径　d—管内径

表 2-66　碳化硅管标准电阻及发热段表面积

序号	发热段尺寸 /mm		1400℃设计标准电阻/Ω			发热段表面积 /cm²	序号	发热段尺寸 /mm		1400℃设计标准电阻/Ω			发热段表面积 /cm²
	外径/内径	长度	单螺纹	双螺纹	无螺纹			外径/内径	长度	单螺纹	双螺纹	无螺纹	
1	$\phi40/\phi30$	200	6	7.5	0.35	251	12	$\phi60/\phi50$	600	7	8.5	—	1130
2	$\phi40/\phi30$	300	6.5	8	0.45	377	13	$\phi70/\phi60$	300	5	6.5	0.35	659
3	$\phi40/\phi30$	400	7	8.5	—	503	14	$\phi70/\phi60$	400	5.5	7	0.45	879
4	$\phi50/\phi40$	200	5.5	7	0.35	314	15	$\phi70/\phi60$	500	6	7.5	0.55	1100
5	$\phi50/\phi40$	300	6	7.5	0.45	471	16	$\phi70/\phi60$	600	6.5	8	—	1320
6	$\phi50/\phi40$	400	6.5	8	0.55	628	17	$\phi70/\phi60$	700	7	8.5	—	1540
7	$\phi50/\phi40$	500	7	8.5	—	785	18	$\phi70/\phi60$	800	7.5	—	—	1758
8	$\phi60/\phi50$	200	5	6.5	—	377	19	$\phi70/\phi60$	900	8	—	—	1978
9	$\phi60/\phi50$	300	5.5	7	0.35	565	20	$\phi70/\phi60$	1000	8.5	—	—	2193
10	$\phi60/\phi50$	400	6	7.5	0.45	754	21	$\phi80/\phi70$	300	5	6	—	754
11	$\phi60/\phi50$	500	6.5	8	0.55	943	22	$\phi80/\phi70$	400	5.5	6.5	—	1005

（续）

序号	发热段尺寸 /mm		1400℃设计 标准电阻/Ω			发热段 表面积 /cm²	序号	发热段尺寸 /mm		1400℃设计 标准电阻/Ω			发热段 表面积 /cm²
	外径/ 内径	长度	单螺纹	双螺纹	无螺纹			外径/ 内径	长度	单螺纹	双螺纹	无螺纹	
23	φ80/φ70	500	6	7	—	1256	34	φ90/φ80	800	7.5	8.5	—	2260
24	φ80/φ70	600	6.5	7.5	—	1510	35	φ90/φ80	900	8	—	—	2543
25	φ80/φ70	700	7	8	—	1760	36	φ90/φ80	1000	8.5	—	—	2826
26	φ80/φ70	800	7.5	8.5	—	2010	37	φ100/φ90	300	5	6	—	924
27	φ80/φ70	900	8	—	—	2261	38	φ100/φ90	400	5.5	6.5	—	1256
28	φ80/φ70	1000	8.5	—	—	2512	39	φ100/φ90	500	6	7	—	1570
29	φ90/φ80	300	5	6	—	848	40	φ100/φ90	600	6.5	7.5	—	1885
30	φ90/φ80	400	5.5	6.5	—	1130	41	φ100/φ90	700	7	8	—	2200
31	φ90/φ80	500	6	7	—	1413	42	φ100/φ90	800	7.5	8.5	—	2510
32	φ90/φ80	600	6.5	7.5	—	1695	43	φ100/φ90	900	8	—	—	2826
33	φ90/φ80	700	7	8	—	1980	44	φ100/φ90	1000	8.5	—	—	3140

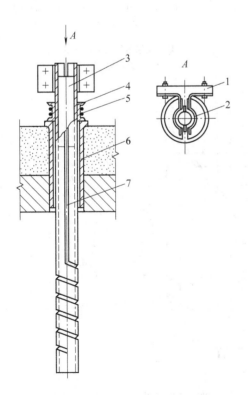

图 2-21 碳化硅管与炉壁的垂直安装结构

1—接线板 2—夹子 3—陶瓷塞 4—卡瓦

5—金属箍 6—衬套 7—碳化硅管

2. 硅钼电热元件 硅钼电热元件是用粉末冶金方法制成的。在炉内高温下加热时，与空气接触表面生成一层 SiO_2 氧化膜，该膜耐氧化性、耐蚀性好，适用的工作温度为 1200～1650℃。硅钼元件室温时硬脆，冲击韧度低，抗弯、抗拉强度较好。1350℃以上会变软，有延伸性，耐急冷急热性好，冷却后恢复脆性；在 400～800℃范围内会发生低温氧化，致使元件毁坏，应避免在此温度范围内使用。

硅钼电热元件适于在空气、氮及惰性气体中使用。还原性气氛氢能破坏其保护膜，但可在 1350℃以下的温度中使用。应避免在含硫和氯的气体中工作。

使用硅钼电热元件的电炉，炉膛材料宜选用酸性或中性的耐火材料，避免选用碱性的耐火材料。

硅钼电热元件在各种气氛中的最高使用温度见表 2-67，在真空中的最高使用温度见图 2-23。硅钼电热元件的电阻特性见图 2-24。硅钼电热元件允许的最大单位表面功率与炉温的关系见图 2-25 和表 2-68。

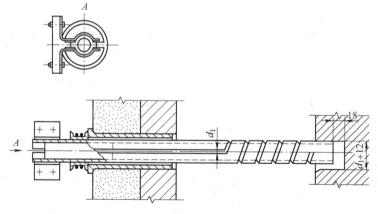

图 2-22　碳化硅管水平安装结构

表 2-67　硅钼电热元件在各种气氛中的
最高使用温度

气　　氛	He Ar Ne	O₂	N₂	NO	NO₂
最高使用温度 /℃	1650	1700	1500	1650	1700
气　　氛	CO	CO₂	湿气 露点 (10℃)	干 H₂	SO₂
最高使用温度 /℃	1500	1700	1400	1350	1600

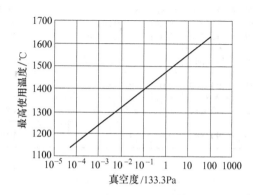

图 2-23　硅钼电热元件在真空中的
最高使用温度

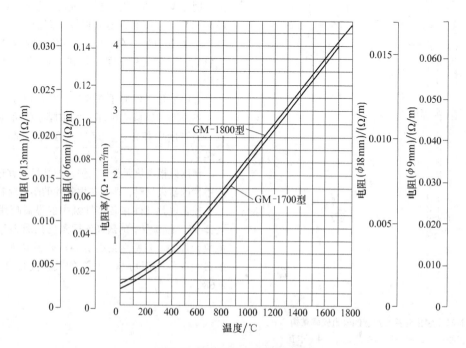

图 2-24　硅钼电热元件的电阻特性

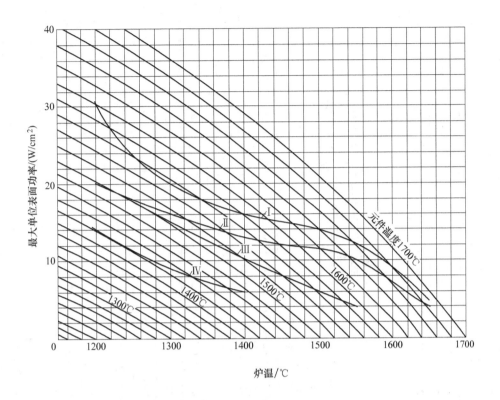

图 2-25 硅钼电热元件允许的最大单位表面功率
Ⅰ—垂直安装连续加热 Ⅱ—垂直安装间断加热
Ⅲ—水平安装连续加热 Ⅳ—水平安装间断加热

**表 2-68 硅钼电热元件允许的最大单位
表面功率与炉温的关系**

（单位：W/cm²）

炉温 /℃	最大单位表面功率（垂直安装）		最大单位表面功率（水平安装）	
	连续加热	间断加热	连续加热	间断加热
1200	30	20	20	14
1300	20	16	15	9
1400	16	13	10	6
1500	14	11.5	6	
1550	12	10	4	
1600	9	7		
1650	5	4		

注：加热段 $\phi6mm$，$L=1m$；加热段表面积 $A=188.5cm^2$；
加热段 $\phi9mm$，$L=1m$；加热段表面积 $A=282.7cm^2$。

硅钼电热元件的外形见图 2-26。硅钼电热元件的产品规格及技术参数分别见表 2-69 ~ 表 2-72 和图 2-27、图 2-28。

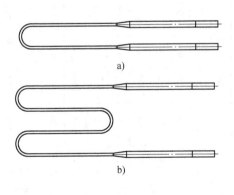

图 2-26 硅钼电热元件外形
a）U 形 b）W 形

表2-69　（GM-1700型）　φ6　φ13mm 硅钼电热元件产品规格及技术参数

图中标注：L；9φ（φ9）；发热端 L_1；连接端 L_2；φ13

L_2/mm	项目	—	150	180	200	250	300	350	400	450	500	550	600	650	700	750	800	850	900	950	1000
150	L_1/mm		323	383	423	523	623	723	823	923	1023	1123	1223	1323	1423	1523	1623	1723	1823	1923	2023
	R'/Ω	0.004	0.043	0.051	0.057	0.070	0.085	0.097	0.110	0.124	0.137	0.150	0.164	0.177	0.191	0.204	0.217	0.231	0.244	0.258	0.271
	U'/V	0.5	5.6	6.6	7.4	9.1	10.9	12.6	14.4	16.1	17.9	19.6	21.4	23.1	24.9	26.6	28.4	30.1	31.9	33.6	35.4
	P'/W	60	730	860	960	1190	1410	1640	1870	2090	2320	2550	2780	3000	3230	3460	3680	3910	4140	4360	4590
200	R/Ω	0.005	0.047	0.055	0.061	0.074	0.087	0.101	0.114	0.128											
	U/V	0.7	6.1	7.1	7.9	9.6	11.4	13.1	14.9	16.6											
	P/W	90	790	920	1020	1250	1470	1700	1930	2150											
	R/Ω		0.048	0.056	0.062	0.075	0.088	0.102	0.115	0.129	0.143	0.155	0.169	0.182	0.196						
	U/V		6.3	7.3	8.1	9.8	11.6	13.3	15.1	16.8	18.6	20.3	22.1	23.8	25.6						
	P/W		820	950	1050	1280	1500	1730	1960	2180	2410	2640	2870	3090	3320						
250	R/Ω	0.006	0.049	0.057	0.063	0.076	0.089	0.103	0.116	0.130	0.143	0.156	0.170	0.183	0.197	0.210	0.223	0.237	0.250	0.264	0.277
	U/V	0.8	6.4	7.4	8.2	9.9	11.7	13.4	15.2	16.9	18.7	20.4	22.2	23.9	25.7	27.4	29.2	30.9	32.7	34.4	36.2
	P/W	110	840	970	1070	1300	1520	1750	1980	2200	2430	2660	2890	3110	3340	3570	3790	4020	4250	4470	4700
300	R/Ω	0.008	0.051	0.059	0.065	0.078	0.091	0.105	0.118	0.132	0.145	0.158	0.172	0.185	0.199	0.212	0.225	0.239	0.252	0.266	0.279
	U/V	1.0	6.6	7.6	8.4	10.1	11.9	13.6	15.4	17.1	18.9	20.6	22.4	24.1	25.9	27.6	29.4	31.1	32.9	34.6	36.4
	P/W	130	860	990	1090	1320	1540	1770	2000	2220	2450	2680	2910	3130	3360	3590	3810	4040	4270	4490	4720
350	R/Ω	0.009	0.053	0.061	0.067	0.080	0.093	0.106	0.119	0.133	0.146	0.159	0.173	0.186	0.200	0.213	0.226	0.240	0.253	0.267	0.280
	U/V	1.2	6.8	7.8	8.6	10.3	12.1	13.8	15.6	17.3	19.1	20.8	22.6	24.3	26.1	27.8	29.6	31.3	33.1	34.8	36.6
	P/W	150	880	1010	1110	1340	1560	1790	2020	2240	2470	2700	2930	3150	3380	3610	3830	4060	4290	4510	4740
400	R/Ω	0.010	0.055	0.063	0.067	0.080	0.093	0.107	0.120	0.134	0.147	0.160	0.174	0.187	0.201	0.214	0.227	0.241	0.254	0.268	0.281
	U/V	1.3	6.9	7.9	8.7	10.4	12.2	13.9	15.7	17.4	19.2	20.9	22.7	24.4	26.2	27.9	29.7	31.4	33.2	34.9	36.7
	P/W	170	900	1030	1130	1360	1580	1810	2040	2260	2490	2720	2950	3170	3400	3630	3850	4080	4310	4530	4760

（续）

L_2/mm	参数	150	180	200	250	300	350	400	450	500	550	600	650	700	750	800	850	900	950	1000
—	L_t/mm	323	383	423	523	623	723	823	923	1023	1123	1223	1323	1423	1523	1623	1723	1823	1923	2023
—	R'/Ω	0.043	0.051	0.057	0.070	0.085	0.097	0.110	0.124	0.137	0.150	0.164	0.177	0.191	0.204	0.217	0.231	0.244	0.258	0.271
—	U'/V	5.6	6.6	7.4	9.1	10.9	12.6	14.4	16.1	17.9	19.6	21.4	23.1	24.9	26.6	28.4	30.1	31.9	33.6	35.4
—	P'/W	730	860	960	1190	1410	1640	1870	2090	2320	2550	2780	3000	3230	3460	3680	3910	4140	4360	4590
450	R''/Ω (L_1/mm=0.012)	0.012		0.069	0.082	0.095	0.109	0.122	0.136	0.149	0.162	0.176	0.189	0.203	0.216	0.229	0.243	0.256	0.270	0.283
	U''/V	1.5		8.9	10.6	12.4	14.1	15.9	17.6	19.4	21.1	22.9	24.6	26.4	28.1	29.9	31.6	33.4	35.1	36.9
	P''/W	190		1150	1380	1600	1830	2060	2280	2510	2740	2970	3190	3420	3650	3870	4100	4330	4550	4780
500	R''/Ω (L_1/mm=0.013)	0.013		0.070	0.083	0.096	0.110	0.123	0.137	0.150	0.163	0.177	0.190	0.204	0.217	0.230	0.244	0.257	0.271	0.284
	U''/V	1.7		9.1	10.8	12.6	14.3	16.1	17.8	19.6	21.3	23.1	24.8	26.6	28.3	30.1	31.8	33.6	35.3	37.1
	P''/W	220		1180	1410	1630	1860	2090	2310	2540	2770	3000	3220	3450	3680	3900	4130	4360	4580	4810
550	R''/Ω (L_1/mm=0.014)	0.014			0.084	0.097	0.111	0.124	0.138	0.151	0.164	0.178	0.191	0.205	0.218	0.231	0.245	0.258	0.272	0.285
	U''/V	1.8			10.9	12.7	14.4	16.2	17.9	19.7	21.4	23.2	24.9	26.7	28.4	30.2	31.9	33.7	35.4	37.2
	P''/W	240			1430	1650	1880	2110	2330	2560	2790	3020	3240	3470	3700	3920	4150	4380	4600	4830
600	R''/Ω (L_1/mm=0.015)	0.015			0.085	0.098	0.112	0.125	0.139	0.152	0.165	0.179	0.192	0.206	0.219	0.232	0.246	0.259	0.273	0.286
	U''/V	2.0			11.1	12.9	14.6	16.4	18.1	19.9	21.6	23.4	25.1	26.9	28.6	30.4	32.1	33.9	35.6	37.4
	P''/W	260			1450	1670	1900	2130	2350	2580	2810	3040	3260	3490	3720	3940	4170	4400	4620	4850
650	R''/Ω (L_1/mm=0.017)	0.017				0.100	0.114	0.127	0.141	0.154	0.167	0.181	0.194	0.208	0.221	0.234	0.248	0.261	0.275	0.288
	U''/V	2.2				13.1	14.8	16.6	18.3	20.1	21.8	23.6	25.3	27.1	28.8	30.6	32.3	34.1	35.8	37.6
	P''/W	280				1690	1920	2150	2370	2600	2830	3060	3280	3510	3740	3960	4190	4420	4640	4870
700	R''/Ω (L_1/mm=0.018)	0.018				0.101	0.115	0.128	0.142	0.155	0.168	0.182	0.195	0.209	0.222	0.235	0.249	0.262	0.276	0.289
	U''/V	2.3				13.2	14.9	16.7	18.4	20.2	21.9	23.7	25.4	27.2	28.9	30.7	32.4	34.2	35.9	37.7
	P''/W	300				1710	1940	2170	2390	2620	2850	3080	3300	3530	3760	3980	4210	4440	4660	4890
750	R''/Ω (L_1/mm=0.019)	0.019						0.129	0.143	0.156	0.169	0.183	0.196	0.210	0.223	0.236	0.250	0.263	0.277	0.290
	U''/V	2.5						16.9	18.6	20.4	22.1	23.9	25.6	27.4	29.1	30.9	32.6	34.4	36.1	37.9
	P''/W	320						2190	2410	2640	2870	3100	3320	3550	3780	4000	4230	4460	4680	4910
800	R''/Ω (L_1/mm=0.021)	0.021						0.131	0.145	0.158	0.171	0.185	0.198	0.212	0.225	0.238	0.252	0.265	0.279	0.292
	U''/V	2.7						17.1	18.8	20.6	22.3	24.1	25.8	27.6	29.3	31.3	32.8	34.6	36.3	38.1
	P''/W	350						2220	2440	2670	2900	3130	3350	3580	3810	4030	4260	4490	4710	4940

编制条件：

炉温 $t_1 = 1500℃$

表面负荷 $W_y = 12\ \text{W/cm}^2$

元件热端温度 $t' = 1625℃$

元件冷端温度 $t'' = 800℃$

电流 $I = 130\text{A}$

热端电阻、电压、功率：R'、U'、P'

冷端电阻、电压、功率：R''、U''、P''

表2-70　(GM-1700型) φ9 φ18mm 硅钼电热元件产品规格及技术参数

元件示意图：U形硅钼电热元件　L—总长　6φ　8φ　发热端 L_1　连接端 L_2

L_2/mm	R''/Ω	U''/V	P''/W	项目	150	200	250	300	350	400	450	500	550	600	650	700	750	800	850	900	950	1000
				L_1/mm	150	200	250	300	350	400	450	500	550	600	650	700	750	800	850	900	950	1000
				L/mm	325	425	525	625	725	825	925	1025	1125	1225	1325	1425	1525	1625	1725	1825	1925	2025
150	0.0020	0.5	110	R'/Ω	0.0194	0.0254	0.0314	0.0374	0.0433	0.0493	0.0553	0.0613	0.0672	0.0732	0.0792	0.0852	0.0911	0.0971	0.1031	0.1091	0.1150	0.1210
				U'/V	4.6	6.0	7.5	8.9	10.3	11.7	13.2	14.6	16.0	17.4	18.8	20.3	21.7	23.5	24.5	26.0	27.4	28.8
				P'/W	1100	1440	1780	2120	2450	2790	3130	3470	3810	4150	4490	4820	5160	5500	5840	6200	6520	6850
200	0.0027	0.6	150	R'/Ω	0.0214	0.0274	0.0334	0.0394	0.0453	0.0513	0.0573	0.0633										
				U'/V	5.1	6.5	8.0	9.4	10.8	12.2	13.7	15.1										
				P'/W	1250	1590	1930	2270	2600	2940	3280	3620										
250	0.0033	0.8	190	R'/Ω	0.0221	0.0281	0.0341	0.0401	0.0460	0.0520	0.0580	0.0640	0.0705	0.0765	0.0825	0.0885	0.0944	0.1004				
				U'/V	5.2	6.6	8.1	9.5	10.9	12.3	13.8	15.2	16.8	18.2	19.6	21.1	22.5	23.9				
				P'/W	1290	1630	1970	2310	2640	2980	3320	3660	4000	4340	4680	5010	5350	5690				
300	0.0044	1.0	230	R'/Ω	0.0234	0.0294	0.0354	0.0414	0.0473	0.0533	0.0593	0.0653	0.0712	0.0772	0.0832	0.0892	0.0951	0.1011	0.1071	0.1131	0.1190	0.1250
				U'/V	5.6	7.0	8.5	9.9	11.3	12.7	14.2	15.6	17.0	18.4	19.8	21.3	22.7	24.1	25.5	27.0	28.4	29.8
				P'/W	1330	1670	2010	2350	2680	3020	3360	3700	4040	4380	4720	5050	5390	5730	6070	6430	6750	7080
350	0.0047	1.1	270	R'/Ω		0.0301	0.0361	0.0421	0.0480	0.0540	0.0600	0.0660	0.0719	0.0779	0.0839	0.0899	0.0958	0.1018	0.1078	0.1138	0.1197	0.1257
				U'/V		7.1	8.6	10.0	11.4	12.8	14.3	15.7	17.1	18.5	19.9	21.4	22.8	24.2	25.6	27.1	28.5	29.9
				P'/W		1710	2050	2390	2720	3060	3400	3740	4080	4420	4760	5090	5430	5770	6110	6470	6790	7120
400	0.0053	1.3	300	R'/Ω		0.0307	0.0367	0.0427	0.0486	0.0546	0.0606	0.0666	0.0725	0.0785	0.0845	0.0905	0.0964	0.1024	0.1084	0.1144	0.1203	0.1263
				U'/V		7.3	8.8	10.2	11.6	13.0	14.5	15.9	17.3	18.7	20.1	21.6	23.0	24.4	25.8	27.3	28.7	30.1
				P'/W		1740	2080	2420	2750	3090	3430	3770	4110	4450	4790	5120	5460	5800	6140	6500	6820	7150

（续）

参数	150	200	250	300	350	400	450	500	550	600	650	700	750	800	850	900	950	1000
L_1/mm	150	200	250	300	350	400	450	500	550	600	650	700	750	800	850	900	950	1000
L/mm	325	425	525	625	725	825	925	1025	1125	1225	1325	1425	1525	1625	1725	1825	1925	2025
R'/Ω	0.0194	0.0254	0.0314	0.0374	0.0433	0.0493	0.0553	0.0613	0.0672	0.0732	0.0792	0.0852	0.0911	0.0971	0.1031	0.1091	0.1150	0.1210
U'/V	4.6	6.0	7.5	8.9	10.3	11.7	13.2	14.6	16.0	17.4	18.8	20.3	21.7	23.5	24.5	26.0	27.4	28.8
P'/W	1100	1440	1780	2120	2450	2790	3130	3470	3810	4150	4490	4820	5160	5500	5840	6200	6520	6850
R''/Ω（L_2=450；0.0060）			0.0374	0.0434	0.0493	0.0553	0.0613	0.0673	0.0732	0.0792	0.852	0.0912	0.0971	0.1031	0.1091	0.1151	0.1210	0.1270
U''/V（L_2=450；1.4）			8.9	10.3	11.7	13.1	14.6	16.0	17.4	18.8	20.2	21.7	23.1	24.5	25.9	27.4	28.8	30.2
P''/W（L_2=450；340）			2120	2460	2790	3130	3470	3810	4150	4490	4830	5160	5500	5840	6180	6540	6860	7190
R''/Ω（L_2=500；0.0067）			0.0381	0.0441	0.0500	0.0560	0.0620	0.0680	0.0739	0.799	0.0859	0.0919	0.0978	0.1038	0.1098	0.1158	0.1217	0.1277
U''/V（L_2=500；1.6）			9.1	10.5	11.9	13.3	14.8	16.2	17.6	19.0	20.4	21.9	23.3	24.7	26.1	27.6	29.0	30.4
P''/W（L_2=500；380）			2160	2500	2830	3170	3510	3850	4190	4530	4870	5200	5540	5880	6220	6580	6900	7230
R''/Ω（L_2=550；0.0074）				0.0448	0.0507	0.0567	0.0627	0.0687	0.0746	0.0806	0.0866	0.0926	0.0985	0.1045	0.1105	0.1165	0.1224	0.1284
U''/V（L_2=550；1.8）				10.7	12.1	13.5	15.0	16.4	17.8	19.2	20.6	22.1	23.5	24.9	26.3	27.8	29.2	30.6
P''/W（L_2=550；420）				2540	2870	3210	3550	3890	4230	4570	4910	5240	5580	5920	6260	6620	6940	7270
R''/Ω（L_2=600；0.0080）				0.0454	0.0513	0.0573	0.0633	0.0693	0.0752	0.0812	0.0872	0.0932	0.0991	0.1051	0.1111	0.1171	0.1230	0.1234
U''/V（L_2=600；1.9）				10.8	12.2	13.6	15.1	16.5	17.9	19.3	20.7	22.2	23.6	25.0	26.4	27.9	29.3	30.7
P''/W（L_2=600；450）				2570	2900	3240	3580	3920	4260	4600	4940	5270	5610	5950	6290	6650	6970	7300
R''/Ω（L_2=650；0.0087）				0.0461	0.0520	0.0580	0.0640	0.0700	0.0759	0.0819	0.0879	0.0939	0.0998	0.1058	0.1118	0.1178	0.1237	0.1297
U''/V（L_2=650；2.1）				11.0	12.4	13.8	15.3	16.7	18.1	19.5	20.9	22.4	23.8	25.2	26.6	28.1	29.5	30.9
P''/W（L_2=650；490）				2610	2940	3280	3620	3960	4300	4640	4980	5310	5650	5990	6330	6690	7010	7340
R''/Ω（L_2=700；0.0093）				0.0467	0.0526	0.0586	0.0646	0.0706	0.0765	0.0825	0.0885	0.0945	0.1004	0.1064	0.1124	0.1184	0.1243	0.1303
U''/V（L_2=700；2.2）				11.0	12.5	13.9	15.4	16.8	18.2	19.6	21.0	22.5	23.9	25.3	26.7	28.2	29.6	31.0
P''/W（L_2=700；530）				2650	2980	3320	3660	4000	4340	4680	5020	5350	5690	6030	6370	6730	7050	7380
R''/Ω（L_2=750；0.0100）				0.0474	0.0533	0.0593	0.0652	0.0713	0.0772	0.0832	0.0892	0.0952	0.1011	0.1071	0.1131	0.1191	0.1250	0.1310
U''/V（L_2=750；2.4）				11.3	12.7	14.1	15.6	17.0	18.4	19.8	21.2	22.7	24.1	25.5	26.9	28.4	29.8	31.2
P''/W（L_2=750；570）				2690	3020	3360	3700	4040	4380	4720	5060	5390	5730	6070	6410	6770	7090	7420
R''/Ω（L_2=800；0.0107）					0.540	0.600	0.0660	0.0720	0.0779	0.0839	0.0899	0.0949	0.1018	0.1078	0.1138	0.1198	0.1257	0.1317
U''/V（L_2=800；2.5）					12.8	14.2	15.7	17.1	18.5	19.9	21.3	22.8	24.2	25.6	27.0	28.5	29.9	31.3
P''/W（L_2=800；610）					3060	3400	3740	4080	4420	4760	5100	5430	5770	6110	6450	6810	7130	7460

编制条件：

炉温 t_1=1500℃

表面负荷 W_y=12W/cm²

元件热端温度 t'=1625℃

元件冷端温度 t''=800℃

电流 I=238A

热端电阻、电压、功率：R'、U'、P'

冷端电阻、电压、功率：R''、U''、P''

注：变压器输出电压应比表内数据增加 20%，输出电流增加 40%。

表 2-71 （GM-1800 型）$\phi9/\phi18$mm 硅钼棒电热元件产品规格及技术参数

L_2/mm		L_1/mm → 150	200	250	300	350
	L/mm	325.2	425.2	525.2	625.2	725.2
	R'/Ω	0.021	0.028	0.034	0.041	0.047
	U'/V	3.9	5.1	6.3	7.5	8.7
	P'/W	717	937	1158	1378	1599
150	0.003	0.024	0.031	0.037	0.044	0.050
	0.6	4.5	5.7	6.9	8.1	9.3
	106	823	1043	1264	1484	1705
200	0.004	0.025	0.032	0.038	0.045	0.051
	0.8	4.7	5.9	7.1	8.3	9.5
	141	858	1078	1299	1519	1740
250	0.005	0.026	0.033	0.039	0.046	0.052
	1.0	4.9	6.1	7.3	8.5	9.7
	176	893	1113	1334	1554	1775
300	0.006	0.027	0.034	0.040	0.047	0.053
	1.2	5.1	6.3	7.5	8.7	9.9
	212	929	1149	1370	1590	1811
350	0.007	0.028	0.035	0.041	0.048	0.054
	1.3	5.2	6.4	7.6	8.8	10.0
	247	964	1184	1405	1625	1846
400	0.008	0.029	0.036	0.042	0.049	0.055
	1.5	5.4	6.6	7.8	9.0	10.2
	282	999	1219	1440	1660	1881
450	0.009	0.030	0.037	0.043	0.050	0.056
	1.7	5.6	6.8	8.0	9.2	10.4
	317	1034	1254	1475	1695	1916
500	0.010	0.031	0.038	0.044	0.051	0.057
	1.9	5.8	7.0	8.2	9.4	10.6
	353	1070	1290	1511	1731	1952

注：1. 电炉温度为 1700℃；电流 $I=184$A；表面负荷 $W=7.8$W/cm²；元件间距 $a=60$mm；起始电压 ~1/3 操作电压；中间电压 ~2/3 操作电压。

    2. 热端电阻、电压、功率：R'、U'、P'；冷端电阻、电压、功率：R''、U''、P''。

表 2-72 （GM-1800 型）$\phi6/\phi13$mm 硅钼棒电热元件产品规格及技术参数

L_2/mm		L_1/mm → 150	180	200	250	300	350
	L/mm	322.5	382.5	422.5	522.5	622.5	722.5
	R'/Ω	0.047	0.056	0.062	0.077	0.091	0.106
	U'/V	4.7	5.6	6.2	7.7	9.1	10.6
	P'/W	474	562	621	768	915	1062
150	0.006	0.053	0.062	0.068	0.083	0.097	0.112
	0.6	5.3	6.2	6.8	8.3	9.7	11.2
	60	534	622	681	828	975	1122
200	0.008	0.055	0.064	0.070	0.085	0.099	0.114
	0.8	5.5	6.4	7.0	8.5	9.9	11.4
	80	554	642	701	848	995	1142
250	0.010	0.057	0.066	0.072	0.087	0.101	0.116
	1.0	5.7	6.6	7.2	8.7	10.1	11.6
	100	574	662	721	868	1015	1162
300	0.012	0.059	0.068	0.074	0.089	0.103	0.118
	1.2	5.9	6.8	7.4	8.9	10.3	11.8
	120	594	682	741	888	1035	1182
350	0.014	0.061	0.070	0.076	0.091	0.105	0.120
	1.4	6.1	7.0	7.6	9.1	10.5	12.0
	140	614	702	761	908	1055	1202
400	0.016	0.063	0.072	0.078	0.093	0.107	0.122
	1.6	6.3	7.2	7.8	9.3	10.7	12.2
	160	634	722	781	928	1075	1222
450	0.018	0.065	0.074	0.080	0.095	0.109	0.124
	1.8	6.5	7.4	8.0	9.5	10.9	12.4
	180	654	742	801	948	1095	1242
500	0.020	0.067	0.076	0.082	0.097	0.111	0.126
	2.0	6.7	7.6	8.2	9.7	11.1	12.6
	200	674	762	821	968	1115	1262

注：1. 电炉温度为 1700℃；电流 $I=100$A；表面负荷 $W=7.8$W/cm²；元件间距 $a=50$mm。

    2. 起始电压 ~1/3 操作电压；中间电压 ~2/3 操作电压。

    3. 热端电阻、电压、功率：R'、U'、P'；冷端电阻、电压、功率：R''、U''、P''。

硅钼电热元件一般垂直悬挂在炉顶上，见图 2-29，进线、出线均在一端连接。安装时，应调整好固定夹子的松紧程度，然后将元件放在塞砖内［塞砖由两半块拼成，$w(Al_2O_3)$ 为 80% 以上］，拆除活动夹子，再将元件和塞砖一起插入炉顶预留孔内，调整好位置后装上铝夹子，缝隙内填入能耐高温和绝缘

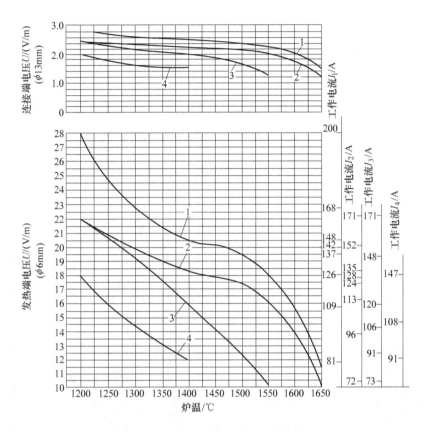

图 2-27　$\phi6/\phi13$mm 硅钼元件的电气参数
1—垂直安装连续加热　2—垂直安装间断加热
3—水平安装连续加热　4—水平安装间断加热
元件电压 $U = U'L_1 + U''L_2$　　L_1—发热段长（m）　　L_2—连接端长（m）
最大允许工作功率 $P = UI \times 10^{-3}$kW

的耐火纤维。

水平安装时，需用高铝砖块将元件热端垫起，以防受热弯曲。

安装时，两个元件间的中心距离不应小于元件两连接端的中心距，一般为 50mm；元件距炉墙、炉底的距离不小于 25mm。

3. 石墨电热元件　石墨电热元件可以分别用普通石墨、优质石墨、高强石墨、高纯石墨和碳纤维强化碳等制成。石墨电热元件能耐高温，在保护气氛中可达 3000℃，在真空中（$1.33^{-2} \sim 1.33$Pa）可达 2200℃，热解石墨涂层元件可达 3000℃。

石墨电热元件的机械加工性能好，易于切割。常温下强度比金属低，但可随温度升高而增强，到 1700～1800℃时，其强度超过所有的氧化材料和金属材料。温度不超过 3000℃时几何尺寸稳定，到达

3600℃时开始升华。

石墨电热元件与其他元件相比，其密度、比热容、线胀系数均较小，而电阻率、热导率、单位表面功率则较高。石墨的热导率随温度升高而降低。石墨的抗热震性、耐崩裂性比其他非金属元件好。石墨在 500℃以上就氧化严重，适于在真空中和保护气氛中工作。

石墨电热元件可以制成棒、管、板、筒等形状，也可制成 U 形、W 形和螺旋形，如图 2-30 所示。高纯石墨可织成带和布，使其加热面积增加。石墨棒、石墨管可单根安装，也可多根石墨构成笼形加热器。石墨筒切割上沟槽可构成单相加热元件，也可构成三相加热元件，不同直径的石墨筒可以组成同心的双层筒状加热元件。

石墨电热元件的主要性能见表 2-73。

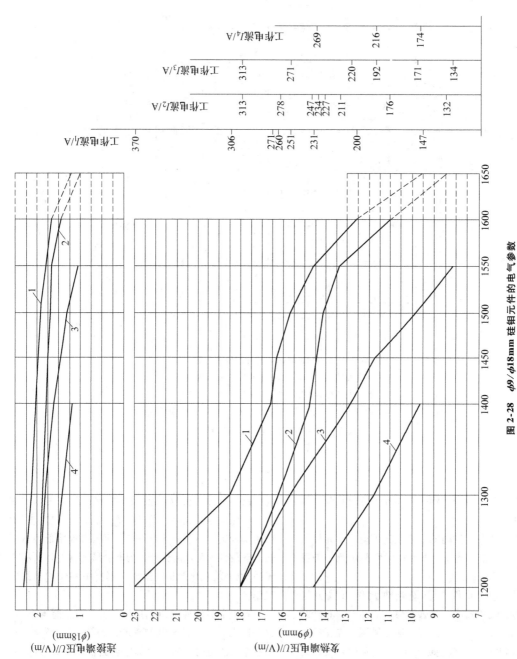

图 2-28　φ9/φ18mm 硅钼元件的电气参数

1—垂直安装连续加热　2—垂直安装间断加热　3—水平安装连续加热　4—水平安装间断加热

元件电压 $U = U'L_1 + U''L_2$　L_1—发热段长（m）　L_2—连接端长（m）

最大允许工作功率 $P = UI \times 10^{-3}$ kW

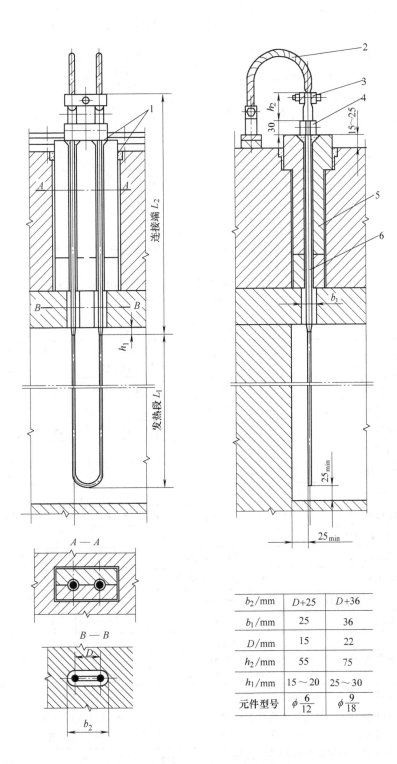

b_2/mm	$D+25$	$D+36$
b_1/mm	25	36
D/mm	15	22
h_2/mm	55	75
h_1/mm	15～20	25～30
元件型号	$\phi\dfrac{6}{12}$	$\phi\dfrac{9}{18}$

图 2-29　硅钼电热元件垂直安装图

1—耐火纤维　2—拉线　3—固定夹子　4—铝夹子

5—塞砖　6—硅钼元件

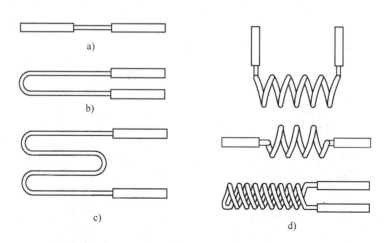

图2-30　石墨电热元件

a) 棒状　b) U形　c) W形　d) 螺旋形

注: 1. 发热段直径 (mm) 为 φ8、φ12、φ15、φ20、φ32。

　　2. 发热段最大长度: 棒3000mm, U形1800mm, W形1800mm。

　　3. 螺旋形, 内径可达 φ500mm, 螺旋高度可达1000mm。

表2-73　石墨电热元件的主要性能

性　　能	石墨电极	德国西格利石墨电极	CFC碳纤维增强石墨CC1501G
密度/(g/cm³)	2.2	1.53~1.6	1.4~1.45
孔隙率(%)	22~26		20~25
抗弯强度/MPa	8~13	11~13.5	210~250
抗压强度/MPa	17~22		
抗拉强度/MPa			260~330
电阻率/(Ω·mm²/m)	6~10	7.5~9	25~30
线胀系数/(10⁻⁶/℃)	3~4	0.8~1.2	4~7.8
比热容/[J/(g·℃)]	0.63		
热导率/[W/(m·℃)]	34.88~104.65	140~170	2.5~7/18~21
饱和蒸汽压/Pa	1.3×10⁻⁴(2000℃)		
允许的单位表面功率/(W/cm²)	30~40		
黑度	0.95		
弹性模量/MPa	电极石墨 824/753.7[①] 优质石墨 808/984[①] 高纯石墨 800/980[①]		

① 分子—垂直轴线; 分母—平行轴线。

石墨电热元件的电阻率大, 普通石墨在常温时为6~8.5Ω·mm²/m, 纯石墨为2~5Ω·mm²/m。电阻率随温度不同而略有变化, 石墨棒电阻率的实测值见表2-74。石墨带电阻与温度的关系见图2-31。碳纤维强化碳及石墨的电阻率见图2-32。

石墨的热导率随温度升高而降低, 见表2-75。

表2-74　石墨棒 (φ10mm × 500mm)

电阻率的实测值

温度/℃	700	800	900	1000	1100	1200	1300
电阻率/(Ω·mm²/m)	19.8	19.8	19.8	19.7	19.7	19.6	19.6

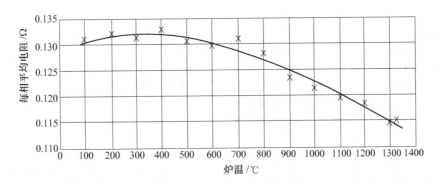

图 2-31　石墨带电阻与温度的关系

注：带宽 55mm，长 1210mm，4 带并联。

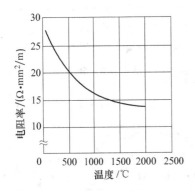

图 2-32　碳纤维强化碳及石墨的电阻率

表 2-75　普通石墨电极高温性能

温度/℃	比热容/[J/(g·℃)]	热导率/[W/(m·℃)]	发射率（黑度）ε
20	0.71		
200	1.17		
400	1.47		
600	1.67		
800	1.84		0.58（727℃）
927		34.53（900℃）	0.62
1000	1.88	33.29	0.635
1127		32.02（1100℃）	0.65
1200	1.93	31.19	
1327		30.47（1300℃）	0.68
1400	2.01	29.89	0.69（1427℃）
1500		29.5	0.7（1527℃）
1600		29	0.715（1670℃）
1700	2.09		
1800	2.14	28.47	0.727
1900		28.34	0.734
2000	2.18	28.34	0.74
2100		28.26	0.745
2200			0.75
2300			0.755
2400			0.76
2500			0.76

石墨棒、石墨带允许的单位表面功率见图 2-33。

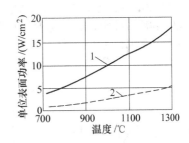

图 2-33　石墨元件允许的单位表面功率

1—石墨棒　2—石墨带

2.4.3　红外电热元件

红外电热元件通电后，元件表面辐射出波长为 2.5～50μm 的红外线。此种光线被物体吸收后有极强的热效应。

金属材料对红外线的吸收随着温度的升高而增加，随着波长的增大而减少。材料表面粗糙度值越小，则吸收得越少；表面粗糙度值越大，则吸收得越多。

许多有机物、高分子物质和含水分物质，如树脂、橡胶、塑料、纤维、油漆、粘结剂、木材、粮食和药品等，对红外线有较强的选择吸收能力。红外电热元件辐射出的红外线越多，被物体吸收的能量越大，其热效率也就越高。

1. 选用红外加热应注意的问题

（1）红外电热元件的波长范围要宽，辐射率（黑度）要强。

（2）被加热物体对红外线要有强的吸收能力。

（3）被加热物要直接朝向电热元件，避免彼此间的遮蔽作用。

（4）电热元件的辐射光谱与被加热物体的吸收

光谱要匹配。

红外电热元件按结构形式分为管状、板状、带状和灯状等类型。按基体材质分为金属管、陶瓷管、石英玻璃管、陶瓷板和电阻带等。

陶瓷管、石英管低温时辐射率较高，其表面不需要涂覆红外涂层；一般金属管辐射率较低，其表面应涂覆红外涂层；镍铬合金辐射率较好，涂覆红外涂层也有好处。

2. 金属电热元件所需的红外涂料　一些金属的氧化物、氮化物、碳化物、硼化物都可用作红外涂料的原料。常用的有氧化钛（TiO_2）、氧化锆（ZrO_2）、氧化钴（Co_2O_3）、氟化镁（MgF_2）、氧化铁（Fe_2O_3）和碳化硅（SiC）等。图2-34和图2-35所示分别是氧化钴、氟化镁的波长与发射率（黑度）的关系。单一物质的辐射波长范围较窄，可根据需要将数种材料按比例混合成复合涂料。

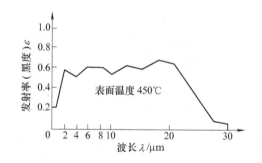

图 2-35　氟化镁的波长与发射率（黑度）

3. 红外线陶瓷发热元件　红外线陶瓷发热元件是以氧化铝或氧化锆、氧化硅作母材，再加入氧化铁、氧化钴和氧化铬作为黑色添加物，以粉末状混合并在1200～1400℃炉内烧结后即成为稳定的黑化陶瓷，可做成管状或板状红外发热体。

表 2-76　适于 450～600℃ 的红外涂料

序号	涂料组成（质量分数）	波长/μm	表面温度/℃
1	$ZrO_2$95%，$TiO_2$5%	5～50	600
2	$MgF_2$50% 以上，其余为 TiO_2、ZrO_2、NiO、SnO_2、BN	2～25	450
3	50% 以上 Co_2O_3，其余为 Cr、Fe、Ni、Zr、Ti 等的氧化物	1～10	450

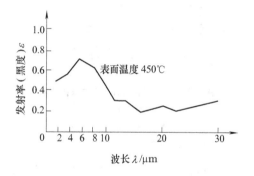

图 2-34　氧化钴的波长与发射率（黑度）

红外涂料有多种配方，适于450～600℃的红外涂料见表2-76。适于中温用的红外涂料也有多种配方。某单位研制的S涂料，波长为2.5～25μm，辐射率达0.9～0.95，500～1000℃的法向全辐射率达0.88～0.89。

4. 红外线陶瓷管状电热元件　将套有螺旋状电阻丝的瓷管装到黑化陶瓷管内，电阻丝通电后黑化陶瓷管升温到500～1200℃即可辐射出波长2～40μm的红外线。表2-77是黑化陶瓷发热体的组成和性能。所使用的黑化添加物，按质量分数如超出15%，就会降低发热元件的力学性能和烧结后的尺寸精度，超出12%即接近黑化的饱和状态。

表 2-77　黑化陶瓷发热体的组成和性能

序号	组成（质量分数）（%）		烧结温度/℃	波长/μm	表面温度/℃
1	Al_2O_3	85～88	1200～1400	2～40	500～1000
	Fe_2O_3　50 Co_2O_3　33.3 Cr_2O_3　16.6	12～15			
2	$ZrO_2 \cdot SiO_2$	75	1280～1380	5	500
	Fe_2O_3	3.5			
	Mn_3O_4	1.5			
	粘土	20			

5. 红外线陶瓷板状电热元件 红外线陶瓷板状电热元件由陶瓷板、电阻丝、耐热反射保温层和薄铁皮外壳等组成。陶瓷板可做成平板、弧形板、或平面波形板；碳化硅可做成明丝平板、明丝波形板、弧形板和内丝平板等多种形式。

6. SH 系列乳白石英远红外元件 SH 系列乳白石英远红外元件，以电阻丝为发热体，电阻丝装在乳白石英玻璃管内，此种玻璃管含有大量尺寸为 0.03 ~

0.5mm 的气泡，在 1cm² 管壁上约有 2000 ~ 8000 个。当波长为 0.4 ~ 25μm 时，能将来自电阻丝的可见光和近红外光在气泡和玻璃的界面发生折射和反射，形成散射效应，仅有 5% 的光透过，95% 的光转化为远红外辐射，其辐射能量比通过透明石英玻璃高 20% ~ 38%。乳白石英玻璃为耐酸材料，耐酸性是耐酸搪瓷的 30 倍，是不锈钢和陶瓷的 130 倍，它与金属和氧化物不起作用。SH 系列产品的主要技术规格见表 2-78。

表 2-78　SH 系列产品的主要技术规格[①]

型　号	玻璃管长度 /mm	功率 /W	玻璃管直径 /mm	表面温度 /℃	电压 /V	接线与安装
SHQ 加热器	300 ~ 2500	500 ~ 3000		400 ~ 500	110、220、380	两端接线,水平安装
SHB 防爆加热器	1000 ~ 2000	1000 ~ 2000		400 ~ 500	110、220	两端接线,水平安装
SHY 浸入式加热器	500 ~ 1500	500 ~ 5000	18 ~ 50	400 ~ 500	220	一端接线,浸入溶液中,垂直或水平安装
SHG 双孔镀金加热器	透明石英玻璃	1000		400 ~ 500	220	一端接线水平安装

① 由锦州红外技术应用研究所生产。

2.4.4 管状电热元件

管状电热元件由金属管、螺旋状电阻丝及导热性、绝缘性好的结晶氧化镁等组成，可用来加热空气、油、水，预热金属模具，熔化盐、碱及低熔点合金等。管状电热元件具有热效率高、寿命长、力学性能好、安装方便、使用安全等优点。

图 2-36 所示为管状电热元件的结构。根据需要可弯成 U 形、波浪形、螺旋形等形状，元件截面则分圆形、椭圆形、矩形和三角形等。

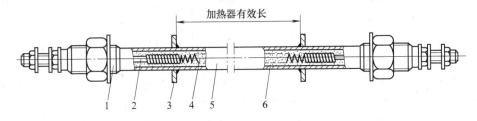

图 2-36　管状电热元件的结构
1—管端封口　2—引出棒　3—垫圈　4—电阻丝　5—金属管　6—绝缘填料

1. 加热硝盐、碱用管状电热元件 GYXY1 ~ 3 型为加热硝盐用管状加热元件，GYJ1 ~ 3 型为加热碱用管状电热元件，前者管用不锈钢，后者管材为 10 钢，前者最高工作温度 550℃，后者最高工作温度 450℃，两种元件的外形尺寸和技术参数相同，见图 2-37、图 2-38 和表 2-79。

2. JGY 型管状电热元件 JGY 型管状电热元件用于敞开式或封闭式槽中加热油，也可用于加热水和其他传热性好的液体，最高工作温度不应超过 300℃。油为静止状态。JGY3 型是循环油加热元件，最高工作温度不应超过 100℃。JGY 型管状电热元件的结构见图 2-39，技术参数见表 2-80。

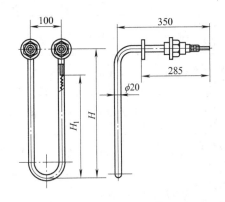

图 2-37　GYXY1、GYJ1 型管状电热元件

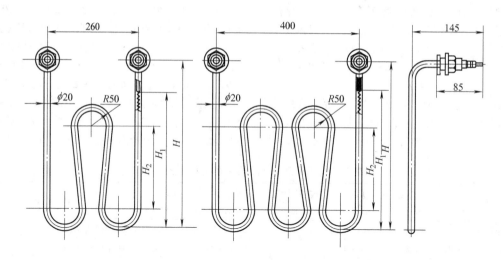

图2-38　GYXY2、GYXY3、GYJ2、GYJ3型管状电热元件的结构

表2-79　GYXY、GYJ型电热元件的技术参数

型　号	电压/V	功率/kW	外形尺寸/mm			
			H	H_1(有效)	H_2	总长
GYXY1 GXJ1 -380/2	380	2	800	550		2315
GYXY1 GYJ1 -380/3	380	3	1080	830		2875
GYXY1 GYJ1 -380/4	380	4	1380	1130		3475
GYXY1 GYJ1 -380/5	380	5	1800	1450		4315
GYXY1 GYJ1 -380/6	380	6	2100	1750		4915
GYXY1 GYJ1 -380/7	380	7	2500	2150		5715
GYXY2 GYJ2 -380/2	380	2	540	390	260	2220
GYXY2 GYJ2 -380/3	380	3	680	530	400	2780
GYXY2 GYJ2 -380/4	380	4	850	650	530	3380
GYXY3 GYJ3 -380/5	380	5	770	570	460	4315
GYXY3 GYJ3 -380/6	380	6	870	670	560	4915
GYXY3 GYJ3 -380/7	380	7	1020	820	685	5715

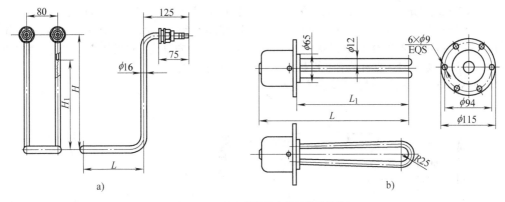

图 2-39　JGY 型管状电热元件的结构

a）JGY1 型　　b）JGY2、JGY3 型

表 2-80　JGY 型管状电热元件的技术参数

型　　号	电压/V	功率/kW	外形尺寸/mm					
			H	H_1（有效）	L	总长	L_1（油中）	单支长
JGY1-220/2.0	220	2.0	470	320	400	1965		
JGY1-220/2.5	220	2.5	670	520	500	2565		
JGY1-220/3.0	220	3.0	670	520	700	2965		
JGY1-220/3.5	220	3.5	870	720	700	3365		
JGY1-220/4.0	220	4.0	870	720	900	3765		
JGY1-220/4.5	220	4.5	1070	920	900	4165		
JGY1-220/5.0	220	5.0	1370	1220	900	4765		
JGY2-220/1	220	1			330		250	630
JGY2-220/2	220	2			530		450	1030
JGY2-220/3	220	3			730		650	1430
JGY2-220/4	220	4			930		850	1830
JGY3-220/5	220	5			700		620	1370
JGY3-220/6	220	6			810		730	1590
JGY3-220/8	220	8			1010		930	1990

3. JGS 型管状电热元件　JGS 型管状电热元件适用于敞开式或封闭式水槽中及循环水系统中加热水。JGS1 型管状电热元件的结构见图 2-40，技术参数见表 2-81。

表 2-81　JGS1 型管状电热元件的技术参数

型号	电压/V	功率/kW	外形尺寸/mm			
			L	L_1（水中）	L_2	总长
JGS1-220/3	220	3	390	335	250	1465
JGS1-220/4	220	4	515	460	375	1965
JGS1-220/5	220	5	640	585	500	2465

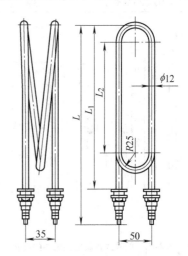

图 2-40　JGS1 型管状电热元件的结构

4. GYQ 型管状电热元件　GYQ 型管状电热元件适于加热流动的空气，工作温度一般不应高于300℃。其结构见图 2-41，技术参数见表 2-82。

5. 肋片式管状电热元件　肋片式管状电热元件是在一般的管状电热元件表面，焊接上截面为矩形、抛物线形或梯形、三角形的螺旋状金属散热片，增加表面散热面积，强化散热。在功率相同的条件下，此种电热元件升温快，热效率高。其结构见图 2-42，技术参数见表 2-83。

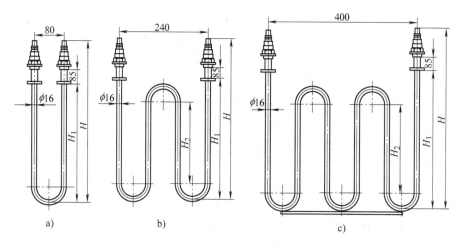

图 2-41　GYQ 型管状电热元件的结构

a) GYQ1 型　b) GYQ2 型　c) GYQ3 型

表 2-82　GYQ 型管状电热元件的技术参数

型　　号	电压/V	功率/kW	外形尺寸/mm			
			H	H_1	H_2	全长
GYQ1-220/0.5	220	0.5	490	330		1025
GYQ1-220/0.75	220	0.75	690	530		1425
GYQ2-220/1.0	220	1.0	490	330	200	1675
GYQ2-220/1.5	220	1.5	690	530	400	2475
GYQ3-380/2.0	380	2.0	590	430	300	2930
GYQ3-380/2.5	380	2.5	690	530	400	3530
GYQ3-380/3.0	380	3.0	790	630	500	4130

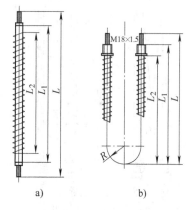

图 2-42　肋片式管状电热元件的结构

a) GYC1 型　b) GYC2 型

表 2-83　GYC 型电热元件的技术参数

型号	GYC1				GYC2				
电压/V	110	110	220	220	220	240	240	240	240
功率/kW	0.4	0.6	0.8	2.0	1.25	2.4	3.0	3.3	3.6
L/mm	300	420	560	1000	400	620	700	800	850
L_1/mm	260	380	500	940	370	590	670	770	820
L_2/mm	200	320	440	880	345	565	645	745	795
R/mm					30	30	30	30	30
管径	$\phi10$	$\phi10$	$\phi16$	$\phi16$	$\phi12$	$\phi12$	$\phi12$	$\phi12$	$\phi12$

2.4.5　辐射管

辐射管有电热辐射管和火焰加热辐射管两大类。

辐射管的电加热器和火焰燃烧室都安装在辐射管内部，与炉内的气氛隔绝，不受炉内气氛腐蚀。辐射管主要用于可控气氛炉，搪瓷焙烧炉及其他有腐蚀性气体的工业炉。

辐射管的管体应具有抗氧化、耐腐蚀及足够的高温力学性能，热导率大，热胀系数小，能抵抗高温下的温度波动。常用的管体材料有 06Cr18Ni13Si4、

26Cr18Mn12Si2N、16Cr20Ni14Si2、14Cr23Ni18、16Cr-25Ni20Si2、ZG35Cr26Ni12、ZG40Cr25Ni20、ZG40Cr30Ni20、ZG30Ni35Cr15 等。

1. 电热辐射管　电热辐射管有多种结构形式，常用的有单根螺旋加热器式（见图 2-43）、多根螺旋加热器式（见图 2-44）及电阻带加热器式（见图 2-45），这几种电热辐射管的技术参数见表 2-84。

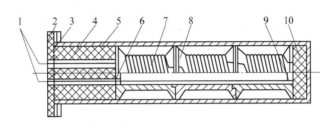

图 2-43　单根螺旋加热器式辐射管

1—引出棒　2—盖板　3—垫圈　4—绝缘子　5—管体　6—前固定环

7—电阻丝　8—螺旋瓷管　9—后固定环　10—垫板

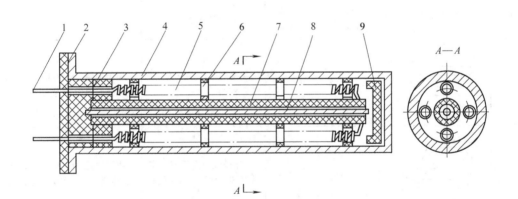

图 2-44　多根螺旋加热器式辐射管

1—引出棒　2—盖板　3—绝缘子　4—管体　5—螺旋电阻丝　6—瓷盘

7—耐热绝缘芯棒　8—耐热钢芯棒　9—端部绝缘板

2. 火焰辐射管　火焰辐射管一般主要由管体、烧嘴、预热器组成，有的辐射管内还装有分散气流的填充物、点火器或火焰稳定器等。火焰辐射管根据不同类型可垂直安装，有的也可水平安装。辐射管的表面负荷一般采用 $3.5 \sim 4.6 \mathrm{W/cm^2}$，容积负荷一般采用 $0.7 \sim 1.7 \mathrm{W/cm^3}$，横截面负荷一般采用 $465 \sim 870 \mathrm{W/cm^2}$。在可控气氛炉内，辐射管的表面温差一般不超过 $50 \sim 60 ℃$。

火焰辐射管的类型和用途见表 2-85。

图 2-46 所示为套筒式辐射管，图 2-47 所示为 U 形辐射管（发生炉煤气），图 2-48 所示为 U 形辐射管（天然气），图 2-49 所示为 U 形辐射管（轻柴

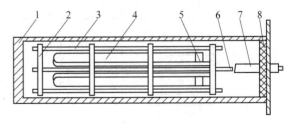

图 2-45　电阻带加热器式辐射管

1—管体　2—陶瓷支承盘　3—绝缘套管

4—电阻带（6~8 条）　5—电阻带

6—引出棒　7—套管　8—衬砖

油）。这几种辐射管的技术参数见表 2-86。

表 2-84　电热辐射管的技术参数

辐射管形式	单螺旋加热器		多螺旋加热器	电阻带加热器
电热体材料	0Cr25Al5	Cr20Ni80	0Cr25Al5	0Cr25Al5
电热体截面/mm	$\phi4 \sim \phi8$	$\phi4 \sim \phi8$	$\phi5$	2.5×30
工作电压/V	220/380	220/380	220	28 ~ 31 （4 档变压器）
电热体表面功率/(W/cm²)	1.5 ~ 1.55	1.8 ~ 1.9	1.4 ~ 1.5	1.6 ~ 1.95
辐射管表面功率/(W/cm²)	1.5 ~ 2.0	1.5 ~ 2.0	最高 2.26	1.6 ~ 2.0
辐射管功率/kW	8 ~ 12	8 ~ 12	10 ~ 14	12.6 ~ 15.5
辐射管体材质	14Cr23Ni18、06Cr18Ni13Si4、16Cr20Ni14Si2 16Cr25Ni20Si2、26Cr18Mn12Si2N			
管壁厚度/mm	4 ~ 8			
管体外径/mm	$\phi100 \sim \phi150$			
辐射管长度/mm	一般有效长度 1000 ~ 1700			

表 2-85　火焰辐射管的类型和用途

名称	示意图	表面负荷/(W/cm²)	热效率（%）	特　点	用　途
三叉形	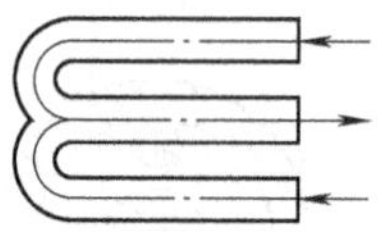	4.7 ~ 5.8	40 ~ 50	结构简单,使用方便,热效率较低	用于炉温 1000℃ 以下的室式、连续式热处理炉,垂直安装
P 形	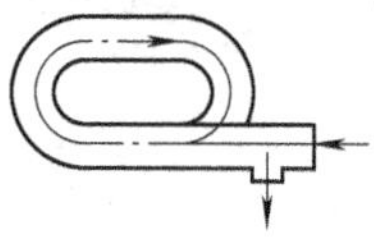	4.7 ~ 5.8	60 ~ 75	结构复杂,内管材质要求严,造价贵,热效率较高	用于炉温 1000℃ 以下的室式、井式、连续式热处理炉,垂直安装
U 形	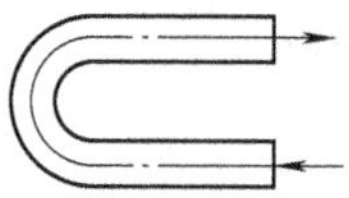	3.5 ~ 4.7	55 ~ 65	结构较简单,应用普遍,空气、煤气便于预热,热效率较高	用于 1000℃ 以下的各种炉型,一般水平安装
W 形	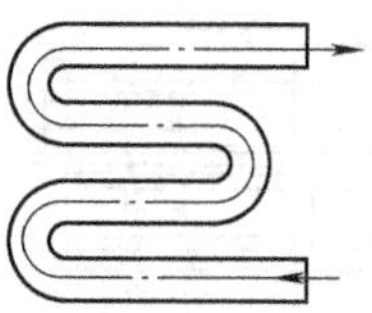	3.5 ~ 4.0	55 ~ 65	单个烧嘴可获得较大的传热面积,热效率较高	用于炉温 900℃ 以下的立式炉、转底式炉,水平安装
O 形	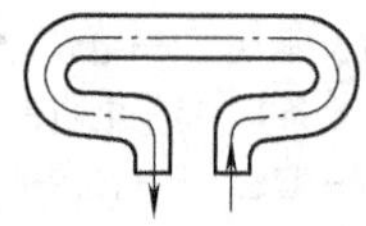	3.5 ~ 4.0	50 ~ 60	结构随炉型而定,制造复杂,温度分布不均	用于炉温 900℃ 以下的罩式炉,水平安装

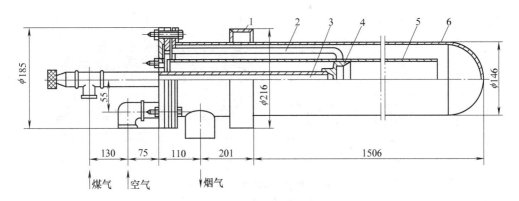

图2-46　套筒式辐射管

1—密封刀　2—管状空气预热器　3—煤气导管　4—喷嘴　5—内管　6—外管

表2-86　几种辐射管的技术参数

辐射管名称		套筒式辐射管（见图2-46）	U形辐射管（见图2-47）	U形辐射管（见图2-48）	U形辐射管（见图2-49）
燃料	种类	发生炉煤气	发生炉煤气	天然气	轻柴油
	低发热量/(kJ/m³)	6070	5233~5652	34959	40193~42286kJ/kg
	管前压力/kPa	2.5~3	9~11	5~8	200
燃烧能力/(m³/h)		13~14	30~35	2.5~5.2	3~5kg/h
空气	耗量/(m³/h)	23~25	34~41	31~62.5	35~65
	混合比		1.16		
	管前压力/kPa	1.7~2	2.5	10	160
	预热温度/℃	800~900	350~400	300	
管壁平均温度/℃		1010	1052	1100	1100
烟气温度/℃		640~700	800~900	900~950	950~1000

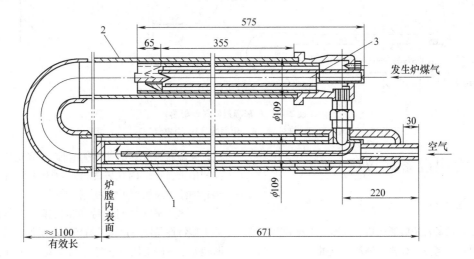

图2-47　U形辐射管（发生炉煤气）

1—预热器　2—管体　3—燃烧装置

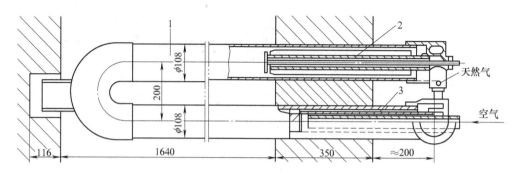

图 2-48　U 形辐射管（天然气）
1—管体　2—燃烧装置　3—预热器

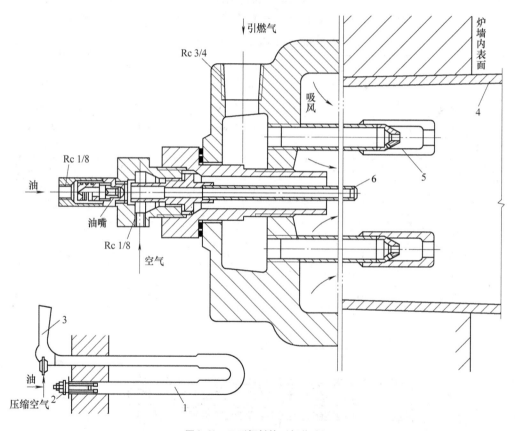

图 2-49　U 形辐射管（轻柴油）
1—管体　2—烧嘴　3—排烟管　4—辐射管　5—引燃气喷嘴　6—油气烧嘴

2.5　常用设备和仪表

2.5.1　通风机

热处理设备常用的通风机有低压、中压和高压离心式通风机，高温通风机，轴流式风机。

低压、中压和高压离心式通风机主要用于向气体燃料、液体燃料和固体燃料燃烧供给足够的助燃空气；高温通风机主要用于将热处理设备的废气排出车间和用于强迫炉内气体的循环以强化炉内的对流传热；轴流式风机用于炉内气体循环。

1. 离心式通风机的特性和选择　离心式通风机的工作特性是随着风道系统阻力的增加，其出风量不断地减小；随着风道系统阻力的减少，其出风量不断地增加。在风道系统中一般都装有用于调节风量的节流装置。当节流装置全开而风量仍不够时，说明节流装置已失去作用，则应设法改变管网降低其阻力系数以增加风量，也可通过增加风机转速使风机获得较高的风压。

每种离心式风机都有无因次特性曲线，可参照无因次特性曲线来选择风机。图 2-50 所示为 4-79No10 型离心式风机的无因次特性曲线，适用于 4-79No10～20 型号风机。图中 φ-ψ 是风量风压曲线，φ-λ 是功率曲线，φ-η 是效率曲线。选风机时应在 φ-η 效率曲线的最高点作垂直线，与 φ-ψ 曲线的交点即为风机的最佳工况点，与 φ-λ 曲线的交点，即为最经济的功率点。

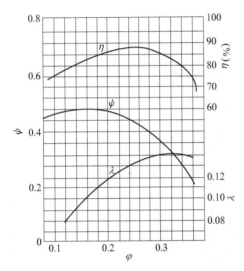

图 2-50　4-79No10 型离心式风机无因次特性曲线

φ—无因次流量系数　ψ—无因次压力系数
λ—无因次功率系数　η—无因次效率系数

由无因次系数计算有因次参数的公式如下：

1）风机风量（m^3/h）

$$Q = 900\pi D_2^2 v_2 \psi \qquad (2\text{-}6)$$

式中　D_2——叶轮叶片外缘直径（m）；

v_2——叶轮叶片外缘线速度（m/s）。

2）风机全风压（Pa）

$$p = \rho_1 v_2^2 \psi / K_p \qquad (2\text{-}7)$$

式中　ρ_1——进气密度（kg/m^3）；

K_p——全压压缩性系数，$K_p = \dfrac{\rho_1 v_2^2 \psi}{101300} \Big/$

$\left[\left(\dfrac{\rho_1 v_2^2 \psi}{354550} + 1\right)^{3.5} - 1\right]$。

3）风机内功率（kW）

$$P_{in} = \frac{\pi D_2^2}{4000} \rho_1 v_2^3 \lambda \qquad (2\text{-}8)$$

4）风机所需功率（kW）

$$P_{re} = \frac{P_{in}}{n_m} K \qquad (2\text{-}9)$$

式中　n_m——机械效率；

K——电动机的储备系数。

风机的性能一般均指在标准状态下输送空气的性能。当使用状态为非标准状态时，就必须把非标准状态的性能换算到标准状态的性能，然后根据换算的性能选择风机。换算的公式如下：

$$Q_0 = Q\frac{n_0}{n_1} \qquad (2\text{-}10)$$

$$p_0 = p\left(\frac{n_0}{n_1}\right)^2 \frac{\rho_0}{\rho}\frac{K_p}{K_{p0}} \qquad (2\text{-}11)$$

$$P_{in0} = P_{in}\left(\frac{n_0}{n}\right)^3 \frac{\rho_0}{\rho} \qquad (2\text{-}12)$$

$$n_{in0} = n_{in}$$

式中　n_{in}——内效率；

n——转速（r/min）；

ρ——进气密度（kg/m^3）。

注：上式中有下角标"0"的为标准状态，无下角标的为使用状态。

标准状态是指大气压力 $p_a = 101300Pa$，大气温度 $t = 20℃$，相对湿度 $\varphi = 50\%$ 时的空气状态，标准状态下的空气密度 $\rho = 1.2kg/m^3$，重力加速度 $g = 9.8m/s^2$。

也可参照每种风机的性能表来选择风机。低中高压离心式通风机主要有以下类型：

（1）T4-72 离心式通风机。T4-72 离心式通风机有 10 个机号（No3、3.5、4、4.5、5、6、7、8、10、12），No3～6 号机风机主要由叶轮、机壳、进风口等部分配直联电动机组成；No7～12 号机除上述部分外还有传动部分等组成。

T4-72 离心式通风机的叶轮由 10 个后倾的圆弧薄板型叶片、曲线型前盘和平板后盘组成。各部件都用钢板制成，并经静、动平衡校正，空气性能良好，效率高噪声低，运转平稳。

No3～12 号机的机壳做成整体不能拆开，进风口制成整体装于风机的侧面，传动部分由主轴、轴承箱、滚动轴承和带轮组成。

每种号机的性能与选用条件详见各厂产品样本，本手册只列出 No5 和 No6 的性能，见表 2-87。

（2）T4-72-12 型离心式通风机。T4-72-12 型离心式通风机是在原 T4-72-11 型风机基础上改进研制而成的。该机有 No3、$3\frac{1}{2}$、4、$4\frac{1}{2}$、5、6、8、10 共 8 个机号。该系列风机的安装尺寸除因配用高效 Y 系列电动机有所变动外，其他外形安装尺寸均与原 T4-72-11 型机相同。

表 2-87　T4-72 离心式通风机的性能

机号 No.	传动方式	转速/(r/min)	流量 q_V/(m³/h)	全压/Pa	内效率/(%)	内功率/kW	所需功率/kW	配用电动机 型号	配用电动机 功率/kW
5	A	2900	7352	3195	75.1	8.59	9.88	Y160M1-2 (B35)	11
			8318	3145	78.3	9.18	10.56		
			9284	3067	80.8	9.68	11.14	Y160M2-2 (B35)	15
			10249	2954	82.6	10.08	11.59		
			11215	2778	83.5	10.26	11.80		
			12181	2581	82.8	10.45	12.01		
			13147	2314	80.2	10.45	12.01		
			14113	1998	75.1	10.35	11.91		
		1450	3676	792	75.1	1.07	1.40	Y100L1-4 (B35)	2.2
			4159	780	78.3	1.15	1.49		
			4642	761	80.8	1.21	1.57		
			5125	733	82.6	1.26	1.64		
			5608	690	83.5	1.28	1.67		
			6091	641	82.8	1.31	1.70		
			6574	575	80.2	1.31	1.70		
			7057	497	75.1	1.29	1.68		
6	A	1450	6352	1142	75.1	2.67	3.21	Y112M-4 (B35)	4
			7187	1124	78.3	2.86	3.43		
			8021	1097	80.8	3.01	3.61		
			8856	1057	82.6	3.13	3.76		
			9691	994	83.5	3.19	3.83		
			10525	924	82.8	3.25	3.90		
			11359	829	80.2	3.25	3.90		
			12194	716	75.1	3.22	3.86		
		960	4206	499	75.1	0.78	1.09	Y100L-6 (B35)	1.5
			4758	492	78.3	0.83	1.16		
			5311	480	80.8	0.87	1.22		
			5863	462	82.6	0.91	1.27		
			6416	435	83.5	0.93	1.30		
			6968	404	82.8	0.94	1.32		
			7521	363	80.2	0.94	1.32		
			8073	313	75.1	0.93	1.31		

该系列风机中，No.3~6 号机由叶轮、机壳及进风口等部分配直联电动机组成。No.8~10 除上述部分外还有机械传动部分。该机叶轮根据 ISO 国际标准 G6.3 级平衡精度，经过动、静平衡校正后，其振动小、运转平稳。该机作成整体形式，不能拆开，左右通用，叶轮两侧均可取出，但叶轮不能左右通用。

该系列风机的性能见生产厂产品样本，本手册只列出 No.5、No.6 两种机号的性能，见表 2-88。

表 2-88　T4-72-12 型离心式通风机的性能

机号 No.	转速/(r/min)	全压/Pa	风量/(m³/h)	配用电动机 型号	配用电动机 功率/kW	地脚螺栓 (4套)
No.5A	2900	3332	8265	Y160M2-2 (B35)	15	M12×300
		3224	9307			
		3116	10350			
		2989	11393			
		2832	12435			
		2646	13478			
		2440	14520			
		2215	15563			

（续）

机号 No	转速/ （r/min）	全压/ Pa	风量/ （m³/h）	配用电动机		地脚螺栓 （4 套）
				型号	功率/kW	
No5A	1450	833	4132	Y100L1-4 （B35）	2.2	M10×250
		804	4654			
		784	5175			
		745	5696			
		706	6218			
		666	6739			
		608	7260			
		559	7782			
No6A	1450	1196	7141	Y112M-4 （B35）	4	M10×250
		1166	8041			
		1127	8942			
		1078	9843			
		1019	10744			
		951	11645			
		872	12546			
		794	13447			
	960	529	4728	Y100L-6 （B35）	1.5	M10×250
		510	5324			
		490	5920			
		470	6517			
		451	7113			
		421	7710			
		382	8306			
		353	8903			

注：生产厂家为沈阳中联风机制造厂、上海江湾化工机械厂。

（3）4-75-11 离心式通风机。4-75-11 型离心式通风机是武汉鼓风机厂利用引进日本技术设计制造的新型风机，具有效率高、噪声低，压力曲线平坦、隔振效率高及维护使用方便等特点。

4-75-11 型离心式通风机的性能见机电产品样本，本手册只列出了 No7.5E 的性能，见表 2-89。

表 2-89　4-75-11 型离心式通风机（No7.5E）的性能

转速/ （r/min）	全压/ Pa	风量/ （m³/h）	周边噪声/ dB（A）	配用电动机		转速/ （r/min）	全压/ Pa	风量/ （m³/h）	周边噪声/ dB（A）	配用电动机	
				型　号	功率/ kW					型　号	功率/ kW
2025	3595	24156	91.4	Y225M-4	55	1500	1973	17894	84.9	Y180M-4	18.5
	3538	26155	91				1942	19374	84.5		
	3431	28166	90.2				1883	20863	83.7		
	3293	30189	87.5				1807	22362	81.0		
	3073	32000	88.3				1686	23852	81.8		
	2887	34224	86.7				1584	25351	80.2		
	2604	26222	87.5				1429	26831	81.0		
1650	2387	19683	86.9	Y180L-4	22	1350	1598	16104	82.6	Y160L-4	15
	2349	21311	86.5				1573	17436	82.2		
	2278	22950	85.7				1525	18777	81.4		
	2186	24599	82.7				1463	20126	78.7		
	2040	26237	83.8				1366	21467	79.5		
	1917	27886	82.2				1283	22816	77.9		
	1729	29514	83.0				1157	24148	78.7		

（续）

转速/ (r/min)	全压/ Pa	风量/ (m³/h)	周边 噪声/ dB（A）	配用电动机 型　号	配用电动机 功率/ kW	转速/ (r/min)	全压/ Pa	风量/ (m³/h)	周边 噪声/ dB（A）	配用电动机 型　号	配用电动机 功率/ kW
1050	967	12526	77.1	Y132M-4	7.5	820	590	9782	71.7	Y132M1-6	4
	951	13562	76.7				580	10591	71.3		
	923	14604	75.9				563	11405	70.5		
	885	15654	73.2				540	12225	67.8		
	826	16696	74.0				504	13039	68.6		
	776	17746	72.4				473	13858	67		
	700	18782	73.2				427	14668	67.8		

注：生产厂家为武汉鼓风机厂。

（4）4-79（4-2×79）型离心式通风机。4-79型风机可制成顺时针旋转或逆时针旋转两种型式。4-79型风机有14种机号（No3、3.5、4、4.5、5、6、7、8、10、12、14、16、18、20）。其中No3～6风机主要由叶轮、机壳、进风口等部分配直联电动机组成；No7～20风机除上述部分外，还有传动部分。该机的叶轮由16个后倾的圆弧薄板型叶片、曲线型前盘和平板后盘组成，均用钢板制造，并经过动平衡校正。风机空气性能良好、效率高、噪声低、运转平衡。

该型风机的机壳有两种结构型式，No3～12机壳作成整体，No14～20制成两开式，沿水平分为两半，用螺栓联接。

该机的性能见生产厂产品样本，本手册只列出No5和No6的性能，见表2-90。

（5）TS4-79型调速节能离心通风机。TS4-79型调速节能离心通风机是一种转速可调、风量和风压可变的新型风机系列。该系列风机以4-79型离心式风机配YDT型变极多速三相异步电动机构成，既有原型机空气动力学性能优良，效率高，噪声低的特点；又具有转速可调，风量和风压在大范围内变化，结构简单等优点。

本系列风机有三种速比（低转速与高转速之比），分别为750:1000或1:1.33、1000:1500或1:1.5及500:1000或1:2。本系列机有No：6、7、8、10、12、14共6个机号、65个型号，每个型号均制成右旋转和左旋转两种型式。

TS4-79型调速节能离心通风机的性能及选用表见风机产品样本。本手册只列出No7C离子通风机的性能，见表2-91。

表2-90　4-79型离心式通风机的性能

机　号 No	转　速/ (r/min)	出口风速/ (m/s)	全　压/ Pa	风量/ (m³/h)	配用电动机 型　号	配用电动机 功率/kW	地脚螺栓 （4套）
No5	2900	12.0	3334	9100	Y160M2-2 （B35）	15	M12×320
		13.4	3256	10200			
		14.8	3217	11250			
		16.2	3099	12350			
		17.6	2981	13410			
		19.1	2903	14480			
		21.2	2471	16100			
		23.3	2001	17720			
	1450	6.0	834	4560	Y100L1-4 （B35）	2.2	M10×250
		6.7	814	5100			
		7.4	804	5630			
		8.1	775	6180			
		8.8	745	6710			
		9.1	726	7240			
		10.6	618	8050			
		11.7	500	8860			

（续）

机　号 No	转速/ (r/min)	出口风速/ (m/s)	全　压/ Pa	风量/ (m³/h)	配用电动机		地脚螺栓 （4 套）
					型　号	功率/kW	
No6	1450	7.4	1196	7890	Y132S-4 （B35）	5.5	M10×250
		8.2	1177	8820			
		9.1	1157	9740			
		10.0	1118	10700			
		10.8	1069	11600			
		11.6	1040	12520			
		13.0	892	13920			
		14.3	706	15320			
	960	4.9	530	5230	Y100L-6 （B35）	1.5	M10×250
		5.5	520	5840			
		6.0	510	6420			
		6.6	490	7080			
		7.2	471	7630			
		7.7	451	8290			
		8.6	402	9220			
		9.4	314	10100			

表 2-91　TS4-79 型 No7C 离心通风机的性能

型号	低速工况				高速工况				电动机风机轴间水平距离/ mm
	转速/ (r/min)	全压/ Pa	风量/ (m³/h)	电动机功率/kW	转速/ (r/min)	全压/ Pa	风量/ (m³/h)	电动机功率/kW	
No7C-11	1230	1176	10640	8	1660	2137	14360	17	1110 （出风口 0°） 1150 （出风口 90°） 1195 （出风口 180°） 下同
		1137	11880			2078	16040		
		1127	13110			2049	17700		
		1078	14390			1970	19420		
		1039	15620			1891	21080		
		1009	16850			1832	22740		
		873	18820			1598	25400		
		696	20660			1274	27890		
No7C-12	1100	941	9520	5.5	1480	1666	12800	12	1135 1180 1225
		912	10630			1657	14300		
		902	11730			1627	15780		
		863	12870			1568	17320		
		833	13970			1500	18800		
		804	15070			1461	20280		
		696	16830			1265	22640		
		559	18480			1010	24860		
No7C-13	990	755	8560	4.5	1330	1372	11500	10	1175 1220 1260
		735	9560			1333	12850		
		726	10550			1313	14180		
		706	11580			1265	15560		
		677	12570			1216	16890		
		657	13560			1176	18220		
		569	15150			1019	20350		
		451	16630			813	22340		

（续）

型号	低速工况				高速工况				电动机风机轴间水平距离/mm
	转速/(r/min)	全压/Pa	风量/(m³/h)	电动机功率/kW	转速/(r/min)	全压/Pa	风量/(m³/h)	电动机功率/kW	
No7C-14	910	637 628 618 588 569 549 480 382	7870 8790 9700 10650 11560 12470 13920 15290	3.7	1240	1186 1157 1147 1098 1059 1029 892 706	10730 11980 13220 14510 15750 16990 18970 20830	8	1190 1230 1275
No7C-15	870	588 569 559 539 520 500 441 353	7530 8400 9270 10108 11050 11920 13310 14620	2.6	1190	1098 1068 1059 1010 971 941 824 657	10290 11500 12690 13920 15110 16300 18210 20000	6	1200 1245 1290
No7C-21	1240	1186 1157 1147 1098 1059 1029 892 706	10730 11980 13220 14510 15750 16990 18970 28030	8	1860	2676 2607 2578 2470 2372 2303 2000 1598	16090 17970 19830 21760 23620 25480 28460 31250	24	1220 1260 1300
No7C-22	1100	941 912 902 863 833 804 696 559	9520 10630 11730 12870 13970 15070 16830 18480	5.5	1650	2107 2058 2029 1951 1872 1813 1578 1255	14270 15940 17590 19310 20960 22610 25250 22720	17	1060 1105 1152
No7C-23	970	726 706 696 677 647 628 549 432	8390 9370 10340 11350 12320 13290 14840 16300	4	1460	1647 1608 1588 1529 1461 1421 1235 980	12630 14100 15560 17080 18540 20000 22340 24530	12	1080 1130 1175

（续）

型号	低速工况				高速工况				电动机风机轴间水平距离/mm
	转速/(r/min)	全压/Pa	风量/(m³/h)	电动机功率/kW	转速/(r/min)	全压/Pa	风量/(m³/h)	电动机功率/kW	
No7C-24	860	569 559 549 529 510 490 432 343	7440 8310 9170 10060 10920 11780 13160 14450	3	1300	1314 1274 1255 1206 1157 1127 980 775	11250 12560 13860 15210 16510 17810 19890 21840	9	1110 1155 1200
No7C-25	770	460 451 441 422 412 392 343 275	6660 7440 8210 9010 9780 10550 11780 12940	2	1100	1039 1020 1000 961 922 902 775 618	10030 11210 12370 13570 14730 15890 17750 19480	6	1110 1160 1210
No7C-26	690	373 363 353 343 324 314 275 216	5970 6670 7360 8070 8760 9450 10560 11590	1.5	1030	824 804 794 755 726 706 618 490	8190 9950 10980 12050 13080 14110 15760 17300	4.5	1145 1190 1240

注：生产厂家为吉林市鼓风机厂、上海通风机厂。

（6）9-19（9-26）型高压离心通风机。9-19（9-26）型高压离心通风机为单吸入式，有No4、4.5、5、5.6、6.3、7.1、8、9、10、11.2、12.5、14、16共13个机号。No4～6.3为A式（直联），No7.1～16为D式（有传动部分）。

9-19 型风机叶轮有 12 片叶片，9-26 型风机有 16

片叶片，均属前向弯曲叶型。叶轮扩压器外缘最高圆周速度不超过 140m/s。叶轮成形后经静、动平衡校正，运转平稳。机壳用普通钢板焊成整体蜗形壳体，进风口为收敛式流线形整体结构。

9-19 型离心通风机的性能见各风机厂的产品样本，本手册只给出了 No4～6.3 的性能，见表 2-92。

表 2-92　9-19 型离心通风机的性能

机号No	传动方式	转速/(r/min)	风量/(m³/h)	全压/Pa	内效率/(%)	内功率/kW	所需功率/kW	配用电动机	
								型号	功率/kW
4	A	2900	824 970 1116 1264	3584 3665 3647 3597	70 73.5 75.5 76	1.16 1.33 1.48 1.64	1.5 1.7 1.9 2.1	Y90-2	2.2
			1410 1558 1704	3507 3384 3253	75.5 73.5 70	1.80 1.97 2.17	2.3 2.6 2.6	Y100L-2	3

（续）

机 号 No	传动 方式	转 速/ (r/min)	风 量/ (m³/h)	全 压/ Pa	内效率/ (%)	内功率/ kW	所需功 率/kW	配用电动机	
								型　号	功率/kW
4	A	2900	2198	3852	74.70	3.11	3.7	Y132S1-2	5.5
			2368	3820	75.5	3.28	3.9		
			2536	3765	75.7	3.46	4.1		
			2706	3684	75	3.65	4.4		
			2877	3607	73.8	3.86	4.6		
			3044	3502	72.1	4.06	4.9		
			3215	3407	70	4.29	5.2		
4.5	A	2900	1174	4603	71.2	2.07	2.5	Y112M-2	4
			1397	4684	75	2.38	2.9		
			1616	4672	77	2.68	3.2		
			1839	4580	77.3	2.98	3.6		
			2062	4447	76.2	3.29	3.9		
			2281	4297	73.8	3.63	4.4	Y132S1-2	5.5
			2504	4112	70	4.03	4.8		
			3130	4910	76.1	5.51	6.3	Y132S2-2	7.5
			3407	4863	77.1	5.87	6.8		
			3685	4776	77.1	6.24	7.2		
			3963	4661	76	6.64	7.6	Y160M1-2	11
			4237	4545	74.5	7.06	8.1		
			4515	4412	72.3	7.54	8.7		
			4792	4256	70	7.98	9.2		
5	A	2900	1610	5697	72.7	3.43	4.1	Y132S2-2	7.5
			1932	5768	76.2	3.48	4.8		
			2254	5740	78.2	4.50	5.4		
			2576	5639	78.5	5.04	5.8		
			2844	5517	77.2	5.54	6.4		
			3166	5323	74.5	6.17	7.1	Y160M1-2	11
			3488	5080	70.5	6.86	7.9		
			4293	6035	77.2	9.12	10.5	Y160M2-2	15
			4706	5984	78.2	9.80	11.3		
			5114	5869	78	10.48	12.0		
			5527	5725	76.7	11.23	12.9		
			5941	5553	74.9	12.00	13.8		
			6349	5381	72.7	12.81	14.7		
			6762	5180	70	13.65	15.7		
5.6	A	2900	2622	7182	72.7	6.05	7.0	Y160M-2	11
			2714	7273	76.2	7.02	8.1		
			3167	7236	78.2	7.93	9.1		
			3619	7109	78.5	8.88	10.2		
			3996	6954	77.2	9.76	11.2	Y160L-2	18.5
			4448	6709	74.5	10.88	12.5		
			4901	6400	70.5	12.09	13.9		

（续）

机 号 No	传动方式	转速/(r/min)	风量/(m³/h)	全压/Pa	内效率/(%)	内功率/kW	所需功率/kW	配用电动机 型号	配用电动机 功率/kW
5.6	A	2900	6032	7610	77.2	16.09	18.5	Y180M-2	22
			6612	7546	78.2	17.27	19.9		
			7185	7400	78	18.47	21.2		
			7766	7218	76.7	19.79	22.8	Y200L1-2	30
			8346	7000	74.9	21.15	24.3		
			8919	6781	72.7	22.57	26.0		
			9500	6527	70	24.06	27.7		
6.3	A	2900	3220	9149	72.7	10.91	12.5	Y160L-2	18.5
			3865	9265	76.2	12.65	14.5		
			4509	9219	78.2	14.30	16.4		
			5153	9055	78.5	16.00	18.4		
			5690	8857	77.2	17.59	20.2	Y200L1-2	30
			6334	8543	74.5	19.60	22.5		
			6978	8148	70.5	21.79	25.1		
			8588	9698	77.2	28.99	33.3	Y225M-2	45
			9415	9616	78.2	31.12	35.8		
			10230	9429	78	33.28	38.3		
			11056	9195	76.7	35.66	41.0		
			11883	8915	74.9	38.12	43.8		
			12699	8636	72.7	40.67	46.8	Y250M-2	55
			13525	8310	70	43.35	49.9		

2. 高温通风机

（1）W4-62 型高温风机。W4-62 型高温风机用于输送 200～500℃、含尘量不大于 150mg/m³ 的无腐蚀性高温气体，叶轮采用耐热不锈钢焊接而成，经静、动平衡校正，作超速试验，安全可靠。其性能见表 2-93。

（2）W4-72 型高温风机。W4-72 系列高温风机适用于输送无腐蚀性、最高温度不超过550℃的高温气体，气体的含尘量及硬质颗粒不大于 150mg/m³。

该型高温风机的叶轮由 10 个后倾的机翼形叶片、曲线形前盘和平板后盘组成，材质为不锈钢板，要经动、静平衡校正和超速试验，安全可靠。机壳用钢板焊成蜗形体。

W4-72 型高温风机的性能见表 2-94。

表 2-93　W4-62 型高温风机的性能

机 号 No	传动方式	转速/(r/min)	流量/(m³/h)	全压/Pa	工作温度/℃	最高温度/℃	配用电动机 型号	配用电动机 功率/kW
3.5	D	2900	1620～3720	547～1039	200	250	Y100L-2	3
3.5	D	1450	800～1770	152～255	200	250	Y90S-4	1.1
4a	D	2900	2050～5000	729～1215	200	250	Y132S1-2	5.5
4a	D	1450	1000～2430	179～300	200	250	Y100L1-4	2.2
4	D	2900	2500～5950	611～1153	300	350	Y132S1-2	5.5
4	D	1450	1300～2750	155～286	300	350	Y100L1-4	2.2
4b	D	2900	3000～6720	832～1598	200	250	Y132S2-2	7.5
4b	D	1450	1500～3350	206～395	200	250	Y100L1-4	2.2
4.5	D	2900	3500～8350	594～1115	500	550	Y132S2-2	7.5
4.5	D	1450	1850～4100	143～267	500	550	Y100L1-4	2.2
4.5	C	2630	3175～7572	489～917	500	550	Y132S2-2	7.5
5	C	2530	4100～9858	566～1018	500	550	Y132S2-2	7.5
6	C	1790	5061～12344	525～993	300	350	Y160M-4	11
7	D	1450	7800～17000	417～775	450	500	Y160M-4	11

注：生产厂为四平鼓风机股份有限公司。

表2-94　W4-72型高温风机的性能

机 号 No	传动 方式	转速/ (r/min)	风 量/ (m³/h)	全 压/ Pa	工作温度/ ℃	所需功率/ kW	配 用 电 动 机		
							型 号	功率/kW	电压/V
6	C	1790	8443	815	350	3.37	Y132M-4	7.5	380
			9480	801		3.52			
			10518	787		3.71			
			11554	768		3.91			
			12591	731		4.06			
			13628	675		4.13			
			14665	618		4.19			
			15702	562		4.32			
8	C	1600	17920	936	500	8.21	Y180M-2	22	380
			20100	922		8.61			
			22280	907		8.615			
			24460	877		9.48			
			26640	832		9.78			
			28820	773		10.31			
			31000	698		10.62			

注：生产厂有四平鼓风机股份有限公司。

（3）W5-47型高温风机。W5-47型高温风机适用于输送不含腐蚀性、不自燃、最高温度不超过700℃的高温气体。若气体含尘量较大，应在进风口前装除尘装置，除尘效率不应低于85%。该型风机有No5、6、9等几个型号，其性能见表2-95。

（4）W4-80-11、12罩式炉炉台风机。炉台风机是为冷轧钢板卷罩式退火炉的专用产品，用于强制内罩中的保护气体定向流动，强化炉内的热交换，提高炉内温度均匀性，以提高热处理产品的质量，缩短热处理周期。

表2-95　W5-47型高温风机性能

机 号 No	传动 方式	转速/ (r/min)	风 量/ (m³/h)	全 压/ Pa	工作温度/ ℃	所需功率/ kW	配 用 电 动 机		
							型 号	功率/kW	电压/V
5	C	2620	4840	1044	650	2.40	Y132S1-2	5.5	380
			5420	1044		2.53			
			6000	1033		2.65			
			6580	1000		2.76			
			7160	944		2.85			
			7740	894		2.95			
			8320	828		3.04			
			8900	716		3.02			
		2900	5360	1283	650	3.26	Y132S2-2	7.5	380
			6010	1283		3.45			
			6650	1272		3.61			
			7300	1228		3.88			
			7940	1161		3.89			
			8580	1094		4.00			
			9230	1016		4.14			
			9870	877		4.11			

（续）

机　号 No	传动 方式	转　速/ (r/min)	风　量/ (m³/h)	全　压/ Pa	工作温度/ ℃	所需功率/ kW	配　用　电　动　机		
							型　号	功率/kW	电压/V
6	C	2620	8370	1505	650	5.98	Y160M2-2	15	380
			9380	1505		6.31			
			10380	1495		6.62			
			11390	1444		6.91			
			12390	1366		7.15			
			13400	1289		7.37			
			14400	1200		7.63			
			15410	1033		7.56			
		2760	8817	2132	450	8.93	Y160L-2	18.5	380
			9881	2132		9.42			
			10934	2117		9.88			
			11998	2046		10.31			
			13052	1936		10.67			
			14116	1826		11.00			
			15169	1700		11.39			
			16233	1464		11.29			
9	C	1740	18780	2667	300	23.79	Y225S-4	37	380
			21030	2667		25.08			
			23280	2638		26.22			
			25540	2550		27.35			
			27790	2416		28.35			
			30040	2282		29.27			
			32300	2121		30.28			
			34550	1825		29.95			
		1820	19640	2918	300	27.23	Y225S-4	37	380
			22000	2918		28.71			
			24350	2890		30.05			
			26710	2792		31.32			
			29070	2648		32.51			
			31420	2497		33.51			
			33780	2318		34.61			
			36140	1998		34.31			

　　炉台风机的最高运行温度为750℃。该系列风机由No5、6、7、7.5 四个机号组成。旋转方向均为左旋，电动机与风机轴直联，轴伸向上，均为立式。该风机由叶轮、水冷轴承座、立式轴承座、底座和电动机组成。

　　叶轮由 40 片弧形叶片焊接在锥前盘和锥后盘中间组成，前盘有补强环补强，后盘与轮毂采用对焊焊接，焊成流线形。叶轮经静、动平衡校正。具有效率高、节能、噪声低、运转平稳等特点。

　　水冷轴承座采用铸钢与钢板焊接，立式轴承座、底座均采用铸钢件。

　　炉台风机与炉台上的分流盘、钢卷及其中间和顶部的导流板，再加上内罩构成气体循环系统。炉台风机的性能见表 2-96，其外形及安装尺寸见图 2-51～图 2-55。

　　（5）W63A-1、W63B-1 系列高温可逆轴流风机。W63A-1、W63B-1 系列高温可逆轴流风机可用于各种

表 2-96　W4-80-11、12 炉台风机的性能

型号	转速/ (r/min)	静压/ Pa	风量/ (m³/h)	内效率 (%)	轴功 率/kW	所需功 率/kW	配用电动机		联轴器		
							型号	功率/ kW	型号	风机 轴/mm	电机 轴/mm
W4-80-11、 12 No5D	1460	142	5102	35.30	0.59	0.76	Y112M-4(V3) Y132M-4(V3)	4.0 (7.5)	FT551-2gz	48	28 (38)
		138.2	5470	34.60	0.62	0.81					
		134.8	6013	34.50	0.65	0.87					
		134.4	6560	35.00	0.71	0.95					
		133.4	7110	36.50	0.73	0.97					
		107.5	7653	30.80	0.75	1.00					
		77.5	8200	23.00	0.77	1.10					
W4-80-11、 12 No6D	1460	204.4	8816	35.30	1.42	1.90	Y112M-4(V3) Y160M-4(V3)	4.0 11.0	FT551-2gz	48	28 (42)
		199	9446	34.60	1.51	2.00					
		194	10400	34.50	1.63	2.16					
		193.5	11335	35.00	1.74	2.31					
		192	12280	36.50	1.80	2.39					
		155	13230	30.80	1.85	2.46					
		111.5	14170	23.00	1.91	2.54					
W4-80-11、 12 No7D	1460	278.2	14000	35.30	3.03	3.15	Y160L-4(V3)	5.5 (15)	FT551-2(改)	48	32 (42)
		271	15000	34.60	3.20	3.33					
		264	16500	34.50	3.45	3.59					
		263.3	18000	35.00	3.69	3.85					
		261.3	19500	36.50	4.05	4.22					
		211	21000	30.80	3.98	4.14					
		152	22500	23.00	3.59	3.74					
W4-80-11、 12 No7.5D	1460	319.4	17200	35.30	4.28	4.79	Y200L-4(V3)	7.5 (30)	FT551-2(改)	48	38 (48)
		311	18500	34.60	4.52	5.08					
		303	20300	34.50	4.87	5.46					
		302.3	22100	35.00	5.22	5.85					
		300	24000	36.50	5.72	6.43					
		236	25800	30.80	5.09	5.71					
		174.2	27700	23.00	5.08	5.69					

注：生产厂有四平鼓风机股份有限公司。

非铁轻金属型材的加热炉、退火炉、均热炉和时效等热处理炉内气体的强制循环。该风机由叶轮、主轴、支座和传动机构组成，叶轮具有 10 个中空翼型叶片，强度高。支座内填充耐火纤维，耐高温并有优良的保温性能，底部带冷却水套，能防止轴承和主轴过热。

该系列风机有：A 型（卧式圆塞体或方塞体）采用带紧固衬套的自动调压轴承，轴承座采用水冷；B 型（立式方塞体）采用方座外球面轴承，调心性好，安装方便。

该系列风机可任意设定时间，定时正、反转交替工作，反风率达到 90%，能有效地提高炉内温度场的均匀度及热处理质量。采用双速电动机，冷态时低速起动，达到转换温度后转入高速。允许的介质温度为 550℃，短时间最高温度 ≤650℃。

该系列高温可逆轴流风机见图 2-56。

该系列风机立式和卧式各有 6 个机号：No10.8C（$D = 1080mm$）、No12.20C（$D = 1220mm$）、No15.24C（$D = 1524mm$）、No16.76C（$D = 1676mm$）、No18.29C（$D = 1829mm$）和 No19.82C（$D = 1982mm$）。

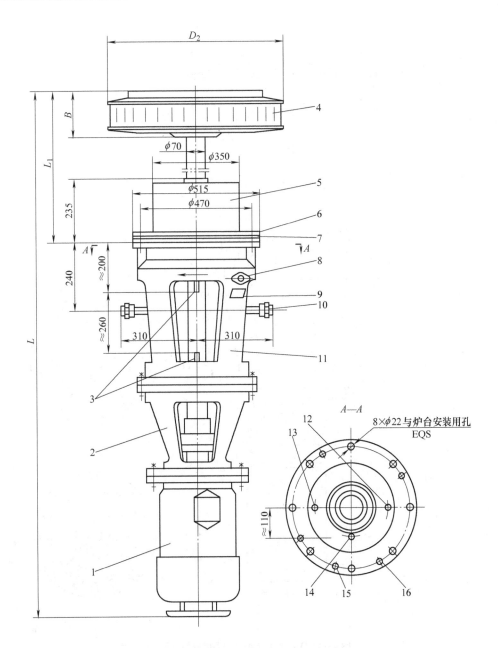

图 2-51　W4-80-11 No5、6 风机外形及安装尺寸

1—电动机　2—底座　3—干油润滑管 R1/4in　4—叶轮　5—水冷轴承座　6—橡胶石棉板垫圈
7—耐热橡胶板垫圈　8—产品商标　9—产品铭牌　10—进水管 R3/4in　11—立式轴承座
12—进水壳　13—出水管　14—脂润滑管　15—圆锥销　16—联接螺栓

W4-80-11 No5、6 装配及外形尺寸表　　　　　　　　　　（单位：mm）

机　号	D_2	B	L_1	L
5	510	130	612	1762
6	610	152	634	1814

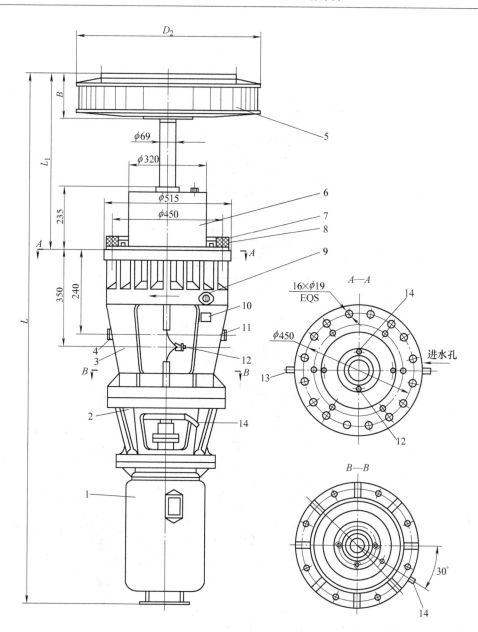

图 2-52　W4-80-12 №5D、6D风机外形及安装尺寸

1—电动机　2—底座　3—立式轴承座　4、13—出水孔　5—叶轮　6—水冷轴承座　7—橡胶石棉板
8—耐热橡胶板　9—产品商标　10—产品铭牌　11—进水孔　12—油雾进口　14—排油孔

W4-80-12 №5D、6D风机安装外形尺寸表　　　　　　　　　　（单位：mm）

机　号	D_2	B	L_1	L
5D	510	130	612	1762
6D	610	152	634	1814

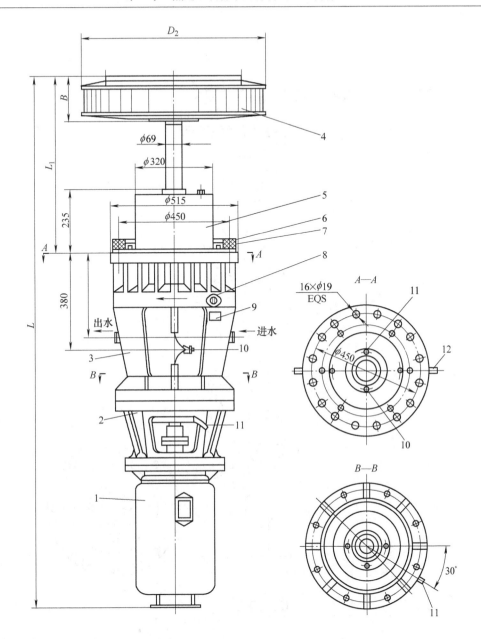

图 2-53　W4-80-12 N₀7D、7.5D风机外形及安装尺寸

1—电动机　2—底座　3—立式轴承座　4—叶轮　5—水冷轴承座　6—橡胶石棉板　7—耐热橡
胶板　8—产品商标　9—产品铭牌　10—油雾进口　11—排油孔　12—进水孔

W4-80-12 N₀7D、7.5D风机安装及外形尺寸表　　　　　　　　（单位：mm）

机　号	D_2	B	L_1	L
7D	700	165	647	1994
7.5D	750	176	658	2135

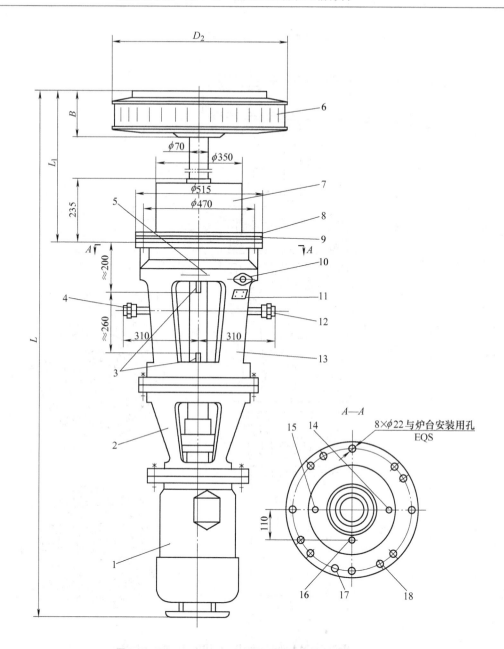

图 2-54　W4-80-11 No7、7.5 风机外形及安装尺寸

1—电动机　2—底座　3—干油润滑管　4、15—出水管　5—风机旋转方向标志　6—叶轮
7—水冷轴承座　8—橡胶石棉板垫圈　9—耐热橡胶板垫圈　10—产品商标　11—产品铭牌
12、14—进水管　13—立式轴承座　16—脂润滑管　17—圆锥管　18—联接螺栓

W4-80-11 装配及外形尺寸表　　　　　　　　　　　　　（单位：mm）

机　　号	D_2	B	L_1	L
7	710	163	656	2100
7.5	760	176	669	2185

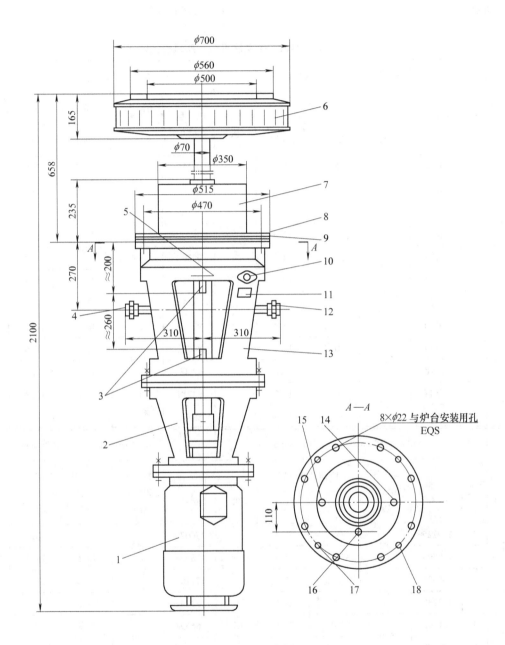

图 2-55 W4-80-11A No7D 风机外形及安装尺寸

1—电动机 2—底座 3—干油润滑管 4、15—出水管 5—风机旋转方向标志
6—叶轮 7—水冷轴承座 8—橡胶石棉板垫圈 9—耐热橡胶板垫圈 10—产品商标
11—产品铭牌 12、14—进水管 13—立式轴承座
16—脂润滑管 17—圆锥管 18—联接螺栓

W63A-1 系列高温可逆轴流风机见图 2-56a，其性能见表 2-97。

W63B-1 系列高温可逆轴流风机见图 2-56b，其性能及外形安装尺寸见表 2-98。

表 2-97　W63A-1 高温可逆轴流风机的性能

工况点	气流方向	D=1080mm　n=1620r/min					D=1220mm　n=1435r/min				
		风量/(m³/h)	静压(20℃)/Pa	所需功率/kW		电动机	风量/(m³/h)	静压(20℃)/Pa	所需功率/kW		电动机
				20℃	550℃				20℃	550℃	
1	J	74804	382	38.7	13.7	YD225S-6/4-22/28kW	95535	382	49.5	17.6	YD250M-6/4-32/42kW
	C	84513		35.2	12.5		107935		45	16	
2	J	72949	480	39.3	14.0		93166	480	50.3	17.9	
	C	82078		34.9	12.4		104825		44.7	15.9	
3	J	70777	579	39.9	14.2		90392	579	51.1	18.2	
	C	78981		36	12.8		100870		46.1	16.4	
4	J	69025	677	40.6	14.5		88154	677	51.9	18.5	
	C	76200		37.8	13.4		97319		48.4	17.2	
5	J	67355	775	40.9	14.5		86022	775	52.3	18.6	
	C	72278		38	13.5		92309		48.6	17.3	
6	J	65548	853	41	14.7		83714	853	52.6	18.8	
	C	69995		38.8	13.8		89393		49.7	17.7	

工况点	气流方向	D=1524mm　n=1150r/min					D=1676mm　n=1020r/min				
		风量/(m³/h)	静压(20℃)/Pa	所需功率/kW		电动机	风量/(m³/h)	静压(20℃)/Pa	所需功率/kW		电动机
				20℃	550℃				20℃	550℃	
1	J	149225	382	77.5	27.6	YD280S-6/4-42/55kW	176070	363	87	31	YD280M-8/4-47/67kW
	C	168594		70.5	25.1		198924		79.1	28.2	
2	J	145525	480	78.8	28		171705	451	88.4	31.5	
	C	163737		70	24.9		193192		78.6	28	
3	J	141192	579	80	28.5		166592	549	89.8	32	
	C	157559		72.2	25.7		185903		81.8	28.9	
4	J	137697	677	81.3	29		162468	657	91.3	32.5	
	C	152012		75.8	26.9		179359		85.1	30.3	
5	J	134366	775	81.9	29.1		158539	736	92	32.8	
	C	144187		76.1	27.1		170125		85.4	30.4	
6	J	130760	853	82.4	29.4		154285	814	92.5	32.9	
	C	139632		77.8	27.7		164750		87.4	31.1	

（续）

工况点	气流方向	D=1829mm　n=940r/min 风量/(m³/h)	静压(20℃)/Pa	所需功率/kW 20℃	550℃	电动机	D=1982mm　n=840r/min 风量/(m³/h)	静压(20℃)/Pa	所需功率/kW 20℃	550℃	电动机
1	J	210177	373	105.4	37.5	YD280M-6/4-55/72kW	239793	343	112.3	40	待定-8/6-55/80kW
1	C	237457	373	95.9	34.1		270917	343	102.1	36.3	
2	J	204965	461	107.1	38.1		233847	431	114.1	40.6	
2	C	230615	461	95.2	33.9		263110	431	101.4	36.1	
3	J	198862	559	108.8	38.8		226884	520	116	41.3	
3	C	221914	559	98.2	34.9		253184	520	104.6	37.2	
4	J	193939	657	110.5	39.4		221267	608	117.8	41.9	
4	C	214100	657	103.1	36.6		244270	608	109.8	39.1	
5	J	189248	745	111.4	39.6		215915	696	118.7	42.3	
5	C	203080	745	103.5	36.8		231696	696	110.3	39.3	
6	J	184171	824	112	40		210122	775	119.4	42.5	
6	C	196665	824	105.9	37.7		224376	775	112.8	40.2	

注：1. 本系列风机反风率≥90%。

　　2. 气流方向：J 为进气（正转）；C 为出气（反转）。

　　3. 最高介质温度650℃。

　　4. 生产厂家为天津荣兴特种风机公司。

表2-98　W63B-1 系列高温可逆轴流风机的性能和外形安装尺寸　　（单位：mm）

序号	机号 No	转速/(r/min)	流量/(m³/h)	静压/Pa(20℃)	使用温度/℃	转换温度/℃	配用电动机	a₁×a₁	a₂×a₂	X₁	X₂	n×Md
1	10.80C	1620	78981	578	≤650	≥170	YD225S-6/4-22/28KW	658×658 (94×7=658)	740×740	58	30	28×M12
2	12.20C	1435	100860	578	≤650	≥170	YD250M-6/4-32/42KW	740×740 (92.5×8=740)	820×820	58	30	32×M12
3	15.24C	1000	148000	491	≤650	≥180	YD280S-6/4-42/55KW	940×940 (117.5×8=940)	1020×1020	58	30	32×M12
4	16.76C	1000	185903	550	≤650	≥170	YD280M-8/4-47/67KW	940×940 (117.5×8=940)	1020×1020	63	38	32×M16
5	18.29C	940	221914	559	≤650	≥180	YD280M-6/4-55/67KW	1060×1060 (132.5×8=1060)	1150×1150	66	38	32×M16
6	19.82C	840	253184	520	≤650	≥180	YD315M-8/6-55/80KW	1060×1060 (132.5×8=1060)	1150×1150	66	38	32×M16

外形安装尺寸/mm

序号	机号 No	A	B	C	D	D₂	E	F	G	H	L₁	L₂	L₃	L
1	10.80C	484	229	268	520	1080	85	176	81.5	200	497	421.5	按结构设计确定	1287
2	12.20C	484	234	268	520	1220	85	232	109.5	200	502	449.5		1335
3	15.24C	604.5	335	368	665	1524	85	243	115	280	703	500		1667
4	16.76C	526	280	368	665	1676	85	265	126	300	648	510.5		1633.5
5	18.29C	665	405	368	665	1829	85	289	138	300	773	523		1710
6	19.82C	604.5	330	335	665	1982	85	312	149.5	300	665	567.5		1730

注：本系列风机冷却方式为水冷，用水量约为 1~1.5m³/h。

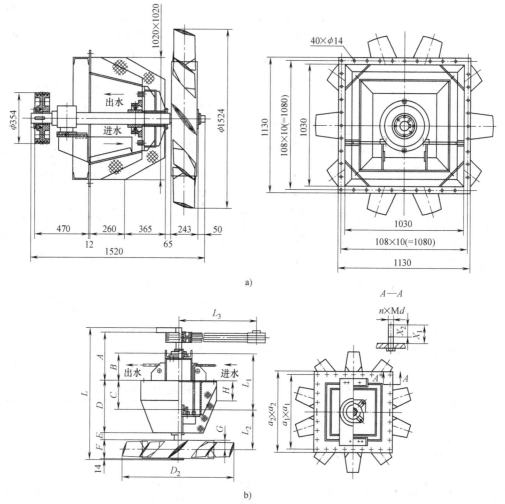

图 2-56　W63A-1、W63B-1 系列高温可逆轴流风机
a) W63A-1 (№15.24C)　　b) W63B-1

2.5.2　泵

泵类产品在热处理设备中主要用于将液体淬火冷却介质（循环冷却）输送到淬火装置中去，将冷却水输送到热处理设备需要冷却的部位，将洗涤剂输送到各类洗涤装置中及将燃料油输送到燃烧装置中等。泵类产品是热处理工艺经常使用的设备。

1. IS 型单级单吸清水离心泵　IS 型泵是单级单吸（轴向吸入）离心泵。供输送温度低于 80℃ 的清水或物理、化学性质接近清水的其他液体。适用于工业和城市给、排水和农业排灌。

IS 型泵的主要性能指标：流量 q_V 为 6.3～400m³/h；扬程 H 为 5～125m；转速 n 为 2900r/min、1450r/min；配带功率为 0.55～90kW；进口直径为 $\phi50～\phi200$mm；吸入压力 <0.3MPa。

IS 型系列泵是全国泵行业采用国际标准 ISO 2858 所规定的性能和尺寸联合设计的新系列产品，具有应用范围广、效率高、"三化"水平高和维修方便等特点，其效率比老产品平均提高了 3.6%，是国家推广的节能产品。

IS 型系列泵有 29 个基本型号，其中 22 个是双速（2900r/min、1450r/min）的。根据热处理设备的特点，本手册只选用了其中 13 个型号，其性能见表 2-99。

2. IB 型单级单吸离心泵　IB 型单级单吸离心泵是全国排灌机械行业按 ISO 2858 国际标准和国家标准，联合设计和制造的更新换代的节能产品，适用于输送清水和物理化学性能接近清水的其他液体，液体最高温度不超过 80℃，广泛用于农业排灌、工业给水和生活用水，是通用的机械产品。

表 2-99 IS 型单级单吸清水离心泵的性能

型 号	流 量		扬程/	转速/	功率/kW		效率	必需汽蚀 余量/	叶轮直径/
	m³/h	L/s	m	(r/min)	轴功率	电动机功率	(%)	m	mm
IS50-32-125	7.5	2.08	22	2900	0.96	1.5	47	2.0	φ133
	12.5	3.47	20		1.13		60	2.0	
	15	4.17	18.5		1.26		60	2.5	
IS50-32-160	7.5	2.08	34.3	2900	1.59	3	44	2.0	φ162
	12.5	3.47	32		2.02		54	2.0	
	15	4.17	29.6		2.16		56	2.5	
IS65-50-125	15	4.17	21.8	2900	1.54	3	58	2.0	φ133
	25	6.94	20		1.97		69	2.0	
	30	8.33	18.5		2.22		68	3.0	
IS65-50-160	15	4.17	35	2900	2.65	5.5	54	2.0	φ166
	25	6.94	32		3.35		65	2.0	
	30	8.33	30		3.71		66	2.5	
IS50-32-125	3.75	1.04	5.4	1450	0.13	0.55	43	2.0	φ133
	6.3	1.74	5		0.16		54	2.0	
	7.5	2.08	4.6		0.17		55	2.5	
IS50-32-160	3.75	1.04	8.5	1450	0.25	0.55	35	2.0	φ162
	6.3	1.74	8		0.29		48	2.0	
	7.5	2.08	7.5		0.31		49	2.5	
IS65-50-125	7.5	2.08	5.35	1450	0.21	0.55	53	2.0	φ133
	12.5	3.47	5		0.27		64	2.0	
	15	4.17	4.7		0.30		65	2.5	
IS65-50-160	7.5	2.08	8.8	1450	0.36	0.75	50	2.0	φ166
	12.5	3.47	8		0.45		60	2.0	
	15	4.17	7.2		0.49		60	2.5	
IS65-40-315	15	4.17	127	2900	18.5	30	28	2.5	φ315
	25	6.94	125		21.3		40	2.5	
	30	8.33	123		22.8		44	3.0	
IS80-65-125	30	8.33	22.5	2900	2.87	5.5	6.4	3.0	φ139
	50	13.9	20		3.63		75	3.0	
	60	16.7	18		3.98		74	3.5	
IS80-65-160	30	8.33	36	2900	4.82	7.5	61	2.5	φ166
	50	13.9	32		5.97		73	2.5	
	60	16.7	29		6.59		72	3.0	
IS65-40-315	7.5	2.08	32.3	1450	2.63	4.0	25	2.5	φ315
	12.5	3.47	32		2.94		37	2.5	
	15	4.17	31.5		3.16		41	3.0	

（续）

型　号	流　量		扬程/	转速/	功率/kW		效率	必需汽蚀余量/	叶轮直径/
	m³/h	L/s	m	(r/min)	轴功率	电动机功率	(%)	m	mm
IS80-65-125	15	4.17	5.6	1450	0.42	0.75	55	2.5	φ139
	25	6.94	5		0.48		71	2.5	
	30	8.33	4.5		0.51		72	3.0	
IS80-65-160	15	4.17	9	1450	0.67	1.1	55	2.5	φ166
	25	6.94	8		0.79		69	2.5	
	30	8.33	7.2		0		68	3.0	

注：IS80-50-200 型号意义：IS—单级单吸清水离心泵；80—泵入口直径（mm）；50—泵出口直径（mm）；200—泵叶轮直径（mm）。

IB 型泵的主要性能指标：转速 n 为 1450 ~ 2900r/min；流量 q_V 为 6.3 ~ 400m³/h；扬程 H 为 5 ~ 125m；功率 P 为 0.55 ~ 110kW。

IB 型单级单吸离心泵系列部分泵的性能见表 2-100。

3. AY 型单、两级离心液压泵　AY 型单、两级离心液压泵供输送不含固体颗粒的石油、液化油气等介质，特别是输送高温、高压、易燃、易爆或有毒的液体。适于石油精制、石油化工和化学工业等场合。

AY 型系列泵是在 Y 型液压泵系列基础上改造及重新设计的节能新产品，其结构形式、安装尺寸和性能指标保持与 Y 型液压泵相同，而效率比 Y 型液压泵平均提高 5% ~ 8%。

主要性能指标：流量为 2.5 ~ 600m³/h；扬程为 30 ~ 330m；工作温度为 -45℃ ~ 420℃。

型号意义：

例　100AY120A

100——泵入口直径（mm）；A——泵第一次改造；Y——离心液压泵；120——泵单级扬程（m）；A——叶轮切割次数（A、B、C…）。

AY 型泵的性能见表 2-101。

2.5.3 真空泵

1. 水环式真空泵　水环式真空泵的主要性能见表 2-102。

表 2-100 IB 型单级单吸离心泵系列部分泵的性能

泵型号	流　量/(m³/h)	扬　程/m	转　速/(r/min)	效率/(%)	功率/kW		必需汽蚀余量/m	叶轮直径/mm
					轴功率	电动机功率		
IB50-32-125	8.8	21	2900	54	0.90	1.5	2.2	φ126
	12.5	20		62	1.10		2.3	
	16.3	18.4		65	1.26		2.5	
IB50-32-200	8.8	51.5	2900	44	2.8	5.5	2.2	
	12.5	50		52	3.3		2.3	
	16.3	47.8		56	3.8		2.6	
IB65-50-125	17.5	21.6	2900	65	1.6	3.0	2.2	φ136
	25	20		71	1.9		2.3	
	32.5	17		66	2.3		3.0	
IB65-40-200	17.5	51.4	2900	55	4.5	7.5	2.2	φ194
	25	50		63	5.4		2.3	
	32.5	47.4		65	6.5		2.5	
IB80-65-160	35	34.6	2900	69	4.8	7.5	2.3	φ170
	50	32		76	5.7		2.5	
	65	27.4		73	6.6		3.5	
IB80-50-200	35	52.4	2900	67	7.5	15	2.3	φ198
	50	50		73	9.3		2.5	
	65	46.2		73	11.2		3.5	

表 2-101　AY 型泵的性能

型　号	流量/ (m³/h)	扬　程/ m	转　速/ (r/min)	效率/ (%)	必需汽蚀余量/ m	轴功率/ kW	电动机 型号	电动机 功率/kW	泵重/ kg
40AY40×2	6.25	80	2950	30	2.7	4.5	YB132S2-2	7.5	165
40AY40×2A	5.85	70	2950	30	2.6	3.7	YB132S1-2	5.5	165
50AY60	12.5	67	2950	42	2.9	5.4	YB132S2-2	7.5	110
50AY60A	11	53	2950	39	2.8	4.1	YB132S1-2	5.5	110
50AY60B	10	40	2950	37	2.8	2.9	YB112M-2	4	110
50AY60×2	12.5	120	2950	35	2.4	11.7	YB160L-2	18.5	170
65AY60	25	60	2950	52	3	7.9	YB160M1-2	11	150
65AY100	25	110	2950	47	3.2	15.9	YB180M-2	22	180
65AY100A	23	92	2950	46	3.1	12.5	YB160L-2	18.5	180
80AY60	50	60	2950	62	3.2	13.2	YB160L-2	18.5	160
80AY60A	45	49	2950	61	3.2	9.8	YB160M2-2	15	160
80AY60B	40	39	2950	60	3.1	7.1	YB160M1-2	11	160
80AY100	50	100	2950	56	3.1	24.3	YB200L2-2	37	200
80AY100A	45	85	2950	55	3.1	18.9	YB200L1-2	30	200
80AY100B	41	73	2950	54	2.9	15.1	YB180M-2	22	200
80AY100×2	50	200	2950	57	3.6	47.8	YB280S-2	75	350
100AY60	100	60	2950	70	4.1	23.3	YB200L1-2	30	170
100AY120	100	120	2950	63	4.3	51.9	YB280S-2	75	285
100AY120A	93	105	2950	61	4	43.6	YB250M-2	55	285
100AY120×2	100	240	2950	60	5.2	108.9	YB315M1-2	132	460
100AY120×2A	93	205	2950	59	5	88	YB315S-2	110	460
150AY75	180	80	2950	75	4.5	52.3	YB200S-2	75	255
150AY150	180	150	2950	70	4.5	105	YB315M1-2	132	550

表 2-102　水环式真空泵的主要性能

型号	极限压力 Pa	极限压力 Torr	抽气速率/ (m³/min)	进气口直径/ mm	排气口直径/ mm	配用电动机 功率/kW	型号	极限压力 Pa	极限压力 Torr	抽气速率/ (m³/min)	进气口直径/ mm	排气口直径/ mm	配用电动机 功率/kW
SK-0.08	$4.6×10^3$	35	0.08	$\phi12$	$\phi12$	0.55	2SK-3	$4×10^3$	30	3	$\phi50$	$\phi50$	7.5
SK-1.5	$1.5×10^4$	110	1.5	$\phi35$	$\phi35$	3	2YK-3	$6.6×10^2$	5				
SK-3	$8×10^3$	60	3	$\phi50$	$\phi50$	5.5	2SK-6	$3.3×10^3$	25	6	$\phi80$	$\phi80$	15
SK-6	$8×10^3$	60	6	$\phi80$	$\phi80$	11	2YK-6	$6.6×10^2$	5				
SK-12	$8×10^3$	60	12	$\phi100$	$\phi100$	22							
SK-25	$1.5×10^4$	110	25	$\phi100$	$\phi100$	30	2SK-12	$3.3×10^3$	25	12	$\phi100$	$\phi100$	30
2SK-1	$4.6×10^3$	35	1	$\phi35$	$\phi35$	4	2YK-12	$6.6×10^2$	5				
2YK-1	$6.6×10^2$	5											
2SK-1.5	$4.6×10^3$	35	1.5	$\phi35$	$\phi35$	4	2SK-25	$3.3×10^3$	25	25	$\phi100$	$\phi100$	45
2YK-1.5	$6.6×10^2$	5					2YK-25	$6.6×10^2$	5				

注：1. SK、2SK 为水环式真空泵，2YK 为液环式真空泵。

　　2. 生产厂家为浙江真空设备厂。

2. 2XZ 型旋片式真空泵可直接获得 10^{-4} ~ 10^{-2} Pa 的真空，也可作为其他真空泵的前级泵。表 2-103 是 2XZ 型旋片真空泵的性能，其抽速曲线见图 2-57。

表 2-103　2XZ 型旋片真空泵的性能

项目		型号 2XZ-2B	2XZ-4B	2XZ-8B	2XZ-15B
	抽气速率/(L/s)①	2(7.2)	4(14.4)	8(30)	15(60)
极限压力/Pa	分压力(关气镇)	4×10^{-2}	4×10^{-2}	4×10^{-2}	4×10^{-2}
	总压力(关气镇)	5×10^{-1}	5×10^{-1}	5×10^{-1}	5×10^{-1}
	分压力(开气镇)	8×10^{-1}	8×10^{-1}	8×10^{-1}	8×10^{-1}
	总压力(开气镇)	1×10^{0}	1×10^{0}	1×10^{0}	1×10^{0}
噪声(关气镇)(L_p/L_w)/dB(A)		53/65	55/67	55/69	55/71
水蒸气抽除率/(g/h)		360	500	600	1200
用油量/L		1.3	1.6	3.8	4.8
最高作用油温/℃		75	80	85	90
电动机	功率/kW	0.37	0.55	1.1	1.5
	转速/(r/min)	1400	1430	1420	1440
	重量/kg	25	33	56	65

注: 由上海富斯特真空泵厂生产。

① 括号内数据单位为 m^3/h。

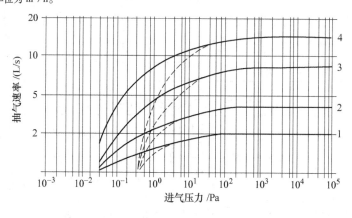

图 2-57　2XZ 型旋片真空泵抽速曲线
——关气镇　————开气镇
1—2XZ-2B　2—2XZ-4B　3—2XZ-8B　4—2XZ-15B

3. 新型 H、2H 型滑阀真空泵　新型 H、2H 型滑阀真空泵有多处改进，其特点是功耗低，振动低，噪声小，体积小，利于操作维修，运行经济。其性能见表 2-104，抽速曲线见图 2-58。

4. 罗茨真空泵　ZJB 型带溢流阀罗茨真空泵是 ZJ 型罗茨泵的派生产品，是一种容积式真空泵，又称机械增压泵，是获得中、高真空的主要设备之一。

其工作原理与 ZJ 型罗茨泵相同。其特点是可实现过载自动保护，可与前级泵同时起动，减少预抽时间，噪声小，振动小。其性能见表 2-105，抽速曲线见图 2-59。

5. 油扩散喷射泵（油增压泵）　油扩散喷射泵的主要性能见表 2-106，抽气速率曲线见图 2-60。该泵的外形见图 2-61，连接尺寸见表 2-107。

表 2-104　H、2H 型滑阀式真空泵的性能

型号	抽气速率/ (L/s)	极限压力		电动机功率 /kW	进气口直径 /mm	排气口直径 /mm	冷却水量 /(kg/h)
		Pa	Torr				
2H-5	5	6.7×10^{-2}	5×10^{-4}	0.55	$\phi 32$	$\phi 25$	风冷
2H-8A	8	6.7×10^{-2}	5×10^{-4}	1.1	$\phi 40$	$\phi 32$	风冷
2H-15A	15	6.7×10^{-2}	5×10^{-4}	2.2	$\phi 50$	$\phi 40$	风冷
2H-30B	30	6.7×10^{-2}	5×10^{-4}	4	$\phi 63$	$\phi 50$	150
2H-70B	70	6.7×10^{-2}	5×10^{-4}	7.5	$\phi 80$	$\phi 63$	300
2H-100	100	6.7×10^{-2}	5×10^{-4}	11	$\phi 100$	$\phi 80$	600
H-6	6	6.7×10^{-1}	5×10^{-3}	0.55	$\phi 32$	$\phi 25$	风冷
H-12	12	6.7×10^{-1}	5×10^{-3}	1.1	$\phi 40$	$\phi 32$	风冷
H-25A	25	6.7×10^{-1}	5×10^{-3}	2.2	$\phi 50$	$\phi 40$	风冷
H-50A	50	6.7×10^{-1}	5×10^{-3}	4	$\phi 63$	$\phi 50$	150
H-100	100	100	8×10^{-3}	7.5	$\phi 80$	$\phi 63$	300
H-150E	150	100	8×10^{-3}	11	$\phi 100$	$\phi 80$	600

注：由上海神工真空设备厂生产。

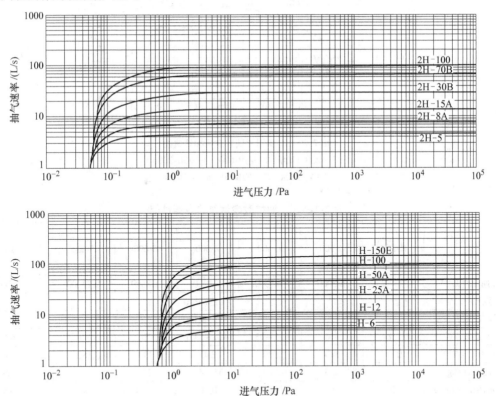

图 2-58　H、2H 型滑阀真空泵抽速曲线

表 2-105　ZJB 型罗茨真空泵的性能

型号	抽气速率 /(L/s)	极限压力 /Pa	起动压力 /Pa	最大允许 压差/Pa	转速/ (r/min)	电动机 功率 /kW	直径/mm		重量 /kg	噪声 /dB (A)	推荐前级泵
							进口	出口			
ZJB-30	30	5×10^{-2}	101326	5300	2770	0.75	$\phi 50$	$\phi 40$	66	≤78	KC-8(2X-4)
ZJB-70	70	5×10^{-2}	101326	5300	2870	1.5	$\phi 80$	$\phi 50$	87	≤78	KC-15(2X-8)

（续）

型号	抽气速率/(L/s)	极限压力/Pa	起动压力/Pa	最大允许压差/Pa	转速/(r/min)	电动机功率/kW	直径/mm 进口	直径/mm 出口	重量/kg	噪声/dB(A)	推荐前级泵
ZJB-150	150	5×10^{-2}	101326	5300	2900	3	$\phi100$	$\phi100$	128	≤82	KD-30(2X-15)
ZJB-300	300	5×10^{-2}	101326	4300	1450	4	$\phi150$	$\phi150$	490	≤83	KD-50(2X-30A)
ZJB-600	600	5×10^{-2}	101326	4300	2900	5.5	$\phi150$	$\phi150$	495	≤86	KT-150 (2X-70A)
ZJB-1200	1500	5×10^{-2}	101326	2700	1450	11	$\phi300$	$\phi300$	1650	≤90	KT-300 (2X-70A×2)

注：由上海凯尼真空设备厂生产。

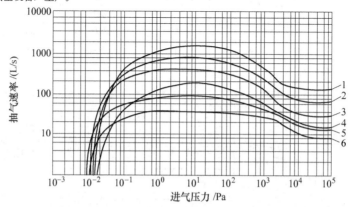

图 2-59　ZJB 型罗茨真空泵抽速曲线
1—ZJB-1200　2—ZJB-600　3—ZJB-300
4—ZJB-150　5—ZJB-70　6—ZJB-30

表 2-106　　油扩散喷射泵的主要性能

项目 ＼ 型号	Z-150	Z-300	Z-400	Z-500	Z-600	Z-800	Z-1000
抽气速率/(L/s)	≥450	≥2000	≥4000	≥5000	≥8000	≥13000	≥23000
极限压力/Pa				$\leq 7 \times 10^{-2}$			
临界前级压力/Pa				≥140			
加热功率/kW	1.8	6.6	14~15	14.4~21.6	20	30	60
电源电压/V	220	380	380	380	380	380	380
泵油用量/kg	2.8	8.5	33.5	35~40	75	105	160
冷却水用量/(L/h)	250	360	800	1000	1300	1500	5000
推荐前级泵抽速/(L/s)	30	70	150	210	300	450	1200
进气口直径/mm	$\phi150$	$\phi300$	$\phi400$	$\phi500$	$\phi600$	$\phi800$	$\phi1000$
排气口直径/mm	$\phi40$	$\phi65$	$\phi100$	$\phi100$	$\phi150$	$\phi200$	$\phi300$
外形尺寸 $(L \times W \times H)$/mm	350×320 ×780	620×620 ×1390	770×678 ×1670	1660×913 ×2540	1180×990 ×2390	1480×1230 ×3020	1790×1550 ×3720
重量(净重)/kg	50	240	600	680	1360	2010	3810

注：由兰州真空设备厂生产。

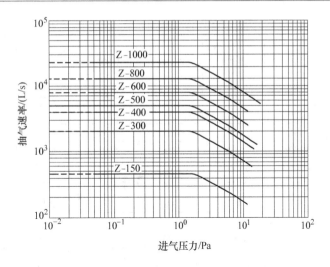

图 2-60　油扩散喷射泵（油增压泵）抽气速率曲线

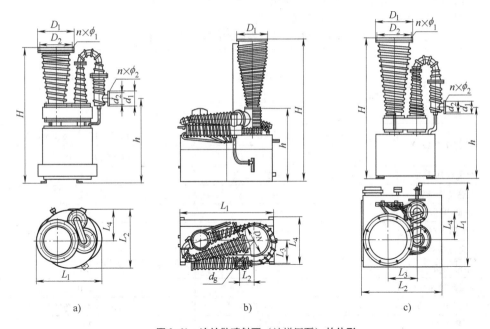

a)　　　　　　　　　　　　b)　　　　　　　　　　　　c)

图 2-61　油扩散喷射泵（油增压泵）的外形

a）Z-150 外形图　b）Z-500 外形图　c）Z-300 ~ Z-1000 外形图

表 2-107　油扩散喷射泵（油增压泵）的连接尺寸　　　　　（单位：mm）

尺寸 \ 型号	Z-150	Z-300	Z-400	Z-500	Z-600	Z-800	Z-1000
H	767	1374	1651	2500	2363	2985	3680
h	475	695	900	1200	1290	1385	1630
L_1	350	621	678	1660	990	1230	1550
L_2	302	620	770	260	1178	1482	1785
L_3	107	225	40	390	115	140	170

（续）

尺寸 ＼ 型号	Z-150	Z-300	Z-400	Z-500	Z-600	Z-800	Z-1000
L_4	165	300	388	820	580	730	875
D_1	220	380	500	550	710	920	1140
D_2	195	350	465		670	880	1090
DN	150	300	400	500	600	800	1000
$n \times \phi_1$	$8 \times \phi12$	$8 \times \phi14$	$8 \times \phi18$		$12 \times \phi21$	$20 \times \phi21$	$24 \times \phi23$
d_1	85	125	170	130	220	275	380
d_2	70	105	145		195	250	350
d_g	40	65	100	100	150	200	300
$n \times \phi_2$	$4 \times \phi7$	$4 \times \phi9$	$4 \times \phi12$		$8 \times \phi12$	$8 \times \phi12$	$8 \times \phi14$

6. 高真空油增扩泵　油增扩泵是用来获得 10^{-5} ～ 1.3×10^{-1} Pa 高真空的主要设备。ZK 型高真空油增扩泵的主要性能见表 2-108、表 2-109，抽速曲线见图 2-62；ZK 型高真空油增扩泵外形图见图 2-63，连接尺寸见表 2-110。

表 2-108　ZK 型高真空油增扩泵的主要性能

项目 ＼ 型号	ZK-400	ZK-600T
极限压力/Pa	$\leqslant 6.7 \times 10^{-5}$	
抽气速率/(L/s)	$\geqslant 5500\,(1.3 \times 10^{-3} \sim 6.7 \times 10^{-2}\,\mathrm{Pa})$	$\geqslant 16500\,(1.3 \times 10^{-3} \sim 6.7 \times 10^{-2}\,\mathrm{Pa})$
	$\geqslant 2500\,(1.3 \times 10^{-1}\,\mathrm{Pa})$	$\geqslant 8000\,(1.3 \times 10^{-1}\,\mathrm{Pa})$
临界前级压力/Pa	$\geqslant 50$	$\geqslant 40$
加热功率/kW	5.1	15
电源电压/V	220	380
冷却水用量/(L/h)	400	900
泵油牌号	KS-3	
泵油用量/L	2	16
推荐前级泵抽速/(L/s)	70	150
外形尺寸 $(L \times W \times H)$/mm	$550 \times 570 \times 825$	$1200 \times 780 \times 1500$
重量/kg	150	390

注：由兰州真空设备公司生产。

表 2-109　ZK 型高真空油增压扩散泵的主要性能

项目 ＼ 型号	ZK-300T	ZK-400T	ZK-500T	ZK-600T	ZK-800T
极限压力/Pa	2×10^{-4}	2×10^{-4}	2×10^{-4}	2×10^{-4}	2×10^{-4}
抽气速率 $(1 \times 10^{-3} \sim 4 \times 10^{-3}\,\mathrm{Pa})$/(L/s)	4000	6000	10000	14000	20000
抽气速率 $(1 \times 10^{-3}\,\mathrm{Pa})$/(L/s)	3200	4800	8000	11000	16000
临界前级压力/Pa	40	40	40	40	40
加热功率/kW	3	4	6	12～13	15～18
推荐前级泵抽速/(L/s)	30	70	70	150	150～210
电源电压/V	220	220	220	220	380

注：由上海神工真空设备公司生产。

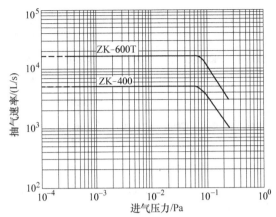

图 2-62　ZK 型高真空油增扩泵抽速曲线

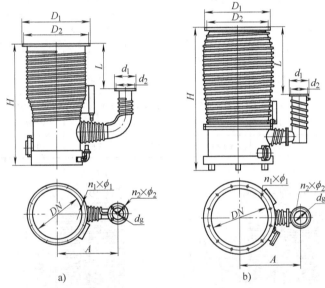

图 2-63　ZK 型高真空油增扩泵外形图

a) ZK-400　b) ZK-600T

表 2-110　ZK 型高真空油增扩泵的连接尺寸

（单位：mm）

型号 连接尺寸	ZK-400	ZK-600T
D_1	510	710
D_2	480	670
A	471	660
L	314	700
$n_1 \times \phi_1$	$16 \times \phi 14$	$12 \times \phi 21$
d_g	80	150
d_1	145	220
d_2	125	195
$n_2 \times \phi_2$	$8 \times \phi 10$	$8 \times \phi 12$
H	807	1480

注：用于兰州真空设备公司产品。

7. 高真空油扩散泵　KA 系列高真空油扩散泵是获得 $10^{-5} \sim 10^{-1}$ Pa 高真空和超高真空的主要设备，其优点：高度小、体积小、抽速大。新型 KA 泵采用内加热形式，在 1.3×10^{-1} Pa 压力下仍有大的抽速，临界前级压力高。KA 系列高真空油扩散泵的主要性能见表 2-111，抽气速率曲线见图 2-64，外形图见图 2-65，连接尺寸见表 2-112。

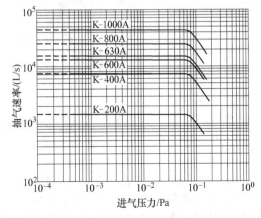

图 2-64　KA 系列高真空油扩散泵抽气速率曲线

表 2-111　KA 系列高真空油扩散泵的主要性能

项目 ＼ 型号	K-200A	K-400A	K-600A	K-630A	K-800A	K-1000A
极限压力/Pa	6 ≤5×10^{-5}					
抽气速率/(L/s)	≥1500	≥6300~7200	≥14000	≥16500	≥26000	≥45000
临界前级压力/Pa	≥40			≥50		
加热功率/kW	1.8	5.4~6	8.4	12	18	24
电源电压/V	220	380				
冷却水用量/(L/h)	300	600	800	930	1000	1500
泵油牌号	KS-3 或 275#硅油					
泵油用量/L	0.55	3	7	5~9	8~10	12~25
推荐前级泵抽速/(L/s)	15	70	140	140	140	300
外形尺寸($L \times W \times H$)/mm	420×330 ×490	700×505 ×725	950×760 ×1070	1006×840 ×1160	1205×960 ×1460	1473×1130 ×1890
重量/kg	25	120	300	320	450	620

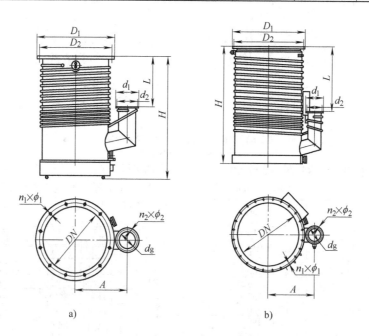

图 2-65　KA 系列高真空油扩散泵外形图

a）ϕ600mm 以下外形图　b）ϕ630mm 以上外形图

KT 系列高真空油扩散泵是用来获得 10^{-5} ~ 10^{-2}Pa高真空和超高真空的主要设备，该系列泵设计为凸腔形式，与 K 系列泵相比抽气速率提高约 30%。KT 系列高真空油扩散泵的性能见表2-113，抽气速率曲线见图2-66，外形图见图2-67，连接尺寸见表2-114。

表 2-112　KA 系列高真空油扩散泵的连接尺寸　　　　　（单位：mm）

连接尺寸　　　　　型号	K-200A	K-400A	K-600A	K-630A	K-800A	K-1000A
DN	200	400	600	630	800	1000
D_1	275	500	710	750	920	1120
D_2	250	465	670	720	890	1090
A	220	324	480	540	600	800
L	200	285	440	630	800	1275
$n_1 \times \phi_1$	$8 \times \phi12$	$8 \times \phi18$	$12 \times \phi21$	$20 \times \phi14$	$24 \times \phi14$	$32 \times \phi14$
d_g	65	80	150	100	160	160
d_1	125	145	220	165	225	225
d_2	105	125	195	145	200	200
$n_2 \times \phi_2$	$4 \times \phi9$	$4 \times \phi9$	$8 \times \phi12$	$8 \times \phi12$	$8 \times \phi10$	$8 \times \phi10$
H	470	694	1064	1145	1450	1880

表 2-113　KT 系列高真空油扩散泵的性能

项目　　　　　型号	K-150T	K-200T	K-300T	K-400T	K-600T
极限压力/Pa	$\leqslant 5 \times 10^{-5}$				
抽气速率/(L/s)	$\geqslant 1100$	$\geqslant 2100$	$\geqslant 4500$	$\geqslant 7500$	$\geqslant 16500$
临界前级压力/Pa	$\geqslant 30$	$\geqslant 40$			
加热功率/kW	1.2	1.8	3	4.5	8.4
电源电压/V	220		380		
冷却水用量/(L/h)	140	260	480	620	850
泵油牌号	KS-3 或 275#硅油				
泵油用量/L	0.4	0.55	1.5	3.2	7
推荐前级泵抽速/(L/s)	8	15	30	70	150
外形尺寸($L \times W \times H$)/mm	345×240 $\times 500$	440×315 $\times 575$	600×430 $\times 745$	770×555 $\times 910$	1200×780 $\times 1360$
重量/kg	28	37	85	170	400

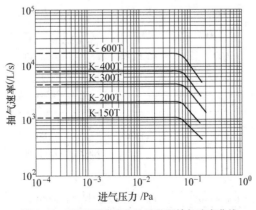

图 2-66　KT 系列高真空油扩散泵抽气速率曲线

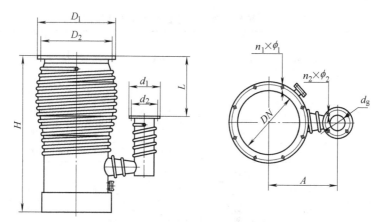

图 2-67　KT 系列高真空油扩散泵外形图

表 2-114　KT 系列高真空油扩散泵的连接尺寸　　　　（单位：mm）

连接尺寸 型号	K-150T	K-200T	K-300T	K-400T	K-600T
DN	150	200	300	400	600
D_1	220	275	380	500	710
D_2	195	250	350	465	670
A	130	240	330	440	660
L	125	200	280	360	600
$n_1 \times \phi_1$	$4 \times \phi12$	$8 \times \phi12$	$8 \times \phi14$	$8 \times \phi18$	$12 \times \phi21$
d_g	32	65	80	100	150
d_1	78	125	145	170	220
d_2	64	105	125	145	195
$n_2 \times \phi_2$	$4 \times \phi7$	$4 \times \phi9$	$4 \times \phi9$	$4 \times \phi12$	$8 \times \phi12$
H	490	550	720	890	1340

KC 系列新型高真空油扩散泵可获得 $10^{-5} \sim 1.3 \times 10^{-1}$Pa 高真空，主要特点是：工作范围广，在 1.3×10^{-1}Pa 时仍有较大抽气速率；临界前级压力高，满载时高达 75Pa；返油率低 [1.5×10^{-3} mg/（cm² · min）]；起动快，配有标准油位观察装置，适用于真空热处理、钎焊、真空镀膜。KC 系列高真空油扩散泵的主要性能见表 2-115，抽气速率曲线见图 2-68，外形图见图 2-69，连接尺寸见表 2-116。

表 2-115　KC 系列高真空油扩散泵的主要性能

参数 型号	K-400C	K-500C	K-800C	K-900C
极限压力/Pa	$\leqslant 5 \times 10^{-5}$			
抽气速率/（L/s）	$\geqslant 7000$	$\geqslant 11000$	$\geqslant 22000$	$\geqslant 35000$
临界前级压力/Pa	$\geqslant 60$			
返油率/[mg/（cm² · min）]	$\leqslant 1.5 \times 10^{-3}$			
加热功率/kW	8.1	12	15	24
电源电压/V	380			
冷却水用量/（L/h）	420	860	1180	1330
泵油牌号	KS-3 或 275#硅油			
泵油用量/L	$4 \sim 4.5$	$5 \sim 6$	10	$11 \sim 12$
推荐前级泵抽速/（L/s）	70	140	300	300
外形尺寸（$L \times W \times H$）/mm	$985 \times 600 \times 1105$	$1100 \times 700 \times 1240$	$1300 \times 970 \times 1700$	$1760 \times 1100 \times 1855$
重量/kg	80	260	700	910

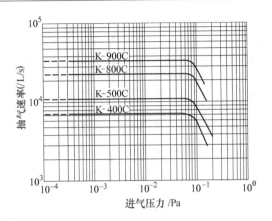

图 2-68　KC 系列高真空油扩散泵抽气速率曲线

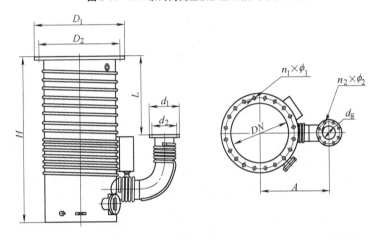

图 2-69　KC 系列高真空油扩散泵外形图

表 2-116　KC 系列高真空油扩散泵的连接尺寸　　　　　　　（单位：mm）

连接尺寸 \ 型号	K-400C	K-500C	K-800C	K-900C
DN	410	540	810	890
D_1	600	700	970	1060
D_2	465	635	920	978
A	610	635	670	1073
L	610	584	1190	810
$n_1 \times \phi_1$	$16 \times \phi18$	$20 \times \phi18$	$16 \times \phi22$	$28 \times \phi22$
d_g	75	128	170	200
d_1	150	230	280	280
d_2	120	191	240	241
$n_2 \times \phi_2$	$4 \times \phi14$	$8 \times \phi14$	$8 \times \phi20$	$8 \times \phi20$
H	1090	1220	1680	1830

2.5.4　阀门

在热处理设备上使用阀门的部位主要有：燃料燃烧系统中的空气管道、供油管道、煤气管道、冷却水系统的管道、液体淬火冷却介质输送和排放管道以及压缩空气管道等。经常选用的有内螺纹楔式闸阀、明杆楔式单闸板闸阀、明杆平行式双闸板闸阀、手轮传动内螺纹截止阀、旋塞阀及蝶阀等。各类阀门，根据压力、通径、适用温度、介质等有多种结构和尺寸。表 2-117 列举一部分阀门的规格和性能。

表 2-117　阀门的规格和性能

产品型号	公称压力/MPa	公称通径/mm	主要结构尺寸/mm						性　　能		阀体材质	选用标准
			L	D	D_1	Z	ϕ	H	适用温度/℃	适用介质		
内螺纹楔式闸阀 Z11H-25	2.5	15	90	34				235	≤425	油、水、蒸汽	25Mn 钢	JB/T 7746 —2006
		20	110	42				284				
		25	120	50				303				
		32	130	56				315				
		40	150	66				358				
		50	190	80				415				
内螺纹楔式闸阀 Z15W-10	1.0	15	60					108	≤100	油、煤气	HT200	GB/T 12232 —2005
		20	65					120				
		25	75					135				
		32	85					153				
		40	95					177				
		50	110					214				
		65	120					237				
		80	150					280				
明杆楔式单闸板闸阀 Z41W-10	1.0	50	180	160	125	4	18	289	≤100	油、煤气	HT200	GB/T 12232 —2005
		65	195	180	145	4	18	334				
		80	210	195	160	4	18	377				
		100	230	215	180	4	18	432				
		150	280	280	240	8	23	596				
		200	330	335	295	8	23	772				
		250	380	390	350	12	23	904				
		300	420	440	400	12	23	1045				
明杆式楔式单闸板闸阀 Z41H-10	1.0	50	180	160	125	4	18	289	≤200	油、水、蒸汽	HT200	GB/T 12232 —2005
		100	230	215	180	8	18	433				
		150	280	280	240	8	23	596				
		200	330	335	295	8	23	772				
		250	380	390	350	12	23	904				

（续）

| 产品型号 | 公称压力/MPa | 公称通径/mm | 主要结构尺寸/mm | | | | | | 性　　能 | | 阀体材质 | 选用标准 |
			L	D	D₁	Z	φ	H	适用温度/℃	适用介质		
内螺纹截止阀 J11T-16	1.6	15	90					141	≤200	水、蒸汽	HT200	GB/T 12233 —2006
		20	100					119				
		25	120					136				
		32	140					150				
		40	170					180				
		50	200					193				
		65	260					231				
内螺纹截止阀 J11H-16	1.6	15	90					110	≤200	油、水、蒸汽	HT200	GB/T 12233 —2006
		20	100					110				
		25	120					135				
		32	140					157				
		40	170					169				
		50	200					185				
		65	260					204				
内螺纹截止阀 J11W-16	1.6	15	90					114	≤100	油、煤气	HT200	GB/T 12233 —2006
		20	100					119				
		25	120					136				
		32	140					150				
		40	170					180				
		50	200					193				
		65	260					231				
法兰截止阀 J41T-16	1.6	80	310	195	160	8	18	353	≤200	水、蒸汽	HT200	GB/T 12233 —2006
		100	350	215	180	8	18	381				
		125	400	245	210	8	23	453				
		150	480	280	240	8	23	502				
		200	600	335	295	12	23	620				
法兰式截止阀 J41W-16	1.6	80	310	195	160	8	18	353	≤100	油、煤气	HT200	GB/T 12233 —2006
		100	350	215	180	8	18	373				
		125	400	245	210	8	18	453				
		150	480	280	240	8	23	502				
		200	600	335	295	12	23	620				

（续）

产品型号	公称压力/MPa	公称通径/mm	主要结构尺寸/mm						性能		阀体材质	选用标准
			L	D	D_1	Z	ϕ	H	适用温度/℃	适用介质		
内螺纹旋塞阀 X13W-10	1.0	15	80					115	≤200	油、煤气、水、蒸汽	灰铸铁	GB/T 12240 —2008
		20	90					120				
		25	110					135				
		32	130					150				
		40	150					180				
		50	170					230				
		65	220					265				
		80	250					300				
		100	300					425				
法兰旋塞阀 X43W-10	1.0	80	250	195	160	8	18	338	≤200	油、煤气、水、蒸汽	灰铸铁	GB/T 12240 —2008
		100	300	215	180	4		425				
		125	350	245	210	8	18	482				
		150	400	280	240	8	23	510				
		200	460	335	295	8	23	705				
蝶阀 D43W-1	0.1	100	190	210	120	4	17.5	440	≤350	空气烟气	碳素钢	GB/T 12238 —2008
		150	210	265	225	8	17.5	540				
		200	230	320	280	8	17.5	590				
		250	250	375	335	12	17.5	640				
		300	270	440	395	12	22	690				
		350	290	490	445	12	22	740				
中线对夹蝶阀 D71X-10	1.0	50	43	89	125	4	18	220	-40～135	空气煤气蒸汽	铸铁	GB/T 12221 —2005
		65	46	108	145	4	18	235				
		80	46	120	160	4	18	250				
		100	52	155	180	4	18	285				
		125	56	185	210	4	18	316				
		150	56	200	240	4	18	340				

注：1. 石家庄阀门三厂生产。

　　2. L—阀体长度；D—端法兰外径；D_1—端法兰螺栓孔中心圆直径；Z—端法兰螺栓孔数量；ϕ—螺栓孔直径；H—阀门关闭高度。

2.5.5　真空阀

1. GDD-J 系列手电两用高真空挡板阀　GDD-J

系列手电两用高真空挡板阀为中、高真空系统中配用于截止或接通气流的主要元件，适用于温度为 -30 ～ +90℃及对金属无强腐蚀性和不含颗粒状灰尘的气体状态下。

此系列阀门配置了离合器与限位开关,阀门具有安全性好、密封可靠、可手控电控自动控制以及高通导、短行程、放气率低、使用寿命长、便于安装等优点。其性能见表 2-118,外形尺寸见图 2-70、表 2-119。

2. GM 高真空隔膜阀　GM 高真空隔膜阀适用的工作介质为空气及非腐蚀性气体,介质温度介于 $-30 \sim 90℃$ 之间,漏气率为 $\leq 2.7 \times 10^{-4} Pa \cdot L/s$。其外形图见图 2-71,外形尺寸见表 2-120。

表 2-118　GDD-J 手电两用高真空挡板阀的性能

型　号	通导能力/ (L/s)	漏气速率/ (Pa·L/s)	阀盖行程/ mm	电动机功率/ kW	开启时间/ s
GDD-J150	>720	$<6.5 \times 10^{-2}$	135	0.25	≤11.5
GDD-J200	>1200	$<6.5 \times 10^{-2}$	170	0.25	≤30
GDD-J300	>2700	$<6.5 \times 10^{-2}$	270	0.37	≤30
GDD-J400	>7000	$<6.5 \times 10^{-2}$	360	0.80	≤30
GDD-J500	>9000	$<1.3 \times 10^{-1}$	420	0.75	≤40
GDD-J600	>12600	$<1.3 \times 10^{-1}$	540	2.2	≤45
GDD-J800	>22500	$<1.3 \times 10^{-1}$	600	2.2	≤60
GDD-J1200	>50000	$<1.3 \times 10^{-1}$	740	3.0	≤60

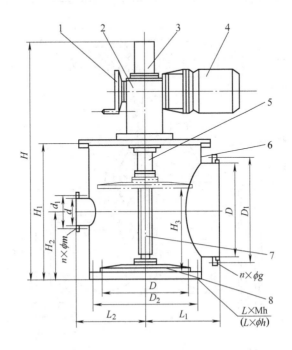

图 2-70　GDD-J 手电两用高真空挡板阀外形图

1—手动轮　2—减速器　3—限位开关　4—电动机

5—空位座　6—阀门　7—丝杠　8—阀盖

表 2-119 GDD-J 手电两用高真空挡板阀的外形尺寸

外形尺寸	GDD-J150	GDD-J200	GDD-J300	GDD-J400	GDD-J500	GDD-J600	GDD-J800	GDD-J1200
H	602	635	920	1069	1150	1526	1773	2300
H_1	260	262	425	600	680	780	970	1440
H_2	130	137.5	215	300	330	390	470	720
D	150	200	300	400	500	600	800	1200
D_1	195	250	350	480	580	670	890	1360
D_2	195	250	420	580	580	670	890	1465
L_1	155	170	250	340	370	550	660	850
L_2	150	160	240	315	350	460	550	780
d	50	40	80	160	125	150	150	500
d_1	90	80	125	200	175	195	195	580
$n \times \phi m$	$4 \times \phi 10$	$4 \times \phi 10$	$4 \times \phi 10$	$8 \times \phi 12$	$4 \times \phi 12$	$8 \times \phi 12$	$8 \times \phi 12$	$16 \times \phi 14$
$L \times Mh$ ($L \times \phi h$)	$8 \times M10$	$8 \times M10$	$8 \times \phi 14$	$16 \times \phi 14$	$16 \times M12$	$12 \times M18$	$24 \times M12$	$32 \times M28$
$n \times \phi g$	$8 \times \phi 12$	$8 \times \phi 12$	$8 \times \phi 14$	$16 \times \phi 14$	$16 \times \phi 14$	$12 \times \phi 20$	$24 \times \phi 14$	$28 \times \phi 26$

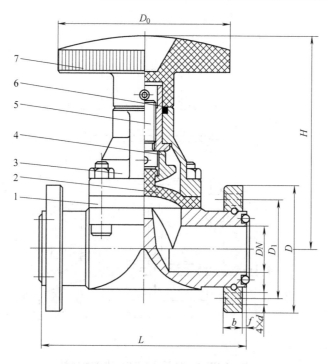

图 2-71 GM 高真空隔膜阀外形图

1—阀体 2—隔膜 3—阀盖 4—阀芯 5—阀杆
6—阀杆螺母 7—手轮

表 2-120　GM 高真空隔膜阀的外形尺寸

（单位：mm）

型号	DN	L	H	D	b	D_1	d	f	D_0	重量/kg
GM-10	10	75	75	46	6	36	6	1.5	55	0.7
GM-25	25	120	117	70	8	55	7	2	100	2.11

3. DDC-JQ 电磁带放气真空阀　该阀与机械泵接在同一电源上，当机械泵停止工作时，阀门立刻关闭，与此同时阀还向机械泵进气口供气，以防机械泵返油。

该阀适于压力 1.33×10^{-2} Pa 以上，介质温度 $-25 \sim 40℃$ 工作，漏气率 6.7×10^{-4} Pa·L/s，电源 220V/50Hz，线圈温升 $<65℃$，开启关阀所需时间 $\leqslant 3s$。

该阀的外形图见图 2-72，连接尺寸见表 2-121。

4. 高真空蝶阀　GI 系列高真空蝶阀的适用范围 $1.02 \times 10^{-5} \sim 1.33 \times 10^{-4}$ Pa，漏气速率 $\leqslant 1.33 \times 10^{-4}$ Pa·L/s，介质温度 $-25 \sim +80℃$，开启时阀板两侧的压差应 $\leqslant 1.02 \times 10^5$ Pa。

GI 高真空蝶阀结构见图 2-73。

GI 高真空蝶阀的主要技术参数见表 2-122。

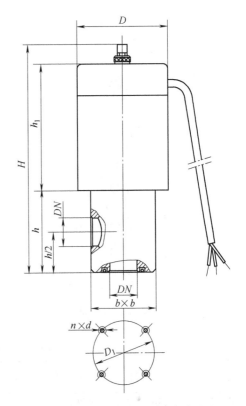

图 2-72　DDC-JQ 电磁带放气真空阀外形图

注：迎着气流方向的连接法兰面。

表 2-121　DDC-JQ 阀的连接尺寸

（单位：mm）

型号	公称通径	D	H $\approx$	$b \times b$	D_1	$n \times d$	h	h_1 $\approx$	匹配机械泵型号
DDC-JQ16	16	68	170	48×48	42	4×M5	56	66	2XZ-0.5AZ,2XZ-1A
DDC-JQ25	25	82	192	58×58	55	4×M6	70	107	2XZ-2A,2XZ-4A
DDC-JQ32	32	92	222.5	68×68	64	4×M6	80	129.5	2XZ-4A
DDC-JQ40	40	110	240	80×80	70	4×M6	88	135	2XZ-8
DDC-JQ50	50	124	260	94×94	90	4×M8	112	132.5	2X-15
DDC-JQ65	65	134	320	115×115	105	4×M8	130	174	2X-30A
DDC-JQ80	80	165	367	140×140	125	4×M8	150	202	2X-70A

注：由上海阀门二厂生产。

5. GD 型高真空挡板阀　GD 型高真空挡板阀在真空系统中作切断或接通气流之用。该阀适用的工作介质为空气及非腐蚀性气体。轴封结构可分 GD-J 型橡胶密封和 GD-Jb 型波纹管密封两种。GD-J 为角通形式，GD-JS 为带预抽口的三通形式。

轴封为橡胶时适用于 $1.3 \times 10^{-4} \sim 10^5$ Pa，漏气率为 6.7×10^{-4} Pa·L/s；轴封为波纹管时适用于 $1.3 \times 10^{-5} \sim 10^5$ Pa，漏气率为 6.7×10^{-5} Pa·L/s。当密封件采用丁腈橡胶时，介质温度允许为 $-25 \sim 80℃$；当密封件采用氟橡胶时，介质温度允许 $-30 \sim 150℃$。

GD 型高真空挡板阀的外形图见图 2-74，外形及连接尺寸见表 2-123。

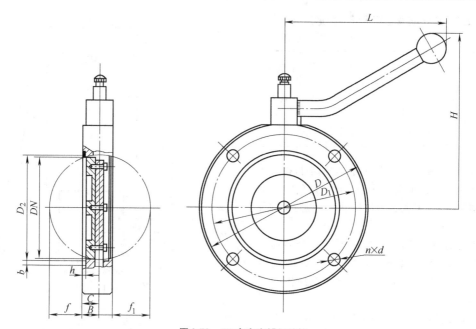

图 2-73　GI 高真空蝶阀结构

表 2-122　GI 高真空蝶阀的主要技术参数　　　　　　　（单位：mm）

型　号	DN	D	B	L	H	D_1	$n \times d$	D_2	b	h	f	f_1	C	流导（分子流）/（L/s）	质量/kg
GI-32		78	22	82	76	64	4×7	36	5.3	3	5.8	5.8	11	25	0.74
GI-40	40	85	22	82	80	70	4×7	44	5.3	3	9.6	9.6	11	48	0.86
GI-50	50	110		95	98	90	4×9	55	5.3	3	14.5	14.5	11	170	1.35
GI-80	80	145	30	132	153	125	4×9	85	5.3	3	25.5	25.5	15	260	3.19
GI-100	100	170	30	132	165	145	4×12	105	5.3	3	35.4	35.4	15	546	3.9
GI-150	150	220	35	167	200	195	8×12	156	8	4.5	57.8	57.8	17.5	1328	6.67
GI-200	200	275	40	232	295	250	8×12	208	8	4.5	80.5	80.5	20	2611	10.85
GI-250	250	330	45	269	292	300	8×12	258	8	4.5	103	103	22.5	3962	16.1
GI-300	300	380	55	358	368	350	8×14	308	8	4.5	123	123	27.5	6159	23.7

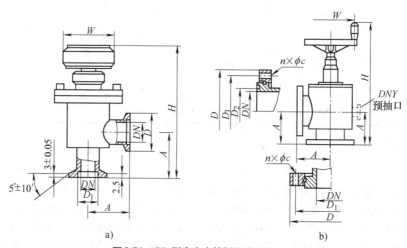

a)　　　　　　　　　　　　　　　　b)

图 2-74　GD 型高真空挡板阀外形图

a）$DN \leqslant 40$　b）$DN \geqslant 50$

表 2-123　GD 型高真空挡板阀的外形及连接尺寸

DN≤40（见图 2-74a）

型号 尺寸	DN	D	D₁	A	H	W
GD-J 10 / 10b	10	30	12.2	30	120	55
GD-J 16 / 16b	16	30	17.2	40	133	55
GD-J 25 / 25b	25	40	26.2	50	148	60
GD-J 32 / 32b	32	55	34.2	58	168	60
GD-J 40 / 40b	40	55	41.2	65	168	60

DN≥50（见图 2-74b）

型号 尺寸	DN	D	D₁	D₂	A	H	W	n×φc	DNY 预抽口
GD-J50	50	110	90	55	70	192	89	4×φ9	
GD-J63	63	130	110	68	88	360	160		
GD-J80	80	145	125	85	98	380	160	12×φ9	
GD-J100	100	165	145	105	108	410	160		
GD- J150/S150	150	220	195	156	138	610	250	8×φ12	DN 40 GB/T 4982
GD- J160/S160	160	225	200	165	138	610	250	8×φ11	DN 40 GB/T 4982
GD- J200/S200	200	285	260	208	200	650	250	12×φ11	DN 50 GB/T 6070
GD- J250/S250	250	335	310	258	208	725	250		DN 63 GB/T 6070
GD- J300/S300	300	380	350	308	250	800	250	8×φ4	DN 80 GB/T 6070
GD- J320/S320	320	425	395	328	250	800	250	12×φ14	DN 80 GB/T 6070

2.5.6　流速、流量计

热处理设备在热工测量中常用的流速计见表 2-124，测量流体瞬间流量或累计流量所用的流量计见表 2-125。

2.5.7　压力测量仪表

热处理设备热工测量的压力仪表主要用于测量煤气压力、空气压力、炉膛压力、燃料油压力、冷却水压力、保护气（Ar、N_2、H_2）压力及真空度等。常用的压力测量仪表见表 2-126。

表 2-124　流速计

类　别	名　称	流速范围/(m/s)	精　度	使用场合
涡轮式流速计	螺旋桨式风速计	0 ~ 35	±2% ~ 3%	环境风速、巨形设备内风速
	转杯式风速计	1 ~ 30		
	翼式风速计	0.5 ~ 20		
动压式流速计	标准毕托管	>5	按校正情况定	管道内清洁无灰流体
	直型毕托管	>5		管道内热气体
	S型毕托管	>5		管道内多灰尘气体
	光劈型毕托管	>5		管道内多灰尘气体
	三孔探针	可测极小值		平面气流测量
	五孔探针	可测极小值		空间气流测量
热力式流速计	热球式风速计	0 ~ 30	±0.5%	一般冷风速度测量
	热风风速仪	上限可达500	精密度高	测量多维不稳定态速度场,适于不透明介质,被测对象几何形状复杂
激光测速仪		$10^{-6} ~ 15 \times 10^{2}$	精密度高	实验室内测量多维速度场,只适于透明介质,也可测量钢液等不透明体的表面速度

表 2-125　流量计

类　别	名　称	被测介质	管径/mm	测量范围/(m³/h)	工作温度/℃	工作压力/MPa	精度等级	安装要求
速度式	水表	液体	φ15 ~ φ600	0.045 ~ 3000	40 ~ 100	0.6	2	水平安装
	涡轮式流量计	液体	φ4 ~ φ500	0.04 ~ 600	120		0.5 ~ 1	
		气体	φ10 ~ φ500	2 ~ 8000				
转子式流量计	玻璃管转子式流量计	液体	φ4 ~ φ100	0.0015 ~ 100	0 ~ 60	0.1	1 ~ 2.5	垂直安装
		气体		0.0018 ~ 3000	0 ~ 100	0.4 ~ 6.4		
	金属管转子流量计	液体	φ15 ~ φ150	0.06 ~ 100	150	1.6 ~ 6.4	1 ~ 2.5	垂直安装
		气体		2 ~ 3000				
容积式流量计	椭圆齿轮流量计	液体	φ10 ~ φ250	0.005 ~ 500	60	1.6	0.5	需装过滤器
	旋转活塞流量计	液体	φ15 ~ φ100	0.2 ~ 90	120	0.6 ~ 1.6	0.2 ~ 0.5	
容积式流量计	腰轮流量计	液体气体	φ15 ~ φ300	0 ~ 1000	60	2.5 ~ 6.4	0.2 ~ 0.5	需装过滤器
	皮囊式流量计	气体	φ15 ~ φ25	0.2 ~ 10	40		2	

（续）

类　别	名　称	被测介质	管　径/mm	测量范围/（m³/h）	工作温度/℃	工作压力/MPa	精度等级	安 装 要 求
旋涡流量计	旋进旋涡型	气体	φ50～φ150	10～5000	60		1	需较短的直管段
	卡门旋涡型	气体	φ150～φ1000	（1～30m/s）	150		1	需直管段,不准倾斜
靶式流量计		液体、气体、蒸汽	φ15～φ200	0.8～400	200		1～4	需直管段
电磁流量计		导电液体	φ6～φ900	0.1～20000	100		1	无要求
超声波流量计		液体	范围广	—			±2%～±3%	需直管段
动压平均管（双笛型管、阿牛巴管）		气体	φ25～φ9000	—			1	水平管道

表 2-126　常用的压力测量仪表

类别	名　称	测量范围	精度	用　途
液柱式压力表	U 形管压力计	0～2000mm	1.5	测量气体压力,也可用作差压流量计,气动单元组合仪表的校验
	杯形压力计 { 单管　多管	300～1500mm　−250～630mm	1.5	
	倾斜式压力计	−50～125mm	1	测量气体微压、炉膛压力
	补偿式微压计	0～150mm	0.5	
弹簧式压力表	普通弹簧压力表	0.1～60MPa	1.5	测量气体、蒸汽、液体压力
	双针双管压力表	0～6MPa	1.5	测量介质两点的压力
	双面压力表	0～2.5MPa	1.5	两面显示同一测点的压力
	精密压力表	−1～100kPa 到 0～250MPa 各种规格		可作精密压力测量和计量
	电接点压力表	0～6MPa		用于自动控制的压力表
弹簧式压力表	真空压力表	−0.1～0.1MPa, −0.1～0.15MPa, −0.1～0.3MPa, −0.1～0.5MPa, −0.1～0.9MPa, −0.1～1.5MPa, −0.1～2.4MPa	1.5	粗测真空度的压力表
	电接点真空压力表	−0.1～0.1MPa, −0.1～0.15MPa, −0.1～0.3MPa, −0.1～0.5MPa, −0.1～0.9MPa, −0.1～1.5MPa		用于自动控制的真空压力
专用弹簧压力表	氧气压力表	−0.1～60MPa	2.5	测氧气压力
	氢气压力表	0～60MPa		测量氢气压力
	氨用压力表	−0.1～60MPa	1.5	测量液氨和氨气的压力
	乙炔压力表	0～2.5MPa	2.5	测量乙炔的压力

参 考 文 献

[1] 王秉铨. 工业炉设计手册 [M]. 3版. 北京：机械工业出版社，2010.

[2] 合金钢钢种手册编写组. 合金钢钢种手册：耐热钢 [M]. 北京：冶金工业出版社，1983.

[3] 机械设计手册编委会. 机械设计手册 [M]. 新版. 北京：机械工业出版社，2004.

[4] 冶金工业部质量监督司标准计量处. 钢铁产品分类、牌号、技术条件、包装、尺寸及允许偏差标准汇编 [S]. 北京：中国标准出版社，1997.

[5] 孙士琦，等. 真空电阻炉设计. 北京：冶金工业出版社，1978.

[6] 刘麟瑞，林彬荫. 工业炉窑用耐火材料手册 [M]. 北京：冶金工业出版社，2001.

第3章　热处理电阻炉

山东大学　黄国靖　钱宇白

3.1　热处理电阻炉选择与设计内容

热处理电阻炉选择与设计内容主要有如下几项：

(1) 设备设计程序及基本要求，参见本卷1.6节。

(2) 炉型选择。正确地选择炉型是工艺设计及车间建设最重要的内容。炉型的选择原则见本卷14.6节，各种热处理炉型的结构特点见本章各种炉型的有关内容。

(3) 炉体结构设计。

(4) 功率计算。

(5) 电热元件选择、计算与安装，参见本卷2.4节。

(6) 传动机构及配件的选择与设计，参见本章各有关的炉型结构和本卷2.5节及6.4.4节。

(7) 控制系统选择与计算，参见本卷第11章热处理生产过程控制的有关内容。

3.2　热处理电阻炉炉体结构

3.2.1　炉架和炉壳

炉架的作用是承受炉衬和工件载荷以及支撑炉拱的侧推力。炉架通常用型钢焊接成框架，型钢的型号随炉子大小、炉衬材料和结构而异。轻质耐火砖和耐火纤维炉衬的应用，大大地减轻了炉架的负荷。炉架的设计计算，参见本卷6.3.3节燃料炉的炉架计算，对一般电阻炉多用类比法确定。

炉壳的作用是保护炉衬，加固炉子结构和保持炉子的密封性，通常是用钢板复贴在钢架上焊接而成。对小型电阻炉，也可不设炉架，用厚钢板焊接成炉壳，同时起钢架的作用。炉壳钢板厚度一般取2~6mm，炉底用较厚钢板，侧壁用较薄的钢板制作。空气介质炉的炉壳一般采用断续焊接，可控气氛炉采用连续焊接。

3.2.2　炉衬

炉衬的作用是保持炉膛温度、造成炉膛良好的温度均匀性和减少炉内热量的散失。炉衬也应减少自身的蓄热量。炉衬由炉底、炉壁、炉顶组成。电阻炉炉衬多用轻质耐火砖（密度为400~1000kg/m³）和耐

火纤维砌筑，只有在需特别加固和支撑的部位才采用重质砖。

1. 炉底　炉底的结构受电热元件安装方式、炉底板、导轨和炉内传动装置的影响。通常箱式电阻炉炉底结构是在炉底外壳钢板上用保温砖砌成方格子状，然后在格子中填充松散的保温材料，在其上面平铺1~2层保温砖，之后再铺一层轻质砖，其上安置支撑炉底板或导轨的重质砖和电热元件搁砖。采用辐射管电热元件的炉子，炉底常用耐火纤维预制块铺设。炉底设有导轨的炉子，炉底应考虑导轨的支撑和固定。

2. 炉墙　中温炉的炉墙一般分两层，内层为耐火砖层，常用轻质砖；外层为保温砖。高温炉炉墙常采用三层，内层用高铝砖；中间层用轻质粘土砖；外层用保温砖。低温炉常采用在双层钢板内填保温材料的结构。井式炉炉墙常砌成如图3-1所示的结构。耐火纤维的应用，使炉衬结构多样化，有全纤维炉衬、复合纤维炉衬，以及在砖墙中加纤维夹层等形式，炉衬厚度也相应减薄。确定炉衬厚度的基本原则是保证炉外壳温度不超过许可的温升（一般为40~60℃）。表3-1为炉膛温度与炉衬厚度及结构。图3-2所示为中温炉炉衬不同材料厚度的组合。炉墙的结构还应根据电热元件的支撑方式进行设计。耐火纤维炉衬的结构有

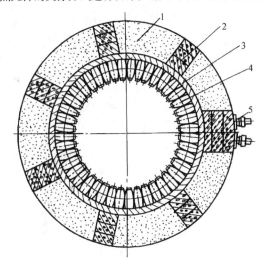

图3-1　井式炉炉墙结构

1—耐火纤维或其他散状保温材料　2—撑砖（硅藻土等成形砖）　3—轻质阶梯砖　4—电热元件搁砖　5—电热元件引出接头

衬面粘贴、层铺、叠铺等形式（参见本卷 6.3.4 节）。

　　炉墙砌筑应以炉子中心为基准，砖缝要错开，炉墙转角处相互咬合，保证整体结构强度。炉墙每米长度留 5～6mm 膨胀缝，各层间膨胀缝应错开，缝内填入马粪纸或纤维，炉温低于800℃的炉墙可不设膨胀缝。

表 3-1　炉膛温度与炉衬厚度及结构

炉温 /℃	耐 火 砖		中 间 层		隔 热 层	
	材料	厚度/mm	材料	厚度/mm	材料	厚度/mm
<300	—	—	—	—	珍珠岩、蛭石粉	<150
300～650	轻质粘土砖或耐火纤维	90～113	—	—	硅藻土砖、珍珠岩、蛭石岩棉	100～185
650～950	密度为 400～1000kg/m³ 的轻质粘土砖或耐火纤维	90～113	有时加普通硅酸盐纤维	40～60	硅藻土砖、珍珠岩、蛭石粉、耐火纤维	120～200
<1200	密度为 400～1000kg/m³ 的轻质粘土砖或耐火纤维	90～113	轻质砖或高铝纤维毡	60	硅藻土砖、珍珠岩、耐火纤维	185～230
<1350	轻质高铝砖或轻质耐火纤维	90～113	轻质砖或耐火纤维	60	硅藻土砖、珍珠岩、耐火纤维	235～265
<1600	高铝砖	90～113	泡沫氧化铝砖	113	耐火纤维	235～300

注：1. 砖的密度选择应考虑炉子大小、砖的抗压强度。
　　2. 炉底的厚度取较大值。

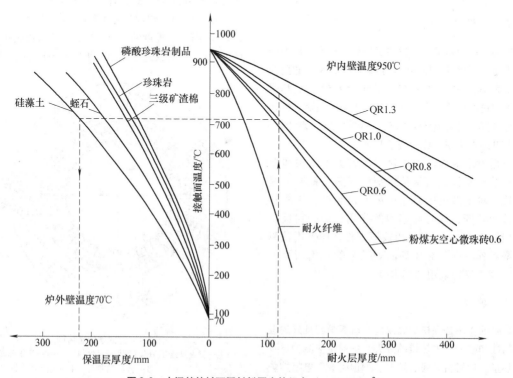

图 3-2　中温炉炉衬不同材料厚度的组合（$q = 645$ W/m²）

3. 炉顶 炉顶结构形式主要有拱顶和平顶两种形式，少数大型炉用吊顶，如图 3-3 所示。砖砌的热处理炉大多采用拱顶。耐火纤维炉衬常用预制耐火纤维块作平顶。

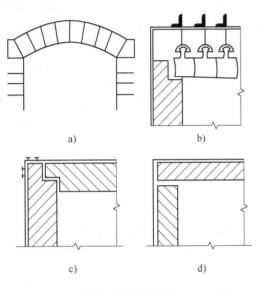

图 3-3 常用炉顶结构
a) 拱顶 b) 吊顶 c)、d) 平顶

图 3-4 所示为一般箱式炉拱顶结构。拱顶的同心角称为拱角，一般采用 60°，拱顶跨度较大且 <3.944m 时采用 90°。拱顶重力及其受热时产生的膨胀力形成侧推力作用于拱顶上。拱顶采用与拱角相应的楔形砖砌筑，其上再铺或砌以轻质保温材料，拱角则用密度为 $1.0 \sim 1.3 \text{g/cm}^3$ 的拱角砖砌筑。拱顶灰缝不大于 1.5mm，拱顶砖斜面应与拱角相适应，不得用加厚灰缝或砍制斜面的办法找平。拱角砖与拱脚之间必须撑实，拱顶应从两边拱脚分别向中心对称砌筑。跨度小于 3m 的拱顶应在中心打入一锁砖；跨度超过 3m，应均匀打入三块锁砖，锁砖插入深度为砖长的 2/3，然后用木锤打入。拱角砖的侧面紧靠拱角梁，以支撑侧推力。

拱顶的砌法有错砌和环砌两种，如图 3-5 所示。错砌比较常用，但拆修不方便，一般间歇炉采用此法；环砌多用于连续式炉或工作温度较高，拱顶易坏的场所。拱顶砌砖厚度与炉膛宽度的关系如表 3-2 所示。

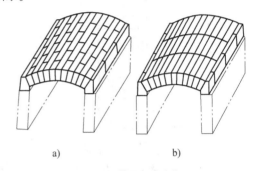

图 3-5 拱顶砌造形式
a) 错砌 b) 环砌

表 3-2 拱顶砌砖厚度与炉膛宽度的关系

炉膛宽度/m <	1	2	3	4
拱顶砌砖厚度/mm	113	230	345	460

3.2.3 炉口装置

炉口装置包括炉门（炉盖）、炉门导板（炉面板）和压紧机构，有时还设有密封辅助装置。

炉口装置在保证装出料要求的前提下，炉口应密封好，有足够的保温能力，热损失小，保持炉前区有良好的温度均匀性。炉门应大于炉口，通常炉门与炉口每边重叠 65 ~ 130mm。对可控气氛炉，炉口应严格密封。

炉门外壳一般用灰铸铁铸造，或用钢板焊成，应对焊缝进行去内应力退火，以减少使用时炉门的变形。炉门热面砌轻质砖，外层加保温砖，或用耐火纤维预制块砌筑。炉门、炉盖砌筑尺寸见表 3-3。

表 3-3 炉门、炉盖砌筑尺寸

炉温/℃	耐火层厚度/mm	隔热层厚度/mm
<650	65 ~ 113	130
650 ~ 950	65 ~ 113	130 ~ 170
950 ~ 1300	65 ~ 113	170 ~ 200

炉门砌体表面应从四周向中间逐渐凹陷 3 ~ 5mm，如图 3-6 所示。装电热元件的炉门，其搁丝砖应比炉门边框缩进 10 ~ 15mm。

炉门框和炉盖板为防止炉口受热发生弯曲变形，常用铸铁或铸钢制成，或用耐热钢制作，有时还加设

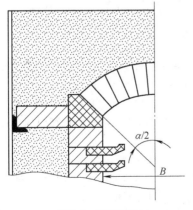

图 3-4 拱顶结构

水套。为防止炉口火焰或热辐射直接传给炉门框，炉口的四周常为耐火砖砌体，即炉门框从炉口向外退缩一定距离，一般为 50 ~ 80mm。炉门框在炉口一侧还需间隔开膨胀缝，以防受热膨胀变形。

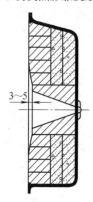

图3-6　一般炉门结构

炉门密封压紧最常用的方法是利用炉门自身落下压紧。当炉门落下时，设在炉门两侧的楔铁或滚轮滑入炉门框上的楔形滑槽或滑道沟内，炉门越向下，炉门越压紧炉面板。在炉门面板与炉门之间装有石墨石

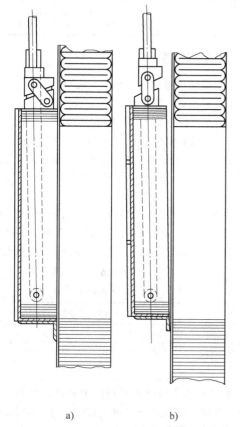

图3-7　气缸带动曲柄连杆机构的炉口压紧装置

a）门关闭状态　b）门提升状态

棉盘根，利用斜炉门自重向里的水平分力压紧。对密封要求较严格的炉口装置，需借人力或机械力进行压紧的。常用的人力压紧装置是借凸轮、螺杆或连杆机构压紧的。机械力密封装置常用的有借气缸推拉力把炉门推下，借斜炉门自重压紧，或推动曲柄连杆压紧，如图 3-7 所示。也有借弹簧力拉动曲柄连杆机构将炉门压紧（参见本卷 6.4.4 节）。对于耐火纤维炉口应防止炉门升降时将其拖坏，通常用定向轨道来解决。炉门侧边的滚轮沿轨道升降，而轨道仅在炉门落下的终点（两个滚轮有两个点）向内弯曲使炉门压紧炉门框，其余位置离开炉框，与耐火纤维炉口分离。

3.3　热处理电阻炉功率计算

3.3.1　间歇式炉功率计算

间歇式热处理电阻炉功率的计算方法有热平衡法和经验计算法。

1. 热平衡计算法

（1）间歇式炉热支出项目。间歇式炉主要热支出项目如图 3-8 所示，其计算方法如下：

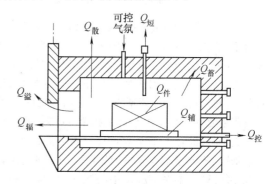

图3-8　间歇式炉主要热支出项目示意图

1）加热工件所需热量 $Q_{件}$ 为

$$Q_{件} = P_{件}(c_2 t_2 - c_1 t_1)$$

式中　$Q_{件}$——加热工件所需热量（kJ/h）；

$P_{件}$——炉子的生产率（kg/h）；

t_1、t_2——工件加热的初始和终了温度（℃）；

c_1、c_2——工件在 t_1 和 t_2 时的比热容 [kJ/(kg·℃)]。

若以加热阶段作为热平衡计算时间单位时，$Q_{件}$（$Q_{辅}$）应为

$$Q_{件}(Q_{辅}) = G_{装}(c_2 t_2 - c_1 t_1)/\tau_{加}$$

式中　$G_{装}$——一次装炉料（辅助构件）质量（kg）；

$\tau_{加}$——加热阶段时间（h）。

2）加热辅助构件（料筐、工夹具、支承架、炉

底板及料盘等）所需热量 $Q_辅$ 为

$$Q_辅 = P_辅 (c_2 t_2 - c_1 t_1)$$

式中　$Q_辅$——加热辅助构件所需的热量（kJ/h）；

　　　$P_辅$——每小时加热辅助构件的质量（kg/h）；

　　　t_1、t_2——辅助构件加热的初始和终了温度（℃）；

　　　c_1、c_2——辅助构件在 t_1 和 t_2 时的比热容［kJ/（kg·℃）］。

3）加热控制气体所需热量 $Q_控$ 为

$$Q_控 = V_控 c(t_2 - t_1)$$

式中　$Q_控$——加热控制气体所需的热量（kJ/h）；

　　　$V_控$——控制气体的用量（m³/h）；

　　　t_1、t_2——控制气体入炉前的温度和工作温度（℃）；

　　　c——控制气体在 $t_1 \sim t_2$ 温度范围内的平均比热容［kJ/（m³·℃）］。

4）通过炉衬的散热损失 $Q_散$。在炉体处于稳定态传热时，通过双层炉衬的散热损失为

$$Q_散 = 3.6 \frac{t_g - t_a}{\dfrac{1}{\alpha_{\Sigma 1}} + \dfrac{\delta_1}{\lambda_1} + \dfrac{\delta_2}{\lambda_2} + \dfrac{1}{\alpha_{\Sigma 2}}} A_{av}$$

式中　$Q_散$——通过炉衬的散热量（kJ/h）；

　　　t_g、t_a——炉气和炉外空气温度（℃），对电阻炉可认为，t_g 近似地等于炉内壁温度或炉温；

　　　δ_1、δ_2——第一层和第二层炉衬的厚度（m）；

　　　λ_1、λ_2——第一层和第二层炉衬的平均热导率［W/（m·℃）］；

　　　$\alpha_{\Sigma 1}$——炉气对炉体内衬表面的综合传热系数［W/（m²·℃）］，其值一般较大，故 $\dfrac{1}{\alpha_{\Sigma 1}}$ 可忽略不计；

　　　$\alpha_{\Sigma 2}$——炉体外壳对其周围空气的综合传热系数［W/（m²·℃）］；

　　　A_{av}——炉体的平均散热面积（m²）；

　　　3.6——时间系数。

当炉壁、炉顶、炉底和炉门各部分炉衬材料和厚度不同时，应分别计算各自的散热损失。

炉衬散热损失的概略计算常预先假定炉外壁的温度，再按炉外壁综合散热计算，其计算法见表 15-48 和表 15-49。

5）通过开启炉门或炉壁缝隙的辐射热损失 $Q_辐$ 为

$$Q_辐 = 3.6 \sigma_0 A \Phi \delta_t (T_g^4 - T_a^4)$$

式中　$Q_辐$——通过开启炉门或炉壁缝隙的辐射热损失（kJ/h）；

　　　σ_0——斯忒藩-玻耳兹曼常数，可取 5.67×10^{-8} W/（m²·K⁴）；

　　　A——炉门开启面积或缝隙面积（m²）；

　　　3.6——时间系数；

　　　Φ——炉口遮蔽辐射系数，参见表 15-47；

　　　δ_t——炉门开启率，对常开炉门和炉壁缝隙而言，$\delta_t = 1$。

6）通过开启炉门或炉壁缝隙的溢气或吸气热损失 $Q_溢$ 或 $Q_吸$。$Q_溢$ 或 $Q_吸$ 是开启炉门或炉壁存在缝隙时，热炉气溢出炉外或冷空气吸入炉内造成的热损失。当炉压为正值时（如可控气氛炉），开启炉门将引起炉气外溢；当炉压为负值时（一般对燃料炉而言）将吸入冷空气；对于一般箱式电阻炉，开启炉门时，零压面以上炉气溢出，零压面以下则将吸入冷空气。通常以加热吸入的冷空气所需要的热量作为该项热损失，即

$$Q_吸 = q_{va} c_a (t'_g - t_a) \delta_t$$

式中　$Q_吸$——吸气热损失（kJ/h）；

　　　t_a——炉外冷空气温度（℃）；

　　　t'_g——吸入冷空气在炉内被加热的温度（℃），其值随炉门开启时间的增长而降低，若炉门开启时间很短，则可取作炉子工作温度；

　　　c_a——空气在 $t_a \sim t'_g$ 温度范围内的平均比热容［kJ/（m³·℃）］；

　　　q_{va}——吸入炉内的空气流量（m³/h）。

对空气介质的 850℃ 热处理电阻炉，假设空气温度为 20℃，设相对零压面在开启炉门高度的中分线，则数值关系为

$$q_{va} = 1997 BH \sqrt{H}$$

式中　B——炉门或缝隙宽度（m）；

　　　H——炉门开启高度或缝隙高度（m）；

　　　1997——系数（m^{½}/h）。

对于可控气氛炉，当打开炉门，可控气氛连续供入和溢出时，其溢气热损失已计入 $Q_控$ 一项中，在此不应重复计算。

7）砌体蓄热量 $Q_蓄$。砌体蓄热量指炉子从室温加热至工作温度并且达到稳定状态时炉衬本身吸收的热量。对双层炉壁砌体可按下式计算：

$$Q_蓄 = V_1 \rho_1 (c'_1 t'_1 - c_1 t_0) + V_2 \rho_2 (c'_2 t'_2 - c_2 t_0)$$

式中　$Q_蓄$——砌体蓄热量(kJ/h);

　　　V_1、V_2——耐火层和保温层的体积(m^3);

　　　ρ_1、ρ_2——耐火和保温材料的密度(kg/m^3);

　　　t_1'、t_2'——耐火层和保温层在温度达到稳定状态时的平均温度(℃);

　　　t_0——室温(℃);

　　　c_1'、c_2'——耐火和保温材料在 t_1' 和 t_2' 时的比热容[kJ/(kg·℃)];

　　　c_1、c_2——耐火和保温材料在 t_0 时的比热容[kJ/(kg·℃)]。

在实际生产中,炉子并非在每一生产周期都从室温开始加热,炉砌体常保持远高于室温的温度,其温度值与生产过程中冷却阶段和装料阶段的热损失有关,特别是与炉子重新开炉前的空闲(停炉)时间有关。因此,此项损失的真正值,应视具体情况而修正。

8) 其他热损失 $Q_{其他}$。此项热损失包括未考虑到的各种热损失及一些不易精确计算的热损失,如炉衬砖缝不严,炉子长期使用后保温材料隔热性能和炉子密封性能降低,以及热电偶、电热元件引出杆的热短路等所造成的热损失。此项热损失可取上述各项热损失总和的某一近似百分数,通常密封箱式炉为 15% ~ 20%,对机械化炉为 25%,对敞开式盐浴炉为 30% ~ 50%。

(2) 各工艺段炉子热量支出

1) 加热段炉子热支出。在此加热段,炉料随炉子(冷状态)一起加热,加热初期炉料和炉砌体吸收大量热量,这时建立的热平衡可以确定出炉子的最大能耗。此工艺段功率消耗为

$$Q_1 = Q_件 + Q_辅 + Q_控 + Q_散 + Q_溢 + Q_辐 + Q_蓄/\tau + Q_{其他}$$

式中　τ——加热段的升温时间(h)。

2) 保温段炉子热量支出。在此阶段,炉子热量主要是各种散热损失,能量消耗量最少,以这时建立的热平衡可以确定炉子最小功率消耗。此工艺段的功率消耗为

$$Q_2 = Q_控 + Q_散 + Q_溢 + Q_辐 + Q_{其他}$$

3) 在热炉状态下装炉料的热量支出。在生产中,间歇式热处理炉的运行常连续进行。当第一批工件出炉后,随即又装入第二批料,炉子保持热状态,炉砌体基本上不降温,按此种状态进行热平衡计算,可以确定炉子的基本功率。有时再计算炉砌体储热量以考核炉子空炉升温时间是否满足生产要求或国家标准,若不

满足,再相应增大炉子功率。此状态下炉子的热支出为

$$Q_计 = Q_件 + Q_辅 + Q_控 + Q_散 + Q_溢 + Q_辐 + Q_{其他}$$

(3) 炉子所需功率。炉子功率应有一定储备,安装功率应为

$$P = KQ_计/3600$$

式中　P——炉子安装功率(kW);

　　　$Q_计$——在热炉状态下装炉料的热量支出(kJ);

　　　K——储备系数,对间歇式炉 $K = 1.4 \sim 1.5$,对连续式炉 $K = 1.2 \sim 1.3$。

2. 经验计算法

(1) 用炉膛内表面积求功率的方法。表 3-4 是炉膛每平方米表面积功率指标,炉子总功率应根据炉膛内表面总面积计算。

表 3-4　炉膛每平方米表面积功率指标

工作温度/℃	单位炉膛内表面积功率/(kW/m²)	工作温度/℃	单位炉膛内表面积功率/(kW/m²)
1200	15 ~ 20	700	6 ~ 10
1000	10 ~ 15	400	4 ~ 7

(2) 利用图 3-9 确定炉子功率。首先计算出炉膛容积 V,再根据炉子的工作温度确定炉子功率。需要指出,此图未考虑炉子升温时间长短的影响。若要求快速升温,需增加功率。特殊结构的炉子,如长度很长、宽度很窄或高度很低的炉子,用此图确定的功率就显得偏小,应适当加大。

(3) 根据炉膛内壁面积、炉温和空炉升温时间计算。这种方法的计算公式如下:

$$P = c\tau^{-0.5}A^{0.9}(t/1000)^{1.55}$$

式中　P——炉子功率(kW);

　　　τ——空炉升温时间(h);

　　　A——炉膛内壁面积(m^2);

　　　t——炉温(℃);

　　　c——系数。热损失较大的炉子,$c = 30 \sim 35$;热损失较小的炉子,$c = 20 \sim 25$。

根据上述公式绘出图 3-10,此图是根据公式中 c 值取 32 而制成。根据已知炉膛内表面积、炉子工作温度、空炉升温时间,过 A 线对应点与 D 线对应点,作直线相交于 O 点,过 O 点与 C 线对应点作直线,延长线交 B 线于一点,此点即为所求功率。用此图求得的功率,对箱式炉和中、高温井式炉比较准确;对低温回火炉,用此图求得功率比实际功率偏低。

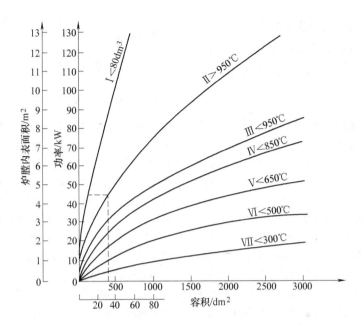

图 3-9　电阻炉炉膛容积和炉温与功率的关系

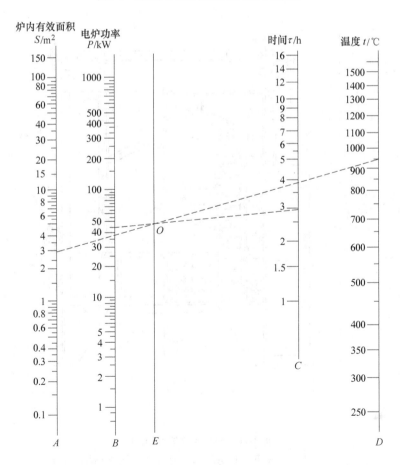

图 3-10　电阻炉功率计算列线图

3.3.2 连续式热处理炉的功率计算

连续式炉的功率计算也采用热平衡计算法，计算项目与间歇式炉的热平衡计算基本相同，视具体情况而定。由于连续式炉的起动时间与正常工作时间相比仅占较小的比例，炉子又常在热炉状态下工作，所以炉墙蓄热损失常不作为炉子功率的计算项目。

连续作业炉通常按热处理工艺的要求，将整个炉膛沿工件通过的方向划分成加热区、保温区，或加热区、渗碳区、扩散区和预冷区等。各区分别布置热源装置和控制，保证各区加热参数相对稳定。各区的长度根据工件的加热和保温时间及工件在炉内运送速度确定，故应按区进行热消耗量计算。第一区（进料端）冷料吸收大量热量，为加快加热速度，提高炉子效率，应适当增大对第一区的热供给量。最后一区因有后炉门或出料机构，热损失较大，也应适当增大热供给量。在计算各区热消耗量时应注意到各区段间

的热交换（辐射热交换、热对流的热交换）和各区工件热容量不同的影响。

3.4 普通间歇式箱式电阻炉

3.4.1 炉型种类及用途

普通间歇式箱式电阻炉是一个单一炉膛，炉前端有一个炉门的炉子。这类炉子的国家标准产品有中温箱式电阻炉、金属电热元件的高温箱式电阻炉、碳化硅电热元件的高温箱式电阻炉。这类炉子的炉料一般在空气介质中加热，无装料机械化装置，供小批量的工件淬火、正火、退火等常规热处理之用。

图3-11所示为45kW中温箱式电阻炉，表3-5为其型号及技术参数。图3-12所示为非金属电热元件的高温箱式电阻炉。

表3-6和表3-7分别为金属和非金属电热元件的高温箱式电阻炉的型号及技术参数。

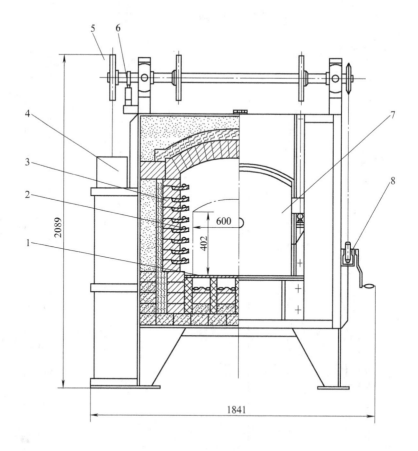

图 3-11　45kW 中温箱式电阻炉

1—炉底板　2—电热元件　3—炉衬　4—配重　5—炉门升降机构

6—限位开关　7—炉门　8—链轮

表 3-5　中温箱式电阻炉的型号及技术参数

型　号	功率 /kW	电压 /V	相数	最高工作 温度/℃	炉膛尺寸 （长×宽×高） /mm	炉温 850 ℃时的指标		
						空载损耗 /kW	空炉升温时间 /h	最大装载量 /kg
RX3-15-9	15	380	1	950	600×300×250	5	2.5	80
RX3-30-9	30	380	3	950	950×450×350	7	2.5	200
RX3-45-9	45	380	3	950	1200×600×400	9	2.5	400
RX3-60-9	60	380	3	950	1500×750×450	12	3	700
RX3-75-9	75	380	3	950	1800×900×550	16	3.5	1200

3.4.2　炉子结构及特性

这类电阻炉由炉体和电气控制柜组成。炉体由炉架和炉壳、炉衬、炉门、电热元件及炉门提升机构等组成。电热元件多布置在两侧墙和炉底。

炉内温度均匀性状态，主要受电热元件布置、炉门的密封和保温等状态的影响，通常炉膛前端温度较低。工件在高、中温箱式炉中加热，主要靠电热元件和炉壁表面的热辐射。为提高这类炉子的热交换效果，生产中采取如下措施：

（1）提高炉门密封性，或在炉门内侧加电热元件，或在炉门洞加一屏蔽板，以减少炉口辐射损失。

（2）合理布置工件。对要求较严格的淬火件，工件间距为工件直径（或宽度）一半时，有较好的传热效果和生产率。

（3）炉壁涂覆远红外涂料，增加辐射系数，但多数涂料不能长期保持其高的辐射系数，影响使用效果。

（4）采用波纹状的炉内拱顶结构，以提高辐射传热面。

（5）改进电热元件布置。采用板片状电热元件代替螺旋状的电热元件，增大元件辐射面积和减少搁丝砖对辐射线的遮蔽。在炉顶设置电热元件也有提高热交换的效果。

（6）采用耐火纤维炉衬，以减少炉墙的蓄热量和散热量。

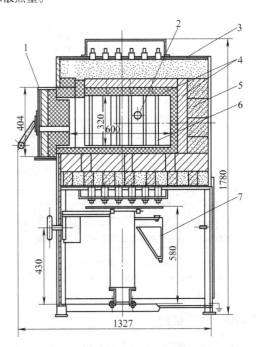

图 3-12　非金属电热元件的高温箱式电阻炉
1—炉门　2—测温孔　3—炉壳　4—耐火层
5—保温层　6—碳化硅棒　7—调压变压器

表 3-6　金属电热元件的高温箱式电阻炉的型号及技术参数

型　号	功率 /kW	电压 /V	相数	最高工作 温度/℃	炉膛尺寸 （长×宽×高） /mm	炉温 850 ℃时的指标		
						空炉损耗功率 /kW	空炉升温时间 /h	最大装载量 /kg
RX3-20-12	20	380	1	1200	650×300×250	≤7	≤3	50
RX3-45-12	45	380	3	1200	950×450×350	≤13	≤3	100
RX3-65-12	65	380	3	1200	1200×600×400	≤17	≤3	200
RX3-90-12	90	380	3	1200	1500×750×450	≤20	≤4	400
RX3-115-12	115	380	3	1200	1800×900×550	≤22	≤4	600

表3-7　非金属电热元件的高温箱式电阻炉的型号及技术参数

表3-7　非金属电热元件的高温箱式电阻炉的型号及技术参数

型　号	功率/kW	电压/V	工作电压范围/V	相数	最高工作温度/℃	炉膛尺寸（长×宽×高）/mm	炉温1300℃时的指标		
							空炉损耗功率/kW	空炉升温时间/h	最大装载量/kg
RX2-14-13	14	380	89~215	3	1350	520×220×220	≤5	≤2	120
RX2-25-13	25	380	185~405	3	1350	600×280×300	≤7	≤2.5	200
RX2-37-13	37	380	260~535	3	1350	810×550×370	≤10	≤2.5	500

3.5　台车炉

3.5.1　炉型种类及用途

这类炉子的炉底为一个可移动台车的箱式电阻炉，它适用于处理较大尺寸的工件。图3-13所示为台车炉的结构，表3-8为台车式电阻炉的型号及技术参数。

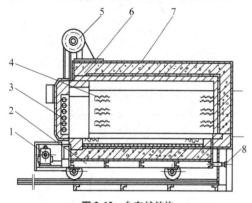

图3-13　台车炉结构

1—台车驱动机构　2—台车　3—炉门　4—加热元件
5—炉门机构　6—炉衬　7—炉壳　8—台车接线板

3.5.2　炉子结构

1. 炉架与炉壳　台车炉的炉架和炉壳的结构与箱式电阻炉基本相同，但由于台车需拖出，台车炉前端无下横梁，易发生炉架变形，因此炉架应牢固固定在地基上。

炉面板应与炉口砖错位，即炉口砖突出，并有足够的砖厚，以减少炉面板受热变形。炉面板炉口边缘也应开较大较长的膨胀缝。

2. 炉体　台车炉的炉衬与箱式电阻炉基本相同。由于台车与炉衬不接触，因此炉衬更宜采用耐火纤维结构。

3. 炉口装置　小型台车炉炉口装置与一般电阻炉相似，大型台车炉宽度大，炉门必须有足够的刚度，炉门内衬多采用耐火纤维砌筑。

4. 台车及行走驱动装置　台车钢架应依据载荷计算确定。驱动装置多数安装在台车前部，驱动台车行走。行走装置多为车轮式，有密封轴承结构和半开式轴承结构，因前者轮轴润滑困难，而常用后者（台车的设计参见本卷6.4.4节）。

5. 台车与炉体间的密封装置　台车与炉体间的常规密封方法是砂封结构，如图3-14所示。耐火纤维贴紧的密封结构如图3-15、图3-16和图3-17所示。图3-18所示为台车后端滚管密封结构图。

6. 台车电热元件通电装置　单台车式炉的电热元件一般采用触头通电，台车尾部设3~6个固定触

表3-8　台车式电阻炉的型号及技术参数

	型　号	功率/kW	电压/V	相数	额定温度/℃	工作空间尺寸（长×宽×高）/mm	炉温在850℃时的指标		
							空炉损耗功率/kW	空炉升温时间/h	最大装载量/t
标准系列	RT2-65-9	65	380	3	950	1100×550×450	≤14	≤2.5	1
	RT2-105-9	105	380	3	950	1500×800×600	≤22	≤2.5	2.5
	RT2-180-9	180	380	3	950	2100×1050×750	≤40	≤4.5	5
	RT2-320-9	320	380	3	950	3000×1350×950	≤75	≤5	12
非标准型	RT-75-10	75	380	3	1000	1500×750×600	≤15	≤3	2
	RT-90-10	90	380	3	1000	1800×900×600	≤20	≤3	3
	RT-150-10	150	380	3	1000	2800×900×600	≤35	≤4.5	4.5

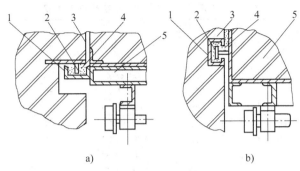

图3-14　台车炉砂封结构

1—砂封槽　2—砂封刀　3—炉体　4—砂　5—台车

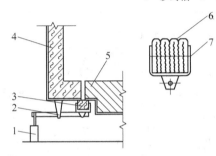

图3-15　杠杆气缸式台车侧面柔性密封

1—气缸　2—杠杆　3—柔性密封块　4—炉侧墙
5—台车　6—耐火纤维针刺毯　7—贯穿螺钉

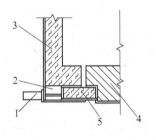

图3-16　直动式气缸台车侧面柔性密封

1—气缸　2—密封块盒　3—炉侧墙
4—台车　5—密封块

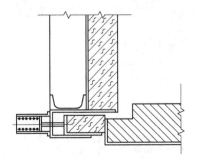

图3-17　台车后端柔性密封

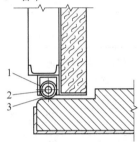

图3-18　台车后端滚管密封

1—滚管盒　2—圆钢　3—无缝钢管

头，炉体下部安设3~6个带弹簧压紧的触口，台车进入炉膛后触头能很好地插入触口。双台车式炉一般在台车两侧前下部装设插条，炉体前下侧装插口，台车进入炉膛后插条与插口接触而通电。

3.6　RJ系列自然对流井式电阻炉

3.6.1　炉型种类及用途

这类炉子均有一个井式炉膛，且炉内不设风扇的电阻炉。国家标准产品有中、高温井式电阻炉。它主要用于长杆工件在空气介质中加热，或加密封措施用作通保护气体保护加热。

表3-9为中温井式电阻炉的型号及技术参数。表3-10和表3-11分别为金属电热元件和非金属电热元件高温井式电阻炉的型号及技术参数。井式电阻炉有许多非标准型炉，有的长达20~30m，用来处理汽轮机主轴等长杆件。

3.6.2　炉子结构及特性

1. 炉架和炉壳　炉架和炉壳由型钢和钢板焊接而成，炉架承受侧压力不很大，但仍应保持稳定性和结构强度。有的深井式炉制成分层组装结构。深井式炉的炉体犹如烟囱，为防止从炉体下部吸入冷空气，炉壳应密封。炉底承受较大的砌体质量，用槽钢制成骨架。

表3-9　中温井式电阻炉的型号及技术参数

型　号	额定功率/kW	额定电压/V	相数	额定温度/℃	炉膛尺寸（直径×深度）/mm	在890℃时有关数据		
						空炉损耗功率/kW	空炉升温时间/h	最大装载量/kg
RJ2-40-9	40	380	3	950	600×800	≤9	≤2.5	350
RJ2-65-9	65	380	3	950	600×1600	≤16	≤2.5	700
RJ2-75-9	75	380	3	950	600×2400	≤20	≤3	1100
RJ2-60-9	60	380	3	950	800×1000	≤13	≤3	800
RJ2-95-9	95	380	3	950	800×2000	≤22	≤3	1600
RJ2-125-9	125	380	3	950	800×3000	≤27	≤4	2400
RJ2-90-9	90	380	3	950	1000×1200	≤18	≤4	1500
RJ2-140-9	145	380	3	950	1000×2400	≤26	≤4	3000
RJ2-190-9	190	380	3	950	1000×3600	≤33	≤4	4500

表3-10　金属电热元件高温井式电阻炉的型号及技术参数

型　号	额定功率/kW	额定电压/V	相数	额定温度/℃	炉膛尺寸（直径×深度）/mm	1200℃时技术数据		
						空炉损耗功率/kW	空炉升温时间/h	最大装载量/kg
RJ2-50-12	50	380	3	1200	600×800	≤13	≤2.5	350
RJ2-75-12	75	380	3	1200	600×1600	≤22	≤3	700
RJ2-80-12	80	380	3	1200	800×1000	≤17	≤3	800
RJ2-110-12	110	380	3	1200	800×2000	≤23	≤3	1600
RJ2-105-12	105	380	3	1200	1000×1200	≤22	≤3	1500
RJ2-165-12	165	380	3	1200	1000×2400	≤40	≤4	3000

表3-11　非金属电热元件高温井式电阻炉的型号及技术参数

炉　型	额定功率/kW	额定电压/V	额定温度/℃	工作电压/V	相数	炉膛尺寸（长×宽×高）/mm	空炉损耗功率/kW	质量/kg
RJ-25-13	25	380	1300	185～405	3	300×300×600	≤12	1500
RJ-65-13	65	380	1300	115～175	3	300×300×1260	≤28	4700
RJ-95-13	95	380	1300	115～175	3	300×300×2207	≤34	6000

2. 炉盖及提升机构　炉盖衬常用耐火纤维制作。炉盖的结构形式可以是整体吊开式、整体水平旋开式、整体水平移开式、对分向上旋开式及对分水平移开等。炉盖可人力操作，也可用动力驱动。图3-19和图3-20所示为对分式炉盖的开启机构。

3. 炉衬　井式炉炉衬的用料及厚度可参照箱式电阻炉炉衬，常用炉墙结构如图3-1所示。全耐火纤维炉衬，为固定电热元件，常预制成一个圆形框架，埋在炉衬砌体中，从框架上再焊接支撑电热元件的杆件，杆件端部套上耐火陶瓷管，悬挂电热元件。支撑杆件应有足够的耐热强度。

4. 炉子功率分布　井式炉的区段划分及功率分配可参照表3-12。

5. 传热特性　井式炉膛犹如烟囱，热气流上浮，造成炉底部温度偏低，炉膛上口又常因密封和保温不良，温度也常偏低，而中部温度偏高。这种温度不均匀性，要靠合理布置电热元件和分区控制来弥补。

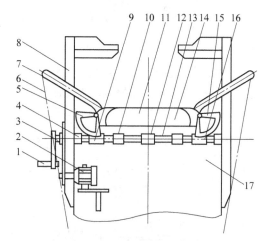

图3-19　对分式炉盖开启机构

1—手柄　2—电动机　3—链轮及离合器　4—轴承座
5—左旋扇形蜗轮　6—钢丝绳及配重　7—配重臂
8—吊杆支架　9—左旋蜗杆　10—联轴器
11—左炉盖　12—轴承座　13—传动轴　14—右炉盖
15—右旋扇形蜗轮　16—右旋蜗杆　17—炉壳

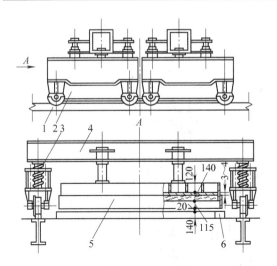

图 3-20　大型井式炉对分式炉盖开启机构

1—轨道　2—移动小车　3—提升炉盖弹簧

4—承载横梁　5—炉盖　6—砂封

表 3-12　井式炉的区段划分及功率分配

H/D	热区数	炉温 /℃	炉膛内壁的单位面积功率负荷/(kW/m²)		
			上	中	下
<1	I	950	—	~15	~
		1200	—	20~25	~
1~2	II	950	~15	—	~15
		1200	20~25	—	20~25
1.5~3	III	950	~15	~10	~15
		1200	20~25	15~20	20~25

　　打开井式炉炉盖会造成炉膛内的可控气氛快速溢出和降温。因此，井式炉对处理工艺时间较短、需频繁开启炉盖的热处理是不利的。

　　这类炉子炉温均匀性应不超过以下规定范围：A 级炉：±15℃；B 级炉：±12℃；C 级炉：±8℃。

3.7　强迫对流箱式电阻炉

3.7.1　炉型种类及用途

　　这类炉子是带有风扇（或风机）的箱式电阻炉，用于热处理回火及铝合金、镁合金等非铁金属的退火、淬火等。

　　图 3-21 所示为箱式回火炉结构，其技术参数如表 3-13 所示。图 3-22 所示为铝卷材退火炉结构，其技术参数如表 3-14 所示。

表 3-13　箱式回火炉的技术参数

项　　目	指　　标
炉子有效尺寸（长×宽×高）/mm	1220×914×760
额定装炉量/kg	1000
额定生产能力/(kg/h)	600
加热温度/℃	最高 550
炉温均匀性/℃	±5
炉墙外表面温度/℃	≤50
保护气氛	氮气
装出料方式	开式链条和滚动导轨
额定功率/kW	75

　　图 3-23 所示为风扇设在炉底的箱式回火炉。电热元件布置在炉后侧，气流由风扇驱动，吹向电热元件，进入炉膛，与工件热交换，再通过炉底导轨，到风扇吸口，形成循环。

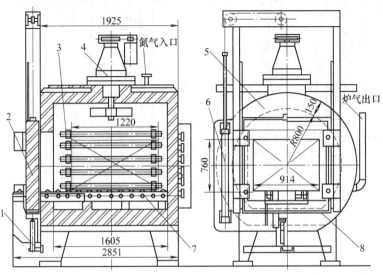

图 3-21　箱式回火炉结构

1—导槽升降系统　2—炉门　3—加热元件　4—循环风扇　5—炉衬　6—炉门升降压紧系统　7—滚动导轨　8—炉口密封

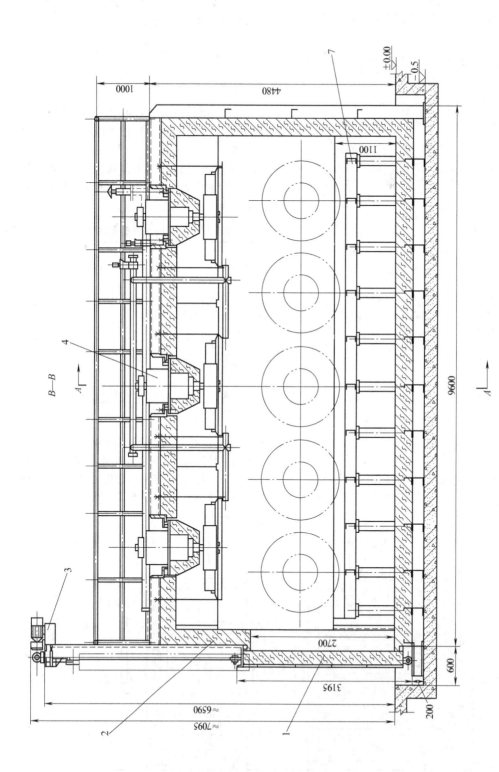

图 3-22　铝卷材退火炉结构

1—炉门　2—炉衬　3—炉门提升机构　4—风扇　7—电热元件

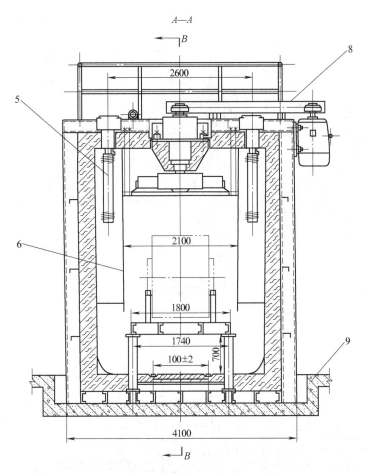

图 3-22　铝卷材退火炉结构（续）

5—工件支架　6—导风板　8—风扇传动机构　9—地基

表 3-14　铝卷材退火炉的技术参数

项　　　目	指　　　标
冷却水耗量/(t/h)	7～3
进出料方式	装卸料车
供电线路电压/V	380
工作区温差/℃	±5
最高工作温度/℃	620
加热器功率/kW	729
最大装载量/t	20
工作室尺寸（长×宽×高）/mm	8300×1700×1700

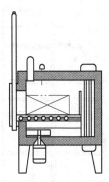

图 3-23　风扇设在炉底的箱式回火炉

表 3-15　铝合金淬火炉的技术参数

项　　　目	指　　　标
加热区段	6
一次最大装载量/kg	800
加热器功率/kW	360
最高工作温度/℃	550±3
工作室尺寸（长×宽×高）/mm	6300×1000×2500

　　图 3-24 所示为铝合金淬火炉结构，淬火槽直接布置在炉子下部，以便快速淬火。其技术参数如表 3-15 所示。该炉采用全耐火纤维炉衬，炉内配有滚动导轨。该炉采用开式链条装出料机构，为配合此装出料机构，炉口密封设置了一段可升降的链条导槽，在炉子装出料时，这段导槽在气缸作用下上升，与前后导槽相接；在关闭炉门时，这段导槽下降，使炉门可封盖住炉口。

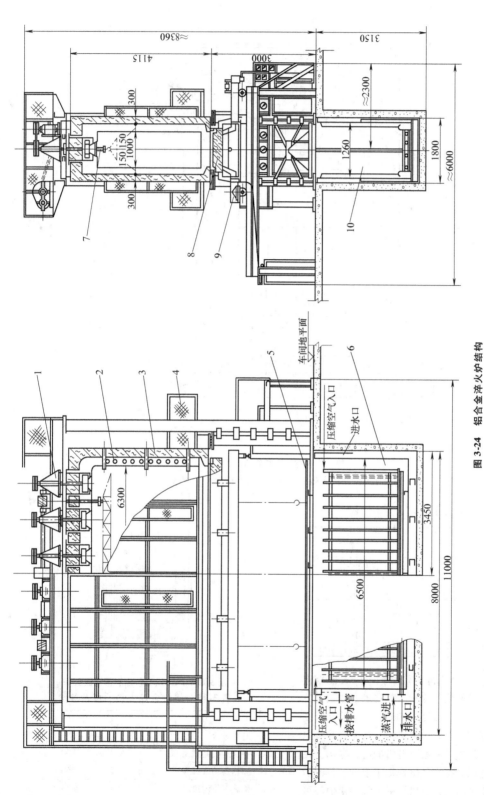

图 3-24　铝合金淬火炉结构

1—风扇　2—加热元件　3—炉衬　4—平台　5—槽盖　6—淬火槽　7—吊料机构　8—炉门　9—炉门机构　10—地坑

图 3-25 所示为风扇布置在炉顶后端的回火炉结构。此炉子可与密封箱式炉生产线配套。

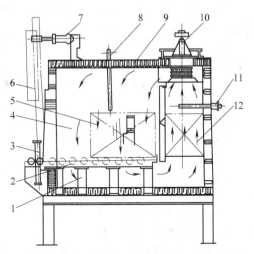

图 3-25　风扇布置在炉顶后端的回火炉结构

1—导轨支承　2—导轨　3—炉门提升气缸　4—炉膛
5—工件　6—炉门　7—炉门提升横向气缸
8、11—热电偶　9—耐火纤维炉衬　10—风扇
12—加热元件

3.7.2　炉子结构及特性

1. 循环系统　炉内气流循环系统要保证气体与电热元件和工件达到良好的热交换；有足够的气流量和良好的温度均匀性。风扇位置、电热元件的安装点、风道的截面和流向、导风板的安置、工件的装料位置等要合理配置。

常用气流循环系统如表 3-16 所示。

2. 炉子热交换特性　这类炉子的温度均匀性，常受如下因素的影响：

（1）通过炉门缝及各种孔洞向外溢气和散热，造成局部区段温度不均匀。

（2）沿炉膛长度方向的散热，造成热风沿长度方向的温差。

提高温度均匀性的主要办法是，加强炉子密封，加强炉墙的保温，电热元件要合理布置，气流循环系统要合理。

3.7.3　气体流量计算

气体循环炉是以对流为主的低温炉，炉气流速和流量显著影响炉内表面传热系数和温度均匀性，而气流压力是驱动气流循环的动力。

炉气流速和流量的计算步骤是：

（1）根据工件装炉量、加热温度和时间等要求，确定所需的表面传热系数 α_c。

表 3-16　常用气流循环系统

序号	风扇安装位置	说　　明
1		风扇在炉膛顶部，电热元件在侧壁，是应用最广的方式，可以用于井式炉或箱式炉。风扇安装容易，维修方便
2		风扇安装在炉膛底部，气流向下流动，与热气流自然上浮的方向相反。具有较好的气流循环均匀度
3		风扇布置在两侧，常用于推杆式等淬火炉
4		风扇安装在炉膛后端，电热元件在炉膛两侧，适用于卧式退火炉和时效炉
5		风扇安装在炉侧面，电热元件安装在炉侧上下方，常用于铝棒均热炉
6		风扇安装在炉膛端部上方，常用于推杆炉、铝材时效炉
7		风扇安装在炉体外，电热元件独立设置或安装在炉底，常用于较大型低温炉
8		风扇安装在炉体外，电热元件安装在炉底，常用于炉子宽度较大的低温炉

（2）再由表面传热系数公式求出所需的气流速度。

（3）根据气流速度和炉膛截面积求出气体流量。

（4）根据炉温均匀性的要求核算所计算的气体流量是否满足要求。

当表面传热量占总传热量的百分比很高时，可近似地认为表面传热系数 α_c 等于综合传热系数 α_Σ，则可利用"薄件"加热计算式近似计算 α_Σ（所谓"薄件"是指工件在某温度场中加热时，任何瞬间加热的工件内外各点温差很小的工件）。

$$\alpha_c \approx \alpha_\Sigma \approx \frac{Mc}{A\tau} \ln \frac{t_g - t_{in}}{t_g - t}$$

式中　A——工件的有效受热面积（m^2）；

　　　M——工件重量（kg）；

　　　c——工件的平均比热容 [J/（kg·℃）]；

　　　α_Σ——炉气对工件的平均综合传热系数（W/m^2·℃）；

　　　t_{in}——工件初始温度（℃）；

　　　t_g——炉温（℃）；

　　　t——工件最终加热温度（℃）。

所求得的 α_Σ 值为平均温度下的 α_Σ 值。

对于低温热处理炉，可借下式求出气流速度，即

$$v_{20} = 0.78 \sqrt{\frac{\alpha_c}{7.14}}$$

式中　v_{20}——气流在20℃时的速度（m/s）；

　　　α_c——表面传热系数 [kJ/（m^2·℃）]。

炉膛内的气体流量 q_{vg} 等于气流速度 v 乘炉膛有效截面积 A，即

$$q_{vg} = vA$$

当炉气在炉膛（或通道）中流过时，因工件吸热和炉壁散热，炉气流的温度要逐渐下降，因此，与炉气最先和最后接触的工件将存在着温度差 Δt（称为工件温度均匀性，对炉温而言即为炉温均匀性）。显然此温差决定于炉气沿炉膛长度所失去的热量 Q_L 和气体流量 q_{vg}。根据热平衡关系可列出如下方程：

$$Q_L = q_{vg} c_g \Delta t$$

于是根据热处理工艺对温差 Δt 的要求和 Q_L 值的大小，即可求出保证温度均匀性的气体流量。

生产中常以气流循环次数的概念来代替气体流量或气流速度。所谓气流循环次数指每秒钟的炉气流量与炉膛容积的比。一些经验数据指出，铝合金淬火炉，炉温均匀性要求 ±（3～5）℃，循环次数为 0.8～1.0；一般铝合金退火炉和时效炉，炉膛均匀性要求 ±5℃，循环次数一定时，气流流动路途越长，所需气流速度越大，因而所需循环空气量亦越多。

大流量能使热气流有足够的蓄热量，减少沿长度方向的温差；大流速能加大表面传热系数，加快热交换。提高风速有一定限制，首先是风机安装位置限制，其次是经济的限制。铝卷退火炉炉膛风速一般为 10～13m/s，在特殊情况下可达 15m/s，如果再提高风速就不经济了。风速再提高50%，换热效果提高35%，而风机功率却要增到240%。若要继续提高传热系数，可用喷射流的办法，即用风机将气体打入位于炉子两侧壁的静压膛中，再通过炉膛壁上密布的小喷嘴喷出，高速直喷到炉料上，这时对铝卷炉料的传热系数可达 418～836kJ/（m^2·℃），可大大缩短加热时间。

3.8　强迫对流井式电阻炉

3.8.1　炉型种类及用途

这类炉子是带风扇强制气流循环的低温井式电阻炉，有国家标准产品，其的型号及技术参数如表 3-17 所示。这类炉子主要用于热处理件回火。

图 3-26 所示为预抽真空井式炉结构。炉壳或炉罐采用密封焊接，设有机械式真空泵抽气系统和充保护气系统，常用作钢丝保护退火用。

3.8.2　炉子结构及特性

这类炉子结构的主要特点如下：

（1）风扇循环装置。风扇一般为顶装式结构，也有采用底装风扇。

表 3-17　低温井式电阻炉的型号及技术参数

型　　号	额定功率 /kW	额定电压 /V	相数	额定温度 /℃	炉膛尺寸（直径×深度）/mm	在炉温650℃时的指标		
						空炉损耗功率/kW	空炉升温时间/h	最大装载量/kg
RJ2-25-6	25	380	1	650	400×500	≤4.0	≤1	150
RJ2-35-6	35	380	3	650	500×650	≤4.5	≤1	250
RJ2-55-6	55	380	3	650	700×900	≤7.0	≤1.2	750
RJ2-75-6	75	380	3	650	950×1200	≤10	≤1.5	1000

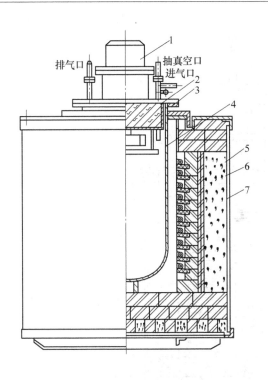

图 3-26　预抽真空井式炉结构
1—风扇电动机　2—炉盖　3—密封圈　4—炉罐
5—炉衬　6—电热元件　7—炉壳

（2）炉盖升降机构。小型井式炉一般采用手动链轮式（见图 3-27）和手动杠杆式（见图 3-28），液压缸提升机构和电动齿轮提升机构也被广泛采用。

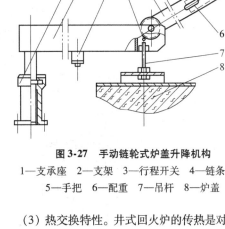

图 3-27　手动链轮式炉盖升降机构
1—支承座　2—支架　3—行程开关　4—链条
5—手把　6—配重　7—吊杆　8—炉盖

（3）热交换特性。井式回火炉的传热是对流传热，炉子热效率及温度均匀性主要决定于气流循环。气流的循环是以安装在炉盖上的风扇为动力，驱动气流经罐（或料筐或导风罐）外侧与电热元件接触，将气流加热，再由炉罐底部进入炉罐，与工件进行热交换。加热效果决定于风量、风压和气流的流向，一般应形成上述的气流大循环。为此，料筐的侧面不应开孔，以免气流短路流入料筐；风扇与料筐上缘的距离不应过大，以免气流直接从料筐上缘返回；当料筐内工件过于密布，风扇压力偏小，不足于驱动气流通过工件时，工件应适当布置，以减轻气流的阻力。生产中有的在料盘中插入导风管，以减少气流阻力，有利于气流循环，但它减少了气流与工件直接接触的效果。

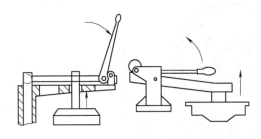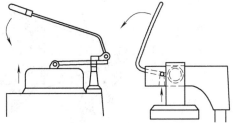

图 3-28　手动杠杆式炉盖升降机构

3.9　井式渗碳炉和渗氮炉

3.9.1　炉型种类及用途

这类炉子的结构实际上是在井式炉炉膛中再加一密封炉罐，专为周期作业的渗碳、渗氮、碳氮共渗等所用。图 3-29 所示为标准型井式气体渗碳炉结构，

表 3-18 为其型号及技术参数。井式渗氮炉的结构与渗碳炉基本类似，表 3-19 为其型号及技术参数。

大型井式渗碳炉常用于深层渗碳，渗层超过 3mm，有的甚至在 8mm 以上。其型号及技术参数见表 3-20。

图 3-30 所示为某大型井式气体渗碳炉结构。其炉罐是一个套筒，插在炉底下方的密封槽内。大型井式气体渗氮炉也有类似结构。

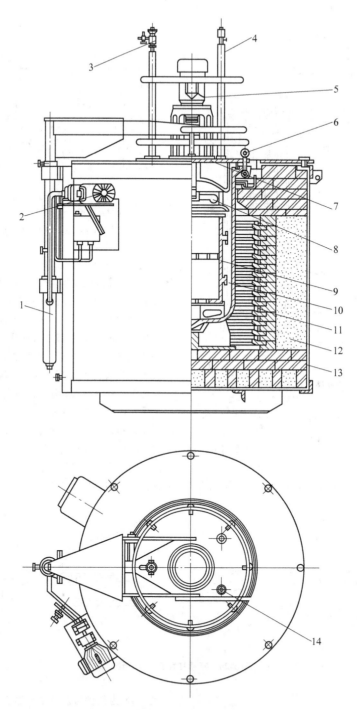

图 3-29　井式气体渗碳炉结构

1—液压缸　2—电动机液压泵　3—滴管　4—取气管　5—电动机　6—吊环螺钉
7—炉盖　8—风叶　9—料筐　10—炉罐　11—电热元件
12—炉衬　13—炉壳　14—试样管

　　大型井式气体渗氮炉主要问题是氨分解率在炉膛不同深度的均匀性，为此，有的沿深度不同部位通入氨；有的采用真空渗氮，炉膛尺寸为 $\phi400\text{mm}$ ×4000mm 的真空渗氮炉在生产中应用。渗氮炉配合脉冲控制装置实现脉冲渗氮，对节氨有显著的作用。

表 3-18　井式气体渗碳炉的型号及技术参数

型 号	额定功率/kW	额定电压/V	相数	额定温度/℃	工作区尺寸（直径×深度）/mm	在 950 ℃时有关指标		
						空炉损耗功率/kW	空炉升温时间/h	最大装载量/kg
RQ3-25-9	25	380	3	950	300×450	≤7	≤2.5	50
RQ3-35-9	35	380	3	950	300×600	≤9	≤2.5	70
RQ3-60-9	60	380	3	950	450×600	≤12	≤2.5	150
RQ3-75-9	75	380	3	950	450×900	≤14	≤2.5	220
RQ3-90-9	90	380	3	950	600×900	≤16	≤3	400
RQ3-105-9	105	380	3	950	600×1200	≤18	≤8	500

注：型号尾部若加 D，则表示气体成分能自动控制。

表 3-19　井式气体渗氮炉的型号及技术参数

型 号	额定功率/kW	额定电压/V	相 数	额定温度/℃	升温时间/h	工作区尺寸（直径×深度）/mm
RN-30-6	30	380	3	650	≤1.5	$\phi450×650$
RN-45-6	45	380	3	650	≤1.5	$\phi450×1000$
RN-60-6	60	380	3	650	≤1.5	$\phi650×1200$
RN-75-6	75	380	3	650	≤1.5	$\phi800×1300$
RN-90-6	90	380	3	650	≤2	$\phi800×1300$
RN-110-6	110	380	3	650	≤2	$\phi800×2500$
RN-140-6	140	380	3	650	≤2	$\phi800×3500$

表 3-20　大型井式渗碳炉的型号及技术参数

序 号	型 号	额定温度/℃	额定功率/kW	工作区尺寸（直径×深度）/mm	加热区	每区功率/kW	最大装炉量/kg
1	XL0118	950	720	$\phi1700×7000$	6	120	25000
2	XL0122	950	400	$\phi900×4500$	4	100	3200
3	XL0113	950	180	$\phi700×1800$	2	90	750

3.9.2　炉子结构及特性

1. 气流循环　设在炉盖下端的风扇，靠风扇的离心力驱动炉气流向四周，把从滴注管滴入的渗剂搅动带入气流，气流在炉罐壁上受阻，沿着炉罐内壁与料筐（或导向筒）的通道向下流动到炉罐底，再在风扇中心负压的作用下，气流经料筐底的孔洞向上流入料筐，把新鲜渗剂提供给工件。同时破除停滞在工件表面上非活性气体层，随之被吸入风扇心部负压区，重新进行循环。在风扇下常吊挂一个挡风板，以防止气流直接从料筐上方返回风扇。

2. 炉罐密封　炉盖与炉罐之间应有良好的密封。真空渗氮盖外缘宜加水冷橡胶圈密封。渗碳炉中轴动态密封较困难，常用方法有活塞环式密封、迷宫式密封、密闭式电动机密封。密闭式电动机密封是电动机连接风扇转轴，直接压紧在炉盖上，实现完全密封。

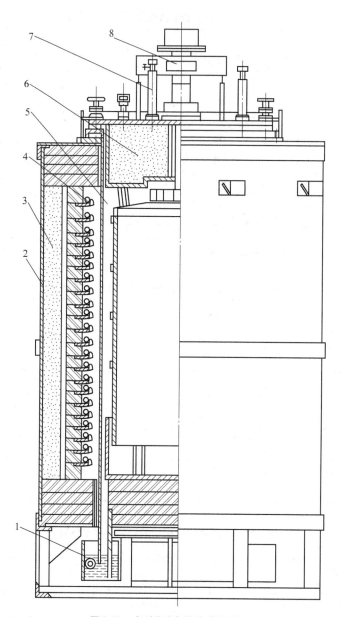

图 3-30 大型井式气体渗碳炉结构

1—油封 2—炉壳 3—炉衬 4—加热器 5—炉膛 6—炉盖 7—滴注器 8—炉盖升降机构

3. 炉罐及构件 料筐、导风筒、炉罐、罐底座、料筐底盘等应用耐热钢制造，通常用 CrMnN 铸钢制造。该钢最高使用温度为 950 ℃，限制了炉子的工作温度。炉罐也常用 06Cr25Ni20 钢制造。炉罐等构件受热时会变形和膨胀，要留有膨胀的余地。

渗氮炉炉罐通常采用高镍钢制造，不能用普通钢板制造。普通钢板易被渗氮，使罐表面龟裂剥皮，并对氨分解起催化作用，增加氨消耗且使氨分解不稳定，甚至无法渗氮。

4. 炉气氛供应、测量、控制装置 炉盖上配有

进气管或流体滴入管、排气管、测量炉温均匀度用热电偶引入管、碳（氮）势传感器插入孔或取气管、试样检查孔等。

旧式井式炉实现渗碳计算机控制时，应增设氧探头插入管，其结构如图 3-31 所示。炉盖上一般有三个孔，即：试样孔兼大排气孔、氧探头安装孔兼小排气孔及滴注孔（图 3-31 上没有画出）。

渗氮炉计算机控制，目前实际上是检测和控制炉气中 H_2 的含量，作为氨的分解率的指标，间接控制氮势。设备上应有抽排气系统。

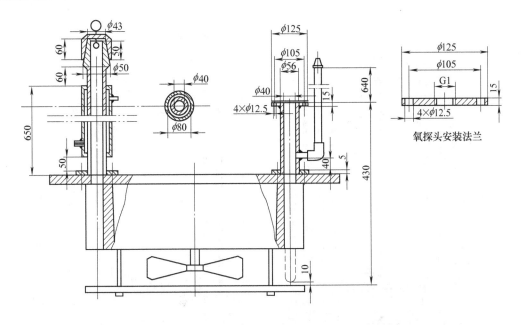

图 3-31 氧探头插入管与井式气体渗碳炉炉盖的结构

3.10 罩式炉

3.10.1 炉型种类及用途

罩式炉是一个炉底固定,炉身(带炉衬和电热元件)像一个罩子且可移动的炉子。罩式炉按结构形式、气氛和最高工作温度分为多种类型,如表 3-21 所示。

表 3-21 罩式炉的结构形式、气氛和最高工作温度

品种代号	结构形式	气氛	最高工作温度/℃
RB7	炉罩升降式,无炉罐,炉气自然对流	自然气氛	750
RB9			950
RB12			1200
RBD7	炉座升降式,无炉罐,炉气自然对流		750
RBD9			950
RBD12			1200
RBG7	炉罩升降式,有炉罐,炉气强迫对流	保护气氛	750
RBG8			850
BRG9			950

罩式电阻炉主要用于在自然气氛或保护气氛中进行钢件的正火、退火等。

罩式炉的结构有多种形式。图 3-32 所示为强制炉气对流的罩式退火炉结构,表 3-22 为其技术参数。

3.10.2 炉子结构及特性

1. 强制对流循环系统 功率强大的短轴风扇是强制炉气对流的罩式炉的主要装置。它利用双速双功率电动机的特性能直接低速起动,在升温阶段高功率、高转速运行,保温阶段低功率、低转速运行,降温阶段又高功率、高转速运行。

2. 抽真空系统 为防止氢保护气氛发生爆炸,有的罩式炉采用抽真空的方法排除炉内气氛。

3. 内钢罩 有的罩式炉设置波纹状内罩,如图 3-33 所示。它可调节受热变形伸缩,加大传热面积,强化传热过程。

4. 炉衬 罩式炉炉衬最好为全耐火纤维的结构。电阻带悬挂在炉衬表面,或电阻丝螺旋穿管悬挂在炉墙支撑上。

5. 内罩冷却 在炉料冷却阶段常采用气水联合冷却系统。先用轴流风机抽气,降低内罩外表面温度;待罩内炉料温度降到 200 ℃ 以后,再起动喷水系统喷水冷却。

6. 进排气管设置 进、排气管安装位置的距离应尽可能拉大,常将进气口延伸到内罩顶部,排气口设在炉台的平面以下。

7. 保护气用量 有资料建议在加热、保温阶段保护气用量(即单位时间、单位内罩周长所用标准状态时保护气的体积)为 0.3 ~ 0.6m³/(mm·h),炉压控制在 100 ~ 400Pa;在排气及冷却阶段加大用气量,约为保温时的 1 ~ 2 倍。

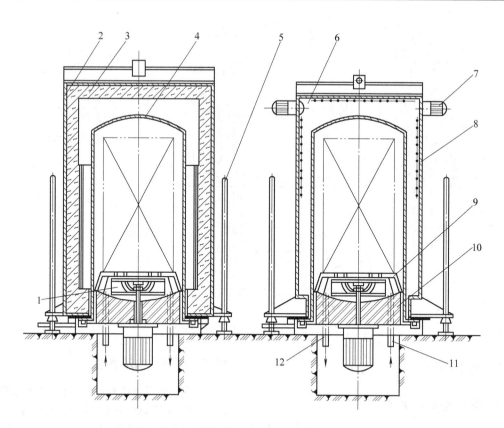

图 3-32　强制炉气对流的罩式退火炉结构

1—风扇　2—加热罩外壳　3—炉衬　4—内罩　5—导向装置　6—冷却装置　7—鼓风装置
8—喷水系统　9—底栅　10—底座　11—充气系统　12—抽真空系统

表 3-22　罩式退火炉的技术参数

类型	功率 /kW	电压 /V	相数	最高工作温度 /℃	工作区尺寸(直径×深度)/mm	空炉升温时间 /h	炉料温差 /℃	最大装炉量 /t	占地面积 /m²	吊钩高度 /m	重量 /kg
750 ℃ 系列	80	380	3	750	φ800×1250	1.5	≤±5	3	4.4×7.7	4.8	8500
	110	380	3	750	φ800×2000	1.5	≤±5	5	4.4×8.5	6.8	15430
	160	380	3	750	φ1000×1600	1.5	≤±5	5	5.5×9.6	6.2	13500
	170	380	3	750	φ1000×2500	1.5	≤±5	8	5.5×10.5	8	18500
	180	380	3	750	φ1200×1600	1.5	≤±5	8	6.7×11.5	6.35	15500
	250	380	3	750	φ1200×2500	2	≤±5	10	6.7×12.4	8.15	20000
	210	380	3	750	φ1400×1600	2	≤±5	12	7.8×13.4	6.5	18500
	400	380	3	750	φ1400×3200	2	≤±5	20	7.8×15	9.7	23000
	330	380	3	750	φ1600×2000	2.5	≤±5	22	10×16	7.4	26000
	450	380	3	750	φ1600×3200	2.5	≤±5	30	10×17.2	9.8	32000

（续）

类型	功率/kW	电压/V	相数	最高工作温度/℃	工作区尺寸(直径×深度)/mm	空炉升温时间/h	炉料温差/℃	最大装炉量/t	占地面积/m²	吊钩高度/m	重量/kg
	90	380	3	950	φ800×1200	1.5	≤±5	2.5	4.7×7.8	4.85	9000
	110	380	3	950	φ800×2400	1.5	≤±5	5	4.7×8.9	7.9	17000
	170	380	3	950	φ1000×1600	1.5	≤±5	5	5.8×10	6.4	14500
	190	380	3	950	φ1000×2500	2	≤±5	7.5	5.8×11	8.0	19000
950℃系列	190	380	3	950	φ1200×1800	2	≤±5	8	7×12	6.8	18000
	265	380	3	950	φ1200×2500	2	≤±5	10	7×12.9	8.2	21000
	220	380	3	950	φ1400×2000	2	≤±5	14	8.2×14	7.4	22000
	420	380	3	950	φ1400×3000	2	≤±5	18	8.2×15.6	9.6	28000
	345	380	3	950	φ1600×2400	2.5	≤±5	24	10.4×16.8	8.4	30000
	470	380	3	950	φ1600×3200	2.5	≤±5	28	10.4×16.8	9.9	36000

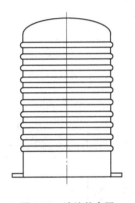

图 3-33　波纹状内罩

为在不同工艺段通入不同的气量，有的炉子在排气管出口处安装可装卸的变径接头，在加热、保温时换接上小尺寸（φ3～φ5mm）的接头，以减少通气量而不采用调节阀的办法，因为它常易出现排气不稳定，甚至发生回火现象。

8. 密封　炉台与内罩之间的密封采用水冷橡胶密封圈。

3.10.3　罩式炉功率分配

罩式炉所需的功率可通过热平衡法计算，生产中常采用经验法确定。对于罩内保护气体为自然循环方式时，其功率的经验计算式为

$$P = KV^{2/3}$$

式中　P——炉子功率（kW）；
　　　V——炉膛有效容积（内罩容积）（m³）；

K——系数，有资料介绍，K 系数宜取 90～115，小型炉取上限，大型炉取下限。

由于罩式炉下部散热大于上部，且热气体上浮，上口又封闭，因此炉内功率分布应该是从下到上逐渐减少；对自然气流循环的罩式炉，炉子下半部约占 60%～70%；对中小型的电热元件布置起点应尽可能向下部挪动；对大型罩式炉最好将总功率的 1/8～1/6 布置在炉底座上，其余的功率按上述的比例布置。

3.11　密封箱式炉

3.11.1　炉型种类及用途

密封箱式炉由前室、加热室及推、拉料机构组成。前室既是装料的过道，也是出料后炉料冷却淬火室。在前室上方有风冷装置，下方有淬火油槽。前室与加热室均密封。这类炉子的主要特点是工件在可控气氛中加热、渗碳，并在同一设备内淬火，克服了加热和淬火分离在两个设备中进行的缺点，既保证了产品质量，又改善了劳动条件和减少环境污染。

此炉又被称为多用炉，它可用于金属制品的渗碳、渗氮、碳氮共渗及可控气氛保护下的热处理，而且对渗碳及碳氮共渗工艺的适应性也不断增强，可完成直接淬火工艺、重新加热淬火工艺（带中间冷却）和气体淬火工艺（或空冷）等工艺过程。

密封箱式炉的结构形式和型号很多，该炉型我国的标准型号为 RM 型。表 3-23 为 RM 型密封箱式炉的型号及技术参数。图 3-34 所示为我国生产的 UBE

型密封箱式可控气氛炉。图 3-35 所示为 GPC36-48-30 密封箱式炉结构，表 3-24 为其主要技术参数。表 3-25 列举了某些密封箱式炉型号及技术参数。

密封箱式炉可以与周期回火炉、清洗机组成生产线，为适应不同生产需要有多种结构形式，如图 3-36 所示。

表 3-23　RM 型密封箱式炉的型号及技术参数

型　号	功率/kW	电压/V	相数	最高工作温度/℃	炉膛有效尺寸（长×宽×高）/mm	920 ℃时有关数据		
						空载损耗/kW	升温时间/h	一次最大装载量/kg
RM-30-9	30	380	3	950	750×450×300	≤7	<3	100
RM-45-9	45	380	3	950	800×500×420	≤9	<3	200
RM-75-8	75	380	3	950	900×600×450	≤15	≤4	420

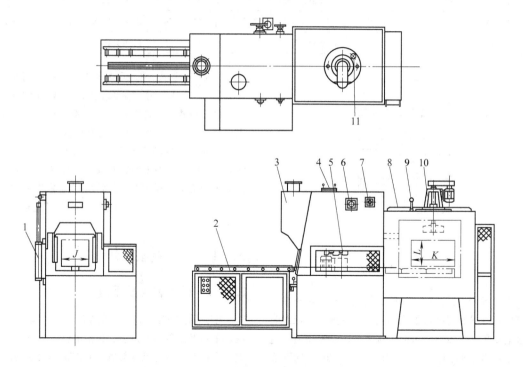

图 3-34　UBE 型密封箱式可控气氛炉

1—前门装置　2—推拉车　3—排烟罩　4—防爆装置　5—油槽搅拌器　6—升降装置　7—中间门装置
8—炉体　9—热电偶　10—炉内搅拌装置　11—TP 插入口

表 3-24　GPC36-48-30 密封箱式炉的主要技术参数

项目	料架尺寸（长×宽×高）/mm	工作温度/℃	最大装载量/kg	设计等效功率/kW	淬火槽容量/L	淬火油工作温度/℃	淬火油加热功率/kW	渗碳用天然气/(m³/h)	吸热气氛/(m³/h)	压缩空气压力/MPa	冷却水/(m³/h)
技术参数	1219×914×760	950	1363	150	11355	<180	54	2	30	≥0.5	24

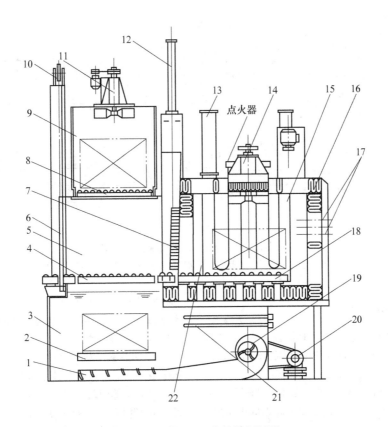

图3-35 GPC36-48-30密封箱式炉结构

1—淬火油导流槽 2—升降机淬火位 3—淬火油槽 4、8—升降式支承辊道 5—前室 6—外门 7—内炉门
9—顶冷室 10—外门提升滑轮 11—顶冷循环风扇 12—内炉门提升气缸 13—空气热交换器（4根）
14—加热室循环风扇 15—辐射管 16—耐火纤维炉衬 17—热电偶、氧探头 18—支承辊道
19—油搅拌器 20—油搅拌电动机 21—油加热电热辐射管 22—加热室

表3-25 某些密封箱式炉型号及技术参数

型 号	最大装炉重量/kg	炉内有效尺寸(长×宽×高)/mm	最高工作温度/℃	额定加热功率/kW	淬火油槽容积/m³	油槽加热功率/kW	油槽工作温度/℃
UBE-200	200	300×760×350	950	48	2.7	18	150
UBE-400	400	600×900×600	950	63	4.0	24	150
UBE-600	600	760×1200×600	950	82	4.9	30	150
UBE-1000	1000	760×1200×800	950	120	8.0	48	150
MXL-700	700	600×900×600	940	104	5.6	60	150
MXL-100	1000	700×1300×850	940	142.2			
DYL-01	1000	700×1300×650	1000	120	5.0		
RM-80-90	420	600×900×450	950	135	3.5	36	
RM3-75-9	420	600×900×450	950	75	3.4		

注：表中密封箱式炉都有清洗机、回火炉、备料台等配套设备，由推拉料转运车把主炉与其配套设备连接成自动线。

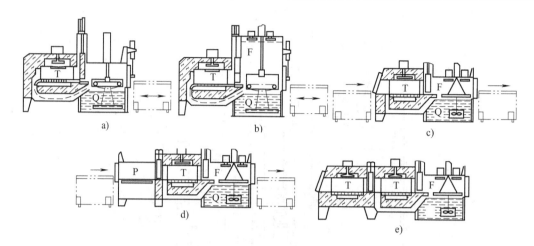

图 3-36　各种结构形式的密封箱式炉示意图
a) RTQ 型　b) RTQPF 型　c) TQF 型　d) TQPF 型　e) TQF-2 型

3.11.2　炉子结构及特性

密封箱式炉是最受重视的热处理设备之一，其功能和结构不断改进，各公司生产厂家都不断把新技术、新材料、新工艺应用到此炉中来，以增加其竞争力。

1. 前室　前室的结构主要由壳体、升降台、淬火油槽、风扇、前门火帘、排烟罩及防爆阀等组成。其结构的主要技术要点如下：

（1）前室壁的温度控制。从加热室溢出的可燃气体常在前室燃烧并生成水蒸气。由于壁内外温差较大，水蒸气冷凝在前室壁上，为防止此现象发生，在前室侧壁面和顶部设置冷却水管，或在壁上安装扁平油箱，充入循环油，油温控制在约 70℃。

（2）炉门密封及升降机构。前门常用斜炉门，靠气缸升降和拉紧施压。前门一般用 15mm 的低碳钢板经磨削制成，在前门下端中央开有一长方形缺口，当前室的工件要推入加热室或加热室的工件要拉出前室时，外门部分升起，露出长方形缺口，料车的传送推拉头及软链条由此入炉。外门框需经磨削，炉门与门框之间的间隙应小于 0.12mm。前室与加热室之间设有内炉门。

（3）升降台一般做成双层，上层用于进料及缓冷，下层用于淬火油冷及出料。升降台常采用双速，当工件入油时，其下降速度由快变慢。

（4）淬火油槽冷却能力。淬火槽设有油搅拌器、加热器、槽外油冷却循环系统。为控制淬火冷却速度，常设两台独立的搅拌器，且搅拌速度可变，在工件入油后，可分期控制淬火强度。

（5）风冷。设置较大风量的风扇，例如，某

120kW 的密封式箱式炉，在前室顶部所装风扇的技术参数为：功率 4kW；转速 1500r/min；叶轮直径 ϕ500mm；排送风量 7500m³/h。

2. 加热室　加热室由炉衬、加热器、风扇及导风装置等组成。炉衬有用抗渗碳砖或耐火纤维砌筑的，也有全部用耐火纤维砌筑的。风扇安设在炉顶部，对 120kW 的炉子采用功率为 2.3kW，转速为 1000r/min，排送风量为 6000m³/h 的风扇。为加强循环效果，也常设置导向装置。图 3-37 所示为一种导向装置，用 9 块 SiC 板（厚 20mm）组装，拼接成左右壁和拱形顶盖。

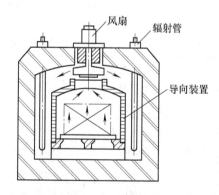

图 3-37　加热室导向装置

为便于炉顶风扇安装、维修和密封，风扇装置常做成整体结构。在炉顶拱形砖上预先钻出安装孔洞，然后将风扇系统吊装嵌入，在顶部盖板接合处，用铜网包敷石棉绳作为密封垫，再用螺栓紧固。为保护风扇轴和润滑油，在轴承外部设水冷套，如图 3-38 所示。

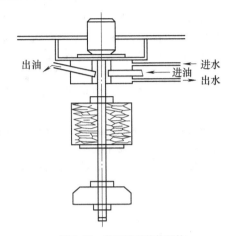

图 3-38　炉顶风扇整体结构

加热器多用金属辐射管，悬挂在炉膛两侧，也有的用 $MoSi_2$ 非金属电热元件或用燃气辐射管。$MoSi_2$ 电热元件性脆，需待炉子就位后才能从炉顶装入，垂直悬挂在炉衬与导流罩之间。

3. 推拉料机构　推拉料机构可分为单推料机和前、后推拉料机两种。单推料机结构简单紧凑，双推料机便于与前、中门开启配合，炉气氛也较稳定。图 3-39 和图 3-40 所示分别为前、后推料机的一种结构图。

为克服单推拉料机造成前门密封不严的现象，设计了内藏式铰链传送机构，如图 3-41 所示。它安装在前室内，并靠近前炉门左右两侧，不工作时，该链缩回在环形导向槽内。铰链头部有一个传送料盘用的卡头，通过拉块机构使其变换推拉动作。

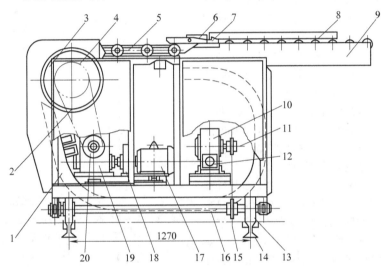

图 3-39　前推料机结构图

1—链条导向箱　2—链条　3—主链轮　4、11、15、20—链轮　5—开式滚动
链条　6—推料头　7—拉料头　8—料盘　9—工作台　10、19—减速箱
12、17—电动机　13—车轮　14—轨道　16—主动轴　18—联轴器

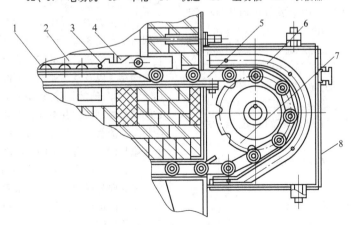

图 3-40　后推料机结构图

1—滚轮　2—料盘　3—拉料钩　4—推料头　5—开式滚轮链条　6—链条导向盘　7—主链轮　8—密封箱

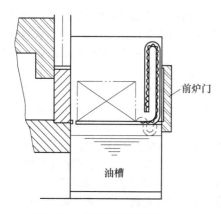

图 3-41　内藏式铰链传送机构

4. 炉子安全装置　密封箱式炉易在前室发生可控气氛与吸入前室的空气混合而爆炸，设计和使用应注意以下几点：

（1）合理的操作规程。炉料推入前室后，需待前室内空气排除，排气管燃烧稳定后，才能打开中间炉门，将工件送入加热室。当高温的炉料从加热室拉出前室时，高温的气氛也随之溢入前室，前室温度和气体压力随之升高，炉气急速从排气管排出。当中间炉门关闭、炉料进入淬火槽时，前室温度下降，气体收缩，前室形成负压，造成从排气管吸入空气，当与炉内空气燃烧时而爆炸。为此，前室排气管应随排气量变化而改变排气口径，当炉压增高时，应打开大口径排管；当气量减少、炉压下降时，应用小排管排气。

（2）前室结构防爆。前室的容积在满足生产需要的前提下，应尽量减少；前室内不应有易存气的死角；从加热室至前室的气体通道应在中间门下部；前室炉门下方设火帘和点火嘴。

（3）排气管。排气管分设大小口径管，小口径管的直径一般取 $\phi20 \sim \phi50mm$，大口径管的直径为 $\phi75 \sim \phi100mm$。为防止在炉内形成负压而从排气管吸入空气，常在排气管顶端安装一个环形燃烧器，在其旁设一点火引燃器。在正常状态时，点火引燃器将炉内排出的气体点燃；当前炉门、中间门和淬火升降台落下，产生负压时，通过电磁阀自动向环形燃烧器供给丙烷气，与空气混合燃烧。通常炉气密度小于空气，所以排气管常置在离油面的高度为 $100 \sim 150mm$ 处。

（4）防爆盖。防爆盖常设在前室顶部。防爆口面积可按下式计算：

$$A = (0.035 \sim 0.18)S$$

式中　A——防爆口面积（m^2）；
　　　S——前室横截面积（m^2）。

防爆盖的开启压力常在 $40 \sim 89kPa$ 范围内选择。

（5）N_2 自动供应装置。当加热室温度低于 750℃，或可控气压力不足及停水停气时自动供入 N_2，其装置如图 3-42 所示。由两组 N_2 瓶组成，当一侧瓶组的 N_2 耗尽时，自动切换另一瓶组阀门，并声音报警。

（6）前室抽真空。将前室设计成可抽真空的形式，以避免可燃气与空气混合爆炸。

（7）完善的报警系统。应设置完善的报警系统，可声光同时报警。

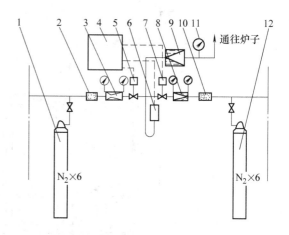

图 3-42　N_2 自动供应装置

1、12—氮气瓶　2、10—过滤器　3、8、9—减压阀
4—开关　5、7—电磁阀　6—压力监测器
11—压力表

3.11.3　密封箱式炉生产线

密封箱式炉可与回火炉、清洗机、装卸料车组成柔性生产线。表 3-26 为 NS88-900 系列微机滴控箱式多用炉机组的技术参数。

（1）回火炉。采用与密封箱式炉炉膛相适应的箱式回火炉，图 3-43 所示为其结构之一。

（2）清洗机。清洗室内装有升降台、活动喷头、清水储箱，以及碱水储箱。清洗机底部装有浸入式电热管和膨胀杆式温度计控制温度。由液位监测器和电磁阀联合控制液位并自动补充新液。每个储箱的外侧均装有溢流管和废料排放管，由两台离心泵来完成两个储箱与清洗喷淋室之间的清洗液循环。

（3）装卸料车。常用单向平面折叠式软链条小车，其纵向和横向动作分别由两台带减速器的电动机驱动，纵向推拉头的行程及停放料盘的位置由光电信号控制器控制。料车在各炉前的位置由碰头限位开关定位和联锁。

表3-26 NS88-900系列微机滴控箱式多用炉机组的技术参数

项目		NS88-910 机组				NS88-920 机组				NS88-930 机组				NS88-940 机组			
		多用炉	清洗机	回火炉	移动小车	多用炉	清洗机	回火炉	移动小车	多用炉	清洗机	回火炉	移动小车	多用炉	清洗机	回火炉	移动小车
额定功率/kW		45	30	30	4	75	30/85	45	4	105	105	60	6	150	120	90	6
额定电压/V		380	380	380	380	380	380	380	380	380	380	380	380	380	380	380	380
最高工作温度/℃		950	40~80	500		950	40~80	500		950	40~80	500		950	40~80	500	
相数		3	3	3	3	3	3	3	3	3	3	3	3	3	3	3	3
频率/Hz		50	50	50	50	50	50	50	50	50	50	50	50	50	50	50	50
空炉升温时间/h		<4.5		<1		<4.5		<3		<4.5		<3		<4.5		<3	
空炉损失/kW		12.5		<9		<30		<15		<40		<20		<50		<30	
炉温均匀性/℃		±7.5		±5		±7.5		±5		±7.5		±5		±7.5		±5	
炉温稳定性/℃		±4		±4		±4		±4		±4		±4		±4		±4	
碳势均匀性 $w(C)$(%)		±0.12				±0.12				±0.12				±0.12			
碳势稳定性 $w(C)$(%)		±0.10				±0.10				±0.10				±0.10			
加热能力/(kg/h)		>220				>280				>400				>560			
工作区尺寸	长/mm	800	800	800	800	900	900	900	900	1000	1000	1000	1000	1500	1500	1500	1500
	宽/mm	500	500	500	500	600	600	600	600	750	750	750	750	750	750	750	750
	高/mm	450	450	450		450	450	450		500	500	500		600	600		
最大装载量/kg		300	300	300	300	420	420	420	420	580	580	580	580	750	750	750	750
重量/kg		8100	2150	2780	1930	9800	4600	3700	1930	13000	5600	4500	2100	18500	6600	6200	2100

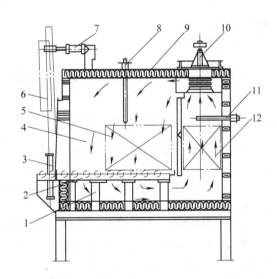

图3-43 配密封箱式炉的回火炉

1—辊轮轨道支承墩 2—辊轮轨道 3—炉门提升气缸
4—炉膛 5—回火工件 6—炉门 7—炉升降机构
横向推拉气缸 8、11—热电偶 9—耐火纤维炉衬
10—循环风扇 12—电阻加热器

3.11.4 炉内导轨

密封箱式炉炉内导轨有采用滚轮式导轨，也常用SiC导轨，如图3-44所示。

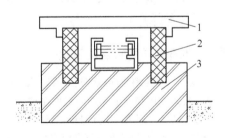

图3-44 SiC导轨

1—料盘 2—碳化硅导轨 3—导轨支撑砖

3.12 转筒式炉

3.12.1 转筒式炉的特点及用途

转筒式炉是在炉内装有旋转炉罐的炉子。炉罐内

工件随炉罐旋转而翻动,以改善加热和接触气氛的均匀性。该炉采用周期性装出料,主要用于处理滚珠及小尺寸标准件。

3.12.2　转筒式炉的结构

　　转筒式电阻炉主要由炉壳、炉衬、炉罐及传动机构组成。为便于炉罐安装,炉体常做成上下组装结构。炉壳由钢板及型钢焊接而成。炉衬由轻质粘土砖砌筑。电热元件放置于两侧和底部。炉罐多用耐热钢焊接而成,也可用离心浇铸。炉罐由前后面板上的滚轮支撑,通过链轮、链条转动。罐内常设有导向肋,使零件在转动中均匀翻动。炉罐转动速

度采用无级变速器调整,一般为 $0.8 \sim 8.0 r/min$。炉体中心轴安装于支架上,可以纵向翻转使炉罐倾斜,将被处理零件倒入或倒出炉罐。炉内所需气氛可采取滴注或通气方式,进气口设在炉罐后部中心位置。炉罐前部有随炉罐一起转动的密封炉门,废气由其中心排气孔排出。炉子的支撑架应有较大的刚度。

　　图 3-45 所示为一小型转筒式气体渗碳炉结构。其功率为 45kW,工作温度为 950 ℃,每次可装 60 ~ 100kg 工件,主要用于滚珠、小轴和轴套的渗碳和淬火处理。此外,还有较大装载量的转筒式气体渗碳炉。

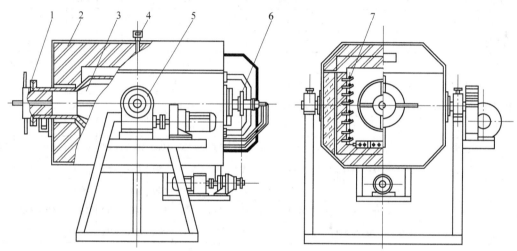

图 3-45　转筒式气体渗碳炉结构
1—炉门　2—炉壳　3—转筒　4—热电偶　5—倾炉机构　6—转筒转动机构　7—电热元件

3.13　推杆式连续热处理炉及其生产线

3.13.1　推杆式炉的特点及用途

　　推杆式炉依靠推料机间歇地把放在轨道上的炉料(或料盘)推入炉内和推出炉外。工件在炉膛内运行时相对静止,出炉淬火时,有的是料盘倾倒,把炉料倒出;有的是工件连同料盘一起出炉或进入淬火槽内冷却。

　　这类炉子由于对工件的适应性强,便于组成生产线,广泛应用于淬火、正火、退火、回火、渗碳和渗氮等热处理。

　　这类炉子的主要缺点是料盘反复进炉加热和出炉冷却,造成较大能源浪费,热效率较低,且料盘易损坏;另一缺点是对不同品种的零件实施不同技术要求

时,常需把原有的炉料全部推出,工艺变动适应性差。

3.13.2　推杆式渗碳炉及其生产线

　　表 3-27 列举了我国常用连续式渗碳自动线的型号及主要技术参数。

　　1. 推杆式渗碳炉结构　图 3-46 所示为常用的推杆式渗碳炉炉膛结构。该炉结构的主要特点如下:

　　(1) 炉子区段划分。炉料在连续炉运行的过程就是炉料执行工艺的过程,因此连续式炉需按工艺过程把炉子划分为不同的工艺区段。渗碳炉常划分一、二区为加热区,三区为渗碳区,四区为扩散区,五区为保温淬火区。各区之间以双横拱墙隔开,使各区形成相对独立的温度、气氛控制区。渗碳炉常在二、三、四区安设大直径、低转速、大流量的离心风机,强制气流循环。

表 3-27　常用连续式渗碳自动线的型号及主要技术参数

型　号	LSX-D-1	LSX-D-3	LSX-D-3a	LSX-D-4a	LSX-E-1	LSX-E-2a	LSX-E-5a	LSX-E-5b	LSX-E-6a	LSX-E-6b
设备名称	连续式渗碳自动线	连续式渗碳自动线	连续式渗碳自动线	连续式碳氮共渗自动线	连续式渗碳自动线	连续式渗碳自动线	连续式渗碳自动线	连续式渗碳自动线	连续式双排渗碳自动线	连续式双排渗碳自动线
用　途	渗碳 + 直接淬火 + 回火	渗碳或碳氮共渗 + 直接淬火 + 回火	渗碳 + 直接淬火 + 回火	碳氮共渗或渗碳 + 直接淬火 + 回火	渗碳 + 直接淬火 + 回火	渗碳 + 直接淬火或压淬 + 回火	渗碳 + 直接淬火 + 回火	渗碳 + 直接淬火 + 回火	渗碳 + 直接淬火	渗碳 + 直接淬火或压淬 + 回火
最大生产能力 /(kg/h)	280 ~ 300	150	150	120 ~ 140	280 ~ 300	280 ~ 300	250 ~ 300	300	600	600
料盘尺寸（长×宽×高）/mm	780 × 440 × 50	440 × 440 × 50	440 × 440 × 50	440 × 440 × 50	650 × 440 × 50	780 × 440 × 50	560 × 560 × 50	560 × 560 × 50	560 × 560 × 50	560 × 560 × 50
最大装料高度 /mm	370	370	370	350	370	550	600	600	600	600
渗碳炉内盘数	22	17	17	11	22	22	19	19	19 × 2	19 × 2
标称功率/kW	650	432	418.4	450	719	734	742	725	806	
加热区数	5	4	4	3	6	6	5	5	5	5
主炉加热功率 /kW	391	267.2	256.2	197.4	405	424.8	451.2	440	556	540
加热元件	电阻板	电阻板	电辐射管	电辐射管	电阻板	电辐射管	电辐射管	电辐射管	电辐射管	电辐射管

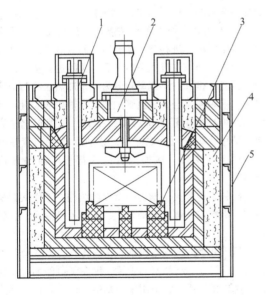

图 3-46　推杆式渗碳炉炉膛结构

1—辐射管　2—风扇装置　3—SiC 导轨
4—炉衬　5—炉架

（2）电热元件布置。电热辐射管常布置在炉膛两侧，以便炉顶安设风扇。

（3）导轨和料盘。导轨有金属导轨和非金属导轨。金属导轨多用 06Cr25Ni20 钢制造，为防止导轨翘起、移位，常由拉杆固定到炉底支架上。导轨也可用 SiC 制造。

料盘常用 06Cr25Ni20 或高镍 [w（Ni）为 33% ~ 68%] 钢制造。料盘的结构应精心设计，防止产生应力集中，导致早期开裂和变形。

（4）推进出料方式。推杆式炉有端进料和侧进料方式。端进料方式是炉料直接从前端门推入，后端门推出，推料简便，但热炉气易溢出，造成炉气氛不稳定和降温。因此，渗碳炉多采用侧进料，设前室和后室。

（5）防爆。前后室设防爆盖。前室、后室门及各排气口设置电点火装置，点火装置与前后室炉门开启联锁。

（6）装炉量。为提高生产率，发展了多排料盘的渗碳炉。

2. 预处理炉　预处理炉是用于对渗碳零件表面进行预处理的，预处理温度为 450 ~ 500 ℃。经过预处理后能清除表面的油脂，起脱脂作用；预处理还使零件表面形成一层很薄的氧化层，增强渗碳的活化能力和渗碳层的均匀性。

图 3-47 所示为预处理炉的结构，它由进料门、炉盖、导流罩、风扇、出料门、砌砖体、加热元件、导轨和导流板等部分组成。电热元件布置于炉墙两侧，顶部安有离心风扇。炉膛由隔拱墙分成两部分，主室容纳三盘工件，后室是一空位，作料盘传递时转位之用。

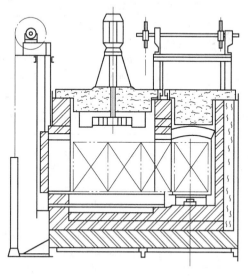

图 3-47　预处理炉

3. 淬火机构　淬火机构由淬火升降台、淬火油槽、油封罩、淬火油搅拌器、油冷却循环系统和油位控制器组成。

4. 清洗机　清洗机是单室双门浸、喷结构，由喷淋室、水槽、浸洗升降台、电加热器和撇油装置等组成。某清洗机蓄水量为 1700L，设有 22 个喷嘴，清洗液采用 3% ~ 5%（质量分数）的碳酸钠水溶液，清洗液由 9 个 8kW 的管状电加热器进行加热。浸洗时，当零件进到浸洗台后，在升降液压缸的带动下浸入清洗液中；浸洗后，浸洗台升起转入喷淋。清洗机的撇油装置是利用油、水表面张力的不同将油、水分离，并将分离的油冲走。

5. 低温回火炉　图 3-48 所示为某推杆式低温回火炉，6 个料盘置于导轨上，炉膛中部设一台离心风机，电热元件布置在炉膛两侧。

6. 保温室　保温室是为需压床淬火的零件而设置的，它由炉壳、砌砖体、进料门、压淬大门、压淬小门、电辐射管、出料盘门及压淬门限位开关装置等组成。

3.13.3　推杆式渗氮炉及其生产线

连续式气体氮碳共渗生产线常用于处理发动机曲轴，氮碳共渗气氛为 $NH_3 + CO_2 + N_2$。

1. 前清洗机　采用双工位直通式多功能清洗机，

室门为充气真空密封，工件在清洗室内处于静止状态，由泵和压缩空气对工件进行漂洗和喷淋。清洗用水经脱盐处理，废清洗剂可直接排放。前清洗机设有清洗液和清洗水的加热和脱脂装置。清洗后在同一工位进行真空干燥。

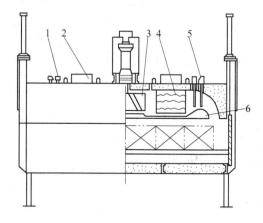

图 3-48　推杆式低温回火炉
1、5—热电偶　2、4—电热元件
3—风扇机构　6—导风板

2. 预氧化炉　预氧化炉是渗氮前的处理室，工件在自然气氛中加热到 420℃，使工件微氧化。该炉为型钢和钢板焊接结构，顶部设两台离心式风机，并设导风系统。管状加热元件安装在炉膛两侧导风板与炉膛内壁之间。炉子功率为 140kW。

3. 氮碳共渗炉　氮碳共渗由进料室、渗氮室及出料室组成。进料室与渗氮室之间有隔离门，并有火帘装置。当工件进入进料室后，关闭进料室门，并用高压氮气排气。渗氮室划分为一个加热区和两个保温区，采用镍铬合金辐射管加热，在炉顶部安设 4 台风扇。炉衬采用轻质抗渗碳砖砌筑，采用碳化硅导轨。炉膛两侧设两个取样口，分别倾斜 5°布置在两个保温区的中段。在加热区的底部设一废气排出（燃烧）口。

出料室与淬火油槽为一个整体结构，工件从渗氮室进入出料室，停在升降台上，下降入槽油冷，然后出炉。

氮碳共渗的配气系统独立于炉体外，氮气管路直接通向进料室、出料室和炉膛，仅在紧急停炉时才通向炉膛作排气用，它也用来冷却炉内门密封件，其压力一般在 0.3 ~ 0.7MPa。氮气与 CO_2 混合后再与氨气混合，从保温区尾部进入炉内。为防止在低温下氨气与 CO_2 反应结晶出碳酸氢铵堵塞管路，进气管设在距炉拱顶有 20 ~ 15mm 的位置上，以使热气氛能加热进气管，使碳酸氢铵汽化。

该炉子单排推料，每料盘可装 9 根曲轴，最大装载量为 214kg/盘。

4. 后清洗机　后清洗机的结构与前清洗机相同，清洗液为普通自来水。

3.13.4　推杆式普通热处理炉

1. 推杆式普通热处理加热炉　图 3-49 所示为在自然气氛状态下加热的某推杆式热处理炉，表 3-28 为其技术参数。标准型空气介质 RT 型推杆式电阻炉的技术参数如表 3-29 所示。

2. 推杆式回火炉　图 3-50 所示为某推杆式回火炉，表 3-30 为其技术参数。

3.13.5　推杆式炉的结构

1. 炉体结构　推杆式炉的炉体结构与周期

作业炉大体相似，但在炉膛尺寸、炉底、炉门及进出料装置等方面有所不同。

炉膛有效长度可按生产率和推料周期来计算，即

$$L_{有效} = \frac{p\tau a}{g}$$

式中　$L_{有效}$——炉膛有效长度（m）；
　　　p——炉子的生产率（kg/h）；
　　　τ——工件总加热时间（h）；
　　　a——料盘沿炉子纵向的长度（m）；
　　　g——每盘工件的重量（kg）。

炉子长度还应考虑推料机的推力和防止料盘推动时拱起，特别是在停炉前用空料盘顶出装有工件的料盘时，若炉膛过长则料盘容易拱起。推杆式炉的长度一般不超过 10 ~ 12m。

表 3-28　推杆式热处理炉的技术参数

名称	工作温度 /℃	工作室尺寸 （长×宽×高）/m	电加热器功率 /kW	一次最大装载量 /kg	供电线路电压 /V	加热器连接
数据	950 ± 10	6.1 ×0.7 ×0.6	168	1000	380	4 Y

表 3-29　RT 型推杆式电阻炉的技术参数

名　　称	RT-85	RT-140
额定功率/kW	85	140
额定电源电压/V	380	380
电阻丝电压/V	380	一区 118 ~ 184，二、三区 85.5 ~ 133
相数	一区三相，二、三区单相	一区三相，二、三区单相
电阻丝连接方法	一区 Y，二、三区串联	一区 Y，二、三区串联
加热区段	3	3
最高工作温度/℃	650	950
炉膛尺寸（长×宽×高）/mm	4550 ×600 ×400	4550 ×600 ×400
外形尺寸（长×宽×高）/mm	8370 ×2350 ×3000	8620 ×2350 ×2470
最高生产率/（kg/h）	350	350
重量/t	18	21.3

表 3-30　推杆式回火炉的技术参数

项目	炉温 /℃	供电电压 /V	总功率 /kW	每段功率 /kW	分段数（每段单相）	电阻丝材质	风压 /Pa	每台风量 /（m³/h）	数量 /台	循环风机功率 /kW
数据	160	220	64	16	4	0Cr25Al5	600	1330	5	1.5

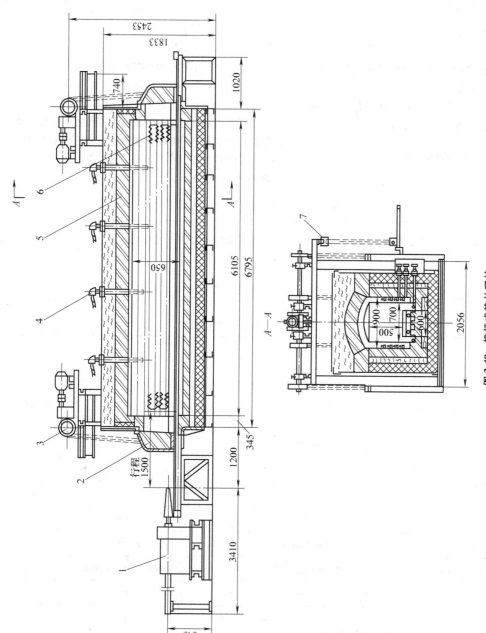

图 3-49　推杆式热处理炉

1—推料机　2—炉门　3—炉门升降机构　4—热电偶　5—炉衬　6—电热元件　7—悬挂叉

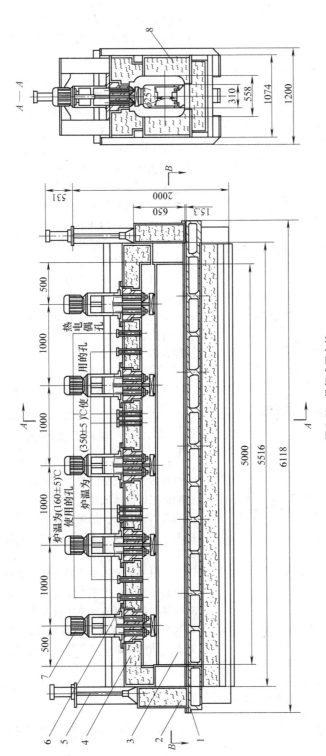

图3-50 推杆式回火炉

1—炉架 2—炉门 3—炉膛 4—炉体 5—炉门升降机构 6—热电偶孔 7—循环风扇 8—纤维炉衬

炉膛宽度可按下式计算：

$$B = Nb + s(N+1)$$

式中　B——炉膛宽度（m）；

　　　N——料盘的排数；

　　　b——料盘沿炉子横向的宽度（m）；

　　　s——料盘与炉壁的距离或双排推料时两排料盘之间的距离（m）。

s 值与炉体长度有关。当炉长小于 10m 时，s 值取 75 ~ 100mm；大于 10m 时，取 100 ~ 250mm。较长的炉子，料盘比较高，s 值应取上限，以改善热交换的效果。

炉膛高度 H 的确定方法与箱式炉相同。有时炉膛高度做成不等高，炉前区、炉后区较低，中区较高。

2. 炉底导轨　推杆炉常用导轨的结构如图 3-51 所示。

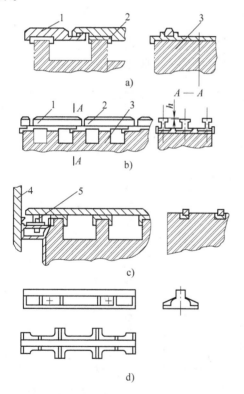

图 3-51　推杆炉常用导轨的结构

a) 分段的导轨结构　b) 三联"工"字形导轨结构
c) 不分段的导轨结构　d) 组合导轨的一段
1—导轨　2—轨座　3—砌体
4—炉门　5—固定销

图 3-51a 为矩形导轨的安装方式，导轨安放在轨座上，轨座的下部带有凸边，卡在砌体上。这种导轨

形状简单，分段制作，每段一根，加工、安装较方便，但要求加工精度较高。图 3-51b 为每段三根导轨铸成一体，放在轨座上，轨座再卡在砌体上。这种导轨，中间导轨的轨顶应比两旁轨顶低约 5mm。此结构使用可靠，但每段质量大，安装维修不便。上述的分段导轨，除首尾两段在靠近炉门的一端需固定外，其余各段均不固定，让其自由胀缩。但应防止导轨在使用中发生移动、抬起和倾倒。两根导轨的接头处，应有倒角过渡，并留膨胀缝。图 3-51c 为整根导轨不分段，通过轨座安放在砌体上。这种导轨使用可靠，但对炉底砌体的平直度要求较高，炉膛不能太长。图 3-51d 为整体导轨分段制作的结构，安装时各段首尾对接，用螺栓拧紧，连成一片。两根导轨间用螺栓并联起来，然后放在砌体上。整根导轨安装时应只在进料端加以固定，而在出料端让其自由胀缩。

为减少料盘与导轨的摩擦，也常用滚轮式导轨，导轨座可以是分段或整体的。导轨座也常用支架或拉杆直接与炉底钢架相连，炉底钢架也应有足够的强度，防止底座的膨胀力使其变形，而导致导轨变形，如图 3-52 所示。

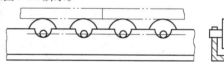

图 3-52　滚轮式导轨

3. 出料端设计　淬火加热用的推杆式炉，常用的出料方式有以下两种：工件与料盘一起淬火和料盘翻倒工件散落入淬火槽。采用工件与料盘一起淬火的出料方式时，炉尾设有拉料机。将料盘从炉内拉出，放在淬火升降台上，然后工件与料盘一起淬火。

采用工件散落淬火的出料方式时，炉子尾部设有翻料口，拉料机把料盘拉到炉外翻料口处，这时料盘靠料盘两侧的支撑轴支撑在轨道上，料盘则自动翻转（或料盘底板翻转），使工件落入淬火槽内淬火，翻料口也可设在炉内，空料盘由拉料机拉出炉外。

4. 推拉料机构　参见本卷 6.4.4 中的推拉料机。

3.13.6　三室推杆式气体渗碳炉

图 3-53 所示为日本中外炉公司生产的三室推杆式连续气体渗碳炉。第一室为烧脂预热室；第二室为加热、渗碳和扩散室；第三室为降温保持室。

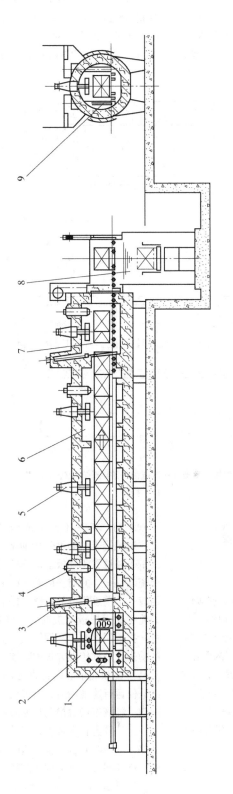

图 3-53　三室推杆式连续气体渗碳炉

1—废气烧嘴　2—烧脂预热室　3—中间门　4—安在炉内的气氛发生装置　5—风扇　6—渗碳、扩散室　7—保温室　8—淬火槽　9—辐射管该炉所装料盘尺寸为 560mm × 560mm × 50mm，每盘载重为 110kg，炉子生产率为 220kg/h。该炉与原有一室推杆式炉比较，在同样生产率和渗层深度同为 1mm 的情况下，料盘数由原 18 盘降为 14 盘，生产周期由 9h 降为 7h；能耗由 293 × 10⁴kJ/t 降为

188 × 10⁴kJ/t，节能 40%。预热室温度由原 500 °C 升到 800 °C；渗碳室气氛较稳定，炭黑也较少；第一和第三室的温度对第二室温度的影响也较少。三室与一室推杆式渗碳炉的炉温分布比较如图 3-54 所示。

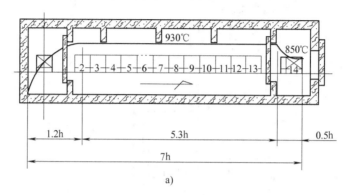

a)

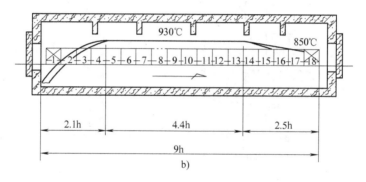

b)

图 3-54　三室与一室推杆式渗碳炉的炉温分布比较

a) 三室炉　b) 一室炉

3.14　输送带式炉及其生产线

3.14.1　输送带式炉的特点及用途

输送带式炉是在直通式炉膛中装一传送带，连续地将放在其上的工件送入炉内，并通过炉膛送出炉外。它的优点是工件在运输过程中，加热均匀，不受冲击振动，变形量小。主要问题是输送带受耐热温度的限制，承载能力较小；输送带反复加热和冷却，寿命较短；热损失也较大。这种炉子广泛用于轴承、标准件、纺织零件的淬火、回火、薄层渗碳和碳氮共渗等热处理。

这类炉子常依输送带结构分类，主要有网带式和链板式。

3.14.2　DM 型网带式炉

图 3-55 所示为 DM 型网带式炉（有罐的网带式

炉）结构，表 3-31 为其型号及技术参数。

这种网带炉的网带传动是借炉底托板驱动网带。网带平整地置于托板上，托板又由炉罐弧形槽内的高温瓷球支托，并与炉前的一组滚轮、压轮、驱动机构组成一个前进后退的系统。托板由产生往复运动的偏心轮驱动，托板前进时，与网带摩擦而带动网带前进；托板回缩时，网带停止不动，造成网带作步进式的前进。这种传动方式网带较少承受机械张力，因此不易伸长和变形。网带设有压紧装置，以防网带打滑，使运行速度均匀，网带位移到落料口处，由返回通道，经液态密封槽密封返回炉前，循环运动。

工件放置在网带上，相对静止，平稳地通过炉膛加热，加热时间由无级调速网带运行来控制。加热好的工件随网带通过炉罐从落料口自动掉入油槽内。

炉口是靠从炉膛喷出保护气燃烧产物和火帘密封。

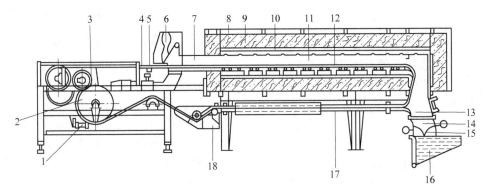

图 3-55　DM 型网带式炉结构

1—驱动鼓轮机构　2—驱动鼓轮　3—装料台　4—网带　5—炉底板驱动机构　6—火幕　7—密封罐
8—外壳　9—炉衬　10—炉膛　11—热电偶　12—活动底板　13—气体进口
14—滑道　15—淬火冷却介质幕　16—淬火槽　17—网带退回通道　18—水封

表 3-31　DM 型网带式炉的型号及技术参数

型　号	有效尺寸/mm		加热区长度	功率	最大生产能力/(kg/h)			气体消耗量
	宽	高	/mm	/kW	直接淬火	碳氮共渗 0.1mm	渗碳 0.3mm	/(m³/h)
DM-22F-L	220	50	2400	50	80	40	20	2～3
DM-30/25-L	300	50	2500	50	100	55	40	3～4
DM-30/36-L	300	50	3600	80	150	80	50	3～4
DM-30/47-L	300	50	4700	100	200	110	70	3～4
DM-60/36-L	600	100	3600	160	300	160	100	10～15
DM-60/54-L	600	100	5400	250	460	250	160	15～20
DM-60/72-L	600	100	7200	320	600	320	200	15～20

3.14.3　TCN 型网带式炉

TCN 型网带式炉与 DM 型网带式炉的主要不同点如下：

（1）在罐内装有槽状的耐热钢架，它起着支托网带的作用。网带沿槽形钢架上部推入炉内，经后侧的滑动面返回，再从槽形钢架底部拉出，即同一炉口进出。网带运动的过程：首先是气动点夹头夹住网带，然后气缸推动夹头前进，同时使底部的重锤压迫网带，作上下松紧的往复运动，使网带逐步前进。

（2）在炉口处采用了文氏管原理，将一空吸管安装在炉的进口处，通过这个系统从马弗炉口排出气体，再和炉口的空气混合燃烧造成火帘封住炉口。这样的结构使空气不能进入炉罐内，不需单独设网带回道和水封结构及烘干设施。

（3）送料部分是工件先通过螺旋电磁振动器排列整齐，然后通过带有分离装置的斜线状的电磁振动器将工件输送到网带上。在工件输送线上，设有限制料

高的传感器，保证淬火工件定量和均匀地输送到炉内。

（4）淬火油槽中油的流动是通过一个油泵吸油，在落料口处喷射，使工件冷却。工件由密封在滑道支架内部的磁性传送带提出，再通过消磁圈进入收集箱中。

（5）以甲醇和甲醇加水的混合物直接滴入炉内裂解作为可控气氛，调整甲醇和甲醇加水混合物的流率来控制气氛的碳势。

3.14.4　无罐输送带式炉

图 3-56 所示为无罐输送带式炉的一种结构。输送带从炉口输入和输出，有的采用从炉后下通道返回，经水封池密封输出。常采用金属辐射管加热，有的炉子采用 SiC 质辐射管，每支功率为 3～4kW；在炉膛前端安设强力风扇，形成局部较高气压，实现炉门密封；炉膛材料多采用抗渗碳砖，也有用 SiC 的。

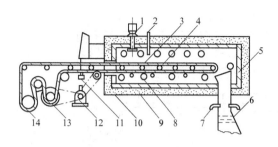

图 3-56　无罐输送带式炉结构

1—风扇　2—进气口　3—网带　4—托辊　5—抗渗层
6—淬火口　7—油帘装置　8—辐射管　9—保温层
10—炉壳　11—气帘装置　12—驱动电动机
13—传动轮　14—张紧鼓

表 3-32 为 WD 型无罐网带炉的技术参数。

3.14.5　网带式炉的基本结构

1. 炉体　炉膛通常划分为三区：预热区、加热区和保温区。炉膛结构有两类，即有炉罐的和无炉罐的。有罐的炉子密封性好，耗气量少，电热元件及炉衬不受炉气气氛的影响，其主要缺点是炉罐费用高，寿命不长，炉罐内安风扇困难，但也有设计在炉罐内安风扇的网带炉。无炉罐的炉膛结构简单，便于安风扇；主要缺点是，炉子气密性较差，耗气量较大。

炉衬多用轻质砖和耐火纤维砌筑，炉衬结构可采用组装式、积木式结构。炉壳的上盖常制成可拆式，便于维修。

表 3-32　WD 型无罐网带炉的技术参数

项　　目	WD-30	WD-45	WD-60	WD-75	WD-100	WD-130
额定功率/kW	30	45	60	75	100	130
额定工作温度/℃	950	950	950	950	950	950
炉膛尺寸 （长×宽×高）/mm	1500×250 ×50	2250×250 ×50	2250×350 ×75	2500×400 ×75	3600×400 ×100	3600×600 ×100
生产率(淬火)/(kg/h)	50	75	100	150	200	300

2. 电热元件　有罐的网带炉多采用电阻丝绕在芯棒上、单边引出的插入式无辐射套管结构。布置在炉膛的上下两面，呈横向布置。无罐的网带炉可采用金属质或碳化硅质辐射管。

电热元件分前、中、后三区布置，后区为保温区，常在炉子后端墙增设电热元件，防止工件在淬火前降温。

3. 网带　根据使用的温度条件选择相应的耐热网带。单向传动网带的最小长度是其宽度的三倍，最大宽度取决其结构，通常很少超过 3m。

网带的传动大致有三种形式，即炉底托板驱动网带式、气动夹持网带推动式和用于无炉罐炉的套筒滚子链驱动式。

网带失效的主要原因是网带反复经受加热和冷却的变化和气氛的腐蚀，造成渗碳脆断、挡片脱落；制造后未加消除应力，会造成使用中变形而失效。

4. 炉罐　炉罐一般采用耐热钢制造，也有采用碳化硅材料制造的。

炉罐壁厚有厚壁与薄壁之分，大于 10mm 为厚壁，多用于渗碳；小于 6mm 为薄壁，多用于一般热处理。

炉罐的结构形式应该是顶部做成弧形，其拱顶半径应不大于炉罐宽度。炉罐底部做成箱形波纹状，薄壁炉罐常在顶部和两侧焊接加强肋，以提高刚度，但焊缝易开裂。最好做成拱顶部分为横向模压多条肋或纵向肋，尤其炉罐中后部，如图 3-57 所示。炉罐底部用碳化硅板作支撑，能提高炉罐的使用寿命。炉罐的拼合处应进行两面焊接。为减少炉罐受热影响而变形，有的在炉罐底面上增设底板，输送带在底板上运行，而不直接在炉罐底面上运行。炉罐在炉内应有膨胀的余地，常是后端固定，前端自由。

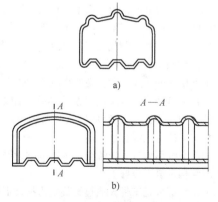

图 3-57　炉罐结构形式

a) 纵向肋　b) 横向肋

电热元件的安装位置不可距炉罐太近,以防局部强辐射或造成短路,损坏炉罐。

5. 进料口密封装置　由于炉子进料口处于开启状态,单独依靠炉气喷出,不足于将其密封。常设置火帘,或设置可调节高度的倾斜活动门,或炉口悬挂耐火编织布,或设置喷射式炉气密封装置。

3.14.6　链板式炉

1. 链板式炉型及技术参数　图3-58所示为链板式炉结构,表3-33为其技术参数。

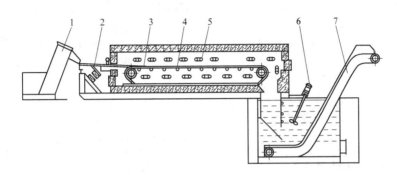

图 3-58　链板式炉结构
1—上料机　2—振动送料板　3—传送带　4—支撑辊轮
5—辐射管　6—搅拌器　7—淬火槽输送带

表 3-33　链板式炉的技术规格

型　号	额定功率/kW	额定电压/V	额定工作温度/℃	相数	加热区数	每区加热功率/kW	炉膛尺寸(长×宽×高)/mm	传送带速度/(m/min)	最大生产率/(kg/h)
RJC-45-2	45	380	250	3,1,1	3		4695×380×400		130
RJC-65-3	65	380	350	3	3	25,20,20	4760×580×415		270
RJC-120-7	120	380	700	3,1,1	3	60,24,36	4110×600×415	0.05~0.34	400
RJC-180-9	180	380	900	3,1,1	3	100,40,40	4180×400×200	0.0435~0.4	
RJC-240-7	240	280	700	3,1	5	36~100	9000×600×250	0.03~0.12	700
RJC-340-9	340	380	900	3,1	4	36~100	6250×600×250	0.03~0.12	

2. 炉体结构　炉衬多采用轻质耐火砖和耐火纤维砌筑。电热元件多用辐射管,水平布置在输送带工作边(紧边)的上、下两面。输送带的工作边由托辊支承,松边在炉底导轨上拖动。炉顶装一台风扇,开两个进气孔(氧探头插入孔和烧炭黑孔)。

3. 炉体密封

(1)炉壳采用连续焊接,电热元件引出棒的引出孔用压紧装置密封。

(2)输送带从动轮安置在密封的炉膛内,工件通过振动输送机送入,落到输送带上。有的在输送机与炉体之间采用包裹有耐火纤维的密封带软连接,实现密封并避免炉体振动。

(3)传动带被动轴两端在炉壳上的活动板用密封箱密封。

(4)进料口用火帘密封。

(5)无炉罐的炉子有的在炉膛进料端处设一强力离心风扇,在该处形成紊流增压,实现炉门密封。

(6)在与淬火槽连接的落料通道管上,加冷却水套,依靠液压泵形成油帘密封,同时设抽油烟口,以防淬火油烟进入炉膛。

4. 输送带的驱动　图3-59所示为典型的输送带传动机构。由链轮带动输送链连续传动,在出料端安主动轮,进料端安被动轮。输送链在炉内会受热伸长,所以在出料端设置拉紧从动轮的装置。

5. 输送带　链板式的输送带常用的有冲压链板和精密铸造的链板。铸造链板比冲压链板有较大的承载能力。在较高温度下使用时，由于各链片之间的拉力是由穿过链片的芯棒承受，易弯曲变形，传送带易拉长，输送带的使用寿命相对较短。改进的办法是在铸造链板上加两个凸肩，靠链板的凸肩来传送拉力，芯棒只起拉紧整排链板的作用，不易弯曲变形。

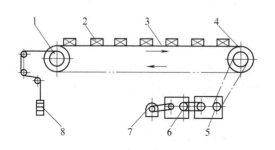

图 3-59　输送带传动机构
1—被动轮　2—工件　3—输送带　4—主动轮
5—减速装置　6—调速装置　7—电动机
8—张紧装置

3.15　振底式炉

3.15.1　振底式炉的特点及用途

这类炉子设有振动机构，使装载工件的活动底板在炉膛内往复运动，借惯性力使工件连续向前移动。由于振动炉底板一直处在炉内，无需工夹具，故炉子热效率高。依振动机构的不同，这类炉子分机械式、气动式和电磁振动式。

三种振底炉的特点和应用范围如表 3-34 所示。

表 3-34　三种振底炉的特点和应用范围

类　别	特　点	应　用
机械驱动	运动可靠，结构较复杂，采用无级变速器调节加热时间	多用于中、小型工件的淬火和其他热处理
气动驱动	结构简单，动作灵敏，但受气压波动影响较大。气缸活塞易损耗，气缸工作时振动较大。采用时间继电器调节加热时间	广泛用于大、中、小型工件的淬火、正火、回火及其他热处理
电磁驱动	结构简单，利用共振驱动，驱动力较小，采用时间继电器调节加热时间	用于小型工件的热处理

3.15.2　气动振底式炉

1. 炉子结构　振底式炉由炉体、振动底板和振动机构组成。图 3-60 所示为钢制底板的气动振底式

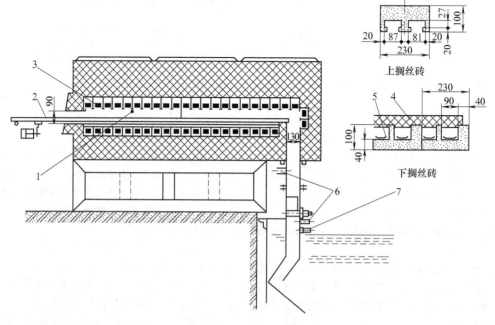

图 3-60　气动振底式炉
1—热电偶孔　2—炉底板　3—电热元件　4—碳化硅砖　5—炉底搁砖　6—保护气进口　7—水油膜喷口

表 3-35 振底式连续作业电阻炉主要技术参数

项 目	RZQ-15-9	RZQ-30-9	RZQ-60-9	RZJ-90-9	RZJ-150	RZJ-200
额定功率/kW	15	30	60	90	150	200
电源电压/V(相)	380(3)	380(3)	380(3)	380(3)	380(3)	380(3)
额定工作温度/°C	900	900	900	900	900	900
炉膛尺寸(长×宽×高)/mm	1100×230×120	2200×280×130	2500×330×135	2800×600×150	4800×800×150	7700×800×185
加热区数	1	2	3	2	3	3
最大生产率(淬火)/(kg/h)	18	50	100	180	300	380
振动频率/(次/min)	3~30	3~30	3~30	3~30	3~30	3~30
底板宽度/mm	201			500	700	700
底板行程/mm	40~50	40~50	40~50	60	60	60
空炉升温时间/h	≤1.5	≤2.5	≤3	≤3.5	≤4.5	≤5.5
控制气氛耗量(包括火帘耗量)/(m³/h)	1.2~1.5	2.1~2.5	3~3.5			

炉,炉底板有效面积为 0.5m×2.3m = 1.15m²,炉子功率为 84kW,电热元件为电阻带,分 10 组布置在炉底下部和炉顶。可按气体从炉后和炉子两侧的中部通入。此炉可处理中碳钢螺钉等工件,生产率为 160~250kg/h。表 3-35 为某些振底式连续作业电阻炉的主要技术参数。

大型的气动振底式炉采用耐火浇注料的炉底,多采用燃料加热(参见第 6 章 6.3.1 中的振底炉)。

2. 气动振底炉的振动原理 气动振底炉的工作原理可由图 3-61 示意说明。当炉底板在活塞杆推动下加速前进时,处在底板上的工件也随之前进;活塞移动一定距离 L,底板速度达到一定值后突然停止;在此瞬间,工件借惯性作用克服摩擦阻力继续前进一段距离 s,然后活塞杆带动底板缓慢返回原来位置。因此,在底板一周期运动中,工件实际向前移动了 s,s = L₂ - L₁。

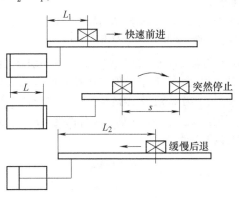

图 3-61 工件在振动底板上
运动的动作原理图

3. 振动机构 图 3-62 所示为气动振底式炉驱动气路系统。利用压缩空气推动气缸中的活塞作往复运动,从而带动底板运动。气动振动机构如图 3-63 所示,活塞杆通过连接板 10、销轴 9 和弹簧 7 与炉底板 3 连接。销轴 9 与衬套 8、定位螺母 5 与弹簧座 6 之间均为间隙配合,所以活塞杆与炉底板的连接是一种"软"连接。

炉底板的振动周期,一般是利用时间继电器控制电磁阀,按规定的时间间隔改变气缸送气的方向。

4. 气缸主要参数的确定

(1)活塞前进速度 v 的计算。要使底板每振动一次工件移动距离 s,底板必须具备足够大的速度,使工件获得足够大的动能,以克服摩擦力而做功。其力学关系如下:

$$\frac{1}{2}mv^2 = Fs$$

或

$$\frac{1}{2}mv^2 = mg\mu_1 s$$

式中 m——工件重量(kg);

v——活塞移动速度(m/s);

s——工件一次移动的距离(m);

F——工件与底板间的摩擦力(N);

μ₁——工件与底板间的热态摩擦因数,采用金属底板时,μ₁ = 0.3;耐火混凝土底板时,μ₁ = 0.4~0.6;

g——重力加速度(g = 9.8m/s²)。

简化上式,可得:

$$v = \sqrt{2\mu_1 gs}$$

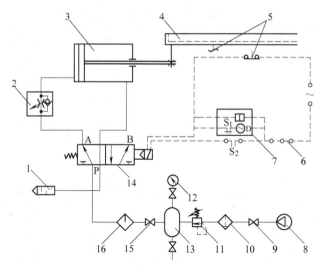

图 3-62　气动振底式炉驱动气路系统

1—消声器　2—单向节流阀　3—气缸　4—炉底板　5—行程开关　6—控制开关　7—时间继电器（通电延时）
8—气源　9—手动阀　10—分水滤气器　11—限压切断阀　12—压力表　13—蓄压器
14—二位四通（五口）换向控制阀　15—手动阀　16——次油雾器

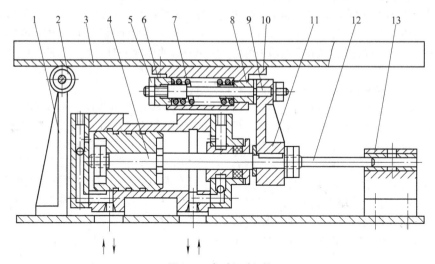

图 3-63　气动振动机构

1—支座　2—滚轮　3—炉底板　4—气缸　5—定位螺母　6—弹簧座　7—弹簧
8—衬套　9—销轴　10—连接板　11—中心座　12—活塞杆　13—滑座

（2）气缸行程的确定。底板要获得 $v = \sqrt{2\mu_1 gs}$ 的末速度，活塞必须在气缸行程 L 之内以等加速度 a 运动，它们之间的关系为

$$a = v^2/2L$$

将 $v = \sqrt{2\mu_1 gs}$ 代入可得：

$$a = \mu_1 gs/L$$

从上式可以看出，加速度 a 与气缸行程 L 成反比关系。在 s 一定的条件下，加速度 a 越大，气缸行程越短。但若 a 过大，在底板起动时，将可能使工件产生的惯性力 ma 大于工件与底板间的冷态摩擦力（$mg\mu_冷$），因而在进料端最易出现工件返回滑行的现象（因为 $\mu_冷 < \mu_1$）。为防止工件的返回滑行，必须满足以下条件：

$$ma < mg\mu_冷$$

即

$$a < \mu_冷 g$$

由此可见，气缸行程应选择适当，既要达到结构紧凑，又要避免底板加速度过大。对于中、小型振底式炉，一般 $L = 60 \sim 80\text{mm}$ 为宜。

（3）所需的气缸推力。气缸的推力 F 是用于克服底板与支承之间的摩擦力，并保证载满工件的底板能产生加速运动。所以有：

$$F \geqslant mg\mu_2 + ma$$

式中　F——气缸推力（N）；

μ_2——底板与支承间的摩擦因数；

m——底板与工件的总重量（kg）。

（4）气缸直径的计算。已知气源的压力为 p，则所需气缸推力为 F，其计算公式为

$$F = p \frac{\pi}{4} (D^2 - d^2)$$

或：

$$D = \sqrt{1.27 \frac{F}{p} + d^2}$$

式中　p——气源的压力（Pa）；

D——气缸的直径（m）；

d——活塞杆的直径（m）。

也有采用液压弹簧机构的振动机构，这种振动机构结构简单，使用可靠，常用于中、小型振底式炉。

5. 炉底板　炉底板的形状一般为槽形体，在槽形体底面设有导向槽，它既能防止底板在往复运动中发生歪斜，又起到加强肋的作用，增加底板的刚度，减少变形。导向槽的形状，可根据所用的滚动体形状而定。对滚柱状的滚动体，导向槽为矩形；对滚球状的滚动体，导向槽为倒 V 形，如图 3-64 所示。

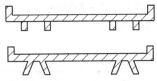

图 3-64　炉底板的结构

减小炉底板变形的措施有：

（1）在槽体的上面设置纵向波纹槽，波纹槽的形状有圆弧形、锯齿形等。这种结构也减少了零件与炉底板的接触面，且使气氛可通入。

（2）槽体的两侧板分几段焊接，每两段间留有 $1 \sim 2\text{mm}$ 间隙，有的上口用定位焊焊住，矫正变形时再剖开。

（3）采用拼合炉底板的结构，炉底板的变形随着炉底板尺寸的增大而加剧，因此炉底板长度一般不超过 3m，宽度不超过 600mm。炉底板宽度较大时，可采用几块窄的底板用螺栓联接而成。

6. 炉膛尺寸　炉膛长度等于炉底板有效长度、落料口长度、结构参数之和。结构参数依具体情况确

定。为保证工件的淬火温度，从落料口后端应适当地将炉膛延长，多布置一些电热元件。炉膛宽度为炉底板宽度加炉底板与侧墙的间距，当炉膛两侧墙不布置电热元件时，炉底板与侧墙的距离取 $40 \sim 50\text{mm}$；当侧墙布置有电热元件时，应不小于 60mm。炉膛高度指炉底板工作面至炉顶的距离。因振底式炉单层布料，炉膛越低越好。对一般中、小型振底式炉，炉膛高度约为 $150 \sim 200\text{mm}$。

7. 炉底支承的结构设计　中、小型振底式炉的炉底板支承方式有以下几种：

（1）滚动支承。在炉体底部设耐热钢滚道，滚道上隔离成许多隔间，分别放入耐热或陶瓷的滚动体（圆柱形或球形）。

（2）滑动支承。其结构是沿炉底纵向砌有 $2 \sim 4$ 条碳化硅滑道，底板直接在碳化硅滑道上滑动。

3.15.3　机械式振底炉

机械式振底炉的炉型结构除振动机构外，与小型气动振底炉完全相同，其振动原理实质上也是一样的。

机械式振底炉的振动机构是采用凸轮机构和拉力弹簧来造成振动运动的。凸轮机构有盘形凸轮和圆柱端面凸轮两种。图 3-65 所示为机械振动机构原理示意图。

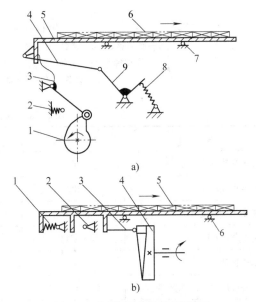

图 3-65　机械振动机构原理示意图

a）盘形凸轮振底机构

1—盘形凸轮　2—缓冲器　3—滚子从动杆　4—连杆
5—底板　6—工件　7—滚轮　8—拉簧　9—摆杆

b）圆柱端面凸轮振底机构

1—拉簧　2—缓冲器　3—滚子从动杆
4—圆柱端面凸轮　5—工件　6—滚轮

　　图 3-66 所示为平面凸轮式振动机构。电动机 15
通过无级变速器 16 带动平面凸轮 4 旋转,从而将滚
子 3 匀速顶向左方,使振底板 9 向左运动。当凸轮转
至凹槽处,弹簧 2 将振底板 9 急速弹向右方,直至调
整螺钉 5 与缓冲橡胶垫 6 相撞为止。振底板的突然停
止,使工件向前移动。调整螺钉与缓冲橡胶垫之间的
距离应调节到小于平面凸轮产生的振幅,从而防止滚

子与凸轮相撞击。炉子的振动周期靠无级变速器调
整,以满足不同热处理工艺要求。

3.15.4　电磁振底炉

　　1. 炉型结构　图 3-67 所示为电磁振底炉结构,
表 3-36 为电磁振底炉的技术参数。

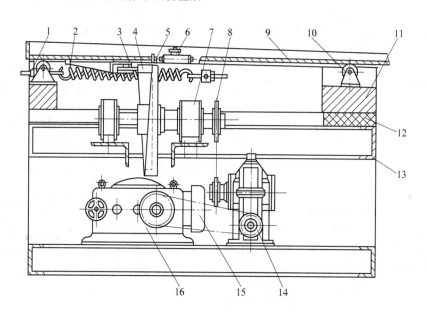

图 3-66　平面凸轮振动机构

1—调整螺母　2—弹簧　3—滚子　4—平面凸轮　5—调整螺钉　6—缓冲橡胶垫
7—滑动轴承　8—链轮　9—振底板　10—支承滚轮　11—底座　12—减振装置
13—基座　14—减速器　15—电动机　16—无级变速器

表 3-36　电磁振底炉的技术参数

项　　　目	RZD-6-9Q	RZD-15-9Q	RZD-30-9Q	RZD-60-9Q
额定功率/kW	6	15	30	60
额定电压/V	380	380	380	380
额定工作温度/℃	900	900	900	900
电源频率/Hz	50(或60)	50(或60)	50(或90)	50(或60)
加热区数	1	2	2	2
炉底板尺寸(长×宽×厚)/mm	950×100×70	1350×140×70	1915×260×100	2800×360×100
外形尺寸(长×宽×高)/mm	2560×560×1090	2400×1100×1850	4090×1600×1990	4800×1660×1600
生产率/(kg/h)	6	15	50	100
空炉升温时间/h	3	4	3.5	3.5
重量/t	1.5	2.4	4.5	6

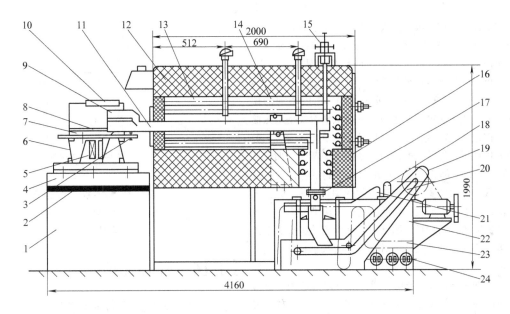

图 3-67　电磁振底炉结构

1—支架　2—减振橡胶　3—压紧螺栓　4—工作台（配重）　5—电磁铁　6—弹簧板　7—连接片
8—张紧弹簧　9—加料盒　10—加料斗　11—振动炉罐　12—炉盖　13—电阻丝
14—支承　15—滴量器　16—炉体　17—保护气进口　18—液压泵　19—输送带支承板
20—输送带出料机构　21—油管　22—油箱　23—蛇形管　24—电加热器

2. 电磁振动机构　电磁振动机构如图 3-68 所示，主要由炉底板、炉前振动机、支承和底板与槽板的连接等部分组成。炉底板与槽板间是用螺钉和弹簧作软连接固定的，最好用弹簧板连接，可以是直板状或折板状，连接点要做成可调式。炉底板与炉内的支承是采用吊框支承，即炉底板下的卡爪架在可自由晃动的吊框上，如图 3-69 所示。吊框所处的平面与炉前的振动机的板簧大致平行，以便炉底板自由摆动。

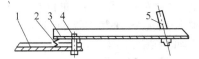

图 3-69　炉底板的连接与支承

1—槽板　2—张紧弹簧　3—炉底板
4—螺栓　5—支承吊框

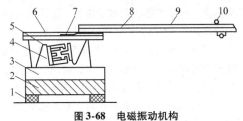

图 3-68　电磁振动机构

1—减振橡胶垫　2—平台　3—底座　4—电磁铁座
5—激振电磁铁　6—槽板　7、8—板簧
9—炉底板　10—吊挂式支承

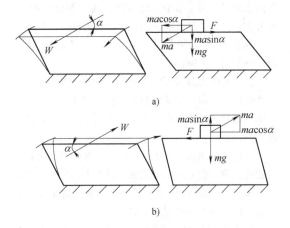

a)

b)

图 3-70　电磁振动机构的输送原理图

a) 炉底板向左下方振动时，工件的受力状态
b) 炉底板向右上方振动时，工件的受力状态

3. 电磁振动的输送原理　电磁振动机构的输送原理（见图 3-70）是：槽板底部与带有倾斜角的板簧相连，板簧固定在底座上。底板在激振电磁铁的驱动下产生振动。激振电磁铁由半波整流电源供电，在

通电的半周，电磁铁吸引板簧向左下方摆移；在不通电的半周，电磁铁吸力消失，板簧向右上方弹回，从而带动底板作往复运动。由于板簧的振幅（约 1 ~ 3mm）与板簧的长度（约 200mm）相比是非常之小，因此可将底板的运动近似地看成直线运动。运动方向 W 与水平线成 α 角（称为振动角）。底板振动的位移、速度和加速度的变化规律可近似地看成是正弦曲线。在这种振动状态下，工件只作单向运动。其原理分析如下：板簧的振动给予底板以加速度，加速度 a 的方向是变化的，它总是指向板簧的平衡位置，即炉底板的平衡位置。作用于工件的惯性力 ma 的方向是随加速度的方向变化而变化的。由于惯性力的方向和加速度的方向相反，因此它总是背离炉底板的平衡位置。不同方向的惯性力对工件运动状态有着不同的影响。

由图 3-70a 可以看出，惯性力可以分解为垂直分力 $masin\alpha$ 和水平分力 $macos\alpha$。板簧被拉向左下方时，惯性力垂直分力的方向与工件的重力 mg 同向，因此增大了工件与炉底板间的摩擦力。即

$$F = \mu N = \mu(mg + masin\alpha)$$

此时，作用于工件上的惯性力水平分力 $macos\alpha$ 比摩擦力 F 小，故不可能使工件向左方移动。

弹簧被弹向右上方时，情况正相反，如图 3-70b 所示。惯性力垂直分力的方向与工件重力相反，减少了工件运动的摩擦力。即

$$F' = \mu N' = \mu(mg - masin\alpha)$$

此时，作用于工件上的惯性力水平分力大于摩擦力 F'，工件将相对于炉底板向右方滑动。如果 $masin\alpha \geq mg$，惯性力垂直分力克服了重力，工件将在向上的惯性力垂直分力作用下，脱离炉底板沿 ma 的方向被抛起，这就成为抛料运送的过程。

随着底板的不断振动，工件不断重复上述受力过程，并沿同一方向移动。

从以上受力分析可以看出，板簧倾斜方向决定了工件的运动方向。板簧向左方倾斜，将使工件向右方移动。改变板簧的倾斜方向，工件的运动方向即改变。

在选定振动频率的条件下，工件在炉底板上运送的速度是通过改变激振电磁铁的供电电压控制炉底板振幅来调节。也可配上时间继电器，间断地对电磁铁供电，以控制工件的加热时间。

4. 电磁振底炉炉底板支承　电磁振底炉炉底板的运动是正弦状的摆动，因此，炉底板的支承应用吊挂式，如图 3-71 所示。

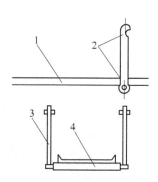

图 3-71　炉底板的吊挂支承
1—炉底板　2—铰链
3—摆杆　4—框架

3.16　辊底式炉

3.16.1　辊底式炉的特点及用途

辊底式炉是在直通的炉膛底部设有许多横向旋转辊子，带动放在辊棒上的炉料沿辊道移动。炉料在加热过程中连续移动，与辊道没有固定的接触点，因此加热均匀，无碰伤，变形小。由于辊棒始终在炉内，热能消耗相对较少，炉子热效率高。

这种炉子不但适用于处理大型板件和棒料，而且 $\phi90 \sim \phi1000mm$ 的轴承圈也可直接摆在辊子上，直径小于 $\phi90mm$ 的套圈及 $\phi40mm$ 以上的滚动体可装盘进行热处理。这种炉子对热处理件有较好的适应性；主要缺点是对辊棒要求较高，造价高。

3.16.2　炉型结构

图 3-72 所示辊底式光亮淬火生产线用于轴承圈的光亮淬火。该生产线由炉前清洗机、清洗机前后升降台、淬火加热炉、淬火油槽、输料小车、后清洗机、双层辊底式回火炉、回火炉前后升降台等组成，可完成整个轴承套圈的加热、淬火、清洗、回火等工艺过程。该生产线回火炉加热功率为 90kW，分 4 区控制，有 8 台风机。通过调整炉料在双层辊子上的运动时间，可实现不同的回火工艺要求。

辊底式炉生产线也可用于渗碳，与推杆式炉生产线比较，有如下优点：

（1）对渗碳室的气氛干扰较小。因该生产线设燃烧脱脂室，作为前室，温度达 800 °C，与渗碳室的温度（930 °C）相差不大。因此，当打开前室与渗碳室的隔门时，两室间的气流串通量比常规推杆式炉的小。

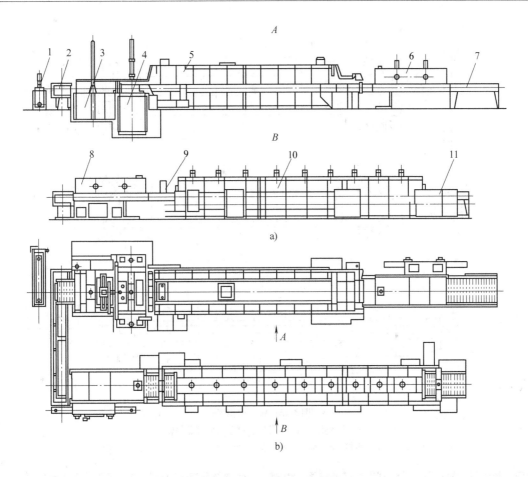

图 3-72　辊底式光亮淬火生产线

a）生产线的立面示意图　b）生产线的平面示意图

1—油冷却器　2—输料车　3—淬火冷却油槽　4—热油槽　5—淬火炉　6—前清洗　7—升降台

8—后清洗　9—升降台　10—双层回火炉　11—升降台

（2）易调整不同处理件的工艺。通常推杆式炉要更替产品工艺时，须将炉内的处理件全部推出，方可执行另一种工艺，而辊底式炉则不必，只需调整不同炉段转辊的速度，即可实现工艺的交替。

（3）无料盘加热的能量消耗。推杆式炉常需要料盘，且停炉前，须推入空料盘（有时还需装入废料），造成热能消耗，而辊底式炉一般不必用料盘，即使要用料盘，料盘重量也比较小。

3.16.3　辊子

辊子两端穿过炉壁伸出炉外支靠在轴承上，电动机通过驱动机构，使辊子旋转。图 3-73 所示为辊子结构形式。

炉温低于 950 ℃时，可采用带水冷轴头和不带水冷轴头的圆筒形辊；当炉温为 1000～1100℃时，常采用水冷轴的空腹辊。由于冷却水带走热量很大，有的对 1000～1150 ℃的炉子改用 16Cr25Ni20Si2 钢制作无水冷轴辊。其结构是炉辊辊身两端分别焊接在主动轴和被动轴上，在两轴的中心打上 ϕ30mm 孔，增加轴的散热面积，降低轴的工作温度；采用高温耐火纤维作为轴心填充料进行绝热，同时将炉辊砖整体型改为组合型，便于炉辊调换。高温辊子常用的材料有 ZG40Cr25Ni20Si2、 ZG40Cr25Ni35Si2、 ZG40Cr28Ni48W5Si2 等，采用离心铸造成形。

辊子的主要参数是辊径和壁厚，它与辊子的辊距、加热条件、工件状况、炉辊转速和载荷等因素有关。设计辊子主要是计算辊子的弯曲应力。对辊子的两个基本要求为，既要求辊子的承载能力强、使用寿命长，又希望炉辊自重轻、造价低。辊子的承载除与炉料载荷有关外，还与辊子自身的重量有关，因此应

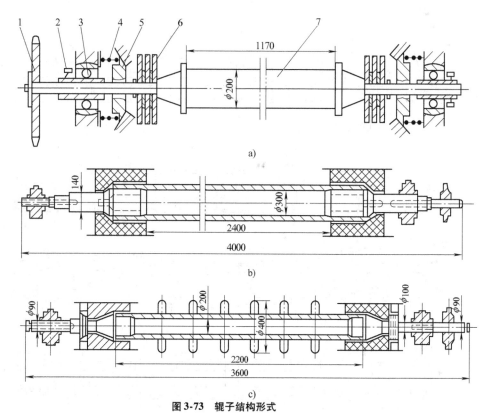

图 3-73　辊子结构形式

a）带散热片辊　b）圆筒形辊　c）带翅的辊子

1—链轮　2—螺钉　3—轴承　4—弹簧　5—隔热片　6—散热片　7—辊子

合理选择辊径。根据载荷，计算出所需的壁厚。由理论计算表明，增大炉辊外径，可以相应减薄壁厚，可使炉辊重量减轻，有如下相对关系：

外径（mm）	$\phi180$	$\phi200$	$\phi220$	$\phi240$
壁厚（mm）	12	10	9	8
自重（kg）	167	158	157	154

辊子间距应保证放在辊子上的炉料能平稳运行。炉料的重心应始终在支承辊之内，一般要求有三根辊子支承着炉料。辊子的间距还应与传动链配合，应取链条节距的倍数。

辊底式炉也有用非金属辊子的。非金属辊子可应用于载荷较轻、温度较高的条件下，其材质可采用 Al_2O_3 和 SiC。

3.16.4　辊底式炉炉膛结构

辊底式炉的炉膛划分为不同区段，各区段的热工特性应尽可能相对独立，各区段间常设拱隔墙，大型炉设吊挂隔墙。

炉膛结构应与加热元件的安置和支撑方法一起考虑。电热元件应尽可能布置在炉膛辊子的上下两面，使炉料和辊子温度均匀。即使采用两面加热，由于炉底辊道的屏蔽作用，底部的加热效果也比上部差，易造成加热的不对称。

当炉气氛对电热元件有腐蚀作用时，辊底式炉多用辐射管加热；无腐蚀作用的常将电阻丝缠绕在耐热陶瓷棒上，支架在炉墙上，或采用其他方式。图3-74所示为炉膛宽度较大时电阻丝的安装方式。

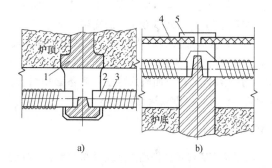

图 3-74　电阻丝安装方式

a）炉顶电阻丝安装　b）炉底电阻丝安装

1—吊挂砖　2—电阻丝支承管　3—电阻丝

4—碳化硅板　5—底砖

3.17　转底式炉

3.17.1　转底式炉的特点及用途

转底式炉具有一个圆形或环形炉底，炉底与炉体分离，以砂封、油封或水封连接，由驱动机构带动炉底旋转，使放置在炉底上的工件随同移动而实现连续作业。在炉体一侧设有装料口与出料口（或共用一个炉口）。为实现气氛保护加热和化学热处理，应加强炉门、炉底与炉墙间密封；炉顶设置风扇，驱动炉气循环；炉底上设凸起支架，使工件加热均匀。

这种炉子结构紧凑，占地面积小，使用温度范围宽，对变更炉料和工艺的适应性强。

这种炉子主要用于齿轮、轮轴、曲轴以及连杆等多种零件的淬火加热、渗碳、碳氮共渗等处理。

3.17.2　炉型结构

转底式炉依据炉底的形态分为碟形、环形和转顶式，其特点如表 3-37 所示。

图 3-75 所示为有耐热钢支架的碟形转底式炉结

表 3-37　不同类型的转底炉的特点

定　型		说　明	特　点
碟形转底式炉	炉底整体转动	炉墙固定，整个炉底转动	只适用于小型炉
	炉内金属支架转动	炉体全部固定，炉内有一转动的伞形耐热钢支架	耐热钢耗用多，支架为单轴支承，适于小型炉，密封性较好
环形转底式炉		炉底有一环形区可以转动，炉体其余部位固定	适用于大型炉，密封性较碟形炉差
转顶式炉		炉顶盖转动，工件悬挂于炉顶	需专用工夹具，适用于加热长条形工件

构。该炉若通入渗碳型的可控气氛应改用辐射管加热；为加强炉门密封，可用斜炉门，用气缸拉紧炉门密封；为防止炉门框变形，也常用水冷炉门框。

图 3-76 所示为炉底整体转动的碟形转底式炉结构，图 3-77 所示为带气流循环系统的碟形转底炉结构。

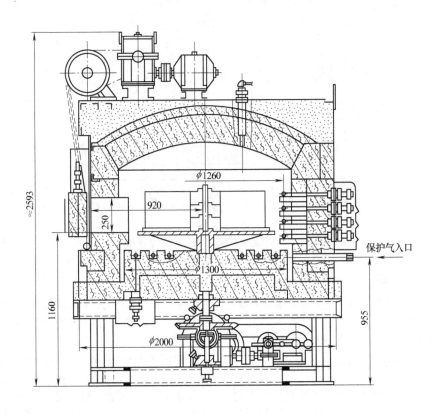

图 3-75　有耐热钢支架的碟形转底式炉结构

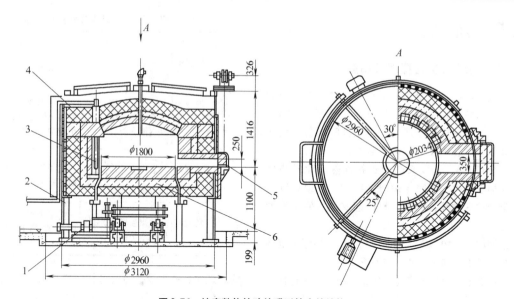

图 3-76　炉底整体转动的碟形转底炉结构

1—定心装置　2—支腿　3—辐射管　4—炉衬　5—炉门　6—转底

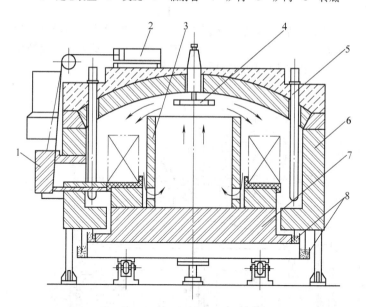

图 3-77　带气流循环系统的碟形转底式炉结构

1—炉门　2—气缸　3—导风筒　4—风扇　5—辐射管　6—炉衬　7—转动炉底　8—砂封

图 3-78 所示为环形转底式炉结构，表 3-38 为其技术参数。环形转底式炉大量应用于冶金钢管加热，其炉子规格一般都很大。

图 3-79 所示为悬挂转底式炉结构。

3.17.3　转底式炉的主要结构组成

1. 炉膛　对较大型转底炉，炉膛划分为不同区段，如预热、加热；或预热、渗碳等区段。各区段也常设拱隔墙，使各区段温度、气氛保持相对独立。

炉衬根据加热元件安装方式和炉气氛而不同，普通渗碳气氛的炉子，多用轻质抗渗碳砖作内衬或耐火纤维砌筑。

炉顶有拱顶和平顶不同形式。拱顶有错砌的弧形拱或用浇注耐火料预制块砌筑。平顶采用耐火纤维毯折叠块构件，用锚固件固定在炉顶钢板上。对设有风扇的炉子，常在耐火纤维块表面喷涂粘结剂，以提高抗风蚀的能力。

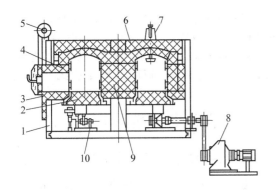

图 3-78　环形转底式炉结构

1—骨架　2—转动炉底　3—火帘装置　4—加热元件
5—炉门升降机构　6—炉顶　7—通风机　8—传动
机构　9—炉衬　10—传动支承装置

表 3-38　环形转底式炉的技术参数

型　　号	NS87-49	NS87-51	NS88-333
额定功率/kW	75	115	180
额定电压/V	380	380	380
额定工作温度/℃	950	950	700
相数/频率/Hz	3/50	3/50	3/50
加热区数	1	2	3
回转公称直径/mm	φ1000	φ1400	φ3000
炉膛工作截面尺寸 （宽×高）/mm	350×350	450×450	600×600
空炉损耗功率/kW	20	35	55
重量/kg	4800	6100	21000

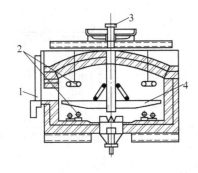

图 3-79　悬挂转底式炉结构

1—炉门　2—电热元件　3—旋转机构　4—转盘

炉底的底层常用标准砖和保温砖砌筑，表面铺上
金属底板。

炉底与炉墙间保持一定间隙，称为环缝，环缝大
小与炉子直径、炉衬材料等有关，一般为 40～

80mm，环缝下部常设砂封或油封，为加强密封，常
采用双刀密封。

2. 电热元件　电热元件有的用电阻丝支架在内
外墙的托板砖上，有的由电阻带悬挂在内外墙壁上，
也有的用金属辐射管垂直插在外环内四周或水平放置
在金属托盘的上下两面。

3. 炉架　炉架支柱沿炉环四周排列。拱顶的转
底炉应设拱脚梁。为支撑炉墙设环形梁，支架在炉架
支柱上。

4. 炉底传动机构　环形炉底传动机构的类型与
特点如表 3-39 所示。图 3-80 所示为齿轮转底
机构。

表 3-39　环形炉底传动机构的类型与特点

类　　型		机　　构	特　　点
机械传动	锥齿圈传动	通过传动轴上的锥齿轮同炉底的圆形齿圈啮合，驱动炉底旋转	炉底转角调整灵活，可大、小，反、正变化，使用可靠，造价高，制造和安装的技术要求高
	锥齿销传动	通过传动轴上的锥齿轮拨动炉底上均布的销子，驱动炉底旋转	与锥齿圈传动相同，炉底销子比齿圈容易制造。一般用于较小的环形炉上
	摩擦轮传动	通过三个啮合的锥齿轮带动炉底下的两个支承滚子转动，又靠滚子与炉底摩擦带动炉底旋转	调整灵活，操作方便，结构较简单，但炉底的水平度要求较高，否则滚子打滑。适用于小型炉子
液压传动	液压缸传动	由液压泵通过带推头的液压缸拨动装在炉底上均布的销钉，间歇驱动炉底旋转	需要功率小，机构紧凑，炉底转角为销间角的整倍数，布料间距不能任意调整。如反转液压缸推头，则需带有换向装置。结构简单，大、小环形炉均可用
	液压马达齿轮	由液压泵驱动，可通过各种机械传动机构，驱动炉底旋转	具有机械、液压的共同优点，要求液压泵能量大。结构较复杂，很少使用

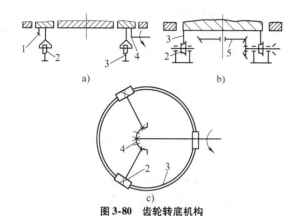

图 3-80　齿轮转底机构

a) 锥齿圈驱动　b) 中心锥齿轮驱动

c) 锥齿轮带动支承滚轮驱动

1—大齿圈　2—滚轮　3—环形轨道
4—主动锥齿轮　5—中心锥齿轮

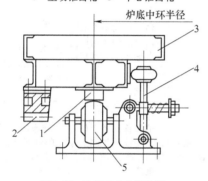

图 3-81　转底定心支撑装置

1—轴圈　2—齿圈　3—炉底　4—定心装置
5—滚道及滚轮

5. 转底定心支撑装置　为保证炉底转动保持在中心位置，需设置定心支撑装置，如图 3-81 所示。它依靠弹簧压紧定心，滚道的滚轮为铸铁件，内装滚动轴承，定心圈要有一定硬度，需表面处理。定心支撑装置的数量和位置依炉子大小设置。

3.18　滚筒式（鼓形）炉

3.18.1　滚筒式炉的特点及用途

滚筒式炉在炉内装有旋转炉罐，炉罐不断旋转，炉内的炉料也随之旋转、翻倒和前进，使小型物料不至于堆积，有利于均匀加热和均匀接触炉气氛，实现连续作业。滚筒式炉呈鼓形状，故又称鼓形炉。

这类炉子主要用于轴承滚动体、标准件等小型零件的热处理。

3.18.2　滚筒式炉结构

滚筒式炉的炉罐前端与装料机构连接，后端与淬火槽组装在一起，形成一个连续作业炉。炉罐水平放置，两端伸出炉墙外，并支承在滚轮上，由电动机经减速器及链条带动旋转。炉罐内壁有螺旋叶片。炉罐每转一周，炉料在炉内向前移动一个螺距离。炉罐末端开有出料口，此口在旋转中不断改变位置，难于密封，致使炉罐内外都充满保护气氛，因此整个炉膛都应保持密封。图 3-82 所示为滚筒式炉结构，表 3-40 为其技术参数。这种炉子可与清洗机、回火炉等组成生产线。

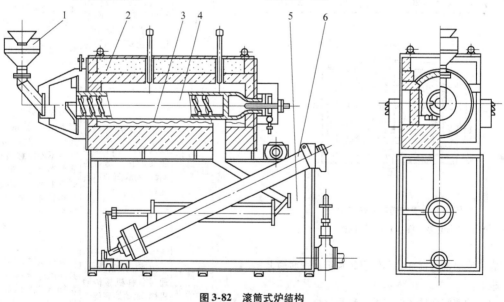

图 3-82　滚筒式炉结构

1—料斗　2—炉衬　3—电热元件　4—回转炉罐　5—淬火槽　6—淬火槽回转机构

表 3-40　滚筒式炉的技术参数

炉　　型	额定功率/kW	额定电压/V	相数	额定工作温度/°C	炉膛尺寸(直径×深度或长×宽×高)/mm	最大生产率/(kg/h)
RJG-30-8	30	220	1	830	φ200×1200	30
回火炉	19	380	1	180	φ400×2700	30
RJG-70-9	70	380	3	920	φ310×2000	150
回火炉	45	380	3	250	4095×385×400	150

3.19　步进式和摆动步进式炉

3.19.1　步进式炉的特点及用途

　　步进式炉是在炉底纵向槽形缝隙中设有两条或几条步进梁。步进梁作反复上下前后周期运动,运动的轨迹,有方形、圆形或椭圆形。步进梁每一运行周期为将工件托起,向前运送一定距离,再放在炉底板上,然后自行恢复原位。步进梁反复动作,逐渐将工件向前移动。

　　这类炉子运送力大,工件运行无碰撞,动作平稳,无需料盘,步进梁无反复加热冷却的热损失。其主要缺点是安装步进梁的缝隙与炉外相通,难于密封,是冷空气的侵入孔。为防止冷空气从步进梁缝隙侵入和炉气大量溢出,这类炉子应将炉底处的炉气压力控制为微正压状态。这类炉子多为燃气式炉和燃油式炉,以形成正压的炉气氛。当采用电热时,应使保护气氛或渗碳气氛在步进梁缝隙处实现正压密封,否则该缝隙不但会渗入冷空气,也会造成冷带。

　　这类炉子用于型材、钢管、板簧的热处理。有的将其用于一些不规则形状零件的热处理。

3.19.2　摆动步进式炉及生产线

　　摆动步进式炉是利用安置在炉底的摆栅和滑栅周期性交替摆动(弧形上升和下降)和滑动(滑栅向前和退后滑动),把工件向前移动的炉子。其摆动机构在炉外,炉体可密封,实现气氛保护加热,用于处理中小型规则的零件。摆栅和滑栅是板状结构,有较高的强度和承载能力,使用寿命较长。该炉子可组成生产线。摆动步进式轴承圈热处理生产线的技术参数如表 3-41 所示。

表 3-41　摆动步进式轴承圈热处理生产线的技术参数

项　　目	淬火炉	清洗机	回火炉
额定功率/kW	120(48,32,40)	24	75(30,20,25)
额定电压/V	380	380	380
额定工作温度/°C	900	80(水温)	300
加热区数	3	1	3
连接方式	△YY	YY	3Y
生产率/(kg/h)	150	150	150
保护气氛形式	滴注式	—	—
摆动形式	摆动步进	网带喷淋	摆动网带
最大外形尺寸(长×宽×高)/mm	9080×2060×2020	3500×1710×1500	6600×1860×2430
重量/t	13	4.5	11

　　摆动步进机构由一组可以向前上方和向后下方摆动的板片组(简称摆栅)和一组可以前后滑动的板片组(简称滑栅)交替组装而成,如图 3-83 所示。其动作过程是:先由摆栅向前上方摆动,将工件托起,然后滑栅空载后退,接着摆栅向后下方摆动,使摆栅面降低而让工件回落在滑栅上,继而由滑栅负载前进。在此过程中,摆栅的作用是周期性地将工件托起和放下,使滑栅总是空载后退而负载前进,如此周期性地摆动步进就达到了定向输送工件的目的。

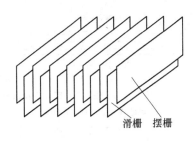

滑栅　摆栅

图 3-83　滑栅与摆栅的组合

3.20　牵引式炉

3.20.1　牵引式炉的特点及用途

把丝状或带状的炉料用牵引的方式通过加热炉膛的炉子称为牵引式炉。它便于组成生产线,实现连续热处理。炉膛内常安设通保护气氛的圆形或扁平形的金属管或陶瓷耐火材料管。钢丝或钢带在保护气氛中加热,由于丝线材各根分离地通过炉膛,加热快且均匀,也便于实现快速加热,提高生产率。采用牵引的办法便于工序间的连续衔接,减少工序间放线、绕线的次数。其主要缺点是,为提高生产力,需提高牵引速度,炉子常需很长;当一次通过的线材根数很多时,绕缠丝线机构太多。

牵引式炉主要用于弹簧钢丝(带)、不锈钢丝、制绳钢丝、轮胎钢丝及细带锯条等热处理。

3.20.2　钢丝固溶处理、淬火炉及生产线

图3-84所示为牵引式热处理生产线,它由淬火加热炉、淬火冷却装置、回火炉和防锈油槽等组成。回火炉分铅浴或热风循环炉。铅浴炉的热交换条件好,炉料与铅浴接触,铅浴热导率大,温度均匀,因此铅浴炉比热风循环回火炉短。由于铅浴蒸气对人身有害,所以常用热风回火炉,回火温度一般为350 ~ 400 °C。图3-85所示为牵引式热风回火炉。

3.20.3　牵引式钢丝等温淬火炉及生产线

图3-86所示为钢丝热处理生产线。该生产线可用于高碳制绳钢丝、弹簧钢丝和轮胎钢丝的等温淬火。加热炉长18.3m、宽1.4m,分5区段。每周操作15班,产量约225t/周。加热炉可采用燃气或电加热。

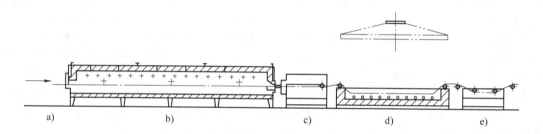

图3-84　牵引式热处理生产线

a) 钢丝张紧装置　b) 淬火加热炉　c) 淬火冷却装置　d) 铅浴回火炉　e) 防锈油槽

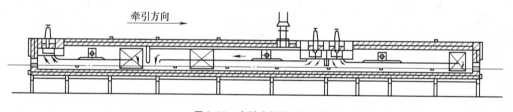

图3-85　牵引式热风回火炉

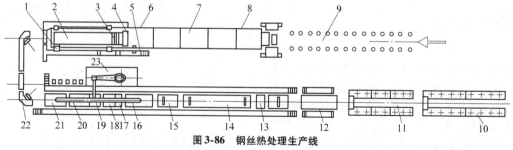

图3-86　钢丝热处理生产线

1—铅泵　2—铅槽　3—埋入不锈钢管　4—出口烟罩　5—冷却风机　6—喷吹丙烷处　7—加热炉
8—喷吹空气口　9—放线架　10—卸料机　11—收线架　12—干燥炉　13—水槽　14—磷化槽
15—热水洗槽　16—3号酸洗槽　17、19—水洗槽　18—碱洗槽　20—2号酸洗槽
21—1号酸洗槽　22—冷却器　23—气体净化器

在炉子的全长上，设有若干个氧化铝导辊，使钢丝可以在炉内悬空运行。在炉子的第一区段，设有空气喷射装置。喷射空气的目的是利用氧化法除去钢丝表面的拉拔润滑剂。

为了防止钢丝氧化，在炉子的后几个区段造成无氧化的气氛，在最后一个区段内设有丙烷喷射装置。在炉子的出口，设有一个手动操作的密封罩，密封罩从炉口一直伸到铅槽。由于出口密封，进口处留有一定缝隙，使燃烧气流的方向与钢丝运行方向相反。

铅槽长 10m、宽 1.6m，借助于密封罩与加热炉相连接。为了使铅液温度保持均匀，采用三种方法对铅液进行冷却：

（1）强制冷却。通过风道把压缩空气引向铅槽入口。

（2）埋入件冷却。把不锈钢管埋入铅槽入口侧的熔铅内，通入压缩空气进行冷却。

（3）铅泵循环冷却。在铅槽出口侧设有铅泵，把冷却了的铅液通过不锈钢管送至入口侧，以使铅液温度保持均匀。

酸洗段包括 3 个盐酸酸洗槽，1 个碱洗槽和 3 个水洗槽。机组上装有排烟罩，通向一个 254m³/min 的气体净化器，把有毒烟气排除。

涂层段设有热水洗槽、磷化槽、冷水洗槽和硼砂槽。

热风干燥炉长 5.88m、宽 1.40m。用一个 56.6m³/min 的风机使热风进行循环。收线装置有 7 个收线架。

3.20.4 双金属锯带热处理生产线

图 3-87 所示为某双金属锯带热处理生产线。

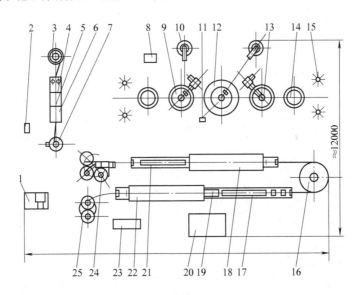

图 3-87 双金属锯带热处理生产线

1—对焊机 2—控制柜 3—放带装置 4—脱脂去污室 5—清洗室 6—干燥室 7—卷带装置 8—控制柜
9—炉罐 10—直线摇臂 11—真空泵 12—井式炉 13—冷却筒 14—罐盖座 15—料架
16—转向盘 17—淬火水冷装置 18—回火加热炉 19—快冷淬火室 20—制冷机组
21—回火水冷装置 22—淬火加热 23—控制柜 24—驱动和收带机 25—放带装置

该双金属锯带热处理生产线由清洗机、连续热处理设备、井式回火炉机组等组成。

1. 清洗机 在清洗机前后，设置放带与卷带机构，将锯带展开，以 2～10m/min 无级调速运行，使锯带通过脱脂去污室、清洗室和干燥室，在热处理前获得洁净的锯带表面。

2. 连续热处理设备 锯带由驱动、收带、放带、导向张紧等装置，按工艺要求进行无级调速运行，通过淬火加热炉、快冷淬火室和水冷装置进行淬火，再

通过回火加热炉、水冷装置进行回火，采用高纯 N₂ 加热保护。

3. 井式回火炉机组 由有罐井式加热炉和炉外两台强气流外冷式冷却桶组成。井式炉带有真空清扫、高纯 N₂ 保护及强气流循环等装置。

该双金属锯带热处理生产线的主要技术参数见表 3-42。其工艺流程为：清洗→淬火加热→快速冷却淬火→续冷→回火加热→回火冷却→第二次回火加热→回火冷却→第三次回火加热→回火冷却。

表 3-42　双金属锯带热处理生产线的主要技术参数

项　目			数　据	
处理锯带规格尺寸/in①			1/4 ~ 2	1/2 ~ 3
生产能力(按 1/2in 带计算)/(m²/a)			50	50
总装机容量/kW			235	246
保护气(N₂)	纯度(体积分数)(%)		99.9995	
	供气压力/MPa		0.15 ~ 0.02	
	耗量/(L/min)		140	60
清洗机	总功率/kW		47	
	脱脂去污室	加热功率/kW	24	
		工作温度/℃	100 ~ 150	
	清洗室	加热功率/kW	12	
		工作温度/℃	80	
	干燥室	加热功率/kW	7.2	
		工作温度/℃	200	
连续热处理设备	总功率/kW		82	93
	淬火炉	加热功率/kW	36	42
		最高工作温度/℃	1230	
	回火炉	加热功率/kW	21	26
		最高工作温度/℃	650	
	制冷机	安装功率/kW	23	
		工作温度/℃	−50 ~ −70	
		制冷量(−70℃时)/(kJ/h)	9630	
	均温区炉温均匀度/℃		≤ ±5	
	控温精度/℃		≤2	
	N₂ 耗量/(L/min)		60	80
	锯带运行速度/(m/min)		0.5 ~ 0.6 无级调速	
井式回火炉机组	总功率/kW		112	
	井式炉	加热功率/kW	100	
		最高工作温度/℃	650	
		有效工作区尺寸/mm	φ800 × 1000	
	炉温均匀度/℃		≤ ±5	
	控温精度/℃		≤2	
	N₂ 耗量(按炉次平均)/(L/min)		80	

① 1in = 25.4mm。

参 考 文 献

[1]　王秉铨. 工业炉设计手册 [M]. 3 版. 北京：机械工业出版社, 2010.

[2]　孟繁杰, 黄国靖. 热处理设备 [M]. 北京：机械工业

出版社, 1988.

[3]　王秉铨. 工业炉选用图册. 北京：机械工业出版社, 1990.

[4]　湛宪宪. 芦荣华. 双金属锯带热处理生产线 [C]//第三届全国热处理设备新技术学术会议论文集, 1994.

[5]　许威夷. LSX15 辐射管加热连续式渗碳自动线构造特点及生产应用 [C] //第四届全国热处理设备新技术交流会论文集, 1996.

[6]　李红旗, 刘复堡. 连续式氮基气氛软氮化设备及应用 [C] //第三届全国热处理设备新技术学术会论文集, 1994.

[7]　王志华, 禹化柱, 宫本善. RWQ、HL286 及 TCN 型网带淬火炉 [J]. 工业加热, 1991 (2)：33-37, 48.

[8]　费翔. 铸带式热处理电炉及生产线 [J]. 工业加热, 1992 (1)：23-26.

[9]　曾振洲. 炉辊 CAD 软件 [J]. 工业炉, 1997 (2)：34-36.

[10]　丁遇朋. 摆动步进式热处理炉及生产线 [J]. 工业加热, 1994 (3)：24-27.

[11]　周良. 钢丝的连续生产 [M]. 北京：冶金工业出版社, 1988.

第4章 热处理浴炉及流态粒子炉

山东大学 钱宇白

石家庄金锐流态化热处理科技有限公司 金鸿业

4.1 浴炉的特点和种类

4.1.1 浴炉的特点

浴炉广泛地应用于热处理，它用熔融的液体加热工件，如盐、碱、低熔点金属的熔融液体以及油浴等。

浴炉热处理具有如下优点：

（1）综合传热系数大，工件加热速度快。

（2）工件与浴液密切接触，加热均匀，变形小。

（3）浴炉的热容量较大，加热温度波动小，容易实现恒温加热。

（4）盐液容易保持中性状态，实现无氧化无脱碳加热。在盐液中加入含碳、含氮等物质，容易实现化学热处理。

（5）浴炉容易实现工件局部加热操作。

浴炉的主要缺点如下：

（1）浴液对环境有不同程度的污染。

（2）工件带出的废盐，不但造成浪费，而且对工件有腐蚀，特别是粘在工件缝隙和盲孔中的盐。

（3）中、高温浴炉的浴面辐射热损失较严重。

（4）不便于机械化和连续化生产。

4.1.2 按浴液分类的浴炉

1. 盐浴炉 盐浴炉按温度划分为低、中、高温浴炉。低温浴炉主要是硝盐浴炉，用于温度在160～550℃温度范围的等温淬火、分级淬火和回火。中、高温盐浴炉用于温度在600～1300℃范围内的工模具零件加热和液态化学热处理。

2. 熔融金属浴炉 熔融金属浴炉主要是铅浴炉。铅浴热容量很大，热导率很高，传热速度快，可实现快速加热。铅蒸气有较大毒性。它主要用于等温处理。

工业纯铅约在327℃熔化。加热时铅不附着在清洁的钢件上，但铅易被氧化，氧化铅会附着在钢件上。在生产中当温度超过480℃时，常用颗粒状炭质材料，如木炭作铅浴表面保护覆盖层，有时用熔盐作保护层。

铅的密度大，零件在铅浴中加热时，如果不用夹具压下，就会浮起。

3. 油浴炉 油浴炉广泛应用于低温回火，有较高的温度均匀性，使用温度低于230℃。油浴炉也用于进行分级淬火。与盐浴相比，油浴的优点是：油在室温时易于管理，油带走的热损失较少，油浴对所有钢奥氏体化加热用盐的带入都可适应。油浴炉的缺点是：可使用的温度较低，油暴露在空气中会加速变质，例如，在60℃以上每增加10℃，油被氧化的速率约增加一倍，生成酸性渣，会影响淬火工件的硬度和颜色；在油中进行马氏体分级淬火时，工件达到温度均匀所需的时间较长，当马氏体分级淬火温度高于205℃以上时，用盐浴比油浴好。

4.1.3 按加热方式分类的浴炉

1. 电加热浴炉 电加热浴炉又分为外部电加热浴炉、电极加热浴炉和管状加热元件加热浴炉。

（1）外部电加热浴炉。外部电加热浴炉是利用电热元件在浴槽外进行加热的浴炉，加热介质可以根据工艺要求选择与配制。因电热元件与加热介质不接触，故溶液成分容易保持稳定。这类浴炉的主要缺点是：金属浴槽寿命较短，热惰性较大，浴液内温度梯度较大；重新启动时，浴槽的侧壁和底部容易过热，有造成喷盐的危险。

（2）内部电极加热浴炉。内部电极加热浴炉是将电极布置在熔盐液中，直接通电，以熔盐为发热体而产生热量。由于熔盐的电阻远大于金属电极，因此热量主要发生在熔盐中。

电极浴炉工作的另一特点是，交流电流通过电极和电极间熔盐时产生较强的电磁力，驱使熔盐在电极附近循环流动。特别是定向平行布置的电极，其电磁搅动力最强烈。

电极浴炉工作时，绝大部分电流从电极间或邻近的熔盐流过，转化为热能并在该处形成高温，再向外传递。因此，电极浴炉的温度场与电极布置有很大关系。电极间的熔盐易因温度过高而分解。在电极间的盐浴易从大气中溶入氧气，使电极和盐浴氧化。

电极浴炉的优点是炉子升温快，可用非金属浴槽，且可进行高、中、低温加热，故应用广泛。

依电极浸入盐液的方式,电极浴炉分为插入式和埋入式两种。图 4-1a 所示为插入式电极浴炉的一种结构示意图,其主要构件是盛盐液的浴槽和电极,电极从浴槽上方垂直插入熔盐内。插入式的电极结构简单,易于更换,且可随意调节电极间距。其缺点是电极占据液面较大位置,增加液面热损失和减少炉膛利用率。

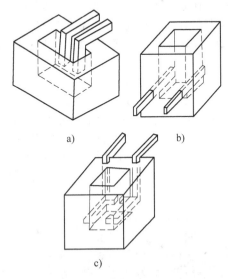

图 4-1 电极浴炉结构示意图
a) 插入式 b) 侧埋式 c) 顶埋式

图 4-1b、c 所示为埋入式电极浴炉的电极侧埋式和顶埋式两种结构形式。电极都是从浴槽侧壁埋入,埋在浴槽砌体中,只有一面与熔盐接触。它的电极不占据液面位置,提高了炉膛利用率,有明显的节能作用,但电极结构较复杂,且无法更换和调节间距。

侧埋式电极浴炉的电极直接从炉后侧壁插入,其与砌体接触的间隙易漏盐;顶埋式的电极柄垂直向下埋入浴槽壁中,其下端与电极相连,因此不易漏盐,但结构较复杂。

(3) 内部管状加热元件加热浴炉。内部管状加热元件加热浴炉是将管状加热元件直接插入浴液中加热。这种浴炉的优点是炉体结构简单紧凑,热效率高,温度均匀性好,便于炉温控制。其主要缺点是管状加热元件使用温度受金属管材料耐热和耐蚀性的限制,以及管内电热丝的负荷率较高,使用温度一般小于 400℃。

2. 燃料加热浴炉 燃料加热浴炉属外热式加热浴炉,主要应用于中温浴炉,燃料便于就地取用,设备投资和生产费用较低廉。其缺点是浴槽易局部过热,寿命短,燃料燃烧过程较难控制,炉温的均匀度

和控制精度较差。这类浴炉的特性除加热方式外与外电热浴炉相似。

4.1.4 浴炉的品种代号

浴炉按结构形式和最高工作温度分为多个品种,其品种代号如表 4-1 所示。

表 4-1 浴炉的品种代号

品种代号	结 构 形 式	最高工作温度 /℃
RYN3	矩形浴槽,内部管状加热元件加热	300
RYN4		400
RYW5	矩形浴槽,外部电加热	550
RYW8	圆形浴槽,外部电加热	850
RYD6	矩形或圆形浴槽,内部电极加热	650
RYD8		850
RYD9		950
RYD13		1300

4.1.5 浴炉的热工性能

1. 空炉升温时间 RYN 和 RYW 类浴炉的空炉升温时间,一般应不超过 2.5h。浴槽容积不超过 150L,并且浴槽深度不超过 0.7m 的 RYD 类浴炉的空炉升温时间应符合以下规定:A 级炉≤2.5h;B 级炉≤2.0h;C 级炉≤1.5h。

2. 炉温均匀性 RYN 和 RYD 类浴炉的炉温均匀性,应不超过表 4-2 规定的范围。

RYW 类浴炉的炉温均匀性应符合以下规定:A 级炉的炉温均匀性≤15℃;B 级炉的炉温均匀性≤10℃。

3. 表面温升 浴炉在最高工作温度下热稳定态时,其炉壳侧壁的表面温升应符合表 4-3 的规定。手把的表面温升应不超过 30℃。RYD 类浴炉的铜排(或铝排)及其接头的表面温升应不超过 60℃。

4. 三相电流不平衡度 RYD 类三相浴炉的三相电流不平衡度应不大于 10%。

表 4-2 浴炉炉温均匀性的规定

类别	最高工作温度/℃	炉温均匀性/℃		
		A 级	B 级	C 级
RYN	≤550			—
RYD	≤700	±10.0	±5.0	
	850～1350			±2.5

表 4-3　浴炉表面温升的规定

最高工作温度/℃	表面温升/℃ ≤
<500	40
500～950	50
1250～1350	80

4.2　低温浴炉

4.2.1　结构形式

低温浴炉主要指 RYN 类和 RYW5 类浴炉。RYN 类浴炉采用金属浴槽，由装在浴槽内的管状加热元件加热。这类浴炉一般用油、碱或低熔点盐作浴液，使用温度低于 400℃。RYW5 类浴槽采用金属浴槽，由位于浴槽外的加热元件加热，用硝盐作浴剂时，使用温度限制在 550℃ 以下。

低温浴炉广泛用于马氏体分级淬火、贝氏体等温淬火、工件回火、形变铝合金热处理等。

图 4-2 所示为采用管状加热元件加热的硝盐炉，图 4-3 所示为带搅拌器的外部电加热硝盐浴炉。

4.2.2　浴液需要量

浴液需要量决定于装载工件的质量和工艺要求。对于贝氏体等温淬火，通常允许浴温在 ±6℃ 范围内波动，波动超过 ±6℃ 时，硬度就会超出技术要求。对于马氏体分级淬火，也要注意工件和夹具的总重量，必须限制在它们的热量不足以使淬火冷却介质温度超出允许的范围。浴液的需要量可依下式计算：

$$G_1 c_1 \Delta t_1 = G_2 c_2 \Delta t_2$$

$$\frac{G_1}{G_2} = \frac{c_2 \Delta t_2}{c_1 \Delta t_1} \approx 0.45 \frac{\Delta t_2}{\Delta t_1}$$

式中　G_1、c_1、Δt_1——分别为浴液重量、比热容和浴液允许上升的温度差；

G_2、c_2、Δt_2——分别为工件重量、比热容和工件淬火温度与等温温度差。

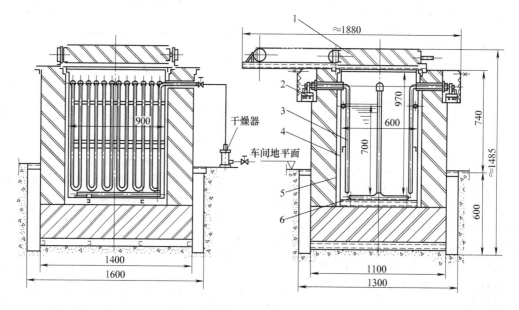

图 4-2　采用管状加热元件加热的硝盐炉
1—炉盖　2—汇流排　3—管状加热元件　4—浴槽　5—中槽　6—搅拌器

4.2.3　浴槽

浴槽一般用优质碳素钢或渗铝低碳钢板内外熔焊而成。浴槽易受硝盐浴剂腐蚀，有的采用不锈钢制造。焊接浴槽必须保证焊接质量，避免焊缝渗漏。

低温浴炉浴槽、中槽、炉壳的钢板厚度可参照表 4-4 选用。

浴槽的尺寸除能容纳所需的浴剂外，还应保证工作区的尺寸，即留有工件容积和间隔空间。马氏体分级淬火的一个重要注意点是工件之间要有合适的间隔，以使淬火冷却介质能很好地流经每个零件。此外，还应考虑留有安装螺旋桨搅动浴剂的位置。浴槽顶部与浴液面要留有工件浸入浴槽时盐液上涌的空间；当利用浴槽侧壁作冷却面时，还要使浴槽侧壁有足够的换热面积。

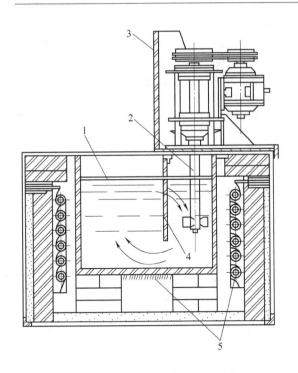

图 4-3　带搅拌器的外部电加热式硝盐浴炉
1—盐液面　2—搅拌器　3—挡板
4—隔离板　5—电热元件

表 4-4　低温浴炉钢板厚度

浴槽容积/m³	钢板厚度/mm		
	浴　槽	中　槽	炉　壳
<1	8	4 ~ 5	3
1 ~ 5	10 ~ 12	5	3
5 ~ 10	16	5	3
>10	25	5	3

4.2.4　浴炉功率计算

低温浴炉主要用于热处理冷却工序，其加热功率是为了盐的熔化，其所需的功率可依热平衡计算求得，并应满足空炉升温时间的要求。低温浴炉加热阶段的主要热损失有：固体盐升温热量、盐的熔化热量、液态盐升温热量、炉壁散热量、盐浴液面辐射热损失、砌体蓄热量等。

（1）固体盐升温热量计算公式为

$$Q_1 = W_y c_1 (t_1 - t_0)/\tau$$

式中　Q_1——固态盐升温热量（kJ/h）；

W_y——固态盐用量（kg）；

c_1——固态盐比热容[kJ/(kg·℃)]，参见表4-5；

t_1——盐的熔点（℃）；

t_0——室温（℃）；

τ——盐由室温升至熔点所用时间（h）。

（2）盐的熔化热量计算公式为

$$Q_2 = W_y c_2/\tau$$

式中　Q_2——盐的熔化热量（kJ/h）；

c_2——盐熔化热（kJ/kg）。

（3）液态盐升温热量计算公式为

$$Q_3 = W_y c_3 (t - t_1)/\tau$$

式中　Q_3——液态盐升温热量（kJ/h）；

c_3——液态盐的比热容[kJ/(kg·℃)]；

t——浴液工作温度（℃）。

（4）炉壁散热量

$$Q_4 = 3.6 A_1 \alpha_\Sigma (t_2 - t_0)$$

式中　Q_4——炉壁散热量（kJ/h）；

A_1——浴槽外壁总面积（m²）；

α_Σ——炉壁外表面的综合传热系数[W/(m²·℃)]；

t_2——炉外壁温度（℃）。

（5）盐浴液面辐射热损失计算公式为

$$Q_5 = 3600 A_2 q$$

式中　Q_5——盐浴液面辐射热损失（kJ/h）；

A_2——浴剂液面辐射面积（m²）；

q——盐浴液面单位面积的辐射热损失（kW/m²），参见表4-6。

（6）砌体蓄热量计算公式为

$$Q_6 = [G_1 (c_1 t_1 - c_{01} t_{01}) + G_2 (c_2 t_2 - c_{02} t_{02})]/\tau'$$

式中　Q_6——砌体蓄热量（kJ/h）；

G_1、G_2——耐火层和保温层重量（kg）；

t_1、t_2、t_{01}、t_{02}——分别为耐火层和保温层在热态和冷态时的平均温度（℃）；

c_1、c_2、c_{01}、c_{02}——分别为耐火层和保温层在热态和冷态时的比热容[kJ/(kg·℃)]；

τ'——空炉升温时间（h）。

浴炉升温所需功率（kW）为

$$Q = (1.1 \sim 1.2)(Q_1 + Q_2 + Q_3 + Q_4 + Q_5 + Q_6)/3600$$

上述浴炉功率计算式是用于作热处理件淬火用的低温浴炉，若用于回火或其他加热时，应计入工件的吸热，可参照外热式中温浴炉的功率计算。

4.2.5　加热装置

常用加热装置有金属管状加热器和丝状电热元件。

金属管状加热元件直接插入浴槽内，热效率高，安装方便；主要问题是元件的套管易受硝盐腐蚀。元件安装时，其下端与槽底应留出 60～120mm 的距离，以免被炉渣埋住，造成加热器过热，且便于清除槽内污物。

使用金属管加热器时，应注意金属管的抗蚀性、允许的最高温度和负荷率。

表 4-7 为电热元件金属管材料在使用介质中允许的最高表面负荷率。

表 4-8 为电热元件金属管常用材料及其允许的最高温度。

表 4-5　盐浴炉常用盐的物理性能

性　　能	碱金属硝酸盐和亚硝酸盐混合盐	碱金属硝酸盐的混合盐	碱金属氯化盐和碳酸盐的混合盐	碱金属氯化盐的混合盐	碱金属和碱土金属氯化盐的混合盐	氯化钡	碱类混合物
熔点/℃	≈145	≈170	≈590	≈670	≈550	≈960	≈150
工作温度/℃	≈300	≈430	≈670	≈650	≈750	≈1290	≈250
固态密度/(kg/m³)	2120	2150	2260	2080	2070	3860	2120
工作温度下密度/(kg/m³)	1850	1800	1900	1600	2280	2970	1660
固态比热容/[kJ/(kg·℃)]	1.34	1.34	0.96	0.84	0.59	0.38	—
液态比热容/[kJ/(kg·℃)]	1.55	1.50	1.42	1.09	0.75	0.50	—
熔化热/(kJ/kg)	127.7	230.3	368.4	669.9	345.4	182.1	—

表 4-6　盐浴液面的辐射热损失

温度/℃	200	300	400	500	600	700	800	900	1000	1100	1200	1300
热损失 q/(kW/m²)	2.86	6.14	11.6	20.3	33.2	51.2	76.8	108	150	203	268	350

表 4-7　电热元件金属管材料在使用介质中允许的最高表面负荷率

金属管材料及其牌号	加热介质、加热特点及其代号	最高表面负荷率/(W/cm²)
铝 1070A、1060、1050A、1035	水、弱酸、弱碱溶液的煮沸，S	5
铜 T4		7
碳钢 10		9
不锈钢 06Cr18Ni12		11
铜 T4、碳钢 10 不锈钢 06Cr18Ni12	食物油、润滑油、液压油，Y	0.7
碳钢 10 不锈钢 06Cr18Ni12	燃料油，R	4
不锈钢 06Cr18Ni12	压力大于 1MPa 的水，A	24
碳钢 10	静止空气，Q	2
不锈钢 06Cr18Ni12		5
镍基合金钢 Incoloy800		10
碳钢 10	流速不低于 6m/s 的空气，L	2.5
不锈钢 06Cr18Ni12		5.5
镍基合金钢 Incoloy800		11
碳钢 10 不锈钢 06Cr18Ni12	元件被浇铸、嵌装、压制在铝、铜、钢等材料中，M	13

表 4-8　电热元件金属管常用材料及其允许的最高温度

材　　料	铜 T4	铝 1070A、1060、1050A、1035	碳钢 10	06Cr18Ni12	镍基合金[①]
允许的最高温度/℃	170	260	400	600	850

① 合金成分的质量分数（%）为：C0.04，Cr20.5，Ni32.00，Cu0.3，Mn0.75，Si0.36。

对外电热式硝盐浴炉，当有必要在底部布置加热元件时，加热元件在底部的功率密度（kW/m²）至少要比四周的小 20%；并且加热元件的控制回路应能使底部加热元件单独通断；而且只有四周加热元件已先接通，浴槽内的固体盐已部分熔化后，底部加热元件才能接通。

4.2.6　浴剂搅拌

浴剂搅拌的作用是均匀槽内浴剂的温度。常用的有推进式搅拌器、压缩空气搅拌器和泵循环搅拌。

推进式搅拌器结构较复杂，虽然可以变动螺旋桨的位置和高度，但不能使整个槽内的盐液流动，搅拌不易均匀。压缩空气搅拌器的结构简单，搅拌的均匀性较好，目前多被采用。泵的循环可造成大量盐液的流动。虽然泵循环装置费用较高，但可以获得最大的冷却效果。

4.2.7　浴剂冷却

低温浴炉作分级淬火和贝氏体等温淬火用时，浴剂的降温是一个重要的问题。大多数的硝盐炉没有冷却装置而依赖浴炉的散热，使从工件吸收的热量与炉子的散热损失相等。主要依靠液面散热和浴槽壁散热，或吹冷空气冷却浴槽壁；或浸入平板圈以散失热量；或用蛇形水管放在浴槽内壁以冷却浴剂，但应注意防止蛇形管受腐蚀漏水，造成事故。

4.2.8　浴槽的清理

浴炉中常沉积氧化皮、氯化物和其他有害物质。常用下列方法清除。

（1）密度法分离。准备一个单独的浴槽，使悬浮的渣下沉，人工捞去或用沉淀盘去除。

（2）连续过滤法。使悬浮的有害渣物连续地通过过滤筐，定期移去并倒掉。

4.2.9　硝盐浴炉安全防护

使用硝盐浴炉时，必须注意防爆等安全措施。

（1）在硝盐浴炉中，任何局部温度超过 595℃时，都可能着火或爆炸，使用温度应严格控制在 550℃以下。

（2）硝盐混合物是氧化性的，不应与容易被氧化的材料混合。

（3）不应使用微细的碳化材料作硝盐的覆盖物，也必须避免渗碳炉出料端所聚集的炭黑对硝盐浴炉的污染。

（4）在处理镁合金时，盐浴最高温度应符合表 4-9 的规定。

表 4-9　在低温盐浴炉中处理镁合金时的允许温度

镁含量（质量分数）（%）	亚硝酸盐和硝酸盐浴的最高允许温度/℃
<0.5	550
0.5~2.0	540
2.0~4.0	490
4.0~5.5	435
5.5~10.0	380

4.2.10　低温浴炉示例

表 4-10 为某些外热式电热低温浴炉的技术参数，表 4-11 为某些内热式电热低温浴炉的技术参数。

表 4-10　外热式电热低温浴炉的技术参数

项　　目	SY2-6-3	SY2-12-3	NS-85-61	NS-85-62	NS-85-63	NS-85-64	NS-85-65
浴　剂	油	油	硝盐	硝盐	硝盐	硝盐	硝盐
功率/kW	6	12	15	20	38	45	36
电压/V	380	380	380	380	380	380	380
相数	3	3	3	3	3	3	3
接线方法	Y	Y	Y	Y	Y	Y	Y

（续）

项　目		SY2-6-3	SY2-12-3	NS-85-61	NS-85-62	NS-85-63	NS-85-64	NS-85-65
最高温度/℃		300	300	550	550	550	550	550
升温时间/h		1	2	≤1.2	≤1.2	≤1.2	≤1.2	≤1.2
空载功率/kW		2.1	3	4.5	5	6	13	10
炉膛尺寸/mm	长	400	600					
	宽	300	500	$\phi400$	$\phi400$	$\phi600$	$\phi600$	$\phi500$
	深	250	400	400	600	800	1000	750
外形尺寸/mm	长	580	800	1380	1380	1580	1580	1480
	宽	560	760	1220	1220	1420	1420	1320
	高	660	810	1510	1710	1710	1910	1650
重量/kg				1250	1510	2050	3100	2500

表4-11　内热式电热低温浴炉的技术参数

项　目		碱浴炉	等温淬火硝盐炉	回火硝盐炉
工作温度/℃		160~180	160~200	550
功　率/kW		12	21	36
电　压/V		380	380/220	380
相　数		3	3/1	3
接线方法		Y	Y/串联	Y
炉膛尺寸/mm	长	600	850	600
	宽	550	600	500
	深	880	500	800
外形尺寸/mm	长	900	1200	2200
	宽	750	900	1640
	高	1290（无罩）	2405（带罩）	1660
重量/kg		400	590	1780

4.3　外部电加热中温浴炉

4.3.1　结构形式

这类浴炉标准型号为 RYW8 型。其典型结构如图 4-4 所示。炉体结构与井式电阻炉相似。

浴炉的炉壳用钢板焊接而成，并用型钢加固。浴炉底部应配有钢架，使炉壳底部离开地面不少于 75mm，以利于底部通风。炉壳顶部的设计应考虑热膨胀的影响，以尽可能减少顶部的变形。

此类浴炉应设有用于安装通风排气的接口。在浴炉的下部应设有排液口，以备在浴槽泄漏时排出泄漏的浴液。炉底耐火层应有向排液口倾斜的流槽。排液口一般不设计封盖，但应用厚纸粘封。

炉衬的设计与制造应满足炉壳外表面温升的要求，其用材及结构与一般电阻炉相似。

4.3.2　浴槽

这类浴炉的浴槽应当用耐热钢浇铸而成，呈半球形底圆筒形式，或用耐热钢板焊接而成，呈蝶形底圆筒形式。浴槽顶部应有突缘，用于支撑浴槽在浴炉的顶板上和便于浴槽与顶板间的密封。焊接浴槽的壁厚应不小于 10mm；铸造的约为 20mm。

浴槽体积和尺寸主要决定于浴剂量和工件尺寸。浴剂量应保证有足够大的热容量，工件浸入后，浴剂温度不致明显降低，以保证工艺稳定和较高的生产率。根据一般经验，中温浴炉所需盐量为每小时处理工件重量的 2~3 倍，高温浴炉按 1.5 倍确定。

浴槽尺寸一般为直径 $\phi250 \sim \phi900$mm，深 200~750mm。浴槽尺寸太大时，虽可使浴槽底部支持在耐热的支座上，但会导致浴槽内的温度梯度过大，影响温度均匀度。

4.3.3　炉子功率

这类炉子因浴槽材料限制，一般作中温热处理加热或化学热处理之用。炉子所需功率可按炉已升到温，热装炉阶段计算，主要包括如下项目：

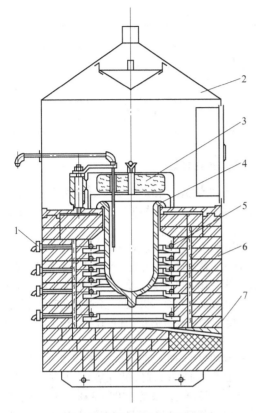

图4-4　外部电加热式中温浴炉
1—接线座　2—炉罩　3—炉盖　4—浴槽
5—电热元件　6—炉衬　7—清理孔

（1）工件吸热量计算公式为

$$Q_1 = Gct/3600$$

式中　Q_1——工件吸热（kW/h）；

　　　G——生产率（kg/h）；

　　　c——工件的比热容〔kJ/（kg·℃）〕；

　　　t——工件加热温度（℃）。

（2）炉壁散热量计算公式为

$$Q_2 = A_1 \alpha_\Sigma (t_1 - t_0)$$

式中　Q_2——炉壁散热（kW/h）；

　　　A_1——炉壁面积（m²）；

　　　α_Σ——炉壁外表面综合传热系数〔kW/（m²·℃）〕；

　　　t_1——炉外壁温度（℃）；

　　　t_0——室温（℃）。

（3）盐液面辐射热损失计算公式为

$$Q_3 = A_2 q$$

式中　Q_3——盐液面辐射热损失（kW/h）；

　　　A_2——盐液面对外辐射面积（m²）；

　　　q——盐液面单位面积热辐射量（kW/m²），见表4-6。

（4）其他热损失（Q_4）。此项损失包括未考虑到的各种损失和不易精确计算的损失，如炉砌体破损、电热元件短路、浴液空气对流、抽烟等热损失，对敞开式盐浴炉一般取上述各项热损失总和的30%～50%。

盐浴炉在使用阶段，可认为炉体已处于热稳定状态，不再吸热，因此其总的热支出为

$$Q_\Sigma = (1.3 \sim 1.5)(Q_1 + Q_2 + Q_3 + Q_4)$$

式中的系数1.3～1.5为炉子功率储备系数。

当需考核炉子无载荷时的升温时间，可参考低温浴炉的热平衡计算。

4.3.4　加热装置

外电加热式盐浴炉的加热装置与井式电阻炉相似，常由电热合金线材或带材制成，一般应布置在浴槽四周，不宜布置在底部。在安设电热元件时，应注意如下几点：

（1）电热元件的布置应位于浴槽内液面以下，以防液面以上部位的浴槽因过热而毁坏。

（2）要严防盐液流入浴槽外安装电热元件的加热室内，以防盐蒸气腐蚀电热元件。因此，浴槽上口边缘与炉面板应有足够大的重叠尺寸，并压紧，或使炉面板稍向外倾斜。

4.3.5　炉型示例

表4-12为外部电加热中温浴炉的技术参数。

表4-12　外部电加热中温浴炉的技术参数

项　　目		GY2-10-8	GY2-20-8	GY2-30-8
额定功率/kW		10	20	30
电　　压/V		220	380	380
相　　数		1	1	3
接线方法		串联	串联	Y
最高工作温度/℃		850	850	850
坩埚尺寸/mm	直径	$\phi200$	$\phi300$	$\phi400$
	深度	350	550	575

（续）

项　目	GY2-10-8	GY2-20-8	GY2-30-8
空炉升温时间/h	≤3	≤3.5	≤5.5
空载功率/kW	4	5	7
外形尺寸(长×宽×高)/mm	1300×1236×1834	1400×1190×2115	1440×1220×2316
重量/kg	1150	1200	1550

4.4　燃料加热中温浴炉

4.4.1　结构形式

图4-5所示为典型的气体或液体燃料加热的浴炉,烧嘴沿浴槽切线方向安置,火焰沿浴槽外壁旋转向下,加热浴槽,烟气由底部烟口排出。

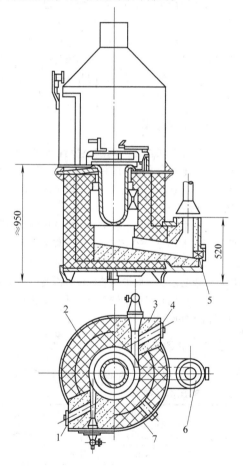

图4-5　气体或液体燃料加热的浴炉
1、4—点火孔　2—炉衬　3—燃烧器
5—清理孔　6—烟道　7—炉壳

这类浴炉其浴槽的容积及结构与外部电加热中温浴炉相似,炉体与一般井式燃料炉相似。

4.4.2　燃烧装置

圆形浴槽的燃料浴炉应选用火焰扩散角较小的烧嘴,同时要留有足够的燃烧通道,以免火焰冲射到浴槽上。

所用烧嘴的燃烧程度应可调,开始升温时应是低热量输入,使浴槽缓慢升温,待浴槽上部周围的盐熔化后,再逐渐加快加热,直至完全熔化。若在开炉时,浴槽底部和侧面过快加热,会造成底部熔化盐流向上喷射,所以要防止浴槽底部过早、过快及过大强度的加热。

烧嘴的数量与布置直接影响浴槽温度均匀度,当浴槽直径小于ϕ600mm时,可在浴槽一侧安装一只烧嘴;浴槽直径较大,深度在600~800mm时,可在两侧各安一个烧嘴,安装高度常在浴槽上部的1/3部位;浴槽深度更大时,应在上下层安装烧嘴。

为防止浴槽在烧嘴处局部烧坏,应经常转动浴槽,有时在易被烧坏的浴槽部位加一套筒。

4.4.3　炉子功率

燃料加热浴炉的设计,可参考燃料炉和外部电加热浴炉的设计方法,计算浴槽及炉膛尺寸,再进行燃料消耗量计算。燃料消耗量也可依据热平衡计算或浴槽单位容积热强度指标计算。工作温度为850℃的燃料浴炉,各项热消耗量比率大致如下:工件吸收热量10%~15%;炉壁、炉底散热量12%~15%;浴面辐射损失热量15%~20%;烟气带走热量45%~50%;其他热损失10%。

燃料浴炉燃料消耗量,可依据热强度指标计算。图4-6所示为根据浴槽容积所提供的盐浴炉浴槽单位容积热强度指标。

浴炉燃料消耗量为

$$B = VE/Q_D^y$$

式中　B——燃料消耗量（指在标准状态下的体积,以下同）（kg/h 或 m³/h）;

　　　V——浴槽容积（m³）;

　　　E——容积热强度〔kJ/(m³·h)〕;

Q_D^y——燃料低发热值（kJ/kg 或 kJ/m³）。

对于燃料浴炉的热效率 η，一般中温炉 $\eta = 10\% \sim 15\%$；低温炉 $\eta = 12\% \sim 17\%$。根据热效率也可概略计算燃料消耗量：

$$B = Q_g / \eta Q_D^y$$

式中　Q_g——工件吸收热量（kJ/h）。

4.4.4　燃料加热浴炉示例

表 4-13 为液体燃料中温浴炉的技术参数。

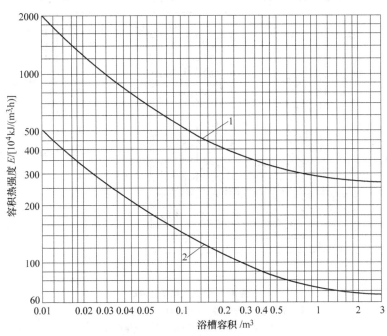

图 4-6　盐浴炉的浴槽单位容积热强度指标

1—850℃盐浴炉　2—500 ~ 600℃盐浴炉

表 4-13　液体燃料中温浴炉的技术参数

坩埚尺寸/mm		坩埚有效容积/L	生产率/(kg/h)	坩埚重量/kg	外廓尺寸/mm		单位燃料消耗量/(kJ/kg)	
直径	深度				直径	高度	600℃时	900℃时
φ200	350	8.5	20	49	φ910	2100	2090	5020
φ200	535	14.3	35	73	φ910	2100	1465	3770
φ250	350	13.2	35	62	φ1060	2200	1675	4180
φ250	535	22.0	50	86	φ1060	2200	1380	3350
φ250	610	26.0	60	95	φ1060	2200	1255	3140
φ300	535	31.0	70	130	φ1060	2200	1255	3140
φ300	610	37.0	80	146	φ1060	2200	1170	2930
φ400	535	59.0	100	160	φ1170	2200	1300	3140
φ400	610	69.0	125	210	φ1170	2200	1170	2930

4.5　插入式电极盐浴炉

4.5.1　结构形式

这类炉子是电极浴炉的一种形式，电极从浴槽上方插入。图 4-7 所示为典型插入式电极盐浴炉的结构形式。

这类浴炉的浴槽一般用耐火砖砌筑或耐火混凝土浇铸而成。浴炉的炉壳用钢板焊接而成，并用型钢加固。浴炉底部配有钢架，使炉壳底部离开地面不少于

75mm，以利于底部通风。炉壳顶部应适当保温，以满足炉壳表面温升的要求。

在炉衬中通常有一个壁厚不小于6mm的钢板槽。

钢板槽的外壁与炉壳间砌以保温砖，内壁与浴槽之间填以厚度不小于30mm的耐火粘土捣固层或类似的隔层，用以防渗、防胀和绝热。

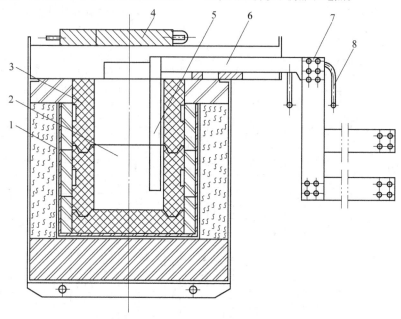

图 4-7　插入式电极盐浴炉
1—钢板槽　2—炉膛　3—浴槽　4—炉盖　5—电极
6—电极柄　7—汇流板　8—冷却水管

4.5.2　浴槽

1. 电极盐浴炉浴槽尺寸　电极盐浴炉浴槽尺寸的设计原则与外热式盐浴炉基本相同，其工作区间截面尺寸应等于浴槽截面尺寸减去电极所占区域的尺寸。标准浴槽尺寸的规定见表4-14。

表 4-14　标准浴槽尺寸的规定

类　别	浴槽尺寸/mm	
	最 小 规 格	其 余 规 格
RYN RYW RYD	宽×长×高 = 200×200×400	宽和长按50递增，到600后按100递增；高按100递增，到800后按200递增
RYW RYD	直径×高 = 200×300	直径按50递增，到500后按100递增；高按100递增，到800后按200递增

2. 耐火材料浴槽　插入式电极盐浴炉的浴槽常用重质粘土砖、高铝砖和异形耐火砖砌筑或耐火混凝土捣打成形（见埋入式盐浴炉浴槽部分），为减少盐对砖缝的腐蚀和渗透，砖缝应很小，一般为1.0mm，

常用磷酸盐耐火泥浆作砖间粘结剂。

插入式电极盐浴炉的浴槽形状取决于工件及夹具的形状和尺寸，以及电极布置的方式和位置，可以是方形、圆形、多边形等形式。

3. 插入式电极盐浴炉金属浴槽　某些金属热处理工艺所用盐浴成分，不允许盛于耐火材料的浴槽里（例如在氰盐中加热、回火和分级淬火），而采用金属浴槽。

钢制浴槽常做成具有一个倾斜的后壁，如图4-8所示。电极也制成倾斜的，电流通过电极间的盐液而进入金属浴槽，并沿较短途径回到另一电极。倾斜的电极与浴槽可使电流能沿整个电极长度流过盐浴。由于电极下部非常接近浴槽，所以盐浴大部分热量集中在下部，使槽下部的盐浴有较高的温度和较小的密度，造成盐浴向上升起流动，使槽内温度均匀。改变电极到钢浴槽的距离，可有效地控制盐浴升起速度。

金属浴槽可根据用途采用碳钢或浸铝钢板制造，厚度在12~38mm范围内。薄板制的浴槽一般沿周围焊上角钢加强肋，较深的浴槽，可在其中段附加构件。钢制浴槽可直接放在保温砖上。

金属浴槽的深度一般控制在0.6m左右。对

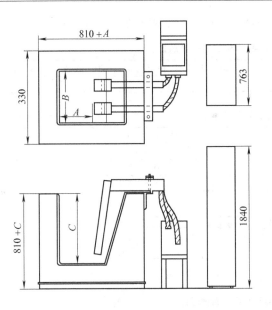

图 4-8 用于钢回火、等温退火的钢制浴槽的插入式电极浴炉

于图 4-8 类型的浴炉，其典型的尺寸和功率如表 4-15 所示。

表 4-15 用于钢回火、等温退火钢制浴槽插入式电极浴炉的典型尺寸和功率

温度/℃	工作空间尺寸/mm			输入功率/kW	加热能力/(kg/h)
	A (长)	B (宽)	C (深)		
540 ~ 150	457	457	610	25	45
540 ~ 150	457	686	610	25	68
540 ~ 150	610	914	762	50	159

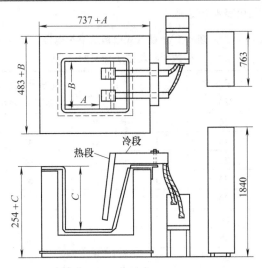

图 4-9 用于液体渗碳、碳氮共渗的金属浴槽插入式电极浴炉

图 4-9 所示为用于液体渗碳、碳氮共渗的金属浴槽插入式电极浴炉。表 4-16 为此类盐炉的典型尺寸和功率。

表 4-16 用于液体渗碳、碳氮共渗的金属浴槽插入式电极浴炉的典型尺寸和功率

温度/℃	工作空间尺寸/mm			输入功率/kW	加热能力/(kg/h)
	A (长)	B (宽)	C (深)		
955 ~ 650	305	305	455	25	34
955 ~ 650	305	455	610	40	68
955 ~ 650	465	610	610	75	159

4.5.3 电极盐浴炉的功率

1. 电极盐浴炉的功率计算 电极盐浴炉的功率理论上可以依据热平衡计算。热处理浴炉的热消耗主要有以下几项：加热工件和夹具的热量，炉壁散热，电极散热，浴面辐射和对流热损失，盐熔化和蒸发吸收的热量，以及变压器、汇流排等的热损失。表 4-17 为功率 100kW，浴槽尺寸为 600mm × 900mm × 450mm 插入式电极盐浴炉在 800℃时的各项热损失。

电极盐浴炉的功率 P 与熔盐体积有密切关系。盐浴炉的功率可按以下经验式进行计算：

$$P = VP_0$$

式中 P——盐浴炉的功率（kW）；

V——熔盐体积（L）；

P_0——功容比（kW/L）。

电极盐浴炉的额定功率（kW）与浴槽容积（L）之比称功容比。当浴槽深度不超过 1m 时，浴槽容积按盐液面离浴槽顶面 100mm 计算，当浴槽深度超过 1m 时，按离浴槽顶面 150mm 计算。

浴槽容积不超过 150L，深度不超过 0.7m 的 RYD 类浴炉，其额定功率应参照表 4-18 所示的功容比设计，小容积炉取较大值。超出所述范围的 RYD 类浴炉，其功容比可适当减少。

2. 电极盐浴炉功率与变压器额定容量的关系 浴炉变压器额定容量应与浴槽功率适当匹配。一般认为，电极盐浴炉功率 P（kW）与变压器额定容量 C（kV·A）之间存在如下数值关系：

$$C = (1.1 \sim 1.2)P$$

4.5.4 插入式电极布置

电极的布置形式主要决定于浴槽的形状、尺寸、炉膛温度均匀性、处理件的形状及工艺要求和炉子的功率等。电极按布置的基本特征分为近置（或称侧置）式和　　　远置（或称对置）式两大类，如图4-10所示。

表4-17　插入式电极盐浴炉在800℃时各项热损失

项　目	加热工件	加热料筐	浴面辐射	浴面对流	电极辐射	电极对流	炉墙散热	其　他
热损失(%)	25.1	14.7	28.4	5.7	17.1	5.2	2.1	1.7

表4-18　电极盐浴炉的功容比

最高工作温度/℃	功 容 比/(kW/L)
≤700	0.4～0.7
850～950	0.7～1.1
1250～1350	1.3～2.0

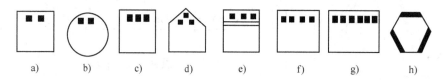

图4-10　插入式电极盐浴炉电极布置形式

a)～f) 近置式　g)～h) 远置式

　　近置式的特征是：单相两电极或三相三电极或三相四根电极（其中两根同相），相邻近布置；电流基本上在极间盐浴内流过并使盐浴发热，在工件处理区，基本上无电流流过，电极间的盐浴受较强电磁力搅动（单相的比三相的大）。炉膛内的温度场是，电极区温度较高，远离电极区的温度较低，依靠盐浴对流和传导使温度均匀化；炉渣多沉积在电极的对面侧。

　　远置式的特征是：单相两电极或三相三电极分别布置在浴槽边缘的对面侧，电流流经整个炉膛，工作区温度均匀；置于工作区的工件有电流流过，易造成工件尖角过热；电极导电面积较大，电流密度较小，电极使用寿命较长。

　　近置式电极浴炉中，单相供电的（见图4-10a和b）限于功率小于50kW小浴炉，因其电极间距小（40～70mm），形成强烈电磁循环，电极附近会吸引工件。三相电极并排布置时（见图4-10c），三相电流不平衡，电极电流密度不同。为改善此情况，有的改为三相电极呈三角形等距布置（见图4-10d）。有的加中性板（见图4-10e），有的采用三相四极（见图4-10f）。对炉型较大的炉子，采取三相六极甚至三相十二极的布置形式。

　　远置（对置）式电极浴炉中，应用较多的是三相三极浴炉（见图4-10h），电极插在六边形的三个不相邻的侧面上，常用于处理形状较简单的工件加热。

4.5.5　电极材料及结构

　　盐浴炉电极按导电特性要求，应采用电阻率较小

的钢材制造，特别是柄部要有较大截面积以减少电极柄发热损失，电极柄部通常用低碳钢制造。有的为提高使用寿命，选用耐热钢制的电极，而其柄部仍用低碳钢。电极与电极柄部焊接必须有足够的焊接断面，并要求焊透，以保证足够的导电面积。

　　插入式电极形状较简单，可由棒料或板材直接取材或锻造而成。

　　电极设计应满足炉子功率要求，保证其正常工作和较长使用寿命。在生产中，插入式电极浴炉常可采用改变电极间距的办法来调节炉子功率，因此，常不对其进行精确计算。一般可按下列经验数据确定或直接由表4-19选取。

表4-19　插入式电极盐浴炉电极横截面积与炉子功率的关系

炉子功率/kW	相　数	电极数目	电极截面边长或直径/mm
10	1	2	35
15	1	2	40
20	1	2	45
25	1	2	50
30	1	2	55
50	1	2	75
35	3	3	45
60	3	3	60
75	3	3	80
100	3	3	80～99

4.5.6　电极设计参数

插入式电极浴炉的经验设计参数大体范围如下：

（1）电极间距。对于侧置式电极，电极间距一般为 50 ~ 70mm；对于对置式电极，其间距决定于炉膛尺寸。

（2）电极至浴槽底部距离。为保证盐浴循环流动和防止氧化皮或漏失工件沉积引起短路，电极下端与浴槽底之间应保持距离，一般为 80 ~ 100mm。

（3）电极插入熔盐深度。电极插入熔盐深度通常不超过 1.5m。对于深井式浴炉，电极应分层布置两组或三组，以保证炉温上下均匀。

（4）电极导电面的电流密度。电极导电表面上的电流密度随盐浴温度而异，一般在 5 ~ 40A/cm² 范围内，如表 4-20 所示。

表 4-20　电极表面电流密度与盐浴温度的关系

温度/℃	200	400	600	800
电流密度/(A/cm²)	5	8.4	12.4	17.2
温度/℃	1000	1200	1300	
电流密度/(A/cm²)	23.6	32.4	40	

（5）电极截面电流密度。为保证电极寿命，电极截面电流密度一般取 50 ~ 80A/cm²，可根据此数据求得电极的截面尺寸。

（6）电极柄截面尺寸。为减少电极柄的电消耗，其截面一般应大于电极截面的 1.26 倍。

4.6　埋入式电极盐浴炉

4.6.1　结构形式

图 4-11 所示为 45kW 高温埋入式电极盐浴炉。电极从浴槽侧壁插入，埋在浴槽砌体中，除此之外，其余与插入式盐浴炉基本相同。

4.6.2　埋入式电极盐浴炉炉膛尺寸（浴槽内尺寸）

埋入式电极盐浴炉炉膛尺寸如图 4-12 所示。图中的符号代表的意义和数值如下：

a——工件上端离熔盐表面的距离（mm），一般不小于 30mm。

b——工件距炉膛内壁的距离（mm），约为 50mm。

c——熔盐表面与炉膛口的距离（mm），约为

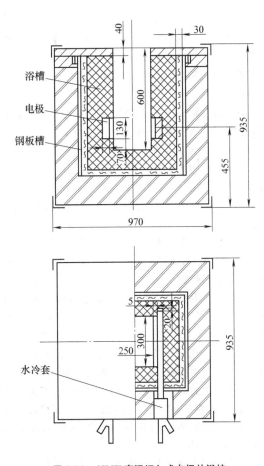

图 4-11　45kW 高温埋入式电极盐浴炉

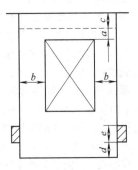

图 4-12　埋入式电极盐浴炉炉膛尺寸

50 ~ 100mm。

d——电极下端距炉膛底的距离（mm），一般为 50 ~ 70mm。

e——电极的高度（mm），应根据盐浴炉的功率及所采用的电极形式而定，一般在 65 ~ 235mm 范围内。

4.6.3　埋入式电极盐浴炉浴槽结构

埋入式电极盐浴炉依电极柄埋入的部位分为顶埋

式和侧埋式。

顶埋式浴炉的浴槽与电极一起成形，埋入在浴槽混凝制品中。侧埋式浴槽与电极一起成形或成形时留出安装电极位置。耐火材料炉衬的浴槽，外围加钢板槽加固。

埋入式浴槽多用耐火混凝土捣打成形，常用的材料有铝酸盐耐火混凝土和磷酸盐耐火混凝土。

1. 铝酸盐耐火混凝土浴槽　这种浴槽是以铝酸盐作粘结剂的耐火混凝土捣打成形的，是一种快硬、高强度水硬性混凝土。因此，混凝土加水搅拌后，应迅速捣打，不要中间停顿；脱模后用草袋覆盖，浇水养护，一般每 2h 左右浇水一次，以防止因固化反应温升，使混凝土表面疏松、剥落。此材料浴槽经浇水24h 后，型体内可灌满水进行养护，约经一周，再自然干燥数天后烘炉。

这种耐火混凝土的开裂倾向较大，因此烘炉应缓慢进行。在 100～150℃ 范围内，要排除大量游离水；当升温到 300～400℃ 时，可排除约 80% 结晶水，产生收缩，引起内部结构变化。因此，在此两段时间内，升温要相当缓慢，并要有足够的保温时间。

一般烘炉的温度规程为：①以 20℃/h 的速度升到 250℃，保温 36h 以上。②以 20～30℃/h 的速度升到 450℃，保温 36h。③以 30～40℃/h 的速度升到 600℃，保温 24h。

2. 磷酸盐耐火混凝土浴槽　这种浴槽是以磷酸或磷酸盐作粘结剂的耐火混凝土浴槽。这种混凝土必须先混料，混好的料堆积存放要覆盖湿草袋，放置24h 后才能使用，使其排出混合物中含铁氧化物与酸反应而产生的气体，以防止制品产生膨胀变形和保证致密性。捣打成形后，令其自然干燥数天，切忌用水养护。这种混凝土是一种火硬性材料，一般要经过300～500℃ 以上的加热，才能固结；在常温下强度较低，在烘炉过程中，混凝土中的粘结剂（磷酸组分）要经过多次脱水发生变化，最后由于 Al_2PO_4 的无机聚合作用，形成链状空间网状无机高分子结构，使混凝土结为整体，从而具有良好的高温性能。烘炉后进行高温烧结，效果更好。

4.6.4　埋入式电极盐浴炉钢板槽

侧埋式浴炉的电极从炉子后面引出，钢板槽后侧

面应开孔，孔的尺寸每边应较电极大 10mm，以防电极与钢板槽短路，两孔之间（指 *AB*、*BC*、*CA* 之间）应割缝 5mm 以上，然后用非磁性不锈钢（12Cr18Ni9）补焊上，以减少钢板槽上涡流磁滞发热损耗，如图 4-13 所示。

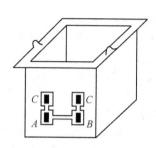

图 4-13　侧埋式电极盐浴炉钢板槽

钢板槽内尺寸可按下列参数确定：侧埋式的耐火砖浴槽壁厚可取 180～240mm，耐火混凝土取 175～220mm；顶埋式的电极柄与钢板槽距离应大于 65mm，对高温炉为 65～113mm；钢板槽可用 6～8mm 钢板或加角钢焊成。

4.6.5　埋入式电极盐浴炉的功率

埋入式电极盐浴炉的功率计算与插入式相同。埋入式电极盐浴炉因电极结构较复杂，电极间距离较远，在使用中电极又会烧损引起尺寸变化，电极间距不可调整，也不能更换，因此浴炉实发功率常会发生变化。

计算电极盐浴炉实发功率的基本公式如下：

$$P = UI = U^2/R_S$$

式中　I——流经熔盐的电流（A）；

　　　U——电极间电压（V）；

　　　R_S——电极间熔盐电阻（Ω）。

R_S 又决定于熔盐的电阻率 ρ_S、电极间熔盐导电面积 A 和电极间距 L，即

$$R_S = \rho_S \frac{L}{A}$$

混合盐（$BaCl_2$ 和 $NaCl$）盐浴的电阻率列于表 4-21 和表 4-22 中。

表 4-21　混合盐在 900℃ 的电阻率

$w(BaCl_2)$（%）	0	35	52.5	65.4	74.5	88.2	95.0
电阻率/μΩ·m	2660	3210	3656	3860	4320	4520	5150

表 4-22　BaCl₂ 与 NaCl 在不同温度的电阻率　　　　　　（单位：μΩ·m）

温度/℃	800	900	1000	1100	1200	1300
NaCl	3000	2660	—	—	—	—
BaCl₂	—	—	4870	4330	3960	3650

由于参与导电的熔盐横截面积很大，降低总电阻，因此一般都采用低电压供电，以保护变压器和人身安全。电极电压常控制在 5～34V 范围内，电极间距较大时取上限。

电极电压 U 等于变压器次级电压减去汇流排、电极柄上的电压降。通常皆以变压器额定容量的电压进行设计计算。由于浴炉实发功率与电极电压的平方成正比，所以调节电压是改变浴炉实发功率最有效措施。

电极间距 L，对于对置的非平板电极，它并不是一个定值。例如，马蹄形电极两端的电极间距远小于中部，以致该处盐液电阻远小于中部，而电流密度则远大于中部。设计和生产中常利用变动电极间距，特别是电极端部间距来调节炉子功率。

熔盐导电面积 A 是指参与导电的熔盐总截面积，包括电极间熔盐的横截面积及电极附近参与导电的熔盐横截面积，在设计中常以电极对置面积计算。对电极间距较大的电极浴炉，常需增大电极的导电面积来减少电极间熔盐电阻，提高炉子实发功率。

熔盐电阻值 R_S 不应计入电极的电阻，理想情况是电极仅起导电的作用，通常要求熔盐电阻值与电极电阻值之比应≤20。

熔盐电阻率随浴盐种类和工作温度而异，因此，当改变浴炉工作温度或用盐时，炉子的实发功率也随之变化。

4.6.6　埋入式盐浴炉的电极形式和布置

1. 电极结构与布置　常用的埋入式盐浴炉电极的结构和布置形式如图 4-14 所示。

（1）单相直条形电极（见图 4-14a）。电极水平布置于浴槽两侧壁上，电极间距较大，等于浴槽宽度。其优点是电极结构简单，导电表面上的电流密度接近一致，炉温均匀，电极烧损均匀，而且比较缓慢，功率较稳定，但由于电极间距大，故仅适用于 25kW 以下的小型浴炉。

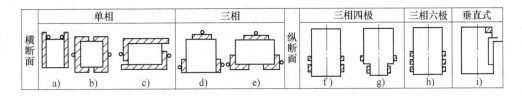

图 4-14　埋入式盐浴炉电极结构与布置形式
a）直条形　b）马蹄形　c）角形　d）块形　e）带角形块状
f）、g）三相四极　h）三相六极　i）垂直式

（2）单相马蹄形或角形电极（见图 4-14b、c）。与直条形电极相比，这种电极延长了长度，缩短了局部电极间距，降低了极间熔盐电阻，可输入较大的功率；但电极各处间距不等，电流密度分布不均匀，大量集中在间距最短处，致使该处温度较高，电极端部烧毁较快，还会降低炉温均匀度和功率稳定性。

（3）三相三极块状电极。三相电极常用的有两种结构形式。一种是直条状电极（见图 4-14d），布置于浴槽三侧，其结构较简单，但三相负荷不平衡，且电极间距较大。另一种是角块状电极（见图 4-14e），可缩短电极间距，并且较易做到三相电极等间距，达到功率平衡，但电极较复杂。

（4）三相多层电极（见图 4-14f、g、h）。双层电极结构，有单相四级、三相四极和三相六极等形式，其优点是可提高深井式浴炉（＞1.2m）上下温度均匀度，但当工件伸入电极区时容易通过电流而过热。

（5）垂置式（见图 4-14i）。电极垂直安置在侧壁上，其结构性能与插入式电极有某些相似之处，如电极间距较小，磁流循环作用较强，电极区宽度较大等。为防止装入工件时碰到电极，通常在电极区的上方炉口处砌筑一段耐火砖，防护挡盖。

2. 电极尺寸及布置的有关参数　埋入式电极盐炉的电极尺寸，常依据下列经验数据确定或直接由表 4-23 选取。

表 4-23　RDM 型电极盐浴炉设计数据

规格型号	炉膛尺寸(长×宽×深)/mm	电极尺寸(长×高×厚)/mm	电极柄(长×宽)/mm	截面积电流密度/(A/mm²)	启动电极柄截面尺寸(长×宽)/mm	引出柄的截面尺寸(长×宽)/mm	启动电极① 中径/mm	展开长/mm	材料规格尺寸/mm
RDM-20-8	200×200×600	200×113×50	113×50	0.101	70×16	40×10	φ154	1091	φ14
RDM-25-13	200×200×600	200×113×50	113×50	0.101	70×16	40×10	φ154	1091	φ14
RDM-30-8	300×250×700	侧 125×80×65 中 100×80×65	80×20	0.503	70×16	40×10	φ152	2448	φ12
RDM-45-13	350×300×700	140×113×65	113×50	0.51	80×16	30×10	φ154	2712	φ14
RDM-30-6	350×300×700	侧 190×113×65 中 170×113×65	80×20	0.503	70×16	40×10	φ152	3237	φ12
RDM-45-8	350×300×700	侧 206×113×65 中 146×113×65	113×20	0.51	80×16	40×10	φ154	3382	φ18
RDM-45-6	450×350×700	230×180×65	113×20	0.51	80×16	40×16	φ154	3066	φ14
RDM-70-13	350×300×700	侧 225×113×65 中 170×113×65	113×30	0.457	70×20	40×16	φ158	2720	φ18
RDM-70-8	450×350×700	220×130×65	113×30	0.456	70×20	40×16	φ158	3140	φ18
RDM-90-13	450×350×700	侧 230×180×65 中 230×180×65	113×30	0.456	80×20	50×16	φ160	3210	φ20
RDM-90-6	450×900×700	端 391×113×65 侧 450×113×65 中 430×113×65	113×30	0.605	80×20	50×16	φ180	4030×2	φ20
RDM-130-8	450×900×700	端 391×113×65 侧 335×113×65 中 430×113×65	113×36	0.76	80×20	50×16	φ160	4030×2	φ20

RDM-20-8
RDM-25-13

RDM-30-8
RDM-90-13

RDM-90-6
RDM-130-8

① 电极的材质为 Q235。

（1）电极间距。单相直条状电极间距等于炉膛宽度，一般应小于 250~300mm。马蹄形和角形电极端部间距一般为 65~120mm。三相角形块状电极端部间距 65~130mm。

（2）电极至浴槽底的距离一般为 50~80mm，常比插入式浴炉略小一些，以降低浴槽高度。

（3）电极导电面积及其电流密度。电极导电面积可依允许的电流密度确定。其值一般为 4~7A/cm²，按此指标计算，其导电面积一般比插入式为大，以提高电极的使用寿命。埋入式电极的寿命应尽可能使其与浴槽寿命相同。电极有效长度常依电极形状及浴槽尺寸选定，其高度则可由长度和导电面积计算，对一般单相条状电极常为 80~130mm，对单相马蹄形和角状电极为 110~130mm，三相块状电极为 110~200mm。

（4）电极截面尺寸及厚度。电极截面尺寸也常依其允许的电流密度确定，并考虑到工件性能要求和加工方便。埋入式电极的截面电流密度一般也取 50~80A/cm²，此数值与插入式相同。埋入式电极与熔盐接触部位，在使用过程中较易被腐蚀变薄，故使用中常采取较计算为大的截面厚度，以延长电极使用寿命。常用数值为 60~80mm，高温炉取上限。

4.6.7 电极冷却装置

侧埋式盐浴炉电极柄一般需用水冷套，也可在电极柄部钻深孔通水冷却。

（1）电极柄水冷套如图 4-15 所示。在电极柄部用 5~6mm 的钢板焊成水套，其长度为 100~120mm，内腔厚度为 25~30mm，充满循环冷却水。水套焊成

后，必须经过 0.15~0.2MPa 的水压试验，确认无渗漏时才可使用。

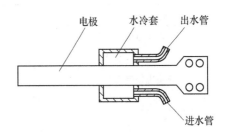

图 4-15 电极柄水冷套

（2）电极柄部钻深孔冷却，这种结构紧凑，不易漏水，但冷却面没有水冷套大。

4.6.8 电极盐浴炉示例

图 4-16 所示为单相顶埋式电极盐浴炉结构图，图 4-17 所示为三相侧埋式电极盐浴炉结构图。表 4-24 和表 4-25 为某些电极盐浴炉的主要技术参数。

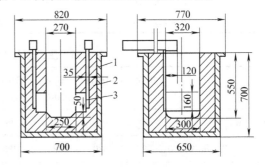

图 4-16 单相顶埋式电极盐浴炉结构图
1—钢板槽 2—耐火混凝土浴槽 3—电极

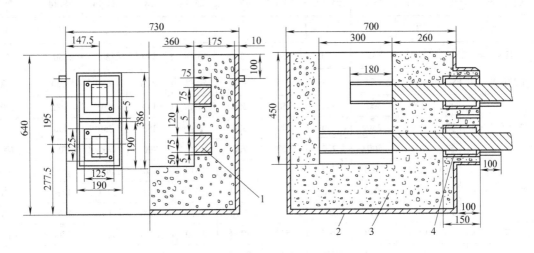

图 4-17 三相侧埋式电极盐浴炉结构图
1—电极 2—钢板槽 3—浴槽 4—冷却水套

表 4-24　单相埋入式电极盐浴炉的主要技术参数

项　目		RDM-20-8	RDM-25-13
额定功率/kW		20	25
电源电压/V		380	380
电极电压范围/V		12～29.2	12～29.2
额定电极电压/V		24	24
相　数		单	单
额定温度/℃		850	1300
空炉耗损功率/kW		<8	<13
炉膛尺寸/mm	长	200	200
	宽	200	200
	深	600	600
外形尺寸/mm	长	1060	1060
	宽	860	860
	高	935	935
重　量/kg		1000	1000
配套变压器型号		ZUDG3-30-3	ZUDG3-30-3

表 4-25　三相埋入式电极盐浴炉的主要技术参数

项　目		RDM-30-8	RDM-45-13	RDM-30-6	RDM-45-8	RDM-70-13	RDM-45-6	RDM-70-8	RDM-90-13	RDM-90-6	RDM-130-8
额定功率/kW		30	45	30	45	70	45	70	90	90	130
电源电压/V		380	380	380	380	380	380	380	380	380	380
电极电压范围/V		14.48～30.74	14.48～30.59	14.48～30.74	14.48～30.59	16.15～34	14.48～30.59	16.15～34	16.25～34.55	16.25～34.55	16.15～34
额定电极电压/V		25.12	25.1	25.12	25.1	28	25.1	28	28.14	28.14	28
相数		3	3	3	3	3	3	3	3	3	3
额定温度/℃		850	1300	650	850	1300	650	850	1300	650	850
空炉损耗功率/kW		<13	<26	<8	<18	<35	<12	<24	<50	<34	<50
炉膛尺寸/mm	长	300	300	350	350	350	450	450	450	900	900
	宽	250	250	350	300	300	350	350	350	450	450
	深	700	700	700	700	700	700	700	700	700	700
外形尺寸/mm	长	1160	1260	1210	1210	1310	1310	1310	1410	1560	1560
	宽	910	1010	960	960	1060	1010	1010	1110	1310	1310
	深	1070	1070	1070	1070	1070	1070	1070	1070	1070	1070
重　量/kg		1230	1360	1520	1530	1730	1630	1640	1770	2700	2670
配套变压器型号		ZUSG$_3$-35-3	ZUSG$_3$-50-3	ZUSG$_3$-35-3	ZUSG$_3$-50-3	ZUSG$_3$-75-3	ZUSG$_3$-50-3	ZUSG$_3$-75-3	ZUSG$_3$-100-3	ZUSG$_3$-100-3	ZUSG$_3$-150-3

4.6.9　电极盐浴炉的启动

由于固态盐的电阻值很大，不能在工作电压下使其导通。因此，在浴炉开始工作时需先用相应的启动方法使电极间的盐熔化。电极盐浴炉的启动方法很多，应用较多的是传统的启动电阻法。

1. 电阻加热器启动　电阻加热器是一个电热元件，常用 $\phi16 \sim \phi20$mm 低碳钢棒绕成螺旋形使用，螺旋直径 $\phi90 \sim \phi160$mm，螺距 $25 \sim 30$mm，也有用板条制成波纹形。电阻加热器置于工作电极之间，通电后发热而将附近的固态盐熔化，进一步使工作电极导通，熔化整个盐浴。根据实践经验，电阻加热器截面电流密度不大于 20A/cm^2，线长度约 $2 \sim 3$m，其引出棒截面积比加热部分大 $1 \sim 2$ 倍。

炉膛结构和形状、电极布置、电阻加热器的安放位置、电阻加热器本身绕制形状等因素，对启动效果影响很大。通常将其安放在距离主电极最近的部位，照顾到三相电极布置的特点，使之形成最有效的熔化盐的导电通路，以缩短启动时间，如图 4-18 所示。炉膛较深的井式盐浴炉可采用多层并联或高度较大的波纹体电阻加热器。

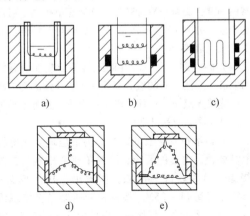

图 4-18　电阻加热器结构形状及放置示意图
a）单层启动　b）双层启动　c）波纹体启动
d）星形启动　e）三角形启动

2. 盐渣低压启动　这种启动方法是利用浴槽底部的盐渣电阻率较小的特性，在工作电极下方安装一金属启动电极，极间距取 $15 \sim 20$mm，以尽量减少板间电阻，使板间的电阻保持在约 3Ω，当以工作电压接通工作电极后，板间的盐渣即导通发热，并将附近的固态盐熔化。

顶埋式电极盐浴炉的盐渣低压启动装置示意图见图 4-19 和图 4-20。用 30mm × 30mm 的方钢焊成启动电极，电极底面与浴槽底平，顶端与工作电极平，启

动电极间距保持 $15 \sim 20$mm。启动时采用变压器高档送电升温，达到工艺要求温度后再调到低档供电。

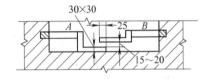

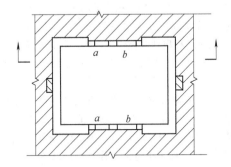

图 4-19　单相埋入式马蹄形
电极盐浴炉启动电极
A、B—主电极　a、b—启动电极

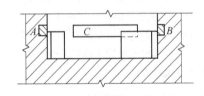

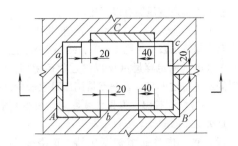

图 4-20　三相埋入式块状电极盐浴炉启动电极
A、B、C—主电极　a、b、c—启动电极

3. 盐渣高电压启动　这种启动方法是利用比变压器工作电压较高的电压将电极间盐渣击穿，导电熔化而启动。这种方法的关键在于供电装置。

（1）增设启动绕组。在盐浴炉变压器窗口尺寸允许的条件下，尽量增大启动绕组导线截面积，使其能通过更大电流，启动绕组输出电压可为 110V 和 40V。启动时，先以高压击穿极间盐渣混合物，使极间导通，此时，因固态盐变为液态盐，电阻突然降低，

电流急剧增大。因此，应立即换接变压器八档降低电压供电，然后，根据电流值的变化逐渐调档至正常工作状态。

（2）晶闸管连续可调电压启动。采用 YKD-1 型晶闸管多功能盐浴炉控制装置，根据高压启动中熔盐导通的不同程度，连续调节启动电压，逐步过渡到主电极正常工作状态。中温浴炉启动时间，热炉：0.5～1h，冷炉：1～1.5h，控温精度可达 ±（2～3）℃。

（3）分立式快速启动电源装置。采用分离的主电极供电回路和启动电极供电回路，各自成为独立系统，先接通启动电极供电回路启动，随后换接主电极供电回路，进入正常工作状态。

4. 双功能电极启动　这种方法是将电极设计为具有工作电极和启动电阻加热功能的双功能电极装置，生产中应用的有环形、工字形和折叠形三种，如图 4-21 所示。双功能电极制作，由多块钢板首尾焊接后再焊上两个引出板柄，钢板之间由耐火绝缘材料隔离。其中一个电极柄与盐炉变压器连接，称主柄；另一个电极柄为副柄。启动时，将三个电极的副柄用启动铜排连接，即组成一星形连接的电阻加热器，待盐熔化后，断开启动铜排，该电极即起工作电极作用。工字形双功能电极（见图 4-21c）在断开启动铜排后，可用铜排将电极的主柄和副柄连接起来，使电极起工作电极的作用。

4.6.10　盐浴炉的变压器

盐浴炉常用变压器有以下几种。

（1）空气变压器。这类变压器有 ZUDG 和 ZUSG型，其冷却效果较好，绝缘可靠，结构坚固，运行安全；可在超过额定容量 40% 以内过负荷使用，但运行时间不得超过 1.5h。其缺点是调压级数较少（5～8 档），不易精确控温，调压尚须断电，易使炉温波动。这类变压器的技术参数见表 4-26。

（2）双水内冷盐浴炉变压器。这类变压器有 ZUDN 和 ZUSN 型，可向铜管绕组内通水冷却，水压 100～200kPa，水温≤30℃，出水温度 50℃，要求防止漏水，切忌断水通电。其缺点是消耗大量清洁软化水。其技术参数见表 4-27。

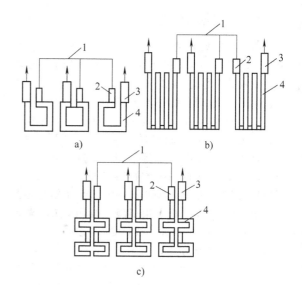

图 4-21　双功能电极示意图
a）环形电极　b）折叠形电极　c）工字形电极
1—启动铜排　2—副柄　3—主柄　4—电极

（3）油浸式带电抗器的盐浴炉变压器。这类变压器用油浸提高绕组冷却效果，并装有电抗器，可以带电调级，并分 13 级电压调节，便于调节炉温。其技术参数见表 4-28。

（4）磁性调压器。磁性调压器是借改变励磁线圈的电流，控制铁心的磁导率与一次侧线圈的感应阻抗，可连续无级调节，使电流平稳变化，并可自动控制。其技术参数见表 4-29。

（5）盐浴炉变压器的改接。为适应埋入式电极供电需要提高电压的要求，可将单相变压器的二次侧绕组，由并联改为串联，使输出电压由 5.5～17.5V 提高到 11～35V。将三相变压器二次侧绕组由△改为丫形接法，可使输出电压由 5.5～17.5V 提高到 9.5～30.1V。有些三相变压器的△形连接的二次侧绕组，每相为并联二组绕组，将相间连接改为星形，可使电压提高 0.73 倍，或将并联绕组改为串联，可使电压提高一倍，但绝不能同时改接，改接电路见图 4-22。

表 4-26　盐浴炉变压器的技术参数

型　　号	额定容量/kV·A	相　　数	一次侧电压/V	二次侧电压/V	线圈连接组标号
ZUDG-25	25	1	380	10～35	1/1－12
ZUSG-35	35	3	380	10～35	丫—△/丫—12—1
ZUDG-50	50	1	380	10～35	1/1－12
ZUSG-50	50	3	380	10～35	丫—△/丫—12—1
ZUSG-75	75	3	380	10～35	丫—△/丫—12—1

（续）

型　号	额定容量/kV·A	相　数	一次侧电压/V	二次侧电压/V	线圈连接组标号
ZUSG-100	100	3	380	10 ~ 35	Ｙ—△/Ｙ—12—1
ZUSG-150	150	3	380	10 ~ 35	Ｙ—△/Ｙ—12—1
ZUSG-200	200	3	380	10 ~ 35	Ｙ—△/Ｙ—12—1

表 4-27　ZUDN 和 ZUSN 型变压器的技术参数

型　号	开关位置	容量/kV·A	一次侧 电压/V	一次侧 电流/A	二次侧 电压/V	二次侧 电流/A	水量/(kg/h) 一次侧	水量/(kg/h) 二次侧	线圈连接组标　号
ZUDN-503	1	27.8	380	73	6.0	4630	120	300	$\dfrac{1}{1—12}$
	2	34.7	380	91.5	7.5		120	300	
	3	40.3	380	106	8.7		120	300	
	4	55.6	380	146	12		120	300	
	5	69.5	380	183	15		120	300	
	6	80.6	380	212	17.4		120	300	
ZUSN-753	1	43.3	380	63.8	6.57	3800	150	250	$\dfrac{Ｙ—△}{△—11—12}$
	2	52.8	380	80.2	8.01	3800	150	250	
	3	66.2	380	101	10.13	3800	150	250	
	4	75	380	114	11.4	3808	150	250	
	5	90	380	137	13.8	3760	150	250	
	6	105	380	153	17.6	3445	150	250	
ZUSN-1003	1	56	380	88.4	6.57	5110	220	330	
	2	71	380	108	8.01	5110	220	330	
	3	90	380	137	10.13	5110	220	330	
	4	101	380	153.2	11.4	5110	220	330	
	5	119	380	181	13.8	4470	220	330	
	6	140	380	212.7	17.6	4600	220	330	

表 4-28　油浸式带电抗器的盐浴炉变压器的技术参数

额定容量/kV·A	电压/V 一次侧	电压/V 二次侧	电流/A 一次侧	电流/A 二次侧
35	380	10 ~ 25	92	1400
55	380	10 ~ 25	145	2200

表 4-29　TDJH2、TSJH 磁性调压器的技术参数

型　号	容量/kV·A	相　数	频率/Hz	额定输入电压/V	额定输出电压/V	直流控制电流/A	总耗损/kW
TDJH2-10/0.5	10	1	50	380	5 ~ 35（10 ~ 70）	2	0.81
TDJH2-20/0.5	20	1	50	380	5 ~ 35（10 ~ 70）	5	1.45
TDJH2-50/0.5	50	1	50	380	5 ~ 35（10 ~ 70）	10	3.19
TDJH2-100/0.5	100	1	50	380	5 ~ 35（10 ~ 70）	15	5.00

（续）

型　　号	容　量 /kV·A	相　数	频　率 /Hz	额定输入 电压/V	额定输出电压 /V	直流控制 电流/A	总耗损 /kW
TDJH2-125/0.5	125	1	50	380	5～35（10～70）	20	5.87
TSJH-50/0.5	50	3	50	380	5～35（10～70）	15	
TSJH-63/0.5	63	3	50	380	5～35（10～70）	15	
TSJH-80/0.5	80	3	50	380	5～35（10～70）	15	
TSJH-100/0.5	100	3	50	380	5～35（10～70）	15	
TSJH-125/0.5	125	3	50	380	5～35（10～70）	20	

注：5～35V 用于埋入式盐浴炉，10～70V 用于真空炉。

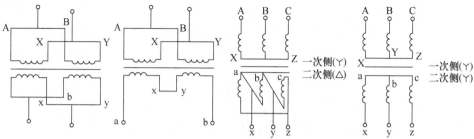

图 4-22　盐浴炉变压器改接电路

4.6.11　电极盐浴炉汇流板

汇流板是电热元件与电源之间的连接装置，为电极盐浴炉的电极与变压器间的连接装置。大电流的汇流板通常用铜排，表 4-30 为铜（铝）排在连续载荷下的安全电流值。

表 4-30　铜（铝）排在连续载荷下的安全电流值

截面尺寸（长×宽） /mm	每米质量/kg		在以下铜（铝）排数时的安全电流/A					
			铜　　排				铝　　排	
	铜排	铝排	1	2	3	4	1	2
15×3	0.400	0.122	210	—	—	—	165	—
20×3	0.534	0.163	275	—	—	—	215	—
25×3	0.668	0.203	340	—	—	—	265	—
30×4	1.066	0.324	475	—	—	—	365	—
40×4	1.424	0.432	625	—	—	—	480	—
40×5	1.780	0.540	700	—	—	—	540	—
50×5	2.225	6.675	860	—	—	—	665	—
60×5	2.670	0.810	955	—	—	—	740	—
60×6	3.204	0.972	1125	1740	2240	—	870	1350
80×6	4.272	1.295	1480	2110	2720	—	1150	1630
100×6	5.340	1.670	1810	2470	3170	—	1425	1935
60×8	4.272	1.296	1320	2160	2790	—	—	—
80×8	6.696	1.728	1690	2620	3370	—	—	—

（续）

截面尺寸（长×宽）/mm	每米质量/kg		在以下铜（铝）排数时的安全电流/A					
			铜 排				铝 排	
	铜排	铝排	1	2	3	4	1	2
100×8	7.120	2.160	2080	3060	3930	—	—	—
120×8	8.544	2.592	2400	3400	4340	—	—	—
60×10	6.340	1.620	1475	2560	3300	—	—	—
80×10	7.120	2.160	1900	3100	3900	—	—	—
100×10	8.900	2.700	2310	3610	4650	5300	—	—
120×10	10.68	3.240	2650	4100	5200	5900	—	—

4.7 盐浴炉排烟装置

为防止盐浴蒸气、油烟等污染车间环境，浴炉应装设排气装置。常用的排烟装置有两种形式，一是在炉口上部装设排气罩；二是在炉口侧面装设排气口。

排气罩连接在炉体上，侧面留有操作口，罩壳垂直高度为 550～600mm，罩顶排气管与总排气管相接。排气量可按下式计算：

$$V = 3600Av_1$$

式中 V——排气量（m^3/h）；

   A——操作口截面积（m^2）；

   v_1——操作口吸入气体流速（m/s），v_1 值见表 4-31。

表4-31 上排气罩操作口吸入气体流速 V_1

盐浴炉类别	有害挥发烟气	吸入气体流速/（m/s）
1300℃盐浴炉	盐烟气	1.2
650～950℃盐浴炉	盐烟气	1.0
≤650℃盐浴炉	盐烟气	0.7

排气罩出口直径为

$$d = \sqrt{\frac{V}{900\pi v_2}}$$

式中 d——排气罩出口直径（m）；

   v_2——排气口气流速度（m/s），$v_2 = 6～8m/s$。

为了操作方便，普遍采用侧排风装置，小型炉采用单侧排风，大型炉采用双侧排风。排气口的宽度约等于炉口的宽度，高度可取 100mm 左右，排气口的气流速度可取 6～8m/s，排气量仍可按上排气公式计算。

4.8 盐浴炉设备机械化与自动化

4.8.1 盐浴炉用的工件运送机构

盐浴炉配备适当的工件运送机构和计算机自动控制系统组成盐浴炉热处理生产线，可连续地、有节奏地按一定工艺顺序自动完成一种或多种工艺生产。表 4-32 列出了常用的盐浴炉工件运送机构。

表4-32 常用的盐浴炉工件运送机构

名称	示意图	说明	名称	示意图	说明
链条运送机	 1—盐浴炉 2—工件 3—链轮 4—链条	结构简单，运动平稳可靠，主要用于大型盐浴炉	螺旋运送机	 1—盐浴炉 2—工件 3—上料机构 4—传动螺杆 5—卸料机构	带有链传动上料、卸料机构，结构简单，运动平稳可靠

（续）

名称	示意图	说明	名称	示意图	说明
固定轨道运送机	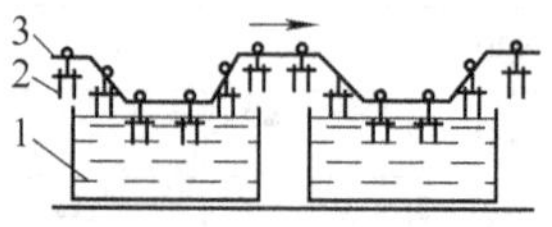 1—盐浴炉　2—工件 3—固定轨道	工件悬挂在传送链上，沿着按工艺要求设计的固定轨道前进，运动平稳可靠，多用于多个盐浴炉的炉间和炉内运送	自动化联合淬火机	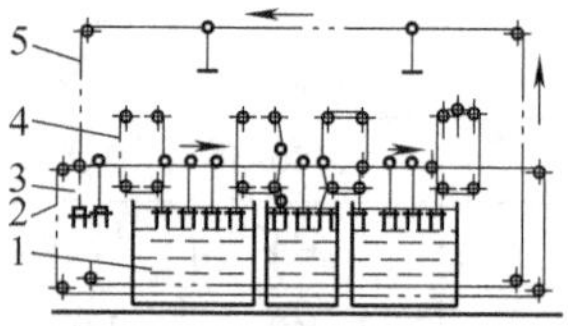 1—盐浴炉　2—水平运送机构 3—夹具和工件　4—炉间运送 机构　5—夹具返回机构	自动化程度高，结构复杂，装炉量不受人的体力限制，生产率高
高架式淬火联动机	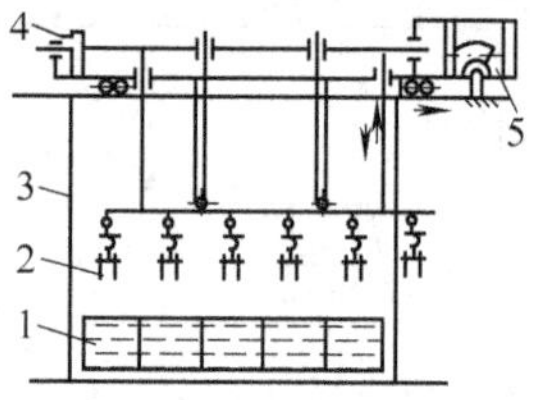 1—盐浴炉　2—工件　3—支架 4—升降机构　5—平移机构	平移运动采用推拉杆，杆长为两炉之间中心距的一半；升降运动采用蜗杆传动，通过钢丝绳带动工件作上下移动 动作平稳，行程准确，结构简单	摇臂式运送机	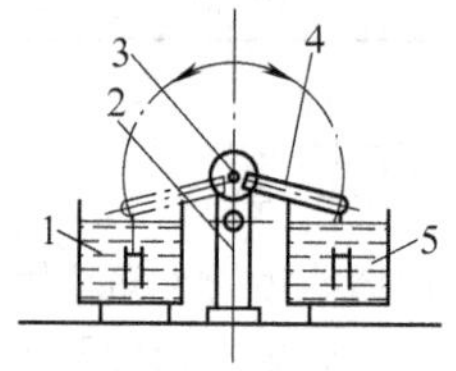 1—盐浴炉　2—立柱　3—旋转机构 4—摇臂　5—工件	摇臂回转，带动工件由一个盐浴炉移至另一个盐浴炉，放下工件，摇臂空行程复位，工件作提升和平移运动
机械传动回转式淬火机	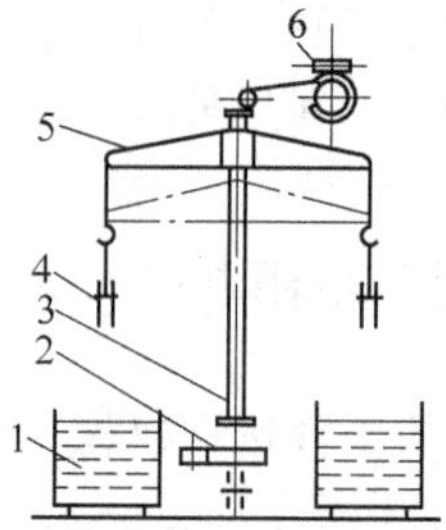 1—盐浴炉　2—回转机构　3—立柱 4—工件　5—支架　6—升降机构	结构简单，工件作升降和水平回转运动，所有工序完了仍返回原地，工人可在一处装卸料；由于离心作用，工件晃动较大	活动支架回转式淬火机	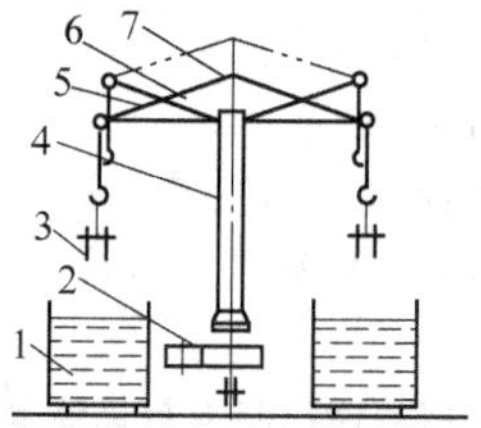 1—盐浴炉　2—回转机构　3—工件 4—升降液压缸　5—支架　6—固 定结点　7—活动结点	伞架下结点固定，上结点活动，当立式液压缸提升工件时，伞架圆周缩小，使回转运动时离心力减小，晃动小
水平液压缸回转式淬火机	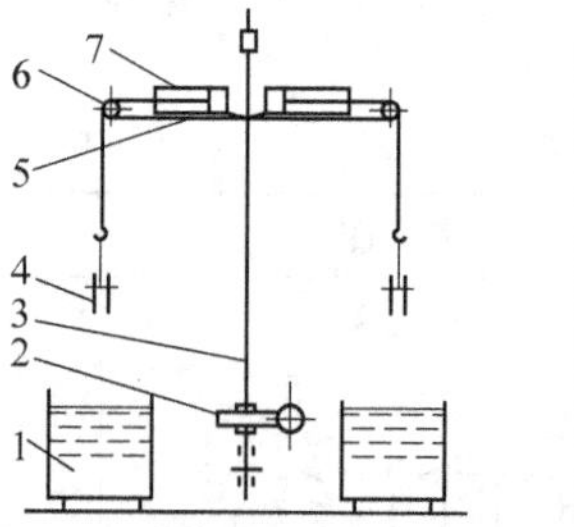 1—盐浴炉　2—回转机构　3—立柱 4—工件　5—支架　6—滑轮 7—液压缸	水平液压缸通过滑轮转向作升降运动；回转运动靠机械传动	淬火活动小车	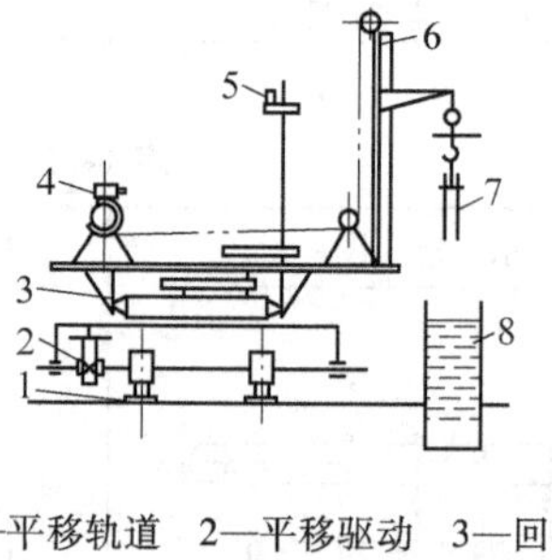 1—平移轨道　2—平移驱动　3—回 转轨道　4—升降驱动　5—手动 回转机构　6—升降滑道 7—工件　8—盐浴炉	增大小车升降滑道尺寸，可处理拉刀等细长工件

4.8.2　回转式盐浴炉生产线

回转式盐浴炉生产线由盐浴炉、淬火油槽、水槽、清洗机、机械手及液压系统等部件组成。如图4-23所示，在中央位置设有一台机械手，将工件按工艺要求进行传递。

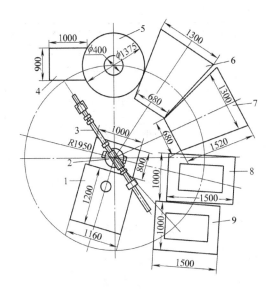

图4-23 回转式盐浴炉生产线
1—液压系统 2—电磁吸盘 3—机械手
4—上下料位置 5—盐浴炉 6—油槽
7—水槽 8—硝盐槽 9—清洗机

4.9 浴炉的使用、维修及安全操作

1. 外热式浴炉使用和维修的技术要点

(1) 燃料加热浴炉烧嘴应沿浴槽切线方向安装。每隔一定时间（如每周）应旋转浴槽30°~40°，以防止浴槽局部过热烧穿，延长浴槽寿命。

(2) 在浴槽突缘与炉面板之间应用耐火水泥或石棉填垫密封，以防熔盐流入炉膛。不宜用燃料加热硝盐炉，以防炉罐烧穿后，炭黑与硝盐作用引起爆炸。

(3) 炉膛底部应设放盐孔，以备发生事故时使熔盐排出，平时用适当材料堵住。

(4) 外热式浴炉应用两支热电偶，分别测定盐浴及加热元件附近的炉膛温度。

(5) 盐浴要定期脱氧、捞渣、添加新盐。

2. 电极盐浴炉使用和维修的技术要点

(1) 新购置或重修的电极盐浴炉应烘炉，可用电阻丝盘炉烘烤，分段升温和保温，以防混凝土浴槽开裂。

(2) 工作时应开动排风装置，停电时炉口应加盖。

(3) 炉壳与变压器接地。铜排与电极柄应接触良好。检查浴槽、电极、电极柄、变压器及水冷却装置等部位有无漏电短路。清理炉子各部位的粘盐、氧化皮等污物。

(4) 盐液面应保持一定高度，以保证工件能均匀、

快速加热，应及时脱氧、捞渣、加足够新盐。

(5) 因电极盐炉启动困难而暂时停炉时，可在炉口加盖并在低档供电下保温；长期停电应捞出部分盐液，并安放启动装置。

(6) 避免工件落入浴槽使工件短路，落入炉中的工件应断电捞出。工件装炉应与电极、浴槽侧壁、炉底及液面保持一定距离。

(7) 应采用自动控温装置。

(8) 应注意变压器运行情况，不宜过载，不得漏油、不得使铁心过热或油温过高。

3. 盐炉的安全操作要求

(1) 必须装排风装置，排除盐蒸气及其他有毒气体。工作人员应戴防护眼镜、手套和穿工作服。

(2) 向浴槽内加入新盐和脱氧剂，应完全干燥，分批、少量逐步加入。工件与夹具装炉前应充分烘干。向硝盐内加入工件应去除油污。低温盐浴需加水时，应在常温下加入。

(3) 前后工序所用盐浴成分应能兼容，上道工序的少量用盐带入下道工序盐浴中时，应不致引起盐浴变质或爆炸。严禁将硝盐带入高温盐浴。在高温盐、硝盐中作业时，应分别使用专用工具夹。

(4) 毒性大、易爆炸、腐蚀性强或易潮解的浴剂，如硝盐、氯化钡和碱等，应按规定在专门地点，用专用容器包装存放，由专人保管。

(5) 浴炉附近应备有灭火装置和急救药品。操作人员应经过训练。浴炉起火应用干砂灭火，不能用水及水溶液扑救，以免使盐飞溅或造成火势蔓延。

(6) 废弃毒性盐浴剂接触用过的工具夹、容器、工作服及手套均应进行消毒。带氰盐废物需用硫酸亚铁、熟石灰及水配制溶液进行消毒，浸泡搅拌30min后，再静泡3h。碱液废料通常用硫酸中和消毒。

4.10 流态粒子炉

流态粒子炉是炉膛内具有流动状态粒子的间歇式热处理炉。它是利用流态化技术，使工件在由气流和悬浮其中的固体粉粒构成的流态层中进行热处理。

4.10.1 流态粒子炉技术性能

流态粒子炉具有升温速度快、炉内温度均匀、节能、可实现多种热处理工艺的优点。表10-33为流态粒子炉与盐浴炉的技术性能比较；表10-34为流态粒子炉与其他类型热处理炉的设备性能、使用性能、工件质量、环境影响、经济性比较。

表 10-33 流态粒子炉与盐浴炉的技术性能比较

序号	技术性能	普通盐浴炉	RLTE 流态粒子炉	流态粒子炉的优势
1	炉膛尺寸 (长×宽×高)/mm	400×400×600	360×460×600	作业区容积相近
2	标定功率/kW	75	40	设计功率只有40%
3	至900℃升温电耗 /kW·h	190	28.5	电耗减少85%
4	至900℃升温时间 /min	300	45	时间缩短85%
5	900℃空载保温电耗 /kW·h	21	12	电耗减少42%
6	炉内气氛	—	中性、可变	脱碳敏感性低
7	炉温均匀度/℃	10	4	质量更可靠
8	设备功能	单一(>700℃)	多用(0~1100℃)	一炉有更多实用性
9	操作工艺	烘烤,盐浴不断校正,定期报废,零件要反复清洗、除盐,以防锈蚀	不烘干,不预热,不脱碳,不脱氧,不用清洗加工零件,可保持中性	不锈蚀,劳动强度轻,安全,低成本
10	作业危害性	Cl^-、Ba^+蒸气有毒	无毒	对身体不造成危害
11	炉内电场	电位差大,易烧伤零件	等电位,不烧伤零件	不损害零件
12	热处理质量	易脱碳,易变形,易开裂腐蚀,易出现麻点、软点,性能易出现差别大	微无脱碳,性能均匀,重现好,变形小,工件表面光洁、不腐蚀	质量更好、更可靠
13	综合成本	1	0.78	成本低

注:综合成本包括设备折旧费,辅助操作费,维修费,辅料费,电耗费,人工费等。以普通盐浴炉的综合成本为1。

表 10-34 流态粒子炉与其他类型热处理炉比较

项目对比	炉种	流态粒子炉		盐浴炉		气氛炉 滴注式		气氛炉 发生炉式		真空炉 (包括离子炉)
设备性能	处理工件复温	○	很快	✓	快	△	慢	△	慢	△	很慢
	温度均匀性	✓	好 (±5℃以下)	○	好	○	一般 (±7.5℃以下)	○	一般 (±7.5℃以下)	×	差 (±10℃以下)
	使用温度范围	✓	−80~1250℃	×	取决于盐浴种类	○	500~970℃	○	500~970℃	○	800~2000℃
使用性能	处理周期	✓	渗碳渗氮速度快	✓	渗碳渗氮速度快	○	一般	○	一般	×	长
	冷炉启动	○	快	×	盐浴溶化造渣时间长	×	排气、炉气平衡时间长	×	排气、炉气平衡时间长	△	工件随炉升温慢
	后处理	✓	容易	×	清洗工件残盐难	○	不用	○	不用	✓	不用
	维修操作	✓	简便	×	繁重	○	比较易操作	○	一般	△	真空系统

（续）

项目对比 炉种		流态粒子炉		盐浴炉		气氛炉				真空炉（包括离子炉）	
						滴注式		发生炉式			
工件质量	晶界氧化	✓	没有	✓	没有	△	晶界氧化	△	晶界化氧化	○	元素挥发	
	处理工件光亮度	○	光亮	×	易脱碳、易腐蚀	○	较好	○	好	✓	很好	
	热处理畸变	✓	小	✓	较小	○	一般	○	一般	○	畸变较小	
	处理工件性能		均匀，差别很小		较好，易出现软点		较好		较好		较好	
环境影响	操作环境	△	须有吸尘罩	×	差	○	一般	○	一般	✓	良好	
	公害	○	无	×	盐蒸汽及排出废水污染有害	○	无	○	无	✓	无	
	安全性	○	安全	×	有盐喷溅危险	○	有爆炸危险	○	有爆炸危险	○	安全	
经济性	最初投资成本	✓	便宜	✓	很便宜	○	便宜	△	贵	×	很贵	
	生产成本	✓	低	△	较贵	○	便宜	○	便宜	△	贵	
	辅助设备	○	供气	×	残盐清洗排放废水、废气	△	供气、滴注液设备	△	发生炉	○	供气、真空设备、冷却系统	

注：✓—好，○—较好，△——一般，×—差。

4.10.2　流态粒子炉工作原理

1. 流态粒子炉的结构组成　流态粒子炉由炉体、炉罐、粒子、布风板等部分组成，如图 4-24 所示。在炉罐的底部安放布风板，气体通过布风板进入炉膛，使炉罐内的固态粒子形成流态床，工件在流态床中加热、冷却或进行化学热处理。

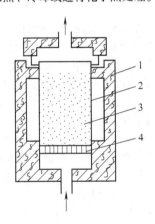

图 4-24　流态粒子炉结构示意图
1—炉体　2—炉罐　3—粒子　4—布风板

2. 流态化过程

（1）流态化的各个阶段。流态粒子炉内固体粒子所处的空间称流化床或床层。粒子的运动状态随通过气体的速度而变化，见图 4-25。当流速低时，气体从静止粒子间的空隙穿过，此时床层不动，称固定床（见图 4-25a）。当流速达到某一数值，使气体所产生的上托力等于粒子重力时，粒子互相分离，床层开始膨胀，此时的床层称膨胀床。流速增大到使粒子可自由在气体中运动，使床层犹如流体，即所谓起始流态化（见图 4-25b），此时的气体速度称初始流态化速度 v_{mf}。气体速度进一步增大，床层体积明显增大，呈平稳悬浮状态，此时的床层称散式或平稳流态化床（见图 4-25c）。气体流速再次增加，床层变得很不稳定，气体将以气泡形式流过床层，床层总体积减小，称为沸腾流态化或鼓泡流态化床（见图 4-25d），此状态是热处理常用的流态化状态。流速继续增大，气泡也随之增大，当气泡大到与流态化容器直径相等时，将出现喷涌现象，称为腾涌（见图 4-25e）。在发生腾涌以前的各流态化状态，床层上表面有一个清晰的上界面，此流化状态又称密相流态化。当流速很高时就会出现气流夹带颗粒流出床层，即气力输送颗粒现象，此时床层上界面消失，此种状态称稀相态（见图 4-25f），此时的速度又称极限速度 v_t。

（2）流态床的压降。气流通过床层的压降随床层的状态而变化。在膨胀床阶段，床层压降随流速而升高。当达到起始流态点时，压降达到一个最大值 ΔP_{max} 之后，床层突然"解锁"，压降稍下降。虽流速再次增加，但压降几乎保持不变，直至流速有较大程度的增大，床层转化为稀相态化后，压降才急剧下降。

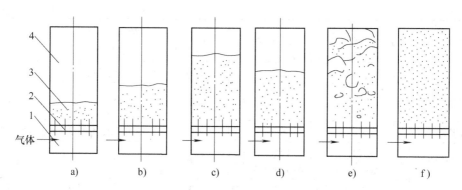

图4-25　床层流态化的各个阶段
1—风室　2—布风板　3—粒子　4—炉膛

（3）流态化速度。流态化床的一个最重要的参数是初始流态化速度或称临界流态化速度，它随粒子和气流的特性而异，可由试验测定。曾针对不同的条件提出过许多初始流态化速度的计算式，其基本关系是，初始流态化速度 v_{mf} 约为粒子直径（d）的平方函数，并和粒子密度（ρ_s）成直线关系，即

$$v_{mf} \approx Kd^2\rho_s$$

式中，K 为系数，随不同流化气体和状态而异。例如有人提出对小颗粒的初始流态化速度 v_{mf} 为

$$v_{mf} = \frac{d^2\ (\rho_s - \rho_g)\ g}{1650\mu} \qquad Re < 20$$

式中　d——颗粒直径（mm）；

　　　ρ_s——颗粒密度（kg/mm³）；

　　　ρ_g——气体密度（kg/mm³）；

　　　μ——气体粘度系数[kg/(m·s)]；

　　　Re——气流的雷诺数。

初始流态化速度是指实际温度下的气流速度。由于气体随温度升高而膨胀，气体粘度随温度升高而增大，因此，工作温度越高，所需的气体量将越小。

流态化正常工作在初始流态化速度与极限流态化速度之间的范围。在此区间存在着一个换热系数最大和流态化稳定的最佳流速（v_0），此值一般为初始流态化的 1.3～3.0 倍，生产中可根据流态化状态确定。

3. 流态化粒子　在流态化炉中，粒子是加热介质，它在气流作用下，形成紊流，与被加热工件进行无规则的碰撞，从而进行传热和传质，完成热处理过程。

粒子又是形成流态的主体，它影响到是否可形成均相的流态化和均相的热处理气氛状态，影响炉内温度均匀度和气体的消耗量。

通常把流态化粒子分为四类，即 A（细颗粒）、B（粗颗粒）、C（过细颗粒）、D（过粗颗粒）类，如图4-26 所示。

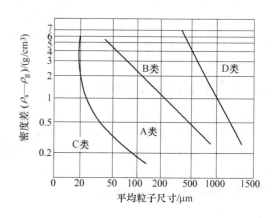

图4-26　流态化粒子分类图

平均颗粒粒径在 20μm 以下时易吹散，难于形成正常流态化；平均颗粒粒径在 0.5mm 以上的，也难于形成正常流态化，一般用于喷动床；粒径在 40～1000μm 之间，气一固密度差为 1000～4000kg/m³ 的，是最易形成流态化的颗粒。

热处理流态化炉常用的粒子随炉型而异。

（1）碳粒。碳粒是导电性粒子。在流态炉中与空气发生燃烧反应，主要用于电极加热的流态化炉，碳粒微粉易飞扬，应良好除尘。

碳粒在 800℃ 以下为弱氧化性，800～900℃ 呈中性，1000℃ 以上呈渗碳性。碳粒的堆集密度为 0.76g/cm³，用碳粒作为流态化粒子时，其粒度组成推荐选配范围如表4-35 所示。

（2）耐火材料颗粒。用得最多的是刚玉（主要成分是 Al_2O_3）颗粒，它是中性粒子，与热处理气氛一般不发生反应，耐高温，耐磨。用于中高温的耐火材料粒子应不含 Fe，以免 Fe 熔化粘结粒子。

表4-35 粒度组成推荐选配范围

粒度 /mm	0.2 ~ 0.14	0.14 ~ 0.076	<0.076	流态化质量与 床层性能
含量 （质量分数） （%）	10 ~ 15	55 ~ 65	25 ~ 30	较好
	15 ~ 25	40 ~ 50	35 ~ 40	尚可

（3）氧化铝空心球。这类粒子因体积密度小，有利于降低初始化速度，圆形度好，易均匀流化；主要缺点是强度较低，易破碎，使用中需定期筛分。市场购入的空心球需经水选筛分。

氧化铝空心球的堆密度约为 $0.35g/cm^3$。它用于渗碳、渗氮和保护加热的外部加热流态化粒子炉时，常选用平均粒径小于 0.25mm 的粒子，以减少气氛的消耗量；用于内部燃烧的流态粒子炉，工作温度为 900℃时，平均粒径约为 0.7mm；工作温度为 1050℃时，平均粒径约为 1.1mm。

4. 流态化气体 流态化气体有两个作用，一是作为流态化气体，使粒子流化；二是作为热处理气氛，满足工件保护加热、渗碳、渗氮等工艺要求。

热处理流态化炉常用的气体有如下几种：

（1）空气。空气是最廉价的流态化气氛，但它是氧化性气氛。工业用的压缩空气又常含有较多的水分，一般需过滤或干燥后使用。空气主要用于不要求防氧化的外热式流态化炉或用于碳粒作粒子的流态化炉，以及用于内燃式流态化炉作可燃气体助燃剂。

（2）氮气及氮基气氛。经净化的氮气可作为外热式流态化炉的气体，或者添加还原性或渗碳性气体，组成适用于不同热处理要求的气氛。主要用于外热式流态化炉。

（3）可燃气体。可燃气体有丙烷、丁烷、液化石油气和天然气等，它们与按一定比例的空气混合，可产生不同燃烧程度的流态化气氛。当空气过剩系数≥1 时，进行完全燃烧，炉气氛为氧化性，所产生的热量用于加热炉和工件；当空气过剩系数 <1 ~ 0.5 时，发生不完全燃烧，如同产生放热型气氛，这种气体主要用于内燃式流态化炉，是最经济的气体，既作热源又作流态化气体；当空气过剩系数 <0.3时，则可产生相当于吸热型气氛，用作渗碳性的气体。

（4）其他气体。对外热式流态化炉，流态化气体可以任意配制，如氨的裂化气、甲醇裂化气等。

4.10.3 流态粒子炉的基本类型

根据向流态床输入热能的方式，可将流态床分为直接电阻加热式、外部电阻元件加热式、内部电阻元件加热式、外部燃烧加热式和内部燃烧加热式等几种类型。

1. 直接电阻加热式流态粒子炉 这类炉子是通过设置在炉膛侧壁上的电极及炉膛内的碳粒子导电加热。碳粒既是加热介质，又是导电体和发热体。图4-27和图4-28所示分别为直接电阻加热流态粒子炉结构示意图和装置系统示意图。

工作时，压缩空气经干燥后进入风室，再经布风板进入炉膛，使碳粒子流态化。炉膛四角有时装有辅助进气管，起辅助流化作用。

上下气室和预布风板的作用是，对流态化气体在进入布风板之前起缓冲和均压作用。一般风室内的压力为 5 ~ 7kPa，流速在 10m/s 以下。预布风板应有均匀的透气性、耐热、耐磨、不易变形，并要防止碳粒落入风室。布风板可用高铝透气砖或金属板打孔制作。耐热砂使气体均压并保护布风板，可使用 40 ~ 60 目刚玉砂，厚度 50 ~ 70mm。碳粒子粒度 40 ~ 60 目或 60 ~ 80 目。电源经降压整流为 150V 直流电源，通过电极传递到碳粒导电加热。除尘装置可以防止环境污染。表4-36和表4-37列出了部分直接电阻加热流态粒子炉的型号及技术参数。

2. 外部电阻元件加热式流态粒子炉 这类炉子是用电热元件在炉罐外加热，粒子多采用非导电体耐火材料粒子。流态化气体可根据热处理工艺需要配制。可用于工件渗碳、渗氮、光亮淬火及回火等热处理。该炉的主要缺点是因耐火材料粒子热导率较小，空炉升温时间较长。

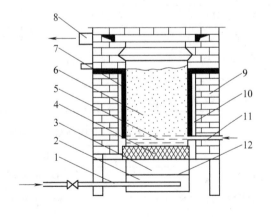

图4-27 RL系列流态粒子炉结构示意图

1—进气管 2—下气室 3—上气室 4—布风板
5—耐热砂 6—石墨粒子床 7—电极板
8—排烟口 9—轻质保温砖 10—炉膛
11—辅助进气管 12—预布风板

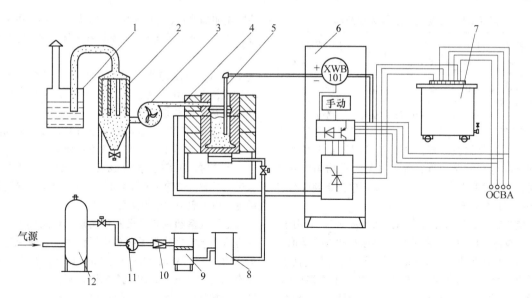

图 4-28　RL 系列流态粒子炉装置系统示意图

1—过滤器　2—布袋式除尘器　3—吸风机　4—炉体　5—热电偶　6—控制器　7—变压器

8—干燥器　9—滤油筒　10—调压阀　11—分水滤气器　12—储气罐

表 4-36　RL 型直接电阻加热流态粒子炉的型号及技术参数

型　号	RL-30-10	RL-45-10	RL-75-10	RL-100-10
额定功率/kW	30	45	75	100
额定电压/V	110、140	110、150	110、160	110、160
温度/℃	1000	1000	1000	1000
炉膛(长×宽×深)/mm	250×350×420	300×400×500	400×500×550	450×550×600
空炉升温时间/min		35～60	40～70	45～75
空炉损耗功率/kW		10	20	
风室压力/kPa		2～6	2～6	
空气流量/(m³/h)		18～25	30～40	
石墨装载量/kg		40	70	
炉体外形尺寸 (长×宽×深)/mm		920×880× (1350～1800)	1070×920× (1647～2000)	

表 4-37　TH 型直接电阻加热流态粒子炉的型号及技术参数

项　目	TH-00-80	TH-01-35	TH-02-5
结构特点	内热式,直流	内热式,交流	双热式,交流
炉膛尺寸(直径×深)/mm	φ600×1000	φ400×600	φ250×400
固定床高度/mm	800	480	330
流态床高度/mm	1000	600	400
升温平均功率/kW	75	35	8
正常使用温度/℃	950	950	1000
升温到 900℃时间/h	1～1.3	0.6～1	0.5～1

（续）

项　目	TH-00-80	TH-01-35	TH-02-5
有效区最大温差/℃	6	4	3
控温精度/℃	±3	±5	±3
负载温度回升时间/min	10	10	10
900℃时气体流量/（m³/h）	4～10	3～8	
常温时气体流量/（m³/h）	~16	~14	根据导电粒子和非导电粒子使用情况决定
风室压降/kPa	~12	~12	
900℃时炉气 CO_2/CO （%）	10.9/24.4	10.9/24.4	
石墨粒子装载量/kg	156	55	
石墨粒子绝对消耗量/（kg/h）	0.5	0.3	0.2
除尘效率（%）	96	96	96
工作区电位特性	等电位	零电位	无电场

图 4-29 所示为一典型的外部电阻元件加热式流态粒子渗碳炉结构示意图。电阻元件布置在炉罐外侧，炉罐采用耐热合金钢制作，由炉顶装入炉内。炉罐底部有一布风板，罐内的粒子是 80 目的 Al_2O_3 粒子。

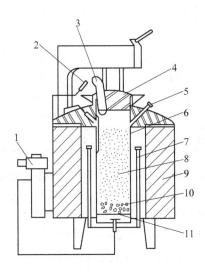

图 4-29　外部电阻元件加热式
流态粒子渗碳炉结构示意图
1—汽化器　2—点火器　3—排气口　4—炉盖
5—氧探头　6—炉罐　7—电阻元件
8—Al_2O_3 粒子　9—炉体　10—耐火
材料　11—布风板

用氧分析仪测量气氛的碳势，氧探头从 45°方向插入流态床中，插入深度大于 75mm。该炉有三支热电偶检测温度，一支从炉罐顶沿内壁插入，以控制炉子工作温度；另两支作为超温监控热电偶，分别监控发热体及风室的温度，风室内温度不得超过 290℃。

渗碳操作顺序是，先将装有工件的吊筐放入通氮气的流态床内，再关好炉盖，并通氮气升至渗碳温度，然后利用汽化器将甲醇汽化，使甲醇气、氮气及少量天然气（甲烷）一起经布风板通入炉罐内，使工件在要求的碳势下进行渗碳。炉罐换气次数为每小时 300 次，废气由炉盖的排气口排出并点燃。渗碳结束后，用氮气吹洗 2min，然后出炉淬火冷却。

3. 内部电阻元件加热式流态粒子炉　这类炉子的加热电阻元件布置在粒子中，如图 4-30 所示。根据炉子工作温度，可选用电热辐射管或碳化硅元件作为加热元件。

这种炉型应保证电阻加热元件附近良好的流态化状态，无局部过热，以免毁坏电阻元件。

4. 内部燃烧加热流态粒子炉　这类炉子采用可燃混合气作为流态化气体和热源，可燃混合气在炉床上面点燃，火焰向下传递，最后在布风板上方稳定燃烧。炉膛的温度靠控制混合气体的供入量和比例调节，但受粒子大小和流态化状态的限制。炉子工作温度一般为 800～1200℃。其主要用于工件淬火加热。

图 4-31 所示为用液化石油气为燃料的内部燃烧加热流态粒子炉，粒子直径为 0.7～1.2mm 的氧化铝空心球。该炉子设计的关键是要消除可燃气在气室和供气管路中回火爆炸的危险，该炉的布风板装置具有内混式和外混式两种供气方式。内混式是指液化石油气与空气在风室内预先混合，然后通过布风板孔进入

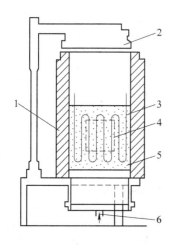

图 4-30　内部电阻元件加热式流

态粒子炉结构示意图

1—炉体　2—炉盖　3—加热元件　4—工件

5—粒子　6—流态化气入口

炉罐内燃烧。这种供气方式混合均匀，燃烧速度快，但有回火的危险，布风板上部温度应低于 350℃ 以下。外混式是指液化石油气经上气室进入炉罐，而空气经下气室进入炉罐，在炉罐内混合、燃烧，无回火危险。在空炉升温阶段可采用混合供气，在炉子工作阶段，应采用分离供气方式。

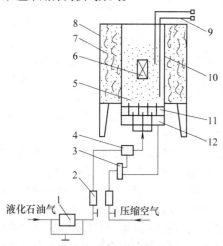

图 4-31　内部燃烧加热流态

粒子炉结构示意图

1—电磁阀　2—流量计　3—二位三通换向阀

4—混合器　5—氧化铝空心球　6—工件

7—耐火纤维　8—炉壳　9—热电偶

10—炉罐　11—上气室　12—下气室

该炉采用两支热电偶控温，一支用于控制炉子工作温度，炉子到温后，通过控制液化气供气管路上电磁阀的通断来调节可燃气供入量，达到调节温度的作用；另一支热电偶用来检测布风板上部约 80mm 处的粒子温度，当该处温度超过 350℃ 时，必须使供气管路中的二位三通换向阀处于分离供气状态。

这种炉子的优越性之一是空炉升温时间短，对炉腔工作尺寸为 φ400mm×550mm 的炉子，由室温升至 1100℃ 的时间小于 1.5h。

表 4-38 是几种用液化石油气为燃料的内部燃烧加热流态粒子炉的技术参数。

表 4-38　几种内部燃烧加热流态粒子

炉的技术参数

项　　目		RLQ-φ30×30-9	RLQ-φ40×45-9	RLQ-φ40×45-11
额定温度/℃		900	900	1000
最大燃料气耗量/(kg/h)		2	4	5.5
空炉燃料气耗量/(kg/h)		1	2	3.2
空炉升温时间/h		1	1.2	1.5
炉温均匀度(温差)/℃		<10	<10	<10
最大装载量/kg		15	25	25
炉膛尺寸/mm	直径	φ300	φ400	φ400
	高度	800	1000	1000
	装粒子高度	350	550	550
	流态化高度	400	600	600
	工作区高度	300	450	450
外形尺寸/mm	直径	φ700	φ820	φ900
	高度	1100	1300	1300
炉体重量/kg		200	250	350

5. 外部燃烧加热流态粒子炉　外部燃烧加热流态粒子炉结构如图 4-32 所示。使可燃混合气在布风板下燃烧室内燃烧，燃烧后混合一定量的空气，调整好所需的温度再通过布风板进入炉膛。这类炉子多用于低温炉。

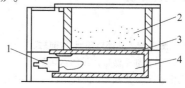

图 4-32　外部燃烧加热流态

粒子炉结构示意图

1—过量空气燃烧器　2—粒子

3—布风板　4—充气室

4.10.4 流态粒子炉的应用

流态粒子炉应用于淬火、正火、退火、回火、渗碳、渗氮、碳氮共渗，以及分级淬火、等温淬火等多种热处理工序，流态粒子炉有间歇式炉，也有连续生产线。

1. 冲压件淬火回火生产线 图4-33所示为冲压件流态床淬火回火生产线。冲压件分组装入专用夹具内，由传送机构送入流动粒子炉中加热，在加热保温后转入淬火槽，工件在淬火槽内停留大约1min，然后用热水清洗，除去残油和氧化铝，再将工件自动送到流动粒子炉中回火；回火后，工件转移到温度较低的流动粒子冷却槽内；最后，卸下工件入库。这条生产线的特点之一是用流态粒子加热炉的废气加热回火炉。

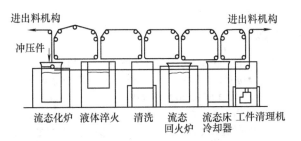

图4-33 冲压件流态床淬火回火生产线

2. 紧固件淬火炉 图4-34所示为一种滚筒式连续流态粒子炉的结构示意图。焊有弹簧状传热片的滚筒的下半部埋在流态床中，通过改变滚筒旋转速度来调节工件的处理时间，可用电或天然气加热，均为外热式。工件在旋转密封罐中用惰性气体保护。密封罐的旋转为两圈向前，一圈向后连续动作，以保证工件转动均匀。这种炉子适用于紧固件、轴承及小零件连续淬火。

3. 齿轮渗碳淬火、回火装置 图4-35所示为流态床连续渗碳淬火、回火装置，处理零件为SAE8620钢汽车传动齿轮，处理能力为272kg/h。热处理规范为：927℃×84min渗碳，177～204℃回火。处理后总硬化层深度为0.57～0.66mm。流态粒子炉内使用链传动传送工件，炉间的传送采用摇臂传送机构。

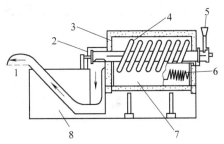

图4-34 滚筒式连续流态粒子炉结构示意图
1—自动传送装置 2—淬火斜道 3—隔热层
4—滚筒 5—工件上料装置 6—电热带
7—Al₂O₃流态床 8—淬火系统

4. 氮碳共渗流态粒子炉 图4-36所示为一台氮碳共渗流态粒子炉系统示意图。该炉使用碳粒子流态化和埋入式电极加热，在通入空气的同时，通入约40%～50%（质量分数）氨气。在碳粒子燃烧反应和氨分解反应下，550～600℃时可获得气氛的成分（体积分数）为：$N_2$47%，$CO_2$16%，CO8%，$NH_3$29%。该炉容积为ϕ400mm×600mm；电源为200V，三相，10kVA；流态粒子量为17kg；空气输入量为100L/min，NH_3输入量为30L/min；处理温度为550～630℃±5℃；630℃升温时间为30min。

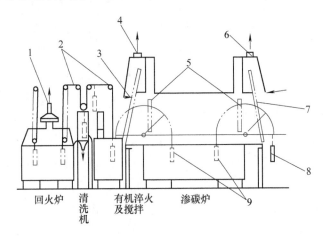

图4-35 流态床连续渗碳淬火、回火装置
1—出气口 2—工件传送系统 3—出料门 4—排气口 5—内门 6—排气口 7—进料口 8—工件 9—流态床加热区

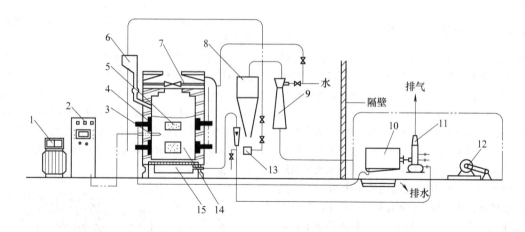

图4-36　氮碳共渗流态粒子炉系统示意图

1—变压器　2—操作盘　3—热电偶　4—电极　5—刚玉粒子　6—料斗　7—炉盖　8—集尘器　9—喷射管洗涤器　10—气水分离器　11—排风机　12—罗茨泵　13—流量计　14—流态床　15—气室

参 考 文 献

[1] 孟繁杰, 黄国靖. 热处理设备 [M]. 北京: 机械工业出版社, 1988.

[2] 美国金属学会. 金属手册: 第四卷 [M]. 9版. 北京: 机械工业出版社, 1988.

[3] 王秉铨. 工业炉设计手册 [M]. 3版. 北京: 机械工业出版社, 2010.

[4] 张定儿. 流态化热处理技术的发展及应用 [J]. 金属热处理, 1991 (7): 37.

[5] 全国工业电热设备标准化技术委员会. JB/T 8195.2—2007 间接电阻炉　第12部分: RY 系列电热浴炉 [S]. 北京: 机械工业出版社, 2007.

[6] 全国工业电热设备标准化技术委员会. JB/T 2379—1993 金属管状电热元件 [S]. 北京: 国家机械工业局, 1993.

[7] 全国热处理标准化技术委员会. 金属热处理标准应用手册 [M]. 2版. 北京: 机械工业出版社, 2005.

第5章　真空与等离子热处理炉

北京华翔机电技术联合公司　刘仁家

北京莫泊特热处理技术公司　高仰之

北京机电研究所　张建国

真空与等离子热处理设备具有高效、优质、低耗和无污染等一系列优点，是近代热处理设备发展的热点之一。

5.1　真空热处理炉

5.1.1　真空热处理炉的基本类型

真空热处理炉的种类较多，通常按用途和特性分类。

按用途可分为真空退火炉、真空淬火炉、真空回火炉、真空渗碳炉、真空钎焊炉及真空烧结炉等。

按真空度可分为低真空炉（1.33×10^{-1} ~ 1333Pa）、高真空炉（1.33×10^{-4} ~ 1.33×10^{-2}Pa）、超高真空炉（1.33×10^{-4}Pa以下）。

按工作温度可分为低温炉（≤700℃）、中温炉（700~1000℃）、高温炉（>1000℃）。

按作业性质可分为间歇作业炉、半连续或连续作业炉。

按炉型可分为立式炉、卧式炉及组合式炉。

按热源可分为电阻加热、感应加热、电子束加热和等离子加热等真空炉。

通常，按炉子结构与加热方式，把真空炉归纳为两大类，一类是外热式真空热处理炉，也称热壁炉；另一类是内热式真空热处理炉，也称冷壁炉。

1. 外热式真空热处理炉　外热式真空热处理炉的结构与普通电阻炉类似，只是需要将盛放热处理工件的密封炉罐抽成真空状态，并严格密封。

常用外热式真空热处理炉的结构如图5-1所示。这类炉子的炉罐大都为圆筒形，以水平或垂直方向全部置于炉体内（见图5-1c、d）或部分伸出炉体外形成冷却室。为了提高炉温，降低炉罐内外压力差以减少炉罐变形，可采用双重真空设计，即炉罐外的空间用另外一套抽低真空装置（见图5-1b）。为了提高生产率，可采用由装料室、加热室及冷却室三部分组成的半连续作业的真空炉（见图5-1e）。该炉各室有单独的抽真空系统，室与室之间有真空密封门。为了实行快速冷却，在冷却室内可以通入惰性气体，并与换热器连接，进行强制循环冷却。

外热式真空热处理炉的优点如下：

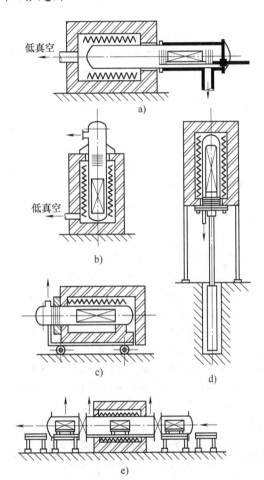

图5-1　常用外热式真空热处理炉的结构

a）箱式炉　b）井式炉　c）台车式炉
d）升降式炉　e）三室半连续炉

1）结构简单，易于制造。

2）真空容积较小，排气量小，炉罐内除工件外，很少有其他需要除气的构件，容易达到高真空。

3）电热元件在外部加热（双重真空除外），不发生真空放电。

4）炉子机械动作少，操作简单，故障少，维修方便。

5）工件与炉衬不接触，不发生化学反应。

其缺点如下：

1）炉子的热传递效率较低，工件加热速度较慢。

2）受炉罐材料所限，炉子工作温度一般低于 1000～1100℃。

3）炉罐的一部分暴露在大气中，虽然可以设置隔热屏，但热损失仍然很大。

4）炉子热容量及热惯性很大，控制较困难。

5）炉罐的使用寿命较短。

炉罐是外热式真空热处理炉的关键部件，它在高温和一个大气压（外压）下工作。炉罐材料应具备下列条件：

1）具有良好的热稳定性和抗氧化性。

2）焊接性能要好，焊缝应无气孔和裂纹，有足够的高温强度和气密性。

3）材料成分中的合金元素蒸气压要低，防止合金元素在高温、高真空下挥发。

4）热胀系数要小，在反复加热、冷却的条件下，炉罐的氧化层不应破坏。在实际应用中，炉罐壁要有适当厚度，以防止氧化损失和受热变形。表5-1列出了常用炉罐材料的最高使用温度。

2. 内热式真空热处理炉　内热式真空热处理炉与外热式真空热处理炉相比，其结构比较复杂，制造、安装、调试精度要求较高。内热式真空热处理炉可以实现快速加热和冷却，使用温度高，可以大型化，生产率高。内热式真空热处理炉有单室、双室、三室及组合型等多种类型。它是目前真空淬火、回火、退火、渗碳、钎焊和烧结的主要炉型。尤其是气淬真空炉、油淬真空炉，发展很快，得到了推广应用。

表5-1　常用炉罐材料的最高使用温度

最高使用温度/℃	材料（质量分数）
430	软钢
650	5%～6% Cr 钢
850	13% Cr 钢
900	18% Cr-8% Ni 钢
1100	25% Cr-20% Ni 钢，28% Cr 钢
1150	20% Cr-80% Ni 钢
1300	镍铬铁耐热合金铸件[①]

① 为不常用材料。

（1）气冷真空炉　气冷真空炉是利用惰性气体作为冷却介质，对工件进行气冷淬火的真空炉。气体冷却介质有氢、氦、氮和氩等。用上述气体冷却工件所需的冷却时间如以氢为1，则氦为1.2，氮为1.5，氩为1.75。可以看出，氢的冷却速度最快，但从安全的角度来看，氢有爆炸的危险，不安全；氦的冷却速度较快，但价格高，不经济；氩不但价格高，而且冷却速度低。因

此，一般多采用氮作为工件的冷却介质。试验表明，氦与氮的混合气体具有最佳的冷却和经济效果，20×10^5 Pa 氦气可达静止油的冷却速度，40×10^5 Pa 氢气则接近水的冷却速度。

各种类型的气冷真空炉结构见图5-2。图5-2a、b所示为卧式和立式单室气冷真空炉，气冷真空炉其加热与冷却在同一个真空室内进行。因此，其结构比较简单，操作维修方便，占地面积小，是目前广泛采用的炉型。图5-2c、d所示为双室气冷真空炉，其加热室与冷却室由中间真空隔热门隔开。工件是在加热室加热，在冷却室冷却。这种炉型，由于冷却气体只充入冷却室，加热室仍保持真空状态，所以可缩短再次开炉的抽真空和升温时间，且有利于工件冷却。图5-2e所示为三室半连续式气冷真空炉，它由进料室、加热室和冷却室等部分组成，相邻两个室之间设真空隔热门。该炉生产率较高，能耗较低。

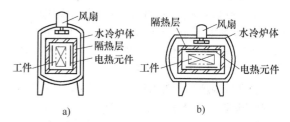

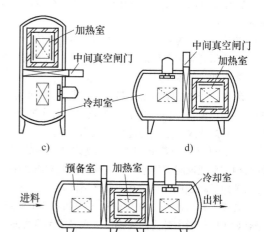

图5-2　各种类型的气冷真空炉结构

a）立式单室炉　b）卧式单室炉

c）、d）双室炉　e）三室炉

真空高压气冷技术发展很快，相继出现了负压气冷（$<1 \times 10^5$ Pa）、加压气冷（$1 \times 10^5 \sim 4 \times 10^5$ Pa）、高压气冷（$5 \times 10^5 \sim 10 \times 10^5$ Pa）和超高压气冷（$10 \times 10^5 \sim 20 \times 10^5$ Pa）等真空炉，以利于提高冷却速

度,扩大钢种的应用范围。气冷真空炉有内循环和外循环两种结构,如图 5-3 所示。内循环是指风扇、换热器均安装在炉壳内形成强制对流循环冷却,而外循环是指风扇、换热器安装在炉壳外进行循环冷却。

真空炉内的传热主要为辐射传热,很少对流换热,工件在真空炉内加热速度相对较慢。为缩短加热时间、改善加热质量、提高加热效率,又开发出了带对流加热装置的气冷真空炉,后者有两种结构。图 5-4a 所示为单循环风扇结构,即对流加热循环和对流冷却循环共用一套风扇装置。图 5-4b 所示为双循环风扇结构。对流加热循环和对流冷却循环各自有独立的风扇装置。在高温(>1000℃)下,搅拌风扇的材料可采用高强度复合碳纤维。它轻便,又有足够的高温强度和抗耐高温气体冲刷性能。这类炉子可用于真空高压气冷等温淬火。

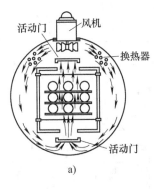

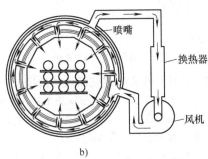

图 5-3　气冷真空炉结构
a) 内循环气冷真空炉　b) 外循环气冷真空炉

(2)油淬真空炉。油淬真空炉是用真空淬火油作为淬火冷却介质的真空炉。目前我国使用的 ZZ-1、ZZ-2 型真空淬火油的技术参数如表 5-2 所示。

图 5-5 所示为各类油淬真空炉的结构。图 5-5a 所示为单室卧式油淬真空炉,它不带中间真空闸门。其主要缺点是工件油淬所产生的油蒸气污染加热室,影响电热元件的使用寿命和绝缘件的绝缘性。图

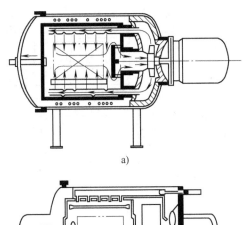

a)

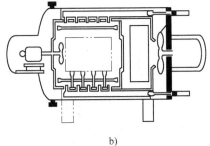

b)

图 5-4　带对流加热的气冷真空炉结构
a) 单循环风扇　b) 双循环风扇

5-5b～d 所示为立式和卧式双室油淬真空炉,加热室与冷却油槽之间设有真空隔热门。双室油淬真空炉克服了单室油淬真空炉的缺点,且有较高的生产率、较低的能耗,但是其结构比较复杂,造价也较高。图 5-5e、f 所示为三室半连续和三室连续真空炉。它生产率较高,能耗较小,适应批量生产使用。

表 5-2　真空淬火油的技术参数

项　目		ZZ-1	ZZ-2
运动粘度(50℃时)/(mm²/s)		20～25	50～55
闪点(开口)/℃　≥		170	210
凝点/℃　≤		-10	-10
水分(质量分数)(%)		无	无
残碳(质量分数)(%)　≤		0.08	0.10
酸值/[mg(KOH)/g]　≤		0.5	0.7
饱和蒸气压(20℃时)/Pa　≤		6.6×10⁻³	6.6×10⁻³
热氧化安定性	粘度比　≥	1.5	1.5
	残碳增加值(质量分数)(%)　≤	1.5	1.5
冷却性能	特性温度/℃　≥	600	580
	特性时间/s　≤	3.5	4.0
	800～400℃的冷却时间/s　≤	5.5	7.5

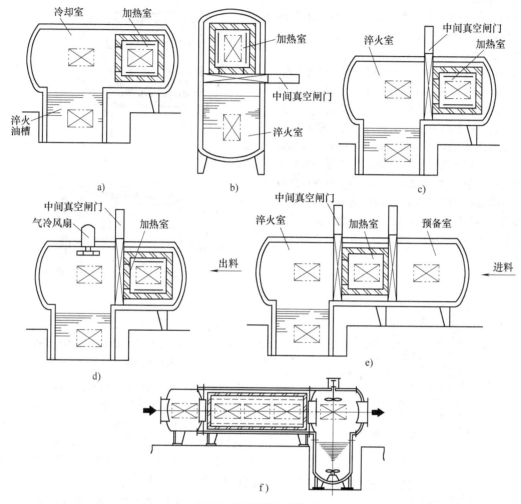

图 5-5　各类油淬真空炉结构

a) 卧式单室炉　b) 立式双室炉　c)、d) 卧式双室炉　e) 三室半连续炉　f) 连续式炉

（3）多用途真空炉。多用途组合式真空炉通常由加热室和多个不同用途的冷却室组合而成。它可以根据工件的种类、形状和真空热处理工艺的要求，任意选择最佳冷却方式，组合成气淬炉、油淬炉或水淬炉等，还可以采用盐浴、真空淬火油、水溶性淬火冷却介质、水和惰性气体等冷却介质。图 5-6 所示为多用途组合式真空炉的结构。

5.1.2　真空热处理炉的结构与设计

真空热处理炉的结构与设计，原则上与一般热处理电阻炉相同，本节仅介绍其不同的设计特点。

5.1.2.1　炉子加热功率

炉子加热功率由有效功率和热损功率两部分组成。有效功率是指加热工件及夹具所需功率，热损功率是指通过隔热屏被炉壳冷却水带走的热损失、通过

水冷电极传导的热损失、热短路造成的热损失，以及一些难于计算的热损失等。随着炉子使用时间的延长，隔热屏热阻变小，电热元件挥发而电阻变大等因素，计算所得的功率应适当增大。

炉子加热功率的确定方法有经验计算法和热平衡计算法两种。图 5-7 所示为石墨毡或硅酸铝耐火纤维毡隔热屏的真空炉的有效加热区容积与加热功率的关系曲线。按此曲线可确定炉温为 1300℃ 的真空炉的加热功率，若用金属隔热屏的真空炉，查出的加热功率需增加约 30%。

5.1.2.2　隔热屏

隔热屏是真空热处理炉的重要部件，它起隔热、保温的作用，也时常作为固定加热器的结构基础。隔热屏结构形式和材料，对炉子加热功率有很大的影响，它除应满足炉子的耐火度、绝热、抗热冲击和耐

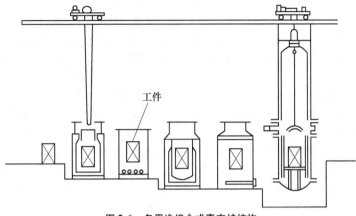

图 5-6　多用途组合式真空炉结构

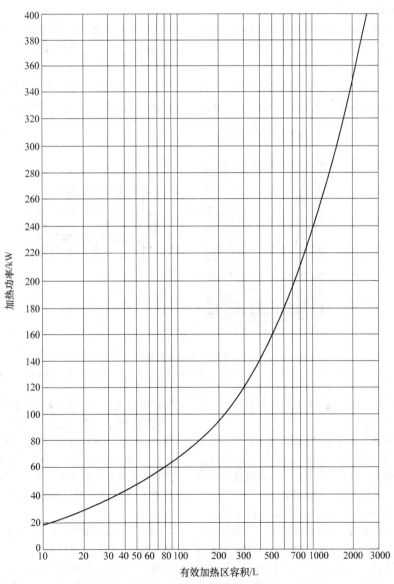

图 5-7　有效加热区容积与加热功率的关系曲线

蚀性等要求外，还应有良好的热透性，能够尽快
脱气。

隔热屏内部结构尺寸决定于处理工件的形状、尺
寸和炉子生产率，并要保证有良好的加热效果、炉温
均匀度和便于检修及装出料操作。一般隔热屏内表面
与加热器的间距为20～80mm，加热器与工件（或夹
具、料筐）的间距为30～160mm。隔热屏两端通常
不布置加热器，温度偏低，因此隔热屏两端的尺寸均
应大于有效加热区尺寸50～300mm或更长一些。

隔热屏结构一般有四种：全金属隔热屏、夹层式
隔热屏、石墨毡隔热屏和混合毡隔热屏。

1. 全金属隔热屏　全金属隔热屏由数层金属板
（或片）、隔离环（条）和支承杆等部分组成，如图
5-8所示。这种隔热屏的结构设计要点如下：

（1）材料选择。保证在工作温度下隔热屏能正常
工作，翘曲变形小。通常选用钨、钽、钼和不锈钢等
材料，在靠近电热元件的1～2层选用耐高温材料，
外面几层依次用耐热度较低的材料，例如1300℃真
空热处理炉，靠近电热元件的两层采用钼片，外面几

层采用不锈钢。

（2）材料加工。隔热屏在装配前均需进行表面加
工或处理使表面光洁，以降低黑度，增强反射效果，
例如钼片、钽片、钨片酸洗，不锈钢抛光或镀镍。

（3）材料厚度。在工作条件允许的情况下，隔热
屏应尽量薄些。一般中、小型炉隔热屏为0.2～
0.5mm；大型炉为0.5～1.0mm。

（4）隔热屏层数。层数越多，热损失越小；但
是，层数多材料消耗也多，结构表面增多，吸附面增
大，使气体不易放出，影响真空度，尤其是在湿热的
夏季。层数对减少热损失的效果是第一层辐射板的隔
热效果为50%，第二层为17%，第三层为8%，依次
递减。所以层数不必过多。对于1300℃的炉子，一般
采用5～6层。

（5）层间距。层间距一般应尽量小，以减少炉子
的结构尺寸，但应防止各层间不致因热应力变形而互
相接触。一般按隔热屏大小选用，间距为5～10mm。

（6）几层辐射板连接的接触面积。辐射板的接触
面积不能太大，以减少热短路。

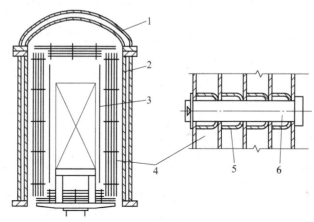

图5-8　全金属隔热屏
1—外壳　2—内壳　3—电热元件　4—隔热屏　5—隔离块　6—固定柱

（7）隔热屏的安装。隔热屏设计成可拆卸式，要
留有热胀冷缩的余地。

全金属隔热屏的热容量和热惯性都小，可快速加
热和冷却，且除气容易。但是，它消耗大量贵重金
属，热损失也较大，制造也较麻烦。这种隔热屏多用
于处理清洁度要求高的高真空热处理炉。

2. 夹层式隔热屏　夹层式隔热屏是在金属制的
内外屏中填充耐火纤维。耐火纤维视炉温不同可选用
硅酸铝纤维、高铝纤维、莫来石纤维等。夹层式隔热
屏结构简单，隔热、均热效果好，热损失小，热惯性
小，可以实现快速加热和快速冷却。但是，由于耐火

纤维吸湿性较大，所以采用这种结构的炉子其真空度
不可能很高，通常可达6.6×10⁻³Pa。真空回火炉、
气冷真空炉、真空烧结炉常用此结构。

3. 石墨毡隔热屏　石墨毡隔热屏是用石墨绳将
多层石墨毡缝扎在钢板网上。石墨毡具有密度小、热
导率小、无吸湿性、耐热冲击性好、易于加工等
特点。

石墨毡隔热屏结构简单，制造容易，隔热效果好，
便于快速加热和快速冷却。但是，由于石墨毡的纤维
很细小、柔软，会使断头到处飞扬，易在很大面积上
造成电热元件与炉体短路。为了防止这种现象，可在

隔热屏内壁铺设一层柔性石墨板（纸），同时在安装时严防揉搓、碰撞石墨毡。近来用硬性石墨毡，克服了石墨毡断头飞扬的缺点。气冷真空炉、真空烧结炉基本上都采用这种结构。石墨毡的技术参数见表5-3。

表5-3　石墨毡的技术参数

项　　目		数　　值
热处理温度/℃		2500
冷碳量 $w(C)$（%）		99.96
密度/（kg/m³）		80
热导率/[W/(m·K)]	45℃	0.035 ~ 0.052
	320℃	0.10

　　4. 混合毡隔热屏　混合毡隔热屏内层通常为石墨毡，外层为硅酸铝纤维毡，其余结构与石墨毡隔热屏基本相同。这种隔热屏具有很好的隔热效果，结构简单，加工制造容易，安装维修方便，而且造价低廉。油淬真空炉都采用这种结构。

5.1.2.3　加热器

　　加热器是真空热处理炉的重要部件，由电热元件、支承件、绝缘件等部件组成。真空炉电热元件的工作条件与一般热处理电炉的电热元件相比有下列特点：

　　（1）真空热处理炉的电热元件基本上是靠辐射向炉料传热。

　　（2）电热元件在真空状态下的工作条件较好。

　　（3）电热元件材料在真空炉内容易挥发。

　　（4）在真空状态下，特别是在1.3 ~ 133Pa范围内会产生真空放电，所以真空炉电热元件的端电压应不超过100V。

　　1. 电热元件材料

　　（1）合金电热材料。主要指铁铬铝合金和镍铬合金。它们的特点是电阻率较大，电阻温度系数较小，耐热性好，在加热过程中工作稳定。但是，在真空状态下，由于铬元素的蒸气压高，容易挥发，一般只能在中、低温炉和低真空炉上应用。

　　（2）纯金属电热材料。主要有铂、钼、钨、钽等。它们的熔点高，抗氧化性能差，只能在真空或保护气氛下使用。由于它们的电阻率小，电阻温度系数大，炉子功率随着温度的变化较大，为了稳定功率，必须采用调压器。

　　（3）非金属电热材料。主要有碳化硅、二硅化钼和石墨。碳化硅在真空状态下粘结剂易分解；二硅化钼在真空状态下超过1300℃时会软化，因此真空炉很少采用。石墨具有热胀系数小、加工性能好、耐高

温、耐急冷急热性好、柔性好、辐射面积大、抗热冲击性好以及价格低廉等优点。表5-4是石墨布的技术参数。

表5-4　石墨布的技术参数

项　　目		数　　值
电阻率/Ω·cm		4.7×10^{-2}
强力/N	经向	108.5
	纬向	57
强度/MPa	经向	17.3
	纬向	8.2
$w(C)$（%）		99.96
厚度/mm		0.5 ~ 0.6

　　2. 纯金属加热器　纯金属加热器有线状、棒状、筒形和带状等多种类型。图5-9a所示为线状加热器结构，由钼丝以单线或多股线束弯制而成，常用于1300℃的真空热处理炉。图5-9b所示为棒状加热器，电热材料多采用钨棒、钼棒，一般做成一个温区，适用于1650 ~ 2500℃的小型真空热处理炉。图5-9c所示为筒状加热器，用0.2 ~ 0.3mm厚的钼片或钽片制成，其下部固定在2mm厚的环圈上，以提高圆筒的刚性。筒状加热器辐射面积大，加热效果好，电接点少，热损失小。但是因受热变形的影响，不宜把筒体做得过长，通常做成一个温区，适用于小型真空热处理炉。图5-9d所示为带状加热器，用厚0.4 ~ 0.8mm、宽40 ~ 100mm的钼带弯制成圆形，通常一台炉子使用6条或9条此种圆形带。这种加热器辐射面积大，加热效果好，安装维修也方便，所以被广泛应用。

　　3. 石墨加热器　石墨加热器有棒状、管状、筒状、板状和带状等多种类型。图5-10a、b所示为棒状和管状电热元件，它们适应性强，可在各类真空热处理炉应用。图5-10c所示为筒状加热器，其特点是辐射面积大，加热效果好，石墨筒与工件之间温度梯度小，电接点少，但受材料和加工条件所限，一般仅用于小型真空热处理炉。图5-10d、e所示为板状和带状加热器。它们结构简单，拆装方便，辐射面积大，加热效果好，有利于提高炉温均匀度，尤其带状加热器应用广泛。带状加热器的缺点是不能用在有对流循环的炉子上。

5.1.2.4　炉体

　　真空炉的炉体，基本上是一个薄壳受压容器，在工作过程中受很大的载荷，必须有足够的机械强度和稳定性，以防止受力、受热后产生变形和破坏。

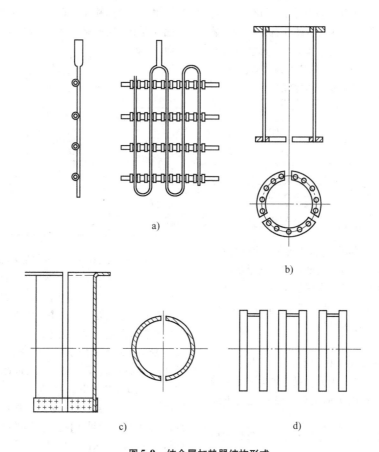

图 5-9　纯金属加热器结构形式

a）线状加热器　b）棒状加热器　c）筒状加热器　d）带状加热器

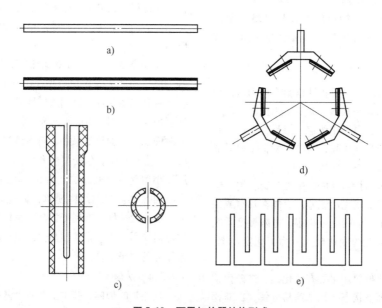

图 5-10　石墨加热器结构形式

a）棒状　b）管状　c）筒状　d）板状　e）带状

1. 炉壳结构设计要点

（1）尽量采用圆筒形结构。它有良好的强度和稳定性，其焊缝少，材料用量也少。

（2）炉壳应设有水冷却装置，以吸收炉壳的热量，防止变形。水冷却装置一般有两种结构，一种是在炉壳上焊上冷却水管；另一种是水冷夹层结构。

（3）应使炉内零、部件安装与操作维修方便，并且便于检查每一条焊缝的气密性。

（4）炉壳上尽量少开孔或不开孔，以减少真空泄漏的机会。

（5）炉盖的结构形式随炉壳的直径和形状而异。直径较小时，做成平底平盖。直径较大时，炉底或炉盖做成椭圆形封头或碟形封头。

（6）炉壳直径较大时，有时在炉盖上还设置一个装出料用的小盖。

（7）炉壳内壁设计温度一般不超过150℃，以保证焊缝的强度和气密性。

2. 炉壳结构尺寸的确定

（1）炉壳水冷却套结构尺寸可按表5-5选用。

（2）圆筒形炉壳壁厚在真空条件下可按表5-6选用；在受内压条件下可按表5-7选用。

5.1.2.5 炉子常用零、部件的结构

1. 水冷电极 水冷电极有固定式和可调式两种，如图5-11、图5-12所示。

表5-5 炉壳水冷却套结构尺寸

（单位：mm）

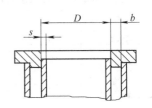

D	s	b
400 ~ 1000	4,6,8,10	20
1100 ~ 3200	6,8,10,12,14,16,20	30 ~ 40

2. 观察窗 观察窗有单层玻璃式（见图5-13）和带挡板双层玻璃式（见图5-14）两种。

3. 热电偶导出装置 热电偶导出装置见图5-15，铠装热电偶导出装置见图5-16。

4. 真空计接座 真空计接座见图5-17，真空规管接座见图5-18和图5-19。

5. 真空放气阀 小型真空放气阀结构见图5-20。

6. 橡胶密封的焊接钢法兰 见表5-8。

7. 法兰用橡胶密封圈 见表5-9。

表5-6 真空条件下圆筒壁厚

筒体长与外径之比	公 称 直 径 /mm												
	400	500	600	700	800	900	1000	1200	1400	1600	1800	2000	2200
	筒 体 壁 厚 /mm												
1	3	3	4	4	4	4.5	5	6	6	6	8	8	10
2	3	4	4	4.5	5	6	6	8	8	10	10	12	12
3	4	4	4.5	5	6	8	8	8	10	12	12	14
4	4	4.5	5	6	6	8	10	10	10	12	12	16
5	4	5	6	6	8	8	10	10	12	12	14	14	16

注：本表适用于工作温度≤150℃，屈服强度为210～270MPa的Q235A、15g、20g、06Cr13、12Cr13等材料。

表5-7 受内压条件下圆筒壁厚

材 料	工作压力 p /MPa	公 称 直 径 /mm															
		300	400	500	600	700	800	900	1000	1200	1400	1600	1800	2000	2200	2400	2600	2800
		筒 体 壁 厚 /mm															
Q235AF	≤0.3	3	3	3	3	4	4	4	5	5	5	5	6	6	6	6	8	8
	0.4	3	3	3	3	4	4	4	5	5	5	6	6	6	6	8	8
	0.6	3	3	4	4	4.5	4.5	5	5	6	6	8	8	10	10	10
	1.0	3	4	4.5	6	6	6	8	8	10	10	12	12	12	14	14	16
	1.6	4.5	6	8	8	8	8	10	10	12	12	14	16	18	18	20	22	24

（续）

材　料	工作压力 p /MPa	公　称　直　径 /mm																
		300	400	500	600	700	800	900	1000	1200	1400	1600	1800	2000	2200	2400	2600	2800
		筒　体　壁　厚 /mm																
06Cr18Ni10Ti 07Cr19Ni11Ti	≤0.3	3	3	3	3	3	3	3	4	4	4	4	5	5	5	5	7	7
	0.4	3	3	3	3	3	3	3	4	4	4	4	5	5	5	7	7	7
	0.6	3	3	3	3	3	3	3	4	5	5	5	5	6	6	7	7	8
	1.0	3	3	4	4	4	4	5	5	6	7	8	8	9	10	12	12	12
	1.6	4	4	5	6	6	6	7	8	9	10	12	14	14	16	18	18	12

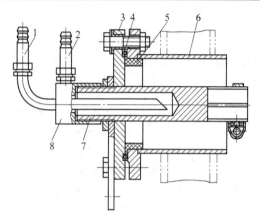

图 5-11　固定式水冷电极

1—进水接头　2—出水接头　3—法兰　4—密封圈
5—绝缘圈　6—座　7—导电杆　8—堵盖

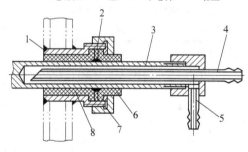

图 5-12　可调式水冷电极

1—座　2—密封圈　3—导电杆　4—进水接头
5—出水接头　6、8—绝缘件　7—压盖

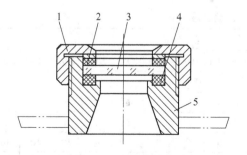

图 5-13　单层玻璃观察窗

1—压盖　2—胶垫　3—玻璃　4—密封圈　5—座

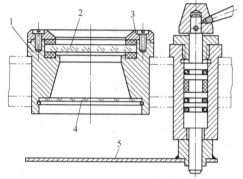

图 5-14　带挡板双层玻璃观察窗

1—座　2、4—玻璃　3—压盖　5—挡板

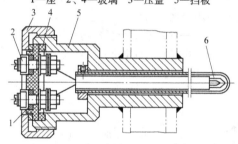

图 5-15　热电偶导出装置

1、4—密封圈　2—接线柱　3—压盖　5—座　6—热电偶

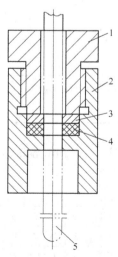

图 5-16　铠装热电偶导出装置

1—压块　2—座　3—金属垫　4—密封圈　5—铠装热电偶

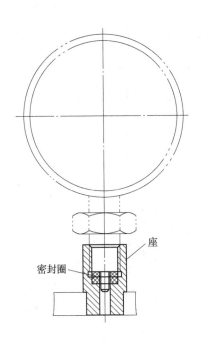

图5-17　真空计接座

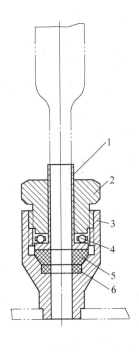

图5-18　真空规管接座 I

1—管　2—压盖　3—座　4—轴承　5、6—密封圈

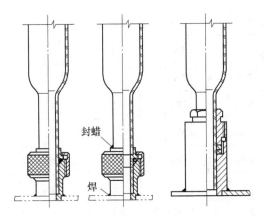

图5-19　真空规管接座 II

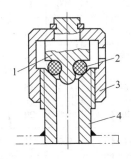

图5-20　小型真空放气阀

1—轴座　2—密封圈　3—压盖　4—座

表5-8　橡胶密封的焊接钢法兰　　　　　　　　（单位：mm）

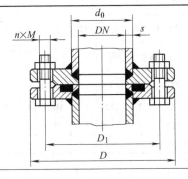

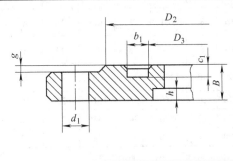

（续）

公称通径	管子		法 兰							密 封 圈						
DN	d_0	s	D	B	D_1	d_1	h	D_2	g	D_3	b	c	b_1	c_1	M	n
10	14	2	46	6	36	6	1			13					5	
15	20	2.5	54	6	42	6	1			19	5.3	3	4	2.4	5	
20	25	2.5	64	8	50	7	2			24					6	
25	30	3	70	8	55	7	2			29					6	
32	38	3	78	8	64	7	2			36					6	
40	45	2.5	85	8	70	7	2			44					6	
50	57	3.5	110	10	90	9	3			55	5.3	3	4	2.4	8	
65	73	4	125	10	105	9	3			20					8	
80	89	4.5	145	10	125	9	3			85					8	
100	108	4	170	12	145	12	4			105					10	
125	133	4	195	12	170	12	4			131					10	
150	159	4.5	220	14	195	12	4			156					10	
175	183	4	250	14	225	12	5	208	1	183					10	
200	203	4	275	14	250	12	5	233	1	208	8	4.5	6	3.6	10	
225	233	4	300	14	275	12	5	258	1	233					10	
250	258	4	330	16	300	14	5	282	1	258					12	
300	308	4	380	16	350	14	5	332	1	308					12	
350	360	5	435	18	405	14	5	386	1	358					12	
400	410	5	500	20	465	18	6	440	1	410	10	5.5	8	4.8	16	
450	460	5	550	22	515	18	6	490	1	460					16	
500	510	5	600	22	565	18	6	540	1.5	510	10	5.5	8	4.8	16	12
600	612	6	710	24	670	21	6	645	1.5	610					18	12
700	712	6	815	26	775	21	8	750	1.5	710					18	16
800	816	8	920	26	880	21	8	855	1.5	815	12	7	10	6	18	20
900	916	8	1040	28	990	23	8	960	1.5	915					20	21
1000	1020	10	1140	28	1090	23	8	1060	1.5	1050					20	21
1200	1220	10	1360	32	1310	26	10	1275	2	1220	17	10	14	9	22	28
1400	1424	12	1570	34	1515	28	12	1480	2	1420	17	10	14	9	24	32
1600	1628	14	1800	36	1745	31	12	1705	2	1630	23	13	18	12	27	36

注：b 为密封圈的宽度，c 为密封圈的厚度。

表 5-9　法兰用橡胶密封圈　　　　　　　　　　　（单位：mm）

| 公称通径 | 密封圈内径 | | 矩　形 | | 圆　形 |
DN	D	偏差	b	h	d
10	12.8	+0.2 0	4 ±0.1	4 ±0.1	4 ±0.1
15	18.8				
20	23.8				
25	28.5	±0.5			
32	35.5				
40	43.5				
50	54.5				
65	69	+1 0			
80	84				
100	104				
125	130				
150	154	+2 0	6 ±0.15	6 ±0.15	6 ±0.15
175	181				
200	205				
225	230				
250	255				
300	305				
350	355	+3 0	7 ±0.2	8 ±0.2	8 ±0.2
400	405				
450	455				
500	505	+5 0	8 ±0.2	10 ±0.3	10 ±0.3
600	605				
700	705				
800	805				
900	905				
1000	1005		12 ±0.4	14 ±0.4	14 ±0.4
1200	1210				
1400	1410				
1600	1620		16 ±0.5	18 ±0.5	18 ±0.5

5.1.3　真空系统

真空热处理炉的真空系统，必须满足下述三个基本要求：

(1) 能迅速地将真空热处理炉抽至所要求的极限真空度。

(2) 应能及时地排出被处理工件和炉内结构件连续放出的气体，以及因真空泄漏而渗入炉内的气体。

(3) 使用操作、安装、维修保养要简便，整个系统占地面积要小。

5.1.3.1　真空系统的组成

真空热处理炉的真空系统，一般由真空泵、真空阀门、真空测量仪表、冷阱、管道等部分组成，下面介绍几种常用的真空系统。

图 5-21 所示为低真空系统，适用于真空度在2～1333Pa 范围的真空热处理炉，如预抽井式真空炉多采用这个系统。图 5-22 所示为具有机械增压泵的真空系统，适用于真空度在 $3 \times 10^{-1} \sim 1.33Pa$ 范围的真空热处理炉，真空淬火炉广泛采用此系统。图 5-23、图 5-24 所示为高真空系统及带有增压泵的高真空系统，适用于真空度在 $6.6 \times 10^{-4} \sim 1.3 \times 10^{-2} Pa$ 范围的真空热处理炉，真空退火炉、真空钎焊炉多采用此系统。

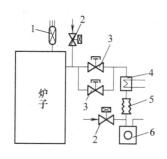

图 5-21 低真空系统
1—热偶规管 2—放气阀 3—真空闸门
4—收集器 5—波纹管 6—油封式机械泵

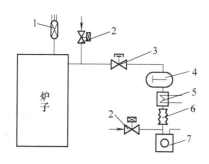

图 5-22 具有机械增压泵的真空系统
1—热偶规管 2—放气阀 3—真空阀门 4—机
械增压泵 5—收集器 6—波纹管
7—油封机械泵

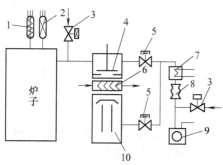

图 5-23 高真空系统
1—电离规管 2—热偶规管 3—放气阀 4—高
真空阀 5—真空阀门 6—障板 7—收集器
8—波纹管 9—前级真空泵 10—油扩散泵

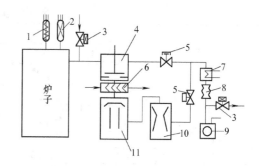

图 5-24 带有增压泵的高真空系统
1—电离规管 2—热偶规管 3—放气阀 4—高
真空阀 5—真空阀 6—障板 7—收集器
8—波纹管 9—前级真空泵 10—油增
压泵 11—油扩散泵

5.1.3.2 真空系统的选用

根据真空热处理炉的使用技术条件和所要求的真空度，选择适合的真空泵。再根据真空泵的类型、规格选配相应的真空阀门、真空管道等，从而组成所需要的真空系统。一般被抽容积与真空泵的抽气速度有一定的关系，见表 5-10。当确定真空热处理炉的容积后，便可查出相应的抽气速度，再由此选用真空泵。表 5-11～表 5-15 给出了各种真空泵的技术参数，亦可从表中选定所推荐的前级真空泵的类型和型号。

表 5-10 真空室容积与扩散泵的抽气速度

真空室容积 /L	抽气速度 /(L/s)	排气口直径 /mm
5	60	$\phi 50$
30	430	$\phi 120$
110	850	$\phi 160$
200	1230	$\phi 200$
500	2500	$\phi 280$
1000	5000	$\phi 400$
2500	10000	$\phi 600$
5000	20000	$\phi 800$
10000	55000	$\phi 1200$

表 5-11 ZX 型旋片式机械真空泵的技术参数

型 号	2X-1	2X-2	2X-4	2X-8	2X-15	2X-30	2X-70
在 0.1MPa 压强时抽气速度/(L/s)	1	2.5	4	8	15	30	70
极限真空度/Pa	\multicolumn{7}{c}{6.6×10^{-2}}						
转速/(r/min)	500	450		320		315	300

（续）

型　号	2X-1	2X-2	2X-4	2X-8	2X-15	2X-30	2X-70
电动功率/kW	0.25	0.4	0.6	1.1	2.2	4	7.5
进气口直径/mm	$\phi12$	$\phi16$	$\phi22$	$\phi50$		$\phi63$	$\phi80$
排气口直径/mm	$\phi10$	$\phi16$		$\phi50$		$\phi65$	$\phi100$
用油量/L	0.45	0.7	1.0	2.0	2.8	4.2	5.2
外形尺寸（长×宽×高）/mm	412×270×307	560×306×398	560×336×408	787×431×540	787×531×540	932×648×630	1150×830×810
重量/kg	33	58	66	165	190	396	665

表 5-12　H 型滑阀式机械真空泵的技术参数

型　号		2H-8	2H-15	2H-30	2H-70	H-150	H-300	H-600
极限真空度/Pa	有气镇	1.06				66		
	无气镇	6.6×10^{-2}					1.06	1.33
在 0.1MPa 压强时的抽气速度/（L/s）		8	15	30	70	150	300	600
转速/（r/min）		550	500	500	360	450	600	600
用电功率/kW		1.1	2.2	3	7.5	17	30	55
长期运转泵入口最大压强/Pa		1.33×10^3	1.33×10^3	1.33×10^4	1.33×10^4	1.33×10^4	0.1MPa	0.1MPa
冷却方式		风　冷			水　冷			
冷却水消耗量/（L/h）				150	350	700	1500	2800
润滑油储存量/kg		3	5	8	25	35	75	130
进气口直径/mm		$\phi50$	$\phi65$	$\phi80$	$\phi125$	$\phi150$	$\phi200$	$\phi250$
排气口直径/mm		$\phi25$	$\phi25$	$\phi40$	$\phi65$	$\phi80$	$\phi100$	$\phi150$
重量（不包括电动机）/kg		100	125			600	1000	2500

表 5-13　ZJ 型机械增压泵的技术参数

型　号	ZJ-150	ZJ-300	ZJ-500	ZJ-1200	ZJ-2500
极限真空度/Pa	$1.33\times10^{-2}\sim6.6\times10^{-2}$				
抽气速度/（L/s）	150	300	600	1200	2500
电动功率/kW	3		7.5	13	17
进气口直径/mm	$\phi100$	$\phi150$	$\phi200$	$\phi300$	$\phi300$
排气口直径/mm	$\phi70$	$\phi100$	$\phi150$	$\phi200$	$\phi200$
最大排出压强/10^3Pa	4	4	4	2	1.3
荐用前级泵型号	2X-15	2X-30	2X-70	H-150	H-300

表 5-14　Z 型油增压泵的技术参数

名　称	进　口　内　径　/mm					
	100	150	200	300	400	600
抽气速度/（L/s）	200	500	1000	2000	4000	8000
极限真空度/10^{-2}Pa	1.3	1.3	1.3	1.3	1.3	1.3
最大反压强/Pa	266~1333	266~1333	266~1333	266~1333	266~1333	266~1333

（续）

名　称	进　口　内　径　/mm					
	100	150	200	300	400	600
加热功率/kW	1.5～2	3～4	6～8	10～12	20～25	30～40
荐用前级泵抽速/(L/s)	15	30	30	60	150	300

表5-15　K系列油扩散泵的技术参数

型　号	K-150	K-200	K-300	K-400	K-600	K-800	K-1200
极限真空度/10^{-5}Pa	6.6	6.6	6.6	6.6	6.6	6.6	6.6
抽气速度（在 1.33×10^{-4}～ 1.33×10^{-5}Pa的平均值)/(L/s)	800	1200～ 1600	3000	5000～ 6000	11000～ 13000	20000～ 22000	40000～ 50000
最大排气压强/Pa	40	40	40	40	40	40	40
加热功率/kW	0.8～1.0	1.5	2.4～2.5	4.0～5	6	8～9	15～20
进气口直径/mm	$\phi150$	$\phi200$	$\phi300$	$\phi400$	$\phi600$	$\phi800$	$\phi1200$
荐用前级泵型号	2X-4	2X-8	2X-15	2X-30	2X-70	Z-150 +2X-30	Z-300 +2X-70

5.1.4　真空测量与供气

5.1.4.1　真空测量的概念

测量低于大气压的气体压强的工具称为真空计。真空计可以直接测量气体的压强，也可以通过与压强有关的物理量来间接测量压强。前者称为绝对真空计，后者称为相对真空计。

按真空计的不同原理和结构可以分为：

（1）静态变形真空计。利用与真空相连的容器表面上受到大气压的作用，以产生弹性变形来测量压强。

（2）静态液体真空计。利用U形管两端的液面差来测量压强。

（3）压缩式真空计。在U形管基础上，应用波义耳定律，即将一定的气体经过压缩，使其压强增加，根据体积和压强的关系计算出被测气体的压强。此类真空计使用普遍，是一种绝对真空计。

（4）热传导真空计。利用真空中气体分子多少与热传导有关的原理，常用的有电阻真空计和热偶真空计。

（5）电离真空计。其原理是利用气体稀薄时的电离现象，以离子电流与气体压强成正比测量离子电流，即可间接测出气体的压强。常用的有热阴极电离真空计、冷阴极磁控放电真空计及放射真空计等。

（6）气体放电真空指示器。利用气体辉光放电的辉光厚度或颜色与压强有关的性质做成的指示器。此

指示器仅能定性测量。

（7）其他真空计。还有利用气体的热辐射或内摩擦现象而制成的辐射真空计、动态真空计及声学真空计等。

常用各类真空计的工作范围如图5-25所示。

5.1.4.2　常用真空测量

1. 压缩式真空计　压缩式真空计又称麦克劳真空计，其结构如图5-26所示。它有一个压缩泡，上接一根顶端封闭的毛细管，下端与"y"形管的一端口相接，"y"形下方接汞储存器，在"y"形另一边接一个"比较毛细管"。

使用时，将真空系统与"y"形口相接，转动真空计，使汞压缩气体，再转至垂直位置，读出"测量毛细管"与比较"毛细管"的液面差，即为所测真空度。其刻度有直线刻度、平方刻度或无标度三种。

压缩式真空计的优点在于测量准确性高，可作为真空计量的标准器。它的缺点是使用不够方便，反应缓慢，不能连续测量。由于压缩式真空计是根据气体定律制作的，只能测量永久性气体分压强，而不能测量蒸气压。在蒸气分压较大的真空系统中，压缩式真空计的读数不能标志其真空度。

2. 热导式真空计　利用真空系统中分子数与传导热量有关的原理，制成热导式真空计，有电阻真空计和热偶真空计两种。

电阻真空计原理如图5-27所示。在真空规内有

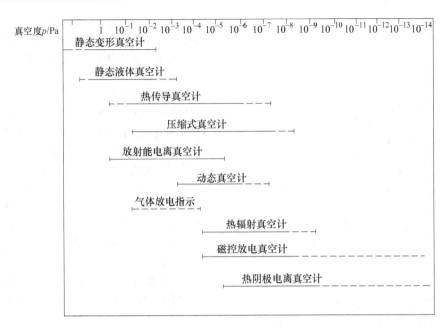

图 5-25　常用各类真空计的工作范围

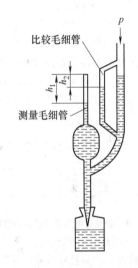

图 5-26　压缩式真空计的结构

一电阻丝，通过电流时温度升高。周围气体被加热，规管管壁温度低，依靠周围存在的气体分子传导热量。电阻丝温度变化，即反映了存在气体分子的多少。直接测量电阻丝的温度很不方便，由于电阻丝的电阻值与温度有关，故可用电桥测出其电阻数值。

热偶真空计的原理如图 5-28 所示。与电阻温度计所不同的是，在电阻丝上焊一"热电偶"，当电阻丝温度变化时，热电偶产生热电势，测热电势大小即可测出真空度。

热导式真空计的优点是：①可以测量总压强（气体和蒸气）。②能连续测量。③使用方便，可用

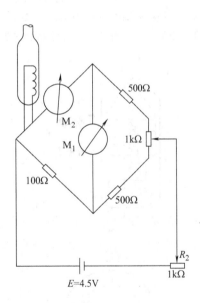

图 5-27　电阻真空计的原理

导线进行远距离测量。④结构简单，易于制造。其缺点是：①读数与被测气体的种类有关，在空气中校准的曲线，不能直接用于其他气体，尤其是热导率相差甚远的气体。②有热惯性，当压强变化很快时，反应滞后。③外界温度对测量结果有一定影响。④电阻丝表面情况改变，可造成零点飘移，影响准确读数。

3. 电离真空计　电离真空计是以气体的电离现象为基础测量真空度大小的，分为热阴极电离真空计和磁控放电真空计两类。

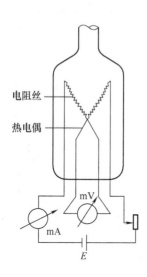

图 5-28　热偶真空计的原理

热阴极电离真空计如图 5-29 所示。在电离计管中央有一个 V 形灯丝（阴极），在灯丝外有绕成螺旋形的栅极，在栅极外围有一金属圆筒，它是离子收集极。当在各极加上一定电源时，灯丝处于白炽状态，

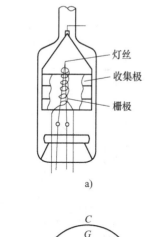

a)

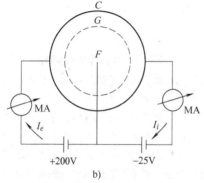

b)

图 5-29　热阴极电离真空计

a）结构示意图　b）测量电流原理图

发出热电子。这些电子与管内气体分子碰撞，使气体电离，产生正离子。正离子为离子收集极吸收，形成电流，随着压强的变化，电流也有变化。测量电流的大小，即可测出真空度。

热阴极电离真空计的优点是：①可测总压强。②可连续测量。③测量范围广，在很低的压强下，灵敏度仍然很高。④电离计规管体积小，可直接连通要测的位置，在远距离测量。⑤对机械振动不敏感，惯性小。⑥校准曲线是直线性的。其缺点是：①读数与气体种类有关，不同气体要作不同的校准曲线。②灯丝是白炽状态，真空系统突然漏气或压强突然升高，会使灯丝损坏。③气体被吸附在阴极和收集极表面，易产生测量误差。④在低压强时，规管外壳与电极放电现象影响读数。

磁控放电真空计也是利用气体放电原理，但在规管中没有热阴极，故又称为冷阴极电离真空计。图 5-30 所示为磁控放电真空计规管示意图。规管中有两个平行阴极，两平行板中间有一框形电极—阳极。整个规管的电极部分都处在磁场之中。阴阳极间加一高压电场，使气体放电，形成电流，此电流与压强有关。由于外加磁场的作用和阳极是框形，容易使电子穿越，造成电子在空间作来回多次的螺旋线运动，增加了电离效果，真空计的灵敏度则随之提高。在相同的压强下，其电流强度为热阴极的数十倍至数百倍。

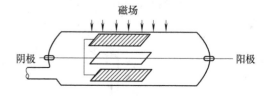

图 5-30　磁控放电真空计规管示意图

其优点是：①没有热阴极存在，不会因漏气损害灯丝，使用寿命长。②测量总压强，可连续测量。③放电电流大，电路使用仪表简便。④结构牢固，对外界振动不敏感。

其缺点是：在低压强条件下，它的灵敏度不及热阴极电离真空计高，对不同气体也需要不同的校准曲线。

4. 膜片式真空计　利用静态变形的原理，使薄膜片上受到的气压不同，产生不同弹性变形，测出位移。这种机械式仪表精度差，量程小，不适合真空炉测量与控制使用。在薄膜上粘贴电阻应变片或利用集成电路平面工艺在硅片上制作四个等值电阻组成惠斯登电桥。当膜片不受力时，电桥处于平衡状态，电桥没有电压输出；当膜受到压强时，由于压阻效应，电

桥处于不平衡状态，造成电桥有电压输出。这个电压与膜片上的压强呈线性关系。应用这种方法制成的薄膜电阻真空计测量的是全压强，其测量指示值受被测气体种类影响较小，适用于离子渗氮设备测量工作压强。

薄膜电阻真空计规管中的膜片，一边承受标准压强，作为基准点；另一边承受被测压强，以确保绝对压力测量的精度。一般将一边作为基准点，一边腔室抽成 1.33Pa（10^{-2}Torr）以上真空室，作为标准状态压力腔。膜片式真空计规管见图 5-31。

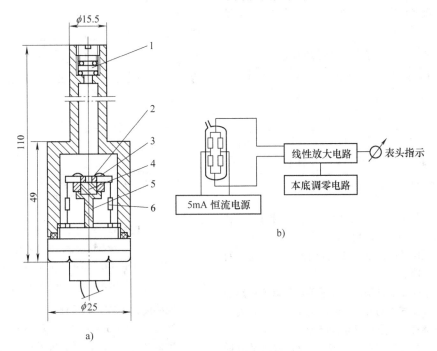

图 5-31　膜片式真空计规管

a）真空计结构　b）真空计线路框图

1—过滤板　2—标准压强腔　3—硅杯　4—95 玻璃　5—悬支座　6—补偿电阻

5.1.4.3　真空系统供气流量计

应用真空炉或等离子轰击炉进行渗碳、渗氮或其他化学元素渗入时，需用气体流量计进行供气计量。常用的转子流量计结构简单，使用方便，且在流量量程方面可以满足要求。

转子流量计的刻度标值与所使用压强和气体密度有关，故应用所使用的气体和压强进行标定。由于真空系统的真空度随工艺要求可能有所变动，使在真空条件下标定刻度带来困难，不可能标志出各种不同真空条件下的流量刻度。一般是将控制流量微调真空阀安装在流量计的出气端（即上端），使流量计管内保持正压。一般采用 1kgf/cm²（98066.3Pa）表压来标定。使用时，调整供气气源的压强也为 1kgf/cm²（98066.3Pa），此时供气流量即为真实进入真空系统的气体量。

当使用气体或压强有所变化时，也可使用下式进行换算：

$$l = l_1 \sqrt{\frac{(1 + 0.9675p)\,br_1}{760r}}$$

式中　l——标准状态下气体流量（L/min）；

　　　l_1——流量计指示的流量读数（L/min）；

　　　r_1——标定时所用气体的密度（g/L）；

　　　r——测量气体的密度（g/L）；

　　　b——标定时所在地区的大气压强；

　　　p——测量时流量计管内的表压值。

在 20℃时 1MPa 下的气体密度见表 5-16。

表 5-16　在 20℃时 1MPa 下的气体密度

气体种类	NH₃	N₂	H₂	O₂
密度/(g/L)	0.718	1.164	0.0828	1.331

气体种类	空气	CH₄	CH₆	城市煤气
密度/(g/L)	1.294	0.668	1.867	0.6105

用不同气体与压强标定的流量，也可按通用压

强、密度、粘度对流量的修正公式进行换算。试验表明，当压强已经选定不变时，被测气体的密度、粘度的变化均对流量有影响。由于流量系数 a、雷诺数 Re、临界雷诺数 Rek 的关系曲线比较复杂，故粘度变化的流量修正较困难。采用粘度相近的气体标定的流量计，可以仅考虑密度变化的影响。一些气体的运动粘度如表 5-17 所示。

表 5-17　一些气体的运动粘度

气体种类		H_2	N_2	O_2
运动粘度 /$(10^{-6} m^2/s)$	0℃	93.3	13.6	13.2
	20℃	104.8	15.0	15.3
气种种类		空气	NH_3	C_3H_8
运动粘度 /$(10^{-6} m^2/s)$	0℃	13.3	11.9	3.7
	20℃	15.1	13.7	4.3

由于粘度的影响，H_2 标定的流量计用于 N_2 和 C_3H_8 气体的测量时，计算值与实测值差别较大，如图 5-32 中的曲线所示。表 5-18 为国产转子流量计的型号和技术参数。

质量流量控制器是采用毛细管传热温差测量热法原理，测出流过气体的质量流量。它是一种具有温度压力自动补偿特性的质量流量控制器。

北京建中机器厂生产的 D07-7A/ZM 型质量流量控制器主要技术参数如下：

流量规格：0 ~ 5mL/min、10mL/min、20mL/min、30mL/min、50mL/min、100mL/min、200mL/min、300mL/min、500mL/min（标准状态）

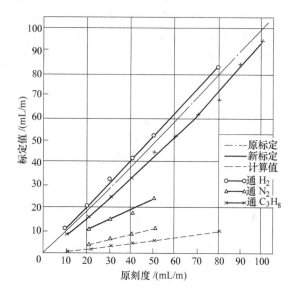

图 5-32　H_2 标定的流量计通不同气体的标定、计算曲线

注：101H—DH，流量计（$l = 10 ~ 100mL/m$）；
$p_进 = 0.6 kgf/cm^2$（0.06MPa），$p_出 = 0$。

准确度：±2%（满量程）
线性：±（0.5% ~2%）（满量程）
重复精度：±0.2%（满量程）
响应时间：10s（电特性）；2 ~4s（气特性）
工作压力范围：0.05 ~0.3MPa（压降）
最大压力：3MPa
电源：+15V，50mA；-15V，200mA

表 5-18　转子流量计的型号和技术参数

型　　号	测量比	流量范围/(L/min)		精度(%)	测量介质
		起始点	满量程		
701HB-A	1:10	1 ~ 5	20 ~ 30		空气 O_2、N_2、H_2
701HB-B	1:10	1	8 ~ 15		
701HB-C	1:10	0.1	1 ~ 2		
701HB-D	1:10	0.01 ~ 0.05	0.1 ~ 0.5		
LZW-12	1:12	$Q_{min} = 10 mL/min$，$Q_{max} = 7000 mL/min$			
LZW-13	1:5	$l_{min} = 10 mL/min$，$l_{max} = 2500 mL/min$			
LF-6-1	1:10	35 ~ 350L/h、54 ~ 540L/h、100 ~ 1000L/h		4	空气
LF-6-2	1:5	12 ~ 60L/h、20 ~ 100L/h			
LF-6-3	1:5	34 ~ 170L/h、50 ~ 250L/h			
LZB-4A	1:10	16 ~ 160L/h、25 ~ 250L/h、40 ~ 400L/h		1.5	
LZB-4B	1:10	25 ~ 250L/h		2.5	
	1:10	40 ~ 400L/h		4	
LZB-6A	1:10	40 ~ 400L/h、60 ~ 600L/h		1.5	
	1:10	100 ~ 1000L/h		2.5	

5.1.5　真空热处理炉的性能考核与使用维修

5.1.5.1　真空炉的性能试验

对于受试验的真空炉应按照技术说明书、有关技术标准和有关安全规程进行准备并投入运行。试验前，必须检查电气线路和开关系统，并采取一切必要的安全措施。试验必须在真空炉经过充分烘烤除气和真空炉处在正常工作条件下进行。

1. 极限真空度的测量　在空炉冷态情况下，用真空炉车身配套的真空系统进行试验，炉子应能达到技术文件中规定的极限真空度值。

2. 空炉抽空时间的测量　从炉内起始压强（一般为大气状态）时起动真空泵开始抽气，到炉内真空度达到技术文件规定的真空度的时间，即为空炉抽空时间。在试验中，油扩散泵和油增压泵的预热时间，不包括在空炉抽空时间内。

3. 压升率的测量　在真空炉经过充分烘烤除气后用关闭法测量。当炉内达到极限真空度后，关闭真空系统各通气口的真空阀门，并关停真空泵，则压升率为

$$\Delta p = \frac{p_2 - p_1}{t}$$

式中　Δp——压升率（Pa/h）；

p_2——第二次读数时真空炉内的真空度值（Pa）；

p_1——第一次读数时真空炉内的真空度值（Pa），关真空阀门后 15min 进行；

t——两次读数间的时间（h），一般不少于 1h。

真空炉容积过小时，测量方法一样，但考虑到容积因素，应适当放宽国家标准中关于压升率的规定。

4. 工作真空度的测量　在真空炉运行试验中，按技术文件中规定的工作温度（考核温度）进行试验，应能达到所规定的真空度值。

5. 空炉升温时间的测量　在真空炉空炉处于室温，并且炉内的真空度已达到工作真空度后即可进行试验。试验时调节炉子的输入功率使之等于额定功率（允许有 ±10% 的偏差），从接通电源至达到考核温度的时间，即为空炉升温时间。

6. 炉温均匀度的测量　在真空炉处于考核温度的热稳定状态下，真空度处在工作真空度时进行测量，共测 5 次，取 5 次最大温度差值的算术平均值。测量区域、测温点的点数和各点位置，应根据技术文件的规定。

5.1.5.2　真空炉的维修与保养

（1）停炉后，炉内需保持在 6.65×10^4 Pa 以下的真空状态。

（2）炉内有灰尘或不干净时，应用酒精或汽油浸湿过的绸布擦拭干净，并使其干燥。

（3）炉体上的密封结构、真空系统等零部件拆装时，应用酒精或汽油清洗干净，并经过干燥后涂上真空油脂再组装上。

（4）炉子外表面应经常擦拭，保持清洁干净。

（5）工件、料筐、工件车等需清洗干燥后方可进入炉内，以防止水分、污物进入炉内。

（6）各传动件发现卡位、限位不准及控制失灵等现象时，应立即排除，不要强行操作，以免损坏机件。

（7）机械传动件按一般设备要求定期加油或换油。

（8）真空泵、阀门、测量仪器、热工仪表及电器元件等配套件，均应按产品技术说明书进行使用、维修和保养。

（9）维修操作应在停电情况下进行。在带电情况下进行维修工作时，必须保证操作人员、维修人员及设备的绝对安全。

真空热处理炉常见故障及排除方法见表 5-19 中的说明。

表 5-19　真空炉常见故障及排除方法

故障内容	产　生　原　因	排　除　方　法
	真　　空　　泵	
真空度低	1）泵油粘度过低 2）泵油量不够 3）泵油不清洁 4）轴的输出端漏气 5）排气阀门损坏 6）叶片弹簧断裂 7）泵缸表面磨损	1）换用规定牌号的油 2）加油 3）更换新油 4）更换轴端油封 5）更换新阀片 6）更换新弹簧 7）修复或更换

（续）

故障内容	产　生　原　因	排　除　方　法
真　空　泵		
泵运转出现卡死现象	1）杂物抽入油内 2）长期在高压强下工作使泵过热,机件膨胀,间隙过小	1）拆泵修理 2）泵不宜在高压强下长期工作,加强泵的冷却
泵运转有异常噪声	1）泵过载 2）泵腔内部零件局部磨损	1）泵不宜长期在高压强下工作 2）更换磨损零件
泵起动困难	1）泵腔内充满油 2）电动机电路短路 3）电动机有故障 4）传动带太松 5）泵腔内有脏物 6）泵腔润滑不良	1）停泵后应将泵内充大气 2）排除电路故障 3）检修电动机 4）张紧传动带 5）拆泵修理 6）加强润滑
喷油	1）进气口压强过高 2）油太多超过油标	1）减低进气口压强 2）放出多余的油
油温过高	1）杂物吸入泵内 2）吸入气体温度过高 3）冷却水量不够	1）取出杂物 2）进气管路上装冷却装置 3）增加冷却水流量
机械增压泵		
真空度低	1）转子与转子、转子与定子的径向间隙大,转子与端盖侧向间隙大 2）轴的输出端漏气 3）前级泵真空度低 4）泵腔内含油蒸气	1）调整间隙,修理或更换泵 2）更换轴端油封 3）修理或更换前级泵 4）清洗泵并烘干
泵运转有噪声	1）传动齿轮精度不够或损坏 2）轴承损坏 3）转子动平衡不好 4）入口压力过高	1）更换齿轮 2）更换轴承 3）标准转子动平衡 4）控制入口压强
油　扩　散　泵		
抽速过低	1）泵心安装不正确 2）泵油加热不足	1）检查喷口安装位置和间隙是否正确 2）检查加热器功率及电压是否符合规定要求
真空度低	1）泵油不足,泵油变质 2）泵冷却不好 3）系统和泵内不清洁 4）泵心安装不正确 5）泵漏气 6）泵过热	1）加油、换油 2）改善冷却 3）清洗并烘干 4）检查喷口位置和间隙 5）消除漏气 6）降低加热功率改善冷却
真空炉主体及电气系统		
最高温度达不到额定值	1）隔热屏损坏 2）电热元件老化	1）检修或更换隔热屏 2）更换电热元件
绝缘电阻低于正常使用值	1）碳纤维与电极接触 2）局部短路 3）绝缘件污染	1）消除碳纤维 2）排除短路部位 3）清洗或更换绝缘件

（续）

故 障 内 容	产 生 原 因	排 除 方 法
真空炉主体及电气系统		
温度控制失灵	1）热电偶的偶丝断或污染 2）温度控制仪表故障 3）热电偶补偿导线接反或短路	1）更换热电偶 2）按仪表说明书检修 3）重接或排除
自动控制线路工作不正常	1）仪器仪表有故障，不按规定发信号 2）中间继电器工作不正常	1）检修仪表 2）检修或更换中间继电器
传送机构不动作或中途中断	1）机械压块未压行程开关 2）行程开关故障 3）电动机故障 4）液压传动机构的电磁阀故障	1）调整压块或行程开关 2）检修或更换行程开关 3）检修电动机 4）检修或更换电磁阀
对真空热处理零件质量与设备有影响的故障		
油淬零件表面不亮	1）炉子真空度低 2）淬火冷却油脱气不彻底 3）入油温度过高	1）提高炉子真空度 2）淬火冷却油脱气 3）按规定温度入油
气淬零件表面不亮	1）炉子真空度低 2）保护气体纯度不够 3）充气管路没有预抽气	1）提高炉子真空度 2）提高保护气体纯度 3）每次开炉前应把充气管路预抽干净
零件表面合金元素挥发	真空度过高	按零件材料不同控制炉子真空度

5.1.6　真空热处理炉实例

5.1.6.1　气冷真空炉

各种类型的气冷真空炉，基本上都是由炉体、加热室、冷却装置、进出料机构、真空系统、电气控制系统、水冷系统及回充气体系统等部分组成。主要用于金属工件的气淬、回火、退火、钎焊和烧结等。

1. WQG、WZDGQ、HZQ、HVQ 型高压气淬真空炉　这类真空炉是单室卧式内循环高压气淬真空炉，图 5-33 所示为其结构示意图，表 5-20 是其技术参数。

该型炉采用石墨管加热，硬化石墨毡隔热；也可采用钼带加热，夹层隔热屏或全金属隔热屏。强制冷却系统采用大风量、高压风机和大面积铜散热器，以产生良好的冷却效果。高速气流的喷嘴沿加热室 360°均布，以保证气淬的均匀性。

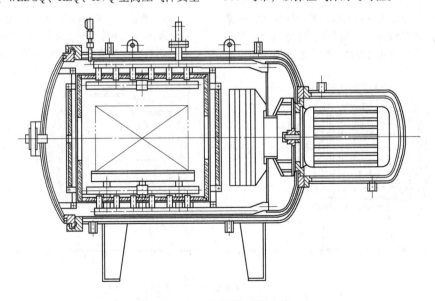

图 5-33　HZQ 型高压气淬真空炉

表 5-20　高压气淬真空炉的技术参数

型号	有效加热区（长×宽×高）/mm	装炉量/kg	加热功率/kW	最高温度/℃	压升率/(Pa/h)	气冷压强/10⁵Pa	生产单位
WQG-669	900×600×600	—	—	1300	0.67	6~10	沈阳真空技术研究所
WQG-7712	1200×700×700	—	—				
WZDGQ-30	500×300×300	60	57	1320	0.67	6~10	北京机电研究所
WZDGQ-45	670×450×400	200	85				
WZDGQ-60	900×600×600	500	165				
HZQ-80	600×400×400	200	80	1300	0.67	6~10	北京华翔技术开发公司
HZQ-150	900×600×600	500	150				
HZQ-200	1100×700×700	800	200				
HVQ-70	600×400×300	200	100	1320	0.70	6~10	汉中赛普技术开发公司
HVQ-160	900×600×500	600	160				

2. VVTC 型高压气淬真空炉　图 5-34 所示为 VVTC 型高压气淬真空炉。该型炉由高压炉壳、加热室、气体分配器及风冷系统等部分组成；方形加热室由石墨毡构成；加热元件为石墨管，共 12 根，分上下两排布置。该炉在加热室顶部和底部采用可摇摆式气体分配器，循环气体通过装在气体分配器上的喷嘴，以 40~60m/s 的速度喷出，用微机控制交替自上而下和自下而上循环吹风冷却工件。

国产 VHLT-669 型高压气淬真空炉的结构基本与 VVTC 型炉相似。

3. PFH 型高压气淬真空炉　图 5-35 所示为 PFH 型高压气淬真空炉，表 5-21 是其技术参数。该炉淬火形式有两种：一种是气流穿过工件，气体循环是垂直式的，从顶部穿过工件到底部；另一种是气流不穿过工件，气流是双向的，气体量少，冷却均匀，变形小，工件的上下表面同时冷却。整个处理周期的控制已实现程序化。

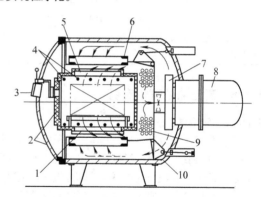

图 5-34　VVTC 型高压气淬真空炉

1—下底盘　2—装卸料门　3—观察窗　4—电热元件　5—顶盖　6—气体分配器　7—涡轮鼓风机　8—电动机　9—热交换器　10—炉壳

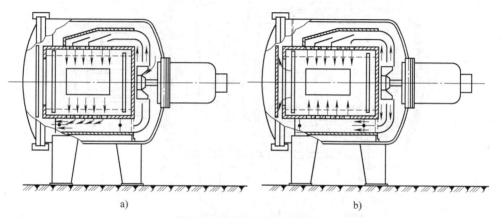

a)　　　　　　　　　b)

图 5-35　PFH 型高压气淬真空炉

a) 单向循环　b) 双向循环

表 5-21　PFH 型高压气淬真空炉的技术参数

型　号	有效加热区 (长×宽×高)/mm	最大装炉量 /kg	额定装炉量 /kg	加热功率 /kW	机械泵 流量 q_v /(m³/h)	罗茨泵 流量 q_v /(m³/h)	扩散泵 流量 q_v /(L/s)
PFH30、45、60	300×450×600	180	120	90	100~125	500	8000
PFH30、45、60 双向	300×450×600	200	120	90	100~125	500	8000
PFH506090	500×600×900	450	300	150	200~250	1000	11000
PFH506090 双向	500×600×900	550	300	150	200~250	1000	11000
PFH7070110	700×700×1100	750	500	220	250	2000	11000
PFH7070110 双向	700×700×1100	900	500	220	250	2000	11000

注：选自法国 ECM 公司样本。

4. VKNQ 型带对流加热装置的高压气淬真空炉

图 5-36 所示为 VKNQ 型带对流加热装置的高压气淬真空炉，表 5-22 为其技术参数。该炉应用氮气进行冷却，气体压强可达 $10×10^5$Pa，气流自上而下或自下而上或上下交替地对工件进行气淬。对流加热装置直接装在前炉门上。在低温阶段加热速度快，且均匀，可实现分级淬火和等温淬火处理。对流加热时气体压强一般为 $(1.5~2.5)×10^5$Pa。

5. VKSQ 型超高压气淬真空炉　VKSQ 型炉是带对流加热系统的超高压气淬真空炉，图 5-37 所示为其结构示意图，表 5-23 为其技术参数。VKSQ 型真空炉在应用氦和氮的混合气体时，气冷压强可达 $20×10^5$Pa。该炉的循环气体对流加热和冷却结构独特。加热元件采用碳纤维增强石墨管，在石墨管上设有若干喷孔。在循环气体对流加热时，关闭位于加热室后端同轴驱动阀门，气体经过石墨管上的喷孔喷向工件进行对流加热；在冷却时，开启同轴驱动阀门，气体通过前隔热门，经热交换器和风扇，然后由石墨管上的喷孔喷出，对工件进行冷却。该炉的结构特点是，将石墨加热元件和气流通道集于一体，缩小了真空室的空间，增强了循环气体对流的效能。

6. HZQL 型立式气冷真空炉　HZQL 型炉为立式单室底装料气冷真空炉，如图 5-38 所示，表 5-24 为其技术参数。该炉采用石墨管加热，石墨毡隔热，亦可采用钼带加热和全金属辐射屏隔热。加热元件沿着圆周均布。冷却循环采用大功率高压高速风机，气流通过风道、沿着 360°圆周均布的喷嘴喷出，并经换热器对工件进行强制循环冷却。工件依靠装在底盖上液压升降机传送。

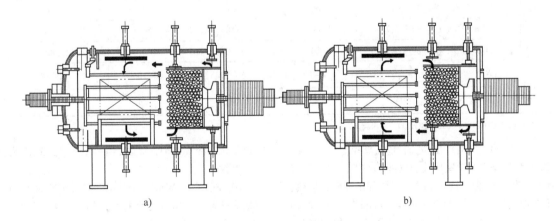

a)　　　　　　　　　　　　　　　　b)

图 5-36　VKNQ 型带对流加热装置的高压气淬真空炉

a) 自上而下冷却　b) 自下而上冷却

表 5-22　VKNQ 型真空炉的技术参数

型　号	25/25/40	40/40/60	60/60/90	80/80/120	100/100/150
有效加热区 (长×宽×高)/mm	250×250×400	400×400×600	600×600×900	800×800×1200	1000×1000×1500

（续）

型　　号	25/25/40	40/40/60	60/60/90	80/80/120	100/100/150
装炉量/kg	50	200	500	800	1200
最高温度/℃	1300	1300	1300	1300	1300
炉温均匀度/℃	±5	±5	±5	±5	±5
加热功率/kW	50	80	120	200	300
气冷压强 /10^5Pa	6～10	6～10	6～10	6～10	6～10

注：选自德国 LEYBOLD 公司样本。

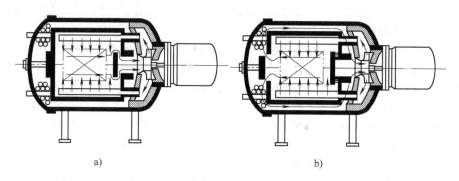

a)　　　　　　　　　　　　　　b)

图 5-37　VKSQ 型超高压气淬真空炉

a）对流加热　b）强制冷却

表 5-23　VKSQ 型超高压气淬真空炉的技术参数

型　　号		40/40/60	60/60/90	80/80/120	100/100/150
有效加热区（长×宽×高）/mm		400×400×600	600×600×900	800×800×1200	1000×1000×1500
最高温度/℃		1350	1350	1350	1350
炉温均匀度/℃		±5	±5	±5	±5
加热功率/kW	$6×10^5$Pa（N_2 的压强）	60	90	132	160
	$10×10^5$Pa（N_2 的压强）	80	110	160	240
	$20×10^5$Pa（He 的压强）	80	110	160	240
气冷压强 /10^5Pa	N_2	6～10	6～10	6～10	6～10
	He 或 N_2	10～20	10～20	10～20	10～20

注：选自德国莱宝（LEYBOLD）公司样本。

7. VVFC（BL）型立式气冷真空炉　VVFC（BL）型炉是立式单室底装料气冷真空炉，如图 5-39 所示，表 5-25 为其技术参数。该炉可用石墨管加热，石墨毡隔热或钼带加热全金属隔热屏隔热。该炉的强制冷却循环依靠设置在加热室上下两个活动冷却门的开启来实现。工件靠滚珠丝杠升降机升降。

8. VSE 型立式气冷真空炉　VSE 型炉为立式单室底装料气冷真空炉，如图 5-40 所示，表 5-26 为其技术参数。

9. VVT 型立式气冷真空炉　VVT 型炉是立式单

室顶装料气冷真空炉，如图 5-41 所示，表 5-27 为其技术参数。

10. ZCGQ$_2$、WZJQ、HZQ$_2$ 型双室气冷真空炉　该型炉是卧式双室气冷真空炉，如图 5-42 所示，表 5-28 为其技术参数。它由加热室、冷却室、中间真空隔热闸阀等部组成。它采用石墨毡与硅酸铝纤维毡组成的复合隔热屏，加热元件为石墨布或石墨棒，分别设在加热室和冷却室。因此，该炉型在节省能源，提高加热室的使用寿命，提高生产率等方面，具有良好的效果。

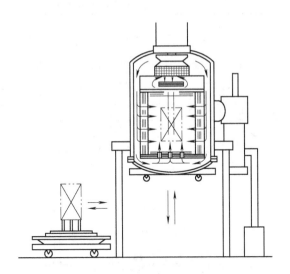

图5-38　HZQL型立式气冷真空炉

表5-24　HZQL型立式气冷真空炉的技术参数

型　　号	有效加热区 （直径×高）/mm	装炉量 /kg	加热功率 /kW	最高温度 /℃	气冷压强 /10⁵Pa	压升率 /（Pa/h）
HZQL-50	$\phi400\times450$	100	50			
HZQL-90	$\phi500\times600$	200	90	1300	6	0.67
HZQL-150	$\phi800\times900$	500	150			
HZQL-200	$\phi1000\times1100$	800	200			

注：选自北京华翔公司产品。

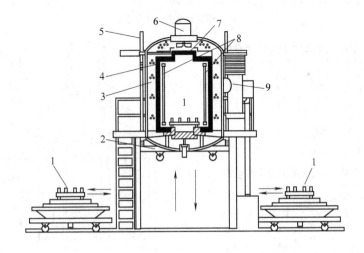

图5-39　VVFC（BL）型立式气冷真空炉
1—炉底　2—炉底及传动小车　3—散热器　4—隔热屏
5—滚珠丝杠升降机　6—冷却风扇　7—上活动冷却门
8—加热元件　9—真空机组

表 5-25　VVFC（BL）型真空炉的技术参数

型　　号	有效加热区（直径×高）/mm	装炉量/kg	加热功率/kW	气冷压强/10⁵ Pa
VVFC（BL）-4848	φ1219×1219	1361	225	
VVFC（BL）-4854	φ1219×1371	1361	225	
VVFC（BL）-4860	φ1219×1524	1361	225	6～10
VVFC（BL）-4872	φ1219×1829	1361	300	
VVFC（BL）-7272	φ1829×1829	2722	450	
VVFC（BL）-7284	φ1829×2134	2722	550	

注：选自美国 Abar Ipsen 公司产品。

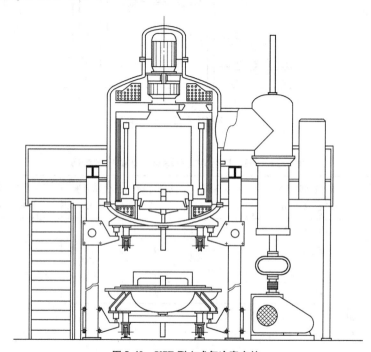

图 5-40　VSE 型立式气冷真空炉

表 5-26　VSE 型立式气冷真空炉的技术参数

型　　号	有效加热区（直径×高度）/mm	装炉量/kg	加热功率/kW	额定温度/℃
VSE 90×90	φ900×900	1000	200	
VSE 90×150	φ900×1500	1500	350	1300
VSE 120×180	φ1200×1800	2000	550	

注：选自法国 B. M. I 公司产品。

表 5-27　VVT 型立式气冷真空炉的技术参数

型　　号	有效加热区（直径×高度）/mm	装炉量/kg	额定温度/℃	加热功率/kW
VVT 20×30	φ200×300	20	1300	20
VVT 30×40	φ300×400	60	1300	25
VVT 40×60	φ400×600	150	1300	50

注：选自法国 B. M. I 公司产品。

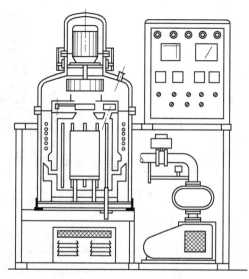

图 5-41　VVT 型立式气冷真空炉

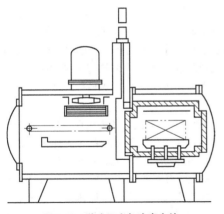

图 5-42 卧式双室气冷真空炉

11. FH 系列气冷真空炉　FH 系列炉有立式炉和卧式炉。图 5-43 所示为 FH·H-GH 型卧式双室气冷

真空炉,图 5-44 所示为 FH·V-GH 型立式双室气冷真空炉,图 5-45 所示为 FH·H-PHG 型卧式三室气冷真空炉。表 5-29、表 5-30 分别为 FH·H 系列及 FH·V 系列真空炉的技术参数。

12. SFQ 型外循环高压气淬炉　SFQ 型炉是美国 GM 公司设计、制造的单室卧式外循环高压气淬炉,该炉的气淬压强可达 $6 \times 10^5 \sim 10 \times 10^5 Pa$,图 5-46 所示为 SFQ 型外循环高压气淬炉。

5.1.6.2 油淬真空炉

1. WZC、ZC2、HZC2 型双室油淬真空炉　这类型真空炉是一种卧式双室油淬气冷真空炉,表 5-31 为其主要技术参数。图 5-47 所示为 ZC2、HZC2 型双室油淬气冷真空炉,图 5-48 所示为 WZC 型双室油淬气冷真空炉。

表 5-28　双室气冷真空炉的技术参数

型　号	有效加热区 （长×宽×高）/mm	装炉量 /kg	最高温度 /℃	加热功率/kW	压升率 /(Pa/h)	气冷压强 /10^5Pa	生产单位
WZJQ-45	450×670×400	120	1300	63	0.67	10	北京机电研究所
WZJQ-60	600×900×450	210		100			
ZCGQ$_2$-65	420×620×300	100	1300	65	0.67	10	北京航天神箭工业炉有限公司
ZCGQ$_2$-100	600×1000×410	300		100			
HZQ$_2$-65	400×600×300	120	1300	65	0.67	10	北京华翔电炉技术有限责任公司
HZQ$_2$-100	600×900×410	300		100			

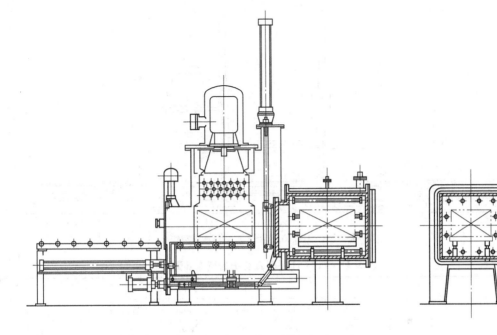

图 5-43　FH·H-GH 型卧式双室气冷真空炉

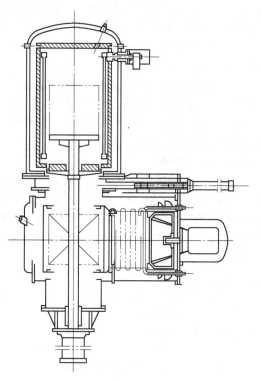

图 5-44　FH·V-GH 型立式双
室气冷真空炉

该型炉以油淬为主，气淬为辅。该炉加热室采用石墨毡与硅酸铝纤维毡制造，加热元件为石墨布或石墨管。该炉热效率较高，炉温均匀度好，可以实现快速加热。ZC2、HZC2 型炉将加热室炉体、淬火室、油槽及中间门等壳体制成一个整体结构，有利于获得并维持真空。WZC 型炉的传送机构采用分叉式结构，不入油，预备室短。温度和机械动作实现微机控制。

2. FH·H-LH 型双室油淬真空炉　该炉的隔热屏和加热元件均采用石墨制品，炉体为方形夹层结构，如图 5-49 所示，其技术参数见表 5-29。

3. PFTH 型立式双室油淬真空炉　PFTH 型炉是立式双室油淬真空炉，它由加热室、淬火室（油槽及进出料过渡室）、中间真空隔热闸门、淬火升降机、加热升降机及进出料车等部分组成，如图 5-50 所示，表 5-32 为其技术参数。PFTH 型炉主要适用于细长形的杆状、轴类零部件的热处理。

4. HZC3 型三室油淬高压气淬真空炉　HZC3 型炉是卧式三室油淬高压气淬真空炉，主要由双室炉体、高压炉体、加热室、油淬火室、高压气淬室、风冷装置、工件传送机构、真空系统、电气控制系统、回充气体系统及水冷系统等部分组成，如图 5-51 所示，表 5-33 为其技术参数。该炉加热室用石墨毡与硅酸铝纤维毡制作，加热元件为石墨布。温度与机械动作自动程序控制。该炉把油淬和高压气淬组合在同一炉内，且有半连续操作的功能，适用于批量生产，也可用于小批量多品种生产。

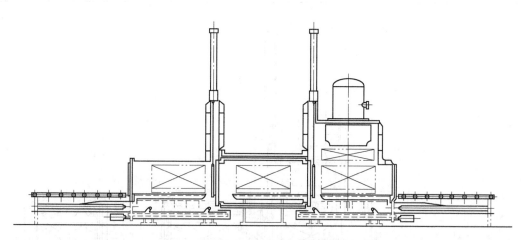

图 5-45　FH·H-PHG 型卧式三室气冷真空炉

表 5-29　FH·H 系列真空炉的技术参数

型　　号		FH·H						
		20	30	45	60	75	90	120
有效加热区/mm	宽	200	300	400	600	750	900	1200
	长	300	450	675	900	1125	1350	1800
	高	150	200	300	400	500	600	800

（续）

型号	FH·H						
	20	30	45	60	75	90	120
装炉量/kg	20	50	120	210	350	500	1000
最高温度/℃	1350						
炉温均匀度/℃	±5						
空炉升温时间（至1150℃）/min	<30						<40
工件淬火转移时间/s	12					15	
气冷时间（从1150→150℃）/min	<30						
抽空时间（至6.7Pa）/min	10					15	

注：选自日本真空技术株式会社产品。

表5-30　FH·V系列真空炉的技术参数

型号		FH·V						
		20	30	45	60	75	90	120
有效加热区/mm	直径	ϕ200	ϕ300	ϕ450	ϕ450	ϕ750	ϕ900	ϕ1200
	高	200	300	450	600	750	900	1200
装炉量/kg		15	40	90	160	260	400	800
最高温度/℃		1350						
炉温均匀性（在1150℃）/℃		±5						
空炉升温时间（至1150℃）/min		<30						<40
工件淬火转移时间/s		12					15	
气冷时间（从1150→150℃）/min		<30						
抽空时间（至6.7Pa）/min		10					15	

注：选自日本真空技术株式会社产品。

图5-46　SFQ型外循环高压气淬炉

表 5-31　WZC、ZC、HZC 型油淬气冷真空炉的技术参数

型　号	有效加热区 （长×宽×高）/mm	装炉量 /kg	最高温度 /℃	加热功率/kW	压升率 /(Pa/h)	气冷压强 /10⁵ Pa	生产单位
WZC-20	200×300×180	20		20			
WZC-30	300×450×330	60		40			
WZC-45	450×670×400	150	1320	63	0.65	2	北京机电研究所
WZC-60	600×900×450	300		100			
WZC-60G	600×900×600	500		125			
ZC2-30	400×300×220	40					
ZC2-65	600×420×220	100		—			
ZC2-100	1000×600×450	300		—			
ZC2-140	1000×620×450	500	1320	—	0.60	—	北京航天神箭工业炉有限公司
ZC2-240	1200×800×700	1000		—			
ZC3-65	620×430×300	100		—			
ZC3-100	1000×600×450	300		—			
HZC-40	450×300×300	40					
HZC2-65	600×400×400	150		65			
HZC2-100	900×600×450	300		100			
HZC2-120	900×600×600	500		120			
HZC2-260	1200×800×800	1000	1320	260	0.67	2	北京华翔电炉技术有限责任公司
HZC-65	600×400×400	150		65			
HZC3-100	900×600×450	300		100			
HZC3-120	900×600×600	500		120			

注：ZC3、HZC3 为三室炉。

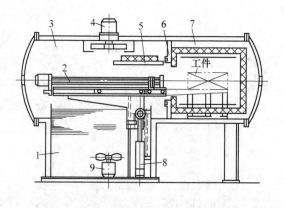

图 5-47　ZC2、HZC2 型双室油淬气冷真空炉

1—淬火油槽　2—水平移动机构　3—整体式炉体　4—气冷风扇　5—翻板式中间门
6—中间墙　7—加热室　8—升降机构　9—油搅拌器

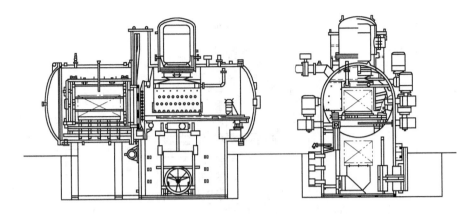

图 5-48　WZC 型双室油淬气冷真空炉

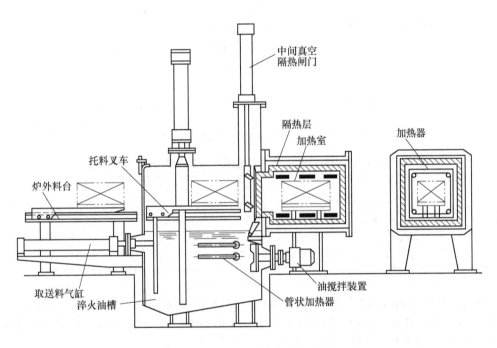

图 5-49　FH·H-LH 型双室油淬真空炉

表 5-32　PFTH 型立式双室油淬真空炉的技术参数

型　　号	有效加热区 （直径×高度）/mm	装炉量/kg	加热功率　/kW
PFTH400/1000	$\phi400 \times 1000$	150	100
PFTH500/1200	$\phi500 \times 1000$	250	150
PFTH600/1200	$\phi600 \times 1200$	350	180
PFTH800/1700	$\phi800 \times 1700$	700	320

注：选自法国 ECM 公司产品。

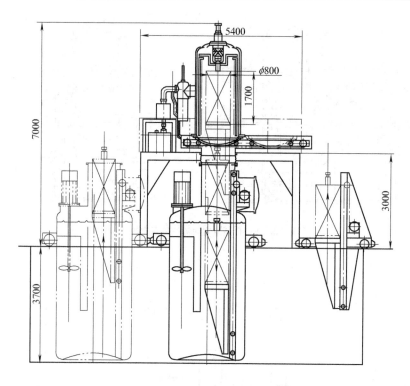

图 5-50　PFTH 型立式双室油淬真空炉

表 5-33　HZC3 型三室油淬高压气淬真空炉的技术参数

型　号	有效加热区 （长×宽×高）/mm	装炉量 /kg	最高温度 /℃	加热功率 /kW	压升率 /(Pa/h)	气淬压力 /Pa
HZC3-65	600×400×400	150		65		
HZC3-100	900×600×450	300	1320	100	0.67	6×10⁵
HZC3-120	900×600×600	500		120		

注：选自北京华翔电炉技术有限责任公司产品。

5. CVCQ 型连续式油淬真空炉　CVCQ 型炉是多工位步进式连续油淬真空炉，如图 5-52 所示，表 5-34 为其技术参数。该炉由装料室、多工位加热室、油淬卸料室等部分组成。该炉除装卸料外，全部实现加热室炉体是在内圆筒外包围一个矩形水套的冷壁结构。隔热屏是 25mm 厚石墨毡和 25mm 厚的硅酸铝纤维毡组成的混合毡结构。电热元件为管状石墨布，分上下两排安装在炉床上下方。油淬卸料室为垂直放置的圆筒形水冷夹层结构，顶部为水冷夹层封头盖，头盖可以打开，便于维修操作。装料室为单层圆筒壳体。该炉的特点是加热可以同时容纳 3 个料筐（或 6 个料筐），连续生产，效率高，能耗低。

6. ZCL-75-13 型连续式油淬真空炉　图 5-53 所示为西安电炉研究所设计、制造的连续式油淬真空炉。炉子额定功率 75kW，最高温度 1300℃，炉温均匀度 ±3℃。该炉采用石墨带发热体，石墨毡隔热屏，

进料室、出料室与加热室之间有真空闸阀，保证进出料时不破坏加热室的真空度，进出料和淬火操作用液压传动。

5.1.6.3　水淬真空炉

WZSC、HZSC 型双室水淬真空炉，由炉体、加热室、淬火水槽、中间真空隔热闸门、工件传送机构、真空机组、回充气体系统、电控系统及水冷系统等部分组成。该炉加热室、淬火水槽分别设置真空机组。淬火水槽真空机组须防止水蒸气大量挥发。该炉有严格的操作规程。该炉的技术参数见表 5-35。

5.1.6.4　多用途真空炉

1. HZCD 型三室多用途真空炉　HZCD 型卧式三室多用途真空炉由加热室、淬火油槽、淬火水槽、风冷装置等部分组成。该炉可完成油淬、水淬、气淬，以及回火、退火、钎焊等多种热处理工艺。该炉结构见图 5-54，其技术参数见表 5-36。

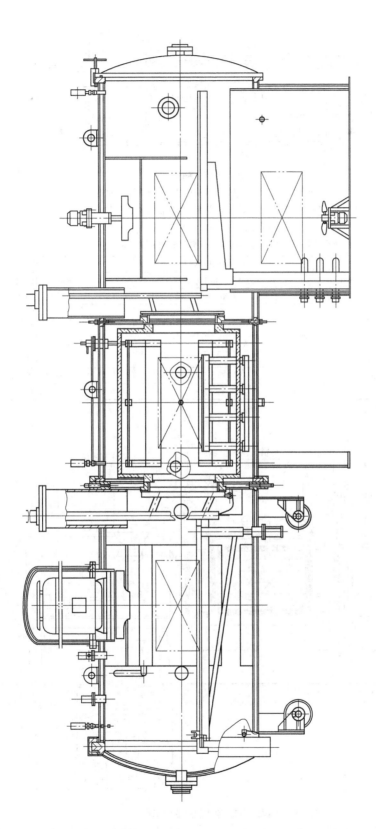

图 5-51　HZC3 型三室油淬高压气淬真空炉

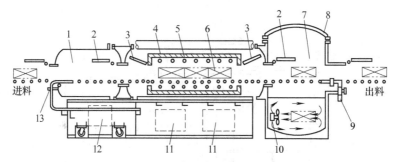

图 5-52 CVCQ 型连续式油淬真空炉

1—装料室 2—中间真空门 3—隔热门 4—加热室 5—电热元件 6—工件
7—油淬出料室 8—顶盖 9—出炉卸料装置 10—油搅拌器 11—动力装置
12—传送装置 13—入炉推料装置

表 5-34 CVCQ 型连续油淬真空炉的技术参数

型 号	CVCQ-091872	CVCQ-2024144
有效加热区(长×宽×高)/mm	1800×460×230	3640×610×510
料筐尺寸(长×宽)/mm	600×460	910×610
最高温度/℃	1320	1320
生产率/(kg/h)	360	1180
工作真空度/Pa	67	67
真空泵抽气速度/(L/min)	10000	30000
占地面积(长×宽)/mm	11000×5100	19000×5500
炉床高/mm	1230	980

注：选自日本海斯公司产品。

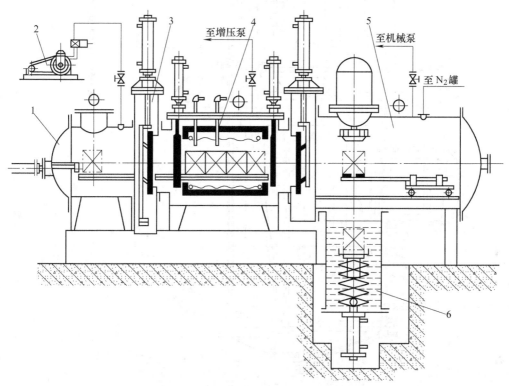

图 5-53 ZCL-75-13 型连续式油淬真空炉

1—进料室 2—真空系统 3—真空闸阀 4—加热室 5—出料室 6—淬火油槽

表5-35　WZSC型双室水淬真空炉的技术参数

型　　号	有效加热区 （长×宽×高） /mm	装炉量 /kg	最高温度 /℃	加热功率 /kW	压升率 /（Pa/h）
WZSC-20	200×300×180	20		20	
WZSC-30	300×450×330	40		40	
WZSC-45	450×670×400	120	1300	63	0.65
WZSC-60	600×900×450	210		100	

注：选自北京机电研究所产品。

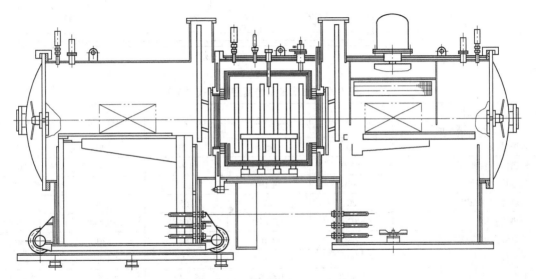

图5-54　HZCD型三室多用途真空炉

表5-36　HZCD型三室多用途真空炉的技术参数

型　　号	有效加热区 （长×宽×高）/mm	装炉量 /kg	最高温度 /℃	加热功率 /kW	极限真空度 /Pa	气冷压强 /Pa
HZCD-40	450×300×300	60		40		
HZCD-65	600×400×300	120	1300	65	$6.6×10^{-3}$ ~ $4×10^{-1}$	$2×10^5$
HZCD-100	900×600×410	300		100		

注：选自北京华翔公司产品。

2.　立式多用途真空炉　立式多用途真空炉（或称真空热处理联合电炉）由加热室、准备室、淬火油槽、硝盐槽及气冷罐等部分组成，主要用于油淬、硝盐淬火和气淬。图5-55所示为其结构示意图，表5-37为其技术参数。

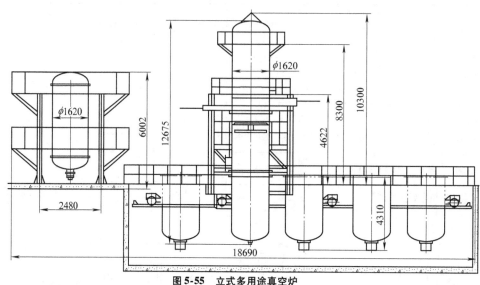

图 5-55　立式多用途真空炉

表 5-37　立式多用途真空炉的技术参数

有效工作尺寸 （直径×高）/mm	$\phi100\times200$	$\phi150\times250$	$\phi600\times1500$	$\phi600\times2000$	$\phi1500\times2000$
装炉量/kg	10	15	200	220	400
最高使用温度/℃	1000	950	950	950	1000
温度均匀度/℃	±10	±10	±10	±10	±10
加热器功率/kW	20	15	165	254	510
加热器材料	Cr20Ni80	Cr20Ni80	Cr20Ni80	Cr20Ni80	Cr20Ni80
供电线路电压/V	220	220	380	380	380
加热器连接方式	单	单	3△	4△	4△
工作电压/V	6~60	10~60	6~40	6~60	7~70
极限真空度/Pa	1.3×10^{-1}	1.3×10^{-1}	1.3×10^{-2}	6.6×10^{-1}	1.3×10^{-2}
工作真空度/Pa	1.3	1.3	1.3×10^{-1}	1.3	1.3×10^{-1}
压升率/(Pa/h)	4	4	6.6×10^{-1}	6.6×10^{-1}	6.6×10^{-1}
淬火转移时间/s	<10	15	30	30	15
硝盐槽工作温度/℃		450	180~400		176~330
油槽工作温度/℃		80	80	80	60

注：选自航空工业规划设计研究院产品。

5.1.6.5　真空回火炉

1. HZR、WZH、ZCR 型真空正压回火炉　该型炉由炉体、加热室、热搅拌装置和风冷装置等部分组成，如图 5-56 所示，表 5-38 为其技术参数。炉体和炉盖为双壁水冷，炉体法兰与炉盖之间采用双重密封结构，保证真空炉在负压和正压运转时安全可靠。隔热屏为夹层结构或全金属屏，电热元件为镍铬合金带。加热时起动热搅拌装置，形成对流加热；冷却时起动风冷装置，打开前后风冷活动门，气流经散热器，形成强制对流冷却。

2. RHCV 型真空回火炉　工件在中性气氛炉子如氮气、氮氢混合气或氩气中回火。RHCV 型真空回火炉如图 5-57 所示，其技术参数见表 5-39。

3. VDFC 型真空正压回火炉　VDFC 型真空正压回火炉（见图 5-58）是美国 Ipseh 公司的产品。该型炉装炉量为 180~1000kg，温度为 760℃，工作压强达 2×10^{5}Pa，采用不锈钢及陶瓷纤维毡夹层式隔热屏。

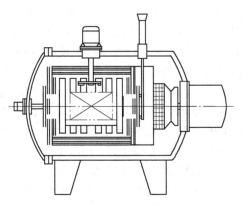

图 5-56　真空正压回火炉

5.1.6.6　真空渗碳炉

1. ZCT、WZST、HZTC 型双室真空渗碳炉　该型炉是在双室油淬真空炉的基础上,结合真空渗碳工艺的特点发展起来的炉型。与双室油淬真空炉不同之处是,加热室增加了渗碳搅拌装置和渗碳供气系统和炭黑处理系统。炭黑处理系统由冷阱、炭黑收集器、油过滤器等部分组成。该炉型还备有氨气供给与控制系统。加热元件不能用石墨布,通常用石墨板或石墨管。该炉型基本结构见图 5-47 和图 5-48,其技术参数见表 5-40。

2. VC 型双室真空渗碳炉　图 5-59 所示为 VC 型双室真空渗碳炉,其技术参数见表 5-41。

5.1.6.7　低压渗碳炉

法国 ECM 公司于 1980 年应标致公司要求,在 PFV 立式真空炉上附加低压渗碳装置,通过试验建立了低压渗碳理论。在 1985 年开发出了计算机模拟软件。1988 年研制成第一台连续式低压渗碳 ICBP 多用炉。图 5-60 所示为 ICBP200 型低压连续式渗碳炉。该设备可以按传统的气氛多用炉生产线方式来布置。在此设备上不仅可渗碳也可碳氮共渗,还可按用户要求增加进出料室功能,附加一个高压气淬室。如此,还可实现高速钢和合金工具钢的真空淬火。

表 5-38　HZR、WZH、ZCR 型真空正压回火炉的技术参数

型　　号	有效加热区 (长×宽×高) /mm	装炉量 /kg	最高温度 /℃	加热功率 /kW	气冷压强 /Pa	生产单位
HZR-24	450×300×300	100		24		
HZR-35	600×400×300	200	700	35	$2×10^5$	北京华翔公司
HZR-50	900×600×450	300		50		
HZR-80	900×600×600	500		80		
WZH-20	300×200×200	20		15		
WZH-45	670×450×400	150	700	40	$2×10^5$	北京机电研究所
WZH-60	900×600×600	500		80		
ZCR-30	620×420×300	120	700	30		首都航天机械公司工业炉厂
ZCR-48	1000×600×450	300		48		

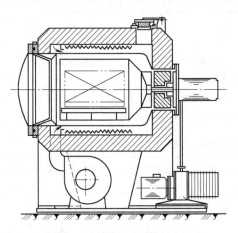

图 5-57　RHCV 型真空回火炉

表 5-39　RHCV 型真空回火炉的技术参数

型　　号	有效加热区 (长×宽× 高)/mm	最高温度 /℃	加热功率 /kW	温度均匀性 /℃	极限真空度 /Pa
RHCV304560	300×450×600		32		
RHCV506090	500×600×900	750	80 110	±3	1
RHCV7070116	700×700×1160				

注:选自法国 ECM 公司产品。

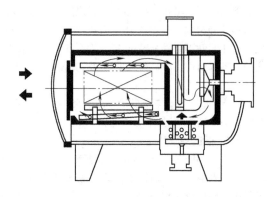

图 5-58　VDFC 型真空正压回火炉

在 ICBP 型设备上采用 INFRACARB 低压渗碳工艺。其原理是往炉内通入一定量的丙烷(C_3H_8)。后者在炉内的高温下裂解成原子状态的碳和氢,使炉腔内的碳处于饱和状态。这种炉内碳的状态可用碳富化率 F [$mg/(h \cdot cm^2)$] 来表示。当工件表面积不超过临界值,而丙烷的流量又固定不变时,F 值也是不变的。而当丙烷量超过临界值,而工件的表面积不变时,F 值也固定(见图5-61)。因此,渗碳过程可以用温度、时间、丙烷量和氮气的流量以及压力四个参数来控制。在渗碳和扩散过程中,炉压保持在 100～1800Pa 范围内,渗碳气体丙烷和中性气体 N_2 交替地通入炉中。

表 5-40　ZCT2、WZST 型双室真空渗碳炉

型　号	有效加热区 (长×宽×高) /mm	装炉量 /kg	最高温度 /℃	加热功率 /kW	压升率 /(Pa/h)	生产单位
ZCT2-65	600×400×300	100	1200	—	0.6	北京航天神箭工业炉有限公司
ZCT2-100	1000×600×450	300		—		
WZST-30	300×450×330	60	1320	40	0.65	北京机电研究所
WZST-45	450×670×400	120		63		
WZST-60	600×900×450	210		100		

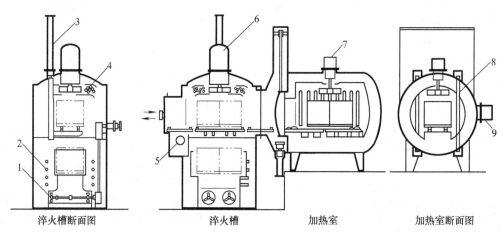

淬火槽断面图　　　　淬火槽　　　　加热室　　　　加热室断面图

图 5-59　VC 型双室真空渗碳炉

1—油搅拌器　2—油加热器　3—提升缸　4—冷却管　5—操纵器
6—气冷风扇　7—渗碳气循环风扇　8—加热元件　9—排气口

表 5-41　VC 型双室真空渗碳炉技术参数

型　号	有效加热区 (长×宽×高)/mm	装炉量 /kg	炉温 /℃	真空度 /Pa	功率 /kW	渗碳气流量 /(m³/h)	一次充氮 /m³	冷却水流量 /(m³/h)
VC-40	610×920×610	420	1000	25	155	1.5	16	14
VC-50	760×1220×610	660			215	2.0	18	16

注:选自日本中外炉公司产品。

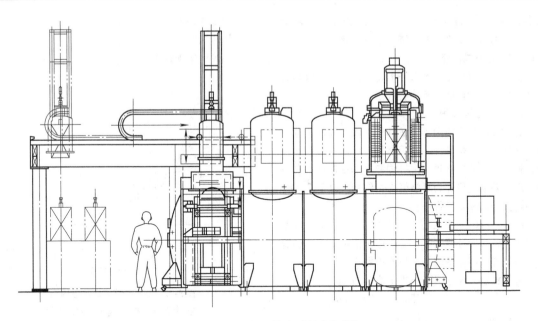

图 5-60　ICBP200 型低压连续式渗碳炉

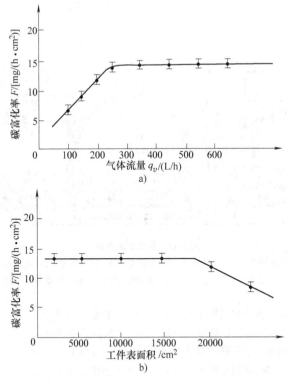

图 5-61　碳富化率与气体流量和工件表面积的关系

a) 炉温和气体流速不变　b) 炉温和工件表面积不变

在整个渗碳周期内，要求有一个由强渗向扩散转变的过程。此转化的时间长短取决于炉温，气体的裂解和裂解产物的膨胀特性以及真空泵的抽气速率。在 ICBP 炉和 INFRACARB 系统中仅需 5s 的转换时间。

根据工件渗层深度要求，工件材料特性和其他初始参数，计算机模拟系统计算出渗碳 + 扩散的循环次数、最后扩散时间、总处理时间、最终表面碳浓度和最后得到的渗碳层深度。实践证实，计算模拟与工件实测的渗层误差不超过5%。图5-62所示为在一个渗碳和扩散周期内,工件表面层碳含量的变化。

5.1.6.8 台车式真空炉

台车式真空炉如图5-63所示。它是Ipsen公司为了特殊应用而设计的,有多种规格。

5.1.6.9 真空钎焊炉

真空钎焊炉主要用于飞机部件、汽车部件、电子通信部件、压缩机部件、家用电器、板翅式换热器以及各种散热器的铝钎焊、铜钎焊和不锈钢钎焊。真空热处理炉基本上可作为真空钎焊炉使用。以下简要介绍两台大型铝真空钎焊炉。

1. ZR-1416-8型大型铝真空钎焊炉 该炉是兰州真空设备厂设计制造的,主要用于铝板翅式换热器的真空钎焊。该设备的主要技术参数为:

有效加热区尺寸(长×宽×高)/mm

　　　　　　　　6500×1450×1800

装炉量/kg　　　　14600

额定工作温度/℃　650

极限真空度/Pa　　$1×10^{-3}$

炉温均匀性/℃　　　±4

加热功率/kW　　　1620

该炉可实现计算机控制。

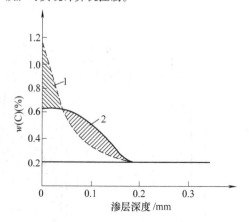

图5-62　在一个渗碳和扩散周期

(渗碳2min,扩散2min)内,工件

表面层碳含量的变化

1—渗碳后的碳含量　2—渗碳+扩散后的碳含量

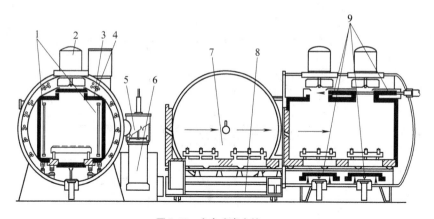

图5-63　台车式真空炉

1—加热元件　2—冷却风扇　3—热屏蔽　4—冷却管组　5—高真空泵
6—扩散泵　7—炉底台车　8—装卸料输送车　9—可移动冷却门

2. HZH3型三室半连续式铝真空钎焊炉 HZH3-180型三室半连续式铝真空钎焊炉是北京华翔公司设计制造的,主要用于汽车散热器、空调器的蒸发器冷凝器、柴油机中的中冷器、机油冷却器及波导管等的铝真空钎焊。其主要技术参数为:

有效加热区尺寸(长×宽×高)/mm

　　　　　　　　1800×400×1600

装炉量/kg　　　　600

最高温度/℃

　钎焊室　　　　　700

　预热室　　　　　350

炉温均匀性/℃　　　±4

极限真空度/Pa

　钎焊室　　　　　$6.6×10^{-4}$

　预热室　　　　　$4×10^{-1}$

　冷却室　　　　　$4×10^{-1}$

操作周期/min　　　40

加热功率/kW

　钎焊室　　　　　180

　预热室　　　　　70

该设备由预热室、钎焊室、冷却室、中间真空隔热闸阀及工件传送机构等部分组成,如图5-64所示。

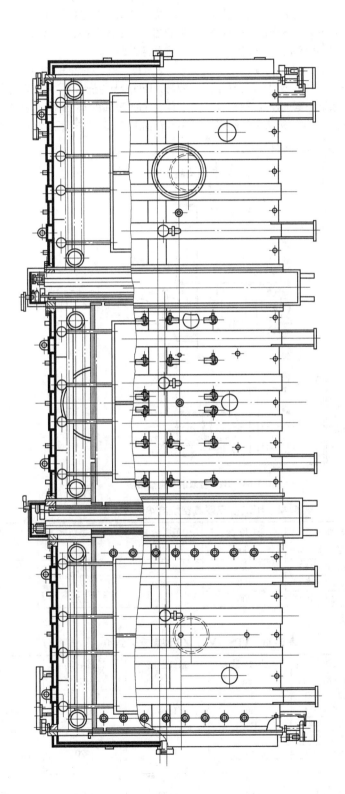

图 5-64 HZH3-180 型三室半连续式铝真空钎焊炉

5.1.6.10　真空烧结炉

真空烧结炉主要用于金属粉末制品、金属注射成形制品、硬质合金、陶瓷、钕铁硼、不锈钢无纺布等的烧结。真空烧结炉与真空热处理炉的结构基本相同，只是根据烧结工艺作适当的变动。

1. HZS 型双联真空烧结炉　HZS 型炉有两台相同的烧结炉，公用一套抽真空系统和电气控制系统；在操作时，两炉分别用于加热和冷却，相互交替使用。

该型炉具有在同一炉内一次完成脱脂、预烧结和烧结的功能。脱脂系统包括外部管道、真空阀、冷凝器、收集器和机械泵等装置。该炉的结构见图5-65，其技术参数见表5-42。

2. VPS、VS、ZS 型真空烧结炉　该型炉是单室外循环加压气冷真空烧结炉，需配置高真空大抽速的真空机组，才能满足钕铁硼烧结工艺要求。该炉结构与单室外循环加压气淬真空炉相同，其技术参数见表5-43。

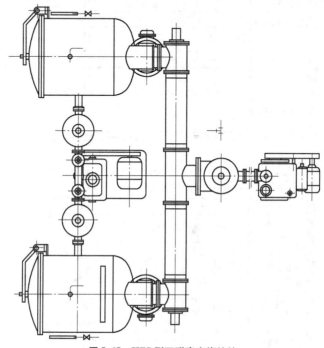

图 5-65　HZS 型双联真空烧结炉

表 5-42　HZS 型双联真空烧结炉的技术参数

型　号	有效加热区 (长×宽×高)/mm	装炉量 /kg	最高温度 /℃	加热功率 /kW	极限真空度 /Pa
HZS-50	500×250×250	60		50	
HZS-70	600×350×350	100	1600	70	$6.6×10^{-3}$
HZS-120	900×450×450	200		120	

注：选自北京华翔公司产品。

表 5-43　VPS、VS、ZS 型真空烧结炉

型　号	有效加热区 (长×宽×高)/mm	装炉量 /kg	最高温度 /℃	冷却时间 /min	生产单位
VPS-30	400×250×180	30			
VPS-50	500×300×200	50	1300	≤20	沈阳真空技术研究所
VPS-150	800×450×400	150			
VS-20R	350×200×200	20			
VS-50R	500×300×300	50	1300	≤20	沈阳中北真空实业公司
VS-150R	600×400×400	150			
ZS-30	350×250×180	30			
ZS-50	500×300×250	50	1300	≤20	北京真空阀门厂
ZS-150	650×400×400	150			

5.2　等离子热处理炉

等离子热处理炉是依靠气体辉光放电和离子轰击的方法，来获得活性离子并加热工件，使氮、碳或其他元素渗入工件表面的化学热处理工艺设备。它具有渗入速度快、表面相结构容易控制、零件畸变小、能源节省及无污染等优点。

5.2.1　等离子热处理炉的基本类型

5.2.1.1　炉子组成部分

等离子热处理炉由真空炉体、电源控制系统、供气系统及真空获得系统等部分组成。对于多炉体或组合生产线，还有电源切换系统或机械移动结构。以离子渗氮炉为例，其基本组成如图 5-66 所示。

等离子热处理炉原理框图如图 5-67 所示。

图 5-68 所示为一套电源控制系统和两套炉体的"一拖二"设备，它可以在第一台炉内进行离子渗氮时，操作者进行第二台炉的装炉，第一台炉离子渗氮完成随炉冷却时，将电源切换到第二台炉，进行离子渗氮。这样交替处理与冷却，以缩短生产周期。

图 5-69 所示为由多个炉底（可以水平移动）、一个可以进行升降的炉罩组成的离子渗氮生产线。

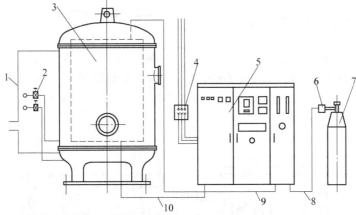

图 5-66　离子渗氮炉的组成
1—冷却水回水管　2—冷却水阀门　3—真空炉体　4—自动空气开关　5—电源控制柜　6—减压阀　7—氨气瓶　8、9—氨气软管　10—阴极导线

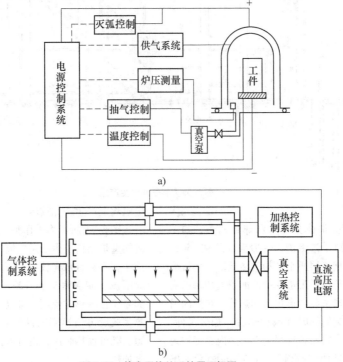

图 5-67　等离子热处理炉原理框图
a）离子渗氮　b）离子渗碳

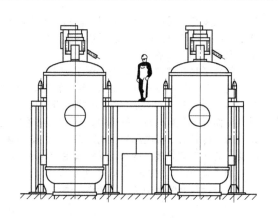

图 5-68　一套电源两套炉体的组成

5.2.1.2　炉子类型

等离子热处理炉按炉体形成分为：吊挂工件的深井式炉、堆放工件的钟罩式炉、既可吊挂又可堆放的综合式炉和侧端开门的卧式炉。

按控制方式分为：①普通型炉，它通过手动操作供气流量和抽气阀门控制炉内压强，升温时以手动方式控制功率，保温时以 PID 方式自动控制；②自动型炉，一般采用工业程序控制器控制流量、阀门以及功率。工艺参数也由微机储存和控制。

按加热方式分为：单一辉光放电离子轰击加热和增加辅助电源加热两种炉型。

按辉光放电电源类型分为：直流电源、直流斩波电源和逆变脉冲电源、高频脉冲电源三种炉型。

5.2.2　等离子热处理炉的主要构件

真空炉体是离子轰击热处理工件的工作室，其结构设计与真空炉基本相同，以下介绍离子轰击热处理炉特有的主要构件。

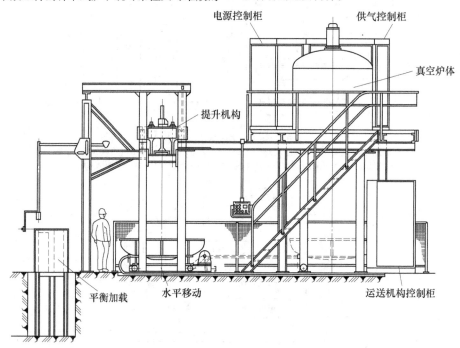

图 5-69　离子渗氮生产线

5.2.2.1　炉体

等离子热处理炉炉体分冷壁和热壁两类，如图 5-70 所示。传统的离子渗氮炉，一般温度均在 650℃ 以下，大都采用炉壁夹层通水冷却的冷壁炉，用直流或脉冲供电，以满足离子轰击件单位面积上功率的需要。热壁炉是指除离子轰击形式的加热外，在炉内另行设置加热器件，它们同时（或预热后）加热工件，进行离子轰击处理。热壁炉有利于提高炉内温度均匀度和减少处理开始期的"打弧"。图 5-70a 所示热壁炉的加热元件采用电阻丝（板），低压供电，以防在

电阻丝上产生辉光放电。

图 5-71 所示为采用另设一辉光放电阴极辐射板的热壁炉结构。由于阴极辐射板多次辉光放电，表面洁净，不会有弧光放电，所以在开始处理阶段就可加大电流，使温度升至 700 ~ 800℃，辐射加热工件。如果仅在预热时使用，可以用同一辉光放电电源，预热完成后再切换到工件的阴极上。如果采用两个电源，既可预热时用，也可以在工件处理过程中同时供电加热。

由于热壁炉有保温层，降低了炉子的冷却速度，延长

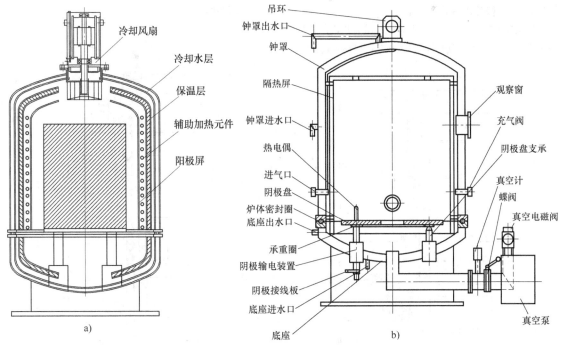

图 5-70　等离子热处理炉炉体
a）热壁炉结构　b）冷壁炉结构

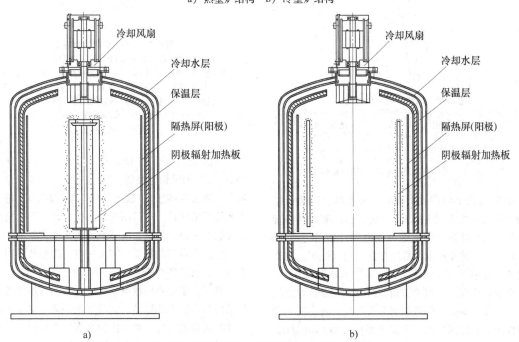

图 5-71　采用辉光放电阴极辐射板的热壁炉结构
a）中心放置　b）外围放置

了生产周期，此外，还易造成 Fe_4N 相从固溶体中析出，降低渗氮层的耐蚀性，所以热壁炉常需设置冷却风扇。

5.2.2.2　隔热屏

在离子炉内设置隔热屏有显著的节能效果。测试表明，有一层不锈钢隔热屏比无隔热屏的节省功率

40%；再加一层铝合金隔热屏，节省功率可达 55%。

隔热屏也作为辉光放电的阳极，可以单独引线，或与炉壁共接阳极。隔热屏内壁应平整光滑，无焊点、铆钉头之类的突点，否则会在突点尖锐部位形成阳极辉光集中亮点。

5.2.2.3　阴极输电装置及支承

阴极输电装置起支承工件并将电流输入炉内的作用。图 5-72 ~ 图 5-76 所示为常用的辉光放电阴极输电装置。

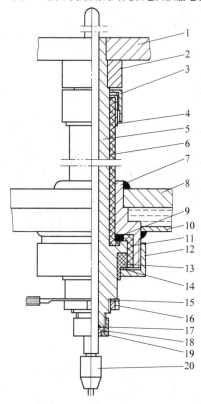

图 5-72　堆放阴极输电装置
1—阴极盘　2—支柱　3—护隙调整外套　4—护隙调整内套　5—阴极柱　6—瓷管　7—托座　8—炉底板　9—密封圈　10—炉底外板　11—绝缘套套　12—压紧螺母　13—绝缘筒套　14—滑环　15—输电极　16—固定螺母　17—O 形密封圈　18—压环　19—锁紧热偶螺母　20—热电偶

图 5-72 所示的堆放阴极输电装置具有护隙保护结构，它由支柱 2、护隙调整外套 3 和护隙调整内套 4 组成，护隙调整外套端面与支柱端面有小于 1mm 的横向间隙，使支柱上的辉光在此间隙处熄灭。在辉光放电过程中，或长期使用后由于不慎将间隙短路，使外套也发生辉光，则护隙调整内套 4 与瓷管 6 之间还有一个纵向间隙，仍可起到阻断辉光，防止弧光放电的作用。密封圈 9 系矩形截面氟橡胶 O 形密封圈，瓷管 6 的法兰与阴极柱 5 共同压紧在密封圈上，使阴极与具有阳极电位的托座 7 绝缘，并使真空炉密封。

图 5-73 所示吊挂阴极输电装置，阴极 4 与瓷管 13 在炉内出口处有小于 1mm 的纵向护隙，以阻断阴极的辉光。为防止不同厚度的辉光对护隙中的"浸侵"，由隔隙螺母 14 和隔隙套 15 组成锥形隔隙，使阴极上的辉光在锥形口内"淡化"，延长护隙的寿

命，确保绝缘性能。

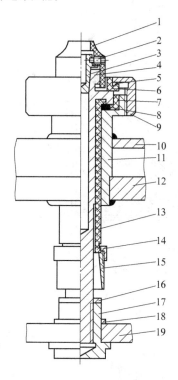

图 5-73　吊挂阴极输电装置
1—接线护罩　2—紧定螺母　3—接线锥头　4—阴极　5—滑环　6—压紧套　7—绝缘卸荷垫　8—密封圈　9—锁紧螺母　10—护盖外板　11—托座　12—护盖板　13—瓷管　14—隔隙螺母　15—隔隙套　16—小护环　17—承重螺母　18—大护环　19—阴极吊板

为防止重型零件撞击阴极，大型设备应采用"软连接"阴极输电装置，其结构如图 5-74 所示，阴极盘 1 通过连接板 6、输电软线 7 与支柱 10 相连。由于软连接的保护，一旦阴极盘发生移动，不会直接影响支柱、阴极，可防止破坏绝缘或真空密封。

为适应高温的需要，制成中空的阴极柱，通冷却水冷却，其结构如图 5-75、图 5-76 所示。

离子渗碳的阴极输电装置也可将引入加热室的部分采用非金属耐热制品。它既支承炉床，又作为电流传导的阴极输电柱，常用优质高强度石墨制作。其防止弧光放电的护隙结构与金属阴极类似。

一个阴极不能承受较大的工作盘，应另设用三点以上的支承，它仅作支承面无输电的功能，但因有辉光存在，所以仍必须有与输电阴极相同的护隙结构。工作盘支承如图 5-77 所示。阴极工作盘的水平调整可靠转动由调整螺栓 6 和调整螺母 7 组成的高度调整机构来实现。

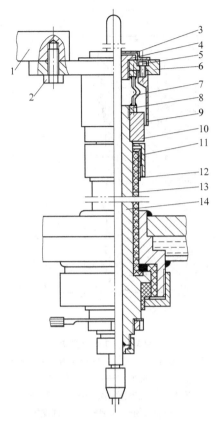

图 5-74　"软连接"阴极输电装置
1—阴极盘　2—六方螺母　3—罩　4—空心螺栓
5—内六方螺栓　6—连接板　7—输电软线　8—输电
螺母　9—护套　10—支柱　11—护隙调整外套
12—护隙调整内套　13—瓷管　14—阴极柱

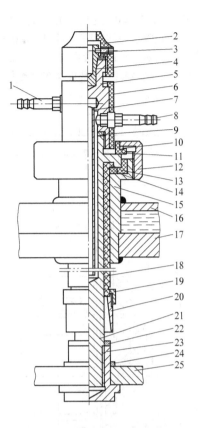

图 5-75　吊挂水冷阴极输电装置
1—进水嘴　2—接线护罩　3—锁紧螺母　4—接线锥头
5—通水螺母　6—绝缘管　7—进水管　8—出水嘴
9—防水垫　10—滑环　11—压紧套　12—压紧螺母
13—绝缘卸荷垫　14—密封圈　15—托座　16—炉盖
外板　17—炉盖板　18—瓷管　19—隔隙锁母
20—隔隙套　21—阴极柱　22—小护环　23—承
重螺母　24—大护环　25—阴极吊板

5.2.2.4　测工件温度的装置

由于在离子轰击处理过程中，工件带有高压电位，给准确测温带来困难。在离子轰击辉光放电炉内，最准确的测温方法是采用封闭内孔带有护隙套管的热电偶埋入试样内，用电位差计或高精度数字电压表读出毫伏值。其他测温方法都应与埋偶测温进行比较，以确定其测温精度。埋偶测温试样如图 5-78 所示。图中 $d < 2mm$，越薄越好。铠装热电偶最好采用有封头的，如有偶丝外裸部分可用耐热填充剂固定。图内护隙的间隙应 $\leqslant 1mm$，热电偶插入深度应 $> 30mm$。此外，还采用光电高温计、双波段比色高温计测温。

1. 在离子轰击真空炉内的测温装置　在生产中，热电偶不可能都插在零件中，通常采用测温头与处理件接触，或把热电偶放在一个模拟件中。

测温头的结构应能防止导电和弧光放电。典型的测温头如图 5-79 所示。它采取间隙保护，接触工件

的前帽或接触工件的前封帽有辉光，而在间隙的另一侧后帽或壳体是没有辉光的。

为克服热电偶端不直接接触工件误差较大的缺点，常采用加银片接触导热的办法，称加"热极"等温补偿，如图 5-80 所示。

图 5-81 所示为简易式测温头。银片、热电偶和熔铸云母用耐高压、耐高温的粘结剂粘成一体。熔铸云母朝向工件的端面是一层厚度为 0.2mm 的银片；起到护隙作用，其尺寸为 $\phi 3mm \times 0.2mm$。

在离子轰击真空炉内测量的热电偶，不论是否接触工件，均带有电压，故二次仪表要与地隔离（即悬空）或采用隔离变压器，对仪表及接线端均应封闭，不得与人接触，以保人身和设备的安全。

2. 炉外非真空中模拟测温　这种模拟测温装置是将一个封头薄壁的不锈钢管插入阴极，使两者有同

样的阴极电位，在辉光放电时，由于管壁外表面与工件的电流密度相同，所以温度也近似。模拟管测温装置如图 5-82 所示。不锈钢管内与大气相通，中层用端头开口的石英管绝缘。因热电偶在大气中，故不必将二次仪表与地隔离。

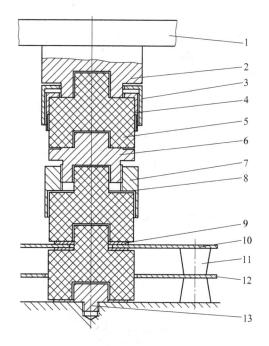

图 5-77　工作盘支承
1—阴极盘　2—支铁　3—屏蔽帽　4—屏蔽
螺栓　5—瓷件　6—调整螺栓　7—调整
螺母　8—纯铜薄垫圈　9—纯铜厚垫圈
10—内层隔热屏　11—隔热屏支撑
12—外层隔热屏　13—定位柱

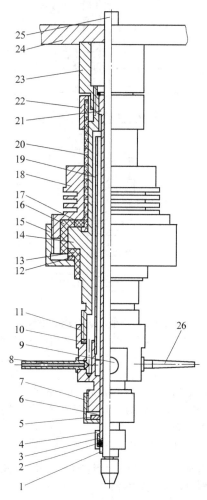

图 5-76　堆放水冷阴极输电装置
1—压环　2—O形密封圈　3—连接螺母　4—锁紧热电偶
螺母　5—压紧环　6—防水密封圈　7—防水螺母
8—进水嘴　9—接线柱　10—防水垫　11—通水
螺母　12—滑环　13—绝缘筒套　14—阴极柱
15—压紧螺母　16—绝缘垫套　17—密封圈
18—托座　19—出水管　20—瓷管　21—阴
极内管　22—护隙下套　23—护隙调整上套
24—阴极盘　25—热电偶　26—出水嘴

3. 红外光电温度计测温　采用红外光电温度计测量离子渗氮零件温度，尤其测量同炉各种零件温度的均匀度比较方便，但其所测值与零件表面的状态有关，需通过修正旋钮进行调整补偿。

WDL-31 型光电温度计主要技术指标：

测量范围：150～300℃，200～400℃，300～

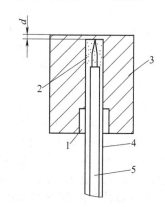

图 5-78　埋偶测温试样
1—护隙　2—填充剂　3—试样
4—石英管　5—铠装热电偶

600℃、400～800℃，600～1000℃、800～1200℃

检测输出：0～10mA

基本误差：量程上限的 ±1%

反应时间（95%）：<1s

距离系数：$L/D = 100$（L 为工作距离，$L \geqslant 0.5\text{m}$，D 为被测物体的有效直径）

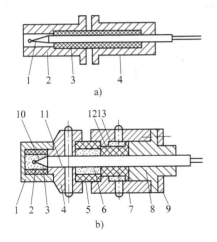

图 5-79 带有间隙保护的
热电偶测温头
a) 简单开口式测温头
1—热电偶 2—前帽 3—磁管 4—后帽
b) 密封式测温头
1—前体 2、9、12—磁管 3—开口磁管
4、8、11—Al_2O_3 粉 5—压圈
6—后封套 7—后体 10—热电偶
13—前封帽

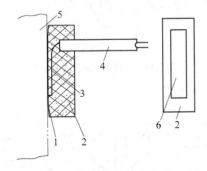

图 5-80 等温补偿式测温头示意图
1、6—银片 2—熔铸云母 3—热电偶丝
4—$\phi2mm$ 铠装热电偶 5—工件

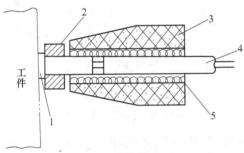

图 5-81 简易式测温头
1—银片（$\phi3mm\times0.2mm$） 2—补偿套 3—熔铸云母
4—$\phi2mm$ 铠装热电偶 5—玻璃丝缠绕层

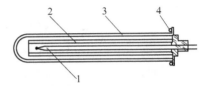

图 5-82 模拟管测温装置
1—热电偶 2—石英管 3—起辉
外套管 4—密封圈

为了消除表面状态和空间介质对测试数值的影响，可采用双波段比色温度计，提高测温精度。

5.2.3 等离子热处理炉的电源及控制系统

等离子热处理炉可采用交流、直流或脉冲的可调电源。早期采用交流电源，但加热效率太低，现在主要用直流或脉冲电源。

5.2.3.1 直流电源

直流电源是等离子热处理炉的一种基本电源，常用的电路有下列几种。

1. 一次侧调压 由于变压器一次侧电压较二次侧低，所以一次侧调压的晶闸管可以选用耐压低的元件，但电流较大，对电网的干扰大。一次侧调压形式种类甚多，离子渗氮设备常用的有下列两种。

（1）三相交流调压。图 5-83 所示为三相交流调压整流电路，每相电流分别从零线构成回路，零线电流等于三个线电流之和。当晶闸管全开放时，三相对称的交流相加等于零，则零线没有电流，但在小开放角时，零线电流很大。当 $\alpha=90°$ 时，中线电流最大，是三倍频的非正弦电流，其中包括高次谐波电流成分，对电网有干扰，其电流波形如图 5-84 所示。为减少干扰，采用不接零线的方法。由于晶闸管在小开放角时，电流不成回路，故必须用双脉冲制的触发电路。其电流波形如图 5-85 所示。

（2）三相半控交流调压。图 5-83 所示电路中每相用一只二极管代替一只晶闸管，即成三相半控电路。二极管并联在晶闸管两端，不承受反压，可以降低晶闸管的耐压要求。其波形如图 5-86 所示。

2. 二次侧调压 二次侧调压的晶闸管，其耐压比一次侧调压的高，电流较小，因此对电网干扰较小。离子渗氮设备常用的二次侧调压有下列三种。

（1）三相全控桥。三相全控桥电路如图 5-87 所示。这种电路的基本参数见表 5-44。

（2）三相半控桥。图 5-88 所示为三相半控桥电

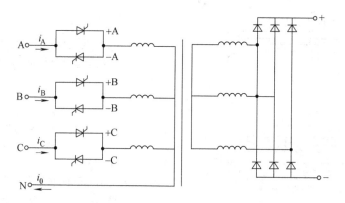

图 5-83　三相交流调压整流电路

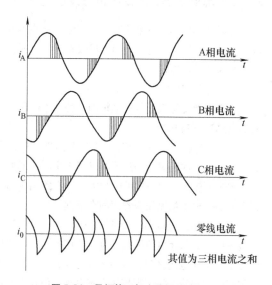

图 5-84　晶闸管三相交流调压波形

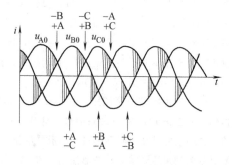

图 5-85　没有零线时的电流波形

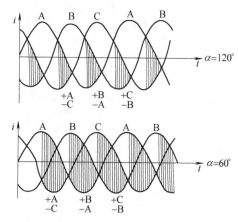

图 5-86　三相半控交流调压波形

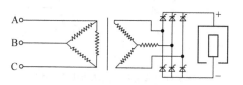

图 5-87　三相全控桥电路

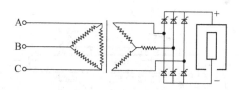

图 5-88　三相半控桥电路

路，其电路基本参数见表 5-45。

（3）三相半控两组桥串联。图 5-89 所示为三相半控两组桥串联电路。采用变压器二次侧两组三相线圈，进行晶闸管整流桥的串联，在可以获得同样高电压情况下，晶闸管元件的耐压要求降低一半，而且电流波形过零的开放角不比两组桥串联的小，有利于灭弧电路有时要求低电压取信号，但其变压器的制作较复杂。

表 5-44　三相全波全控桥电路基本参数

导通角	输出波形数值					晶闸管整流器数值						变压器特性	
	电压波形	E_D/E_L	直流电压/V	波形系数	电流波纹	电流波形	θ	I_F/I_D	I_V/I_{RMS}	V_{FRM}/E_1	V_{RM}/E_1	EH	功率因数
0°		1.35	1.35	1.002	4.6%		120°	0.333	0.577	0	1.41	99.5	0.951
30°		1.16	1.165	1.015	15.3%		120°	0.333	0.56	0.745	1.41	96.5	0.8
60°		1.67	0.67	1.1	26.8%		60° 双脉冲	0.333	0.52	1.192	1.41	77	0.54
90°		0.133	0.133	1.6	17.3%		30° 双脉冲	0.333	0.36	1.29	1.41	37.5	0.20
120°		0	0	0	0		0	0	0	1.41	1.41	0	0

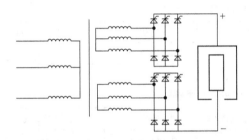

图 5-89　三相半控两组桥串联电路

5.2.3.2　脉冲电源

脉冲电源提供的电压、电流是具有一定周期的近似方波的脉冲,其波形如图 5-90 所示。工作时频率固定,脉冲宽度可调。脉冲宽度(B)与脉冲周期(T)之比称为导通比。表达式如下:

$$\alpha = \frac{B}{T}$$

调整脉冲宽度,即调整 α 来控制输出功率,从而调整温度并控制灭弧。脉冲电源可加速离子辉光放电初期零件表面的"散弧"清理,尤其能够抑制或减少空心阴极效应,有利于实现深孔、沟槽的离子渗入,提高温度均匀度和渗层均匀性。由于脉冲电源可使辉光放电的物理参数(电压、电流、压强)与工件的控温参数(导通比 α)分开,因而增加工艺可调性。

表 5-45　三相半控桥电路基本参数

导通角	输出波形数值					晶闸管整流器数值					变压器	
	电压波形	E_D/E_L	E_A/E_L	波形系数	电流波纹	电流波形	I_V/I_{FM}	I_{RMS}/I_D	V_{FBM}/E_1	I_F/I_D	V_{RM}/E_1	$P_{R1}\times E_D I_D$	$S_{E0}\times E_D I_D$
0°		1.35	1.35	1.002	4.6%		0.318	0.579	0	0.333	1.41	1.05	1.05
30°		1.26	1.28	1.015	17.3%		0.297	0.584	0.707	0.333	1.41	1.13	1.13
60°		1.01	1.07	1.06	35.2%		0.242	0.615	1.22	0.333	1.41	1.48	1.48
90°		0.675	0.846	1.25	75%		0.161	0.729	1.41	0.333	1.41	2.70	2.70
120°		0.337	0.531	1.58	122%		0.093	1.11	1.41	0.333	1.22	4.80	4.80
150°		0.091	0.210	2.31	208%		0.042	1.35	1.41	0.333	0.707	9.18	9.18

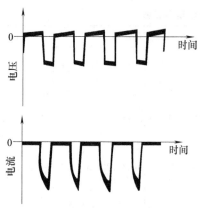

图 5-90　脉冲电源的电压、电流波形

1. 斩波型脉冲电源　在直流电源之后加一直流斩波器，将直流电斩成脉冲方波。早期采用高频逆阻晶闸管作斩波器的开关元件，目前采用可关断门极控制晶闸管（GTO）和绝缘栅双极性晶体管（IGBT）。

斩波型脉冲电源的功率可以很大，但脉冲频率的提高受到限制，且工频变压器也较笨重。

斩波型脉冲电源的主要技术参数见表 5-46。

2. 逆变型脉冲电源　逆变型脉冲电源的频率可达几十千赫，灭弧时间更快。采用高频变压器，使其体积质量明显减小。由于绝缘栅双极性晶体管（IGBT）的应用，功率可扩大。

逆变型脉冲电源是由三相工频电源直接桥式可控整流，产生 0 ~ 500V 连续可调的直流电压，经 IGBT（或 GOT）组成的桥式逆变，生成频率、脉冲宽度都可调的交流方波，将此电压再经高频升压、整流，获得等离子热处理辉光放电所需的高频正向脉冲直流电压。由于功率器件的模块化，提高了设备运行的可靠性，简化了线路。

逆变型脉冲电源的主要技术参数见表 5-47。

3. 微脉冲电源　采用高频微脉冲电源制成的多功能等离子炉，可以进行离子渗氮、渗碳、氮碳共渗、离子渗氮加表面氧化（黑色）、PVD 及 PCVD 等处理。

表 5-46　斩波型脉冲电源的主要技术参数

项　　目	频率/Hz	电压/V	峰值电流/A	导通比 α	灭弧时间/μs
数　　值	1000	0 ~ 1000	50 ~ 300	0.15 ~ 0.85	20 ~ 60

表 5-47　逆变型脉冲电源的主要技术参数

型　号	频率/kHz	电压/V	最大峰值电流/A	导通比 α	灭弧时间/μs
LDM25	10 ~ 30	0 ~ 1500	25	0.15 ~ 0.85	≤10
LDM40	10 ~ 30	0 ~ 1500	40	0.15 ~ 0.85	≤10
LDM80	10 ~ 30	0 ~ 1000	80	0.15 ~ 0.85	≤10
LDM120	10 ~ 15	0 ~ 1000	120	0.15 ~ 0.85	≤15
LDM160	10 ~ 15	0 ~ 1000	160	0.15 ~ 0.85	≤15

微脉冲电源的频率为 10^6 Hz；升电压时间为 0.4 μs，可调周期为 4 ~ 500 μs。

5.2.3.3　灭弧电路

在等离子辉光放电过程中，当辉光放电转变为弧光放电时，如不及时熄弧，就可能使工件表面烧熔，损坏电源设备。清洁或烘烤工件表面，使其表面残留油污蒸发，可以减少"打弧"。通常在处理的起始阶段和升温过程中，不可避免地还会有弧光放电发生。因此，离子轰击热处理炉必须具有防止和熄灭弧光放电的性能。

1. 串联大阻值电阻灭弧　当弧光放电发生时，会在串联大电阻上产生很大的电压降，降低正负极间的电压。当电压降低到电弧维持电压值以下时，即可熄灭。这种方法因电阻消耗电能，故对大功率（10kW 以上）设备不可取。

2. 电流截止负反馈灭弧　对晶闸管电路，可采用电流截止负反馈电路灭弧。当弧光放电发生，电流增高超过设定值时，触发电路则停止发出下一个脉冲，使晶闸管在换相时得不到下一个触发，供电则停止，弧光熄灭。这种灭弧方法的灭弧时间约为 10ms。

由于电源所用的器件都有一定的过载能力，在允许范围内，短时的过载是允许的，所以采用设定限流值作为截止值是保证不使弧光放电无限发展的有效措施。如采用截止设定随工作电流的大小可调，则效果更好。

3. LC 振荡灭弧　LC 振荡灭弧电路如图 5-91 所

示。电容器在辉光放电时充有几百伏电压。当发生弧光放电时，阴极间电压突然由几百伏下降至几十伏，电容 C 经电感 L、阳极、阴极而放电。当电容放电电压降至零时，电感 L 中电流达到最大值。由于电感线圈的惯性作用产生感应电势，使电容 C 反向充电。当电感中的电流（亦即阴阳极间弧光放电电流）下降到零时，弧光放电不能维持而熄灭。这时电容已被反向充电至几百伏，由于电源经限流电阻 R 向电容充电，使电容 C 上电压由反向又渐变为正向，当达到点燃电压时，辉光放电就重新产生。如果此时使辉光放电过渡到弧光放电的因素已经消失，则得到稳定的辉光放电。如果起弧的因素仍存在，则电容再次放电灭弧。LC 振荡灭弧过程如图 5-92 所示。

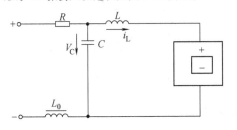

图 5-91　LC 振荡灭弧电路图

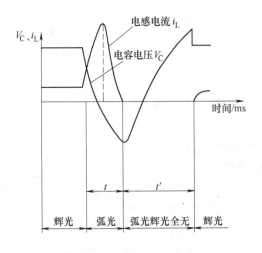

图 5-92　LC 振荡灭弧过程图

上述电路是利用振荡电流过零灭弧，因此设计电路参数时应保证每次振荡电流能过零。

这种灭弧方法的特点是 LC 在辉光放电正常工作过程中，没有能量损失，电阻值较小，所以损失也小。

灭弧速度取决于 L、C，灭弧时间为

$$t = \pi \sqrt{LC}$$

灭弧后重新产生辉光时间为

$$t' = 2RC$$

在刚接通电源工作起始阶段，打弧很频繁，采用较大的限流电阻，随着弧光放电的减少，电流增加，应减小限流电阻的阻值，以提高供电效率，节省能源。

LC 振荡灭弧，在电容放电一瞬间，电流很高，特别在连续弧光放电情况下，电源会处于长时间的过载状态，所以它还必须和其他灭弧方法并用，如电流截止负反馈等。

4. 电子开关灭弧　利用电子线路或器件特性，将等离子放电的供电电源在极快的速度下切断而灭弧的方法，有速度快且无电阻耗能的优点。

（1）并联晶闸管旁路灭弧。晶闸管旁路灭弧电路如图 5-93 所示。在阴阳极间并联一晶闸管 VT（或其他可开关控制的功率器件），在辉光放电正常工作时，电容器 C_1 经电阻 R_1 充电至几百伏。弧光放电时，阴阳极间电压突然下降，电容 C_1 经阳极、阴极、熔电器和脉冲变压器 T 和电阻 R_1 放电，脉冲变压器二次侧产生的脉冲，触发晶闸管 VT，使其导通，这样阴阳极被短接，弧光熄灭。此时电容器 C 经电感 L 向晶闸管 VT 放电，由于滤波电感 $L_0 \gg L$，电容器的放电是振荡放电，当放电电流反向流过晶闸管 VT 时，自动关断。电源经电感 L_0、限流电阻 R_0，重新给电容器 C 充电至辉光放电所需电压，使之起辉工作。

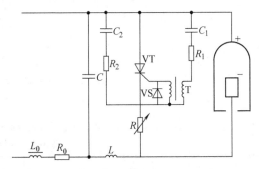

图 5-93　晶闸管旁路灭弧电路图

电阻 R_1 稳压管 VS 是保护控制极的，电阻 R_2、电容 C_2 是晶闸管的过电压保护，快速熔断器是过电流保护。

电感 L、电容 C 的参数，应能保持足够的振荡电流幅值，但还需注意在晶闸管上的电流增长率不得超过额定值。

（2）并联—串联晶闸管开关快速灭弧。并联—串联晶闸管开关快速灭弧的电路如图 5-94 ～图 5-96 所示。

这些电路是在并联晶闸管基础上，在至回路中串联一个晶闸管，在并联旁路的同时关断串联晶闸管，使切断阴阳极间的供电速度更快，灭弧效果更好。

各种灭弧方法的特性见表 5-48。

5. 2. 3. 4　微机控制

离子轰击热处理炉的主要技术参数是辉光放电的电压、电流、炉内压强和温度，以及与炉内压强密切相关的供气流量，这些参数互相联系。此外，根据处理工艺的要求，还有升温速度和各段保温时间等参数。

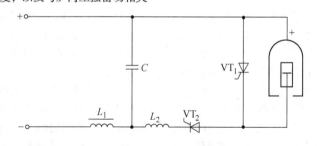

图 5-94　直接并联—串联晶闸管电子开关

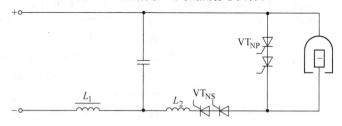

图 5-95　采用逆导晶闸管的电子开关

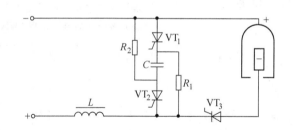

图 5-96　隔离电容储能并联—串联晶闸管电子开关

表 5-48　各种灭弧方法的特性

灭弧方式	弧光放电现象	电流波形	灭弧时间
无灭弧措施（或措施失效）	辉光熄灭，白色弧光成团，弥散在打弧周围，并转移到阴极其他部位，一定时间后自行跳闸		电流迅速增加 有限流电阻时小弧光放电，秒级自行熄灭，大弧光放电时跳闸
串联大电阻降压	辉光熄灭，在打弧点周围有成团弧光，维持一定时间，自行熄灭		电流增加到一定程度，形成转弧或电流增加，致使电压下降到起弧电压以下，即熄灭，10^{-1}s 级
电流截止负反馈	辉光熄灭，小团弧光集中在打弧点，并向周围成锥状散发，即行熄灭		与截止点远近有关，最长为 $6.67\mathrm{ms}(10^{-3}$s 级)

（续）

灭弧方式	弧光放电现象	电流波形	灭弧时间
LC 振荡	不感觉辉光熄灭，在打弧点周围继续成片白色弧光，配合截止反馈时，弧光增加，即行熄灭，有时产生转弧		单次可达 10^{-4} s，按 $t \approx \pi \sqrt{LC}$ 计算，大电流的截止时间为 10^{-4} s
旁路晶闸管	不感觉辉光熄灭，在打弧点周围，继续多次弧光，配合截止负反馈即行熄灭，有时产生转弧	6.67ms	单次可达 10^{-4} s 级，重复加电压又再次打弧，大电流截止时间为 10^{-4} s
电子开关	在打弧点有一小白点弧光，即行熄灭	10μs	一次灭弧，可达 10^{-5} s 级

离子轰击热处理炉的微机控制主要控制温度（升温、保温）和炉内压强（抽气速率、供气流量）两大参数。温度由输给阴阳极的电压和电流来调节；炉内压强由调整抽气速率和供气流量来控制。在每一温度皆有相应的压强，两者可以独立闭环控制，也可相互关联控制。

5.2.4　等离子热处理炉实例

5.2.4.1　LD 系列离子渗氮炉

JB/T 6956—2007《钢铁件的离子渗氮》中规定了离子渗氮设备的型号、主要技术参数和要求。

1. 型号和主要参数

（1）LD 系列离子渗氮炉的型号表示为：

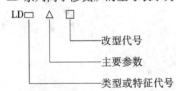

```
LD□  △  □
         └── 改型代号
     └────── 主要参数
└─────────── 类型或特征代号
```

类型或特征代号：M—脉冲（不写为直流）；Z—全自动；J—井式（不写为罩式）；N—带有辅助内热式电源；W—带有辅助外热式电源；B—带有保温炉体。

主要参数：整流输出额定电流（A）。

改型代号：用 A、B、C、D 等表示。

（2）主要参数如下：

1）电源电压（V）。

2）电源相数。

3）电源频率（Hz）。

4）额定功率（kW）。

5）整流输出电压调节范围（V）。

6）整流输出额定电流（A）。

7）辅助电源额定功率（kW）。

8）脉冲电源频率（Hz）。

9）脉冲电源导通比的调节范围。

10）最大装载量（kg 或 t）。

11）额定温度（℃）。

12）有效工作空间尺寸（mm）。

13）极限真空度（Pa）。

14）压升率（Pa/min）。

15）冷却水耗量（m³/h）。

16）炉体外形尺寸（mm）。

17）炉体重量（kg 或 t）。

2. 技术要求

（1）炉体上应设置观察窗，以便观察工件处理情况。

（2）在炉体或抽气管道的适当位置上应设置充气阀。

（3）在进气、抽气管道上，应分别设置能控制和稳定进气压力和流量及调节抽气速率的装置。

（4）水冷式炉壁的离子渗氮炉至少应设有两层隔热屏。

（5）应设置电压、电流、真空度和进气流量的测量指示仪表，温度测量指示仪表应具有控制和记录功能；冷却水系统应设有保护装置。

（6）在大气压状态下，炉体阴极与阳极之间的绝缘电阻用 1000V 绝缘电阻表测量，应不低于 4MΩ。

（7）炉体的极限真空度应≤6.7Pa。有特殊要求时，应在产品协议中另行规定。

（8）空炉冷态下从大气压抽到 6.7Pa 所需时间应不大于 30min。真空系统容积大于 $4m^3$ 的设备可适当放宽，由协议确定。

（9）炉体的压升率应≤7.8Pa/h。

（10）整流输出电压应连续可调，在 200V 以上无突跳现象。

（11）电源应有可靠的灭弧装置，灭弧时间根据所采用的灭弧方法在产品标准中规定。

（12）离子渗氮炉的额定温度为 650℃。

（13）带有辅助电源的离子渗氮炉，仅用辅助电源加热时，炉子的有效加热区按 GB/T 9452—2003《热处理炉有效加热区测定方法》中的规定测定。其温度偏差值不应超过 ±10℃。

离子渗氮炉采用脉冲电源日益广泛，数字化功率模块的应用，为离子渗氮炉的电源和控制提到一个新的阶段，图 5-97 所示为新一代离子渗氮炉电源控制系统方框图，图 5-98 所示为数字化功率模块控制和工艺过程自动控制的离子渗氮炉电源控制柜。

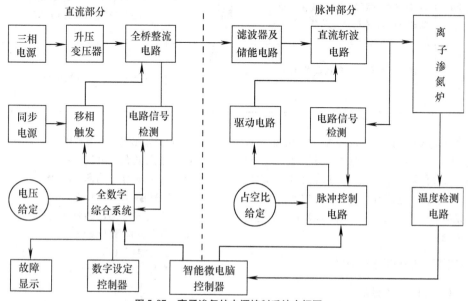

图 5-97　离子渗氮炉电源控制系统方框图

离子渗氮炉炉体形式有打开炉盖，由吊车直接将工件放入炉内吊挂，然后盖炉盖的顶放式井式离子渗氮炉；有用炉盖直接吊挂工件的盖挂式井式离子渗氮炉；还有堆放式离子渗氮炉。图 5-99、图 5-100 所示为井式、堆放式离子渗氮炉。表 5-49 为 LD 系列离子渗氮炉的技术参数。

图 5-98　离子渗氮炉电源控制柜

零件顶放式　　零件盖挂式

图 5-99　井式离子渗氮炉

图 5-100　堆放式离子渗氮炉

表 5-49　LD 型离子渗氮炉的技术参数

型号	炉膛尺寸(直径×高)/mm	外形尺寸(直径×高)/mm	最大装载量/kg	额定电流/A
直流基本型				
LD-25	$\phi800\times800$	$\phi1050\times1850$	1000	25
LD-50	$\phi1000\times1000$	$\phi1250\times2050$	2000	50
LD-75	$\phi1200\times1200$	$\phi1450\times2300$	3000	75
LD-75J	$\phi800\times2000$	$\phi1050\times3400$	1000	75
LD-100	$\phi1400\times1400$	$\phi1660\times2530$	4000	100
LD-100J	$\phi900\times2500$	$\phi1460\times3900$	2000	100
LD-150	$\phi1600\times1600$	$\phi1880\times2750$	6000	150
LD-150J	$\phi1000\times3500$	$\phi1560\times5000$	3000	150
LD-200	$\phi1800\times1800$	$\phi2080\times3000$	8000	200
LD-200J	$\phi1100\times5000$	$\phi1660\times6500$	4000	200
LD-300~500	按用户要求确定			300~500
直流自动型				
LDZ-25	$\phi800\times800$	$\phi1050\times1850$	1000	25
LDZ-50	$\phi1000\times1000$	$\phi1250\times2050$	2000	50
LDZ-75	$\phi1200\times1200$	$\phi1450\times2300$	3000	75
LDZ-75J	$\phi800\times2000$	$\phi1050\times3400$	1000	75
LDZ-100	$\phi1400\times1400$	$\phi1660\times2530$	4000	100
LDZ-100J	$\phi900\times2500$	$\phi1460\times3900$	2000	100
LDZ-150	$\phi1600\times1600$	$\phi1880\times2750$	6000	150
LDZ-150J	$\phi1000\times3500$	$\phi1560\times5000$	3000	150
LDZ-200	$\phi1800\times1800$	$\phi2080\times3000$	8000	200
LD-200J	$\phi1100\times5000$	$\phi1660\times6500$	4000	200
LDZ-300~500	按用户要求确定			300~500

（续）

型号	炉膛尺寸（直径×高）/mm	外形尺寸（直径×高）/mm	最大装载量/kg	额定电流/A
脉冲基本型				
LDM-25	$\phi800\times800$	$\phi1050\times1850$	1000	25
LDM-50	$\phi1000\times1000$	$\phi1250\times2050$	2000	50
LDM-75	$\phi1200\times1200$	$\phi1450\times2300$	3000	75
LDM-75J	$\phi800\times2000$	$\phi1050\times3400$	1000	75
LDM-100	$\phi1400\times1400$	$\phi1660\times2530$	4000	100
LDM-100J	$\phi900\times2500$	$\phi1460\times3900$	2000	100
LDM-150	$\phi1600\times1600$	$\phi1880\times2750$	6000	150
LDM-150J	$\phi1000\times3500$	$\phi1560\times5000$	3000	150
LDM-200	$\phi1800\times1800$	$\phi2080\times3000$	8000	200
LDM-200J	$\phi1100\times5000$	$\phi1660\times6500$	4000	200
LDM-300~500	按用户要求确定			300~500
脉冲自动型				
LDMZ-25	$\phi800\times800$	$\phi1050\times1850$	1000	25
LDMZ-50	$\phi1000\times1000$	$\phi1250\times2050$	2000	50
LDMZ-75	$\phi1200\times1200$	$\phi1450\times2300$	3000	75
LDMZ-75J	$\phi800\times2000$	$\phi1050\times3400$	1000	75
LDMZ-100	$\phi1400\times1400$	$\phi1660\times2530$	4000	100
LDMZ-100J	$\phi900\times2500$	$\phi1460\times3900$	2000	100
LDMZ-150	$\phi1600\times1600$	$\phi1880\times2750$	6000	150
LDMZ-150J	$\phi1000\times3500$	$\phi1560\times5000$	3000	150
LDMZ-200	$\phi1800\times1800$	$\phi2080\times3000$	8000	200
LDMZ-200J	$\phi1100\times5000$	$\phi1660\times6500$	4000	200
LDMZ-300~500	按用户要求确定			300~500

注：选自北京莫泊特热处理技术有限公司产品。

5.2.4.2　活性屏 TC（网栅）离子渗氮炉

TC 离子渗氮炉与 LD 系列离子渗氮炉的离子渗氮原理完全不同。它是不需要在被处理的工件上直接轰击产生负离子，而是在炉内设置一个金属的"网栅"（TC）——活性屏。这个网状圆筒与直流高压电的负极相接，通过气体辉光放电轰击溅射产生活性粒子，被处理的工件处于另一个悬浮电位。这样被处理的工件可以获得和直流离子渗氮同样的处理效果；并解决了直流离子渗氮技术多年来一直存在的许多难以克服的问题。图 5-101 所示为 TC 离子渗氮的基本原理图。

图 5-102 所示为带金属活性屏的 TC 离子渗氮炉炉罩，图 5-103 所示为金属活性屏。工业用活性屏 TC（网栅）离子渗氮炉的结构如图 5-104 所示。

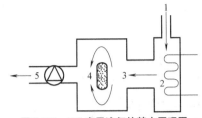

图 5-101　TC 离子渗氮的基本原理图

1—含氮气体进入炉内　2—碰到金属活性屏产生等离子体
3—气流方向　4—等离子体流动方向，在被处理的工件
周围运动　5—真空泵抽出气体

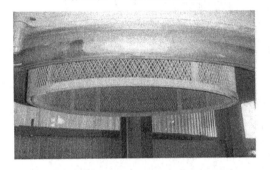

图 5-102　带金属活性屏的 TC 离子渗氮炉炉罩

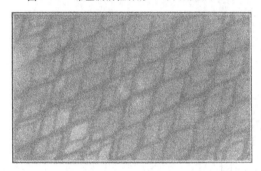

图 5-103　金属活性屏

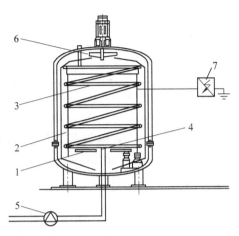

图 5-104　TC（网栅）离子渗氮炉的结构

1—工作台　2—金属活性屏　3—气体喷射管
4—中心管（气流汇集后由工作台下抽出气体）
5—真空泵　6—冷却风扇　7—给活性屏
供电的辅助电源

5.2.4.3　真空离子渗碳高压气淬炉

HZTQ 型真空离子渗碳高压气淬炉，既可用于离子渗碳或真空高压气淬，且能够在同一炉内完成从离子渗碳到高压气淬等的各个工艺过程。该炉由高压炉体、加热室、强制对流冷却系统、渗碳气供给系统、真空系统、电气控制系统和直流电源等部分组成。该炉结构可参见图 5-34 所示的高压气淬炉，所不同的是 HZTQ 型真空离子渗碳高压气淬炉的炉床本身就是阴极。表 5-50 是 HZTQ 型真空离子渗碳高压气淬炉的技术参数。

表 5-50　HZTQ 型真空离子渗碳高压气淬炉的技术参数

序号	有效加热区尺寸（长×宽×高）/mm	最高温度/℃	加热功率/kW	直流电源功率/kW	压升率/（Pa/h）	气冷压强/Pa
1	600×400×400		80	25		
2	900×600×600	1300	150	50	0.67	$5×10^5$
3	1100×700×700		200	50		

5.2.4.4　双室真空离子渗碳淬火炉

双室真空离子渗碳炉可以在同一个炉内完成离子渗碳和油淬工艺过程。该炉由炉体、加热室、真空闸阀、冷却室、淬火油槽、真空系统、渗碳气供给系统、电气控制系统及直流电源等部分组成。图 5-105 所示为 ZLSC-60A 型双室真空离子渗碳炉，表 5-51 是其技术参数。图 5-106 所示为 FIC 型真空离子渗碳炉，表 5-52 是其技术参数。

5.2.4.5　双层辉光离子渗金属炉

双层辉光离子渗金属炉是将需要渗入的固态金属或合金在中间层辉光放电，利用双层辉光的电位差及溅射，使内层辉光放电的工件表面形成沉积层、固溶层或沉积固溶层。表面的渗层成分可以为 0 ~ 100% 金属或合金材料，渗层厚度可达 1mm。渗入金属可以为 W、Mo、Ti、Zr、Cr、Pb、Pt 等单元素，也可以进行 W-Mo、Cr-Ni、W-Mo-Cr、Cr-Ni-Ti 等二元或多元共渗。

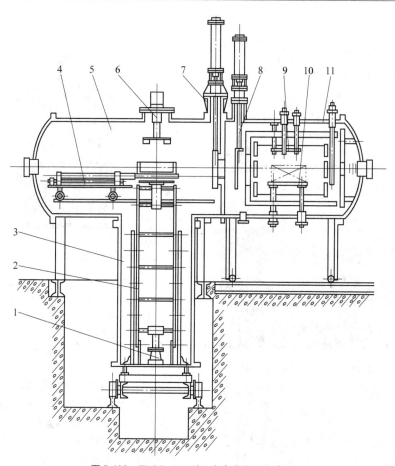

图 5-105　ZLSC-60A 型双室真空离子渗碳炉

1—油搅拌马达　2—升降机构　3—淬火油槽　4—工作车　5—冷却室　6—风机
7—真空闸阀　8—挡热阀　9—阳极　10—阴极　11—加热室

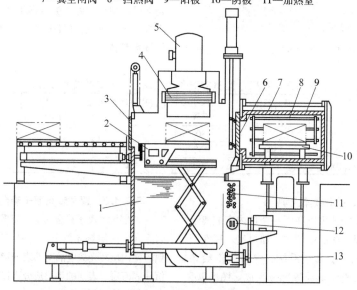

图 5-106　FIC 型真空离子渗碳炉

1—油槽　2—工件运行机构　3—炉门　4—热交换器　5—气冷风扇　6—中间门　7—加热室　8—石墨管
（阳极）　9—隔热层　10—炉床（阴极）　11—油冷却器　12—油加热器　13—油搅拌器

表 5-51　双室真空离子渗碳炉的技术参数

型　号	有效加热区尺寸 (长×宽×高)/mm	最高温度 /℃	加热功率 /kW	直流电源功率 /kW	压升率 /(Pa/h)
ZLSC-60A	500×350×300		45	15	0.67
ZLT-30	450×300×250		30	20	0.67
ZLT-65	620×420×300	1300	65	25	0.67
ZLT-100	1000×600×410		100	50	
HZCT-65	600×400×300		65	25	0.67
HZCT-100	900×600×410		100	50	

表 5-52　FIC 型真空离子渗碳炉的技术参数

型　号	FIC-45	FIC-60	FIC-75
有效加热区(长×宽×高)/mm	450×675×300	600×900×400	750×1125×500
装炉量/kg	200	400	650
最高温度/℃	1150	1150	1150
处理时间/h	2	2.5	3
极限真空度/Pa	10^{-1}	10^{-1}	10^{-1}
冷却水消耗量/(m³/h)	5	8	10
C_3H_8 消耗量/(L/min)	5	10	13
N_2 消耗量/(m³/次)	3.5	4.5	6

注：选自日本真空技术株式会社产品。

双层辉光离子渗金属炉的原理图如图 5-107 所示，其炉体结构如图 5-108 所示。

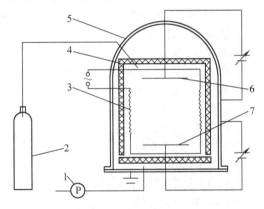

图 5-107　双层辉光离子渗金属炉原理图
1—真空泵　2—气源　3—辅助加热器　4—阳极
（隔热层内壁）　5—炉体　6—源极　7—阴极

100kW 双层辉光离子渗金属炉的技术参数如表 5-53 所示。

5.2.5　等离子热处理炉的性能考核与使用维修

等离子热处理炉中的离子渗氮炉应用最早、最广泛，对其技术要求、性能考核的试验方法等已制定相应的标准。下面以离子渗氮炉为例进行介绍。

5.2.5.1　技术要求

（1）设备应设置电压、电流、温度、真空度和气体流量的测量指示仪表，应能控制和记录温度。

（2）阴、阳极之间，在非真空状态下，其绝缘电阻用 1000V 绝缘电阻表测量，应不低于 $4×10^6 \Omega$，水冷阴极应在不通水的条件下进行测量。

（3）阴、阳极之间在非真空状态下，应能承受工频电压 $2U_0 + 1000V$ 的耐压试验 1min 无闪烁或击穿现象，其中 U_0 为整流输出最高电压（V）。

（4）极限真空度应不低于 6.7Pa。有特殊要求时，应在产品标准中另行规定。

（5）在空炉冷态，由大气压抽到极限真空度所需时间应不超过 30min。大型炉可根据工艺需要在设备技术参数中规定。

（6）压升率应不大于 0.13Pa/min。

（7）在工作气体最大流量情况下，真空泵应能保证在所要求的工作真空度（66.7~1066Pa）范围内的动态平衡。对工作真空度范围有特殊要求时，应在产品标准中另行规定。

（8）整流输出电压应连续可调，在 200V 以上应无突跳现象。

（9）有可靠的灭弧装置。灭弧时间应根据所采用的灭弧形式在产品标准中具体规定。

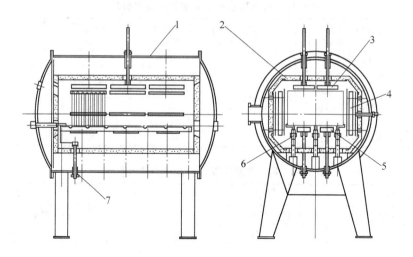

图 5-108　双层辉光离子渗金属炉炉体结构

1—炉壳　2—加热室隔热屏　3—上源极　4—辅助加热器　5—下源极　6—导轨及支撑　7—阴极

**表 5-53　100kW 双层辉光离子
渗金属炉的技术参数**

项　　目	参　　数
加热室有效尺寸 (长×宽×高)/mm	1000×500×300
处理最大钢板平面尺寸 (长×宽)/mm	500×1000
处理锯条最大容积 (长×宽×高)/mm	1000×500×300
最大装炉量/kg	150
工件最高处理温度/℃	1100
源极最高工作温度/℃	1300
控制精度/℃	±5
冷炉极限真空度/Pa	0.4
1100℃热炉真空度/Pa	2.67
压升率/(Pa/min)	$0.67×10^{-3}$
工作气压/Pa	13.33 (真空仪表读数)
升温时间/min(升至1100℃)	满装炉升温时间180
辉光电源功率/kW	100
交流加热电源功率/kW	30

(10) 对工件渗氮效果要求，试验所用典型工件的材质、形状、数量、重量、放置方法、渗后表面的硬度和层深，应在产品标准中具体规定，典型工件总的表面积应等于或小于离子炉设计时规定的最大处理表面积。

(11) 根据不同炉型结构，规定典型工件上的温差值。典型工件上测温点的位置及点数，应在产品标准中具体规定。

5.2.5.2　主要性能的试验方法

(1) 按照电炉基本技术条件标准中的"试验条件"和"基本测量"的规定进行。

(2) 按相关标准中试验方法相应条款所规定的试验方法进行如下试验和检查：

1) 环境温度的测量。

2) 温度的测量。

3) 阴极对炉体外壳绝缘电阻的测量。

4) 极限真空度的测量。

5) 空炉抽真空时间的测量。

6) 压升率的测量。

7) 水路系统的检查。

8) 气路系统的检查。

9) 阴极对炉体绝缘耐压试验。

10) 工作真空度的测量。

11) 联锁保护系统的检查。

12) 冷却水温升的测量。

13) 耗水量的测量。

(3) 整流输出电压调整范围的测量。在空炉非真空状态下进行，仪表接于整流输出端，调整输出电压，测定其调节范围。

(4) 整流输出电流的测量。试验时，炉内应装入经清洁处理后的工件，工件表面积足够大至电流额定值所需数值，施加电压起辉加热，调节电压和炉内压强，在合适的温度条件下输出电流应能达到设计规定的额定值。此时的电压值不作任何规定。

（5）整流输出额定功率的测量。测出额定电流和电压调节范围的最高值，计算其乘积。

（6）灭弧性能的检查。本试验在测量整流输出额定电流的过程中进行。当辉光放电进入稳定后，工作电压在600V以上时，人为送入气体，使炉内工件产生弧光放电，记录灭弧时间。连续5次，每次间隔不长于30s，记录波形，测出电流下降至零的时间，5次试验平均值，即为灭弧时间。

人为打弧器是人工送入气体的工具，它的结构如图5-109和图5-110所示。图中电磁阀动作时间应小于15ms，送入气体孔的直径为φ2mm，定量储气管储气量为10mL。

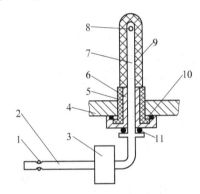

图 5-109 内送气的人为打弧器结构
1—夹子 2—定量储气管 3—电磁阀
4—炉壁 5—瓷管 6—阴极 7—送气管
8—送气孔 9—辉光 10、11—密封圈

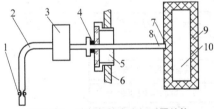

图 5-110 外送气的人为打弧器结构
1—夹子 2—定量储气管 3—电磁阀
4—密封圈 5—观察窗 6—炉壁
7、8—送气管 9—辉光 10—阴极

人为打弧器的操作：在开炉起辉之前安装人为打弧器；待辉光放电正常之后，接通电磁阀3，使其开启，定量储气管中的气体迅速通过阀门和φ2mm送气管7，到达阴极位降区，造成弧光放电；电磁阀断电后关闭阀门，打开夹子1，使定量储气管又充满10mL气体，夹紧夹子，等待第二次测试使用，余类推。

（7）气流动态平衡试验，在空炉状态下进行。将工作气体的流量调节到设计规定的最大值，真空泵应能使炉内压强保持在设计规定的真空范围内。用等离子热处理炉本身配套的仪表测量压强及工作气体的流量。

（8）工件渗氮工艺试验。试验时，将设计规定的具有最大处理表面积的典型工件置于炉内，按正常处理程序进行渗氮处理。处理的工艺与经处理工件的表面质量由制造厂与用户协商确定。

（9）额定温度的测量。额定温度的测量在工件处理过程中进行，热电偶的测量端与工件（或模拟件）应有良好的接触和绝缘。升温过程中每隔10min测量一次，测至达到规定值为止。

（10）典型工件温度的测量。按确定的工艺温度，保温120min后，测量工件上的最高温度和最低温度，计算其差值，共测5次，取平均值。

（11）温度和压强的测量和标定

1）温度的测量和标定。温度测量用热电偶直接插入，模拟件热电偶或非接触测温仪表测量；并辅以目测工件颜色。

以热电偶插入封闭内孔中测量作为等离子热处理炉温度标定的标准测量法。

标定方法：应在新制造的模拟工件孔内进行。孔深大于30mm，热电偶热端与起辉表面的距离小于2mm。测试中将被标定的热电偶测温头、非接触温度计，压在模拟工件或瞄准模拟工件小孔外表起辉的平面上。每标定一个温度值，模拟工件应在这个温度值均温0.5h以上方可读数。

2）压强的测量和校准。膜片式真空计可用于测量等离子热处理炉的压强；热导式真空计对于不同气氛所测得的示值相差甚大，可以测量极限真空度和压升率，工作气氛条件下的压强仅是一个相应的参考值。

压缩转动真空计（麦氏真空计）可以作为校准压强数值的仪表。测试时应符合下列规定：

① 真空计用的汞应为化学纯汞。

② 保持玻璃管内清洁，使用前应进行彻底除气。测试完毕或停测时，应将抽气管夹紧密封，以防汞挥发。

③ 每次测试应有大于5min的平衡时间。

④ 转动时，汞在毛细管中上升速度应不大于4mm/s。

5.2.5.3 等离子热处理炉的维护与保养

1. 电源控制系统 日常维护的要求如下：

（1）除一般电气设备的日常维护外，还要保持电气元件的清洁，尤其是继电器触头、插件和元件上不允许堆积尘土，以防接触不良或短路。

（2）定期检查电压波形，发现不平衡，及时调整。

（3）在使用中发现辉光严重闪动时，应检查波形，及时调整三相平衡。

晶闸管整流电源的常见故障及检查方法见图5-111。

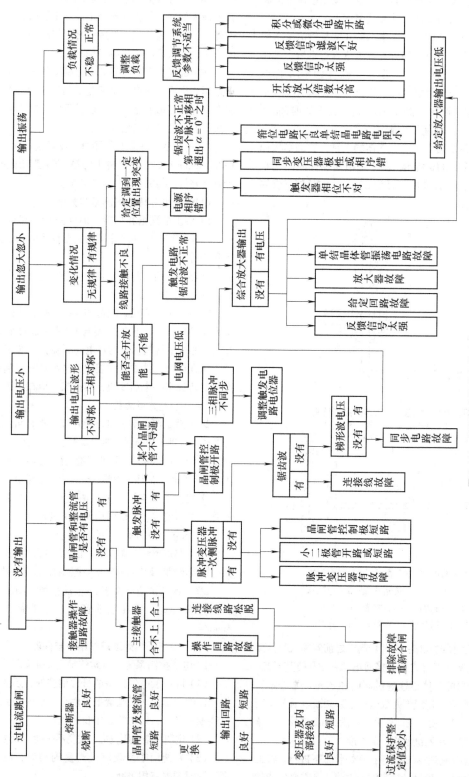

图 5-111　晶闸管电源常见故障检查

2. 真空炉体　日常维护要求如下：

（1）定期检查冷却水的供水与出水是否畅通。

（2）经常检查阴极输电装置的护隙，发现存有溅射物，出现"搭桥"，及时清理调整。

（3）及时清理炉壁（或隔热屏）、阳极上的沉积溅射物和毛刺。

（4）定期擦洗观察窗玻璃上的溅射物。

（5）真空泵油使用3~6个月后应更换。

离子渗氮炉常见故障及排除方法见表5-54。

等离子热处理炉的真空度抽不上去，并且压升率较大时，应检查密封处是否泄漏，包括对观察窗、阴极输电装置、热电偶、进气管及蝶阀等密封部位的检查。密封件老化要更换，如果是松动，要重新安装或旋紧。

炉体冷却水夹层渗漏检查，可向夹层通入 200 ~ 400kPa 压力的水，进行检查。

表5-54　离子渗氮炉常见故障及排除方法

现　象	原 因 分 析	排 除 方 法
流量计浮子贴玻璃管壁	1）气源水分含量太高 2）管道太长	1）更换气源加干燥罐 2）尽量缩短管道
流量计浮子自动下降	1）进气或出气管有一端堵塞 2）调节阀变形 3）供气不足或没有供气	1）弄通管道 2）先开大，再关小或更换针阀 3）充分供气
真空泵抽气，抽到一定值，抽不上去，关闭阀门压升率很大	1）炉子或管道漏气 2）密封圈老化漏气	1）检查、补漏 2）更换
同上，但压升率不大	1）真空泵油太少或老化 2）真空泵内腔或括板损坏	1）加油或换油 2）大修真空泵
阴极输电装置定点打弧	1）密封处有漏气 2）护隙破坏	1）紧固，防止漏气 2）调整
外给电压给不止而电流剧增	排除电源原因，阴阳极间绝缘损坏，有短路处	检查、排除

参 考 文 献

[1]　张建国. 真空热处理新技术[J]. 金属热处理, 1998（5）: 2-5.

[2]　陈鹤龄, 刘仁家. 国外新型高压气冷真空炉的进展[J]. 热处理实践, 1996（1）: 2-6.

[3]　张宏康. 高压真空气淬炉的进展及应用[J]. 热处理实践, 1996（3）: 2-5.

[4]　刘仁家, 濮绍雄. 真空热处理与设备[M]. 北京: 宇航出版社, 1984.

[5]　全国热处理标准化技术委员会. JB/T 6956—2007 钢铁件的离子渗氮[S]. 北京: 机械工业出版社, 2007.

第6章 热处理燃料炉

中国中元国际工程公司（原机械工业部设计研究院） 王秉铨

6.1 燃料炉概述

6.1.1 常用燃料炉分类

燃料炉是利用各种燃料燃烧产生的热量在炉内对热处理工件进行加热的设备，所用的发热元件是各种燃烧装置，或是带有燃烧装置的辐射管。热处理燃料炉所用燃料来源广泛，与电能相比价格也较便宜，便于因地制宜地建造不同结构和不同用途的炉子，在妥善操作和科学管理的条件下有利于降低生产费用，以

洁净煤气或轻柴油为燃料时能取得高炉温、高加热速度、高生产能力的热工性能。当采用自动控制系统时，通过对炉温、炉压、炉气成分、燃料流量与压力、空气流量与压力的检测和控制，能实现较为精确的热工控制。燃烧过程的空气系数可控制在 1.15 以下；炉温均匀性可达 ±5℃。但以煤、热脏煤气或燃料（渣）油为燃料时，则难以实现精确控制，也易造成环境污染。

按炉温范围、炉型结构及生产用途划分的常用热处理燃料炉的类型见表6-1。

表6-1 常用热处理燃料炉的类型

炉 型	炉温/℃	结 构 特 点	生 产 用 途
室式热处理炉	650～950	室状炉膛，开闭式炉门，燃烧室以数条燃烧道形式置于炉底下部，形成炉气循环	小批量、小型工件热处理加热
台车式热处理炉	650～1150	室状炉膛，炉底为可进出炉膛的台车，炉外装料，台车入炉加热，加热过程结束后出炉卸料	中、大型工件成批热处理加热
井式热处理炉	650～1100	圆形井状炉膛，开闭式顶炉盖，用专用吊具吊挂装料	细长件（轴、杆）热处理加热
连续式热处理炉	650～1100	机械推料，或机械化炉底输送，炉膛多划分温度区段，常见炉型有：环形炉、推杆式炉、辊底式炉、输送带式炉等	中、小型工件成批连续加热
罩式炉	650～1100	炉体为一罩子，或炉底不动，炉罩移动；或炉罩不动，炉底移动	工件成批热处理加热
步进式炉	650～950	属于连续式炉，炉膛划分温度区段，依靠专用的步进梁机构使工件在炉内移动的一种机械化炉	规则工件成批连续加热
振底式炉	650～1100	属于连续式炉，炉膛多划分温度区段，依靠炉底振动输料，有气动或凸轮与弹簧配合的振动机构	小型工件成批连续加热
差温热处理炉	1000～1100	炉膛可以开合，分立式和卧式两种，利用传动小车将炉膛拉开或闭合	将轧辊表面快速加热后进行淬火
牵引式炉	900～1000	钢丝或钢带悬挂在炉子两端支撑辊上，通过出料端牵引机构将钢丝牵引出炉，并在炉内完成加热过程	钢丝、钢带的退火或淬火加热

6.1.2 燃料炉炉型选择

炉型选择涉及多方面的问题，炉型选择不当将造

成炉子热工性能不佳，不能完成加热工艺要求，导致产品质量不合格，还会造成能源浪费、污染环境和操作维修不便，因此正确选择炉型是炉子设计至关重要

的一步。

燃料种类、燃烧装置类别、预热器类别及排烟方式等是综合选择燃料炉炉型结构的诸要素。

6.1.2.1　燃料选择

以能满足加热工艺要求为前提，并根据国家燃料政策对可能供应的燃料进行热工分析和经济比较后，确定因燃料而异的炉型结构。

1. 固体燃料选择　用于燃料炉的固体燃料主要是烟煤，不宜使用无烟煤和贫煤，也有使用煤粉的。各地煤种差异较大，必须掌握煤质特性，如发热量、挥发分、灰熔点、粘结性及成分分析等数据，然后按燃烧装置的使用要求因地制宜地选用合适的煤种。

以煤为燃料不易控制燃烧过程，烟尘危害也较大。因此，需要精确控制炉温、精确控制燃料与空气配比和实行少无氧化加热的炉子，不宜使用煤或煤粉为燃料。

2. 液体燃料选择　理想的液体燃料是柴油，由于受燃料供应条件的限制，目前不少工厂多以燃料油为燃料。柴油的粘度低，不需加热即可使用，但使用燃料油时必须对油进行加热和过滤，使油具有符合燃油烧嘴所需的低粘度值和洁净度后方可使用。

油的发热量高，燃烧后的热量利用率也高，配以合适的燃烧装置可以获得较高的炉温和较快的加热速度。在同类型炉子和完成相同产量的情况下，用油比用其他燃料有利于节约燃料。

3. 气体燃料选择　大型机械工厂多使用清洗后的发生炉煤气、焦炉煤气（或城市煤气）和天然气，少数工厂也有使用混合煤气、水煤气、液化石油气和未经清洗的发生炉热煤气的。

各种煤气按送至炉前所具有的压力值分为高压和低压两种：高压煤气的工作压力 ≥12kPa；低压煤气的工作压力 ≤5kPa。

对小型热处理炉，由于炉膛尺寸小，温度易于控制，可以选用高压煤气配以高压喷射式烧嘴。这种烧嘴的优点是：在煤气的喷射作用下，燃烧所需空气能自动按比例吸入，而且混合条件好，具有燃烧完全和操作简便的特点。如果炉子不设置空气预热器，则可省去提供助燃空气的风机。但高压烧嘴的突出缺点是：炉膛正压较大时，助燃空气不能按比例吸入而造成燃烧不完全；火焰较短且长短不易调节；空气、煤气预热温度较高时易产生回火现象。

对大型热处理炉，由于炉膛尺寸大，温度制度不易控制，适于采用低压煤气配以低压煤气烧嘴或高速烧嘴，其突出优点是：

1）由于是风机供风，空气、煤气强制混合，燃烧所需空气量充分。

2）火焰较长且其长度易调节，特别适用于大型热处理炉。

3）炉内气氛循环好，有利于均匀炉温。

由于发生炉热煤气输送压力低（500Pa 左右），含尘含焦油多，供气量不稳定且不能采用自动控制系统，因此不适用于热处理燃料炉。

6.1.2.2　燃烧装置选择

选用不同类型的燃烧装置，在一定程度上影响着炉体结构；煤气烧嘴和油嘴在同一炉型中作相互改变时对炉型结构影响尚不大，但煤炉选型时随燃烧装置的不同则有较大的变化；尤其从燃煤炉型改变为燃气或燃油炉型，在炉型结构上却有根本性的变化。

采用人工加煤燃烧室的普通煤炉，燃烧过程不稳定，烟尘危害大。在每一加煤间隔时间内，炉温波动范围达 100℃ 以上，煤燃烧过程的空气系数高达 1.3～1.5，这种炉型应予淘汰。

采用阶梯式或水平式往复炉排燃煤机，或采用下饲式螺旋加煤机，均有助于改善燃烧过程和提高加热质量。带有简易煤气化燃烧室的煤气化炉，如能按质供应不粘结或弱粘结煤，也能取得较好的加热效果。

除常规使用的高压喷射式和低压涡流式烧嘴外，高速烧嘴、换热式（自身预热）烧嘴、长火焰烧嘴是近年来应用较广的一些高效烧嘴，其中高速烧嘴对气体动能的利用有以下突出特点：

1）喷出烧嘴的高速气流直接作用在加热件表面上能强化对流传热。

2）炉内设置再循环装置，利用高速烧嘴出口气体的喷射作用增强炉内气体的再循环，达到均匀炉温的目的。

3）井式炉、圆形开合式差温炉、沿切线方向分层（排）装设高速烧嘴，能有效地均匀炉温和加快升温速度。

平焰烧嘴是以辐射传热为主的新型烧嘴，通常不用于热处理炉。

6.1.2.3　耐火材料选择

耐火材料和隔热材料如选择适当，炉衬结构合理，高质量施工，是改善炉子热工性能和提高炉衬使用寿命的重要因素。

随着超轻质耐火材料的出现，将炉衬改用耐火纤维或轻质砖砌铺设，具有热导率低、密度小、热稳定性好等优点，能显著加快炉子升温速度和提高炉温均匀度，对改善加热质量和节约能源有突出的作用。

几种炉衬结构的传热特性见表6-2。

表 6-2　几种炉衬结构的传热特性

炉衬结构	适用炉温/ ℃	耐火层厚/mm		隔热层厚/mm		散热损失/ （W/m²）	炉外表温度/ ℃
		耐火砖	轻质砖	硅藻土砖	红砖		
耐火砖层 + 硅藻土砖层	<700	116	—	116	—	950	95
	900	232	—	116	—	1158	108
耐火砖层 + 红砖层	900	232	—	—	240	1789	113
轻质耐火砖层 + 硅藻土砖层	1100	—	232	116	—	970	98
	1000	—	232	116	—	880	92
100mm耐火纤维层 + 30mm玻璃棉毡层	1000	—	—	—	—	930	68
150mm耐火纤维层 + 50mm矿渣棉毡层	1000	—	—	—	—	350	48

6.1.2.4　预热器选择

利用离炉烟气的余热对助燃空气和煤气进行加热的装置称为预热器。热处理燃料炉采用预热器的作用有二：一是强化燃烧，有利于提高炉温和加快升温速度；二是提高炉子的热量利用率，有利于节约燃料。预热器分金属预热器和陶瓷预热器两类。这两类预热器都是利用烟气余热通过辐射和对流传热将预热器壁加热，再将流经器壁另一侧的空气或煤气以对流方式进行加热，即预热。

目前广泛使用的是金属预热器，常用的有管状、片状、筒式和喷流式等类型，具有占地少、气密性好、传热效率高及结构紧凑等优点，既能适用700℃左右的低温烟气，也能适用1000℃左右的高温烟气。用普通碳素钢制造的预热器，由于高温下不耐氧化，强度明显降低，热脆性增加，因此进预热器烟气的温度不宜高于750℃，其预热温度值一般不高于350℃。在可能的条件下，预热器应尽量选用耐热钢制造，进预热器烟气温度可提高至1000℃左右，气体预热温度可达500℃左右。

陶瓷预热器的热导率低，但能承受1100℃以上的烟气温度，气体预热温度达500℃左右；但因气密性难以保证，不宜用作预热煤气。还由于热处理炉的离炉烟气温度很少有高于1100℃的，因此热处理燃料炉很少采用陶瓷预热器。

6.1.2.5　排烟方式选择

炉子排烟分上、下排烟两种方式，确定排烟方式时需考虑工厂所在地区的气象条件，如气温、风速、地下水位等情况。

下排烟的炉子通常由多台炉子组成一个排烟系统，由此带来的缺点是：烟道系统不易严密，烟囱正常抽力不易保证，地下水位较高时还需设计烟道地下防水层。

上排烟方式有两种：

1）对于小型炉子，烟气由炉顶或炉墙上设置的排烟口直接排入车间。

2）对于大中型炉子，烟气由炉顶或炉墙上设置的集中大排烟口通过钢烟囱排出厂房以外，或借助排烟罩、排烟管及引风机组成的排烟管道将烟气排出厂房以外。

一般在下述条件下考虑上排烟方案：

1）炉子所在地区气温较低，炉子规格较小，车间内炉子数量不多，对车间桥式起重机运行不妨碍时。

2）地下水位较高，设计烟道防水结构不适当或有困难时。

煤炉原则上都采用下排烟方式。

此外，工艺要求（无氧化加热、快速加热、炉内要求恒温或变温等）、炉用机械形式等也与炉型选择有关，采用特种耐火材料也会根本变革炉型结构。

6.2　炉用燃料及燃烧计算

6.2.1　燃料分类

按燃料物态分为固体燃料、液体燃料和气体燃料三类，按制取方式分为一次燃料和二次燃料。常用燃料类别见表6-3。

表 6-3　常用燃料类别

类别	一次燃料	二次燃料
固体燃料	无烟煤、烟煤、褐煤、泥煤、煤矸石等	焦炭、煤粉等
液体燃料	原油	燃料油、轻柴油、调混燃料油等
气体燃料	天然气	高炉煤气、焦炉煤气、混合煤气、城市煤气、发生炉煤气、液化石油气等

6.2.1.1　固体燃料

热处理燃料炉对煤的要求是：低发热量 $Q_d \geqslant$ 23000kJ/kg，挥发分 $V \geqslant 20\%$（质量分数），灰分 $A < 15\% \sim 20\%$（质量分数），含硫量 $< 1\%$（质量分数），水分 $M < 6\% \sim 8\%$（质量分数），灰熔化点 $t > 1200℃$，不粘结或弱粘结性。

1. 煤的分类　中国煤炭类别共分 14 类，见表 6-4。

表 6-4　中国煤炭分类简表

类别	分类指标		
	干燥无灰基挥发分 V_{da}（质量分数）(%)	粘结指数 G	胶质层厚度 δ/mm
无烟煤	≤10	—	—
贫煤	>10~20	≤5	—
贫瘦煤	>10~20	>5~20	—
瘦煤	>10~20	>20~65	—
焦煤	>20~28	>50~65	≤25
	>10~28	>65	
肥煤	>10~37	>85	>25
1/3 焦煤	>28~37	>65	≤25
气肥煤	>37	>85	>25
气煤	>28~37	>50~65	—
	>37	>35	
1/2 中粘煤	>20~37	>30~50	—
弱粘煤	>20~37	>5~30	—
不粘煤	>20~37	≤5	—
长焰煤	>37	≤35	—
褐煤	>37	—	—

注：除无烟煤、贫（瘦）煤、褐煤外，其余称烟煤。

2. 煤质分析　按 GB/T 483—2007 规定，煤质分析符号所表示的涵义和主要用途，以及不同基值的换算关系见表 6-5 和表 6-6。

表 6-5　煤质分析结果表示的含义和主要用途

基础	符号	含义	主要用途
收到基	$a^{①}$	以收到状态的煤为基准	用于销售煤炭及物料平衡、热平衡及热效率的计算
空气干燥基	ad	与空气湿度达到平衡状态的煤为基准	多为试验室分析工作的基础
干燥基	d	以假想无水状态的煤为基准	用于比较煤炭质量，为计算灰分、硫分等含量用
干燥无灰基	$da^{②}$	以假想无水、无灰状态的煤为基准	用于了解和研究煤中的有机质
干燥无矿物质基	$dm^{③}$	以假想无水、无矿物质状态的煤为基准	用于高硫煤的有机质研究

① 国标规定收到基符号为 ar，简写为 a。
② 国标规定干燥无灰基符号为 daf，简写为 da。
③ 国标规定干燥无矿物质基为 dmmf，简写为 dm。

例题　已知煤的成分（质量分数）：$C_{da}80.67\%$，$H_{da}4.85\%$，$N_{da}0.8\%$，$S_{da}0.58\%$，$O_{da}13.1\%$，$A_d10.92\%$，$M_a3.2\%$，试换算为收到基成分。

解：由干燥基灰分 A_d 换算为收到基灰分 A_a 的换算系数（查表 6-6）为

$$\frac{100 - M_a}{100} = \frac{100 - 3.2}{100} = 0.968$$

则 $A_a = A_d \times 0.968 = 10.92\% \times 0.968 = 10.57\%$

表 6-6　煤质分析结果的不同基值换算系数

已知基 ＼ 要求基	空气干燥基 ad	收到基 a	干燥基 d	干燥无灰基 da	干燥无矿物质基 dm
空气干燥基 ad		$\dfrac{100 - M_a}{100 - M_{ad}}$	$\dfrac{100}{100 - M_{ad}}$	$\dfrac{100}{100 - (M_{ad} + A_{ad})}$	$\dfrac{100}{100 - (M_{ad} + MM_{ad})}$
收到基 a	$\dfrac{100 - M_{ad}}{100 - M_a}$		$\dfrac{100}{100 - M_a}$	$\dfrac{100}{100 - (M_a + A_a)}$	$\dfrac{100}{100 - (M_a + MM_a)}$
干燥基 d	$\dfrac{100 - M_{ad}}{100}$	$\dfrac{100 - M_a}{100}$		$\dfrac{100}{100 - A_d}$	$\dfrac{100}{100 - MM_d}$
干燥无灰基 da	$\dfrac{100 - (M_{ad} + A_{ad})}{100}$	$\dfrac{100 - (M_a + A_a)}{100}$	$\dfrac{100 - A_d}{100}$		$\dfrac{100 - A_d}{100 - MM_d}$
干燥无矿物质基 dm	$\dfrac{100 - (M_{ad} + MM_{ad})}{100}$	$\dfrac{100 - (M_a + MM_a)}{100}$	$\dfrac{100 - MM_d}{100}$	$\dfrac{100 - MM_d}{100 - A_d}$	

注：M—水分（质量分数，%），MM—矿物质含量（质量分数，%），A—灰分（质量分数，%）。

由无灰干燥基换算为收到基的换算系数为

$$\frac{100 - (M_a + A_a)}{100} = \frac{100 - (3.2 + 10.57)}{100} = 0.862$$

则　$C_a = C_{da} \times 0.862 = 80.67\% \times 0.862 = 69.54\%$

$H_a = H_{da} \times 0.862 = 4.85\% \times 0.862 = 4.18\%$

$N_a = N_{da} \times 0.862 = 0.8\% \times 0.862 = 0.69\%$

$S_a = S_{da} \times 0.862 = 0.58\% \times 0.862 = 0.5\%$

$O_a = O_{da} \times 0.862 = 13.1\% \times 0.862 = 11.28\%$

3. 煤的组成　煤的组成按煤的工业分析和元素分析两种方法表示。工业分析内容包括：水分 M、灰分 A、挥发分 V 和固定碳 C，若将发热量和全硫分测定包括在内就称全工业分析。

煤的元素分析包括碳（C）、氢（H）、氧（O）、氮（N）、硫（S）五种元素含量的测量，其中碳、氢是主要元素。碳含量（质量分数）通常为无烟煤：90% ~ 98%；焦煤：85% ~ 90%；肥煤及气煤：79% ~ 88%；长焰煤：75% ~ 80%；褐煤：60% ~ 77%。氢在煤中的含量（质量分数）为 2% ~ 6.5%。

我国部分矿区煤质分析数据见表6-7。

表 6-7　我国部分矿区煤质分析数据

矿区煤种	低发热量 Q_d^{ad}[3] /(kJ/kg)	挥发分（质量分数）（%）	灰熔点 FT /℃	空气干燥基元素成分（质量分数）（%）						
				C_{ad}	H_{ad}	O_{ad}	N_{ad}	S_{ad}	A_{ad}	M_{ad}
阳泉混煤[1]	26290	8.00	1150	67.70	3.10	4.70	1.00	0.70	16.80	6.00
焦作原煤[1]	22190	8.20	1345	59.60	2.00	0.80	0.80	0.50	26.30	10.00
韶关曲仁煤[1]	28100	8.89	1415	72.93	3.20	3.08	1.32	1.66	14.56	3.25
松藻混煤[1]	23660	9.80	1190	62.50	3.00	3.00	1.20	2.30	25.4	2.60
铜川混煤[2]	27280	9.92		67.75	3.61	3.18	0.82	4.77	17.11	2.76
本溪洗中煤[2]	12850	13.60		33.90	2.30	5.00	0.30	2.90	46.20	9.40
夏庄煤[2]	26010	14.00	1420	67.85	3.00	2.35	1.28	2.42	19.23	3.87
新密原煤[2]	25120	14.00	1365	68.10	3.60	5.90	0.50	0.40	13.90	7.60
奎山煤[2]	29390	14.00	1350	73.00	3.58	1.42	1.02	3.11	13.87	4.00
龙泉煤[2]	27160	15.00	>1500	68.90	3.33	2.00	1.19	2.08	20.94	1.56
洪山三井原煤	24090	16.34	1480	61.30	3.27	3.34	0.92	2.95	27.26	0.96
太原西山洗煤	21940	17.70	1030	55.09	3.69	5.23	0.97	0.39	24.63	10.00
南桐煤[2]	24810	18.60	1250	64.08	3.85	1.95	1.30	2.87	21.70	4.25
太原西山原煤	28720	19.00	1030	74.04	3.69	3.61	1.09	0.52	15.34	1.71
淄博煤[2]	25130	<19.50	1000	63.75	3.69	2.43	1.22	3.22	25.00	0.69
观音堂煤	25990	20.1	1400	64.74	3.78	4.74	1.17	0.97	22.47	2.03
峰峰野青煤	27940	21.5		70.37	4.49	3.45	1.07	2.86	11.10	6.66
大同煤	27220	24.00	1500	69.48	4.18	7.22	0.82	1.78	12.04	4.48
唐山一号煤	21730	24.21	1500	60.16	3.54	7.40	1.24	0.54	26.03	1.09
滴麻2号洗煤	16270	24.40		42.28	2.69	4.26	0.52	0.24	42.06	7.95
林西洗煤3号	23840	25.60		59.64	3.98	5.67	1.16	1.47	22.81	5.27
邯郸煤	21770	27.22		54.50	3.44	4.11	0.85	1.40	32.2	3.50
阿干镇煤	26970	28.80		68.18	3.73	9.40	0.65	0.69	9.07	8.28
峰峰洗中煤	17800	29.30	1400	47.80	3.30	6.95	0.77	0.35	39.3	1.53
下花园煤	23110	31.00	1160	61.25	3.74	12.90	0.84	0.21	17.27	3.79
太原煤	24720	31.60	1480	67.40	4.50	7.50	2.00	2.00	14.20	2.40
中梁山煤	22370	32.20		55.20	3.50	2.73	1.16	4.08	29.33	4.00
抚顺泥煤	17000	32.54		44.90	3.56	9.26	0.72	0.45	28.67	12.44
淮南丰城煤	23200	33.00	1320	55.28	3.02	7.28	0.88	5.45	26.72	1.39
萍乡残渣	18110	33.20	1185	46.83	3.09	4.44	1.01	0.47	38.29	5.87
郭二庄煤[1]	25900	2.02		75.65	0.84	0.94	0.75	0.26	13.29	8.27

（续）

矿区煤种	低发热量 $Q_{d}^{ad③}$ /(kJ/kg)	挥发分（质量分数）（%）	灰熔点 FT /℃	空气干燥基元素成分（质量分数）（%）						
				C_{ad}	H_{ad}	O_{ad}	N_{ad}	S_{ad}	A_{ad}	M_{ad}
翠屏山煤①	26550	3.10		73.45	1.85	0.92	0.68	0.36	15.74	7.00
焦作煤①	25420	4.53	1340	71.60	2.51	1.56	0.92	0.35	20.50	2.56
晋城煤末①	29060	6.10	1500	79.00	2.40	1.80	0.80	0.40	13.30	2.30
阳泉块煤①	26780	7.64	1500	71.85	2.86	3.38	1.06	1.52	16.03	3.30
阳泉煤屑①	28560	7.64	1500	23.04	3.56	3.56	0.83	0.36	16.21	2.44

① 无烟煤类。

② 贫煤类。

③ Q_{d}^{ad} 为空气干燥基发热量；未标注者为烟煤类。

6.2.1.2 液体燃料

液体燃料主要优点是发热量高、杂质含量少、灰分低、便于运输和燃烧效率高，可以获得近似于气体燃料的燃烧火焰。

1. 液体燃料分类 我国工业炉普遍使用的液体燃料为燃料油和轻柴油。另外，也有使用原油和调混燃料油的。用于工业炉时，这些油类统称燃料油。

在燃料油标准（SH/T 0356—1996）中，将燃料油分为 1 号、2 号、4 号轻、4 号、5 号轻、5 号重、6 号和 7 号八个牌号，其技术要求见表 6-8。其中 1 号和 2 号是馏分燃料油，适用于家用或工业小型燃烧器上使用。4 号轻和 4 号燃料油是重质馏分燃料油或是馏分燃料油与残渣燃料油混合而成的燃料油。5 号轻、5 号重、6 号和 7 号是粘度和馏程范围递增的残渣燃料油，为了装卸和正常雾化，在温度低时一般都需要预热。我国使用较多的是 5 号轻、5 号重、6 号和 7 号燃料油。

表 6-8 燃料油主要技术要求（SH/T 0356—1996）

项 目		1 号	2 号	4 号轻	4 号	5 号轻	5 号重	6 号	7 号
闪点（闭口）/℃	≥	38	38	38	55	55	55	60	—
闪点（开口）/℃	≥	—	—	—	—	—	—	—	130
馏程10%回收温度/℃	≤	215							
90%回收温度/℃	≥	—	282						
90%回收温度/℃	≤	288	338						
40℃运动粘度/(mm²/s)	≥	1.3	1.9	1.9	5.5				
	≤	2.1	3.4	5.5	24.0				
100℃运动粘度/(mm²/s)	≥	—	—	—	—	5.0	9.0	15.0	—
	<	—	—	—	—	8.9	14.9	50.0	185
10%蒸余物残留含量（体积分数）（%）	≤	0.15	0.35	—	—	—	—	—	—
灰分（体积分数）（%）	≤				0.05	0.10	0.15	0.15	
硫分（体积分数）（%）	≤	0.5	0.5	—	—	—	—	—	—
铜片腐蚀（50℃,3h）/级	≤	3	3	—	—	—	—	—	—
密度（20℃）/(kg/m³)	≥	—	—	872	—	—	—	—	—
	≤	846	872						
倾点/℃	≤	−18	−6	−6	−6				

轻柴油（GB 252—2000）按凝点分为 10 号、5 号、0 号、-10 号、-20 号、-35 号和 -50 号七个牌号，其技术要求见表 6-9。

常用液体燃料的性质见表 6-10。

2. 液体燃料的物理性质

（1）密度。液体燃料的密度通常指常温（20℃）时单位体积的质量（kg/m³ 或 t/m³）。常温时煤油密度为 840kg/m³，原油密度为 850 ~ 1000kg/m³，燃料油密度为 850 ~ 900kg/m³。油的密度随温度的升高而降低，油的密度按下式计算：

$$\rho_t = \frac{\rho_{20}}{1 + \alpha\ (t - 20)} \tag{6-1}$$

式中　ρ_t、ρ_{20}——温度 t 和 20℃时油的密度（kg/m³）；

α——体积膨胀系数，$\alpha = （0.002 ~ 0.0025）\rho_{20} \times 10^{-3}$/℃；

t——油的温度（℃）。

（2）粘度。油的粘度常用运动粘度 ν 表示，也有用动力粘度 μ 或恩氏粘度 °E 表示的。当恩氏粘度 °E > 3.2 时，°E 与 ν（m²/s）之间的换算公式如下

$$\nu = \left(7.6°E - \frac{4}{°E}\right) \times 10^{-6} \tag{6-2}$$

当 1.35 ≤ °E ≤ 3.2 时

$$\nu = \left(8°E - \frac{8.64}{°E}\right) \times 10^{-6} \tag{6-3}$$

表 6-9　轻柴油主要技术要求（GB 252—2000）

项　　目		10 号	5 号	0 号	-10 号	-20 号	-35 号	-50 号
色度/号	≤	3.5						
氧化安定性 总不溶物含量/[mg/(100mL)]	≤	2.5						
硫分(质量分数)(%)	≤	0.2						
酸度/[mg(KOH)/(100mL)]	≤	7						
10% 蒸余物残炭含量(质量分数)(%)	≤	0.3						
灰分(质量分数)(%)	≤	0.01						
铜片腐蚀(50℃,3h)/级	≤	1						
水分(质量分数)(%)	≤	痕迹						
机械杂质		无						
运动粘度(20℃)/(mm²/s)		3.0 ~ 8.0				2.5 ~ 8.0	1.8 ~ 7.0	
凝点/℃	≤	10	5	0	-10	-20	-35	-50
冷凝点/℃	≤	12	8	4	-5	-14	-29	-44
闪点(闭口)/℃	≥	55					45	
十六烷值	≥	45						
馏程50% 回收温度/℃	≤	300						
90% 回收温度/℃	≤	355						
95% 回收温度/℃	≤	365						
密度(20℃)/(kg/m³)		实测						

表 6-10　常用液体燃料的性质

燃料油名称	元素组成(质量分数)(%)					密度 ρ(20℃)/(kg/m³)	动力粘度 10⁻³(Pa·s)		残碳(质量分数)/(%)	闪点/℃	凝固点/℃	干点/℃	高发热量 Q_g/(kJ/kg)	低发热量 Q_d/(kJ/kg)	理论空气量(α=1)		燃烧温度/℃
	C	H	S	O	N		80℃	100℃							L_0/(kg/kg)	V_0/(m³/kg)	
减压渣油　大庆原油	86.5	12.56	0.17		0.37	930	281.51	129.69		339	33		45130	42290	14.412	11.147	2018
胜利原油	86.82△	11.16△	1.32		0.7	989.5	606.5	164.7	16.7		48.5		43600	41080	14.012	10.837	2021
大港原油	86.69	12.7	0.29	0.07		949.6	429.8	159.1	10.4	>300	41	>500	45380	42510	14.489	11.205	2017
江汉原油	85.74△	11.24△	3.0			983.8	777	741.7	15.02			>557	43520	40980	13.989	10.819	2018
玉门原油	88.17△	11.58△	0.25			961		265	11.72	301	32		44480	41860	14.269	11.036	2022
克拉玛依原油	88.21△	11.58	0.21			961.5				322	20	>500	44480	41870	14.261	11.030	2023
常压重油　大庆原油	87.57△	12.26△	0.17△			916.2	58.4	29.2		257	38	>374	45110	42340	14.431	11.161	2020
胜利原油	85.78	11.72	1.32△			965.6	779.6	286.9	11.36			>350	43960	41300	14.086	10.894	2018
大港原油	87.91△	11.91	0.18			920.2	47.1	23.93	5.3	233	38	>350	44800	42150	14.421	11.153	2017
江汉原油	84.83△	12.17△	3.0△			921.8		15.71	4.54		43	>354	44380	41630	14.206	10.987	2015
玉门原油	88.03△	11.76△	0.21			949	101.55	46.63		220	27	>350	44650	41990	14.312	11.069	2021
克拉玛依原油	87.57△	12.29△	0.14			914.3	102.55	39.86		208	-1	>350	45150	42370	14.441	11.169	2020
重柴油	86.26	13.74	0.1		0.03	850	5.59	3.0		92	19.5		46510	43410	14.328	11.082	2054

注：1. C、H项带△符号者为计算值。

2. S项带△符号者为相应原油的减压渣油计算值，缺少试验数据。

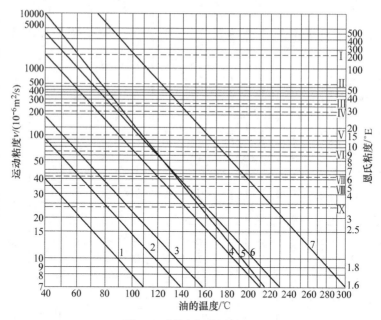

图 6-1 油粘度与温度的关系

1—5 号轻油 2—5 号重油 3—6 号重油 4—7 号重油 5—大港原油减渣油 6—大庆原油减渣油 7—胜利原油减渣油

Ⅰ—螺杆泵和齿轮泵使用的最高粘度 Ⅱ—往复泵使用的最高粘度 Ⅲ—用泵供油或卸油时的平均粘度 Ⅳ—20 ~ 40t/h
离心泵使用的最高粘度 Ⅴ—转杯式和蒸汽雾化油嘴使用的最高粘度 Ⅵ—高压或低压油嘴使用的最高粘度
Ⅶ—机械雾化油嘴极限粘度及蒸气雾化油嘴推荐粘度 Ⅷ—高压及低压油嘴的推荐粘度 Ⅸ—机械雾化油嘴的推荐粘度

一些油的粘度与温度的关系见图 6-1。

（3）闪点和着火温度。燃料油受热后一部分碳氢化合物变为蒸气，这种蒸气与周围空气混合后接触到火焰时能发生闪火现象，此时的燃料油温度称为闪点。闪点是使用燃料油必须掌握的一项性能指标，闪点比油的着火温度低得多，着火温度一般为 500 ~ 600℃。使用闪点高的重油或渣油时可尽量提高油的预热温度，使其粘度降低利于油的雾化；使用闪点低的油时，要控制油的预热温度不使其接近闪点，否则在预热过程中易引起火灾，而且还会放出有害蒸气危害人员健康。

（4）元素成分。不同牌号的燃料油其元素成分变化不大，平均含量（质量分数）为：C87% ~ 88%，H10% ~ 12%，（N + O）0.5% ~ 1%。燃料油最不希望含有硫元素，因燃烧后产生的硫化物不仅对加热工件有害，而且污染环境。因此质量指标中规定油的硫含量不应大于 3%（质量分数）。

（5）凝点。石油含蜡较多，燃料油凝点一般达 30℃ 以上，因此应根据凝点高低确定适宜的输送温度，输送温度范围为 50 ~ 70℃，低牌号油取低限。

（6）灰分和水分。灰分和水分含量决定于原油品种、油的生产条件及开采和运输方法。我国标准燃料油的灰分含量要求不大于 0.3%（质量分数），水

分含量不大于 1% ~ 2%（质量分数）。

（7）比热容、热导率和熔化热。燃料油比热容随温度升高而有所增加，不同温度下的平均比热容采用下列数据：

燃料油温度/℃ 20 50 100 150
平均比热容/[kJ/(kg·℃)]
　　　　　　1.76 1.84 1.95 2.03

不同温度下燃料油的热导率取下列数值：

燃料油温度/℃ 32 65 100 200
热导率/[W/(m·℃)]
　　　　　0.119 0.115 0.112 0.104

熔化热指单位质量（kg）燃料油由固态转变为液体而又不提高温度时放出的热量（kJ），一般取 $Q_q = 167 ~ 251 kJ/kg$。

6.2.1.3 气体燃料

气体燃料主要为各种煤气，包括：发生炉煤气、焦炉煤气或城市煤气、天然气、混合煤气，少数情况下也有使用液化石油气的。

气体燃料燃烧完全且易控制，容易实现燃料与助燃空气的自动比例调节，还可对煤气和空气进行高温预热，从而能强化燃烧和有效地节约燃料，是热处理炉理想的燃料。

1. 各种煤气 各种煤气的一般组成见表 6-11。

表 6-11　各种煤气的一般组成

| 煤气名称 | 干煤气成分(体积分数)(%) | | | | | | | 密度/(kg/m³) | | 低发热量/(kJ/m³) |
	CO_2+H_2S	O_2	C_mH_n	CO	H_2	CH_4	N_2	煤气	烟气	
发生炉煤气(烟煤)	3~7	0.1~0.3	0.2~0.4	25~30	11~15	1.5~3	47~54	1.1~1.13	1.3~1.35	5020~6280
发生炉煤气(无烟煤)	3~7	0.1~0.3	—	24~30	11~15	0.5~0.7	47~54	1.13~1.15	1.34~1.36	5020~5230
富氧发生炉煤气	6~20	0.1~0.2	0.2~0.8	27~40	20~40	2.5~5	10~45	—		6280~7540
水煤气	10~20	0.1~0.2	0.5~1	22~32	42~50	6~9	2~5	0.7~0.74	1.26~1.3	10470~11720
半水煤气	5~7	0.1~0.2	—	35~40	47~52	0.3~0.6	2~6	0.7~0.71	1.28	8370~9210
焦炉煤气	2~5	0.3~1.2	1.6~3	4~25	50~60	18~30	2~13	0.45~0.55	1.21	14650~18840
天然气	0.1~6	0.1~0.4	0.5	0.1~4	0.1~2	98	1~5	0.7~0.8	1.24	33490~37680
高炉煤气	10~12	—	—	27~30	2.3~2.5	0.1~0.3	55~58	—		3730~4060

注：C_mH_n 泛指 C_2H_4、C_2H_6、C_4H_{10} 等。

天然气的发热量高，主要成分是 CH_4，煤气洁净，有较高的输送压力，是最理想的燃料。

焦炉煤气的可燃成分多，易燃易爆，其爆炸极限的下限为 4.2%（体积分数），上限为 37.6%（体积分数）。焦炉煤气需净化使用，其 H_2S 含量需小于 20mg/m³。

发生炉煤气的发热量偏低，经过清洗净化的称清洗发生炉煤气（冷煤气）；经粗除尘而未经清洗净化的称热发生炉煤气。使用热发生炉煤气因易堵塞管道和烧嘴而难以对炉子进行热工控制；即使采用清洗发生炉煤气，由于煤气中仍有一定量的含尘物（尘、焦油、水）也不便于对炉子实行高精度的热工测量与控制。

水煤气有较高的发热量，但因发生炉热效率低，煤气成本高和设备复杂而不能广泛使用。

富氧煤气具有发生炉产气量大、可气化劣质煤和发热量较高等优点，但因氧气价贵而使煤气成本提高，也不能广泛使用。

将焦炉煤气与高炉煤气（或发生炉煤气）混调成混合煤气以获得发热量适宜的煤气，发热量范围 6270~10450kJ/m³。各地的城市煤气也属于混合煤气。

2. 液化石油气　常温下对天然石油气或石油炼制过程中产生的石油气施加压力，使其以液体状态存在时称液化石油气，其气液共存压力为 0.8~1.6MPa。一些厂的液化石油气成分见表 6-12。

表 6-12　一些厂的液化石油气成分

| 厂　名 | 炼制工艺 | 液化石油气成分(体积分数)(%) | | | | | | |
		CH_4	$C_2H_4+C_2H_6$	C_3H_8	C_3H_6	C_4H_{10}	C_4H_8	其他
大庆炼油厂	热裂化	—	21.70	27.40	20.10	—	24.50	6.3
大庆炼油厂	催化裂化	—	0.20	13.60	50.90	—	31.80	3.5
大庆炼油厂	延迟焦化	9.50	24.00	24.10	17.90	—	20.80	3.7
锦西石油五厂	催化裂化	—	0.50	8.60	22.50	26.30	38.60	余量
锦州石油六厂	催化裂化	—	1.30	8.50	24.50	23.90	33.40	余量
北京东方红炼油厂	催化裂化	—	2.41	10.60	31.20	19.04	25.95	余量
北京东方红炼油厂	气体分馏	—	—	76.18	19.95	3.87	—	—
北京胜利化工厂		—	—	—	—	94~100	—	—

液化石油气的主要性质如下：

1）密度随成分不同而异，标准状态下为 2~2.5kg/m³，平均密度 2.12kg/m³。

2）汽化时的蒸发潜热为 418.7kJ/kg。

3）标准状态下液化石油气的发热量为 90~100MJ/m³。

4）理论燃烧温度≈2100℃，标态下理论空气消耗量 L_0≈27.4m³/m³，1kg 液化石油气约生成 0.5m³

煤气，爆炸极限上限 8% ~ 12%（体积分数），下限 1.8% ~ 2.4%（体积分数），燃烧速度较低，约为焦炉煤气的 1/2，不易发生回火。

6.2.2　燃料燃烧计算

6.2.2.1　燃料发热量计算

燃料的发热量分高发热量和低发热量两种。单位燃料完全燃烧后，燃烧生成气中水蒸气冷凝为 0℃ 水时所放出的全部热量称为高发热量 Q_g；燃烧生成气中水蒸气冷凝为 20℃ 气态水时所放出的全部热量称为低发热量 Q_d。进行燃烧计算时一般采用低发热量。

1. 煤发热量计算　根据煤的元素分析数据或工业分析数据计算其低发热量。

（1）按元素分析数据计算空气干燥基低发热量 Q_d^{ad}（kJ/kg）：

$$Q_d^{ad} = 12808 + 216.6C_{ad} + 734.2H_{ad} - 200O_{ad}$$
$$- 133A_{ad} - 188M_{ad} \tag{6-4}$$

或　$Q_d^{ad} = 6984 + 275C_{ad} + 805.7H_{ad} + 60.7S_{ad} -$
$$142.9O_{ad} - 74.4A_{ad} - 129.2M_{ad} \tag{6-5}$$

（2）按工业分析数据计算煤的空气干燥基低发热量 Q_d^{ad}（kJ/kg）：

对于烟煤　$Q_d^{ad} = 35860 - 73.7V_{ad} - 395.7A_{ad} -$
$$702M_{ad} + 173.6CRC \tag{6-6}$$

对于无烟煤　$Q_d^{ad} = 32346.8 - 161.5V_{ad} - 345.8A_{ad}$
$$- 360.3M_{ad} + 1042.3H_{ad} \tag{6-7}$$

式中　C_{ad}、H_{ad}、S_{ad}、O_{ad}、M_{ad}、V_{ad}、A_{ad}——空气干燥基煤的 C、H、S、O、水分、挥发分、灰分含量（质量分数，%）；

CRC——焦渣特性，无分析数据时 $CRC = 0$。

（3）不同煤质分析基低发热量的换算。煤的发热量常以收到基的低发热量 Q_d 表示，参照表 6-6 所示换算系数按式（6-8）~ 式（6-10）计算。

由空气干燥基换算为收到基的低发热量：

$$Q_d = \left(Q_d^{ad} + 25.1M_{ad} \right) \left(\frac{100 - M_a}{100 - M_{ad}} \right) - 25.1M_a \tag{6-8}$$

由干燥基换算为收到基的低发热量：

$$Q_d = Q_d^d \frac{100 - M_a}{100} - 25.1M_a \tag{6-9}$$

（4）高发热量和低发热量的换算公式如下：

$$Q_d = Q_g^{ad} \frac{100 - M_a}{100 - M_{ad}} - 25.1M_a - 225.9H_a \tag{6-10}$$

式中　Q_d——干燥基煤的低发热量（kJ/kg）；

Q_g^{ad}——空气干燥基的高发热量（kJ/kg）；

M_a——收到基煤的全水分（质量分数，%）；

M_{ad}——空气干燥基煤的水分（质量分数，%）；

H_a——收到基煤的含氢量（质量分数，%）。

例题　煤的分析数据为 $C_{ad} 61.3\%$，$H_{ad} 3.27\%$，$O_{ad} 3.34\%$，$S_{ad} 2.95\%$，$V_{ad} 16.34\%$，$A_{ad} 27.26\%$，$M_{ad} 0.96\%$，求空气干燥基煤的发热量。

解：（1）按工业分析数据计算，由式（6-6），当焦渣特性不计时有：

$$Q_d^{ad} = (35860 - 73.7 \times 16.34 - 395.7 \times 27.26 -$$
$$702 \times 0.96) \, kJ/kg = 23195 kJ/kg$$

（2）按元素分析数据计算，由式（6-5）得：

$$Q_d^{ad} = (6984 + 275 \times 61.3 + 805.7 \times 3.27 +$$
$$60.7 \times 2.95 - 142.9 \times 3.34 - 74.4 \times$$
$$27.26 - 129.2 \times 0.96) \, kJ/kg$$
$$= 24028 kJ/kg$$

2. 液体燃料发热量计算

高发热量 Q_g（kJ/kg）：

$$Q_g = 339.15C + 1256.1H - 108.86$$
$$\times (O - S) \tag{6-11}$$

低发热量 Q_d（kJ/kg）：

$$Q_d = 339.15C + 1030H - 108.86$$
$$\times (O - S) - 25.1M \tag{6-12}$$

式中　C、H、O、S、M——燃料中碳、氢、氧、硫、水分的含量（质量分数，%）。

3. 气体燃料发热量计算

高发热量 Q_g（kJ/m³）：

$$Q_g = 126.4\varphi(CO) + 127.7\varphi(H_2) + 397.7\varphi(CH_4)$$
$$+ 696.6\varphi(C_2H_6) + 991.2\varphi(C_3H_8) + 1284.7\varphi(C_4H_{10})$$
$$+ 630\varphi(C_2H_4) + 918.4\varphi(C_3H_6) + 1213.9\varphi(C_4H_8)$$
$$+ 257\varphi(H_2S) \tag{6-13}$$

低发热量 Q_d（kJ/m³）：

$$Q_d = 126.5\varphi(CO) + 108.1\varphi(H_2) + 359.6\varphi(CH_4)$$
$$+ 636.3\varphi(C_2H_6) + 910.8\varphi(C_3H_8) + 1204.8\varphi(C_4H_{10})$$
$$+ 589.8\varphi(C_2H_4) + 858.1\varphi(C_3H_6) + 1133.5\varphi(C_4H_8)$$
$$+ 236.9\varphi(H_2S) \tag{6-14}$$

4. 高发热量与低发热量的关系式

固体及液体燃料

$$Q_d = Q_g - 25.1(9H + M) \tag{6-15}$$

气体燃料：

$$Q_d = Q_g - 20.1\left[\varphi(H_2) + 2\varphi(CH_4) + \frac{n}{2}\varphi(C_mH_n) \right] \tag{6-16}$$

6.2.2.2　空气系数

在理想条件下，燃料完全燃烧时所需最少空气量称理论空气消耗量；在实际条件下，燃料完全燃烧或不完全燃烧所需空气量为实际空气消耗量。实际空气消耗量与理论空气消耗量之比称为空气系数 α。

各种燃料通过燃烧装置进行完全燃烧时必须通入大于理论空气消耗量的过剩空气量，以求充分混合，此时 $\alpha > 1$；根据热工要求进行燃料的不完全燃烧时，则通入的空气量小于理论空气消耗量，此时 $\alpha < 1$。

燃料完全燃烧时的空气系数一般采用下列数据

对于固体燃料　　　　$\alpha = 1.25 \sim 1.4$

对于煤粉　　　　　　$\alpha = 1.15 \sim 1.25$

对于液体燃料　　　　$\alpha = 1.1 \sim 1.2$

对于气体燃料　　　　$\alpha = 1.05 \sim 1.1$

求出单位理论空气消耗量 L_0 并确定 α 值后，则单位实际空气消耗量 L_α [$\text{m}^3/(\text{m}^3$ 或 $\text{kg})$] 按式 (6-17) 计算。

$$L_\alpha = \alpha L_0 \tag{6-17}$$

6.2.2.3　燃烧所需空气量及燃烧生成气量计算

标准状态下每千克或每立方米燃料在理想条件下完全燃烧时，所需空气量称单位理论空气消耗量 L_0；在实际条件下燃料按一定空气系数燃烧时，燃烧产物称单位燃烧生成气量 V_α。L_0 及 V_α 的经验计算公式见表 6-13。

表 6-13　L_0 及 V_α 的经验计算公式

燃料名称	低发热量 Q_d/ (kJ/m^3) 或 (kJ/kg)	单位理论空气消耗量 L_0/ (m^3/m^3) 或 (m^3/kg)	单位燃烧生成气量 V_α/ (m^3/m^3) 或 (m^3/kg)
固体燃料	23030 ~ 29310	$\dfrac{0.24}{1000}Q_d + 0.5$	$\dfrac{0.21}{1000}Q_d + 1.65 + (\alpha - 1)L_0$
液体燃料	37680 ~ 41870	$\dfrac{0.2}{1000}Q_d + 2$	$\dfrac{0.27}{1000}Q_d + (\alpha - 1)L_0$
高炉煤气	3770 ~ 4180	$\dfrac{0.19}{1000}Q_d$	$\alpha L_0 + 0.97 - \left(\dfrac{0.03}{1000}Q_d\right)$
发生炉煤气	< 5230	$\dfrac{0.2}{1000}Q_d - 0.01$	$\alpha L_0 + 0.98 - \left(\dfrac{0.03}{1000}Q_d\right)$
	5230 ~ 5650	$\dfrac{0.2}{1000}Q_d$	$\alpha L_0 + 0.98 - \left(\dfrac{0.03}{1000}Q_d\right)$
	> 5650	$\dfrac{0.2}{1000}Q_d + 0.03$	$\alpha L_0 + 0.98 - \left(\dfrac{0.03}{1000}Q_d\right)$
发生炉水煤气	10500 ~ 10700	$\dfrac{0.21}{1000}Q_d$	$\dfrac{0.26}{1000}Q_d + (\alpha - 1)L_0$
混合煤气	< 16250	$\dfrac{0.26}{1000}Q_d$	$\alpha L_0 + 0.68 - 0.1\left(\dfrac{0.238Q_d - 4000}{1000}\right)$
焦炉煤气	15900 ~ 17600	$\dfrac{0.26}{1000}Q_d - 0.25$	$\alpha L_0 + 0.68 + 0.06\left(\dfrac{0.238Q_d - 4000}{1000}\right)$
天然气	34500 ~ 41870	$\dfrac{0.264}{1000}Q_d + 0.02$	$\alpha L_0 + 0.38 + \left(\dfrac{0.018}{1000}Q_d\right)$

6.2.2.4　燃烧温度计算

计入燃料与空气带有的物理热，燃料热分解损失很小而忽略不计。在绝热条件下，燃料按一定空气系数进行燃烧时所能达到的温度称实际燃烧温度 t_α（℃）。

$$t_\alpha = \frac{Q_d + c_r t_r + c_k t_k L_\alpha}{V_\alpha c_y} \tag{6-18}$$

式中　c_r、c_k、c_y——燃料、空气、燃烧生成气（烟气）比热容 [kJ/(m³·℃) 或 kJ/(kg·℃)]；

　　　　L_α——一定空气系数下单位燃料的空气消耗量 $= \alpha L_0$（m³/m³ 或 m³/kg）；

　　　　V_α——一定空气系数下单位燃料的燃烧生成气量（m³/m³ 或 m³/kg）；

　　　　t_r、t_k——燃料及空气温度（℃）。

燃料的实际燃烧温度 t_α 乘以炉温系数（0.7 ~ 0.75），即为燃烧该种燃料时所能达到的炉温值 t_l（℃）。

$$t_l = (0.7 \sim 0.75)t_\alpha \tag{6-19}$$

6.2.3　燃料换算

对同一炉型，当工艺条件和换用的燃料确定后，需进行燃料消耗量的换算。两种燃料之间的换算关系与燃料发热量、燃料热量利用率、燃料及燃烧所需空气量及是否进行预热等有关。

6.2.3.1　换算公式

不同类别、不同发热量的两种燃料,其消耗量之间的换算关系如下:

$$\frac{B_2}{B_1} = \frac{(Q_d + q_w)_1 \eta_{y1}}{(Q_d + q_w)_2 \eta_{y2}} \qquad (6\text{-}20)$$

式中　B_1、B_2——燃料1、燃料2的消耗量(m^3/h 或 kg/h);

q_w——单位燃料及单位空气量预热后带入的物理热,$q_w = c_r t_r + c_k t_k L_\alpha$ (kJ/m^3 或 kg);

η_{y1}、η_{y2}——燃料1及燃料2的热量利用率,

$$\eta_y = \frac{Q_d + q_w - (Q_y + Q_{bj})}{Q_d};$$

Q_y——离炉烟气带走的热量,$Q_y = V_\alpha c_y t_y$ [kJ/m^3($或 kg$)];

V_α——燃料的单位燃烧生成气量 [m^3/m^3($或 kg$)];

c_y——离炉烟气比热容 [$kJ/(m^3 \cdot \text{℃})$ 或 $kJ/(kg \cdot \text{℃})$];

Q_{bj}——单位燃料的化学及机械不完全燃烧热损失:对于煤气 $Q_{bj} = (0 \sim 0.01)$ Q_d;对于燃料油 $Q_{bj} = (0.01 \sim 0.03)$ Q_d;对于煤 $Q_{bj} = (0.05 \sim 0.1) Q_d$。

在规定条件下各种燃料的热量利用率 η_y 值见表6-14。

表6-14　各种燃料的热量利用率 η_y 值

燃料名称	低发热值/(kJ/kg)	预热温度/℃	下列离炉烟气温度(℃)时的 η_y 值								
			300	400	500	600	700	800	900	1000	1100
发生炉煤气	5230	$t_k = 0$	0.84	0.78	0.73	0.67	0.61	0.55	0.49	0.43	0.37
		$t_k = 300$	0.93	0.87	0.81	0.76	0.70	0.64	0.58	0.52	0.45
		$t_k = t_m = 250$	0.98	0.92	0.86	0.81	0.75	0.69	0.63	0.57	0.50
	5530	$t_k = 0$	0.84	0.79	0.74	0.68	0.62	0.56	0.50	0.44	0.38
		$t_k = 300$	0.93	0.88	0.82	0.76	0.71	0.65	0.59	0.53	0.47
		$t_k = t_m = 250$	0.98	0.92	0.87	0.81	0.75	0.70	0.64	0.58	0.52
	6280	$t_k = 0$	0.85	0.80	0.75	0.70	0.64	0.59	0.53	0.48	0.42
		$t_k = 300$	0.94	0.89	0.84	0.78	0.73	0.67	0.62	0.56	0.51
		$t_k = t_m = 250$	0.98	0.93	0.88	0.82	0.77	0.71	0.66	0.60	0.55
混合煤气	7540	$t_k = 0$	0.86	0.82	0.77	0.72	0.67	0.62	0.56	0.51	0.46
		$t_k = 300$	0.95	0.90	0.85	0.80	0.75	0.70	0.65	0.60	0.55
焦炉煤气	16750	$t_k = 0$	0.87	0.83	0.78	0.74	0.69	0.64	0.59	0.54	0.50
		$t_k = 300$	0.97	0.93	0.89	0.84	0.79	0.74	0.70	0.65	0.60
天然气	35580	$t_k = 0$	0.87	0.82	0.78	0.73	0.68	0.63	0.58	0.53	0.48
		$t_k = 250$	0.97	0.92	0.92	0.87	0.82	0.78	0.73	0.68	0.63	0.58
燃料油	40190	$t_k = 0$	0.84	0.79	0.73	0.67	0.62	0.56	0.50	0.44	0.38
		$t_k = 250$	0.96	0.91	0.85	0.79	0.73	0.67	0.62	0.55	0.49
煤	27210	$t_k = 0$	0.87	0.82	0.77	0.73	0.68	0.63	0.58	0.53	0.48
		$t_k = 250$	0.96	0.91	0.87	0.82	0.77	0.72	0.67	0.62	0.57

注:t_k、t_m——空气及煤气的预热温度(℃)。

6.2.3.2　计算举例

例题1　$3m \times 6m$ 台车式热处理炉,燃用 $Q_d = 5530kJ/m^3$ 的发生炉煤气,空气预热温度 $t_k = 300\text{℃}$,煤气耗量 $B_1 = 1500m^3/h$;改用 $Q_d = 40200kJ/kg$ 燃料油时,空气预热温度 $t_k = 250\text{℃}$,求油耗量 B_2。

解:取离炉烟气温度为900℃,查表6-15,$\eta_{y1} = 0.59$,$\eta_{y2} = 0.62$,$q_{w1} = 452$,$q_{w2} = 3400$,由式(6-20)得燃料油耗量:

$$B_2 = \left[\frac{1500 \times (5530 + 452) \times 0.59}{(40200 + 3400) \times 0.62} \right] kg/h$$

$= 195.8 \text{kg/h}$

例题 2　同上例，改用 $Q_d = 6280 \text{kJ/m}^3$ 发生炉煤气，且煤气与空气均不预热，求煤气耗量 B_2。

解：查表 6-15，$\eta_{y2} = 0.53$

则煤气耗量为

$$B_2 = \left[\frac{1500 \times (5530 + 452) \times 0.59}{(6280 + 0) \times 0.53} \right] \text{m}^3/\text{h}$$

$$= 1590 \text{m}^3/\text{h}$$

例题 3　同上例，如改用 $Q_d = 27200 \text{kJ/kg}$ 烟煤，空气预热温度 $t_k = 250℃$，求煤耗量 B_2。

解：查表 6-15，$\eta_{y2} = 0.67$，$q_{w2} = 2361$

则煤耗量为

$$B_2 = \left[\frac{1500 \times (5530 + 452) \times 0.59}{(27200 + 2361) \times 0.67} \right] \text{kg/h}$$

$$= 267 \text{kg/h}$$

6.3　燃料炉设计与计算

6.3.1　常用燃料炉设计

6.3.1.1　室式炉

1. 炉型结构　燃烧室多设在炉底下部，可借助烧嘴燃烧气体的喷射作用，将炉内气体吸入炉底燃烧室内。这样可降低燃烧室温度，同时使由燃烧室另一端进入炉内的气体温度降低，有助于炉内温度均匀。随着超轻质耐火砖和耐火纤维炉衬的出现，取消底燃烧室，将高速调温烧嘴布置在炉底两侧的炉墙上将会取得更好的热工效果。

室式炉炉底面积一般不超过 2m^2，炉膛深度不宜大于 1.9m。图 6-2 所示为 $0.58 \text{m} \times 0.928 \text{m}$ 上排烟室式热处理炉简图，其技术参数见表 6-15。

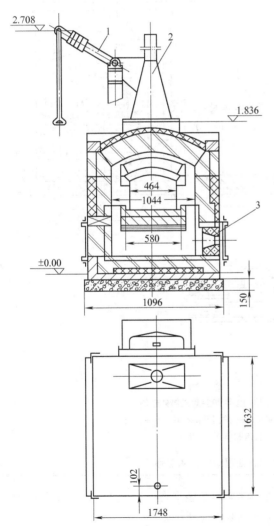

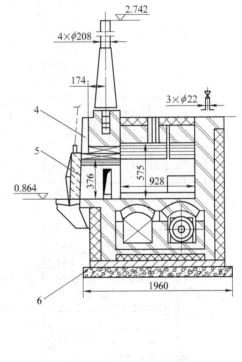

图 6-2　0.58m × 0.928m 上排烟室式热处理炉

1—炉门升降机构　2—排烟罩　3—高压喷射式烧嘴　4—炉架　5—炉门　6—基础

表 6-15　室式热处理炉的技术参数

项　目	数据	项　目	数据
最高炉温/℃	1000	空气消耗量($\alpha=1.05$)/(m³/h)	144
最大生产能力/(kg/h)	65	燃烧生成气量($\alpha=1.05$)/(m³/s)	0.04
燃料名称,低发热量/(kJ/m³)	天然气 35600	烧嘴数量/个	2
最大燃料消耗量/(m³/h)	13	烧嘴前煤气压力/kPa	100

　　图 6-3 所示为上排烟带滚动炉底的室式热处理炉简图,采用链条钩式装出料机,其技术参数见表 6-16。

2. 设计计算

(1) 炉底面积及其标高。炉底面积按下式计算:

$$A = \frac{G}{P} \qquad (6-21)$$

式中　G——炉子生产能力 (kg/h);

　　　　P——炉子生产率,正火、淬火 $P = 100 \sim 150\text{kg/(m}^2 \cdot \text{h)}$,退火、回火 $P = 50 \sim 80\text{kg/(m}^2 \cdot \text{h)}$。

　　为便于操作,炉底标高不宜高于 750 ~ 850mm,大炉子取低限值。

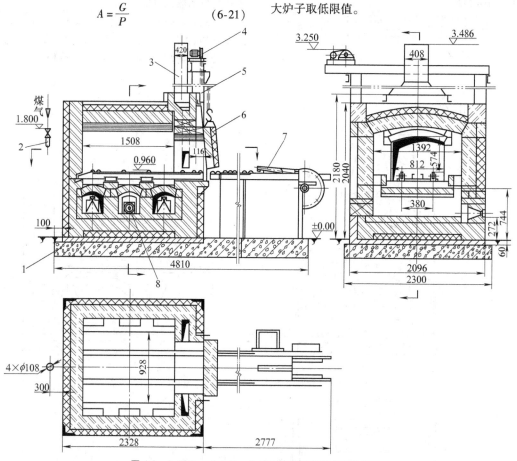

图 6-3　0.928m × 1.508m 上排烟滚动炉底室式热处理炉

1—基础　2—煤气管道　3—烟囱　4—炉门升降机构　5—炉架
6—炉口、炉门　7—拉料机构　8—烧嘴

表 6-16　滚动炉底室式热处理炉的技术参数

项　目	数据	项　目	数据
最高炉温/℃	1000	烧嘴数量(个)及型号	$3, d_{pt} = 42$
燃料名称,低发热量/(kJ/m³)	发生炉煤气 5860	烧嘴前煤气压力/kPa	12
最大燃料消耗量/(m³/h)	200	最大燃烧生成气量/(m³/s)	0.115
最大空气消耗量/(m³/h)	270	炉子生产能力/(kg/h)	165

（2）烧嘴数量及布置。按计算求得的最大燃料消耗量确定烧嘴数量，烧嘴总能量应为最大燃料消耗量的 1.2 倍。炉膛宽度大于 1m 时，最好在双侧炉墙上布置烧嘴，其布置高度应超过工件装料高度，以防工件过烧。

（3）排烟口位置及离炉烟气温度的确定。排烟口尽量设置在炉口两侧，其底面应高出炉底 20～68mm，以免炉底脏物堵塞烟口。进排烟口的烟气温度取低于正常炉温 30～50℃，下排烟炉子烟道闸门前烟气温度取低于正常炉温 200～250℃。

（4）离炉烟气量 V_y，按下式计算：

$$V_y = kBV_\alpha \tag{6-22}$$

式中　k——系数，$k = 0.95 \sim 1.05$；

　　　B——炉子最大燃料消耗量（m^3/h）；

　　　V_α——标态下单位燃烧生成气量（m^3/m^3）。

6.3.1.2　台车式炉

1. 炉型结构　台车式炉炉底为一可移动的台车，加热前台车在炉外装料，工件装在专用垫铁上，垫铁高度 250～400mm。加热时由牵引机构将台车拉入炉内，加热后拉出炉外卸料。

台车式炉的排烟口多设置在两侧炉墙的下部，排烟口底面略高于台车表面。以耐火砖为炉衬时，多采用小截面、多数量的排烟口方案；以耐火纤维为炉衬时，多采用大截面、集中排烟的方案。炉膛多为侧燃式结构，即燃烧室或烧嘴安装在炉膛的单侧或双侧。以油为燃料的台车式炉，往往在烧嘴前砌以网格式燃烧室，阻挡高温火焰冲击工件，并均布火焰降低火焰速度。图 6-4 所示为带网格式燃烧室的 2.54m×9.048m 燃油台车式热处理炉，其技术参数见表 6-17。

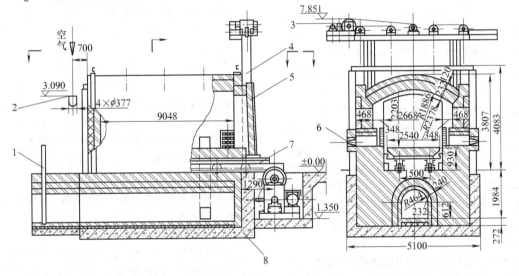

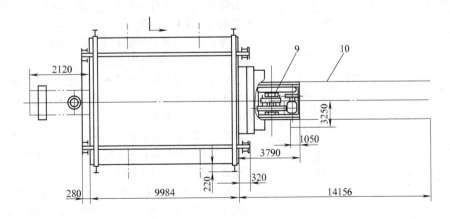

图 6-4　2.54m×9.048m 燃油台车式热处理炉

1—烟道闸门　2—空气管道　3—炉门升降机构　4—炉架　5—炉门　6—油嘴

7—台车　8—基础　9—台车牵引机构　10—轨道、砂封

表 6-17　燃油台车式热处理炉的技术参数

项　目	数　据	项　目	数　据
最高炉温/℃	1000	最大燃烧生成气量/(m³/s)	1.03
最大装载量/t	80	炉底热强度/[kJ/(m²·h)]	5.23×10^5
燃料名称	燃料油	油嘴数量及型号	16 个 RK-50
燃料低发热量/(kJ/kg)	40190	油嘴前燃料油压力/kPa	50~150
最大燃料消耗量/(kg/h)	288	油嘴前空气压力/kPa	7
最大空气消耗量/(m³/h)	3525	炉子排烟阻力/Pa	80

在热处理炉上采用耐火纤维炉衬,对提高炉子热工性能有显著作用。图 6-5 所示为 7m×30m 耐火纤维炉衬台车式热处理炉。炉子设计成既可整个炉子使用(炉长 30m,炉温 950℃),也可半个炉子使用。将后半部炉身向后移开,然后放下悬挂在前半部炉身上的后炉门,即可形成一个长 15m 的炉子,炉温可达 1100℃。耐火纤维炉衬厚 180mm,采用预制炉墙板组装而成。这种炉墙板是先用角钢焊成矩形框架,再在内侧焊上钢板网,然后以水玻璃砂浆为粘结剂在钢板网上竖向粘贴耐火纤维毡而成。整台炉子配用 24 个轻柴油高速烧嘴,采用上排烟方案,均布 6 个排烟孔。炉子配有前后两台台车,每台装载量 300t。投产后保温阶段炉内温差 ±7℃,加热金属(含垫铁)单耗 863kJ/kg,相当于加热金属热效率 41%。

图 6-6 所示为 3m×6.6m 燃煤台车式热处理炉。该炉采用阶梯往复排燃煤机,基本上解决了烟尘危害问题。炉顶、炉门采用耐火纤维内衬,在提高升温速度、均匀炉温、节约燃料方面有明显改善。其技术参数见表 6-18。

表 6-18　燃煤台车式热处理炉的技术参数

项　目	数　据
最高炉温/℃	950
最大装载量/t	45
燃料名称	烟煤
燃料低发热量/(kJ/kg)	24000
炉底热强度/[kJ/(m²·h)]	582000
最大燃料消耗量/(kg/h)	500
最大空气消耗量/(m³/h)	4000
最大燃烧生成气量/(m³/s)	1.17

2. 设计计算

(1) 炉温。已知工件加热温度,依此确定炉温。台车式炉炉温一般比工件加热温度高 20~30℃。

(2) 炉膛尺寸。台车式炉的炉底宽度为台车宽度,炉底长度为炉膛长度,炉底面积按式 (6-23) 计算。

$$炉底面积 A = \frac{P}{q} \qquad (6-23)$$

式中　P——炉子装载量 (t);

　　　q——单位炉底面积装载量,$q = 2~4t/m^2$,容器热处理炉 $q = 1.5~3t/m^2$。

炉膛高度按经验数据选取,一般装炉工件与炉顶之间需留有 400~800mm 间隙,小炉子取低限。炉底标高不高于 1100mm。

(3) 烧嘴布置。烧嘴总能量应为最大燃料消耗量的 1.1~1.2 倍。炉底宽度小于 1.5m 时,允许在一侧炉墙上布置烧嘴;炉膛高度 ≤5m 的炉子,原则上只布置下排烧嘴。炉口及炉后区应首先布置一组烧嘴,而后布置排烟口以保证该区温度不致过低,而且烧嘴能量应加大 10%~30%。两侧炉墙相对布置的烧嘴应相互错开,错开距离不少于 232mm。

离炉烟气温度、烟道闸门前烟气温度及离炉烟气量的确定同室式炉。

6.3.1.3　井式炉

1. 炉型结构　井式炉用作长轴件或长杆件的正火、淬火、回火等热处理加热。其结构特点是炉身为一圆筒形深井,工件由专用吊具垂直装入炉内加热,所使用的燃料为油和各种煤气。

井式炉的布置方案概括为以下三类:

1) 炉身在车间地平面以下。所需厂房高度低,不恶化车间操作环境,但地下工程量大,需设置很深的操作地坑,施工复杂,坑内通风条件不能保证时,恶化了坑内操作环境。

2) 炉身在车间地平面以上。所需厂房高度高,占用车间空间使行车运行不便,但炉子施工简单,便于安装通风设施,操作环境较好。

3) 车间地平面上下各布置一部分炉身。当深度悬殊的炉子布置在一起时,为取得一致的地下标高,需将部分炉身布置在地面以上。特别深的井式炉为简化施工或便于均匀控制炉温,也需将部分炉身布置在地面以上。

常用的井式炉的炉膛结构有以下三类:

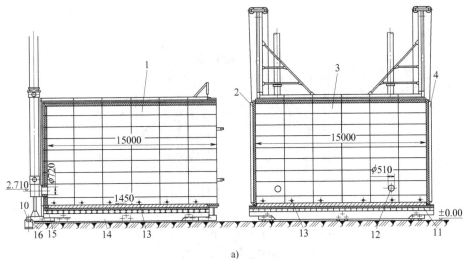

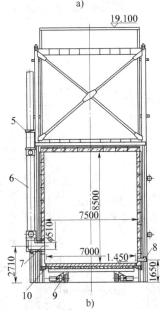

图 6-5　7m×30m 耐火纤维炉衬台车式热处理炉

a) 纵剖面图　b) 横剖面图

1—后半炉　2—后炉门　3—前半炉　4—前炉门　5—烟囱　6—空气预热器　7—排烟孔　8—高速烧嘴
9—台车牵引机构　10—台车侧面密封　11—前台车　12—排烟孔　13—高速烧嘴　14—后台车
15—台车后端密封　16—后半炉身驱动机构

1) 旋流式。烧嘴切向安装,燃烧气体沿炉壁旋转运动,高温火焰有可能与工件直接接触而造成局部过烧,但结构简单,施工方便。

2) 循环式。烧嘴切线方向安装,烧嘴出口处建有一个带吸入口的循环烟道,烧嘴喷出的高速气流吸入部分炉气可降低燃烧气体温度,对防止工件过烧和均匀炉温有利。图 6-7 所示为 $\phi 2.3m \times 12.7m$ 循环式井式炉总装图,其技术参数见表 6-19。

表 6-19　$\phi 2.3m \times 12.7m$ 循环式井式炉的技术参数

项　目	数　据
最高炉温/℃	1000
最大装载量/t	30
燃料及低发热量/(kJ/m³)	发生炉煤气 5230
最大燃料消耗量/(m³/h)	1900
最大燃烧生成气量/(m³/s)	1.05
炉底热强度/〔kJ/(m²·h)〕	3.39×10^5
烧嘴型号及数量	42 个,$d_{pt} = 28$
烧嘴前煤气压力/kPa	12.5

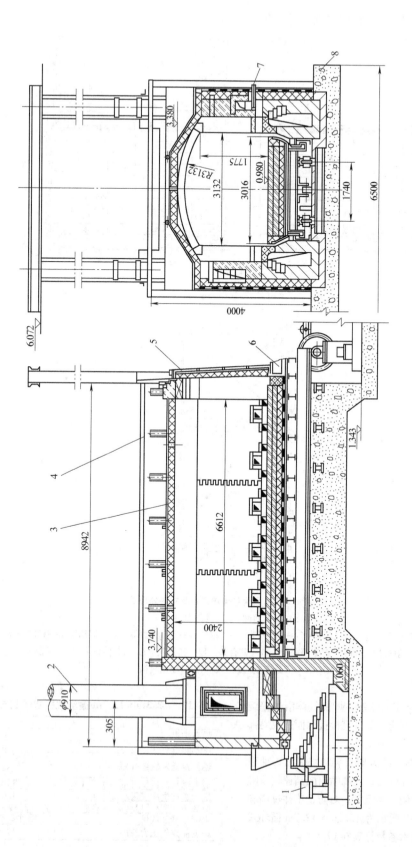

图 6-6　3m×6.6m 燃煤台车式热处理炉

1—燃煤机　2—烟囱　3—炉衬　4—炉架　5—炉架　6—台车　7—烟道插板　8—基础

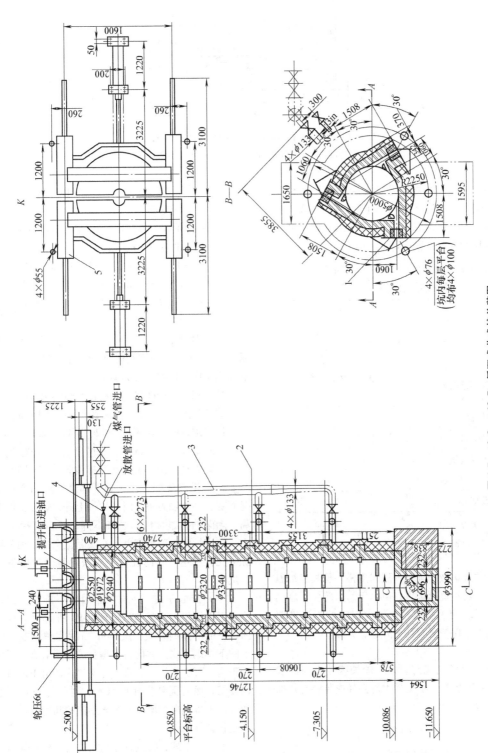

图6-7　φ2.3m×12.7m循环式井式炉总装图

1—烧嘴砖　2—平台　3—煤气管　4—煤气放散管　5—炉盖及开闭机构

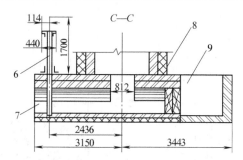

图 6-7　φ2.3m×12.7m 循环式井式炉总装图（续）

6—烟道闸门　7—烟道　8—烟道出口　9—清灰口

3）炉罐式。在炉膛内用耐火砖砌一环形保护套，炉内火焰不与工件接触，适用于中温及低温热处理加热。图 6-8 所示为 φ2.3m×12.7m 带炉罐井式炉总装图，其技术参数见表 6-20。

表 6-20　φ2.3m×12.7m 带炉罐井式炉的技术参数

项　目	数　据
最高炉温/℃	1000
最大装载量/t	30
燃料及低发热量/(kJ/m³)	发生炉煤气 5230
最大燃料消耗量/(m³/h)	2100
最大空气消耗量/(m³/h)	2343
最大燃烧生成气量/(m³/s)	1.2
炉底热强度/[kJ/(m²·h)]	3.77×10⁵
烧嘴数量及型号	36 个，$d_{pt}=26$
烧嘴前煤气压力/kPa	12.5
炉子排烟阻力/Pa	95

带炉罐井式炉较笨重，升温速度慢，虽具有炉温稳定、工件不被过烧等优点，但由于耐火砖保护套热惰性大，因而改变炉温或调整炉内温差的迟滞性明显，用耐热钢作保护套有利于升温、调温。

2. 设计计算

（1）炉膛尺寸的确定。井式炉炉膛截面与深度的乘积代表炉膛容积。根据最大件直径或装料直径确定炉膛直接 D：

$$D = d + 2s \tag{6-24}$$

根据工件最大长度确定炉膛深度 H：

$$H = h + s_1 + s_2 \tag{6-25}$$

式中　d——最大工件直径（mm）；

s——无炉罐时工件与炉壁间距，$s = 200 \sim 250$mm；

h——炉膛有效深度，$h = $ 最上排与最下排烧嘴中心距（mm）；

s_1——上排烧嘴中心至炉口下沿距离，可取 $s_1 = 350 \sim 500$mm；

s_2——下排烧嘴中心至炉底距离，$s_2 = 400 \sim 600$mm。

（2）烧嘴布置。根据炉子最大燃料消耗量乘以系数 1.1 ~ 1.2 后确定烧嘴数量，按能量小、数量多的原则考虑，烧嘴布置方案如下：

炉膛深度≤8m 时，烧嘴排距 600 ~ 700mm。

炉膛深度≥8m 时，烧嘴排距 700 ~ 850mm。

带有炉罐时，烧嘴排距 1200 ~ 1700mm。

炉膛直径≤φ1.6m 时，每排设 2 ~ 3 个烧嘴。

炉膛直径＞φ1.6m 时，每排设 3 ~ 4 个烧嘴。

（3）供热分配。井式炉下部温度随烟道负压情况而变，烟囱抽力不足时，炉气上升，炉膛上部温度高；烟囱抽力过大时，炉气下降，炉口有冷空气吸入，造成炉膛上部温度低。在实际生产中上述两种情况会交替发生，因此设计中应按炉膛全深等量供热分配。

（4）排烟方式。井式炉宜采用下排烟方式，或上、下排烟相结合的方式。图 6-9a 所示为炉身在地面以下的下排烟方式；图 6-9b 所示为炉身在地面以上的下排烟方式。共同特点是：炉膛顶部维持零压或微正压，可防止炉口处吸入冷空气，还由于炉口处不设排烟口而使无效操作区减小，对降低炉身高度有利。但下排烟需克服高温炉气形成的几何压力，因而需建较高的烟囱。

上、下排烟的特点是能利用炉内部分几何压力从而能减少排烟阻力，炉口处为负压，不冒火，炉盖不易烧坏；但炉口处有一氧化气氛低温区，不能用于加热工件，因而增加了炉身高度。

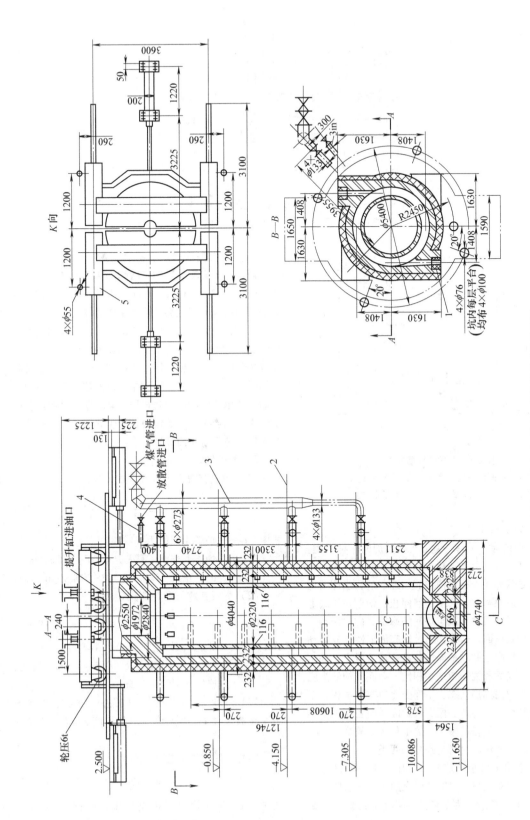

图 6-8　$\phi 2.3\text{m} \times 12.7\text{m}$ 带炉罐井式炉总装图

1—烧嘴砖　2—操作平台　3—煤气管道　4—煤气放散管　5—炉盖及开闭机构

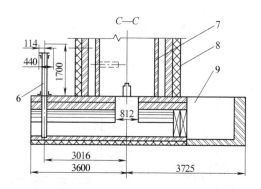

图6-8　ϕ2.3m×12.7m 带炉罐井式炉总装图（续）

6—烟道闸门　7—炉罐　8—炉壳　9—检查口

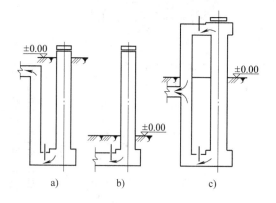

图6-9　井式炉排烟方式

a）炉身在地面以下的下排烟方式　b）炉身在地面
以上的下排烟方式　c）上、下排烟方式

6.3.1.4　振底式炉

1. 炉型结构　振底式炉是连续式炉的一种类型，沿炉膛长度一般划分为加热段和保温段两个区段。其传动特点是依靠驱动机构使炉底加速前进，当速度达到一定值时急骤减速，甚至突然停止，使摆在炉底上的工件借助运动惯性克服与炉底的摩擦力向前滑动一次，随即炉底返回。这样，通过炉底周期性往复运动而使工件在炉底上脉动地向前移动，最后滑出炉外。

与推杆式炉和输送带式炉相比，振底式炉的炉底板始终处于炉内高温状态，不经受冷热交替过程，因而有助于延长炉底寿命。振底式炉能适应各类中小零件的加热，不需配备机械手，炉子热效率较高。

振底式炉按炉底材料类别分为两类：

（1）金属炉底板振底式炉。用于中小零件进行光亮淬火、碳氮共渗、渗碳及回火加热，一般使用可控气氛。图6-10所示为下供热金属板炉底振底式回火炉。

（2）耐火浇注料炉底振底式炉。炉底用耐火浇注料制造，耐高温，适用于敞焰加热的大型正火炉或淬火炉，炉体结构见图6-11。此类炉型的缺点是：炉底虽耐高温但易振裂，修炉工作量较大。

振底式炉的驱动机构分气动、机械振动和电磁振动三类。气动机构的特点是动作灵敏，结构简单，依靠气垫起缓冲、减振作用，能提高炉底寿命，是目前使用最多的一种机构。机械振动机构较复杂，但动作可靠，适用于中小型振底式炉。电磁振动机构是利用电磁作用和连接炉底的板弹簧产生共振实现炉底连续微振使工件不断向前脉动。

2. 设计计算

（1）炉底有效面积 A 按下式计算：

$$A = \frac{G}{P} \tag{6-26}$$

式中　G——炉子生产能力（kg/h）；
　　　P——炉子生产率，回火 $P = 100 \sim 150\text{kg}/(\text{m}^2 \cdot \text{h})$；正火、淬火 $P = 120 \sim 200\text{kg}/(\text{m}^2 \cdot \text{h})$。

（2）炉底有效长度 l 按下式计算：

$$l = \frac{A}{b} \tag{6-27}$$

式中　b——炉底有效宽度（m），小零件 $b = 0.2 \sim 0.8\text{m}$；中小零件 $b = 0.5 \sim 1.3\text{m}$；齿坯、连杆 $b = 0.5 \sim 1.5\text{m}$。

（3）炉膛长度 L。正火、回火炉的炉膛长度等于炉底有效长度 l，淬火炉的炉膛长度 $L = l + (0.2 \sim 0.3\text{m})$。

（4）炉膛宽度 B 按下式计算：

$$B = b + 2e \tag{6-28}$$

式中　e——有效炉底边至炉墙内壁的距离，$e = 0.1 \sim 0.3\text{m}$。

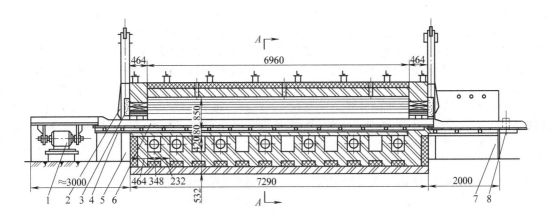

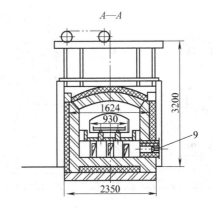

图 6-10　金属板炉底振底式回火炉

1—气缸　2—炉门罩　3—炉门及升降机构　4—轨道　5—炉架　6—碳素钢炉底

7—冷却室　8—导向轮　9—烧嘴

图 6-11　耐火浇注料炉底振底式淬火炉

1—气缸　2—浇注料炉底　3—炉门罩　4—炉门及升降机构　5—炉架　6—砌体　7—后炉门　8—烧嘴

9—挡火砖　10—水封　11—炉外漏斗　12—淬火槽　13—下料滑板　14—滚球　15—炉底滚道

（5）燃料消耗量及供热分配。燃料消耗量计算方法见 "6.3.2　燃料消耗量计算"。炉子各区段供热分配采用下列比数：加热段 50% ~ 60%，保温段 40% ~ 50%，淬火炉出料端应增加 10% ~ 15% 供入热量。

6.3.1.5　步进式炉

步进式热处理炉多为步进底式炉,用于淬火、正火、回火加热,也是连续式炉的一种类型。炉底由固定炉底(固定炉底梁)和步进炉底(步进炉底梁)组成,如图6-12所示。工件置于固定炉底上,在专用步进机构的传动下,随着步进炉底的升高(工件被托起)、前进(工件伴随前进)、下降(工件重新落在固定炉底上)、返回所作的周期运动而使工件在炉内有序地前进。与使用推料机的连续式炉相比有以下优点:

1)工件之间可以留出间隙,有利于缩短加热时间。

2)工件与步进炉底及固定炉底之间无摩擦,可避免在加热过程中工件被划伤。

3)对工件的形状和厚薄有较大的适应性。

4)停炉时,炉内工件可利用步进机构全部出空,避免了工件重复加热所造成的氧化损失。

5)通过改变工件布置间隙、步进行程和步进周期,可以调整炉子的生产能力。例如:需降低产量时,可加大布置间距以减少装料量,在保持工件加热时间不变的前提下降低了产量;保温阶段暂不连续出料时,步进炉底可只作升降动作,即"踏步运动",以减少工件温度的不均匀性。

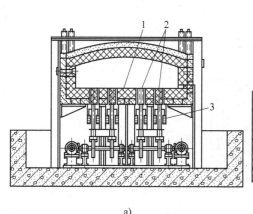 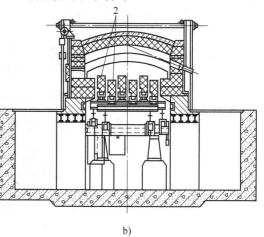

图6-12　步进底式炉

a) 一套步进机构　b) 两套步进机构

1—固定炉底梁　2—步进炉底梁　3—密封装置

步进式炉一般只设一套步进机构,见图6-12a。炉底1是静止的,而步进炉底2则作步进运动,经过上升、前进、下降、返回等动作,使工件在步进周期的一半时间内在炉内前进一步。

当出料频繁时需设置两套步进机构,见图6-12b,炉内只有步进炉底梁而无固定炉底。奇数炉底梁带着工件前进时,偶数炉底梁后退;奇数炉底梁下降和后退时,偶数炉底梁上升和前进。这样,工件在炉内移动一步所需时间减少了一半。工件在炉内的移动情况见图6-13和图6-14。

图6-15所示为一台 $1.97m \times 8.3m = 16.4m^2$ 步进底式淬火炉,炉内有三条步进炉底,顶宽230mm,中心距650mm,工件加热950℃,炉子生产能力2500kg/h,以轻柴油为燃料,油耗100kg/h,用两个液压缸带动步进炉底动作。

步进式炉炉膛尺寸、供热分配及燃料消耗量计算方法参见振底式炉的有关计算。

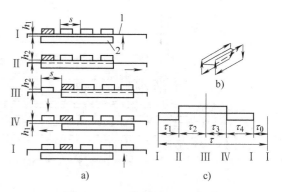

图6-13　用一套步进机构时工件及梁的移动情况

a) 工件移动情况　b) 梁移动情况

c) 梁移动节奏

1—固定炉底梁　2—步进炉底梁

s—梁水平移动距离　h_1—固定梁与步进梁高度差

h_2—梁上升高度　τ_1、τ_2、τ_3、τ_4—梁的上升、前进、下降、后退时间　τ_0—梁停止动作时间

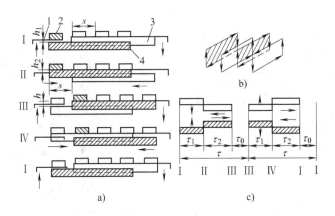

图 6-14　用两套步进机构时工件及梁的移动情况

a）工件移动情况　b）梁移动情况　c）梁移动节奏

1—装出料平面　2—工件　3—奇数炉底梁　4—偶数炉底梁

h_1、h_2—上升前后奇数或偶数梁距装出料平面的距离　h—奇数和偶数梁高度差　τ_1—偶数梁上升或奇数梁下降时间

τ_2—偶数梁前进或奇数梁后退时间　s、τ_0—梁停止动作时间

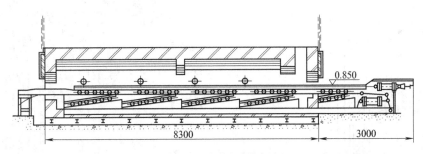

图 6-15　步进底式淬火炉

6.3.1.6　罩式炉

罩式炉在热工制度上与台车式炉相似。台车式炉的缺点是炉膛密封性差，炉冷或台车出炉空冷时热损失较大。罩式炉则容易保持气密性，可以通入可控气氛加热，外罩转移时内表面降温少，一般只降低 $150\sim200℃$，因而热损失小，炉子热效率高，主要用于工件的光亮退火，也用于铸锻件和焊接件的退火、正火、消除应力，以及去氢处理的加热，例如锅炉、容器、大型转子或叶轮的焊前预热和焊后热处理。根据装料情况分圆形罩式炉和矩形罩式炉两类。另外，罩式炉既不需要装设炉门及其升降机构，一般也不需要机械传动机构，因而造价相对低廉。一罩两台罩式炉的占地面积仅和一座台车式炉相当，但生产能力大。目前采用耐火纤维炉衬后，外罩自重已不再是增大车间起重能力的影响因素，因而目前已有不少罩式炉取代了部分台车式热处理炉。

罩式炉主要由外罩、内罩及炉台三部分组成。由于工件在热处理加热过程中一般要在内罩中进行冷却，生产中往往将多座装好料的台车组合成一组共同

使用一个外罩（加热罩），依次轮流供热。料堆内的最终温度和温差达到规定值后，加热过程结束，将外罩移到另一个已装好料并扣上内罩的炉台上，开始新的一轮热处理加热周期。原来炉台上的工件在内罩中继续冷却，冷却时间取决于最终冷却温度。有可控气氛时，最终冷却温度为 $120\sim250℃$；无可控气氛时，为 $300\sim400℃$。冷却过程结束后移走内罩，工件在炉台上冷却到室温后卸料，再装入下一批工件，扣上内罩，等待下一轮加热周期。

$3\sim4$ 座炉台配一个外罩时，称台罩比为 $3\sim4$。为了缩短冷却时间并提高炉台周转次数，有的罩式炉在移走外罩后又在内罩外扣上专用的冷却罩；有的罩式炉还在炉台上配置冷却系统冷却内可控气氛；某些高产量的罩式炉还设置若干座装有轴流风机的最终冷却台，工件在炉台上冷却到出炉温度后立即吊到最终冷却台上冷却，将炉台尽快腾空。

1. 炉型结构　罩式炉的基本结构类型见图 6-16。

圆形单垛罩式炉（见图 6-16a）炉内只装一摞钢卷，钢卷之间垫以对流环，钢卷外侧为带密封装置的

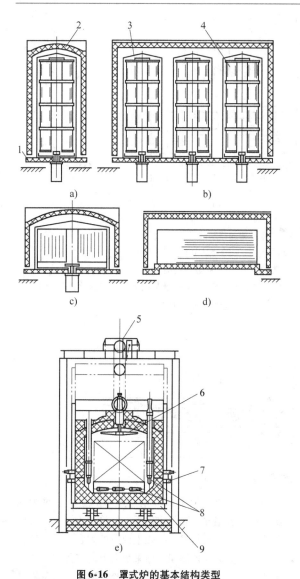

图 6-16　罩式炉的基本结构类型

a）圆形单垛罩式炉　b）矩形多垛多内罩罩式炉
c）圆形多垛罩式炉　d）矩形单内罩罩式炉
e）台车式罩式炉

1—炉台　2—外罩　3—内罩　4—工件
5—吊罩装置　6—风扇　7—砂封
8—辐射管　9—台车

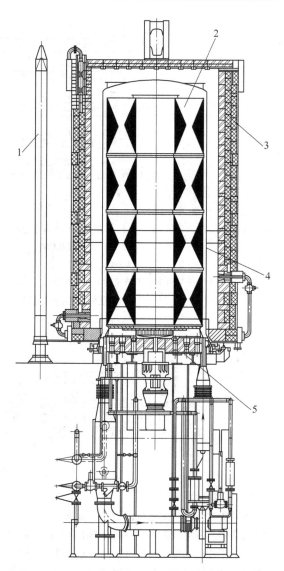

图 6-17　钢卷圆形单垛罩式炉

1—导向柱　2—钢卷垛　3—外罩　4—内罩
5—炉台

内罩，通过炉台上的风扇将可控气氛由钢卷中部空腔吸入，然后通向炉台上的分流盘再沿钢卷与内罩之间的缝隙上升，再横向进入对流环回到钢卷中部空腔，同时将热量传至钢卷端面。冷却期的热流方向则相反。

图 6-17 所示为烧煤气的钢卷圆形单垛罩式炉的代表结构，由外罩、带分流冷却系统的炉台、内罩和快速冷却罩组成。台罩比多为2，钢卷外径为2.55m，

包括对流环在内的料垛最大高度为4.9m，最大装料量为166t，炉子生产能力为 2.25 ~ 2.85t/h。混合煤气发热量为 7540kJ/m³，压力为5kPa，煤气耗量为440m³/h，可控气氛是含 $H_2$1% ~ 5%（体积分数）的氮气，氮气耗量为 10m³/t。炉台循环风机风量为24000m³/h，风压为2kPa，风机叶轮由镍铬钢制造，直径为 ϕ750mm，耗电量为 18.5kWh/t，耗水量为16m³/t。

炉台宽度方向放 1~2 摞钢卷，长度方向放 3~4 摞钢卷，每摞钢卷分别扣上内罩，全部钢卷共用一个矩形外罩。此类炉子称矩形多垛多内罩罩式炉。

将各种工件装在料筐内，然后成多垛叠装在炉台上，共用一个双层结构的内罩并配有炉台风扇，工件在炉内进行加热、均热、冷却或缓冷，这类炉型称圆形多垛罩式炉。

图 6-18 所示为在圆形单垛及多垛罩式炉基础上发展起来的一种强对流罩式炉。既可采用煤气为热源，也可采用电热，主要用于带卷和线卷的退火。

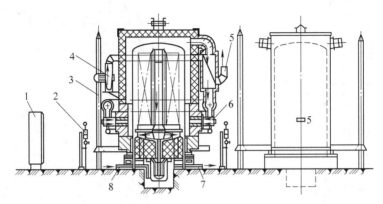

图 6-18　强对流罩式炉

1—电源　2—煤气　3—定位柱　4—空气　5—烟气　6—供水

7—排水　8—可控气氛

锻件、铸件或焊接件进行退火、正火、消除应力以及去氢处理所用罩式炉多为一个内罩。其矩形外罩和炉台与多垛罩式炉相似，多数情况下不装循环风扇，称矩形单内罩罩式炉。

钢管、棒材及各种工件进行小批量加热时多采用台车式罩式炉。炉子由吊罩装置、炉罩、台车及台车牵引机构等组成。台车拉出装料，装料后送到炉罩正下方，炉罩降下与台车合上并用砂封密封，加热装置为以轻油或煤气为燃料的辐射管。

2. 炉子主要组成部分

（1）外罩相当于其他炉型的墙体部位，由钢板外壳、耐火炉衬、烧嘴、炉顶吊梁、管道系统和排烟管等组成。有的外壳还包括有风机、预热器和喷烟装置。外罩下部焊有一对导向环，扣外罩时用以套在炉台两侧高度稍有不同的导向柱上，以确保外罩与炉台中心线重合。

（2）内罩将烟气与工件隔开，也是传热过程中的热交换面，因此内罩必须耐温、耐氧化，并有一定的密封性能。

圆形罩式炉的内罩有单、双层之分，单层内罩用 5~6mm 耐热钢板焊制，顶部是碟形封头，下部是带有法兰的裙形结构，见图 6-19。

双层内罩由圆柱形外筒、碟形封头和内筒组成，见图 6-20。内外筒直径相差 200mm 左右，气流先沿内外筒之间的环隙上升，然后翻转向下流入料垛，料垛环隙内保持有较高的气体流速以加强传热。

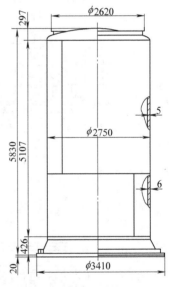

图 6-19　裙形结构的单层内罩

（3）图 6-21 所示为带燃烧装置和循环风扇的罩式炉炉台。这种炉台便于与煤气管道连接，但安装的烧嘴数量多。

图 6-22a 所示为无可控气氛冷却装置的炉台。内、外罩和炉台之间用砂封密封，分流盘放在炉台面上使气氛能均匀地沿内罩壁面向上流动。炉台上还同心布置若干个耐热钢支承环，内外环是平的，中间环承波纹形，环间空隙填充隔热材料。图 6-22b 所示为装有可控气氛分流冷却系统的炉台，支承环是耐热铸

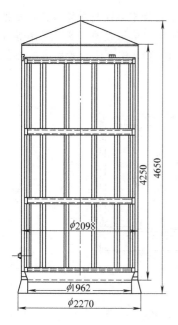

图 6-20　双层内罩

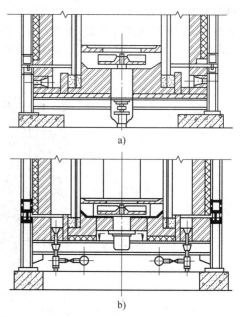

图 6-21　带燃烧装置和循环风扇的罩式炉炉台
a）烧嘴平放　b）烧嘴立放

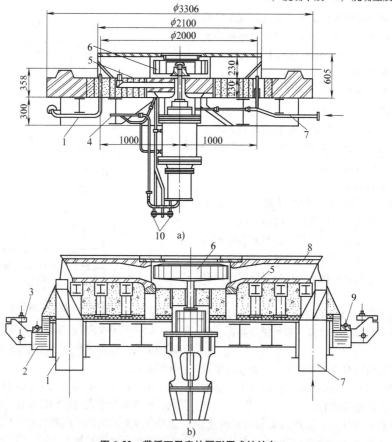

图 6-22　带循环风扇的圆形罩式炉炉台
a）无可控气氛冷却装置　b）装有可控气氛分流冷却系统
1—可控气氛出口　2—冷却水箱　3—内罩压紧装置　4—冷却水出口　5—分流盘　6—循环风扇
7—可控气氛入口　8—底座　9—内罩密封胶管　10—冷却水入口

件，共四圈，环间隙中同样填入隔热材料。炉台中央装有可控气氛循环风扇，流量为 24000m³/h，叶轮直径为 ϕ750mm，转速为 1500r/min，压力为 2kPa，电动机功率为 30kW。

（4）对流环。对流环分中间、底部和顶部对流环三类。中间对流环两面带肋片，而底部和顶部对流环只有面向钢卷的面带肋片。使用对流环能使可控气氛沿钢卷边缘均匀流入，能缩短加热和冷却时间。环上肋片形状有螺旋线形和切线形两类，见图 6-23。环内氮气流速 v 与气流对钢卷端面的表面传热系数 α 的关系式是：$v > 11\text{m/s}$ 时，$\alpha = 52.5v^{0.21}\text{W/(cm}^2 \cdot \text{℃)}$；$v < 11\text{m/s}$ 时，$\alpha = 19v^{0.63}\text{W/(cm}^2 \cdot \text{℃)}$。

使用纯氢且温度为 800℃ 时，α 值约增加一倍。

3. 结构尺寸的确定　圆形罩式炉内罩直径比炉料直径加大 0.25 ~ 0.5m，双层内罩则加大 0.35 ~ 0.7m。外罩顶部衬面与内罩顶部之间留 0.2 ~ 0.45m 间隙，炉衬厚度取 0.25 ~ 0.3m，底部炉衬的开口内径比内罩外径加大 0.12 ~ 0.45m，快速冷却罩直径比内罩直径加大 0.2 ~ 0.3m。

矩形罩式炉有内罩时，外罩内衬与内罩间的净空尺寸是：水平方向距料垛边 0.53 ~ 0.6m，高度方向加高 0.35m 左右，料垛间空 60mm 左右，料垛与内罩间留 75mm 左右间隙。

4. 生产能力计算　罩式炉外罩、炉台、冷却罩的生产能力分别按式（6-29）~ 式（6-31）计算。

$$G_z = G/\tau_1 \tag{6-29}$$

$$G_t = G/(\tau_1 + \tau_2) \tag{6-30}$$

$$G_l = G/\tau_3 \tag{6-31}$$

式中　　G——罩式炉装载量（t）；

G_z、G_t、G_l——外罩、炉台、冷却罩的生产能力（t/h）；

τ_1——生产周期内占用外罩的时间，包括加

热、保温、冷却及辅助作业时间（h）；

τ_2——揭外罩后继续占用炉台的时间（h）；

τ_3——快速冷却罩占用时间（h），一般 $\tau_3 < \tau_2$。

计算装载量时，钢卷密实系数取 0.9 ~ 0.98；薄板垛密实系数取 0.8 ~ 0.95；型钢和锻件取 0.25 ~ 0.5；钢球取 0.55；ϕ12 ~ ϕ25mm 螺栓、螺母取 0.21 ~ 0.25。

6.3.1.7　差温炉

差温炉用于对轧辊、支承辊或其他轴件进行强化加热，使一定深度的工件表面快速达到奥氏体化温度，并在工件截面上形成表面温度高、中心温度低的较大温差。经淬火冷却后，可使工件表面获得高的硬度值。

目前使用的差温炉有立式和卧式两类：图 6-24 所示为 1.3m × 2.5m 立式冷轧辊差温热处理炉总装图，由炉体、旋转机构、燃烧系统、排烟系统及保护水套等组成。炉体垂直分为两半，分别固定在台车底架上，通过液压缸推动两侧台车，使炉体以 9m/min 的速度开启或闭合，开合距离为 1m。设计有 5 组不同高度的炉体，通过组合可加热辊身长度为 0.5 ~ 2.3m 的各类轧辊。在炉顶和炉底上各设有供轧辊辊颈伸出炉外的孔，炉底下的辊颈支承在旋转机构的螺杆上，使轧辊以 5m/min 的速度旋转以实现均匀加热。伸出炉顶的辊颈由 4 支抱辊支撑，以保证旋转时的稳定性。

炉底装有 6 个高速烧嘴，燃烧能量为 60m³/h，炉衬由 80mm 耐火纤维毡及 80mm 矿渣棉毡组成，炉子的运行性能如下：

炉温　　　　　　　　　　　　　　（1050 ± 10）℃

辊身升温时间（550 ~ 1000℃）30min

淬火后辊身表面硬度　　　　　　　95 ~ 96HSD

淬硬层深度　　　　　　　　　　　14mm

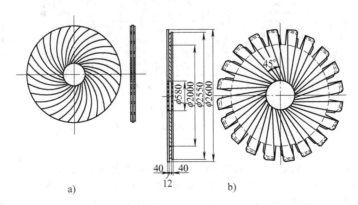

图 6-23　中间对流环
a）螺旋线形　b）切线形

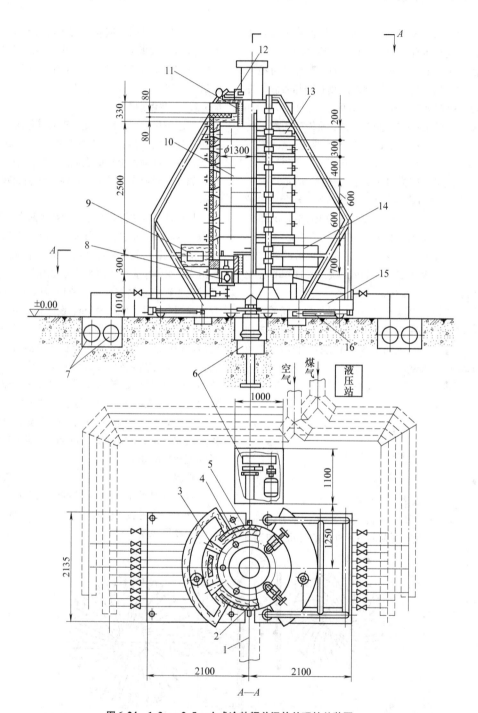

图 6-24　1.3m×2.5m 立式冷轧辊差温热处理炉总装图

1—烟道　2—密封镶边　3—排烟口　4—耐火纤维毡　5—矿渣棉　6—旋转机构　7—空、
煤气管道　8—高速烧嘴　9—集气箱　10—冷轧辊　11—水冷套　12—抱辊　13—炉体
14—喷射排烟管　15—台车底架　16—液压缸

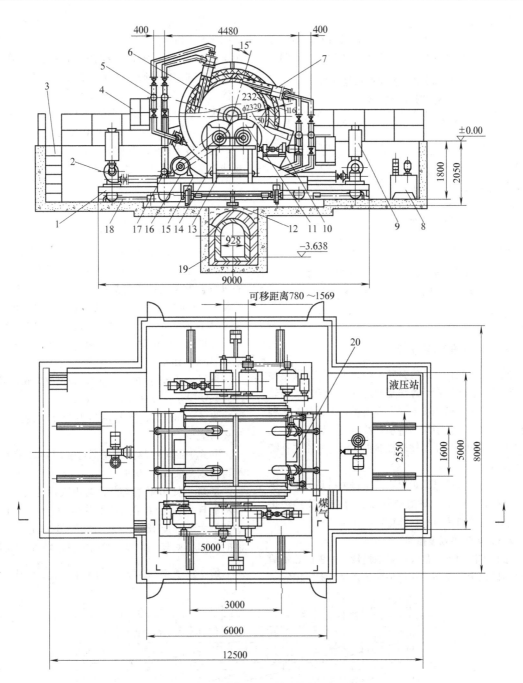

图 6-25 φ2.3m 卧式支承辊差温热处理炉总装图

1—开合台车 2—风机 3—扶梯 4—操作平台 5—空、煤气管道 6—炉体 7—高速烧嘴 8—液压站
9—消声器 10—径向移动机构 11—支撑轮 12—旋转机构液压缸 13—冷却水系统 14—支撑装置
15—导轨车 16—行星减速器 17—电动机 18—液压缸 19—烟道 20—排烟口

图 6-25 所示为 φ2.3m 卧式支承辊差温热处理炉总装图。炉体沿横向分为两半,分别固定在由液压缸推动的两个台车车架上,台车开合炉的平移距离为 2.2m。为了适应辊身长度 1.2 ~ 2.8m 的加热需要,

设计了 2.24m 和 3.33m 两种长度的炉体,炉膛直径固定为 φ2.3m。炉衬由 232mm 轻质耐火砖加 116mm 硅藻土砖组成,在炉衬表面上再贴 50mm 耐火纤维毡,这样的炉衬保证了炉子升温快、炉温均匀和节约

燃料的良好性能。

沿炉膛切线方向均匀布置 4 个高速烧嘴，短炉体安装 2 排，长炉体安装 4 排，其技术参数见表 6-21。

表 6-21　ϕ2.3m 卧式支承轴差温热处理炉的技术参数

名　称	数　据
最高炉温/℃	1050
最大装载量/t	55
支承辊旋转速度/(r/min)	4 ~ 8
燃料名称及发热量/(kJ/m³)	发生炉煤气 6070
烧嘴数量及类型	16 ~ 18 个高速烧嘴
最大燃料消耗量/(m³/h)	1440 或 2130
最大空气消耗量/(m³/h)	1814 或 2684
最大燃烧生成气量/(m³/s)	0.82 或 1.2

6.3.2　燃料消耗量计算

燃料消耗量计算方法分热平衡计算法和经验指标计算法两种。热平衡计算法是通过计算炉子的各项热收入和热支出，根据收支平衡算出燃料消耗量。这种方法相当繁杂，且引用的各项参数难以保证正确，只有对新型结构的炉子因缺乏经验指标时，才用热平衡方法计算。

经验指标法是基于炉子生产实践中所总结出的燃料消耗数据，编制成炉底热强度指标或单位热耗指标，利用这些指标直接计算燃料消耗量。

6.3.2.1　炉底热强度指标

根据实测的炉子最大燃料消耗量，换算成热量消耗量后除以炉底面积，即得炉底热强度指标。图 6-26

所示为燃煤、燃油、燃煤气室式及台车式热处理炉的炉底热强度指标。依据条件是：炉子生产率 $P = 150 \sim 200 kg/(m^2 \cdot h)$，炉衬材料为耐火粘土砖加硅藻土砖。

振底式炉的炉底热强度指标采用下列数据：

淬火　$E = (5 \sim 6.3) \times 10^5 kJ/(m^2 \cdot h)$；

正火　$E = (5 \sim 5.86) \times 10^5 kJ/(m^2 \cdot h)$；

回火　$E = (1.67 \sim 2.52) \times 10^5 kJ/(m^2 \cdot h)$。

已知最大炉底热强度 E，按下式计算炉子最大燃料消耗量 B（m³/h）或（kg/h）：

$$B = \frac{EA}{Q_d} \tag{6-32}$$

式中　A——炉底面积（m²）；

　　　Q_d——燃料低发热量（kJ/m³）或（kJ/kg）。

热处理炉的平均燃料消耗量约为最大燃料消耗量的 70%。燃料消耗量与炉衬材质有关，用轻质耐火砖砌筑炉衬时，燃料消耗量比用重质耐火砖炉衬约减少 15%；用耐火纤维炉衬时则约减少 30%；在重质耐火砖炉衬表面粘贴 50mm 厚耐火纤维毯（毡）时约减少 10% ~ 15%。

燃料消耗量还与炉子生产率和单位炉底装载量有关，当炉子生产率 $P < 100 kg/(m^2 \cdot h)$ 或单位炉底装载量 < 1t/m² 时，按图 6-26 指标求得的燃料消耗量还可减少 25%。

井式炉的炉底热强度指标可按图 6-26 查得的指标再乘以系数 0.8 ~ 0.9。

例题　求 20m² 燃煤气汽包退火炉的最大及平均燃料消耗量。已知煤气低发热量 $Q_d = 14235 kJ/m^3$，炉子最大装载量 18t，炉温 620℃，升温时间 6h，保温时间 4h，炉墙、炉顶、炉门内衬用轻质砖砌筑。

解：炉子单位装载量 $q = \left(\dfrac{18 \times 1000}{20} \right) kg/m^2 =$

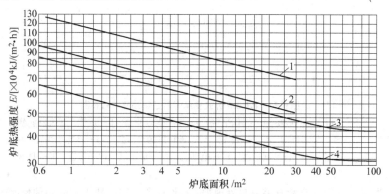

图 6-26　室式及台车式热处理炉炉底热强度指标
1—炉温 950℃燃煤热处理炉　2—炉温 550 ~ 650℃燃煤热处理炉　3—炉温 950℃
燃油、燃煤气热处理炉　4—炉温 550 ~ 650℃燃油、燃煤气热处理炉

$900\text{kg/m}^2 < 1\text{t/m}^2$

炉子生产率 $P = \left(\dfrac{18 \times 1000}{20(6+4)}\right)\text{kg/}(\text{m}^2 \cdot \text{h})$

$\qquad = 90\text{kg/}(\text{m}^2 \cdot \text{h}) < 100\text{kg/}(\text{m}^2 \cdot \text{h})$

炉底热强度 E 按图 6-26 查出后应乘以系数 0.75（P、q 影响），再乘以系数 0.85（轻质耐火砖影响），即

$E = 368400 \times 0.75 \times 0.85\text{kJ/}(\text{m}^2 \cdot \text{h})$

$\qquad = 234855\text{kJ/}(\text{m}^2 \cdot \text{h})$

最大燃料消耗量 $B = \left(\dfrac{234855}{14235}\right)\text{m}^3\text{/h} = 330\text{m}^3\text{/h}$

平均燃料消耗量 $B' = 330 \times 0.7\text{m}^3\text{/h} = 231\text{m}^3\text{/h}$

6.3.2.2　单位热耗指标

单位热耗指标是指加热 1kg 金属所需热量。单位

热耗与炉子生产率、炉子规格、炉体隔热及密封性能、燃料种类及其发热量、空气煤气预热温度、空气系数大小及燃料完全燃烧程度等因素有关，其中炉子生产率的影响最大。在比较炉子的单位热耗指标时，必须在相同生产率的情况下进行。

单位热耗指标按下式计算最大燃料消耗量：

$$B = \frac{Gq}{Q_d} \qquad (6\text{-}33)$$

式中　G——炉子最大生产能力（kg/h）；

$\qquad q$——高生产率时的单位热耗（kJ/kg）；

$\qquad Q_d$——燃料低发热量（kJ/m³）或（kJ/kg）。

各种热处理炉的单位热耗指标 q 见表 6-22。

表 6-22　各种热处理炉的单位热耗指标 q

炉　型		炉温/℃	生产率 P/[kg/(m²·h)]	高生产率时 q 值/(kJ/kg)	指标数据依据的燃料
一般室式炉及台车式炉	正火、淬火	900 ~ 950	100 ~ 150	3140 ~ 3560	发生炉煤气 $Q_d = 6070\text{kJ/m}^3$
	退火	900	30 ~ 60	5020 ~ 5860	
	回火	550 ~ 600	60 ~ 100	1460 ~ 1880	
	时效	580 ~ 600	80 ~ 120	1250 ~ 1670	焦炉煤气
	固体渗碳	920	10 ~ 20	20900 ~ 23000	
底燃式热处理炉	正火、淬火	900 ~ 950	100 ~ 120	3770 ~ 5020	发生炉煤气 $Q_d = 6070\text{kJ/m}^3$
	退火	900	40 ~ 60	5860 ~ 6690	
推杆式热处理炉	无底盘	900	150 ~ 200	2090 ~ 2930	
	有底盘			2720 ~ 3560	
输送带式热处理炉	正火、淬火	900	150 ~ 200	2510 ~ 2930	燃料油
	回火	550		1250 ~ 1470	
井式热处理炉		900	80 ~ 120	3350 ~ 3770	发生炉煤气 $Q_d = 5230\text{kJ/m}^3$
高锰钢淬火炉		1100	100 ~ 150	3980 ~ 4390	
耐火浇注料振底炉	淬火	850 ~ 900	150 ~ 220	2090 ~ 2510	燃料油
	正火	860 ~ 1000	130 ~ 180	2510 ~ 2930	
	回火	600 ~ 700	100 ~ 150	1460 ~ 2090	
金属板炉底振底式炉	淬火	850 ~ 900	130 ~ 200	2090 ~ 2510	
	回火	500 ~ 600	100 ~ 150	1250 ~ 1670	

6.3.3　炉架设计与计算

炉架是固定炉子砌体的金属构件，需具有一定的结构强度和保持炉膛密封的性能。炉架主要由侧支柱、前后支柱、拉杆、拱脚梁、炉墙钢板及固定炉用构件的各类型钢组成。

炉架分固定炉架和活动炉架两类。活动炉架（见图 6-27a）的上下拉杆用螺栓固定，用以调节因

砌体热胀冷缩而出现的拉杆过紧或过松现象，但实际运行中很难做到及时加以调节，因此目前设计中已很少采用。目前多采用固定炉架（见图 6-27b）。实践证明，根据耐火制品特性注意留好砌体膨胀缝，采用固定炉架是可靠的。

设计炉架时，要考虑到炉口装置、燃烧装置、观察孔及其他炉用构件的安装关系。侧支柱及拱脚梁用以承受砖砌拱顶的水平推力，前后支柱及其拉杆则承

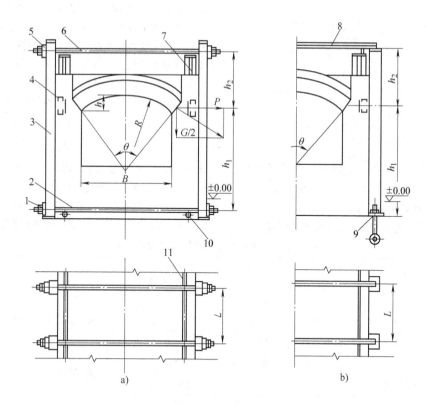

图 6-27　炉架结构示意图
a）活动炉架　b）固定炉架
1—螺母　2—下拉杆　3—侧支柱　4—拱脚梁　5—木块　6、8—上拉杆　7—前支柱
9—地脚螺栓　10—纵向下拉杆　11—纵向上拉杆

受砌体的热胀力和某些构件的重力。拱脚梁的设置位置应使其受力中心与拱顶旁推力中心相吻合。小炉子的拱脚梁均焊在支柱上或炉外墙钢板内侧；大炉子拱脚梁可与支柱或炉外墙钢板焊接，也可自由搁置在炉墙砌体上。采用耐火纤维炉衬因不存在旁推力而不需设置拱脚梁。

炉架主要计算内容如下：

1. 拱顶旁推力计算

$$拱顶旁推力　　P = K\frac{GBg}{8h} \tag{6-34}$$

式中　K——温度系数。炉温 $<900℃$ 时，$K=2$；

炉温 $= 900 \sim 1000℃$ 时，$K = 2.5$；炉温 $=1050 \sim 1300℃$ 时，$K=3$；

G——支柱间炉顶重量（kg）；

B——炉拱跨度（m）；

g——重力加速度，$g = 9.81 \text{m/s}^2$；

h——炉拱弦高（m）。

对于炉拱中心角 $\theta = 60°$ 拱顶，取 $P = 9.143KG$；

对于炉拱中心角 $\theta = 90°$ 拱顶，取 $P = 5.91KG$。

2. 侧支柱承受的最大弯矩

$$最大弯矩　　M = P\frac{h_1 h_2}{h_1 + h_2} \tag{6-35}$$

式中　P——柱距间拱顶旁推力（N）；

h_1、h_2——拱顶推力中心至下、上拉杆的距离（m）。

按式（6-35）计算所得 M 值，查表 6-23 选取钢支柱截面尺寸。

3. 拉杆受力计算

$$上拉杆受力　　F = P\frac{h_1}{h_1 + h_2} \tag{6-36}$$

$$下拉杆受力　　F = P\frac{h_2}{h_1 + h_2} \tag{6-37}$$

$$拉杆截面面积　　A = \frac{F}{[\sigma]} \tag{6-38}$$

式中　$[\sigma]$——拉杆所用钢材的容许应力，$[\sigma] = 151.9 \text{MPa}$。

表 6-23　侧支柱、拱脚梁参数选用表

序号 1

参数名称	100×48 ×5.3	126×53 ×5.5	140×58 ×6	160×63 ×6.5	180×68 ×7	200×73 ×7	220×77 ×7	250×78 ×7	280×82 ×7.5	320×80 ×8	300×96 ×9	400×100 ×10.5
槽钢尺寸 $(h \times b \times d)$/mm												
抵抗矩 W_x/cm³	79	124	161	217	283	356	435	539	681	950	1319	1758
惯性矩 I_x/cm⁴	396	782	1127	1732	2545	3560	4787	6739	9529	15196	23748	35155
回转半径 r_x/cm	3.95	4.95	5.52	6.28	7.04	7.86	8.67	9.82	10.91	12.49	13.97	15.30
承受弯矩 M_x/N·m	9890	15582	20090	27146	35476	44590	54586	67620	85260	119070	165620	220500
单位重量/(kg/m)	20	24.7	29	34.5	40.3	45.3	50	54.9	62.8	76.4	95.6	117.8

序号 2

参数名称	140×80 ×5.5	160×80 ×6	180×94 ×6.5	200×100 ×7	220×110 ×7.5	250×116 ×8	280×122 ×8.5	320×130 ×9.5	360×136 ×10	400×142 ×10.5
工字钢尺寸 $(h \times b \times d)$/mm										
抵抗矩 W_x/cm³	204	282	370	474	618	803	1016	1384	1750	2180
惯性矩 I_x/cm⁴	1424	2260	3320	4740	6800	10047	14228	22151	31520	43440
回转半径 r_x/cm	5.76	6.58	7.36	8.15	8.99	10.18	11.32	12.84	14.40	15.90
承受弯矩 M_x/N·m	25578	35378	46354	59486	77518	98294	126910	173460	219520	273420
单位重量/(kg/m)	33.8	41	48.2	55.8	66	76.2	86.8	105.4	120	135.2

序号 3

参数名称	80×43 ×5	100×48 ×5.3	126×53 ×5.5	140×58 ×6	80×43 ×5	100×48 ×5.3	126×53 ×5.5	140×58 ×6
槽钢尺寸 $(h \times b \times d)$/mm								
抵抗矩 W_x/cm³	50.6	79	124	161	170	227	310	368
承受弯矩 M_x/N·m	4900	7742	12050	15582	16464	22050	29988	34692
钢板厚度 δ/mm	6				6			
单位重量/(kg/m)	16.1	20	24.7	29	38.7	42.6	47.3	51.6

注：1. 序号 1、2 为双槽钢及双工字钢支柱，材质为 Q215 钢，计算弯矩时未考虑缀板，考虑承受温度 200℃，取 $[\sigma]=125.40\text{MPa}$。

2. 序号 3 用作拱脚梁，考虑置于炉外墙钢板内侧，承受温度 300℃，取 $[\sigma]=97\text{MPa}$。推力小的炉拱选用 I 型，推力大的炉拱选用 II 型（格构式梁，缀板与槽钢等长，连续焊接）支柱与拱脚梁的受力方向需垂直于 x—x 轴。

4. 拱脚梁承受的最大弯矩

$$最大弯矩　　M = \frac{PL}{8} \qquad (6-39)$$

式中　L——支柱间距，一般取 $L = 1 \sim 1.7m$。

按上式计算所得 M 值，查表 6-23 选取拱脚梁尺寸。

5. 前后支柱长细比计算　室式及台车式炉前后支柱往往同时受压受弯，且经受高温作用，需按下式验算支柱高度值

$$长细比　　\lambda = \frac{1.5H}{r} \leqslant 100 \qquad (6-40)$$

式中　H——支柱高度（cm）；

　　　　r——支柱截面的回转半径，$r = \sqrt{\dfrac{I}{A}}$（cm）；

　　　　I——支柱截面的惯性矩（cm^4）；

　　　　A——支柱截面积（cm^2）。

6.3.4　炉衬设计

设计炉衬时，必须根据炉子热工要求正确选择耐火材料和隔热材料；正确组成炉墙、炉顶和炉底结构；正确设计燃烧室、排烟道及其他局部炉衬结构；合理布置测温孔、观察孔、排烟口、烧嘴砖及膨胀缝的位置与数量；选择适宜的砌筑泥浆和各种涂料、填料等。

6.3.4.1　砖炉衬设计

1. 砌体尺寸及膨胀缝留法　用耐火砖、隔热砖或红砖砌筑的炉子衬体简称砌体。带灰缝的耐火砖、隔热砖砌体的水平尺寸一律为 116mm 的倍数，垂直尺寸为 68mm 的倍数；带灰缝的红砖砌体的水平尺寸按式：$250n - 10mm$ 计算，式中 n 为 0.5（半砖）的倍数。

凡承受热膨胀的耐火砖及红砖砌体要分层留出膨胀缝，以保证砌体的热工性能，每米砌体需留的膨胀缝宽度均按 $5 \sim 6mm$ 考虑。膨胀缝留法应满足下列要求：

1）每条膨胀缝宽度最小为 5mm，最大不超过 20mm，膨胀缝间距取 $1.5 \sim 2m$，最大不超过 3.5m。

2）所留膨胀缝不能破坏砌体的气密性，两层同质或异质砖层膨胀缝要错开，错开距离不小于 232mm。

3）炉膛拱顶两端的膨胀缝不留在拱端与墙面的连接处，错砌拱顶的膨胀缝离墙面至少相距三个拱环，环砌拱顶至少相距两个拱环。

4）炉墙各层膨胀缝按"弓"形留出；炉底膨胀缝按"人"或"弓"形留出；环砌拱顶成环形留出；错砌拱顶膨胀缝留在环缝处。

5）所有砌体膨胀缝尺寸均包括在砌体总灰缝尺寸内，即砌体总尺寸仍为砌体计算尺寸的倍数。

2. 拱顶设计　炉膛拱顶厚度及拱的中心角度 α 按表 6-24 数据选用。

表 6-24　拱顶厚度及拱的中心角度 α

拱顶跨度/m	炉温/℃	拱顶厚度/mm	拱中心角度 α/(°)	适用范围
≤1.044	≤1000	113	60	除炉膛拱顶以外
0.58~2.9	≥850	230	60	炉膛和各种炉口拱顶
3.016~3.944	≤1000	230	60	炉膛和各种炉口拱顶
>3.944	≤1000	300	80	炉膛和各种炉口拱顶
3.016~6.96	>1000	300	80	炉膛和各种炉口拱顶

炉膛拱顶多采用图 6-28 所示结构。炉墙砌体上的炉门拱或大排烟口拱为了拆修方便宜采用图 6-29 所示结构。

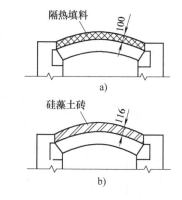

图 6-28　炉膛拱顶结构

a）填料层隔热的炉膛拱顶结构　b）硅藻土砖隔热的炉膛拱顶结构

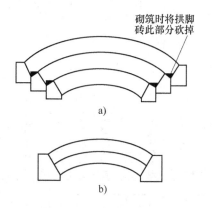

图 6-29　多层拱砌筑方式

a）多层拱顶、单独拱脚砖
b）双层拱顶、同一拱脚砖

炉膛拱顶的砌筑方式分环砌和错砌两种。环砌法适用于砌筑各段温度不一致的连续式炉的炉膛拱顶，或者温度较高、损坏较快、需经常拆修的拱顶，或者长度很短的拱顶。错砌法适用于砌筑温度一致的炉膛

拱顶和烟道拱顶。错砌拱顶示意图见图 6-30。

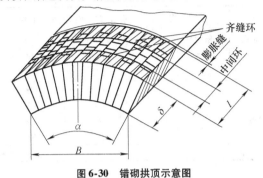

图 6-30　错砌拱顶示意图
α—拱顶中心角度　B—拱顶跨度　δ—拱顶厚度
l—拱段长度

3. 炉墙设计　炉墙由耐火层和隔热层组成。

（1）炉墙耐火层厚度。耐火层厚度与炉膛温度、炉墙高度（或炉墙宽度）有关，按下列数据选用：

炉温 >1000℃ 时墙高（m）

	≤1	≤2	≤3	≤4
耐火层厚度（mm）	116	232	348	464

炉温 <1000℃ 时炉墙高（m）

	≤1.5	≤3	≤4.5	≤4.5
耐火层厚度（mm）	116	232	348	464

（2）炉墙隔热层厚度。一般炉墙的最大隔热层厚度按图 6-31 查取。需要指出，由于受隔热材料定型尺寸的限制，实际选用的隔热层厚度应按砖计算厚度尺寸的倍数选取。

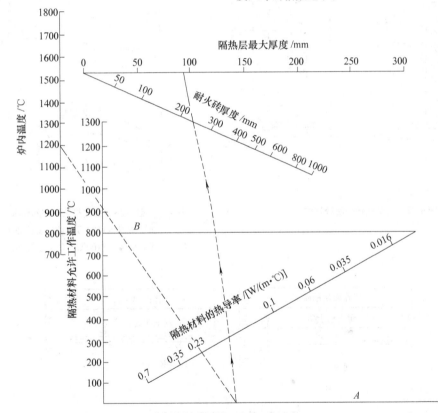

图 6-31　最大隔热层厚度计算图

（3）炉墙组成。常用炉墙组成及其传热特性见表 6-25。由表列数据知：炉墙厚度增加，炉墙散热损失减少，炉墙外表温度降低，但此类炉墙结构的蓄热量会增加。耐火层采用轻质砖或耐火纤维，炉墙散热损失明显减少，外表温度亦显著降低，而蓄热量亦会因而减少。所以间歇式炉应采用较薄炉墙以减少蓄热损失；连续式炉应采用较厚炉墙以降低外表温度，从而减少经常性的散热损失。

（4）炉墙及炉底结构。台车式炉的后墙结构见

图 6-32。炉底结构见图 6-33 及图 6-34。台车式炉台车砌砖结构见图 6-35。

4. 耐火泥浆的选用　将干态耐火泥加水调制后即为砌砖用的耐火泥浆。耐火泥浆应具有一定的工作性质，在以后的烘烤、加热期间应使耐火砖彼此固结，砖缝致密，能抵抗高温炉气及炉渣的侵蚀。泥浆稠度与砖缝大小有关，稠泥浆所砌砖缝为 4~6mm，半稠泥浆所砌砖缝为 2~3mm。常用泥浆种类及用量参见第 2 章。

表 6-25　常用炉墙组成及其传热特性

炉墙组成	适用炉温 /℃	耐火层厚/mm		隔热层厚/mm		炉墙散热损失 /(W/m²)	炉墙外表温度 /℃
		耐火砖	轻质砖	硅藻土砖	红砖		
耐火砖层 + 硅藻土砖层	1100	232	—	116	—	1570	105
	1250	348	—	116		1628	107
耐火砖层 + 红砖层	900	—	—	—	240	1803	113
轻质砖层 + 硅藻土砖层	≤1000	—	116	116	—	1361	93
轻质砖层 + 红砖层	1100	—	232	—	240	1686	108
100mm 耐火纤维层 + 30mm 玻璃棉层	1000	—	—	—	—	930	68
150mm 耐火纤维层 + 50mm 矿渣棉层	1000	—	—	—	—	349	48

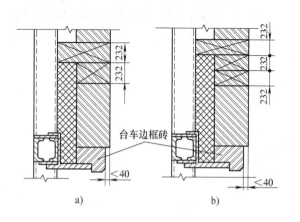

图 6-32　台车式炉的后墙结构

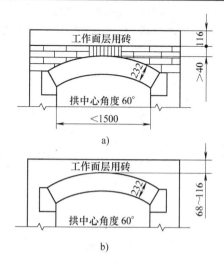

图 6-33　室式炉热炉底的结构
a）炉温 >1100℃，炉底负荷较大
b）炉温 <1100℃，炉底负荷较小

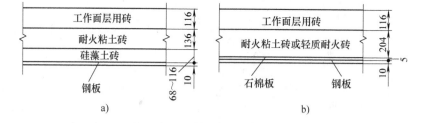

图 6-34　冷炉底的两种结构形式

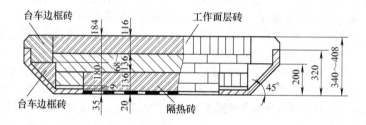

图 6-35　台车式炉台车砌砖结构

6.3.4.2　耐火纤维炉衬设计

耐火纤维密度很小，热导率低，兼有耐火和隔热性能。用该材料组成炉衬在节约燃料、提高炉子热工性能方面有显著效果。

1. 耐火纤维面衬　耐火纤维面衬分平贴与竖贴两种。平贴宜采用单层粘贴，其厚度即为耐火纤维制品（毡或毯）本身厚度，通常为 20 ~ 30mm。平贴时由于纤维方向与砌体表面平行，纤维全长受热，当结晶粉化时会层层剥落，但纤维层热阻小，有好的隔热性能，平贴法适用于低温炉。竖贴时先将纤维制品捆扎成块，捆扎时要预压缩 10% 左右以补偿受热时产生的收缩量。捆扎成的纤维块按图 6-36 所示方法粘贴于砌体表面，所用粘贴剂见表 6-26。

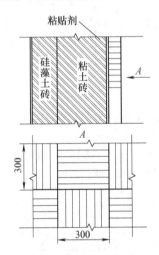

图 6-36　捆扎块竖贴法

竖贴面衬的强度高，耐气流冲刷性能好，面衬厚度可以大些，因而节能效果优于平贴法。但因纤维层热导率大，与平贴法取同样厚度时，其隔热性能则较差。

2. 全纤维炉衬　全纤维炉衬有层铺、叠铺、层铺—叠铺及预制块等多种形式，应根据炉温情况、炉气流动情况和纤维制品类别等条件选择合适的炉衬结构。

（1）层铺结构。如图 6-37 所示，炉衬内表层采用耐火纤维毡（毯），内表层与炉墙钢板之间衬以矿渣棉毡或玻璃棉毡。由于层铺结构的纤维与受热面平行，与叠铺结构相比，其高温收缩大，耐气流冲刷性能差，多用于 1000℃ 以下的热处理炉。图 6-38 所示为层铺炉衬常用的固定方法。

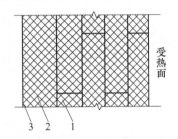

图 6-37　层铺结构
1—耐火纤维毡（毯）　2—矿渣（玻璃）棉毡　3—炉墙钢板

（2）层铺—叠铺结构。如图 6-39 所示，内表层由叠式预制块（见图 6-40）或折叠毯预制块（见图 6-41）构成，内表层与外墙钢板之间衬有层铺的耐火纤维毡和矿渣棉毡。由于叠铺部分的纤维与受热面垂直，所以强度高，高温收缩小，耐气流冲刷性好，且中间层有层铺的耐火纤维毡，因此这类结构兼有层铺和叠铺的共同优点，适用于炉温≥1000℃ 的热处理炉。

表 6-26　粘贴剂类别及其组成

粘贴剂名称	使用温度/℃	原料配比（质量分数）（%）						化学组成（质量分数）（%）				
		耐火泥（NF-40）	细黄沙	硅溶胶	水玻璃	短纤维	水	Al$_2$O$_3$	SiO$_2$	Fe$_2$O$_3$	MgO	CaO
G791	1300	50		43		3.5	3.5	48.6	43.6	2.64	0.5	0.84
Z792	950	50			47	3		44.3	47.4	2.8	0.5	0.7
D793	270	30	44		26			39.4	59.8	2.24	1.0	0.56

（3）叠铺结构。叠铺结构如图 6-42 所示。由于紧固件位于纤维制品中间，炉温低于 900℃ 时可用一般碳素钢制作，炉温高于 900℃ 时用耐热钢制作。这种结构具有竖贴耐火纤维面衬的优点，但隔热性能略差。

3. 全纤维炉衬的一般组成　根据炉温要求，全纤维炉衬的组成方案见表 6-27。

炉衬厚度不可随意选取，要根据工艺要求或许可的炉墙外表温度、炉衬蓄热和散热损失、纤维材料价格等多方面因素，求出最经济炉衬厚度。

4. 最经济炉衬厚度计算举例　随着炉衬厚度的增加，炉衬材料费及蓄热损失的燃料费均增加，但散热损失的燃料费却降低，因此总费用有一个最低值，此时的炉衬厚度称为最经济炉衬厚度。

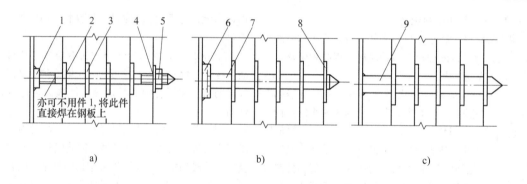

亦可不用件1,将此件
直接焊在钢板上

a)　　　　　　　b)　　　　　　　c)

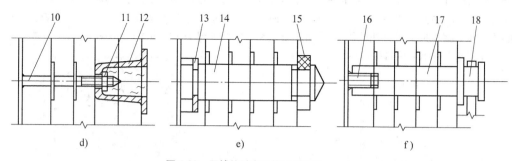

d)　　　　　　　e)　　　　　　　f)

图6-38　层铺炉衬常用的固定方法

a) 螺杆固定法　b) 金属钉固定法　c) 转卡固定法　d) 螺杆、瓷帽固定法　e) 瓷钉固定法

f) 带吊挂颈的瓷钉固定法（后三种方法用于炉温≤1400℃）

1—M5大螺母　2—螺杆　3—快夹圈　4—垫圈　5—M5螺母　6—钉座　7—拉钉　8—夹紧板

9—拉杆　10—M5螺母　11—M5螺母　12—瓷帽　13—钉座　14—瓷钉

15—夹紧瓷子　16—螺柱　17—瓷钉　18—挂颈

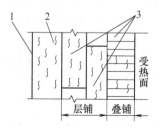

图6-39　层铺—叠铺结构

1—炉墙钢板　2—矿渣棉毡

3—耐火纤维毡

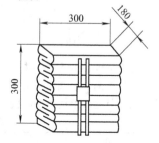

图6-41　折叠毯预制块

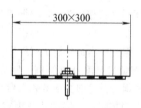

图6-40　叠式预制块

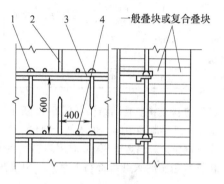

图6-42　叠铺结构

1—下排钉　2—上排钉　3—角钢

4—ϕ5mm圆钢

表6-27　全纤维炉衬的组成方案

结构类型	炉温/℃	层数	总厚度δ/mm	组成	每层厚度/mm
E	≤700	单层	80～110	C	δ
F	≤950	双层	150～175	C+D	(δ-50)+50
G	≤1100	多层	175～200	B+C+D	50+(δ-100)+50
H	≤1200	多层	200～225	A+C+D	50+(δ-100)+50

注：δ—最经济炉衬厚度；A—高温型耐火纤维毡（毯）；B—中温型耐火纤维毡（毯）；C—低温型耐火纤维毡（毯）；D—矿渣（玻璃）棉毡。

最经济炉衬厚度的计算式如下：

1）每炉每平方米炉衬蓄热损失的燃料费 =
$$\frac{每炉蓄热损失的燃料费}{受热炉衬总面积}$$

2）每炉每平方米炉衬成本费 = $\dfrac{炉衬总成本}{受热炉衬总面积}$ ×
$\dfrac{达稳定态后每开一炉工作时间}{炉衬寿命}$

3）每炉每平方米炉衬散热损失的燃料费 =
$$\frac{每炉散热损失的燃料费}{受热炉衬总面积}$$

计算上述三项费用之和，即为每炉每平方米炉衬总费用。

设炉温 $t_1 = 950℃$，以发生炉煤气为燃料，煤气低发热量 $Q_d = 5230kJ/m^3$，1h 达稳定态后每炉工作时间为 8h，炉衬寿命 10000h，用密度为 $130kg/m^3$ 的硅酸铝耐火纤维毡做炉衬，每千克单价 8 元，每立方米煤气单价 0.1 元。计算得各项费用列于表6-28。利用表中数据作出每炉最经济炉衬厚度图表，见图6-43。

耐火纤维毡（毯）密度为 $130kg/m^3$ 及 $160kg/m^3$ 时，单层炉衬的散热损失及炉壁外表面温度值见图6-44及图6-45。

耐火纤维毡（毯）密度为 $130kg/m^3$ 及 $160kg/m^3$ 时，双层炉衬的散热损失及炉壁外表面温度、界面温度值见图6-46及图6-47。

表6-28　计算数据表

项　目			炉衬厚度/mm							附　注
			50	75	100	125	150	175	200	
炉衬外表温度 t_b/℃			143	113	93	82	76	67	62	查图6-44
炉衬平均温度 t/℃			645	627	615	609	605	600	597	$t=0.59(t_1+t_b)$
每炉每平方米炉衬		成本费/(元/m²)	0.042	0.062	0.083	0.104	0.125	0.146	0.166	$\dfrac{8}{10^4}×\dfrac{\delta}{10^3}×1×130×8=0.00082\delta$
	蓄热	W/m²	1216	1771	2314	2864	3419	3928	4465	$q^① = \dfrac{C\rho\delta t}{3.6\tau}$
		元	0.03	0.04	0.05	0.06	0.07	0.081	0.092	
	散热	W/m²	174040	11770	8745	6978	5815	4931	4326	查图6-44
		元	0.36	0.24	0.18	0.14	0.12	0.10	0.09	
	总费用/元		0.43	0.35	0.31	0.31	0.32	0.33	0.35	

① 式中，C—耐火纤维毡比热容[kJ/(kg·℃)]；ρ—耐火纤维毡密度（kg/m³）；δ—炉衬厚度（m）；t—炉衬平均温度（℃）；τ—加热时间（h）。

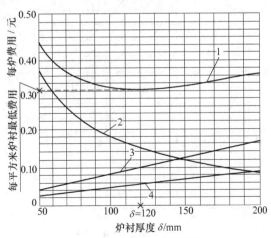

图6-43　最经济炉衬厚度图表

1—每平方米炉衬总费用　2—每平方米炉衬散热损失的燃料费　3—每平方米炉衬成本费　4—每平方米炉衬蓄热损失的燃料费

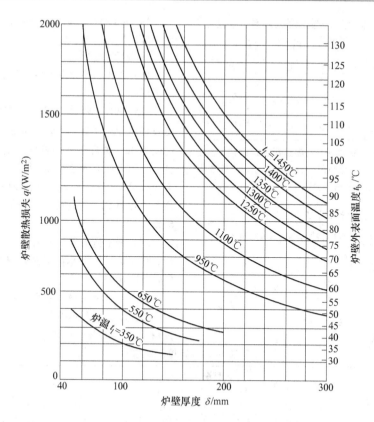

**图 6-44　耐火纤维毡（毯）密度为 130kg/m³ 时，
不同炉衬厚度的 q 值和 t_b 值**

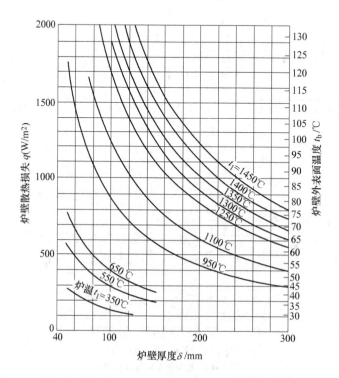

图 6-45　耐火纤维毡（毯）密度为 160kg/m³ 时，不同炉衬厚度的 q 值和 t_b 值

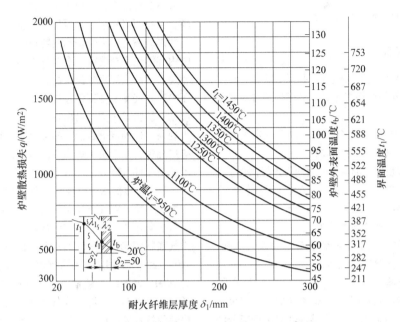

图 6-46 耐火纤维毡（毯）密度为 $130kg/m^3$ 时，
炉衬散热损失 q、外表温度 t_b、界面温度 t_1
与耐火纤维层厚度 δ_1 的关系

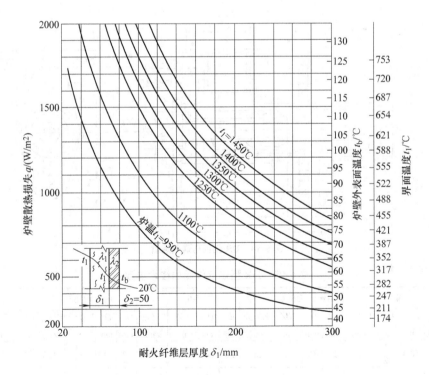

图 6-47 耐火纤维毡（毯）密度为 $160kg/m^3$ 时，
炉衬散热损失 q、外表温度 t_b、界面温度 t_1
与耐火纤维层厚度 δ_1 的关系

6.4　燃料炉附属设备

6.4.1　燃烧装置

燃烧装置用来实现燃料燃烧,并提供具有一定温度和一定流动特性的燃烧气体。各种燃烧装置应具备以下基本性能:

1)能保证燃料实现完全燃烧,或在规定条件下能控制燃料不完全燃烧的气体成分。

2)燃烧过程稳定,能保证连续向炉内提供热量。

3)能使火焰的外形、方向、刚性及铺展性符合炉型及加热工艺要求。

4)结构简单,操作维修方便。

热处理燃料炉常用的燃烧装置有各种煤气烧嘴、油嘴、煤粉烧嘴、燃煤机及辐射管。

6.4.1.1　煤气烧嘴

煤气烧嘴分有焰烧嘴和无焰烧嘴两类。有焰烧嘴的特点是:煤气与助燃空气在烧嘴内部只进行部分混合或不进行混合,喷出烧嘴后再边混合边燃烧,火焰较长且有明显轮廓,如低压煤气烧嘴、平焰烧嘴、自身预热烧嘴等;无焰烧嘴的特点是:煤气与空气在烧嘴内部即已完全混合,混合气喷出烧嘴后能立即完全燃烧,因而火焰短、温度高,如高压喷射式烧嘴。高压喷射式烧嘴易使工件过烧,不适应煤气压力大范围波动,炉膛正压大时易出现空气引入量不足和发生回火现象,这种烧嘴目前不推荐使用。热处理炉宜使用有焰烧嘴,便于组织炉内气体流动,促使炉温均匀和不易使工件过烧。

1. DR 型低压煤气烧嘴　图 6-48 所示为 DR 型低压煤气烧嘴。空气流经煤气喷口与烧嘴壳体之间带有倾斜导向叶片的空隙,产生强烈旋转运动,使煤气与空气强制混合。进烧嘴前要求的煤气压力范围为 400~1200Pa,额定压力为 800Pa。进烧嘴前空气压力为 2000~2500Pa,额定压力为 2000Pa。该型烧嘴可燃烧发生炉煤气、混合煤气和焦炉煤气。DR 型煤气烧嘴的技术参数见表 6-29,外形尺寸见表 6-30。

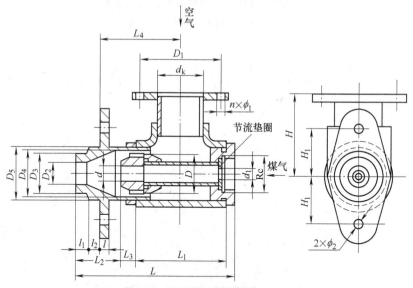

图 6-48　DR 型低压煤气烧嘴

表 6-29　DR 型煤气烧嘴的技术参数

煤气低发热值 Q_d/ (kJ/m³)	DR-3				DR-4				DR-5				DR-6				DR-7			
	d/ mm	D/ mm	G/ in	V/(m³ /h)	d/ mm	D/ mm	G/ in	V/(m³ /h)	d/ mm	D/ mm	G/ in	V/(m³ /h)	d/ mm	D/ mm	G/ in	V/(m³ /h)	d/ mm	D/ mm	G/ in	V/(m³ /h)
16750	15	58	$1\frac{1}{2}$	25	21	75	2	50	28	80	2	85	33	100	$2\frac{1}{2}$	125	42	121	3	190
8375	22	62	2	45	30	80	$2\frac{1}{2}$	90	40	98	3	150	50	110	3	230	61	128	4	350
6700	24	63	2	55	34	82	3	110	45	102	4	180	55	113	4	275	68.7	133	5	412
5440	26	64	2	60	36	84	3	120	48	105	4	200	58	115	4	300	73	135	6	450

注:1in=25.4mm,下同。

表 6-30　DR 型煤气烧嘴的外形尺寸　　　　　　　　　（单位：mm）

型　号	d_1	d_k/in	$G、d, D$	D_1	L	L_1	L_2	L_3	L_4	H	H_1
DR-3		$2\frac{1}{2}$		130	258	130	80	23	123	130	75
DR-4	查图 6-49	3	见表 6-30	150	305	150	90	40	170	145	85
DR-5		4		170	390	210	70	80	210	165	100
DR-6		4		170	440	240	100	75	250	180	115
DR-7		5		200	505	270	110	90	290	210	130

型　号	l	l_1	l_2	n	ϕ_1	ϕ_2	D_2	D_3	D_4	D_5	l_3
DR-3	16	25	20	4	14	22	44	75	75	86	26
DR-4	16	25	20	4	18	22	62	95	100	110	31
DR-5	16	25	20	4	18	22	78	110	120	125	31
DR-6	16	25	20	4	18	22	96	125	135	145	31
DR-7	20	25	20	8	18	22	115	145	155	170	40

煤气压力低于额定压力 800Pa 时，烧嘴能量 V_2（m^3/h）按下式计算：

$$V_2 = V_1\sqrt{\frac{P_2}{800}} \qquad (6-41)$$

式中　P_2——选定的进烧嘴前煤气压力（Pa）；

V_1——额定压力时烧嘴能量（m^3/h）。

煤气压力大于 2000Pa 时，必须在烧嘴煤气进口处加节流垫圈，垫圈小孔直径 d_1 查图 6-49。

预热空气时，烧嘴能量 V_2（m^3/h）按下式计算：

$$V_2 = \frac{V_1}{\sqrt{1 + t/273}} \qquad (6-42)$$

式中　t——空气预热温度（℃）。

2. DT 型低压天然气烧嘴　烧嘴结构见图 6-50，其技术参数及外形尺寸见表 6-31 及表 6-32。

天然气压力范围 150 ~ 5000Pa，额定压力 5000Pa；空气压力范围 60 ~ 3000Pa，额定压力 3000Pa；烧嘴调节比 1:8。

表 6-31　DT 型天然气烧嘴的技术参数

型　号	天然气量/（m^3/h）	空气量/（m^3/h）	天然气压力/Pa	空气压力/Pa	型　号	天然气量/（m^3/h）	空气量/（m^3/h）	天然气压力/Pa	空气压力/Pa
DT-1	12	120			DT-4	50	500		
DT-2	18	180	5000	3000				500	300
DT-3	26	260			DT-5	72	720		

表 6-32　DT 型天然气烧嘴的外形尺寸　　　　　　　　　（单位：mm）

型　号	d_k/in	G/in	D	d	d_1	d_2	L	L_1	l	l_1	l_2	H	h	ϕ_1	ϕ_2	ϕ_3	n
DT-1	$2\frac{1}{2}$	$\frac{3}{4}$	130	35	75	100	237	111	25	20	16	200	85	14	18	3.5	4
DT-2	$2\frac{1}{2}$	$\frac{3}{4}$	130	45	85	100	237	111	25	20	16	200	85	14	18	4	4
DT-3	3	1	150	55	85	100	292	155	25	20	16	170	85	18	18	4.5	4
DT-4	4	$1\frac{1}{4}$	170	80	120	130	336	180	25	20	16	220	100	18	22	6	4
DT-5	5	$1\frac{1}{2}$	200	90	120	130	377	200	25	20	16	220	100	18	22	8	8

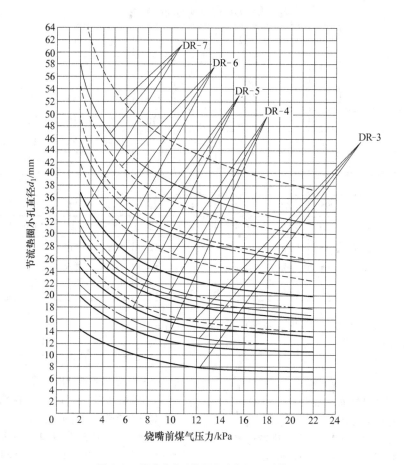

图6-49　烧嘴前节流垫圈小孔直径 d_1 计算图

——发生炉煤气　—·—·混合煤气　———焦炉煤气

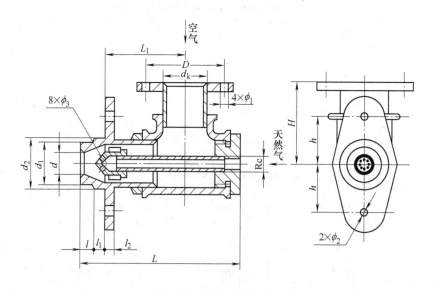

图6-50　DT型低压天然气烧嘴

3. 高速烧嘴　高速烧嘴的燃烧气体出口速度可达 $100 \sim 300 \text{m/s}$。速度越高，燃料与空气所需动能越大，伴随的噪声亦越大。目前所使用的高速烧嘴其燃烧气体出口速度多为 $100 \sim 120 \text{m/s}$，通过掺入二次空气使出口的燃烧气体温度可降低到与工件的加热温度相接近，因此能强化对流传热，均匀炉温并能防止工件过烧。具备这一性能的烧嘴又称为高速调温烧嘴。图 6-51 所示为燃烧发生炉煤气的 FR 型高速调温烧嘴，其技术参数见表 6-33，外形尺寸见表 6-34。

4. 自身预热烧嘴　自身预热烧嘴是将烧嘴、预热器、排烟系统组合为一体，具有结构紧凑、热效率高和节能显著的特点。这种烧嘴可使用各种煤气和燃料油，烧嘴芯管的外部由多层环缝式预热器及垂直筒式预热器构成，依靠引射器产生的负压将炉内烟气吸入预热器的中间环缝，助燃空气是由切线方向进入垂直筒式预热器，初步预热后再进入水平环缝式预热器，空气预热温度达 $350 \sim 500 \text{℃}$ 而且沿途温降很少。由于助燃空气带入了大量物理热，因而能加快升温速度和显著节约燃料。图 6-52 所示为 FQR 型自身预热烧嘴，表 6-35 为各型自身预热烧嘴的技术参数。

表 6-33　FR 型高速调温烧嘴的技术参数

名　　称	FR-1	FR-2	FR-3	FR-4
燃烧能力/(m^3/h)	60	120	200	300
空气量($\alpha=1.05$)/(m^3/h)	72	145	240	360
煤气低发热量/(kJ/m)	5650			
烧嘴前煤气压力/Pa	$3500 \sim 4500$			
烧嘴前空气压力/Pa	$4000 \sim 5000$			
烧嘴出口最高流速/(m/s)	≈ 140			
烧嘴出口气流温度/℃	$200 \sim 1300$			
调节比	$1:15$			

表 6-34　FR 型高速调温烧嘴的外形尺寸

（单位：mm）

型号	ϕ_1/in	ϕ_2	ϕ_3/in	ϕ_4	L_1	L_2	L_3	L_4	L_5	L_6	L_7	L_8	L_9
FR-1	$2\frac{1}{2}$	130	2	110	33	55	90	195	160	515	210	275	205
FR-2	4	170	3	150	33	55	90	240	240	635	250	370	280
FR-3	5	200	4	170	35	60	95	280	295	735	280	440	335
FR-4	6	225	5	200	35	60	100	295	335	795	300	490	375

型号	L_{10}	A	B	C	D	E	a	b	c	n_1	d_1	n_2	d_2	n_3	d_3
FR-1	235	230	255	305	230	305	10	12	14	4	14	4	12	4	18
FR-2	235	270	285	345	270	345	12	14	14	4	18	4	18	4	18
FR-3	235	330	350	410	330	410	12	14	16	8	18	4	18	4	22
FR-4	235	350	365	425	350	425	12	14	16	8	18	8	18	4	22

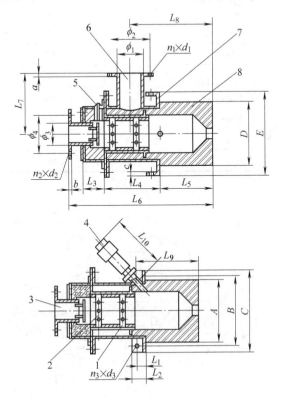

图 6-51　FR 型高速调温烧嘴

1—二次空气管　2——次空气管　3—煤气接管
4—火焰监测装置　5—电点火装置　6—空气
接管　7—固定板　8—烧嘴砖

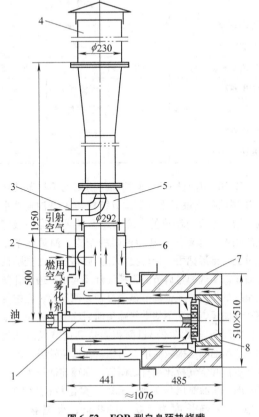

图 6-52　FQR 型自身预热烧嘴

1—烧嘴体　2—冷空气进口　3—引射空气进口
4—烟囱　5—引射器　6—预热器　7—外烧嘴砖
8—内烧嘴砖

6.4.1.2　燃油烧嘴

燃油烧嘴简称油嘴。按雾化介质类别分低压油嘴和高压油嘴两类。低压油嘴以助燃空气为雾化剂，空气压力范围为 30~150kPa，燃烧能量不超过 200kg/h，能量过大，喷嘴截面变大，不易保证雾化质量。高压油嘴以蒸气或压缩空气为雾化剂，雾化性能好，燃烧能量高，但火焰长，噪声高，易引起工件过烧，在热处理炉上很少使用。热处理炉经常使用的有 RK 型、F 型、F-RF 型、QRF 型、DBR 型等低压油嘴。

表 6-35　FQR 各型自身预热烧嘴的技术参数

型号	燃烧能力		烧嘴前燃料压力		蒸气或压缩空气压力/MPa	风机压力/kPa	助燃空气量/(m³/h)
	燃油/(kg/h)	燃煤气/(m³/h)	燃油/MPa	燃煤气/Pa			
ZYR-I-20	20	—	≥0.25	—	≥0.5		242
TQR-I-25		天然气 25	—	≥50000	—		256
JQR-J-50		焦炉煤气 50	—	≥30000	—		223
FQR-I-150	—	发生炉煤气	—	≥8000	—		189
DFQR-I-150		150	—	≥600	—		189
ZYR-I-40	40	—	≥0.25	—	≥0.5		484
TQR-I-50		天然气 50	—	≥50000	—		512
JQR-I-100		焦炉煤气 100	—	≥30000	—	≥8	446
FQR-I-300	—	发生炉煤气	—	≥8000	—		378
DFQR-I-300		300	—	≥600	—		378
ZYR-I-60	60	—	≥0.25	—	≥0.5		726
TQR-I-75		天然气 75	—	≥50000	—		768
JRF-I-175		焦炉煤气 150	—	≥30000	—		669
FQD-I-450	—	发生炉煤气	—	≥8000	—		567
DFQR-I-450		450	—	≥600	—		567

1. RK 型油嘴　RK 型油嘴是由以前不推荐使用的 R 型油嘴三级雾化风量调节结构和 K 型油嘴油量调节结构组合而制成的，既改进了 K 型油嘴一级雾化的缺点，也简化了 R 型油嘴的结构。油量调节是通过旋转锥形把手，带动控油针前后移动来改变喷油孔面积而实现油量调节的，控油针还起到疏通油孔防止堵塞的作用。风量调节是通过转动调风轮，在螺旋槽和导向螺钉作用下使空气喷头前后移动，相应改变了二次风和三次风的出口面积而达到调节风量的目的。该型油嘴结构较简单，对燃料油适应性强，但不能实现油和空气按比例自动调节。油嘴前油压为 50~150kPa，油嘴前风压为 4~8kPa，雾化粒径为 52~133μm，火焰长度为 600~1400mm，火焰张角为 25°~30°，调节比为 1:3.5。RK 型低压油嘴见图 6-53，其技术参数见表 6-36。

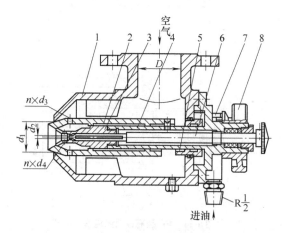

图 6-53　RK 型低压油嘴
1—壳体　2—空气喷头　3—油喷头　4—油套筒
5—移动轴套　6—控油针　7—调风杆　8—调风轮

表6-36 RK型低压油嘴的技术参数

油嘴规格	喷油量/(kg/h)						空气量/(m³/h)						外形尺寸/mm				
	风套全闭			风套全开			风套全闭			风套全开			D	d_1	d_2	$n \times d_3$	$n \times d_4$
	空气压力/Pa						空气压力/Pa										
	4000	6000	8000	4000	6000	8000	4000	6000	8000	4000	6000	8000					
RK40	10.5	13.0	15.0	12	15	17	115	143	164	132	164	187	40	30	2	4×φ10	4×φ2
RK50	14.0	17.5	20.0	16	20	23	153	193	220	176	220	253	50	36.5	2.5	8×φ8	4×φ2.5
RK80	31.0	35.0	43.5	35	40	50	340	384	476	385	440	550	80	58	4	8×φ13	—
RK100	54.0	65.0	75.0	62	75	86	590	712	820	682	825	946	100	72	5	8×φ16	—

2. F型、F-RF型油压自动比例调节油嘴（见图6-54） 其特点是利用油压的改变使供油量变化，并能自动按比例使空气量也相应变化，从而实现油、空气自动按比例调节。

需增大油嘴能量时，可将供油压力增高，此时波纹管受到压缩，将带有油槽的柱塞向右推动，弹簧受到压力并与油压相平衡，结果柱塞产生一定位移。由于油槽长度变大而使油量增大到一定值，同时与柱塞连在一起的空气喷头也向右移动一定位置增大了一次与二次风出口截面，使空气量增大，完成了油、气自动按比例调节动作。适用的油压范围为 0.05～0.3MPa，空气压力范围为 4.9～8kPa，火焰张角为 25°～30°，油雾化粒径为 50～80μm，火焰长度为 0.6～4m，油嘴调节比为 1:6。该型油嘴的技术参数见表6-37。

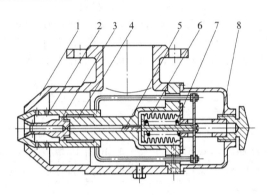

图6-54 F型、F-RF型油压自动
比例调节油嘴

1—壳体 2—空气喷头 3—油喷头 4—液压缸
5—柱塞 6—波纹管 7—弹簧 8—比例调节手柄

表6-37 F型、F-RF型油嘴的技术参数

项 目	F-50、F-RF-50						F-80、F-RF-80					
供油压力/kPa	50	100	150	200	250	300	50	100	150	200	250	300
燃油能力/(kg/h)	3.7	7.5	11.2	15.0	18.7	22.5	7.5	15.3	23.2	30.5	38.4	46.0
空气流量/(m³/h)	43.5	85.6	130	174	217	260	89	175	264	355	440	530
火焰长度/m	≤1.5						≤2					
项 目	F-100、F-RF-100						F-150、F-RF-150					
供油压力/kPa	50	100	150	200	250	300	50	100	150	200	250	300
燃油能力/(kg/h)	10.8	21.3	32.0	43.0	53.7	64.0	18.4	36.7	55.0	74.0	92.0	110
空气流量/(m³/h)	123	247	370	494	618	740	210	420	630	840	1050	1260
火焰长度/m	≤3						≤4					

注：表内数据系空气压力为 6.9kPa，吸风口全部关闭时的情况；当吸风口全部打开时，空气量将增加 30%～40%。空气压力不能小于 4.9kPa。

F 型油嘴使用冷风，F-RF 型油嘴使用300℃左右的热风，F-RF 型油嘴的原理、结构、燃烧条件与 F 型相同，只改变了各出风口的面积。

3. QRF 型全热风油压自动比例调节油嘴（见图 6-55）　该型油嘴是在 F-RF 型油嘴基础上改进而成的，由于采用了特殊的密封机构和蒸气伴送措施，在助燃空气温度高达 500℃时也能良好地燃烧而不发生结焦和堵塞现象。适用的空气温度为 350 ~ 500℃，空气压力为 3.9 ~ 6.9kPa，该型油嘴的技术参数见表 6-38 及表 6-39。

4. DBR 型全热风机械比例调节油嘴（见图6-56）

结构上保留了以前 R 型油嘴三级雾化的比例调节措施，并在油管外围增加了蒸气隔热层，不仅能防止油管内外结焦，还改善了油的雾化质量。

适用风温为 200 ~ 500℃，热风压力为 2000 ~ 6000Pa，油压为 0.1 ~ 0.3MPa，燃油量为 1.5 ~ 100kg/h，隔热用蒸气压力为 0.05 ~ 0.15MPa，火焰

长度为 1 ~ 2.5m，可燃烧各种燃料油。空气压力 4kPa 时 DBR 型油嘴的燃烧能力见表 6-40。空气温度 20℃时 DBR 型油嘴的技术参数见表 6-41。

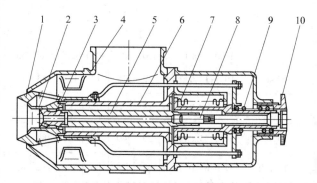

图 6-55　QRF 型全热风油压自动比例调节油嘴
1—空气喷头　2—油喷头　3—油气芯　4—空气壳体
5—油管体　6—蒸气芯　7—波纹管　8—柱塞
9—螺旋弹簧　10—调节手轮

表 6-38　QRF 型油嘴额定状况下的技术参数

项　　目	QRF-100						QRF-150						QRF-200					
供油压力/kPa	50	100	150	200	250	300	50	100	150	200	250	300	50	100	150	200	250	300
燃油能力/(kg/h)	5	10.8	16	20.7	24.8	30	10.8	21.3	32	43	53.7	64	18.4	36.7	55	74	92	110
空气流量/(m³/h)	58	120	174	235	298	345	123	247	370	494	618	740	210	420	630	840	1050	1260
空气温度/℃	500																	
空气压力/kPa	7.0																	
蒸气压力/kPa	50 ~ 100																	
蒸气流量/(kg/h)	≈4.5						≈9.6						≈16.5					
火焰张角/(°)	20 ~ 25																	
最大射程/m	≤1.5						≤2.8						≤4					
燃料油粘度/(m²/s)	36.2 × 10⁻⁶																	

注：在非额定状况下使用时，其实际燃油能力应乘以修正系数 K（见表 6-39）。

表 6-39　QRF 型油嘴在非额定状况下的燃油能力修正系数 K 值

风温/℃ 风压/kPa	350	400	450	500
3.9	0.842	0.809	0.782	0.755
4.9	0.939	0.905	0.873	0.845
5.9	1.03	0.99	0.957	0.927
6.9	1.113	1.071	1.033	1

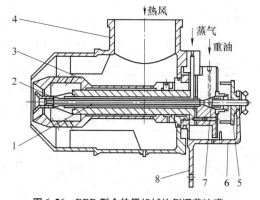

图 6-56　DBR 型全热风机械比例调节油嘴
1—油管　2—油喷嘴　3—风嘴　4—外壳　5—调油手轮　6—调风杆　7—旋塞　8—风油比调杆

表 6-40　空气压力 4kPa 时 DBR 型油嘴燃烧能力（单位：kg/h）

型　号＼风温/℃	20	200	300	350	400	450	500
DBR50	11.8	9.3	8.4	8	7.8	7.5	7.2
DBR80	27	21	19	18.5	17.8	17.2	16.6
DBR100	46	36	33	31.6	30	29	28.3
DBR125	69	54	49	47.3	45.5	44	42.4
DBR150	100	79	71.5	68.6	66	63.3	61.5

表 6-41　空气温度 20℃时 DBR 型油嘴技术性能

烧嘴型号	DBR50	DBR80	DBR100	DBR125	DBR150
风压/Pa	4000				
最大风量/（m³/h）	126	282	486	725	1104
油压/kPa	100				
最大油量/（kg/h）	11.8	27	46	68.6	100
最小油量/（kg/h）	1.5	3.4	5.8	8.6	12.5
火焰直径/m	$\phi0.2 \sim$ $\phi0.3$	$\phi0.2 \sim$ $\phi0.35$	$\phi0.2 \sim$ $\phi0.4$	$\phi0.3 \sim$ $\phi0.5$	$\phi0.4 \sim$ $\phi0.6$
火焰长度/m	$0.3 \sim$ 1.0	$0.4 \sim$ 1.5	$0.5 \sim$ 2.0	$0.6 \sim$ 2.2	$0.7 \sim$ 2.5
火焰张角/（°）	$25 \sim 30$				

5. WDH-YJ 及 KMY-YJ 型气泡雾化油嘴　该型油嘴是一种适合燃烧燃料油和渣油的新型油嘴，以蒸气或压缩空气为雾化介质，使油液形成大量气泡，气泡通过加速运动、变形而到达油嘴出口处时破裂，变为很细的液滴，油雾化粒径可小于 40μm，冷炉状态下易点火。由于采用气泡雾化可将油孔尺寸放大，从而很好地解决了油嘴结焦和堵塞问题。WDH-YJ 型为单独燃油烧嘴；KMY-YJ 型为油、煤气两用烧嘴。图 6-57 所示为该型油嘴结构，其技术参数及尺寸见表 6-42 和表 6-43。

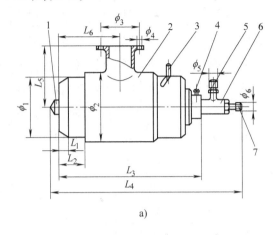

a)

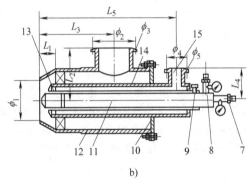

b)

图 6-57　WDH-YJ 及 KMY-YJ 型气泡雾化油嘴

a) WDH-YJ 型油嘴　b) KMY-YJ 型油嘴

1—喷头　2—配风器　3—配风调节器　4—紧固螺钉　5—雾化风接头　6—喷枪　7—燃油接头　8—蒸气接头　9—定位螺钉　10—端板　11—喷枪管　12—调风器壳体　13—煤气喷头　14—空气通道　15—煤气接头

表 6-42　WDH-YJ 型油嘴的技术参数

项目	WDH-YJ-50	WDH-YJ-80	WDH-YJ-100	WDH-YJ-150	WDH-YJ-200
油嘴燃油量/（kg/h）	15	40	65	90	140
供油压力/MPa	$0.25 \sim 0.55$				
压缩空气压力/MPa	>0.35				
气液流量比	0.1				
蒸气压力/MPa	>0.35				
气液流量比	0.1				
助燃空气压力/kPa	1				
助燃空气温度/℃	$20 \sim 550$				
火焰张角/（°）	$20 \sim 70$	$20 \sim 120$			
火焰长度/m	$1 \sim 5$	$1 \sim 6$	$1 \sim 8$	$1 \sim 8$	$1 \sim 10$
可燃用煤气种类	发生炉煤气、焦炉煤气、混合煤气、天然气、液化石油气				
煤气压力/kPa	>2				

表 6-43　WDH-YJ 型及 KMY-YJ 型油嘴的尺寸　　　　　　（单位：mm）

型　　号	L_1	L_2	L_3	L_4	L_5	L_6	ϕ_1	ϕ_2	ϕ_3	ϕ_4	ϕ_5	ϕ_6	燃油量/ (kg/h)
WDH-YJ-50	25	75	265	400	95	125	85	105	90	$4 \times \phi12$	M18	M18	15
WDH-YJ-80	30	90	325	460	120	155	120	150	130	$4 \times \phi14$	M20	M20	40
WDH-YJ-100	40	120	465	660	140	200	145	170	170	$4 \times \phi18$	M20	M20	65
WDH-YJ-150	70	175	600	790	200	320	240	260	225	$4 \times \phi18$	M25	M25	90
WDH-YJ-200	70	175	630	790	220	320	260	285	280	$4 \times \phi20$	M25	M25	140
KMY-YJ-20	30	95	125	60	250	—	80	110	$4 \times \phi12$	70	$4 \times \phi12$	—	20
KMY-YJ-40	40	120	170	70	300	—	100	150	$4 \times \phi12$	110	$4 \times \phi12$	—	40
KMY-YJ-60	40	140	200	80	300	—	145	170	$4 \times \phi18$	150	$4 \times \phi18$	—	60
KMY-YJ-100	70	200	320	160	600	—	240	225	$4 \times \phi18$	200	$4 \times \phi18$	—	100
KMY-YJ-150	70	220	320	160	600	—	260	280	$4 \times \phi20$	225	$4 \times \phi20$	—	150

6.4.1.3　燃煤机

1. 水平往复炉排燃煤机　水平往复炉排燃煤机（见图 6-58）完善了人工加煤的燃烧方法。煤从煤斗漏下，由活动炉排片和固定炉排片组成燃烧炉排。活动炉排片由连杆连接通往电动机或液压缸在滚轮上作往复运动，煤在 S 形炉排片上向前翻滚运动，借助燃烧室墙拱的变化，燃烧过程分成预热干馏段、

燃烧段和燃尽段，同时相应在炉排下设前、中、后三个风室。前风室设在干馏段下，一般不进风；中风室设在燃烧段下，助燃风穿过炉排片缝隙进入燃烧室；后风室在燃尽段下，也通入适量的助燃风。该型燃煤机适于布置在炉膛侧面，宜燃用不粘结或弱粘结烟煤，炉子间断生产时，可停炉压火待用。

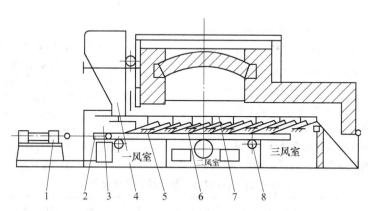

图 6-58　水平往复炉排燃煤机
1—电动机构或液压缸　2—活动支架　3—输煤炉排　4—煤斗　5—固定
炉排片　6—活动炉排片　7—护板　8—托轮

2. 阶梯往复炉排燃煤机　阶梯（倾斜）往复炉排燃煤机见图 6-59。固定炉排片和活动炉排片交错布置成阶梯状，其动作过程和燃烧区段的划分同水平炉排燃煤机。燃尽后的渣被推入水池中由出渣机排出炉外。阶梯往复炉排燃煤机适于布置在炉膛的端部，或呈丁字形布置在炉膛侧面。对煤质的要求同水平炉排燃煤机。

3. 链条式炉排燃煤机　由铸铁炉排片连成的链节组成一个封闭的履带式链条环，两端链轮旋转时带动链条炉排缓慢转动。链条式炉排燃煤机见图 6-60。煤斗设在链条环的前端，内有闸板可控制下煤量，由煤斗落下的煤随链条向前移动，同时在炉排上完成干馏、燃烧和燃尽过程，最后排出炉渣。

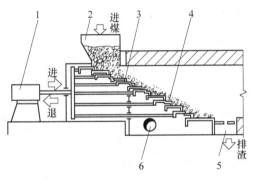

图 6-59　阶梯（倾斜）往复炉排燃煤机

1—传动机构　2—煤斗　3—固定炉排片　4—活动

炉排片　5—渣室　6—进风口

6.4.1.4　煤粉烧嘴

1. MFP 型可调旋流煤粉烧嘴　烧嘴结构见图 6-61。结构上采取二次风强烈旋转和带有可调钝体以调节火焰长度，使火焰稳定，铺展性好。

烧嘴的燃烧过程是：携带煤粉的一次风由弯管导入，通过直管从喷管喷出，调节钝体前后位置可改变煤粉的出口角度。二次风由风壳切向进入烧嘴，经过由固定塞块和可动塞块组成的旋流器，最后通过烧嘴喷头与一次风携带的煤粉在一定交角下充分混合后喷出。调整旋流手柄可控制二次风的旋流强度，联合调节旋流手柄与钝体拉杆可得不同形状的火焰。该型烧嘴的技术参数见表 6-44。

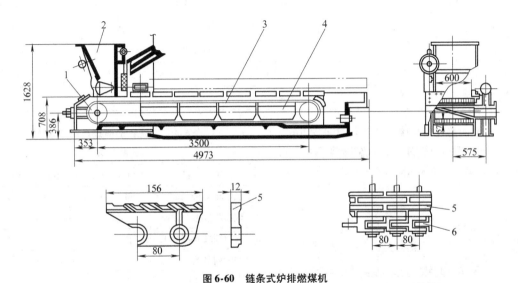

图 6-60　链条式炉排燃煤机

1—链轮　2—煤斗　3—链条炉排　4—风室　5—炉排片 1　6—炉排片 2

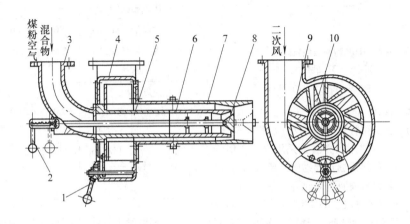

图 6-61　MFP 型可调旋流煤粉烧嘴

1—旋流手柄　2—钝体拉杆　3—一次风弯管　4—风壳　5—一次风直管

6—一次风喷管　7—烧嘴喷头　8—钝体　9—固定塞块　10—可动塞块

表 6-44　MFP 型可调旋流煤粉烧嘴的技术参数

项　目	MFP-100	MFP-200	MFR-300	MFP-500	MFP-700	MFP-1000	MFP-1500	MFP-3000
最大燃煤量/(kg/h)	100	200	300	500	700	1000	1500	3000
煤粉低发热值/(kJ/kg)	23030					18840		
煤粉细度 R_{90}（%）	20 ~ 30	20 ~ 30	20 ~ 30	20 ~ 30	20 ~ 30	10 ~ 20	10 ~ 20	10 ~ 20
调节比	3	3	3	3	3	2	2	2
一次风压力/Pa	1000	1000	1000	1000	1000	1000	1000	1000
二次风压力/Pa	2000	2000	2000	2000	2000	2000	2000	2000
一次风量/(m³/h)	209	418	626	1044	1462	1651	2476	4128
二次风量/(m³/h)	487	974	1462	2437	3411	3852	5778	12383
一次风温/℃	0 ~ 100							
二次风温/℃	0 ~ 100							
火炬射程/m	2.0 ~ 3.0	2.5 ~ 3.5	2.8 ~ 4.0	3.0 ~ 4.5	3.2 ~ 4.8	3.5 ~ 5.0	3.8 ~ 5.5	4.0 ~ 6.0
火焰张角/(°)	30 ~ 50					40 ~ 60		

2. MLP 型两焰煤粉烧嘴　烧嘴结构见图 6-62。通过调节机构前后移动烧嘴头部以改变火焰形状，可形成平焰或直焰。该型烧嘴的技术参数见表 6-45。

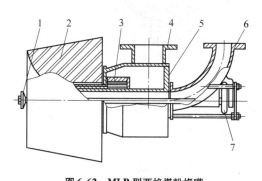

图 6-62　MLP 型两焰煤粉烧嘴
1—钝体　2—烧嘴砖　3—旋风室　4—风壳
5—直管　6—弯管　7—调节机构

6.4.1.5　火焰辐射管

以燃料为热源的可控气氛炉，为了将燃烧气体与可控气氛隔离，通常使用的方法是采用火焰辐射管，辐射管内燃料燃烧的热量通过辐射管外壁以辐射方式间接加热工件。辐射管表面负荷允许范围与炉温及管壁材料有关，管体材料选用 $w(Ni)$ 为 18% ~ 27%，$w(Cr)$ 为 24% ~ 32% 的耐热钢时，辐射管表面负荷一般采用 3.5 ~ 4.6W/cm²，容积负荷采用 0.7 ~ 1.7W/cm³，截面负荷采用 465 ~ 870W/cm²。各种火焰辐射管的类型及热工特性见表 6-46。

表 6-45　MLP 型两焰煤粉烧嘴的技术参数

项　目		MLP50	MLP100	MLP150	MLP200
额定燃煤量/(kg/h)		50	100	150	200
烟煤发热量/(kJ/kg)		23000			
煤粉细度 R_{90}(%)		20 ~ 30			
烧嘴调节比		1:3			
一次风压/kPa		2			
二次风压/kPa		2 ~ 3			
一次风比例(%)		33			
一次风量/(m³/h)		90	180	270	360
二次风量/(m³/h)		273	546	819	1092
一次风温/℃		≤250			
二次风温/℃		无限制			
火焰形状	平焰 火焰直径/mm	φ800 ~ φ1000	φ1000 ~ φ1200	φ1200 ~ φ1400	φ1400 ~ φ1600
	直焰 射程/m	0.8 ~ 1.5	2 ~ 3	2.2 ~ 3.2	2.5 ~ 3.5
	直焰 张角/(°)	40 ~ 60			

辐射管由管体、燃烧装置和预热器组成。在某些辐射管内还放置有阻碍和干扰气流的填充物、点火器或火焰稳定器，管外有支座、支架和安装板等。图 6-63、图 6-64 所示为套管式辐射管及 U 形辐射管。

表 6-46　火焰辐射管的类型及热工特性

类型		表面负荷 /[kJ/(cm²·h)]	热效率 (%)	特　点	用　途
名称	形　状				
三叉型		12～21	40～50	结构简单,使用方便,效率低	用于炉温1000℃以下的室式或连续式炉,垂直安装
P 型		12～21	60～75	结构复杂,内套管材料要求高,造价高,热效率高	用于炉温1000℃以下室式、井式、连续式炉,垂直安装
O 型		12～17	55～65	结构比较简单,应用普遍,空、煤气便于预热,效率较高	用于炉温1000℃以下的各种炉型,水平安装
W 型		12～15	55～65	用一个烧嘴得到较大的传热面积,热效率较高	用于炉温900℃以下的立式炉、回转式炉等,水平安装
U 型		12～15	50～60	结构随炉型而定,结构较复杂,温度分布不够均匀	用于炉温900℃以下的罩式炉,水平安装
套管型		3～6	50～60	烟气再循环,结构复杂,热应力大,寿命较低	同U形管,较少采用
直管型		16～21	60～65	两个烧嘴共用一个排气管,燃烧能力强,温度较均匀	同U形管,加热能力强

图 6-65 所示为近年来所研制的蓄热式辐射管，它由两套烧嘴、两套点火装置和一个四通换向阀组成，形成一个蓄热式高温空气燃烧系统。空气预热温度可高达仅低于炉子排烟温度 150℃ 左右，还具有低 NO$_x$ 排放、壁面温度分布均匀和节约能源的优点。

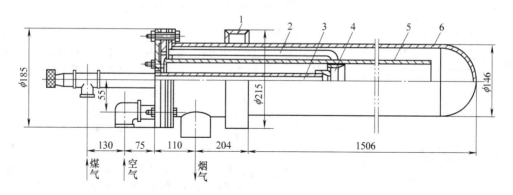

图 6-63 套管式辐射管（燃发生炉煤气）

1—封刀 2—预热器 3—煤气导管 4—喷嘴 5—内管 6—外管

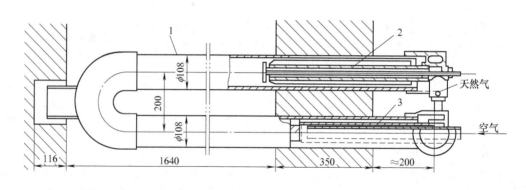

图 6-64 U 形辐射管（燃天然气）

1—管体 2—燃烧装置 3—预热器

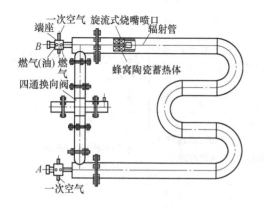

图 6-65 蓄热式辐射管

6.4.2 预热器

热处理炉排出炉外的烟气温度一般达 500 ～ 1000℃，所带走的热量约占供入炉内热量的 30% ～ 50%。利用这部分热量预热助燃空气或煤气，可以提高燃料的燃烧温度以保证需要的炉温和加热速度，并能有效地节约燃料。由图 6-66 可知，空气预热温度越高，则燃料节约百分数越大；离炉烟气温度越高，则相应的燃料节约百分数亦越大。因此，对于高温热处理炉，从节约燃料出发应装设预热器。有些炉温高达 1150 ～ 1200℃ 的热处理炉，如果所用煤气的低发热量小于 4500kJ/m³，将不能达到规定的炉温。此时，采用预热器预热空气或煤气则主要是为了提高炉温。目前热处理炉常用的预热器有筒状、管状、片状和喷流预热器等类型。

6.4.2.1 筒状预热器

筒状预热器结构见图 6-67。设计筒状预热器时，对于以辐射为主的预热器（例如烟气温度 > 900℃）

应取较大的直径、较小的长度；以对流为主的低温预热器则取较小的直径、较大的长度。为了强化传热，有的预热器在内筒的外侧壁面上均匀焊以密集的传热肋片，预热气体流经内外筒之间的缝隙而升温。带肋片时，缝隙内气体流速（标准状态）取 $6 \sim 8 m/s$；不带肋片时，取 $15 \sim 20 m/s$。进预热器烟气速度（标准状态）取 $1.5 \sim 3 m/s$。

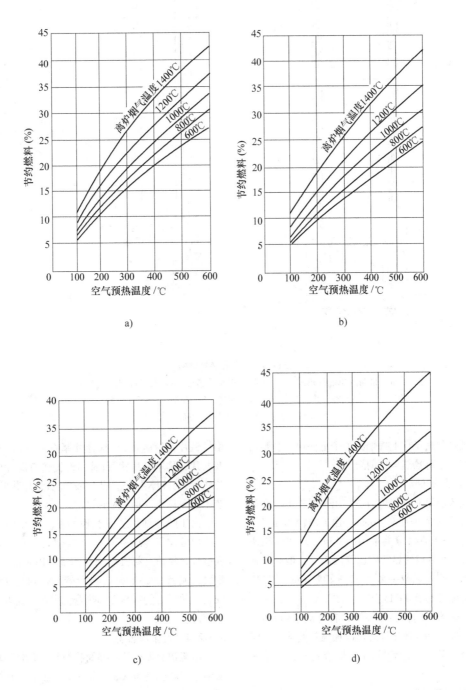

图 6-66　空气预热温度与燃料节约率的关系

a）烟煤 $Q_d = 27210 kJ/kg$　b）燃料油 $Q_d = 40200 kJ/kg$

c）焦炉煤气 $Q_d = 18210 kJ/m^3$　d）发生炉煤气 $Q_d = 5650 kJ/m^3$

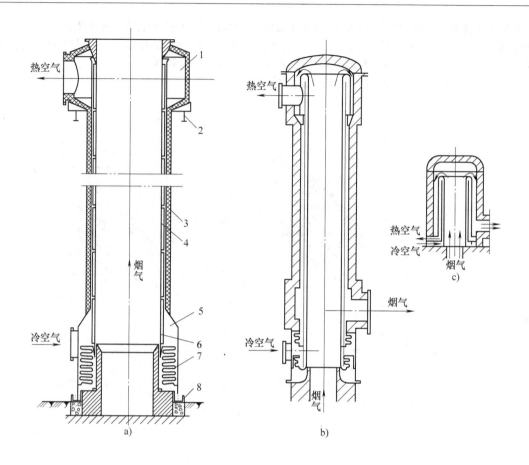

图 6-67　筒状预热器结构

a）带肋片单侧受热式　b）单行程双侧受热式　c）双行程双侧受热式

1—上集气箱　2—支架　3—外筒　4—内筒　5—下集气箱

6—肋片　7—膨胀节　8—砂封

筒状预热器适于在上排烟的炉子上使用，主要用以预热空气，也可预热净化的煤气。

6.4.2.2　管状预热器

管状预热器以对流传热为主，用来回收中、低温烟气余热。管壁厚度为 3～4mm，管子内径为 ϕ15～ϕ100mm。标态下空气流速取 10～15m/s，烟气流速取 2～4m/s，通常被预热气体在管内流动，烟气在管外流动，综合传热系数一般为 15～20W/(m^2·℃)，气体预热温度可达 500℃以上。

管状预热器的钢管多为圆管，有时也采用扁管，钢管中装入插入件或拢流件时可以加强热量传递。管状预热器分直管式、弯管式和 U 形管式三种，见图 6-68。

6.4.2.3　片状预热器

片状预热器用以回收中、低温烟气余热，并且多用来预热空气，空气预热温度达 300～500℃。预热器体由铸铁片状管组成，片状管壁厚 6～8mm。管外侧铸有肋片的称单侧片状管；管内外侧铸有肋片的称双侧片状管；肋片厚4mm。图 6-69 所示为片状管结构，其技术参数见表 6-47、表 6-48。

由于肋片增加了热交换面积，因此具有结构紧凑、单位体积传热面积大、传热量增多的优点。管内通空气，流速（标准状态）取 5～10m/s；管外侧通烟气，流速取 2～5m/s。片状管最好侧立以水平方式安装，并尽可能将整个预热器设置在地面以上的垂直烟道内。

6.4.2.4　喷流预热器

喷流预热器分管状和筒状两种。管状喷流预热器由两个同心圆管组成，外管为热交换管，烟气环绕外管流过。被预热气体从内管密集的小孔中以 20m/s 左右的高速度垂直喷向外管热交换面，在气流的冲击下使热交换面层流边界层紊流化，增加流体质点与热交换面的撞击，从而强化了对流传热。气体喷出速度越高，则表面传热系数越大。表面传热系数还与喷孔直径 d（$\phi4 \sim \phi6mm$）、喷射距离 h 及喷孔布置间距 l 有关。较大的喷孔直径、较小的喷射距离和喷孔布置间距，有利于提高表面传热系数。一般取 $h/d = 5.5 \sim 6$，$l/d = 7.5 \sim 8$，表面传热系数高达 $160 \sim 200W/(m^2 \cdot ℃)$，总传热系数达 $45 \sim 55W/(m^2 \cdot ℃)$。喷流预热器结构见图6-70。

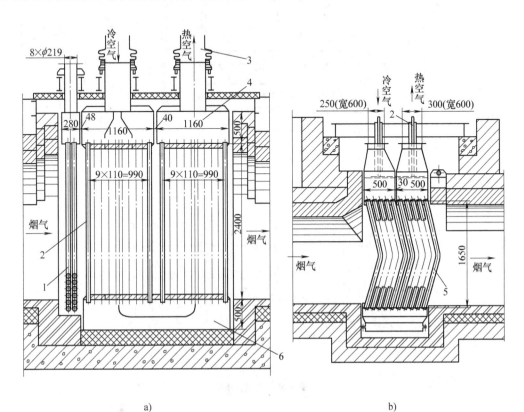

a)　　　　　　　　　　　　　　　　　b)

c)

图6-68　管状预热器结构

a) 直管式　b) 弯管式　c) U形管式

1—保护管组　2—直管　3—膨胀节　4—上集气箱　5—弯管　6—下集气箱　7—U形管

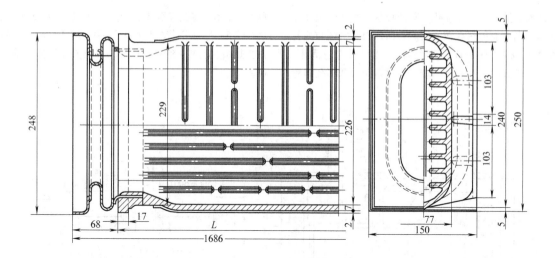

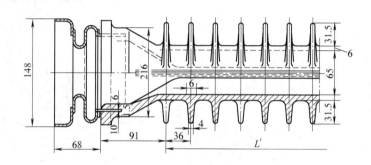

图 6-69 片状管结构

表 6-47 单侧片状管的技术参数

片状管规格或长度 L/mm	通道面积 /m²		换算直径 /mm		空气侧传热面积 /m²			烟气侧传热面积 A_y/ m²
	空气侧	烟气侧	空气侧	烟气侧	底部 A_{k2}	肋片 A_{k1}	总面积 A_k	
2042	0.0113	0.143	25.4	140	0.88	1.80	2.68	1.13
1550	0.0113	0.107	25.4	136	0.67	1.34	2.01	0.85
1107	0.0113	0.074	25.4	134	0.45	0.90	1.35	0.60

表 6-48 双侧片状管的技术参数

片状管规格	长度 /mm		通道面积 /m²		换算直径 /mm		空气侧传热面积 /m²			烟气侧传热面积 /m²		
	L	L'	空气侧	烟气侧	空气侧	烟气侧	底部 A_{k2}	肋片 A_{k1}	总面积 A_k	底部 A_{y2}	肋片 A_{y1}	总面积 A_y
2042	2042	1872	0.0113	0.126	25.4	51	0.88	1.80	2.68	0.95	1.57	2.52
1550	1550	1368	0.0113	0.094	25.4	51	0.67	1.34	2.01	0.72	1.15	1.87
1107	1107	936	0.0113	0.066	25.4	51	0.45	0.90	1.35	0.50	0.80	1.30

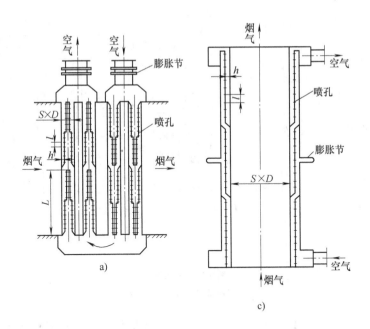

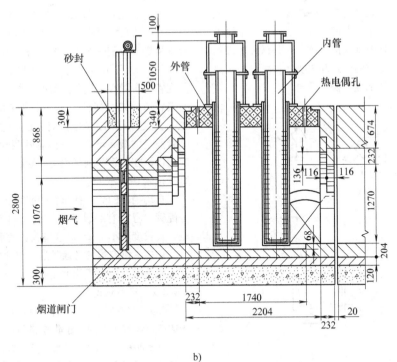

图6-70　喷流预热器结构

a）管状喷流预热器之一　b）管状喷流预热器之二　c）筒状喷流预热器

6.4.3　管道设计

热处理燃料炉所用管道主要是煤气管道、空气管道和燃油管道。

6.4.3.1　煤气管道

煤气管道分车间煤气管道和炉前煤气管道两部分。车间煤气管道负责车间范围内多台炉子或全部炉子所需煤气量的输送，一般均架空铺设，标高不低于

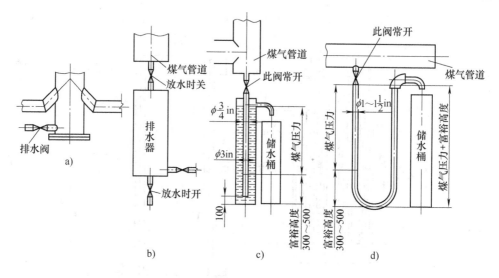

图 6-71　排水器
a)、b）定期排水　c）、d）连续排水

2m；炉前煤气管道负责一台炉子各个烧嘴所需煤气量的均量分配。车间煤气管道与炉前煤气管道相接处需设置两个闸阀，一个属车间煤气管道；另一个属炉前煤气管道。设置两个闸阀的目的：一是保证管道的严密性；二是便于管道的清理和维护。如所设闸阀离地面较高，还应设置单独的操作平台。

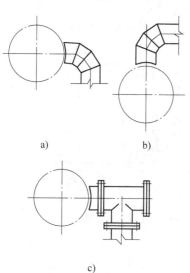

图 6-72　煤气支管引出方式
a）侧方引出　b）上方引出
c）侧方三通引出

煤气管道应采用流路最短、转弯、收缩、扩大、分流节点最少的方案。管道内煤气计算流速（标准状态）：对于高压冷煤气，取 8~12m/s；对于热煤气及低压煤气，取 5~7m/s。当管道长度大于 8~10m

时，应按煤气流动方向向前或向后倾斜 0.005 的坡度，并在管道低端装设排水器。常用的排水器有图 6-71 所示的几种形式。为防止管内积水，煤气支管应分别从煤气分配管的上方或侧方引出，见图 6-72。

图 6-73 所示为炉前低压煤气管道示意图。煤气分配管应布置在空气分配管的上方，以减少煤气渗入空气管道内的可能性，尤其必须考虑放散及吹扫措施。放散管的接出口位置应放在：①分配管的末端；②管段上的最高点；③炉前总管两闸阀之间的管段。吹扫口设在总管两闸阀中间的管段上，放散及吹扫管直径按表 6-49 选取。

自动控制的炉子在布置炉前管道时，应在总管或分配管上考虑有装设流量孔板或调节阀门的直线管段，其长度不小于 15 倍管道公称直径。带有预热器时，还应考虑有煤气旁通管道，以便检修预热器时打开旁通管道，使炉子能继续运行。

6.4.3.2　空气管道

热处理炉的供风方式有：单台炉子供风、多台炉子成组供风和全车间炉子集中供风。车间炉子数量很多、分布距离很远时，例如大于 100m，则不宜采用全车间集中供风方案。一般当总供风量大于 20000m³/h 时，应考虑成组供风或全车间集中供风。

炉前空气管道的布置要与煤气管道或燃油管道相一致，要保证每个烧嘴前空气压力一致并便于调节空气量。使用空气预热器的炉子，其炉前空气管道应设计有旁通管道，以便维修预热器时使炉子能在供送冷风的情况下继续运行。在空气分配管末端的最高点装设放散管，以便在每次停炉后及开炉前，将管道内可能积存的煤气空气混合物排出，以防爆炸事故发生。放散管出口高度不低于3m，为安全起见，有时还附设有防爆器。

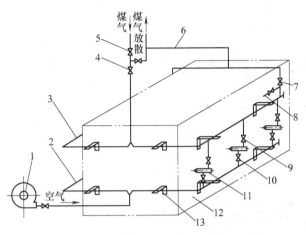

图6-73　炉前低压煤气管道示意图

1—风机　2—空气分配管　3—煤气分配管　4—总管第二煤气闸阀　5—总管第一煤气闸阀　6—放散管　7—放散阀　8—取样口　9—煤气阀　10—空气阀　11—烧嘴　12—炉体　13—管道支架

供风压力≥5kPa 的空气管道，管内空气流速（标态）按 8～12m/s 计算；供风压力 <5kPa 的空气管道，管内流速按 5～7m/s 计算。空气流速、流量计算图表见图 6-74。

空气管道可以铺设在地上或地下，但尽可能放在地面以上。铺设在地下时应放在地沟内，只有当管径及长度不大时可考虑埋入泥土中。管子顶部埋入深度大于 200～300mm，管道表面需涂以沥青或其他防锈漆。

集中供风时，最大供风量 V_{max} 按下式计算：

$$V_{max} = k\Sigma V \qquad (6-43)$$

式中　k——炉子同时工作系数，$k =$ 0.6～0.8；

　　　V——每台炉子所需空气量（m^3/h）。

风机额定风量应为管道最大供风量的 1.2～1.3 倍，风机风压应为管道阻力的 1.2～1.25 倍。当炉子所需风量不足离心风机额定风量之半时，需在管道中安装放风阀，以防风机出口不稳定所造成的"喘振"现象。

每组车间空气管道应备用一台风机。一班或二班操作的炉子，有可能利用二、三班停炉时间检修风机或炉子台数很少的供风系统，也可不备用风机。

表6-49　放散管及吹扫管直径　　　　　　　（单位：in）

管道长度 /m	管道公称直径 /mm							
	50～100		150～250		300～400		450～550	
	放散	吹扫	放散	吹扫	放散	吹扫	放散	吹扫
2	$\frac{3}{4}$	$\frac{1}{2}$	$\frac{3}{4}$	$\frac{1}{2}$	$1\frac{1}{4}$	$\frac{1}{2}$	$1\frac{1}{2}$	$\frac{1}{2}$
4	$\frac{3}{4}$	$\frac{1}{2}$	1	$\frac{1}{2}$	$1\frac{1}{2}$	$\frac{1}{2}$	2	$\frac{1}{2}$
6	$\frac{3}{4}$	$\frac{1}{2}$	1	$\frac{1}{2}$	2	$\frac{1}{2}$	$2\frac{1}{2}$	$\frac{1}{2}$
8	$\frac{3}{4}$	$\frac{1}{2}$	$1\frac{1}{2}$	$\frac{1}{2}$	$2\frac{1}{2}$	$\frac{1}{2}$	$2\frac{1}{2}$	1
10	$\frac{3}{4}$	$\frac{1}{2}$	$1\frac{1}{2}$	$\frac{1}{2}$	$2\frac{1}{2}$	$\frac{1}{2}$	$2\frac{1}{2}$	1
20	1	$\frac{1}{2}$	2	$\frac{1}{2}$	$2\frac{1}{2}$	$\frac{1}{2}$	4	1
40	$1\frac{1}{2}$	$\frac{1}{2}$	$2\frac{1}{2}$	$\frac{1}{2}$	3	1	4	$1\frac{1}{4}$
60	—	—	$2\frac{1}{2}$	1	3	$1\frac{1}{4}$	4	$1\frac{1}{4}$
80	—	—	—	—	—	—	4	$1\frac{1}{2}$
100	—	—	—	—	—	—	4	$1\frac{1}{2}$

注：吹扫时间约10min（粗线框内约20min）。放散时间约2min（粗线框内为5～15min）。

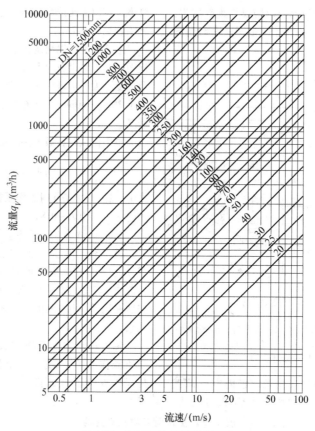

图 6-74　空气流速、流量计算图表

集中供风时,原则上应将风机安装在单独的风机室内,风机室尽可能布置在车间以外,并将风机吸风口用管道接至室外以便吸入新鲜空气。高压风机还应根据风机的频谱特性,在吸风口或出风口处装设合适的消声器。

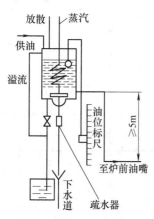

图 6-75　高位油箱供油示意图

6.4.3.3　燃油管道

燃油管道按供油方式分为高位油箱供油和液压泵供油两种。单台炉子、采用低压油嘴、供油量不多于50kg/h 时,可采用高位油箱供油方案,见图 6-75。该供油方案不能设计为循环系统,适用于以柴油为燃料的炉子。

目前广泛采用的是液压泵供油方案,需设计为循环系统,分以下三类:

1. 泵后回油循环系统(见图 6-76)　此类系统管路简单,当输油管道不长、炉子数量不多且操作不频繁时可考虑采用。但由于回油点距烧嘴较远,非循环管段长,管段内油温降低较多,因此对油量的稳定调节和保持油嘴的正常燃烧不利。

2. 炉前回油循环系统(见图 6-77)　该系统燃油管道较复杂,适于管道长、炉子规格大、操作较频繁时采用。由于回油点延长到油嘴前的支管处,因而非循环段大大缩短,改善了油量、油温的稳定性能。

3. 油嘴回油循环系统(见图 6-78)　该系统消除了一切非循环管段,油量、油温稳定,特别在间歇操作时,每次开炉免除了用蒸汽吹扫非循环管段的工序,而能随时点燃油嘴,对稳定炉子热工制度十分有利,但必须采用带回油口的烧嘴。

采用循环供油系统时,管道内油的循环量应按燃油最大耗量的 3~4 倍计算,管内油速取 0.1~1m/s。

表 6-50 为燃油流速、流量与管径的关系,不采用小于 1/2in 的管径。

油嘴与油嘴前阀门之间应留有带截止阀的蒸汽吹扫口,或在总管上集中留一个吹扫口,以便长期停炉时用以吹扫管内余油。

为了排放管内余油,燃油管道应铺设成向油罐方向有 5/1000 的坡度;在最低点设带阀门的排油口;在管道最高点设放空阀,排放余油时打开此阀。

炉子距供油点小于 20m 时,采用包扎隔热层的办法对管道进行保温;超过上述距离时,采用蒸汽伴热管或蒸汽套管进行保温,见图 6-79。伴热管或套管在一定长度的最低处设疏水器放水。管道长度为 250m 时,伴热管蒸汽耗量如下:

管径(in)　　　　　　　3/4　　1　　1 1/2

蒸汽耗量(kg/h)　　25　　30　　75

油嘴对燃料油洁净程度要求不高时,可只在液压泵前进行一次过滤;要求较高时,则需在液压泵前后各进行一次过滤,甚至在油嘴前再进行过滤。

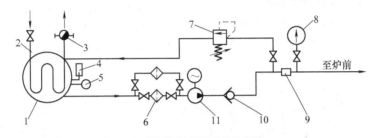

图 6-76　泵后回油循环系统示意图

1—油箱　2——次加热器　3—疏水器　4—油温表　5—油位表　6—过滤器
7—溢流阀　8—油压表　9—二次加热器　10—单向阀　11—液压泵

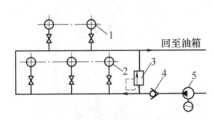

图 6-77　炉前回油循环系统示意图

1—上排油嘴　2—下排油嘴　3—溢流阀
4—单向阀　5—液压泵

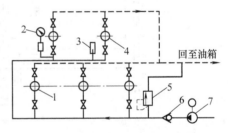

图 6-78　油嘴回油循环系统示意图

1—下排油嘴　2—油压表　3—油温表　4—上
排油嘴　5—溢流阀　6—单向阀　7—液压泵

表 6-50　燃油流速、流量与管径关系

燃油流速 /(m/s)	不同管径(in)时的燃料油流量/(m³/h)							
	1/2	3/4	1	1 1/4	1 1/2	2	2 1/2	3
0.1	0.07	0.126	0.21	0.36	0.48	0.80	1.31	1.83
0.2	0.14	0.252	0.42	0.72	0.95	1.60	2.62	3.66
0.3	0.21	0.378	0.62	1.08	1.43	2.39	3.92	5.50
0.4	0.28	0.504	0.82	1.44	1.90	3.18	5.23	7.33
0.5	0.35	0.630	1.03	1.80	2.38	3.98	6.54	9.16
0.6	0.42	0.756	1.24	2.16	2.85	4.78	7.84	10.99
0.7	0.49	0.882	1.44	2.52	3.33	5.57	9.15	12.82
0.8	0.56	1.010	1.65	2.88	3.80	6.37	10.46	14.66
0.9	0.63	1.130	1.85	3.24	4.28	7.16	11.76	16.49
1.0	0.70	1.260	2.06	3.60	4.75	7.96	13.07	18.32

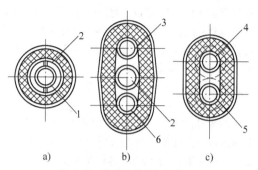

图 6-79　燃油管道保温方式
a）蒸汽套管方案　b）、c）蒸汽伴热管方案
1—油管　2—蒸汽管　3—进油管　4—回油管
5—油管（蒸汽管）　6—蒸汽管（油管）

6.4.4　炉用机械

6.4.4.1　炉口装置

炉口装置包括炉门、炉门导板或炉门压紧装置等。室式炉的炉门和炉门导板用铸铁制成；为了提高密封性能炉口导板带有 2°～3°的内倾角，导板与炉门上各带有楔形块，关炉门时依靠炉门自重及楔形块的锁闭作用将炉门压紧。图 6-80 所示为室式热处理炉炉口装置，其安装尺寸见表 6-51。

台车式热处理炉炉口装置，由钢制框架、铸铁镶边、耐火纤维衬层及炉门压紧装置组成，其结构见图 6-81 及图 6-82。

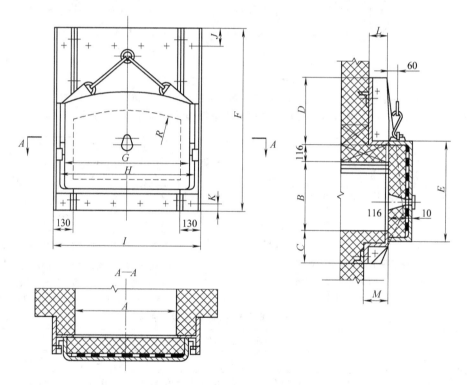

图 6-80　室式热处理炉炉口装置

表 6-51　室式热处理炉炉口装置安装尺寸　　　　（单位：mm）

序号	$A \times B$	R	C	D	E	F	G	H	I	J	K	L	M
1	464×325	696	200	380	535	1020	564	644	730	120	35	125	165
2	464×393	696	200	391	580	1100	564	644	730	150	35	80	124
3	580×408	812	200	401	600	1125	680	780	840	120	35	75	120
4	580×544	812	200	540	750	1400	680	780	840	150	35	75	131
5	696×439	1044	200	405	630	1160	820	900	970	120	40	80	146
6	696×628	928	336	520	830	1600	820	900	970	150	100	80	142
7	812×748	812	336	500	940	1700	920	1020	1090	150	100	80	140

（续）

序号	$A \times B$	R	C	D	E	F	G	H	I	J	K	L	M
8	812×612	812	336	486	820	1550	920	1020	1090	150	100	80	140
9	812×643	1044	336	605	850	1700	920	1020	1090	150	100	80	144
10	812×779	1044	336	569	980	1800	920	1020	1090	150	100	80	151

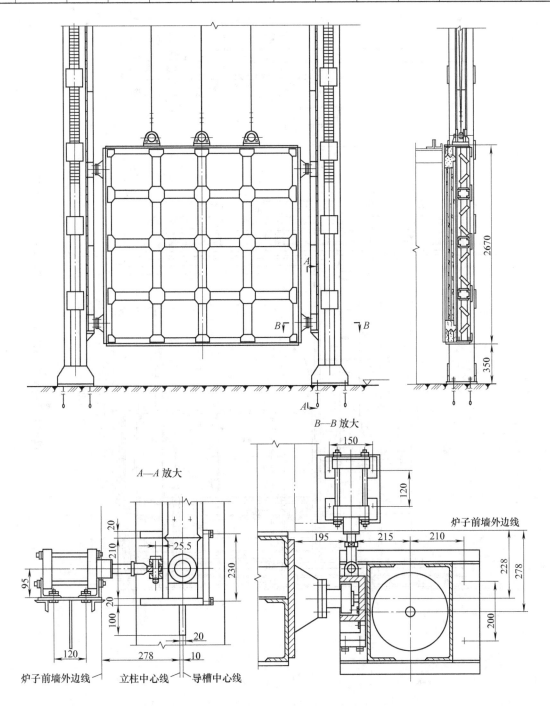

图 6-81　带直压式炉门压紧机构的台车式热处理炉炉口装置

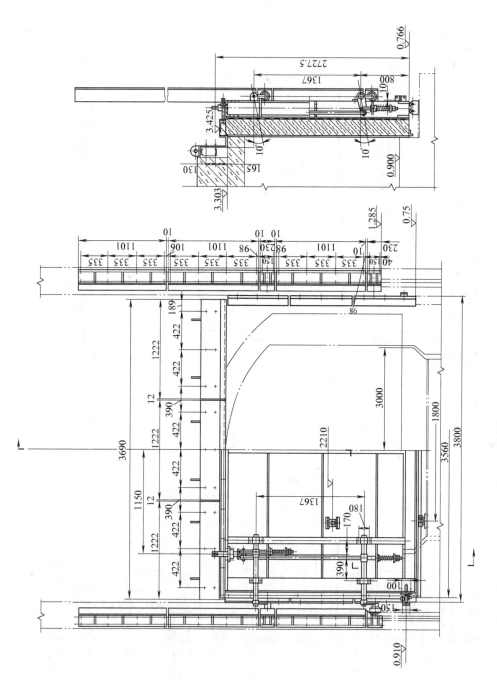

图 6-82 带弹簧式炉门压紧机构的台车式热处理炉炉口装置

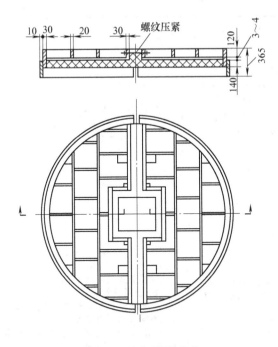

图 6-83　耐火纤维内衬焊接炉盖
井式炉炉口装置

井式炉炉口装置由炉盖、承载横梁、移动小车及炉口密封装置等组成。图 6-83 所示为耐火纤维内衬焊接炉盖炉口装置。

6.4.4.2　炉门升降机构

常用炉门升降机构分手动、电动和气动三种。手动炉门升降机构有扇形链轮杠杆式和链轮拉链式两类，前者用于升降 ≤200kg 的炉门，后者用于升降 ≥200kg 的炉门。

电动炉门升降机构用于升降各种中、大型的炉门，升降速度取 6～10m/min，也有高达 15m/min 的。

气动炉门升降机构常用于升降 1500kg 以下的炉门，升降速度取 6～8m/min，车间内有压缩空气气源时方可采用。

各种炉门升降机构的设计计算见表 6-52。

6.4.4.3　台车

台车是装载工件的活动炉底，是台车式热处理炉的主要组成部分。台车包括车架及行走机构两部分，行走机构多采用滚柱带式和车轮式两种结构，单位台车面积的装载量为 1.5～4t/m²。图 6-84 所示为滚柱带式热处理炉台车，图 6-85 所示为带有固定炉门的车轮式热处理炉台车。

表 6-52　炉门升降机构设计计算

序号	类别	传　动　简　图	计　算　内　容	说　　　明
1	手动杠杆式		推力 $F_1 \approx \dfrac{(\mu-1)RG}{L\cos\alpha}g$ 拉力 $F_2 = \dfrac{F_1}{\mu}$ 平衡锤重量必须满足下式 $G_1 = \dfrac{RG}{l\cos\alpha}$ g——重力加速度(m/s²) μ——扇轮综合阻力系数， $\mu = 1.05$	G 是炉门的重量(kg) 通常转角 α 不超过 30°
2	手动扇轮式		拉力 $F_1 = \dfrac{R_2}{R\sin\alpha}(\mu_1\mu_2 - 1)Gg$ 推力 $F_2 = \dfrac{F_1}{\mu_1\mu_2}$ $G_1 = G$	μ_1、μ_2 分别为轮 1 及轮 2 的综合阻力系数，$\mu_1 = \mu_2 = 1.05$

（续）

序号	类别	传 动 简 图	计 算 内 容	说 明
3	气动双组平衡		$F_1 = \dfrac{\mu_1\mu_2\left[(\mu_3+\mu_4)\mu_5-2\right]}{2\left[(\mu_3+\mu_4)\mu_5-\mu_1\mu_2\right]}Gg$ $G_1+G_2=G$ 当 $\mu_1=\mu_2=\mu_3=\mu_4=\mu_5=\mu$ 时 $F_1=(\mu^2-1)Gg$ $F_2=\dfrac{F_1}{\mu_2}$ $G_2 \geqslant F_2$	该形式适用于较大的炉门 常取 $G_1=(0.7\sim0.8)G$ $G_2=(0.3\sim0.2)G$
4	电动100%平衡 / 单组平衡		主动轮的驱动力（即圆周力） 开门时　$F_1=(\mu_1\mu_2-1)Gg$ 关门时　$F_2=\dfrac{F_1}{\mu_1\mu_2}$ （$G_1=G$）	该形式为电动炉门传动的基本形式,适用于中等尺寸的炉门 驱动轮1为带齿的,与轮2(无齿)不同,但两个轮2是一样的 μ_1、μ_2——为轮1、轮2的综合阻力系数
5			主动轮的驱动力（圆周力） 开门时　$F_1=(\mu_1\mu_2-1)Gg$ $\left(G_1=G_2=\dfrac{1}{2}G\right)$ 关门时　$F_2=\dfrac{F_1}{\mu_1\mu_2}$	该形式适于尺寸较大的炉门 由驱动力的结果看,四个轮2与一个轮2一样,因滑轮个数与柔性件垂直段张力成反比
6	电动100%平衡 / 双组平衡		$2G_1+G_2=G$,一般取 $2G_1=0.8G$ $\qquad G_2=0.2G$ 开门时 $F_1=\left(G-\dfrac{2G_1}{\mu_1\mu_2}-\dfrac{G_2}{\mu_3\mu_4}\right)\mu_3\mu_4 g$ 当 $\mu_1=\mu_2=\mu_3=\mu_4=\mu$ 时 开门时　$F_1=(\mu^2-1)Gg$ 关门时　$F_2=\dfrac{F_1}{\mu^2}$	用于尺寸及重量较大的炉门,提升力因 G_1 及 G_2 的不同而变化,但在 $2G_1+G_2=G$ 的条件下变化甚微而忽略不计
7			$2G_1+G_2=G$,一般取 $2G_1=0.8G$ $\qquad G_2=0.2G$ 开门时 $F_1=\left(G-\dfrac{2G_1}{\mu_1\mu_2}-\dfrac{G_2}{\mu_3\mu_4\mu_5\mu_6}\right)$ $\qquad \times\mu_3\mu_4\mu_5 g$ 当 $\mu_1=\mu_2=\mu_3=\mu_4=\mu_5=\mu_6=\mu$ 时, $F_1=\left(\mu^3 G-2G_1\mu-\dfrac{G_2}{\mu}\right)g$	用于尺寸及重量较大的炉门,提升力因 G_1 及 G_2 的不同而变化,但在 $2G_1+G_2=G$ 的条件下变化甚微而忽略不计,因传动机构置于地面或地坑内,维修较方便,但传动效率约降低 $10\%\sim15\%$

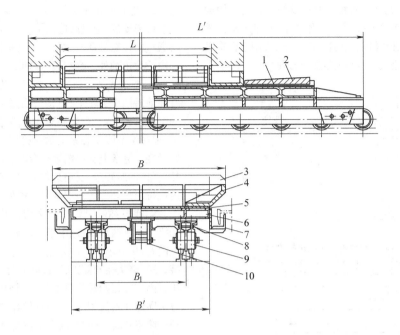

图6-84 滚柱带式热处理炉台车

1—石棉板 2—炉门托板 3—耐火砌体 4—边框 5—车面钢板 6—车架
7—砂封槽 8—承托钢轨 9—滚柱带 10—传动销齿条

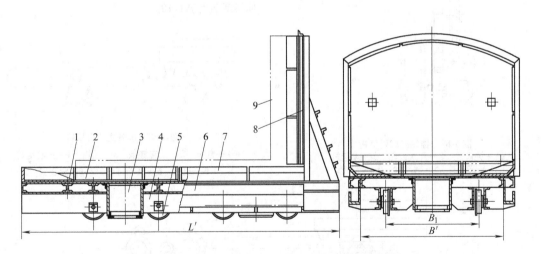

图6-85 带有固定炉门的车轮式热处理炉台车

1—车架 2—车面钢板 3—排烟口 4—承托纵梁 5—车轮 6—砂封槽
7—边框 8—炉门 9—耐火砌体

滚柱带式行走机构能承受重载荷,运行平稳,适用于炉温1200℃以下的热处理炉;缺点是:炉内氧化皮易掉入钢轨间隙内,需经常清理。车轮式行走机构耗用金属材料少,台车在炉外的移动行程可以很长;缺点是承载能力较低,耐高温性能差,多应用于炉温不超过1000℃的热处理炉。

6.4.4.4 台车牵引机构

台车牵引机构是用于将热处理炉台车拉入或拉出炉外的专用机构,一般布置在炉前地坑内。牵引机构要装有可靠的行程限位装置,最好与炉门升降机构联锁控制。常用的台车牵引机构有以下几种形式。

1. 桥式起重机式牵引机构 利用车间内桥式起

重机,通过炉前远处的动臂外滑轮及炉口处的内滑轮用钢丝绳将台车拉入炉内或拉出炉外,见图6-86。该机构结构简单,但操作麻烦且不够安全,仅用于台车进出炉次数不频繁或作为临时性工作设施。

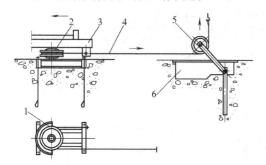

图6-86　桥式起重机式牵引机构
1—防脱槽装置　2—内滑轮　3—台车　4—钢丝绳
5—动臂外滑轮　6—地坑

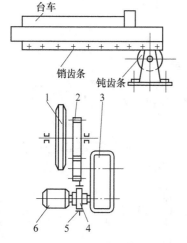

图6-87　钝轮式牵引机构
1—钝齿轮　2—开式齿轮　3—减速机
4—联轴器　5—制动器　6—电动机

2. 钝轮式牵引机构　钝轮式牵引机构见图6-87。电动机起动后,通过减速机带动钝齿轮缓慢传动,然后再通过钝齿轮带动与之啮合的台车销齿条将台车拉入炉内或拉出炉外。台车运行速度取 8~10m/min。

3. 链条式牵引机构　牵引机构由一根封闭链条绕在前后两个链轮上,电动机通过传动机构带动其中一个主链轮;另一个为从动链轮,装在张紧装置的支架上,通过调节张紧装置上的螺栓可保持链条有适当的张紧度。链条上支用销轴与台车头部下伸的拉板相连接,当传动装置正、反向运转时,链条即将台车拉入炉内或拉出炉外。链条式牵引机构见图6-88。

4. 钢丝绳牵引机构　牵引机构由张紧滑轮及卷扬机传动机构组成,适用于台车牵引行程较长的炉子,见图6-89。钢丝绳上支的一端与台车下部的拉板相接,另一端绕在卷筒正转方向的顶面槽内,并用螺钉及压板固定在起始螺旋槽的端部;钢丝绳的下支用同样方法固定在卷筒相反一面的对称位置处。当电动机带动卷筒正转时,钢丝绳的上支被卷筒收卷,下支则被释放,此时台车被拉出炉外;反之,台车则被拉入炉内。由张紧滑轮至卷筒间钢丝绳的偏斜度不能太大,对于平滑卷筒,偏斜度不大于1:40,对于带螺旋槽的卷筒,偏斜度不大于1:10。

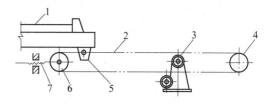

图6-88　链条式牵引机构
1—台车　2—上支链条　3—托轮　4—主动链轮
5—拉板　6—从动链轮　7—张紧装置

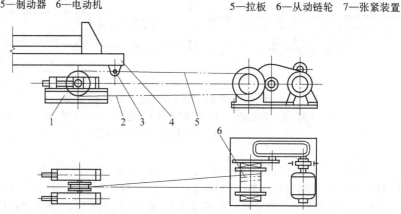

图6-89　钢丝绳牵引机构
1—张紧装置　2—钢丝绳下支　3—拉板　4—台车
5—钢丝绳上支　6—卷筒

5. 自行式牵引机构 传动机构安装在台车头部的车架上，由电缆供电起动传动机构，然后通过链条带动车轮运行。该牵引机构见图6-90。

自行式牵引机构不占用车间面积，不需铺设地坑，制作容易。缺点是电缆须跟随台车在炉前拖动不安全，牵引力不能大于车轮的摩擦力。该机构适用于炉温较低、载荷量不太大、炉前密封情况良好的台车式热处理炉。

6.4.4.5 推拉料机

推拉料机是连续式炉的专用机械。推料机布置在炉子进料端，用以将工件或料盘推入炉内加热；拉料机布置在炉子出料端的端部或侧面，用以将加热完的工件或料盘拉出炉外。

推拉料机可以用电动机、气缸或液压缸驱动，在推拉料机上应设有行程限位及超载保护装置，以利安全运行。

常用的推拉料机有以下几种类型。

1. 曲柄连杆式推拉料机 该推拉料机多用电动机驱动，也有用气缸或液压缸驱动的，适于推拉装于料盘中的中小零件。图6-91所示为电动机传动的曲柄连杆式推料机，推料行程为340mm，推送速度为6m/min。

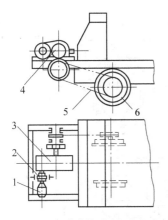

图6-90 直齿轮减速机自行式牵引机构
1—电动机 2—联轴器及制动器 3—减速机
4—开式齿轮 5—传动链条
6—主动车轮

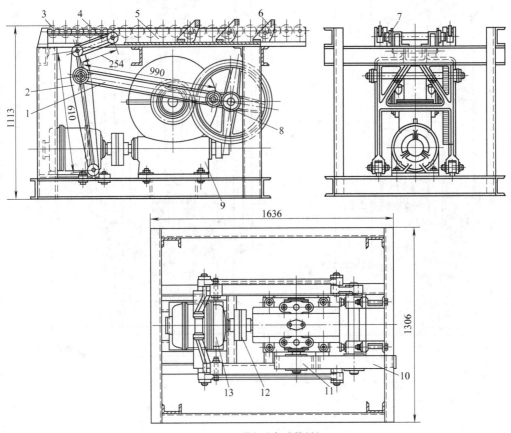

图6-91 曲柄连杆式推料机
1—连杆(2个) 2—主摇杆 3—滚轮 4—中间连杆 5—移动架 6—推头(3对) 7—车轮(4个)
8—曲柄(2个) 9—减速机 10、11—开式齿轮 12—联轴器 13—电动机

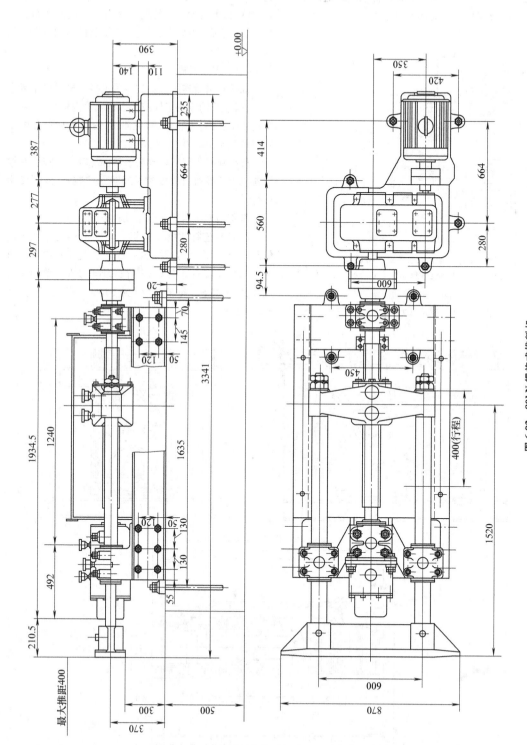

图 6-92　80kN 螺旋式推料机

注：推料速度为 3.6m/min，行程为 400mm，功率为 7.5kW。

2. 螺旋式推料机　该推料机具有结构简单、布置紧凑、造价较低等优点,适用于推送较重、较大的炉料,推送行程为 1~2m,推送速度为 2~4m/min。图 6-92 所示为 80kN 螺旋式推料机。其缺点是传动效率较低,工作时推杆有振动且推送速度受到一定限制。

3. 气动、液压推料机　图 6-93 所示气动推料机的推力分别为 43kN 和 80kN,括弧内数字为 80kN 推料机的技术数据。推料行程为 400mm,气缸直径为 φ340(φ450)mm,压缩空气压力为 0.5~0.6MPa,工作台有效宽度为 900mm,设备重量为 796kg(1371kg)。图 6-94 所示为气动推料机构,可根据推力和行程确定杠杆比。

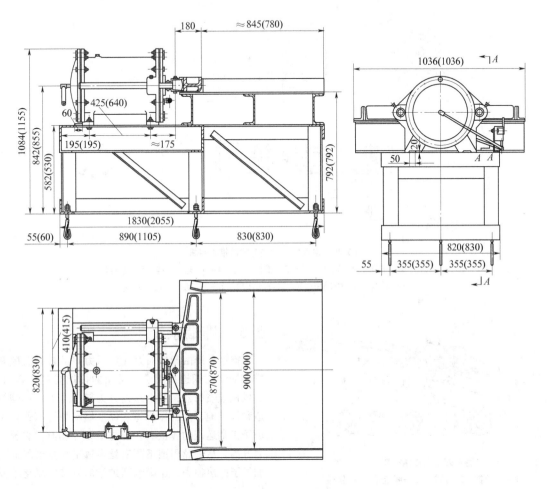

图 6-93　43kN(80kN)气动推料机

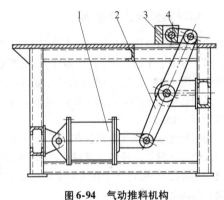

图 6-94　气动推料机构

1—气缸　2—杠杆　3—推杆　4—连杆

4. 开式链推拉料机　图 6-95 为电动机传动的开式链推拉料机。电动机通过减速机、链传动、带动主链轮和开式滚轮链运动,从而使装在开式滚轮链端部的推拉料头完成推料或拉料动作。图 6-96 所示为该机构的单面推拉料头。拉钩作拉料用,挂钩时头部的斜面 B 碰到料盘的圆把或边框上,产生一个向上的分力,迫使钩头抬起,当拉钩走过料盘边框之后便因自重而落在料盘上实现自动挂钩。推料时,将装在压杆尾部的活动销推入脱钩板的下工作面,见图 6-97。此时,压杆上的固定销将迫使拉钩的钩头抬起,当推拉料头后退时便完成脱钩动作。

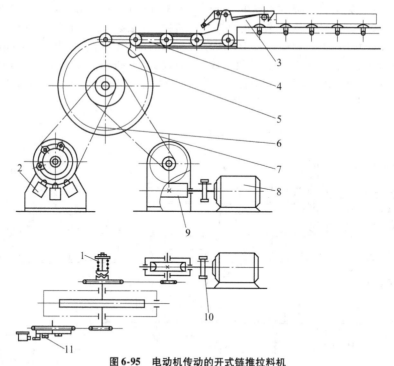

图 6-95　电动机传动的开式链推拉料机

1—爪式安全离合器　2—行程开关　3—推拉料头　4—开式滚轮链　5—主链轮
6、7—传动链　8—电动机　9—蜗杆减速机　10—制动器　11—碰块

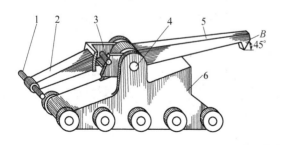

图 6-96　单面推拉料头

1—活动销　2—压杆　3—固定销　4—销轴
5—拉钩　6—推头

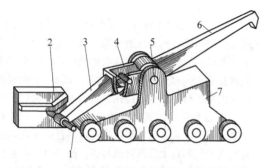

图 6-97　单面推拉料头脱钩状态

1—活动销　2—脱钩板　3—压杆　4—固定销
5—销轴　6—拉钩　7—推头

6.5　排烟系统

排烟系统由产生抽力（负压力）的排烟装置和排送烟气的烟道所组成。常用的排烟装置有烟囱、引风机或喷射器，而烟道则分为架于地上的排烟管道和设于地下的砖体烟道。保证燃料炉排烟通畅是炉子正常运行的先决条件，排烟不通畅时，炉膛压力升高，从炉膛周围不严密处会逸出大量烟气而增加炉子的热损失，还影响到炉温的调节并恶化了操作环境。

6.5.1　烟道布置及设计要点

由炉子烟道出口至烟囱进口的一段烟道称为车间烟道，通常是铺设于地下的、用于多台炉子排烟的烟道系统，如图 6-98 所示。一组多台炉子组成的排烟系统，其烟道总长度不宜超过 100m，包含炉子台数不宜多于 10~15 台。

不同的热处理炉应尽量布置在不同的分烟道上，例如井式炉与一般热处理炉区别较大，应单独使用一个烟囱。不得已时，应将几个井式炉布置在靠近烟囱的一组分烟道上。

烟道内层用耐火砖砌筑，外层用红砖砌筑。烟道

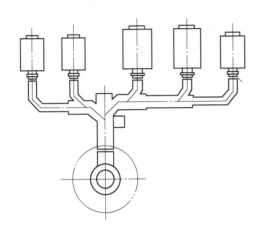

图 6-98　车间烟道布置

底部与基础的接触面多砌以硅藻土砖,以降低基础表面温度,但硅藻土砖要防止与土壤直接接触。车间烟道原则上不设烟道检查口,煤炉烟道或比较长的车间烟道,可在烟道中段适当地方设一个检查口,以备操作人员进入烟道清灰或检修。

烟道通过厂房柱基时,烟道外壁距柱基表面应留有一定距离,一般采用下列数据:

烟气温度(℃)	700 ~ 800	500 ~ 600	300 ~ 400	<200
距离(m)	≥0.5	≥0.4	≥0.2	0.1

车间烟道与炉子烟道及烟囱接口处需留出沉陷缝,缝宽 10 ~ 20mm,烟道截面尺寸不小于 464mm ×

572mm(宽×高)。

上排烟的炉子多为一台炉子自用一个烟囱,因而一般不构成排烟系统。

6.5.2　烟道阻力计算

6.5.2.1　烟气流量

计算烟气流量时,必须考虑冷空气吸入量及车间炉子同时工作系数。通过一个烟道闸门的冷空气吸入量约为炉内烟气量的 20% ~ 30%,通过一个烟道检查口的冷空气吸入量约为炉内烟气量的 10% ~ 20%。炉子附近处取低限,烟囱附近处取高限。

炉子同时工作系数与同组烟道所含炉子台数有关。含 3 ~ 5 台炉子时,同时工作系数取 0.7 ~ 0.75;含 6 ~ 8 台炉子时,取 0.6 ~ 0.7;含 8 ~ 10 台炉子时,取 0.55 ~ 0.6。

烟道内烟气流速采用下列数据:

烟气温度/(℃)	700 ~ 800	500 ~ 700	400 ~ 500	<400
标准状态下烟气流速/(m/s)	1.4 ~ 1.2	1.7 ~ 1.4	2.5 ~ 1.7	3.5 ~ 2.5

6.5.2.2　烟道阻力

计算烟道阻力时,要选择烟道系统布置图中阻力最大的一条流路,按表 6-53 计算。为便于计算,标准状态下烟气流量单位以 m^3/s 表示;烟气流速单位以 m/s 表示。

表 6-53　烟道阻力计算表格式

序号	分段名称 计算项目	支烟道	分烟道 1	分烟道 2	……总烟道
1	烟道长度 L/m				
2	烟道截面 A/m^2				
3	烟道换算直径 D/m				
4	分烟道烟气流量($q_v = K\Sigma q_v + \Delta V\Sigma \Delta q_v$)/($m^3/s$) 总烟道烟气流量($q_v =$ 各分烟道烟气流量 + 吸入空气量)/(m^3/s)				
5	烟气流速($v = q_{v1}/A$)/(m/s)				
6	烟道始端烟气温度$\left(t_h = \dfrac{c_1 V_1 t_1 + c_2 V_2 t_2}{c_1 V_1 + c_2 V_2}\right)$/℃				
7	烟道末端烟气温度($t = t_h - L\Delta t$)/℃ Δt—每米烟道烟气温降(℃/m)				
8	烟道内烟气平均温度$\left[t_p = \dfrac{1}{2}(t_h + t)\right]$/℃				

（续）

序号	计算项目 ＼ 分段名称	支烟道	分烟道1	分烟道2	……总烟道
9	t℃时烟气动压$\left[h_d = \dfrac{\omega^2 \rho}{2}\left(1 + \dfrac{t_p}{273}\right)\right]$/Pa				
10	几何压力$[h_{ji} = \Delta H(\rho_k - \rho_y)g]$ /Pa ρ_k、ρ_y——空气及烟气密度（kg/m³） ΔH——烟道中心高度差（m） g——重力加速度，$g = 9.8$（m/s²）				
11	局部阻力示意图				
12	阻力系数总计$\Sigma\xi$				
13	局部阻力（$h_j = \Sigma\xi h_d$ ）/Pa				
14	摩擦阻力$\left(h_m = \lambda\dfrac{L}{D}h_d\right)$/Pa λ——摩擦阻力系数 = 0.05				
15	各分段阻力之和（10 + 13 + 14）/Pa				
	烟道阻力（总压力损失）/Pa				

注：烟道中心高度差不大时，几何压力损失可忽略不计。式中，K为炉子同时工作系数；ΔV为空气吸入系数；Σq_v为各支烟道烟气量 = $\Sigma K q_{vy} + \Sigma \Delta q_v$（m³/s）；$q_{vy}$——炉内烟气量（m³/s）；$\Delta q_v$为冷空气吸入量（m³/s）；$V_1$、$V_2$为两种气体的体积（m³/s）；$c_1$、$c_2$为两种气体的比热容〔kJ/（m³·℃）〕；$t_1$、$t_2$为两种气体混合前温度（℃）；$t_h$为两种气体混合后温度（℃）；$\Delta t$为每米烟道烟气温降 = 3~6℃；$\xi$为局部阻力系数（查本卷表15-54）。

6.5.2.3　烟道截面尺寸

根据烟气流量及车间地面负荷，确定烟道截面尺寸。图6-99所示为地面负荷等于3t/m² 及5t/m² 时烟道截面图，表6-54及表6-55为烟道截面尺寸及材料用量。

表6-54　3t/m² 烟道截面尺寸及材料用量表

通道尺寸 /mm		外廓尺寸 /mm				砌砖尺寸 /mm				每米烟道材料用量（不包括砂浆）							
W	H	W_1	W_2	H_1	H_2	A	B	C	D	硅藻土砖 /m³	各种砖号的耐火粘土砖（块）					红砖 /m³	C10混凝土 /m³
											T-3	T-43	T-42	T-23	T-22		
464	572	—	—	—	—	—	—	—	—	—	—	—	—	—	—	—	—
580	698	1292	1500	1054	422	116	240	240	150	0.08	100	—	—	9	76	0.80	0.23
696	824	1408	1650	1180	422	116	240	240	150	0.10	117	—	—	36	63	0.86	0.25
812	950	1524	1750	1306	422	116	240	240	150	0.12	153	—	—	54	54	0.92	0.26
928	1076	1640	1850	1432	422	116	240	240	150	0.13	171	—	—	85	36	1.05	0.28
1044	1202	1756	2100	1558	472	116	240	240	200	0.15	189	—	—	104	32	1.12	0.42
1044	1474	2006	2300	1830	472	116	365	240	200	0.15	225	—	—	104	32	1.61	0.47
1160	1600	2354	2650	2072	472	232	365	240	200	0.16	396	36	306	—	—	1.81	0.54
1276	1726	2720	3050	2198	472	232	490	240	200	0.18	423	90	280	—	—	2.5	0.61
1392	1920	2836	3150	2517	472	232	490	365	200	0.20	468	135	261	—	—	3.05	0.64
1508	2046	2952	3250	2643	522	232	490	365	250	0.21	495	180	234	—	—	3.14	0.85
1624	2172	3068	3500	2769	522	232	490	365	250	0.23	530	234	208	—	—	3.4	0.88
1740	2366	3184	3500	2963	522	232	490	365	250	0.25	567	288	180	—	—	3.6	0.91
1856	2560	3550	3750	3157	522	232	615	365	250	0.26	605	324	171	—	—	4.10	1.00
1972	2686	3666	3950	3283	522	232	615	365	250	0.28	639	380	136	—	—	4.59	1.03
2204	2938	3898	4200	3660	572	232	615	490	300	0.31	693	476	90	—	—	5.35	1.26
2436	3258	4130	4400	3980	572	232	615	490	300	0.34	765	576	36	—	—	5.78	1.32
2668	3578	4362	4650	4300	572	232	615	490	300	0.38	837	656	—	—	—	6.21	1.4
2900	3830	4594	4900	4552	572	232	615	490	300	0.41	945	656	—	—	—	6.65	1.47

表 6-55 5t/m² 烟道截面尺寸及材料用量表

通道尺寸 /mm		外廓尺寸 /mm				砌砖尺寸 /mm				每米烟道材料用量（不包括砂浆）								
										硅藻土砖 /m³	各种砖号的耐火粘土砖（块）					红砖 /m³	C10混凝土 /m³
W	H	W_1	W_2	H_1	H_2	A	B	C	D		T-3	T-43	T-46	T-23	T-22		
464	572	—	—	—	—	—	—	—	—	—	—	—	—	—	—	—	0.23
580	698	1292	1500	1054	422	116	240	240	150	0.08	100	—	—	9	76	0.80	0.23
696	824	1658	1900	1505	422	116	365	365	150	0.10	117	—	—	36	63	1.40	0.29
812	950	1774	2000	1431	422	116	365	365	150	0.12	153	—	—	54	54	1.50	0.30
928	1076	1890	2100	1557	422	116	365	365	150	0.13	171	—	—	85	36	1.6	0.32
1044	1202	2006	2300	1683	472	116	365	365	200	0.15	189	—	—	104	32	1.75	0.47
1044	1474	2256	2550	1955	472	116	490	365	200	0.15	225	—	—	104	32	2.4	0.52
1160	1600	2604	2900	2322	472	232	490	490	200	0.16	396	36	306	—	—	3.05	0.59
1276	1726	2720	3050	2448	472	232	490	490	200	0.18	423	90	280	—	—	3.05	0.61
1392	1920	3086	3400	2642	472	232	615	490	200	0.20	468	135	261	—	—	4.0	0.69
1508	2046	3202	3500	2768	522	232	615	490	250	0.21	495	180	234	—	—	4.15	0.89
1624	2172	3318	3500	2894	522	232	615	490	250	0.23	530	234	171	—	—	4.35	0.95
1740	2366	3434	3750	3088	522	232	615	490	250	0.25	567	288	180	—	—	4.5	0.98
1856	2560	3550	3750	3282	522	232	615	490	250	0.26	605	324	162	—	—	4.8	1.00
1972	2686	3666	3950	3408	522	232	615	490	250	0.28	639	380	136	—	—	5.1	1.03
2204	2938	3898	4200	3785	572	232	615	615	300	0.31	693	476	90	—	—	5.88	1.26
2436	3258	4130	4400	4105	572	232	615	615	300	0.34	765	576	36	—	—	6.23	1.32
2668	3578	4362	4650	4425	572	232	615	615	300	0.38	837	656	—	—	—	6.69	1.4
2900	3830	4594	4900	4677	572	232	615	615	300	0.41	945	656	—	—	—	8.0	1.47

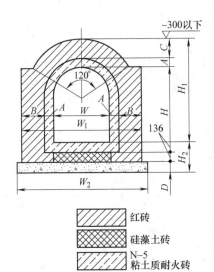

图 6-99 地面负荷为 3t/m² 及 5t/m² 烟道截面图

6.5.2.4 计算举例

例题 某热处理车间地下烟道平面布置见图 6-98，烟道中心高度近似相等，炉子的各项计算参数分列于表 6-56，试计算烟道阻力。

表 6-56 炉子的各项计算参数

炉号	1	2	3	4	5
炉子烟气量/ (m³/s)	0.35	0.5	0.7	0.4	0.4
闸门前烟气温度/℃	650	650	600	650	650
烟道截面尺寸 (长×宽)/mm	464× 572	580× 698	580× 698	464× 572	464× 572
炉子排烟阻力/Pa	60	60	60	60	60

解：选择炉1、炉2、炉3一侧烟道区段计算，预定分烟道1、2、3及总烟道的截面尺寸（mm）分别为：696×824、928×1076、696×824 及 1044×1474。烟道阻力计算值列于表 6-57。

表 6-57　烟道阻力计算数值表

序号	分段名称　计算项目	支烟道	分烟道 1	分烟道 2	分烟道 3	总烟道
1	烟道长度 L/m	10	8	6	6	8
2	烟道截面 A/m^2	0.25	0.51	0.91	0.51	1.43
3	烟道换算直径 D/m	0.52	0.75	1	0.75	1.24
4	分烟道烟气流量 $(q_v=K\Sigma q_v+\Delta V\Sigma\Delta q_v)/(m^3/s)$ 总烟道烟气流量 $(q_v=$ 各分烟道烟气量+吸入空气量)/(m³/s)	同时工作系数 $K=0.7$ 空气吸入系数 $\Delta V=0.3$ $q_{v1}=0.7\times0.35+0.3\times0.3\times0.35=0.35$	$0.7(0.5+0.35)+0.3(0.5\times0.7+0.35)=0.85$	$0.7(0.35+0.5+0.7)+0.3(0.5\times0.7+0.4+0.7)=1.4$	$0.7(0.4+0.35+0.5+0.7+0.4)+0.3(0.4+0.4+0.4)=0.8$	$1.4+0.8+0.25(0.35+0.5+0.7+0.4+0.4)=2.7875$
5	烟气流速 $\left(v=\dfrac{q_{v1}}{A}\right)/(m/s)$	$\dfrac{0.35}{0.25}=1.4$	$\dfrac{0.85}{0.51}=1.67$	$\dfrac{1.4}{0.91}=1.54$	$\dfrac{0.8}{0.51}=1.57$	$\dfrac{2.79}{1.43}=1.95$
6	烟道始端烟气温度 $\left(t_h=\dfrac{c_1 V_1 t_1+c_2 V_2 t_2}{c_1 V_1+c_2 V_2}\right)/°C$	$V_1=0.7\times0.35=0.245$ $\dfrac{1.51\times0.245\times650+134\times0.105\times20}{1.51\times0.245+1.34\times0.105}=476$	458[1]	433[2]	475	434
7	烟道末端烟气温度 $(t=t_h-$ 烟道温降$)/°C$	$476-10\times2.5=451$	$458-8\times2.3=440$	$433-6\times24=420$	449	温降 8.3°C $434-8\times8.3=368$
8	烟道内平均温度 $\left[t_p=\dfrac{1}{2}(t_h+t)\right]/°C$	$\dfrac{1}{2}(476+451)=464$	449	427	462	401
9	$t°C$ 时烟气动压 $\left[h_d=\dfrac{\omega^2\rho}{2}\left(1+\dfrac{t_p}{273}\right)\right]/Pa$	$\dfrac{1.4^2}{2}\times1.32\left(1+\dfrac{464}{273}\right)=3.492$	4.752	4.891	—	6.007
10	几何压力(略)					

（续）

序号	分段名称 计算项目	支烟道	分烟道1	分烟道2	分烟道3	总烟道
11	局部阻力示意图	ξ=0.32 ξ=0.25 ξ=0.2	ξ=0.5	ξ=0.76	ξ=0.5	ξ=0.65 ξ=0.85
12	阻力系数总计 Σξ	0.57	0.7	0.76	0.5	2
13	局部阻力/Pa	0.57×3.492=1.99	3.326	3.717		12.01
14	摩擦阻力 $\left(h_{\mathrm{m}}=\lambda\dfrac{L}{D}h_{\mathrm{d}}\right)$/Pa	$0.05\times\dfrac{10}{0.52}\times3.492=3.358$	2.534	1.467		1.938
15	各分段阻力之和/Pa	1.99+3.358=5.348	5.86	5.184		13.948
16	烟道阻力/Pa	5.348+5.86+5.184+13.948=30.34				

排烟总阻力（烟囱所需抽力）= 60+30.34=90.34Pa

① 2号炉支烟道至分烟道1处烟气温度 t 计算：

$V_1=0.7\times0.5$m/s$=0.35$m/s，吸入空气量 0.3×0.5m³/s$=0.15$m³/s，支烟道长4m，每米烟道烟气温降3.7℃，

则

$$t=\left(\frac{1.51\times0.35\times650+1.34\times0.15\times20}{1.5\times0.35+1.34\times0.15}-4\times3.7\right)℃=462℃$$

分烟道混合温度 t_{h} 计算：

2号炉支烟道至分烟道1处吸入空气后的烟气量 $=(0.35+0.15)$m³/s$=0.5$m³/s

1号炉支烟道至分烟道1处吸入空气后的烟气量 $=0.35$m³/s

则

$$t_{\mathrm{h}}=\left(\frac{1.46\times0.5\times462+1.46\times0.35\times451}{1.46\times0.5+1.46\times0.35}\right)℃=458℃$$

② 3号炉支烟道至分烟道2处烟气温度 t 计算：

$V_1=0.7\times0.7$m/s$=0.49$m/s，吸入空气量 0.3×0.7m³/s$=0.21$m³/s，支烟道长4m，每米烟道烟气温降3.4℃，

则

$$t=\left(\frac{1.49\times0.49\times600+1.34\times0.21\times20}{1.49\times0.49+1.34\times0.21}-4\times3.4\right)℃=425℃$$

分烟道混合温度 t_{h} 计算：

3号炉支烟道至分烟道2处吸入空气后的烟气量 $=(0.49+0.21)$m³/s$=0.7$m³/s，分烟道1烟气量$=0.85$m³/s。

则

$$t_{\mathrm{h}}=\left(\frac{1.46\times0.7\times425+1.46\times0.85\times440}{1.46\times0.7+1.46\times0.85}\right)℃=433℃$$

6.5.3　烟囱设计

6.5.3.1　排烟方式

炉子排烟方式分自然排烟和机械排烟两类。自然排烟是由排送烟气的烟道和产生抽力的烟囱组成。机械排烟是将烟道或排烟管道直接与引风机吸风口相接，利用引风机的吸力将烟气排入大气，如图6-100所示；或者在排烟系统的某一部位装设一个喷射器，利用喷射器喷出高速气流所产生的负压将烟气排入大气。喷射器的排烟效率低于引风机，但能排放温度高的烟气。

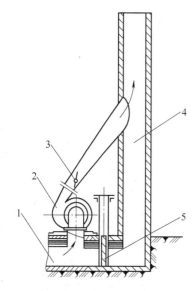

图 6-100　引风机排烟示意图
1—烟道　2—引风机　3—调节阀
4—烟囱　5—烟道闸门

炉子排烟阻力小于 500 ~ 600Pa 时，一般采用自然排烟方式，即选用固定式烟囱。自然排烟不消耗动力，操作管理简便，排烟温度不受限制，虽然一次投资较高，但无经常性维修费用。

固定式烟囱分砖烟囱、钢筋混凝土烟囱和钢板烟囱三种。烟囱直径 $\leqslant \phi 0.7m$ 时采用钢板烟囱；进烟囱的烟气温度低于 500℃ 时，其烟囱内侧不衬耐火材料；高于 500℃ 时需衬耐火材料。砖烟囱出口直径范围为 $\phi 0.8 \sim \phi 1.8m$，高度多低于 40m。钢筋混凝土烟囱的出口直径范围为 $\phi 1.4 \sim \phi 3.6m$，高度多大于 40m，其造价低于砖烟囱，因此当烟囱高度 >40m 时，一般不采用砖烟囱。

烟囱距车间柱基中心的距离 L 按下式计算：

$$L = R + B + 1m \qquad (6-44)$$

式中　R——烟囱基础半径（m）；
　　　B——柱基中心距边缘的宽度（m）。

烟囱底部外缘距铁路边线不宜小于 5m。

6.5.3.2　烟囱高度与直径计算

采用烟囱排烟要保证足够的烟囱高度，使烟囱出口的烟气流速等于当地风速的 1.5 倍以上，或至少不低于 3m/s（标准状态），以避免烟气中的有害气体和烟尘向烟囱附近的地面扩散。实践证明：当烟囱高度 >50m，烟气出口速度 >3m/s（标准状态）时，烟气扩散到地面的距离可达几公里以外，而有害气体和含尘物已扩散到对人无害的程度。

除按排烟阻力计算烟囱高度外，尚需考虑烟囱出口要高出半径 100m 范围内厂房房顶 3 ~ 5m。

烟囱出口烟气流速范围一般取 $v_y = 3 \sim 4.5m/s$（标准状态）。烟囱出口内径按下式计算：

$$出口内径\ D_y = 1.13 \sqrt{\frac{q_{vy}}{v_y}} \qquad (6-45)$$

式中　q_{vy}——进入烟囱标准状态下的烟气量（m³/s）。

烟囱高度 H 按图 6-101 查取，该图的编制条件如下：

1）烟囱出口烟气流速 $v_y = 4m/s$（标准状态）。

2）烟囱周围大气温度等于 20℃。

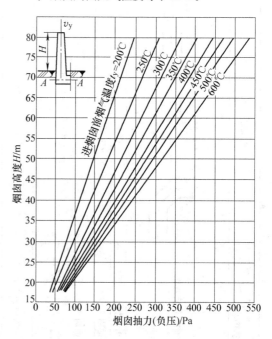

图 6-101　烟囱底部 A—A 处有效抽力
（负压）与烟囱高度 H 的关系

3）烟囱所在地大气压力等于 98kPa。

4）烟气密度等于 1.32kg/m³（标准状态）。

当烟囱出口速度及大气压力不符合上述条件时，由图 6-101 查得的烟囱高度值应乘以速度修正系数 η_1（见表 6-58）及大气压力修正系数 η_2（见表 6-59）。

表 6-58　速度修正系数 η_1

$v_y/$ (m/s)	3.0	3.5	4	4.5	5.0
η_1	0.85 ~ 0.90	0.90 ~ 0.95	1	1.05 ~ 1.10	1.10 ~ 1.15

表 6-59　大气压力修正系数 η_2

P/kPa	100 ~ 98	97 ~ 92	91 ~ 85	84 ~ 79
η_2	0.98 ~ 1.00	1.02 ~ 1.10	1.20 ~ 1.12	1.30 ~ 1.22

6.6　燃料炉的运行

6.6.1　烘炉

燃料炉投产运行前必须对炉子进行烘烤，按一定升温曲线缓慢加热炉膛全部砌筑衬体，使其所含水分逐渐排出，直至加热到使用温度保温到完全干燥为止。烘炉过程中要严防违反烘炉规定，防止因升温速度过快使砌体开裂、剥落，而影响其使用寿命。

6.6.1.1　烘炉步骤

（1）烘炉前，必对烟道系统和各种管道进行清扫。

（2）根据炉子的具体情况，制定出炉子的烘炉升温曲线和记录表格。升温曲线包括：各阶段的升温速度和保温时间。

（3）配备烘炉人员，学习烘炉要求和操作规程。

（4）准备烘炉用燃料，砌筑烘炉用临时小灶或燃烧设备。

（5）按规定的升温曲线首先烘烤烟囱，使烟囱具有一定的温度，从而在烟道中形成负压。

（6）按规定的升温曲线烘烤炉体，使炉体逐渐干燥，缓慢加热，勿使砌体发生开裂或剥落。

6.6.1.2　烘炉曲线

（1）烘炉所需时间主要根据炉衬的种类、性质、厚度、砌筑方法和施工季节而定。

1）耐火浇注料砌体所需烘炉时间比耐火砖砌体要长。

2）硅砖砌体所需时间比粘土质耐火砖砌体

要长。

3）湿法砌筑的砌体比干砌筑体要长。

4）厚度大和热稳定性差的砌体所需时间比厚度小和稳定性好的砌体要长。

5）冬季施工的砌体所需时间比夏季施工的要长。

（2）烘炉升温曲线主要依据砌体热膨胀产生的应力大小确定。

1）用粘土质耐火砖和高铝砖砌筑的砌体可按 30 ~ 50℃/h 速度升温。

2）耐火浇注料砌体可按 10 ~ 20℃/h 速度升温。

3）烟囱可按 3 ~ 5℃/h 速度升温。

（3）烘炉保温温度和保温时间主要取决于砌体内水分的排出和二氧化硅结晶转变时引起砌体膨胀的临界温度点。这些温度点是：100℃ 左右、117 ~ 163℃、180 ~ 270℃、573℃ 左右、870 ~ 1000℃。根据水分含量多少，在这些温度点上应保温 10 ~ 20h。为简单起见，用粘土质耐火砖和高铝砖砌筑的燃料炉，保温温度通常只定在 150℃ 一个温度点上，保温时间为 7 ~ 10h；辊底式淬火炉的保温温度定在 200℃ 和 605℃ 两个温度点上，保温时间为 20 ~ 30h。

（4）烟囱烘烤时间参见表 6-60。

表 6-60　烟囱烘烤时间

（单位：d）

烟囱高度/m	砖烟囱				钢筋混凝土烟囱	
	夏季施工		冬季施工		夏季施工	冬季施工
	无耐火衬	有耐火衬	无耐火衬	有耐火衬	无耐火衬	有耐火衬
<40	3	3	4	4	3	4
40 ~ 60	4	4	4	5	3	4
60 ~ 80	4	4	5	6	3	4
80 ~ 100	5	5	6	7	4	5

（5）用粘土质耐火砖和高铝砖砌筑的燃料炉，其烘炉时间如下：

炉底面积（m²）　　<6　　6 ~ 20　　>20
烘炉时间（h）　24 ~ 48　48 ~ 72　72 ~ 96

单纯用耐火纤维制品铺设的燃料炉可不进行烘烤，但带有部分砖砌炉衬时，则应按砖砌炉衬的烘炉曲线进行烘烤。

（6）用耐火浇注料预制块砌筑或整体浇注的燃料炉，其烘炉时间参见表 6-61。

表6-61　耐火浇注料炉衬烘炉时间

砌体厚度/mm	<200		200~400		>400	
温度/℃	升温速度/(℃/h)	升温或保温时间/h	升温速度/(℃/h)	升温或保温时间/h	升温速度/(℃/h)	升温或保温时间/h
常温~150	25	5	20	7	15	9
140~160 保温	—	16	—	16	—	20
150~350	25	8	20	10	15	13
340~360 保温	—	20	—	20	—	20
350~600	25	10	25	10	20	13
580~600 保温	—	16	—	20	—	20
600~使用温度	40	—	35	—	30	—

6.6.1.3　烘炉方法

（1）最好使用煤气烘炉，它具有火焰柔和、易控制、炉温均匀和装设方便等优点。常采用扩散式或大气式烧嘴烘炉。当炉温升至600℃以后，即可换用炉子本身的燃烧装置继续烘炉。

（2）在缺乏煤气供应的情况下，也可用木柴进行烘烤。对于大型燃料炉，可在炉内另砌临时性烘炉小灶，用煤进行烘烤。

（3）采用燃料油烘炉比较困难，需特制一套小型的油嘴和砌筑临时用燃烧室。有时亦可在炉膛内临时设置蓄热引燃物（如格子砖通道）来帮助着火和稳定燃烧。

6.6.1.4　烘炉操作

（1）用煤气烘炉时，首先用蒸汽吹扫煤气管道，所需吹扫时间视管道容积大小而定，一般为10~15min。管道通入煤气后应先进行放散，随即取样作爆鸣试验或气体分析，合格后才能打开烧嘴进行点火，以免引起爆炸事故。

（2）如用燃料油烘炉，应先用蒸汽吹扫管道，以清除管内脏物和不使油冷凝在管道内；点火时应打开炉门和烟道闸门，以免爆燃时损坏炉体结构。

（3）测定炉内各主要部位的温度，使其与规定的烘炉温度一致。利用改变燃料用量和炉膛内压力大小来控制升温速度和保温时间，如温度低于规定温度很多，可缓慢升温；如高于规定温度很多，应立即保温，不允许采取降温措施。

（4）当炉温升至300~400℃时，如有冷却系统

则开始对水冷构件供水，控制出水温度不超过40~50℃。

（5）因事故原因被迫停止供热时，应立即关闭烟道闸门，使炉温降落限制在最小程度。事故消除后仍应缓慢升温，以免砌体损坏。

（6）在烘炉过程中按时记录炉温，密切注意砌体和构件因水分来不及逸出，受热不均匀，体积膨胀过快等产生的变形和损坏情况，及时查明原因，并相应采取解决措施。

6.6.2　燃料炉操作规程

6.6.2.1　燃煤炉操作规程

规程内容适用于机械化往复炉排燃煤炉的操作，人工加煤的炉子参考此规程操作。

（1）开炉点火操作规程

1）点火前先打开烟道闸门，然后在炉排面上垫一层80~100mm厚的炉渣，用以保护炉排并防止漏煤。

2）在炉排面上填入引火木柴，将木柴点燃并烧旺后从点火门加入适量的煤，起动风机，关闭炉排下灰门，待煤烧旺后再开动燃煤机。

3）在燃烧过程中，要根据炉温要求和火焰情况调整燃煤机送煤量及相应的送风量，保持煤处于充分燃烧的状态。

4）炉排面上的煤层厚度一般保持100~150mm。当燃用挥发分低、灰分较高、水分含量较高的煤时，煤层厚度适当加大；燃用含碳量较高、灰熔点较低、粘结性较强的煤时，煤层厚度适当减小。

5）炉排往复行程视煤质而定。灰熔点低、粘结性强的煤，行程稍长些；反之，行程可短些；炉排往复频率则视炉子所需供热量而定，炉子要求升温快时，频率应加快。

6）为减少飞灰和漏煤损失，所供应的煤应含有一定量的水分，一般控制在8%~10%（质量分数）范围内。

7）要定时清除风室内灰渣，保持良好的进风条件。

8）临时停炉需压火时，先停止送风，继续向炉内送煤2~5min，使煤层适当加厚；然后打开炉排下灰门，自然吸入少量空气保持煤层不灭火。

（2）停炉熄火操作规程

1）关闭煤斗下控煤闸板，燃煤机停止运转。

2）关闭进风阀门，风机停止运转。

3）关闭炉门，落下烟道闸门，打开炉排下灰门。

6.6.2.2　燃煤气炉操作规程

（1）开炉点火操作规程

1）点火前检查煤气压力、成分，使其符合操作要求，起动电、气、液动设备使其运行正常，起动风机，打开空气阀吹扫管道 2～5min，然后关紧所有煤气阀和空气阀。

2）打开煤气管各处放散阀，将管道内煤气放散 2～15min，然后关紧各放散阀。长期停炉时，尚需打开管道上的吹扫阀，通入蒸汽或压缩空气吹扫 10～20min 后，关闭吹扫阀。

3）打开煤气管道上的总阀门，将炉门打开一定高度，烟道闸门开启至最大位置。

4）人工点火时，先将火炬插入点火孔，微开烧嘴前煤气阀；待煤气着火后再相应打开空气阀，并进行煤气量与空气量的调节，使煤气达到稳定的完全燃烧程度为止。

5）电点火时，先微开烧嘴前空气阀，随后微开煤气阀，然后接通电源打火。煤气点燃后同样再进行煤气量与空气量的调节，直至获得稳定的完全燃烧火焰。

6）如点火不成功，应立即关闭煤气阀与空气阀，消除故障后重新按上述程序点火。

7）点火时严禁炉门及其他孔洞处站人，以免发生人身事故。

8）点火成功后，调整烟道闸门的开启程度，使炉底平面处炉压为零。

（2）停炉熄火操作规程

1）关闭烧嘴前煤气阀与空气阀，风机停止送风。带有空气预热器时，打开空气放散阀，继续送风 10～20min 以保护预热器，随后停风并关煤气总管阀门。

2）打开煤气管各放散阀，待放散 10～15min 后再行关闭。

3）落下炉门及烟道闸门。

6.6.2.3　燃油炉操作规程

（1）开炉点火操作规程

1）点火前检查油温、油压及供油系统是否运行正常，起动电、气、液动设备使其运行正常，关紧全部油阀和空气阀。

2）检查油嘴喷头处，如有积油或结有焦块，须进行清除以保证喷口通畅。

3）对油管末端、油加热器及油过滤器底部的冷凝水进行排放。

4）将炉门打开一定高度，烟道闸门开启到最大位置。

5）使用常规油嘴时，将点燃的油棉纱由点火孔插入燃烧道，或堆放在炉内油嘴喷口前。

6）先打开油嘴前空气阀送入少量空气，然后打开油阀喷入适量的油为空气所雾化（电点火时，此时可接通电源发生火花），油雾被点燃后再按比例开大空气量和油量，使火焰达到稳定的完全燃烧程度为止。

7）如火焰熄灭、一次点火不成功，应立即停止点火，关闭油阀和空气阀。如燃用重油时，此时需接通蒸汽吹扫油嘴，待炉内未燃油气排除干净并消除各种不正常因素后，再按上述程序重新点火。

8）点火成功后，调整烟道闸门的开启程度，保持炉底水平面炉压为零。

（2）停炉熄火操作规程

1）停炉时关闭油嘴前的油阀和空气阀，并停止供油。油嘴喷头处的固定板上带有挡火板时，此时要将挡火板插入油嘴喷头前方，以防油嘴结焦。

2）打开供油总管上的蒸汽吹扫阀及油嘴前油阀，接通蒸汽管路吹扫油管 10～15min 后关闭蒸汽阀及油阀。

3）带有空气预热器的炉子，停炉后打开放风阀，风机继续运行 10～15min 以保护预热器。停风后关闭放风阀，落下炉门及烟道闸门。

6.6.3　燃料炉的调节

6.6.3.1　空气系数的调节

燃料燃烧时，实际空气消耗量与理论空气消耗量（前者往往大于后者）之比称为空气系数。

正确控制燃料量与空气量的配比，是合理组织燃料燃烧的重要条件。在保证燃料完全燃烧的条件下，使空气量超过燃烧所需理论量最少，亦即空气系数最小，则燃烧温度最高，炉子加热速度最快，而燃料消耗量亦最低。图 6-102 所示为空气系数与燃烧温度的关系。由图可知：当供给的空气量增加为理论值的 1.3 倍，即空气系数增大为 1.3 时，燃烧温度由 2140℃ 降低至 1680℃；相反，空气系数降低为 0.7 时，燃烧温度则降低至 1600℃。燃烧温度大幅度降低，必然导致燃料消耗量增加。

不正确地控制燃料量与空气量的配比，还会增加烟气量和产生不完全燃烧气体。增加烟气量以后，导致离炉烟气带走的物理热大量增加，而产生不完全燃烧气体则增大了炉子的化学热损失。图 6-103 所示为空气系数与离炉烟气带走热损失的关系。

表 6-62 为燃油时单纯降低空气系数对燃料节约率的影响。

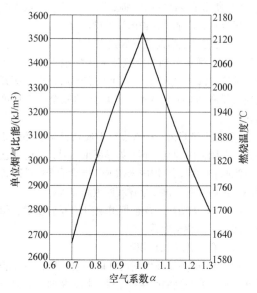

图6-102 空气系数与燃烧温度的关系

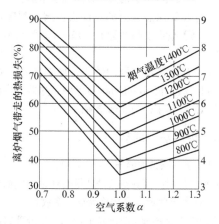

**图6-103 空气系数与离炉烟气
带走热损失的关系**

表6-62 降低空气系数后的燃料节约率

（%）

离炉烟气温度/℃	原始空气系数 α	降低后的空气系数 α′			
		1.3	1.2	1.1	1.0
700	1.4	3.76	7.26	10.5	13.5
	1.3	—	3.65	7.01	10.1
	1.2	—	—	3.48	6.74
	1.1	—	—	—	3.38
900	1.4	5.94	11.27	16.0	20.2
	1.3	—	5.66	10.7	15.2
	1.2	—	—	5.29	10.1
	1.1	—	—	—	5.04
1100	1.4	9.43	17.3	23.8	29.4
	1.3	—	8.67	15.9	22.1
	1.2	—	—	7.91	14.7
	1.1	—	—	—	7.36

6.6.3.2 炉压的调节

炉内压力大小，主要靠改变烟道闸门或排烟管道阀门的开启程度来调节。合理的炉压值，以能使炉气充满炉膛为前提。当炉压为负值时，例如炉压为－10Pa，即可在炉子孔洞或缝隙处产生2.8m/s的吸入风速（见图6-104）。此时，将吸入炉内大量冷空气，导致离炉烟气热损失增加；当炉压为正值时，高温烟气逸出炉外，同样也导致离炉烟气热损失的增加。图6-105所示为炉内压力与吸入冷空气及逸出烟气热损失的关系。

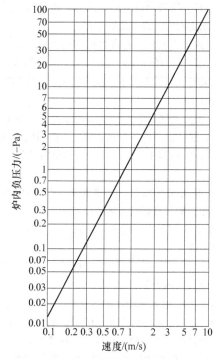

图6-104 炉内负压力与吸入风速的关系

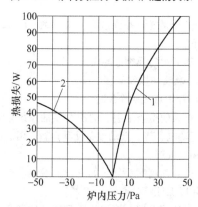

**图6-105 炉内压力与吸入冷空气及
逸出烟气热损失的关系**

1—逸出烟气热损失 2—吸入冷空气热损失

注：炉温为1300℃，开口面积为78cm²。

为了减少上述热损失，在操作上要注意随时调整烟道闸门或烟阀，以保持正常炉压值（炉底表面处为零压）。在排烟系统中，应保证烟囱有足够的抽力，烟道闸门或烟阀要操作灵便，并尽量减少炉体上的各种开口。正确控制炉压能强化炉气循环，均匀炉温，从而能提高工件加热质量和达到节约燃料的目的。

6.6.3.3　炉温的调节

炉温的调节，实质内容是控制工件表面达到给定的温度，并且保持此温度直至工件中心也近似达到相同的温度，即达到工件截面指定的温度均匀程度。由于直接测定工件本身的温度变化有一定复杂性，因此通常采用在炉顶或侧墙上安装热电偶测点的办法，通过控制炉温间接地对工件温度进行控制。

影响炉温均匀性的主要因素如下：

1）燃烧装置或辐射管的合理操作。

2）燃烧气体的特性（光亮火焰或透明火焰）、辐射管体的温度均匀性。

3）燃烧气体的出口温度、速度和方向。

4）工件布置间距及合理的垫铁高度。

5）排烟口尺寸及布置位置的合理调整。

参 考 文 献

[1] 王秉铨. 工业炉设计手册[M]. 3 版. 北京:机械工业出版社,2010.

[2] 机械工业企业管理手册编委会. 能源管理[M]. 北京:机械工业出版社,1988.

[3] 日本工业炉协会. 工业炉手册[M]. 戎宗义,等译. 北京:冶金工业出版社,1989.

[4] 全国石油产品和润滑剂标准化委员会. SH/T 0356—1996 燃料油[S]. 北京:中国标准出版社,1996.

[5] 全国石油产品和润滑剂标准化委员会. GB 252—2000 轻柴油[S]. 北京:中国标准出版社,2000.

第7章 热处理感应加热及火焰加热装置⊖

洛阳升华感应加热有限公司 张宗杰 沈庆通

河南科技大学 梁文林

南京汽车制造厂 王东升

感应淬火具有加热速度快，易控制，生产率高，氧化脱碳少，淬火工件畸变小，劳动条件好，无污染和易于实现机械化、自动化等一系列优点，被广泛采用。

7.1 感应加热电源

7.1.1 概况

感应加热电源的发展大致经历了这样几个阶段：20 世纪 20 年代的电机发电机（机式中频）和真空管（又称电子管）振荡器，20 世纪 60 年代的晶闸管（可控硅）感应加热电源，20 世纪 80 年代的晶体管感应加热电源，20 世纪 90 年代中期直至现在的以静电感应晶体管（SIT）、场效应晶体管（MOSFET）、绝缘栅双极型晶体管（IGBT）功率器件为核心的新一代感应加热电源。

由于数字电子技术、微电子技术与集成电路、大功率高频器件，以及大功率元器件（如陶瓷板形槽路电容器、全膜介质结构的电热电容器、高频大功率铁氧体、陶瓷振荡管等）的发展，使得传统类型的感应加热电源（晶闸管 SCR 中频感应加热电源、真空管高频感应加热电源）在效率、可靠性等方面都有了很大的提高，其结构更加紧凑，体积进一步减小。

晶闸管（SCR）中频感应加热电源的技术进步，主要体现在以下几方面：

1）晶闸管的触发电路及控制电路由数字集成电路替代了绝大部分的晶体管分离元件电路。

2）主回路采用频率扫描方式自动启动逆变，不需要预充电的附加启动电路。

3）具有频率自动跟踪和为保持恒功率而自动调节功率的电路。

4）采用了全膜介质结构的 RFM 型电热电容器组成谐振电容器组以改善功率因素，替代了中频 RYS 电热电力电容器组，使得设备的结构更紧凑，减小了体积。

真空管（电子管）感应加热电源的技术进步，主要体现在以下几方面：

1）高压整流及阳压调节电路。淘汰了体积较大、故障较多、整流效率低、不易维护的充汞闸流管整流装置，取而代之的是三相高压硅堆三相整流桥；采用晶闸管三相交流调压器接在阳极变压器低压侧与三相交流电源之间，通过调节晶闸管的导通角 α，来改变加在阳极变压器输入端的三相交流电压，从而调节阳压，进而调节输出功率，这就是典型的"晶闸管三相交流调压—阳极变压器升压—三相高压硅堆整流"的阳压调节电路的结构。

2）保护电路及晶闸管三相交流调压器的触发电路采用了单片微处理器。

3）采用了陶瓷盘式电容器作槽路电容，替代了容量小的罐式电容器，去掉了罐式电容器的水冷管路，减小了体积。

4）陶瓷外壳的（真空）振荡管将会逐步取代玻璃外壳的（真空）振荡管，前者具有较好的电气性能、不易损坏及体积较小的优点。

新一代感应加热电源采用新型功率元器件，包括：

1）静电感应晶体管 SIT。

2）具有功率大，开关速度快，损耗低的功率半导体器件 MOSFET 和 IGBT。

3）能满足高频、大容量、低损耗、很小内部电感、体积小，以及容易水冷的电容器。

4）能够承受大电流、变比抽头灵活及容易实现负载匹配的高频（达 500kHz）铁氧体磁心变压器，这使得研制和生产中、大功率等级的现代超音频和高频感应加热电源成为可能。

以 SIT、MOSFET、IGBT 等为功率器件的感应加热电源是现代感应加热电源的主流电源类型，称之为（全）固态感应加热电源。"固态"感应加热电源那是针对真空管高频感应加热电源来说的，逆变电路的核心器件是大功率半导体器件。

现代感应加热电源具有如下一些特点：

1）由于新型功率器件的问世，其电路结构及实现技术有了很快的发展。

⊖ 丁得刚、何松志参加了本章编写工作。

2）整流及逆变电路的器件多采用模块器件代替单只功率器件。为了扩大输出功率，采用了功率器件的串联、并联或串并联结构。

3）控制电路及保护电路所采用的器件由原来大量采用晶体三极管等模拟器件，发展为大量采用数字器件（如比较器、触发器、计数器、定时器、光电隔离器、锁相环等）；专用集成电路的采用也是现代感应加热电源的又一特点。

4）新型电路元件，如美国 CDE（无感）电容模块、无感电阻应用于缓冲电路，能大大提高吸收效果；Mn-Zn 大功率铁氧体应用于功率输出回路，减少了损耗和电源体积。

5）频率范围广，其范围为 0.1～400kHz，这覆盖了中频、超音频、高频的范围；输出功率范围为 1.5～2000kW，可满足不同热处理工艺的需求。

6）转换效率高，节能明显。对于晶体管逆变器的负载功率因数可接近于 1，这可减少输入功率 22%～30%，减少冷却水用量 44%～70%。

7）具有频率自动跟踪和为保持恒功率输出的自动调节电路。

8）整台装置结构紧凑，外形尺寸小，与真空管电源相比可节省 66%～84% 的空间。

9）保护电路完善，可靠性高。感应加热电源能够在工件碰触到感应器、输出变压器空载或过载，以及其他误操作情况下能安全运行。电路的安全措施有：直流侧电流过流保护、交流侧电流过流保护、缺相保护、进线电压的过压与欠压保护、工作频率超限与功率超限保护等；器件的安全措施有：逆变桥的桥臂电流不平衡与直通、功率器件的过热、槽路线圈短路、槽路电容过压与槽路电压超限等；设备的安全措施有：冷却水的流量与进出口的水温检测、电源柜门与电源的连锁保护等。

10）电源内部或输出端没有高压（相对于真空管电源），因而工作电压低，安全性高。采用单相交流电工作的小功率固态感应加热电源的直流工作电压为 220～250V，采用三相交流电源的直流工作电压为 510～560V，而真空管电源的直流工作电压最高可达 13kV 左右。

现代感应加热电源的功率和频率范围很广，图 7-1 所示为 SCR 电源、IGBT 电源和 MOSFET 电源的功率和频率的对应关系。从图 7-1 可以看出，各种电源间有重叠区域，可以综合考虑后而加以选用。大致对频率低于 10kHz 以下的电源称中频感应加热电源，频率在 10～100kHz 之间的称为超音频感应加热电源，频率高于 100kHz 的称高频感应加热电源。按照功率器件 SCR、MOSFET 和 IGBT 的频率特性及功率容量来看，SCR 主要应用于中频感应加热，功率等级在 5000kW 左右，频率等级在 8kHz 左右；就目前 IGBT 感应加热电源的制造水平来看，国际上达到了 2000kW/180kHz，国内为 500kW/50kHz，MOSFET 感应加热电源的制造水平国际上大致为 1000kW/400kHz，国内为 (10～300)kW/(50～400)kHz。

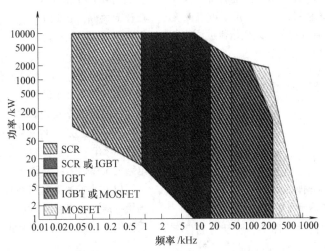

图7-1　电源功率和频率的对应关系

当今已有许多类型和型号的现代感应加热电源可以满足各种感应热处理工艺的需求，不同的热处理工艺对频率、功率等的要求有所不同。

7.1.2　晶闸管（SCR）中频感应加热电源

晶闸管（SCR）中频电源是中频机组的替代产

品，按同等功率输出，它比中频机组要节电 30% ~ 40%，它的频率范围是 0.5 ~ 10kHz。按其结构晶闸管分为普通型（或移相型）晶闸管、双向晶闸管（等效于两个 SCR 的反并联）、自关断型晶闸管（GTO、SITH 等）；按性能特点及控制方式又分为高频晶闸管、快速晶闸管、光控晶闸管及其他专用晶闸管；按组合方式又有分立型晶闸管与晶闸管模块。在表 7-1 中列出了常用大功率晶闸管的参数。图 7-2 所示为晶闸管中频电源的组成框图，它由主电路和控制电路两大部分组成。主电路由三相桥式全控整流电路、逆变桥、谐振回路、负载等组成；控制电路由整

流触发、逆变触发、保护信号反馈及自动调节等环节组成。下面主要介绍三相桥式全控整流电路和逆变电路及频率自动跟踪的工作原理。

表 7-1　常用大功率晶闸管的参数

晶闸管类型	电流/A	电压/V
KP 型（普通晶闸管）	350 ~ 6100	1400 ~ 6500
KS 型（双向晶闸管）	1300 ~ 2500	2800 ~ 6500
KA 或 KG 型（高频晶闸管）	200 ~ 2000	400 ~ 2600
KK 型（快速晶闸管）	500 ~ 1000	2000

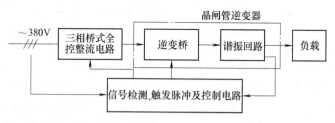

图 7-2　晶闸管中频电源的组成

7.1.2.1　三相桥式全控整流电路

1. 晶闸管三相桥式全控整流电路　图 7-3 所示为晶闸管三相桥式全控整流电路。图中，晶闸管 VT_1 和 VT_4 接 u_A 相，VT_3 和 VT_6 接 u_B 相，VT_5 和 VT_2 接 u_C 相。VT_1、VT_3、VT_5 组成共阴极组，VT_4、VT_6、VT_2 组成共阳极组。它们的触发顺序依次是 VT_1—VT_2—VT_3—VT_4—VT_5—VT_6。三相可控整流就是将三相交流电压 u_A、u_B、u_C 经三相可控整流桥变换为直流电压 U_o，通过改变晶闸管的导通角就可以改变直流电压的大小。晶闸管导通角的改变是通过调节角 α 的改变来实现的。

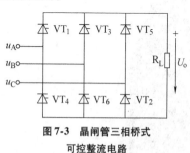

图 7-3　晶闸管三相桥式
可控整流电路

2. 三相电压及触发脉冲　图 7-4 所示为三相桥式可控整流电路在调节角 $\alpha = 0°$ 时的波形及触发脉冲。对应于相电压 u_A、u_B、u_C 的 α 角（图中分别为 α_A、α_B、α_C）的 0° 点分别是在 $\pi/6$、$5\pi/6$、$3\pi/2$。对于相电压 u_A、u_B、u_C 的负半周，即 $-u_A$、$-u_B$、$-u_C$ 的 α 角 0° 点分别在 $7\pi/6$、$11\pi/6$、$\pi/2$。所有 α 角的调节范围均为 120°（$2\pi/3$）。

为了分析方便起见，把一个周期等分 6 段。在第 I 段期间，u_A 相电位最高，因而共阴极组的 VT_1 触发导通，u_B 相电位最低，共阳极组的 VT_6 触发导通。这时电流由 u_A 相经 VT_1 流向负载 R_L，再经 VT_6 流向 u_B 相。加在负载 R_L 上的整流电压为（$u_A - u_B$）。

经过 60° 后进入第 II 段，这时 u_A 相电位仍最高，VT_1 继续导通，但 u_C 相电位最低，经自然换相点触发 u_C 相的 VT_2，电流从 u_B 相换到 u_C 相，VT_6 承受反压而关断。负载 R_L 上的整流电压为（$u_A - u_C$）。余次类推。在第 IV 段，VT_3、VT_4 导通，u_B、u_A 两相工作。在第 V 段，VT_5、VT_4 导通，u_C、u_A 两相工作。在第 VI 段，VT_5、VT_6 导通，u_C、u_B 两相工作。接下去又重复上述过程。

三相可控整流电路中，6 只晶闸管导通的顺序（见图 7-4）是 VT_1—VT_2—VT_3—VT_4—VT_5—VT_6，每隔 60° 有一晶闸管换相。从上述三相桥式全控整流电路的工作过程可以看出：

（1）全控整流电路在任何时刻都必须有两只晶闸管导通，才能形成导电回路。其中一只晶闸管是共阴极组的，另一只晶闸管是共阳极组的。

（2）触发脉冲的相位：共阴极的 VT_1、VT_3、VT_5 之间应互差 120°；共阳极的 VT_4、VT_6、VT_2 之间也互差 120°。接在同一相的两管，即 VT_1 与 VT_4、VT_3 与 VT_6、VT_5 与 VT_2 之间则互差 180°。

（3）为了保证合闸后整流桥共阴极组和共阳极组各有一只晶闸管导电，或者由于电流断续后能再次

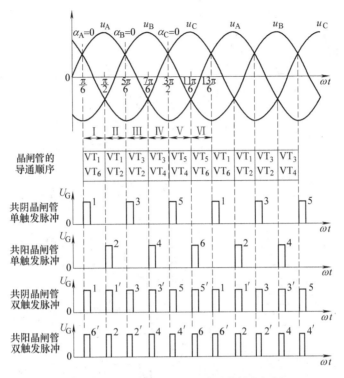

图 7-4　三相桥式可控整流电路的触发脉冲

导通，必须对两组中应导通的一对晶闸管同时给触发脉冲。为此，可以采取两种方法：一种是使每个触发脉冲的宽度大于 60°（一般取 80°~100°），称宽脉冲触发；另一种是在触发某一号晶闸管的同时给前一号晶闸管补发一个脉冲，这相当于用两个窄脉冲等效替代大于 60°的宽脉冲，称双脉冲触发。图 7-4 中给出了双脉冲的波形及相位关系。为清晰起见，图中各晶闸管的触发脉冲均以数字标记，数字与管号是一致的，脉冲序号 1~6 分别代表晶闸管 VT_1~VT_6 的触发脉冲。1′~6′为补发脉冲序号，例如，当要求 VT_1 导通时，除了给 VT_1 发触发脉冲外，还要同时给 VT_6 发一个触发脉冲；欲触发 VT_2 时，必须给 VT_1 同时发一个触发脉冲，这后者称补发脉冲，等等。因此，双脉冲触发就是在一个周期内对每一个晶闸管需要触发两次，两次脉冲前沿的间隔为 60°。双脉冲电路比较复杂，但可减小触发装置的输出功率，减小脉冲变压器的铁心体积。通常多采用双脉冲触发。

3. 双触发脉冲电路　图 7-5 所示为产生双触发脉冲的部分电路，工作原理分析如下：

对于每一相（u_A、u_B、u_C），都有一个由 R_1C_1 组成的移相电路，它保证 α 角的 0°点满足前述的要求。

（1）u_A 为正半周时，光电耦合器 VO_1 的发光二极管导通，在 π/6~π/2 期间的导电路径是 u_A—a 点—VO_1—R_2—b 点—u_B，P_A 点电位变低，Q_{AP} 端输出窄脉冲，此脉冲有两个作用：一是作为晶闸管 VT_1 的触发脉冲，即 1；另一个作用是作为 VT_6 管的补发脉冲 6′。VT_1 管的补发脉冲 1′来自触发脉冲 2，即 1′= 2。1 与 1′经电阻网络 R 合成，再经脉冲功放输出脉冲列（1，1′），即双触发脉冲。在 π/2~5π/6 期间，VO_1 截止，Q_{AP} 端无窄脉冲输出。在此期间，u_A-u_C 为最大值，VO_6 的发光二极管导通，导电路径是 u_A—a 点—R_2—VO_6—c 点—u_C。此时，N_C 端电位变低，Q_{CN} 端输出窄脉冲，一是作为 VT_2 管的触发脉冲 2，同时又提供给 VT_1 管补发脉冲 1′，使 VT_1 管再次被触发。

（2）u_A 为负半周时，光电耦合器 VO_2 导通，N_A 点电位变低，Q_{AN} 端输出窄脉冲，此脉冲有两个作用：一是作为晶闸管 VT_4 的触发脉冲，即 4；另一个作用是作为 VT_3 管的补发脉冲。VT_4 管的补发脉冲 4′来自触发脉冲 5，即 4′= 5。4 与 4′经电阻网络 R 合成，再经脉冲功放输出双触发脉冲列（4，4′）。结合图 7-4 的波形及图 7-5，可以分析在 7π/6~3π/2 和 3π/2~11π/6 期间内的导电路径分别是 u_B—b 点—R_2—VO_2—a 点—u_A 和 u_C—c 点—VO_5—R_2—a 点—u_A。

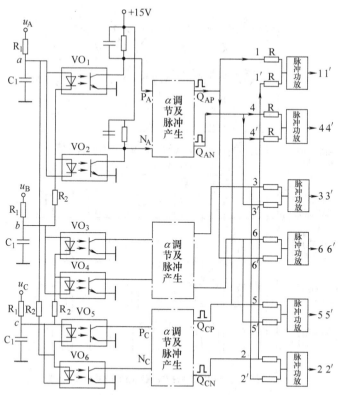

图 7-5　产生双触发脉冲的部分电路

（3）对于 u_B 与 u_C 的正、负半周可以用相同的方法进行分析，得到双触发脉冲列（3，3′）、（6，6′）、（5，5′）、（2，2′）。

以上得到的双触发脉冲列受到相电压的控制，因此它们与各自对应的相电压是同步的。

（4）α 角调节电路。此电路主要由 CMOS 芯片 CD4536BMS 组成。它是 PLD 器件，被设计为可编程定时器，计数值为 256。被计数的定时脉冲由 V-F（电压-频率）转换电路产生。V-F 电路是由 LM556 组成的多谐振荡器，输入端的直流电压高则输出频率

低；反之，则高。只要改变被计数脉冲的频率 f，就可以改变延迟时间，从而达到输出窄脉冲相对于 $\alpha=0°$ 点的相移，也就改变了 α 角，频率 f 的可调范围是要满足 120° 的移相范围。V-F 转换电路的控制电压来自功率调节电位器 R_W 的输出电压，调节范围为 $0\sim+15V$。图 7-6 所示为以 u_A 相为例的 α 角调节电路的原理框图。在 $\alpha=0°$ 点的时刻（即相位落后 $u_A\approx30°$），R 端控制电路输出为低电平，使 CD4536 的 R 端为低电平，CD4536 则开始对 IN1 端的脉冲计数，CD4536 的计数器被设置为 256，当计满 256 个脉冲后

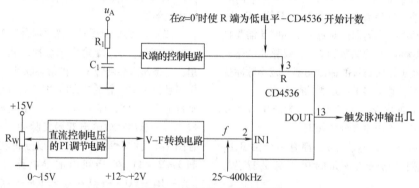

图 7-6　α 角调节电路原理框图

则输出触发脉冲。该触发脉冲相对于 $\alpha = 0°$ 点的时刻，被延迟了 256 个被计数脉冲的周期。显然，频率 f 越高，延迟时间越小，α 角越小，三相可控整流的输出电压就越高；反之，则越低。因此，只要改变被计数脉冲的频率就可以实现 α 角从 $0° \sim 120°$ 的调节。

（5）功率触发脉冲产生电路。由 CD4536 第 13 脚输出的触发脉冲，再送到后级的由 LM556 组成的单稳态电路以及脉冲功放电路，最后输出具有驱动能力的功率触发脉冲。

4. U_o 的计算公式（电阻性负载）

（1）当 $0 \leqslant \alpha < \pi/3$ 时，U_o 按下式计算：

$$U_o = \frac{1}{\frac{\pi}{3}} \int_{\frac{\pi}{3}+\alpha}^{\frac{2\pi}{3}+\alpha} \sqrt{3} \times \sqrt{2} U_2 \sin\omega t \mathrm{d}(\omega t)$$

$$= \frac{3\sqrt{6}}{\pi} U_2 \cos\alpha = 2.34 U_2 \cos\alpha$$

$$= 1.35 U_{2L} \cos\alpha \qquad (7\text{-}1)$$

式中　U_2——相电压有效值；

$\quad\quad U_{2L}$——线电压有效值。

举例，设 $\alpha = 0°$，$U_{2L} = 380\mathrm{V}$，则 $U_o = 513\mathrm{V}$。

（2）当 $\pi/3 \leqslant \alpha \leqslant 2\pi/3$ 时，

$$U_o = \frac{1}{\frac{\pi}{3}} \int_{\frac{\pi}{3}+\alpha}^{\pi} \sqrt{6} U_2 \sin\omega t \mathrm{d}(\omega t)$$

$$= 1.35 U_{2L} \left[1 + \cos\left(\frac{\pi}{3} + \alpha\right) \right] \qquad (7\text{-}2)$$

举例，设 $\alpha = 60°$（$\pi/3$），U_{2L} 380V，则 $U_o = 257\mathrm{V}$。

整流波形见图 7-7。波形图中的粗线条表示晶闸管导通时的波形，导通期间线电压与相电压的关系是：$u_{AB} = u_A - u_B$，$u_{BC} = u_B - u_C$，$u_{CA} = u_C - u_A$。整流电压值是线电压波形的平均值。

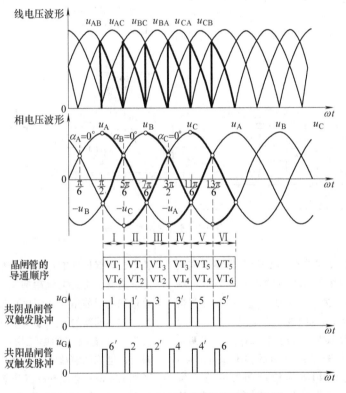

图 7-7　$\alpha_A = \alpha_B = \alpha_C = 60°$ 时的触发脉冲与整流波形

7.1.2.2　晶闸管负载换相式逆变电路

1. 并联谐振逆变电路

（1）电路工作原理。中频感应加热电源中应用很广的逆变电路是电流源并联谐振式逆变电路，如图 7-8 所示。图中 U_o 是工频交流电源经三相（可控）整流后得到的直流电压，直流侧串有大电感 L_d，又称电抗器，从而组成电流型逆变电路；电感 $LT_1 \sim$ LT_4 用来限制晶闸管导通时的 $\mathrm{d}i/\mathrm{d}t$，并在晶闸管移相期间起换相作用，故又称换相电抗器；桥臂晶闸管（一般采用快速晶闸管）VT_1、VT_3 与 VT_2、VT_4 以中频频率轮流导通，可在负载上得到中频交流电；L 串联 R 是中频电炉负载（感应器）的等效电路，因其功率因数很低，为改善功率因数而并联补偿电容器 C。L、R 和 C 组成并联谐振电路，故称此逆变电路

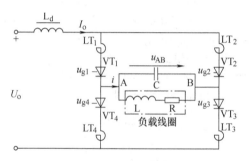

图7-8　并联谐振逆变电路

为并联谐振式逆变电路。由于并联谐振式逆变电路属电流型,其交流电流 i 的波形接近矩形波,其中包含基波 i_1 和各奇次谐波。因基波频率接近负载电路谐振频率 f_0,故负载(并联谐振)电路对基波呈现高阻抗,而对谐波呈现低阻抗,谐波在负载电路上几乎不产生压降,因此负载电压 u_{AB} 的波形接近正弦波。

(2)电路的逆变。根据理论分析得知,为保证逆变成功,电流 i 要超前回路电压 u_{AB} 一个角度 δ,δ 称引前角或逆变角。否则,不能保证逆变电路的可靠

换相和晶闸管承受反压的时间大于关断时间,从而导致逆变失败,损坏晶闸管。由于换相时间很短,一般认为 δ 近似等于基波电流 i_1 与基波电压 u_1($\approx u_{AB}$)之间的相位差 φ。δ 角有一个范围,大致是 $25° \sim 40°$。在此范围内,还能够保证 $U_1/U_0 = 1.2 \sim 1.5$,即回路谐振电压有效值是直流电源电压的 $1.2 \sim 1.5$ 倍。

(3)逆变电路的频率跟踪。在前述分析中,为简化分析而认为负载参数不变,逆变电路的工作频率也是固定的。实际上,在中频加热和熔炼过程中,负载线圈的参数是随时间而变化的,从而引起谐振频率的变化,其变化范围大约是标称频率的 $25\% \sim 30\%$ 左右。因而固定的工作频率无法保证晶闸管的可靠换相,这可能导致逆变失败。为此,需要使触发脉冲频率能自动调整,即电路要能实现频率的自动跟踪,从而实现引前角 δ 的自动调整。频率自动跟踪电路的核心器件是锁相环 CD4046,δ 逆变角调节电路如图7-9所示,锁相环 CD4046 使用相位比较器 I(异或门)。

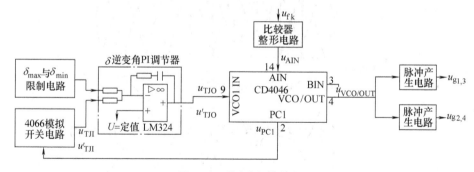

图7-9　δ 逆变角调节电路

来自负载回路的反馈电压 u_{fk} 经比较器整形电路输出 u_{AIN},它作为锁相环 AIN 端的输入并与 BIN 端(与 VCO/OUT 端相连接)的电压 $u_{VCO/OUT}$ 进行逻辑异或,从相位比较器1的输出端 PC1 输出 u_{PC1},它经4066模拟开关电路变换为 u_{TJI} 输出,u_{TJI} 经 δ 逆变角 PI 调节器(反相端)进行 PI 调节后输出 u_{TJO},u_{TJO} 是直流电压并加到 CD4046 压控振荡器的输入端 VCO/IN。u_{TJO} 的电压高低就决定了压控振荡器的输出频率(也是逆变器的工作频率 f),u_{TJO} 升高,f 升高;u_{TJO} 降低,f 降低。$u_{VCO/OUT}$ 经两路单稳电路产生触发脉冲 $u_{g1,3}$ 和 $u_{g2,4}$。

根据电路原理,对于 LC 并联回路(谐振频率为 f_0),当工作频率 f 大于 f_0,LC 并联回路呈电容性,电流超前回路端电压;当 f 小于 f_0,则为落后关系。

频率跟踪原理:频率的跟踪用于 δ 角的自动跟踪

调节,以保证 δ 角的范围,从而保证正常逆变。对于并联逆变,总是电流超前端电压 δ 角(见图7-10)。设最初的引前角(逆变角)为 δ,当加热使温度升高时,加热回路的电感量减小(LC 回路的谐振频率 f_0 升高),电感支路的电流增加,则 LC 回路的电容性减弱,电流超前端电压的角度由 δ 减小为 δ'。为了重新加大 δ 角,必须升高工作频率 f,这就需要由锁相环 CD4046 来完成。由图7-9和图7-10看出,此时的 δ 逆变角 PI 调节器的输出由 u_{TJO} 变为 u'_{TJO}(升高了),即锁相环 CD4046 的电压控制振荡器 VCO/IN 端的电压升高了,致使输出的工作频率 f 升高,LC 回路的电容性增强,电流超前端电压的角度重又加大,从而完成了频率的自动跟踪,频率跟踪的波形见图7-10。

(4)逆变器的扫频式软启起。为解决启动问题,有多种方法:①附加一个给启动电容器预充电的电路

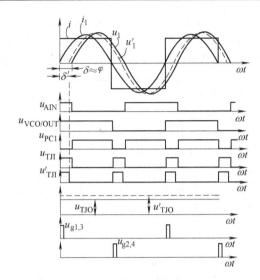

图 7-10　频率跟踪的波形

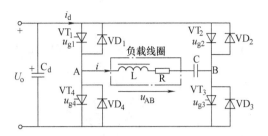

图 7-11　串联谐振式逆变电路

（例如辅助启动桥电路），启动时将已充电电容器的能量释放到负载回路上，形成衰减振荡，检测出振荡信号实现自激励（已淘汰）。②带锁相环频率自动跟踪的杂波启动电路。③采用扫频式软启动。启动过程大致是这样的，逆变电路启动时，控制激励信号的频率从低到高扫描，当激励信号频率上升到接近槽路谐振频率时，中频电压便建立起来，并反馈到自动调频电路。自动调频电路一旦投入工作，便停止激励信号的频率扫描，转由自动调频电路控制逆变引前角，使设备进入稳定运行状态。如果启动不成功，则重复启动电路投入工作，直到成功。

（5）输出功率估算。逆变电路输出功率 P_o 可近似的用基波计算求得，即

$$P_o \approx U_1 I_1 \cos\varphi \approx U_o I_o \qquad (7\text{-}3)$$

式中　U_1——并联谐振回路两端电压 u_{AB} 的基波电压 u_1 的有效值；

　　　I_1——基波电流 i_1 的有效值；

　　　$\cos\varphi$——功率因数；

　　　U_o——直流电压；

　　　I_o——直流电流。

这表明在理想情况下，即没有考虑晶闸管、电抗器、感应器以及线路等的损耗情况下，负载吸收的有功功率近似为直流电源提供的有功功率。实际运行时，逆变效率也是很高的，一般都在 90% 以上。

2. 串联谐振式逆变电路

（1）工作原理。电压型串联谐振式逆变电路如图 7-11 所示。直流电压源 U_o 是由三相可控（或不可控）整流电路得到，直流侧并有大电容器 C_d，由于负载线圈功率因数很低，故串联电容器 C 进行补偿。

R、L 和 C 构成串联谐振回路，所以图 7-11 称为电压型串联谐振式逆变电路。

为实现负载换相，要求补偿后的串联回路呈现电容性，因此电路的工作频率 f，即触发脉冲频率应低于串联电路谐振频率 f_0。逆变桥由四只晶闸管 $VT_1 \sim VT_4$ 和与其反并联的快恢复二极管 $VD_1 \sim VD_4$ 组成四只桥臂。电路工作时，像并联逆变器一样，轮流触发 VT_1、VT_3 和 VT_2、VT_4 使负载得到中频电流。设置快恢复二极管的目的是在晶闸管关断期间给负载振荡电流提供通路。L、R、C 串联谐振回路两端的电压 u_{AB} 近似幅值为 U_o 的方波，u_1 是它的基波电压，i_1 是中频电流 i 的基波，i_d 为直流侧电流，其平均值为直流电流 I_o，φ 是基波电流 i_1 超前基波电压 u_1 的相位角，也是功率因数角。

（2）输出功率估算。串联谐振逆变式电路的输出功率 P_o 可按下式进行估算：

$$P_o = 0.9 U_1 I_1 \cos\varphi \approx 0.9 U_o I_o \cos\varphi \qquad (7\text{-}4)$$

式中　U_1——基波电压 u_1 的有效值；

　　　I_1——基波电流 i_1 的有效值；

　　　$\cos\varphi$——功率因数；

　　　U_o——直流电压；

　　　I_o——直流电流。

由式（7-4）可知，通过改变 U_o 或 $\cos\varphi$ 都可以调节输出功率 P_o。

串联谐振式逆变电路适用于淬火、加热等需要频繁启动，负载参数变化比较小和工作频率较高的场合。

7.1.2.3　晶闸管逆变器的效率与电源装置的效率

晶闸管逆变器的效率与（整台）电源装置的效率是有所不同的。由于逆变器工作时存在器件的导通损耗、换相损耗，以及各种部件的损耗，因此由直流侧电压 U_o 和直流电流 I_o 所决定的直流功率并非全部转换为中频功率输出给负载，因而逆变器转换效率是小于 1 的。图 7-12 所示为感应加热电源装置的 50Hz 交流输入功率的流向图。图中的数据与器件类型、频率、工艺过程有关。

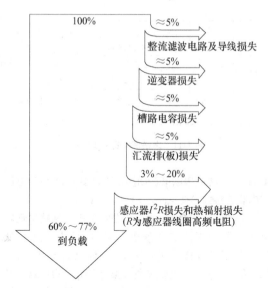

图 7-12　50Hz 交流输入功率的流向图

在 100Hz ～ 3kHz 的频率范围内，晶闸管逆变器的效率是很高的，达到 96% ～ 97% ；在 3 ～ 10kHz 频率范围内，其效率达到 93% ～ 95% 。

（整台）电源装置在额定状态下除去逆变器外，三相整流电路、控制电路、其他辅助电路等均存在损耗；输出变压器初次级的耦合状况；以及工频交流侧功率因数的高低等。这些因素都将导致电源装置的整机效率要低于逆变器的逆变效率，此效率大约为 70% ～ 77% （淬火状态）。

表 7-2 列出了日本电气兴业株式会社的部分 DPG 型晶闸管 SCR 电源装置的技术参数。在选用中频感应加热电源时，根据感应加热任务确定所需的功率和频率去选择中频电源设备。有的生产厂家在提供电气数据时，只有输出功率而无整机的输入容量，因此，在设计低压供电线路的容量时是需要考虑整机效率而加以换算的。

7.1.2.4　晶闸管中频电源

在我国，多数生产厂家对名称及型号命名方法大同小异，主要的型号字母及数字含义是：KG——晶闸管，P——中频电源，S——水冷，□（分子）——额定功率，□（分母）——额定频率。晶闸管中频电源型号及技术参数见表 7-3。

表 7-2　日本电气兴业株式会社的部分 DPG 型晶闸管 SCR 电源装置的技术参数

输出功率/kW	800	900	1000	1200	1500	2000	2500	3000
装置容量/kvar	1080	1215	1350	1560	1950	2600	3250	3900
整机效率(%)	74	74	74	77	77	77	77	77
频率/kHz	0.5 ～ 4.9,5 ～ 10				0.5 ～ 3			

表 7-3　晶闸管中频电源型号及技术参数

电源型号	额定功率/kW	额定频率/kHz	中频电压/V	中频电流/A	用　途
KGPS-160/1	160	1	750	340	熔炼(250kg)
KGPS-160/8	160	8	750	340	感应加热及淬火
KGPS-160/4-8	160	4 ～ 8	750	340	感应加热及淬火
KGPS-200/1	200	1	750	440	熔炼(300kg)
KGPS-200/8	200	8	750	440	感应加热及淬火
KGPS-200/4-8	200	4 ～ 8	750	440	感应加热及淬火
KGPS-250/1	250	1	750	550	熔炼(400kg)
KGPS-100/2.5	100	2.5	750	250	弯管及锻造加热
KGPS-160/2.5	160	2.5	750	340	弯管及锻造加热
KGPS-200/2.5	200	2.5	750	440	弯管及锻造加热
KGPS-250/2.5	250	2.5	750	550	弯管及锻造加热
KGPS-300/1	300	1	750	600	熔炼(500kg)
KGPS-300/2.5	300	2.5	750	660	感应加热及淬火
KGPS-300/4-8	300	4 ～ 8	750	660	感应加热及淬火

（续）

电源型号	额定功率/kW	额定频率/kHz	中频电压/V	中频电流/A	用　途
KGPS-400/1	400	1	750	880	熔炼(800kg)
KGPS-400/2.5	400	2.5	750	880	感应加热及淬火
KGPS-400/4	400	4	750	880	感应加热及淬火
KGPS-700/2.5	700	2.5	750	1500	感应加热及淬火
KGPS-3600/0.5J	3600	0.5			熔炼
KGPS-6300/0.5J	6300	0.5			熔炼

7.1.2.5 IGBT 中频电源

IGBT 中频电源型号及技术参数见表7-4。目前，我国生产的 IGBT 中频电源具有如下的特点：

1）大功率器件是 IGBT，而不是晶闸管 SCR。

2）采用他激方式，可调频率范围为 1～10kHz，方便输出功率的调节。

3）具有很好的恒压、恒流、恒功率特性。

4）采用霍尔电压电流传感器，反应速度快，控制精度高。

表7-4　IGBT 中频电源型号及技术参数

电源型号	额定功率/kW	额定频率/kHz	中频电压/V	中频电流/A	用　途
IGPS-50	50	1～10	275	240	感应加热及淬火
IGPS-100	100	1～10	550	235	感应加热及淬火
IGPS-160	160	1～10	550	350	感应加热及淬火
IGPS-250	250	1～10	550	590	感应加热及淬火
IGPS-500	500	1～10	550	910	感应加热及淬火

注：电源型号中，IG—IGBT，P—中频电源，S—水冷。

7.1.2.6 晶闸管中频电源的谐振电容器

一般感应加热负载是电感性的，其功率因数 $\cos\varphi$ 很低，通常为 0.2～0.4。为了提高功率因数，使其接近于1，通常将电容器与负载并联，组成并联谐振回路，故称谐振电容器。老式产品采用的电容器是 RYS 和 RYST 型中频电热电容器。体积大、容量较小。当今，已有全膜结构的全膜电热电容器，其特点是：体积小，频率高（可达 500kHz），容量大，它可以替代 RYS 和 RYST 型中频电热电容器。

7.1.3 MOSFET 和 IGBT 固态感应加热电源

7.1.3.1 功率场效应晶体管 MOSFET

1. MOSFET 的特点　MOSFET 在结构上是在单面晶片上制作成千上万个小的晶体管，以并联的方式连接起来的，具有能承受相当高的电压、承受较大电流、驱动功率小，以及开关速度快的性能。MOSFET 的种类繁多，按导电沟道可分为 P 沟道和 N 沟道。器件有三个电极，分别为栅极 G、源极 S 和漏极 D。当栅极电压为零时，源极和漏极之间就存在导电沟道的称耗尽型。对于 N 沟道器件，栅极电压大于零时

存在导电沟道，其电路图形符号如图7-13a 所示；对于 P 沟道器件，栅极电压小于零时才存在导电沟道，其电气图形符号如图7-13b 所示。N 沟道和 P 沟道器件都称为增强型 MOSFET。在 MOSFET 的应用中，主要使用 N 沟道增强型。

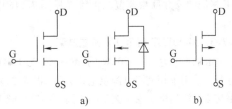

图7-13　增强型 MOSFET 电气符号

a）N 沟道　b）P 沟道

MOSFET 是场控型器件，直流或低频工作状态时，几乎不需要输入电流；但是在高频开关工作状态时，由于需要对输入电容进行充放电，故需要一定的驱动功率。开关频率越高，所需要的驱动功率越大。

2. MOSFET 的主要参数　有些产品的规格说明书中主要给出了额定参数值，如 Fuji 公司生产的型

号为 25K1020 的产品，给出的额定参数是 30A、500V、300W、0.18Ω，即漏极 D 的额定电流 I_D = 30A，漏极 D—源极 S 之间的额定电压 V_{DSS} = 500V，漏极额定功耗 P_D = 300W，漏极—源极的通态电阻 $R_{DS(on)}$ = 0.18Ω。如需动态参数，可进一步查询相关技术资料。

7.1.3.2　绝缘栅双极型晶体管 IGBT

1. IGBT 的特点　IGBT 是双极型晶体管和 MOSFET 晶体管的复合。双极型晶体管饱和压降低，载流密度大，但驱动电流也大；MOSFET 为电压驱动型，故驱动功率小，载流密度小，开关速度快，但导通压降大。IGBT 则综合了两种器件的优点，而成为驱动功率小且饱和压降低的新型器件。因此，IGBT 为电压驱动型，具有驱动功率小，开关速度快，饱和压降低，可承受高电压和大电流等一系列优点，综合性能好，已成为当今应用最为广泛的功率半导体器件。目前除单管 IGBT 外，已批量生产一单元、二单元、四单元和六单元的 IGBT 标准型模块，其最高水平已达1800A/4500V，开关频率可达200kHz。随着对模块的频率和功率要求的提高，国外已开发出了一种平面式的低电感的模块结构，进而发展到把 IGBT 芯片、控制和驱动电路、过压、过流、过热和保护电路封装在同一绝缘外壳内，制作成为智能化 IGBT 模块。它是智能化功率模块 IPM 的一种。这将为电力电子逆变器的高频化、小型化、高可靠性和高性能奠定了器件基础，也为简化整机设计、降低制造成本、缩短产品化的时间创造了条件。同 MOSFET 一样，当工作在高频开关状态时，必须要考虑极间电容的影响。

IGBT 的等效电路和电路符号见图 7-14。

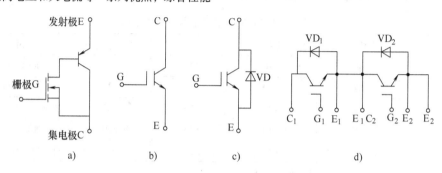

图 7-14　IGBT 的等效电路和电路符号

a) 等效电路　b) 电路符号　c) 内含反并联二极管的电路符号　d) 二单元模块电路符号

2. IGBT 的主要参数　举例：型号为 1MBH60D-100 的一单元模块，表示集电极额定电流为 60A，集电极—发射极间的额定电压为 1000V，D 是器件内部 C—E 极间的反并联快恢复二极管（见图 7-14c 中的 VD）。

7.1.3.3　MOSFET 与 IGBT 逆变电源

一般输出功率小于 20kW 的 MOSFET 与 IGBT 逆变电源，采用单相交流电源供电，大于 20kW 的采用三相交流电源供电。由于频率的原因，一般高频电源多采用 MOSFET（频率大于 100kHz），超音频电源多采用 IGBT（频率为 10～100kHz），国外 IGBT 逆变电源的频率达到了 100～200kHz。

1. MOSFET 高频逆变器　用于感应加热的高频逆变器主要有电压型串联谐振式和电流型并联谐振逆变器。在使用 MOSFET、IGBT 等具有自关断能力的功率晶体管作开关器件的逆变器中，中、小功率多采用电压型串联谐振逆变器，大功率多采用电流型并联谐振逆变器。由于功率晶体管在功率、控制性能和可靠性设计方面取得的进步，使得高频电源的额定输出功率达到 600kW，频率达到 400kHz，逆变器效率为 85%～90%，整机效率达到 74%～77%。

（1）电压型串联谐振逆变器。图 7-15 所示为振荡功率为 30kW，工作频率为 50～150kHz 的 MOSFET 高频电源电路，该图为电压型串联谐振逆变电路。为提高输出功率，各桥臂采用两管并联。为解决管子之间的均流问题，应采取措施为：①VM₁～VM₄ 是由 MOSFET 组成的管组，每组应尽量选用特性一致，特别是通态电阻一样的器件并联。②各 MOSFET 管分别串接栅极电阻。③驱动信号功率应足够大。④四个桥臂的布局与安装要使其散热条件相同，以保证工作温度尽量相同等。与 MOSFET 器件 D—S 极间反并联的二极管是器件内部的快恢复二极管，它有与 MOSFET 开关速度相匹配的恢复时间，其耐压与允许电流也相一致，作用是为外部电路的无功电流提供通路，与之相并联的电阻和电容是吸收回路。

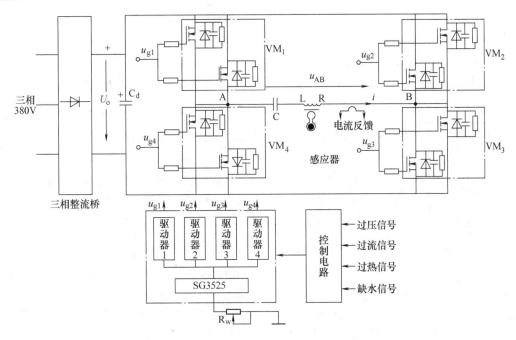

图7-15 MOSFET 高频电源电路

负载回路 L、R、C 是串联谐振电路。在谐振状态下，电容器 C 与淬火变压器初级线圈上的电压是 u_{AB}（矩形波）的基波电压 u_1 的 Q 倍，Q 被称为串联谐振电路的品质因数。Q 受加热工件的物理状态和淬火变压器结构的影响，一般为 3~7。

（2）逆变器驱动电路。驱动电路是以集成 PWM 控制器 SG3525 为核心的电路组成，由驱动器 1~4 输出触发信号 u_{g1}~u_{g4}。与晶闸管逆变器不同，由于 MOSFET 具有自关断能力，因而不用启动和换流电路，只要在 MOSFET 的栅极上加上导通和截止触发脉冲即可正常工作。逆变器的上、下桥臂的栅极驱动应遵守先关断后开通的原则，因而工作桥臂轮换时，它们的触发脉冲之间存在时间死区 t_S。触发电路也可采用售品专用驱动器芯片组成，如 UC3706 和 UC3708。

由于三相整流桥为不可控三相整流电路，U_o 的值不可控。因而，不能通过改变直流电压 U_o 的办法来改变输出功率。当被加热工件的物理状态发生变化（如体积大小，感应器尺寸与形状变化）时，L、R、C 串联谐振电路的固有谐振频率 f_0 将发生变化，为使工作频率 f 尽量接近 f_0，即功率因数 $\cos\varphi$ 应尽量接近于 1，以获取最大的功率输出。为此，可手动调整 R_W 从而调节 SG3525 的 PWM 波的频率来跟踪 f_0 的变化，电源装置面板上的"输出功率调节"实际是手动调节 R_W。目前，已在技术上实现了采用单片机技术结合数字电位器（代替 R_W）来进行频率的自动

跟踪。

2. IGBT 超音频逆变器 下面以电压型串联谐振逆变电路为例介绍其工作原理，电路如图 7-16 所示，该电路为单相逆变桥与 L、R、C 负载谐振回路组成的串联式逆变电路。

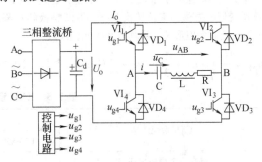

图7-16 电压型串联谐振式逆变电路

（1）电路工作原理。三相交流电经三相整流桥整流，再经滤波电容 C_d 滤波供电给逆变电路。以 IGBT 为功率开关器件的 VI_1~VI_4 组成逆变器的桥臂，VD_1~VD_4 分别为四只 IGBT 器件内部的反并联快恢复二极管，它们为逆变桥提供换流通路。u_{g1}~u_{g4} 分别是 VI_1~VI_4 开关器件的触发脉冲。为避免逆变器上、下桥臂直通，换流过程必须遵循先关断后开通的原则。因此，在上、下桥臂 IGBT 触发脉冲的上升沿之间必须留有足够的时间死区 t_s，电量波形如图 7-17 所示。图中，u_1 是 u_{AB} 的基波电压，i_1 是串联电

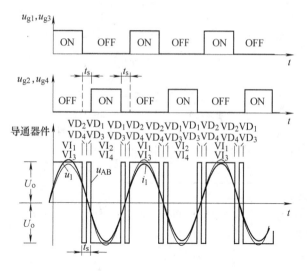

图 7-17　触发脉冲与电量波形

路电流 i 的基波电流。由于 L 和 C 要进行能量交换，即电流是连续的，因此当 VI_1 和 VI_3 由导通变为截止，或者 VI_2 和 VI_4 由导通变为截止时，与 IGBT 反并联的快恢复二极管在时间 t_s 将承担续流的任务。具体的换流情况见图 7-17 中波形和导通器件的顺序。图 7-17 所示为 IGBT 逆变桥工作在 $\cos\varphi = 1$ 的理想状态，即串联谐振状态（$f = f_0$）下的波形。由于换流是在电流为零的附近完成，因而开关损耗小，当工作频率 f 偏离谐振频率 f_0 时，开关损耗将增大。为了估算逆变器的振荡功率及转换效率，可忽略换相过程，则 u_{AB} 近似为矩形波，将其展开成傅氏级数，即

$$u_{AB} = \frac{4U_o}{\pi}\left(\sin\omega t + \frac{1}{3}\sin3\omega t + \frac{1}{5}\sin5\omega t + \cdots \right) \qquad (7-5)$$

基波电压有效值为

$$U_1 = 4U_o/\sqrt{2}\pi \qquad (7-6)$$

设基波电流 i_1 的有效值为 I_1，则输出功率 P_o 为

$$P_o = U_1 I_1 \approx 0.9 U_o I_o \qquad (7-7)$$

举例，设 $U_o = 500\text{V}$，$I_o = 230\text{A}$，$f = 25\text{kHz}$，则 $P_o = 0.9 \times 500 \times 230\text{W} = 103.5\text{kW}$。

为了调节输出功率，可调节直流电压 U_o，此时图 7-16 中的三相整流电路要改设计为三相可控整流电路。

（2）驱动电路。IGBT 和其他功率半导体器件一样，驱动电路是决定其工作可靠性、稳定性和器件寿命的关键因素之一。为此，对驱动电路有如下的要求。

1）驱动电路必须能向栅极提供幅值足够高的正向电压 U_{GE}，一般为 12～15V。

2）能提供负向栅极电压（负栅压）。负栅压有利于快速消灭存储电荷，从而有利于缩短关断时间，一般取 −5～−10V。

3）能输出前后沿陡峭的脉冲，内阻要小，能输出较大的峰值电流，以使输入电容能快速充放电缩短开关时间，减小开关损耗。

4）抗干扰能力要强，对被驱动的 IGBT 具有保护功能。

满足上述要求的模块化电路有多种系列产品，现以 Fuji 公司的 EXB 系列产品为例，介绍其主要特性与应用。EXB 系列产品综合技术参数见表 7-5。

表 7-5　EXB 系列产品综合技术参数

EXB 系列产品		标　准　型		高　速　型	
		EXB850	EXB851	EXB840	EXB841
最高直流供电电压/V		25	25	25	25
驱动电路最大延迟时间/μs		4	4	1.5	1.5
最高工作频率/kHz		10	10	40	40
最大驱动能力/A	IGBT，BV_{CES} 为 600V	150	400	150	400
	IGBT，BV_{CES} 为 1200V	75	300	75	300
推荐的栅极电阻 R_G/Ω		15	5（400A）	15	5（400A）
			3.3（400A）		3.3（400A）

注：BV_{CES} 为静态集电极与发射极之间的最高电压。

图 7-18a 所示为 EXB841 驱动模块电路与 IGBT 相连接的电路，电路的工作原理分析如下：

1）当驱动脉冲到达三极管 V_1 基极时，EXB841 的第 15 脚→14 脚有 10mA 电流流过，经内部电路提升电压幅度后，在第 3 脚与 1 脚之间输出驱动脉冲 u_{g1}，其波形如图 7-18b 所示，正向幅度为 15V。当驱动脉冲为零时，在 IGBT 器件 VI_1 管的 G_1 极与 E_1 极之间为 −5V 电压，这有利缩短关断时间。

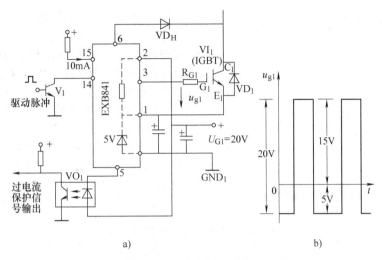

a)

b)

图7-18　驱动电路及脉冲波形

a) 电路图　b) 驱动脉冲

2) IGBT 的短路或过流保护。IGBT 正常饱和导通情况下，$u_{CE} \approx 3V$，此时高反压快恢复二极管 VD_H 导通，EXB841 的第 5 脚为高电位，光电耦合管 VO_1 无过流保护信号输出，EXB841 继续正常工作。当 IGBT 过流或短路而退出饱和工作区时，u_{CE} 将升高至 4～5V 之间。此时 VD_H 截止，从而导致第 5 脚电位为 0V，于是 VO_1 管有过流保护信号输出。此信号将使驱动电路在很短时间内停止输出驱动脉冲 u_{g1}，保护了 IGBT（VI_1 管）不致因过流或短路而损坏。

3) R_G 的数值可按照表 7-5 中的推荐值进行选用。EXB841 的输出端至 IGBT 栅极的引线要使用绞线。

4) 对于逆变桥臂的其他 IGBT（VI_2、VI_3、VI_4）的驱动电路的工作原理是一样的。但要注意，u_{g1}～u_{g4} 的波形要按图 7-18 中的关系提供给相应 IGBT 的输入端；四个 EXB841 的直流电压源（U_{G1}～U_{G4}）是相互绝缘的独立电源。

如果不采用售品驱动模块，或在不能满足设计要求的情况下，也可根据自己的技术要求设计驱动电路。

(3) IGBT 的保护

1) IGBT 的缓冲电路（吸收电路）。IGBT 感应加热电源的保护措施除去过压、过流、超温、水压过低等各种保护措施外，还必须引入 IGBT 缓冲电路。功率开关器件的损坏，不外乎是器件在开关过程中遭受了过量 du/dt、di/dt，或瞬时过量功耗的损害而造成的。缓冲电路的作用就是改变器件的开关轨迹，控制各种瞬态过电压，降低器件开关损耗，保护器件安全运行。典型的缓冲电路如图 7-19a 所示。当 IGBT 管 VI 关断时，电流经缓冲二极管 VD 向缓冲电容 C_S 充

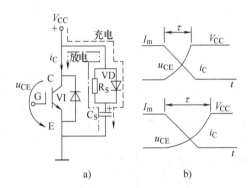

a)　　b)

图7-19　典型缓冲电路

a) 缓冲电路　b) 关断波形

电，同时集电极电流 i_C 逐渐减少。由于 C_S 两端电压不能突变，所以有效地限制了 VI 管集电极电压 u_{CE} 的上升速率 du/dt，也避免了集电极电压 u_{CE} 和集电极电流 i_C 同时达到最大值。当 VI 开通时，已充电的 C_S 通过外接电阻 R_S 和器件电阻等以热的形式消耗其储存的能量。这样便将 VI 运行时产生的开关损耗转移到了缓冲电路中，最后在电阻上以热的形式消耗掉，从而保护了 IGBT。缓冲电容 C_S 的容量不同其效果也不相同。图 7-19b 中的上面一个图的 C_S 较小，时间常数 τ 较小，i_C 下降至零之前，u_{CE} 也上升至电源电压 V_{CC}，瞬时功耗较大，其下图的 C_S 较大，i_C 下降至零之后，u_{CE} 才上升至 V_{CC}，瞬时功耗较小。通用的三种 IGBT 缓冲电路类型如图 7-20 所示。其中，图 7-20a 为单只低电感吸收电容构成的缓冲电路，适用于小功率 IGBT 模块；图 7-20b 适用于较大功率 IGBT 功率模块；图 7-20c 适用于大功率 IGBT 模块。缓冲电路设计时的推荐值见表 7-6。

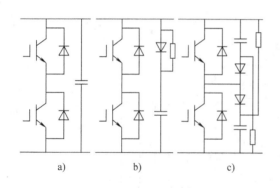

图 7-20　通用的三种 IGBT 缓冲电路

2）IGBT 的过电压吸收。对于 100kW 以上的固态感应加热电源，为了更有效地防止 IGBT 的 C—E 极间的过电压击穿而损坏，除了安装缓冲电路以外，还在逆变电路的每个桥臂的 IGBT 的 C—E 极间安装氧化锌压敏电阻器（ZnO）。氧化锌压敏电阻器是一种半导体陶瓷压敏电阻器，它具有优异的稳压和电涌吸收能力。

3）能量反馈回路。对于大功率固态电源，当 LC 谐振回路的功率因素 $\cos\varphi$ 较小时，需要提供一条无功能量反馈回电网的通路。这就要求在三相可控整流电路中，加入由大功率二极管组成的反接三相桥路。

表 7-6　缓冲电路设计时的推荐值

模块型号	推荐设计值				
	主母线电感 /nH	缓冲电路类型	缓冲电路回路电感/nH	缓冲电容 /μF	缓冲二极管
10A ~ 50A 六合一型	200	a	20	0.1 ~ 0.47	
75A ~ 2000A 六合一型	100	a	20	0.6 ~ 2.0	
50A ~ 200A 双单元	100	b	20	0.47 ~ 2.0	
300A ~ 600A 双单元	50	b	20	3.0 ~ 6.0	
200A ~ 300A 双单元	50	c	15 ~ 30	0.47	600V：RM50HG-12S 1200：RM25HG-24S
400A 一单元	50	c	12	1.0	600V：RM50HG-12S 1200：RM25HG-24S （2 个并联）
600A 一单元	50	c	8	2.0	600V：RM50HG-12S （2 个并联） 1200：RM25HG-24S （3 个并联）

注：缓冲电路类型中的 a、b、c 是对应图 7-20 中 a、b、c。

3. MOSFET 与 IGBT 逆变电源的谐振电容器（或槽路电容器）　感应加热装置的输出回路除了消耗有功功率以外，还要"吸收"无功功率，如果这些无功功率都由电源供给，必将影响它的有功功率，不但不经济，而且会造成电压质量低劣。由谐振电容器和电感组成的谐振回路将大大地改善这一性能。在固态电源的桥式逆变器中，广泛采用并联谐振和串联谐振，其中电容器就是一种无功功率补偿装置，在并联谐振回路中称并联补偿，在串联谐振回路中称串联补偿。谐振回路中的电容器又称槽路电容器，在感应加热装置中，槽路电容器通常是由单只电容器组合而成。

（1）RFM 型电热电容器。RFM 电热电容器是极间采用全膜结构的电热电容器，它符合 IEC 国际标准和国家有关标准。电热电容器用于感应加热设备中，以提高功率因素，改善回路的电压或频率等特性，有水冷和自然冷却两类，其额定电压覆盖的范围为 0.25 ~ 3kV，额定容量为 160 ~ 2000kvar，额定频率为 0.2 ~ 500kHz。

RFM 型电热电容器型号表示如下：

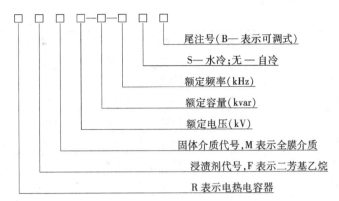

尾注号(B— 表示可调式)

S— 水冷;无 —自冷

额定频率(kHz)

额定容量(kvar)

额定电压(kV)

固体介质代号,M 表示全膜介质

浸渍剂代号,F 表示二芳基乙烷

R 表示电热电容器

举例：型号 RFM1-500-300S 表示额定电压为 1kV，额定容量为 500kvar，额定频率为 300kHz，浸渍二芳基乙烷，全膜介质结构，水冷式电热电容器。

图 7-21 所示为 RFM 型电热电容器的外形，图 7-22 所示为其内部组成。表 7-7 所示为 RFM 型全膜结构电热电容器系列的部分产品型号。

图 7-21　RFM 型电热电容器的外形

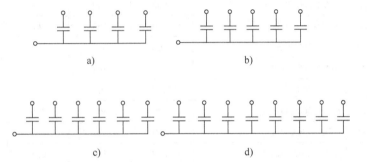

图 7-22　RFM 型电热电容器内部组成

表 7-7　RFM 型全膜结构电热电容器系列的部分产品型号

序号	型　号	额定电压 /V	额定容量 /kvar	额定频率 /kHz	额定电流 /A	额定电容 /μF	内部组成图号
1	RFM0.375-160-8SB	375	160	8	427	5×4.52	图 7-22b
2	RFM0.375-500-2.5S	375	500	2.5	1333	6×37.73	图 7-22c
3	RFM0.5-320-8S	500	320	8	640	4×6.366	图 7-22a
4	RFM0.75-640-4S	750	640	4	853	4×11.32	图 7-22a
5	RFM0.75-1000-0.25S	750	1000	0.25	1333	6×188.63	
6	RFM0.75-1000-20S	750	1000	20	1333	6×2.358	图 7-22c
7	RFM0.75-1500-4S	750	1500	4	2000	8×13.26	图 7-22d
8	RFM0.8-400-20S	800	400	20	500	4×1.243	图 7-22a
9	RFM0.85-1250-1S	850	1250	1	1471	6×45.89	图 7-22c
10	RFM1.0-1000-1S	1000	1000	1	1000	6×26.53	图 7-22c
11	RFM1.0-1000-20S	1000	1000	20	1000	6×1.33	图 7-22c
12	RFM1.1-2000-0.5S	1100	2000	0.5	1818	8×65.77	图 7-22d
13	RFM1.2-1000-1S	1200	1000	1	833	4×27.63	图 7-22a
14	RFM1.2-1500-0.5S	1200	1500	0.5	1250	6×55.26	图 7-22c
15	RFM1.2-2000-1S	1200	2000	1	1667	8×27.63	图 7-22d

（续）

序号	型　　号	额定电压 /V	额定容量 /kvar	额定频率 /kHz	额定电流 /A	额定电容 /μF	内部组成 图号
16	RFM1.4-2000-0.5S	1400	2000	0.5	1429	6×54.13	图 7-22c
17	RFM1.5-1000-0.2S	1500	1000	0.2	667	4×88.42	图 7-22a
18	RFM1.5-1000-1S	1500	1000	1	667	6×11.79	图 7-22c
19	RFM1.6-1000-0.5S	1600	1000	0.5	625	4×31.08	图 7-22a
20	RFM1.7-1500-0.25S	1700	1500	0.25	882	4×82.61	图 7-22a
21	RFM1.7-3000-0.5S	1700	3000	0.5	1765	8×41.3	图 7-22d
22	RFM2.2-2000-0.5S	2200	2000	0.5	909	4×32.88	图 7-22a
23	RFM2.4-2000-0.5S	2400	2000	0.5	833	4×27.63	图 7-22a
24	RFM2.5-2000-0.3S	2500	2000	0.3	800	4×42.44	图 7-22a
25	RFM1-560-30S	1000	560	30			
26	RFM1-560-40S	1000	560	40			
27	RFM1-560-50S	1000	560	50			
28	RFM1-1000-50S	1000	1000	50			
29	RFM1-500-300S	1000	500	300			
30	RFM1-560-400S	1000	560	400			
31	RFM1-434-500S	1000	434	500			
32	RFM1.2-750-0.5S	1200	750	0.5			
33	RFM1.2-750-0.5-2S	1200	750	2			
34	RFM1.2-1000-0.5S	1200	1000	0.5			
35	RFM1.2-1500-0.5S	1200	1500	0.5			
36	RFM1.2-2000-0.5S	1200	2000	0.5			
37	RFM1.2-1200-0.7S	1200	1200	0.7			
38	RFM1.2-1000-1S	1200	1000	1			

表 7-7 汇集了产品技术参数的两种情况，序号 1~24 除给出了额定电压、额定容量、额定频率外，还给出了额定电流、额定电容量及内部组成图号；序号 25~38 只给出了额定电压、额定容量、额定频率。由电工原理得知，电容器的电容量和电流与无功功率，电压和频率之间有如下的关系：

$$C = \frac{Q}{2\pi f U^2} \tag{7-8}$$

$$I = 2\pi f C U = \frac{Q}{U} \tag{7-9}$$

式中　C——额定电容量（μF）；

　　　I——额定电流（A）；

　　　Q——电容器的额定（无功）功率（kvar）；

　　　U——电容器的额定电压（kV）

　　　f——额定频率（kHz）。

要想知道表 7-7 中序号 25~38 电热电容器的额定电容量和额定电流，可以通过式（7-8）、式（7-9）计算出来。

（2）其他无极性薄膜电容器。并联谐振回路中电感 L 和电容 C 所承受的电压约等于直流电源电压（单相约为 220V，三相约为 500V），回路电容采用 RFM 型电热电容器较合适。串联谐振回路中电感 L 和电容 C 大约要承受 Q（3~7）倍的直流电源电压。因此，回路电容 C 往往采用数目较多的单只电容器来组成，如图 7-23 所示。C_d 为单只电容量，$C_1 = C_2 = \cdots = C_m = nC_d$，Ⅰ、Ⅱ、Ⅲ 各组的电容量分别为 m 组的串联，电容器组的总电容量 C_{AB} 为 Ⅰ、Ⅱ、Ⅲ 各组电容量之合。串联的目的是提高耐压，并联的目的是增加电容量。为了散热，要将电容器组置于通水冷却的盛有变压器油的油箱中。

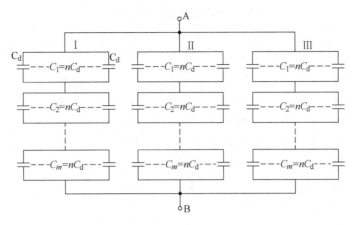

图 7-23 电容器组

4. MOSFET 与 IGBT 逆变电源的谐振电感 谐振电感 L 是输出变压器初级的等效电感。在固态感应加热电源中，常用大功率高频开关用磁心来制作输出变压器，由于其有效磁导率高，单匝线圈电感量大，因而可以减小体积。此种磁心有多种材料、型号和规格。下面介绍常用的 M_N-Z_N 功率铁氧体，它具有低磁心损耗和高磁通密度的特性，常用的材料有 LP 系列、S 系列。按适用频率范围分为 LP2、LP3 和 LP4 等三种材料牌号。LP2 材料适用于 20 ~ 150kHz 中低频率，LP3 材料是目前应用最广泛的中高频段 100 ~ 500kHz 的优秀材料，LP4 材料则是为适应开关电源高频化发展趋势而开发的超高频功率材料，它主要适用于 500kHz ~ 1MHz 谐振式开关电源。

（1）磁心的尺寸和参数。磁心工作时存在磁心损耗，它与磁心的工作频率和工作温度有关，其值可以通过厂家提供的相关曲线查到。图 7-24 所示为磁心的外形及尺寸标注，表 7-8 列出了几种型号磁心的尺寸，表 7-9 是几种型号磁心的技术参数。

（2）磁心的选用。磁心的工作频率由磁心材料

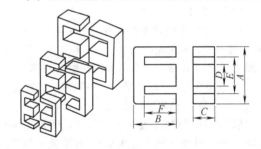

图 7-24 磁芯的外形及尺寸标注

表 7-8 几种型号磁心的尺寸

型 号	尺寸/mm					
	A	B	C	D	$E \geqslant$	F
EE80	80.0 ± 1.0	38.5 ± 0.5	20.0 ± 0.5	20.0 ± 0.5	60.0	28.5 ± 0.5
EE85	85.0 ± 1.5	43.5 ± 0.5	26.5 ± 0.5	26.5 ± 0.5	55.0	28.5 ± 0.5
EE85B	85.0 ± 1.5	43.5 ± 0.5	31.5 ± 0.5	26.5 ± 0.5	55.0	30.0 ± 0.5
EE90	90.0 ± 1.5	45.0 ± 0.5	29.5 ± 0.5	29.5 ± 0.5	59.0	30.0 ± 0.5
EE110	110.0 ± 3.0	56.0 ± 1.0	36.0 ± 1.0	36.0 ± 1.0	74.0	38.0 ± 0.5
EE130	130.0 ± 3.0	65.0 ± 1.0	40.0 ± 0.5	40.0 ± 0.5	86.0	45.0 ± 0.5
EE160	160.0 ± 3.0	85.0 ± 1.0	40.0 ± 0.5	40.0 ± 0.5	118.0	65.0 ± 0.5
EE185	185.0 ± 3.5	77.0 ± 1.5	27.5 ± 1.0	53.0 ± 1.0	128.0	50.0 ± 1.5
EE195	195.0 ± 3.0	79.0 ± 1.0	30.0 ± 0.5	60.0 ± 0.5	130.0	49.0 ± 0.5
EE320	320.0 ± 5.0	125.0 ± 0.5	20.0 ± 2.0	100.0 ± 2.5	217.0	75.0 ± 1.5

表 7-9　几种型号磁心的技术参数

型　号	磁心参数				每对磁心重量/g	$A_L/[(1\pm25\%)nH/N^2]$		P_C/W	
	$C_1/(1/mm)$	A_e/mm^2	L_e/mm	V_e/mm^3		SP3	SP4	SP3	SP4
EE80	0.461	399	184	73500	350		5600		7.35
EE85	0.264	714	188	134000	650		7400		2.71
EE85B	0.220	859	189	162000	750	10000	9000	3.24	3.23
EE90	0.337	419	141	59100	790	5760	9100	11.82	3.4
EE110	0.191	1280	244	31200	1560	11500	10000	6.24	6.25
EE130	0.352	1600	284	454000	2374	12000	12000	4.6	9.54
EE160	0.498	1600	398	637000	30074	9000	7700	6.4	11.8
EE185	0.24	1488	370	551000	2800	12000			11.0
EE195	0.30	1680	424	946000	3246		10000		11.4
EE320	0.289	2000	577	115000	5952	8000		23.08	

注：C_1—磁心常数，A_e—有效截面积，L_e—有效磁路长度，V_e—有效体积，A_L—电感因数，P_C—磁心损耗，N—匝数。

来保证。磁心损耗通常采用水冷来抑制过高的温升，以确保安全工作。下面介绍两种根据输出功率来选用磁心的估算方法。

1) 输出功率估算磁心对数。通常取（5～10）W/1g 重磁心，根据输出功率 P_o 估算磁心重量，再由磁心重量估算磁心对数。举例，输出功率 P_o = 30kW，选型号为 EE130 的磁心（一对磁心的重量可由表7-9查得），估算磁心对数。

取 7W/1g 重磁心，磁心总重量 =（30000/7）g ≈ 4286g，磁心对数 = 磁心总重量/一对重量 = 4286g/2374g ≈ 1.8，取 2 对。

2) 面积乘积法估算磁心对数。计算公式如下：

$$A_e'A_w = \frac{2P_o}{2f\Delta B\eta jK_C} \qquad (7-10)$$

式中　A_e'——所需磁心总截面积（m^2）；

A_w——1 对磁心的窗口面积（m^2）；

P_o——输出功率（W）；

f——频率（Hz）；

ΔB——磁通密度变化量（T）；

η——效率，一般为 0.6～0.8；

j——电流密度（A/m^2），一般为（2.5～3）× $10^6 A/m^2$；

K_C——系数，一般为 0.2～0.3。

举例：已知输出功率 P_o = 30kW，f = 30kHz。要求选取磁心型号与估算磁心对数。

取 η = 0.7，j = 2.5 × $10^6 A/m^2$，K_C = 0.2，一般取 ΔB = 0.25T，选型号为 EE130 的磁心，由表7-8中的尺寸计算出一对磁心窗口面积：

$$A_w = \left(\frac{E-D}{2} \times 2F\right) \times 2$$

$$= \left(\frac{86-40}{2} \times 2 \times 45\right) \times 2mm^2 = 4140mm^2$$

则由式（7-10）可计算出面积乘积：

$$A_e'A_w = \frac{2 \times 30 \times 10^3}{2 \times 30 \times 10^3 \times 0.25 \times 0.7 \times 2.5 \times 10^6 \times 0.2}m^4$$

$$= 11.43 \times 10^{-6} m^4$$

$$磁心总截面积 = A_e' = \frac{A_e' \times A_w}{A_w} = \frac{11.43 \times 10^{-6}}{4140 \times 10^{-6}}$$

$$= 2761mm^2$$

磁心 EE130 的对数 = 总截面积/有效截面积 = 2761/1600 ≈ 1.7，取 2。

5. （全）固态感应加热电源　MOSFET 高频感应加热电源系列（200～300kHz，25～250kW）见表7-10。型号中的字母含义是：J——晶体管；M——MOSFET，G——感应加热电源，C——淬火。

表 7-10　MOSFET 高频感应加热电源系列

型　号	电源电压/V	输入容量/kvar	输出功率/kW	振荡频率/kHz
JMGC25-200	380	30	25	200
JMGC50-200	380	70	50	200
JMGC75-200	380	100	75	200
JMGC100-200	380	130	100	200
JMGC150-200	380	200	150	200
JMGC200-200	380	270	200	200
JMGC250-200	380	320	250	200

IGBT全固态中频、超音频感应加热电源系列见表7-11。型号中的字母含义是：J——晶体管，I——IGBT，G——感应加热电源，C——淬火。

表7-11　IGBT全固态中频、超音频感应加热电源系列

型　　号	电源电压/V	输入容量/kvar	输出功率/kW	振荡频率/kHz
JIGC-25-30	380	33	25	30
JIGC-50-10	380	70	50	10
JIGC-50-30	380	70	50	30
JIGC-100-10	380	130	100	10
JIGC-100-20	380	130	100	20
JIGC-100-50	380	130	100	50
JIGC-150-10	380	195	150	10
JIGC-150-20	380	195	150	20
JIGC-150-50	380	195	150	50
JIGC-200-10	380	260	200	10
JIGC-200-20	380	260	200	20
JIGC-200-50	380	260	200	50
JIGC-250-10	380	330	250	10
JIGC-250-20	380	330	250	20
JIGC-250-50	380	330	250	50
JIGC-350-10	380	460	350	10

MOSFET和IGBT感应加热电源型号还有其他命名方法，不再赘述。

7.1.4　真空管（电子管）高频感应加热电源

真空管高频感应加热电源在高频率，甚至超高频率、大功率方面有着它的优势，国内生产的电源其频率达到2MHz，功率达到600kW；在可靠性、稳定性方面也具有明显的优势；加之"三相交流调压—阳极变压器升压—三相高压硅整流—真空管高频振荡—负载"的整机化设计，新型元器件的采用（如陶瓷振荡管，陶瓷盘式电容器作为槽路电容等），使得真空管高频感应加热电源与固态感应加热电源并存。当然，耗能较高，体积大，属高压设备，危险性高是它的缺点。正因为如此，在某些应用领域已被MOSFET或IGBT固态感应加热电源所代替。但是，由于它的优势使得真空管高频感应加热电源现在还具有一定的生命力，实际应用中用户可以根据需要加以选择。

感应加热电源用真空管的功率从1W到数百千瓦，工作频率从数十兆赫兹到2000MHz。其结构除去玻壳结构外，还有金属陶瓷结构。

7.1.4.1　真空管高频感应加热电源的组成

图7-25所示为真空管高频感应加热电源的组成。由图7-25看出，与老式产品的结构相比，没有了充汞闸流管调压电路，取而代之的是三相交流调压电路和高压硅整流，这就是新型真空管高频感应加热电源的整机化设计的结构。三相交流电源经三相交流调压器的调压供电给阳极变压器，再经三相高压硅堆整流输出直流高压给真空管高频振荡器，产生高频电流使高频负载在很短的时间内被加热到很高的温度，从而完成热处理工艺。输出功率的大小可用以下两种方法来进行调整：

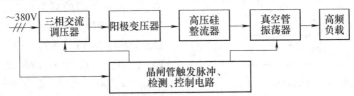

图7-25　真空管高频感应加热电源的组成

1）调整真空管阳极电压的大小来改变输出功率。阳极电压的调整是依靠改变三相交流调压器的调节角α来实现的。α角的改变使调压器输出的三相交流电压的有效值改变，从而改变阳极变压器高压端的输出电压，进而改变真空管阳极电压的大小。

2）进行匹配调节（阳极电压一定）。对于三回路真空管高频振荡器，可以通过调节"耦合"与"反馈"来实现；对于单回路高频振荡器，可以通过调节"反馈"来实现。

实际中，用上述两种方法进行综合调节。

7.1.4.2　三相交流调压器

图7-26所示为三相交流调压器的组成框图，点画线框是典型的单片微机的基本系统。它完成三相交流电压的相位监别，输出相位同步的6个触发脉冲去控制晶闸管的导通，改变输出电压给定就可以改变晶闸管的导通角α，从而改变输出电压；判定来自交流过流检测电路的输出信号，如过流，则封锁晶闸管的触发脉冲，从而切断主回路。

三相交流调压器主回路的接线形式有多种，在高频感应加热设备中，常采用的有三相三线制Y形接法和内、外三角形接法，电路分别如图7-27～图7-29所示。

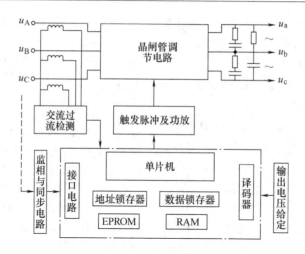

图 7-26　三相交流调压器的组成框图

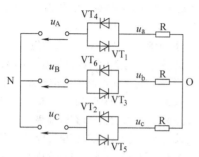

图 7-27　三相三线制 Y 形接法

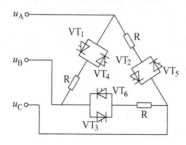

图 7-28　内三角形接法

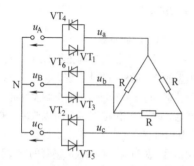

图 7-29　外三角形接法

这里只介绍三相三线制 Y 形接法的交流调压电路。在图 7-27 中，由晶闸管 VT_1、VT_3、VT_5、VT_4、

VT_6、VT_2 组成三相交流调压电路，u_A、u_B、u_C 是三相交流电源的相电压，u_a、u_b、u_c 是三相交流调压电路的三相输出相电压，即三相负载 R 端的三相相电压。三相交流电源相电压之间的关系见式（7-11）。

$$\left.\begin{aligned}u_A &= \sqrt{2}U\sin\omega t \\ u_B &= \sqrt{2}U\sin\left(\omega t - \frac{2\pi}{3}\right) \\ u_C &= \sqrt{2}U\sin\left(\omega t + \frac{2\pi}{3}\right)\end{aligned}\right\} \quad (7\text{-}11)$$

三相交流调压电路中，晶闸管 VT_1 和 VT_4、VT_3 和 VT_6、VT_5 和 VT_2 反向并联，各晶闸管门极的触发脉冲，同相间两管（如 VT_1、VT_4）的触发脉冲要互差 180°，三相间的同方向晶闸管（如 VT_1、VT_3、VT_5）门极的触发脉冲要互差 120°。6 只晶闸管门极触发的相序是 VT_1、VT_3、VT_5，触发相位依次滞后 120°，VT_4、VT_6、VT_2 的触发又分别滞后于 VT_1、VT_3、VT_5 180°。这样，触发相位自 VT_1 到 VT_6 相邻两管之间，依次滞后间隔为 60°，$\alpha = 0°$ 时的触发脉冲、60° 间隔内的导通管及波形见图 7-30。α 角都是从相电压由负变正的零点处开始计算的，这一点与三相桥式可控整流电路不同。图 7-30 是 $\alpha = 0°$ 时的波形，输出三相相电压 u_a、u_b、u_c 分别等于三相电源相电压 u_A、u_B、u_C。由图中的导通管看出，每个时刻都有三只管导通。VT_1 和 VT_4、VT_3 和 VT_6、VT_5 和 VT_2 是晶闸管对，它可由单管组成，也可以是双向晶闸管，后者采用较多。

对于高频感应加热设备生产厂来说，三相交流调压器是设备整机化设计的内容之一。对于改造老式的真空管高频感应加热设备，可以购置三相交流调压器产品，其产品型号如表 7-12 所示。

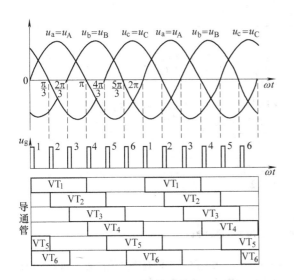

图7-30　$\alpha = 0°$时的触发脉冲、60°间隔
内的导通管及波形

表7-12　三相交流调压器产品型号

型号	高频感应加热设备功率/kW	晶闸管规格与数量
KTS-Ⅳ-60kW	60	KP200A/1200V，6 个
KTS-Ⅳ-100kW	100	KP300A/1200V，6 个
KTS-Ⅳ-200kW	200	KP500A/1200V，6 个
KTS-Ⅳ-400kW	400	KP1000A/1200V，6 个
KTS-Ⅳ-600kW	600	KP1500A/1200V，6 个

7.1.4.3　高压硅堆三相整流器

　　真空管高频感应加热电源的高压整流，过去采用的是充汞闸流管整流装置，从 20 世纪 80 年代初开始逐步被高压硅堆三相整流器所代替。高压硅堆三相整流器相比闸流管整流装置，具有节电效果明显、使用寿命长、容易维修与维护、不易机械损伤等优点。图7-31 所示为单只桥臂电路。图中，$VD_1 \sim VD_N$ 是硅整流二极管；$RT_1 \sim RT_N$ 是 ZnO 压敏电阻（MYL 系列），它的作用是，当整流二极管由正向导通转为反向阻断而产生换向过电压时，吸收此过电压；$R_1 \sim R_N$ 是均压电阻。图 7-32 所示为高压硅堆三相整流电路。图中，RT_1、RT_2、RT_3 组成三角形接法，它接在阳极变压器的输出端。其作用是吸收操作过电压（阳极变压器原边合闸与拉闸时产生）和大气过电压（雷电时产生），RT_4 的作用是吸收故障过电压（直

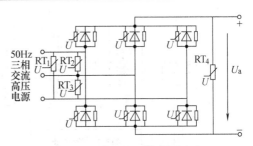

图7-32　高压硅堆三相整流电路

流侧突然短路或断路时产生）。高压硅堆三相整流器的型号（过去的型号命名是 GGA 系列）及电气参数见表7-13。

表7-13　高压硅堆三相整流器的
型号及电气参数

型　号	高频设备功率/kW
UZD5A/6kV	
UZD5A/8 ~ 10kV	10
UZD6A/15 ~ 20kV	30
UZD10A/15 ~ 20kV	60
UZD20A/15 ~ 20kV	100
UZD50A/15 ~ 20kV	200
UZD80A/15 ~ 20kV	
UZD80A/15 ~ 20kV	300 ~ 400
UZD100A/15 ~ 20kV	600
UZD500A/15 ~ 20kV	

7.1.4.4　真空管高频振荡器

　　振荡器的作用是将直流电能转换为高频交流电能，通过感应器传输给金属工件以完成高温加热。

　　1. 三回路振荡电路　图 7-33 所示为真空管三回路高频感应加热电源的电路。图中只画出了三相交流电源、三相交流调压器、阳极变压器、高压硅堆三相整流器、真空管高频振荡器和高频负载的主电路，省去了栅极回路，真空管的灯丝供电回路，以及三相交流调压器的触发电路与低压控制电路。L_z 是高频阻流圈，C_G 是隔直流电容器，它们完成交直流回路的分离。真空管 G 是换能元件，其阳极供电为并联供电方式；电感 L_1、L_2，电容器 C_1、C_2 与 TP_0 和 C，共同组成三回路的振荡电路；电感 L_2 和 L_g 是反馈环节，此环节是完成自激振荡必不可少的，调节其间的耦合度就可以实现反馈调节。这种振荡电路的结构具有三个谐振频率，但稳定运行的只有一个频率，故称三回路振荡电路。老式的真空管高频感应加热电源设备 GP100-C_3 是典型的三回路振荡电路。

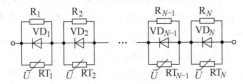

图7-31　单只桥臂电路

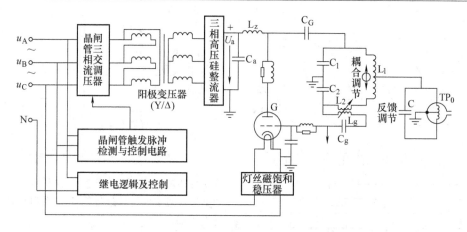

图 7-33 真空管三回路高频感应加热电源的电路

2. 单回路振荡电路 这种电路比三回路振荡电路要简单，传输电路少，输出效率较高，没有了耦合环节，故无"耦合"调节，只有"反馈"调节。真空管单回路高频感应加热电源的电路如图 7-34 所示。

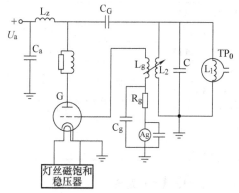

图 7-34 真空管单回路高频感应加热电源的电路

3. 双频振荡电路 这种电路能够产生两种频率的振荡，以满足不同热处理工艺的要求，一种是超音频频率（30 ~ 50kHz），另一种是高频频率（200 ~ 300kHz）。其电路如图 7-35 所示，实际上是两个独立

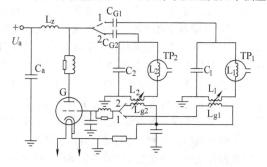

图 7-35 真空管双频感应加热电源振荡电路

的单回路振荡电路，它们是靠开关位置 1 和 2 的切换来实现超音频、高频振荡的。

4. 两只真空管并联的振荡电路 为了增加输出功率，可以用两只性能相同的振荡管以并联的方式连接，其电路如图 7-36 所示。

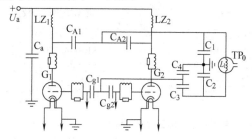

图 7-36 真空管两管并联的振荡回路

7.1.4.5 真空管振荡器的工作状态

大功率真空管振荡器的工作状态主要是以栅极电流（栅流）大小和有无来分类的，并以栅流对阳极电流（阳流）之比、栅极电压最大值对阳极电压最小值之比，以及阳极电压基波最大值对阳极直流电压之比来衡量。当栅流比阳流小至可以忽略不计时，这种工作状态称为小栅流状态或欠压状态；当栅流较大，且占真空管阳极电流相当大一部分时，则称为大栅流状态或过压状态；介于二者之间的状态称为临界状态。临界状态可使振荡器有最大的功率输出（阳极电压不同，则"最大"的输出功率也不同）。栅极反馈电压过小，会出现欠压状态；栅极反馈电压过大，则会出现过压状态。它们都会使振荡功率、阳极效率降低。因此，它们不是我们所要求的状态。

临界状态是我们要求的状态，通过"耦合"与"反馈"调节可以获得临界状态，只要阳流/栅流 = 4 ~ 7（有的振荡管为 5 ~ 10），则认为振荡器已处于临界状态。对于三回路振荡器，有"耦合"与"反馈"调节，而对于单回路振荡器，则只有"反馈"调节。

7.1.4.6　真空管振荡器的效率

1. 真空管的阳极效率　它表明在直流电源供给振荡器的直流功率中，有多少被变换成高频振荡功率（基波功率）。

2. 输出功率　它表明高频振荡功率经过高频传输电路等多种因素的损耗后，直流功率中有多少功率被负载所吸收。

显然输出效率小于阳极效率。效率常以百分数表示。真空管阳极效率的理论值为78%，输出效率为40%~45%。举例：$U_a = 12kV$，$I_a = 12A$，则直流输入功率 $= 12 \times 12kW = 144kW$；取阳极效率 $= 70\%$，则振荡功率 $= 144kW \times 70\% \approx 100kW$；取输出效率 $= 45\%$，则负载吸收的功率 $= 144kW \times 45\% \approx 65kW$。单回路振荡器的输出效率比三回路振荡器的要高些。

7.1.4.7　真空管高频感应加热装置的型号及系列产品

真空管高频感应加热装置几种型号命名方法见图7-37。

表7-14、表7-15列出了部分真空管高频、超音频感应加热装置的主要技术参数。

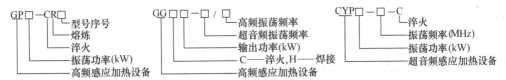

图 7-37　几种型号的命名方法

表 7-14　GP60-CR13 等真空管高频、超音频感应加热装置的主要技术参数

型　　　号	振荡功率/kW	振荡频率/kHz	真空管	用　　途
老式结构（充汞闸流管可控整流）				
GP60-CR13	60	200~300	FU-431S	淬火、熔炼
GP100-C3	100	200~300	FU-433S	淬火
GP200L-C1	200	超音频50，高频150	FU-23S	淬火、焊接
SHP-100	100	超音频30，高频100	FU-433S	淬火
现代结构（三相交流调压，三相高压硅堆整流等，为一机化设计与制造）				
GP1-Z_4	∢1	300~1000	FU-501（陶瓷管）	淬火、烘烤除气
GP3.5-ZR_2	3.5	300~1000	FU-724S（陶瓷管）	淬火、烘烤除气
GP10CW$_{5-2}$	10	200~500	FU-10S（陶瓷管）	淬火、焊接
GP15CW$_{6-2}$	15	200~500	FU-10S（陶瓷管）	淬火、焊接
	15	8000	（陶瓷管）	淬火
GP60-H$_{11}$	60	200~450	FU-308S（陶瓷管）	淬火、焊接
	100	5000	（陶瓷管）	等粒子火焰加热
GP100-0.25-CR	100	250	FD-911S	淬火、焊接
GP200-0.25-C	200	250	2FD-911S	淬火
GP200-0.25-C	200	250	FD-934S	淬火
CYP100-0.035-C	100	35	FD-911S	淬火
CYP200-0.035-C	200	35	FD-934S	淬火
CYP300-0.03-C	300	30	FD-918S	淬火透热
CP100-2-R	100	2000	FD-911S	宝石熔炼
CP200-1.5-R	200	1500	FD-934S	宝石熔炼

注：真空管除注明陶瓷管外，其余为玻壳振荡管。

表 7-15　GGC50-2 等真空管高频、超音频感应加热装置（现代结构）的主要技术参数

产品型号	产品名称	振荡功率/kW	输出功率/kW	振荡频率/kHz
GGC50-2	高频	60	50	200～250
GGC80-2A	高频	100	80	200～250
GGC150-2	高频	200	150	200～250
GGH300-4	高频	400	300	350～450
GGH450-4	高频	600	450	350～450
GGC50-0.3	超音频电源	50	50	30～50
GGC80-0.3	超音频电源	100	80	30～50
GGC150-0.3	超音频电源	200	150	30～40
GGC50-0.3/2	超音频电源、高频	60	50	30～50、200～250
GGC80-0.3/2	超音频电源、高频	100	80	30～50、200～250
GGC150-0.3/2	超音频电源、高频	200	150	30～50、200～250

7.1.4.8　老式真空管高频感应加热装置的技术改造

为了节能，充汞闸流管调压装置必须被三相高压硅堆整流器所代替。为此，在三相交流电源与阳极变压器的输入端之间要安装三相交流调压器，根据电气参数要求，参照表 7-12 和表 7-13 进行选用。真空管高频感应加热电源组成见图 7-25。

7.1.5　工频感应加热装置

7.1.5.1　概况

用 50Hz 的工业频率电流，通过感应器加热工件，即工频感应加热。一般将 50Hz 工频电流通过三倍频率供电线路转变为 150Hz 频率电流，也属工频范围。

工频感应加热与高中频感应加热相比有下列特点：

（1）不需要变频装置，设备简单，投资少，输出功率大，可达几千瓦，整机效率高（70%～90%）。

（2）电流穿透层深，钢失磁后可达 70mm。只适用于大截面零件的表面淬火，如冷轧辊、柱塞及大车轮等，表面淬硬层深度达 15mm。用于透热加热，零件截面尺寸可为 150mm。

（3）加热速度低，零件的功率吸收因子 $\sqrt{\mu\rho f}$ 小，加热速度远远低于高、中频。

（4）加热温度均匀，不易过热。整个加热过程温度容易控制。

（5）功率因数低，需要大量功率补偿电容。

（6）工频用的电气元件供应较广泛。

由于加热速度低，加热效率低，故表面淬火与透热加热一般多采用中频电源装置。

7.1.5.2　工频感应加热供电线路

工频感应加热供电线路，主要由电源变压器、功率补偿电容、工频感应器、电流保护装置以及检测仪表控制线路组成。有时为了进一步降低电压，加大电流，以便接小范围内不带铁心的感应器，在线路中加接一个水冷低电压可变变压器，再由其二次侧接感应器。

常用的供电线路如图 7-38 所示。图 7-38a 是供给单相感应器的线路，适用于线路电流在 1500A 以下的载荷。当需要的线路电流更大时，线路极不平衡，也无适配的大规格低压开关，则必须采用三相感应器线路。

图 7-38b 是三相感应器的供电线路。高压油开关电流检测仪表接在电源变压器高压端。高压电压表应接在高压油开关前面，以便在通电前得到电压表读数，便于事先修正规范。感应器采用三相感应器，其三相线路负载基本平衡。

三相感应器的高度比单相感应器高得多，需要的比功率比单相的要大 20%～25%，制造工作量也较大，特别是工件较小或加热区较窄时无法采用。因此在生产中不可避免要采用一部分单相感应器。单相感应器接入三相供电线路，电源变压器容量只能利用 58%，补偿电容器只能利用总容量的 50%。若按图 7-38a 的方式短接一相，则电容量的利用率可达 67%。

工厂高压电网电压有时波动较大，而感应器的功率与电压的平方成正比，电压稍许增减，输出的功率变化很大。为了稳定加热工艺规范，可在电源变压器高压侧再接一台移圈式调压器进行稳压，见图 7-38c。

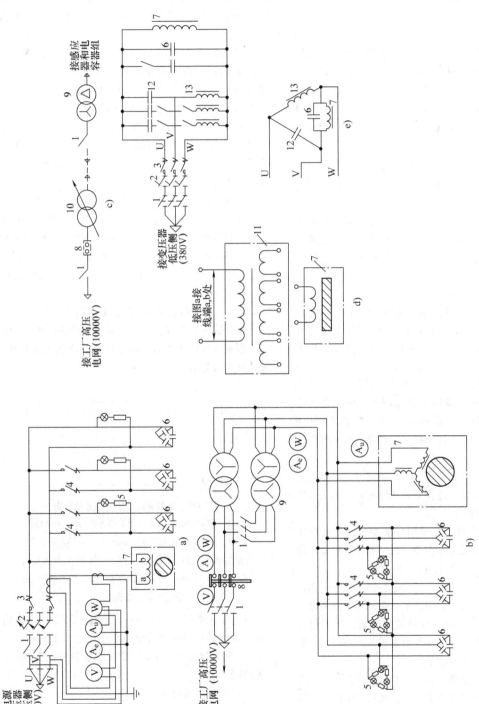

图 7-38　工频感应加热供电线路图

a) 单相感应器供电线路图　b) 三相感应器供电线路图　c) 三相感应器中增加稳压器　d) 供电线路中接水冷式调压变压器　e) 带三相平衡器的供电线路

1—隔离开关　2—自动空气开关　3、4—交流接触器　5—指示灯　6—补偿电容器　7—感应器　8—高压油开关　9—电源变压器
10—三相移圈式调压变压器　11—水冷式调压变压器　12—平衡电容器组　13—平衡电感　V—电压表　A_e—线路电流表　A_u—感应器电流表　W—功率表

当采用低电压大电流的感应器时,应再接水冷式调压变压器,将380V电压调为5~90V电压,接法见图7-38d。为了减少线路损失,水冷式调压变压器必须靠近感应器。

图7-38e是带三相平衡器的加热线路。用电容器组与平衡电感与单相感应器—功率补偿电容器组成的回路,接成三角形或星形,借以达到线路三相平衡。但必须使感应器—功率补偿电容器回路的功率因数等于1。接近于纯电阻 R_e(即回路的等效电阻),此时平衡器的感抗 X_L 与容抗 X_C 等于 $\sqrt{3}R_e$ 时,才能达到三相平衡。

1. 电源变压器　工频加热所需功率较大,一般均需要专用的电源变压器,不与工厂其他设备共用,以免相互影响。

工频加热用电源变压器的设计与一般电力源变压器相同。若所需功率很大时,可设计成两台或多台并联。多台并联的好处是在应用中有很大的灵活性,并联台数根据功率需要设置,减少了变压器空载损失。

2. 水冷式调压变压器　变压器的高压侧接380V,低压侧可调到所需电压。二次侧绕组设计成多抽头式,当负载变化时,可调整抽头以获得所需电压。

变压器一次侧绕组一般用扁平形铜带做成,二次绕组电流很大,须用薄壁铜管压制成,中间通水冷却;或用铜条外焊水冷铜管制成。在二次绕组上往往装有热敏触头,如果二次绕组温度过高,则热触头作用,使主令开关断开。

变压器近代设计方向是加强其适用性,以适应宽调的负荷阻抗的变化,操作者无须经常改变抽头,以提高效率和降低损耗。

3. 功率补偿电容器　采用标准型号的电力功率因数补偿电容器和低压电容器,每一电容器的额定值都有一定的标准值,在50~150kF之间。

在较小的系统中,各个单独电容器安装在操作柜或感应器柜中;在较大的系统中,则采用单独的电容器支架。每一电容器组分别通过保险丝,接到母线上。电容器支架上还包括一个用于安装断路器以及测量和控制断路器电路的柜子。

钢材加热到居里温度后,功率因数降低,电流增大。在设计电容器柜时应考虑能自动接入附加电容器的装置。即利用达到居里温度后升高的电流发出信号,使接触器动作,接入附加电容。

4. 控制线路、安全及检测线路　工频供电系统的控制和开关装置比高、中频装置简单。在工频系统中,供电电压在300V以上,线电流低于500~600A。通常可使用真空接触器。供电电压在350~550V之间,线电流超过600A,可采用空气断路接触器。大型加热装置采用独立的接触器柜。

安全装置方面:主令开关应提供欠压保护,限流熔断器应提供短路保护。在冷却回路中采用热控开关;在水冷式调压变压器或感应器上采用热敏触头提供过载保护,电流互感器在提供一个降压信号后可断开接触器。此外,各柜门都应装有联锁保护。作为安全装置,还应包括一个短路接地开关,当柜门打开时,此开关立即将主电源母线接地。

工频加热升温较慢,可用辐射式光学高温计来控制脉冲式电源开关。输入电源的电流、电压、功率及功率因数等项目的检测,在工频加热装置上使用一般误差5%的仪表就已足够了。在连续加热时,可用温度控制来自动调整移动速度,因为在工频加热过程中,输出功率是无法调整的。

7.1.5.3　工频感应加热电路主要参数的计算

工频感应加热线路,可简化成图7-39的等效电路。根据部分已知数据,可计算出电路的主要参数,其计算步骤如下:

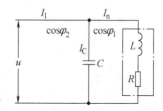

图7-39　工频感应加热的等效电路图

I_n—感应器电流(A)　I_C—电容器电流(A)　I_1—线路电流　u—线路电压(V)　$\cos\varphi_1$—未补偿的感应器功率因数(与感应器结构、工件相对位置、加热温度等因素有关)　$\cos\varphi_2$—补偿后的感应器功率因数(一般希望补偿到超前0.9)

1. 感应器输入电压　一般为380V,也可采用220V,或通过水冷式调压变压器采用更低的电压。

2. 感应器输出功率 P　即工件加热的消耗功率,其计算公式如下:

(1)按热平衡计算:

$$P = k \times \frac{1}{3600} \times Gc(t_1 - t_0)$$

式中　k——散热系数。考虑了向心部的传热及向四周介质的散热,在表面加热时,$k =$

1.5 ~ 1.9;

G——零件被加热部分重量（kg）。表面淬火时，按其加热层深度及加热区面积求得;

c——零件材料的平均比热容［kJ/（kg・℃）］，一般碳钢或低合金钢取 0.67kJ/（kg・℃）;

t_1——零件的最终加热温度（℃）;

t_0——零件的初始温度（℃）。

（2）单相感应器输出功率 P（kW/mm）:

$$P = (0.6 \sim 1) D_0$$

式中 D_0——零件名义直径（mm）。

三相感应器需要的输出功率比单相的增大 20% ~ 25%。

3. 感应器的功率因数 $\cos\varphi_1$ 圆柱形零件，感应器功率因数一般取 0.35 ~ 0.45，或从图 7-40 上找得。

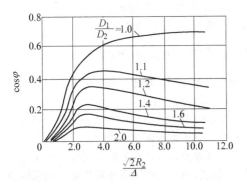

图 7-40 功率因数 $\cos\varphi$ 与感应器尺寸及频率的关系

D_1—感应器内径 D_2—工件外径 R_2—零件半径 Δ—涡流透入深度

4. 感应器电流 单相感应器 $I_n = P/(U\cos\varphi_1)$;三相感应器 $I_n = P/(\sqrt{3} U\cos\varphi_1)$。三相感应器电流，由于各相电流实际上不完全平衡，故计算值尚应加大 10% ~ 20%。

5. 补偿电容器的总容量

$$P_C = P(\tan\varphi_1 - \tan\varphi_2) a$$

式中 P_C——计算的电容器总容量（kF）;

φ_1——I_n 与 u 的相角;

φ_2——I_1 与 u 的相角;

a——计算系数，一般取 0.85。

6. 电容器电流 单相感应器 $I_c = P_a 0.67/(U \times 10^3)$;三相感应器 $I_c = P \times 10^3/(\sqrt{3} U)$。式中 P_a 为单相供电线路时需要的电容器总容量（kF）。

7. 线路电流 I_L I_n、I_c、φ_1、φ_2 均为已知，I_c

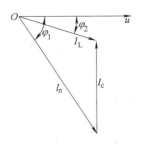

图 7-41 工频感应加热回路的向量图

比 U 电压滞后 90°，则可根据向量法绘出如图 7-41 所示的向量图。

8. 电源变压器容量 根据感应器电压（U）及线电流（I_L）来选择，即:$P_s = \sqrt{3} UI_L$。

根据上面计算的电参数，选用相应的电气元件、测量仪表及馈电母线，设计感应器，设计或选用电源变压器及水冷式降压变压器。

馈电母线的选用，其技术条件与一般配电相同。其中感应器与配电接线端连线的软线，由于电流在各导线上不均匀分布，应比通常采用更低的电流密度。

7.1.5.4 工频感应加热装置的安装，使用与维护

1. 安装

（1）高压配电柜、电源变压器及补偿电容器应安装在单独的房内，与感应器、水冷式降压变压器及淬火设备隔开。

（2）操作间应有足够的面积，良好的通风和照明设施，并有相应的起重设备。

（3）操作间控制台位置应能观察到工件加热的全过程和感应器工作情况。主要工艺参数的仪表应尽可能放在控制台附近。控制台应有紧急停止按钮。

（4）根据最大耗水量（包括工频加热装置的冷却及工件淬火用水）设计上下水道。装置用冷却水与工件淬火用水分开，以免相互影响。水管上分别安装水压表、温度表、流量计。装置冷却用水管路上还应安装水压继电器。

（5）工频加热时，感应器电流一般在 1000 ~ 6000A 之间，线路电流可达 3000A。为了降低线路损失，在安装中，电源变压器、电容器和感应器的距离应尽可能缩短，特别是电容器和感应器的距离比水冷降压变压器与感应器更应缩短。

（6）水泵及储水池应安装在隔开的机房中。装置冷却用水泵、水池与淬火冷却用水泵、水池应分开，并应有备用水泵。其电源与装置电源分开接全厂

设备电源。

（7）机房及操作间均应有相应的消防设施。所有设备外壳都应可靠接地。照明电源、设备电源与工频加热装置电源应分开。

2. 使用维护及安全

（1）经常保持工作场地及机房的整洁，清扫设备，不允许非工作人员进入机房；不允许无关的物件放在机房内（包括维修遗忘的工具和螺钉等物件）。

（2）定期用摇表检查变压器线圈绝缘情况及各设备的接地情况。在操作时选定变压器后，应检查其绝缘情况是否良好。

（3）定期检查、修理各电气触头，并检查各继电器是否灵敏。三个月至少检查一次，一年大检修一次。

（4）选用合适的感应器。除检查绝缘外，并检查有无漏水，特别是抽头铜管处易因机械振动而损伤，安装好感应器后要调整好间隙。

（5）接上软电缆、上下水管，通水试验水压是否正常，水压继电器动作是否灵敏以及有无漏水。喷水器工作是否良好。

（6）在通电加热前，再次检查感应器和淬火机床上有无遗留工具及其他金属物件，并进行机床试运转。认定一切安全后，才可通电加热操作。

（7）在操作过程中注意加热情况，检测仪表指示及装置冷却水温度。功率补偿电容器出水温度应保持在35℃以下。运行中遇有不正常情况应立即停止加热，切断装置电源。在排除故障后，经检查合乎安全才能继续通电操作。

（8）补偿电容器总容量可先根据设计计算值接入，然后进行加热试验。根据具体情况，调整变压器抽头及电容，以达到工艺要求的参数（冷规范）。若达不到预定参数时，则应相应修改工件移动速度。

（9）加热完毕切断电源。装置、感应器及电容器冷却水必须延迟15min以上才能关闭，以使充分冷却。

7.2　感应淬火机床

淬火机床是感应加热成套设备中的重要组成部分，是较典型的机电一体化产品。淬火机床是大家的习惯称呼，更准确的叫法应该是感应热处理机床，它主要完成对工件的表面淬火，有时还要完成对工件的清洗、调质、回火、退火等。淬火机床的基本功能是夹持（或支撑）工件，按一定的精度实现相应的运动（如工件移动、负载系统移动、工件旋转等），按工艺要求实现时序动作（如加热启停、喷液启停、节拍、计数、检测保护报警等）。

7.2.1　感应淬火机床分类

（1）按生产方式分类，淬火机床有通用、专用及生产线三大类型。通用淬火机床适用于单个或小批量生产；专用淬火机床适用于批量或大批量生产；生产线将多种热处理工艺组合在一起，生产率更高，适用于大批量生产。

（2）由于感应加热电源不同，淬火机床结构也有所不同，按电源频率分为高频淬火机床、中频淬火机床和工频淬火机床。

（3）按处理零件类型分类，一般可分为轴类淬火机床、齿轮淬火机床、导轨淬火机床、平面淬火机床及棒料热处理流水线等。

（4）按处理零件安放的形式分类，一般可分为立式淬火机床、卧式淬火机床。

7.2.2　感应淬火机床的基本结构

种类繁多的淬火机床，基本上由下列几部分组成，其基本结构如下：

1. 机架　机架是机床的主要基础件，必须有足够的刚性，结构力求简单。机架上导轨可采用装配式，便于调整及采取淬硬和防锈措施。机架上还应考虑积水的排放。机架可用铸铁件或型钢或厚钢板焊接结构，前者稳定，抗震性强；后者制造成本较低。

立式机架可设计成框架式、龙门式及单柱式，根据零件重量、长度以及吊装方式而定。卧式机架根据需要设计成回转式、车床式和台式等。卧式与立式相比，零件吊装方便。

2. 升降部件　同时感应淬火，零件需从感应器中进出，应便于装卸；扫描感应淬火，零件与感应器作扫描相对运动，应设计升降、横向或回转等运动机构。其导轨也可制成装配式，经淬硬及防锈处理。若淬火机床处理的零件比较长而重时，多采用零件固定，淬火变压器移动的方式。处理小型零件，都采用淬火变压器不动而零件移动的方式。

扫描加热淬火时感应器与工件相对移动，为保证零件加热到所需温度和扫描淬硬，其相对移动速度及托架应设计成可调式，并应有快速返回移动机构。一般淬火时相对移动速度为2~30mm/s，快速移动为上述速度的3~5倍。

同时加热淬火时，若需要将加热的零件下降到喷冷器淬火槽中淬火，其下降速度愈快愈好。但速度太快，冲量太大，定位有困难，机床振动也较大。

零件与感应器的移动定位采用限位开关、光电控制或数控等先进技术控制。两端移动的极限位置应设有安全限位开关。

3. 零件装卡及转动部件　为了感应加热均匀，圆形零件应在加热时旋转，一般旋转速度采用 30 ～ 200r/min。速度过快影响零件冷却。如齿轮喷冷时，零件旋转太快，齿两侧冷却不一致，影响硬度及齿向变形。齿轮同时加热淬火，其旋转速度以 ≤60r/min 或线速度 <500mm/s 为宜。现代的淬火机床都设有测速机构，转速可根据工艺参数调整并给出指示。

立式轴类淬火机床在上下运动部件上装有上下顶尖。下顶尖支承零件重量并使零件转动；上顶尖应设计成弹簧支承式（如图 7-42 所示类似的形式），以使零件在加热过程中可以轴向伸长。卧式轴类淬火机床的零件装卡也采用顶尖式，但顶尖的一端须有齿形锥面，为带动零件或采用桃形夹头，也可用卡盘卡住零件；另一端也用弹簧顶尖。两顶尖间距离应可用手动或机动调节，以适应不同长度零件的需要。对直径太大、重量太重的零件，顶尖或夹盘夹住转动不够安全，在立式轴类淬火机床上的顶尖可设计成抱辊，将零件抱住，允许轴转动及伸长；卧式淬火机床则设计成滚轮式，主动滚轮借摩擦力使零件转动。对细长的轴类件，在感应器前后应设托轮或矫正轮，以减少淬火变形。

各类型淬火机床，零件所采用的夹紧装置，应安全可靠，用机械压紧。

4. 传动机构　由于移动和转动需要变速，早期采用直流无级变速、交流变速电动机、液压马达旋转及液压缸作直线运动以及变频调速，这些设计均已淘汰；现在采用的是由步进电动机或伺服电动机驱动的滚珠丝杠副传动的全机械传动系统。

5. 感应器的位置高度　应考虑操作方便及操作者能观察到工件加热状态，在感应器不移动的情况下，一般高 1 ～ 1.2m。在淬火变压器上下移动的情况下，操作者应能随之上下移动。大型淬火机床横向移动时，操作者也应能随之移动。操作者附近应有移动的操纵按钮，操作时能随时控制。上述大型淬火机床还应考虑电缆管及冷却水管移动的问题。

6. 淬火机床精度　淬火机床精度可略低于机械加工机床，一般规定主轴锥孔径向圆跳动为不大于 0.3mm，回转工作台面的跳动量为不大于 0.3mm，顶尖连线对滑板移动的平行度在夹持长度小于 2000mm 时为不大于 0.3mm，工件进给速度变化量为 ±5%。目前国内淬火机床绝大部分已达到或超过了此精度。导轨表面均应精刨或精磨，此部位及摩擦表面均应淬硬，必要时进行防锈处理。

7. 工艺参数及程序控制　感应加热淬火，除电源装置控制台上备有各种测试电参数（电压、电流、功率、功率因数等）的仪表外，为了保证热处理质量，淬火机床的控制台上尚应备有移动表、转速表、淬火冷却介质流量计等。在冷却水管路上，应有水压表及水温表，并应放在操作者易观察到的地方。温度控制，除了工频淬火利用辐射高温计或光电高温计自动控制外，高、中频感应加热淬火，可采用红外测温仪或能量监控器（图 7-43）来监控温度。淬火机床控制台上应备有各种手动及自动操作按钮。

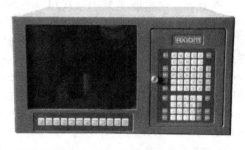

图 7-43　能量监控器

8. 多工位结构　在大量生产中，为了提高生产率和电源装置的负载系数，可设计成多工位结

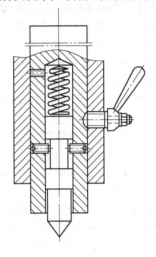

图 7-42　弹簧上顶尖

构。如凸轮轴双工位淬火机床、端头淬火多工位机床等。

9. 上下料机构 在全自动淬火机床中，还应考虑采用上下料机构。

10. 特殊问题 淬火机床处于交变的电磁场中，加工工件的辐射热、水雾、油烟及淬火用的各种冷却介质对淬火机床的影响，在设计中都应作为特殊问题加以考虑。为了减少电磁场的影响（有资料介绍，其影响范围与感应器直径成正比，一般为感应器直径的1.5倍），淬火感应器离四周的机构应有一定的距离。轴承及转动、滑动部件都应有防水、防锈蚀措施，防止机床部件及电动机被水淹及受潮，并应考虑上下水道及防水挡板。为了改善操作者劳动条件，还应考虑照明及抽风装置。现代感应淬火机床已设计抽风装置吸取油烟。

7.2.3 感应淬火机床的选择要求

1. 使用要求 直接与生产技术经济指标有关，对通用淬火机床一般考虑以下几点：

（1）通用性，应能处理轴类、齿轮等多种常见的感应淬火零件。

（2）可靠性，定位准确，移动、转动速度稳定，控制电器、机件、监控仪表动作准确、可靠、重现性好。

（3）调整方便，操作简单。

（4）维护简单，工作安全，保护措施齐全。

（5）机床价格合理，机床占地面积小，生产率高、能耗少。

2. 功能参数要求 针对所处理零件技术要求，应对淬火机床功能及所配控制器件有所要求和选择。

（1）零件转速。从加热均匀性考虑，转速应快；从喷水冷却考虑，转速又不宜太快（如齿轮、花键轴）。一般说来，在同时加热时，常用 $n = 600/t$（r/min）。式中，t 为加热时间（s）。在扫描淬火时，为避免在零件表面形成索氏体螺旋带组织，一般应采用零件每移动 1~2mm，同时回转一周，使转速 n（r/min）与移动速度 v（mm/s）成正比，即 $n = 60 \times (1~0.5)v$。在齿轮、花键轴类零件淬火时，应根据零件外径，计算其圆周线速度。零件转速应使外圆线速不超过 500mm/s 为宜。

（2）滑板移动速度 v（mm/s），取决于加热的功率密度与感应器宽度，即 $v = H/t$。式中的 H 为感应器宽度（mm）；t 为加热需要时间（s）。扫描淬火时，感应器宽度常用 8~50mm，加热时间一般在 2~

10s 之间。因此常用移动速度范围为 0.8~25mm/s 范围。

（3）淬火冷却介质管路直径的选取。淬火冷却介质进水管径与电磁水阀的通径应一致。在计算淬火冷却介质进水管径时，应考虑在这台淬火机床上能同时淬火的最大表面积。对不同的淬火条件所要求的淬火冷却介质的喷淋密度是不同的。一般表面淬火，喷淋密度为 0.01~0.015L/（s·cm²）；透热淬火的为 0.04~0.05L/（s·cm²）；低淬钢淬火为 0.1 L/（s·cm²）。

淬火冷却介质的流量 $q_v = SM$，式中的 S 为需喷淋的淬火表面积（cm²），M 为淬火冷却介质喷淋密度[L/（s·cm²）]。

淬火冷却介质管径 $D \approx 1.2 \sqrt{q_v/v}$，式中的 q_v 为淬火冷却介质流量（m³/h）；v 为淬火冷却介质在管路中的流速（m/s），一般采用 $v \geqslant 1$m/s。

淬火冷却介质排泄管道口直径的选取，取决于淬火冷却介质喷淋量的持续时间，一般常为进液管径的 2~4 倍。

7.2.4 感应淬火机床中常用的机械、电气部件

对现代的淬火机床而言，采用了大量先进的、具有较高技术含量的机械、电气部件，其中的主要部分介绍如下：

1. 步进电动机及其驱动系统 步进电动机是靠控制系统发出的脉冲信号经过驱动放大来实现步进电动机的旋转。这种系统价格低廉，使用简单方便，目前在淬火机床上使用非常广泛。其缺点是驱动力矩一般不大，起动旋转力矩大。

2. 伺服电动机及其驱动系统 伺服系统是一种相对技术水平较高的驱动系统，在淬火机床上通常使用计算机控制下的交流伺服。伺服系统具有驱动力矩大、起动性能好的优点，但价格较高。

3. 直线移动导轨 直线移动导轨是一种机械传动效率高、移动速度快、运动直线性好的传动单元，多在一些小型通用淬火机床或淬火变压器移动的淬火机床上使用。

4. 同步齿形带 同步齿形带可以实现两轴之间的定传动比传动，结构简单，重量轻，通常用于淬火机床下顶尖（或主轴）旋转系统或升降电动机到升降丝杠之间的运动传递。

5. 谐波减速机 谐波减速机为同轴式结构，减速比大，单级传动比可达 50~350，机械间隙小，传动精度高，多用于淬火机床的分度传动。

6. 变速轴承 这是一种非常新颖的运动传递单

元，它除起支承作用外，实际上是一种结构紧凑巧妙的减速器，单级传动比可达到 8～60。

7. 滚珠丝杠　由于滚珠丝杠极其轻便灵活，所以应用在立式通用淬火机床上时，必须有防止自行下降的防滑装置，如防滑器、失电制动器或带失电制动的电动机等。

8. 感应器快换夹头与快换水嘴接头　由于通用淬火机床的加工工件经常变换，更换感应器频繁，使用感应器快换夹头，可以快速实现感应器电路和冷却水路一次接通。使用快换管接头，可以改变以往更换感应器时要对软连接管进行捆扎的麻烦。

9. 换热器　淬火机床一体化的淬火液循环冷却系统，通常储液量为 0.6m³ 左右。为了保证在淬火过程中大量的热量被及时从淬火冷却介质中带走，就需要配装换热器。目前应用最普遍的是不锈钢板式换热器，这种换热器结构紧凑，换热效率高，便于安装。

10. 电缆保护拖链　在淬火变压器移动的淬火机床中，为了便于淬火变压器的连接水路与电缆的随动，通常将其有序地置于一种重量轻、折弯灵便的电缆保护拖链中。在淬火机床上使用的拖链通常由铝合金或工程塑料制造。

11. 接近开关　这是一种非接触式的行程检测与控制元件，主要有电感式、电容式和磁式三种。其使用原理是在一定距离范围内，运动工件处于接近开关端头时将感应出到位信号，其重复定位精度可达 ±0.1mm。

12. 旋转光栅和直线光栅　这是一种非接触式的对旋转轴的旋转（或分度）角度和移动件的移动距离进行检测与控制的元件，又称光电编码器。旋转光栅通常用在异步电动机、伺服电动机或分度转盘的主轴上；直线光栅通常用在工件移动或变压器移动检测中等。

13. 光电开关　光电开关种类较多，在淬火机床上常用的有对射型和反射型。例如，将光电开关装在机床操作门两侧，当操作手臂或其他物件尚未离开不安全位置时起保护作用；也可通过模板控制淬硬区域；当旋转工件的径向或端面摆动超差时，也可由光电开关检测并实现加热起动保护作用（以防触碰感应器）。

14. 流量开关和流量计　流量开关是一种根据流量大小输出开关信号的计量元件，又称流量继电器。在淬火机床上，当感应器冷却水量低于一定值时，流量开关起到缺水起动保护作用。

流量计可以对淬火液流量进行定量测量。涡轮流量计应用较多，它是一种流体振动型流量计，与自动补偿流量仪相配套，可以实现液流的压力、温度自动补偿和积算，使淬火工件达到要求的冷却效果。

15. 测量加热温度的元器件　红外和光导式测温仪均属非接触式测温装置，用在淬火机床上可直接测量淬火工件的感应加热温度。红外测温仪具有测温距离远，精度高等特点，可分为便携式、在线式和扫描式三大类。光导测温仪具有光纤传感器尺寸小，便于在线测温，可测较小加热区域，适于近距离测量。

7.2.5　感应淬火机床常用的数控系统

目前国内外数控系统品种繁多，用途不尽相同，适合淬火机床特点的数控系统有如下几种：

1. 国产经济型数控系统　这种系统编程简单易学，操作方便，价格低廉，在中、低档数控通用淬火机床上应用。但是，该系统应用在通用淬火机床上存在一些问题：一是系统输出、输入接口是按机加工机床功能要求设计的，特别是输入接口相对较少；二是在执行相邻两条指令时，其间有 0.4s 间隔时间，不能做到加热结束后立即喷液（对小型工件一般要求加热后立即喷液）；三是选用双坐标数控系统，一个用于升降一个用于旋转（分度）时，双坐标同时连续运动时会相互影响，所以要将这种经济型数控系统用于通用淬火机床需进行必要的改造。

2. 国外经济型数控系统　国外的经济型数控系统有多种品牌，多种型号，其中常用 Siemense802 系列。这种系统具有功能完善、性能良好、稳定可靠、精度高、储存程序量大等特点；但价格偏高，维修成本高。

3. 工业控制计算机数控系统　工业控制计算机数控系统应用于淬火机床，可以充分利用 PC 机的硬件与软件资源，融合最新控制理论及网络技术，实现更为复杂的控制和更强的软件功能。

7.2.6　感应淬火机床实例

7.2.6.1　通用淬火机床

感应淬火机床按主要传动形式，可分为液压式和全机械式两种。液压传动具有结构简单、驱动力大、移动速度快（可达 150mm/s 以上）等优点，但存在移动速度不稳定、定位精度低等缺点。液压驱动感应淬火机床渐趋淘汰。全机械式传动分为 T 形丝杠、滚珠丝杠、直线移动导轨等多种传动形式，全机械传动具有移动速度稳定、定位精度高、易实现变速移动等优点。

感应淬火机床按移动部分机械结构形式，可分为滑板式和导柱式两种。滑板式是我国应用数量最多的结构形式。其床身往往采用经过时效处理的铸造或焊接结构，承载能力大，稳定性好，可以加工较大、较重的工件，适应范围最广；但其具有床身笨重、滑动阻力大、导轨加工复杂等缺点。导柱式结构在欧美国家较常见。这种结构的主要优点是机床重量轻，运动灵便，便于实现与淬火冷却介质循环冷却系统的一体化设计；但不太适应大、重工件的加工，在行程大时稳定性稍差（如滑架振动）。

感应淬火机床按运动件名称，分为工件移动和感应器移动两种。目前绝大部分通用淬火机床采用工件移动形式，但对一些大零件（如轴向尺寸和重量均较大的轧辊），必须采用变压器移动的形式。

表7-16为我国专业厂生产的 GCLD 系列导柱式通用淬火机床主要技术参数。表7-17为我国专业厂生产的 GCLH 系列滑板式通用淬火机床主要技术参数。表7-18为我国专业厂生产的 GCYK 系列液压式通用淬火机床主要技术参数。

图7-44所示为导柱双顶尖立式淬火机床简图。图7-45为 GCFW 型通用立式中频淬火机床简图，表7-19为其主要技术数据。

表7-16　GCLD 系列导柱式通用淬火机床的主要技术参数

型　号	GCLD2060	GCLD1660	GCLD1460	GCLD1260	GCLD1060	GCLD0860	GCLD0560
最大夹持零件长度/mm	2050	1650	1450	1250	1050	850	550
最大淬火零件长度/mm	2000	1600	1400	1200	1000	800	500
最大淬火零件直径/mm	$\phi600$	$\phi600$	$\phi600$	$\phi600$	$\phi600$	$\phi600$	$\phi600$
主轴旋转速度/(r/min)	0~200	0~200	0~200	0~200	0~200	0~200	0~200
工件移动速度/(mm/s)	1~60	1~60	1~60	1~60	1~60	1~60	1~60
快速移动速度/(m/min)	3.6	3.6	3.6	3.6	3.6	3.6	3.6
主轴数	1或2	1或2	1或2	1或2	1或2	1或2	1或2
移动定位精度/mm	±0.1	±0.1	±0.1	±0.1	±0.1	±0.1	±0.1
传动形式	机械传动						

表7-17　GCLH 系列滑板式通用淬火机床的主要技术参数

型　号	GCLH2405	GCLH2005	GCLH1605	GCLH1205	GCLH1005	GCLH0805	GCLH0605
最大夹持零件长度/mm	2450	2050	1650	1250	1050	850	650
最大淬火零件长度/mm	2400	2000	1600	1200	1000	800	600
最大淬火零件直径/mm	$\phi500$	$\phi500$	$\phi500$	$\phi500$	$\phi500$	$\phi500$	$\phi500$
主轴旋转速度(r/min)	0~200	0~200	0~200	0~200	0~200	0~200	0~200
工件移动速度/(mm/s)	1.5~30	1.5~30	1.5~30	1.5~30	1.5~30	1.5~30	1.5~30
快速移动速度/(m/min)	3.6	3.6	3.6	3.6	3.6	3.6	3.6
主轴数	1或2	1或2	1或2	1或2	1或2	1或2	1或2
移动定位精度/mm	±0.1	±0.1	±0.1	±0.1	±0.1	±0.1	±0.1
传动形式	机械传动						

表 7-18 GCYK 系列液压式通用淬火机床的主要技术参数

型 号	GCYK1050 GCY1050	GCYK10120 GCY10120	GCYK10150 GCY10150	GCYK10200 GCY10200	GCYK1050/60 GCY1050/60	GCYK10100/60 GCY10100/60
最大加热直径/mm		ϕ400			ϕ600	
最大加热长度/mm	500	1200	1500	2000	500	1000
最大夹持长度/mm	500	1500	1500	2000	500	1000
零件运行速度/(mm/s)	1 ~ 30					
零件下降速度/(mm/s)	250					
最大返回速度/(mm/s)	110					
零件旋转速度/(r/min)	20 ~ 200					
传动形式	全液压					

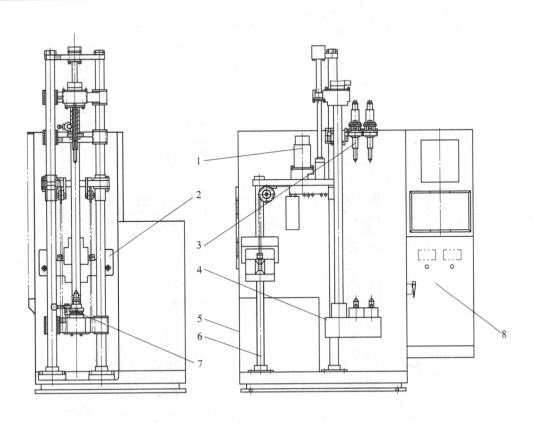

图 7-44 导柱双顶尖立式淬火机床简图
1—升降驱动部分 2—配重块 3—上顶尖总成 4—下顶尖总成 5—罩框
6—机架 7—手动离合器 8—控制柜

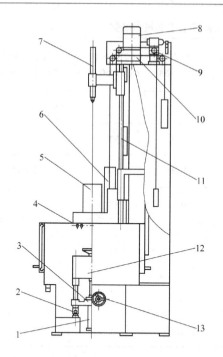

图 7-45　GCFW 型通用立式中频淬火机床简图
1—底座　2—导轨　3—滑座　4—分度开关
5—中频变压器　6—水路支架　7—上顶尖
8—主传动电动机　9—链轮　10—减速器
11—导轨　12—主轴箱　13—手柄

**表 7-19　GCFW 型通用立式中频淬
火机床的主要技术参数**

型号	最大夹持长度/mm	最大加热长度/mm	最大加热直径/mm	最大工件重量/kg	传动形式	冷却方式	机床外形尺寸（长×宽×高）/mm
GCFW11200/120-W	2000	1200	10000	复合式	喷淋、埋液	2510×2010×5670
GCFW11350/120-W	3500	1200	20000	复合式	喷淋、埋液	3510×2010×4160

图 7-46 所示为 $\phi900\text{mm}\times10000\text{mm}$ 轴类立式淬火机床简图，表 7-20 为其主要技术参数。

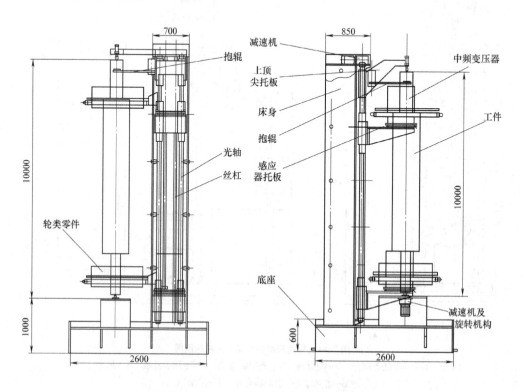

图 7-46　$\phi900\text{mm}\times10000\text{mm}$ 轴类立式淬火机床简图

表 7-20　ϕ900mm × 10000mm 轴类立式淬火机床的主要技术参数

项　目	参　数
淬火工件直径/mm	ϕ100 ~ ϕ900
最大顶尖距离/mm	10000
机床承重/t	15
感应器托板最大行程/mm	9050
感应器托板升降速度/(mm/min)	48 ~ 1200
上顶尖托板升降速度/(mm/min)	720
工件转动速度/(r/min)	15 ~ 60
抱辊开合角度/(°)	90
感应器托板升降电动机功率/kW	4
主轴转动用电动机功率/kW	5.5
上顶尖托板升降电动机功率/kW	0.75
机床总重/t	32.083

表 7-21　ϕ1500mm × 5000mm 立式淬火机床的主要技术参数

项　目	参　数
淬火工件直径/mm	ϕ200 ~ ϕ1500
最大顶尖距离/mm	5000
机床承重/t	20
感应器托板最大行程/mm	4850
感应器托板升降速度/(mm/min)	36 ~ 720
上顶尖托板升降速度/(mm/min)	720
工件转动速度/(r/min)	10 ~ 50
感应器托板升降电动机功率/kW	7.5
主轴转动用电动机功率/kW	7.5
上顶尖托板升降电动机功率/kW	1.0
机床总重/t	33.57

图 7-47 所示为 ϕ1500mm × 5000mm 立式淬火机床简图，表 7-21 为其主技术参数。

图 7-48 所示为 ϕ500mm × 3600mm 轴类淬火机床简图，表 7-22 为其主要技术参数。

图 7-49 所示为 ϕ800mm × 7000mm 中频、ϕ1500mm × 7000mm 工频轴类淬火机床简图，表 7-23 为其主要技术参数。

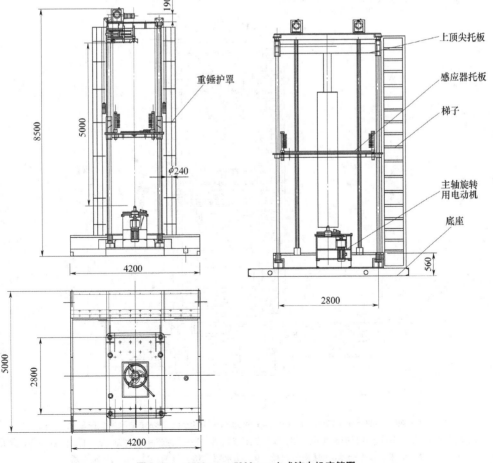

图 7-47　ϕ1500mm × 5000mm 立式淬火机床简图

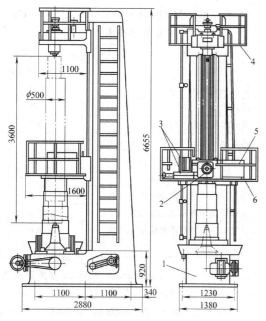

图7-48　$\phi500\text{mm}\times3600\text{mm}$ 轴类淬火机床简图
1—底座　2—分度定位机构　3—变压器及支座
4—尾架　5—分度定位液压系统　6—感应器平面

表7-22　$\phi500\text{mm}\times3600\text{mm}$ 轴类淬火机床的主要技术参数

项　　目	参数	备注
淬火轴类最大直径/mm	$\phi500$	
淬火轴类最大长度/mm	3600	
淬火轴类最大重量/kg	3000	
主轴旋转速度/(r/min)	3.94～118	无级调速
感应器移动速度/(mm/min)	22～620	无级调速
尾架移动速度/(mm/min)	82～2435	无级调速
主驱动电动机/kW	4	
升降驱动电动机/kW	4	
液压泵电动机/kW	0.8	

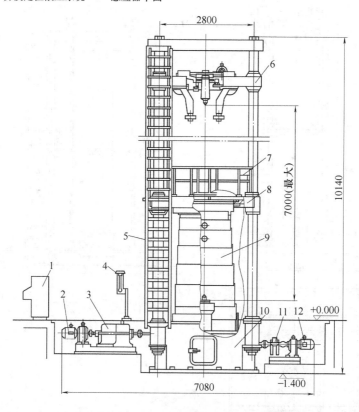

图7-49　$\phi800\text{mm}\times7000\text{mm}$ 中频、$\phi1500\text{mm}\times7000\text{mm}$ 工频轴类淬火机床简图
1—地面操作台　2、12—电磁调速异步电动机　3—专用减速器　4—干油集中润滑泵　5—梯子　6—扶架横梁
7—机床上操作台　8—感应器横梁　9—防水罩　10—机架　11—U_0-20减速器

表 7-23　$\phi 800mm \times 7000mm$ 中频、$\phi 1500mm \times 7000mm$ 工频轴类淬火机床的主要技术参数

项　目		参　数	
		$\phi 800mm \times 7000mm$ 中频	$\phi 1500mm \times 7000mm$ 工频
淬火工件直径/mm		$\phi 100 \sim \phi 800$	$\phi 235 \sim \phi 1485$
淬火齿轮轴模数		$8 \sim 50$	
上下顶尖最大距离/mm		7000	7000
感应器横梁最大行程/mm		6050	6830
淬火工件最大重量/t		10	60
感应器横梁升降速度/(mm/s)		$0.8 \sim 20$	$0.6 \sim 12$
托架横梁升降速度/(mm/s)		$0.8 \sim 20$	$0.6 \sim 12$
主轴转速/(r/min)		$15 \sim 60$	$10 \sim 50$
上顶尖滑板移动速度/(mm/min)		16	16
抱辊开合角开合速度/[(°)/s]		1.6	1.6
感应器横梁及扶架横梁升降用电动机	型号	JZT-7.5	JZT-7.5
	功率/kW	7.5	7.5
	额定转速/(r/min)	1400	1400
	调速范围/(r/min)	$90 \sim 1415$	$65 \sim 1300$
主轴转动用电动机	型号	JZT-7.5	JZT-7.5
	功率/kW	7.5	7.5
	额定转速/(r/min)	1400	1400
	调速范围/(r/min)	$243 \sim 1215$	$243 \sim 1215$
抱辊及上顶尖滑板移动用电动机	型号	JD41-6	JD41-6
	功率/kW	1.0	1.0
	额定转速/(r/min)	940	940
	U_0-20 减速器速比	6.07	6.07
专用减速器速比	至感应器横梁	23.56/38.9	23.56/38.9
	至扶架横梁	24.72/40.81	24.72/40.81
机床总重/t		47.83	

图 7-50 所示为 $\phi 1000mm \times 5000mm$ 工频轴类淬火机床简图，表 7-24 为其主要技术参数。

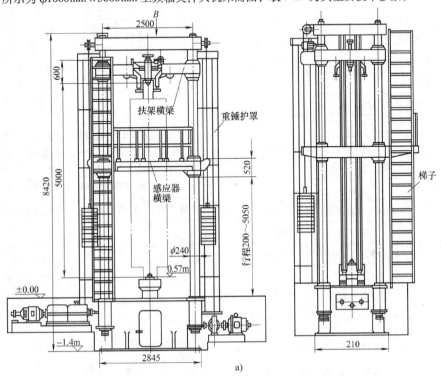

图 7-50　$\phi 1000mm \times 5000mm$ 工频轴类淬火机床简图
a）主视图

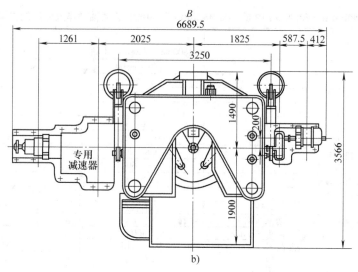

图 7-50 $\phi1000\text{mm} \times 5000\text{mm}$ 工频轴类淬火机床简图（续）

b）俯视图

表 7-24　$\phi1000\text{mm} \times 5000\text{mm}$ 工频轴类
淬火机床的主要技术参数

项　目		参数
淬火工件直径/mm		$\phi200 \sim \phi1000$
最大顶尖距离/mm		5000
机床承重/t		20
感应器横梁最大行程/mm		4850
感应器横梁升降速度/(mm/min)		$33 \sim 548$
扶架横梁升降速度/(mm/min)		$31.6 \sim 522$
工件转动速度/(r/min)		$7.9 \sim 39.7$
抱辊开合角开合速度/(°)/s		0.32
感应器及扶架横梁升降用电动机	型号	Z2-52
	功率/kW	7.5
	转速/(r/min)	$100 \sim 1000$
测感应器横梁升降位置用自整角机	型号	S-5、S-3
	额定励磁电压/V	220
感应器横梁测速电动机	型号	ZCF-361
	额定转速/(r/min)	1100
	电枢电压/V	106
专用减速器速比	至感应器横梁	23.56/38.9
	至扶架横梁	24.72/40.81
机床总重/t		34.873

图 7-51 所示为轧辊双频淬火机床简图，表 7-25
为其主要技术参数。

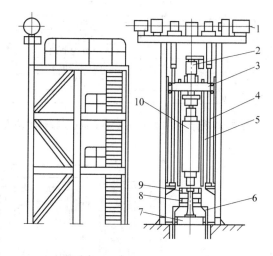

图 7-51　轧辊双频淬火机床简图
1—机床传动部分　2—旋转电动机及润滑系统
3—上横梁　4—丝杠　5—光轴　6—喷水圈
7—下横梁　8—中频感应器　9—工频感应器　10—工件

表 7-25　轧辊双频淬火机床的主要技术参数

项　目	参　数
轧辊直径/mm	$\phi100 \sim \phi850$
辊身长度/mm	$300 \sim 500$
轧辊全长/mm	$200 \sim 5250$
轧辊移动速度/(mm/s)	0.2～2.0（低速） 15（高速）
轧辊转速/(r/min)	30
工频电源电力变压器/kVA	1250
工频淬火变压器/kVA	2600
250Hz 电源电力变压器/kVA	1000
250Hz 淬火变压器/kVA	3000

7.2.6.2 齿轮感应淬火机床

图 7-52 所示为 GCTK13400×220 数控齿轮淬火

机床简图，表 7-26 为其主要技术参数。

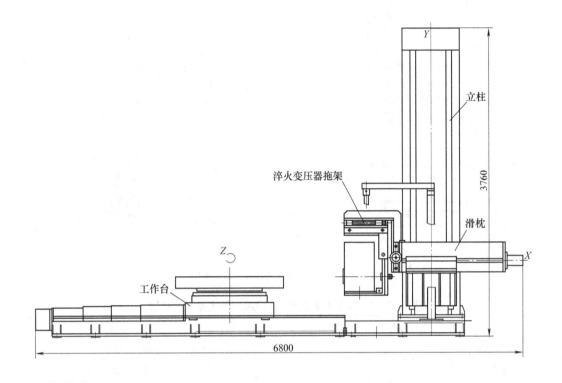

图 7-52 GCTK13400×220 数控齿轮淬火机床简图

表 7-26 GCTK13400×220 数控齿轮淬火机床的主要技术参数

项　目	参　数
淬火齿轮直径范围/mm	$\phi300 \sim \phi4000$
最大淬火齿轮宽度/mm	1500（内齿 500）
齿轮模数	8 ~ 40
齿轮螺旋角	±(5° ~ 30°)
最大零件重量/kg	15000
淬火变压器纵向移动距离(X)轴/mm	600
淬火变压器升降移动距离(Y)轴/mm	2200
X 轴运动速度范围(mm/min)	120 ~ 3600
Y 轴运动速度范围(mm/min)	30 ~ 3600
工作台转数范围/(r/min)	0.00055 ~ 2
主机外形尺寸(长×宽×高)/mm	6800 × 1760 ×3760
主机重量/kg	15000

7.2.6.3 滚道感应淬火机床

图 7-53 所示为 GC14250 滚道感应淬火机床简图，表 7-27 为其主要技术参数。

7.2.6.4 导轨感应淬火机床

图 7-54 所示为 GCK2190 数控导轨感应淬火机床简图，表 7-28 为其主要技术参数。

7.2.6.5 专用感应淬火机床

1. 曲轴淬火机床

（1）单缸曲轴淬火机床。图 7-55 所示为 GCQZ02 型单缸曲轴感应淬火机床结构简图，表 7-29 为其主要技术参数。

（2）多缸曲轴淬火机床。图 7-56 所示为 GCQZ02 型多缸四工位半自动曲轴旋转感应加热淬火机床简图，表 7-30 为其主要技术参数。

（3）全自动曲轴淬火机床。图 7-57 所示为 TQK 型全自动曲轴淬火机床，表 7-31 为其主要技术参数。

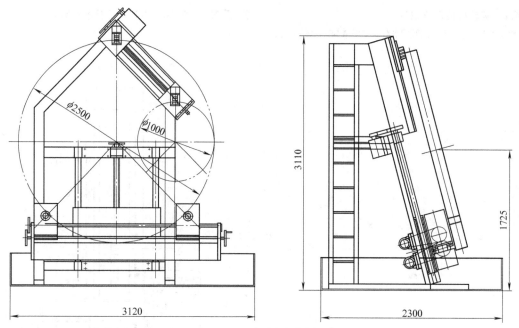

图 7-53　GC14250 滚道感应淬火机床简图

表 7-27　GC14250 滚道感应淬火机床的主要技术参数

项　目	参　数
工件淬火直径范围/mm	$\phi400 \sim \phi2500$
工件旋转线速度/(mm/s)	2.5 ~ 25
最大工件重量/kg	2000

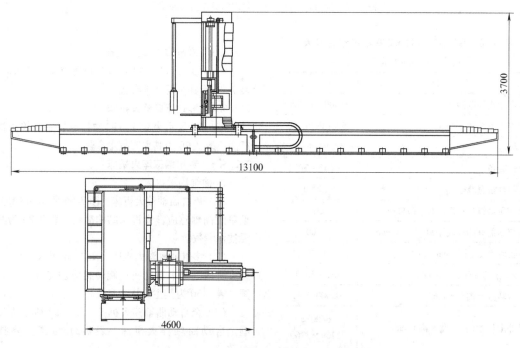

图 7-54　GCK2190 数控导轨感应淬火机床简图

表 7-28　GCK2190 数控导轨感应淬火机床的主要技术参数

项　　目	参　　数
最大淬火工件长度/mm	9000
最大淬火工件宽度/mm	300
扫描速度/(mm/min)	150～300
感应器在横梁导轨上左右移动最大距离/mm	1500
横梁在立柱导轨上上下移动最大距离/mm	1000
立柱在床身导轨上左右移动最大距离/mm	9000
机床重量/kg	15000
外形尺寸(长×宽×高)/mm	13100×4600×3700

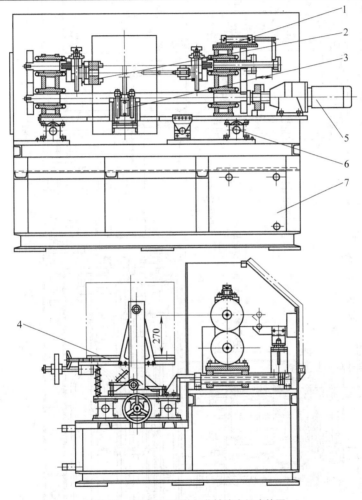

图 7-55　GCQZ02 型单缸曲轴淬火机床简图

1—尾顶尖旋转及进退机构　2—工件夹紧及旋转机构　3—V 形支架　4—变压器-感应器

浮动跟踪机构　5—工件旋转驱动系统　6—滑动托架　7—床身

表 7-29　GCQZ02 单缸曲轴感应淬火机床的主要技术参数

项　　目	参　　数
夹持零件最大长度/mm	420
工件最大偏心尺寸/mm	45
工件最大重量/kg	5
工件旋转速度范围/(r/min)	30～90
减速机电动机功率/kW	1.5

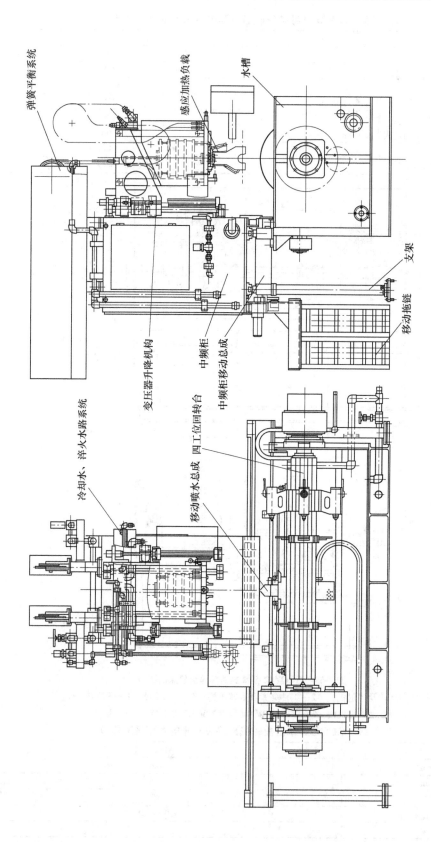

图 7-56　GCQZ02 型多缸四工位半自动曲轴旋转感应加热淬火机床简图

表 7-30　GCQZ02 型多缸四工位半自动曲轴
旋转感应加热淬火机床的主要技术参数

项　目	参　数
最大淬火工件长度/mm	1500
最大零件旋转直径/mm	ϕ350
最大零件重量/kg	150
零件旋转速度/(r/min)	10 ~ 100
轴向定位精度/mm	±0.05

表 7-31　TQK 型全自动曲轴感应淬火机床
的主要技术参数

项　目	TQK-1	TQK-2	TQK-3
最大曲轴回转直径(半冲程)/mm	300(80)		
曲轴长度/mm	350 ~ 1200		
最大曲轴重量/kg	150		
中频电源功率/kW	200	400	600
配置淬火变压器数量/台	5 ~ 7	7 ~ 9	9 ~ 11
冷却方式	喷淋		
上下料方式	机械自动		

图 7-57　TQK 型全自动曲轴淬火机床

2. 轮毂轴承双工位感应淬火机床　图 7-58 所示为 GCZY07 型轮毂轴承感应淬火机床；表 7-32 为其主要技术参数。

3. 气缸套双工位感应淬火机床　图 7-59 所示为气缸套双工位淬火机床结构示意图，表 7-33 为其主要技术参数。

4. 气缸套工频回火机床　图 7-60 所示为气缸套工频回火机床简图，表 7-34 为其主要技术参数。

图 7-58　GCZY07 型轮毂轴承感应淬火机床

表 7-32　GCZY07 型轮毂轴承感应淬火机床的主要技术参数

项　　目	参　　数
工件最大淬火长度/mm	200
工件最大回转直径/mm	$\phi200$
工件最大重量/kg	10
托架移动速度范围/(mm/s)	2 ~ 60
托架移动重复定位精度/mm	≤0.15
工件旋转速度范围/(r/min)	20 ~ 150

表 7-33　气缸套双工位淬火机床主要技术参数

项　　目		参　　数
淬火工件尺寸	外径/mm	$\phi180$
	内径/mm	$\phi145$
	高度/mm	380
电源功率/kW		170
电源频率/Hz		8000
升降用电动机数量及功率/kW		2×1
旋转用电动机数量及功率/kW		2×0.27
生产率/（个/h）		40 ~ 50
机床总重/t		2

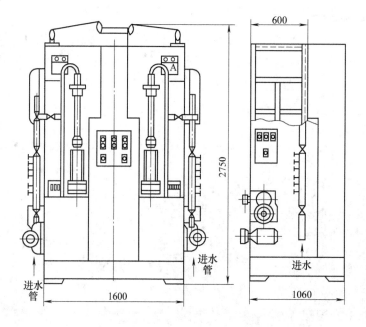

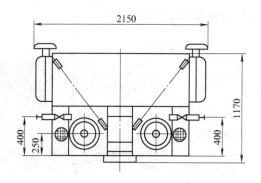

图 7-59　气缸套双工位淬火机床结构示意图

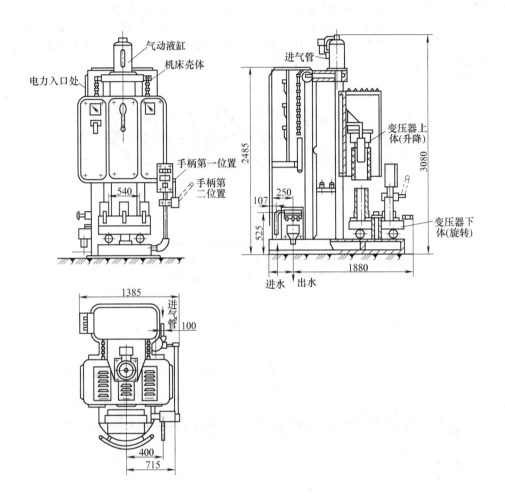

图 7-60　气缸套工频回火机床简图

表 7-34　气缸套工频回火机床的主要技术参数

项　目	参　数	备注
回火工件尺寸 （直径×高）/mm	（ϕ80～ϕ145） ×（200～300）	
所需功率/kW	45	
生产率/（个/h）	160～180	
水消耗量/（m³/h）	4.5	
压缩空气耗量/（m³/h）	1.4	392～588kPa

5. 管状工件调质用工频感应加热机床　如图 7-61所示，工件由推杆推动前进，并以 15～60r/min 转速旋转，感应器不动，加热后喷水器在管内外同时进行喷水冷却。

7.2.6.6　感应热处理自动生产线

目前针对某些零件或材料设计制造的专用感应加热热处理生产线，种类繁多，下面列举两例。

1. 双（单）线材感应热处理自动生产线（见图 7-62）　在设计这种生产自动线时，应以线材的直径、产品为依据，选用合适的电源频率和所需的设备功率。在选择频率时，应力求用涡流"透入式加热"；同时，所选择的加热速度，根据生产率应在尽可能短的时间内达到规定的加热深度。

自动生产线由供料装置、输送装置、感应加热电源、矫直装置、淬火加热感应器、回火加热感应器及其冷却器、矫正装置、缺陷检查仪及卷收装置组成。

（1）自动生产线的工艺流程。将表面清洁的盘料放在可转动的供料装置上→人工将盘料引入带有变频调速的输送装置→由输送装置自动地将盘料送入双向矫直装置→经托轮进入带有光导纤维检测温度的淬火加热感应器→通过强烈冷却的冷却器→进入带有光导纤维检测温度的回火加热感应器→到防止回火脆性的冷却器→经矫正装置→进入带工业电视机的缺陷检查仪→进入线材自动卷收装置。

（2）自动生产线的结构。自动线主要设备为：两套 IGBT 超音频、两套晶闸管式中频电源装置。

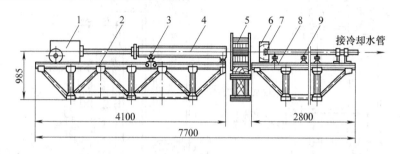

图 7-61　管状工件工频调质加热机床简图
1—变速机构　2—前支架　3—移动托架　4—工件　5—感应器　6—外喷水器
7—内喷水器　8—后支架　9—固定托架

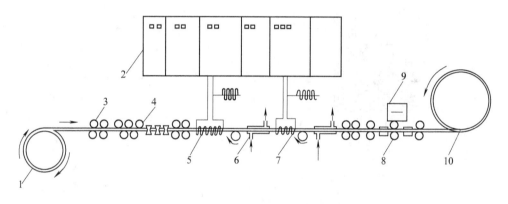

图 7-62　双（单）线材感应热处理自动生产线
1—供料装置　2—感应加热电源　3—输送装置　4—矫直装置　5—淬火加热感应器　6—冷却器
7—回火加热感应器　8—矫正装置　9—缺陷检查仪　10—卷收装置

感应器为多匝式。为提高生产率，淬火加热感应器匝距不均匀分布，而是在进料端线圈之间的匝距小些；在线圈的出料口装有光导纤维测温仪以控制加热温度。线圈内装有瓷管及开口的耐热钢管，以防线材与加热器短路和在加热运行中磨损瓷管。考虑到耐热钢管在加热时的伸长现象，在进料端焊有发兰，使加热器端固定，而其出料端则为自由端。

传送装置由减送装置和变频调速装置组成。其传动是靠可调节的输送滚轮的压紧力进行，而其前进速度则靠变频调速电动机拖动。

缺陷检查仪为一台带有显示屏的涡流检测仪，当表面有裂纹的线材经过此仪器时，则其显示屏上就可看出。

卷收装置为一装有与生产线速度同步并具有自带变频调速电源的绕线机。应注意卷取线材的传送速度必须与生产线的速度相适应，快了会使线材在加热过程中被拉长，慢了会使线材在生产运行中跑出运行的通道。

2. 螺杆钻具中定子和转子的中频感应热处理生产线（见图 7-63）

（1）自动生产线的工艺流程。工件上料→旋进→淬火加热→淬火喷淋→出料→储料→再次上料→旋进→回火加热→回火冷却→出料→储料。

（2）自动生产线的结构。成套设备包括 750kW、400～1000Hz 晶闸管中频变频器，特大型卧式淬火、回火两用机床（包括淬火、回火两用感应透热炉，环筒形淬火喷淋装置，与其配套的机械装置），测温、控温、总控系统等。

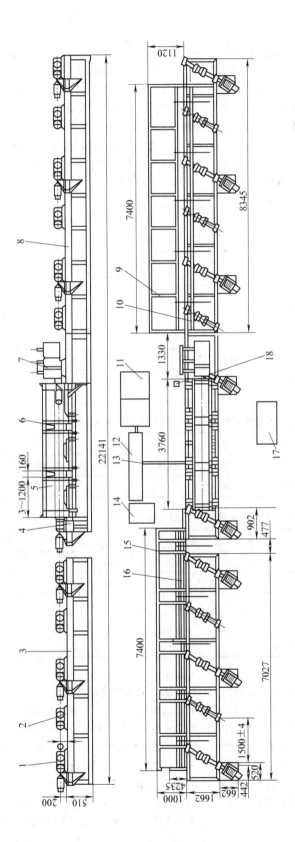

图 7-63　螺杆钻具中定子和转子中频感应热处理生产线

1—主动托辊　2—从动托辊　3—进料机架　4—中间机架　5—感应器　6—中间托辊　7—喷淋系统
8—出料机架　9—出料台　10—出料翻料机构　11—中频变频器　12—电容器柜　13—水冷电缆
14—液压站　15—储料台　16—隔料翻料机构　17—控制台　18—红外线测温系统

7.3　火焰表面加热装置

火焰表面加热是一种使用较早的表面加热方法，由于它的设备简单、投资少、动力供应方便和生产成本低，适用于各种形状大小工件的表面加热，现在生产上仍广泛使用。近年由于采用了新型的温度测量仪及机械化、自动化的火焰表面淬火机床，工件淬火质量得到保证，生产技术也不断发展。

火焰表面加热所用气体燃料有城市煤气、天然气、甲烷、丙烷及乙炔等，其中乙炔是最常用的。表

7-35为火焰加热表面淬火常用气体燃料的性质。

7.3.1　乙炔

7.3.1.1　乙炔的制取及性质

在乙炔发生器中，用水分解碳化钙（电石）即得乙炔。碳化钙的产气量与其密度及含量有关，详见表7-36。

工业用电石中碳化钙的质量分数为65%～80%，主要杂质为氧化钙。电石的质量应符合表7-37的要求。

表7-35　火焰加热表面淬火常用气体燃料性质

气体燃料名称	发热量/(MJ/m³)	气体密度/(kg/Nm³①)	相对密度（与空气比）	火焰温度/℃		氧与气体燃料体积比	空气与气体燃料体积比	空气中燃烧容量(%)
				氧助燃	空气助燃			
乙炔	53.4	1.1708	0.91	3105	2325	1.0	*	2.5～80.0
甲烷（天然气）	37.3	0.7168	0.55	2705	1875	1.75	9.0	5～15.0
丙烷	93.9	2.02	1.56	2635	1925		25	2.1～9.5
城市煤气	11.2～33.5	*	*	2540	1985	*	*	*

注：＊依实际成分及发热值而定。
① Nm³，表示标准状态下气体的体积。

表7-36　碳化钙产气量与其密度及含量的关系

密度/(kg/m³)	2.32	2.37	2.41	2.45	2.49	2.53
碳化钙含量(质量分数)(%)	80	75	70	65	60	55
含饱和水分的乙炔产气量/(L/kg)	305	287	267	248	230	210

表7-37　电石的质量要求（GB 10665—2004）

项　　目	优等品	一等品	合格品
产气量/(L/kg)≥	300	280	260
乙炔中磷化氢含量(体积分数)(%)≤	0.06	0.08	
乙炔中硫化氢含量(体积分数)(%)≤	0.10		
粒度为5～8mm①的含量(质量分数)(%)≥	85		
筛下物(2.5mm以下)的含量(质量分数)(%)≤	5		

① 粒度范围可由供需双方协商确定。

用水分解电石时，所产生的热量必须及时散掉，防止电石及乙炔过热。乙炔是一种很不稳定的吸热化合物，当温度超过200～300℃时，乙炔分子将发生聚合现象，形成复杂化合物。乙炔温度越高，聚合的速度就越大。聚合作用是放热反应，这种过程如果继续增强，可能引起乙炔爆炸，同时，温度可提高到3000℃，压力提高11倍。为了防止聚合作用的产生，乙炔容器的温度应不超过100℃。

7.3.1.2　乙炔发生器的类型

乙炔发生器是一种制取乙炔的制气设备。根据乙炔的发生量、压力及水与电石接触的方式，可分为电石入水式、水入电石式、排水式、水入电石与排水联合式等类型。在火焰淬火中，最常用的有Q3-3型、YF61型（排水式），以及Q4-5型、Q4-10型（水入电石与排水联合式）两类。如使用乙炔气体消耗量大于上述型号发生器的正常供气量，可将数只乙炔发

生器并联汇流供气或选择其他制气能力大的乙炔发生器。乙炔发生器的型号与特性见表 7-38。

图 7-64 与图 7-65 所示为排水式及水入电石与排水联合式中压乙炔发生器的结构示意图。

表 7-38　乙炔发生器的型号与特性

指　标		YF61 型	Q3-3 型	Q4-5 型	Q4-10 型
正常产气率/(m³/h)		3	3	5	10
最大产气率/(m³/h)		—	—	—	15
乙炔工作压力/kPa		44 ~ 98	44 ~ 98	39 ~ 49	68.6
允许最大工作压力/MPa		0.11		0.15	0.15
发生器内乙炔的最高温度/℃		80	90	90	90
发生器内水的最高温度/℃		—		60	60
电石一次装入量/kg		12	13	11.8	25.5
电石允许粒度/mm		25 ~ 50 50 ~ 80	25 ~ 50 50 ~ 80	8 ~ 15 15 ~ 25	15 ~ 80
储气室水容量/m³		0.33	0.33	—	0.818
储气室气容量/m³					0.958
发生器 外形尺寸	长/mm	1050	1050		
	宽(或直径)/mm	770	770	900	1200
	高/mm	1730	730	1986	2690

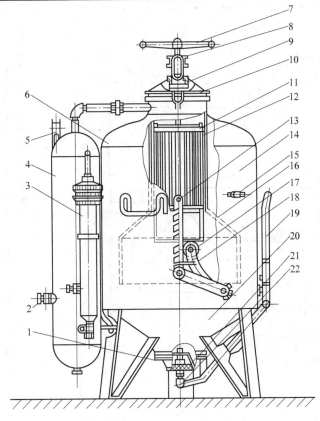

图 7-64　Q3-3 型排水式中压乙炔发生器

1—放污口　2—水位阀　3—水封回火防止器　4—储气桶　5—乙炔表　6—筒盖　7—开盖手柄　8—压板环
9—防爆膜　10—盖　11—电石篮　12—内层气室　13—移位调节杆　14—主体　15—溢水阀　16—内层锥形罩
17—升降滑轮　18—定位攀　19—放污开关杆　20—筒底　21—橡胶塞　22—轴

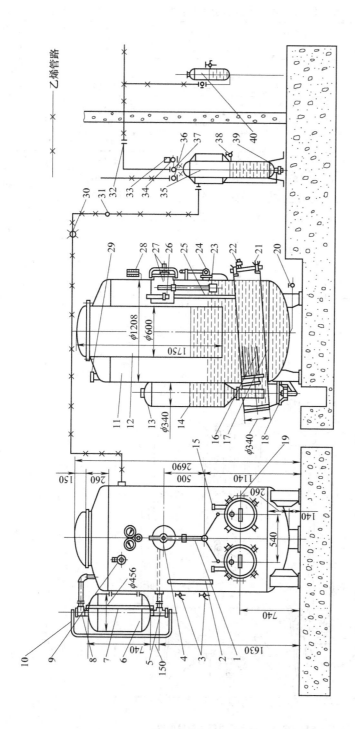

图7-65 Q4-10型水入电石与排水联合式中压乙炔发生器

1—进水操作杆 2—水位指示器 3—水位线放水阀 4—乙炔洗涤器盖 5—三通阀 6—加水箱 7—水位指示器 8—双通阀 9—安全阀 10—加水桶操作杆 11—发生器主体 12—储气压挤室 13—防爆膜 14—发气压挤室 15—温度计 16—电石装料篮 17—发气室 18—排渣阀 19—进水阀 20—节止阀 21—元宝螺钉 22—吹泄阀 23—乙炔排气管 24—给水三通阀 25—乙炔出气管 26—逆止阀 27—乙炔洗涤器 28—压力表 29—防爆膜 30—放泄阀 31—乙炔主阀 32—单向阀 33—加水斗 34—加水防止器 35—安全水封 36—放泄阀 37—排气总管阀门 38—安全水封水位阀 39—安全水封逆止阀 40—岗位式回火防止器

7.3.1.3　回火防止器

回火防止器的主要作用，是防止火焰加热工具的燃气与氧气混合燃烧时发生回火，及防止氧气逆流进入燃气管路和燃气供气设备内的一种安全防爆装置。有湿式和干式两类。

湿式回火防止器，按燃气的工作压力分低压（0.98~9.8kPa）和中压（9.8~147kPa）两种。利用水的升降变位（用于低压）及附加球形或锥形的单向止逆活门（用于中压）起止逆回火作用，亦称安全水封。它们的结构见图7-66与图7-67。

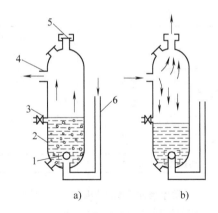

图 7-67　中压回火防止器
a）正常工作状态　b）回火爆炸状态
1—球形逆止阀　2—筒体　3—水位阀
4—出气管　5—防爆膜　6—进气管

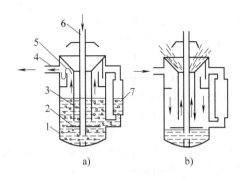

图 7-66　低压回火防止器
a）正常工作状态　b）回火爆炸状态
1—筒体　2—分气板　3—水封管　4—出气管
5—分水板　6—进气管　7—水位计

干式回火防止器不用水封，在回火防止器内安置一种金属或非金属的多孔性物质，利用多孔性物质的细微小孔，以减弱火焰的扩张速度，起防止回火作用。

用不锈钢粉末冶金制成阻火片，其技术参数见表7-39。

表 7-39　阻火片的技术参数

冶金片规格	乙炔压力/kPa	阻力/kPa	流量/(m³/h)
不锈钢粉末冶金片：t=4mm	147	21.6	9.8
	98	9.8	7.7
粉末：150~200 目	69	8.8	5.7
加压：392.3MPa	49	4.9	4.0

常用干式回火防止器的型号与技术参数见表7-40。

在冬天使用湿式回火防止器时，应注意防冻。常用的防冻液有氯化钠水溶液、乙二醇水溶液及甘油水溶液等。

乙炔发生器及其附属设备，在经过清洗与检修后，必须按表7-41所列标准进行试压。

表 7-40　干式回火防止器的型号与技术参数

型　　号	GY-69-1 型	GY-69-1A 型	GY-70-1 型			
乙炔压力/kPa	147	147	49	68.6	98	147
流量/(m³/h)	7.3	6.3	3.0	4.1	5.3	7.0
阻力/kPa	0.98	20.6	4.9	8.8	9.8	21.6

表 7-41　乙炔发生器及其附属设备的试压标准

名　　称		低 压 设 备		中 压 设 备	
		水　压	气　压	水　压	气　压
乙炔发生器	强度	1.5 倍工作压力		253kPa	
	气密性		工作压力		152kPa
回火防止器	强度	1.3 倍工作压力		1.3 倍工作压力	
	气密性		工作压力		152kPa

（续）

名　　称		低　压　设　备		中　压　设　备	
		水　压	气　压	水　压	气　压
乙炔管道	强度	3301kPa			
	气密性		1.5倍工作压力，但不小于98kPa		工作压力
安全阀					167.2kPa
防爆膜			1.25倍工作压力		253～355kPa
吹洗用氮气管道气密性					253kPa

7.3.1.4　乙炔发生器使用基本规则

（1）工作前清理发生器内部的灰渣，使用的工具应为铜质或铝质，不应使用钢质的。发气室及电石篮应清洗干净，晾干后使用。

（2）工作前应向桶体与回火防止器内灌水，水量应达到规定水位。在工作过程中要维持规定的水位高度。当乙炔或冷却水的温度过高时，应增加冷却水或减少乙炔产量，必要时应更换水。

（3）填装电石的数量与粒度应符合规定，装载量不可过少或过多。

（4）发生器开始工作时，将乙炔通过回火防止器及火焰加热工具放散到大气中去，使发生器内的残存空气完全排除后才可以点火。填装电石后，也要将最初的一些乙炔通过发气室吹泄阀排出。

（5）不要任意打开发气室的盖子，只有当电石完全分解和气压降到大气压之后才能开启。电石尚未完全分解时，必须使发气室冷却一定时间，然后才能取出电石篮。

（6）乙炔发生器不可过载使用，乙炔消耗量不得超过规定的数值。

（7）乙炔发生器停止工作后，应将残存的乙炔放散，清除灰渣。在冬季长期停止工作时，要将其中的水倒出，防止冻结。

（8）在距发生器10m以内，不允许有任何明火或产生火花的可能存在。一般均将乙炔发生器布置在单独的房间中。

7.3.2　气瓶与管道

气瓶是用于储存经压缩、液化、溶解的各类高压气体的耐高压容器。根据气体的不同性质，分别采用专用气瓶。

7.3.2.1　氧气瓶

氧气一般均在35℃、15.2MPa的规定压力下，压缩储存于特制的金属钢瓶及玻璃钢（增强塑料）瓶中。

氧气瓶内气体储存量的简化计算式为

$$Q = pV$$

式中　Q——气体储量（m^3）；
　　　p——气体压力（10^5Pa）；
　　　V——气瓶容积（m^3）。

使用氧气瓶时必须遵守下列规则：

（1）氧气瓶的阀冻结时，用温水解冻。

（2）氧气瓶的瓶嘴、瓶身严禁沾污油脂。

（3）夏季不能放在日光曝晒的地方。

（4）氧气瓶内的气体不能全部用尽，应该留有不小于98kPa以上的剩余压力。

7.3.2.2　乙炔瓶

丙酮是乙炔最好的溶剂，在15℃及1MPa下，1L丙酮可溶解230L乙炔，故储存乙炔的钢瓶内均盛有丙酮。

乙炔在1.6212～2.03MPa压力下，钢瓶内的储存量可按下式计算：

$$Q = 9.2pV$$

式中　Q——灌入瓶内的乙炔量（m^3）；
　　　p——瓶内压力（10^5Pa）；
　　　V——气瓶容积（m^3）。

使用乙炔气瓶时必须遵守下列规则：

（1）不使气瓶遭受剧烈振动和撞击，防止瓶内填充物下沉产生空隙。

（2）在储存、运输和工作时，不能使气瓶温度超过30～40℃。乙炔瓶应距离明火3～4m以上，夏季不要放在受日光曝晒的地方。

（3）工作时乙炔瓶应处于直立位置。从每个乙炔瓶中取用的气量不应超过1.5m^3/h。耗量大时，应用数个乙炔瓶经过汇流排并联供气。

（4）在15～25℃时，瓶内压力降到196kPa，或在25～35℃时，压力降到294kPa时，应停止使用。

（5）应经常检查乙炔瓶阀的严密性，防止乙炔外溢。

7.3.2.3　丙烷瓶

常用丙烷，是以丙烷为主要成分的液化石油气，在灌入钢瓶时应留出容积的10%～15%，以使丙烷在常温时自然汽化。当丙烷温度在15℃、压力在1MPa

时，每 1L 液态丙烷汽化后可得到约 273L 的气态丙烷；1kg 液态丙烷汽化后可得到约 535L 的气态丙烷。

丙烷瓶液态充装量的计算公式为

$$Q = 0.41V$$

式中　Q——液态丙烷的重量（kg）；

　　　V——丙烷瓶容积（L）；

　　　0.41——丙烷的充装系数（kg/L）。

使用丙烷瓶时必须遵守下列规则：

（1）丙烷气瓶须放置在通风良好的地方，因丙烷的密度为空气的 1.5 倍，如气体漏出易积存于低洼处，遇火造成火灾。

（2）丙烷气瓶不要长期雨淋或日光曝晒。

（3）用气量大于自然汽化能力时，应将多瓶并联；或将丙烷瓶分组轮换使用以待汽化；必要时可加装汽化器汽化。

（4）丙烷瓶严禁用火加热，与明火的距离一般不小于 5m，以防止发生事故。

（5）丙烷瓶所剩残液，不得自行倒出，以防残液蒸发，遇火燃烧。

各种储气瓶的技术参数见表 7-42。

表 7-42　各种储气瓶的技术参数

钢瓶类别	工作压力/kPa	试验压力/MPa		充装系数/（kg/L）	瓶体涂色标注	
		水压	气压		表面漆色	字样漆色
氧气	14710	22.5	15.0	—	浅蓝色	黑色
乙炔	1961	4.5	2.0	—	白色	红色
丙烷	≤1961	4.5	2.0	≤0.41	红色	白色

7.3.2.4　汇流排

气体汇流排用于气体消耗量较大的场合。按所需气体消耗量的要求，将储气瓶集中并联为汇流排，通过管道输送到工作地。有可移式（见图 7-68）及固定式（见图 7-69）两类。

每组汇流排的容积可按下式计算：

$$A = \frac{Qt}{p_1 - p_2}$$

式中　A——汇流排的总容积（m³）；

　　　Q——常温与常压下气体消耗量（m³/h）；

　　　t——估计汇流排供气时间（h）；

　　　p_1——汇流排最大工作压力（MPa）；

　　　p_2——喷焰器最大工作压力（MPa）。

每组汇流排所需气瓶数目

$$n = A/a$$

式中的 a 为每个气瓶的容积（m³）。

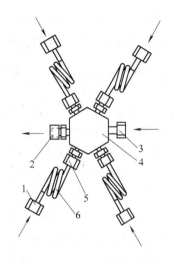

图 7-68　可移式气体汇流排示意图

1、3、5—联接螺母　2—联接螺钉
4—六通主体　6—回形导管

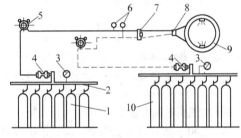

图 7-69　固定式中央气体汇流排示意图

1—乙炔瓶　2—汇流排　3—压力表　4—汇流
排减压阀　5—减压阀　6—压力表　7—气体
开关　8—气体混合器　9—环形火焰
喷嘴　10—氧气瓶

7.3.2.5　管道

乙炔和氧气从乙炔发生器（或气瓶）和氧气汇流排分别经专用管道输往工作地。

乙炔管道的直径 d（mm）可按下式计算：

$$d = k\sqrt{\frac{Q_0}{vp}}$$

式中　Q_0——在常温与常压下乙炔流量（m³/h）；

　　　p——管道内平均压力（kPa）；

　　　v——乙炔的平均流速（m/s）。

p 单位用 kPa 时；$k = 1.9$。

压力在 9.8kPa 以下时，$v = 3 \sim 4$m/s；在 9.8 ～ 147kPa 时，$v = 4 \sim 8$m/s。

当乙炔管道的工作压力在 10.13 ～ 152kPa 时，管径不得大于 ϕ50mm。工作压力大于 147kPa 时，管径不得大于 ϕ20mm。乙炔管道应有 0.3% ～ 1% 坡度，并在最低点安装排水器。

中压与低压的乙炔管道的内径可按表7-43选用。

表7-43　不同流量下的乙炔管道内径

（单位：mm）

管长/m	乙炔流量/（m³/h）					
	1	2	4	6	8	10
10	φ19	φ25	φ32	φ38	φ45	φ45
20	φ19	φ32	φ38	φ45	φ45	φ50
30	φ25	φ32	φ38	φ45	φ50	φ65
50	φ25	φ38	φ45	φ50	φ65	φ65
100	φ32	φ38	φ50	φ65	φ65	φ76
160	φ32	φ45	φ50	φ65	φ76	φ76
200	φ38	φ45	φ65	φ76	φ76	φ76

压力在152kPa以下的乙炔管道可用普通碳钢无缝管，压力在152kPa以上时可用不锈钢无缝管。乙炔管道采用焊接连接，避免使用螺纹联接，在管道中不许有纯铜零件。

氧气管道的直径 d（mm）可按下式计算：

$$d = \sqrt{\frac{Q}{0.002826v}}$$

式中　Q——操作时实际需要的氧气容积（m³/h）；

　　　　v——氧气流速，在一般使用为 810.6～1519.9kPa，可采取 5～8m/s。

氧气管道的选用可参考表7-44。

氧气管道一般均用无缝钢管，当工作压力大于3039.8kPa时，要用纯铜或黄铜无缝管。压力小于

表7-44　不同流量下氧气管道尺寸

流　量 /（m³/h）	需要管内径 /mm	采用管尺寸（管径×壁厚）/mm	
		室内	室外
<20	φ9.4	φ17×4	φ38×5
50	φ14.85	φ25×4	φ38×5
75	φ18.20	φ32×4	φ38×5
100	φ21.00	φ32×4	φ38×5
100～200	φ21～φ29.6	φ38×4	φ38×5
200～300	φ29.6～φ36.2	φ44.5×4	φ44.5×5
300～500	φ36.2～φ47.0	φ57×4	φ57×5

注：压力：1519.9kPa，流速：5m/s。

1519.9kPa时，亦可用有缝钢管。氧气管道中不允许有任何带有油脂的零件。

管道敷设好后要作水压试验及气密性试验，合格后才准使用。管道应接地，以消除静电，氧气管道漆成蓝色，乙炔管道漆成白色。

7.3.3　火焰加热用工具与阀类

7.3.3.1　火焰加热器

一般常用的手工焊接炬可作为火焰淬火面积较小的加热工具。加热面积较大的多采用特制的火焰加热器，其加热效率显著提高。工具内设有水冷结构，因而能控制外界辐射热的影响，保持混合气体的供气稳定。图7-70所示为常用的HY3型火焰加热器。

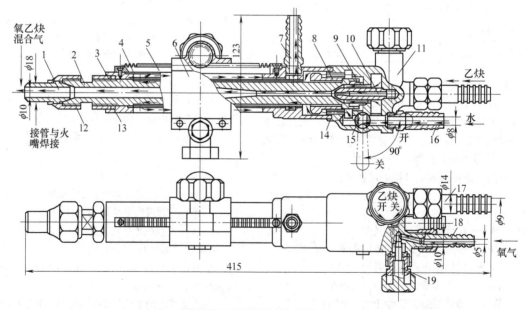

图7-70　HY3型火焰加热器

1—连接管　2—混合室　3—密封螺母　4—水冷却套管　5—齿条及齿轮　6—调位夹具　7—出水接头
8—螺旋套　9—垫圈　10—喷嘴　11—乙炔调节阀　12—联接螺母　13—石棉填料　14—橡胶填料
15—进水调节阀　16—进水接头　17—乙炔接头　18—氧气接头　19—氧气调节阀

火焰加热器以氧与乙炔混合的较为普遍。使用不同介质燃气时，必须按燃气性质要求，配备专用的火焰加热器，如图7-71所示。表7-45、表7-46所列为各部尺寸技术要求。扩大或缩小各供气与出气通路的截面，使氧与不同燃料气混合后燃烧以保证火焰稳定。所有加热器适用于氧气压力为294～784kPa，燃气压力为49～147kPa。喷火嘴多焰孔截面积应为各孔的总圆面积之和。

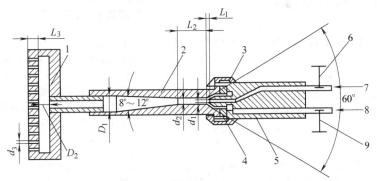

图7-71　专用火焰加热器

1—喷火嘴　2—混合室　3—喷嘴　4—螺母　5—炬体　6—氧气调节阀
7—氧气导管　8—燃气导管　9—燃气调节阀

表7-45　专用火焰加热器的主要尺寸

主要尺寸	符　号	经验公式	主要尺寸	符　号	经验公式
喷嘴孔径	d_1	—	储气室直径	D_2	$(1.5～2)d_3$
混合口孔径	d_2	见表7-43	喷嘴与混合口间隙	L_1	$(1.2～1.5)d_1$
喷火嘴孔径	d_3	见表7-43	混合孔径长	L_2	$(6～12)d_2$
混合室通路孔径	D_1	$(1.5～3)d_2$	喷火嘴孔径深	L_3	$(5～10)d_3$

表7-46　使用不同燃气的孔径规格

燃气名称	计　算　式	
	d_2	d_3
乙炔	$\approx(3～3.3)d_1$	$\approx3d_1$
氢	$\approx(3.2～3.5)d_1$	$\approx3.5d_1$
丙烷	$\approx(2.7～3)d_1$	$\approx3.2d_1$
天然气	$\approx(2.9～3.2)d_1$	$\approx3.1d_1$
城市煤气	$\approx(4.2～4.5)d_1$	$\approx4.5d_1$
焦炉煤气	$\approx(4～4.5)d_1$	$\approx6d_1$
煤油	$\approx(2.9～3.2)d_1$	$\approx3.8d_1$

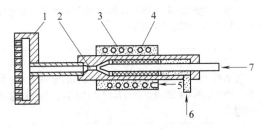

图7-72　煤油电热式加热蒸发用火焰淬火器

1—喷火嘴　2—混合室　3—电热式蒸发器
4—石棉垫料蒸发室　5—电源进口
6—汽化煤油进口　7—氧气进口

煤油与氧气混合的火焰加热器与用其他燃气的工具不同，应先将液态的煤油经汽化并经过毛毡和氢氧化钠层滤清，以便脱水和消除固体微粒的焦油产物，以及环烷酸、磺基环烷酸和其盐类后，供给特制的火焰加热器，如图7-72、图7-73所示。

火焰加热器在使用中可能发生的故障及处理方法，见表7-47。

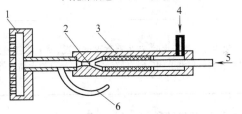

图7-73　煤油火式加热蒸发用火焰淬火器

1—喷火嘴　2—混合室　3—石棉垫料蒸发室
4—汽化煤油进口　5—氧气进口
6—火焰式蒸发嘴

表 7-47　火焰加热工具使用故障及处理方法

故 障 及 原 因	处 理 方 法
混合气燃烧速度高,气体流速低,气体供应量不足,致使在工具外部燃烧的火焰导向工具内部回燃形成回火	按燃气与不同氧气的混合比例,选择合理的混合室、喷嘴及喷火嘴 调整供气压力,保持流速,保证流量供给
喷火嘴热量过高,使工具内部混合气体受热膨胀而产生附加阻力,妨碍供气流动,造成爆鸣及回火	降低喷火嘴温度 合理安置设有冷却水装置的喷水嘴
喷火嘴出口孔径与深度的要求制作不合理。一般是出口孔径过大,孔深度过短及嘴内储气室过宽,使外界多量空气积聚于火嘴室内。点火时,空气与燃气达到最易爆炸范围,立即发生回火	按照燃气性质要求,制作喷火嘴点火时放泄适量余气,然后再点火。多ья孔径建议选用:乙炔/氧:$\phi0.5 \sim \phi0.8$mm;丙烷/氧:$\phi0.8 \sim \phi1.2$mm;天然气/氧:$\phi1.5 \sim \phi2$mm
喷火嘴某部钎焊有微漏,或材料有砂眼、气孔等缺陷。在点燃火焰后,空气被吸入火嘴内,当空气混入燃气达到一定比例量时,即产生爆鸣及回火	保证钎焊部的焊接质量 喷嘴材料应采用挤压铜材,不用铸件 新制的喷火嘴,用气压试验气密性
火焰加热工具的混合室、喷嘴、喷火嘴、调节阀等零部件连接处气密性不好,使应隔离的各毗邻通路发生连通,造成气体流窜,影响原定的气体流程而回火	检查各部件气密部位配合面的精度,如有不精确或损坏的应予调换,在总装时,各螺纹紧固件必须拧紧,不应漏气
火焰加热工具的各零部件处沾有油脂,油脂与氧在一定压力下,产生剧烈的氧化反应,发生自燃或回火,有烧损氧气调节阀及氧气胶管的危险	清除火焰加热工具沾染的油脂 各部件严禁与油脂接触,对必须涂润滑脂的部件,如调节阀的气密垫料部位,应采用抗氧化性能好的硅脂与石墨浸涂的石棉垫料,或含有石墨的聚四氟乙烯作为垫料
氧气胶管老化和氧气压力过高,对抗氧化性能较差的胶管,极易产生回火或自燃而烧损胶管	氧气工作压力应在 294 ~ 490kPa 的范围,最高不超过 784kPa 陈旧老化的胶管,应及时调换
火焰加热工具使用的时期较长,以及日常回火等因素,形成在氧气调节阀、喷火嘴、燃气与混合口通路等部位聚积炭黑污垢,影响气流。当火焰随聚积的点燃炭黑呈暗红状态向工具内部蔓延时,即形成回火	定期清除积聚炭黑污垢,可用酸洗加热烧除(以约 500℃ 的火焰烧尽炭灰)及人造爆鸣冲除(减少氧及燃气量,产生人造回火)等方法
喷火嘴与淬火工件过近,或有碰撞情况发生爆鸣及回火	调整喷火嘴与工件的距离
冷却水孔与喷火嘴火孔的间距过近,当淬火时受水蒸气的干扰影响,形成熄火或回火	在火孔与水孔之间应加挡板 选定适宜的冷却水出口斜度
喷火嘴发生回火时,产生严重灭火状况,喷火嘴经连续数次关闭后,在再开启调节阀门时,仍有燃烧的明光自喷火嘴内外冲出	燃气调节阀与氧气调节阀关闭气密性不良,应予检修或调换 喷火嘴制作质量不良和火孔孔径扩大,必须更换火嘴

7.3.3.2　气体减压器

气体减压器的功能是将高压气瓶或管道输送的气体通过调节将压力减低到所需工作压力,并保持稳定。它由一个高压表、一个低压表和调节系统组成。高压表用来观察气瓶内的储气量;低压表用来观察调节所需工作的压力。调节系统根据结构不同分单级式和双级式两种。常用减压器的技术参数见表 7-48。

表 7-48　常用减压器的技术参数

型　号	气体介质	气室级数	供气类别	适用范围	压力表规格/kPa		工作压力/kPa		工作能力		联接螺纹规格	
					高压表	低压表	进气	出气	最大工作压力/kPa	通过出口直径的流量/(m³/h)	进口	出口
SJ7-10 型	氧气	双级式	瓶装	岗位汇流	0～24500	0～3920	≤14700	98～1960	1960	φ5/250	G $\frac{5}{8}$ in	M20×1.5
DJ6 型	氧气	单级式	瓶装	岗位	0～24500	0～3920	≤14700	98～1960	1960	φ4/180	G $\frac{5}{8}$ in	M14×1.5
QD-1 型	氧气	单级式	瓶装	岗位汇流	0～24500	0～3920	≤14700	98～1960	—	公称流量80	G $\frac{5}{8}$ in	M16×1.5
QD-20 型	乙炔	单级式	瓶装	岗位	0～2450	0～245	≤1960	9.8～147	—	公称流量9	卡箍	M16×1.5-左
QW2 型	丙烷	单级式	瓶装	岗位	0～2450	0～156.8	≤1568	19.6～58.8	—	公称流量1.5	G $\frac{5}{8}$ in-左	M16×1.5-左
ZJD18 型	氧气	单级式双级式	管道	岗位	0～3920	0～1568	≤2940	196～784	784	φ18/780	M42×3	M42×3
	乙炔	单级式双级式	瓶装	汇流	0～2450	0～245	≤1960	19.6～147	147	φ18/145	M42×3	M42×3

注:1in＝25.4mm。

单级式气体减压器的结构见图 7-74。双级式气体减压器的结构见图 7-75。

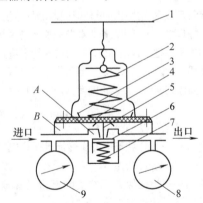

图 7-74　单级式气体减压器的结构
A—高压气室　B—低压气室
1—调节螺杆　2—调节弹簧　3—压板　4—隔气膜　5—顶杆　6—活门　7—承压弹簧
8—低压表　9—高压表

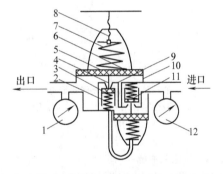

图 7-75　双级式气体减压器的结构
1—低压表　2—承压弹簧　3—活门　4—顶杆
5—隔气膜　6—压板　7—调压弹簧　8—调节螺杆　9—低压气室　10—第二级减压室
11—第一级减压室　12—高压表

因此必须修理后再用。

减压器必须在规定工作压力范围内使用。氧气减压器严禁接触油脂,以免发生自燃和爆炸事故。

如气体消耗量很大时,因气体节流现象使减压器变冷,气体中的水蒸气凝结,形成冰粒及产生冰冻,堵塞了气体通路。此时,只能用热水或水蒸气加热解冻,严禁使用火焰加热,以防事故发生。

7.3.3.3　快速启闭阀

快速启闭阀是将供气管路的气源迅速连通或关

减压器工作气压不正常,大都是坐垫与气门之间不严密而引起的。坐垫和气门之间稍不严密,停止供气时间一长,也会使低压室内形成很大的气压。出现这种情况,也可能是有杂质附在坐垫或气门上,或坐垫压接平面被压伤所造成,引起自流(直风)现象,

闭。在火焰淬火操作中，可远距离操纵，处理大型工件尤为适用。它开启时能保持减压器与调节阀所调整好的一定的工作压力和流量，当必须停止供气或在火焰加热器发生爆鸣（回火）等不正常情况时，可迅速切断气源，以防事故发生。

　　快速启闭阀的结构见图7-76。KFD12型快速启闭阀最大工作压力为980kPa，进出口通路直径为$\phi12mm$。

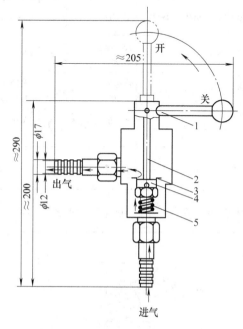

图 7-76　快速启闭阀的结构
1—启闭阀杆　2—顶杆　3—塑料圈
4—活门座　5—弹簧

7.3.3.4　气体调节阀

　　气体调节阀是用来调节压缩气体的气流量，在火焰加热器的远程控制时，安装在操纵台上，以调节流量和火焰强度。

　　气体调节阀有直角式及水平式两种结构，其结构简图分别见图7-77与图7-78。其型号与主要结构尺寸见表7-49。

表 7-49　气体调节阀的型号与主要结构尺寸
（单位:mm）

型号	h	L	D_1	D_2	D_3	形式
DP5	52	122	5	10	30	水平
DJ5	106	72	5	10	30	直角
DP9	62	170	9	14	40	水平
DJG9	143	103	9	14	40	直角

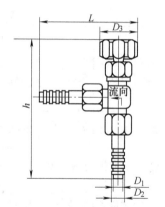

图 7-77　直角式气体调节阀结构简图

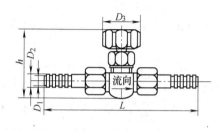

图 7-78　水平式气体调节阀结构简图

7.3.3.5　流量计

　　流量计不仅是用来测定单位时间内的气体消耗量，而在实际操作中，还可用来作为调节火焰所需氧气与燃气比例的参考数据。目前LZB1系列玻璃转子流量计的刻度分度线，常以空气来标定，当用作燃气或氧气的流量计时，需作刻度修正。修正的换算公式如下：

$$Q_{2-0} = Q_{1-0}\sqrt{\frac{p_2 T_1}{p_1 T_2}} \times \sqrt{\frac{\rho_{1-0}}{\rho_{2-0}}}$$

式中　Q_{2-0}——工作状态下的实际流量换算成标准状态下流量（m³/h）；
　　　Q_{1-0}——检验状态下的实际流量换算成标准状态下流量（m³/h）；
　　　ρ_{2-0}——被测介质在标准状态下的密度（kg/m³）；
　　　ρ_{1-0}——校验用介质（空气）在标准状态下的密度（kg/m³）；
　　　p_2——工作状态下的绝对压力；
　　　p_1——校验状态下的绝对压力转化为标准状态下的绝对压力，$p_1 = 1MPa$；
　　　T_2——工作时热力学温度（K）；
　　　T_1——校验状态下，转化为标准状态下的热力学温度（K），$T_1 = 293K$。

7.3.3.6　火焰加热设备的排列

火焰加热设备操纵系统的程序排列为：

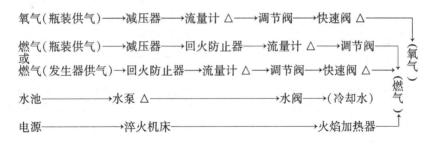

注：有△的附件可省略。

图 7-79 所示为氧乙炔火焰淬火装置系统示意图。

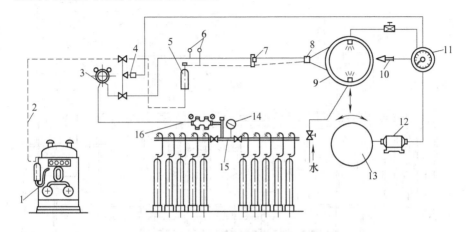

图 7-79　氧乙炔火焰淬火装置系统示意图
1—乙炔发生器　2—乙炔导管　3—氧气站减压器　4—气体自动开关　5—防爆水封　6、14—压力表
7—气体手动开关　8—混合室　9—环形火焰喷嘴　10—辐射温度计　11—电子调节计
12—移动马达　13—淬火机转动装置　15—氧气汇流排　16—汇流排减压阀

7.3.4　火焰淬火机床

火焰表面淬火时，为了得到良好的工艺效果，要求火焰有规律地稳定沿着工件表面移动，因此需在专门淬火机床上进行淬火。大量生产的工件采用专用的淬火机床，单件小批生产的可采用万能式淬火机床。火焰淬火用机床的各种工艺动作及传动系统与高频感应加热淬火机床基本相似。在实际生产中，火焰淬火机床可用金属切削机床改装而成。以下是一些淬火机床示例。

7.3.4.1　利用气割机小车淬火

利用气割机小车可进行各种直线、平面、回转体表面及斜面零件的淬火与回火，如机床导轨、大型轴承圈、滚道、铁轨等，具有设备简单，操作灵活，移动方便，调速幅度大等特点。

常用的 CG1-30 型气割机，其行进速度为 50 ~ 75mm/min（无级调速），可用直流伺服电动机，功率为 24W，电压为 220V，电流为 0.5A、工作电压为 110V。图 7-80 所示为机床导轨利用气割机小车淬火示意图，图 7-81 所示为大型回转体表面利用气割机小车淬火示意图。

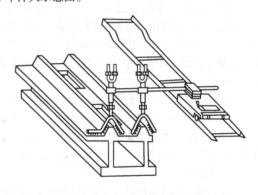

图 7-80　机床导轨利用气割机小车淬火示意图

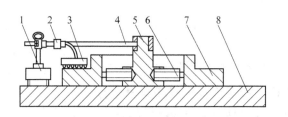

图 7-81　大型回转体表面利用气割机小车淬火示意图

1—气割机小车　2—火焰加热器　3—喷火嘴　4—圆周固
定连杆　5—中心定位支架　6—定位调整螺钉　7—大
型回转体表面淬火工件　8—平板

7.3.4.2　齿轮火焰淬火机床

　　液压射流控制齿轮火焰淬火机床系半自动化操作，适用于直径 $\phi300 \sim \phi1000mm$、模数 2mm 以上、齿宽 200mm 以下的直齿轮和斜齿轮的逐齿淬火；可以使烧嘴慢速均匀上升，稳定加热淬火，快速退出烧嘴，自动拨齿后，烧嘴快速下降。

　　该淬火机床的原理线路见图7-82。采用一个附壁式双稳元件、两个液压缸、两个信号阀、两个回油阀、一个加速阀、两个节流阀、一个溢流阀、两个单向阀及一个手动发信阀。开车时，搬动手动发信阀，待机床正常运行后，再放回无作用位置，元件左端有输出。

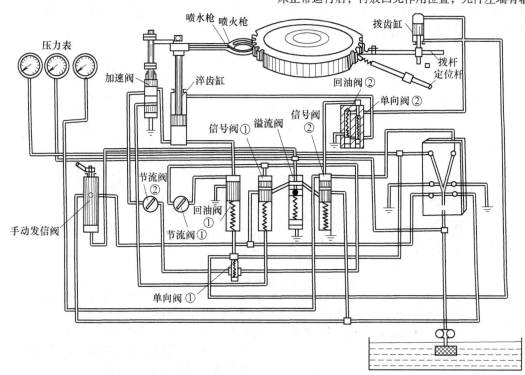

图 7-82　液压射流控制齿轮火焰淬火机床原理线路

　　（1）进油。一路经单向阀①、节流阀①进入淬火液压缸下缸，使烧嘴慢速上升淬火；另一路油流经节流阀②到加速阀而进入信号阀①下端，当离出口 2～3mm 时打开加速阀，使烧嘴快速退出淬火位置，而回油阀①封闭；此时另一路油进入拨齿液压缸前缸，拨齿杆退出。

　　（2）回油。淬火液压缸的上缸的油经回油阀②回油。拨齿液压缸后缸的油经元件从排油道回油。下端油则经加速阀下端节流槽回油池，因此信号阀①延迟数秒后打开，发出信号，经元件左控制道，元件切换，从右端输出。

　　（3）进油。进入拨齿液压缸后缸，拨齿缸前进拨

齿，拨齿到位，油打开单元阀②经淬火液压缸上缸，使烧嘴快速下降，回油阀②封闭。

　　（4）回油。拨齿缸前缸的油经元件从排油道回油，淬火液压缸下缸的油经回油阀①回油。烧嘴快速下降到位后，管路油压增高，打开信号阀②经元件右控制道，元件切换，另一循环开始。用该淬火机代替手工操作淬火，可提高工效，淬火层的硬度与深度均匀一致，可避免工件局部烧坏现象，减轻了工人劳动强度，提高了淬火质量。

7.3.4.3　立式火焰淬火机床

　　图 7-83 所示为立式火焰淬火机床总装图，可处理长 700mm 以下各种轴类零件，如凸轮轴以及直径

φ150mm、模数 4mm 以下的齿轮等。机床安有 0.8kW 电动机 2 台，转速为 1400r/min，上顶尖额定转速为 34r/min，升降速度为 6m/min，最大行程为 750mm，淬火零件最大直径 φ80mm，淬硬层深度可达 3～4mm。

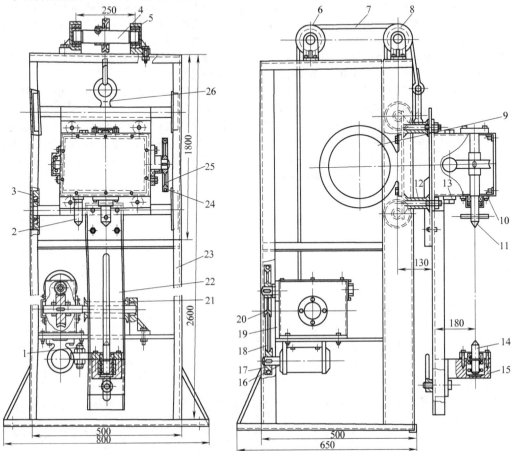

图 7-83　立式火焰淬火机床总装图

1—顶尖　2—靠模转动轴　3—导轮（4 个）　4—滑轮轴　5—轴承座　6、8—滑轮　7—钢丝绳
9—驱动电动机　10—驱动变速器　11—上顶尖　12—调整套　13—放油螺栓
14—下顶尖　15—支座　16—电动机（升降）　17、20、25—V 带轮　18、24—V 带
19—变速器（升降）　21—升降绞盘　22—升降调整臂　23—机体　26—吊钩

参 考 文 献

[1] 梁文林，夏越良．高频感应加热设备的原理、工程计算、调整与维修[M]．北京:机械工业出版社,1986.

[2] 黄俊，王兆安．电力电子变流技术[M]．3 版．北京:机械工业出版社,2003.

[3] 苏开才，毛宗源．现代功率电子技术[M]．北京:国防工业出版社,1995.

[4] 张立，赵永健．现代电力电子技术[M]．北京:科学出版社,1995.

[5] 潘天明．现代感应加热装置[M]．北京:冶金工业出版社,1996.

[6] 史平君．电源元器件分册[M]．沈阳:辽宁出版社,1999.

[7] 舒正国．美国 CDE 电容模块在缓冲电路中的应用[C]//中国电工技术学会电力电子学会第八届学术年会论文集,2002.

[8] 张厥盛，郑继禹，万心平．锁相技术[M]．西安:西安电子科技大学出版社,1996.

[9] 李宏，刘焕．感应加热用中高频电源技术的新进展[C]//中国电工技术学会电力电子学会第八届学术年会论文集,2002.

[10] 俞勇祥，陈辉明．感应加热电源的发展[J]．金属热处理,2000(8):28-29.

[11]　刘传亮. 功率 MOSFET 驱动及保护电路设计[C]//中国首届电子电源及功率自关断器件应用技术研讨会论文集,1999.

[12]　Cook R L. A Comparison of Radio Frequency Power Supplies [C]//17th ASMHeat Treating Society Conference Proceedings. 2003.

[13]　Loveless D. Solid State Power Supplies for Modern Induction Metal Heat Treating[C]//17th ASMHeat Treating Society Conference Proceedings. 2003.

[14]　Valentin Nemkov. Features of Modern Power Supplies [C]//14th Congress of International Federation for Heat Treatment and Surface Engineering. 2004.

[15]　George Welch. The seminar of Ajax Tocco Magnethermic Corporation [C]//10th China (Shanghai) International Heat Treatment and Surface Engineering Convention and Exhibition. 2004.

[16]　Valery Rudnev,et al. Handbook of Induction Heating[M]. Michigan:Inductoheat Inc,Madison Heights,2004.

[17]　刘志儒. 金属感应热处理:下册[M]. 北京:机械工业出版社,1987.

[18]　北京机电研究所. 先进热处理制造技术[M]. 北京:机械工业出版社,2002.

[19]　丁得刚. 火焰表面淬火[M]. 北京:机械工业出版社,1987.

[20]　丁得刚,王培钦. 工频淬火起重机车轮残余应力研究[C]//中国机械工程学会热处理分会. 第六届全国热处理大学论文集. 北京:兵器工业出版社,1995.

第8章 表面改性热处理设备

北京工业大学 杨武雄

北京机电研究所 唐传芳

北京航空航天大学 李刘合

8.1 激光表面热处理装置

金属制品通过激光表面强化可以显著地提高硬度、强度、耐磨性、耐蚀性和耐高温等性能，从而提高产品的质量，延长产品使用寿命和降低成本，取得较大的经济效益。激光表面处理技术有以下特点：

（1）能量密度高，可以在瞬间熔化或汽化已知的任何材料，实现对各种金属和非金属的加工。

（2）作用在材料表面上的功率密度高，作用时间极其短暂，即加热及冷却速度快，处理效率高。在理论上，其加热速度可以达到 10^{12}℃/s。

（3）用不同的功率密度、不同的加热时间和光斑形状作用后，其加热效果是不相同的。因此，通过调整其加热参数，可以在金属表面获得不同的加热效果，从而形成不同的处理工艺，例如：表面淬火、表面重熔、表面合金化、表面熔覆、表面非晶化及表面冲击硬化等。

（4）激光加热金属，加热速度高达 5×10^3℃/s 以上，金属共析转变温度 Ac_1 上升100℃以上，尽管过热度较大，却不致发生过热或过烧现象。激光束作用在金属表面，其过热度和过冷度均大于常规热处理，因此表面硬度也高于常规处理 $5 \sim 10$HRC。

（5）激光表面处理对金属进行的是非接触式加热，没有机械应力作用。由于加热速度和冷却速度都很快，因此热影响区极小，热应力很小，工件变形也小，可以应用在尺寸很小的工件、盲孔底部等用普通加热方法难以实现的特殊部位。

（6）由于高能激光束加热速度快，奥氏体长大及碳原子和合金原子的扩散受到抑制，可获得细化和超细化的金属表面组织。

（7）由于激光束流的斑点小、作用面积小，金属本身的热容量足以使被处理的表面骤冷，其冷却速度高达 10^4℃/s 以上，因此仅靠工件自身冷却淬火即可保证马氏体的转变；而且急冷可抑制碳化物的析出，从而减少脆性相的影响，并能获得隐晶马氏体组织。

（8）激光高能束流处理金属表面将会产生 $200 \sim 800$MPa 的残余压应力，从而大大提高了金属表面的疲劳强度。

（9）激光加热的可控性能好，可用计算机精确控制，便于实现自动化处理。

（10）高能束热源中，激光束的导向和能量传递最为方便快捷，与光传输数控系统结合，可以实现高度自动化的三维柔性加工；并且可以远距离传输或通过真空室，对特种放射性或易氧化材料进行表面处理。

激光表面强化技术包含激光表面热处理、激光合金化、激光熔覆、激光非晶化、激光熔凝、激光冲击硬化和激光化学热处理等多种表面改性优化处理工艺。它们共同的理论基础是激光与材料相互作用的规律，它们的主要区别是作用于材料的激光能量密度不同，如表8-1所示。

表8-1 各种激光表面强化工艺的特点

工艺方法	功率密度 /(W/cm²)	冷却速度 /(℃/s)	作用区深度 /mm
激光热处理	$10^4 \sim 10^5$	$10^4 \sim 10^6$	$0.2 \sim 3$
激光合金化	$10^4 \sim 10^6$	$10^4 \sim 10^6$	$0.2 \sim 2$
激光熔覆	$10^4 \sim 10^6$	$10^4 \sim 10^6$	$0.2 \sim 3$
激光非晶化	$10^6 \sim 10^{10}$	$10^6 \sim 10^{10}$	$0.01 \sim 0.1$
激光冲击硬化	$10^9 \sim 10^{12}$	$10^4 \sim 10^6$	$0.02 \sim 0.2$

激光表面热处理是激光表面强化技术中最为成熟的一项技术，其主要设备构成也是激光表面强化技术中最具代表性的。在此基础上，只需添加一些辅助设备即可实现其他表面强化。以下着重介绍激光表面热处理装置。

8.1.1 激光表面热处理装置的构成

激光表面热处理装置主要包括激光器、导光系统、加工机床、控制系统、辅助设备以及安全防护装置等。

8.1.1.1 激光器

1. 激光产生的基本原理 任何物质都是由一些基本粒子（通常为原子、离子或分子）所组成，组成物质的粒子体系可通过三种基本方式同外界光辐射场相互作用和彼此交换能量。①物质中处于较低能级的粒子，可以吸收特定频率的外界光辐射场的能量（光子）而跃迁到较高能级，这种过程称为粒子对入射光场的受激吸收过程。②物质中处于较高能级的粒子，以不依赖于外界光场的方式，自发地辐射出一个特定频率的光子而跃迁到较低的能级，此过程称为自发辐射过程。③物质中处于较高能级的粒子，在外界特定频率的入射光场作用下，被迫地或受激地辐射出一个特定频率（与入射光频率相同）的光子而跃迁到较低的能级，此过程称为受激发射过程。图8-1表示了两个能级的粒子特定体系中，受激吸收、自发辐射和受激发射三种过程的物理图像。

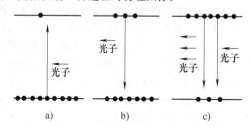

图8-1 三种过程的物理图像
a）受激吸收 b）自发辐射 c）受激发射

在高能级和低能级的粒子数分布有如图8-2所示的两种状态。处于高能级的一个能级上的粒子数小于处于低能级的一个能级上的粒子数，这种状态称粒子数正常分布（见图8-2a）。在某种特殊的状态下，即通过某种人为的方法，造成处于特定较高能级的粒子数大于处于特定较低能级的粒子数，称这种特殊状态为粒子数反转分布（见图8-2b）。当一定频率的外界光场入射到处于粒子数反转状态的物质中时，处于较高能级的较多的粒子集合向较低能级上受激发射的总概率，将大于处于较低能级的较少的粒子集合同较高能级上吸收跃迁的总机率，即受激发射作用占优势，故使入射光子数得到增加，并且所增加的那些受激发射光子的状态（指频率、行进方向、偏振性质）完全一致，产生了所谓光的相干放大作用，或光的受激发射放大作用，这种作用就是产生激光的机理。

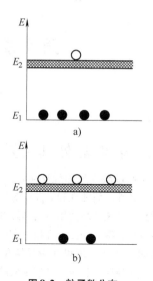

图8-2 粒子数分布
a）粒子数正常分布 b）粒子数反转分布

设计一种装置，造成上述光的受激发射的放大作用，能够在处于粒子数反转状态的特殊工作物质中反复多次进行，实现光的受激发射作用的持续振荡，一部分受激发射的振荡光能输出装置之外，形成激光，这种装置就是激光器。

2. 激光器的基本组成 激光器由工作物质、激励系统和光学谐振腔三部分组成。图8-3所示为激光器基本组成示意图。工作物质有气体、固体、液体和半导体等，工业上多使用气体（二氧化碳）或固体（掺钕钇铝石榴石）。不同的工作物质产生不同波长的激光。谐振腔一般是放置在工作物质两端的一组平行反射镜，用以提供光学正反馈，其中一块是全反射镜，另一块是部分反射镜。激光从部分反射镜一端输出。激励系统的作用是将能量注入到工作物质中，保证工作物质在谐振腔内正常连续工作。常用的激励源有光能、电能、化学能等。

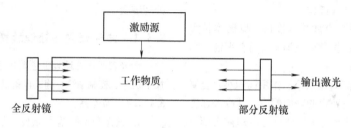

图8-3 激光器基本组成示意图

3. 激光的几个主要特性

（1）单色性。普通光源发射出多色光，而激光光源谱带宽度很窄，是一种纯度极高的单色光。

（2）相干性。光的干涉就是两列光在某区域相遇，而形成明暗交替条纹的现象。只有当两个光波频率、相位差恒定，振动方向一致时才能产生干涉。满足这三个条件的光才具有相干性，称为相干光。激光是高单色光，它满足相干条件，具有相干性。

（3）高的方向性。激光器输出的激光辐射接近平行光，发散角只有 10^{-3} rad，具有高方向性。

（4）高亮度。激光辐射的能量在时间和空间上高度集中，一般气体激光器的激光达 $10^4 \sim 10^8$ W/（$cm^2 \cdot sr$），具有高亮度。

激光束也和其他光束一样，可通过凸透镜或金属反射聚焦镜加以聚焦，可以聚焦成直径为光波波长量级的光斑，可产生 $10^5 \sim 10^{13}$ W/cm^2 的功率密度。

8.1.1.2 工业用高功率激光器

1. 二氧化碳激光器 CO_2 激光器输出功率大，电光转换效率高。目前，用于材料加工用的 CO_2 激光器连续射出功率为几百瓦至几万瓦之间，脉冲输出功率为几千瓦至十万瓦，光电转换效率为 15% ~ 20%。其激光波长为 10.6μm，属于远红外光。

（1）封离式 CO_2 激光器。封离式直管 CO_2 激光器的结构简图见图 8-4。它包括两个反射镜组成的谐振腔、放电管、电极和电源等。放电管采用多层套管式结构，包括气体放电毛细管、水冷套管和储气管，三者制成共轴形式，两端分别有排气口、进水口和出水口。放电管用硬质玻璃或石英材料制造。放电管长度与激光功率有关，放电管越长，输出功率越大。

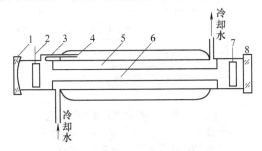

图 8-4 封离式 CO_2 激光器结构简图
1—球面镜 2—电极 3—连气管 4—储气管
5—水冷套 6—放电毛细管
7—电极 8—平面镜

高功率封离式 CO_2 激光器由于放电管很长，使用维护不便，性能也不稳定，故用一些反射镜将放电管折叠起来，以减少器件长度，使结构紧凑。折叠式激光器的功率多数在 0.1 ~ 0.5kW 范围内。目前，国外此类激光器有直流放电激励 3kW 激光器、10 ~ 20kHz 交流激励 2kW 激光器。国内有百瓦级和千瓦级封离式 CO_2 激光器产品。

封离式激光器是 CO_2 激光器中发展最早的较为成熟的激光器。其特点是：光束质量好，发散角接近

衍射极限，工作寿命长，可靠性高，维修使用方便，电光效率较高，制造工艺简单，造价低及运行费用低；缺点是占地面积大。这种激光器在早期用得较多。

（2）轴向流动式 CO_2 激光器。轴向流动式 CO_2 激光器的特征是激光工作气体沿放电管轴向流动进行冷却，气流方向同电场方向和激光方向一致。轴流式激光器包括慢速轴流（气体速度在 50m/s 左右）和快速轴流（气体流速大于 100m/s，甚至达到亚声速）。慢速轴流是早期产品，输出功率低，未继续发展。

图 8-5 所示为快速轴流激光器的典型结构。主要由细放电管、谐振腔、高压直流放电系统、高速风机、换热器及气流管道等部分组成。

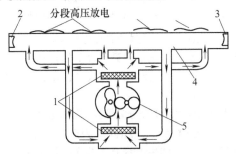

图 8-5 快速轴流激光器的典型结构
1—换热器 2—后球面镜 3—输出窗
4—谐振腔体 5—高速风机

气体放电是在细放电管内进行的，管径很小，气压很低，能形成均匀的辉光放电。气体在管内高速流动，参与激发作用而变热的工作气体迅速离开放电区，经换热器冷却后在腔内循环流动，从而使进入放电区的气体总是冷的，保证激光器以高效率、高功率输出。

除直流高压激励外，射频激励也已用于快速轴流激光器。其特点是激光功率调制性能良好，放电均匀稳定，光束质量也佳。

（3）横向流动式（横流）CO_2 激光器。横流 CO_2 激光器结构简图见图 8-6。其特征是工作气体流动方向与谐振腔光轴以及放电方向相互垂直。激光器由密封壳体、谐振腔（半透半反射出镜、折叠镜、后腔全反射镜等）、高速风机、换热器和放电电极（阳极和阴极）、激光电源、真空系统及控制系统等组成。

横流和轴流激光器的输出功率都与谐振腔内气体的质量流量有关，但横流激光器气压高，谐振腔流道截面积大，且流速也相当高，故其质量流率比轴流要

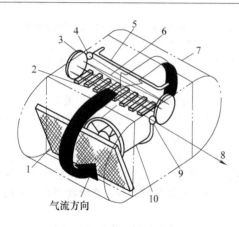

图 8-6　横流 CO_2 激光器结构简图

1—换热器　2—分段阳极　3—折叠镜
4—全反镜　5—阴极　6—放电区
7—钢壳　8—输出激光　9—输出镜　10—风机

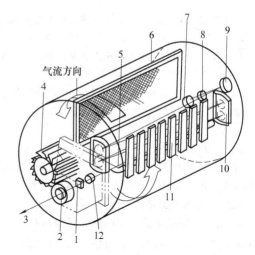

图 8-7　820 型激光器

1—开关　2—输出窗　3—输出激光　4—切
向风机　5—阴极　6—换热器　7—实时
功率监测器　8—后反镜　9—起偏镜
10—折叠镜　11—分段阳极　12—输出耦合镜

大得多；允许注入的电功率密度也更高。因此，横流激光器每米放电长度能得到更高的输出功率，可达 3kW/m。横流激光器结构也较紧凑，在工业中得到了广泛的应用。

横流激光器的电极分为管板式与针板式。管板式的阴极为表面抛光的水冷铜管，阳极为分割成多块的平板铜电极，中间用绝缘介质填充并用水冷却。在阴、阳极之间均匀分布有一排细铜丝触发针，起预电离的作用，以保证主放电区辉光放电的稳定性。针板结构的阳极板为水冷纯铜板，阴极用数百个钨丝针组成，每个针都配有镇流电阻，以保持放电的均匀性。

谐振腔内的全反射镜常用导热性能良好的铜作基材，抛光后表面镀上金膜，反射率可达 98% 以上。半反射镜作输出窗口，需用可透过 10.6μm 的红外光材料制成，常用砷化镓（GaAs）和硒化锌（ZnSe）晶体材料制造，透过率控制在 20% ~ 50%。国内已有 1 ~ 5kW 的横流 CO_2 激光器产品，并已研制成功 10kW 的器件。国外最大输出功率已达 200kW，但商品化的以 1 ~ 5kW 为主。美国光谱物理公司的 820 型激光器是横流 CO_2 激光器的典型产品，如图 8-7 所示。

2. YAG 激光器　YAG 激光器属于固体激光器。它具有许多不同于 CO_2 激光器的良好性能，它的输出波长为 1.06μm 的近红外激光，比 CO_2 激光的波长短一个数量级，与金属的耦合效率高，加工性能良好。YAG 激光还能与光纤耦合，借助时间分割和功率分割多路系统，能够方便地将一束激光传输给多个远距离工位，使激光加工柔性化，更加经济实用。

图 8-8 所示为固体 YAG 激光器的结构示意图。

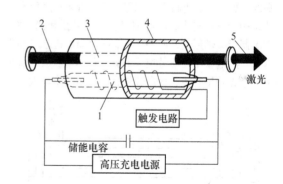

图 8-8　固体 YAG 激光器结构示意图

1—脉冲氙灯　2—全反射镜　3—工作物质
4—椭圆柱泵浦腔　5—部分反射镜

由掺钕钇铝石榴石晶体棒、泵浦灯、聚光腔、光学谐振腔和电源等组成。在工作过程中，激光棒和泵浦灯外围都需水冷，以保证长时间连续稳定工作。

YAG 激光器能以脉冲和连续两种方式工作。其脉冲输出的性能指标范围大，并可通过调 Q 和锁模技术获得巨脉冲及超短脉冲，使其加工范围比 CO_2 激光器更广泛。YAG 激光器结构紧凑，重量轻，使用方便可靠，维修方便。该激光器有以下几点不足：

1）运转效率很低（整机效率只有 1% ~ 3%），比 CO_2 激光器效率低一个数量级。

2）在工作过程中存在内部温度梯度，会引起热应力和热透镜效应，限制了其平均功率和光束质量的进一步提高。

3）每瓦输出功率的成本费比 CO_2 激光器高，进一步提高输出功率时，其光束质量稳定性低于 CO_2 激光器。目前国内此类激光器的输出功率一般为 ≤1000W，国外已有 4500W 的成熟产品。

3. 大功率半导体激光器 随着激光技术的发展，大功率半导体激光器（HPDL）已经商品化。半导体激光器具有波长短、重量轻、转换效率高、运行成本低、寿命长的特点，是未来激光器发展的重要方向之一。但半导体激光器面临的最大问题是光束模式差，光斑大，因此功率密度较低，不适合于切割和焊接，但用于表面热处理和表面熔覆是足够的。目前可以输出 1~4kW 激光功率，波长范围为 800~980μm，在表面处理方面有很好的应用前景。半导体激光的主要优势在于转换效率高和体积小。然而，必须进行工艺参数的优化和光学系统的适当改进才能使它的某些特性，如波长、光束尺寸、密度分布及聚焦距离等获得与 CO_2 激光器和 Nd：YAG 激光器相似的结果。

半导体激光器由许多激光棒组成，这些棒的一般尺寸为 10mm×0.6mm×0.1mm，可输出功率为 30~50W、波长为 800~900nm 的激光。每个棒安装在一个微小的冷却槽内，以便排出能量转换成的热，如图 8-9 所示。激光由电激励产生。几十个小的激光束叠加在一起构成一个束集，其体积与火柴盒相近，可输出的激光功率高于 1kW，最终几个这样的束集可通过极化耦合（最多两个堆集）或波长耦合来合成。由于沿着快轴方向的发散角很大（$\theta \approx 45°$），所以必须在棒前直接校准光束，这需要可精密调节的微透镜。而慢轴方向的发散角 $\theta \approx 10°$ 之内，只需在离束集较远的位置放一个单一校准透镜。

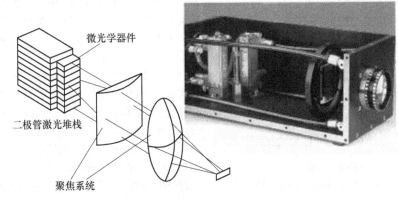

微光学器件

二极管激光堆栈

聚焦系统

图 8-9 大功率半导体激光器原理及成品图

由于大功率半导体激光器是由许多发光激光条排列组成的，而光束质量是由输出的光束直径和发散角决定的，所以不能和 CO_2 或 Nd：YAG 激光的光束质量相比。由于光束质量表述的是激光聚焦小尺寸斑点的能力，所以现有的大功率半导体激光的功率密度范围为 $10^3 \sim 10^5 W/cm^2$。

图 8-10 所示为工业用大功率半导体激光器局部热处理机。

图 8-10 工业用大功率半导体激光器局部热处理机

4. 选择工业激光器主要技术指标的依据 选择激光器的技术指标，主要考虑以下因素：

（1）输出功率。决定于加工的目的、加热面积及淬火深度等因素。

（2）光电转换效率。CO_2 激光器整机效率一般在 7%~10%，YAG 激光器在 1%~3%。

（3）输出方式。有脉冲式或连续式输出激光器。对于激光热处理，一般采用连续式。

（4）输出波长。CO_2 激光器输出波长为 10.6μm，YAG 激光器输出波长为 1.06μm。材料对不同波长的光有不同的吸收率，常在被加工的工件表面涂覆高吸收率的涂料，来提高对激光的吸收率。使用 YAG 激光器来加工工件时，可不需要表面涂料。

（5）光斑尺寸。它是用于设计导光、聚焦系统的参数。

（6）模式。多模适用于表面热处理；基模或低阶模适用于切割、焊接及打孔等加工。

（7）光束发散角 θ 一般 <5mrad，设计导光、聚

焦系统的参数。

（8）指向稳定度 <0.1mrad。

（9）功率稳定度 <±(2%~3%)。

（10）连续运行时间 >8h。

（11）运行成本。主要考虑的是水、电、气和光学易损件。

（12）操作功能。要有完备的用户接口，达到与加工机床联机控制的要求。

8.1.1.3　激光光束的导光和聚焦系统

导光和聚焦系统的作用是将激光器输出光束经光学元件导向工作台，聚焦后照射到被加工的工件上。其主要部件包括光闸、光束通道、光转折镜、聚焦镜、同轴瞄准装置、光束处理装置及冷却装置等。激光导光系统如图8-11所示，聚焦系统如图8-12所示。透射式聚焦激光功率一般不超过3000W。

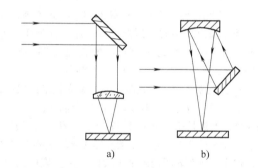

图8-12　激光聚焦系统
a）透射式　b）反射式

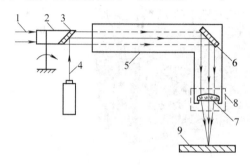

图8-11　激光导光系统
1—激光束　2—光闸　3—折光镜　4—氦氖光
5—光束通道　6—折光镜　7—聚焦透镜
8—光束处理装置　9—工件

1. 光学元件　选用光学系统元件必须遵循以下原则：

1）应有高的传输效率。

2）应力求简单，以减少元件所造成的损耗。

3）针对激光高斯光束的特性，合理地设计和使用光学元件，以满足前后元件的最佳匹配条件。

（1）反射镜。导光系统中使用的反射镜，一般采用导热性能好的铜材制作镜的基体，经光学抛光后，镀一层金反射膜，反射率在98%以上。如果使用的激光功率较小，也可以采用石英玻璃或硅单晶作基体。使用中反射镜受到污染后，反射率会下降，需要定期维护。在承受大功率激光照射时，反射镜会因吸收激光产生热变形，因此，一般都要采用水冷却的方法进行保护，以保持良好的光学性能。

（2）透镜。CO_2激光器和YAG激光器输出光的波长均属红外光波长范围，须采用红外材料作为透镜的基体材料。对于CO_2激光来说，使用最多的是砷化镓和硒化锌材料。由于后者可以透过可见光，因而能通过一束与CO_2激光或YAG激光的同轴指示光（一般采用氦氖激光器或半导体激光器，输出光为红色可见光）。在进行激光热处理时，可以通过指示光进行定位。透镜的两面都采用镀多层介质膜的办法，使透过率接近100%。在使用激光功率不高时，可不加水冷却装置。

2. 激光光束处理装置　一般多模激光光束在整个光斑上光强分布是不均匀的，会影响激光热处理表面温度的均匀度。激光光束处理装置可将不均匀的光斑处理成较均匀的光斑，也可改变光斑尺寸和形状，增加扫描宽度。常用的有振镜扫描装置、转镜扫描装置和反射式积分镜等，如图8-13所示。此外，还有透射式积分镜。这几种装置国内都有产品出售。

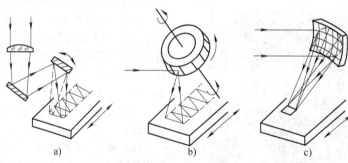

图8-13　激光光束处理装置
a）振镜　b）转镜　c）组合镜

3. 光导纤维传输　激光束通过一根光导纤维可以传输到许多不易加工的部位，其传输方向的自由度优于通过反射镜传输的效果。光导纤维传输系统见图 8-14。

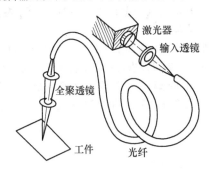

图 8-14　光导纤维传输系统

用光导纤维传输高功率大能量激光技术，主要适用于波长为 $1.06\mu m$ 的 YAG 激光器。这种光导纤维采用石英玻璃作纤芯材料，它的传输能力已达到连续功率 2kW，峰值功率 120kW，芯径的损伤阈值为 $10^3 W/cm^2$。

8.1.1.4　加工机床

1. 加工机床的种类　加工机床是完成各项操作以满足加工要求的装置。按用途分为专用机床和通用机床，按运动方式可分为以下三种：

（1）飞行光束。此类加工机床的主要运动由外光路系统来实现，工作台只是作为被加工工件的支撑，工件不动，靠聚焦头的移动来完成加工。这类加工机床适用于较重或较大工件的加工。

（2）固定光束。这种类型的加工机床结构更接近三维数控机床，聚焦头不动，靠移动工件来完成加工。具有无故障工作时间长，光路简单，便于调整维护等特点。还可实现多通道、多工位的激光加工。

（3）固定光束 + 飞行光束。这类加工机床的设计，主要是考虑到固定光束的加工机床占地面积太大，而将其中一个轴做成飞行光束结构，从而使整机结构变得轻巧。

随着激光加工在工业领域应用范围的不断扩大，专用机床及机床的柔性化是发展趋势之一。专用机床可以满足激光加工的特殊需求，降低成本。特别是安装在流水线中的激光加工机床，还便于配备一些辅助设备，如为了提高被处理工件对激光的吸收率，就需要有清洗干燥和涂覆高吸收率材料的装备。

2. 选择激光加工机床主要技术指标的依据

（1）工作台尺寸及最大载重量：专用机床主要根据被加工零件的特性而定。

（2）工作行程：应大于工件的加工尺寸。同时还要考虑到聚焦头距加工工件表面的离焦量要求。

（3）最大扫描速度：要根据被加工工件的工艺要求，以及所配套的激光器的输出功率进行合理的选择。

（4）联动轴数：选择二维加工或三维加工。

（5）最小进给精度。

（6）定位精度。

（7）重复定位精度。

对于激光热处理来说，一般的机床精度足以满足要求。

8.1.1.5　控制系统

激光热处理装置的控制系统，可分别通过计算机、光电跟踪或布线逻辑方式实现逻辑处理，以控制工作台或导光系统按需要的运动轨迹动作完成加工。此外，激光材料加工装置的完整控制系统还应包括激光功率、扫描速度、光闸、气压、风机、电源、导光、安全机构等多种功能控制。激光加工装置各部分之间的控制关系见图 8-15。

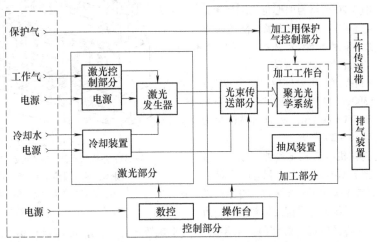

图 8-15　激光加工装置各部分之间的控制关系

8.1.2 激光热处理装置实例

1. 通用装置　通用装置主要用于激光加工技术开发应用领域，其特点是多行业、多品种的激光加工。大致可以分为以下两类：

（1）X、Y平面激光热处理装置，Z轴用于调节聚焦斑点的大小。

（2）X、Y平面并配有旋转轴的激光热处理装置，主要是针对热处理中大量的轴类零件。

通用装置中激光器的选择，一般为输出功率较高的CO_2激光器，功率为$1 \sim 5kW$。图8-16所示为美国赫夫曼（HOFFMAN）公司生产的五轴数控激光加工机床，激光器可根据加工对象选配CO_2激光器或YAG激光器。

激光器各参数和加工机床各轴全部由计算机控制，同一系统可以进行不同工艺操作，适合较大零件上几个不同部位一次装夹处理。最大装载量为900kg，工件最大直径为$\phi 1220mm$。

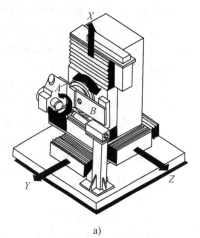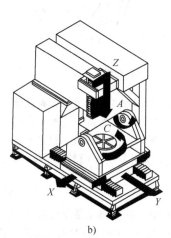

a)　　　　　　　　　　　　b)

图8-16　五轴数控激光加工机床

a）HP-75 型　b）HP-85 型

图8-17 所示为 TLC105 五轴加工机床的原理图，系统配备6kW 快速轴流射频CO_2激光器，并配有多种聚焦装置，可进行激光热处理、切割、焊接。图8-18和图8-19 所示为六轴机器手的原理图和照片，配备了一台550W YAG 激光器，通过光导纤维传输到机器手，可在直径为$\phi 3m$ 的空间内进行激光加工。

2. 专用装置　图8-20 所示为内燃机气缸套激光热处理成套装置。配备横流CO_2激光器，随机带有功率检测和反馈装置。采用焦点移动式扫描机构，光斑可以在缸套内同时作旋转和轴向运动。

淬火机床采用微机控制，可以处理内径为$\phi 75 \sim \phi 160mm$、高度小于300mm 的缸套和管状工件，激光束轴向扫描速度小于780mm/min，圆周扫描转速为$3 \sim 9r/min$，生产率为10 $\sim$ 20 件/h。

图8-21 所示为拖拉机缸套激光热处理照片。激光器选用的是2kW 横流CO_2激光器，配有功率显示和反馈系统，导光系统中采用了分光装置，将原激光器发出的一束光经分光系统的分光镜反射与透射变为两束光，再通过两个45°反射镜反射到两个聚焦头，同时对两个缸套进行热处理。热处理机床采用气缸

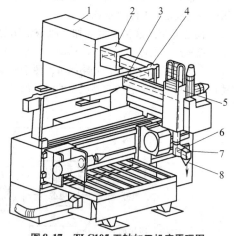

图8-17　TLC105 五轴加工机床原理图

1—TLF 系列激光器　2—光束扩束器　3—X-Y
反射镜　4—圆偏振镜　5—Y-Z 反射镜
6—Z-C 反射镜　7—C-B 反射镜
8—光学聚焦透镜

套旋转升降方式，可以保证激光淬火带的均匀一致性。

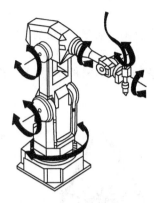

图 8-18　六轴机器手原理图

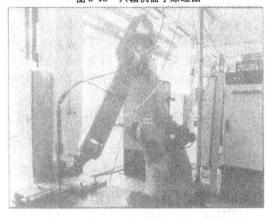

图 8-19　六轴机器手照片

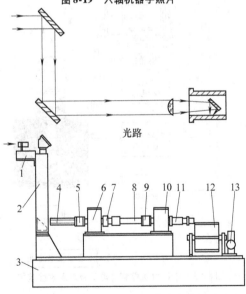

图 8-20　内燃机气缸套激光热处理成套装置
1—床身　2—折光器　3—光闸　4—推进丝杠
5—Y 步进电动机　6—Y 传动箱　7—联
轴器　8—导光筒　9—X 步进电动机　10—X
传动箱　11—聚焦反射镜　12—工件及
定位叶轮　13—Z 步进电动机

图 8-21　拖拉机缸套激光热处理

汽车缸体激光热处理、电磁离合器激光热处理都取得很好的效果，提高了产品性能，减少了对环境的污染。

8.1.3　激光加工的安全防护措施

各种波长、各种工作方式、大能量、大功率激光器的不断使用，都潜藏着对人身的危害。采取适当的控制措施，确保人员和设备的安全是推广激光加工技术的关键之一。

1. 激光辐射对人体的危害　激光直射、反射或散射到人体时，可以造成不同程度的损伤。由于激光束的方向性好和高亮度，一旦射入人眼，因共聚焦作用会使到达眼底的光强增大几万倍，而造成眼底的烧伤或损伤，可以导致视力的丧失。

一般皮肤受损比眼睛易于恢复，然而在激光加工中使用脉冲激光能量密度接近几焦耳每平方厘米时，或者连续波激光功率达到 $0.5W/cm^2$ 时，皮肤就可能遭受严重的损伤。

2. 激光反射对装置的危害　在进行激光加工时，加工件在被加热状态下，入射激光会有部分被反射回来，其反射率因材料不同也不一样。这部分反射回来的激光也可能是散射光，也有可能是一束能量密度较高的激光，会造成设备上外露的各种水管、气管、防尘罩和电缆等不同程度的损坏。如果光束通过聚焦镜反射回导光系统，也会造成一些元器件的损坏。

3. 安全防护措施　对于激光安全防护，国际、国内都制定有标准，我国国家标准与国际标准基本上是相同的。

实际操作中，应采取有效的防护措施和严格的操作规程。具体措施如下：

（1）工作间的入口处应安装有红色警告灯或激光标志，激光器和加工机的明显部位应有"危险"标志和符号（见图 8-22）和警示灯。

（2）操作人员应进行严格培训和安全教育，非操作人员未经许可不得进入操作间。

（3）加工头应安装防反射防护罩，必要时要安装防反射镜。

（4）人在观察激光加工过程时，必须戴不透过激光波长的光学防护眼镜。装夹或调整工件时，应戴好手套，严禁将手或身体的其他部位暴露在垂直于激光束处。

（5）操作间的照明要有足够的亮度，使人的瞳孔缩小，减少进入眼内的激光能量。

（6）减少操作间墙壁和周围有关设备、仪器对激光的反射。

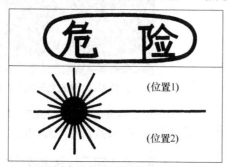

上半部黄字黄圈黑底
上半部黑字红符号黄底

红符号黑框黄底

图 8-22　常见的激光警告标志

注：位置 1、位置 2 处，分别注明该激光器类别，避免辐射人和输出主要参数等字样。

（7）严禁使用燃烧时产生油烟及反喷物的涂料，减小对聚焦镜的污染。

（8）导光系统应具备可靠的机、电、水安全互联锁装置，以免损坏设备和光学元件。

（9）操作前，仔细检查设备运转是否正常，水、电、气输送是否正常；完成加工后要关闭水、电、气等的开关及阀门。

（10）保护气体应干燥清洁，以免污染镜片。

（11）对操作人员应定期进行身体检查和视力检查。

8.2　电子束表面改性装置

8.2.1　电子束表面改性装置的进展

8.2.1.1　计算机在电子束表面改性装置上的应用

随着电子束表面改性工艺的发展。许多公司都将计算机用于电子束表面改性装置上。

在法国公司的电子束表面改性系统中，将计算机和大功率电子枪结合起来，把电子束的偏转电压、束流和聚焦电流等数据提供给计算机。计算机根据这些信息控制电子束，以一定的方式在工件上扫描。利用这台计算机，只需要改变一下程序，既可以进行焊接，也可进行表面改性处理。图 8-23 所示为带计算机控制的电子束表面改性装置。

8.2.1.2　多工位的电子束表面改性装置

电子束表面改性装置及工艺的优点很多，但因工件的表面处理需在真空室内进行，辅助时间很长，严重地影响到生产率。为此设计了多工位的电子束表面

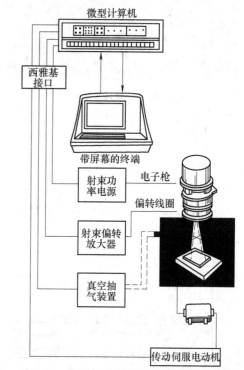

图 8-23　带计算机控制的电子束表面改性装置

改性装置，即在电子束表面处理装置的低真空工作室内，设置多个零件的安装位置。在一个工作周期内，能处理多个部位或零件，能够节省大量的真空室抽气和放气时间。如 Sciaky 公司的多工位电子束表面改性系统，用于处理离合器凸轮。该零件有 8 个沟槽需要硬化，淬硬层深度为 1.5mm，硬度为 58HRC。该装

置安装了一个 42kW 电子枪，设置了 6 个工位，每次处理 3 件，一次循环为 42s。因此，每小时可以处理 255 个工件。而且离合器凸轮的淬火变形小，这是其他工艺方法尚无法解决的难题。图 8-24 所示为多工位离合器凸轮电子束改性装置示意图。

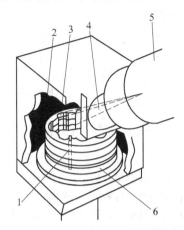

图 8-24　多工位离合器凸轮电子束改性装置示意图
1—定中心销钉　2—真空室　3—工件　4—电子束
5—电子枪　6—八工位换位工作台

8.2.1.3　RST 快速转换系统

为了提高电子束表面改性装置的生产率，英国 Wentgate 公司研究出一种 RST 快速转换系统，用一组串联的圆柱形腔室和相应的传动机构，代替通常的真空室。各级腔室之间滑动密封，并分别预抽真空，工件由大气进到真空枪区的传递，可连续进行，省去了抽真空、放气和工件的装夹时间，大大减少了辅助时间。这种装置比上述多工位装置又进了一步。

8.2.1.4　电子束扫描装置

电子束表面改性装置与电子束焊机的主要区别在于，表面改性装置要求有较全的功能和灵活的电子束扫描系统。1970 年就已出现了带有李萨如图形扫描系统的电子束热处理装置。它是在电子束的输出通道上，增设相互垂直的偏转线圈。在两个线圈上分别加上三角波、梯形波及正弦波等波形电流。扫描频率控制在 1~2kHz 之间，并稍有频差。可输出不同网格或旋转式的图形。这种图形称之为李萨如图形。图 8-25 所示为李萨如图形，由图形可看出能量分布基本上是均匀的。但是，这种图形在实际应用中仍有欠缺。首先是在扫描交叉点上形成高温点，造成相变区的不均匀；其次对于复杂的几何图形，虽然电子束的能量分布均匀，但由于复杂形状零件表面各点的传热情况不同，造成零件温度不均匀。为此必须对能量作精确的控制，而这种方法还没有这种功能。

为了控制电子束扫描的图形，研制出由计算机控

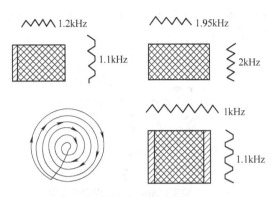

图 8-25　李萨如图形

制的打点扫描系统。该系统可以精确地控制电子束偏转。电子束沿着特定的轨迹扫描，每个点的停留时间在 20~100μs 之间连续可调，所产生的图形点数在 50~500 点之间。扫描频率为 50~300Hz，往复地进行扫描，得到所需的图形。

图 8-26 所示为由计算机控制的电子束热处理图形。这种点阵图形避免了扫描线的交叉重叠，从而避免了局部高温点。由于各点的能量可以精确控制，因而可适应各种形状零件的表面处理。

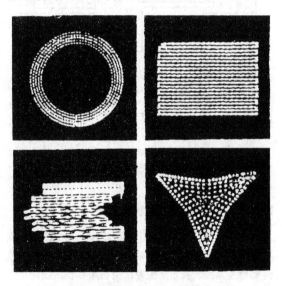

图 8-26　由计算机控制的电子束热处理图形

电子束对零件表面淬火时，不同形状、不同位置的表面需要不同的输入能量，如图 8-27 所示。图中传热速度 A 区最快，顺次是 B、C、D、E 区。因此，A 区需输入大的能量，E 区需输入小的能量，才能维持表面温度均匀。调整能量的输入有三个参数，即束流大小、束流停留时间和斑点之间距离。调整这些参数可以调节整个截面温度，达到热处理工艺要求。

我国在六五期间研制成了第一台 EBHW-75 型电

子束热处理机。图 8-28 所示为电子束热处理装置系统配置框图。

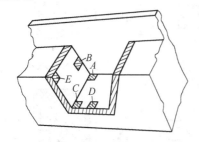

图 8-27　需要不同输入能量的表面示意图

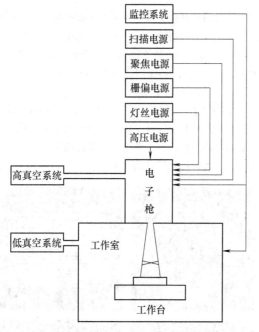

图 8-28　电子束热处理装置系统配置框图

8.2.2　电子束热处理装置组成

电子束热处理装置由七部分组成，即电子枪、高压油箱、聚焦系统、扫描系统、真空工作室、真空系统和监控系统。其系统配置框图如图 8-28 所示。

8.2.2.1　电子枪

电子枪是一个严格密封的真空器件。图 8-28 所示装置采用三极电子枪，其可控性良好，可在空间电荷限制状态下，也可在温度限制状态下工作。其结构原理如图 8-29 所示。

灯丝为发射电子源，阳极和阴极间施以加速电压，其最高值为 60kV。阳、阴极之间有一个栅控极，栅极与阴极之间加负偏压，其最大值为 1500V。在最大偏压值时，基本上可以阻止电子发射。改变加速

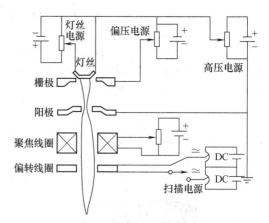

图 8-29　电子枪结构原理

压和栅负偏压值，就可以控制电子束流的大小。电子束流通过电磁聚焦线圈，将电子束聚焦成不同尺寸。该装置束斑最小直径为 $\phi 0.5 \sim \phi 1 \text{mm}$，聚焦束流通过气阻小孔进入低真空室，轰击工件表面，使其加热。

8.2.2.2　高压油箱

高压油箱为电子枪提供加速电压、灯丝电压及栅偏电压等直流电源。由于加速电压高达 60kV，并且高压与灯丝、栅极偏压有公共连接点，所以系统上皆带有高压，必须置于盛有绝缘性能较好的变压器油的油箱中。高压油箱的电器原理如图 8-30 所示。

由图 8-30 可见，加速电压是由中频发电机输出 400Hz、三相、220V 可调电源，经变压器升压及三相全波硅堆整流后，输出 60kV 直流高压。负极接电子枪阴极，正极接电子枪阳极。阳极连接设备外壳并要严格接地。灯丝电源变压器一次侧提供 1000Hz、35V 电压；二次侧经全波整流滤波后接灯丝，负极与加速电压的负极相连。栅偏电压是采用 15kHz 电源，经整流滤波后接于阴极与栅极之间，负极接栅极，正极接阴极。三种电源都采用较高频率供电，可以减小元件体积及降低直流电的纹波系数，并提高响应速度。

高压是通过变压器与低压部分隔离的，油箱部分的电路，实际上是各种电源的末级电路。为了设备运行及人身安全，必须将油箱及设备外壳良好接地，接地电阻小于 3Ω。

1. 高压电源　电子束表面改性处理装置中，电子束的动能来自高压电源。高压电源的参数、可控性和稳定度对表面处理质量有很重要的影响。该电源的技术指标如下：

（1）输出高压在 $15 \sim 60 \text{kV}$ 之间连续可调。

（2）最大电子束流为 125mA。

（3）高压稳定度 <0.05%。

（4）有过电压、过电流保护电路。

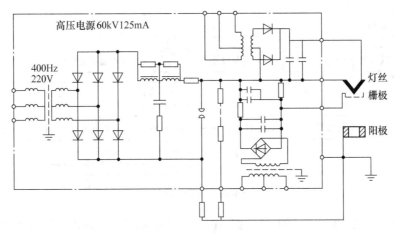

图 8-30　高压油箱电器原理

电源主要由高压整流、滤波电路、高压变压器、中频发电机组、晶闸管自动励磁调节器、高压取样电路、高压给定电路、高压保护电路及 ±5V稳压电源等部分组成。图 8-31 所示为高压电源系统框图。

该系统是按偏差控制的自动调节系统。图中点画线框部分是一个比例式自动励磁调节器。该系统要求稳定的不是发电机的端电压，而是输出高压。因此，这对可靠性、稳定性、稳定精度、保护功能等有更高的要求。

2. 灯丝电源　作为阴极的灯丝，需要加热到很高的温度，使阴极表面能够大量发射电子。发射出的电子被加于阴、阳极之间的电压电场而加速，形成具有一定动能的电子束流。对于灯丝电源的主要技术要求，除需要相当大的功率外，还希望电源的纹波尽量小。该电源输出电流为 50A，纹波系数为 5%，其系

统框图见图 8-32。

为了降低电源纹波，该系统采用了中频逆变器，频率为 1kHz。经灯丝变压器降压后，再经整流、滤波输出，波纹系数大为改善。

3. 栅偏电源　电子到达阳极之前，受负栅压的控制。如果负栅压很高，发射的电子全部被截止，即相当于束流被截止，反之则增加。显然，调节栅偏电压，便于调节束流的大小，控制束流的稳定、快速通断、上升和下降时间等。

该电源用变压器升压。为了减小其结构尺寸及环节惰性，交流耦合电压的频率选择为 15kHz，滤波电容便可减小到 0.005μF。由于实际运行时负载很小，将不会对该时间常数产生大的影响。偏压电源框图如图 8-33 所示。

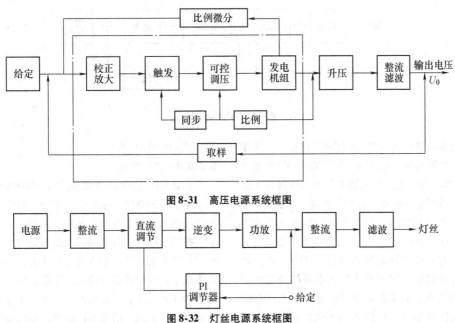

图 8-31　高压电源系统框图

图 8-32　灯丝电源系统框图

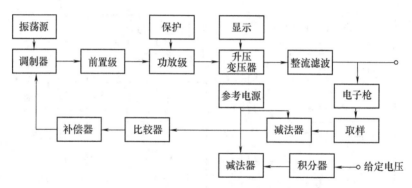

图 8-33　偏压电源框图

给定电压经积分器送入系统，从而使输出偏压在起动和关断时，呈线性上升、下降特性。其时间通过积分器予以调节。

由于偏压为负，具有截止束流的功能，故束流的变化方向与偏压变化方向正好相反。该电路引入两个减法器，使其形成闭环控制。

比较后的误差电压经补偿放大器后，可达几伏数量级，再经晶体管调制成 15kHz 交流方波电压。功率放大器将此电压幅值放大到 50V 峰值。通过脉冲变压器及其后的整流滤波，直流最大输出电压为 1500V。

8.2.2.3　聚焦系统

聚焦系统包括磁透镜和聚焦电源。在束流通过阳极以后、到达工件以前，要经过一个磁透镜。其作用是电子束在表面处理（或焊接）过程中，将电子束聚焦成细束。

该装置采用磁透镜和磁偏转扫描线圈重叠复合系统，是为了尽可能地增大扫描线圈出口至工件的距离，即将扫描线圈套装在磁透镜孔内。分析计算表明：此时旋转对称磁场和扫描磁场的相互作用，可看作是对高斯轨迹参量的线性变换，两者互不干扰。

为了得到相对更均匀的扫描磁场，扫描线圈的内径尽量大一些。这样在选取磁透镜参量时，在枪体结构许可的前提下，尽可能地增大透镜口径，以满足扫描线圈的要求。为了不使线包尺寸及重量过大，选取了小的透镜气隙，以减小激励安匝数。

调整聚焦电源参数，可控制束斑的大小、形状及焦距。聚焦电源的技术要求如下：

（1）电源电流的稳定度 < 0.1%。

（2）输出电流 0～1A，连续可调。

该电源是一个稳流源。聚焦电源框图如图 8-34 所示。

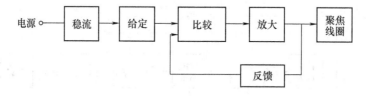

图 8-34　聚焦电源框图

稳流电源流过负载电阻，电阻两端电压与电流呈正比。反馈电阻选用无感电阻，阻值的热稳定性要小于 $10^{-5}\Omega/{}^\circ C$。负载电流在反馈电阻上的压降作为反馈电压，与给定电压比较后送入放大器。当放大器的电压放大倍数足够大时，反馈电压便趋近于给定电压，利用集成运放的 10^5 以上的开环放大倍数，可以使反馈电压与给定电压之间的差值小于 0.1mV。因此，负载电流的稳定度便可由给定电压的稳定度决定。稳流源环节的电压稳定度设计为小于 0.001%。该电源在实际运用中已达到 0～1A 电流调节，电流

稳定度达到 0.002%。

8.2.2.4　扫描系统

扫描系统包括扫描线圈和扫描电源两部分。扫描线圈采用 $\theta = 120^\circ$ 的集中绕组型，有两组线圈，尺寸相同，在 X 轴和 Y 轴上互相垂直分布。其特点是，扫描速度快，扫描像差小，适用于电子束表面处理工作状态。

扫描电源包括两套各自驱动 X 轴、Y 轴扫描的线圈系统。对两组线圈分别施以三角形波、矩形波、正弦波等不同波形，可形成网格、矩形及圆形等电子束加热图形。其电源的技术指标为：最大输出电流 6A；

零漂及输出稳定度为 ±0.3%，最高工作频率为 15kHz。扫描电源框图如图 8-35 所示。

两套扫描电源分别由偏转放大器和相应的多波形发生器组成。偏转放大器由集成运放作为前置放大级，与两对复合管组成准互补输出级构成。为了改善

线性度，克服交越失真，功放管的基级分别由各自的恒流源电路提供一定的偏流。多波形发生器主要是由一块多波形的单元集成电路和一块运放组成，它的功率放大器提供所需的三种不同输出波形，即正弦波、方波和三角波，同时还要求有同样幅值。

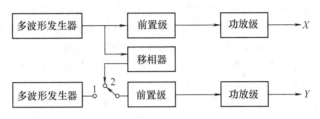

图 8-35　扫描电源框图

8.2.2.5　真空工作室

如果电子束在大气中工作，电子束流衰减快、效率低。另外，电子枪在高压下工作，需要高真空度。电子枪通过气阻孔与真空室相连，只有真空室保持一定的真空度，才能维持电子枪里的高真空度。

根据真空室的作用，真空室应具备以下功能：

(1) 具有良好的密封性能，减少漏气率。

(2) 具有抽气、放气功能。

(3) 具有使工件运行的多轴控制工作台。

(4) 防止 X 射线的泄漏。

该装置真空室内腔为：1000mm × 600mm × 700mm。为了防止 X 射线泄漏，真空室主体及门采用 30mm 厚钢板；门与框体结合面设计成迷宫结构，使其衰减到安全值。观察孔采用四层不同材料的玻璃隔离，其中选用了 30mm 厚的铅玻璃，以隔离 X 射线。

真空室中主要部件是工作台，表面处理作业对工作台的要求是：在平面上有 X 轴和 Y 轴方向运动。对于圆形零件加工，要有水平圆周运动和垂直圆周运动。不论是直线方向运动还是圆周方向运动，都要求能在大范围内可连续调节速度，并在任何速度下都能呈平稳、连续、无波动的运动。

工作台的技术指标如下：

(1) X 平台：尺寸为 470mm × 560mm，行程为 470mm。

(2) Y 平台：尺寸为 280mm × 470mm，行程为 280mm。

(3) X、Y 平台移动速度为 3 ~ 100 mm/s。

(4) 旋转附件：可作水平和垂直方向旋转，转速为 1 ~ 45r/min。

8.2.2.6　真空系统

该装置采用真空室和电子枪两套独立的真空系统。真空系统示意图见图 8-36。

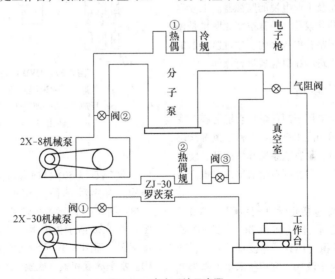

图 8-36　真空系统示意图

真空室的真空度为 6.666Pa 以下，电子枪的真空度在 0.02666Pa 以下，设备才能投入正常工作。

真空系统的工作程序如下：当系统起动以后，机械泵 2X-30 运行，阀①打开，真空室进入抽气状态。30s 以后 ZJ-30 罗茨泵起动，由热偶规②监测真空室的真空度达到 6.666Pa。这是整个系统达到最终状态的第一个必要条件。

真空系统起动的同时，机械泵 2X-8 也投入运行，阀②打开，电子枪进入真空抽气，并用热偶规①监测其真空度。当真空度达到 1.333Pa 时，分子泵投入运行，进入电子枪的高真空抽气。当真空度达到 0.1333Pa 时，冷规投入工作，监测电子枪高真空度，直到电子枪真空度达到 0.001333 ~ 0.01333Pa 时，这是整个系统达到最终状态的第二个必要条件。这时打开气阻阀，允许高压合闸。至此，整个装置可以投入运行。

表面改性处理作业完毕，应切断高压，气阻阀关闭，打开真空室取出工件。在以后的整个工作过程中，机械泵 2X-8 和分子泵一直连续工作，使电子枪一直保持高真空状态。

一般情况下，电子枪抽真空时间（首次）为 15min 左右，真空室抽真空时间为 5 ~ 7min。当在第二个工作循环时，电子枪保持在高真空状态，只是真空工作室从大气下开始抽气，大约 6min，就可进行工作。

8.2.2.7　监控系统

电子束表面改性装置的监视和控制系统，由控制柜、操作台及工业电视组成。各种电源的低压电器、程序控制系统都置于控制柜中，操作台上有指示仪表、指示灯、操作按钮及工业电视的监视器。工业电视摄像机置于真空室的观察孔上。真空室照明也是用聚光灯通过真空室的观察孔射入室内。通过监视器的屏幕观察工件与电子束斑的相对位置进行操作。

8.3　气相沉积装置

气相沉积技术广泛应用于制备各种功能薄膜。在机械制造领域主要应用于沉积氮化钛、钛铝氮等涂层刀具、模具，沉积耐热、耐腐蚀涂层和精饰品、装饰层等。金刚石涂层刀具、类金刚石耐磨部件等也已开始实际生产应用。

气相沉积技术主要包括化学气相沉积（CVD）、等离子体辅助或增强化学气相沉积（PACVD 或 PECVD）、物理气相沉积（PVD）等技术。另外，随着现代科技的发展，离子注入＋沉积技术也可作为气相沉积技术的一种。

8.3.1　化学气相沉积装置

化学气相沉积技术是利用气态源物质在固态物质表面上进行化学反应，生成固态物质的技术。在化学气相沉积过程中，气体的压强可以是常压或低压。采用低气压化学气相沉积时，用旋片式机械泵使反应室的气体压强维持在 10^2Pa 左右。

气态物质间的反应一般是在热激活条件下进行的，多采用电阻加热或感应加热方式将反应室加热至高温。

CVD 的气源物质可以是气态源、液态源和固态源。表 8-2 列出了一些 CVD 反应气源物质示例。液态源或固态源物质都必须先汽化，然后由氢气等载体引入反应室内。

表 8-2　CVD 反应气源物质示例

气源物质存在状态	气源物质示例
气态	CH_4、C_2H_2、NH_3、N_2、O_2
液态	$TiCl_4$、$SiCl_4$、PCl_3、H_2O
固态	$TaCl_3$、$NbCl_3$、$ZrCl_4$、I_2

图 8-37 所示为 CVD 设备结构示意图。沉积氮化钛设备由气源系统、反应沉积室、真空系统及尾气处理系统组成。

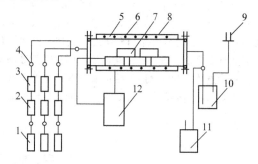

图 8-37　CVD 设备结构示意图
1—气瓶　2—净化器　3—流量计　4—针阀
5—反应室　6—加热体　7—工件　8—炉体
9—气体出口　10—尾气处理装置
11—真空泵　12—加热电源

在 CVD 设备中，通常最关键的部分是反应室的结构。有多种不同类型的 CVD 反应室结构，图 8-38 ~ 图 8-40 所示为最常见的 CVD 反应室结构示意图。图 8-38 所示为最常见的水平放置的反应室结构示意图，而图 8-39 所示为垂直放置的典型反应室结构。水平放置和垂直放置的反应室结构通常适合在大气压或以下的气压下采用。它们通常采用对称设计以

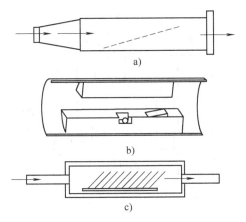

图 8-38　几种常见的水平放置 CVD 反应室结构示意图

a）传统的水平反应室

b）中间带有坩埚蒸发装置的反应室

c）低气压下可以扩大装炉量的反应室

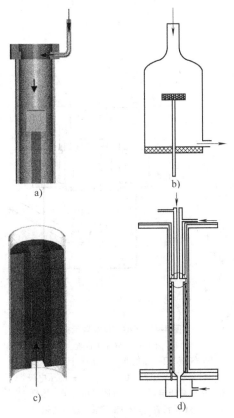

图 8-39　几种常见的垂直放置 CVD 反应室结构示意图

a）、b）典型垂直放置式

c）层流烟囱式　d）垂直超细粉末式

保证热量、反应物质和气体均匀传送。相对于垂直放置的反应室，水平反应室具有生产率高、使用方便的

优点，但是也有沉积涂层相对不太均匀的缺点。图 8-38a 所示为传统的大气压下的水平放置反应室。它垂直于轴向的截面可以是圆形的，也可以是矩形的，为了获得更均匀的涂层沉积速度，在这类反应室中，基座通常以一定的角度倾斜。

图 8-39a、b 所示为典型的大气压下垂直放置的反应室结构。前驱气体可以从顶部导入，也可以从底部导入。但是，由于 CVD 通常需要相当高的反应温度，在此温度下浮力所产生的对流常常会破坏气体的稳定流动（层流），进而会影响到涂层的均匀性，尤其是在高温度梯度的情况下，常会出现这种情况（除非在大流量或者低气压下），因此，此时的反应室可以设计成层流烟囱的形状，见图 8-39c。图 8-39d 所示为一个更适合陶瓷涂层的垂直双管 CVD 反应室。其中内侧管道作为反应室，两管之间的部分导入已经被加热了的惰性气体进行热交换。

还有一些其他的反应室结构，如图 8-40 所示。图 8-40a 所示桶式反应室主要用于硅外延。图 8-40b 所示为一种烤饼炉式 CVD 反应室。图 8-40c 和图 8-40d 所示为平行盘式反应室，图 8-40c 中，气体通过上面的莲蓬喷头上的小孔进入，这是一种半导体行业的 CVD 领域最常用的结构。图 8-40d 所示为一种近年来发展起来的一种催化化学气相沉积法（Cat-

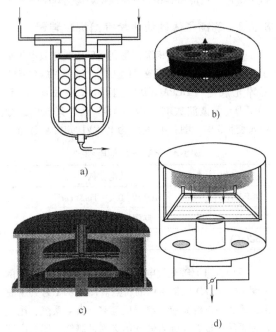

图 8-40　其他典型的 CVD 反应室结构示意图

a）桶形反应室　b）烤饼炉式 CVD 反应室

c）平行盘式反应室　d）加有催化热丝装置的平行盘式反应室

CVD）的反应室。催化化学气相沉积通常也叫热化学气相沉积，是一种在低温下不用等离子体就能获得高质量薄膜的一种相对较新的技术。在该方法中，通常有一个具有催化作用的热丝。在该热丝的作用下，反应气体被催化裂化反应分解成 CVD 所需要的基团。由于该方法中没有等离子体，因此可以避免等离子体辅助化学气相沉积离子对薄膜造成损伤。

CVD 方法制备涂层工艺在机械行业应用最典型的是制备氮化钛、碳化钛等。在用 CVD 方法沉积氮化钛时，其气源为 H_2、N_2、$TiCl_4$，在 1000℃ 时进行如下化学反应：

$$2H_2 + 1/2N_2 + TiCl_4 \longrightarrow TiN + 4HCl$$

$TiCl_4$ 是液态物质，用水浴埚加热汽化，用氢气做载气将 $TiCl_4$ 带入反应室；氮气直接通入；氢气和氮气都应是高纯净化气体；三种气体的比例及总流量用针阀调节。工件放置在工件架上，反应气体在高温的工件表面上进行化学反应形成氮化钛涂层。反应生成的氯化氢气体由机械泵抽出，引入氢氧化钠溶液中进行中和后，再将废气排入大气中，以防止污染环境。

瑞士公司生产的产品可在 900～1050℃ 高温下沉积 TiN、TiC_xN_y、Al_2O_3、Cr_2O_3、在 850～950℃ 下沉积 TiC_xN_y。反应室容积为 30L，装炉量为 60kg。

8.3.2　等离子体辅助化学气相沉积装置

等离子体化学气相沉积是利用低压气体放电等离子体增强化学气相沉积效果的工艺。增强措施包括直流辉光放电（DCPACVD）、射频辉光放电（RFPACVD）和微波放电（MPACVD）等，其放电参数列入表 8-3 中。图 8-41 所示为 PACVD 装置示意图。

表 8-3　PACVD 放电参数

技术名称	放电参数
DCPACVD	1000V，$0.1～1mA/cm^2$
RFPACVD	典型频率：13.56MHz
MPACVD	典型频率：2.45GHz

下面以直流辉光放电等离子体增强沉积 TiN 为例说明 DCPACVD 设备结构的特点。图 8-41a 为其示意图，设备由电源系统、离子反应室、真空系统、尾气处理系统组成，所通入的气体必须是高纯气体。由于反应室的真空度比 CVD 的高，故 $TiCl_4$ 不需加热便可汽化。工件接电源负极，沉积室壁接电源正极。工件可以悬挂，也可以用托盘摆放。离子沉积室一般可不设辅助加热源，用旋片式机械泵抽真空，最高真空度

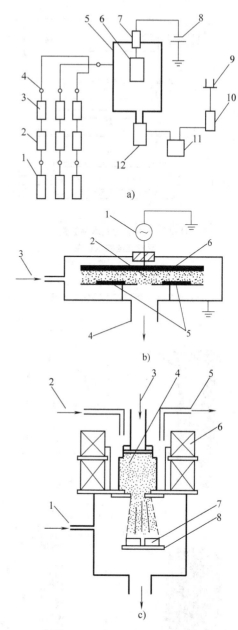

图 8-41　PACVD 装置示意图
a）DCPACVD 装置
1—气瓶　2—净化器　3—流量计　4—针阀
5—离子反应室　6—工件　7—高压电极
8—高压电源　9—气体出口　10—尾气
处理装置　11—抽气泵　12—冷阱
b）RFPACVD 装置
1—射频电源　2—等离子体　3—进气系统
4—抽气系统　5—工件　6—射频天线
c）MPACVD 装置
1—进气系统　2—冷却水进口　3—微波系统
4—等离子体　5—冷却水出口　6—磁场
线圈　7—工件　8—工件架

为2Pa，沉积真空度为1×10^2Pa范围。工件靠反应气体放电产生的氮离子、氢离子、钛离子轰击加热至沉积温度。同时这些高能粒子在工件附近形成的阴极位降区内反应生成TiN并沉积在工件上。由于膜层粒子成为高能态，降低了形成氮化钛的温度，DC PACVD在500℃便可以获得氮化钛。为防止污染、腐蚀，在抽气管路上设置液氮冷阱使氮化氢气冷凝。

射频等离子体化学气相沉积装置和微波等离子体化学气相沉积装置简图如图8-41b和图8-41c所示。由于射频场和微波场的作用提高了等离子体密度，使沉积氮化钛的温度进一步降低，在200℃，甚至更低温度，便可以得到氮化钛涂层。

8.3.3 等离子体增强化学气相沉积

由于与物理气相沉积产生等离子体的方法基本一致，因此，等离子体增强化学气相沉积有时候也被划分为物理气相沉积。通常根据等离子体产生的方法，对等离子体增强化学气相沉积进行分类。一般产生等离子体的方法都是将反应气体置于一个交变的高频电磁场里面，电磁场的频率往往是影响等离子体特征的重要参数。

如果是通过射频电磁场的作用产生等离子体，就叫做射频PECVD（RFPECVD），如图8-42a、b所示；如果采用的电磁场是微波，就叫做微波 PECVD（MWPECVD），如图8-42c所示。在微波放电时，如

果再引入一个 $(8 \sim 12) \times 10^{-2}$T 静态强磁场，就会使得电子的运动不仅仅受到外加电磁场的作用，而且会由于磁场的引入发生回旋共振，这就能够使得电子的离化作用大大增强，这种方法通常被称为 ECR-PECVD，如图 8-42d 所示。

RFPECVD 通常采用的频率在 50kHz ~ 13.56MHz 之间，气压在 13.3 ~ 266.6Pa 之间。等离子体密度一般为 $10^8 \sim 10^{12}$ 个/cm^3，其中快电子能量可达 10 ~ 30eV。根据能量耦合方式，可以将 RFPECVD 分为电容耦合 RFPECVD 和电感耦合 RFPECVD。图 8-42a 所示为一个非对称电容耦合 RFPECVD 实例，而图 8-42b所示为电感耦合 RFPECVD 反应器。

MWPECVD 的典型微波频率是 2.54GHz。图8-42c所示为一个有扬声器天线的 MW 等离子体反应器，扬声器天线是 MWPECVD 的等离子体微波的激发部件。激发部件可以是天线、标准波发射器、行波发射器等。微波可以是连续方式，也可以是脉冲方式。除了采用典型的 2.45GHz 的频率，也可以采用 400MHz。在 MWPECVD 中，气压从大气压到零点几帕都有，根据气压不同，产生的等离子体的密度为 $10^8 \sim 10^{15}$ 个/cm^3。

ECR 的条件是当采用标准频率 $\omega/(2\pi) = 2.54$GHz 时，共振的磁场强度为 87.5mT。0.1Pa 时，ECR-PECVD 的等离子体密度一般为 $10^{10} \sim 10^{12}$ 个/cm^3。

PECVD 反应器可以有多种变化的结构，根据对工作气压的需求不同来设计成 MWPECVD 和 ECRPECVD 组合系统，如图 8-43a 所示。通过移动基片架，设备在中等气压下，可以工作在 MWPECVD 状态，而在低气压下，就可以工作在 ECRPECVD 状态。另外，通过在基片架上施加一个 RF 偏压，可以进一步设计出双模工作状态的 PECVD 系统。图 8-43b、c 分别所示为 MW/RF 和 ECR/RFPECVD 双膜系统示意图。

根据施加到前驱气体的电场的不同，PECVD 还可以被进一步细分，例如：根据基片的位置，PECVD 可以再被细分为间接 PECVD 和直接 PECVD，如图 8-44a、b 所示；当基片放置在等离子体发生区域之外时，称为远端或者间接 PECVD；反之，如果基片本身就在等离子体发生区域之内，就叫做直接 PECVD。在这两种情况下，反应气体可以被选择直接导入到等离子体发生区域，也可以被直接供给到基片而不进行离化。因此，可以通过这种手段控制反应气体的激发状态。这种技术利用了等离子体化学的优点，同时避免了离子轰击基片带来的损伤，因此有望获得一定的好效果。

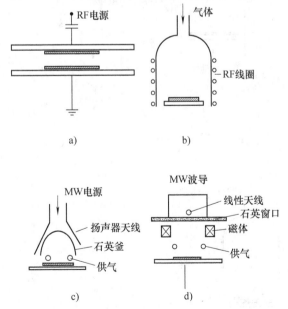

图 8-42 典型的 PECVD 反应釜结构
a) 平行盘状电容耦合 RFPECVD　b) 电感耦合 RFPECVD
c) MWPECVD　d) ECRPECVD

无论是直接 PECVD 或者间接 PECVD，射频、微波或者其他等离子体激发方法都可以被采用，见图 8-44c、d。

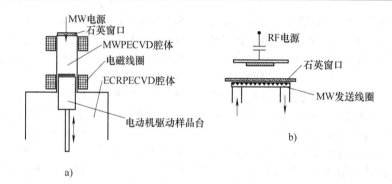

a)

b)

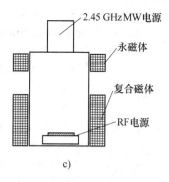

c)

图 8-43　组合 PECVD 系统

a）MW/ECRPECVD　b）MW/RFPECVD　c）ECR/RFPECVD

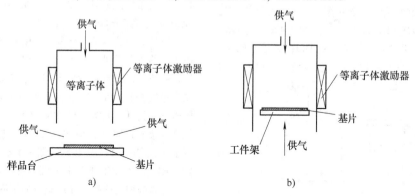

a)

b)

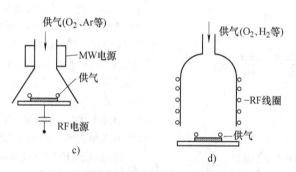

c)

d)

图 8-44　直接和间接 PECVD 示意图

a）间接 PECVD　b）直接 PECVD　c）间接 MW/RFPECVD　d）直接 RFPECVD

8.3.4　物理气相沉积

在物理气相沉积技术中，膜层粒子是靠真空蒸发或磁控溅射方法得到的。利用低气压气体放电获得的低温等离子体，来提高到达基体的膜层粒子的能量，有利于化合物涂层的形成，可以降低生成氮化钛的温度。高能粒子到达工件表面，可以改善涂层质量，并可提高膜基结合力。

按沉积工艺特点的不同，PVD 分为真空蒸镀、溅射镀和离子镀。其工艺特点如表8-4所示。

表 8-4　几种 PVD 工艺特点对比

技术名称	沉积气压 /Pa	工件偏压 /V	放电类型	沉积离子 能量/eV
真空蒸镀	$10^{-4} \sim 10^{-3}$	0	—	$0.1 \sim 1.0$
溅射镀	$10^{-2} \sim 10^{-1}$	$1 \sim 200$	辉光放电	<30
离子镀	$10^{-1} \sim 1$	50 或 $1 \sim 3kV$	辉光或 弧光	$10 \sim 100$

物理气相沉积均在真空条件下进行。为了保证涂层质量，最低真空度一般应达到 $10^{-3}Pa$，多采用油扩散泵机组。由于溅射镀和离子镀的沉积气压为 $10^{-1} \sim 1Pa$，在此范围内油扩散泵抽速小、易返油，为保证抽速，一般在扩散泵和机械泵之间加增压泵。

8.3.4.1　真空蒸发镀

真空蒸发镀膜层粒子的能量低，虽然不适用于沉积氮化钛等化合物涂层，但它是离子镀的基础。蒸发镀的沉积气压低，一般低于 $10^{-3}Pa$，工件不加负偏压。膜层原子由蒸发源蒸发后直射到工件上形成膜层。按蒸发源类型不同，分为电阻蒸发源和电子枪蒸发源。其特点如表8-5所示。

表 8-5　蒸发源特点对比

蒸发 方式	电压 /V	电流 /A	特点	应用范围
电阻 蒸发	<20	$10 \sim 100$	蒸发 速率小	低熔点金属，薄 层膜
电子枪 蒸发	$5 \sim 10kV$	<1	蒸发 速率大	高熔点金属或化 合物，厚膜

图8-45所示为真空蒸发镀膜装置示意图。

（1）电阻蒸发源式真空蒸发镀装置。图8-45a所示为电阻蒸发源式真空蒸发镀装置示意图。设备由真空室、真空机组、电阻蒸发器、电阻蒸发电源、工件转架及烘烤源组成。电阻蒸发源由 W、Mo、Ta 制成。

（2）电子枪蒸发源式真空蒸发镀膜装置。图8-45b所示为电子枪蒸发源式真空蒸发镀膜装置结构

示意图。设备由真空室、真空机组、电子枪、电子枪电源、水冷铜坩埚及工件转架组成。坩埚内放置被蒸发镀的金属锭。高密度的电子束轰击到膜材金属锭上，其动能转化为热能，使膜材蒸发。

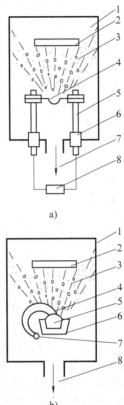

图 8-45　真空蒸发镀膜装置示意图
a）电阻蒸发源式
1—真空室　2—工件　3—金属蒸气流　4—电阻蒸发源　5—蒸发电极　6—真空机组　7—抽气系统　8—电阻蒸发电源
b）电子枪蒸发源式
1—真空室　2—工件　3—金属蒸气流　4—电子束　5—金属锭　6—坩埚　7—电子枪　8—抽气系统

电子枪功率有 1kW、3kW、6kW、10kW。枪电压为 $5 \sim 10kV$，电流为 $0.1 \sim 1A$。电子枪类型有直枪、磁偏转式枪。常用的是磁偏转式 e 形电子枪。电磁线圈产生磁场，将坩埚两旁的软磁材料磁化，形成均匀磁场，磁场方向垂直电子束运动方向，电子受洛仑兹力的作用作回转运动，偏转 270° 后聚焦在坩埚上形成斑点，电子束回转半径与电子枪的加速电压 U 和磁感应强度 B 有关。电子偏转半径与电子运动速度成正比，电子运动速度是由电子枪加速电压 U 决定的，B 的大小由线圈匝数和所通过的电流决定。在

匝数不变的情况下，一般通过调节磁偏转线圈中通过的电流来调节磁感应强度 B，从而调节偏转半径，使电子束斑点落在金属锭的中心。也可以施加变化的电流，使得电子束斑点在金属锭表面扫描。

真空蒸发镀时，膜材原子的能量是由蒸发源获得的，可用下式表示其能量大小。

$$\varepsilon = 3/(2kT)$$

式中　ε——膜材原子的能量（eV）；

　　　k——玻耳兹曼常数；

　　　T——膜材的蒸发温度（K）。

当 $T = 2000°C$ 时，$\varepsilon = 0.2eV$，对于金属原子，$\varepsilon \leqslant 1eV$。由于能量低，真空蒸发镀的膜基结合力小。由于真空蒸发镀在高真空度进行，膜层原子的绕镀能力差，镀膜均匀性差。

8.3.4.2　离子镀装置

离子镀膜层原子的获得方法多与真空蒸发镀相同，不同的是离子镀的镀膜过程是在气体放电等离子体中进行的。因此，工件上必须加偏压，但是，一般必须通入气体，使气体分子平均自由程减小到可以产生碰撞电离的程度，才能使气体放电。膜层原子是在低气压气体放电条件下获得的，膜层原子被电离为离子或激发成高能中性原子，这可大大提高到达工件的膜层粒子的能量。一般金属粒子的能量 $\varepsilon = 1 \sim 10eV$，远远高于真空蒸发镀膜时膜层粒子的能量。

根据沉积时放电方式的不同，离子镀分为辉光放电型离子镀和弧光放电型离子镀。表 8-6 列出了两种放电类型的特点。

表 8-6　辉光放电型离子镀和弧光放电型离子镀特点

类型	蒸发源电压/V	蒸发源电流/A	工件偏压/V	金属离子化率(%)
辉光型	3 ~ 10kV	<1	1 ~ 5	1 ~ 15
弧光型	20 ~ 70	200 ~ 500	20 ~ 200	20 ~ 90

1. 辉光放电型离子镀膜装置　在辉光放电型离子镀技术中，工件带 1 ~ 5kV 负偏压，真空度一般为 $10^{-1} \sim 10Pa$，工件和蒸发源之间产生辉光放电，电流密度 $0.1 \sim 1mA/cm^2$。最简单的直流二极型离子镀的膜基结合力和膜层质量均比真空蒸发镀优越，但二极型离子镀的金属离子化率低，仅为 0.1% ~ 1%。为了提高金属离子化率，应采取各种强化放电措施，如在蒸发源和工件之间增设第三极（如热电子发射极、高频感应线圈等），以增加高能电子密度或加长电子运动路程，从而提高金属蒸气原子及反应气体与电子碰撞电离的概率。在 20 世纪 70—80 年代，开发了多种辉光放电型离子镀膜技术，包括活性反应型离子镀、热阴极增强型离子镀、射频离子镀和集团离子束型离子镀等。表 8-7 列出了各种辉光放电型离子镀技术的工艺特点。图 8-46 所示为各种辉光放电型离子镀装置。

表 8-7　各种辉光放电型离子镀工艺特点

离子镀类型	强化放电措施	强化放电机理	沉积气压/Pa	金属离子化率(%)
直流二极型	直流辉光	—	$10^{-1} \sim 10^2$	<1
活性反应型	活化电极	活化极吸引二次电子	$10^{-1} \sim 10$	3 ~ 6
热阴极型	热电子发射	增加高能电子密度	$10^{-2} \sim 10^{-1}$	10 ~ 15
射频型	高频感应圈	加长电子运行路径	$10^{-2} \sim 10$	10 ~ 15
集团离子束型	热阴极和加速极	高密度的低能离子团	$10^{-1} \sim 10^2$	<1

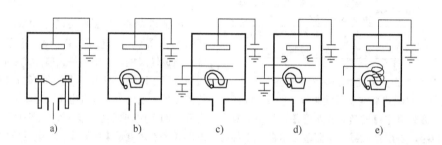

图 8-46　辉光放电型离子镀装置示意图

a) 电阻源二极型　b) e 形枪源二极型　c) 活性反应型　d) 热阴极型　e) 射频型

离子镀的蒸发源可以是电阻蒸发源、电子枪蒸发源和集团离子束离子镀采用的密闭式坩埚蒸发源。辉光放电型离子镀装置的共同特点是，工件所带的偏压高，金属离子化率低，只有 1%～15%，用于沉积氮化钛涂层时工艺难度大。现在国内已经没有这类产品。

2. 弧光放电型离子镀装置　弧光放电型离子镀技术采用弧光放电型蒸发源。有热空心阴极枪、热丝弧等离子枪、阴极电弧蒸发源等。这些蒸发源均产生弧光放电，放电电压为 20～70V，电流密度为 50～500A/mm^2，工件负偏压为 20～200V。电弧源本身既是蒸发源又是离子化源。此种离子镀的金属离子化率高达 20%～90%；金属离子能量达 1～10eV，离子流密度高；高能的氮、钛离子和高能原子比较容易反应生成氮化钛等化合物涂层；工艺操作简便，它是当前国内外沉积氮化钛涂层的主选技术。

按弧光放电机制分类，有自持热弧光放电和自持冷弧光放电。表 8-8 列出了各种弧光放电离子镀工艺特点。

表 8-8　各种弧光放电离子镀工艺特点

离子镀类型	弧光放电特点	金属蒸气来源	金属离子化率(%)
空心阴极型	热空心阴极自持热电子流	坩埚熔池	20～40
热丝弧等离子枪型	热丝弧自持热电子流	坩埚熔池	20～40
多弧离子镀型	冷阴极自持场致电子流	阴极本身、无熔池	60～90

（1）空心阴极离子镀技术。空心阴极离子镀技术采用空心阴极枪做蒸发源。空心阴极枪采用钨、钼、钽等难熔金属管材制作，通常采用钽管。钽管接枪电源负极，坩埚接正极。电弧电压为 40～70V，弧电流密度为 50～500A/mm^2。为了点燃空心阴极弧光，钽管上并联 400～1000V 辉光放电点燃电源。氩气从钽管通入真空室内。工件接偏压电源负极，电压为 0～200V。接通钽管电源后，首先产生空心阴极辉光放电，然后过渡为弧光放电。氩离子轰击钽管壁，使管壁升温达到 2100℃，钽管发射热电子。所形成的等离子电子束射向坩埚，电子的动能转化为热能，使沉积膜材蒸发。等离子电子束在射向坩埚的过程中与金属原子和反应气体分子碰撞使之电离或激发。这些高能粒子在工件表面反应生成化合物涂层。金属离子化率高，沉积氮化钛的工艺范围宽。

最初研制的空心阴极枪的结构复杂，除钽管以外，还有辅助阳极、枪头聚焦线圈、偏转线圈，在阳极坩埚周围也设有同轴聚焦线圈。近几年空心阴极枪结构简化了，有裸枪型和水冷差压室型。裸枪不设枪头聚焦线圈、辅助阳极、偏转线圈，其结构简单；但裸枪的温度高，其热辐射容易使工件超温。新型水冷差压室型空心阴极枪也省去了辅助阳极、枪头聚焦线圈和偏转线圈。空心阴极钽管在水冷差压室内，对工件没有热辐射。能够使枪室保持低真空，便于点燃空心阴极弧光，而且使镀膜室保持高真空，初始的膜层质量好。

以上三种空心阴极离子镀膜机结构如图 8-47 所示。其中图 8-47a 为初始的复杂型；图 8-47b 为裸枪型；图 8-47c 为水冷差压室型。空心阴极离子镀膜机的型号及技术参数列入表 8-9 中。

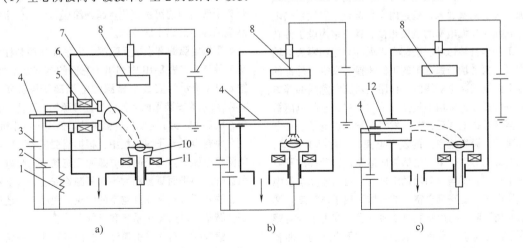

图 8-47　空心阴极离子镀膜机结构示意图

a）复杂型　b）裸枪型　c）水冷差压室型

1—电阻　2—引燃电源　3—弧光电源　4—钽管　5—第一偏转线圈　6—辅助阳极
7—偏转线圈　8—工件　9—偏压电源　10—坩埚　11—聚焦线圈　12—差压室

表 8-9　空心阴极离子镀膜机的型号及技术参数

型　　号	枪功率/kW	生　产　能　力	生　产　厂　家
DLKD-1000	15, 双枪	M3mm 滚刀 16 把, ϕ8mm 钻头 196 支	北京仪器厂
LDK-310	10, 三枪	M1.5mm 滚刀 30 把, ϕ8mm 钻头 630 支	沈阳真空设备厂
KYD-450	6.5	M3mm 滚刀 12 把, ϕ10mm 钻头 120 支	航天部二院六九九厂
DLK-800	10	M3mm 滚刀 10 把	兰州真空设备厂
IPB-45	30	M3mm 滚刀 24 把	日本真空株式会社

（2）热丝弧等离子体枪型离子镀膜机。热丝弧等离子体枪型离子镀膜机采用热丝弧等离子枪作为蒸发源。图 8-48 所示为热丝弧等离子枪型离子镀膜装置示意图。

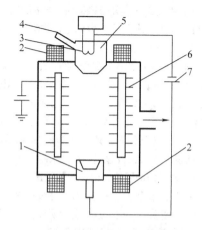

图 8-48　热丝弧等离子枪型离子
镀膜装置示意图
1—坩埚　2—聚焦线圈　3—热钽丝　4—氩气
进气口　5—离子源室　6—工件　7—弧电源

真空室的顶部设热丝弧等离子体枪室，氩气由热丝弧等离子枪室通入，枪室内安装钽丝用以发射热电子，它同时与弧电源的负极相接。真空室内设工件转架，工件作自转运动。底部有坩埚和与之相隔离的辅助阳极，两者均与弧电源的正极相接。真空室外部的上、下两端安装电磁线圈，作用是对真空室内的等离子体进行搅拌，以增加气体分子和金属原子的电离概率。当接通弧电源后，钽丝发射大量的热电子，被电场加速后，激发枪室内的氩气电离，产生弧光放电，形成的弧光等离子束向坩埚方向运动。这种等离子束有三个作用：①当射向辅助阳极时，可以使真空室中的气体电离，提高真空室中的气体等离子体密度。②当射向坩埚时，可以将膜材金属蒸发。③由于金属蒸气原子向上运动，等离子电子束是向下方运动，两者间碰撞电离概率大，金属电离更充分。这种镀膜装置中的等离子体密度大，加上合理的镀膜工艺，氮化钛涂层刀具的质量较高。但这种镀膜机的生产周期长，蒸发源设在底部，造成涂层厚度均匀性差。

（3）电弧离子镀装置。电弧离子镀是利用阴极电弧源的自持冷场致弧光放电，得到高密度的金属等离子体而进行镀膜的技术。

阴极电弧源所产生的冷场致弧光放电的过程是，由于在阴极靶的附近堆积了高密度的正离子形成了离子云，离子云与阴极表面距离很近，而且，离子云承担了电弧中的主要压降，因此在阴极表面处形成了高场强，电场强度为 $10^6 \sim 10^8$ V/cm。在阴极靶面凸起部位的场强更大，更容易将靶面击穿，产生冷场致电子发射；又由于靶面击穿的面积很小，为 $10^{-6} \sim 10^{-4}$ mm^2，而电流密度高达 $10^4 \sim 10^6$ A/mm^2，致使阴极靶材表面迅速升温，被加热成小熔池，功率密度高达 $10^6 \sim 10^8$ W/mm^2，造成膜材原子从小熔池蒸发汽化形成蒸气流。金属蒸气与击穿面发射出来的电子流发生非弹性碰撞，高密度的离子流伴随带电粒子的复合过程，而在击穿点处产生弧光，在靶面上每个小熔池处出现一个小凹坑。由于非均匀电势和等离子扩散，在阴极弧斑附近形成高密度的电子流、离子流、金属蒸气流和金属熔滴流的通量。因此，电弧离子镀中的阴极电弧源既是蒸发源又是离化源。由于金属离化率高达 60% ～90%，很容易获得化合物涂层。电弧离子镀是当前沉积氮化钛超硬涂层刀具和仿金精饰品应用最多的离子镀技术。

阴极电弧源有小平面弧源、大平面弧源和柱状弧源三种类型。表 8-10 中列出了它们的基本技术参数。图 8-49a 所示为安装小弧源的电弧离子镀膜机，图 8-49b 所示为安装平面大弧源和柱弧源的电弧离子镀膜机，图 8-49c 所示为安装柱弧源的电弧离子镀膜机。

每台电弧离子镀膜机中，根据需要配置不同类型的阴极电弧源。每个阴极电弧源配有独立的弧电源和引弧针。小平面弧源和大平面弧源均安装在真空室壁上，柱状弧源安装在真空室的中央。镀膜室中还设有工件转架、烘烤加热系统和进气系统。

镀膜时，首先使引弧针与靶面接触造成短路，随后当引弧针脱离靶面时，则产生自持冷场致弧光放电，在阴极靶面出现许多小弧斑。沉积氮化钛时，钛离子和氮离子被工件负偏压吸引到达工件表面形成氮化钛。由于阴极靶材处于水冷状态，靶面上的弧斑迅

表 8-10　三种阴极电弧源的基本技术参数

弧源形状	靶材尺寸/mm	弧斑形状	弧电压/V	弧电流/A	每台机数量/个
小平面	$(60 \sim 100) \times 30$	圆形	$18 \sim 25$	$40 \sim 100$	$1 \sim 40$
大平面	$200 \times (400 \sim 1000)$	长圆形	$18 \sim 30$	$100 \sim 200$	$2 \sim 4$
柱　状	$70 \times (200 \sim 2000)$	直条、螺条	$20 \sim 40$	$120 \sim 400$	1

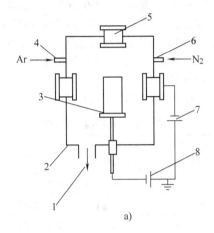

a)

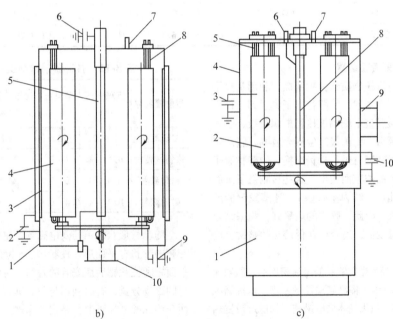

b)　　　　　　　　　　　　　　c)

图 8-49　三种形状弧源的电弧离子镀膜装置示意图

a) 安装小弧源的电弧离子镀膜机

1—真空系统　2—镀膜室　3—工件　4—氩气进气系统　5—小弧源

6—氮气进气系统　7—小弧源电源　8—偏压电源

b) 安装平面大弧源和柱弧源的电弧离子镀膜机

1—真空室　2—大弧源电源　3—平面大弧源　4—工件　5—柱弧源　6—柱弧源电源　7—进气系统

8—管状加热器　9—偏压电源　10—真空系统

c) 安装柱弧源的电弧离子镀膜机

1—机座　2—工件　3—偏压电源　4—镀膜室　5—管状加热器　6—引弧针

7—进气系统　8—柱状弧源　9—真空系统　10—柱弧源电源

速运动，因此，阴极靶材始终处于固态，没有固定的熔池。电弧离子镀技术中阴极电弧源靶材可以是块状、板状及柱状。

为了保证整个工件镀膜的均匀度，需在真空室壁上安装多个小弧源，每个源配一个弧电源、一个引弧针、一套控制系统。操作者必须逐个引燃弧源，随时关心每个弧源的工作情况。早期的电弧离子镀设备结构复杂，操作繁琐，故障率高。我国自1985年从美国引进电弧离子镀膜机后，几十年来，多弧离子镀技术在国内发展很快。目前，已开发出安装4个、8个、12个、20个、40个小弧源的多弧离子镀膜机系列产品；而且采用了辅助磁场加快电弧的运动速度，消除液滴，细化膜层组织，提高膜层质量的新技术。

柱状弧源的磁场结构是多种多样的。我国生产的旋转磁控柱状弧源电弧离子镀膜机中采用的是条形永磁体，并作旋转运动。弧斑呈条形或螺旋形，向周围360°方向均匀镀膜，镀膜均匀区大，靶材的利用率最高。这种电弧离子镀膜机只装一个柱弧源、只配一个弧电源、一个引弧针、一套控制系统，设备结构简单，操作简便。

表8-11列出了各种电弧离子镀膜装置的技术参数。

表8-11　各种电弧离子镀装置技术参数

型号	弧源数量/个	弧源尺寸/mm	弧源功率/(kW/个)	功　能	生产厂家
TG-型	4～40	60	1.2～1.6	装饰、工具	北京长城钛金公司
CH-型	4～20	60	1.0～1.6	工具、装饰	北京华瑞真空公司
WDDH-型	2～4	200×(600～1000)	2.4～3.6	工具、装饰	北京万方达公司
XZhDH-型	1	70×(200～2000)	2.0～15	装饰、工具	深圳威士达公司
MAV-型	2～28	60	1.0～1.6	工具	美国 MULTI ARC

8.3.4.3　磁控溅射镀膜装置

溅射镀膜是将沉积物质作为靶阴极，利用氩离子轰击靶材产生的阴极溅射，将靶材原子溅射到工件上形成沉积层。在镀膜室中靶阴极接靶电源负极，通入氩气；当接通电源后，靶阴极产生辉光放电，氩离子轰击靶材，氩离子和靶材进行动量交换，使靶材原子克服原子间结合力的约束而逸出。这些被溅射下来的原子具有一定的能量，约为4～30eV，比蒸发镀的原子所具有的能量大，因此，膜层的质量好，膜基结合力大，膜层粒子温度低，适合于在低熔点的基材上沉积镀膜。

简单的直流二极型溅射镀膜的电流密度小，溅射速度小，沉积速度低。为了提高氩离子的密度，以提高沉积速度，采取了多种强化气体放电措施，如通过设置热阴极发射热电子，增加电子密度；增设高频电源，以增加电子路径；设置磁场，以约束电子运行的轨迹；增加电子在靶面上运行的路程，增加电子与氩气碰撞的概率。表8-12列出了各种溅射镀膜的工艺特点。

由表8-12可知，磁控溅射镀膜沉积速度最高。磁控溅射是在二极溅射装置中设置与电场垂直的磁场。气体放电中的高能电子在垂直电磁场的约束下，受洛仑兹力的作用，作旋轮线形的飘移运动，在距靶面一定距离的空间，形成电子陷，增加了电子和氩气碰撞电离的概率，从而使沉积速度提高5～10倍。

表8-12　各种溅射镀膜工艺特点

溅射镀名称	沉积气压/Pa	靶电压/V	靶电流密度/(A/mm²)	沉积速度/(nm/min)
二极溅射	1～10	3	<1	30～50
热阴极溅射	10^{-1}～1	1～2	2～5	50～100
射频溅射	10^{-1}～1	0～2	2～5	50～100
磁控溅射	10^{-1}～1	0.4～0.8	5～10	200～600

随靶材形状的不同及电磁场设置位置的不同，磁控靶的形状有平面形、柱状形、S枪形及对向形。在平面靶和柱状靶后面安装的磁场，有的利用与靶面平行的磁场分量，有的利用与靶面垂直的磁场分量。下面介绍几种磁控溅射源结构的原理。

图8-50所示为平面磁控溅射源的原理图。图8-50a为靶材、磁钢、工件的相关位置图，图8-50b为平面靶磁控原理图。

这种磁控溅射源是常用的磁控溅射装置中的靶结构。但在靶材相对的最大磁场分量的部位，氩离子轰击靶材最强，靶材的消耗最多，使靶面出现凹坑，靶面烧蚀不均匀，靶材利用率低。图8-51所示为平面靶材刻蚀后的断面图。这种平面靶不适用于沉积磁性材料，因为磁性材料可以造成磁短路，发挥不了磁场的作用。

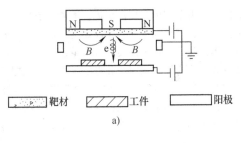

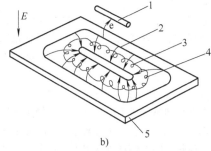

图 8-50　平面磁控溅射源原理图

a) 靶材、磁钢、工件相关位置图

b) 平面靶磁控原理图

1—阳极　2—水平磁场　3—溅射区

4—电子轨迹　5—阴极

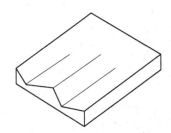

图 8-51　平面靶材刻蚀后的断面图

图 8-52 所示为平面对向磁控靶的结构原理图，磁力线垂直靶面。这种磁控靶可以用于沉积磁性材料。调整整个靶的材料和靶电压，可以沉积多层膜、合金膜。

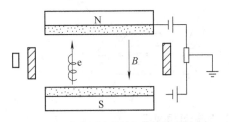

图 8-52　平面对向磁控靶结构原理图

图 8-53 为 S 枪形磁控溅射源结构原理图。靶材做成倒锥形，阳极位于靶中央，电子在电磁场作用下被约束在靶面附近，形成等离子体环，电流密度大，沉积速度可以达到 1000nm/min 左右。

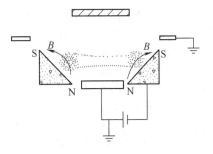

图 8-53　S 枪形磁控溅射源结构原理图

图 8-54 所示为柱状磁控溅射源的原理图。如图 8-54a 所示，环状磁钢所产生的磁力线平行柱靶轴，电子被约束在靶面作周围运动；气体放电后，辉光放电的轨迹是与柱靶轴向垂直的光环。靶面刻蚀最严重的地方是磁环的中间部位，靶材刻蚀不均匀，靶材利用率低。

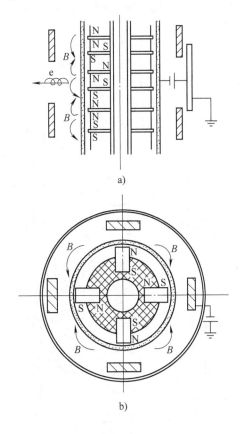

图 8-54　柱状磁控溅射源原理图

a) 环状磁钢的柱状磁控溅射源　b) 条形

磁钢的柱状磁控溅射源

如图 8-54b 所示，采用条形磁钢时，相邻两条磁钢的磁极性相反，磁力线垂直于柱靶面，气体放电后辉光放电的轨迹呈与柱靶轴平行的数个光条。在电动机的带动下，条形磁钢作旋转运动，实现向360°方向镀膜。柱状磁控溅射靶的结构简单，镀膜均匀区大，靶材烧蚀均匀，靶材利用率高。

磁控溅射镀膜的膜基结合力好，膜层组织致密，适合于在低熔点基材上镀膜。但是，由于磁控溅射是在辉光放电条件下进行的，金属离化率低，大约在1%以下；膜层粒子总体能量低，不容易进行反应沉积，获得氮化钛的难度大、工艺重复性差。一些用柱状磁控溅射源镀氮化钛的设备中加装了热阴极后，镀氮化钛的工艺可靠性大大提高了。磁控溅射技术当前更多地应用于镀功能膜、幕墙玻璃膜、液晶显示器的ITO膜等。

德国一家公司生产的磁控溅射镀膜机中放置两个普通的平面靶。这两个平面靶面对而立，产生气体放电后，两个靶之间的等离子体相互叠加，大大提高了等离子体密度，提高金属离化率，容易反应生成氮化钛涂层。

以上所述的平面磁控溅射靶的磁场分布是均匀的，即外环磁极的磁场强度与中部磁极的磁场强度相等或相近，称之为"平衡磁控溅射靶"。这种靶结构

虽然能够将电子约束在靶面附近，增加电子与氩离子的碰撞概率，但是随着离开靶面距离的增大，等离子体密度迅速降低，在工件表面上不足以产生高结合力的致密膜层。为了增强离子轰击的效果，只能把工件安置在距离磁控溅射靶5~10cm的范围内。这样短的有效镀膜区限制了待镀工件的几何尺寸，制约了磁控溅射技术的应用范围，多用于镀制结构简单、表面平整的板状工件。

1985年首次提出了"非平衡磁控溅射的概念"，即某一磁极的磁场对于另一极性相反部分的增强或减弱，就导致了磁场分布的"非平衡"。保证靶面水平磁场分量，有效地约束二次电子，可以维持稳定的磁控溅射放电。同时，另一部分电子沿着强磁极产生的垂直靶面的纵向磁场逃逸出靶面而飞向镀膜区域，这些飞离靶面的电子还会与中性粒子产生碰撞电离。进一步提高镀膜空间的等离子体密度，有利于提高沉积速度和膜层质量。图8-55所示为非平衡磁控溅射靶在镀膜室中的安装示意图。非平衡磁控溅射技术目前已完成开发阶段，并应用于工业生产，但相关研究仍然在深入。

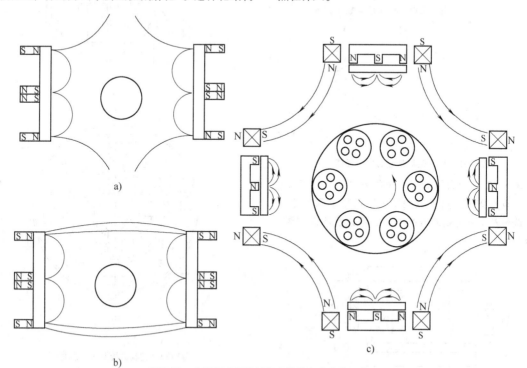

图8-55　非平衡磁控溅射靶在镀膜室中安装示意图
a）双靶镜像磁控靶　b）双靶闭合磁控靶　c）四靶闭合磁控靶

将磁控溅射源与阴极电弧源联合使用是沉积复合涂层的新机型，即在镀膜机中既安装可控电弧源，又安装非平衡磁控溅射装置。首先用电弧源产生的金属

等离子体轰击工件，然后用非平衡磁控溅射镀膜，所得涂层的硬度高达2500~3600HK。采用此种技术可以沉积TiAlN-TiN、TiAlN-ZrN、TiAlZrN等复合超

硬涂层。

8.3.4.4　物理气相沉积技术的进展

在离子镀技术中，由于沉积离子能量过高，对基体造成损伤，使工件升温过高，并使沉积层中混有气体，影响沉积层的纯度或致密度。为了克服以上不足，发展了一些新的物理气相沉积技术，包括低能离子束沉积、溅射和离子束辅助沉积技术、蒸发和离子束辅助沉积技术以及三束离子辅助沉积装置。图8-56 所示为以上几种技术的原理图。

低能离子束沉积采用 30kV 加速电压，将金属离

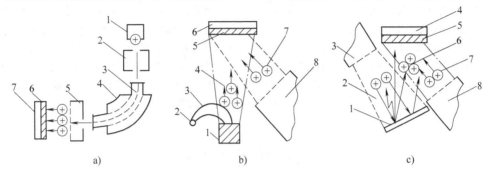

图 8-56　几种新的物理气相沉积技术原理图

a）低能离子束沉积

1—离子源　2—加速器　3—离子束　4—质量分析器　5—减速器　6—沉积层　7—基板

b）蒸发和离子束混合

1—蒸发源　2—电子枪　3—电子束　4—蒸发源　5—沉积层　6—基板　7—离子束　8—离子源

c）溅射和离子束混合

1—靶材　2—离子束　3—离子源　4—基板　5—沉积层　6—溅射原子　7—电子枪　8—离子源

子引出，经聚焦系统聚焦成高能离子束。离子束进入质量分器器，经选择得到所需的高能金属离子束。金属离子再进入减速系统，使高能离子的能量降低为 $10 \sim 30eV$。这些低能的高纯度的金属离子，进入高真空靶室，沉积在工件上，获得所需的沉积层。其优点是离子能量低，沉积层纯度高，对基体损伤小。

蒸发加离子束轰击并用的技术，用在真空室内有蒸发源又有离子源的场合。在用蒸发源蒸发金属的同时，再用高能离子束轰击工件表面。这种技术既能改善沉积层的附着力，细化膜层组织，又可以获得符合化学计量比的化合物涂层。

离子束溅射与离子束轰击并用的技术，用在真空室中既有溅射镀膜源，又有高能离子束源的场合。在用溅射源进行镀膜的同时，再用离子束轰击工件表面，其优点也是膜基结合力大，膜层组织细密，又可以沉积得到预定的合金或化合物膜。清华大学在三束离子辅助沉积装置中，除设离子束溅射源、离子束轰击源以外，另设了一个离子源，目的是在沉积之前对工件进行轰击净化，进一步提高膜基附着力。

最近，还出现了可以调节镀膜结构的、复合了全方位离子注入和沉积的复合镀膜技术。该技术中提供一种复合了磁控溅射、真空阴极电弧蒸发、全方位离子注入三种表面改性技术的一种复合表面改性技术，技术充分利用磁控溅射、真空阴极电弧蒸发本身的电磁结构束缚等离子体，为全方位离子注入的表面改性提供所需等离子体。采用了该技术后，可以在膜与基体之间形成混合界面，提高结合强度，改善基片材料对薄膜材料的亲和性；在成膜过程中以及在成膜后，可对薄膜进行全方位掺杂，改变膜的成分组成，从而可以操控膜的结构。图8-57 所示为全方位离子注入和沉积的复合镀膜设备示意图。

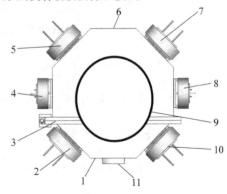

**图 8-57　全方位离子注入和沉积
的复合镀膜设备示意图**

1—真空室门　2、5、7、10—矩形非
平衡磁控溅射源　3—真空室门框
4、8—矩形真空电弧源　6—真空室主体
9—工件转架　11—观察窗

8.3.5　沉积金刚石薄膜的技术

沉积金刚石薄膜的方法很多，包括化学气相沉积、等离子体化学气相沉积及物理气相沉积领域中的相关技术，主要是利用热能和低气压等离子体能量将含碳的气体合成为金刚石膜。所用的反应气，多数是碳氢化合物气体，由氢气载入反应室。

合成金刚石薄膜的方法有图 8-58 中所示的几种。其中图 8-58a 为热丝法，在石英管外设加热器，内有加热丝和工件。工件可以加偏压、也可以不加偏压，反应气由管子的一端通入，在热丝发射的热电子的激活下反应合成金刚石膜。图 8-58b 为热弧法，反应气由真空室的上方通入，在工件和通气管口之间安装可以产生弧光放电的阴、阳极，在电弧弧光的激活下，可以在工件表面上得到金刚石膜。图 8-58c、图 8-58e 分别为 DCPCVD、RFPCVD、MPCVD 装置示意图。另外，在用多弧离子镀设备中，用石墨靶也可以反应沉积金刚石膜和类金刚石膜。类金刚石膜具有与金刚石膜相近的性能，而且沉积工艺简便一些，因此，类金刚石膜有广泛的应用前景。立方氮化硼和 β-C_3N_4 等化合物超硬膜也具有很多优良的性能，也有很好的应用前景。

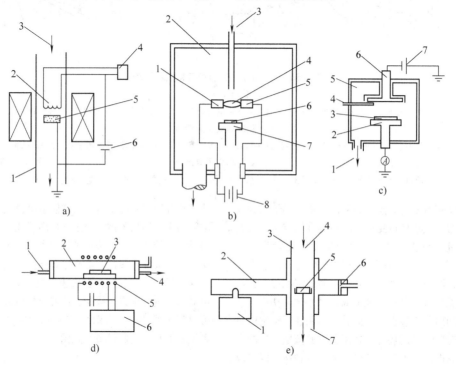

图 8-58　沉积金刚石薄膜装置示意图

a) 热丝法

1—石英管　2—热丝　3—反应气　4—加热器　5—工件　6—偏压电源

b) 热弧法

1—阳极　2—真空室　3—反应气　4—弧光　5—阴极　6—工件　7—工件架　8—弧电源

c) DCPCVD

1—真空系统　2—阳极　3—工件　4—进气管　5—真空室　6—阴极　7—直流电源

d) RFPCVD

1—进气管　2—真空室　3—工件　4—真空系统　5—感应圈　6—射频电源

e) MPCVD

1—微波电源　2—波导管　3—石英管　4—反应气　5—工件　6—活塞　7—真空系统

参 考 文 献

[1]　闫毓禾，钟敏霖. 高功率激光加工及其应用 [M].
　　　天津：天津科学技术出版社，1994.

[2]　王家金. 激光加工技术 [M]. 北京：中国计量出版社，1992.

［3］　孟广耀. 化学气相沉积和无机新材料［M］. 北京：科学出版社，1984.

［4］　Johnson E J, Hyer P V, Culotta P W, et al. Evaluation of infrared thermography as a diagnostic tool in CVD applications［J］. Journal of Crystal Growth, 1998, 187（3, 4）：463-473.

［5］　Stockhause S, Neumann P, Schrader S, et al. Structural and optical properties of self-assembled multilayers based on organic zirconium bisphosphonates［J］. Synthetic Metals, 2002, 127（1-3）：295-298.

［6］　Ottosson M, Carlsson J O. Chemical vapour deposition of Cu_2O and CuO from CuI and O_2 or N_2O［J］. Surface and Coatings Technology. 1996, 78（1-3）：263-273.

［7］　Dewei Zhu, Peter HingPeter Brown, Yogesh Sahai. Characterization of silicon carbide coatings grown on graphite by chemical vapor deposition［J］. Journal of Materials Processing Technology, 1995, 48（1-4）：517-523.

［8］　Seung Hyun Yang, Sang Hyun Ahn, Moon Suk Jeong, et al. Structural and optical properties of GaN films grown by the direct reaction of Ga and NH_3 in a CVD reactor［J］. Solid-State Electronics. 2000, 44（9）：1655-1661.

［9］　Leycuras A. Optical monitoring of the growth of 3C SiC on Si in a CVD reactor［J］. Diamond and Related Materials, 1997, 6（12）：1857-1861.

［10］　Ellison A, Zhang J, Henry A, Janzén E. Epitaxial growth of SiC in a chimney CVD reactor［J］. Journal of Crystal Growth, 2002, 236（1-3）：225-238.

［11］　Takanobu Hanabusa, Shigeyuki Uemiya, Toshinori Kojima. Production of Si_3N_4/Si_3N_4 and Si_3N_4/Al_2O_3 composites by CVD coating of fine particles with ultrafine powder［J］. Chemical Engineering Science, 1999, 54（15-16）：3335-3340.

［12］　Hitchman M L, Jensen K F. Chemical vapor deposition principles and applications［M］. San Diego：Academic Press Inc, 1993.

［13］　Heru Setyawan, Manabu Shimada, Kenji Ohtsuka, et al. Visualization and numerical simulation of fine particle transport in a low-pressure parallel plate chemical vapor deposition reactor［J］. Chemical Engineering Science, 2002, 57（3）：497-506.

［14］　Yoshitaka Nozaki, Koichi Kongo, Toshihiko, Miyazaki, et al. Identification of Si and SiH in catalytic chemical vapor deposition of SiH_4 by laser induced fluorescence spectroscopy［J］. Journal of applied physics, 2000, 88（9）：5437-5443.

［15］　Yoshitaka Nozaki, Makiko Kitazoe, Katsuhiko Horii, et al. Identification and gas phase kinetics of radical species in Cat-CVD processes of SiH_4［J］. Thin Solid Films, 2001, 395（1、2）：47-50.

［16］　Marieke K. Van Veen, Ruud E I Schropp. Amorphous silicon deposited by hot-wire CVD for application in dual junction solar cells［J］. Thin Solid Films, 2002, 403、404：135-138.

［17］　André Anders. Handbook of plasma immersion ion implantation and deposition［M］. New York：A wiley-interscience publication, 2000.

［18］　Hitchman M L, Jensen K F. Chemical vapor deposition principles and applications［M］. San Diego：Academic Press Inc, 1993.

［19］　John L Vossen, Werner Kern. Thin Film Processes Ⅱ［M］. New York：Academic Press, 1991.

［20］　André Anders. Handbook of plasma immersion ion implantation and deposition［M］. New York：A wiley-interscience publication, 2000.

［21］　Flewitt A J, Dyson A P, Robertson J, et al. Low temperature growth of silicon nitride by electron cyclotron resonance plasma enhanced chemical vapour deposition［J］. Thin Solid Films, 2001, 383（1、2）：172-177.

［22］　Nagel H, Metz A, Hezel R. Porous SiO_2 films prepared by remote plasma-enhanced chemical vapour deposition-a novel antireflection coating technology for photovoltaic modules［J］. Solar Energy Materials and Solar Cells, 2001, 65（1-4）：71-77.

［23］　李刘合. 薄膜复合制备方法与装置：中国 200410060530.1［P］. 2005-05-11.

［24］　田民波，刘德令. 薄膜科学与技术手册［M］. 北京：机械工业出版社，1991.

［25］　王福贞，唐希源，周友苏，等. 用多弧离子镀膜机镀氮化钛［J］. 金属热处理，1994（5）：17-21.

［26］　王福贞. 旋转偏控柱状弧源多弧离子镀膜［J］. 真空，1997（2）：43-45.

［27］　潘俊德，田林海，贺齐，等. 新型超硬薄膜材料 β-C_3N_4 合成新进展［J］. 真空，1998（5）：1-6.

第9章 热处理冷却设备

上海交通大学 陈乃录

山东大学 黄国靖

热处理冷却设备包括淬火冷却设备和冷处理设备。奥氏体化的工件在淬火冷却设备中发生奥氏体向马氏体或贝氏体的组织转变，在冷处理设备中发生残留奥氏体向马氏体的转变。这两种设备的目的都是为获得预期的组织、性能和残余应力分布、控制畸变和避免开裂提供保证。

9.1 淬火冷却设备的作用与要求

淬火冷却设备是借助控制淬火冷却介质的成分、温度、流量、压力和运动状态等因素，满足淬火件对淬火冷却能力的要求，达到淬火件获得预期的组织与性能的目的。因此，对上述冷却参数的控制是淬火冷却设备设计应考虑的问题。

由于淬火冷却过程具有瞬间完成和在冷却过程中发生温度场、相变场、应力/应变场的交互作用的特点，使得淬火冷却过程变得十分复杂，只依靠经验或数值模拟技术都很难给出满足要求的淬火冷却设备的设计准则，所以淬火冷却设备的设计应以小批量试验研究为先导，在取得较好的效果的基础上，提出对淬火冷却设备的功能要求。也就是说，淬火冷却设备的设计应围绕满足实际淬火件工艺要求进行。

为淬火件提供满足要求的冷却条件是对淬火冷却设备的基本要求。其中在满足冷却强度要求的前提下，应重点考虑冷却的均匀性，也就是说尽可能使工件与介质之间在冷却的蒸汽膜阶段和沸腾阶段得到均匀换热。这需要热处理工程师和设备设计工程师针对产品对象进行合作，最终实现所设计的淬火冷却设备达到工艺要求。

9.2 淬火冷却设备的分类

9.2.1 按冷却工艺方法分类

1. 浸液式淬火冷却设备 用此类设备淬火冷却时，工件直接浸入淬火冷却介质中，介质可以是水、油、聚合物类水溶液和盐类水溶液等。由于该类设备的主体是盛液的槽子，所以该类设备通常也称为淬火槽。根据需要可设置介质搅拌装置、介质加热与冷却装置、工件传送装置、去除槽中氧化皮的装置、安全防火装置、通风与环保装置等。

2. 喷射式淬火冷却设备 这类设备又可分为喷液式和喷雾式。喷液式是对工件喷射液态介质而冷却，其冷却强度可通过喷射压力、流量和距离来控制。喷雾式是对工件喷吹气液混合物而冷却，其冷却能力可通过控制气体压力、液体压力、气体与液体流量和距离来控制。为了实现均匀冷却，喷射式淬火冷却设备通常还应配备淬火件的旋转或往复运动机构。

3. 喷、浸组合式淬火冷却设备 这类设备是将喷射淬火与浸液淬火的优点进行组合，多与淬火冷却控制技术相结合，可在一定范围内调节淬冷烈度。

4. 淬火机和淬火压床 此类设备是依据工件的形状而设计的淬火冷却装置。工件在机械压力和（或）限位下实现淬火冷却。用此类装置的目的是减少工件淬火畸变，或使淬火冷却、成形两工序合并为一个工序。

5. 特殊淬火冷却装置 工件淬火冷却产生畸变的主要原因之一是由于工件表面传热的不均匀引起的。超声波淬火冷却和电场或磁场淬火冷却，都是利用超声波和电场或磁场对蒸汽膜的破裂起到促进作用这一因素来提高冷却均匀性，该方法可以用于浸液淬火方式。

9.2.2 按介质分类

1. 水淬火冷却介质冷却设备（简称淬火水槽） 以水为淬火冷却介质，设备主要是由盛水的槽子构成。水作为淬火冷却介质具有两个特点：①水的冷却能力随着水温的升高急剧下降，一般水温被控制在 15～25℃范围内，所以淬火水槽一般不设置加热器。②工件在水中冷却会在工件表面形成较厚和分布不均匀的蒸汽膜，容易造成局部冷却不足、畸变增大和开裂倾向加大等问题，所以在淬火水槽上设置介质搅拌或介质循环功能，可以明显提高淬火冷却的均匀性。此外，应根据淬火件的工艺要求，配置换热装置和输送工件完成淬火工艺过程的机械装置等。

2. 盐类水溶液淬火槽 盐水（NaCl）溶液淬火槽和氢氧化钠（NaOH）溶液淬火槽属于这类淬火槽。工件在盐类水溶液中淬火冷却时，由于有盐类介质的加入，蒸汽膜不易形成，介质的许用温度范围也比水宽，所以这类淬火槽对搅拌和控温要求没有淬火水槽的高。但是，由于盐具有腐蚀性，槽体、泵和管路应采用耐腐蚀材料。氢氧化钠易对人皮肤造成伤害，应注意安全生产。

3. 聚合物类水溶液淬火槽 聚合物类水溶液淬火冷却介质是利用聚合物的逆溶特性来提高冷却均匀性的，并可以通过改变聚合物的浓度获得介于水和油之间的冷却能力。此类淬火槽除具有与淬火水槽相同的功能外，还应配备功能更强的介质搅拌装置和配置聚合物溶液的回收设备。

4. 油淬火冷却介质冷却设备（简称淬火油槽） 以油为淬火冷却介质，设备主要是由盛油的槽子构成。油的粘度对冷却能力和冷却均匀性有显著影响。可以通过配备介质搅拌装置和对介质进行适当加热（40~95℃），提高其冷却能力和冷却的均匀性。淬火油槽通常配有如下功能：介质搅拌功能、介质加热和换热功能、介质的油烟收集和处理功能、防火和灭火功能、输送工件完成淬火工艺过程的功能等。

5. 盐浴淬火槽 用于分级淬火和等温淬火，其所用介质由 KNO_3、$NaNO_2$、$NaNO_3$ 的两种或三种物质构成。其结构与盐浴炉相似，所不同的是加热温度和加热方式略有差异，另外，盐浴淬火槽需配置搅拌器，并在工作中加入微量的水提高其冷却能力。

6. 流态床淬火冷却装置 此类淬火冷却装置是以流态化固体粒子为淬火冷却介质。工件在该介质中淬火可产生相当于盐浴淬火的效果。该装置通过控制气体流量来调节冷却能力。

7. 气体淬火冷却装置 气体淬火冷却装置有如下几种情况：

（1）在密封容器内气淬。淬火件置于容器中，冷的气体通过喷嘴或叶片而形成高速气流，吹击工件表面，将其冷却。喷雾式冷却属于此类。此装置多用于大型零件，具有开裂倾向小、畸变小和成本低的优点，但工件硬度均匀性较差。

（2）在加热炉的冷却室内强风冷却。例如，在可控气氛箱式炉的前室内或连续炉冷却区段内，设置风扇或冷风循环装置强制冷却工件。

（3）在加热炉内直接冷却。例如，在真空高压气淬炉内，依靠高压氮气等气体的冷气流冷却工件。

（4）强风直接喷吹工件，将其冷却。

8. 双介质或多介质淬火冷却装置 选择冷却能力有明显差异的两种或两种以上的介质，通过喷液、浸液、喷雾、风冷和空冷等多种方式组合和两种或两种以上方式的反复循环冷却。该种冷却方式工艺比较复杂，通常情况下其工艺是采用数值模拟和物理模拟获得，借助计算机调用程序，并在计算机控制下通过具有相应功能的设备实现。

9.3 浸液式淬火冷却设备（淬火槽）设计

9.3.1 设计准则

淬火槽设计要在考虑一次最大淬火重量或单位时间淬火重量、工件尺寸、工件形状、工件截面厚度、钢号、要求的组织和力学性能允许的畸变量等数据的前提下进行。设计中应考虑如下问题：

（1）根据工件的特性、淬火方式、淬火冷却介质和生产线的组成情况，确定淬火槽的类型与结构；同时根据所盛液体的性质，考虑槽体选用的材料或应采取的防腐蚀措施。

（2）根据一次淬火最大重量、最大淬火件尺寸（含夹具）和淬火间隔等数据，确定淬火槽的装液量和需要配置的功能，如：搅拌器、换热器和储液槽等的配置。

（3）淬火槽内的淬火区域应预留足够的介质循环空间，使淬火件得到良好的冷却。

（4）确定驱动介质运动的搅拌方式和布置。

（5）确定输送工件完成淬火工艺过程的机械装置。对于采用输送带传送工件的淬火槽，要预留有足够的工件下落距离，以避免热态工件在未冷却前与输送带发生磕碰。

（6）根据控制介质温度的要求，确定是否配置加热器和换热器，并按需求进行配置。

（7）淬火槽要方便维护和清理。要考虑方便清理淬火中脱落在淬火槽中的氧化皮和工件，必要时配置过滤器。对于容易混入水的淬火油槽，还应考虑在淬火槽底部设置排水阀。

（8）配置相应的安全和环保设施。

9.3.2 淬火冷却介质需要量计算

9.3.2.1 淬火工件放出的热量

淬火工件放出的热量 Q 按下式计算：

$$Q = G(c_{s1}t_{s1} - c_{s2}t_{s2}) \tag{9-1}$$

式中 Q——每批淬火件放出的热量（kJ/批）；

G——淬火件重量（kg）；

c_{s1}、c_{s2}——工件由 0℃ 加热到 t_{s1} 和 t_{s2} 的平均比热容 [kJ/(kg·℃)]，当钢的加热温度为 850℃ 时，$c_{s1} \approx 0.71$kJ/(kg·℃)；当钢冷却到 100℃ 时，$c_{s2} \approx 0.50$kJ/(kg·℃)；

t_{s1}、t_{s2}——工件冷却开始和终了温度（℃），通常 $t_{s2} = 100 \sim 150$℃。

9.3.2.2　淬火冷却介质需要量

淬火冷却介质需要量 V 按下式计算：
$$V = Q/[\rho c_0(t_{02} - t_{01})] \qquad (9-2)$$
式中　V——计算的淬火冷却介质需要量（m^3）；

c_0——淬火冷却介质平均比热容，[kJ/（kg·℃）]，对于 20～100℃ 的油，$c_0 = 1.88$ ～ 2.09kJ/（kg·℃）；对于水，$c_0 = 4.18$kJ/（kg·℃）；

t_{01}、t_{02}——介质开始和终了温度（℃）；

ρ——淬火冷却介质密度（kg/m^3），水为 1000kg/m^3；油为 900kg/m^3（30～40℃）、870kg/m^3（80～90℃）。

图 9-1 所示为 1kg 钢料从 850℃ 冷却到 100℃ 时，淬火冷却介质上升的温度与介质体积的关系。

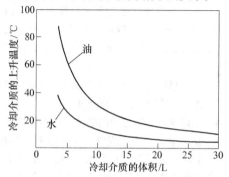

图 9-1　冷却介质上升温度与体积的关系

9.3.2.3　确定淬火冷却介质需要量需要考虑的因素

1. 根据工艺要求确定允许的介质温升　工件在 15～25℃ 范围内的水中淬火冷却，可以得到相对均匀的冷却速度分布和较好的稳定性。图 9-2 所示为在适度搅拌下表面冷却能力与水温之间的关系曲线图，表面冷却能力随着水温的升高急剧下降，所以水的允许温升受到限制。在良好的搅拌条件下，可以适当放宽水的使用温度上限。

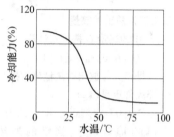

图 9-2　在适度搅拌下表面冷却能力与水温之间的关系曲线图

研究表明：油温对淬火油的冷却能力影响不大，但是从工程的角度考虑淬火油的使用温度一般都控制在 40～95℃ 范围内，过高的温度将加快油的老化和加大油烟的产生量。从安全的角度考虑，油的最高使用温度应低于油的闪点温度 50℃。过低的油温度会由于油的粘度增大降低油的流动性，淬火件的冷却均匀性会因此降低，使淬火件的畸变量增加。同时油温过低，也会因油的流动性差而增加了发生火灾的危险。

2. 考虑淬火件单位重量的表面积　从工件表面向淬火冷却介质传递的热量（q）取决于换热系数（h）、工件表面积（A）和工件浸液淬火的起始温度（T_1）和介质温度（T_2）之差，见式（9-3）。
$$q = hA(T_1 - T_2) \qquad (9-3)$$
工件表面向淬火冷却介质传递热量（q）与工件表面积（A）有关。相同重量、不同尺寸的工件，淬火冷却从工件表面向淬火冷却介质传递的热量（q）随时间的变化曲线会有很大的不同。因此，在计算淬火冷却介质需要量时，工件单位重量的表面积也是应该考虑的因素之一。相对淬火件表面积大的，淬火油槽的淬火重量与淬火冷却介质的体积比中，应将介质体积取较大值。

3. 考虑介质的搅拌方式　搅拌可以提高介质参与换热的速率，提高工件冷却的均匀性和介质温度的均匀性。比较有效的搅拌有泵和螺旋桨式搅拌。在搅拌条件下，可以考虑将淬火槽的淬火重量与淬火冷却介质的体积比中，将介质体积取较小的值。通常，对于无搅拌的淬火油槽，淬火件重量（含夹具）与淬火油的体积比为 1:10（t/m^3）；对于有良好的螺旋桨式搅拌的淬火油槽，其淬火件重量与淬火油的体积比可以为 1:（5～8）（t/m^3）。

4. 考虑每次淬火冷却的间隔　如果两次淬火冷却间隔较短或连续淬火，介质的温度无法靠自然降温恢复到淬火冷却初始温度，除适当加大淬火槽介质容量外，还应考虑采取增加换热器或储液槽等措施。

5. 考虑安全因素　对于淬火油槽，要在考虑淬火油的使用温度的基础上，确定淬火件重量与淬火油体积的比例。对于在淬火油槽中容易混入水的情况，应适当提高淬火油的体积和配置相应的搅拌装置，以避免淬火槽底部积水温度高于沸点而引起体积膨胀，造成淬火油溢出淬火槽。

9.3.3　淬火槽的搅拌

9.3.3.1　搅拌的作用

1. 提高淬冷烈度　淬火冷却介质从钢件中吸取热量的能力，可以用淬冷烈度（H）来表示。淬冷烈度是淬火冷却介质的固有特性，不受零件尺寸和淬透性的影响，是对淬火冷却介质的一个整体的、平均的评价，通常由介质的类型、温度、搅拌等因素决定。淬冷烈度与各种介质流动状态的关系见表9-1。

2. 提高淬火冷却介质温度的均匀性　搅拌可以使整个淬火槽的介质形成一个较均匀和较强烈的运动状态，有利于减少工件的畸变和避免开裂，防止油局部过热，减少淬火油着火的可能性和产生的油烟，减缓介质老化和提高介质的使用寿命。

表9-1　淬冷烈度与各种介质流动状态的关系

流动状态	空气	油	水	盐水
不搅动	0.02	0.25 ~ 0.30	0.9 ~ 1.0	2
轻微搅动	—	0.30 ~ 0.35	1.0 ~ 1.1	2 ~ 2.2
中等速度搅动	—	0.35 ~ 0.40	1.2 ~ 1.3	—
良好搅动	—	0.40 ~ 0.50	1.4 ~ 1.5	—
强烈搅动	0.05	0.50 ~ 0.80	1.6 ~ 2.0	—
剧烈搅动	—	0.80 ~ 1.1	4	5

3. 提高淬火冷却介质的利用率　无搅拌功能的淬火油槽，淬火件重量与油的体积比例一般为1:10(t/m³)。良好搅拌条件下的淬火油槽，淬火件重量与油的体积比例可为1: (5~8)(t/m³)。

9.3.3.2　搅拌方式

有多种方法被用于进行淬火槽的搅拌，包括泵搅拌、螺旋桨搅拌、埋液喷射搅拌、鼓气或压缩空气搅拌；还包括工件在手动、吊车或升降台的带动下与介质间的相对运动。

采用手动搅拌可以使淬火件在介质中作上下、圆环形或"8"字形摆动，可达1m/s以上的运动速度，但重现性差。采用吊车带动淬火件在淬火冷却介质中运动，工件在液体中的相对运动速度因吊车的性能不同而有所差异。泵搅拌，介质在泵的出口速度较大，但距离泵口一定距离的介质流速则大幅度降低。采用闭式螺旋桨搅拌在导流筒出口附近区域的介质流速可以达到0.5~1.5m/s。

淬火槽采用压缩空气搅拌时，增加了介质与气体的接触，促进了介质（油）的氧化，降低了介质（油）的使用寿命；同时由于气体是热的不良导体，会使淬火件产生淬火软点。因此，一般情况不推荐采用这种搅拌方式。

泵搅拌也很难提供均匀的搅拌，通常采用埋液喷射方法改进介质流动的均匀性。但要达到与螺旋桨搅拌相同的介质流速，泵搅拌所需要的功率大约是螺旋桨搅拌器功率的10倍。因此，螺旋桨搅拌方式被广泛采用。

9.3.3.3　螺旋桨搅拌方式

淬火槽中常用的螺旋桨搅拌可分为开式搅拌和闭式搅拌两种。开式搅拌时螺旋桨周围不能形成定向流动，只能靠自身推进；闭式搅拌则是借助导流筒将介质导向槽内淬火区域。图9-3所示为开式与闭式搅拌示意图。

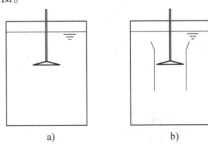

图9-3　开式搅拌与闭式搅拌示意图

a) 开式搅拌　b) 闭式搅拌

常用的开式搅拌器是轴流式螺旋桨，如图9-4a所示的三叶船用螺旋桨。轴流式螺旋桨使液体沿搅拌轴方向流动，这种螺旋桨可采用顶插式、侧插式或顶部斜插式安装，如图9-5所示。表9-2是螺距与直径的比为1.0，转速为420r/min的船用螺旋桨所要求的功率。

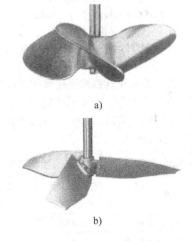

图9-4　淬火槽用典型螺旋桨

a) 三叶船用螺旋桨　b) 翼形螺旋桨

表9-2　船用螺旋桨搅拌的功率要求

淬火槽容积 /L	标准淬火油 /(kW/L)	水或盐水 /(kW/L)
2000 ~ 3200	0.001	0.0008
3200 ~ 8000	0.0012	0.0008
8000 ~ 12000	0.0012	0.001
>12000	0.0014	0.001

注：转速为420r/min。

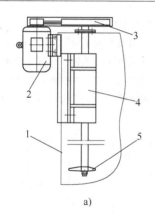

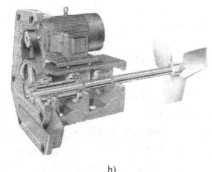

b)

图 9-5 螺旋桨安装方式

a）顶插式螺旋桨搅拌器 b）侧插式螺
旋桨搅拌器

1—淬火槽槽体 2—电动机 3—带轮
4—搅拌轴 5—螺旋桨

对于顶部直插式和斜插式搅拌常常推荐选用图
9-4b 所示的翼形螺旋桨。在相同转速下，它的流体
效率比常规船用螺旋桨高出 40%。翼形螺旋桨搅拌
器的推荐功率见表 9-3。

表 9-3 翼形螺旋桨搅拌器的推荐功率

搅拌方式	标准淬火油 /(kW/L)	水或盐水 /(kW/L)
翼形螺旋桨、开式搅拌	0.0008	0.0006
翼形螺旋桨、闭式搅拌	0.0012	0.0009

注：转速为 280r/min。

其他转速下的功率可以根据式（9-4）调整，即
功率与搅拌器转速呈正比。

$$P \propto n^{\frac{4}{3}} \qquad (9\text{-}4)$$

式中 P——功率（kW）；

n——螺旋桨转速（r/min）。

图 9-4b 所示的螺旋桨常用于侧插式搅拌。它在
叶片形状上与船用螺旋桨（见图 9-4a）不同，它对
侧插时作用于螺旋桨的力有平衡作用，主要考虑侧插

式搅拌通常需要较高的转速。与常规螺旋桨相比，其
优点在于其叶片可通过螺钉拆装。

表 9-4 为螺旋桨直径与搅拌功率的关系，其中功
率根据表 9-2 确定。表 9-3 的数据的获得条件是：①
假设转速为 280r/min，液体密度为 1.0g/cm³，翼形螺
旋桨的相对功率数 $N_P = 0.33$，根据式（9-4）计算出
所要求的功率，翼形螺旋桨与船用螺旋桨的相对功率
数 N_P 近似相等。②搅拌轴的功率相当电动机功率的
80%。③螺旋桨的直径是指转速为 280r/min 的开式搅
拌时的直径。④当采用闭式搅拌时，螺旋桨直径要减
小3%。闭式搅拌若采用轴流式螺旋桨能更好地控制
流体方向。但闭式搅拌时螺旋桨要提供较大起动力矩。

表 9-4 螺旋桨直径与搅拌功率的关系

搅拌功率/kW	螺旋桨直径/mm
0.19	φ330
0.25	φ356
0.37	φ381
0.56	φ406
0.75	φ432
1.49	φ508
2.34	φ559
3.73	φ610
5.59	φ660
7.46	φ711
11.49	φ762
14.92	φ813
18.65	φ838

表 9-5 为在搅拌器转速为 420r/min 条件下的螺
旋桨直径与搅拌功率的关系。

表 9-5 三叶船用螺旋桨直径与搅
拌功率的关系

顶 插 式		侧 插 式	
电动机功率 /kW	螺旋桨直径 /mm	电动机功率 /kW	螺旋桨直径 /mm
0.18	φ203	0.74	φ305
0.25	φ254	1.47	φ356
0.37	φ279	2.21	φ406
0.55	φ305	3.68	φ457
0.74	φ330	5.25	φ508
1.11	φ356	7.36	φ559
1.47	φ381	11.04	φ610
2.21	φ406	14.72	φ660 （用于水与盐水）
		18.04	φ711 （用于水与盐水）

9.3.3.4　闭式搅拌系统设计

为了在淬火区域形成定向流体场，常常采用闭式搅拌系统。采用导流筒，从理论上讲可以使流体各质点的位移量相同，引导流体到所需要的淬火区域。

如图 9-6 所示，闭式搅拌系统的导流筒应该具有如下一些结构特点。

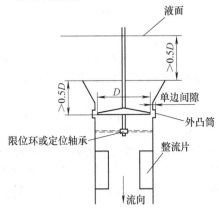

图 9-6　闭式搅拌下导流筒的结构

（1）利用淬火槽底部作为导流设施。

（2）将导流筒进口处做成 30°锥口，减少进口处压头损失，并使流速分布均匀。

（3）导流筒口上部埋液深度尺寸应该不小于筒直径的 1/2，否则会破坏进口处流速分布的均匀性。

（4）导流筒内壁加装整流片，减少涡流。

（5）螺旋桨伸入导流筒内的距离不应小于筒直径的 1/2，该尺寸关系到入口流速分布情况。

（6）为了防止螺旋桨产生倾斜或抖动，可以考虑加装限位环或定位轴承。

（7）螺旋桨叶片与导流筒内壁应保持 25～50mm 的间隙，如果要求导流筒直径尽可能小，可另加一段外凸筒，将主筒直径减少 25～75mm。

（8）螺旋桨的埋液深度要与螺旋桨转速相配合。对于顶插式搅拌器，在某一螺旋桨旋转速度下，如果螺旋桨的埋液深度不够，则会在搅拌中有气体带入介质中，一方面在淬火冷却介质中产生气泡影响淬火效果，另一方面在液面产生泡沫，如果在油面产生泡沫则会有发生火灾的危险，对于聚合物类水溶性介质则会有大量的泡沫聚集在液面，甚至会溢出淬火槽。

9.3.3.5　螺旋桨搅拌器参数计算

1. 压头与流量的关系　搅拌器的传递功率 P 与其排量（流量）Q 和压头 H 有关，即

$$P = QH \tag{9-5}$$

闭式搅拌的流量与压头关系与泵的相似。图 9-7a 所示为闭式搅拌下的压头-流量曲线示意图，超出曲线左边区域将导致失稳状态，即流滞状态。

图 9-7b 所示为一系列系统阻力曲线，系统阻力 K_v 由式（9-6）导出。

$$K_v = 2gH/V_d^2 \tag{9-6}$$

式中　g——重力加速度；

　　　H——系统压头；

　　　V_d——导流筒内流速；

　　　K_v——导流阻力系数，是导流几何形状的函数。

将图 9-7a 与图 9-7b 曲线叠加获得图 9-7c，根据两类曲线的交点选择搅拌器就不会造成流滞状态。当几何形状一定时，可以根据经验近似确定 K_v 值，连同流量、压头等参数，可以近似的设计搅拌系统。

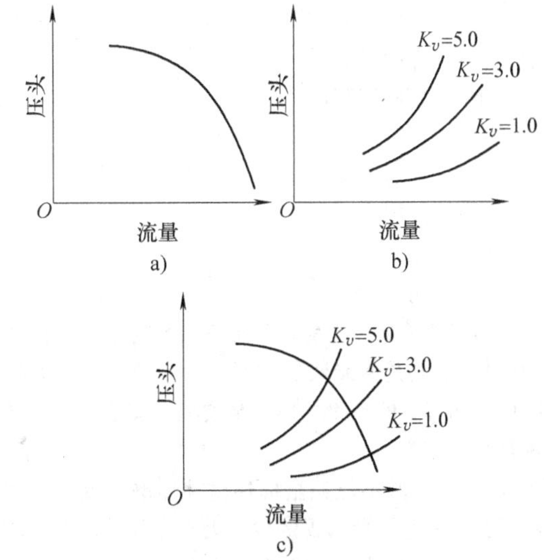

图 9-7　闭式搅拌性能曲线

a）闭式搅拌压头-流量曲线　b）系统
阻力曲线　c）闭式搅拌操作点

图 9-8 所示为这些曲线在轴流式螺旋桨和翼形螺旋桨上的具体应用。图中显示出：当 K_v 由 1.0 加大到 5.0 时，翼形螺旋桨的流量减少 30%，同样条件下，轴流式螺旋桨的流量则降低 35%。因此，当系统阻力较高时，翼形螺旋桨形成的压头相对高出

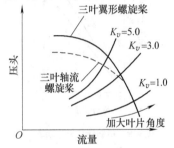

图 9-8　轴流式螺旋桨和翼形螺旋桨
的压头-流量曲线

16%。翼形螺旋桨有如下优点：

(1) 产生较高的压头。

(2) 压头-流量曲线较陡。

(3) 抗流滞性强。

(4) 工作效率高。

2. 螺旋桨流量与功率计算　在相同功率下，不同类型的螺旋桨会产生不同的流量。因此，在螺旋桨的类型、转速确定后，才能确定单位体积（容积）所需的功率，单位功率下的流量可以由式（9-9）计算，它是由式（9-7）和式（9-8）推导出来的。

$$Q = N_Q n D^3 \tag{9-7}$$

$$P = N_P \rho n^3 D^5 \tag{9-8}$$

$$Q/P = (N_Q/N_P)\left[1/(\rho n^2 D^2)\right] \tag{9-9}$$

式中　D——螺旋桨直径；

　　　n——螺旋桨转速；

　　　N_P——相对功率数；

　　　N_Q——相对流量数；

　　　ρ——流体密度；

　　　Q——流量；

　　　P——功率。

相对流量数 N_Q 是螺旋桨推进能力的参数，而相对功率数 N_P 则是螺旋桨的功耗特性系数，式（9-9）表明单位功率下的流量与螺旋桨类型、安装方式、转速及其直径有关。

式（9-9）并不能完全描述搅拌器的运动，搅拌器还有其他一些需要考虑的设计因素，如转矩等。转矩 T 与式（9-9）中各参数的关系如下：

$$T = N_P \rho n^2 D^5 / (2\pi) \tag{9-10}$$

转矩是决定搅拌器成本的关键因素，因此要像流量和功率那样严格核算，转矩 T 和单位功率下的流量 Q/P 均与螺旋桨直径存在函数关系，如图9-9所示。

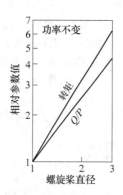

图9-9　根据转矩确定功率

根据转速和直径对多种螺旋桨进行优选是一个复杂的问题。淬火冷却作为一个控流过程，最好在流量和转速恒定的情况下，对搅拌器其余参数进行比较，即用下式表示：

$$Q/P = \frac{N_Q^{5/3}}{N_P} \times \frac{1}{n^{4/3} Q^{2/3} \rho} \tag{9-11}$$

在流量和转速恒定的情况下，单位功率下的流量 Q/P 值用下式表示：

$$Q/P \propto \frac{N_Q^{5/3}}{N_P} \tag{9-12}$$

应用式（9-12）的条件是 N_Q 和 N_P 为已知量，这两个值即可以根据经验确定，也可以由螺旋桨生产厂家提供。

表9-6列出了一种常用船用螺旋桨和一种常用翼形螺旋桨的相对流量数和相对功率数。应该注意，当设置导流筒时，由于相对流量数的变化，也导致了单位功率下流量的变化。在相同功率下，闭式搅拌（加导流筒）的流量降低，但却具有定向控制流体的优点。

表9-6　闭式搅拌的相对流量数与相对功率数

螺旋桨类型	开式搅拌			闭式搅拌，$K_v = 4.0$		
	N_Q	N_P	Q/P	N_Q	N_P	Q/P
三叶船用螺旋桨（螺距与直径的比为1.0）	0.46	0.35	1.0	0.40	0.40	0.69
翼形螺旋桨（Lightnin A312）	0.56	0.33	1.47	0.45	0.36	0.94

3. 组合式搅拌　为了使淬火区域内的工件冷却均匀，就应该使流经淬火区域的介质流速分布尽量一致，这样就要采用组合式搅拌器。至于在什么场合下安装组合式搅拌器和它们在淬火槽的布置位置，并没有简单的定量关系，可由设计者确定。下面是一些可参考的基本规律。

对于一个尺寸较小，长宽比小于2:1的方形淬火槽，一般选用单个搅拌器。如果是尺寸较大，且长宽比大于2:1的方形淬火槽，就应该选用多个搅拌器，其布置见图9-10。在确定组合搅拌器的尺寸时，首先要按照表9-2根据淬火槽容积确定搅拌总功率，按照式（9-13）确定单个搅拌器的功率，最后按照表9-3确定单个搅拌器的直径。

单个搅拌器功率 = 搅拌总功率/搅拌器数量

$$\tag{9-13}$$

图 9-10　闭式搅拌器的布置

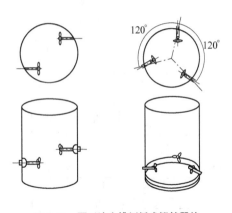

图 9-11　圆形淬火槽侧插式搅拌器的
安装示意图

9.3.3.6　搅拌器的布置

1. 开式搅拌　对于圆形淬火槽，当搅拌功率超过 2.2kW 时，就可以考虑设置多个搅拌器。如果功率在 2.2 ~ 4.5kW 之间，可以考虑侧插或顶插安装搅拌器。如果功率超过 7.5kW，就要安装两个以上搅拌器。具体安装搅拌器的数量还应考虑是否有足够的安装空间。图 9-11 所示为圆形淬火槽侧插式搅拌器的安装示意图。深井式圆形淬火槽搅拌器的安装示意图见图 9-12，在底部中间位置设置一个圆锥体改变介质流向，使介质向上流动通过淬火的长轴件。

对于方形淬火槽，当长宽比大于 2:1 时，可以安装一个大功率搅拌器或两个小功率搅拌器。见图 9-13；当长宽比远大于 2:1 时，就要安装多个搅拌器。

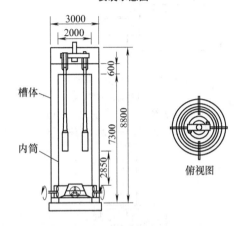

图 9-12　深井式圆形淬火槽搅拌器的安装示意图

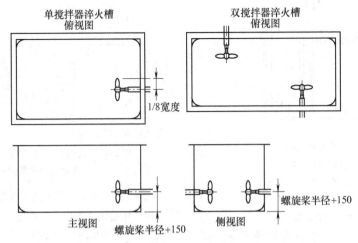

图 9-13　方形淬火槽搅拌器的安装示意图

顶插式开式搅拌器应与垂直轴线呈 16°角，叶片与底部的距离大于螺旋桨直径。侧插式搅拌器距离底部距离应大于螺旋桨半径 +150mm。

图 9-14 与图 9-15 所示为两个侧插搅拌器的开式

搅拌淬火槽结构图。

2. 闭式搅拌　闭式搅拌可以在淬火区域形成定向流体场，其中的导流筒是提供流体定向流动的最有效和最经济的方法。

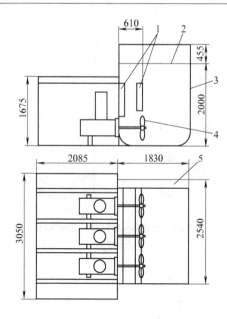

图 9-14　侧插搅拌器的
开式搅拌淬火槽
1—搅拌溢流板　2—液面　3—槽体
4—螺旋桨　5—液面溢流槽

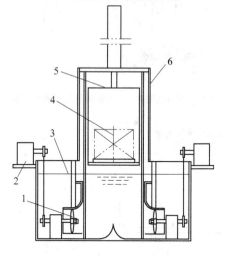

图 9-15　侧插搅拌器的
周期式开式搅拌淬火槽
1—螺旋桨　2—搅拌器驱动系统
3—液面　4—淬火件　5—升
降台　6—炉子前室

带导流筒的搅拌可以用于深井式淬火槽,见图 9-16。导流筒搅拌的作用与泵相似,但是在相同功率下,它可以提供比泵高 10 倍流量的流体沿着导流筒运动到指定区域。溢流板的作用是保证螺旋桨具有足够的埋液深度,减少搅拌时带入介质中的空气量。

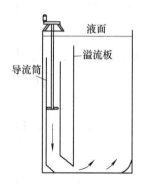

图 9-16　带导流筒搅拌的深井式淬火槽

9.3.3.7　闭式搅拌的均流结构

开裂与畸变一直是热处理行业中没有得到很好解决的技术难题。研究结果表明,淬火件产生开裂和畸变的主要原因是淬火冷却的均匀性。影响淬火冷却均匀性的重要因素之一是工件淬火冷却所处的流体场的均匀程度和表面润湿的均匀程度。流体场均匀与否,取决于淬火槽搅拌及均流结构的设计是否合理,恰当的介质搅拌及合理的均流结构可显著改善淬火件冷却的均匀性;相反,当淬火件在介质处于静态或不均匀流速场中淬火冷却时往往会造成冷却不均匀。

对于闭式搅拌下的淬火槽,螺旋桨的安装方式常见的有顶插式和侧插式。由于闭式搅拌使流体的流动具有很强的方向性,见图 9-17,所以无论是哪种形式都要求设置均流结构。

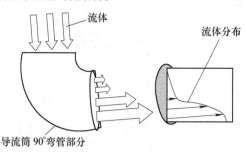

图 9-17　流体通过 90°弯管导流筒后的
流体分布示意图

图 9-18 所示带均流片的闭式搅拌淬火槽为顶插式搅拌。在导流筒的出口处设置了均流片,目的是将通过 90°弯管导流筒后的分布不均匀流体进行均匀分布。图 9-19 所示为该淬火槽均流片的位置及结构。均流片的结构与布置是否合理,会对流场的均匀性产生很大的影响。图 9-20 所示为无均流片和有均流片情况流体场分布的模拟流线图,该结果与实测结果基本吻合。

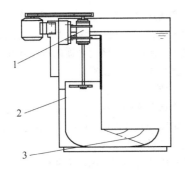

图 9-18　带均流片的闭式搅拌淬火槽

1—搅拌器　2—导流筒　3—均流片

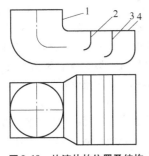

图 9-19　均流片的位置及结构

1—导流筒　2—均流片Ⅰ
3—均流片Ⅱ　4—出液口

图 9-21 所示为闭式搅拌淬火槽均流板的几种结构形式。闭式搅拌侧插螺旋桨的均流结构与位置的布置与顶插式基本相同。

a)

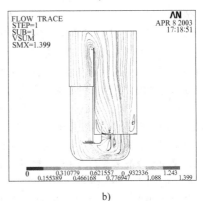

b)

**图 9-20　无均流片和有均流片情况
流体场分布的模拟流线图**

a）无均流片　b）有均流片

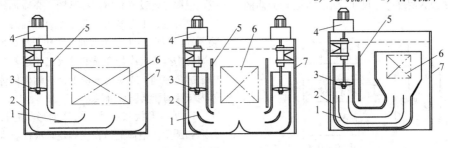

图 9-21　闭式搅拌淬火槽均流板的几种结构形式

1—均流板　2—导流筒　3—螺旋桨　4—搅拌器　5—溢流板　6—淬火件　7—淬火槽

9.3.3.8　介质流速的测量

1. 介质流速的测量方法

（1）采用皮托管测速。该方法适用于测定呈单向流动介质的速度，如层流或喷射的射流，但不适合测定紊流（多向）状态下的流速。

（2）轮式测速仪。通过电子计数方法累计单位时间内测速转子（涡轮）在流动介质中转动的次数，然后经过换算得出流速值。该仪器测速转子的旋向在紊流场中会随流体方向变化而呈正反向交替旋转，因而影响测定结果的准确性。其结果仅可用于定性分析。

（3）纹影照相测速。将与介质密度相近的质点投放到运动的介质中，用一束光照射质点，拍摄下质点的运动轨迹，即可计算出介质流速。

（4）多普勒原理测速。辐射的频率在辐射源或接收器运动时有频率偏移。这种由于辐射源或接收器的运动所引起的声、光或其他波的接收频率变化，称为多普勒效应。根据该原理制造出了超声波多普勒测速仪和激光多普勒测速仪。

采用激光多普勒效应测定介质流速原理，是激光束与运动质点碰撞而使散射光的频率发生偏移，根据频率偏移量可得出运动质点的运动速度，质点运动速度采用下式计算：

$$v = \frac{\lambda f_D}{2\cos\theta} \tag{9-14}$$

式中 f_D——多普勒频移（即通过光电探测器的两束光的频差）；

λ——发射光的波长；

θ——物体运动方向与发射光束方向之间的夹角。

2. 螺旋桨搅拌条件下介质流速的测量 采用螺旋桨搅拌器搅拌下的浸液式淬火槽的介质流动呈紊流状态，即流体质点在向前运动同时还有很大的横向速度，而且横向速度的大小和方向是不断变化的，从而引起纵向速度的大小和方向也随时间作无规则的变化。因此，采用常规的流速测量仪器，很难在紊流状态的流体场中测得准确的流速数据。目前，采用激光多普勒测速仪和超声波多普勒测速仪，测量螺旋桨搅拌条件下介质的流速。

（1）激光多普勒测速方法。图 9-22 所示为激光多普勒测速仪的系统构成。激光多普勒测速仪的位置设在容器的外部，其光电探测器的发射和接收的光束均是在透明容器外发射和接收的。该方法被用于在试验室条件下测量透明度好、尺寸较小的容器内介质的流速。

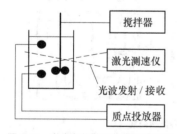

图 9-22 激光多普勒测速仪系统构成

（2）超声波多普勒测速方法。图 9-23 所示为超

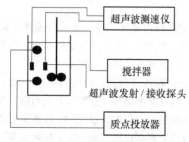

图 9-23 超声波多普勒测速仪系统构成

声波多普勒测速仪系统构成。由于超声波多普勒测速仪发射的是声波，并且发射和接收声波的探头是被浸入介质之中，所以该方法对介质的透明度和容器内介质的容量多少无特殊的要求。

9.3.3.9 介质流速范围

淬火冷却介质的搅拌速度，应有利于使介质形成紊流，雷诺数应达 4000 以上；但流速过大会增加动力的消耗，且易混入空气。

选择介质的流速要考虑如下几个因素：工件的材料、对工件性能与组织的要求、工件的形状、工件装载的疏密度等。

对于淬火油槽，淬火区域的介质流速一般在 0.2 ~ 0.6m/s 比较适合。在这个介质速度范围内，呈紊流状态的介质运动有利于工件均匀冷却。

对 6%（质量分数）聚合物溶液的淬火冷却介质，有试验表明：介质流速为 0.2 ~ 0.5m/s 时，淬火效果最佳。

对于要求提高介质流速的淬火槽，为了防止空气的混入，应加大顶插式螺旋桨的埋液深度或采用侧插式螺旋桨搅拌。

9.4 几种常见淬火槽的结构形式

9.4.1 普通型间歇作业淬火槽

普通型淬火槽由槽体、介质注入泵、溢流槽等组成。根据需要设置介质搅拌装置、介质加热装置、介质换热装置、工件输送装置、事故排油阀、油烟收集装置等。图 9-24 所示为普通间歇作业淬火槽。对于水或聚合物类淬火冷却介质的淬火槽，还要考虑在介质中添加缓蚀剂，或采用不锈钢材料制作槽体，或在槽体内壁涂树脂类防腐蚀漆。

1. 槽体形状和尺寸 槽体的形状有长方形、正方形和圆形。槽体的体积在满足淬火件要求的介质容量外，还要考虑留有足够的空间，满足介质温度升高引起的介质的体积膨胀和工件及其夹具体积所占的空间。对于有良好搅拌的淬火槽，淬火槽的深度由以下几部分组成：淬火槽底部均流装置、均流装置与工件下部之间预留 300 ~ 500mm、工件长度、工件上部到液面的埋液深度 300 ~ 800mm、液面上部预留液体膨胀的升高尺寸、槽体上板到最高液面之间再预留大于200mm 的尺寸。对于设有溢流槽的淬火槽，可不考虑介质体积膨胀对液面的影响。对于没有搅拌或搅拌不良的淬火槽，就要在深度或宽度方向留有足够的空间，以满足工件在吊车的带动下在淬火槽中作上下或左右运动。在槽体强度方面，以圆形槽体的抗变形强度最高，方形的次之，长方形的最低。所以在槽体设计时要根据槽体形状、结构及尺寸等因素安排加强肋。

2. 介质注入泵与管路　对于配有附液槽的淬火槽，淬火槽与附液槽之间通过泵和管路连接，通过泵与管路将附液槽中的介质注入淬火槽中。介质一般是由附液槽的底部抽出注入淬火槽的底部。对于要求高的淬火槽，在附液槽和淬火槽之间的管路上还应安装过滤装置。对于安装在液面线以下的泵，可以选择管道泵；对于安装在液面线以上的泵，要选择有吸程的管道泵或离心泵。进入淬火槽的管路一般布置在淬火槽的下部，伸入淬火槽内部的管路距槽底部应大于

100mm，以免搅动沉积在底部的氧化皮等杂物。泵的扬程依据注入介质是否起搅拌作用而定，如果起搅拌作用，就选择扬程相对高的泵。

3. 溢流槽与管路　溢流槽设在槽体的上口边缘，以便槽内上浮的介质通过溢流槽及其管路进入附液槽。溢流槽的作用是：①将超过溢流槽的液体排出，以免液面超过淬火槽的上口溢到外面。②将淬火槽上部的热介质通过溢流槽排出。溢流槽的容积要大于或相当于淬火件与夹具的体积，溢流槽最好沿槽口四周布置。从溢流槽排出的介质可以依靠自重通过管路排出到附液槽，也可由泵抽出，再从槽下部充入。当依靠自重排出时，其管径按流速 $0.2 \sim 0.3$ m/s 设计。

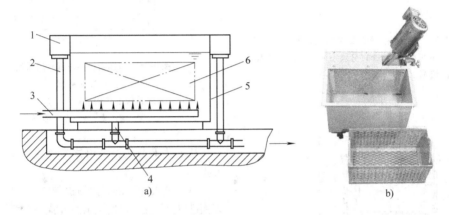

图 9-24　普通间歇作业淬火槽

a）普通间歇作业淬火槽　b）带搅拌装置的可移动式淬火槽

1—溢流槽　2—排出管　3—供入管　4—事故排出管　5—淬火槽　6—淬火件

9.4.2　深井式或大直径淬火槽

深井式淬火槽常用于长轴类工件淬火冷却。图 9-25 所示为顶插搅拌器的深井式淬火槽。淬火槽直径为 $\phi 2.2$m，深度为 7m，配置两套螺旋桨搅拌器，为了减少装液量，导流筒置于槽体之外。对于深度小于 10m 以下的淬火槽的搅拌，可以考虑采用顶插式螺旋桨方式搅拌；大于该尺寸，可以考虑采用侧插式螺旋桨搅拌或泵搅拌。

图 9-26 所示为采用泵搅拌的深井式淬火油槽。图 9-26a 所示为 $\phi 3.5$m $\times 19$m 进液管设在底部的深井式淬火槽结构形式，溢流管路 $\phi 325$mm，进液管 $\phi 219$mm，泵流量为 290m³/h。图 9-26b 所示为分层喷液深井式淬火槽结构形式，淬火液由几排环形支管，沿其圆周的供液口喷射进入淬火槽，此种沿圆周喷入介质的方式，应注意防止形成环形和层状的介质流动。

图 9-27 所示为采用螺旋桨搅拌的大直径淬火油

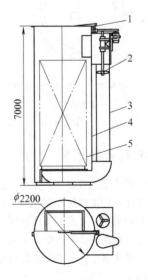

图 9-25　顶插搅拌器的深井式淬火槽

1—上盖　2—顶插式搅拌器　3—导流筒
4—淬火槽体　5—淬火件

槽，这类淬火槽常用于对大直径的齿轮或齿轮轴进行淬火冷却。淬火槽的尺寸为 $\phi 4.6m \times 6m$，设置 8 套螺旋桨搅拌器，在槽体上部设置了油烟收集管路。

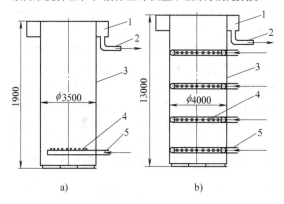

图 9-26　采用泵搅拌的深井式淬火槽

a）进液管设在底部的结构　b）分层喷液深井式淬火槽
1—溢流槽　2—溢流管　3—淬火槽体
4—喷嘴　5—进液管

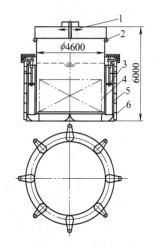

图 9-27　大直径淬火油槽

1—上盖　2—油烟收集管路　3—搅拌器
4—淬火件　5—导流筒　6—淬火槽体

9.4.3　连续作业淬火槽

连续作业淬火槽主要是与网带炉、推杆炉、转底炉等具有连续作业的加热炉配套的淬火槽。其功能是根据所配加热炉的类型不同而有所区别。其共同点是淬火槽安装在加热炉的出料口处。不同点是有的是淬火件自动落入淬火液中，有的是依靠机械传动的方式完成浸液动作。

9.4.3.1　滑槽式淬火槽

连续式热处理炉经常会在加热炉的出料口下方的淬火槽中设置一个锥形滑槽，已经奥氏体化的淬火件

依靠自身的重力，由加热炉口沿滑槽滑入介质之中，所以简称为滑槽式淬火冷却。图 9-28 所示为与连续加热炉配套的滑槽式淬火冷却系统，淬火件是自动落入淬火冷却介质中完成浸液动作的。通常，这类淬火件的体积较小，在其下落过程中就已经或即将完成淬火冷却转变。因此，设计滑槽淬火系统对于获得均匀的淬火、减少畸变和避免开裂都十分重要。

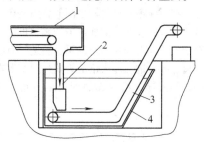

图 9-28　与连续加热炉配套的滑槽式淬火冷却系统

1—连续加热炉出料口　2—滑槽
3—输送带　4—淬火槽体

从工艺上分析，采用该类淬火槽应注意以下几点：

（1）淬火件下落到达输送带前，应保证淬火件表面已发生转变，以避免工件与输送带撞击产生磕碰和畸变。

（2）淬火件在输送带上不得堆积，以保证工件均匀冷却。

（3）淬火件的浸液时间要保证工件完成组织转变。

9.4.3.2　滑槽式淬火槽的下落时间

表 9-7 为不同零件下落时间的测量结果。测量的介质为：水、油Ⅰ（50℃下，1.6°U）和油Ⅱ（50℃下，4.5°U），下落距离为 2m。图 9-29 所示为不同尺寸零件沿截面的温度与下落距离的关系曲线。对照表 9-7 与图 9-29 的数据可以看出，即使是尺寸小的零件在滑槽中的降温，也未达到马氏体转变开始温度。因此，在淬火件出液前提供强烈搅拌是十分必要的措施。

9.4.3.3　滑槽式淬火槽的搅拌方式

图 9-30 所示为介质流动与工件下落方向相反的搅拌装置。该搅拌装置的介质流动方向与下落工件的运动方向相反，加快了工件表面处介质的相对流速，提高了冷却强度；同时，减缓了工件的下落速度，使工件的冷却时间延长，也对冷却有促进作用。内置冷却器将冷却后的介质直接喷入滑道中。

表 9-7　零件下落 2m 距离的时间测量结果

零　件	下落时间（最小值/最大值）/s		
	水	油 I	油 II
重 200g 圆柱件	1.5/1.7	1.0/1.5	1.0/2.5
重 800g 圆柱件	0.6/1.0	0.6/1.0	0.7/1.1
重 100g 的螺母、垫圈	1.8/2.8	1.5/2.2	1.7/2.2

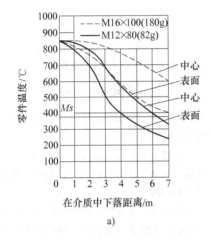

a)

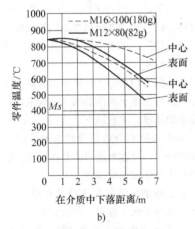

b)

图 9-29　零件沿截面的温度与下落
距离的关系曲线

a）水中淬火　b）油中淬火

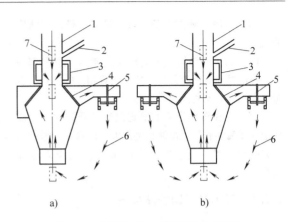

a)　　　　　　　　　b)

图 9-30　介质流动与工件下落方向相反的
搅拌装置

a）单搅拌器　b）双搅拌器

1—滑槽　2—排烟孔　3—内置冷却器　4—过滤
孔板　5—搅拌器　6—流体流动方向　7—淬火件

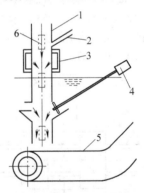

图 9-31　介质流动与工件下落方向相同的搅拌装置

1—滑槽　2—排烟孔　3—内置冷却器
4—搅拌器　5—输送带　6—淬火件

换热器冷却后的淬火冷却介质，通过该冷却环喷入滑槽内，其作用是减少油烟或水蒸气进入加热炉。

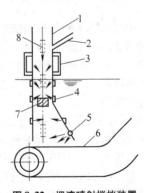

图 9-32　埋液喷射搅拌装置

1—滑槽　2—排烟孔　3—内置冷却器　4—埋液
喷嘴　5—面对输送带的喷嘴　6—输送带
7—介质溢流口　8—淬火件

图 9-31 所示为介质流动与工件下落方向相同的搅拌装置。图 9-32 所示为埋液喷射搅拌装置。

滑槽设计应考虑以下几个方面：

（1）重视介质搅拌系统的设计，它对工件在有限的下落距离内获得均匀冷却起着重要的作用。

（2）在滑槽通道的液面上部，设置冷却环，经

（3）在冷却环的上部设置排烟口，排出滑槽内的气体。

（4）为了使热的淬火冷却介质能从滑槽上部溢出，在滑槽上应留有开口，并且设置相应的挡板，以避免喷出的介质对人造成伤害。

（5）设在滑槽下面的输送网带，开孔的尺寸应易于介质流动和配置足够长度网带，以使在滑槽中未完成冷却的淬火件，能够在网带上完成淬火冷却过程。

9.4.4 可相对移动的淬火槽

为了使保护气氛加热炉能采用两种或两种以上介质的淬火，设计和制造了可相对移动的淬火槽。

（1）多个淬火槽与网带炉配套。应用实例是，一台网带炉与一个淬火油槽和一个聚合物水溶性介质淬火槽配套。运动方式是，网带加热炉不动，淬火槽在加热炉炉口左右移动。图 9-33 所示为与网带炉配套的双淬火槽。通过淬火槽的左右移动，实现了网带炉可选择介质淬火的目的。

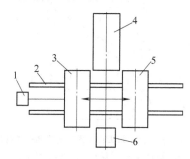

图 9-33　与网带炉配套的双淬火槽
1—淬火槽左右移动传动机构　2—运动导轨
3—淬火槽Ⅰ　4—网带加热炉
5—淬火槽Ⅱ　6—料盘

（2）多个淬火槽与多台加热炉配套。应用实例是，在多台钟罩式保护气氛加热炉生产线上配置多个淬火槽，实现柔性化热处理。运动方式是，淬火槽在加热炉的下方固定不动，加热炉在淬火槽的上方沿着运动导轨作左右移动。

图 9-34 所示为与钟罩式保护气氛加热炉配套的淬火槽。工作过程如下：加热炉沿导轨左右移动，待加热工件放在炉盖上，由炉盖上升将工件送入炉内加热，完成加热的工件由加热炉内的夹持机构夹住，炉盖下降，加热炉带被加热工件移动到预定淬火槽的上方，由淬火槽内的升降台将工件接到介质中完成淬火动作。淬火槽可以根据需要装入不同的淬火冷却介质，淬火槽的数量可根据要求确定。

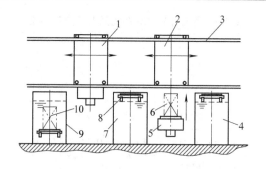

图 9-34　与钟罩式保护气氛加热炉
配套的淬火槽
1—加热炉Ⅰ　2—加热炉Ⅱ　3—导轨
4—淬火槽Ⅰ　5—炉盖　6—待加热工件
7—淬火槽Ⅱ　8—淬火槽升降台
9—淬火槽Ⅲ　10—淬火件

9.5　淬火冷却介质的加热

完善的淬火槽应设加热装置，达到发挥介质最佳冷却性能的目的。

对于以水或盐水溶液为淬火冷却介质的淬火槽，通常采用通入水蒸气或电加热的方式加热。通入水蒸气会影响盐水的浓度。

对于碱水溶液、聚合物类水溶性淬火冷却介质和淬火油，一般采用管状电加热器加热。对于淬火油的加热器，加热管的负荷功率应小于 $1.5W/cm^2$，以防油局部过热，造成油的老化和在加热管表面形成导热性能不良的结焦层，影响电热元件的散热，甚至使电热元件过热和烧断。

对于盐浴淬火槽，通常在槽子的外侧或底部设置加热装置，也可在槽子的内部插入管状电加热器。

选择电加热器应注意以下几点：

（1）对于顶插入介质的管状电加热器，要根据液面的波动情况，设置有足够的非加热区，以免加热区暴露在介质之外过烧而损坏。

（2）管状电加热器的表面负荷要根据选用的介质种类和介质的流动（搅拌）情况而定。

（3）对于淬火油槽，不允许选用加热管材质为铜或铜合金的管状电加热器，因为铜或铜合金会加速矿物油的氧化和聚合反应速度。

9.6　淬火冷却介质的冷却

9.6.1 冷却方法

1. 自然冷却　依靠液面和淬火槽槽体钢板散热，其散热能力很差，一般仅 1～3℃/h。对于有搅拌功能的淬火槽的自然散热能力可达到上限值。

2. 水冷套式冷却　方法是在淬火槽的外侧设置冷却水套，或向放置淬火槽的地坑中充水。这种方法热交换面积很小，很难达到良好效果。

3. 蛇形管冷却　将铜管或钢管盘绕布置在淬火槽内侧，通入冷却水来冷却淬火冷却介质。此法虽然增大了换热面积，但主要是冷却淬火槽四周的介质，与槽中央的介质会有较大温差，需要加强介质的搅拌才能减小淬火槽内介质的温差。淬火油槽冷却蛇形管不允许采用铜管。图 9-35 所示为带蛇形冷却管的淬火槽。

4. 淬火槽独立配冷却循环系统　一个淬火槽独立配置冷却循环系统，结构较紧凑，淬火槽需要配备的介质量也会相对减少，有如下几种结构形式。

（1）小型淬火槽自身配换热器，这种结构是将小型换热器直接安装在淬火槽内的导流筒中，如图 9-36 所示。

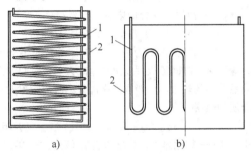

图 9-35　带蛇形冷却管的淬火槽
a）螺旋形蛇形管　b）波形蛇形管
1—冷却管　2—淬火槽

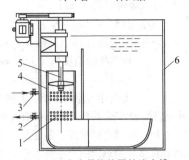

图 9-36　自身带换热器的淬火槽
1—换热器　2—冷却水出口　3—冷却水进口
4—导流筒　5—搅拌器　6—淬火槽

（2）可移动式淬火槽设置冷却循环系统，图 9-37 所示为配有冷却循环系统的移动式淬火槽。该槽设有可移动的小车，可为多台小型热处理炉服务。

（3）热处理炉独立配置冷却循环系统　箱式可控气氛炉配套的淬火油槽，将换热器设置在炉子前室下面淬火槽的侧面，见图 9-38。这种冷却循环系统

的配置方式，在周期式或连续式淬火槽上被广泛采用。

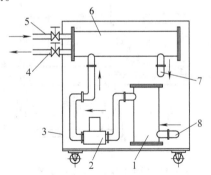

图 9-37　配有冷却循环系统的移动式淬火槽
1—过滤器　2—泵　3—淬火槽　4—冷却水出口　5—冷却水进口　6—换热器　7—被冷却介质回淬火槽的入口　8—热介质由淬火槽进入热交换系统的接口

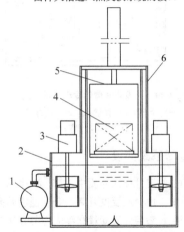

图 9-38　可控气氛密封箱式炉淬火油槽
1—外部淬火油冷却系统　2—淬火槽
3—搅拌器　4—淬火件　5—升降台
6—炉子前室

5. 热处理车间统一设置冷却循环系统

（1）设有集液槽的冷却循环系统　这种系统油的循环流动路线是：热介质从淬火槽的溢流槽流入集液槽，介质中的杂质在集液槽中沉积；介质经过滤器，再由泵将热介质打入换热器，热介质在换热器中被冷却后，再进入淬火槽，如图 9-39 所示。

（2）不设集液槽的冷却循环系统　这种系统介质的循环流动路线是：热介质经泵从溢流槽抽出，经过滤器到换热器，冷却后的介质又回到淬火槽，如图 9-40 所示。该系统结构紧凑，介质的冷却完全由换热器承担，介质中的杂质由过滤器清除或沉积到淬火槽槽底。

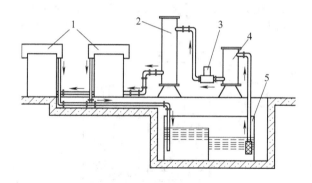

图 9-39　设集液槽的冷却循环系统
1—淬火槽　2—换热器　3—泵
4—过滤器　5—集液槽

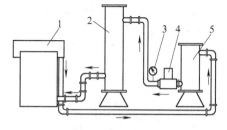

图 9-40　不设集液槽的冷却循环系统
1—淬火槽　2—换热器　3—压力表
4—泵　5—过滤器

9.6.2　冷却系统的设计

当被加热的工件浸入介质中，淬火件中的热量将转移到介质中，使介质温度升高。介质温度升高值取决于介质种类、参与介质的量和淬火件与介质之间的温差，而介质的温度又直接影响到淬火冷却效果。因此，控制淬火过程中介质的温升幅度是淬火槽冷却系统设计时应重点考虑的问题。

控制介质温升的最重要的因素是淬火件的重量与介质体积的比值。虽然换热器可以对介质进行冷却，但是换热器无法在工件淬火冷却过程的短时间内将淬火件释放出的热量带走。因此，在淬火槽设计时，除考虑淬火件的重量与介质体积的比值外，还应考虑换热器的换热效率，以保证在规定的时间内将介质的温度降低到要求值。

9.6.2.1　集液槽

集液槽通常是由钢板焊成的方形或圆形槽体。集液槽常兼作事故放油槽用，其内部常用隔板隔成两或三部分，分别用于存液、沉淀和备用。集液槽的容积应大于所服务的全部淬火槽及冷却系统中淬火冷却介质体积的总和。对于集油槽，一般要加大 30% ~ 40%；对集水或水溶性介质槽，要加大 20% ~ 30%。

槽内隔板的高度约为槽高的 3/4。对于装油的集液槽，一般设置方便维修的入油孔和放油孔，进油管应插到液面以下，吸油管应插到槽底部，其末端应加过滤网，要设有液面标尺和紧急放油阀门。根据需要，集液槽还应考虑设置保温和加热功能。

集液槽的容积应根据淬火件、淬火槽容积和换热器的换热能力等因素进行综合考虑确定。

9.6.2.2　换热器

1. 换热能力计算

选择换热器的主要指标是换热面积和介质循环量。

（1）换热面积计算公式如下：

$$A = 3.6q / (\alpha_\Sigma \Delta t_m) \tag{9-15}$$

式中　A——所需换热面积（m^2），通常以通油一侧为准；

　　　q——每小时换热量（kJ/h）；

　　　α_Σ——换热器综合传热系数［$W/(m^2 \cdot \text{℃})$］；

　　　Δt_m——热介质与冷却水的平均温差（℃）。

1）每小时换热量为需要换热器完成的热交换量，等于单位时间淬火件放出热量减去单位时间淬火槽自然散热的热量。一般取淬火件每小时传给淬火冷却介质的热量。

$$q = (Q - Q_{自然}) / \tau \tag{9-16}$$

式中　Q——每批淬火件放出的热量（kJ），式(9-1)；

　　　τ——淬火间隔（h）；

　　　$Q_{自然}$——淬火槽在淬火间隔 τ 时间内的自然散热量（kJ）。

由式(9-2)推导得到式(9-17)：

$$Q_{自然} = V[\rho c_0 (t_{02} - t_{01})] \tag{9-17}$$

式中　$t_{02} - t_{01}$——淬火槽在淬火间隔 τ 时间内自然散热时的温度降（℃），对于淬火油槽（$t_{02} - t_{01}$）= 1 ~ 3℃/h，带介质搅拌的淬火油槽取上限值。

2）换热器综合传热系数。传热系数与换热器的结构形式、材料、冷却介质粘度、温度及流速等因素有关，工程计算多从换热器的产品样本中查得。对于淬火油的传热系数，应考虑油在使用过程中在散热板的粘结的影响，应取中下限值。

3）热介质与冷却水的平均温差 Δt_m，通常按式(9-18)求出对流平均温度。

$$\Delta t_m = \frac{(t_{01} - t_{w2}) - (t_{02} - t_{w1})}{\ln\left(\dfrac{t_{01} - t_{w2}}{t_{02} - t_{w1}}\right)} \tag{9-18}$$

式中　t_{01}、t_{02}——进、出口热介质温度（℃）；

　　　t_{w1}、t_{w2}——进、出口水温度（℃），一般地区取

18℃和28℃，夏季水温较高的地区取28℃和34℃。

（2）换热器淬火冷却介质流量及其水流量。每种换热器产品都会在其产品样本上标出不同换热面积下的公称流量。可以根据式（9-15）～式（9-18）计算满足冷却能力要求的换热面积。换热器的冷却水流量可以通过冷却器内平衡求得，也可以从换热器样本上直接查出。

2. 换热器（冷却器）的选择　常用的换热器有制冷机、双液体介质换热器（列管式、平行板式、螺旋板式）和风冷式换热器。

用于油或聚合物水溶性介质冷却的换热器常用的有列管式、平行板式、螺旋板式和风冷式；淬火水槽的冷却通常选用冷却塔式。根据介质温度选择适合的换热器，见表9-8。

表9-8　换热器的选择

介质温度/℃	换热器类型
<24	制冷机
35~45	双液体介质换热器（列管式、平行板式、螺旋板式）
>45	风冷换热器

采用水冷却淬火油的换热器，要考虑避免水混入油中的可能性。通常的方法是采用增加油泵的压力，使油的压力大于水的压力。但是，为了避免出现油泵效率降低而引起油压降低的问题，建议在油泵的出口端与换热器之间的管路上安装压力传感器或压力表，并将此表的压力值作为经常检查的项目。

3. 换热器的结构

（1）列管式换热器。图9-41所示为列管式换热器示意图。它主要由壳体、管板、换热管、封头、折流板等组成。在钢制圆筒形外壳中，沿轴向布置多根小直径纯铜管或钢管。冷却水从管内流过，热介质从管外流过，并由折流板导向，曲折流动。对于冷却对象为油的，列管应选用钢管而不能选用纯铜管，原因是铜会加速矿物油的氧化和聚合反应速度。表9-9为列管式换热器的技术参数，表9-10为其型号和油流量。

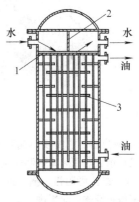

图9-41　列管式换热器示意图
1—管板　2—隔板　3—折流板

表9-9　列管式换热器的技术参数

系列	公称压力/MPa	介质运动粘度（40℃）/（mm²/s）	进油温度/℃	进水温度/℃	压力损失/MPa 油侧	压力损失/MPa 水侧	油水流量比	传热系数/[W/(m²·℃)]
GLC	0.63、1	61.2~74.8	55±1	≤30	≤0.1	≤0.05	1:1	≥350
GLL	0.63	61.2~74.8	50±1	≤30	≤0.1	≤0.05	1:1.5	≥320
GLL-L	0.63	61.2~74.8	50±1	≤30	≤0.1	≤0.05	1:1.5	≥320

表9-10　列管式换热器的型号和油流量

型号	GLC1	GLC2	GLC3	GL4	GLL3	GLL4	GLL5	GLL6
流量/（L/min）	0.6~5.1	1.8~9	75~250	230~470	75~150	250~650	525~1250	1500~2500

（2）平行板式换热器。图9-42所示为平行板式换热器示意图。它由若干波纹板交错叠装，隔成等距离的通道。热介质和冷却水交错通过相邻通道，经波纹板进行热交换，形成二维传热面交换器。它具有传热效率高、结构紧凑、占地面积小、处理量大、操作简单，清洗、拆卸、维修方便，容易改变换热面积或流程组合等优点。

平行板式换热器的传热系数可达2000~6000W/（m²·℃）。在相同压力损失情况下，板式换热器传热系数比列管式换热器高3~5倍。

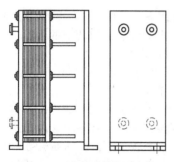

图 9-42　平行板式换热器示意图

（3）螺旋板式换热器。其结构如图 9-43 所示。它的结构是由两张相互平行的钢板卷制而成，形成通道，两种介质在各自通道内逆向流动。它是一种高效换热器设备，适用汽—汽、汽—液、液—液换热。由于该换热器具有介质流动通道宽（可达 6～18mm）的特点，适合于处理杂质较多的淬火冷却介质，同时它也降低了对过滤器的过滤效果的要求。它的传热系数最高能达到 3300W/（m² · ℃），略低于板式换热器，是列管式换热器的 2～3 倍。

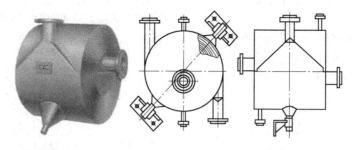

图 9-43　螺旋板式换热器

（4）风冷式换热器。它由换热翅片的管束构成的翅管和轴流风机组成。用风扇强制通风来冷却在管内流动的热介质。翅管可用铝、铜、钢或不锈钢制造，并钎焊或滚压扩管连于集流排。空气靠风扇鼓风或抽风流过翅管。它应用于缺乏冷却水源或者周围空气温度至少比介质温度低 6～10℃ 的地方。其优点是消除了水—油渗漏的可能性，缺点是风机噪声大。这种换热器的传热系数为 46W/（m² · ℃）。图 9-44 所示为风冷式换热器示意图。

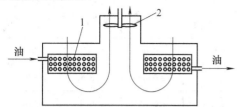

图 9-44　风冷式换热器示意图
1—翅管　2—风机

（5）冷却塔式换热器。它是依靠泵把淬火槽中的介质提升到塔顶，由上部以淋浴的方式淋下，同时设置在塔上部的风机使冷空气与下淋的介质进行换热，使介质降温。该设备适合对淬火水槽的水进行冷却。

9.6.2.3　泵

装水及聚合物类水溶性淬火冷却介质的淬火槽多选用离心水泵，其工作压力一般为 0.3～0.6MPa。输送盐水、氢氧化钠等水溶液的淬火槽则应选用塑料泵

和耐蚀泵。油冷却系统常选用齿轮泵、油离心泵和热水型离心泵。

泵的性能除流量和扬程外，要注意泵的吸程和允许的安装高度。输送热水、热油的泵有可能发生汽蚀现象，使泵不能正常工作，温度越高影响越大。为了避免发生汽蚀，热处理冷却系统的泵一般安装在淬火槽的下部。

目前，ISG 型立式管道离心泵被广泛采用，它集 IS 型离心泵与 SG 型管道泵之优点于一体，具有安装简单和价格低廉的特点。ISG 型立式管道离心泵适用于介质温度为 -20～80℃。IRG 型为立式管道热水泵，适用于介质温度为 -20～120℃。图 9-45 所示为 ISG 型立式管道离心泵。

图 9-45　ISG 型立式管道离心泵

9.6.2.4　过滤器

过滤器安装在集液槽与泵之间，主要作用是隔离

氧化皮、盐渣等污物,保护泵和换热器。常用双筒网式过滤器,工作时一组过滤器投入运行,另一组备用或清理,适应主机连续工作的特点。需要过滤装置投入工作或处在清洗备用状态,只要操纵换向阀手柄即可。表 9-11 为 SLQ 系列过滤器的型号和技术参数,

它所采用的过滤网孔有 $80\mu m$ 和 $120\mu m$。对于热处理冷却系统过滤的工况,建议将过滤网改成 $0.5mm \times 0.5mm$ 网孔的过滤网。另外,为了延长过滤器的使用时间,可在淬火槽的抽油口加装一个 $1mm \times 1mm$ 网孔的过滤网,以滤掉尺寸比较大的杂质。

表 9-11　SLQ 系列过滤器的型号和技术参数

型　　号	公称通径 /mm	过滤面积 /m²	外形尺寸(长×宽×高) /mm	通过能力 /(L/min)
SLQ-32	32	0.08	397×340×440	130/310
SLQ-40	40	0.21	480×376×515	330/790
SLQ-50	50	0.31	1023×330×800	485/1160
SLQ-65	65	0.52	1087×374×860	820/1960
SLQ-80	80	0.83	1204×370×990	1320/3100
SLQ-100	100	1.31	1337×442×1190	1990/4750
SLQ-125	125	2.20	1955×755×1270	3340/8000
SLQ-150	150	3.30	1955×755×1530	5000/12000

注:公称压力皆为 0.6MPa;通过能力栏中第一个数据为 $80\mu m$ 网孔时的通过能力,后一数据为 $120\mu m$ 时的通过能力。

9.6.2.5　管路及其材料

表 9-12 为冷却系统管路的管径尺寸选择推荐数据。管径过小,将对流体运动产生阻力,降低泵的工作效率。

表 9-12　冷却系统管路的管径尺寸选择推荐数据

流速/(L/min)	190~340	340~680	680~950
管子直径/mm	$\phi50$	$\phi63$	$\phi75$

冷却系统的管路、阀门和过滤器比较适合选用钢制作。使用铸铁或铜合金都可能引发锈蚀或介质的老化。在介质温度处于室温附近的情况,也可以考虑采用 PVC 等塑料材料制造的管路和阀门,但在使用前要考虑该材料与介质的相容性。

9.7　淬火槽输送机械

9.7.1　淬火槽输送机械的作用

淬火槽输送机械的作用是实现淬火过程机械化,并为自动控制创造条件,以提高淬火冷却均匀性、淬火过程控制准确性及淬火效果和减小畸变、避免开裂等。

淬火槽输送机械应与淬火工艺方法、淬火冷却介

质、淬火件形状、生产批量、作业方式及前后工序的输送机械形式相适应。

(1)在介质静止或流速较低的淬火槽中,为了提高冷速和冷却的均匀性,槽内应设可使工件或料筐上下运动的机构。

(2)在与网带炉、输送带炉和振底炉等生产线配套的淬火槽上,应设传送和提升工件的输送带。

(3)在密封箱式多用炉和推杆式连续炉的淬火槽中,应设可使料盘升降和进出的装置。

9.7.2　间歇作业淬火槽提升机械

1. 悬臂式提升机　图 9-46 所示为一种悬臂式提升机。由提升气缸或液压缸或电动推杆带动承接淬火件的升降平台上下运动。这种悬臂结构限制了提升淬火件的重量。

2. 提斗式提升机　图 9-47 所示为提斗式提升机。由提升气缸或液压缸或电动推杆带动料筐托盘沿导柱上下运动。

3. 翻斗式缆车提升机　图 9-48 所示为翻斗式缆车提升机。由缆索拉料筐沿倾斜导向架上升,到极限位置翻倒。

4. 吊筐式提升机　图 9-49 所示为吊筐式提升机。由吊车吊着活动料筐,料筐沿导向支架上升到极限位置,倾斜将工件倒出。

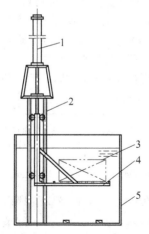

图 9-46 悬臂式提升机

1—提升机驱动机构 2—导向架 3—淬火件
4—升降平台 5—淬火槽

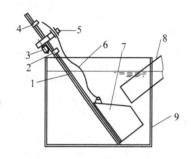

图 9-47 提斗式提升机

1—支架 2、4—限位开关 3—驱动机构
5—螺母 6—丝杠 7—料斗 8—滑槽
9—淬火槽

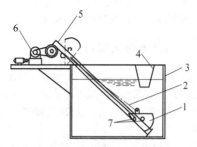

图 9-48 翻斗式缆车提升机

1—料斗 2—缆索 3—淬火槽 4—滑槽
5—支架 6—传动机构 7—滚轮

9.7.3 连续作业淬火槽输送机械

1. 输送带式输送机械 图 9-50 所示为输送带式
输送机。输送带分为水平和提升两部分。工件的冷却
主要在水平部分上完成，然后由提升部分将工件运送
出淬火槽。输送带运动速度可以依据淬火时间调节。

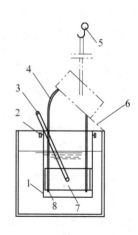

图 9-49 吊篮式提升机

1—摇筐架 2—摇筐滚轮 3—摇筐吊杆
4—倒料导轨 5—吊车吊钩 6—料筐侧壁活页
7—活动料筐 8—料筐导向滚轮

输送带的倾斜角为 30°~45°。在输送带上常焊上横
向挡板，以防工件下滑。

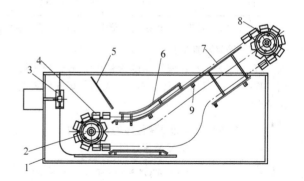

图 9-50 输送带式输送机

1—淬火槽 2—从动链轮 3—搅拌器 4—输
送链 5—落料导向板 6—改向板 7—托板
8—主动链轮 9—横支撑

2. 螺旋滚筒输送机 图 9-51 所示为螺旋滚筒输
送机。由蜗杆蜗轮带动滚筒旋转，凭借筒内壁上的螺
旋叶片向上运送工件。

3. 振动传送垂直提升机 图 9-52 所示为振动传
送垂直提升机。由电磁振动器使立式螺旋输送带发生
共振，工件则沿螺旋板振动移动。

4. 液流式提升机 图 9-53 所示为液流式提升
机。由泵向淬火管道喷入淬火冷却介质，高速的淬火
冷却介质将落入管道中的工件送出淬火槽。

5. 磁吸引提升机 图 9-54 所示为配磁吸引提升
机的淬火槽，磁吸铁条安在输送带下滑道内部，保护

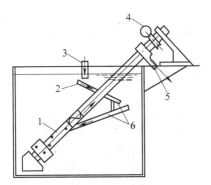

图 9-51 螺旋滚筒输送机
1—内螺旋滚筒 2、6—工件冷却导槽
3—进料滑槽 4—蜗杆蜗轮传动 5—出料口

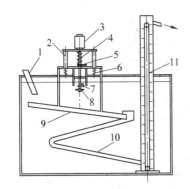

图 9-52 振动传送垂直提升机
1—进料滑槽 2—支柱 3—电动机 4—扭力簧
5—上偏心块 6—弹簧 7—下偏心块 8—搅
拌叶片 9—振动滑板 10—滑道
11—立式输送带

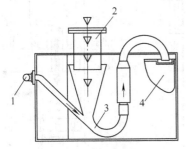

图 9-53 液流式提升机
1—泵 2—料斗 3—淬火管道 4—储料斗

它不受损伤。淬火件通过电动机带动密封在滑道支架
内部的磁性传送带而被提出淬火槽，在输送带端部通
过消磁圈进入收集箱中。淬火槽上设有油喷射装置，
将淬火冷却介质喷向入料口。

9.7.4 升降、转位式淬火机械

1. 托架式升降、转位式淬火机械 图 9-55 所示

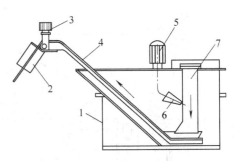

图 9-54 配磁吸引提升机的淬火槽
1—淬火槽 2—消磁器 3—提升电动机
4—磁吸引输送带 5—泵
6—喷嘴 7—入料滑道

为一种托架式升降、转位式淬火机械。由动力装置
拉动链条使托架沿导向柱上下运动。另设一动力装
置推动齿条，通过齿轮使导向柱旋转，实现托架
转位。

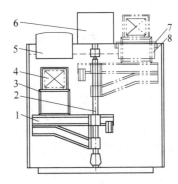

图 9-55 托架式升降、转位式淬火机械
1—托架 2—回转架 3—料台 4—淬火件
5—入料口 6—升降与转位机构传
动装置 7—水封盖 8—出料口

2. 曲柄连杆式升降、转位机 图 9-56 所示为一
种曲柄连杆式升降、转位机。由气缸推动齿条，通过
齿轮带动两对连杆机构，使托架升降。

3. V 形缆车升降、转位机 图 9-57 所示为一种
V 形缆车升降、转位机。它依靠缆车拖动托架沿倾斜
滑道作上下运动，在下位点由另一缆车拖动机械承接
工件，实现转位。

4. 转位升降机在推杆式连续渗碳炉中的应用
图 9-58 所示为在推杆式连续渗碳炉应用的直升降式
与转位式两种淬火槽的比较。采用转位式淬火装置
可使淬火室的气氛稳定，防止因开炉门时空气侵入
引起爆炸的危险，可减少因开炉门造成保护气体的
损失。

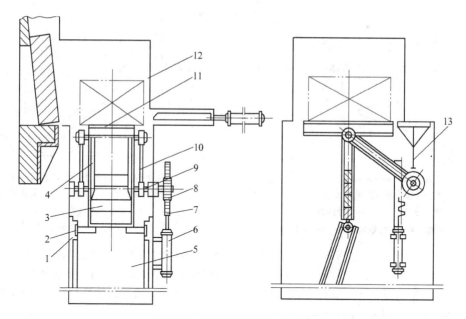

图 9-56　曲柄连杆式升降、转位机

1—导板　2—导轮　3—配重　4—连杆臂　5—淬火槽　6—液压缸　7—齿条　8—齿轮
9—转轴　10—连杆　11—升降托板　12—淬火槽进出料室　13—限位隔板

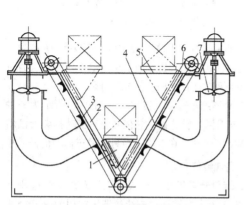

图 9-57　V 形缆车升降、转位机

1—装载工件的缆车Ⅰ
2、6—链条　3、4—导轨
5—装载工件的缆车Ⅱ　7—搅拌器

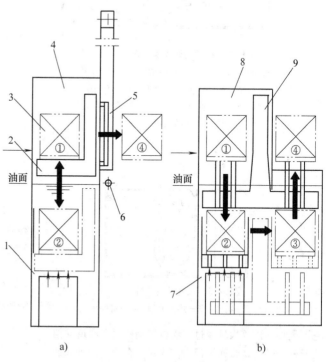

a)　　　　　　　　　　　　b)

图 9-58　直升降式与转位式两种淬火槽的比较

a）直升降式　b）转位式

1、7—淬火槽　2—直上下升降机　3—工件
4、8—淬火冷却室　5—炉门　6—火帘　9—转位升降机
注：图中带圆圈数码号表示淬火件动作位置的顺序。

9.8   去除淬火槽氧化皮的装置

1. 人工去除方法   采用泵将淬火槽内的介质排出或转移到其他容器中，通过人工清理淬火槽的底部，然后将淬火冷却介质过滤后注回淬火槽。

2. 机械去除方法

（1）采用螺旋输送杆方法。该方法是针对具有复杂淬火件传送带装置的淬火槽，采用通常的人工去除法难度大。该方法是将淬火槽的底部制成 V 形结构，在 V 形槽中安装螺旋输送杆，通过该螺旋输送杆将氧化皮收集到一个容器之中，见图 9-59。

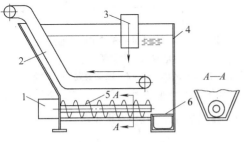

图 9-59   V 形槽中安装螺旋输送杆法
清除氧化皮装置
1—螺旋杆旋转驱动装置   2—输送带   3—入料
滑槽   4—淬火槽   5—螺旋输送杆
6—氧化皮集中容器

（2）流体冲刷法。图 9-60 所示为采用流体冲刷的方式，消除积存在淬火槽底部氧化皮的设备结构。该方法是依靠螺旋桨搅拌器搅动介质带动氧化皮到氧化皮集中容器中。

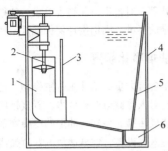

图 9-60   流体冲刷形式清除氧化皮
1—导流筒   2—搅拌器   3—溢流板   4—淬火槽
5—氧化皮集中提篮绳   6—氧化皮集中容器

9.9   淬火槽排烟装置与烟气净化

9.9.1   排烟装置

1. 排烟装置的作用   迅速排除工件油淬时油槽表面挥发的油烟，以改善工作场地和车间的环境，保证操作人员的健康。碱水、等温分级淬火的热浴也都需设强迫排烟系统。

2. 结构形式   排烟系统可以选择顶抽或侧抽两种类型。中、小件采用手工操作油淬或硝盐淬火时，可采取顶抽。大件或整筐工件采取吊装淬火方式时，应选择单侧（较小型槽）或双侧（大型槽）排烟。

3. 淬火油槽收集油烟的方法

（1）预留槽内空间方法。图 9-61 所示为带旋转上盖和预留空间的淬火油槽。为了实现淬火油烟的收集，在淬火油槽的上部预留了大于淬火件高度的空间，使淬火件在与油面接触之前盖上上盖，这样也就可以最大限度地收集油烟。对于吊钩不对中情况下的淬火，在旋转上盖上的中间部位设置了浮动机构，实现了无论吊钩处于何位置都可以使上盖的开口最小。

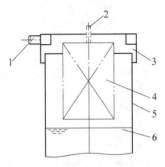

图 9-61   带旋转上盖和预留空间的淬火油槽
1—排烟管路   2—吊钩   3—可旋转上盖
4—淬火件   5—淬火油槽   6—油面

（2）在机械升降台式淬火油槽上设置上盖板方法。图 9-62 所示为带上盖烟板的升降台式淬火油槽。工作过程是：淬火件放在处于上位的升降台上→在传动装置的驱动下升降台下降→与配重连接

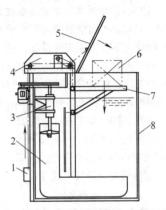

图 9-62   带上盖烟板的升降台式淬火油槽
1—配重   2—导流筒   3—搅拌器   4—升降台
传动装置   5—盖烟板   6—淬火件
7—升降台   8—淬火油槽

的盖烟板就会随淬火件的下降而下降→当淬火件接近或浸入油时盖烟板将油槽口盖上。该方法工件的浸液动作和盖烟板的动作是联动进行的，不需要人工的参与；缺点是在淬火件入油的瞬间仍有部分油烟和火焰溢出。

（3）全密封状态淬火收集油烟的方法。图9-63所示为带上罩的气动式淬火油槽。该设备的工作过程是：将淬火件放在待料盘上→水平推拉气缸将淬火件拉到升降料台上→上罩门开闭气缸下降将罩门关上→升降气缸下降完成浸液淬火动作。该方法的油烟收集效果好，但是设备结构复杂。

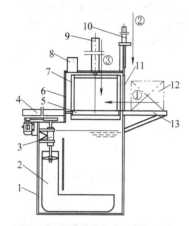

图9-63　带上罩的气动式淬火油槽
1—淬火油槽　2—导流筒　3—搅拌器　4—水平
推拉气缸　5—可移动料盘　6—上罩　7—升
降料台　8—排烟管　9—升降气缸　10—上
罩门开闭气缸　11—门　12—淬火件
13—待料盘
注：图中带圆圈数码号表示淬火件动作的顺序。

（4）大型淬火油槽桥式可移动油烟收集与灭火装置见图9-64。针对淬火油槽的液面尺寸较大，无法在封闭或半封闭状态下收集油烟的情况，设计出可移动的油烟收集和灭火装置。该装置的工作过程是，当淬火件浸入油中之后，集烟罩在驱动装置的作用下沿运动导轨运动到淬火区域的上方完成收集油烟和灭火的任务。该设备为专利技术（中国专利02145113.3 大型淬火油槽集烟及灭火机构）。

4. 排烟量和排气罩出口直径的计算
（1）淬火油槽排烟量按下式计算：
$$Q = 3600Av_1 \qquad (9-19)$$
式中　Q——淬火油槽排烟量（m^3/h）；
　　　A——油槽槽口面积（m^2）；
　　　v_1——油槽槽口吸入气体流速（m/s），一般取1m/s。

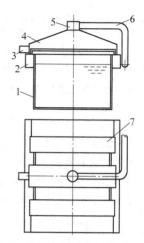

**图9-64　大型淬火油槽桥式可移动油烟
收集与灭火装置**
1—槽体　2—运动导轨　3—驱动装置　4—活动
集烟罩　5—风机　6—导烟管　7—活动盖板

（2）排气罩出口直径按下式计算：
$$d = \sqrt{\frac{Q}{900\pi v_2}} \qquad (9-20)$$
式中　d——排气罩出口直径（m）；
　　　Q——淬火油槽排烟量（m^3/h）；
　　　v_2——排气口气流速度（m/s），一般取 6～8m/s。

5. 废气排出　排出废气的排出口，要求应高出周围100m 直径范围内最高建筑物3m。对于在排出口前端安装油烟净化设备的情况，如果净化后的气体符合环保排放标准，则可将废气排出口设在车间内部或排到车间外部，对排出口无高度要求；如果净化后未达到环保排放标准，则仍按环保标准规定执行。

9.9.2　油烟净化装置

油烟中含有大量的苯并芘等致癌物，这些油烟排放到车间会对人体健康造成危害，直接排放车间外则会对环境造成污染。另外，油烟的冷凝物附着在设备上，会污染电气设备，容易造成电器拉弧或短路等故障，从而影响设备的正常运行。

油烟的工业处理方法一般有机械过滤法、湿式净化法、静电净化法等。

（1）机械过滤法是采用特殊滤料多层过滤和吸附来达到去除油烟的目的。该方法设备结构简单和可靠性好。缺点是管路风压压降大，滤网容易堵塞，维护和使用成本高，有造成二次污染的可能。

（2）湿式净化法是利用水膜、喷雾、冲击等液体吸收原理去除油烟。该方法设备体积大，能耗高，净化效率低，对处理后的水有二次污染。

（3）静电净化法是利用高电压下的气体电离和电场作用力，使气体中的油烟雾粒子带上电荷，带电粒子在电场力的作用下向放电电极运动，放电后的油

混合物在重力的作用下流进油收集器。该方法因安装使用方便，结构紧凑，净化效率高（＞90％），管路风压压降小，维护成本低而被广泛采用。图9-65所示为静电净化法去除油烟的工作原理。

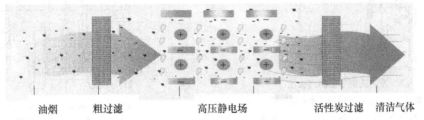

油烟　　粗过滤　　　　高压静电场　　　　活性炭过滤　清洁气体

图9-65　静电净化去除油烟的工作原理

对于热处理油烟排放限值，目前国家尚未有针对性的环保标准。GB 18483—2001《饮食业油烟排放标准》和GBZ 2.1—2007《工作场所有害因素职业接触限值　化学有害因素》可以作为热处理油烟排放检测的参考标准。

9.10　淬火冷却过程的控制装置

9.10.1　淬火冷却过程的控制参数

1. 介质的种类及介质的成分　介质种类指淬火冷却过程中是采用一种还是多种介质。通常情况下是采用一种介质进行淬火冷却，但是对于特殊要求的冷却，可能会采用两种或两种以上的介质进行冷却，例如水淬＋油冷、水淬＋水溶性介质或水＋水溶性介质＋空冷等。介质成分指介质类别、型号、溶液中溶质的成分和含量及使用过程中成分的稳定性。在目前生产情况下，介质的成分是事先选择的，选择的主要依据是钢材的淬透性、淬火件的尺寸因素和对淬火质量的要求。

2. 介质温度　介质温度指温度的设定值及淬火冷却过程中温度的变化值。温度影响介质粘度、流动性、介质溶液溶质的附着状态，从而影响介质与工件的热交换和冷却速度。介质温度控制主要是对淬火槽容量、流量、介质换热器和加热器的控制。

3. 介质运动状态　介质运动状态是指介质流动形态，即层流或紊流及介质运动相对于工件的方向。介质运动状态影响介质的淬冷烈度和介质在槽内温度的均匀度。介质运动状态取决于介质搅动形式、介质流速和运动方向。

4. 淬火冷却过程的时间　淬火冷却过程的时间不但指总冷却时间，还指通过相变区特性点的冷却时间，即通过钢材奥氏体等温转变图最不稳定点和马氏体开始转变点的时间，以及冷却过程中蒸汽膜阶段、沸腾阶段和对流阶段三个热交换过程的时间。这些时间阶段是由理论计算或试验测量确定的。

9.10.2　淬火槽的控制装置

9.10.2.1　综合控制的淬火槽

图9-66所示为综合控制淬火槽。该淬火槽为：采取手动或变频调速装置控制搅拌器转速；淬火料台在淬火中进行上下脉动，脉动次数和幅度通过计算机的程序设定；在淬火位置两侧布置喷射管和喷嘴，并控制喷射的时刻和持续时间。

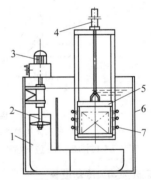

图9-66　综合控制淬火槽

1—导流筒　2—搅拌器　3—手动或变频
调速电动机　4—升降液压缸　5—淬火料台
6—淬火槽　7—喷射喷嘴

9.10.2.2　设液流调节器的淬火槽

图9-67所示设液流调节器的淬火槽可通过控制搅拌器转速和液流通道的阻力，来实现淬火时介质流速的自由设定。搅拌器的转速通过变频电动机来控制。在导流筒内设液流调节器，改变液体的流量。

9.10.2.3　控时浸淬系统

控时浸淬系统是在冷却过程中按划分时间阶段进行控制冷却的装置。控制的主要手段是控制搅拌强度，使工件在淬火冷却的各个时间阶段获得不同的冷却速度，例如，在淬火初始阶段，搅拌速度最大；在

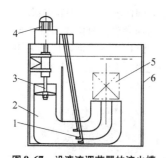

图 9-67 设液流调节器的淬火槽
1—液流调节器 2—导流筒 3—搅拌器
4—变频调速电动机 5—淬火件 6—淬火槽

接近马氏体开始转变点时，降低搅拌速度。冷却过程的时间和搅拌速度是由计算机控制的。

控时浸淬系统已在生产中应用。图 9-68 所示为周期式控时浸淬系统装置示意图。采用闭式搅拌，对称安装的两台螺旋桨搅拌器的转速连续可调。

图 9-69 所示为连续式控时浸淬系统装置。此系统的特点是，工件在蒸汽膜冷却阶段和沸腾冷却阶段

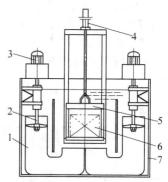

图 9-68 周期式控时浸淬装置示意图
1—导流筒 2—搅拌器 3—变频调速电动机
4—升降液压缸 5—淬火料台 6—淬火件
7—淬火槽

时用上输送带传送工件；上输送带运行时工件的冷却速率由搅拌强度、喷射强度和传送带速度控制；在对流冷却阶段用下输送带传送工件。螺旋桨搅拌器放置在输送带的出口区域。

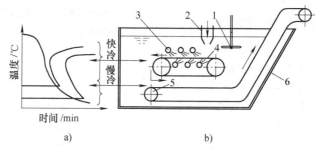

a)　　　　b)

图 9-69 连续式控时浸淬系统装置
a) 奥氏体等温冷却转变图与冷却曲线关系 b) 连续控时浸淬系统
1—搅拌器 2—进料滑槽 3—喷嘴 4—快冷输送带 5—慢冷输送带 6—淬火槽

9.10.2.4 双介质淬火冷却设备

图 9-70 所示为水—空交替控时淬火冷却设备。该设备采用水与空气作为淬火冷却介质，对大尺寸和大重量的中碳合金钢进行淬火冷却。淬火冷却工艺参数是在数值模拟和物理模拟基础上确定的，整个冷却过程的工艺执行是在计算机控制下执行。风冷是通过风机将风沿风道吹向淬火件；喷冷过程是通过开启快速注水泵将储液槽的水喷向淬火件来实现；浸液过程是在关闭快速放水阀门的状态下开启快速注水泵，使淬火槽的液面快速上升实现淬火件的浸液淬火；结束浸液的放液过程通过开启快速放水阀门来实现的。该设备的结构特别适合于无法采用升降台方式实现浸液淬火过程的大重量淬火件的淬火。该设备为专利技术（中国专利 200310123799.5 浸液与喷淬组合淬火的控制冷却设备）。

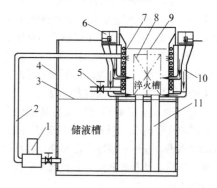

图 9-70 水—空交替控时淬火冷却设备
1—注水泵 2—管路 3—储液槽最高液面
4—槽体 5—快速放水阀门 6—风机
7—喷嘴 8—淬火件 9—浸液时最高液面
10—风道 11—支撑柱

该设备可以实现喷水、浸液和风冷功能的交替控时淬火冷却。采用该设备，可以根据工艺需要将冷却强度在很大范围内进行变化，即可以实现强冷，也可以实现冷却强度很弱的空冷。图 9-71 所示为采用该设备处理的尺寸 2500mm × 1100mm × 310mm（厚度）的 P20 塑料模具钢在厚度方向的表面、中心和距表面 100mm 处的冷却曲线。冷却曲线反映出，工件在"空冷＋强冷＋空冷＋强冷＋空冷"工艺过程中的冷却曲线变化。

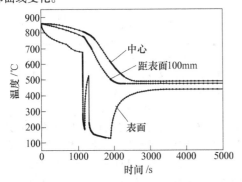

图 9-71　模具钢的冷却曲线

9.10.2.5　强烈淬火冷却设备

强烈淬火技术是由乌克兰 Nikolai Kobasko 博士发现和提出。该技术采用高速搅拌或高压喷淬，使工件在马氏体转变区域进行快速而均匀的冷却，在工件整个表面形成一个均匀的、具有较高压应力的硬壳，避免了常规淬火在马氏体转变区域进行快速冷却产生畸变过大和开裂问题的发生。

现行的强烈淬火方法有 IQ-1、IQ-2 和 IQ-3。它们主要是根据工件在淬火过程中的不同冷却方式来区分的。在 IQ-1 过程中，蒸汽膜冷却和沸腾冷却都会在工件表面发生；在 IQ-2 过程中，工件表面冷却不存在蒸汽膜阶段，它主要靠沸腾冷却和此后的对流冷却方式传热；在 IQ-3 过程中，冷却强度特别大，以至于蒸汽膜冷却和沸腾冷却阶段都消失了，主要的传热方式是靠对流。由此开发出两类用于强烈淬火的设备，它们分别是为 IQ-2 和 IQ-3 方法设计的。有关强烈淬火技术方面的专利和保护范围可查阅相关的资料。

1. 依据 IQ-2 方法的淬火冷却设备　IQ-2 方法的冷却有三个步骤：①以沸腾冷却方式在工件表面的快速冷却。②在空气中慢冷。③在淬火槽中进行对流冷却。

在第一个步骤的冷却过程中，工件表面快速进行马氏体相变。为了防止表面的开裂，当表层近 50% 的组织转变为马氏体时，即表层仍然是塑性时，需要

停止快冷；然后将工件从淬火冷却介质中取出。

第二步是从介质中取出工件，在空气中冷却。在这个步骤中，从工件心部释放出的热量使表层马氏体进行自回火，使工件在横截面上具有相近的温度。工件在第一步中形成的较高压应力，在这一步处理后也得到了一定的固定。由于有这一个自回火过程，具有马氏体组织形态的工件表面进一步避免了在最后冷却过程中发生开裂现象。

第三步操作是，工件被重新放进强烈淬火槽中使其进行对流冷却，以完成所要求的表层及心部的相变过程。

用于 IQ-2 方法的淬火设备与用于批量连续生产的常规淬火槽基本相似，主要区别在于：

（1）IQ-2 设备使用质量分数小于 10% 的盐水或其他盐溶液作为淬火冷却介质，而不是采用油或水溶性聚合物类介质。目的是尽量缩短不稳定的蒸汽膜冷却的持续时间。

（2）IQ-2 设备要有很高的淬火冷却介质搅动速率。如一台满容量为 22.7m³（6000gal）的 IQ-2 淬火设备，装有 4 个 ϕ457.2mm（18in）分别由 7.5kW（10hp）的电动机提供动力的搅拌器。而一台容量相等的常规油淬设备只需安装两个分别由 3.75kW（5hp）的电动机推动的搅拌器。

（3）IQ-2 设备装备有较快的升降机，因为 IQ-2 方法中有的步骤可能只持续很短的时间。如从强烈水淬转变到空冷的过程需要在 2 ~ 3s 内完成。

（4）IQ-2 设备需要精确的自动化系统来控制淬火过程中每步的时间。工艺的确定是在数值模拟的基础上进行的。首先需要计算浸液开始到工件表层获得 50%（体积分数）马氏体的时间；然后计算工件表面层在空气中冷却进行自回火（降低脆性）的时间；最后计算在介质中完成淬火的时间。

IQ-2 方法淬火冷却设备示意图见图 9-72。该淬火槽与可控气氛箱式多用炉配套，设置 4 套螺旋桨搅拌器，并设有升降台。

IQ-2 技术适合于处理形状复杂、厚度小于 12.5mm 的钢制工件，主要应用领域：汽车零件（轴、稳定杆、十字轴）、轴承（复杂形状轴承环、轴承罩）、冷热模具钢产品（冲头、冲模）、机械零件（锻件、链轮、叉、弹簧）、厚度小于 12.5mm 的卷形弹簧和叶形弹簧。

2. 依据 IQ-3 方法的淬火冷却设备　采用 IQ-3 方法只有一个冷却方式，即工件表面的冷速足够快，避免了蒸汽膜冷却与沸腾冷却的发生，对流成为唯一的传热方式。它的冷却过程分两步：步骤 1 是，直接进

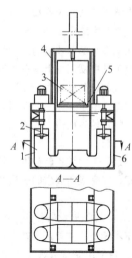

图 9-72　IQ-2 方法淬火冷却设备示意图
1—导流筒　2—搅拌器　3—淬火件
4—炉子前室　5—升降台　6—淬火槽

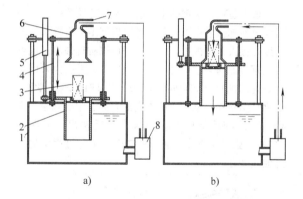

图 9-73　IQ-3 方法淬火冷却设备示意图
a) 待料状态　b) 淬火状态
1—装液槽　2—载料及升降台　3—淬火件
4—导向杆　5—升降气缸　6—强烈淬火罩
7—管路　8—泵

行对流阶段的强烈冷却,在工件表层形成 100% 马氏体和具有最大压应力的硬壳;步骤 2 层,一旦硬壳形成后,马上停止步骤 1 的强烈冷却,工件在空气中进行冷却。

IQ-3 方法可以用两种手段来实现。如果工件具有较规则的外形 (如圆柱形或平板形等),高速水流可以提供给工件表面所需的强烈冷速。如果工件具有相对较复杂的形状 (如轴承的凸缘可能会阻碍沿轴向的水流),可以用一个喷射口来产生均匀强烈的水流。可见,此方法需要一个或几个泵来提供均匀且高速的水流。一套标准的 IQ-3 设备包含有水槽、泵、阀门、水管、水流、温度、压力控制系统、工件自动抓举装置和一套水冷设备。

工艺的确定是在数值模拟的基础上进行的。首先需要计算进行直接进入对流阶段冷却所达到的冷却速率或传热系数,然后计算获得最大表面压应力或最佳淬硬层深度的时间。

图 9-73 所示为 IQ-3 方法淬火冷却设备示意图。图 9-73a 所示为待料状态。工作时将淬火件放在载料台上;然后气缸将载料台提升到强烈淬火罩的底部,开启泵将介质喷入强烈淬火罩对淬火件进行强烈冷却,强烈冷却结束后,泵停止工作;最后在气缸的带动下将载料台放回到待料位置。

IQ-3 技术适合于处理厚度大于 12.5mm 的钢制工件,如:汽车零件 (卷形弹簧、叶形弹簧、滚针、轴、扭力杆)、轴承 (形成有利的表面压应力)、形状简单的冷热模具钢产品、机械零件 (锻件、链轮、叉、弹簧)。

以下三个主要问题可能会影响到 IQ-3 方法的实际操作。首先,无法保证整个工件表面都有快速且均匀的水流,特别是对于那些具有复杂外形的工件。其次,此方法在处理厚度小于 12.5mm 的工件时有较大困难。因为对于这么薄的工件控制合适的温度梯度使其表面转变为 100% 的马氏体组织而心部却为奥氏体组织的难度很大。大量试验表明,对于薄工件,理论所需的高速水流和极短冷却时间是不容易在实际生产中实现的。第三,此方法不能一次处理整批的工件。

9.11　淬火槽冷却能力的测定

9.11.1　动态下淬火冷却介质冷却曲线的测定

为了测定淬火冷却介质的冷却曲线,国际标准化组织推出了测定淬火油冷却曲线的标准 (ISO 9950: 1995, Industrial quenching oils-Determination of cooling characteristics-Nickel-alloy probe test method)。通过对冷却曲线的分析,可以了解介质的冷却特性。

但是对于多数淬火冷却介质,尤其是聚合物水溶性淬火冷却介质,在静态下无法发挥其性能,而且在实际淬火冷却过程中几乎所有淬火冷却介质都是在搅拌状态下工作,因此测定动态下介质的冷却能力是实际工程的需要。对此,ASMT 组织推出了两个测定动态下淬火冷却介质冷却曲线的标准。

(1)《测定聚合物水溶性淬火冷却介质动态下冷却曲线标准试验法(Tensi 法)》[ASMT Designation: D6482-01. Standard Test Method for Determination of Cooling Characteristics of Aqueous Polymer Quenchants by Cooling Curve Analysis with Agitation (Tensi Method)]。图 9-74 所示为

Tensi 淬火冷却介质搅拌系统。

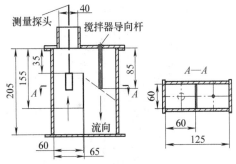

图 9-74 Tensi 淬火冷却介质搅拌系统

（2）《测定淬火冷却介质动态下冷却曲线标准试验法（Drayton 法）》〔ASMT Designation：D6549-01. Standard Test Method for Determination of Cooling Characteristics of Quenchants by Cooling Curve Analysis with Agitation（Drayton Unit）〕。图 9-75 所示为 Drayton 淬火冷却介质搅拌系统。

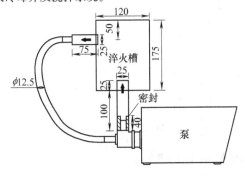

图 9-75 Drayton 淬火冷却介质搅拌系统

Tensi 法和 Drayton 法均是采用 ISO 9950 标准的 Inconel 600 镍合金探头。

9.11.2 淬火槽冷却能力的连续监测

造成淬火后工件硬度不均匀、畸变和开裂，主要原因是淬火槽内整个淬火冷却区的介质流动不均匀。在淬火过程中，介质流动特性是控制淬冷烈度的关键。因此，有必要对实际淬火槽的冷却能力进行测定。

为了实现对实际淬火槽冷却能力的连续监测，Tensi 建议用测量能量传导的方法来比较流体场中各部位流速分布的均匀程度，其原理见图 9-76。采用该探头测量处于紊流运动状态下介质的热流变化。

该探头的温度被设定为常数，即 T_{probe} = 常量，通过改变输入能量 E_{con}，就可以根据下式测量出传出能量 E_{del}。

$$E_{con} - E_{del} = 常量 \qquad (9-21)$$

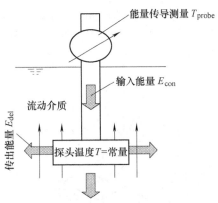

图 9-76 淬火冷却介质搅拌能力测定探头的示意图

由于传出能量 E_{del} 取决于介质成分、介质温度 T_{bath} 和搅拌状态，搅拌能力或冷却能力是一个无量纲值。

输入能量 E_{con} 可由式（9-22）中的两个参数决定。

$$E_{con} = C \times 搅拌能力 \qquad (9-22)$$

式中　C——与探头热物理性能（包括 T_{probe}、介质的化学性能、T_{bath}）和 E_{del} 有关的量值。

根据式(9-22)，当 T_{probe} 的温度稳定到一个稳定值时，得到图 9-77。当探头浸入介质中测量部位的初始阶段，探头温度（T_{probe}）下降，然后通过提高输入能量 E_{con}，直到探头温度（T_{probe}）达到初始值，由此可以定义出探头参数。同样，通过图 9-78 可定义出 E_{con}、T_{bath} 和搅拌能力之间的关系。测量精度随探头温度（T_{probe}）的增加而增加。

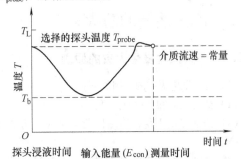

图 9-77 插入探头后探头温度随时间的变化
T_b—介质温度　T_L—莱顿弗罗斯特温度

与 Tensi 原理类似，德国 Ipsen 公司开发了称为 Fluid-quench 的探头，见图 9-79。它是由两支相互隔热的铠装热电偶组成，其中一支热电偶被恒定功率的热源加热，另一支热电偶测量介质的温度。利用示差热电偶原理测量和记录两支热电偶在淬火槽中的温度差。通过分析这个温差变化曲线，就可以得出介质冷却能力和淬火槽搅拌强度的综合变化情况。图 9-80

所示为 Fluid-quench 探头测量不同搅拌条件下的温度差分布图。通过该曲线分析，可了解淬火槽搅拌情况的变化。

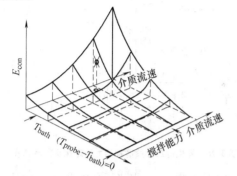

图 9-78　输入能量、介质温度和
搅拌能力之间的关系

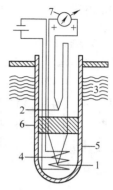

图 9-79　Fluid-quench 探头的结构示意图

1—测量温升热电偶 T_1　2—测量介质温度热电偶 T_2

3—流体　4—恒功率加热　5—保护管

6—绝热体　7—测量温度差

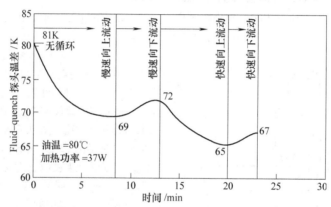

图 9-80　Fluid-quench 探头测量不同搅拌条件下的温度差

9.12　淬火油槽的防火

9.12.1　淬火油槽发生火灾的原因

淬火油槽发生火灾的原因如下：

（1）油的闪点和着火点过低。

（2）油槽容量不足，换热器能力太小，造成油温过高。

（3）油液不流动或油粘度过大，造成淬火部位局部的油液温度过高，热量不能及时散到周围介质中去。

（4）油中含有水分，粘着油的水泡上浮到油槽表面，水泡爆破时喷射油雾，引起着火。

（5）在油槽底部积存一定量的水。当油温超过 100℃ 时，会引发底部的水达到蒸发点而沸腾引起体积迅速膨胀，使油槽内的油溢出淬火油槽，引起大面积着火。

（6）过热的工件被提出油槽而引发的着火。

（7）长轴件淬火时，吊车下降速度太慢而引发的着火。

（8）带孔的长轴件，淬火时孔的喷油而引发的着火。

（9）大量热油蒸气从槽盖等处冒出，引起着火。

（10）热工件入油途中发生吊车故障或停电而引发着火。

（11）油泄漏而着火。

9.12.2　预防火灾的措施

预防火灾的措施如下：

（1）合理选用淬火油，油的闪点应高于使用温度 50℃ 以上。

（2）应设有冷却系统以控制油温在一个合理的范围。油温过高，易被点燃；油温过低，油的粘度大，易局部过热。

（3）设置功能强的油搅拌或循环系统，淬火时液面的高温油能被及时地带走。

（4）设置大于淬火槽容积的集油槽和与之匹配的排油泵，当淬火油槽燃烧起火时，可以在较短时间内把油迅速排放到距油槽较远的集油槽内。

（5）淬火油槽应设置槽盖和排烟装置。

（6）油槽加热器应安装在油面以下150mm处，或延长电加热管的非加热区，使其非加热区的埋液深度大于液面波动。

（7）经常排除混入油中的水，尤其对于在100℃以上使用的淬火油槽。检查和排除淬火油中水的来源，尤其要重视介质冷却系统中换热器介质与冷却水通道之间是否有渗漏。水会使油在加热时形成泡沫，极易起火，含水量大时，加热油时还会突然形成大量蒸汽，引起爆炸。

（8）淬火吊车应有备用电源。对于经常停电的地区，要考虑采用有停电紧急入油功能的吊钩或吊车。

（9）长轴件淬火应选用能快速下降的吊车。

（10）对于有孔的长轴件淬火，要考虑在孔的上部加一个盖板将孔盖住。对于有较大盲孔的工件，要考虑将盲孔倒置，避免淬火时引起喷油而着火。

（11）配备足量的消防器材。

1）二氧化碳灭火。小型油槽应在油槽的液面上部设置二氧化碳灭火喷管。当油液面着火时，喷射二氧化碳，隔绝油面空气。二氧化碳的优点是不污染淬火油，喷完后不需要清理；缺点是其保护作用是短时的，二氧化碳散开后即失去作用，需要较大的存储量。

2）泡沫灭火。喷射泡沫灭火剂，产生许多耐火泡沫，浮在油液表面后形成隔离层；缺点是使用后需要清理。

3）干粉灭火。干粉由高压氮气使碳酸氢钠干粉通过喷管喷出。干粉可以覆盖油液表面，隔绝空气，灭火速度快；缺点是干粉对油有污染。

4）切忌用水灭火。

（12）定期进行安全培训和安全检查。

9.13　淬火压床和淬火机

9.13.1　淬火压床和淬火机的作用

淬火压床和淬火机的作用如下：

（1）使工件在压力下或限位下淬火冷却，以减少工件畸变和翘曲。

（2）把工件热成形和淬火工序合并为一个工序，以简化工序和节能。

（3）工件在机械夹持下淬火，便于控制冷却参数，即控制介质性质、压力、冷却时间等，有利于冷却过程控制。

9.13.2　轴类淬火机

轴类零件淬火机的基本原理是利用将工件置于旋转中的三个轧辊之间，在压力下滚动，再喷液冷却；在滚动中使产生畸变的轴类工件得到矫直，然后在滚动中冷却，达到均匀冷却的效果。图9-81所示为这种轴类滚动淬火装置的原理图。

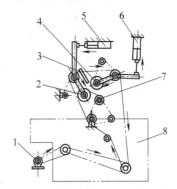

图 9-81　轴类滚动淬火装置原理图
1—电动机　2、4—动轧辊　3—落入工件的
滑板　5、6—气缸　7—定轧辊　8—液槽

图9-82所示为锭杆滚淬压力机。其动作过程是将加热后的锭杆由推料机送入三个旋转着的轧辊之间，轧辊外形与锭杆吻合；锭杆在压力作用下矫直，随后淋油冷却淬火。

9.13.3　大型环状零件淬火机

这类淬火机是使环状零件在旋转中淬火，均匀冷却，矫正畸变。

图9-83所示为大型轴承套圈淬火机。其主体是一对安放在淬火油槽中的锥形滚杠，它由链条带动，高速旋转。淬火的动作过程是，从加热炉输送带送出的套圈，经出料托板置于升降台上，挂在垂直的链条挂钩上，链条转动，再将套圈送到滚杠上，随滚杠旋转，沿轴向推进，淬火冷却，最后掉在油槽输送带上。

9.13.4　齿轮淬火压床

齿轮淬火压床是在淬火冷却过程中对齿轮间歇地施以脉冲压力，泄压时，淬火件自由畸变；加压时，矫正畸变；在压力交替作用下，工件淬火畸变得到矫正。该压床可由移动的工作台和易装卸的压模组成，主要结构有主机、液压系统、冷却系统和电气控制系

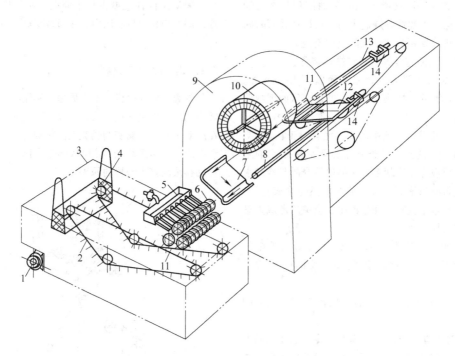

图 9-82　锭杆滚淬压力机

1—电动机　2—输送链　3—油槽　4—料筐　5—淋油槽　6—轧辊　7—斜置滑板　8—第二根推杆
9—加热炉　10—加热圈　11—锭杆　12—送料板　13—第一根推杆　14—拨叉

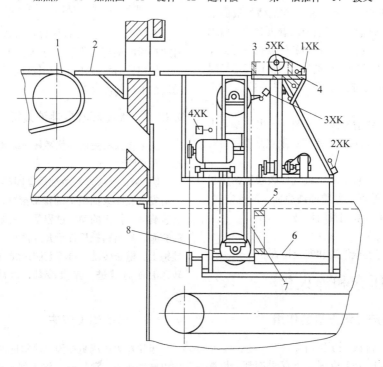

图 9-83　大型轴承套圈淬火机

1—加热炉前输送带　2—出料托板　3、8—挂钩　4—升降台　5—工件
6—锥形滚杠　7—链条

统。淬火压床主机由床身、上压模组成，如图9-84所示。上压模由内压环、外压环、中心压杆以及整套连接装置组成。内、外压环和中心压杆可分别独立对零件施压。施压形式依工艺要求有三种选择：

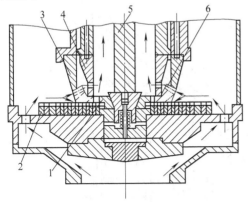

图9-84　淬火压床主机
1—扩张模　2—下压模工作台　3—外压环
4—内压环　5—扩张模压杆　6—工件

（1）内、外压环和中心压杆都为定压。

（2）内、外压环和中心压杆都为脉动施压。

（3）内、外环脉动施压，中心压杆定压。

下压模由底模套圈、支承块、花盘和平面凸轮组成。底模套圈用来调整凹面和凸面。

压床的工作顺序是：工作台前进→上压模下降→滑块锁紧→内、外压环和中心压杆施压→喷油→滑块松开→上压模上升→工作台复位。

应依据产品的特性和要求，正确使用和调节压床，选择施压的组合形式、压力大小、脉动施压的频率、上压模下降的速度及冷却时间等参数。调整中心压杆的压力常有较好的效果。

9.13.5　板件淬火压床

薄片弹簧钢板常用铜制的水套式冷却模板淬火压床淬火，或附加淋浴冷却模板和工件。

大钢板的淬火机常为立柱式，由安在上压模板上部的液压缸施压。图9-85所示为锯片淬火机，该机构设有上、下压板，下压板固定，上压板为动压板。在加压平面上沿同心圆布置308个喷油嘴支撑钉，以点接触压紧锯片，并喷油冷却锯片。为防止氧化皮堵塞油孔，设压缩空气管路与油路相连，以便清理喷油孔。该机压力为100kN，适用于处理直径φ700mm，厚6～10mm的圆锯片。

用于大型板件淬火的淬火压床可采用梁柱式结

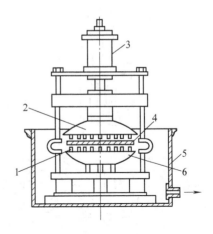

图9-85　锯片淬火压床
1—喷油支撑钉　2—上压板　3—液压缸
4—工件　5—油槽　6—下压板

构，有6个立柱和3个横梁，中横梁为动横梁。在中、下横梁的工作面上设置喷嘴压头，淬火机的压力为2000kN，由4个液压缸同步施压，压力、行程和运动速度可调。压床的动作过程可自动也可手动。工作过程是，工件出热处理炉后直接由辊子输送机送到压床淬火位置，动横梁随即快速下降；当进入压淬工件的区域时，动横梁转为慢速下降，最后停在触及工件的限位处，喷水冷却钢板；定时冷却后，立即将工件输送到回火炉。此压床对大型板件淬火有较理想的效果。

9.13.6　钢板弹簧淬火机

钢板弹簧淬火机是把压力成形与淬火合并为一个工序的淬火机，如图9-86所示。其上、下压板做成月牙形，压板的夹头由一系列可移动的滑块组成，便于调整板弹簧形状。此淬火机夹持热工件后，浸入淬火槽中，由液压缸带动摇摆机构，使淬火模板在槽中摇摆冷却工件。

图9-87所示为滚筒式钢板弹簧淬火机。在滚筒旋转过程中，活动横梁受靠模板的控制，经杠杆传动作往复运动，将板簧夹紧成形或松开装料、卸料，完成弯曲和淬火操作。滚筒连续回转时的转速，调整时为0.4r/min，工作时为3.74r/min。板簧在油中冷却时间约20s，淬火机每小时可生产55～80组板簧。

现代汽车采用单支变截面弹簧。其生产程序是，把轧制成形和随后淬火工序组成生产线，利用轧制余热进行淬火，淬火也在淬火机中进行。

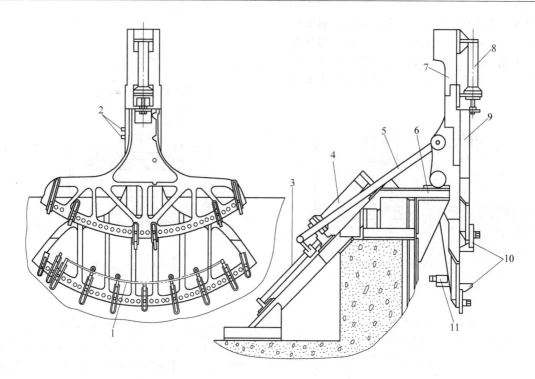

图 9-86　摇摆式板弹簧淬火机

1—成形板簧　2—限位开关　3—导杆　4—摇摆液压缸　5—拉杆　6—机座
7—下夹　8—夹紧液压缸　9—上夹　10—夹具　11—脱料液压缸

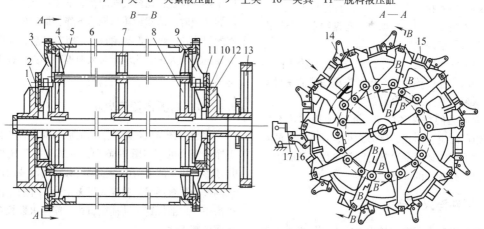

图 9-87　滚筒式钢板弹簧淬火机

1—左支架　2—左鼓轮　3—左杠杆　4—活动横梁　5—左五边形支架　6—杠杆轴　7—中支架
8—右五边形支架　9—右杠杆　10—右鼓轮　11—靠模板　12—右支座　13—大齿轮
14—冲包机构　15—固定横梁　16、17—靠模板

9.14　喷射式淬火冷却装置

9.14.1　喷液淬火冷却装置

将淬火冷却介质直接喷到工件表面上,这种冷却方法广泛地应用于感应加热和火焰加热的表面淬火,

或强化工件局部和孔洞部位的淬火,或小尺寸零件的喷射淬火。

图 9-88 所示为淬火冷却介质喷射工件的淬火槽。冷却油由安在淬火通道下部的喷嘴喷出,冷却放置在通道中的工件,热油上浮,从侧面溢出,经过滤网,再流入热油槽,再流出槽外。

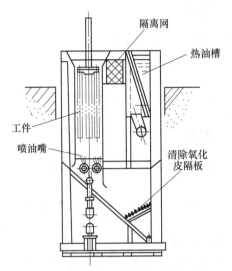

图 9-88　淬火冷却介质喷射工件的淬火槽

图 9-89 所示为引导或喷射介质通过工件内孔的装置。常用于模具内孔或管子内孔的淬火。

图 9-90 所示为一大型齿轮喷水冷却装置。喷水自由高度为 25~500mm，喷口至冷却部位距离为 6~18mm，喷水孔直径在 $\phi 3 \sim \phi 15$mm 范围内变动，工作台以 30r/min 的速度转动。

图 9-91 所示为轧辊立式喷液淬火冷却装置。工件悬吊在槽内的激冷圈中，冷却水从环形激冷圈内壁的小孔喷出，同时下导水管向工件内孔通冷却水，冷却内孔。为了防止轧辊辊颈冷却过分激烈，上、下辊颈各加隔热罩。供水压力为 0.15~0.2MPa，水温为 5~25℃。激冷圈与工件距离为 300~500mm。图 9-92 所示为轧辊卧式喷液淬火冷却装置。该装置轧辊为卧式放置，喷嘴分布在轧辊的两侧，轧辊在动支撑辊带动下进行旋转。

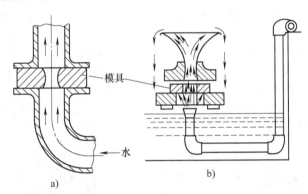

图 9-89　淬火冷却介质喷射模具内孔的装置

a) 介质流过　b) 介质喷射

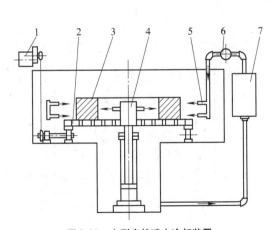

图 9-90　大型齿轮喷水冷却装置

1—传动机构　2—托盘　3—工件　4—喷头
5—可伸缩喷头　6—泵　7—冷却器

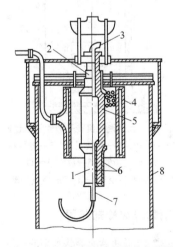

图 9-91　轧辊立式喷液淬火冷却装置

1—下隔热罩　2—上隔热罩　3—上导水管
4—激冷圈　5—轧辊　6—隔热材料
7—下导水管　8—槽子

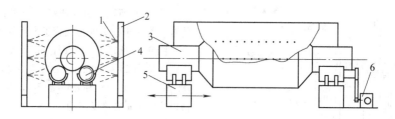

图9-92   轧辊卧式喷液淬火冷却装置

1—喷嘴   2—喷嘴支撑板   3—轧辊   4—动支撑辊

5—支撑座   6—动辊传动

9.14.2   气体淬火冷却装置

气体淬火主要应用于要求冷却能力介于静止空气和油之间的情况。采用的介质可以是空气、氮气、氢气和惰性气体。氮气、氢气和惰性气体被应用到真空高压气淬的场合。空气一般用于在非真空状态的容器内使用，其冷却能力随气体的温度和流速而变化，冷却效果还和淬火件表面积与质量比有关。

图9-93所示为大型汽轮机转子锻件气淬装置。淬火件放在密封的淬火筒中，在冷却过程中工件连续旋转。冷空气一部分从安设在筒壁上的6个风口以切线方向喷入，围绕工件旋转冷却；另一部分从底部鼓入，通过布风幕，稳定均匀地自下而上流过淬火件。

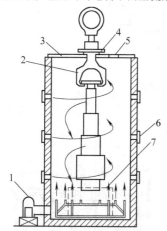

图9-93   大型汽轮机转子锻件气淬装置

1—鼓风机   2—悬挂吊环   3—悬挂梁

4—转动齿轮   5—放出空气口

6—切向高压空气进口   7—空气屏幕

9.14.3   喷雾淬火冷却装置

喷雾淬火冷却是将含有雾状水滴的气流，快速地喷射到淬火件表面，冷却工件。空气流中添加水滴或雾，可增加冷却能力几倍。喷雾淬火冷却用于替代液体淬火冷却可以减少工件畸变，通常应用于大型淬

火件。

简单的喷雾淬火冷却装置是在鼓风机前喷细水流，强力的气流带着水雾直接喷吹放在淬火台上的工件，例如贝氏体曲轴的喷雾冷却。

图9-94所示为一个安装在地坑中的大型轴类喷雾淬火冷却装置。左右两个喷雾筒各有16个喷口，

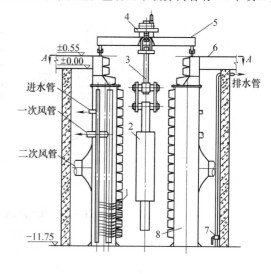

$A—A$

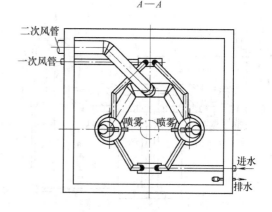

图9-94   大型轴类喷雾淬火冷却装置

1—喷嘴   2—工件   3—穿孔吊具   4—旋转吊具

5—活动横梁   6—平台   7—排水泵   8—喷雾筒

每个风口中装有 3 个喷嘴，喷嘴距离 16mm，喷嘴垂直喷向吊挂的工件。工件由旋转吊具带动转动，转速为 4～12r/min。一次风和水通过喷嘴雾化，二次风由风口吹出加强雾流，有力地喷射在工件上。调节水量、风量、水压和风压，可控制其冷却能力。

图 9-95 所示为气雾强制循环淬火冷却设备。该设备可以采用空气或氮气作为冷却介质，通过加入气体和喷雾，在强制对流风机的驱动下，对模具等进行冷却。其原理与真空高压气淬炉的冷却系统相似。

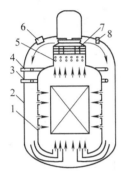

图 9-95　气雾强制循环淬火冷却设备
1—冷却介质流动均流体　2—冷却容器　3—高压气体喷嘴　4—水雾喷嘴　5—热交换器　6—排风机　7—强制对流风机　8—安全放气阀

9.15　冷处理设备

9.15.1　制冷原理

制冷设备的制冷原理是固态物质液化、汽化或液态物质汽化，均会吸收溶解热或汽化热，使周围环境降温。制冷机的制冷过程是将制冷气体压缩形成高压气体，气体升温；该气体通过冷凝器，降低温度，形成高压液体；该液体通过节流阀，膨胀，成为低压液体；低压液体进入蒸发器，吸收周围介质热量，蒸发成气体，蒸发器降温，此蒸发器的空间就成为低温容器。

图 9-96 所示为单级压缩制冷循环系统示意图。由于压缩机的压缩比不能过大，排气温度不能过高，因而单级压缩制冷受到限制，为了获得更低的温度，采用双级压缩制冷，如图 9-97 所示。低压压缩机压缩的气体，经中间冷却后再由高压压缩机压缩，进行第二级制冷循环，将冷冻室深冷。

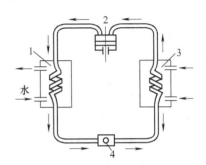

图 9-96　单级压缩制冷循环系统
1—冷凝器　2—压缩机　3—汽化器　4—节流阀

9.15.2　制冷剂

制冷剂是制冷设备的工质，常用制冷剂的物理性能如表 9-13 所示。

9.15.3　常用冷处理装置

1. 干冰冷处理装置　干冰即固态 CO_2。干冰很容易升华，很难长期储存。储存装置应很好地密封和保温。干冰冷处理装置常做成双层容器结构，层间填以绝热材料或抽真空。冷处理时，除干冰外还需加入酒精或丙酮或汽油等，使干冰溶解而制冷。改变干冰加入量，可调节冷冻液的温度，最低可达 -78℃ 低温。

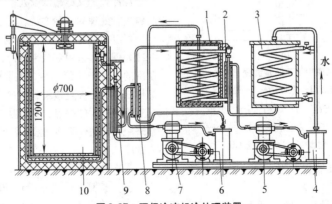

图 9-97　双级冷冻机冷处理装置
1—汽化器　2、9—过冷器　3—冷凝器　4、6—油分离器　5、7—压缩机　8—换热器　10—冷冻室

表 9-13　常用制冷介质的物理性能

制冷介质	分子式	20℃时密度 /(kg/m³)	液体密度 /(kg/m³)	沸点 /℃	凝固点 /℃	沸点时蒸发热 /(kJ/kg)	20℃时比热容 /[kJ/(kg·K)]		沸点时定压比热容 /[kJ/(kg·K)]
							定压	定容	
氧	O_2	1.429	1140	−183	−218.98	212.9	0.911	0.652	1.69
氮	N_2	1.252	808	−195	−210.01	199.2	1.05	0.75	2.0
空气	—	1.293	861	−192	—	196.46	1.007	0.719	1.98
二氧化碳	CO_2	1.524	—	−78.2	−56.6	561.0	—	—	2.05
氨	NH_3	0.771	682	−33.4	−77.7	1373.0	2.22	1.67	4.44
F-11	$CFCl_3$	—	—	+23.7	−111.0	—	—	—	—
F-12	CF_2Cl_2	5.4	148	−29.8	−155	167	—	—	—
F-13	CF_3Cl	4.6	—	−81.5	−180	—	—	—	—
F-14	CF_4	—	—	−128	−184	—	—	—	—
F-21	$CHFCl_2$	—	—	+8.9	−135	—	—	—	—
F-22	CHF_2Cl	3.85	141	−40.8	−160	233.8	—	—	—
F-23	CHF_3	—	—	−90	−163	—	—	—	—

2. 液氮深冷装置　利用液氮可实现深冷处理，达 −196℃。液氮储罐需专门设计，严格制作。普通的储罐，除保证隔热保温外，要留有氮气逸出的细孔，确保安全。

液氮深冷处理有两种方法，一种是工件直接放入液氮中，此法冷速大，不常用；另一种方法是，在工作室内液氮汽化，使工件降温，进行冷处理。图9-98 所示为液氮深冷处理装置流程。

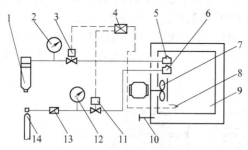

图 9-98　液氮深冷处理装置流程
1—液 N_2　2—气压计　3—电磁阀　4—温控仪
5—N_2 喷口　6—CO_2 喷口　7—风扇　8—温度传
感器　9—冷处理室　10—安全开关　11—电磁阀
12—气压计　13—过滤器　14—液态 CO_2

3. 低温冰箱冷处理装置　对 −18℃ 的冷处理，可用普通的冰箱进行处理。

4. 低温空气冷处理装置　图 9-99 所示为用空气作制冷剂的制冷装置流程。制冷温度可达 −107℃。

9.15.4　低温低压箱冷处理装置

此种低温低压箱有较高的真空度和较低的温度。箱体采用内侧隔热，箱内有一铝板或不锈钢板制作的工作室。箱内设有轴流式风机和在空气通道中装有加热器，作高温试验工况时用。门框间安有密封垫片，为防冻结，在垫片下设有小功率电热器。图 9-100 所示为低温低压箱结构。其容积较小，可达 −80 ~ −120℃ 低温。常用低温低压箱的技术参数如表 9-14 所示。

9.15.5　深冷处理设备

深冷处理又称超低温处理，是指在 −130℃ 以下对材料进行处理的一种方法。它是常规冷处理的一种延伸，可以提高多种金属材料的力学性能和使用寿命。深冷处理通常采用液氮来制冷，也有采用压缩空气来制冷的。对于液氮制冷，主要分为液体法和气体法，液体法即将工件直接浸入液氮中。一般认为，液体法具有热冲击大的缺点，有时甚至造成工件开裂，故一般采用气体法，即利用液氮汽化潜热及低温氮气吸热来制冷。

深冷处理设备的主要技术参数如下：

（1）控温范围：−196 ~ 40℃。

（2）降温速率：0 ~ 60℃/min。

（3）控温精度：±2℃。

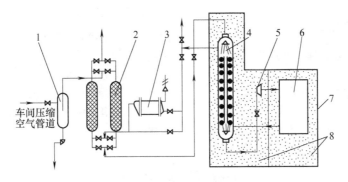

图9-99　空气制冷剂制冷装置流程

1—油水分离　2—干燥器　3—电加热器　4—绕管式换热器　5—透
平膨胀机　6—零件处理保温箱　7—冷箱　8—保温材料（珠光砂）

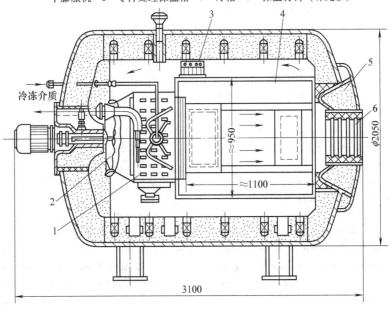

图9-100　低温低压箱结构

1—冷风机　2—风扇　3—加热器　4—冷冻室　5—门框　6—带观察窗的门

表9-14　常用低温低压箱的技术参数

型　号	制冷室尺寸 （长×宽×高） /cm×cm×cm	控制温度范围 /℃	最低温度 /℃	功率 /kW	制冷介质	重量 /kg
D60-120	50×40×60（0.12m³）	-（60±2.5）～-30	-60	1.1×2	F-22、F-13	550
D60/0.6	151×80×50（0.5m³）	-60±2	-60	4	F-22、F-13	1000
D60/1.0	110×97.5×97.5（1.0m³）	-60±2	-60	4	F-22、F-13	1200
D02/80	60×70×47.5（≈0.2m³）	-80±2	-80	4	F-22、F-13	—
D-8/0.2	53×53×70（0.2m³）	-80±2	-80	4	F-22、F-13	750
D-8/0.4	80×71.5×71.5（0.4m³）	-80±2	-80	4	F-22、F-13	910
D-8/25	0.25m³	-80±2	-80	4	F-22、F-13	700
GD5-1	100×95×100	-（50±2）～+70	-50	3×2	F-22、F-13	1350
GD7-0.4	70×70×80	-（70±2）～+80	-70	6	F-22、F-13	1000
LD-0.1/12	35×60×45（≈0.1m³）	-120～-80	-120	7	F-22、F-13、F-14	1000

9.15.6 冷处理负荷和安全要求

1. 冷处理负荷 在制冷室内处理的冷负荷由如下三部分组成：

（1）冷处理件降温放出的热量。

（2）由制冷装置外壁传入的热量。

（3）由通风或开门造成外界空气进入工作室带入的热量。

2. 制冷机制冷量 选用的制冷装置的制冷量必须与冷处理的冷负荷平衡，制冷室才能维持冷处理温度。

3. 冷处理的安全

（1）必须防止制冷剂的泄漏。

（2）设备上要有避免人身体受到制冷剂伤害的装置。

参 考 文 献

[1] 美国金属学会. 金属手册：第 4 卷[M]. 北京：机械工业出版社，1988.

[2] 日本热处理技术协会. 试验与设备[M]. 东京：日刊工业新闻社，1970.

[3] 孟繁杰，黄国靖. 热处理设备[M]. 北京：机械工业出版社，1988.

[4] Totten G E, Bates C E, Clinton. Handbook of Quenchants and Quenching Technology[M]. ASM International, Materials Park, OH. 1993.

[5] Bates C E, Totten G E, Brennan R L. Quenching of Steel//ASM Handbook：vol. 4[M]. Heat Treating, ASM International, 1991.

[6] Totten G E, Lally K S. Proper Agitation Dictates Quench Success[J]. Heat Treating, 1992 (9)：12-17.

[7] Totten G E, Howes. M A H. Steel Heat Treatment Handbook[M]. New York：Marcel Dekker, Inc, 1997.

[8] Nailu Chen, Bo Liao, Jiansheng Pan, et al. Improvement of the Flow Rate Distribution in Quench Tank by Measurement and Computer Simulation [J]. Materials Letters, 2006, 60(6)：1659-1664.

[9] Tensi H M, et al. Proposal to Monitor Agitation of Production Quench Tanks[C]//17th ASM Heat Treating Society Conference Proceeding Including the 1st International Induction Heat Treating Symposium. Indianpolis, Indiana, USA, 1998.

[10] Edenhofer B. An overview of advances in atmosphere and vacuum heat treatment[J]. Heat Treatment of Metals, 1998, 25(4)：79-85.

[11] 全国热处理标准化技术委员会. JB/T 10457—2004 液态淬火冷却设备 技术条件[S]. 北京：机械工业出版社，2004.

[12] 全国热处理标准化技术委员会. GB 15735—2004 金属热处理生产过程安全卫生要求[S]. 北京：中国标准出版社，2004.

[13] Aronov M A, Kobasko N I, Powell J A. Application of Intensive Quenching Methods for Steel Parts [C]//Proceeding of The 2001 Heat Treating Conference. Indianapolis, Indiana, USA, 2001.

[14] Tensi H M, Totten G E, Webster G M. Proposal to Monitor Agitation of Production Quench Tanks[C]//17th Heat Treating Society Conference Proceedings Including the 1st International Induction Heat Treating Symposium. ASM International. Materials Park, OH, 1997.

第10章 热处理辅助设备

上海汽车研究所 朱伯阳

江苏丰东热技术股份有限公司

10.1 可控气氛发生装置

10.1.1 吸热式气氛发生装置

吸热式气氛广泛地应用于渗碳、碳氮共渗等化学热处理，以及碳钢和合金钢的光亮淬火等方面。

根据制备吸热式气体的供热方式及反应管安置形式，常把制备吸热式气氛发生装置分成如下三类：在工作炉外发生装置、在工作炉内发生装置和内置式发生装置。在工作炉外发生装置是指另设独立加热炉，以供应反应管热量的发生装置。在工作炉内发生装置是指将原料气与空气按一定混合比直接送入工作炉内裂解和反应，或碳氢化合物有机液体直接输入工作炉内的发生装置。内置式发生装置是将反应管安装在工作炉内，反应管从炉顶插入，裂化气从反应管下部输出进入工作炉，此装置常设有独立加热装置。

10.1.1.1 吸热式气氛发生原理及产气量计算

吸热式气氛一般是将原料气与空气按一定比例（理论上碳、氧原子比应为1）混合后，送入由外部供热的反应管中，常在催化剂作用下，进行裂解和不完全燃烧反应，所形成的气氛，再经迅速冷却而制成。

1. 化学反应 产气过程的化学反应分为两步进行。第一步是放热反应，即原料气燃烧生成 CO_2 和 H_2O；第二步是吸热反应，即剩余的原料气与 CO_2 和 H_2O 作用，生成 CO 和 H_2。以丙烷为例，其反应如下：

第一步 $3C_3H_8 + 15(O_2 + 3.76N_2) \longrightarrow$

$$9CO_2 + 12H_2O + 56.4N_2 + Q_1 \qquad (10\text{-}1)$$

第二步 $7C_3H_8 + 9CO_2 + 12H_2O \longrightarrow$

$$30CO + 40H_2 - Q_2 \qquad (10\text{-}2)$$

总反应式为 $2C_3H_8 + 3O_2 + 3 \times 3.76N_2 \longrightarrow$

$$6CO + 8H_2 + 3 \times 3.76N_2 + Q_3 \qquad (10\text{-}3)$$

在反应管的下部按式（10-1）进行放热反应（燃烧反应），在反应管加热区的上面则按式（10-2）进行吸热反应，而总反应式（10-3）为放热反应。由于仅靠此放热反应所产生的热量不足以维持吸热反应区的高温，所以仍需从外部供给热量。

制取吸热式气氛所用原料气，多数属于烃类，对于不饱和烃总反应式为

$$C_nH_{2n} + \frac{1}{2}nO_2 + 3.76 \times \frac{1}{2}nN_2 \longrightarrow$$

$$nCO + nH_2 + 3.76 \times \frac{1}{2}nN_2 + Q_4 \qquad (10\text{-}4)$$

对于饱和烃总反应式可写为

$$C_nH_{2(n+1)} + \frac{1}{2}nO_2 + 3.76 \times \frac{1}{2}nN_2 \longrightarrow$$

$$nCO + (n+1)H_2 + 3.76 \times \frac{1}{2}nN_2 + Q_5$$

$$(10\text{-}5)$$

必须指出，反应式是热力学的描述，而不是产气过程动力学的描述。但通过反应式可以找出反应物的理论混合比、产气倍数和理论产气组分等。

2. 混合比 混合比是指空气和原料气体积混合的比例。由式（10-4）和式（10-5）可知，1摩尔体积的原料气与 $\frac{1}{2}n$ 摩尔体积的空气混合，才能制得需要的吸热式气氛，所需混合比为

$$空气 : 原料气 = \frac{1}{2}n(1 + 3.76) : 1 \qquad (10\text{-}6)$$

3. 产气倍数 所谓产气倍数就是单位体积的原料气与所产生的吸热式气氛的体积之比。根据式（10-4）可知：

$$不饱和烃的产气倍数 = \frac{n + n + 3.76 \times \frac{1}{2}n}{1}$$

$$= 3.88n \qquad (10\text{-}7)$$

根据式（10-5）得

$$饱和烃的产气倍数 = \frac{n + (n+1) + 3.76 \times \frac{1}{2}n}{1}$$

$$= 3.88n + 1 \qquad (10\text{-}8)$$

4. 产气组分 产气组分是指制备的吸热式气氛组分的体积分数。

产气过程是一个复杂的动力学反应过程，有原料气的裂解、聚合以及水煤气反应等多种反应，因而吸热式气氛产气组分除了主要组分 CO、H_2、N_2 等外，

还有少量其他组分，如 CH_4、C_nH_{2n}、H_2O、CO_2 等。

吸热式气氛组分的理论计算可简化为如下两式。以丙烷为例：

$$C_3H_8 + aO_2 + a \times 3.76N_2 \longrightarrow$$
$$bCO + cH_2 + dCO_2 + CH_2O + a \times 3.76N_2 \quad (10\text{-}9)$$
$$H_2 + CO_2 \Longleftrightarrow CO + H_2O \quad\quad (10\text{-}10)$$

根据式（10-9）可分别列出碳、氢和氧三个物质平衡方程，根据式（10-10）平衡常数，可列出第四个方程。利用这四个方程，就可求出吸热式气氛中各组分的体积分数。

原料气为不饱和烃且略去 CO_2、H_2O 含量时，利用式（10-4）可得

$$CO = \frac{n}{3.88n} \times 100\% = 25.8\%$$

$$H_2 = \frac{n}{3.88n} \times 100\% = 25.8\%$$

$$N_2 = \frac{1.88n}{3.88n} \times 100\% = 48.4\%$$

原料气为饱和烃时，其产气组分的体积分数，利用式（10-5）可得

$$CO = \frac{n}{n + (n+1) + 3.76 \times \frac{1}{2}n} \times 100\%$$

$$= \frac{n}{3.88n + 1} \times 100\%$$

$$H_2 = \frac{n+1}{3.88n + 1} \times 100\%$$

$$N_2 = \frac{1.88n}{3.88n + 1} \times 100\%$$

5. 1kg 原料气的产气量　1kmol 分子丙烷气的质量为 44kg，在标准状态下，1kmol 分子气体体积为 $22.4m^3$，利用式（10-8），则有：

$$1kg\ 丙烷气的产气量 = \frac{22.4}{44} \times 12.64m^3$$
$$= 6.41m^3$$

表 10-1 列出了几种不同原料气的产气特性。

表 10-1　几种不同原料气的产气特性

原 料 气	混 合 比	产气倍数	1kg 原料气产气量[①]	1kg 原料气需空气量[①]	吸热式气氛组分（体积分数）（%）						
	空气/原料气	产气/原料气	/m^3	/m^3	CO_2	O_2	CO	H_2	CH_4	H_2O	N_2
甲烷（CH_4）	2.38	4.88	6.89	3.33	0.5	0	20	41	0.5	0.5	余
丙烷（C_3H_8）	7.14	12.64	6.41	3.64	0.5	0	24	31	0.5	0.5	余
丁烷（C_4H_{10}）	9.52	16.52	6.38	3.68	0.5	0	24.5	30	0.5	0.5	余

①　指标准状态下的体积。

10.1.1.2　炉外发生装置

图 10-1 所示为 $20m^3/h$ 吸热式气氛发生装置的流程图。空气被罗茨增压泵吸入管路，原料气由储气罐流入管路。空气和原料气分别经各自的针阀和流量计，按一定的比例流入混合器，在罗茨增压泵作用下充分混合。混合气在装有催化剂的反应管中反应，高温反应气体经冷却器急速冷却到 300℃以下，以固定产气组分，制成吸热式气氛。

1. 结构　炉外发生装置的结构如下：

1）气体发生部分。该部分由加热炉、装有催化剂的反应管和冷却器等组成。

2）原料气汽化和原料气与空气混合系统。该系统一般由蒸发器、温度控制器、压力表、安全阀、减压阀、流量计、零压阀、比例混合器和罗茨增压泵等组成。

3）产气量控制部分。该部分一般由循环阀、放散阀和三通阀组成。

4）安全控制装置。该装置由安全阀、原料气电

磁阀、单向阀、防回火截止阀和防爆头等组成。

5）控制部分。该部分一般由电气控制装置、控温仪表和炉气分析控制装置等组成。

2. 主要部件和功能

1）发生炉。发生炉一般由炉壳、炉衬、反应管、冷却器和加热元件等组成。

反应管有直管式、套管式和弯管式之分。直管式又有单管式或多管式等形式。图 10-2 所示为催化剂在直管式和套管式反应管内的填充位置。

反应管的直径和高度应适当。反应管过粗会造成反应管截面温度不均匀，反应不完全；过细会减少产气量。反应管高度过高，制造困难；高度过低，气体行程太短，反应不完全。反应管直径一般不超过 230mm。为增加产气量，可适当增加反应管高度，或采用两个或多个反应管。表 10-2、表 10-3 为国内外发生炉产气量与反应管常用尺寸。

吸热型气氛常用镍基催化剂，其空速一般在 500～800/h 范围内。催化剂的空速是指在一定温度

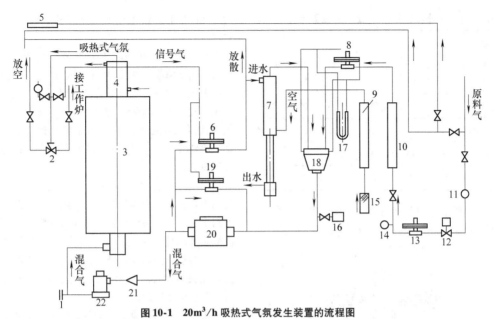

图 10-1　20m³/h 吸热式气氛发生装置的流程图

1—防爆头　2—三通阀　3—反应管　4—冷却器　5—引燃器　6—放散阀　7—恒湿器　8—零压阀　9—空气流量计
10—原料气流量计　11—原料气过滤器　12—电磁阀　13—减压阀　14—压力计　15—空气过滤器　16—二次空气电动阀
17—U 形压差计　18—混合器　19—旁通阀　20—罗茨泵　21—单向阀　22—防回火截止阀

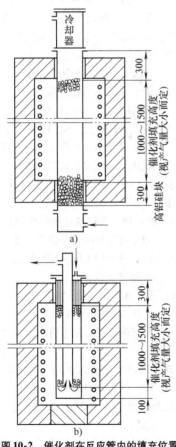

图 10-2　催化剂在反应管内的填充位置

a) 直管式　b) 套管式

下, 一定体积的原料气和空气的混合气体, 通过一定体积催化剂, 在反应后气体中的 CO_2 的含量不大于 0.2% (体积分数), 碳氢化合物不大于 0.6% (体积分数) 时, 单位时间内混合气体的流量与催化剂体积之比。

2) 冷却器。冷却器的作用是使反应后的高温气体急速冷却到 300 ℃ 以下, 防止在 704 ~ 482 ℃ 范围内发生如下反应:

$$2CO \longrightarrow CO_2 + [C]$$

表 10-2　国内发生炉产气量及反应管尺寸

发生炉产气量 /(m³/h)	15	20	25
管外径/mm	φ164	φ184 φ150	φ200
管高度/mm	1000	1000 1500	1200
壁厚/mm	8	8 8	10
个　数	1	1 1	1

发生炉产气量 /(m³/h)	35	70	100
管外径/mm	φ200	φ200	φ200
管高度/mm	1500	1500	1500
壁厚/mm	13	13	13
个　数	1	2	3

表 10-3　国外发生炉产气量及反应管尺寸

发生炉产气量/(m³/h)	8	14	23	35	70	100
管外径/mm	φ180	φ180	φ230	φ230	φ230	φ230
管长度/mm			1620	1920	1920	1920
壁厚/mm	13	13	13	13	13	13
个数	1	1	1	1	2	3

图 10-3 所示冷却器是列管式结构。管子直径一般为 φ20～φ35mm，气体在管内流速一般为 8～25m/s。

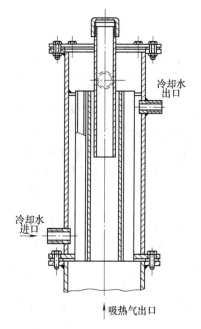

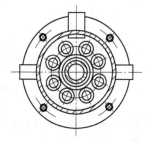

图 10-3　冷却器结构

3）混合器。图 10-4 所示为比例混合器结构。由手轮调节空气和原料气进入混合室的孔口面积比例。

4）增压泵。常采用罗茨增压泵，其作用是使混合气体均匀混合，并增压到 4.5～5.5kPa。当储罐压力达 70kPa 时，将停止增压泵工作，并切断原料气供气。

5）零压阀。图 10-5 所示为零压阀结构。空气的压力作用于薄膜上方，原料气的压力作用于薄膜下方。当两者压力相等时薄膜不动；当两者有压力差时，薄膜向压力较小的一侧移动，使压力较小一方的气体流量增加，以增大该侧压力，直到压力差接近于零为止，从而保证了原料气和空气混合比例稳定，两种气体的压力差不大于 30Pa。

6）旁通阀。旁通阀有重锤式和弹簧式。图 10-6 所示为重锤式旁通阀结构。旁通阀装在罗茨增压泵的旁路上，它以反应管出口气体压力作为信号压力，用改变重锤的位置来调节信号压力与旁通压力的平衡点。当旁通压力为额定产气量的出口压力时，旁通阀门处在关闭状态。当信号压力增大将使薄膜向下运行，开启旁通阀门。

由于罗茨增压泵是定量泵，当用气量减少，而增压泵仍继续以定速旋转时，将使管路的压力增大，信号压力增高，导致旁通阀门开启，维持出口压力稳定，自动调节供气量和保护增压泵正常工作。

7）放散阀。放散阀以反应管出口压力作为信号压力。调节上调节螺钉位置，使放散阀在信号压力小于预定放散压力时，处在闭合状态。

放散阀作用是，当工作炉用气量小于发生炉额定产气量的 1/3 时，放散阀起排气作用，但仍有足够的混合气通过比例混合器，以保证比例混合器正常工作。放散阀与旁通阀配合工作，可防止爆炸事故发生，如果单靠旁通阀调节，混合气体一直在旁通系统中循环，有可能因增压泵发热而引起爆炸。依靠旁通阀和放散阀的自动调节，使气体出口压力维持在 3.5kPa 左右。

8）火焰逆止阀。火焰逆止阀的作用是在混合气发生回火时，双金属片发热向外张开，支持在双金属片上的阀杆下落，使阀门关闭，切断气路，并带动微动开关触点，使泵停止运转。

9）减压阀。其作用是稳定原料气压力，第一次减压到 70kPa，第二次减压到 4.5kPa。

10）空气湿度调节器。其作用是维持空气有稳定的湿度。

3. 吸热式气体发生装置系列　我国机械行业标准中，QX 系列吸热式气体发生装置的最小规格为 10m³/h，其余规格是先按 10m³/h 递增，到 40m³/h 以后按 20m³/h 递增。

日本中外炉株式会社、美国易卜生公司生产的吸热式气氛发生器的技术参数见表 10-4 和表 10-5。

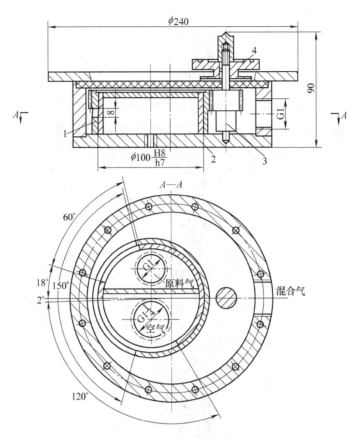

图 10-4　比例混合器结构
1—齿套　2—壳体　3—齿轮　4—调节手轮

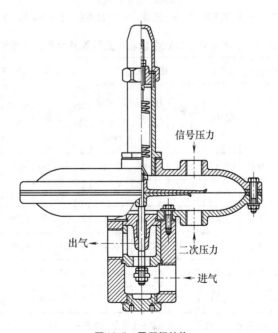

图 10-5　零压阀结构

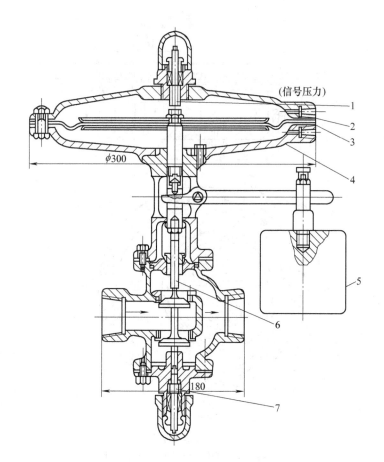

图 10-6　旁通阀结构

1—上调节螺钉　2—上薄膜室　3、6—薄膜　4—下薄膜室　5—平衡锤　7—下调节螺钉

表 10-4　日本中外炉株式会社吸热式气氛发生器的技术参数

型号	额定产气量/ (m³/h)	反应罐数	原料气耗量/(m³/h)			燃料消耗			烧嘴数	电　耗/kW			变压器 /kVA (个×相)	冷却水 (27℃) /(L/h)
			CH₄	C₃H₈	C₄H₁₀	轻油/ (L/h)	引燃气 /(kJ/ h)	压缩空气/(m³/ min)		加热	鼓风机	仪表		
RX-8	8	1	1.6	0.7	0.5	2~4	17585	0.2	2	10~20	0.4	1.0	25(1×1)	500
RX14	14	1	2.8	1.1	0.8	3~4	17585	0.2	2	16~25	0.4	1.0	30(1×1)	500
RX-23	23	1	4.6	1.8	1.4	4~8	29300	0.4	4	20~35	0.75	1.0	45(1×1)	1000
RX35	35	1	7.0	2.8	2.0	5~8	29300	0.4	4	25~98	0.75	1.0	20(3×3)	1200
RX70	70	2	14.0	5.6	4.0	7~12	41030	0.55	6	37~48	1.5	1.0	20(3×3)	2100
RX-100	100	3	20.0	3.2	6.3	12~18	41030	1.0	6	57~68	1.5	1.0	25(3×3)	3000

注：原料气用其中任一种，燃油与电加热用其一，压缩空气压力为 550~700kPa，只用于燃油。

表 10-5　美国易卜生公司吸热式气氛发生器的技术参数

型　号	额定产气量/(m³/h)	外形尺寸/mm			原料气消耗		电　耗				总　重/kg
		宽	长	高	天然气/(m³/h)	丙烷/(kg/h)	气体加热/kW	电加热/kW	电动机/kV·A	水/(L/h)	
G350	3~10	1100	1500	2500	0.7~2.3	0.5~1.5	35	6	0.5	100	950
G750	7~21	1200	1700	2650	1.6~4.8	1.1~3.3	50	10	1.5	200	1100
G1000	10~30	1200	1700	2650	1.6~6.9	1.1~4.8	50	10	1.5	300	1100
G1500	14~42	1350	1750	2750	3.2~9.6	2.2~6.6	75	20	1.5	400	1500
G2000	20~60	1350	1750	2750	3.2~13.8	2.2~9.6	75	20	1.5	600	1500
G3000	28~84	1850	1750	3000	3.2~19.2	2.2~13.2	150	40	2.5	800	2700
G4000	40~120	1850	1750	3000	3.2~27.6	2.2~19.2	150	40	2.5	1200	2700

注：气体体积均为标准状态。

4. 控制系统　用露点仪或红外分析仪或氧探头作测量吸热式气氛组分的传感器，经微机控制系统调节空气量，使产气组分达到设定的要求。图 10-7 所示为以丙烷作原料气的吸热式气氛发生器产气量自动调节微机控制系统。

10.1.1.3　炉内裂解发生装置

这种装置是直接将原料气体或液体，通过各种阀门和流量计输入炉内。原料气（或液剂）的输入有两种方法，一种是根据炉内气氛碳势要求，预先配制所需的原料气（或液剂）；另一种是炉气碳势自动调节方法。

1. 预先配制原料气（或液剂）　例如，把一定量甲醇与氮气配制成载气，用一定量丙烷或丙酮作富化气，调节炉气到碳势设定值。甲醇常由氮气带入，但在生产中常因氮气压力的波动而引起甲醇供给的波动，造成炉气氛碳势的不稳定，因此应有稳压氮气的装置。此外，甲醇、氮气的纯度也会影响气氛的碳势。

英国 BOC 公司 Endomix 气氛的应用和组成见表 10-6。

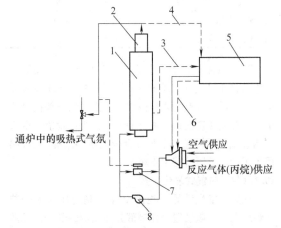

图 10-7　吸热式气氛发生器产气量
自动调节微机控制系统
1—反应罐　2—冷却器　3—反应罐温度　4—氧
分析　5—微机控制系统　6—空气原料气比
例控制　7—压力调节器　8—泵

日本东方工程公司 Unicdrb 滴注法有机液剂的应用和配制，见表 10-7。

表 10-6　Endomix 气氛的应用和组成

应用范围	名　称	炉气成分(体积分数)(%)			
		CO	N₂	H₂	氨气/甲醇(/氨气或 H₂O)
渗碳	Endomix17	17	49	34	50/50
碳氮共渗	Endomix17	17	49	34	50/50
碳氮共渗	Endomix13	13	41	26	40/40(/20,氨气)
脱碳	Endomix11	11	55	30	50/37(/13,H₂O)
淬火	Endomix10	10	70	20	70/30
淬火	Endomix20	20	40	40	40/60
钎焊	Endomix5	5	85	10	85/15
烧结	Endomix5	5	85	10	85/15
退火	Endomix20	20	40	40	40/60
	Endomix5	5	85	10	85/15
	Endomix10	10	70	20	70/30

表10-7　Unicdrb滴注法有机液剂的应用和配制

应 用 范 围	名　　称	配制成分组成（体积分数）（%）				
		甲醇	甲苯	丙酮	三甲醛甲酰胺	水
扩散、光亮淬火	U-1	100				
弱渗碳、光亮淬火	U-2	90		10		
普通渗碳	U-3	95.5	4.5			
强力渗碳	U-4	94	6			
超强力渗碳	U-5	91.5	8.5			
超强力渗碳（碳钢用）	U-6	87	13			
碳氮共渗（700~780℃）	U-N₁	92			8	
碳氮共渗（780~850℃）	U-N₂	86	6		8	
碳氮共渗（850~920℃）	U-N₃	89.5			10.5	
扩散、光亮淬火	U-01	97				3
扩散、光亮淬火	U-02	90				10

2. 炉气碳势自动调节方法　炉气碳势自动调节方法是将原料气（或有机液剂）与空气经过混合器均匀混合后，直接送入炉内裂解，由气氛碳势控制系统自动控制两者比例，通常原料气作为固定值，空气作调节气。原料气与空气设有旁通管路系统，主管路用于粗调，旁通管路用于精调。

10.1.1.4　内置式发生装置

内置式发生装置（见图10-8）是将反应罐安装在炉膛上部，该装置分控制部分和反应炉部分，见图10-9。

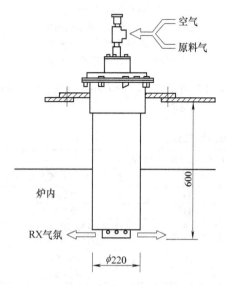

图10-8　内置式发生装置示意图

控制部分由温度控制装置、环形鼓风机、比例混合装置、安全阀和压力开关等组成。

反应炉部分由加热炉、双重套管的反应管和加热

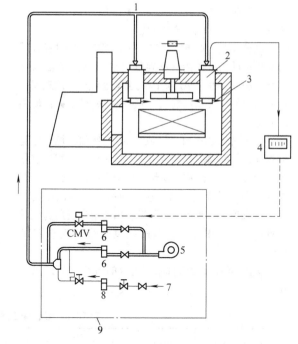

图10-9　内置发生装置在密封箱
式炉上应用的示意图

1—混合气体　2—反应罐　3—吸热式气氛
4—气体分析仪　5—送风机　6—空气流量计
7—原料气　8—原料气流量计　9—控制柜

器组成。内管填充以陶瓷纤维为载体的催化剂，它增大了催化面积，加速催化反应。产气量比一般催化剂要高4~5倍。气体裂解温度也较低，在950℃以上。在双重套管间隔中设有加热器，管外面用耐火材料保温。

内置式气氛发生装置的技术数据见表10-8。

表 10-8　内置式气氛发生装置的技术数据

发生机型号	反应罐型号	反应罐数	RX 气体发生量 /(m³/h)	天然气 消耗量 /(m³/h)	电耗/kW			
					加热器 常　用	加热器 设备容量	鼓风机	控制装置
CRG-RC-10	S·T·D	1	10	1.7	3.0	3.5	0.85 (1.3)	0.5
CRG-RC-12	LONG	1	12	2.1	3.5	4.0	0.85 (1.3)	0.5
CRG-RC-20	S·T·D	2	20	3.5	6.0	7.0	0.85 (1.3)	0.5
CRG-RC-24	LONG	2	24	4.2	7.0	8.0	0.85 (1.3)	0.5
CRG-RC-30	S·T·D	3	30	5.2	9.0	10.5	0.85 (1.3)	0.5
CRG-RC-36	LONG	3	36	6.2	10.5	12.0	0.85 (1.3)	0.5
CRG-RC-40	S·T·D	4	40	6.9	12.0	14.0	0.85 (1.3)	0.5
CRG-RC-48	LONG	4	48	8.3	14.0	18.0	0.85 (1.3)	0.5

注：1. 电耗中的"加热器常用"因设备的工作状态而变动。

　　2. 原料气按 0.5kg/m³ 计算。

　　3. 括号内数值表示的是 50Hz 的状况，括号外的指 60Hz 时的数值。

　　4. 电压为 380V±10V，50Hz。

　　5. 气体体积均为标准状态。

10.1.1.5　可控气氛的用量

可控气氛的用量与炉子类型、炉膛及前室容积、生产率、炉子气密性、炉门开启次数和炉内气氛要求（碳势、压力）等因素有关，设计时多采用经验指标。根据国内各厂使用情况，密封箱式多用炉，每小时可控气氛的用量为炉膛容积的 3~8 倍，每小时换气次数 5~8 次；推杆式连续炉为 2~4 次；氮基气氛与吸热式气氛的成分相似，但通气量要少得多。井式渗碳炉的换气次数为 1~2 次。

1. 管式炉吸热式气氛用量计算　对水平装置的管式炉，设零压线在管底部，管一端开启时的耗量：

$$Q = \frac{8}{15} u \sqrt{2g \frac{\rho_K - \rho}{\rho}} D^2 \sqrt{D}$$

式中　Q——耗气量（m³/s）（标准状态，以下同）；

　　　u——排气系数，试验数据 $u = 0.9$；

　　　g——重力加速度，$g = 9.8 \text{m/s}^2$；

　　　ρ_K——空气密度（kg/m³），$\rho_K = 1.293 \text{kg/m}^3$；

　　　ρ——气氛密度（kg/m³），$\rho = 0.8 \text{kg/m}^3$；

　　　D——炉管口有效直径（m）。

管两端开启时，总耗气量应为两端开口耗气量之和。

2. 输送带式炉和振底式炉耗气量计算　对炉口经常敞开操作、无火帘的输送带式炉和振底式炉以及同类的环形炉，其耗气量为

$$Q = \frac{2}{3} \sqrt{\frac{1}{3}} BH\Phi \sqrt{2gH \frac{\rho_K - \rho}{\rho}}$$

式中　Q——耗气量（m³/s）；

　　　B——炉口开启宽度（m）；

　　　H——炉口开启高度（m）；

　　　Φ——阻力系数，取 $\Phi = 0.9$；

　　　ρ_K——周围空气密度（kg/m³）；

　　　ρ——气氛密度（kg/m³）。

3. 密封式间断操作的室式、台车式和井式炉耗气量计算　实际耗气量按下列经验公式计算：

$$Q = \frac{4.5}{t} V$$

式中　Q——耗气量（m³/h）；

　　　t——炉内气氛均化所需时间，即炉内被加热工件温度不超过 560 ℃时，炉内碳势应达到规定值所需时间（h）；

　　　V——炉膛容积（m³）。

10.1.1.6　吸热式气氛发生装置分析

对吸热式气氛发生装置的技术、经济指标作综合分析如下:

(1) 可控气氛产气成本比较。生产 $1m^3$ 可控气氛成本,由低到高排列如下:炉气碳势自动调节装置→内置式发生装置→炉外发生装置→氮/甲醇炉内发生装置→氮/甲醇炉外发生装置→滴注式装置。

(2) 设备投资比较。由低到高排列如下:滴注式装置→氮/甲醇炉内发生装置→氮甲醇炉外发生装置→工作炉外发生装置→内置式发生装置→炉气碳势自动调节装置。

(3) 各种装置的特点。炉外发生装置产气稳定,适合大规模生产;内置式发生装置节省能源和发生装置安装场地,产气速度与工作炉同步;滴注式和氮/甲醇发生装置结构简单,操作方便,可控气氛应用范围随需要变更,适用范围广,适合小批量生产;炉气碳势自动调节装置,原料气消耗少,节省能源,渗碳浓度可控。

10.1.2　放热式气氛发生装置

10.1.2.1　放热式气氛发生原理及应用

放热式气氛是将原料气和空气按一定比例混合,进行不完全燃烧,并经冷凝、除水后得到的气体。

不完全燃烧的化学反应过程大体上分成两步:

第一步为原料气和空气混合进行完全燃烧,即
$$2C_3H_8 + 10(O_2 + 3.76N_2) \longrightarrow$$
$$6CO_2 + 8H_2O + 37.6N_2 + Q_1$$

第二步为剩余的原料气与部分完全燃烧产物进行反应,即
$$C_3H_8 + 1.5CO_2 + 1.5H_2O \longrightarrow$$
$$4.5CO + 5.5H_2 - Q_2$$

上述两反应的总热效应为放热效应。当空气与原料气的混合比在某一范围以上时,不完全燃烧反应放出的热量,可维持反应罐高温,使燃烧反应能正常进行。

必须指出,上述反应的产气组分是在特定温度和特定的混合比下获得的;温度和混合比改变,其产气组分的比例也相应改变。制取放热式气氛的化学反应通式为
$$C_3H_8 + x(O_2 + 3.76N_2) \longrightarrow aCO_2 + bCO +$$
$$cH_2O + dH_2 + x3.76N_2 + Q \qquad (10-11)$$

式中的系数 a、b、c、d 的值取决于燃烧室温度和空气与丙烷气的混合比,而系数 x 的值只取决于混合比。混合比的低限有一定限度,空气量过低,整个燃烧反应将不能进行。混合比上限为所形成气氛的 CO_2 和 H_2O 的含量不能引起处理件脱碳。

根据混合比的大小,放热式气氛可分成浓型和淡型两种。

10.1.2.2　放热式气氛组成的计算

放热式气氛的组成,理论上可根据燃烧反应式(10-11)的物质平衡和水煤气反应平衡常数来计算,主要决定于原料气的成分和空气与原料气的混合比。

表 10-9 所示为放热式气氛燃烧反应计算数据。表 10-10 所示为催化剂对放热式气氛成分的影响。

图 10-10 所示为完全燃烧程度和产气成分的关系。

表 10-9　放热式气氛燃烧反应计算数据

项　目		浓　　型			淡　　型			
		甲　烷	丙　烷	丁　烷	甲　烷	丙　烷	丁　烷	酒　精
完全燃烧时所需空气量/m³		9.5	23.8	30.9	9.5	23.8	30.9	14.28
(1)不完全燃烧时空气与原料气之混合比		4.76	12.7	16.66	8.63	21.72	28.26	13.33
(2)相应的完全燃烧程度 a		0.5	0.534	0.538	0.908	0.913	0.915	0.933
燃烧前混合气体量/m³		5.76	13.7	17.66	9.63	22.72	29.26	14.33
燃烧产物气体量/m³		6.76	17.03	22.16	9.82	24.16	31.3	15.53
除去水分后所得放热式气氛量/m³		6.09	15.69	20.49	8.07	20.66	26.95	12.73
燃烧前后气体体积比		1.17	1.24	1.25	1.02	1.06	1.07	1.08
每立方米放热式气氛原料气耗量	m³	0.164	0.064	0.049	0.124	0.048	0.037	0.079
	kg		0.121	0.124		0.091	0.094	0.163
计算的气氛组成(体积分数)(%)	CO	9.90 / 10.90	11.7 / 12.74	12.35 / 13.25	1.27 / 1.55	1.55 / 1.82	1.60 / 1.86	1.29 / 1.58
	CO₂	4.93 / 5.40	5.87 / 6.37	6.17 / 6.63	8.91 / 10.84	10.88 / 12.70	11.18 / 13.0	11.60 / 14.13
	H₂	19.80 / 21.80	15.65 / 17.00	15.40 / 16.50	2.55 / 3.10	2.07 / 2.42	2.00 / 2.33	1.29 / 1.58

（续）

项　目		浓　型			淡　型			
		甲烷	丙烷	丁烷	甲烷	丙烷	丁烷	酒精
计算的气氛组成（体积分数）（%）	H_2O	9.9/0	7.83/0	7.7/0	17.82/0	14.5/0	13.98/0	18.0/0
	N_2	55.47/61.9	58.95/63.89	58.95/63.89	69.95/84.51	71.00/83.06	77.24/82.80	67.82/82.71

注：1. 表中数据均按 1m³ 标准状态原料气计算。
　　2. 计算的气氛组成，分子为燃烧后未除水值，分母为除水后的值。

表 10-10　催化剂对放热式气氛成分的影响

催化剂	气氛组成（体积分数）（%）				
	CO	H_2	CO_2	CH_4	N_2
无	15.7	27.9	2.0	7.1	47.3
有	20.3	39.6	0	0.7	39.4

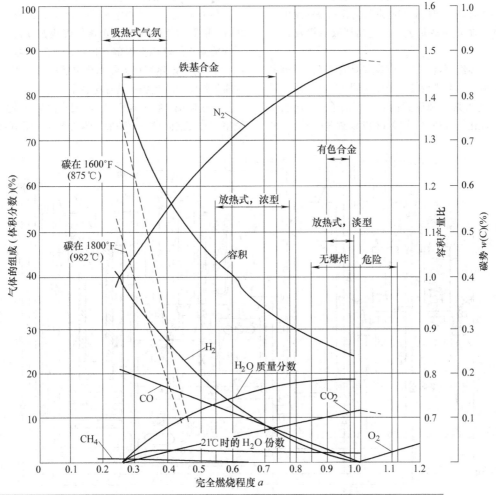

可燃气热值		混合比：空气/原料气					
kJ/m³	kcal/m³						
19678	4700	0.94	1.88	2.82	3.76	4.7	5.64
38390	9170	2.0	4.1	6.2	8.2	10.3	12.4
95040	22700	4.8	9.6	14.4	19.2	24.0	28.8

图 10-10　完全燃烧程度和产气成分的关系

10.1.2.3　放热式气氛发生装置

放热式气氛发生装置由原料气管路系统、空气管路系统、燃烧室、冷凝器、脱硫器和干燥器等组成。图 10-11 和图 10-12 所示为两种常见的放热式气氛制备流程。

1. 放热式气氛制备流程　如图 10-11 所示，原料气经流量计、零压阀进入比例混合器；空气经过滤器、流量计也进入比例混合器。在比例混合器混合后的气体被吸入罗茨鼓风机。图 10-12 所示的流程较为简单，没有零压阀和比例混合器，其原料气和空气的比例是通过针阀调整的。

混合气经罗茨增压泵进一步混合后，经单向阀送至电热式点火器和带水冷套的烧嘴，使混合气体在燃烧室内点火燃烧。单向阀和防爆头的作用是在发生爆炸或回火时防止事故扩大，以免损坏鼓风机及管路附件。

混合气体经燃烧后，在燃烧室周围的环形通道中被冷却到常温，并进行气水分离（图 10-12 的冷凝器和气水分离器是单独设置的）；然后被送入到脱硫器，除去硫化氢气体（图 10-12 没设置脱硫器）；再

经三通旋塞进入干燥器进一步除水，则得所需的放热式气氛。

管道系统中设有一根放散管和两根放空管。放散管在点火时将大部分的混合气体排到大气中烧掉，只让少量混合气经电热塞点火器，被点成一个小火炬，然后再将烧嘴的旋塞打开，使混合气体通过烧嘴而点燃。放空管在调试时将不完全燃烧的气体排至大气中，并借助点火烧嘴将其点燃烧掉。

在比例混合器出口管路上有一个取样旋阀，用来测量鼓风机进口气体的压力。在燃烧室、脱硫器及干燥器的出口管道上均装有取样旋塞，供气体取样化验用，也可用来测量气体在各部位的压力。

2. 放热式气氛发生装置主要部件

（1）燃烧室。燃烧室有卧式和立式两种，见图 10-12 和图 10-13。其外壳由钢板焊成圆筒形，内衬耐火混凝土。燃烧室顶部有带水冷套的烧嘴（卧式的在端部）、电热塞点火器和热电偶插入孔等。为了观察燃烧情况，燃烧室设有观察孔。

为使燃烧产物及时冷却，在耐火混凝土的立式燃烧室与外壳之间设一个环形气体通道（见图 10-13）。

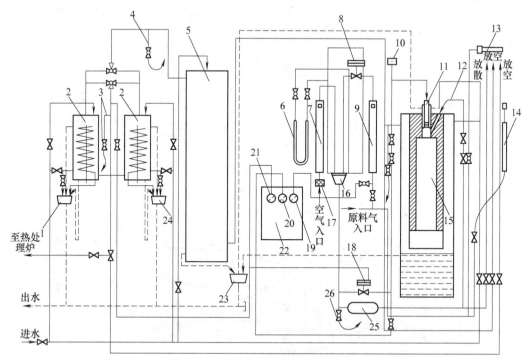

图 10-11　放热式气氛制备流程之一

1、23、24—水槽　2—干燥器　3、4—取样阀　5—脱硫器　6—U 形压差计　7—空气流量计　8—零压阀　9—原料气流量计　10—防爆头　11—烧嘴　12—电热器点火器　13—点火烧嘴　14—引火棒　15—燃烧室　16—比例混合器　17—过滤器　18—循环阀　19—原料气压力表　20—混合气压力表　21—放热式气氛压力表　22—电气控制柜　25—罗茨鼓风机　26—取样阀

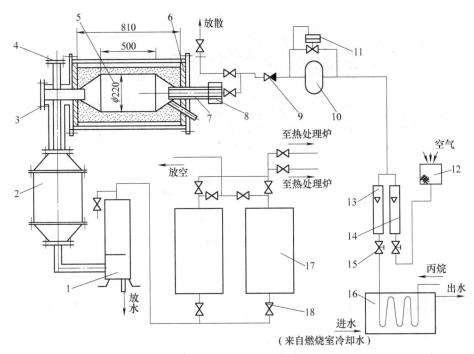

图 10-12　放热式气氛制备流程之二

1—气水分离器　2—冷凝器　3—门　4—防爆头　5—燃烧室　6—点火器　7—烧嘴　8—灭火器
9—单向阀　10—罗茨鼓风机　11—循环阀　12—空气过滤器　13—丙烷流量计
14—空气流量计　15—针阀　16—汽化器　17—干燥器　18—截止阀

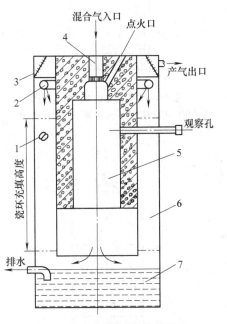

图 10-13　立式燃烧室结构示意图

1—瓷环充填层　2—环形喷水管　3—气水
分离板　4—烧嘴　5—燃烧室　6—环形
气体通道　7—水槽

通道顶部设有环形喷水管，通道中间搁置一定数量的
$\phi 25mm \times 25mm \times 3mm$ 瓷环。冷却水不断自上而下流

动，高温气体从燃烧室排出，经过环形气体通道自下
而上流动，与冷却水进行热交换。气体被冷却到常
温，再经顶部气水分离板，从燃烧室侧壁流出。

燃烧室炉膛的截面积和长度可根据燃烧室炉膛的
容积热强度和截面热强度来确定，经验数据如下：

燃烧室炉膛容积热强度为

$$\frac{Q}{V} = (3.14 \sim 4.1868) \times 10^6$$

浓型放热式气氛取大值，淡型取小值。

燃烧室炉膛截面热强度为

$$\frac{Q}{S} = (2.512 \sim 3.35) \times 10^6$$

式中　Q——燃烧室炉膛每小时放出的热量(kJ/h)；

　　　V——燃烧室炉膛容积（m^3）；

　　　S——燃烧室炉膛面积（m^2）。

燃烧室温度大致是，对制备浓型放热式气氛为
$950 \sim 1050\,℃$，淡型为 $1150 \sim 1350\,℃$。

（2）点火器。点火器一般采用电热塞结构，如
图 10-14 所示，它用镍铬电阻丝作点火元件，电阻丝
通以 12V 电压，加热到 $800 \sim 900\,℃$。从罗茨鼓风机
送来的部分混合气进入点火器后被点燃，火苗以一定
速度喷向烧嘴出口处的混合气体，将其点燃。

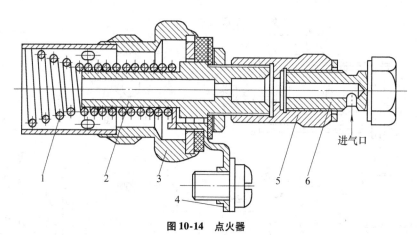

图 10-14　点火器

1—电阻丝　2—杆身　3—固定座　4—接线柱　5—接头螺母　6—进气螺栓

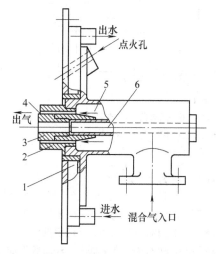

图 10-15　环形烧嘴结构示意图

1—冷却水套　2—耐热钢　3—耐热陶瓷
4—环形缝隙　5—混合气通道　6—观察孔

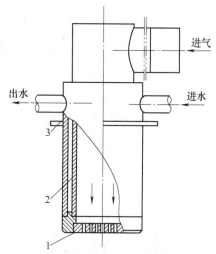

图 10-16　孔板形烧嘴结构示意图

1—耐热钢孔板　2—水冷套　3—固定用法兰

（3）烧嘴。常见烧嘴有两种，一般为环形烧嘴，混合好的气体通过环形缝隙喷出，见图 10-15；另一种为孔板形烧嘴，混合好的气体从孔板喷出，见图 10-16。不论哪种烧嘴都要使火焰燃烧表面增大，并充分燃烧。为避免回火，两种烧嘴均设有水冷套。

烧嘴的作用是使混合气在炉膛内进行稳定喷燃，混合气喷出速度影响燃烧的稳定性，喷出速度应大于火焰传播速度，以防回火，但喷出速度过大会造成脱火。采用液化石油气或发生炉煤气时，混合气的喷出速度取 25m/s，用天然气时取 12～15m/s。

（4）脱硫。脱硫器用来脱除不完全燃烧气体中的硫化氢（铜材光亮退火，要求气氛中硫含量小于 5mg/m³）。脱硫器是一个由钢板焊接而成的圆筒，圆筒内装有四层脱硫剂。图 10-17 所示为脱硫器结构示意图。

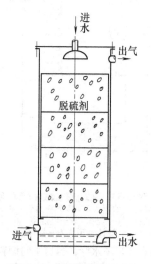

图 10-17　脱硫器结构示意图

脱硫方法有湿法和干法两大类，干法脱硫有活性炭脱硫、氧化锌脱硫以及氧化铁脱硫等。采用氧化铁脱硫效果较好，设备较简单，操作也较方便。

氧化铁脱硫的化学反应如下：

$$Fe_2O_3 + 3H_2S \longrightarrow Fe_2S_3 + 3H_2O$$

氧化铁可以用作脱硫剂，即 $\alpha\text{-}Fe_2O_3 \cdot H_2O$ 与 $\gamma\text{-}Fe_2O_3 \cdot H_2O$，它们容易与硫化氢起反应，且生成的硫化铁也很容易被氧化成活化形式的氧化铁。脱硫过程在 40℃ 和碱性环境中进行。当温度高于 50℃ 以及在中性或酸性环境中时，硫化铁会失去其结晶水，而变成 FeS_2 和 Fe_8S_9 的混合物，不易转化为结晶水硫化铁，失去脱硫作用。为了提高脱硫效果，脱硫剂应保持一定湿度。

氧化铁法脱硫适用于硫含量 <0.5%（体积分数）的气体，燃烧室出来的气氛一般均低于此值。所脱除的硫沉积在脱硫剂表面，被转化的氧化铁继续吸收 H_2S，最后直到硫遮盖了大部分表面，使脱硫剂失去活性，此时就需更换脱硫剂。一般每千克脱硫剂可吸收 0.25kg 硫。脱硫剂寿命可按 6 个月设计，采用干法氧化铁脱硫时，脱硫空速 R 一般为 50~60/h。脱硫器直径与高度之比常在 1:3~1:2 之间，如已知产气量 Q，即可按下式算出脱硫器尺寸。

$$\frac{Q}{R} = \frac{\pi}{4}D^2L$$

式中　D——脱硫器直径（m）；

　　　L——脱硫器高度（m）；

　　　Q——产气量（m^3/h）；

　　　R——脱硫剂空速（1/h）。

氧化铁脱硫剂的配制方法是，将低碳钢碎屑与木屑，按体积比 1:1 混合，加入 1%~5%（质量分数）的石灰搅匀，再加入 30%（质量分数）的水，充分搅拌，然后置于室外，每天翻一次，直至 $w(Fe_2O_3)$ 为 30% 以上即可使用。如不加石灰，可加少量氨水，使 pH 值为 8~8.5。

脱硫剂在脱硫器内应分层放置，保持脱硫剂的疏松性。氧化铁脱硫剂每层高度约 400~600mm。

（5）干燥器。干燥器用来除去气氛中的水分。当只用冷却水冷凝除水时，露点可高达 25℃（当冷却水温为 20℃ 时），如果再经干燥剂（又称吸附剂），如活性氧化铝、硅胶或分子筛吸附水蒸气后，露点可降低到 -40℃ 或更低。放热式气氛一般要求露点在 -40~5℃ 之间。

干燥器结构示意图如图 10-18 所示。其外壳用钢板焊成，内有一个带冷却水套的环形气体通道，通道内装有散热片。装有干燥剂的内筒置于外壳的中间，底部设有 U 形管水封结构，用来排除冷凝水。为了干燥剂的再生，在干燥器内筒中设有一根加热和冷却两用的不锈钢蛇形管。当干燥剂再生时，蛇形管通电使干燥剂升温，排除水分而再生；再生完毕后，蛇形管停电，通水冷却干燥剂。

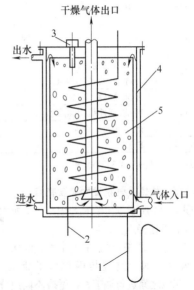

图 10-18　干燥器结构示意图
1—水封（冷凝水排出口）　2—加热、冷却两用蛇形管　3—温度继电器　4—冷却水套　5—干燥剂

10.1.2.4　放热式气氛发生器系列

根据原料气与空气混合方式和燃烧炉膛类型，表 10-11 列出了放热式气氛发生器的技术参数。

表 10-11　放热式气氛发生器的技术参数

序号	产气量 /（m^3/h）	原料气及耗量	混合方式	混合比		燃烧炉膛			催化剂	烧嘴	
				浓型	淡型	类型	炉膛尺寸（直径×长）/mm	容积 /m^3		类型	喷出速度 /（m/s）
1	20	液化石油气 1.6m^3/h	预先	13.3		卧式		0.015	无	缝隙式	10~14
2	45	液化石油气 4~6m^3/h	预先	13.8		卧式	$\phi200 \times 810$	0.024	无	缝隙式	9.8
3	20	城市煤气	烧嘴	2.8~3		立式	$\phi240 \times 350 + \phi140 \times 585$	0.0316	Ni 基	贯通式	

（续）

序号	产气量/(m³/h)	原料气及耗量	混合方式	浓型	淡型	类型	炉膛尺寸（直径×长）/mm	容积/m³	催化剂	类型	喷出速度/(m/s)
4	35	城市煤气	预先	2		立式	φ350×1500	0.144	Ni基	贯通式	
5	45	城市煤气	预先			立式	φ250×1475	0.0723	Ni基及紫木节土	贯通式	
6	50	煤气40m³/h或液化石油气	预先	2.4	1.35	立式	φ250×600	0.0294	无	孔板式	28~29.5
7	15	酒精	烧嘴			立式	φ400×320+φ190×600	0.0573	轻质耐火砖	贯通式	
8	15	液化石油气	预先	15.6		卧式	φ200×744	0.015	无	缝隙式	

序号	点火方式	净化方式	CO_2	CO	H_2	N_2	CH	露点/℃	耗水量/(m³/h)	气氛压力[①]/mmHg	备注
1	电热塞	冷却器除水	6.8	11	5.3	76.3	0.6		0.6	300	烧嘴环形面积4.5cm²
2	电热丝		5.8	11.1	6.7	余量	1.4		3.2	160~320	烧嘴环形面积8.2cm²
3	电热丝	冷却器、硅胶除水								35~40	
4	电热丝	冷冻、硅胶、CO_2吸收塔	6.3	13.8	10.8	68.1	0.8			110	
5		冷冻及硅胶除水	5~8	8~10	12~15	余量	≤1	-40			
6	电热塞	脱硫、活性氧化铝除水								350	
7		除尘、除硫、冷冻	13.5	微量	微量	83.4					
8	电火花塞	硅胶	5	10	15	余量				65	日本进口

① 1mmHg = 133.322Pa。

10.1.2.5 放热式气氛发生装置特点

图10-11所示发生装置与图10-12所示发生装置相比具有下述特点：

（1）便于调节空气与原料气混合比。例如，原料气为丙烷时，空气与丙烷气的混合比可以在12:1~24:1之间进行调节，以适应不同组分的需要。

（2）燃烧室采用立式结构，将燃烧室与洗涤冷却器结合成一体，不但结构紧凑，而且同时冷却了冷却室的外表面，取代了一般燃烧室外面的水冷套。燃烧产物中的灰渣和炭黑由冷却水带走，避免了灰渣和炭黑堵塞气体管道。

（3）干燥剂再生时，只需转动干燥器操作手轮，操作方便，且干燥剂再生时气体损失很少，也无需再生用的空气加热器。

10.1.3　工业氮制备装置

制氮方法主要有空气液化分馏法制氮、分子筛变压吸附制氮及薄膜分离空气制氮。

10.1.3.1　制氮设备

1. 空气液化分馏法制氮　把空气深冷到-196℃以下成为液态，经分馏塔，根据氧与氮的分馏温度不同，精馏成氧及氮的液体。一般制氧机生产的氮气纯度为99.5%（体积分数），高纯制氧机的氮气纯度为99.99%（体积分数）。我国制氧、氮设备的技术参数见表10-12。

表10-12　制氧、氮设备的技术参数

型　号	产气量/(m³/h)		纯度（体积分数）(%)	
	氧	氮	氧	氮
KFS-120	18	75	99.0	99.8
KFZ-300-3	50	200	99.2	99.95
KFS-860-1	150	600	99.2	99.95
KFZ-1800	300	300	99.5	99.99
KDON-1000/1100	1000	1100	99.6	99.99
KDON-1500/1500	1500	1500	99.6	99.99
KFS-2100	3200	1000	99.6	99.99

制氧、氮设备虽然可获得高纯度氮，但在储存、加压和管道输送中，氧和水的含量可能增加。因此，工业氮应经过净化，除去所含氧和水分。纯度高的气氮和液氮可以直接用管道输送供应或压缩装瓶供应。液态氮可用隔热槽车运送并储存在特制的容器中，液

氮经蒸发器汽化后使用。图 10-19 所示为典型的液氮储存装置。

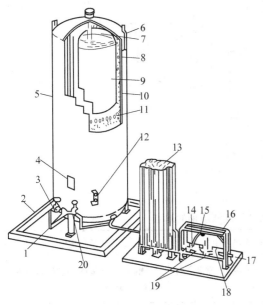

图 10-19　典型液氮储存装置

1—槽罐车进料连接处　2—混凝土底板　3—上部进液阀
4—配电盘　5—储液罐　6—吊环　7—汽化空间
（1690kPa 工作压强）　8—内罐[w(Ni) 为 9% 的钢
或不锈钢制]　9—液氮　10—外罐　11—抽至高真
空的珍珠岩绝热层　12—液压和液压仪表盘　13—蒸
发器　14—低温切断器　15—室内管距压力计
16—压力控制台　17—气态氮输出口　18—压
力控制阀　19—调整截流阀　20—底注阀

2. 碳分子筛空气分离制氮　碳分子筛空气分离制氮是利用充满微孔晶体的碳分子筛，对空气中的氮、氧分子有选择性吸附的特性，制取氮气。碳分子筛是非极性分子筛，分子筛微孔尺寸一般在 0.5nm 左右，氧气分子直径为 0.28nm，氧分子被碳分子筛吸附进入空穴中；氮气分子直径为 0.8nm，碳分子筛

较少将氮分子吸附进入空穴中，通过分子筛的吸附，达到把空气中的氧气与氮气分离。当吸附压力升高时，碳分子筛对氧气的吸附量增加；当吸附压力降低时，被吸附的气体分子从分子筛空穴中解吸，同时分子筛获得再生，通过增压和降压实现吸附和解吸连续循环。这种从空气中制取氮气的方法，称为变压吸附制氮法。

碳分子筛变压吸附制氮法有两种。当吸附、脱附之间的压差很小时，必须采用真空解吸再生制氮流程，如图 10-20 所示。真空脱附再生制氮流程分为吸附、均压、解吸、再生及充压等步骤，循环周期约 2min。空气经压缩后顺序进入水冷却器、冷冻干燥净化机和脱脂器后进入吸附塔 5，分子筛吸附氧气，浓缩氮气；经一般时间后吸附塔 5 停止充压吸附和产气，转为吸附塔 6 充压、吸附、产气，此时塔 5 即进行解吸再生。在转入塔 6 进行充压、吸附、产气时，先由塔 5 将一部分氮气转入塔 6，使两塔压力相等，即为均压。如此循环，可得 95% ~ 99.9%（体积分数）富氮产品气。碳分子筛的操作条件是吸附压力为 300 ~ 400kPa，解吸真空度为 9.33 ~ 13.33kPa。

图 10-21 所示为常压解吸再生制氮流程。当吸附、脱附之间的压差大时，可采用常压再生流程，选用吸附压力为 500 ~ 950kPa，产气过程与真空再生流程基本相同。常压再生过程比真空再生流程设备结构装置简单，可靠性高，维修费用低。

碳分子筛常压制氮气体干燥法所得的露点见表 10-13。

从吸附塔出来的氮气，含有少量氧气和水汽，为提高氮气的纯度，可通入氢气，在钯催媒作用下，氢与氧化合成水，经除水处理，提高氮气纯度。从氮气净化装置输出的氮气纯度大于 99.995%（体积分数），压力约 0.6MPa，露点低于 -60℃。图 10-22 所示为氮气净化流程。

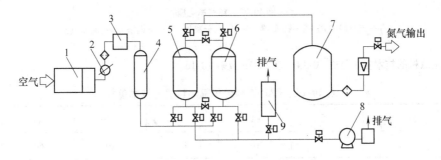

图 10-20　真空解吸再生制氮流程

1—空气压缩机　2—水冷却器　3—冷冻干燥净化机　4—脱脂器
5、6—吸附塔　7—氮储气罐　8—真空泵　9—消声器

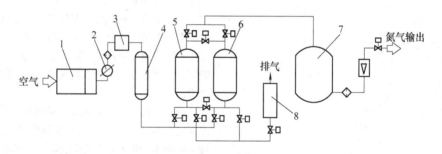

图 10-21　常压解吸再生制氮流程

1—空气压缩机　2—水冷却器　3—冷冻干燥净化机　4—脱脂器
5、6—吸附塔　7—氮储气罐　8—消声器

表 10-13　碳分子筛常压制氮气体干燥法所得的露点

再 生 方 法	TSA(加热再生)	PSA(无热再生)	PTS(微热再生)
特　性	常温加压下吸附,加热常压下解吸	常温加压下吸附,常压(或负压)下解吸	常温加压下吸附,微热常压(或负压)下解吸
出口露点/℃	−40 ~ −20	−40 ~ −30	−40 ~ −30

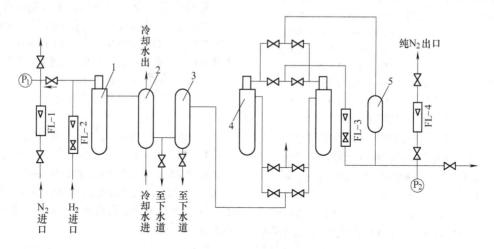

图 10-22　氮气净化流程

1—催化除氧塔　2—冷凝器　3—气水分离器　4—干燥塔　5—氮储气罐

分子筛制氮机的技术参数见表 10-14、表 10-15 及表 10-16。

表 10-14　FZD 系列分子筛制氮机的技术参数

型　号		−5	−10	−15	−20	−60	−120
产气量/(m³/h)		5	10	15	20	60	120
成分 (体积分数)	低纯	N_2:99.5%					
	高纯	$O_2 \leqslant 5 \times 10^{-4}\%$, H_2:1% ~ 5%, $CO_2 \leqslant 3 \times 10^{-4}\%$					

表 10-15　QH-P 系列分子制氮机的技术参数

型号	产氮纯度（体积分数）（%）	产氮量/(m³/h)	耗空气量/(m³/min)	气耗比	整机功率/kW	外形尺寸（长×宽×高）/m
QH-P5	99.9	3	0.2	1:3.9	3	1.6×0.9×1.35
QH-P10	99.9	7	0.5	1:3.9	5.5	1.8×1.2×1.6
QH-P15	99.9	10	0.7	1:3.9	8	2.2×1.8×1.7
QH-P20	99.9	14	0.9	1:3.9	13	2.2×1.8×1.8
QH-P25	99.9	18	1.2	1:3.9	13	2.4×2.0×2.0
QH-P30	99.9	21	1.4	1:3.9	19.5	2.4×2.0×2.2
QH-P40	99.9	28	1.8	1:3.9	20	2.5×2.0×2.2
QH-P50	99.9	36	2.3	1:3.9	20	2.5×2.0×2.2
QH-P80	99.9	57	3.7	1:3.9	39	2.4×2.2×2.3
QH-P100	99.9	72	4.7	1:3.9	39	2.4×2.2×2.4
QH-P150	99.9	108	7.0	1:3.9	60	4.4×2.2×2.6
QH-P200	99.9	144	9.4	1:3.9	122.5	4.6×2.4×2.8
QH-P250	99.9	180	11.7	1:3.9	122.5	4.6×2.4×2.8
QH-P300	99.9	216	14.0	1:3.9	129	4.8×2.6×3.0
QH-P400	99.9	288	18.7	1:3.9	134	5.1×2.9×3.4
QH-P500	99.9	360	23.4	1:3.9	185	3.4×3.4×3.6
QH-P600	99.9	433	28.2	1:3.9	220	3.6×3.6×3.8
QH-P700	99.9	505	32.8	1:3.9	260	4.0×4.0×4.0
QH-P800	99.9	578	37.6	1:3.9	290	4.0×4.0×4.2
QH-P1000	99.9	722	46.9	1:3.9	350	4.3×4.3×4.6

注：1. 整机功率包括空气压缩机功率。

2. 产氮压力为 0.2~0.6MPa。

3. 空气压力为 0.8~1.0MPa。

4. 表中气体体积指标准状态下的体积。

表 10-16　JFG 系列碳分子筛制氮机的技术参数

参　数	型　号				
	JFG-5	JFG-10	JFG-15	JFG-20	JFG-40
产品氮纯度（体积分数）（%）	98~99.995				
露点/℃	-60				
工作压力/kPa	500~600				
产气量/(m³/h)	5	10	15	20	40
外形尺寸（长×宽×高）/m	3.2×1.4×2.4	3.2×1.4×2.2	3.2×2.0×2.7	3.2×2.2×2.9	3.2×3.0×3.3
电耗/(kW/h)	13	13	20	27	40
耗水量/(m³/h)	0.9	0.9	0.9	0.96	1.8

3. 沸石分子筛空气分离制氮　沸石分子筛是极性分子筛，在空气中吸附氮气能力大于氧气。利用沸石分子筛对氮与氧的平衡吸附量差的原理，优先吸附氮，再经真空泵解吸，获得氮气。

图 10-23 所示为沸石分子筛制氮流程。它由空气预处理、分子筛制氮及产品气三部分组成，分子筛制氮部分由三个 0.5nm 分子筛塔构成，它们轮流处于吸附、回氮和脱吸过程。80s 切换工作状态一次。回氮是用产品氮气回流冲走存在的氧气，并置换 0.5nm 分子筛吸附的氧气。脱吸是在真空泵作用下抽取氮气的过程，同时也完成脱吸再生过程。分子筛的技术参数见表 10-17。

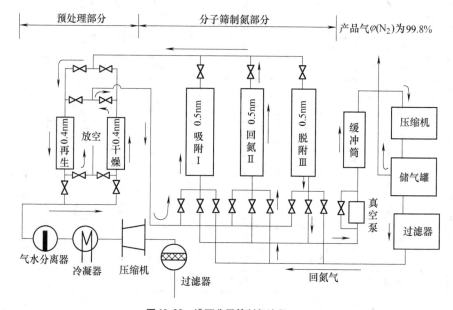

图 10-23　沸石分子筛制氮流程

表 10-17　分子筛的技术参数

项　　目	碳分子筛	沸石分子筛
真实密度/(g/mL)	1.2 ~ 2.1	2.0 ~ 2.5
颗粒密度/(g/mL)	0.9 ~ 1.1	0.92 ~ 1.3
填充密度/(g/mL)	0.55 ~ 0.65	0.60 ~ 0.75
空隙率	0.35 ~ 0.42	0.30 ~ 0.40
细孔容积/(mL/g)	0.5 ~ 0.6	0.40 ~ 0.60
比表面积/(m²/g)	450 ~ 550	400 ~ 750
平均孔径/nm	0.5	0.5
外形尺寸/mm	≈φ3	

4. 薄膜分离空气制氮　薄膜分离空气制氮原理是利用空气中不同气体在中空纤维薄膜中的吸附、扩散和渗透的速率不同，分离氧气和氮气。其过程是压缩空气经三级过滤，除去油、雾及杂质，获得净化的空气。高压净化的空气施加在薄膜组的一侧，由于薄膜两侧的压力差，空气要从高压内侧向低压外侧渗透。空气中的各种气体在中空纤维薄膜中的吸附、扩散和渗透速率不同，渗透率大的气体称为快气，渗透率小的气体称为慢气，快气通过薄膜富集在低压侧，慢气富集在高压侧，从而实现了混合气体的分离。薄膜分离混合气体原理见图 10-24。薄膜空气分离制氮流程见图 10-25。

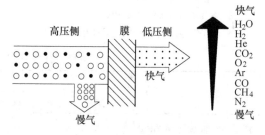

图 10-24　薄膜分离混合气原理图

注：快气和慢气的排列顺序为 PSE
膜渗透速率的顺序。

薄膜分离制氮装置的特性是，输入净化的压缩空气，压力为 10MPa；输出氮气，压力为 70kPa，露点为 -60 ~ -30℃，氮气的纯度为 99% ~ 99.99%（体积分数）。采用加氢催化除氧，脱水处理，可获得高纯氮气。薄膜分离制氮装置的产品系列见表 10-18。

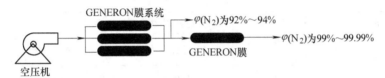

图 10-25　薄膜空气分离制氮流程

表 10-18　薄膜分离制氮装置的产品系列

型　　号	氮气产量/(m³/h)		氮气回收率(%)		外形尺寸(长×宽×高)/m	重量/kg
	99.9%	99.5%	99.0%	98.0%		
HPX-6201	3	5	7	12	1.0×0.6×1.7	140
	20	24	34	39		
HPX-6202	6	10	14	24	1.0×0.6×1.7	160
	20	24	34	39		
HPX-6203	9	15	21	36	1.0×0.6×1.7	180
	20	24	34	39		
HPX-6204	12	20	28	48	1.0×0.6×1.7	200
	20	24	34	39		
HPX-7201	20	30	40	60	2.2×0.8×1.7	320
	20	24	34	39		
HPX-7202	40	60	80	120	2.2×0.8×1.7	590
	20	24	34	39		
HPX-7203	60	90	120	180	2.2×1.3×2.1	860
	20	24	34	39		
HPX-7204	80	120	160	240	2.2×1.3×2.1	930
	20	24	34	39		
HPX-7205	100	150	200	300	2.2×1.3×2.1	1100
	20	24	34	39		

注:气体体积指标准状态下的体积。

10.1.3.2　制氮设备对比

各种制氮设备基本参数对比见表 10-19。表 10-19 中可见,薄膜分离制氮装置具有产气率高、性能稳定、体积小、重量轻、氮气出口压力高、运行成本低、维护费用低等特点。

表 10-19　深冷法、变压吸附法与膜分离法制氮设备基本参数对比

基　本　性　能		深　冷　法	变压吸附法	膜分离法	备　注
原理	分离介质		碳分子筛	中空纤维膜	
	分离原理	将空气液化根据氧和氮沸点不同达到分离	加压吸附,减压脱附	有压渗透(不同渗透率)	

（续）

基 本 性 能		深冷法	变压吸附法	膜分离法	备　注
能耗	耗能部件	压缩机、膨胀机、加压泵、加热设备	空压机	空压机	标准状态下的体积耗电量与产气量及氮纯度有关
	耗电/(kW·h/m³)	>0.62	0.4~0.6(平均)	0.4~0.5(平均)	
	成本/(元/m³)	>0.6	0.3	0.2~0.3	
设备性能	氮产量/(m³/h)	>500	<1000	10~5000	
	氮纯度(体积分数)(%)	99~99.999(稳定)	98~99.9(波动)	98~99.9(稳定)	
	氮压力/MPa	14	0.8~1.0	0.8~1.0	
	露点/℃	<-60	-60~-40	-70~-60	
	起动时间	20h	30min	4min	
	维修量	运动部件多,维修量大,需定时大修	切换阀门易损,动作频繁,有维修工作量和故障率存在	无活动部件,维修量较少	
	分离介质寿命		国产5年,进口12年	中空纤维12年以上	
设备参数	工艺流程	复　杂	一　般	简　单	
	设备状态	只能固定	只能固定	固定、移动式、室内外	
	厂房面积	最　大	较　小	最　小	
	冷却水	很　多	很少(小设备没有)	很少(小设备没有)	
	厂房高度/m³	局部12	4~10	4	
	电容量	最　大	较　小	最　小	
	外形尺寸	体积最大	体积较小	体积最小	以360m³/h为例,深冷法需400m²,而膜分离制氮仅需65m²
	增　容	增容困难	增容困难	分离膜并联组装好增容	
	自动化程度	低	电脑控制	电脑控制	
	随机开/停车	不　能	一　般	很容易	
	基本投资	需专用厂房,投资大	大设备需厂房高度一定	设备无基础对厂房无要求	以360m³/h为例,深冷法需冷却水18t/h,而膜分离制氮仅需2t/h
	操作工人	4人以上	1~2人(可无人操作)	1~2人(可无人操作)	
	特殊要求	专业安装,安装费占设备费15%			
	运行费用	较　高	一　般	较　低	

注：本资料由苏州市宏运净化设备公司提供。

10.1.4　其他气氛发生装置

10.1.4.1　氨分解气氛发生装置

氨分解气氛是以液氨为原料，在催化剂作用下加热分解获得的气氛。氨分解气氛发生装置由液氨蒸发汽化系统、分解炉、气氛净化系统及一些辅助设备组成。图10-26所示为氨裂解带纯化装置的工艺流程。

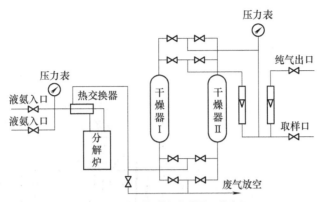

图 10-26　氨裂解带纯化装置工艺流程

1. 主要部件

（1）分解炉反应罐。反应罐的受热面积应尽可能增大，但装催化剂层的直径应尽量减小，以保证罐内温度均匀。产气量较小的反应罐采用单管，产气量在 $10m^3/h$ 以上的采用多管。可将反应罐做成 U 形管、蛇形管和环隙式。反应罐需加热，有的将电热体绕在反应罐上，使催化剂层有较高的温度，以提高分解率。图 10-27 所示为 AQ-5 型发生器的示意图。图10-28 所示为环隙式发生器示意图。发生器的功率可按产气概算，一般为 $0.8 \sim 1.5kW/m^3$。

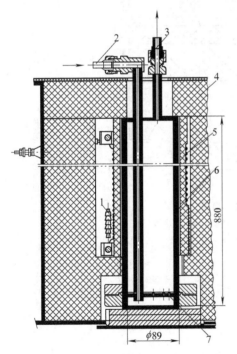

图 10-27　AQ-5 型发生器示意图
1—氨进气管　2—分解氨出气管　3—氧化
铝套管　4—轻质保温砖　5—反应管
6—催化剂孔板　7—瓷珠

（2）催化剂。催化剂有铁镍催化剂、镍基催化剂及铁基催化剂等。催化剂的工况见表 10-20。

表 10-20　催化剂的工况

催化剂名称	反应温度/℃	空速/(1/h)	分解率(%)
铁镍催化剂	700	1500	99.86
	800	1500	99.98
	850	5000	99.95
	850	10000	99.926
	850	20000	99.79
镍基催化剂	850	10000	99.979
铁基催化剂	600 ~ 800	10000	99.9

催化剂在使用前应进行还原处理，通入氢气或分解氨气，空速为 $3000 \sim 5000/h$，加热温度为 800 ~ 850℃，时间为 $8 \sim 16h$。

（3）蒸发器。蒸发器是将液氨加热蒸发为气态氨的装置，液氨在自身压力下流入蒸发器汽化。蒸发器为焊接封闭圆筒形容器，内装蛇形管蒸汽加热器或电加热器，图 10-29 所示为两种蒸发器结构示意图。

在 101.325kPa、20℃条件下，1kg 液氨可汽化为 $1.32m^3$ 气体，裂化后可得混合气体 $2.64m^3$，其成分（体积分数）为 $H_2 75\%$，$N_2 25\%$。表 10-21 所列是各种不同反应温度下达到平衡状态时，混合气体中残余氨含量。

2. 氨分解发生器的技术参数　氨分解发生装置的技术参数如表 10-22 和表 10-23 所示。

10.1.4.2　氨燃烧制氮装置

氨燃烧制氮有两种流程：一种是氨预先分解后再进行燃烧制备；一种是用气态直接燃烧制备。氨直接燃烧气氛发生装置的流程图见图 10-30。现多采用后者。

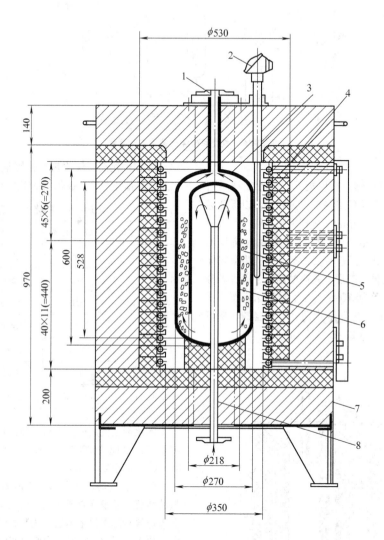

图10-28　环隙式发生器示意图
1—分解氨出气管　2—热电偶　3—外胆　4—电热体
5—催化剂　6—内胆　7—炉身　8—氨进气管

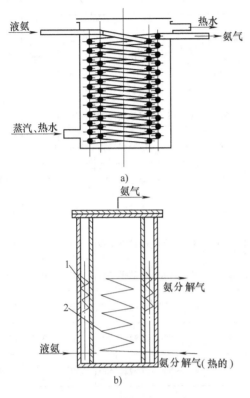

图 10-29　液氨蒸发器示意图

a) 蒸汽加热　b) 电加热

1—电热元件　2—不锈钢蛇形管

表 10-21　平衡混合气体中残余
氨含量与温度关系

温度/℃	混合气体中残余氨含量(体积分数)(%)	氨的分解程度(%)
400	1.0	98.020
502	0.3	99.400
550	0.1	99.800
600	0.091	99.810
650	0.06	99.88
700	0.04	99.92
725	0.031	99.938
750	0.030	99.940
775	0.024	99.952
925	0.013	99.980

表 10-22　AQ 系列氨分解发生装置的技术参数

型　号	额定产气量/(m³/h)	杂质(体积分数)(10⁻⁴%)	残余氧(体积分数)(%)	露点/℃	工作压力/MPa	液氨耗量/(kg/h)	操作温度/℃	催化剂	电源/V	设备额定功率/kW	冷却水耗量/(t/h)	重量/kg
AQ-5B	5	≤10	<0.1	≤-10	0.05	2	600~650	铁触媒	220	5.5	—	200
AQ-5C	5	≤10	<0.1	≤-10	0.05	2	800~850	镍触媒	220	6	0.2	220
AQ-10	10	≤10	<0.1	≤-10	0.05	4	800~850	镍触媒	380	12	0.5	1000
AQ-20	20	≤10	<0.1	≤-10	0.05	8	800~850	镍触媒	380	24	1	1500
AQ-30	30	≤10	<0.1	≤-10	0.05	12	800~850	镍触媒	380	36	1.5	2000
AQ-50	50	≤10	<0.1	≤-10	0.05	20	800~850	镍触媒	380	70	2.5	3500
AQ-70	70	≤10	<0.1	≤-10	0.05	27	800~850	镍触媒	380	85	3	4000

（续）

型　号	额定产气量/（m³/h）	杂质（体积分数）（10⁻⁴%）	残余氧（体积分数）（%）	露点/℃	工作压力/MPa	液氨耗量/（kg/h）	操作温度/℃	催化剂	电源/V	设备额定功率/kW	冷却水耗量/（t/h）	重量/kg
AQ-100	100	≤10	<0.1	≤ -10	0.05	39	800~850	镍触媒	380	110	4	5000
AQ-150	150	≤10	<0.1	≤ -10	0.05	58	800~850	镍触媒	380	160	4.5	7000
AQ-200	200	≤10	<0.1	≤ -10	0.05	77	800~850	镍触媒	380	210	6	8500
AQ-250	250	≤10	<0.1	≤ -10	0.05	97	800~850	镍触媒	380	250	7.5	9000
AQ-300	300	≤10	<0.1	≤ -10	0.05	116	800~850	镍触媒	380	390	9	9200
AQ-350	350	≤10	<0.1	≤ -10	0.05	135	800~850	镍触媒	380	430	10.5	9500
AQ-400	400	≤10	<0.1	≤ -10	0.05	154	800~850	镍触媒	380	470	12	10000
AQ-450	450	≤10	<0.1	≤ -10	0.05	173	800~850	镍触媒	380	510	13.5	10500
AQ-500	500	≤10	<0.1	≤ -10	0.05	193	800~850	镍触媒	380	550	15	11000

表 10-23　AL 系列氨分解发生装置的技术参数

型　号	产气量/（m³/h）	含氧量（体积分数）（10⁻⁴%）	露点/℃	残余氨（体积分数）（10⁻⁴%）	外形尺寸（长×宽×高）/mm	电耗/kW	水耗量/（m³/h）
AL-5	5	10	-10	1000	460×725×1500	6	—
AL-10	10	10	-10	1000	1200×800×1700	12	0.6
AL-20	20	10	-10	1000	1600×900×1800	24	1
AL-30	30	10	-10	1000	1800×1100×2000	36	1.5
AL-50	50	10	-10	1000	2500×1500×2200	50	2
AL-100	100	10	-10	1000	4000×1800×2200	120	3
ALS-5	5	10	-60	10	1250×900×1750	7	—
ALS-10	10	10	-60	10	1800×1000×1800	14	0.5
ALS-20	20	10	-60	10	200×1100×2000	28	1
ALS-30	30	10	-60	10	2500×1800×2200	50	1.5
ALS-50	50	10	-60	10	4000×1800×2200	72	2.5
ALS-100	100	10	-60	10	6000×1800×2400	144	4

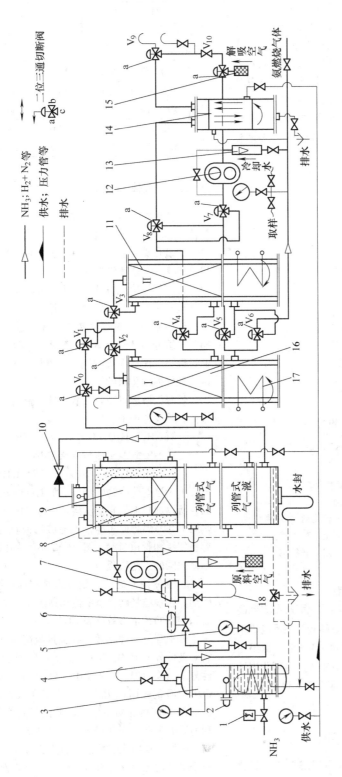

图 10-30　氨直接燃烧制气氛发生装置的流程图

1—电磁阀　2—液位计　3—氨汽化器　4—减压阀　5—压力阀　6—零压阀　7—混合器　8—催化剂　9—燃烧室　10—单向阀
11—干燥器　12—鼓风机　13—流量计　14—冷却器　15—过滤器　16—分子筛　17—电热器　18—压差计

图 10-31 所示为气态氨直接燃烧的燃烧器结构示意图。燃烧器为多段立式结构，下面有气—气、气—液两层列管式换热器，最下方是水封箱，起气水分离作用，其底部的水封用于排水并兼有防爆作用。燃烧室炉膛用轻质砖砌成，每一区上部装有载体材料和催化剂，避免局部高温；下部放催化剂，使气氨充分分解和抑制产生 NO 和 N_2O。一般用含有 Ni、Cr、Co 催化剂的 α-Al_2O_3 为载体，也有用网状金属催化剂的。催化剂空速为 1000 ~ 1500/h。烧嘴气流应呈旋转运动扩散式燃烧。

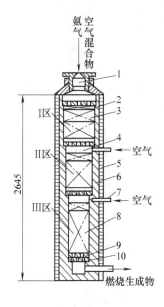

图 10-31　气态氨直接燃烧的燃烧器结构示意图

1—烧嘴　2—载体材料　3、8—催化剂　4—混合室　5—水套　6—耐火混凝土　7—空气喷嘴　9—氧化铝块　10—耐火栅条

10.1.4.3　甲醇裂解气氛发生装置

甲醇裂解气氛发生装置有低温催化裂解装置和高温催化裂解装置两种。低温催化裂解装置在反应罐中放铜基合金触媒，反应温度为 250 ~ 320 ℃，低温甲醇裂解装置容易积炭，有待改进。甲醇高温催化裂解装置在反应罐中放镍基触媒，反应温度 930 ℃以上，产生氢气和一氧化碳。反应式如下：

$$CH_3OH \xrightarrow[\triangle]{\text{催化}} CO + 2H_2$$

甲醇裂解气氛发生装置主要由甲醇储罐、裂解炉、触媒、流量计和水冷却器等组成。

甲醇高温催化裂解装置的技术参数见表 10-24。

表 10-24　甲醇高温催化裂解装置的技术参数

型　　　号		MET17	MET25	MET32	MET52
最大产气量/(m^3/h)		2	5	18	35
额定功率/kW		4.5	10.5	25	54
总尺寸	宽度/mm	1200	1300	1600	1900
	深度/mm	600	800	800	1100
	高度/mm	1660	1700	2300	2400
重量/kg		450	900	1200	2000

10.1.5　气体净化装置

为使可控气氛中氧化成分及杂质降低到所需的含量范围，应采用净化处理。需要净化的成分一般有水分、二氧化碳、氧、硫及其化合物和炭黑等。

10.1.5.1　气体净化方法

常用气体净化方法有四种，即吸收法、吸附法、化学法和冷凝法，一般联合使用。

1. 吸收法　吸收法是让气体通过吸收液，使欲净化的组分溶解于液体或与液体起化学反应，然后再通过解吸，使被吸收的气体从液体中转为气相排出，以达到气体净化目的。

乙醇胺溶液可吸收二氧化碳、硫化氢和硫化物等气体，其反应如下：

$$2RNH_2 + H_2O + CO_2 \rightleftharpoons (RNH_3)_2CO_3$$
$$2RNH_2 + H_2S \rightleftharpoons (RNH_3)_2S$$
$$(RNH_3)_2S + H_2S \rightleftharpoons 2RNH_3HS$$

由于这些化合物的蒸气压随温度的升高而迅速增大，所以加热能使它们从溶液中蒸发出来。乙醇胺加热到 110 ℃沸腾而再生。乙醇胺溶液具有弱腐蚀性，容易使泵和管道泄漏。图 10-32 所示为用乙醇胺吸收二氧化碳的工艺流程。

2. 吸附法　硅胶和铝胶是具有高微孔结构的吸附剂，它颗粒坚硬，呈中性和高活性，并可再生。硅胶和铝胶的技术参数见表 10-25。

分子筛是一种高效、有选择吸附特性的吸附剂。它对极性分子 H_2O、NH_3、H_2S 的吸附能力高于非极性分子（如 CH_4）的吸附；对具有极矩分子 N_2、CO_2、CO 的吸附能力高于对无显著极矩的分子 O_2、H_2、Ar 的吸附；对不饱和物质的吸附能力高于对饱和物质的吸附。分子筛利用这些特性把混合气体分离。可控气氛净化装置常用的分子筛有 A 型和 X 型。分子筛平均孔隙率为 55% ~ 60%，比表面积为 700 ~ 900m^2/kg，分子筛一般制成直径为几毫米的球状或条状，它的堆密度为 550 ~ 800kg/m^3。

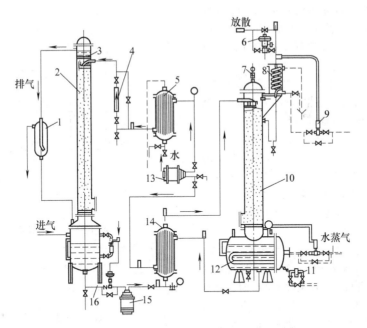

图 10-32　用乙醇胺吸收二氧化碳的工艺流程

1—气液分离器　2—CO_2 吸收塔　3—金属网　4—溶液流量计　5—冷却器　6—调压器
7—安全阀　8—冷凝器　9—温度调节器　10—再生塔　11—冷凝喉管　12—沸腾器蛇形管
13—再生溶液泵　14—热交换器　15—饱和溶液泵　16—液位调节器

表 10-25　硅胶和铝胶的技术参数

项　　　目	硅　胶 （微孔型）	铝　胶
分子式	$SiO_2 \cdot H_2O$	$Al_2O_3 \cdot H_2O$
比表面积/(m^2/g)	350 ~ 450	250 ~ 270
堆密度/(kg/m^3)	650 ~ 720	850 ~ 950
使用温度/℃	0 ~ 35	0 ~ 20
实际吸湿能力（质量分数)(%)	8 ~ 10	2 ~ 4
最适宜的粒度/mm	3 ~ 7	3 ~ 7
强度[1](%)	90	94 ~ 97
比热容/[kJ/(kg·℃)]	0.84 ~ 9.92	1.05
再生温度/℃	180 ~ 250	240 ~ 300
再生空气消耗量/(m^3/kg)	>1	>1

[1]　硅胶的强度是用 50r/min 的球磨机磨 15min 后，以 1mm 孔隙的筛筛过，在筛中剩余硅胶所占的质量分数表示。

在常压和 25 ℃的条件下，分子筛、硅胶和活性氧化铝吸附水蒸气时，温度对平衡容量的影响如图 10-33 所示。当水蒸气含量很低时，硅胶和铝胶的吸附能力显著下降，而分子筛却仍具有很高吸附能力。

因此，当采用常压吸附时，可先用硅胶或铝胶对气体进行粗吸附，再用分子筛进行精吸附，以提高气体干燥程度。

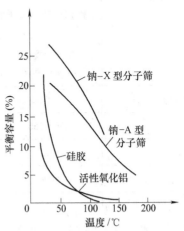

图 10-33　温度对平衡容量的影响

注：水蒸气分压为 1.3×10^3 Pa。

分子筛使用一定时间后达到吸附饱和，常采用加热再生或真空再生。加热再生是利用平衡容量随温度增加而降低的原理，温度高解吸过程加快，但温度过高会使吸附剂失效。分子筛的再生温度一般为 180 ~ 350 ℃。真空再生是利用平衡容量随压力降低而降低的原理，其优点是再生不需要加热和冷却，可快速完成再生过程，因而两个吸附器的工作状态可在较短时间内进行切换，提高分子筛的利用率和气体净化程度。

吸附器一般为立式圆筒形，筒外是绝热保温层，筒内设栅格，放置吸附剂，气体由筒的下部通入，从上部流出。通常选用的设计参数如下：

1）最小吸附层高度：分子筛层 >0.76m。

2）表观气体流速（空塔）：分子筛作吸附剂时 <0.6m/s；硅胶、铝胶作吸附剂时为 0.1～0.3m/s。

3）吸附器内径与吸附剂粒径之比 >20。

4）吸附时间：采用常压吸附和加热再生时，一般为 8～12h。

5）吸附器容量（质量分数）：硅胶为 5%～8%；铝胶为 4%～6%；分子筛为 7%～12%。高压吸附以及分子筛在真空和净化气体冲洗条件下再生时，分子筛的吸附器容积可按3%～5%来选取（吸附时间为 10～30min）。图 10-34 所示为分子筛净化塔示意图。

3. 化学法　脱硫、脱氧常用化学法。工业氮气常采用加氢催化脱氧，可使其含氧量降低到 $(5～20)×10^{-4}\%$（体积分数），甚至更低。加氢催化

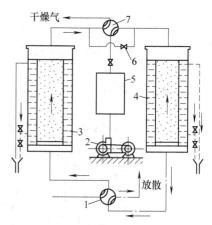

图 10-34　分子筛净化塔示意图
1、7—四通换向阀　2—风机　3、4—用水冷却的吸收塔
5—空气加热器　6—吸收塔吹气阀

脱氧的反应如下：

$$H_2 + \frac{1}{2}O_2 \xrightarrow[\triangle]{催化剂} H_2O$$

目前生产上常用的除氧催化剂有活性铜、镍铬催化剂、钯分子筛和银分子筛等，其主要技术参数见表 10-26。

表 10-26　常用除氧催化剂的主要技术参数

性　能	0603 型铜催化剂	651 型镍铬催化剂	105 型钯分子筛	201、402 型银分子筛
成分	氧化铜载于硅藻土上	镍铬合金载于少量石墨上	金属钯载于 0.4nm 或 0.5nm 分子筛上	硝酸银载于 1.3nm 分子筛上
粒度	$\phi 5mm×5mm$ $\phi 6mm×6mm$	$\phi 5mm×5mm$	2～4mm 4～9mm	20～40 目
堆密度/（kg/cm³）	1	1.1～1.2	0.7	0.8
工作温度/℃	170～350	50～100	常温	常温
热稳定温度/℃	400	1000	600	500
允许最大空速/（1/h）	3000	5000	10000	10000
允许最大初始氧含量（体积分数）（%）	1	3	2.8	2.8
脱氧效果（体积分数）（$10^{-4}\%$）	10～20	<5	可达 0.2	可达 0.2

因所用催化剂不同，脱氧有以下两种工艺流程，见图 10-35。流程 1 适用于常温催化脱氧；流程 2 适用加热脱氧。

当工业氮气中含氧量（质量分数）在 1%～4%

时，采用两级除氧系统，其流程见图 10-36。

中国科学院大连化学物理研究所研制的 506 系列气体净化催化剂的技术参数见表 10-27。

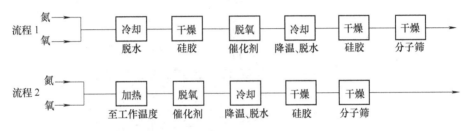

图 10-35　催化脱氧流程

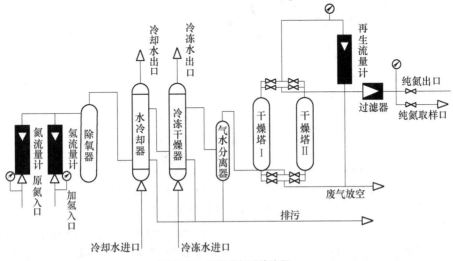

图 10-36　两级除氧系统流程

表 10-27　506 系列净化催化剂的技术参数

催化剂型号	原　料　气			出口氢中杂质氧含量（体积分数）（10^{-4}%）	强度
	主　成　分	杂质氧含量（质量分数）（%）	有害组分		
506HT-1	H_2	≤3	NH_3，H_2O，Cl_2，H_2S，SO_2	≤0.3	一般
506HT-2	H_2 $N_2 + H_2$	≤3 $H_2 \geqslant 2O_2$	NH_3，H_2S，SO_2，H_2O，Cl_2	≤0.3	好

该系列催化剂的使用条件如下：

温度：室温 ~110℃；压力：0.1 ~25MPa（表压）；空速：5000 ~10000/h；堆密度：1.1 ~1.2g/cm³；颗粒度（mm）：2×3，3×4，4×5，5×6。

该系列催化剂对于 H_2S、SO_2、NH_3、Cl_2 及水蒸气等都有良好的抗毒性能，空速为 5000 ~10000/h。

4. 冷凝法　冷凝法是利用冷却水、冷冻水或制冷机等使气体中的水分冷却到饱和点以下而析出水分。冷凝法除水有水冷干燥法和冷冻干燥法两种。

（1）水冷干燥。采用普通冷却水除水。如用 20℃的水冷却，可使放热式气氛中水分（体积分数）从 18% 降到 3%。

水冷却器有列管式、蛇形管式和板式等。将气体加压，可减少气体中饱和含湿量，促使水分冷凝析出，达到较低露点，如气体在表压 500kPa 列管式冷却器内冷却，可干燥到露点 -5.5℃（0.4%），而未加压气体冷却后露点为 25℃（3.2%）。

（2）冷冻干燥。常用冷冻干燥形式有直接蒸发式、水冷式、喷水式和喷水蒸发式等冷却器。经冷冻除水后，气体露点可达 -4℃。图 10-37 所示为冷冻除水工艺流程，图 10-38 所示为喷水蒸发冷却室示意图。

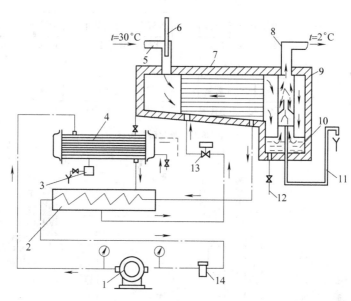

图 10-37　冷冻除水工艺流程

1—压缩机　2—储存罐　3—油分离器　4—冷凝器　5—进气管　6—温度计

7—蒸发器　8—出气管　9—带绝热壁的蒸发室　10—水分离器　11—水封

12—排水阀　13—带过滤器的减压阀　14—过滤器

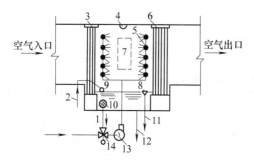

图 10-38　喷水蒸发冷却室示意图

1—回水管　2—滤水器　3—补水管　4—浮球阀

5—前挡水板　6—检查门　7—防水灯　8—喷嘴

及喷水管　9—后挡水板　10—溢水器

11—溢水管　12—泄水管　13—喷

水泵　14—三通混合泵

10.1.5.2　净化放热式气氛流程

放热式气氛经净化可获得较高还原性和碳势的气氛，N_2-CO-H_2 气氛是由淡型或浓型放热式气氛经净化除去 H_2O 和 CO_2 而制得的。

N_2-H_2 气氛是由淡型放热式气氛加入水蒸气，在催化剂作用下，使 CO 转化成 CO_2，然后再除去 H_2O 和 CO_2 而制得，气氛中 CO 含量可降至 0.05%（体积分数），CO_2 可降至 20×10^{-4}%，H_2O 和 O_2 可降至 1×10^{-4}%（体积分数）。这种气氛的 H_2 含量一般控制在 1%～5%（体积分数），露点在 -40 ℃ 左

右。当 φ（H_2）小于 4% 时无爆炸性。这种气氛适合于低碳钢、硅钢片、镀锌铁皮的光亮退火，以及不锈钢、低碳高合金钢和耐热合金的光亮热处理。

1. N_2-CO-H_2 气氛的净化流程　图 10-39 所示为净化放热式气氛制备流程图。燃烧室出来的气氛经压缩机加压，流经冷凝器、气水分离器和分子筛吸附器，除去气氛中的 CO_2 和 H_2O 后，便制成净化放热式气氛。

分子筛吸附器用高压吸附和真空再生，流程中用压缩机把气体压力提高到 0.5～1.5MPa。再生时的真空度为 2×10^4Pa。

气体加压后，其温度将增高至 160 ℃ 左右。这样高的温度会使分子筛吸附 CO_2 和 H_2O 的能力降低，因此将压缩后的气体经冷凝器，将温度降到室温。气体中饱和水蒸气压仅与温度有关，而与气体总压力无关。因此，当气体等温压缩后气体总含水量就会降低。例如，在一个大气压（101.325kPa）下，25 ℃ 时气体中饱和水蒸气压为 3168Pa，将此气体等温压缩至 588×10^3Pa，根据道尔顿分压定律，其压缩后气体中水蒸气体积分数为

$$\varphi(H_2O) = \frac{p_1}{p_2} \times 100\%$$

式中　p_1——饱和水蒸气压；

p_2——压缩后气体总压。

因此 $\varphi(H_2O) = \dfrac{3168}{588 \times 10^3} \times 100\% = 0.538\%$

此水蒸气含量相当于气体露点为 $-4\,℃$。如再将此压缩气体冷到 $5\,℃$，水蒸气含量降至 0.123%（体积分数），相当于气体露点为 $-20\,℃$。

图 10-39 所示净化系统由两个分子筛吸附器 Ⅰ 和 Ⅱ（内装 0.4nm 或 0.5nm 分子筛），真空泵，气动阀 B、C、D、E、A、F 及单向阀等组成。设吸附器 Ⅰ 对放热式气氛进行净化（即吸附 H_2O 和 CO_2）时，吸附器 Ⅱ 对分子筛进行再生（即解吸 CO_2 和 H_2O），这时气体的流向如图中箭头所示。净化后的放热式气氛，约 95% 送至热处理炉，另

外约 5% 气体用于对被再生的分子筛进行冲洗，以加速分子筛再生过程。

气动阀 B、C、D、E 和 A 的动作程序如表 10-28 所示。

从表 10-28 可知，整个操作周期为 14min16s。吸附器的净化工作时间为 7min8s，吸附器的再生工作时间为 5min8s（包括与消声器接通的 8s 在内），再生结束后转入净化程序，先通入净化放热式气氛进行冲洗约 2min，再进行净化，这样可减少输出的净化放热式气氛的压力波动。在一个周期中，真空泵与每一个再生的吸附器接通时间为 5min。

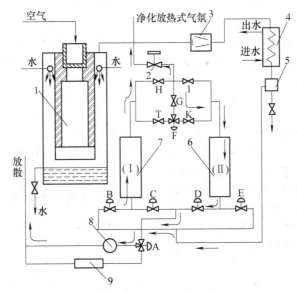

图 10-39　净化放热式气氛制备流程

1—燃烧室　2—减压阀　3—气体压缩机　4—冷凝器　5—气水分离器
6、7—分子筛吸附器　8—真空泵　9—消声器

表 10-28　气动阀 B、C、D、E 和 A 的动作程序

代　号	t_0	t_0+5min	t_0+7min	$t_0+7min8s$	$t_0+12min8s$	$t_0+14min8s$	$t_0+14min16s$
B	×	×	—	—	—	×	×
C	—	—	×	—	—	—	—
D	×	—	—	—	—	×	×
E	—	—	×	×	×	—	—
A	×	—	—	×	—	—	×

注：×表示接通，—表示关闭。A 中的 × 表示接通真空泵。

气动阀 F 的动作是：吸附器 Ⅱ 转入再生后，当其真空度达 0.03MPa，F 换向，使阀 G、F、K 接通，这时再用净化放热式气氛对吸附器 Ⅱ 的分子筛进行冲洗

再生；也可以让真空泵与阀 F 同时接通吸附器 Ⅱ。

这种净化放热式气氛的体积分数大致是 H_2 1%；CO 3%，$CO_2 < 0.01\%$，其余为 N_2，露点为 $-65\,℃$。

为了提高放热式气氛的净化程度，有的用两级串联的净化系统。第一级使气氛净化到 H_2O 体积分数为 $10 \times 10^{-4}\%$，CO_2 为 $500 \times 10^{-4}\%$；第二级净化使 H_2O 体积分数降到 $1 \times 10^{-4}\%$，CO_2 为 $20 \times 10^{-4}\%$。

2. N_2-H_2 气氛制备流程　图 10-40 所示为在净化放热式气氛制备流程中的 CO 转化和除氧流程。

在催化剂作用下，CO 与水蒸气发生如下反应：

$$CO + H_2O \longrightarrow CO_2 + H_2 + Q$$

常用的催化剂为 C_{4-2} 型和 C_6 型，它以氧化铁为主体，以氧化铬为主要促进剂，并添加氧化镁及少量碱金属氧化物，催化剂的空速为 500/h。

催化剂起催化作用的是 Fe_3O_4，所以在使用前，应该用 CO 或 H_2 气将 Fe_2O_3 还原成 Fe_3O_4，即

$$3Fe_2O_3 + CO \longrightarrow 2Fe_3O_4 + CO_2 + Q$$
$$3Fe_2O_3 + H_2 \longrightarrow 2Fe_3O_4 + H_2O + Q$$

用 C_{4-2} 型和 C_6 型催化剂的最佳使用温度，前者为 $450 \sim 500\,℃$，后者为 $360 \sim 520\,℃$。在控制温度时注意上述的反应是放热反应，在转化过程中催化剂的温度会有所升高。

由于 CO 的转化是放热反应，降低转化温度有利提高 CO 的转化率，但降低温度会减慢转化速度。因此，在转化器的下部放 C_{4-2} 型催化剂，使其保持较高操作温度（$450\,℃$），以利加速 CO 的转化，在转化器的上部放 C_6 型催化剂，使其保持较低的温度（$380 \sim 420\,℃$），以利提高 CO 的转化率。

气氛中水蒸气含量对 CO 的转化率也有很大影响，H_2O/CO 体积比值越大，越有利于 CO 的转化反应，一般保持其比值在 4 左右。为增大这个比值，应在被净化的气流中加入水蒸气。

O_2 的去除常采用加氢催化法，用 105 催化剂（钯分子筛）在常温下进行催化，可使氧量降到 $<5 \times 10^{-4}\%$（体积分数），由于它的载体分子筛（$4 \sim 5$nm）很容易吸水，所以在使用前应干燥处理。净化的气体应干燥处理，分子筛应定期再生（$300\,℃$，除水）。当催化反应温度控制在 $80 \sim 110\,℃$ 时，105 催化剂可连续进行催化脱氧，而无需对催化剂进行再生和对气体进行预干燥处理。催化反应最小过剩 H_2 量为 $0.5\% \sim 2\%$（体积分数）。

0603 铜催化剂，可使氧量降到 $(10 \sim 20) \times 10^{-4}\%$（体积分数），催化温度为 $170 \sim 350\,℃$，除氧前气体氢含量应为氧含量的 $7 \sim 16$ 倍。

651 镍铬催化剂可使氧量降到 $<10 \times 10^{-4}\%$（体积分数），催化温度为 $50 \sim 100\,℃$。

上述三种催化剂，在使用前都应进行还原处理。

201 和 402 除氧催化剂，称银分子筛，可在含氢和不含氢介质中脱氧。当在不含氢中脱氧时，催化剂应先还原活化使 Ag_2O 变成 Ag。除氧反应为：$4Ag + O_2 \longrightarrow 2Ag_2O$，$Ag_2O$ 经过加热能分解再生。

10.1.6　可控气氛经济指标对比

表 10-29 列举了几种可控气氛费用比较和产气量。

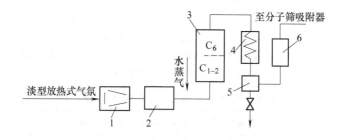

图 10-40　CO 转化和除氧流程
1—压缩机　2—加热器　3—CO 转化器　4—冷凝器
5—气水分离器　6—除氧器

表 10-29　几种可控气氛费用比较和产气量

气体名称	原料气	原料:空气（体积比）	每立方米气的相对费用(%)	每千克原料产气量/m³	每立方米原料产气量/m³
吸热式气体	天然气（甲烷）	1:2.4	100	—	4.88
	丙　烷	1:7.2		6.75	12.65
	丁　烷	1:9.5		6.72	16.52

（续）

气体名称		原 料 气	原料:空气（体积比）	每立方米气的相对费用(%)	每千克原料产气量/m³	每立方米原料产气量/m³
放热式气体	浓型	天然气（甲烷）	1:6	55	—	6.50
		丙 烷	1:14		8.65	16.14
		丁 烷	1:20		8.17	20.00
	淡型	天然气（甲烷）	1:9	43		8.30
		丙 烷	1:22			20.71
		丁 烷	1:29		11.70	28.73
净化放热式氮基气体	浓型	天然气（甲烷）	1:6	66	—	6.20
		丙 烷	1:14		8.50	15.80
		丁 烷	1:20		7.48	18.40
	淡型	天然气（甲烷）	1:9	56	—	7.40
		丙 烷	1:22		9.70	18.14
		丁 烷	1:29		10.10	24.75
净化放热式 H_2-N_2 基气体		天然气（甲烷）	1:9	92	—	7.40
		丙 烷	1:22		9.70	18.14
		丁 烷	1:29		10.10	24.75
氨分解气体		氨（液态）	—	415	2.80	2
氨燃烧气体		氨（液态）	1:3.57	325	4.58	3.33
氮（木炭反应）（碳氢气反应）		工业氮 $\varphi(O_2)$ 为 2%~5%	—	40	—	1.04~1.10
氢（纯瓶气）			—	1500	—	—

注：1. 相对费用中不包括设备折旧费。
　　2. 气体体积指在标准状态下的体积。

10.2　清洗设备

零件在热处理前，需清除锈斑、油渍、污垢、切削液和研磨剂等，以保证不阻碍加热和冷却，不影响介质和气氛的纯度。以防零件出现软点、渗层不均匀、组织不均匀等影响热处理质量的现象。热处理后，也常需清洗，以去除零件表面残油、残渣和炭黑等附着物，以保障热处理零件清洁度、防锈和不影响下道工序加工等要求。根据零件对清洁度要求、生产方式、生产批量及工件外形尺寸，选用相应的清洗设备。

10.2.1　一般清洗机

常用于清除残油和残盐的清洗设备可分为间歇式和连续式两种。前者有清洗槽、室式清洗机、强力加压喷射式清洗机等；后者有输送带式清洗机及各类生产线、自动线配置的悬挂输送链式、链板式、推杆式和往复式等各类专用清洗设备。

图 10-41 所示室式清洗机适用于批量不大的中小零件。图 10-42 所示输送带式清洗机适用于批量较大的小型零件。

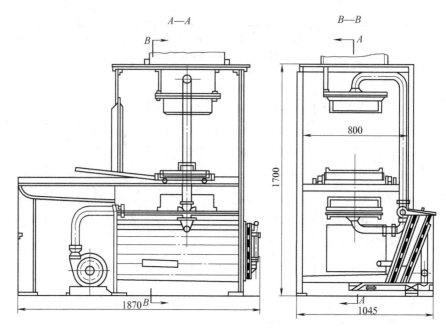

图 10-41　室式清洗机

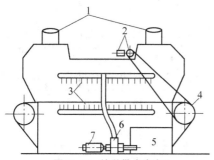

图 10-42　输送带式清洗机

1—排气管　2—主动轮　3—喷头　4—输送带
传动轮　5—清洗液槽　6—水泵　7—电动机

QXLT 型清洗机由机体、传动输送、喷淋、水过滤、加热、吸雾净化、吹干及控制等部分组成,有两室和三室的结构。其系列产品的主要技术参数见表10-30。

图 10-43 所示为浸、淋、吹干相结合的两室清洗机。零件放在料盘上,用推杆机构输送。图10-44所示为卧式碱液清洗机结构图。它有浸泡、喷淋、热风吹干等功能。其型号及尺寸如表 10-31 所示。图10-45为浸、喷淋、烘干相结合的三室清洗机示意图。图10-46 所示为带撇油器的浸-喷淋单室清洗机。

表 10-30　QXLT 型清洗机的主要技术参数

型　号	40- Ⅰ 两　室	40- Ⅱ 三　室	70- Ⅰ 两　室	70- Ⅱ 三　室	100- Ⅰ 两　室	100- Ⅱ 三　室
清洗零件最大尺寸（宽×高）/mm	400 ×250		700 ×560		1000 ×800	
装料高度/mm	850		1060		1060	
清洗、漂洗液温度/℃	从室温到80℃,液温自动控制,可调					
加热方式	电或蒸汽		电或蒸汽		蒸汽	
加温时间/min	1		1		1	
输送带速度/(m/min)	0.9		0.18 ~1.8		连续无级调节	
输送带承载能力/(kg/m²)	300		700		1000	
清洗能力/(t/h)	6.5		12.5 ~63		18 ~90	
水泵流量/(m³/h)	30	60	45	90	60	120
喷嘴数量/个	90	180	84	160	84	168
过滤及排渣	精密过滤,报警排渣		精密过滤,报警排渣			
总功率/kW	≈18	≈33	≈19	≈38	≈25	≈47
外形尺寸(长×宽×高)/mm	2400 ×1150 ×1750	3500 ×1150 ×1750	4100 ×1800 ×2200	6400 ×1800 ×2200	5000 ×2400 ×2500	7900 ×2400 ×2500

注:两室包括清洗、吹干,三室包括清洗、漂洗、吹干。

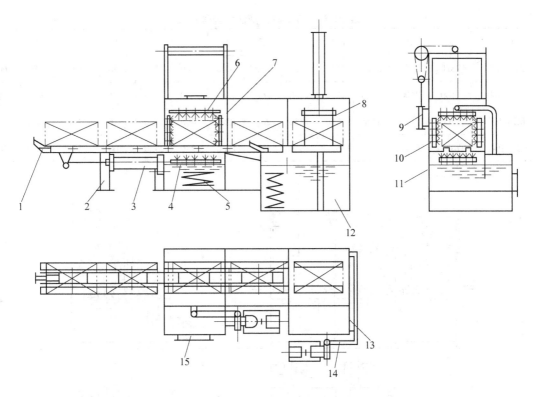

图 10-43 浸、淋、吹干相结合的两室清洗机

1—推头 2—机架 3—推杆机构 4—过滤网 5—加热管路 6—喷淋系统
7—挡水罩 8—升降机构 9—门升降机构 10—吹干管路 11—喷淋槽
12—浸洗槽 13—机体 14—浸洗泵 15—排污门

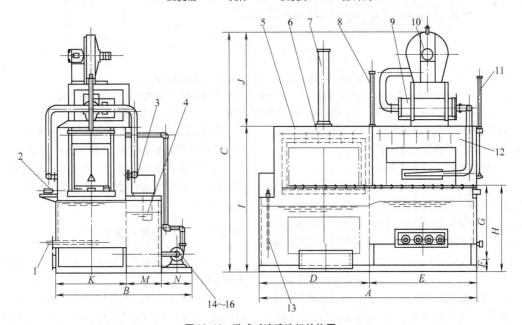

图 10-44 卧式碱液清洗机结构图

1—加热器 2—脱钩装置 3—集油器 4—油水分离器 5—碱液清洗室 6—喷嘴
7—升降机 8—中门装置 9—热风发生器 10—鼓风机 11—前门装置
12—清洗室 13—加热器 14、15—喷淋泵 16—液体循环泵

表 10-31　卧式碱液清洗机型号及尺寸　　　　　　　　（单位：mm）

型号	A	B	C	D	E	F	G	H	I	J	K	M	N
BCA-200	2820	2180	3020	1410	1410	200	1000	1200	2100	1416	980	550	600
BCA-400	3100	2400	9766	1550	1550	200	1200	1400	2350	1416	1200	600	600
BCA-600	3700	2400	3766	1850	1850	200	1200	1400	2350	1416	1200	600	600
BCA-1000	3702.2	2614.1	4430	1852.2	1850	580	1200	1780	2930	1500	1357.8	6568	600

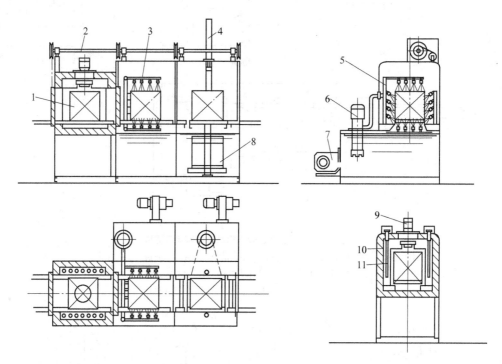

图 10-45　浸、喷淋、烘干相结合的三室清洗机
1—烘干室　2—中间门开启装置　3—上喷淋室　4—浸液装置　5—喷淋系统　6—喷射泵
7—气体燃烧器　8—下浸室　9—空气循环装置　10—绝热层　11—电热辐射管

为满足清洗效果和保护环境，清洗机应具备水过滤装置、撇油装置和雾气处理装置。

金属清洗剂分为以下两大类：

（1）溶剂型清洗液。溶剂型清洗液有石油溶剂和有机溶剂两类。在这类清洗溶剂中，如三氯乙烯、三氯乙烷、四氯化碳等有良好的清洗效果，清洗流程也较简单；但这类清洗剂有破坏大气臭氧层及引发癌症的作用，被列为禁用物品。

（2）水剂型清洗液。水剂型清洗液有碱性清洗液和含表面活性剂清洗液两类。碱性清洗液具有价格低、用途广、操作方便等优点。碱性清洗液清洗能力随清洗液温度增高和浓度升高而增强，但碱浓度升高对金属有一定腐蚀作用。碱是通过造脂作用而脱油的，因此需定期更换清洗液。

合成洗涤剂中含有表面活性剂，可渗入零件的油膜内起清洗乳化作用。根据被清洗淬火油种类的不同，合成洗涤剂中还可加入如稳定剂、消泡剂及缓蚀剂等成分。合成洗涤剂清洗液成本低，效果好，使用方便。

10.2.2　超声波清洗设备

一些特殊热处理零件如有盲孔的零件，应采用超声波清洗。

超声波清洗以纵波推动清洗液，使液体产生无数微小的真空泡。当气泡受压爆破时，产生强大的冲击波，将物体死角内的污垢冲散，增强清洗效果。超声波频率高，穿透能力强，因此对隐蔽细缝或复杂结构的零件，有很好的清洗效果。

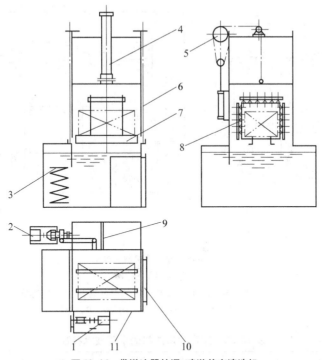

图 10-46　带撇油器的浸-喷淋单室清洗机

1—撇油器　2—喷淋系统　3—加热器　4—气缸　5—门升降机构　6—进出料门

7—清洗升降台　8—喷淋器　9—溢网　10—排污门　11—机壳

超声波清洗效果取决于清洗液的类型、清洗方式、清洗温度、超声波频率、功率密度、清洗时间、清洗件的数量及外形复杂程度等条件。

超声波清洗装置如图 10-47 所示。该装置主要由超声波换能器、清洗槽及发生器三部分构成，此外，还有清洗液循环、过滤、加热以及输送装置等。

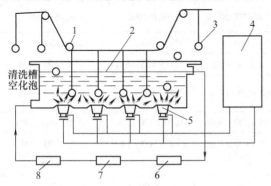

图 10-47　超声波清洗装置

1—传送装置　2—清洗液　3—被清洗零件

4—发生器　5—换能器　6—过滤器

7—泵　8—加热器

超声波清洗机有单槽型、双槽型和三槽型等类型。双槽型和三槽型超声波清洗机如图 10-48 所示。

超声波清洗采用三氯乙烯作为清洗剂。冷凝区是使气态的三氯乙烯冷凝成液体。蒸汽自由区为自由态的三氯乙烯蒸汽，水分分离器除去三氯乙烯中的水分。超声波槽内安设超声波换能器，零件在槽内被清洗。过滤器过滤清洗液中杂质。蒸汽槽把零件上的三氯乙烯加热汽化，使零件干燥。加热器加热三氯乙烯。冷却槽冷却零件。泵使三氯乙烯液体循环。

几种超声波清洗机的主要技术参数见表 10-32。表 10-33 为双槽型和三槽型超声波清洗机的技术参数。

使用溶剂清洗剂的超声波清洗设备适用于电子、五金、光学、汽车、冶金等类零件的清洗，其特点是可清洗深孔和高粘度油污，清洗剂可回收使用，零件可连续式自动洗净，环保效果好。单槽超声波溶剂清洗机流程：进料→超振洗→蒸汽洗→冷却干燥→取料。多槽式超声波溶剂清洗机流程：自动进料→超振洗→冷浸洗→蒸汽洗→冷却干燥→自动出料。

10.2.3　脱脂炉清洗设备

在脱脂炉中脱脂是把零件加热到450～550 ℃，使零件上的残油汽化，同时也起到零件预热和渗碳、渗氮件预氧化的效果。脱脂炉的结构见图 10-49。表 10-34 为脱脂炉系列产品。

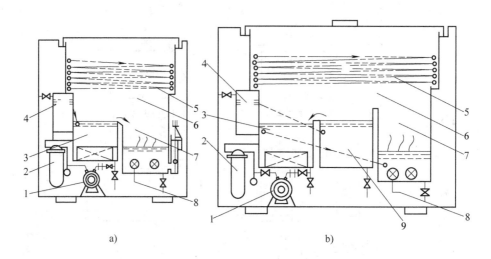

a)　　　　　　　　　　　　　　　b)

图 10-48　超声波机清洗机

a) 双槽型　b) 三槽型

1—泵　2—过滤器　3—超声波槽　4—水分分离器　5—冷凝器
6—蒸汽自由区　7—蒸汽槽　8—加热器　9—冷却槽

表 10-32　超声波清洗机的主要技术参数

型　　号	CSF-3A	CSF-6	CSF-1A	CQ-250	CQ-50	CQ-500	CQ-1K	CQ-500A	CQ-500J
工作频率/kHz	18	21.5	21.5	33	33	33	19	19	19
输出功率/W	500	2000	750	250	50	500	1000	500	500
清洗槽尺寸 (长×宽×高 或直径×高)/mm	200×449.5 ×120	830×530 ×200	250×220 ×120	375×155 ×120	φ125×80	500×300 ×200	710×350 ×220	500×300 ×200	500×300 ×200
重量/kg	23+15	300+90	25+7.25	11.5	4	108	84	108	

表 10-33　双槽型与三槽型超声波清洗机的技术参数

型　　号	DUP-3020	DUP-4030	DUP-5040	DUP-6040
超声波功率/W	300	600	900	1200
超声波槽尺寸(长×宽×高)/mm	300×200×200	400×300×300	500×400×400	600×400×400
洗槽沸腾(浸渍)槽 (长×宽×高)/mm	300×200×200	400×300×450	500×400×600	600×400×600
蒸汽区	630×200×250	830×300×300	1030×400×400	1130×400×400
外形尺寸(长×宽×高)/mm	1200×600×700	1400×800×1200	1500×900×1400	1600×900×1400
超声波槽电热/W	500	1000	3000	3000
沸腾槽电热/W	1500	2000	6000	6000
清洗量/(kg/h)	100	270	550	750
洗净液总容量/L	20	84	160	200
冷冻机/W	745.7	1491.4	2237.1	2237.1
所需电源(最低)容量	200V/1P/11A	220V/3P/25A	220V/3P/55A	200V/3P/60A

注：各种尺寸可依客户要求定制，三槽型外形尺寸再加一槽长度尺寸。

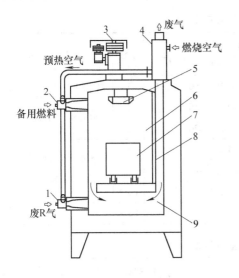

图 10-49　脱脂炉结构

1、2—烧嘴　3—搅拌装置　4—空气换热器
5—循环风扇　6—加热室　7—工件
8—辐射板　9—烟燃烧室

表 10-34　脱脂炉系列产品

名称	型号	最大载荷 /kg	工作空间尺寸 (宽×长×高)/mm	最大发热率 /(MJ/h)
连续式气 体渗碳炉	C58	200	610×560×600	418
	C58	200	610×560×800	418
	C76	300	610×760×600	502
连续式气 体渗碳炉	C76	300	610×760×600	502
	C116	400	610×1140×600	670
	C118	400	610×1140×800	670
振底炉	A96	480	610×920×600	670
	A127	740	760×1220×700	670

10.2.4　真空清洗设备

真空清洗设备是一种少无污染的新型清洗设备。它的工作原理是，粘附在零件上的油及其他能被蒸发的物质，可在真空下被蒸发，蒸发量随着真空度和温度的提高而增大。淬火零件的清洗温度受其回火温度限制，通常控制在 180℃，在此温度下进行真空清洗，还会有相当多可蒸发的物质残留在零件表面。因此，一般采用水蒸气蒸馏和真空蒸馏相结合的方法，使油及其他能被蒸发的物质，在水蒸气作用下，先形成低沸点的混合物，然后再进行真空蒸馏清洗。真空清洗示意图见图 10-50。

对不易清洗的高沸点淬火油残渍，可先进行预清洗，即在同一个装置内进行蒸汽清洗、浸渍、抖动、

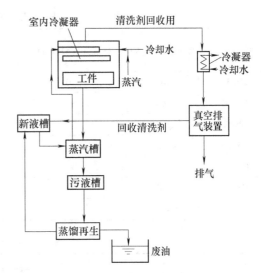

图 10-50　真空清洗示意图

喷淋等处理，然后再真空清洗。真空清洗时先升温，再在真空状态下充入蒸汽，使残油汽化而清洗掉。

一室真空清洗机见图 10-51，两室真空清洗机见图 10-52，真空清洗机系列见表 10-35 和表 10-36。

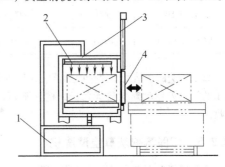

图 10-51　一室真空清洗机

1—蒸汽槽　2—冷凝器　3—蒸汽入口　4—门

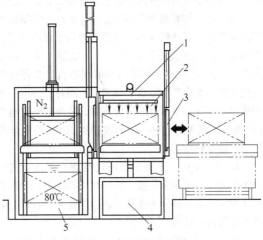

图 10-52　两室真空清洗机

1—蒸汽入口　2—冷凝器　3—门　4—浸泡槽　5—蒸汽槽

表 10-35　真空清洗机系列 I

型　　号	最大装入量/kg	标准处理时间/min	有效尺寸（宽×长×高）/mm	室数	应　　用
HS-J1	200	30	460 × 610 × 300	1	真空炉
HS-S1	500	30	610 × 920 × 550	1	多用炉（标准型）
HS-S2	500	30	610 × 920 × 550	2	
HS-H1	900	30	760 × 1220 × 610	1	多用炉（超级型）
HS-H2	900	30	760 × 1220 × 610	2	
HS-T2	270	15	610 × 610 × 610	1 × 2	连续气体渗碳炉
HS-R3	400	10	650 × 760 × 650	1 × 3	

表 10-36　真空清洗机系列 II

型　　号	处理量/kg	有效尺寸（宽×长×高）/mm	功率/kW			液量/L
			前室	真空室	其他	
VCE-M-200	200	380 × 760 × 350	18	20	9	1600
VCE-M-400	400	600 × 900 × 600	24	45	16	2580
VCE-M-600	600	600 × 1200 × 600	30	54	16	3100
VCE-M-1000	1000	760 × 1200 × 800	48	90	22	4300

真空清洗的清洁度不亚于溶剂清洗，其清洗剂在封闭的管路内流动对大气无污染，清洗剂可再生和回收。

10.2.5　环保溶剂型真空清洗机

环保溶剂型真空清洗机是国内在消化吸收国外先进技术基础上最新研制的新型清洗设备，它同时具备真空清洗和溶剂型清洗液的优点，并将二者有机地结合一起。其工作原理是采用对金属切削液、防锈油和淬火油等有良好溶解性的、环保的碳氢化合物为清洗溶剂（该溶剂挥发后不破坏大气臭氧层，对人体无伤害），在真空状态下用溶剂和溶剂蒸汽对工件进行有效清洗，然后真空负压干燥工件；同时，再生装置在真空负压状态下对溶剂进行蒸馏，并冷凝回收溶剂（该类碳氢溶剂组分单一，回收率极高），废液分离后单独排放回收。

1. 总体结构　设备主要由真空清洗系统、真空再生系统及相关附属装置、控制系统等组成。利用溶剂清洗剂对工件进行清洗及干燥，并对清洗后的溶剂进行蒸馏再生处理。

真空清洗系统见图 10-53，真空再生系统见图10-54。

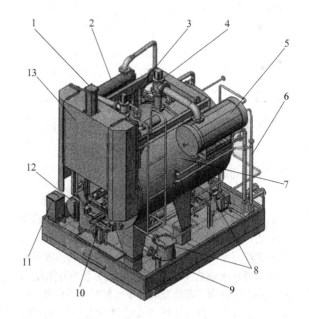

图 10-53　真空清洗系统

1—前门气缸　2—冷凝器　3—真空排气口　4—蒸汽入口　5—蒸汽发生器　6—加热油管　7—洗净机本体　8—过滤器　9—底框架　10—前门辅助辊道　11—中和剂槽　12—预洗污液槽　13—排烟罩

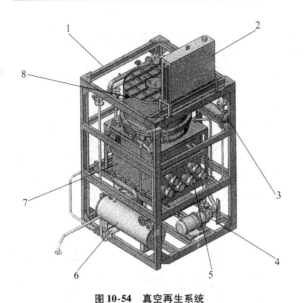

图 10-54　真空再生系统
1—再生装置架台　2—油位调整槽　3—冷凝器
4—油循环泵　5—油槽加热器　6—再生槽液
7—油槽　8—冷却室

（1）电气控制系统。溶剂型真空清洗机电气控制元件均安装入一个多面板控制柜，具有控制、记录、监视、报警及密码保护等功能。系统的自动工艺流程由可编程序控制器（PLC）完成，系统联锁保护，设有故障自诊断和网络远程监控功能。操作人员可以通过手动方式操作整套设备。

当系统出现任何非正常状况，如冷却水、氮气和压缩空气压力降低，系统内部压力升高，加热油温度过高等状况时，系统自动起动安全联锁保护，设备紧急停止；同时发出声光报警，提醒操作人员注意。设备操作人员可通过报警画面找到故障原因，并根据报警辅助信息，解决相关故障。

（2）温度控制系统。温度控制系统由测温热电偶、智能温度控制器、加热器等构成，温度信号 PID 运算后发出信号，控制加热器的通断，从而实现控温。整个设备的热源均统一由加热油提供。

温度控制系统共计 6 套，分别用于洗净室温度控制、溶剂槽温度控制、再生槽温度控制、加热油温度控制、加热油过热报警及冷却水超温报警。

（3）清洗流程控制。设备的清洗流程由可编程序控制器（PLC）来实现。各流程指令、时间等输入信号经 PLC 的 CPU 进行逻辑判断后，发出相应操作。整个清洗周期除了几个基本指令外，无需额外的人工干预。

真空清洗机可根据清洗零件的特殊形状及不同的清洗要求，选择不同的清洗流程。整个清洗周期中各流程的时间及采用的相关参数，可进行相应的调整。

2. 溶剂型真空清洗机系列主要技术参数　溶剂型真空清洗机系列主要技术参数列于表 10-37。

表 10-37　溶剂型真空清洗机系列主要技术参数

项　　目		VCH-400	VCH-600	VCH-1000
额定电压/V		380	380	380
电源频率/Hz		50	50	50
相数		3	3	3
加热元件接法		△/Y	△/Y	△/Y
有效尺寸(宽×长×高)/mm		600×900×600	600×1200×600	760×1200×780
最大装载量/kg		400	600	1000
加热功率/kW		60	60	60
动力用功率/kW		15	15	15
清洗剂槽容量/L		450	550	650
加热油槽容积/L		600	600	600
中和槽容积/L		12	12	12
外形尺寸(宽×长×高)/mm		2300×2400×3600	2300×2700×3600	2350×2700×3800
重量/t		9	9.5	10.2
氮气	压力/MPa	0.3~0.4	0.3~0.4	0.3~0.4
	使用量/(m³/炉)	2.6	3.2	4.2

（续）

项　目		VCH-400	VCH-600	VCH-1000
压缩空气	压力/MPa	0.4 ~ 0.6	0.4 ~ 0.6	0.4 ~ 0.6
	使用量/(m³/炉)	2	2	2
冷却水	压力/MPa	0.2 ~ 0.3	0.2 ~ 0.3	0.2 ~ 0.3
	使用量/(L/min)	30	30	30
清洗溶剂消耗量/(mL/炉)		270	300	350
加热油温度/℃		120 ~ 130	120 ~ 130	120 ~ 130
清洗室工作温度/℃		90 ~ 100	90 ~ 100	90 ~ 100
清洗机溶剂槽温度/℃		90 ~ 95	90 ~ 95	90 ~ 95
溶剂再生槽温度/℃		≤90	≤90	≤90
清洗室初始真空度/kPa		6.5	6.5	6.5
溶剂槽初始真空度/kPa		6.5	6.5	6.5
干燥真空度/kPa		≤2.6	≤2.6	≤2.6
溶剂再生真空度/kPa		≤2.6	≤2.6	≤2.6
压升率/(kPa/h)		≤0.5	≤0.5	≤0.5
再生时间/min		≤15	≤15	≤15
初始真空时间/min		≤2	≤2.5	≤3
清洗周期时间/min		≤32	≤35	≤38
溶剂再生利用率(%)		≥99	≥99	≥99
溶剂再生纯度(%)		≥99	≥99	≥99

3. 清洗机工作流程

（1）装入工件。推拉车自动搬入工件（约2min）。

（2）抽真空。将清洗室抽真空（约3min）。

（3）加入中和剂。每次添加少量中和剂，以防止工件生锈。

（4）预洗喷淋。在高真空度下，用溶剂进行喷淋清洗（约1min）。

（5）快速蒸汽喷淋。在高真空度下，用溶剂蒸汽对工件进行快速清洗（约8min）。

（6）循环喷淋。在低真空度下，用大流量溶剂对工件进行循环喷淋清洗（约5min）。

（7）真空干燥。高真空度干燥去除溶剂（约7min）。

（8）取出工件。清洗室复压，工件搬出（约2min）。

整个处理周期约35min。

4. 溶剂的回收和再生处理问题　溶剂在高真空状态下，进行低温蒸馏，使溶剂与废油及其他杂质分离。分离出来的溶剂再循环到洗净机利用。废液经其他管路排出到废液槽。

清洗过程中和清洗后，溶剂和清洗下来的油脂混合，在真空蒸馏槽内通过导热油间接加热。低沸点的溶剂大量快速挥发，在冷却室内经冷凝器冷凝后重新变成液态，溶剂可99%被回收。其中，蒸汽通过特殊处理装置，可将带入油内的氯化物、硫化物等杂物分解去除。

10.3　清理及强化设备

清理及强化设备，利用抛丸器或喷嘴将钢丸高速射向零件表面，以钢丸的冲击作用，清除零件表面的氧化皮和粘附物；若对抛射和喷射过程加以控制，又可达到强化零件的作用，以提高零件的疲劳寿命。

根据钢丸（砂）的抛射方式，清理设备可分为机械式抛丸和气力、液力喷丸（砂）。

10.3.1　机械式抛丸设备

机械式抛丸清理设备，依其结构特点可分为滚筒式、履带式、转台式、台车式及悬挂输送链式等几种，用于不同类型的零件和生产规模。抛丸设备都是由抛丸器、零件运输装置、弹丸循环装置、丸粉尘分离装置、清理和强化室五个主要部分组成。

10.3.1.1　抛丸器

抛丸器的结构，按送丸方式分有机械送丸和风力送丸；按旋转盘数量分有单盘和双盘。

1. 机械送丸抛丸器　机械送丸抛丸器是应用最广泛的一种形式，其工作原理如图 10-55 所示。弹丸依靠自重，经分丸轮 3 和定向套 4 进入叶片，当弹丸和叶片接触时，沿叶片表面向外作加速度运动，以 60～80m/s 的高速度抛出。

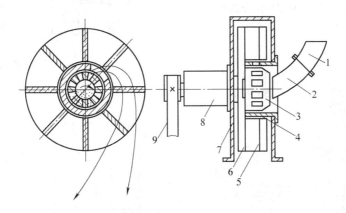

图 10-55　机械送丸抛丸器工作原理图

1—进丸斗　2—输丸管　3—分丸轮　4—定向套　5—叶片
6—圆盘　7—壳体　8—轴承座　9—传动带

机械送丸抛丸器有单圆盘、双圆盘、曲线叶片和管式叶片等几种。单圆盘通常有六个叶片均布在圆盘上。这种形式的优点是结构紧凑，叶片拆装方便，重量轻，但对于动平衡的要求较高。双圆盘式受力状况较好，叶片不易变形和断裂，但叶片磨损较大。管式叶片可使弹丸呈层流方式抛射，因而叶片受冲击力小，可提高叶片的使用寿命。管内形成高速气流，可提高弹丸抛射速度。机械式抛丸器有多种类型，实际应用以双盘抛丸器为主，其定型系列产品的主要技术参数见表 10-38。

表 10-38　抛丸器定型系列产品的主要技术参数

型　号	叶轮尺寸（直径×宽）/mm	叶轮转速/（r/min）	抛射速度/（m/s）	抛丸量/（kg/min）	电动机功率/kW
Q3033 Ⅰ/Ⅱ	φ360×62	2600	63	150～200	10～13
Q3024 Ⅰ/Ⅱ	φ420×62	2400	69	180～250	13～17
Q3025 Ⅰ/Ⅱ	φ500×62	2250	76	220～300	17～22

注：旋转方向（面对叶轮）：Ⅰ左旋，Ⅱ右旋功率上限用于强力抛丸。

2. 风力送丸抛丸器　由于机械送丸抛丸器的分丸轮和定向套易磨损，为此改进其结构，形成无分丸轮和定向套的风力送丸抛丸器，如图 10-56 所示。

风力送丸抛丸器有鼓风送丸和压缩空气送丸两种。弹丸通过气流经喷嘴进入叶片。弹丸抛出的方向取决于喷嘴出口的位置。图 10-57 和图 10-58 所示分别为两种风力送丸抛丸器构造示意图。

3. 抛丸器主要结构零件的材料　圆盘和叶片是抛丸器的主要构件。圆盘通常用 40Cr 或 45 及 65Mn 钢制成，硬度为 45HRC 左右。也有用整体熔模铸造的圆盘，其材料有耐磨铸铁、合金铸铁、稀土铸铁和铸钢等，均经过硬化处理。叶片材料主要为含稀土白口铸铁，使用寿命可达 150～250h。

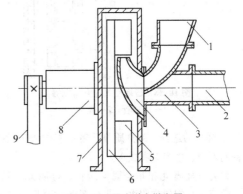

图 10-56　风力送丸抛丸器

1—进丸斗　2—进风管　3—加速管　4—喷嘴
5—叶片　6—圆盘　7—壳体　8—轴承座　9—传动带

4. 抛丸器的调整　抛丸器的性能很大程度取决于分丸轮和定向套的位置调整。图10-59和图10-60分别为分丸轮和定向套的结构。为保证抛丸器正常工作，分丸轮出口应比叶轮靠前10°~15°。定向套决定弹位方向，可根据刻度与指线的相对位置调整，一般取45°~60°，见图10-61。

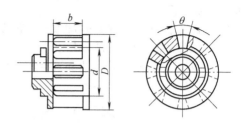

图10-59　分丸轮的结构

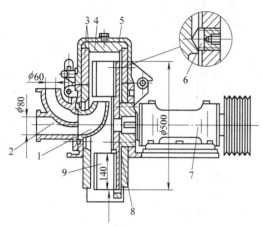

图10-57　单圆盘鼓风送丸抛丸器
1—喷嘴　2—加速管　3、4—护板　5—护罩盖
6—紧固螺钉　7—轴承座　8—圆盘　9—叶片

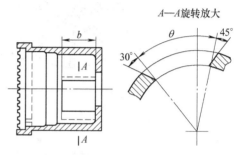

图10-60　定向套的结构

弹丸按颗粒大小分档，弹丸颗粒过小，打击力小，清理效率低；弹丸颗粒过大，弹痕深，不仅使零件表面粗糙，而且降低单位时间内打到零件表面上的弹丸密度，清理质量和强化效果差。弹丸应有一定的硬度。弹丸的材料及粒度应根据清理零件的材料和技术要求选用。表10-39列出了各类弹丸的用途。

表10-39　弹丸的用途

弹丸直径 /mm	弹丸材料	用　　途
2.0~3.0	铸铁、铸钢丸	大型毛坯零件的清理
0.8~1.5	铸铁、铸钢丸	中小零件及渗碳件清理及强化
0.6~1.2	钢丝切割丸	强化
0.05~0.5	玻璃丸	强化
0.05~0.15	玻璃丸	轻金属零件强化

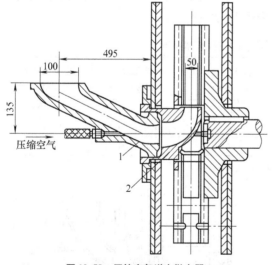

图10-58　压缩空气送丸抛丸器
1—加速管　2—喷嘴

5. 弹丸的选择　弹丸质量严重地影响清理效果、设备的寿命、生产率和成本。

弹丸有金属丸和非金属丸两种。金属丸有铸铁丸、铸钢丸和钢丝切割丸；非金属丸主要是玻璃丸。铸铁丸易碎，在热处理生产中以铸钢丸为主，钢丝切割丸和玻璃丸的应用有扩大趋势，但成本较高。

根据经验，各类弹丸的耐用度及成本有以下比例关系，铸钢丸∶可锻铸铁丸∶冷硬铸铁丸的耐用度比为44∶22∶1，而相对成本比为4.5∶2.5∶1。

10.3.1.2　弹丸循环装置

弹丸回收过程是，将清洗室内的弹丸及其他杂质收集起来，经分离处理后，再将弹丸送入抛丸器。回收系统的装置有底部的自流料斗、带有螺旋输送器或振动输送带、斗式提升机、顶部螺旋输送器、筛子风选分离器、上部丸储存斗、阀门及进料软管等部件。

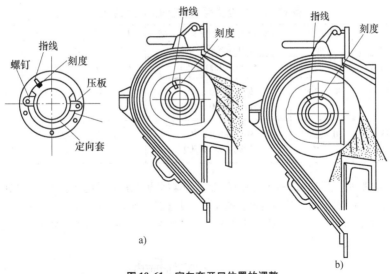

图 10-61　定向套开口位置的调整

a) 定向套位置正确　b) 定向套位置不正确

10.3.1.3　丸粉分离装置

砂尘和碎丸会影响被处理件的质量，恶化环境，并增大叶片和其他零件的磨损，丸尘量应控制在 0.5% （质量分数）以下。通过筛子风选分离器可分离砂尘和碎丸。

抛丸室应通风除尘，抛丸室内应形成负压，以保证丸粉分离器能正常工作和减少对生产环境的污染。

10.3.1.4　抛丸清理设备定型产品

1. 转台式抛丸清理机　图 10-62 所示为转台式抛丸清理机的结构。该机由清理室、转台、抛丸器、提升机、分离器、传动机构和电控系统等组成。转台用橡胶帘隔成内、外两部分，室内为清理室，室外用于装卸和翻转零件。该机适用于大、中批量扁平零件清理。转台式抛丸清理机的技术参数见表 10-40。

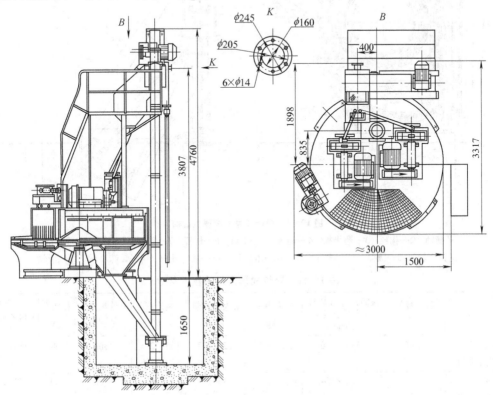

图 10-62　转台式抛丸清理机结构

表 10-40　转台式抛丸清理机的技术参数

名称	大转台 /mm	小转台 /mm	工件最大尺寸(长×宽×高 或直径×高)/mm	叶轮直径 /mm	总功率 /kW	外形尺寸 (长×宽×高)/mm
R3525B 型	$\phi2500$		$5000 \times 1000 \times 250$	$2 \times \phi360$	25.9	$3317 \times 300 \times 6410$
Q3516 型	$\phi1600$	$8 \times \phi300$	轴类 $\phi160 \times 400$ 齿轮 $\phi350 \times 400$	$2 \times \phi500$	38.3	$5647 \times 3098 \times 5605$
Q3518 型	$\phi1800$	$10 \times \phi200$	轴类 $\phi160 \times 500$ 齿轮 $\phi250 \times 500$	$2 \times \phi500$	37.42	$4400 \times 3578 \times 6660$

2. 履带式抛丸清理机　图 10-63 所示为履带式抛丸清理机的结构，由抛丸器、履带传动装置、螺旋输送机、滚筒机、斗式提升机、空气分离器、装卸料升降装置及控制系统等组成。零件在履带上随履带运动滚翻，清理方便。该机主要用于毛坯件清理。履带式抛丸清理机的技术参数见表 10-41。

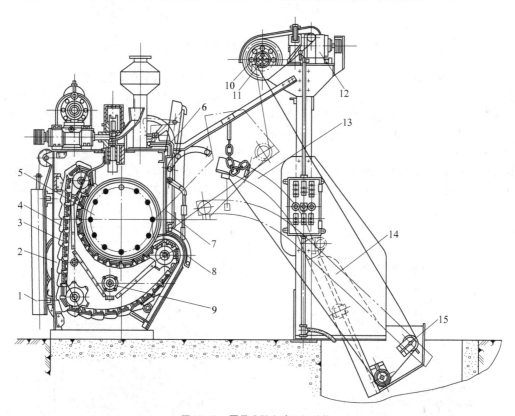

图 10-63　履带式抛丸清理机结构

1—平衡锤　2—构架　3—履带板　4—链环　5—端盘　6—杠杆　7—铁门　8—橡胶帘　9—螺旋输送机转轴　10—滚筒　11—提升机构　12—电动机　13—翻转机构　14—装卸小车　15—滑轮

表 10-41　履带式抛丸机的技术参数

名　称	装载容积 /m³	滚筒尺寸（内径 ×有效长度） /mm	最大单重 /kg	最大装料量 /kg	生产率 /（t/h）	通风量 /（m³/h）	总功率 /kW	外形尺寸 (长×宽×高) /mm
6GM-5M5R 履带式抛丸机	0.17	$\phi737 \times 940$	22.7 ~ 34	363 ~ 477	1.5 ~ 2.5	1800	14	$3681 \times 1850 \times 4100$
15GM-6M 履带式抛丸机	0.43	$\phi1092 \times 1245$	227	1362	3.5 ~ 6	5300	39.9	$4597 \times 3262 \times 5709$

10.3.2　抛丸强化设备

　　强化抛丸的技术要求不同于清理抛丸，要求零件表面受到均匀的强力抛射，并形成一定的表面压应力，有时工件还要在施加预应力的状态下抛丸。因此，应正确选择弹丸、抛丸速度和抛丸机类型。

10.3.2.1　通用抛丸强化设备

　　图 10-64 所示为通用强化抛丸机简图。该机适用于发动机连杆、轴类、齿轮及圆柱弹簧等零件的表面强化和清理。该机由 1 个大转台、10 个小转台、抛丸器、提升机、分离器、振动筛、沉降筒与风管系统和电气设备等组成。该机具有多工位转台，可根据零件表面强化要求，无级调速。抛丸器可根据弹丸喷射力度要求无级变速和调节弹丸抛射速度。该机工作过程自动、连续，弹丸流量由电气控制调节，并设有消声与初级除尘装置。

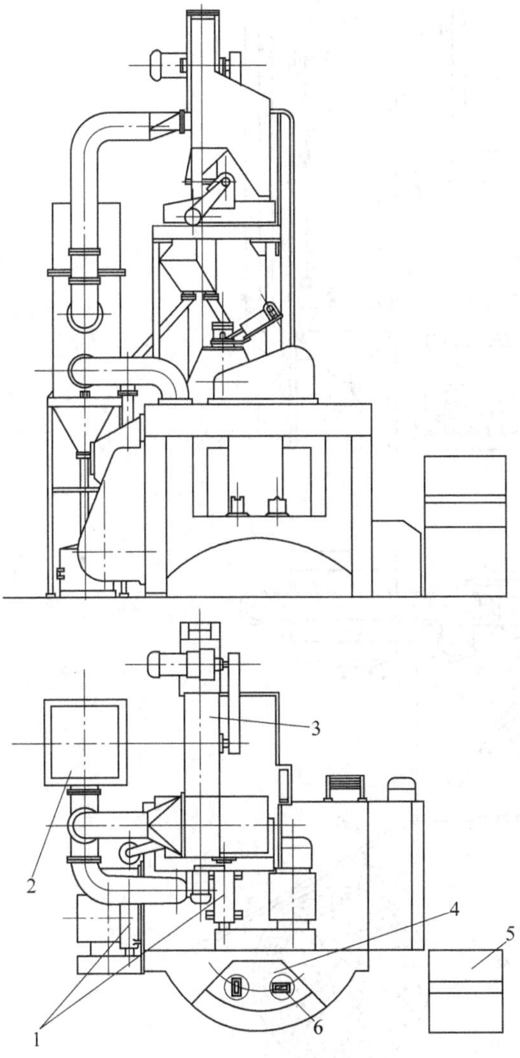

　　ZJ044 型转台抛丸强化机根据零件的结构和抛射位置的要求，分为 Ⅰ、Ⅱ、Ⅲ 型。该机有大转台 1个，直径为 $\phi1600mm$，间歇传动；小转台 8 个，直径为 $\phi300mm$；抛丸器 2 个，抛射速度 60 ~ 90m/s（无级变速）。该机适用于齿轮、轴、圆柱弹簧及摩擦片等零件的表面强化或清理。

10.3.2.2　室式抛丸强化机

　　图 10-65 所示为用于载货汽车主动传动器的主动锥齿轮和主动螺旋柱齿轮的室式抛丸强化机，若更换

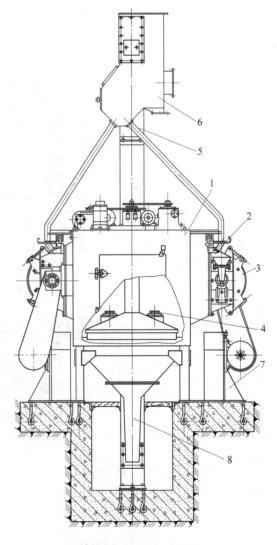

图 10-65　室式抛丸强化机
1—分离器　2—提升机构　3—机体　4—供砂
系统　5—抛丸器　6—小转台　7—机座
8—大小转台传动装置

图 10-64　通用强化抛丸机简图
1—抛丸器　2—沉降筒与风管系统　3—提升机、分离
器、振动筛　4—主机　5—电气设备　6—小转台

夹具，还可用于盘齿轮的抛丸强化。该机主要技术参数为：工位数 5 个；工作台 φ1000mm，工作台转速 4.4r/min；零件自转速度 13r/min，工件尺寸小于 350mm，抛丸器 φ400mm，转速 2400r/min；总功率 18.6kW；外形尺寸 2650mm×2130mm×4160mm。

图 10-66 所示为适用于汽车离合器膜片抛丸处理的双转台式抛丸强化机，同时也适用于材质脆、处理要求高而无法使用传统抛丸机进行处理的工件。

FDQ3512-2Z 型双转台式抛丸强化机性能为：转

台转速为 4.5r/min；根据不同零件的强化（弧高值）要求，抛丸器的弹丸抛射速度为 60～90m/s（无级变速）。零件的装卸操作等均在密闭的工作室外与抛丸作业同时进行，抛丸作业及丸砂循环在密封的箱体系统内完成，噪声小，无污染，改善了操作环境，与传统的转台式抛丸机相比有明显的优势。该机适用于汽车离合器膜片、齿轮、轴类、自行车零件、汽车附件、弹簧等零部件的表面抛丸强化处理。双转台式抛丸强化机的主要技术参数见表 10-42。

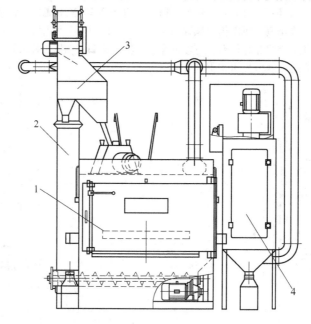

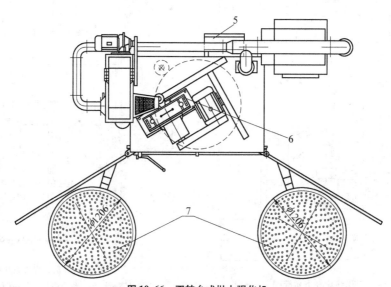

图 10-66　双转台式抛丸强化机

1—机体　2—提升机构　3—分离器　4—集尘机构　5—电气控制　6—抛丸器　7—转台（打开状态）

注：由盐城丰东特种炉业有限公司提供。

表 10-42　双转台式抛丸强化机的主要技术参数

型　　号	工作台 /mm	工件最大尺寸 (直径×高) /mm	最大 装载量 /kg	通风量 /(m³/h)	总功率 /kW	外形尺寸(门打开) (长×宽×高)/mm
FDQ3512-2Z	2×φ1200	φ1100×450	500	3600	17、55	5600×3900×4360
FDQ3516-2Z	2×φ1600	φ1500×500	800	6000	28、75	6800×4500×4960

10.3.3　喷丸及喷砂设备

喷丸及喷砂清理设备以压缩空气为动力，将金属或非金属弹丸从喷枪口压出，形成每秒几十米的高速丸流，打击零件表面，从而完成清理或强化处理。

喷丸及喷砂处理设备，通常由喷丸装置、零件运输装置、弹丸循环输送装置、丸（砂）分离装置和除尘装置等组成。喷丸设备按作业方式可分为间歇式和连续式，这取决于喷丸器的形式。

喷丸及喷砂装置按其作用原理可分为吸入式、重力式和压出式三种，见图 10-67。

吸入式的工作过程是：压缩空气从喷嘴 7 喷出，使混合室 6 内产生负压，使储丸或砂斗的丸（砂）经输丸管 3 吸入到混合室 6 中，与空气混合后从喷嘴喷出。这种结构的特点是构造简单，弹丸封闭循环，无需输丸装置，但对混合室的负压要求高，吸丸量小，只能喷射 φ1mm 以下金属丸，喷射力较小。

重力式是吸入式的一种特殊形式，其不同之处是储丸斗 2 位于混合室 6 上方，弹丸借助本身的重力落入混合室内。

压出式工作过程是：压力室 11 内的压缩空气与管路压力相近，弹丸靠重力作用，由压力室 11 不断落入混合室 6 中，而后与横向吹来的压缩空气混合，并得到一定输送速度，至喷嘴出口时，压缩空气迅速膨胀，弹丸再次被加速后喷射出去。该种形式能量被充分利用，喷射力强，是喷丸（砂）设备中最广泛应用的形式。压出式喷丸装置分单室和双室两种。单室仅能间歇工作，而双室则可保证连续工作。

图 10-68 所示为双室式喷丸及喷砂装置，图 10-69 所示为混合室结构。

10.3.4　液体喷砂清理设备

一般喷砂设备产生大量粉尘，采用液体喷砂有利于排除粉尘污染。该设备由主机、分离器和收砂器等组成，如图 10-70 所示，SS 型系列液体喷砂机的主要技术参数见表 10-43。

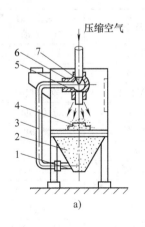
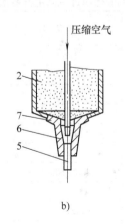
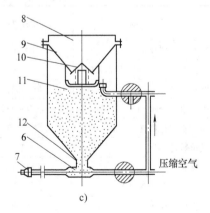

图 10-67　喷丸及喷砂装置

a）吸入式　b）重力式　c）压出式

1—吸丸装置　2—储丸斗　3—输丸管　4—工件　5—工作喷嘴　6—混合室　7—空气喷嘴
8—顶盖　9—漏斗　10—锥形阀门　11—压力室　12—放丸阀

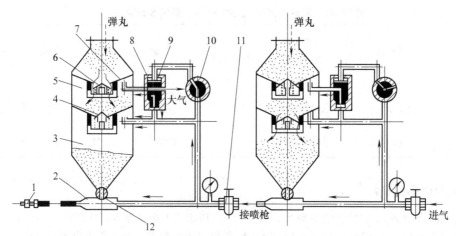

图 10-68　双室式喷丸及喷砂装置

1—喷嘴　2—混合室　3—下室　4—锥形阀门　5—上室　6—锥形阀门　7—漏斗
8—转换开关　9—转换开关活塞　10—转阀　11—总进气阀　12—放丸阀

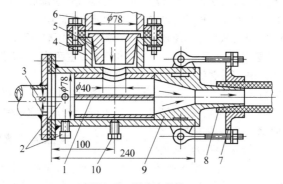

图 10-69　混合室结构

1—套管　2—清理孔丝堵　3—主进气管　4—外壳　5—套筒　6—下压力室
7—夹紧圈　8—胶管　9—接头　10—紧定螺钉

表 10-43　SS 型系列液体喷砂机的主要技术参数

项　　目	SS1 型	SS2 型	SS5 型	SS5 - A 型 （半自动）
磨液泵功率/kW	4.0	1.5	2×4	2×4
工作台转盘电动机功率/kW	—	—	0.75	0.75
磨料粒度	46 号以上	46 号以上	46 号以上	46 号以上
喷嘴直径/mm	$\phi10 \sim \phi12$	$\phi8 \sim \phi10$	$\phi10 \sim \phi12$	$\phi10 \sim \phi12$
压缩空气耗量/(m³/min)	1 ~ 1.5	1.0	4 ~ 6	6 ~ 9
喷枪数量/把	1	1	4	6
压缩空气压力/kPa	400 ~ 600	400 ~ 600	400 ~ 600	400 ~ 600
分离器水泵功率/kW	0.4		0.4	0.4
工作台直径/mm	$\phi600$	$\phi500$	$\phi1250$	$\phi1250$
工作室门尺寸(长×宽)/mm	670 × 490	—	1250 × 1250	1250 × 1250
整机外形尺寸（长×宽×高）/mm	2200 × 2200 × 2400	905 × 1020 × 1520	3500 × 2900 × 2900	3500 × 2900 × 2900
整机重量/kg	470	—	1500	1500

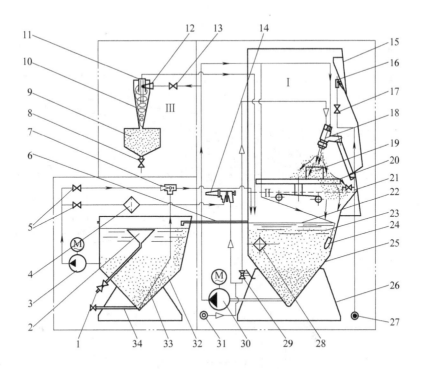

图 10-70　液体喷砂机组成及工作原理

1—放油脂阀　2—排脂漏斗　3—液压泵　4—过滤器　5—配流阀　6—溢流管
7—引射喷枪　8—出砂阀（收砂时开）　9—积砂罐　10—收砂器旋流筒
11—出水口　12—切向进液管　13—分液阀（常闭、收砂时开）　14—气水枪
15—主机工作室　16—观察窗水嘴　17—水嘴开关（工作时微开）　18—喷枪
19—工件　20—工作台　21—网板　22—浮油脂　23—磨液
24—搅拌喷嘴　25—机体储箱　26—机体底座　27—自来水源　28—电加热器
29—脚控气阀　30—磨液泵　31—压缩空气源　32—分离器箱　33—引射管　34—排水管

10.4　矫直（校直）设备

矫直设备用于矫正零件的翘曲变形。矫直有热矫和冷矫两类。热矫又有不同的方法，一种是利用焊炬局部加热零件，使零件的应力释放或重新分布，或再敲击或施压，从而矫正零件的翘曲变形；另一种是利用零件仍在热处理的余热（或奥氏体组织）状态下进行矫直，适用于大尺寸的轴类、板件或矫直时易断裂的零件，以及冷矫直后由于弹性作用容易反弹的零件。

冷矫直是在热处理后，用手动机械、工具或压力机加压，以矫正零件的翘曲变形。

常用的矫直工具有气焊炬；木质工具、铜锤子及各种矫直设备。手动矫直机有螺旋式和齿条式两种（见图 10-71）。适用于中、大型零件矫直用的液压矫

直机如图 10-72 所示。选择矫直机应考虑零件直径、状态、矫直机工作压力等因素，详见表 10-44。

矫直机的主要技术参数见表 10-45。

矫直设备向全过程机械化、自动化方向发展。图 10-73 所示为 MAE 公司的全自动矫直装置。它由上料运输装置、步进梁输送机、矫直机、弯曲度和裂纹检测装置、分类装置、卸料输送装置等组成。

自动矫直机可自动夹紧、旋转和正确定位。其压头可在多种速度下驱动，压头具有很高的刚度和抗磨损性能，工作时能经受超常的矫直工况。该机还有驱动矫直零件旋转、测量和分类装置，还配有计算机，可实施 15 点测量和矫直，储存 60 种零件的自动矫直工艺程序，2000 个零件的矫直资料。该机可分出轴类零件径向圆跳动超差及开裂的产品。

表 10-46 为常用矫正设备及适用范围。

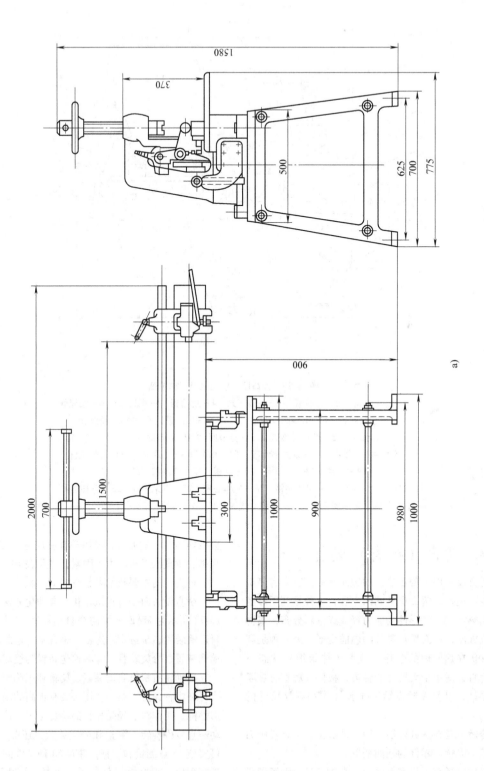

a)

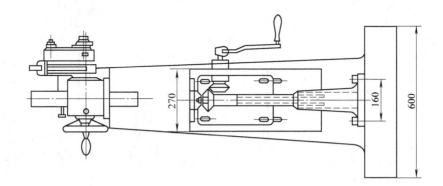

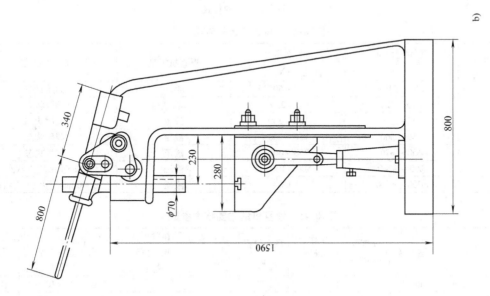

图 10-71　手动矫直机
a) 螺旋式　b) 齿条式

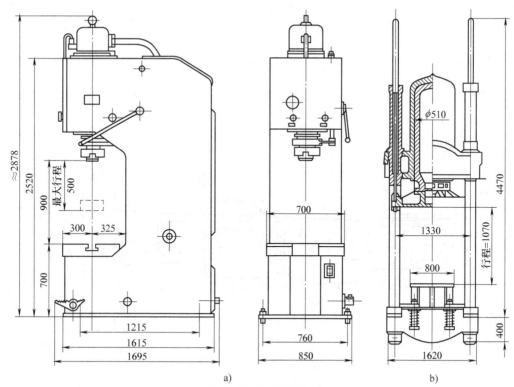

图 10-72　液压矫直机

a）单柱式　b）双柱式

表 10-44　矫直机选用参考表

序　号	零件直径 /mm	矫直机压力 /kN	矫直机类型	零件状态
1	$\phi5 \sim \phi10$	$10 \sim 50$	手动	调质状态
2	$\phi10 \sim \phi20$	$50 \sim 250$	手动、液压	调质状态
3	$\phi20 \sim \phi30$	$100 \sim 300$	液压	调质状态
4	$\phi30 \sim \phi60$	$150 \sim 500$	液压	调质状态
5	$\phi50 \sim \phi70$	$250 \sim 600$	液压	调质状态
6	$\phi80 \sim \phi200$	$500 \sim 1000$	液压	$\phi200mm$ 正火状态
7	$\phi300 \sim \phi400$	5000	液压	$\phi400mm$ 退火，正火状态

表 10-45　矫直机的主要技术参数

设备名称	型　号	公称压力 /10^4N	工作台高度 /mm	最大行程 /mm	功率 /kW	工作台尺寸（长×宽）/mm	外形尺寸（长×宽×高）/mm	重量 /t
手动齿条压力机	J01-1	1		250			$570 \times 400 \times 1000$	0.32
手动螺杆压力机		3		200			$550 \times 550 \times 865$	0.282
单柱矫直液压机	Y41-2.5	2.5	882	160	2.2	840×320	$840 \times 320 \times 1580$	0.21
单柱矫直液压机	Y41-10	10	710	400	2.2	410×420	$1160 \times 550 \times 2100$	1.15
单柱矫直液压机	Y41-25	25	710	500	5.5	570×510	$1430 \times 680 \times 2360$	2.35
单柱矫直液压机	Y41-63	63	800	500	5.5	1000×450	$1400 \times 1000 \times 2750$	5.0
单柱矫直液压机	Y41-100	100	1000	500	10	2000×600	$2000 \times 1695 \times 2895$	5.5
单柱矫直液压机	Y41-160	160	1050	500	10	2000×590	$2000 \times 1790 \times 3067$	
双柱矫直液压机	Y42-250	250		500	22	4600×600	$4810 \times 1660 \times 4125$	12.0
双柱矫直液压机		500		600	25.4	最长零件 10m	$9070 \times 2620 \times 6350$	32

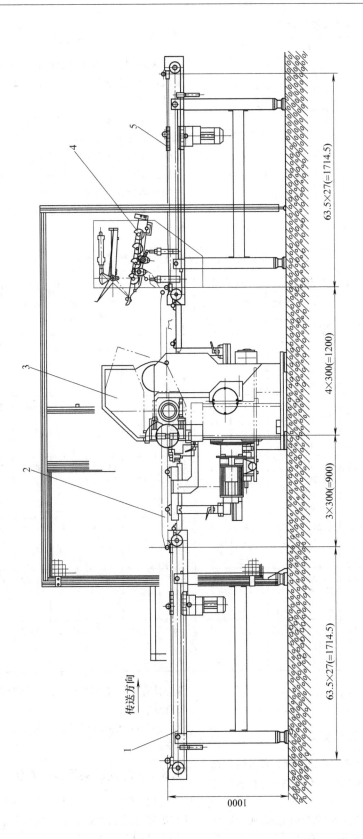

图 10-73　MAE 公司的全自动矫直装置

1—上料运输装置　2—步进梁输送机　3—矫直机　4—检测、分类装置　5—卸料输送装置

表 10-46　常用矫正设备及适用范围

设备类型	主　要　用　途
手动压床(10~50kN)	单件、小批小零件矫直
压力机(50~250kN)	单件、小批小零件矫直
单柱液压机(100~1000kN)	轴类零件矫直及齿轮扩孔
三辊矫直机	等径或径差很小零件矫直
双辊矫直机	等径小零件连续矫直
专用矫直机	为专门零件设计的矫直机
搓板矫直机	小轴连续矫直
摩擦压力机	零件热后矫正

10.5　起重运输设备

热处理常用各种起重设备,如电动葫芦、梁式起重机、桥式起重机等。这些标准起重运输设备见各类产品样本。

大型较长轴类零件垂直淬火时,为防止下降速度太慢,引起油面起火,应选用特制的下降速度达 20~60m/min 的淬火起重机。为防止意外事故造成起重机不能正常运行,起重机应备有专用松闸机构,必要时可用手动操作,使吊钩能继续下降。

常见的桥式淬火起重机的主要技术参数见表10-47。

表 10-47　常见的桥式淬火起重机的主要技术参数

起重量/t		跨度/m	起升高度/m		主钩升降		副钩起升		小车运行机构		大车运行机构		起重机总重/t	起重机最大轮压/kN	推荐用钢轨
主钩	副钩		主钩	副钩	速度/(m/min)	功率/kW	速度/(m/min)	功率/kW	速度/(m/min)	功率/kW	速度/(m/min)	功率/kW			
5	—	16.5	13	—	升:14 降:14 27 41	13	—	—	44.6	3.5	58	7.5×2		120	QU80
15	3	22.5	12	18	升:20 降:20 30 49	63	23	11	44.6	3.5	104	8.8×2	40	195	70×70 方钢
20	5	22.5	24	26	升:20 降:20 32 52	85	12	11	43.4	5	114.2	13	32.7	240	QU120
30	5	22.5	20	20	升:24.5 降:24.5 50	125	19	16	39	5	96.5	8.8	54.25	304	100×100 方钢
40	10	22.5	24	32	升:20 降:20 40	150	16	30	39.2	7.5	88	13×2	63.12	415	QU80
75	20	29.5	45	30	升:23 降:23 45	125×2	14.8	45	44	13	58.5	30×2	135.5	454	KP100

10.6　热处理夹具

10.6.1　热处理夹具设计要求

(1) 符合热处理技术条件要求,保证零件热处理加热、冷却、炉气成分均匀性,不致使零件在热处理过程中变形。

(2) 符合经济要求。在保证零件热处理质量符合热处理技术要求时,确保设备具有高的生产能力。夹具应具有重量轻、吸热量少、热强度高及使用寿命长等特点。

(3) 符合使用要求,保证装卸零件方便和操作安全。

10.6.2　热处理夹具设计实例

(1) 图 10-74 所示为井式炉中加热用单件吊具。图 10-75 所示为井式炉中加热用星形吊具。图 10-76 所示为井式渗碳炉中用星形吊具。

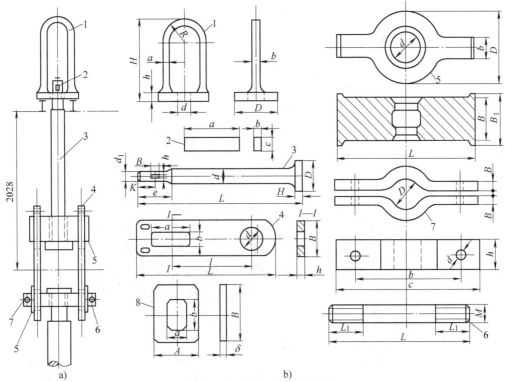

图 10-74　井式炉中加热用单件吊具

a) 夹具组装图　　b) 夹具零件图

注：图 a 中序号的零件结构如图 b 所示。

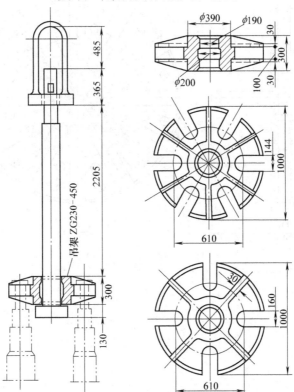

图 10-75　井式炉中加热用星形吊具

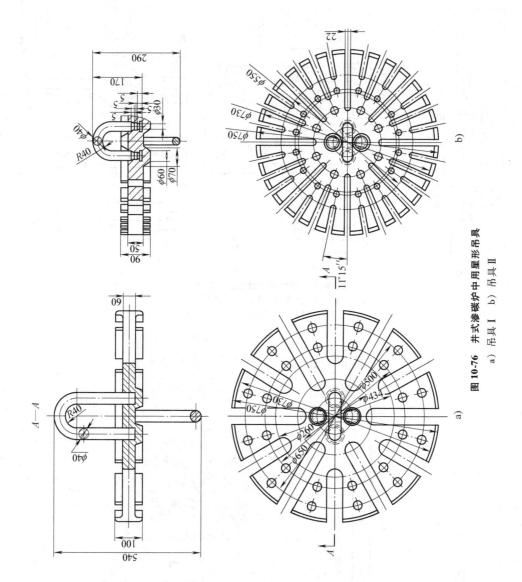

图 10-76　井式渗碳炉中用星形吊具
a) 吊具 I　b) 吊具 II

（2）台车式炉中加热零件时，为加热均匀，使零件安放平稳，应使用各种垫具，见图 10-77。

（3）盐浴炉或流态粒子炉中加热用挂具见图 10-78。各种专用淬火吊具及夹具见图 10-79。

（4）箱式炉和连续式渗碳炉中热处理零件用夹具见图 10-80。

10.6.3　热处理夹具材料

热处理夹具材料应从使用温度、装载条件、加热速度、冷却速度、炉气组分及工作炉炉型等因素，综合生产运行和经济等方面来考虑确定。

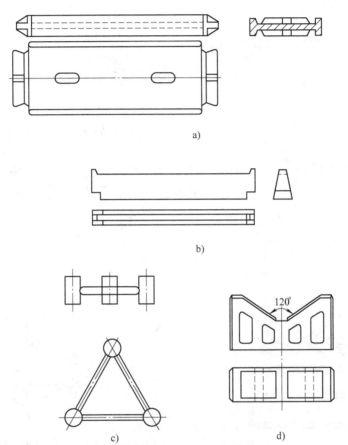

图 10-77　台车式炉中加热用垫具

a）底盘　b）垫块　c）叶轮垫块　d）V 形垫块

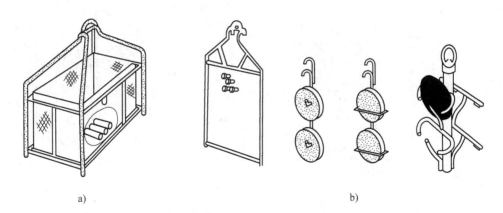

图 10-78　盐浴炉或流态粒子炉中加热用挂具

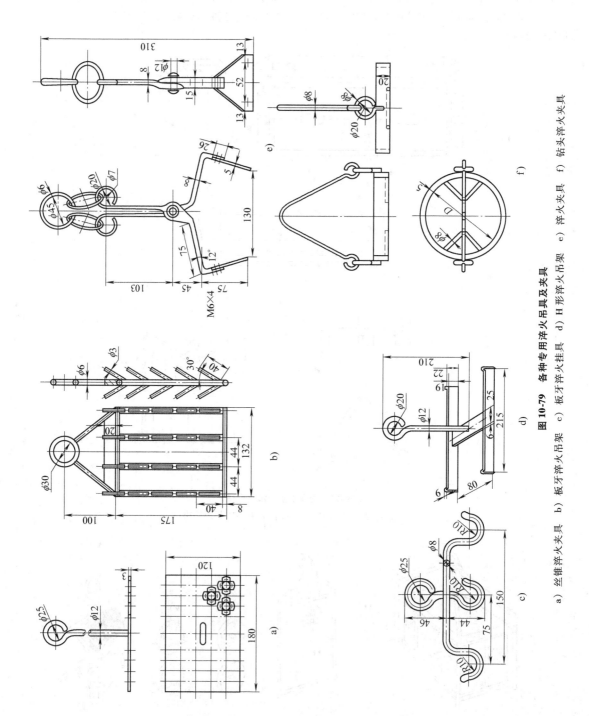

图 10-79　各种专用淬火吊具及夹具

a) 丝锥淬火夹具　b) 板牙淬火吊架　c) 板牙淬火吊架　d) H形淬火挂具　e) 淬火夹具　f) 钻头淬火夹具

下面内容是根据美国《金属手册》等资料编写的，可供选用热处理夹具材料时参考。

（1）热处理设备用零件和夹具推荐使用材料见表10-48～表10-50。

表10-48　淬火、退火、正火设备用零件和夹具推荐使用材料

使用温度/℃	转筒、炉罐①		辐射管①		网眼输送带	链条、链轮、辊子轨道、料盘			
	锻造	铸造	锻造	铸造	锻造	锻造	铸造	锻造	铸造
595~675	430 304	HF	430 304	HF	430 304	430 304	HF	430 446	HF
675~766	304 347 309②	HF HH	347 309	HF HH	309	309	HF HH	304 304 316 309	HF HH
760~925	310 35~18④ Inconel	HH HT⑤ HW⑤⑥	310③ 35~18④ Inconel	HH HK HL	314 35~18④	314 35~18④	HH HL HT	310 35~18④	HH HK HL,HT
925~1010	35~18④ Inconel	HK HT HW	Inconel	HK HL HT	314 35~18④ Inconel	314 35~18④ Inconel	HL HT	310 35~18④ Inconel	HL HT
1010~1095	35~18④ Inconel	HK HL HW、HX、NA22H	Inconel	HL HX	35~18④ 80~20	35~18④ 80~20	HL HT	35~18④ Inconel	HL HX
1095~1205	HastelloyX Inconei	HI HU HX	Inconel	HL HX	35~18④ 80~20	35~18④ 80~20	HX	Inconel	HL HX

① 假定在转筒、炉罐和辐射管的热源侧和工作区侧的温度梯度为40~95℃。
② 在机械振动或热冲击下应用推荐稳定级3095。
③ 只推荐用于立式安装。
④ 一般为35Ni-15Cr型合金系列，或其改进型，包括30%~40%（质量分数）Ni和15%~23%（质量分数）Cr，以及包括RA-330、35-19、lncoloy和其他专利合金。
⑤ 要求高强度时推荐HK或HL。
⑥ 推荐用于要求抗振的条件下，如振底炉。

表10-49　渗碳和碳氮共渗炉用零件和夹具推荐使用材料

零件	工件使用温度815~1010℃		零件	工件使用温度815~1010℃	
	锻造	铸造		锻造	铸造
炉罐①	— 35-18② Inconel	HK HT	管子支撑	35-18② Inconel	HT
辐射管①	35-18② Inconel	HT HU HX	料盘、料筐、夹具(不淬火)	35-18② Inconel 35-18② Inconel	HT HT(Nb) HU HU(Nb)
结构件	35-18② Inconel	HT			
凸台盖板,轨道	35-18② Inconel	HT	料盘、料筐、夹具(油淬)	35-18② Inconel	HT HT(Nb) HU HU(Nb) HW

注:对于一定零件和使用温度下推荐一种以上材料，每一种材料在使用中都证明是满意的，表中按含合金量增加顺序列入多种选择。
① 对于炉罐和辐射管，在热源和工作区之间的温度梯度为40~95℃。
② 包括普通35Ni-15Cr型或其改进型30%~40%（质量分数）Ni和15%~23%（质量分数）Cr的一系列合金，也包括RA-330、35-19、Iocoloy及其他类合金。

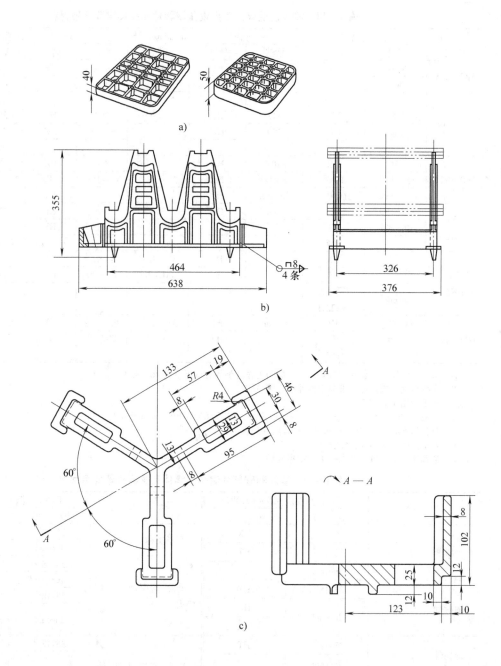

图 10-80　箱式炉及连续式

a）装料盘　b）变速器齿轮渗碳夹具　c）盘形齿轮渗碳

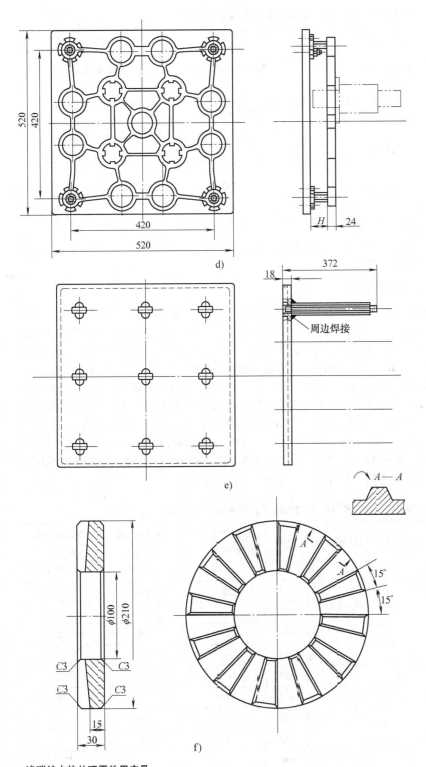

d)

e)

A—A

f)

渗碳炉中热处理零件用夹具

用星形支架 d) 柱齿轮渗碳夹具 e) 带孔小零件渗碳夹具 f) 垫片

表 10-50　盐浴炉用零件和夹具推荐使用材料

工艺和温度范围	电极	坩埚	热电偶保护管
回火 400 ~ 675℃	低碳钢、446、35-18[①]	渗铝低碳钢、309	渗铝低碳钢、446
中性盐浴硬化 675 ~ 870℃	446、35-18[①]	35-18[①]、HT、HU、 陶瓷、Inconcl	446、35-18[①]
渗碳 870 ~ 940℃	446、35-18[①]	低碳钢[②]、35-18[①]、HT	446、35-18[①]
工具钢硬化 1010 ~ 1315℃	低碳钢[③]、446	陶瓷	446、35-18[①]、陶瓷

注：对于一定零件和使用温度下推荐一种以上材料，每种材料在使用中都证明是满意的，表中按含合金量增加顺序（陶瓷零件除外）列入多种选择。

①　包括普通 35Ni-15Cr 型或其改进型 30% ~ 40%（质量分数）Ni 和 15% ~ 23%（质量分数）Cr 一系列合金，也包括 RA-330、35-19、Incoloy 和其他类型合金。

②　只用于浸入式电极盐炉。

③　低碳钢只推荐于用于完全埋入式的电极盐炉。

料盘和夹具在 260 ~ 595 ℃较低温度使用时，可采用 304、309 和 310 等不锈钢；当应用于 595 ~ 815℃温度下，主要采用 309 和 310 级不锈钢，由于可能形成 σ 相，必须予以注意。此外，当在此温度下使用 304 级钢时，由于碳化物沉淀可导致脆化。因此，如使用温度在 595 ~ 815 ℃时，可选用 35Ni-15Cr 合金，以延长使用寿命，补偿成本增加。当使用温度为 790 ~ 1010 ℃时，多数采用 35Ni-15Cr 合金钢制造，它是十分稳定的奥氏体组织，没有脆性相。在渗碳、碳氮共渗、吸热式、放热式、惰性气、天然气、空气及氨气等气氛中都可以保持合理的成本与寿命比值。对于淬火，35Ni-15Cr 合金可以保持较满意的使用寿命。然而，在强烈淬火使用中，可以考虑高镍合金或碳素钢，这取决于制品的成本与寿命比值。

（2）热处理夹具和料盘用材料的化学成分和力学性能见表 10-51 ~ 表 10-53。Fe-Cr-Ni 合金如 HF、HH、HI、HK 和 HL 含有一些铁素体，长期可在 540 ~ 900℃温度范围使用。Fe-Ni-Cr 型耐热合金在奥氏体基体中有大量的初生铬的碳化物适用于渗碳用料盘和夹具。

表 10-51　铸造耐热合金的化学成分和高温力学性能

材　　料	级别	大致化学成分（质量分数） （%）	温度 /℃	10000h 产生 1% 蠕变的蠕变应力 /MPa	10000h 的破 断应力 /MPa	100000h 的破 断应力 /MPa
Fe-Cr-Ni 合金	HF	C0. 20 ~ 0. 40 Cr19 ~ 23 Ni9 ~ 12	650	124	114	76
			760	47	42	23
			870	27	19	12
			980	—	—	—
	HH	C0. 20 ~ 0. 50 Cr24 ~ 28 Ni11 ~ 14	650	124	97	62
			760	43	33	19
			870	27	15	8
			980	14	6	3
	HK	C0. 20 ~ 0. 60 Cr24 ~ 28 Ni18 ~ 22	650	—	—	—
			760	70	61	43
			870	41	26	17
			980	17	12	7

（续）

材　料	级别	大致化学成分（质量分数）（%）	温度/℃	10000h 产生 1% 蠕变的蠕变应力/MPa	10000h 的破断应力/MPa	100000h 的破断应力/MPa
Fe-Ni-Cr 合金	HN	C0.25~0.50 Cr19~23 Ni23~27	650	—	—	—
			760	—	—	—
			870	43	33	22
			980	16	14	9
	HT	C0.35~0.75 Cr15~19 Ni33~37	650	—	—	—
			760	55	58	39
			870	31	26	16
			980	14	12	8
	HV	C0.35~0.75 Cr17~21 Ni37~41	650	—	—	—
			760	59	—	—
			870	34	23	—
			980	15	12	—
	HX	C0.35~0.75 Cr15~19 Ni64~68	650	—	—	—
			760	44	—	—
			870	22	—	—
			980	11	—	—

注：有些应力值是外推法求得的。

表 10-52　锻造耐热合金的化学成分和高温力学性能

材料	级别	大致化学成分（质量分数）（%）				温度/℃	10000h 产生 1% 蠕变的蠕变应力/MPa	10000h 破断应力/MPa
		C	Cr	Ni	其他			
Fe-Cr-Ni 合金	309	≤0.08	17~20	34~37	—	650	48	—
						760	14	—
						870	3	10
						980	—	3
	310	≤0.08	24~26	19~22	—	650	63	—
						760	17	—
						870	9	13.5
						980	—	4
Fe-Ni-Cr 合金	330	≤0.08	17~20	34~37	—	760	25	30
						870	13	12
						980	3.1	4.5

（续）

材料	级别	大致化学成分（质量分数）（%）				温度 /℃	10000h 产生 1% 蠕变的蠕变应力 /MPa	10000h 破断应力 /MPa
		C	Cr	Ni	其他			
Fe-Ni-Cr 合金	330HC	≤0.4	17 ~ 22	34 ~ 37	—	760	47	54
						870	18	18
						980	5	5
	333	≤0.08	24 ~ 27	44 ~ 47	3Mo,3Co,3W	760	43	65
						870	21	21
						980	6	7
	800	≤0.1	19 ~ 23	30 ~ 35	0.15 ~ 0.60Al, 0.15 ~ 0.60Ti	760	19	23
						870	4	12
						980	1	6
	802	0.2 ~ 0.5	19 ~ 23	30 ~ 35	—	760	83	79
						870	30	33
						980	8	11.5
Ni 基合金	600	≤0.15	14 ~ 17	≥72	—	760	28	41
						870	14	16
						980	4	8
	601	≤0.10	21 ~ 25	58 ~ 63	1.0 ~ 1.7Al	760	28	42
						870	14	19
						980	5.5	8

表 10-53　热处理夹具和料盘用耐热钢的化学成分和力学性能

材料	化学成分（质量分数，%）				在氧化气氛中最高工作温度/℃	温度/℃						在 20℃ 时抗弯强度 /MPa	弹性极限 /MPa	抗拉强度 /MPa
	C	Cr	Ni	Si 或其他		600	700	800	900	1100	1200			
						不同温度下 10000h 断裂应力值/MPa								
4729	0.25	13	—	2	900	29	8.8	3	1.2			638		
4846	0.20	25	15	1.8	1150	—	—	22.5	10	5	1.2	735		
4848	0.20	25	20	1.8	1150			26	13	6	1.5	735		
4832	0.20	20	15	1.8	1000	98	44	20	9	4		735		
4724	0.12	13	—	1(+ Al)	950	35	10	4	1.5				343	540 ~ 680
4878	0.15	18	9	1	800	100	30	15	—				265	540 ~ 735
4828	<0.20	20	12	2	1050	100	45	20	9	4	1.5		294	580 ~ 735
4841	<0.20	25	20	2	1200	—	—	20	9	4	1.5		294	580 ~ 735

注：铸钢有 4929、4846、4848、4832。轧钢、锻钢有 4724、4878、4841。

参 考 文 献

[1]　西北工业大学可控气氛原理及热处理炉设计编写组.
　　　可控气氛原理及热处理炉设计 [M]. 北京：人民教
　　　育出版社，1977.

[2]　全国工业电热设备标准化技术委员会. JB/T 2841—
　　　1993 控制气体发生装置　基本技术条件 [S]. 北京：
　　　国家机械工业局，1993.

[3]　　全国工业电热设备标准化技术委员会. JB/T 6759—
　　　1993 QX 系列吸热式气体发生装置 [S]. 北京：国家
　　　机械工业局，1993.

[4]　田润生. 液体制备热处理控制气氛的应用现状及发展
　　　方向 [C] //控制气氛热处理学术交流研讨会资

料，1991.

[5]　美国金属学会. 金属手册：第 4 卷　热处理 [M]. 北
　　　京：机械工业出版社，1988.

[6]　景学庸. 氮基气氛热处理的应用和发展 [C] //控制
　　　气氛热处理学术交流研讨会资料. 1991.

[7]　吕潘初. 氨燃烧气氛的发展及应用 [C] //控制气氛
　　　热处理学术交流研讨会资料，1991.

[8]　高桥庸夫. 热处理新设备及气氛控制 [C] //国际技
　　　术交流会，1993.

[9]　高桥庸夫. 真空清洗机的发展 [C] //国际技术交流
　　　会，1993.

第 11 章　热处理生产过程控制

上海交通大学　张伟民　余宁

山东大学　朱波

11.1　热处理生产过程控制系统

通过对热处理工艺参数、工艺规程以及热处理生产线的自动化控制，能大幅度提高生产率、保证产品质量、降低工作危险度，从而实现现代热处理生产。例如，通过对热处理炉温度、碳势气氛和机械动作的自动控制，就能实现热处理渗碳生产线的自动化运行，大幅度提高生产率，降低劳动强度和稳定产品质量。近年来，信息技术的飞速发展进一步促使热处理过程的自动化控制向智能化控制发展，即实现了生产过程的自我跟踪、自我诊断、自我优化等功能。表11-1 为渗碳智能控制技术和传统控制技术的比较，从该表中可以很清楚地看出智能控制技术的优越性。

表 11-1　渗碳智能控制技术和传统控制技术的比较

智能控制技术	传统控制技术
自动生成最优化工艺,实现生产全过程自动控制	由工艺人员预先制定工艺,并输入工艺参数的设定值
根据采样值模拟瞬态浓度场的实时响应,随时修正控制参数的设定值(在运行中不断优化工艺参数)	按事先提供的设定值控制,不具备根据实际炉况对设定值进行自动修正的功能
在渗碳过程中以渗层浓度分布曲线为控制目标,实现最佳的渗层浓度分布控制	在渗碳过程中,以气相碳势为控制目标
高的热处理质量和重现性,不依赖于现场操作人员水平	热处理质量和重现性,在很大程度上取决于现场技术人员的水平

11.1.1　热处理生产自动控制装置的基本组成

自动控制装置基本上包括三个组成部分。第一部分是测量元件和变送器，它的作用是测量为实施热处理工艺规程及产品技术要求所需的参数，并转换成控制器能够接收的信号，如将所测量的炉气气氛的碳势转换为电压，并放大成具有一定大小的信号。第二部分是控制器（或称调节器），它把变送器送来的测量信号与设定的信号进行比较，并将比较后的偏差按预定的规律进行计算，然后将计算结果送给执行器。第三部分是执行器，它根据控制器发出的控制信号去操作

供电、输气、机械动作等，以实现热处理工艺所要求的参数。

图 11-1 所示为热处理炉温自动控制系统框图。在此闭环的控制系统中，控制器是一个关键环节，它包括了对测量信号的处理、测量信号与设定值的比较及控制量的产生。按控制器的类别可以将控制系统分为：常规控制系统和计算机控制系统。

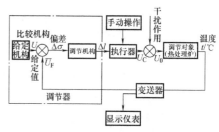

图 11-1　热处理炉温自动控制系统框图

（1）常规控制系统。这种系统基本上都是用自动化仪表组合而成的，其控制器是一种控制仪，如温度控制器常用的有动圈式温度控制仪、电子电位差计式温度控制仪。常规控制系统一般只有简单的数据处理功能，对信号进行一定量处理，没有运算的功能。

（2）计算机控制系统。这是以计算机为控制器的控制系统，控制规律由软件来实施，可以执行特定的控制算法及复杂的数学模型，甚至具有智能调控功能。

11.1.2　热处理生产过程控制的结构

热处理生产过程控制结构和设备需求有很大的不同。根据控制的对象来分，可以分为以下两种：

（1）以时间为目标的热处理工艺过程控制。这种热处理过程控制是以时间—温度，或时间—渗剂滴量等工艺曲线作为控制目标的。这种控制结构比较简单，属于总体上开环、局部闭环的控制方式，采用一般调节仪就能实现控制。缺陷在于不能对生产过程中参数发生变化或干扰作出反应，容易导致质量不稳定。

（2）以最终性能为目标的热处理工艺过程控制。这种热处理工艺过程控制以产品热处理最终性能技术要求为目标。例如渗碳热处理，以渗碳层深度、表层碳含量、渗层浓度分布状态等为目标。这种控制需采用智能调节仪或计算机控制系统才能完成，是一种建

立在数学模型模拟仿真基础上的闭环控制系统。这种工艺过程控制，有时要用数字程序控制，例如温度限速控制等。

根据控制规模来分，也可以分为两种：

（1）生产线顺序控制。除局部热处理工艺过程控制外，要求整条生产线进行顺序控制。这种控制采用顺序控制器、可编程控制器或微型计算机来实施。

（2）全热处理车间生产过程控制。较先进的采用集散式控制系统（TDCS）或称分解型控制系统（DSC），它将各设备的控制系统分散，而将全车间的管理高度集中。控制设备分前沿机（布置在设备前）和上位机（监控机）。

11.2　温度控制

11.2.1　温度传感器

温度传感器既可分为接触式和非接触式两大类，也可分为电器式和非电器式。为了实现热处理自动控制，热处理测温优先选用能自动检测，并能发出电信号的温度传感器。

11.2.1.1　热电偶

1. 热电偶类型及结构　热电偶是应用最广的接触式温度传感器，它由两根不同成分的均匀金属丝组成。它们一端焊接在一起，称测量端（热端）；另一端分别接到测量仪表电路上，称参比端（冷端）。测量端随温度变化产生不同的热电势，以毫伏信号输出，其值正比于测量端与参比端的温差。毫伏值与电偶丝的材料有关，与丝的直径和长度无关。

（1）WR 系列热电偶。WR 系列热电偶通常由热电偶元件、保护管接线盒及安装固定装置等组成。其元件类型、接线盒形式、固定装置、套管材料等有多种类型，可供选择。

WR 系列热电偶的型号命名及意义如下：

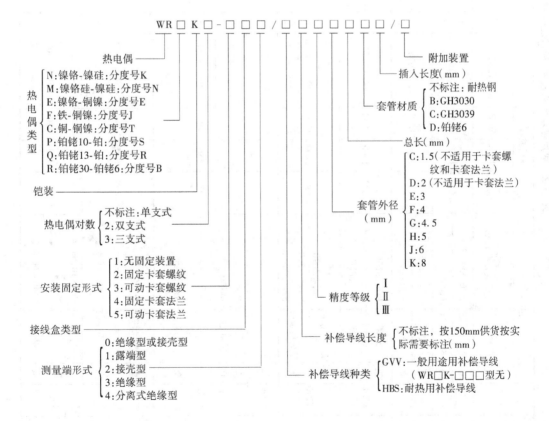

常用热电偶的技术参数及主要特点如表 11-2 所示。

热电偶类型的选择，除考虑温度范围外，应注意其对热处理气氛的适应性。例如，在还原性气氛中，J 类比 K 类优越；而在氧化气氛中，K 类比 J 类优越；K 类对硫的污染非常敏感；在含氧量较低的气氛中，含铬的热电偶丝会优先氧化，产生绿蚀，降低输出信号。

（2）特殊的热电偶。特殊的热电偶的技术参数和特点如表 11-3 所示。常用热电偶的结构特点及用途如表 11-4 所示。

表 11-2 常用热电偶的技术参数及主要特点

热电偶名称	分度号	型号	极性	识别	化学成分（质量分数）（%）	100°C时电势/mV	长期	短期	温度范围/°C	级别	允许误差/°C	主要特点
铂铑10-铂	S	WRP	正	亮白、较硬	Pt90，Rh10	0.645	1300	1600	0～1600	I	±1°C 或 [1+(t-1100)×0.003]	高温下抗氧化性好，宜在氧化或中性气氛中使用，不宜在还原气氛中使用
			负	亮白、柔软	Pt100					II	±1.5°C 或 ±0.25%t	
铂铑13-铂	R	WRQ	正	较硬	Pt87，Rh13		1300	1600	0～1600	I	±1°C 或 [1+(t-1100)×0.003]	
			负	柔软	Pt100					II	±1.5°C 或 ±0.25%t	
铂铑30-铂铑6	B	WRR	正	较硬	Pt70，Rh30	0.033	1600	1800	600～1700	I	±0.25%或 1.5°C	除上述外，冷端在40°C以下不用修正
			负	稍软	Pt94，Rh6					II	±4°C 或 ±0.5%t	
镍铬-镍硅（镍铬-镍铝）	K	WRN	正	暗绿不亲磁	Cr9～10，Si0.4，Ni90	4.095	1200	1300	-40～+1000	I	±1.5°C 或 ±0.4%t	宜在氧化、中性气氛及真空中使用
			负	深灰稍亲磁	Si2.5～3.0，Ni97，Co≤0.6				-40～+1200	II	±2.5°C 或 ±0.75%t	
									-200～+40	III	±2.5°C 或 ±1.5%t	
镍铬硅-镍硅	N	WRM	—	—	—	—	—	—	—	—	—	性能与WRN相近
铜-康铜	T	WRC	正	褐红色	Cu100	4.277	350	400	-40～+350	I	±0.5°C 或 ±0.4%t	适用于氧化、还原气氛及真空，在超过300°C，在-200～0°C稳定性很好
			负	亮黄	Ni45，Cu55				-40～+350	II	±1.0°C 或 ±0.75%t	
									-200～+40	III	±1.0°C 或 ±1.5%t	
铁-康铜	J	WRF	正	蓝黑亲磁	Fe100	5.268	600	750	-40～+750	I	±1.5°C 或 ±0.4%t	适用于氧化、还原气氛，在氧化气氛中不宜超过500°C
			负	亮黄不亲磁	Cu40～60合金					II	±2.5°C 或 ±0.75%t	
镍铬-康铜	E	WRE	正	暗绿	Cr9～10，Si0.4，Ni90	6.317	750	850	-40～+800	I	±1.5°C 或 ±0.4%t	适用于-200～800°C的氧化或中性气氛，不适用于还原气氛
			负	亮黄	Cu40～60合金				-40～+900	II	±2.5°C 或 ±0.75%t	
									-200～+40	III	±2.5°C 或 ±1.5%t	

表 11-3　特殊热电偶的技术参数和特点

名称	材料		温度测量上限/℃		允许误差/℃	特　点	用　途
	正极	负极	长期	短期			
铂铑系	铂铑 13 铂铑 20 铂铑 40	铂铑 1 铂铑 6 铂铑 20	1450 1500 1600	1600 1700 1850	≤600 为 ±3.0 >600 为 ±0.5%t	在高温下,抗氧化性能、力学性能好,化学稳定性好;50℃以下热电势小,参考端可以不用温度补偿	各种高温测量
钨铼系	钨铼 3 钨铼 5	钨铼 25 钨铼 20	2000 2000	2800 2800	≤1000 为 ±10 >1000 为 ±1.0%t	热电势大,与温度的关系线性好;适用于干燥氢气、真空和惰性气氛;热电势稳定,价格低	各种高温测量、钢液测量
非金属	碳	石墨	2400		—	热电势大,熔点高,价格低廉;但复现性差,机械强度低	耐火材料的高温测量
	硼化锆	碳化锆	2000				
	二硅化钨	二硅化钼	1700				

表 11-4　常用热电偶的结构特点及用途

保护管形状	固定装置形式	结构特点及用途	结构示意图
直形	无固定装置	保护管可以用金属或非金属材料 适用于常压设备及需要移动的或临时性的温度测量场所	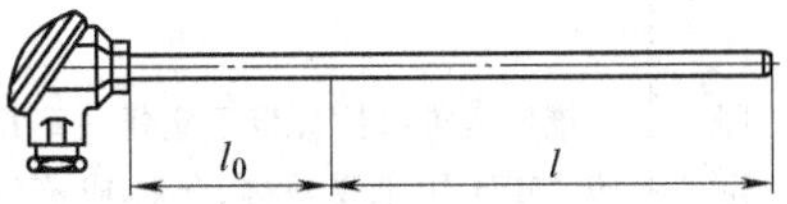 　l_0 为非插入部分;l 为插入部分
		插入部分 l 为非金属保护管,不插入部分 l_0 为金属加固管 用途同上	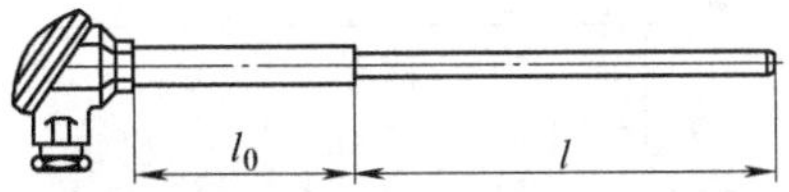
	可动法兰带加固管	带可动法兰装置,使用时法兰是固定在金属加固管 l_0 上,插入部分为非金属保护管 适用于常压设备及需要移动的或临时性的温度测量场合	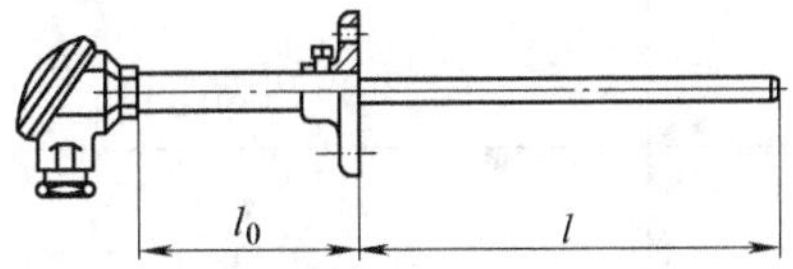
	可动法兰	金属保护管带可动法兰 适用于常压设备,插入深度 l 可以移动调节	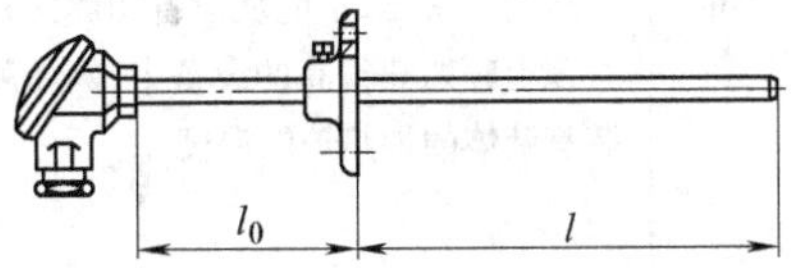

（续）

保护管形状	固定装置形式	结构特点及用途	结构示意图
直形	固定法兰	金属保护管固定法兰,这种固定方法,装拆方便,可耐一定压力(0 ~ 6.3MPa)　适用于有一定压力的静流或流速很小的液体、气体或蒸汽等介质的温度测量	
	固定螺纹	金属保护管带固定螺纹,特点和用途同上	
锥形	固定螺纹	锥形金属保护管带固定螺纹耐压力19.6MPa,可承受液体,气体或蒸汽流速80m/s　适用于有压力和流速的介质测温	
	焊接	锥形焊接金属保护管耐压29.4MPa,承受液体、气体,蒸汽流速80m/s　适用于主蒸汽管道	
直角形	焊接	直角弯形金属保护管,横管长度 l_0 为500mm 和750mm　适用于常压,不能从设备的侧面开孔且顶上辐射热很高的设备中,例如测量装有液体的加热炉的温度	

（续）

保护管形状	固定装置形式	结构特点及用途	结构示意图
直角形	可动法兰	直角弯形金属保护管，横管长 l_0 为 500mm 和 750mm。带有可动法兰作为固定装置，插入深度可根据需要进行移动调节 适用于常压，不能从设备的侧面开孔且顶上辐射热很高的设备中。例如，测量装有液体或因其他原因必须在顶上测量温度的设备	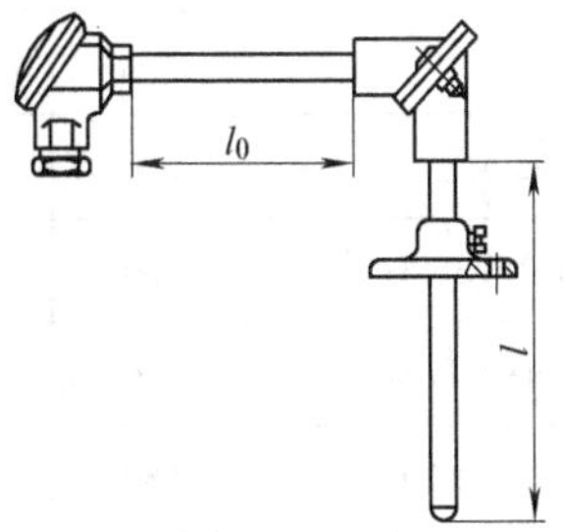

（3）铠装热电偶。铠装热电偶是将热电偶丝包裹在金属保护管中，并隔以绝缘材料（一般为 MgO），具有可自由弯曲、反应速度快、耐压、耐冲击等特点。

铠装热电偶测量端的特点及用途见表 11-5。不同套管材料的铠装热电偶及其使用温度见表 11-6。

（4）WR 系列防爆热电偶。在有各种易燃、易爆等化学气体的场所，应选用防爆热电偶。它与一般热电偶的区别是，其接线盒（外壳）用高强度铝合金压铸而成，有足够的内部空间、壁厚和强度；采用橡胶密封，具有良好的热稳定性；当存在于接线盒内部的混合气发生爆炸时，其内压不会破坏接线盒，不向外扩散，不传爆。

表 11-5　铠装热电偶测量端的特点及用途

测量端形式	特　　点	用　　途	示意图
露端型	1）结构简单 2）时间常数小，反应快 3）偶丝与被测介质接触，使用寿命短	适于温度不高，要求反应速度快，对热电偶不产生腐蚀作用的介质	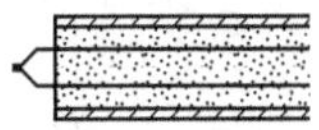
接壳型	1）时间常数较露端型大 2）偶丝不受被测介质腐蚀，寿命较露端型长	适于测量温度较高，要求反应速度较快，压力较高，并有一定腐蚀性的介质	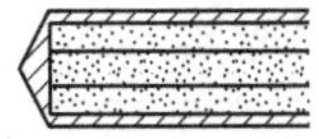
绝缘型	1）时间常数较上述形式均大 2）偶丝与金属套管绝缘，不与被测介质接触，寿命长	适于测量温度高，压力高及腐蚀性较强的介质，尤其适于对电绝缘性较好的生产设备	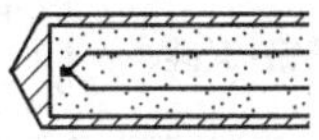
圆变截面型（可制成接壳或绝缘型）	套管端头部分的直径为原直径的 1/2 时间常数更小	适于要求反应速度快，有较大强度或安装孔较小的温度测量设备	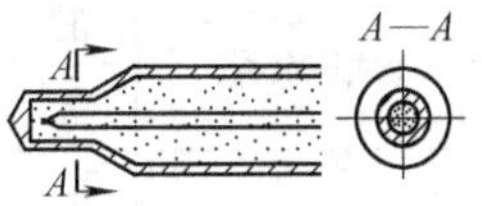
扁变截面型（可制成接壳或绝缘型）	反应速度更快	适于安装孔为扁形的温度测量设备	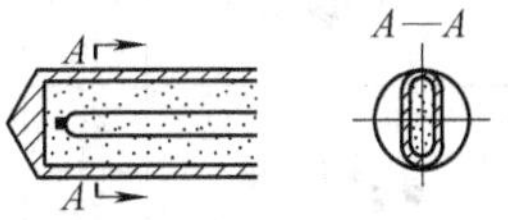

表 11-6　不同套管材料的铠装热电偶及其使用温度

金属套管材料	外径/mm							
	$\phi 1.0$	$\phi 1.5$	$\phi 2.0$	$\phi 3.0$	$\phi 4.0$	$\phi 5.0$	$\phi 6.0$	$\phi 8.0$
	使用温度/℃							
铜（H62）	200	250	300	300	350	350	400	400
耐热钢（06Cr18Ni11Ti）	500	500	550	600	600	700	700	800
耐热钢（06Cr18Ni11Nb）	600	650	700	700	800	800	900	900
高温合金（Cr25Ni20）	650	700	750	800	900	950	1000	1000
镍基高温合金（GH3030）	700	800	850	900	1000	1100	1100	1150
镍基高温合金（GH3039）	850	900	1000	1100	1100	1150	1200	1200

注：铠装热电偶的使用温度不仅与金属套管的材料及直径有关，也与偶丝种类有关，表中数据仅指常用金属套管镍铬-镍硅铠装热电偶的使用温度。

2. 热电偶补偿导线　当热电偶参比端测量导线较长时，须用热电偶补偿导线转接，以免改变热电势。补偿导线的色别及允差见表 11-7，其规格见表 11-8。

3. 热电偶冷端补偿器　WBJ 系列精密冷端补偿器能对热电偶的冷端实现高精度温度补偿，常与温度自动控制仪表配套使用，其主要技术参数如表 11-9 所示。

表 11-7　补偿导线的色别及允差

型号	配用热电偶	极性			允差								
					100℃（一般用）					200℃（耐热用）			
		极性	电极材料	色别	热电势/mV	允差				热电势/mV	允差			
						普通级		精密级			普通级		精密级	
						mV	℃	mV	℃		mV	℃	mV	℃
SC	铂铑10-铂	正	SPC	红	0.645	±0.037	5	±0.023	3	1.440	±0.037	5	—	—
		负	SNC	绿										
KC	镍铬-镍硅	正	KPC	红	4.095	±0.105	2.5	±0.063	1.5	—	—	—	—	—
		负	KNC	蓝										
KX	镍铬-镍硅	正	KPX	红	4.095	±0.105	2.5	±0.063	1.5	8.137	±0.100	2.5	±0.060	1.5
		负	KNX	黑										
EX	镍铬-康铜	正	EPX	红	6.317	±0.170	2.5	±0.102	1.5	13.419	±0.183	2.5	±0.111	1.5
		负	ENX	棕										
JX	铁-康铜	正	JPX	红	5.268	±0.135	2.5	±0.081	1.5	10.777	±0.138	2.5	±0.083	1.5
		负	JNX	紫										
TX	铜-康铜	正	TPX	红	4.277	±0.017	1	±0.023	0.5	9.286	±0.053	1	±0.027	0.5
		负	TNX	白										
RC	铂铑13-铂	正	RPC		0.647					1.468				
		负	RNC											

表 11-8　补偿导线的规格

使用分类	公称截面面积 /mm²	单股线芯		多股软线芯		绝缘层 厚度 /mm	护层 厚度 /mm	外径上限/mm			
		线芯股数	单线直径/mm	线芯股数	单线直径/mm			扁平型		屏蔽扁平型	
								单股线芯	多股线芯	单股线芯	多股线芯
一般用 G	0.5	1	0.80	7	0.30	0.5	0.8	3.7×6.4	3.9×6.6	4.5×7.2	4.7×7.4
	1.0	1	1.13	7	0.43	0.7	1.0	5.0×7.7	5.1×8.0	5.8×8.5	5.9×8.8
	1.5	1	0.37	7	0.52	0.7	1.0	5.2×8.3	5.5×8.7	6.0×9.1	6.3×9.6
	2.5	1	1.76	19	0.41	0.7	1.0	5.7×9.3	5.9×9.8	6.5×10.1	6.7×10.7
耐热用 H	0.5	1	0.80	7	0.30	0.5	0.5	2.9×5.0	3.0×5.2	3.7×5.8	3.8×6.0
	1.0	1	1.13	7	0.43	0.5	0.5	3.5×5.7	3.7×6.1	4.3×6.5	4.5×6.9
	1.5	1	1.37	7	0.52	0.52	0.6	4.0×6.5	4.2×6.9	4.8×7.3	5.0×7.7
	2.5	1	1.76	19	0.41	0.5	0.6	4.5×7.3	4.8×7.9	5.3×8.1	5.6×8.7

表 11-9　WBJ 系列冷端补偿器的主要技术参数

产品型号	配用热电偶分度号	电桥平衡温度/℃	冷端温度补偿范围/℃	补偿误差	电源电压/V
WBJ-1E	E（镍铬-铜镍）	0	0~50	环境温度为(20±5)℃时,固定补偿误差±1℃ 环境每改变10℃,补偿误差增加0.5℃	220(AC50Hz)
WBJ-1K	K（镍铬-镍硅）				
WBJ-1S	S（铂铑10-铂）				

4. 热电偶使用注意事项　热电偶安装和使用不当,会增加测量误差并降低使用寿命。因此,应根据测温范围和工作环境,正确安装和合理使用热电偶。

(1) 热电偶应选择合适的安装地点。将热电偶安装在温度较均匀且能代表工件温度的地方,而不能安装在炉门旁或距加热热源太近的地方。

(2) 热电偶的安装位置尽可能避开强磁场和电场,如不应靠近盐浴炉电极等,以免对测温仪表引入干扰信号。

(3) 热电偶插入炉膛的深度一般不小于热电偶保护管外径的 8~10 倍。其热端应尽可能靠近被加热工件,但须保证装卸工件时不损伤热电偶。

(4) 热电偶的接线盒不应靠到炉壁上,以免冷端温度过高,一般使接线盒距炉壁约 200mm 左右。

(5) 热电偶尽可能保持垂直使用,以防止保护管在高温下变形。若需水平安装时,插入深度不应大于 500mm,露出部分应采用架子支撑,并在使用一段时间后,将其旋转 180°。测量盐浴炉温度时,为防止热电偶接线盒温度过高,往往采用直角形热电偶。

(6) 热电偶保护管与炉壁之间的空隙,须用耐火泥或耐火纤维堵塞,以免空气对流影响测量准确性。补偿导线与接线盒出线孔之间的空隙也应用耐火纤维塞紧,并使其朝向下方,以免污物落入。

(7) 用热电偶测量反射炉或油炉温度时,应避开火焰的直接喷射,因为火焰喷射处的温度比炉内实际温度高且不稳定。

(8) 在低温测量中,为减少热电偶的热惯性,有时采用保护管开口或无保护管的热电偶。

(9) 应经常检查热电偶的热电极和保护管的状况。如发现热电极表面有麻点、泡沫、局部直径变细及保护管表面腐蚀严重等现象时,应停止使用,进行修理或更换。

11.2.1.2　热电阻

热电阻是接触式温度传感器,热电阻元件的电阻随温度的变化而改变。热电阻感温元件是用细金属丝均匀地双绕在绝缘骨架上。其使用温度较低,反应速度也较慢,常用于 200~600℃ 范围的液体、气体及固体表面温度的测量。

1. WZ 系列热电阻　WZ 系列热电阻的命名和意义如下:

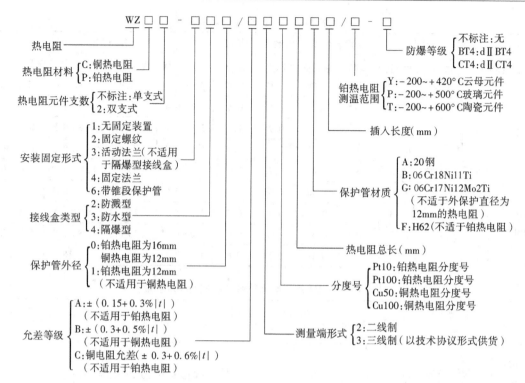

WZ 系列热电阻的主要技术参数见表 11-10。

2. 其他形式热电阻 热电阻也有相应的铠装铂热电阻，型号为 WZPK。薄膜铂电阻是在陶瓷薄片上溅射上一层铂金属膜。它的响应时间短、抗振、性能可靠、测温范围宽、价廉，可做成超小型的温度传感器，可与绕线式铂电阻互换。

表 11-10 WZ 系列热电阻的主要技术参数

分度号	0℃ 时的公称电阻值 /Ω	电阻比 R100/R	测温范围、精度等级和允差		热响应时间 /s	绝缘电阻 /MΩ
			测温范围/℃	精度等级和允差		
Pt10	10	1.385	陶瓷元件 -200 ~ +600	A 级 ±(0.15 +0.2% |t|)	φ12mm 和 φ16mm 保护管为 30 ~ 90 锥型不锈钢为 90 ~ 180	≥100
Pt100	100		玻璃元件 -200 ~ +500	B 级 ±(0.3 +0.5% |t|)		
Cu50	50		云母元件 -200 ~ +420			
Cu100	100	1.428	-50 ~ +100	±(0.3 +0.006|t|)	<180	≥50

注：t 为被测温度。

3. 热电阻安装与使用 热电阻安装与使用时应注意的问题和热电偶基本相同，热电阻在使用时的最大电流（直流或交流）不得大于 10mA。热电阻与显示仪表的连接应采用绝缘（最好有屏蔽）铜线，铜线截面积视热电阻与显示仪表间的距离而定，一般不得小于 1.5mm²。导线的电阻值应按显示仪表规定的数值配用。热电阻与显示仪表的接线方式有二线制和三线制之分。

11.2.1.3 全辐射温度计

全辐射温度计是非接触式辐射温度计的一种，是通过测量物体表面全波长范围的辐射能量来确定物体温度的。它把被测物体视为绝对黑体（$\varepsilon = 1$）作为分度标准，而实际物体为灰体（$\varepsilon < 1$），其 ε 值与物体材料和其表面状态有关。因此，计算所测物体表面实际温度时，必须依实际物体的 ε 值进行修正。

由于这种温度计测量的是全波段的辐射能，信号较强，有利于提高仪表灵敏度。其缺点是，辐射能易受烟雾、水蒸气、CO_2 等气体及测量窗口污物的吸收而影响测量结果。简易式辐射温度计的变送器原理示意图如图 11-2 所示。工业用全辐射感温器的型号及其技术参数如表 11-11 所示。

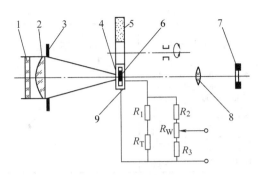

图 11-2 简易式辐射温度计变
送器原理示意图

1—保护玻璃 2—物镜 3—固定光阑 4—滤光片
5—分划板 6—硅光电池 7—护目玻璃
8—目镜 9—视场光阑

11.2.1.4 光学高温计

光学高温计是以测量物体发出的单色波（波段）辐射亮度与标准灯在同一波长（波段）上的辐射亮度进行比较，从而确定其温度。其特点是反应快，抗环境干扰较强。由于光学高温计是用人眼来检测亮度偏差的，因此只有检测对象为高温，有足够的辐射强度时，才能工作。通常测量下限为 700℃ 以上。常应用于高温盐浴炉、感应加热工件表面温度等热电偶不宜应用的场所。

常用灯丝隐灭式光学高温计的型号及其技术参数见表 11-12。由于光学高温计也是按绝对黑体进行温度分度的，所以表盘上的读数必须用该物体单色黑度（ε_λ）进行修正，才能求得被测物体的实际温度。表 11-13 为常见材料的单色黑度。表 11-14 为由亮度温度到真实温度的修正值。

表 11-11 辐射感温器的型号及其技术参数

型号	测温范围 /℃		基本允许误差 /℃		环境温度如下时允许变化值 /℃						工作距离 /mm	配用显示仪器
	石英玻璃透镜（分度号 T_1）	K9 玻璃透镜（分度号 T_2）	测温范围	误差值	10	20	40	60	90	100		
WFT-101（反射式）	100~400		100~400	±8	±3	0	±4	±8			500~1500	电子自动电位差计
	400~800		400~800	±12								动圈式仪表
WFT-201（透镜式）	400~1000 600~1200				带有水冷装置						500~1500	电子自动电位差计
		700~1400 900~1800 1100~2000										动圈式仪表或电子自动电位差计
WFT-202（透镜式）	400~1000 600~1200		<700	±12	±3	0	±4	±8	±13	±18	500~2000	电子自动电位差计
		700~1600 900~1800 1100~2000	<900 <1100 >1100	±14 ±18 ±22								动圈式仪表或电子自动电位差计

表 11-12 灯丝隐灭式光学高温计的型号及其技术参数

型 号	测量范围/℃	量程号	吸收玻璃旋钮位置	允许基本误差/℃		测量线路类型
WGG2-201	700~2000	1	15	700~800	±33	电压式
				800~1500	±22	
		2	20	1200~2000	±30	
WGJ2-202	800~2000	1	1	800~1500	±8	电桥式
		2	2	1200~2000	±13	
WGG2-202	700~2000	1	15	700~1500	±13	电桥式
		2	20	1200~2000	±20	

（续）

型　　号	测量范围/℃	量程号	吸收玻璃旋钮位置	允许基本误差/℃		测量线路类型
WGG2-302	700～3000	1	15	700～1500	±13	电桥式
		2	30	1200～3000	±47	
WGJ3-301（非整体结构）	700～3000	1	15	700～1500	±13	电桥式
		2	20	1200～2000	±20	
		3	30	1600～3000	±47	

表 11-13　常见材料在 0.66μm 波长下的单色黑度 $\varepsilon(\lambda, T)$ 值

材料名称	表面无氧化层		有氧化层光洁表面	材料名称	表面无氧化层		有氧化层光洁表面
	固态	液态			固态	液态	
铝	—	—	0.22～0.4	铸铁	0.37	0.4	0.7
铂	0.3	0.38	—	钢	0.35	0.4～0.68	0.68～1.0
金	0.14	0.22	—	碳	0.93	—	—
铜	0.1	0.15	0.6～0.8	陶瓷	0.25～0.5	—	—
铁	0.35	0.37	0.63～0.98	粉末石墨	0.95	—	—

表 11-14　由亮度温度到真实温度的修正值（$\lambda = 0.66μm$）

亮度温度/℃	在各种 $\varepsilon(\lambda, T)$ 下的修正值 ΔT/℃								
	$\varepsilon = 0.9$	$\varepsilon = 0.8$	$\varepsilon = 0.70$	$\varepsilon = 0.60$	$\varepsilon = 0.50$	$\varepsilon = 0.40$	$\varepsilon = 0.30$	$\varepsilon = 0.20$	$\varepsilon = 0.10$
800	6	12	19	28	38	51	68	92	137
1000	8	17	27	39	54	72	96	132	198
1200	11	23	36	53	72	97	130	180	271
1400	14	29	47	68	94	127	170	236	359
1600	17	37	59	86	119	160	216	301	462
1800	21	45	73	106	146	198	268	375	581
2000	25	54	88	128	177	240	326	458	718
2200	30	64	104	152	211	287	391	552	874

11.2.1.5　光电高温计

光电高温计属非接触式的电器式光学高温计，采用平衡比较法测量物体辐射能量以确定温度值，适用于工业生产流程中快速测量静止或运动中的物体表面温度。光电高温计可分为利用可见光谱（0.4～0.8μm）和利用红外光谱（0.8～40μm）的光电高温计。表 11-15 列出了光电高温计的主要技术参数。

表 11-15　光电高温计的主要技术参数

名称和型号	测量范围/℃	距离系数	光敏元件	附加调节形式
WDK 光电温度控制器	750～1000,900～1200	1/15～1/10	硒化镉光敏电阻	二位电接点
WDL-31 型光电高温计	150～300,300～600,400～800	1/100	硫化铅光敏电阻	
	800～1200,1000～1600		硅光电池	
	1200～2000,1500～2500			

11.2.1.6　红外光电高温计

红外光电高温计是一种常用的高精度辐射温度检测器，可通过探测被测对象表面所发出的红外辐射能量，转化成与表面温度相对应的电信号输出，并对探测元件的环境温度影响进行补偿。其具有测量精度高、响应速度快、性能稳定、测温范围广等特点。

红外辐射能量随物体种类和状态而异，因此不同测量对象应选择不同的波段。为获得足够的红外辐射能，以保证测温的准确性，不同型号的红外探测器有一个最小目标尺寸。选择时，目标的实际尺寸必须大于这些最小尺寸。为了准确定位测量点位置，现在常在红外光电高温计上附带同轴瞄准指示激光发生器。以下介绍 3 种类型的红外光电高温计。

1. 便携式红外光电高温计　此种红外光电高温计将传统红外光电高温计探头和机身集成于一体。WFHX-63 是一种高精度的非接触式测温仪表，将被测物体辐射出的红外能量转换成温度值直接在液晶屏上显示出来，因而读数直观，操作简便。同时，由于仪表外形小巧，便于携带，适合现场测温。

2. 通用型红外光电温度计　这类产品国内和国外均有生产。以某品牌 KT18R 系列为例，这个系列采用 0.85 ~ 1.75 的短波光谱设计，具有智能编程测温功能，可应用于金属热处理过程的监视与控制。测温范围为 300 ~ 3000℃，响应时间为 20 ~ 200ms，视场瞄准聚焦，激光辅助定位。可以配置水冷套和空气吹扫器。通用型红外光电高温计的技术参数如表 11-16。

表 11-16　红外光电高温计的技术参数

温度分辨率（NETD）	根据型号而不同，典型值为 ±0.1℃
精度	±0.5℃ ±（目标温度 − 环境温度）×0.7%
长期稳定性	绝对测量温度的 0.01%/月
镜头	可选择几种光学特性的近焦和远焦镜头
距离系数	根据型号、探测器和镜头类型而定 对近焦镜头：在小于 20mm 距离处测 0.8mm 以上大小直径目标 对远焦镜头：在大于 1000mm 距离处测 20 ~ 30mm 大小直径目标
瞄准选件	可选择激光瞄准
LCD 显示和后面板	显示测量温度、发射率、高/低限报警、编程菜单
后面板编程键盘	发射率、环境温度补偿、模拟输出、响应时间、温度单位、串行接口、最大/最小值、校准程序、激光瞄准/LED 开关
发射率设置	从 0.1 ~ 1.0 可调节，每步 0.001
响应时间	5ms ~ 10min 可编程
模拟输出	4 种输出信号：0 ~ 1V、0 ~ 10V、0 ~ 20mA 或 4 ~ 20mA
串行接口	RS-232，双向，9600 ~ 115200 波特率
报警继电器	在 LCD 上指示两个设置点
热控开关	监视环境温度
环境温度	−20 ~ 60℃，带水冷套可达 300℃
存储温度	−20 ~ 70℃
封装保护和重量	NEMA 4，2.5kg

3. 光导纤维红外光电高温计　该高温计结合红外测温技术和光纤传感技术，可用于测量难以直接观察到的被测物体的内表面温度，或者处于强烈电磁干扰的目标，特别适合各种运动工作表面的快速测温。其工作原理为被测物体红外辐射经红外探头透镜汇聚到光纤前端，通过光纤传送被红外探测器接收并转换成相应的电信号，经放大、温度补偿、线性处理以标准信号输出，如图 11-3 所示。光导纤维具有一定的柔韧性，可在一定限度曲率半径范围内弯曲，辐射能量可以沿着弯曲的光导纤维传送给测温仪表。这样对无法直接观察到的目标的温度，如容器或管道内壁处的温度，都可以进行检测，这是一般光路系统辐射温度仪表无法实现的。辐射能量在光导纤维中传输不受外界电磁场的干扰，也不会向周围环境辐射出电磁波干扰环境。测温范围在 250 ~ 3000℃ 之间。为了精确地确定测量位置，在红外光电高温计附带激光发生装

置作为瞄准器。WFH-65 系列光导纤维红外光电高温计是采用光导纤维技术的非接触式测温仪表。

11.2.1.7 其他温度测量仪

1. 玻璃温度计　玻璃温度计属接触式温度计，根据玻璃管内液体（水银、酒精、甲苯、戊烷等）受热膨胀的特性进行测温，其型号及其技术参数见表 11-17。

2. 压力温度计　压力温度计属接触式温度计。压力温度计是根据装在密封温泡内的水银、惰性气体或易蒸发液体的饱和蒸气压力随温度变化的原理进行温度测量。这类温度计有显示式、记录式和电接点式几种，测量范围为 −80 ～ 600℃。

压力温度计可就地安装或用金属软管短距离传递，可以显示、记录或配用继电器实现温度调节。其缺点是精度差，热惰性大，不适用于精确的温度测量。

常用压力温度计的型号及其技术参数见表 11-18。

图 11-3　光导纤维红外光电高温计工作原理

表 11-17　常用玻璃液体温度计的型号及其技术参数

名称	型号	结构形式	介质	测温范围/℃
实验室用温度计	WLS-201	棒式	水银	−30 ～ 20，0 ～ 50，50 ～ 100，100 ～ 150，150 ～ 200，200 ～ 250，250 ～ 300
工业用温度计	WNG-01 WNG-02 WNG-03	棒式	水银	−30 ～ 50，0 ～ 50，0 ～ 100，0 ～ 150，0 ～ 200，0 ～ 300，0 ～ 400，0 ～ 500
	WNG-11 WNG-12 WNG-13	内标式	水银	
	WNY-01 WNY-02 WNY-03	棒式	有机液体	−50 ～ 30，−80 ～ 30，−30 ～ 50，0 ～ 50，0 ～ 70，0 ～ 100
	WNY-11 WNY-12 WNY-13	内标式	有机液体	

表 11-18　常用压力温度计的型号及其技术参数

型号	结构形式	附加装置	精度等级	测温范围/℃
WTQ-270	指示式	无	1.5	0 ～ 120，0 ～ 160，0 ～ 200，0 ～ 300
WTQ-278	指示式	电接点	2.5	
WTQ-280	指示式	无	2.5	−80 ～ 40，−60 ～ 40，0 ～ 200，0 ～ 250，0 ～ 300，0 ～ 400
WTQ-288	指示式	电接点	2.5	
WTQ-410 WTQ-610	自动记录式	无	1.5	0 ～ 120，0 ～ 160，0 ～ 200，0 ～ 300
WTQ-618	自动记录式	电接点	2.5	

3. 双金属温度计　双金属温度计是利用双金属片两种合金的热膨胀系数的不同而测量温度变化的，其测量范围为 −80 ～ 600℃。常用双金属片的牌号、成分及特性如表 11-19 所示。

表 11-19　常用双金属片的牌号、成分及特性

牌号	组合金属化学成分（质量分数）(%)		热膨胀系数/(10⁻⁶/℃)		线性温度范围/℃	适用测量范围/℃
	主动层	被动层	主动层	被动层		
5J11	Mn75Ni15Cu10	Ni36，余 Fe	28	1.5	20 ～ 180	0 ～ 150
5J18	3Ni24Cr2，余 Fe	Ni36，余 Fe	18	1.5	−20 ～ 180	0 ～ 200
5J19	Ni20Mn7，余 Fe	Ni34，余 Fe	20	1.68	−50 ～ 100	−80 ～ 80
5J23	Ni19Cr11，余 Fe	Ni42，余 Fe	16.5	5.3	0 ～ 300	0 ～ 300
5J25	3Ni24Cr2，余 Fe	Ni50，余 Fe	18	9.7	0 ～ 450	0 ～ 400
RSG2	Ni10Cr12Mn16，余 Fe	Cr23Cu，余 Fe	—	—	70 ～ 650	0 ～ 600

4. 半导体温度计　这种温度计具有灵敏度高、惯性小、结构简单及结实耐用等优点，可用于固体表面温度及加热或冷却介质温度的测量。由于仪表的刻度是与感温元件配套进行的，当更换感温元件时，仪表必须重新刻度。

热敏电阻半导体温度计的测量范围有 −80 ~ 20℃，−50 ~ 50℃，0 ~ 50℃，0 ~ 100℃，0 ~ 200℃，0 ~ 300℃ 等，测量上限不超过 350℃。在工业中，比较常用的这类温度计有 95 型及 7151 型半导体点温计和热敏电阻温度指示控制仪等。

PN 结测温仪是用高灵敏度硅 PN 结作温度传感器的数字式显示仪表，是半导体温度计的主要品种，有 SWY-2 型袖珍式数字测温仪、ZWY-2 型智能温度巡检仪等，其测量范围为 −40 ~ 100℃。巡检仪的巡检路数为 31 路，巡检周期为 (2 ~ 6) × 31s 之间任意选择。

5. 抽气热电偶　测量炉内气体真实温度应采用抽气热电偶，它是一个带有遮蔽套的铠装热电偶。遮蔽套隔离周围物质对热电偶测量端的辐射。炉内气体靠压缩空气或高压蒸汽等介质的引射而流经热电偶测量端，对其测温。一种国产抽气热电偶的技术参数如下：外径 ϕ30mm，总长 2 ~ 3m；最高工作温度 1650℃；抽气用喷射介质压力 0.3 ~ 0.4MPa，抽气速度大于 150m/s；冷却水出口温度小于 70℃；达到第一次平衡所需时间小于 1.5min；准确度 1.0 级。

11.2.2　温度显示与调节仪表

温度显示与调节仪表根据输出形式，可以分成数字量和模拟量两种方式。常用显示仪表的型号如表 11-20 所示。模拟量显示式的仪表属于常规温度显示与调节仪表。

表 11-20　常用显示仪表的型号

类别		结构形式	主 要 功 能	型号
模拟量显示仪表	动圈式	指示仪	单针指示	XCZ
		调节仪	二位调节，三位调节，时间比例调节，电流 PID 调节，时间程序调节	XCT
	自动平衡式	电子电位差计	单针指示或记录，双笔记录或指示，多点打印记录或指示	XW
		电子平衡电桥(直流，交流)	带电动调节，带气动调节，旋转刻度指示，色带指示	XQ
		电子差动仪		XD
数字量显示仪表	数字式	显示仪	用数字显示被测温度等物理量	XMZ
		显示调节仪	显示，位式调节和报警	XMT
	图像字符显示	数字式视频式	人—机联系装置	简称 CRT

11.2.2.1　常规温度显示与调节仪表

1. 动圈式温度指示调节仪表　动圈式温度指示调节仪表依其所配感温元件的不同，可分为毫伏计式（配热电偶）和不平衡电桥式（配热电阻）两大类，统称 XC 系列仪表。这类仪表结构简单，量程较宽，价格比较低廉。

动圈式仪表的型号命名及意义，如表 11-21 所示。在使用动圈式温度指示调节仪表时，应注意：

（1）热电偶参比端温度对仪表示值的影响。配用热电偶的动圈式仪表，因无热电偶参比端温度自动补偿装置，所以，在使用中必须根据热电偶参比端温度，对仪表的示值进行修正，常用调整仪表机械零位法。

（2）外接电阻值。配用热电偶的动圈式仪表时，其外接电阻（热电偶和补偿导线电阻之和）一般规定为 15Ω，不足此值时，应改变外线调整电阻（仪表出厂时附带此电阻）予以满足。

2. 电子自动平衡温度指示调节仪表　电子自动平衡指示调节仪表是一种连续显示与记录被测参数变化情况的自动化仪表。它可直接输入电压、电流、热电偶、热电阻信号，也可通过变送器来测量记录温度、压力及流量等参数。

热处理车间常用的电子自动平衡温度指示调节仪表，主要有 XWB、XWC、XWD 和 XQB、XQC、XQD 两种类型。前者系电子电位差计式配用热电偶；后者系自动平衡电桥式，配用热电阻，它们的区别仅在于测量电路。

表 11-22 和表 11-23 分别为 XWDA-100 系列记录仪的主要技术参数和输入信号及测量范围。

表 11-21　动圈式仪表的型号命名及意义

第一节						第二节					
第一位		第二位		第三位		第一位		第二位		第三位	
代号	意义	代号	意义	代号	意义	代号	意义	代号	意义	代号	意义
X	显示仪表	C	动圈式（磁电式）	Z	指示仪	1	单标尺		表示调节功能：	1	配热电偶
				T	指示调节仪		表示设计序列及种类	0	二位调节	2	配热电阻
						1	高频振荡固定参数	1	三位调节（狭带）	3	配霍尔变送器
						2	高频振荡可变参数	2	三位调节（宽带）	4	配压力变送器
						3	带时间程序高频振荡固定参数	3	时间比例（脉冲式）		
						5	带复合调节	4	时间比例二位调节		
								5	时间比例加时间比例		
								8	比例调节（连续）		
								9	比例积分微分（连续输出式）		

表 11-22　XWDA-100 系列记录仪的主要技术参数

序号	技术参数	数据	序号	技术参数	数据
1	指示基本误差	$\leqslant \pm 0.5\%$	8	热电阻导线阻抗	$(2 \pm 2)\Omega$（2Ω 时标定，实际在 $0 \sim 4\Omega$ 之间）
2	记录基本误差	$\leqslant \pm 1\%$			
3	指示死区	$\leqslant 0.25\%$	9	记录纸速度	15mm/h，60mm/h，误差 $\leqslant \pm 0.5\%$
4	标尺长度	100mm			
5	行程时间	<5s	10	报警输出	设定精度：1%，设定范围：$10\% \sim 90\%$，滞环：0.5%，输出触头数：一对转换触头，触头容量：AC、220V、1A
6	信号源内阻	直流电位差计输入 <5kΩ，热电偶输入 $<100\Omega$			
7	电流输入时分流电阻	电流输入时分流电阻：10mA $<$ 输入电流 <500mA，分流电阻 1Ω；500μA $<$ 输入电流 <10mA，分流电阻 10Ω；20μA $\leqslant$ 输入电流 $<500\mu$A，分流电阻 250Ω	11	电源电压	交流 50Hz　220V$^{+10\%}_{-15\%}$
			12	功耗	约 8VA
			13	重量	5.5kg

表 11-23　XWDA-100 系列记录仪的输入信号及测量范围

信号类型	分度号	测量范围
电压	mV 或 V	$0 \sim 5$mV，$0 \sim 10$mV，$0 \sim 20$mV，$0 \sim 50$mV，$0 \sim 100$mV，$0 \sim 200$mV，$0 \sim 500$mV，$0 \sim 1$V，$0 \sim 2$V，$0 \sim 5$V，$0 \sim 10$V，$0 \sim 25$V，± 1V，± 2V，± 5V，± 10V，$1 \sim 5$V
电流	μA、mA 或 A	$0 \sim 20\mu$A，$0 \sim 50\mu$A，$0 \sim 100\mu$A，$0 \sim 200\mu$A，$0 \sim 500\mu$A，$0 \sim 1$mA，$0 \sim 2$mA，$0 \sim 5$mA，$0 \sim 10$mA，$0 \sim 20$mA，$0 \sim 50$mA，$0 \sim 100$mA，$0 \sim 200$mA，$0 \sim 500$mA，$0 \sim 1$A

（续）

信号类型	分度号	测量范围
热电偶	S	$0 \sim 800℃$,$0 \sim 1000℃$,$0 \sim 1200℃$,$0 \sim 1400℃$,$0 \sim 1600℃$,$400 \sim 1000℃$,$400 \sim 1400℃$,$400 \sim 1600℃$,$500 \sim 1500℃$,$600 \sim 1600℃$,$700 \sim 1400℃$,$800 \sim 1600℃$,$900 \sim 1400℃$
	K	$0 \sim 300℃$,$0 \sim 400℃$,$0 \sim 500℃$,$0 \sim 600℃$,$0 \sim 800℃$,$0 \sim 1000℃$,$0 \sim 1200℃$,$100 \sim 500℃$,$200 \sim 500℃$,$200 \sim 700℃$,$300 \sim 600℃$,$300 \sim 800℃$,$400 \sim 800℃$,$500 \sim 800℃$,$500 \sim 1000℃$,$500 \sim 1200℃$,$600 \sim 1200℃$,$700 \sim 1200℃$
	E	$0 \sim 200℃$,$0 \sim 300℃$,$0 \sim 400℃$,$0 \sim 500℃$,$0 \sim 600℃$,$0 \sim 800℃$,$200 \sim 600℃$,$400 \sim 800℃$
	B	$400 \sim 1800℃$
热电阻	P_t100 $R_0 = 100\Omega$	$0 \sim 50℃$,$0 \sim 100℃$,$0 \sim 150℃$,$0 \sim 200℃$,$0 \sim 300℃$,$0 \sim 400℃$,$0 \sim 500℃$,$200 \sim 500℃$,$-50 \sim 50℃$,$-50 \sim 100℃$,$-50 \sim 150℃$,$-100 \sim 50℃$,$-150 \sim 150℃$,$-200 \sim 50℃$,$-200 \sim 100℃$,$-200 \sim 150℃$,$-200 \sim 500℃$
	Cu50 $R_0 = 50\Omega$	$0 \sim 100℃$,$0 \sim 150℃$,$-50 \sim 50℃$,$-50 \sim 100℃$
	Cu100 $R_0 = 100\Omega$	$0 \sim 50℃$,$0 \sim 100℃$,$0 \sim 150℃$,$-50 \sim 50℃$,$-50 \sim 100℃$

3. 力矩电动机式温度指示调节仪　力矩电动机式温度指示调节仪表由测量桥路、放大器、力矩电动机、调节电路和电源部分组成，为一小型条式自动平衡仪表。根据检测元件之不同（热电阻或热电偶），分为平衡电桥和电位差计两类。其测量原理和电子自动电位差计、电子自动平衡电桥基本相似，不同之处在于力矩电动机不是可逆电动机。力矩电动机转速较小，直接（而非通过变速齿轮）带动测量桥路的滑臂和指针，调节桥路的平衡，并指出相应的温度值。力矩电动机转动时还直接带动调节滑线电阻的触点，通过双稳态触发电路，分别驱动上下限继电器动作，对被测对象进行温度调节或报警。力矩电动机式温度指示调节仪是滑线触点接触，因此耐振性强，能任意倾斜安装，与检测元件的连接时可不必考虑连线电阻。

常用力矩电动机式温度指示调节仪表型号见表 11-24。

11.2.2.2　数字式温度显示调节仪表

数字式温度显示调节仪表，通过将模拟信号转化为数字信号进行测量和控制，给人以直观的显示，响应速度和测控精度也比模拟式仪表提高了；但不具备记忆数据，分析处理功能。数字显示调节仪表类型如表 11-25 所示。

表 11-24　常用力矩电动机式温度指示调节仪表型号

型　号		附加调节装置类型	型　号		附加调节装置类型
检测元件为热电偶或辐射感温器	检测元件为热电阻		检测元件为热电偶或辐射感温器	检测元件为热电阻	
XBW-001 单针指示	XBD-001 单针指示	无	XBW-201 单针指示	XBD-201 单针指示	电阻发信
XBW-002 色带指示	XBD-002 色带指示		XBW-202 色带指示	XBD-202 色带指示	
XBW-003 单针并记录	XBD-003 单针并记录		XBW-203 单针并记录	XBD-203 单针并记录	
XBW-101 单针指示	XBD-101 单针指示	三位电接点	XBW-301 单针指示	XBD-301 单针指示	电动 PID
XBW-102 色带指示	XBD-102 色带指示		XBW-302 色带指示	XBD-302 色带指示	
XBW-103 单针并记录	XBD-103 单针并记录		XBW-303 单针并记录	XBD-303 单针并记录	

表 11-25　数字显示调节仪表类型

类　型	结　构　形　式	主　要　功　能	型　号
显示调节仪	集成电路为硬件核心,具有测量—显示—调节功能	数字显示、位式调节、报警控制	WMNK、XTM、XMX
智能调节仪	微处理器为核心,具有测量—运算—显示—调节功能	程序控制	XMZ、SDC40B、XMT

1. WMNK 系列数字调节仪　这种调节仪是由大规模集成电路和其他电器元件所组成的全数字式温度测量调节仪。控制温度值由三位数字拨码开关设定,被控温度显示采用三位七段 LED 数码管。WMNK 系列数字温度控制仪命名及参数如下:

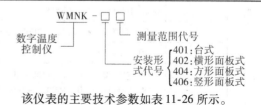

该仪表的主要技术参数如表 11-26 所示。

表 11-26　WMNK 系列控制仪的主要技术参数

型号	控温范围 /℃	显示和给定分辨力 /℃	控温灵敏度 /℃	显示和给定精度 /℃	回差控制①	电源电压 /V	整机功耗 /V·A	输出触头容量
WMNK-□A	−50～150	1	0.3	±2	0、2、4、6、8、C 五档切换			
WMNK-□B	0～50	0.1	0.2	±0.7		AC50Hz 220%±10%	<6	一对转换触头 AC220V5A AC380V4A
WMNK-□C	0～99.9			±1				
WMNK-□D	0～100			±3				
WMNK-□E	0～200	1	0.5	±5				
WMNK-□F	0～300			±10				

① 回差控制说明:假设把拨码盘设定温度为30℃,回差设定为4℃,则当温度上升到30℃时控制仪动作(断电)。当温度低于30℃高于26℃时,控制器继续断电,只有温度低于设定值减去回差值(26℃)时,控制仪动作(通电),如此往复工作。

2. XTM 系列显示调节仪　这是一种比较简单的数字显示调节仪,它的结构框图见图 11-4。首先输入热电偶、热电阻等参数,进行 A/D 转换,显示测量值和设定值;对测量值与设定值进行比较,发出调节指示,或驱动继电器,调节输出;可对报警进行设定。

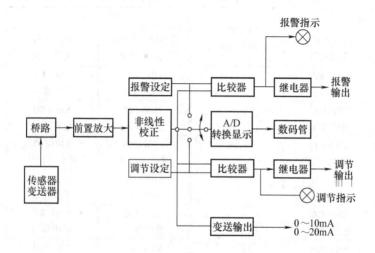

图 11-4　温度显示调节仪结构框图

XTM 型显示调节仪型号命名及意义如下：

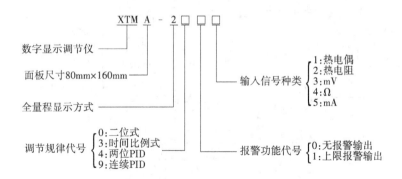

XTMA-2000 系列调节仪的主要技术参数见表 11-27。

表 11-27　XTMA-2000 系列调节仪的主要技术参数

型号	设定精度	显示精度	偏差指示范围（%）	触头输出容量	直流输出信号	电源电压
XTMA-2□□□	0.5 级	0.5 级	±2.5	220V　3A	$0 \sim 10\text{mA}(R_\text{L} \leqslant 1\text{k}\Omega)$ 或 $4 \sim 20\text{mA}(R_\text{L} < 500\Omega)$	AC50Hz 220V

3. XMX 袖珍数字显示仪　这种显示仪可以接收热电偶的信号，经冷端补偿，由运算放大品进行直流放大。放大后的信号由运算放大器组成的二极管电路作非线性校正，然后通过大规模集成电路 ICL7116 进行模数转换，并由液晶显示器显示出温度值，效果直观清晰。该显示仪具有体积小、重量轻、携带方便的优点。

4. 智能调节仪　智能调节仪采用具有运算能力的微处理机为核心，能实现各种控制算法，因此具有一定的判断能力。智能型调节仪正逐步取代传统的模拟式显示调节仪器。

（1）智能调节仪功能特点如下：

1）智能调节仪具有自我校准、自动修正测量误差、快速多次重复测量（>1000 次/s）、自检等功能，因此极大地提高了显示的准确性、可靠性。

2）具有数据处理功能。智能仪表对测量数据进行整理和加工处理，能实现各种复杂运算，例如，查找排序、数字滤波、表度变换、统计分析、函数逼近和频谱分析等。这些是传统仪表无法实现的。

3）实现了复杂的控制规律。智能调节仪不但能实现 PID 运算，还能实现更复杂的控制规律，例如串级、前馈、解耦自适应、模糊控制、专家控制、神经网络控制、混沌控制等。这是模拟调节器根本不可能

实现的。

4）能实现多点测控功能。对多个通道、多个参数进行快速、实时测量和控制。

5）多种输出形式。可以实现数字显示、指针显示、棒图、符号、图形、曲线、打印、语音、声光报警等输出方式，还可以输出模拟信号实现控制。

6）数据通信按照串行通信接口总线（RS232C 标准通信接口、RS485 标准接口），并行通信接口（IEEE-488）、光纤通信接口，与其他仪表、计算机、数字仪表等实现互联。进而可以形成复杂的、但功能分散的集散式控制系统。

7）掉电保护。仪表内装有后备电池和电源自动切换电路，EPROM 存储重要数据，可实现掉电保护。

（2）智能调节器。基本上由信号输入及处理部、控制算法处理部和输出处理部三大部分组成，此外还有指示设定部、通信部等。图 11-5 所示为 SDC40B 智能调节器构成图。

（3）XMT 型智能调节仪。XMT 智能数显控制仪表具有多种控制功能，可对压力、流量、温度等多种参数的信号进行处理、显示，并具有控制功能，输入信号软件设置。XMT 型调节仪型号命名及意义如下：

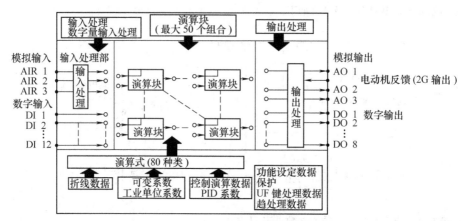

图 11-5　SDC40B 智能调节器构成图

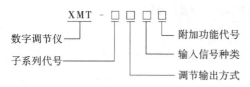

XMT 系列数字调节仪的主要技术参数如表 11-28 所示。

XMT-400 型可编程温度控制/调节器仪表以 XMT-300 型仪表为基础，两者的硬件结构完全相同。XMT-400 型仪表兼容了 XMT-300 型仪表的功能，并增加了用户可编程时间控制功能，编程曲线最多可达 30 段，还有两个事件输出功能。XMT-400 型仪表没有变送输出、外部给定及直接阀门控制这三项功能。采用先进的微电脑芯片及技术，减小了体积，并提高了可靠性及抗干扰性能。采用先进的专家 PID 控制算法，具备高准确度的自整定功能；并可以设置出多种报警方式。仪表接热电阻输入时，采用三线制接线，消除了引线带来的误差；接热电偶输入时，仪表内部带有冷端补偿部件；接电压/电流输入时，对应显示的物理量程可任意设定。

表 11-28　XMT 系列数字调节仪的主要技术参数

型号	XMT-200	XMT-300	XMT-400
测量值显示	7 段红色 LED 数码管		
设定值显示	7 段绿色 LED 数码管		
测量值设定值范围	0 ~ 100% FS		
测量值显示误差	± 0.2% FS ± 1		
设定点误差	± 0.2% FS ± 1		
调节方式 PID	位式调节(ON ~ OFF)	具备专家 PID 自整定功能,也可以用手动来设定 PID 参数	具备专家 PID 自整定功能,也可以用手动来设定 PID 参数
输入信号源阻抗	热电偶<100Ω,热电阻<2.5Ω	热电偶<100Ω,热电阻<2.5Ω,电压输入<100Ω	热电偶 <100Ω,热电阻<2.5Ω
其他技术参数	报警点数:2 点 报警方式:上、下限报警及偏差报警,每个报警点能任意设定 报警显示:SV 窗内报警类型符号闪烁同时报警,LED(AL1/AL2)亮 报警设定范围: -1999 ~ 9999 报警不灵敏区:0 ~ 200.0℃或 0 ~ 2000℃ 报警输出:继电器触点 触点容量: AC220V/3A 或 DC24V/4A	通过四个功能键进行设置,SSR 电压驱动 PID 调节 输出信号:开关脉冲电压信号 ON 时:DC12V ±10%(max20mA) OFF 时:DC0.6V 以下 电流输出 PID 调节 输出信号:4 ~ 20mA,负载阻抗 500Ω 以下	程序段设定方式:用按键进行设定(温度/时间方式) 程序段数:最多可设置 30 段程序 程序段反复:最多 9999 次 设定范围:温度与输入范围相同,直流电压、电流与测量范围相同,时间 0 ~ 166h39min 起始温度:任意设定值 结束时输出:有三种方式选择:保温、降温、跳转

（4）Honeywell 系列数字控制器。UDC2500 通用型数字控制器作为常用的数字控制器，具有可靠性高、操作简单、良好的人机界面等特点。测量精度达到 0.25%，可快速扫描（166ms）。配置两个模拟输入：第一个输入是低阶型，接受热电偶、RTD、mA、mV 和电压类型。第二个输入是高阶型，能用作远程设定点，进行数据采集或作为报警参数，接受 0 ~ 5V、1 ~ 5V、0 ~ 2V、0 ~ 20mA 或 4 ~ 20mA 的输入范围。热电偶类型输入有冷端补偿，具有上限或下限传感器断电保护，可监测热电偶状态，判断其是否正常。一个 0 ~ 120s 可组态的数字滤波，提供输入信号阻尼。多达 5 个模拟或数字输出：电流输出（4 ~ 20mA 或 0 ~ 20mA）、电动机继电器（5A）、可控硅调节器（1A）、双重电动机继电器、开集极输出。输出算法有：时间比例输出、电流比例提供正电流比例输出、双重电流比例（作用于加热和冷却区）、双重时间比例（提供独立的 PID 调整常量和两个时间比例输出，用于加热区和冷却区）、双重电流/继电器、双重继电器/电流。控制算法可以实现：On-Off（开-关位式控制）、PID 控制算法、三位步进控制。每个回路可设置两套 PID 调节参数，自动选择或通过键盘选择。通过 RS422/485Modbus® RTU 或以太网 TCP/IP 通信。组态方式有红外 PC 和笔记本电脑组态，使用 PC 通过通信方式，或是使用内置的红外通信端口，实现组态。还具备模糊逻辑功能：使用模糊逻辑控制功能抑制处理变量由于 SP 的变化或外部处理的扰动引起的超调。多种语言显示：上排专用于显示处理参数和特殊的报警特性，组态时，向操作员提供 4 字符指南；下排在操作状态时显示操作参数，如输出、设定点、输入、偏差、活动调整参数、定时器和剩余时间，在组态时显示 6 字符操作指南。具备提供即插即用功能。

低端应用系列包括 DC1000 系列低端控制器（DC1010/DC1020/DC1030/DC1040）。这一系列产品精度较低（0.5%）。可以按照组态步骤对仪表参数进行设定，可以接受 12 种热电偶输入、三种热电阻输入、5 种线性输入；支持继电器、电压脉冲、线性和伺服电动机阀门输出；具有两套程序模式；PID 控制模式；采用 EEPROM 的非易失性内存，保障掉电时数据不丢失。通信方式是 RS232/485 通信接口。

高端应用包括 UDC3500 系列。具有精度高（输入精度达到 0.1% 以上）、界面丰富、远程控制、5 个逻辑模块、以太网、RS485Modbus 通信、红外线接口，易于和集散控制系统集成等特点；但是价格高。

11.2.2.3　显示调节仪的选择

显示调节仪的发展经历了三代。第一代是以动圈式指示调节仪为代表的模拟式仪表，这类仪表直接对模拟信号进行测量或控制，用指针的运动来显示测量结果。第二代是数字式仪表，例如数字式温度显示调节仪等，给人以直观的显示。第三代仪表为智能化仪表，实质就是以微处理器为主体代替常规电子电路的新一代仪表，因此能实现逻辑判断、运算、存储、识别等功能，甚至能够实现自校正、自适应、自学习等控制功能。随着微处理器技术的发展，数字调节仪表发展很快，其类型多样，功能大幅度提高，智能化程度不断增强，各种不同等级的数字调节器陆续出现，逐步取代了第一代和第二代仪器产品。

（1）首先考虑该调节仪接受传感器信号类型、输出的信号可控制何种执行器、调节器可否满足控制回路的要求，以及对生产环境适应性如何。

（2）选用常规模拟量显示式仪表只能进行显示、调节和记录，其性能稳定，价格便宜；但温度显示不够直观，控温精度较差，没有智能功能，不能进行程序控制。当控温精度要求不高，又不需要记录时，可选用动圈式仪表；当要求控温精度较高，又需要记录时，常选用带 PID 调节的自动平衡式显示调节记录仪。

（3）选用数字仪表时，温度值直接由数字显示，直观明确。当温度控制要求不高时，可选用集成电路为硬件主体的仪表；当有智能化要求时，则选用以微处理器为核心的智能仪表，如 XMT 系列。

（4）当温度检测点较多时，可选用多回路温度显示仪或多回路智能调节仪，实现一表多控，从而节省硬件开支。在此种情况下，一般同时配置两块相同型号的仪表，其中一块仪表备用。

（5）高温检测或要求较高时，一般采用双支热电偶，配双仪表进行温度调节和控制。一块仪表主控，一块仪表监控，提高系统运行的安全性和可靠性。

（6）当温度调节和过程动作联动时，可采用温度仪表与可编程序控制器 PLC 组合使用的结构形式。温度仪表独立控制温度，PLC 独立控制系统的动作过程，并可通过对 PLC 进行编程，实现各动作互锁。

11.2.3　温度控制执行器

11.2.3.1　电阻炉控温执行器

电阻炉控温供电的执行器基本上都是由继电器、接触器或晶闸管调功器组成。

1. 继电器　在电阻炉电控线路中，常用继电器放大仪表输出的控制信号或直接驱动较小电流的执行机构，或将信号传给其他有关控制元件。

常用 JZD1 系列中间继电器命名及意义如下：

JZD1 - □□/□□

型　　号	常开触头数	常闭触头数	线圈电压类别代号	线圈电压等级代号
JZD1：小容量电子适应型 中间继电器	用数字表示 常开触头数	用数字表示 常闭触头数	OA：交流 OB：直流	BO：24V　FO：110V GO：36V　MO：220V DO：42V　UO：240V HO：48V　QO：380V

JZDI 系列中间继电器的主要技术参数如表 11-29。

表 11-29　JZD1 系列中间继电器的主要技术参数

型号	额定工作电压/V	约定发热电流/A	额定工作电流/A			额定操作频率/(次/h)	机械寿命/万次	电气寿命/万次	线圈功耗	辅助触头数	
			AC-15		DC-13					NO	NC
			220V	380V	220V						
JZD1-22/OA□										2	2
JZD1-31/OA□									<2V·A	3	1
JZD1-40/OA□										4	0
JZD1-22/OB□										2	2
JZD1-31/OB□									1.2W	3	1
JZD1-40/OB□	380	10	1.9	3.3	0.13	1200	1000	30		4	0
JZD1-44/OA□										4	4
JZD1-53/OA□										5	3
JZD1-62/OA□									<2V·A	6	2
JZD1-71/OA□										7	1
JZD1-80/OA□										8	0

注：1. 常开＋常闭头数等于8的是在中间继电器上加装了辅助触头组。

　　2. 直流线圈电压（V）等级有 24、48、60、110 和 220 五种。

2. 接触器　接触器是控制大电流信号的执行元件，在电阻炉主控回路及大功率控制电路中应用较广。

（1）3TB（国内型号为 CJX3）系列交流接触器。3TB 系列接触器适用于交流 50Hz 或 60Hz，额定绝缘电压为 660～1000V，额定电流至 630A 的电力线路中，供远距离接通分断电路和频繁起动及控制笼型交流电动机用。

3TB 接触器的命名及意义如下：

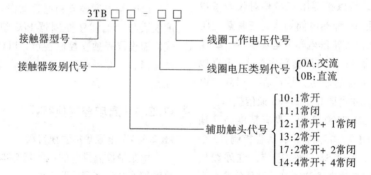

该接触器的主要技术参数如表 11-30 所示。

表 11-30　3TB 系列接触器的主要技术参数

型　　号		3TB40	3TB41	3TB42	3TB43	3TB44	3TB46	3TB47	3TB48	3TB50	3TB52	3TB54	3TB56	3TB58
对应 CJX1 系列型号		CJX1-9	CJX1-12	CJX1-16	CJX1-22	CJX1-32	CJX1-45	CJX1-63	CJX1-75	CJX1-110	CJX1-170			
额定绝缘电压/V		660					750		1000					
主触头数		3 常开												
主触头额定工作电流/A	AC-3	9	12	16	22	32	45	63	75	110	170	250	400	630
	AC-4	3.3	4.3	7.7	8.5	15.6	24	28	34	52	72	103	120	150
AC-3 时控制电动机功率/kW	220V	2.2	3	4	5.5	8.5	15	18.5	22	37	55	75	115	190
	380V	4	5.5	7.5	11	15	22	30	37	55	90	93	200	325
	660V	5.5	7.5	11			37	37	55	90	132	200	355	560
AC-4 时控制电动机功率/kW	220V	0.75	1.1	2	2.2	4.3	6.3	7.5	7.8	15.6	21	31	37.5	46
	380V	1.4	1.9	3.5	4	7.5	11	14	17	27	37	55	65	80
	660V	2.4	3.3	6	6.6	11	20	23	28.5	45	64	92	106	130

（2）B 系列交流接触器。B 系列交流接触器是目前应用比较广泛的一类较小型的接触器，适用于结构要求紧凑，控制电流不太大的场合。B 系列交流接触器的命名及意义如下：

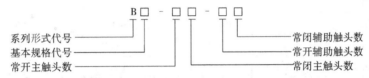

B 系列交流接触器的主要技术参数如表 11-31 所示。

表 11-31　B 系列交流接触器的主要技术参数

型　　号			B9	B12	B16	B25	B30	B37	B45	B65	B85	B105	B170	B250	B370	B460
额定绝缘电压/V			660													
主回路极数			3 或 4				3									
主触头性能	额定发热电流/A		16	20	25	40	45	52	60	110	140		230	300	410	700
	AC-3、AC-4 额定工作电流/A	380V	8.5	11.5	15.5	22	30	37	45	65	85	105	170	250	370	475
		660V	3.5	4.9	6.7	13	17.5	21	25	45	55	82	118	170	268	337
	AC-3、AC-4 控制电动机功率/kW	380V	4	5.5	7.5	11	15	18.5	22	33	45	55	90	132	200	250
		660V	3	4	5.5	11	15	18.5	22	40	50	75	110	160	250	315
	操作频率/（次/h）	AC-3	600											400		300
		AC-4	300											150		100
	电寿命/万次	AC-3	100										60			
机械寿命/万次			1000										300			
线圈吸持功率	吸合/VA		7.7			10		22		30		32	60	66	100	170
	保持/W		2.2			3		5		8		9	15	16	27	60
线圈电压/V			AC 50Hz 24、36、48、110、127、220、380													
可装辅助触头数			可装 4 个 CA7				可装 4 个 CA9				可装 4 个 CA11					2 常开 2 常闭
辅助触头容量			AC　220V、380V、500V、1.2A；DC　110V、220V、0.4A													
重量/kg			0.26	0.27	0.28	0.46	0.6	1.06	1.08	1.9	1.9	2.3	3.2	6.5	10.6	26.5

（3）CJ20 系列交流接触器。此系列交流接触器是全国统一设计的交流接触器。CJ20 系列交流接触器命名及意义如下：

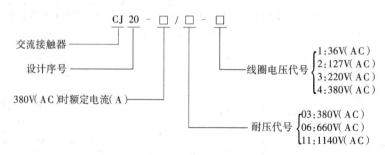

CJ20 系列交流接触器的主要技术参数如表 11-32 所示。

表 11-32　CJ20 系列交流接触器的主要技术参数

型　号		CJ20 - 10	CJ20 - 16	CJ20 - 25	CJ20 - 40	CJ20 - 63	CJ20 - 100	CJ20 - 160	CJ20 - 160/11	CJ20 - 250	CJ20 - 250/06	CJ20 - 400	CJ20 - 400/06	CJ20 - 630	CJ20 - 630 - 06	CJ20 - 630/11
主触头数量		3														
额定绝缘电压/V		660						1140		660						1140
最大工作电压/V		660							1140	660						1140
额定发热电流/A		10	16	32	55	80	125	200		315		400		630		400
AC-3 和 AC-4 额定工作电流 /A	380V	10	16	25	40	63	100	160		250		400		630		
	660V	5.2	13	14.5	25	40	63	100			200		250		400	
	1140V								80							400
AC-3 时额定控制电动机功率 /kW	220V	2.2	4.5	5.5	11	18	28	48		80		115		175		
	380V	2.2	7.5	11	22	30	50	85		132		200		300		
	660V	4	11	13	22	35	50	85			190		220		350	
	1140V								85							400
AC-3 额定负荷时操作频率 /（次/h）	380V	1200						600								
	660V	600						300								
	1140V								300							120
AC-4 额定负荷时操作频率 /（次/h）	380V	300						120								
	660V	120						30								
	1140V								30							30

3. 晶闸管执行器　热处理生产中广泛采用晶闸管（又称固态继电器，可控硅）实行电力调节，晶闸管优点为精度高，响应速度快，重量轻，无噪声。

晶闸管为大功率半导体元件，按导通方向可分为单向导通型和双向导通型。晶闸管导通必须满足两个条件，一是加上一定数值的正向阳极电压；二是要加上适当正向控制电压（触发电压）。

晶闸管执行器根据调节方式可以分为两种：晶闸管调压器和晶闸管调功器。晶闸管调压器是利用晶闸管导通角度的变化改变炉子能量供给，从而实现温度的自动控制。它包括输入回路、反馈回路、放大—触发线路、脉冲变压器、晶闸管元件等部分，适用于电阻炉的调压；但是负载上得到的是缺角正弦波。晶闸管调功器则克服晶闸管调压器输出缺角正弦波负载的缺点，以开关状态串接在电源和负载之间，通过改变通电与断电时间之比达到调节功率大小的目的。晶闸管调功器包括过零触发器和晶闸管元件两部分。晶闸管调功器功率控制方式有两种：一种是移相触发调压方式，另一种是过零触发调功方式。移相触发调压方式由于产生大量高次谐波，污染电网。因此，在较大

电流的工业加热设备中大多采用过零触发的调功方式，可以消除高次谐波，提高设备运行功率因数。晶闸管执行器是替代交流接触器实现自动控制的理想元件。

（1）KTA3、KTF3 系列微电子调功器。该类微电子调功器的命名及意义如下：

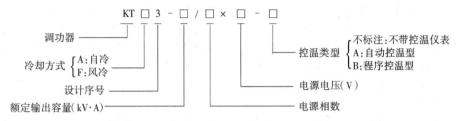

表 11-33　KTA3、KTF3 系列调功器的主要技术参数

型　号	额定输出容量 /kV·A	电源相数	额定电压 /V	额定输出电流 /A	设定调节周期 /s	控温精度	冷却方式	外形及安装尺寸 /mm		
								A	H	B
KTA3-3/1×220	3			13				160	80	275
KTA3-5/1×220	5			23				300	90	290
KTA3-10/1×220-□	10			46				400	700	300
KTA3-16/1×220-□	16			73				400	700	300
KTA3-25/1×220-□	25	1	220	114	0~13 可调	0.2%				
KTA3-40/1×220-□	40			182				500	900	400
KTF3-100/1×220-□	100			454						
KTF3-125/1×220-□	125			568				600	1300	500
KTF3-160/1×220-□	160			727						

KTA3、KTF3 系列微电子调功器的主要技术参数如表 11-33 所示。

（2）KTF4 系列智能型感性负载调功器，该系列智能型感性负载调功器的用途、命名及意义如下：

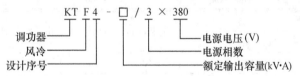

KTF4 系列智能型感性负载调功器的主要技术参数如表 11-34 所示。

表 11-34　KTF4 系列感性负载调功器的主要技术参数

型　号	额定输出容量/kV·A	额定输入电压/V	额定输出电流/A	外形及安装尺寸/mm		
				A	H	B
KTF4-32/3×380	32		49		1300	
KTF4-56/3×380	56		86	600		500
KTF4-63/3×380	63		97	600		
KTF4-80/3×380	80	3 相 380	123		1500	
KTF4-125/3×380	125		193			
KTF4-160/3×380	160		246	700	1700	600
KTF4-320/3×380	320		493			

近年来开发的晶闸管调节器兼具调压和调功功能。例如，某型号三相晶闸管调功调压器，运用数字电路触发晶闸管实现调压和调功。调压采用移相控制方式，调功有定周期调功和变周期调功两种方式。

选择和使用晶闸管执行器应注意下列几点：

1）执行器的相数、工作电压和容量要与电源和设备的相数、电压和容量相符。

2）执行器能执行的调节规律应与调节器规定的调节规律相适应。

3）必须考虑设备起动或停止时瞬间过电流的幅值。

4）选用晶闸管调节器时，必须考虑晶闸管耐过电压和过电流的能力。比如额定电流和额定电压要比实际工作峰值大 1.5～2 倍以上，有过压及过流保护装置。注意冷却，不超过允许使用温度范围。防止正向过载和反向击穿。

11.2.3.2　燃料炉控温执行器

燃料炉控温执行器主要用于控制气体或液体燃料管的供气（液）量，控制空气与可燃气（液）的比例，控制火焰以及安全装置。

1. 电动执行机构

（1）DKJ 及 DKZ 型电动执行机构。DKJ 型（转角）和 DKZ 型（直行程）电动执行机构是工业过程测量和控制系统的终端控制装置。它以电源为动力，接受 0～10mA（直流）信号，将系统的控制信号转换成输出轴的角位移（DKJ 型）、线位移（DKZ 型），控制阀门等截流件的位置或其他调节机构，自动地操纵挡板阀门、调压器或调节阀，使被控介质按系统规定状态工作，实现电阻炉及燃料炉温度的自动控制。

DKJ 型和 DKZ 型电动执行机构与 DFD-03 型电动操作器配合，可实现调节系统无扰动"自动—手动"相互切换工作。DKJ 型和 DKZ 型电动执行机构属于普通电动执行器，随着现代工控的发展，DKJ 型和 DKZ 型增加了计算机控制的智能电子型等改进产品，实现了模块式组合。

DKJ、DKZ 系列电动执行机构的技术参数见表 11-35。

表 11-35　DKJ、DKZ 系列电动执行机构的技术参数

型　　号		力矩/N·m	行程时间（旋转 90°）/s
0～10mA	4～20mA		
DKJ-210	DKJ-2100	100	25
DKJ-310	DKJ-3100	250	
DKJ-410	DKJ-4100	600	
DKJ-510	DKJ-5100	1600	
DKJ-610A	DKJ-6100A	2500	40
DKJ-610	DKJ-6100	4000	60
DKJ-710	DKJ-7100	6000	100

型　　号		行程/mm	输出轴推力/N	行程时间/s
0～10mA（Ⅱ）型	4～20mA（Ⅲ）型			
DKZ-410	DKZ-4100	10	4000	7.5
DKZ-420	DKZ-4200	16		12
DKZ-430	DKZ-4300	25		18.75
DKZ-540	DKZ-5400	40	6300	32
DKZ-550	DKZ-5500	60		48
DKZ-560	DKZ-5600	100	16000	60

DKJ 型和 DKZ 型电动执行机构的主要用途见图 11-6。

（2）JDZ 型简易式直行程电动执行器。该执行器为电动检测调节仪的执行单元。它接受动圈式指示调节仪及 TA 系列调节仪表的继电输出信号，或配以相应的放大器，接受统一的标准信号（0～10mA 直流），转变成相应的线位移，自动地操纵调节阀等执行机构，对燃料炉的温度进行自动控制。

2. 电动调节阀　电动调节阀可与电气式调节器等配套，广泛应用在加热、冷却及恒温系统中。三通

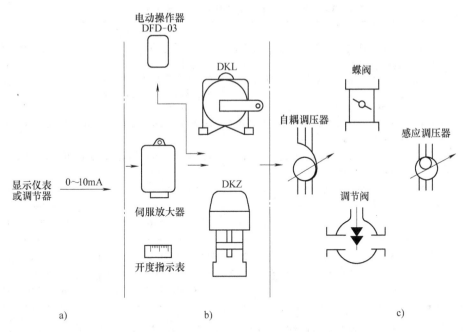

图 11-6　DKJ 型和 DKZ 型电动执行机构的主要用途

a）配套的主要仪表　　b）电动执行机构　　c）配套的主要调节机构

电动调节阀可用在混合和分配系统中，在热处理车间主要用在燃料炉的调节系统，以实现温度的自动调节。

使用电动调节阀时，介质流动方向应与阀体箭头方向一致。为避免杂质混入，阀前应安装过滤器。在拆卸调节阀时，为使系统继续运行，应安装旁路系统，进行手动调节。

3. 气动调节阀　气动调节阀为气动调节器及气动单元组合仪表的执行机构。气动薄膜调节机构为调节阀的推动装置。若与电动单元组合仪表及电动调节仪表配套，则需加电-气转换器。气动调节阀可用于热处理燃料炉介质（如油、煤气）的输送管道，调节介质的流量，实现温度的自动控制。气动调节阀包括执行器和调节阀两部分。

（1）气体薄膜执行机构。将气动或手动装置调节后的压缩空气输入薄膜气室，薄膜的推力使推杆移动，带动阀芯启、闭。按照气压增大时推杆运动的方向，气动薄膜执行机构分为正作用式及反作用式两种。正作用式（亦称气关式），气压增大时推杆向下移动，使阀芯处于与阀座全关位置，如 ZMA 型；反作用式，气压增大时推杆向上移动，使阀芯处于与阀座全开位置，如 ZMB 型。

（2）ZSL 型、ZSLD 型及 ZJM 型气动执行机构。ZSL 型气动长行程执行机构以压缩空气为动力，接受调节单元或人工给定的 0.02 ~ 0.1MPa 气压输入信号，将其转变成与之相对应的转角或直线位移，以调节风门挡板或阀门等。

ZSLD 型电信号气动长行程执行机构是一种电-气复合式执行机构。它接受调节单元或人工给定的 0 ~ 10mA（或 ±5mA）直流输入信号，将其转变成与之相对应的转角或直线位移；还可与相应的变送器配套，作为单独的位置伺服机构使用。

气动执行机构与电动执行机构相比较，具有工作可靠、运行安全、超调量小、结构简单、价格低廉及维修方便等优点。

ZSL、ZSLD 型执行机构的基本力学特性见表 11-36。

ZJM 型气动执行机构优于气动长行程执行机构，具有三断自锁保位装置（在断电源、断气源和断电信号时，其输出轴能锁定在原来位置上）。它以压缩空气为动力，接受调节单元或人工给定的 4 ~ 20mA 直流电信号，并转变成相应的转角位移，以调节风门挡板或阀门。

（3）调节阀。调节阀与被调介质直接接触。阀芯的运动改变了阀芯与阀座的流通面积，即改变了阀的阻力系数，从而对介质的流量进行调节。

1）直通单座、双座调节阀。直通单座调节阀的阀体只有一个阀座（VP 型）。单座调节阀的特点是受轴向作用力大，许用压力降低，关闭时泄漏量小；双座调节阀的特点是上、下两个阀芯所受的轴向力大部分可互相抵消，故操作稳定，许用压力大，但泄漏量大。

表 11-36　ZSL、ZSLD 型执行机构的基本力学特性

型号	公称力矩 /N·m	气缸内径 /mm	活塞行程 /mm	工作压力/MPa		摆臂长度 /mm	工作压力/MPa				外形尺寸（长×宽×高） /mm
				0.5	0.3		0.5	0.3	0.5	0.3	
				气缸计算推力 /N			机构的计算转矩/N·m				
							在转角45°时		在转角0°及90°时		
ZSL11 ZSLD11	245	80	200	2461.8	150.7	141.5	348.29	208.94	246.27	147.69	530×340×820
ZSL21 ZSLD21	392	100	200	3848.5	235.9	141.5	542.63	325.56	384.85	230.89	530×340×820
ZSL22 ZSLD22	588	100	300	3848.5	235.6	212	716.58	488.33	577.71	346.33	560×500×1080
ZSL32 ZSLD32	980	130	300	6503.3	398.2	212	1375.43	825.36	975.49	585.35	560×500×1080
ZSL33 ZSLD33	1568	130	400	6503.3	398.2	283	1840.34	1104.36	1301.15	780.77	730×560×1330
ZSL43 ZSLD43	2450	170	400	11116.1	608.5	283	3142.66	1885.91	2223.42	1333.78	730×560×1330

2）三通调节阀。三通调节阀有合流阀和分流阀两种。合流阀的作用是将两种流体混合成第三种流体，即为合流作用；分流阀的作用是将一种流体分为两路，即为分流作用。此外，三通调节阀还可用来改变流体的流动方向。

3）角形阀。角形阀体的两接管成直角形。角形阀有底进侧出及侧进底出两种。一般在小开度使用时，常采用底进侧出形式；而在高粘度且有悬浮物的场合，则多采用侧进底出形式。

在安装气动阀时，应尽量使其直立于管道上，即使倾斜安装，其与水平倾斜度以不小于 30° 为宜。为在拆卸调节阀时系统能继续运行，常设旁路管道。

气动薄膜调节阀的型号的意义：

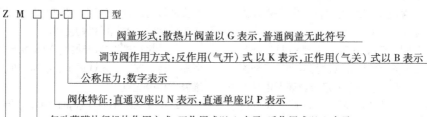

```
   Z  M □ □-□ □ □型
                    阀盖形式:散热片阀盖以G表示,普通阀盖无此符号
                  调节阀作用方式:反作用(气开)式以K表示,正作用(气关)式以B表示
                 公称压力:数字表示
               阀体特征:直通双座以N表示,直通单座以P表示
             气动薄膜执行机构作用方式:正作用式以A表示,反作用式以B表示
           执行机构的结构特征:气动薄膜式(该字不变)
         仪表类:气动执行器(该字不变)
```

（4）调节阀的流量特性及其选择。调节阀流量特性是选择调节阀时必须确定的主要参数之一。流量特性系指介质流过阀门的相对流量与阀门相对开度之间的关系。相对流量为调节阀某一开度流量（q）与全开流量（$q_{最大}$）之比：$q/q_{最大}$。相对开度为调节阀某一开度行程（l）与全行程（L）之比：l/L。

调节阀的流量特性有理想特性和工作特性之分。理想特性是指在调节阀前后压差一定（$\Delta P =$ 常数）的情况下得到的流量特性关系，它取决于阀芯的形状。工作流量特性是指在调节阀前后压差变化的情况

下，阀的相对开度与相对流量间的关系。调节阀往往串联有设备、阀门及管道等，均产生一定阻力损失。这些阻力损失随着流量的变化而变化，使理想特性发生畸变。因此，在实际使用中主要考虑阀的工作流量特性。

1）典型的理想流量特性

① 直线流量特性。调节阀的相对开度和相对流量成直线关系。在变化相同行程的情况下，流量小时，流量相对值变化大；流量大时，流量相对值变化小。也就是说，直线流量特性的阀门在小开度（小

负荷）情况下的调节性能不好，往往会产生振荡。

②等百分比流量特性。等百分比流量特性是指单位行程变化所引起的流量变化，与此点的流量成正比关系。在同样的行程变化下，流量小时流量变化小，流量大时则流量变化大。因此，这种调节阀在接近关闭时工作和缓平稳；而接近开启状态时，放大作用大，工作灵敏有效；其调节精度在全行程范围内是不变的。

③快开流量特性。这种特性是在阀行程较小时，流量较大，随着行程的增大，流量很快达到最大（饱和）值；而当行程大到一定程度时，就失去调节作用。

④抛物线流量特性。抛物线流量特性是指相对流量与相对行程的二次方成比例关系。

调节阀的理想流量特性曲线如图 11-7 所示。

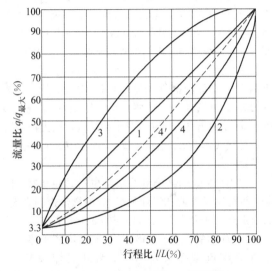

图 11-7　调节阀的理想流量特性曲线
1—直线流量　2—等百分比流量　3—快开流量
4—抛物线流量　4′—修正抛物线流量

2）工作流量特性

①串联管道的工作流量特性。调节阀安装在管道系统中，通过管道的流量与管道、设备等的阻力的平方成反比关系。当系统两端压差一定时，调节阀上的压差就随流量的增加而减小，从而引起流量特性的变化。管道阻力的增加，不但可调范围越来越小，并与理想流量特性偏离越来越大，造成小开度时调节不稳定，大开度时调节迟钝。所以，当调节阀选得过大或非满负荷生产时，会造成调节品质的恶化。

②并联管道的工作流量特性。调节阀一般都装有旁路，当调节系统失灵作为手动控制用。为增加系统的流量，往往把旁路打开一些，但这种调节方式将使系统的可调范围大大降低，泄漏量也很大，致使调节阀在动作过程中流量变化很小，甚至几乎起不到调节作用。因此，必须严格控制旁路的流量。经验证明，旁路流量最多应不超过总流量的10%左右。

3）流量特性的选择原则。调节阀有直线、等百分比和快开三种流量特性。应用最多的是前两者。其选择原则是：

①从系统的调节品质出发，对于放大系数随负荷的干扰而趋向于减少的对象，可选用等百分比特性的阀门，因其放大系数随负荷干扰而趋向于增大，使两者相互弥补。当调节对象为线性时，可采用直线特性的调节阀。几种常用系统调节阀特性的选择见表11-37。

②从配管情况出发，可参考表 11-38 不同配管情况调节阀特性选择。表中 S 值表示阀全开时的压差与系统总压差的比值。在实际管道中，S 值几乎不可能为 1，往往低到 0.3 ~ 0.5，这时直线特性实际上已畸变成快开特性，所以选用等百分比特性才能满足。

表 11-37　常用系统调节阀特性的选择

调节系统及被调参数	干扰	调 节 阀 特 性	
		静态	动　态
流量调节系统（流量 q） p_1 —⊣├— ⊗ — p_2 $\quad q$	p_1 或 p_2	等百分比	直线
	给定值 q	直线	
压力调节系统（压力 p_1） p_2 —⊗— $\boxed{p_1}$ —ᴧᴧ— p_3	p_2	等百分比	等百分比
	p_3	直线	直线
	给定值 p_1	直线	

（续）

调节系统及被调参数	干扰	调节阀特性	
		静态	动态
温度调节系统（出口温度 t_2）	p	等百分比	等百分比
受热流体　q,t_1　t_2　蒸汽　p,t_3	q 或 t_3	等百分比	直线
	t_1	直线	直线
	给定值 t_2	直线	

注：如同时存在几种干扰，则应根据经常起主要作用的干扰来选择。如对象的时间常数起主要作用，应按动态选择，一般情况均按静态选择。

表 11-38　不同配管情况调节阀特性的选择

配管状态	$S = 1 \sim 0.6$	$S = 0.6 \sim 0.3$	$S < 0.3$
实际工作特性	直线，等百分比	直线，等百分比	不能控制
所选阀的特性（理想特性）	直线，等百分比	等百分比	不能控制

③ 从适应系统的负荷波动出发，等百分比特性调节阀适应于系统负荷的大幅度变化，无论在半负荷或全负荷生产中都能很好地起到调节作用。

④ 所选用的调节阀经常工作在小开度时，宜用等百分比特性的调节阀。

近年来开始用计量泵代替供油管上的调节阀来调节油量，克服了调节阀门关时，阀后压力的波动，保证燃烧的稳定性和温度调节系统的稳定性。计量泵是一种调节供油量的泵，它可保证泵出口压力和烧嘴前压力稳定。

4. 燃料炉安全控制器　燃料安全控制是指对有关燃料及其配套设备的控制。燃烧安全控制的目的在于防止因点火失败、燃烧中断引起的易燃易爆气体泄漏，保证燃料炉安全稳定工作。其工作过程如下描述：控制器通电一定时间后，如果燃烧器着火工作，火焰感应电极检测到火焰信号，则断开"点火"端口电压输出，点火器停止工作，气阀保持开启状态继续供气；如果燃烧器点火失败，火焰感应电极检测不到火焰信号，则断开"气阀"端口电压输出，切断气路供气，点火器继续保持点火工作状态，同时"报警"端口输出信号，报警器开始报警，直到断开控制器电源为止。当燃烧器中断燃烧产生熄火现象，此时"点火"端口立即输出电压使点火器点火，如果恢复着火，则停止点火，继续供气；如果仍然熄火，则停止供气，继续点火，并开始报警直到切断控制器电源。近年来，我国引进了多种专为燃料炉燃烧用的控制器、火焰信号探测器、点火器及控制阀门等。

（1）燃烧安全控制器

1）Honeywell EC 7800 全智能安全燃烧控制器。该控制器适应于需要高品质燃烧安全控制的场合。其主要特点是：以微处理器为控制核心，可配用电离子棒、光电阻、红外和紫外火焰探头等传感器件，提供高、低火二级控制，或比例式连续控制，适用于大、中型油/气燃烧设备；具有安全起动、控制燃烧过程、火焰检测、紧急关断等功能；采用模块化结构，可选吹扫时间，可选信号放大器，并具有完善的系统、部件、输入/输出自诊断和故障识别功能。该类控制器还有可选 RS485/232 通信接口，与上位机组成联网监控系统。

2）RA890F、RA890G 燃烧继电器式控制器。这是一种可用于商业和工业的燃气/油燃烧控制系统，带有点火、马达、引导火阀、主阀的自动控制，并且带有 SPDT 报警开关。RA890F 控制器与离子棒、光电管等整流型探头及 C7012 紫外线探头配用；RF890G 与 C7027、C7035 小窥管紫外线探头配用。该类控制器内置保护器，可防止点火干扰，与 R4795A 控制器一样，在点火失败后再自动提供一次循环，若故障继续存在，则直接锁定。

3）Honeywell-Satronic 系列燃烧控制器。该控制器是专为中小型一体化燃料机设计的控制器，可用于燃油、燃气或油气两用型燃烧系统，有单级、双级或比例调节等多种控制形式供选择。

（2）火焰信号监测器。火焰信号监测器是火焰传感器件，是组成燃烧安全控制器的部件。其主要是通过监测烧嘴的火焰，以保证烧嘴的开闭状态；监测可控气氛炉保护气排出口引燃烧嘴的火焰，以保证炉子安全运行。

1）紫外火焰监测器。该监测器属非接触式，其敏感元件为紫外光敏管。紫外光敏管是一种特殊的光敏元件，它接收火焰发出 $180 \sim 260 \mu m$ 波长的紫外线，而对太阳、白炽灯、日光灯、炽热件等发出的光则不敏感。它具有灵敏度高、响应速度快、抗干扰能力强等特点。安装紫外火焰监测器时，要注意光敏管的"视线"对准火焰并在允许的测量灵敏度距离以内。为冷却光敏管和清洁玻璃片，必要时，要在监测器头部安装吹扫风管。

2）火焰导电电极式火焰监测器。这种火焰监测器基于火焰导电的原理，将耐热钢探针伸入火焰中，并在电极与燃烧器之间施加交流或直流电压。当存在火焰时会产生一个 $2 \sim 10\mu A$ 的直流电流，利用这个电流作为信号电流，经放大即可实现对火焰的监测。此探针属于接触式火焰监测器。使用火焰导电电极式火焰监测器时，要注意探针的耐热承受能力，最好将烧嘴的火焰分流出一小股，让探针接触这一小股火焰，以延长其使用寿命。

3）整流型火焰监测器。这种火焰监测器是探针型火焰监测器。表 11-39 为火焰监测器的特点及应用。

表 11-39　火焰监测器的特点及应用

类别	型号	特点及应用
整流型火焰监测器	C7004B、C7007A	离子探针型火焰监测器,适用于气体点火的燃油燃烧器
	C7008A、C7009A	离子探针型火焰监测器,适用于对连续气体进行检测,离子探针可根据需要取任意长度
	C7010A、C7013A、C7014A	整流光敏管型火焰监测器,适用于燃油系统的火焰检测。C7010A不适合安装在燃烧器的送风管上,C7013A、C7014A可安装在燃烧器的送风管上
红外线型火焰监测器	C7015A	适合于燃油、燃气、燃煤系统的火焰检测,可以接收到火焰发出的红外辐射,适合用于离子探针和整流光敏管不宜安装的地方
紫外线型火焰监测器	C7012A、C7012C、C7012E、C7012F	固态紫外线监测器,用于燃油、燃气、燃煤及其他燃料燃烧器的火焰检测
	C7027A	小观测管式紫外线型火焰监测器,用于燃油、燃气、燃煤及其他燃料燃烧器的火焰检测,适合安装于燃烧器的送风管上,光敏管不能现场更换
	C705	带动态自检的小观测管式紫外线型火焰监测器,可用于燃油、燃气、燃煤及其他燃料燃烧器的火焰检测,光敏管可以现场更换,封装要满足室外防雨要求
	C7076A、C7076D	带动态自检的紫外线型火焰监测器,用于燃油、燃气、燃煤及其他燃料燃烧器的火焰检测,灵敏度可调,控制器和探测器可远距离安装

（3）点火器

1）脉冲点火器。脉冲点火器适用电压范围宽，无论电源电压高低，脉冲频率不变；避免了电压低时不点火，电压高时过激点火而损坏的问题，点火针放电端距离为 $8 \sim 12mm$。

2）感应点火器。感应火焰信号灵敏、准确、可靠，不会因为点火针与燃烧器之间的潮湿漏电或短路产生虚假信号，不会因光、电磁干扰产生影响。只要点火针接触火焰，立即停止点火。

5. 燃料炉温度调节系统中的辅助机构

（1）DF-1 型电动伺服放大器。DF-1 型电动伺服放大器可以与输出 $0 \sim 10mA$ 直流电流的调节仪表（XCT-191、192，XW-400、XQ-400，TA-091、092）或输出 $0 \sim 2.5V$ 直流电压的仪表配套使用，或与 JD 型简易直行程电动执行机构配套，控制阀门的开度。

DF-1 型电动伺服放大器的主要技术参数是：①输入信号：$0 \sim 10mA(DC)$ 或 $0 \sim 2.5V(DC)$。②输入阻抗：800Ω 或 $3.6k\Omega$。③输出信号：三位式继电器脉冲输出。

（2）电-气转换器。电-气转换器是将 $0 \sim 20mA$ 直流信号线性地转换为 $20 \sim 100kPa$ 标准气压信号的转换元件。在热处理燃料炉温度调节系统中，常用其将电动调节系统的信号经转换后送入气动执行机构，以实现电动调节仪表与气动执行机构的配套使用。

常用电-气转换器有 DZD-1000 型和 EPC-1000 型，见表 11-40。

表 11-40　常用电-气转换器的型号及其技术参数

型号	输入信号 /mA	输出信号 /kPa	输入电阻 /Ω
DZD-1000	$4 \sim 20$	$20 \sim 100$	300
EPC-1000	$0 \sim 20$	$20 \sim 100$	180

11.2.4　热处理温度控制方法

只有深入了解热处理设备和过程的动态特性和工艺上对控制质量的要求，才能对热处理被控对象（温度、流量、压力和气氛等）实现准确自动控制。

11.2.4.1　被控对象的动态特性

所谓被控对象的特性是指它的输出量与输入量之间的对应关系，例如，控制热处理炉温度时，输入炉子的功率与炉子温度变化关系。各种热处理炉及不同的工艺过程都有各自的动态特性，一般由以下典型环节组合而成。

1. 惯性环节　此环节的特性是当输入量发生变化时，其输出量不能立即以同样的速度变化。在被控对象中，存在着物料存储部件和（或）能量存储部件，工件温度不能立即以同样速度变化。

2. 积分环节　此环节的特性是输出量随输入量线性积累增长。许多热处理炉在升温阶段，其温度与功率输入的关系属此环节。

3. 纯滞后环节　此环节的特性是输入量发生变化时，输出量要等待一段时间之后才能复现输入信号。具有炉罐的热处理炉，其加热元件在炉外，而热电偶测温在炉内，就明显出现这种情况。

4. 比例环节　此环节的特性是输出量无延误地反映输入量的变化。在渗碳炉中，当富含碳气直接输入炉内，立即提高气氛碳势，又能迅速被气氛传感器接受，发出信号，属此情况。

11.2.4.2　比例（P）、积分（I）、微分（D）控制规律

许多工业被控对象主要运用 PID 控制规律，并恰当地整定它们的参数，就能够满足控制系统性能指标的要求。

1. 比例调节器　比例调节器的输出信号与其输入信号之比是一个常数，此常数称比例增益 K_p。比例调节可使被控制量朝着减少偏差的方向变化。提高比例系数，有利于提高系统准确度，缩短过渡过程时间，但易引起被控制量的振荡，使稳定性变坏。

2. 积分调节器　积分调节器的输出信号是其输入信号的积分。只要偏差信号（实际测量值与设定值之差）不改变方向，它产生的控制作用就不断加强，并使被控制量的偏差减少。积分作用有利于消除系统的稳定误差，但是如果积分时间（T_I）过小（即积分速度过大）会使系统输出量的超调很大，过渡过程时间加长，稳定性变差。

3. 微分调节器　微分调节器的输出信号与它的输入信号的变化率成正比。微分调节有预测作用，即可根据输入信号变化状态进行控制。增大微分时间（T_D），能加快控制过程，减少动态偏差和稳态偏差；但微分时间（T_D）过大，系统对干扰特别敏感，以致影响正常工作。

11.2.4.3　数字 PID 控制算法

在模拟仪表中 PID 调节器是模拟调节器，由相应电路组成；在计算机控制系统中为数字调节器。

模拟 PID 调节器的理想算式为

$$u_{(t)} = K_p \left[e_{(t)} + \frac{1}{T_I} \int_0^t e_{(t)} \mathrm{d}t + T_D \frac{\mathrm{d}e(t)}{\mathrm{d}t} \right]$$

式中　K_p——比例增益；

T_I——积分时间；

T_D——微分时间。

计算机控制系统中，把连续 PID 算法转换为数字差分方程，即

$$u(K) = K_p e(t) + \frac{K_I}{2} \sum_{i=1}^{K} \left[e(i-1) + e(i) \right] + K_D \left[e(K) - e(K-1) \right]$$

式中　K_I——积分系数，$K_I = K_p T / T_I$；

K_D——微分系数，$K_D = K_p T_D / T$；

T——采样周期。

11.2.4.4　PID 调节器结构选择

在实际应用中，根据被控对象的特性和控制要求，来选择 PID 调节器的组合结构，常用的有 D 调节器、P 调节器、PD 调节器、PID 调节器。所选用的调节器结构应保证被控系统能够稳定，并尽可能地消除稳态误差。

工业上被控制对象，常划分为有自平衡特性和无自平衡特性对象。所谓有自平衡特性的被控制对象，是其内部物体或能量的平衡被破坏后能够自己稳定在一个新的平衡点。例如高温盐浴炉，当有限的功率输入时会使炉温升高，但也增加盐浴表面散热损失，当炉温升到一定值后，供入的能量与散热达到平衡，炉温将稳定在某一定值。大多数工业对象都有自平衡特性。

无自平衡特性对象是当输入或输出的平衡破坏后，被控制量就一直变化下去，实际上凡是包含有积分环节的对象就是无自平衡特性的对象。

对于有自平衡特性的被控制对象，应选择包括有积分环节的调节器，例如 PI 或 PID 调节器。而对于无自平衡特性的被控对象则应该选择不包含积分环节的调节器，例如 P 调节器或 PD 调节器。对于某些有自平衡特性的被控对象也可选择 P 调节器或 PD 调节器，但这时会产生稳态误差，如果选择合适的比例系数，可以使系统的稳态误差保持在允许范围内。对于具有纯滞后性质的对象，则往往加入微分环节。

11.2.4.5　PID 参数选择

PID 参数确定方法有凑试法和试验经验法。凑试法的步骤是对参数实行先试比例，后试积分，再试微分，逐步凑试。但是参数凑试是相互影响的，某参数的减少常可由其他参数的增加来补偿。为了减少凑试次数，可以利用在选择参数时已取得的经验，并根据一定要求先作一些试验得到若干基准参数，然后按照经验公式导出 PID 参数，这是试验经验法。表 11-41 为一些常见被控量的调节器参数的选择范围。

表 11-41 常见被控量的调节器参数的选择范围

被控量	特 点	K	T_I/min	T_D/min
流量	对象时间常数小,并有噪声,故 K 较小,T_I 较短,不用微分	1~2.5	0.1~1	
温度	对象有较大滞后,采用微分	1.6~5	3~10	0.5~3
压力	对象滞后一般不大,不用微分	1.4~3.5	0.4~3	
液位	在允许有静差时,不必用积分,不用微分	1.25~5		

表 11-42 常见被控量的采样周期

物理量	采样周期/s	备 注
流量	1~5	常选用 1~2s
压力	3~10	常选用 1~3s
液位	6~8	
温度	15~20	取纯滞后时间;串级系统中,常选 $T_{副环} = (1/5 ~ 1/4)T_{主环}$
成分	15~20	

数字 PID 是建立在用计算机对连续 PID 控制进行数字模拟基础上的控制,属于准连续控制。因此,采样周期越小,数字模拟越精确;但是采样周期选择会受到多方面因素影响,比如对象动态特性是纯滞后时,采样周期应按纯滞后大小选定。采样周期视具体情况和性能指标进行选择。表 11-42 为几种常见被控量的经验采样周期。

11.2.4.6 新型智能控制方法

PID 控制属于经典控制理论的范畴。当对象特性具有时变、非线性特征时,这种算法难以实现有效的控制。特别是工业生产过程极其复杂,难以用数学模型描述,需要采用模糊控制算法控制。

1. 模糊控制系统 从结构上模糊控制系统和计算机控制系统没有区别,差别在于采用了模糊控制器。作为模糊控制系统的核心,模糊控制器由输入量模糊化、模糊控制规则、模糊推理决策、模糊判决构成。实质在于将输入的精确值转化为模糊量,经过模糊推理作出决策,然后通过反模糊化处理后,转变为确切的控制量施加在被控对象上。模糊控制系统组成框图见图 11-8。

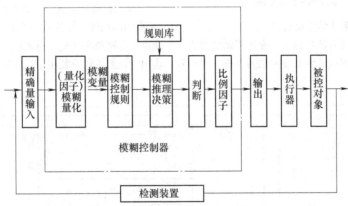

图 11-8 模糊控制系统组成框图

2. 神经网络 神经网络和模糊理论一样,也是介于传统人工智能和传统控制理论之间的方法。神经网络更接近人脑的功能,具有自学习、自组织、自适应的非线性处理能力,并行处理生成映射规则,模糊能力差,适合直觉式推理。而模糊理论是串行处理。输入信号不同,采用的神经网络也不相同。当输入信号为模拟信号时,神经网络如图 11-9a 所示,称为量化网络,具有四舍五入功能。输入信号为数字信号时,神经网络如图 11-9b 所示。

3. 混沌理论 混沌理论从 20 世纪 70 年代开始创立,成为 21 世纪智能计算机三大支柱之一,逐步应用到自动控制中,有些智能控制仪也开发出具有混沌功能的控制模式。它与模糊逻辑、神经网络相互交叉融合,成为智能控制和智能信息处理的强力工具。所谓混沌指的是确定性的力学系统中出现有界、无规则、非周期运动的总称。实际控制中表现为,对于一个采样控制系统通过改变外部参数、载入信号的大小以及采样周期,都可以使系统产生混沌现象。图 11-10 所示为一个混沌芯片的结构框图,可以用于多值逻辑系统、高灵敏度传感器等产品。

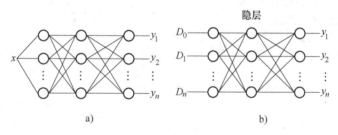

图 11-9　神经网络实现的模糊化

a) 模拟信号模糊化网络　b) 数字信号模糊化网络

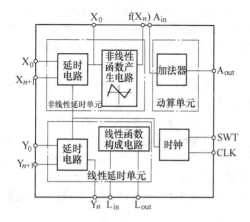

图 11-10　混沌芯片结构框图

11.2.4.7　电阻炉温度自动控制回路

温度自动控制方式有位式调节、准连续调节和连续式调节三种。其中连续式调节技术最为先进，采用比例积分微分调节器组成的 PID 自动控制系统，可以获得精确的炉温调节质量。

1. 电阻炉温度位式调节回路　图 11-11 所示为二位式温度调节系统电路图。它只有"1"和"0"（即"通"和"断"）两个数位。

2. 采用感应调压器的温度调节电路　利用感应调压器作执行机构，对电炉温度实现准连续调节，温度波动小，对于电阻温度系数较大的电炉尤其适用。图 11-12 所示为采用感应调压器的温度调节电路。

3. 采用晶闸管的电阻炉温度调节电路

（1）晶闸管自触发交流开关电路。图 11-13 所示为晶闸管自触发交流开关电路。

（2）晶闸管交流调压温度调节回路。图 11-14 为 ZK 系列晶闸管三相交流调压路。晶闸管调压调节的缺点是电网波形畸变，对负载和周围电子仪表有冲击作用。此类控制不能用于感应负载。

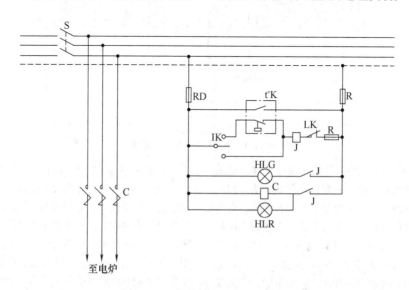

图 11-11　二位式温度调节系统电路图

S—自动空气开关　IK—主令开关　C—交流接触器　J—中间继电器　HLG、HLR—指示灯

RD—熔断器　t°K—温度调节仪　LK—联锁开关　R—高温熔断器

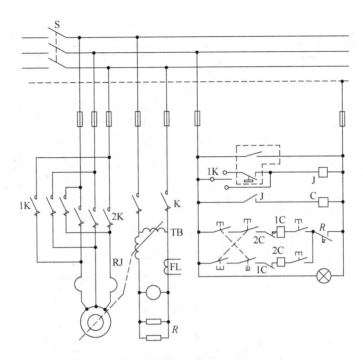

图 11-12　采用感应调压器的温度调节电路

S—自动空气开关　C、1C、2C—交流接触器　TB—感应调压器

RJ—热继电器　FL—电流互感器

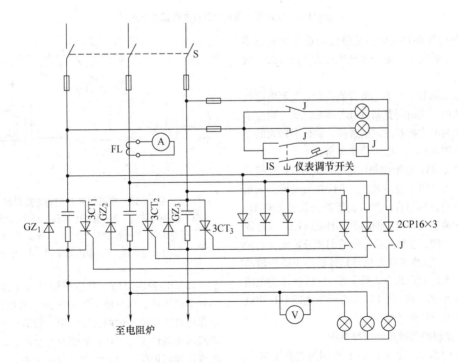

图 11-13　晶闸管自触发交流开关电路

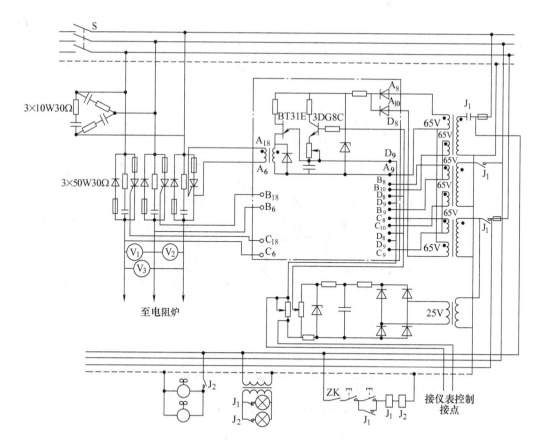

图 11-14　ZK 系列晶闸管三相交流调压电路

（3）晶闸管调功电路。晶闸管调功电路是过零触发电路，负荷得到的电压或电流是完整的波形，对电源无干扰。

近年来晶闸管调节器都将智能型触发控制电路板安置于壳体内，同时配置调压或者调功方式，通过手动方式切换为温度控制方式的选择，提供了极大的方便，内置电流互感器，保护功能齐全。

4. 电阻炉 PID 温度控制回路　PID 调节是连续式控制策略。对电阻炉控温来说，不同执行机构，采用不同的 PID 的选用组合，如以变压器为执行元件的，主要选用与偏差大小成比例的 P 动作的 PID；以电控器为执行元件的，主要选用与偏差的积分值成比例的 PID 的 I 动作；以晶闸管为执行元件的，主要选用与微分值成比例的 PID 的 D 动作。图 11-15 所示为电阻炉 PID 控制方案示例。图 11-16 所示为电动 PID 连续输出的饱和电抗器调节电路。

11. 2. 4. 8　燃料炉温度自动控制系统

和电阻炉相比，燃料炉由于使用的加热介质不同，采用燃烧方式进行，因此控制系统也比较复杂，主要体现在以下几个方面。

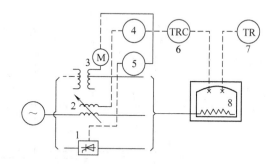

图 11-15　电阻炉 PID 控制方案示例
1—晶闸管装置　2—饱和电抗器　3—电动无级调压变压器　4—辅助放大器　5—触发器　6—温度记录调节仪　7—温度记录仪　8—电阻炉

1. 炉压控制回路　炉压控制是为了保证炉膛压力处于微正压，以免吸入冷空气或向外喷火、溢气，也保证燃烧稳定及炉内温度稳定。测压点一般布置在炉膛前面的炉顶，或在炉侧墙布置监测点。采用微差压变送器测炉膛压力，模盒一侧接取压口，另一侧通大气。为使采集信号准确，将取压口附近的大气信号引入，即安装所谓的"双引压管"。采集的压差信号

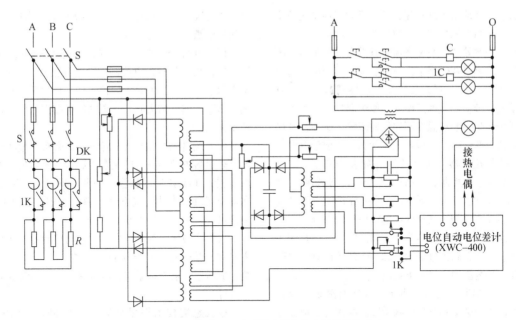

图 11-16　电动 PID 连续输出的饱和电抗器调节电路
S—闸刀开关　DK—饱和电抗器　C、1C—交流接触器　1K—钮子开关

经调节器，与给定值比较，输出控制量，带动执行机构和烟道闸板，调节炉膛压力。

炉膛压力的给定值应随炉温而变，当要求炉底面保持零压时，炉顶的压力为

$$p = H(\rho_0 - \rho_t)g = H\left(\rho_0 - \frac{273\rho_0}{273 + t}\right)g$$

式中　p——炉顶压力（Pa）；

　　　H——炉膛高度（m）；

　　　ρ_0、ρ_t——0℃和 t 时的炉气密度（kg/m³）；

　　　t——炉膛温度（℃）。

炉压调节控制回路，取 PI 调节正作用式。

2. 燃料压力自动调节系统　燃料压力调节系统是为了使燃料供应稳定，保证燃烧和炉温稳定。在炉前总管和烧嘴前取压，调节炉前燃烧总管上的调压阀。控制回路取 PI 调节正作用式。

3. 热风压力自动调节系统　热风压力自动调节系统是为了控制热风的温度，保证燃烧和炉温稳定。通常在热风主管取压，调节鼓风机进口百叶窗。控制回路取 PI 调节反作用式。

4. 智能压力软保护控制系统　在使用流体燃料的燃烧系统中，为了安全生产，往往要考虑燃料阀后压力高、低超限的保护，阀后压力过高会造成脱火现象，而压力过低则会产生回火现象。软保护控制原理是：当阀后压力 p 处于正常范围时，由正常工作的流量调节器控制燃料调节阀；而当 p 接近危险区时，系统自动切换，由另一专用危险控制调节器进行压力保

护调节。此方案既可保证安全生产，又能避免硬性停车造成的经济损失。此方案在实际应用中，还须解决切换与否的智能判断、压力保护调节器给定值的智能确定，以及无扰切换和防积分饱和等问题，可以通过可编程控制器实现。

5. 热风温度控制及自动放散系统　热风温度控制除了使炉温稳定外，还可防止烧坏预热器。一般要检测预热器入口烟气温度（在靠近预热器的烟道顶部测量）。通常采用掺入冷空气法控制预热器入口的烟气温度，采取调节热风管上放散阀开启度，调节预热器出口风温。自动控制回路选用 PID 调节正作用式。

6. 燃烧控制　传统的燃烧控制方式是分区集中控制，区内所有烧嘴同步工作。燃烧过程控制是随温度变化调节每个烧嘴的供燃料和供空气量。在升温阶段，每个烧嘴燃烧量大，烧嘴出口气流速度高，炉气循环强烈；在保温阶段，每个烧嘴在低负荷下燃烧，烧嘴出口速度低，炉内气体循环差，炉内容易出现较大温差。

为了降低能源消耗，随着控制技术的发展，出现了脉冲燃烧，使每个烧嘴都能单独控制，燃烧控制是通断式。炉温的控制是控制烧嘴的通断时间，也就是改变烧嘴脉冲燃烧的频率。炉温均匀性是靠各烧嘴按不同位置组合、不同的通断时间和不同的燃烧顺序来调节，整个燃烧过程由计算机发出燃烧指令工作。采用普通燃烧嘴及常规流量控制方式进行热处理炉控

制。获得精确炉温控制和理想的炉温均匀性是比较困难的，采用高速烧嘴和脉冲燃烧技术可以实现比较精确的温度控制效果。高速烧嘴本身带有一个小型封闭的燃烧室，燃料在燃烧室内完全燃烧，燃烧后的高温气体以大于100m/s的速度喷出。这种高速气流具有很大动能，带动炉气加速循环，使炉温均匀性得到改善，减少了炉内各点温度不均匀的现象。脉冲控制燃烧的目的是使烧嘴处于最佳工作状态。目前已有专门的脉冲燃烧控制器，如MPT型脉冲燃烧控制器，可对8个烧嘴进行控制，有加热/冷却、接通/切断、主火/小火等功能。脉冲燃烧控制的执行元件应用高性能的燃料及空气阀、高灵敏度的炉压控制系统。国外的燃料阀和空气阀多为螺旋阀，国内常用双位蝶阀控制空气量，燃料阀为电磁阀。脉冲燃烧要注意炉内气压变化，炉内压力控制要求更高。

（1）火焰监测与自动点火。火焰监测是工业炉自动控制中心必须具备的检测手段。探测针头部如发生积炭将影响其检测精度，设计烧嘴时，要注意预防积炭问题。

（2）炉气及烟气气氛检测。通常检测炉气及烟气气氛的O_2含量（或CO_2含量），修正空燃比，作为空气流量的调节修正量。炉气成分常在炉膛顶部或侧部离烧嘴稍远处取样。烟气成分在烟道中取样时，应注意烟道内吸入冷空气的干扰。

（3）压缩空气的压力控制。当燃油烧嘴采用压缩空气作喷化剂时，应控制压缩空气的压力和流量，常在压缩空气与进油管之间接入油气自动平衡阀，当油压增高、油量增大时，平衡阀使压缩空气压力相应地增大。

（4）燃料流量和空气流量显示。燃料流量和空气流量是燃料炉炉温控制的主要控制量。由安装在被控区段燃料（或空气）总管上的调节阀调节。同时常在被控区段的燃料（或空气）总管上安装孔板或其他流量计，显示流量大小。

（5）联锁报警系统。燃料炉自动控制的报警系统主要有：燃料或空气低压自动报警并切断燃料的系统，炉温上下限报警系统，以及水、压缩空气等低压报警等。

近代燃烧技术把燃烧装置与控制系统紧密结合，组成多种形式燃烧机制，自动地进行炉温控制。

7. 燃料炉控温系统形式举例　下面以霍德科尔公司脉冲控制系统为例介绍燃料炉加热控制系统。图11-17所示为脉冲式燃料炉炉温的控制系统。

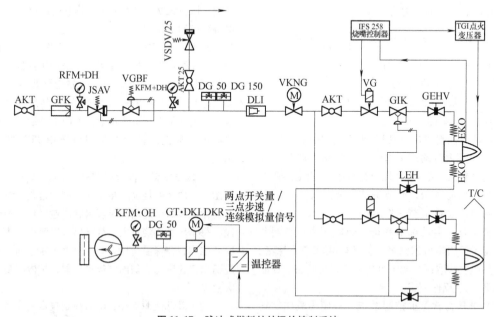

图11-17　脉冲式燃料炉炉温的控制系统

（1）燃气主管路。按照燃气流向，图11-17所示系统燃气主管路包括：

1）球阀AKT。其用于检修或调试时燃气总管手动切断。为了避免高压燃气对下游管路系统中各设备的冲击（尤其是对燃气减压阀VGBF），每次打开时一定要缓慢开启。

2）高压端压力表RFM或KFM及压力表保护按钮DH。高压端压力表RFM或KFM用于显示燃气的节点压力，以便作为调整的依据。DH为压力表保护按钮，需要显示压力时按下，松开后压力表归零，避免高压气体长期顶在压力表内弹簧上，造成显示误差。

3）燃气过滤器 GFK。其用于过滤燃气介质。

4）机械式安全切断阀 JSAV。其用于管道内燃气超压后自动切断燃气供给，保护燃气减压阀 VGBF 下游的低压设备。需要在阀后下游管道上取压作为调节信号，取压点距离减压阀 VGBF 出口应尽量保证大于等于 5 倍的管径。

5）燃气减压稳压阀 VGBF。其为自力式减压阀，减压并维持系统稳定的燃气压力。需要在阀后下游管道上取压作为调节信号，取压点距离减压阀出口应尽量保证大于等于 5 倍的管径。

6）低压端压力表 KFM 及压力表保护按钮 DH。其用于显示燃气减压阀出口端压力。

7）超压放散阀 VSBV。管道内燃气压力超过设定危险值后，超压放散阀 VSBV 自动开启，将高压燃气释放到大气。

8）高压和低压保护压力开关 DG。其用于监测管道中的燃气压力，设定监测的高限和低限，一旦出现压力超高或过低，均会有开关量输出到上位的安全系统，切断下游总管的电磁或电动安全切断阀 VG 或 VK。

9）燃气流量计 DM/DE。其为涡轮流量计，显示累积流量，用于燃气消耗量的计量。

10）电磁切断阀 VG 或 VK。其为常闭阀（未通电情况下阀门的自然状态），在紧急状态下，切断燃气总供给。

（2）燃气支管路。按照燃气流向，图 11-17 所示系统燃气支管路包括：

1）球阀 AKT。其用于检修或调试时燃气总管手动切断。

2）电磁切断阀 VG。其为常闭阀（未通电情况下阀门的自然状态），由烧嘴自动控制器控制，在紧急状态下，切断单支烧嘴的燃气供给。如烧嘴燃烧方式为大/小火脉冲控制燃烧或连续控制燃烧，则在电磁切断阀 VG 下游会安装 GIK 空气/燃气比例调节阀，来实现烧嘴在不同的功率下燃烧时空/燃比例的自动调节。

3）手动流量调节阀 GEHV。配合空气支管路上的手动流量调节阀 LEH，用于手动调节燃气流量，实现空燃比例，调整烧嘴状态。

4）流量孔板 FLS。其用于标定烧嘴燃气流量。

（3）空气支管路。在开/闭或大/小火脉冲控制系统中，按照空气流向，空气支管路包括：

1）空气电磁阀 VR 或 MK。VR 为开/关阀门；MK 为双位电磁蝶阀，可以调整高位和低位的空气流量。

2）手动流量调节阀 LEH。配合燃气支管路上的手动流量调节阀 GEHV，用于手动调节空气流量，实现空燃比例，调整烧嘴状态。

3）流量孔板 FLS。其用于标定烧嘴空气流量。

11.3 热处理气氛控制

11.3.1 热处理气氛控制系统特点

热处理气氛控制，主要是指渗碳气氛控制和渗氮气氛控制。由于渗碳化学热处理工艺过程复杂，影响因素多，因而控制难度比温度控制大，控制策略也更多样化，因此气氛控制多采用能编程的智能显示调节仪或计算机。热处理气氛控制包括气氛发生器的成分控制和炉内气氛控制。

1. 气氛发生器气氛控制系统 气氛发生器的控制，是为了产生特定成分的气氛并维持发生器的正常运行。图 11-18 所示为典型的放热式气氛或氮气发生器控制系统；图 11-19 所示为吸热式气氛发生器控制系统。

2. 热处理炉内气氛控制系统 炉内气氛控制是为满足被处理件的技术要求，如工件的碳势、渗碳层深度和工件内碳浓度分布等，它不但包括气氛碳势控制，而且包括了工艺过程控制。炉内气氛控制，是在载体气的基础上另加富碳等气体的调节系统。图 11-20 所示为热处理炉碳势控制系统。炉气氛以氧探头作为传感元件，通过测定气氛的氧势来推知气氛的碳势，辅助检测 CO 量来修正气氛碳势。气氛碳势的信号输给以计算机为核心的调节器，根据技术要求进行数学模型运算，输出控制量，调节富化气和载体气的输入量。

3. 热处理气氛控制的实施 保护气氛控制比较简单的，可以通过开环控制来实现。碳势控制则需要更高级的控制机制，有闭环静态控制、闭环动态控制两种方式。静态控制只能按照先设定好的工艺流程来控制各个阶段气氛碳势。动态控制则能即时调整气氛成分和温度，使渗碳层深度和碳浓度分布更为合理，这需要实时进行计算监控渗碳过程。近年来的计算机技术和网络的普及，促进了渗碳过程的进一步发展，可以自动生成最优化的气体渗碳工艺，与 CAE 与 CAM 结合自动执行最优化渗碳工艺，实现无纸化生产。采用动态碳势控制技术（数学模型在线运算控制技术）在渗碳过程中自动补偿各种偏差所造成的后果，确保渗碳质量的重现性，还能显示每一时刻的

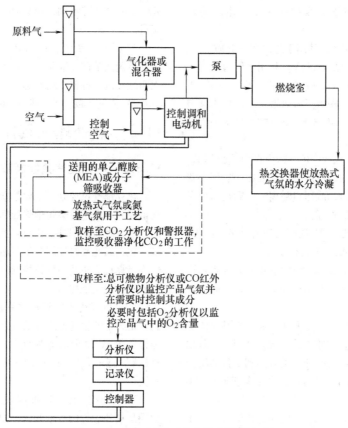

图 11-18　放热式气氛或氮气发生器控制系统

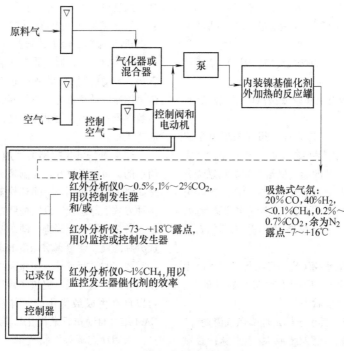

图 11-19　吸热式气氛发生器控制系统

注：气体成分均为体积分数。

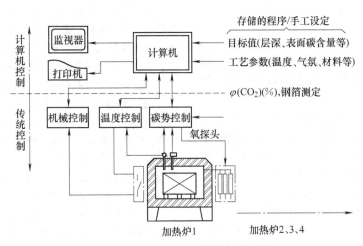

图 11-20　热处理炉碳势控制系统

渗碳层浓度分布曲线和硬度分布曲线；显示当前的炉温、气相碳势、渗层深度、淬火油温，以及整个生产线的工作状态。

11.3.2　气氛传感器

常用碳势控制传感器及特性如表 11-43 所示。

表 11-43　碳势控制传感器及特性

方法	采样	响应时间	精度 $w(C)(\%)$	适用可控气氛	备　注
露点法	有	100s	±1	吸热式、放热式	精度低
CO_2 红外法	有	40s	±0.05	吸热式	成本很高，难维护
电阻探头	无	10~20min	±0.05	吸热式、放热式	铁丝易断，寿命短
ZrO_2 氧探头	无	<1s	±0.03	吸热式、放热式、氨分解、氮基气氛	寿命较短，适用范围广

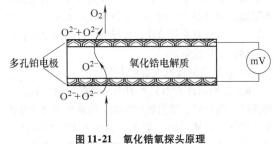

图 11-21　氧化锆氧探头原理

1. 氧化锆氧传感器

（1）基本原理。氧化锆氧传感器又称氧探头，它是根据固体电解质氧浓度差电池的原理制成的，如图 11-21 所示。氧化锆是一种金属氧化物陶瓷，在高温下具有传导氧离子特性。在氧化锆内掺入一定量的氧化钇或氧化钙杂质，可使其内部形成"氧空穴"成为传导氧离子的通道。在氧化锆管（电解质）封闭端内外两侧涂一层多孔铂作电极。在高温下（>600℃），当氧化锆管两侧的氧浓度不同时，高浓度侧的氧分子即夺取铂电极上的自由电子，以离子的形式通过"氧空穴"到达低浓度侧，经铂电极释放出

多余电子，从而形成氧离子流，在氧化锆管两侧产生氧浓度差电势。在两电极上的反应为

$$阴极　O_2 + 4e^- \rightarrow 2O^{2-}$$
$$阳极　2O^{2-} - 4e^- \rightarrow O_2$$

形成了氧浓差电池，在两极间产生的浓差电势 E，其大小可由 Nernst 公式确定，即

$$E = \frac{RT}{nF}\ln\frac{p_O}{p_x}$$

式中　R——摩尔气体常数[8.314J/(mol·K)]；
　　　T——热力学温度（氧化锆氧浓差电池的实际工作温度）；
　　　F——法拉第常数[96500J/(V·mol)]；
　　　n——参加反应的电子数，$n = 4$；
　　　p_O——参比气体的氧浓度，采用空气时 $p_O = 0.21 \times 10^5 Pa(0.21 atm)$；
　　　p_x——待测气体的氧浓度；
　　　E——氧浓度差电势。

简化上式可写为

$$E = 4.96 \times 10^{-5}T\lg\frac{0.21 \times 10^5}{p_x}$$

$$p_x = \frac{0.21 \times 10^5}{10^{\frac{E}{4.96 \times 10^{-5}T}}}$$

因此，若温度 T（探头的温度）被控制在某一定值时，根据测得的电动势 E，即可求得被测气体中的氧分压 p_x。

氧化锆氧分析仪由探头、电源控制器、气泵、二次仪表及变送器等部分组成。探头是仪器的核心部分，它由碳化硅过滤器、氧化锆元件、恒温室、气体导管等部分组成。过滤器安设在探头的头部，起过滤灰尘和减缓气体冲击氧化锆元件的作用。氧化锆元件置于恒温室中，以保证在恒定温度下测氧。

电源控制器有两个功能，一是控制恒温室温度，由热电偶、电热元件、晶闸管组件和恒温控制板组成控温系统；二是将氧化锆元件的电压信号转换成电动控制仪表所需的标准信号（0~10mA 或 4~20mA）。

氧探头结构简单，灵敏度高，反应迅速（一般 <1s），可以测量由于气体成分变化而引起的微小碳势变化。

（2）氧探头电极材料。氧探头电极材料也是影响探头质量的关键因素。电极多为铂电极。当铂电极成分中有硫、砷、氧时，氧探头会过早失效。因此，探头应避免在有硫化物、砷化物及强氧化性气氛中使用。多孔铂电极探头具有微缺陷多、多孔、多界面特点，因而活性大，但易于催化积炭和堵孔，从而降低氧的吸附和解附过程，降低反应速度，影响测量精确度。铂电极长期处于渗碳气氛中会渗碳，增加脆性，甚至脆断。铂电极正逐渐被铠装钢钪合金所取代。

（3）结构。氧探头的结构大体上有三种类型：

1）整体结构。ZrO_2 做成一个完整的长管子，为整体陶瓷管式，这种结构由于周期性的胀缩，容易开裂，一次性报废；常应用于少、无炭黑的场合。

2）粘接结构。把 ZrO_2 制成圆形小柱体，通过与氧化铝管的紧配合，再在高温下熔封起来。

3）可拆型结构。这类结构的锆头有球状、片状和锥状，其抗热冲击性较好，可更换。

（4）氧探头的安装、使用及维护

1）测量点要能正确反映炉内气氛和温度，不要靠近渗剂入口或炉内回风死角，或工件出炉时易发生碰撞的位置。

2）可以水平装在炉侧或炉后，也可垂直安装在炉顶或井式炉炉盖上。

3）探头外电极管与法兰之间及法兰与炉体之间加适当的石棉垫以保证密封，严禁气体泄漏。参比气流量在某种程度上与密封性有很大关系，当密封不好时，参比气流量太小，炉内气体会向参比气室渗漏，导致输出电势降低；此时，必须加大参比气流量，以阻止炉气渗漏到参比气室中，但可能产生电极冷却效应。因此，当密封太差时，不管参比气流量多大，都难以补偿渗漏效应的影响，此时的输出电势很低。

密封性好坏可通过下述方法进行评估，即在输出电势正常的情况下，切断参比气流，此时如输出电势急剧下降，到接近零值，表明密封性较差；如果输出电势下降较慢，且在某一时间内（约1min）仍有一定的输出电势值，表明密封性较好。对于密封良好的氧传感器，其参比气流量一般为以 50~200mL/min 为宜。

4）探头最好在设备维修时的室温状态安装。确有必要热装时，入炉时间控制在 30~60min 以上；出炉持续时间控制在 30min 左右。探头温度较高时放在石棉中保温。当炉压较大时，最好短时减少保护气的输入，降低炉压。

5）探头外电极需接地，引出线要用屏蔽线，热电偶引线要用相应的补偿导线，引出线要有金属导管或蛇皮管保护。

6）参比气和密封性对氧电势的测量亦有很大影响。热处理炉用氧传感器一般采用空气作参比气，不得含水、油等杂质；因为水、油在高温下会分解和起化学反应而改变参比气中的氧含量，从而影响输出的电势。严格的情况下，参比气的空气必须经过干燥和过滤。参比气流量是使用氧传感器的一个重要参数，对输出电势的影响较大。参比气流量太小，内电极得不到新鲜空气补充，输出电势值降低；参比气流量太大，对内电极有冷却效应，将导致内外电极温差，而引起输出电势偏低。

7）接线盒环境温度要求小于 80℃。

8）定期清洗炭黑。当炉内出现积炭时，若有条件停产，则在炉子烧炭黑的同时，向氧探头清洗孔内通入空气。周期式炉一般不宜在生产过程中清洗炭黑，连续式炉可以在生产过程中清洗炭黑，清洗空气流量控制在 200L/h 为宜。正常使用时用乳胶管或塑料管打折封住清洗孔，防止炉气泄漏。

9）探头使用一段时间后（如 3~4 个月），定期检查探头的内阻，正常情况一般在 50kΩ 以内。若内阻偏高会造成输出信号的下降，少量下降时，结合定碳片的测定可通过碳控仪调整补偿，相差过大则要更换锆头。若在氧探头上直接测量锆头的内阻，这个内阻是锆头本身的真实内阻、内外电极与锆头的接触电阻以及引出线的电阻之总和。对可拆式氧探头来讲，当内外电极与锆头接触不良时，会误解为内阻增大，所以在氧探头上直接测量锆头内阻时，内外电极与锆头要接触良好。

ZrO₂ 固体电解质的内阻较大，为避免在输出电压下由通过电池而产生的 Ir 下降所引起的误差，在电测系统中必须进行电阻匹配。其原则是电池电阻（r）的分压小到可以忽略（$<1\%$）的程度。实测电势值与电池电势真值有如下关系：

$$E = \frac{R}{R+r} \times E'$$

式中　E——实测电势；

E'——电池电势真值；

R——电测系统匹配电阻；

r——电池内阻。

其条件是：

$$\frac{E'-E}{E'} = \frac{r}{R+r} < 1\%$$

即

$$R > 99r \text{ 或 } R > 100r$$

因而要求电池系统匹配电阻大于电池内阻的 100 倍。

10）工件入炉前要清洗，去除油垢和防锈剂等物，避免 S、As、Pb、Zn 等易挥发有害元素带入炉内引起探头中毒。

11）接到参比气处的清洗气过量时，会损坏锆头。

12）氧探头的安装如图 11-22 所示。

（5）氧探头常见故障。氧探头常见故障及原因如表 11-44 所示。

（6）氧电势与碳势的关系。在 935℃ 吸热型气氛 $[\varphi(\mathrm{CO})=23.6\%]$ 中，氧电势与碳势的关系如图 11-23 所示。

2. 红外线气体分析仪

（1）红外线气体分析仪类型。红外线气体分析仪有多种类型，有分光式和非分光式两大类。工业生产中多用非分光式，其辐射源发出的是一个宽波段的红外线，它又分为正式和负式两种类型。所谓负式是待测的组分越大，测量元件输出越小；反之称正式。从光学结构上还有单光路和双光路之分，从光源设置上有单光源和双光源之分。

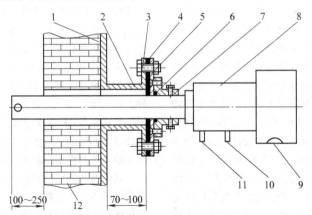

图 11-22　氧探头的安装

1—炉壳　2—耐热钢管　3—炉体法兰　4—石棉垫　5—法兰　6—密封圈　7—定位座
8—探头　9—信号引出线　10—参比气孔　11—空气清洗孔　12—炉墙

表 11-44　氧探头常见故障及原因

故　障	原　因	处理方法
无氧电势输出或电势很低	1）探头到分析仪的导线断开 2）探头内接线引出线接点松动或断开 3）无参比气 4）锆头破裂或瓷管破裂	检查电路 检查气路 更换探头内部件
氧电势偏低并有波动	1）探头与炉体连接的法兰盘密封不严 2）探头前部管末端悬空，受有弯曲力 3）参比气量不足 4）电信号受到干扰 5）探头内部封接处漏气	检查法兰盘的安装 适当加大参比气量 外电极和屏蔽线外皮接地
氧电势偏高并有波动	探头锆头积有炭黑	清洗或烧除炭黑
温度电势无或偏低	1）热电偶引线松脱 2）未用补偿导线作引线 3）参比气流量过大 4）热电偶损坏	检查电路 调整参比气量 更换热电偶

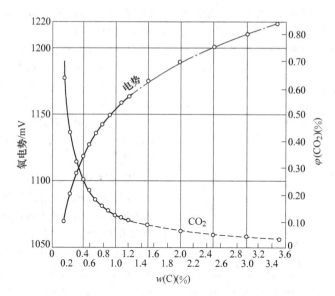

图 11-23　在 935℃吸热型气氛[$\varphi(CO)=23.6\%$]中,氧电势与碳势的关系

1)"负式"红外线气体分析仪。其结构原理图如图 11-24 所示,这是一种单光源、双光路、直读式测量的方案。由红外光源产生的红外线经反射镜分成平行光,射入有被测气体连续通过的样气室,然后进入滤波气室。样气中待测组分浓度就决定进入滤波气室的光强。设置滤波气室是非分光式分析器的重要特点,一般红外光源波长是 2 ~ 15μm 范围内的辐射,而被测样气中往往含有与待测组分的特征吸收波段部分重叠的干扰组分;在滤波气室中充入这类干扰组分,将红外线中干扰组分所能吸收的能量全部吸收掉,以消除它对测量的影响。经过滤波气室的两路光束分别进入工作气室和参比气室。工作气室中充入待测组分气体,将红外线中对应于该组分特征吸收波段

的辐射能全部吸收,这样,投射到待测元件 A 上的能量就很小了,而且基本保持不变。参比气室中充以对红外辐射无吸收作用的中性气体(如氮气),因而投射到 B 上的能量并没有减少,它仅取决于样气中待测组分的浓度。检测器 A 与 B 是非选择性的测温元件,如热电堆,两者采用差动接法,输出信号是透过工作气室和参比气室辐射能之差的函数,也就是待测组分浓度的函数,从指示仪表上可以直接读出组分浓度。遮光片的作用是调整仪表零点。

从上面分析可以看出,当待测组分浓度越大时输出信号越小,所以称为"负式"。采用高探测能力的半导体红外探测器和窄通带的光学干涉滤光片,可克服"负式"灵敏度较差的缺点。

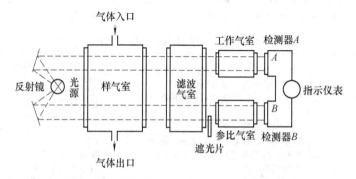

图 11-24　"负式"红外线气体分析仪结构原理图

2)"正式"红外线气体分析仪。"正式"红外线气体分析仪是一种双光源、双光路的典型结构,如图 11-25 所示。其工作情况大概和"负式"相同,只是测量元件改为选择性检测器——检测气室。检测气室

中充以待测组分气体,因此它只能接收与其特征吸收波段相应的辐射能并转变为热能使气室内温度升高,压力增大。气室中间以弹性膜片隔开,压力改变会推动膜片移位,从而检测出压差信号。分析器的工作过

程如下：两个相同光源发出两束等强度的红外线，在切光片周期切割作用下被调制成脉冲形式的红外线。其中一束经参比气室和滤波气室进入检测气室上侧——参比侧。另一束经工作气室和滤波气室进入检测气室下侧——工作侧。在参比侧，检测气室接收的是经滤波气室滤波以后的全部待测组分特征吸收波段的能量，因而吸热较多，压力较大。在工作侧，由于红外线通过工作气室，被样气吸收了一部分，且吸收程度与待测组分浓度成正比，故检测气室仅接收到其剩余部分，因而压力较小。因此，待测组分浓度越大，膜片两侧压差也越大，所以称为"正式"。压差变化使膜片产生位移，改变了它与定片之间的电容量，因此输出电容量就是待测组分浓度的函数。

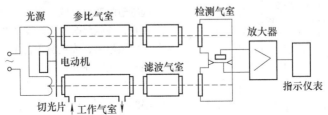

图 11-25　"正式"红外线气体分析仪结构原理图

"正式"结构采用选择性检测器，具有高灵敏度和选择性；输出交变信号，易于减小放大器的漂移，提高测量精度。

（2）产品型号及主要技术参数

1）QGS-08 型红外线气体分析仪的技术参数如下：

① 最小测量范围（$+10^{-4}$%，体积分数）：CO $0 \sim 30$；CO_2 $0 \sim 20$；总碳氢 CH $0 \sim 500$。

② 响应灵敏度：≤0.2%（满刻度）。

③ 重现度：≤0.5%（满刻度）。

④ 零点漂移：≤ ±1%（满刻度）/周。

⑤ 线性偏差：≤ ±1（满刻度）。

⑥ 测量输出：$0 \sim 20$mA。

2）STH 型红外分析仪如表 11-45 所示。

表 11-45　STH 型红外分析仪

型　号	分析组分	量程（%）	响应时间/s	稳定性（%）	重现性（%）
STH-1	CO	$0 \sim 40$	<15	零漂≤ ±2（48h）	±1
STH-2	CO_2	$0 \sim 10$	<15	零漂≤ ±2（48h）	±1
	CH_4	$0 \sim 10$			
STH-3	CO	$0 \sim 40$	<15	零漂≤ ±2（48h）	±1
	CO_2	$0 \sim 10$			
	CH_4	$0 \sim 10$			

3. 氯化锂露点仪　氯化锂是一种吸湿性盐类，能吸收气体中的水分而潮解。干燥氯化锂晶体不导电，吸水后导电性增强。氯化锂感湿元件是利用氯化锂的吸湿性和导电性之间的关系制成的，如图 11-26 所示。在一端封闭玻璃管 3（或薄金属管）上，包一层玻璃丝带 4，然后绕上两条螺旋状的平行铂丝 5

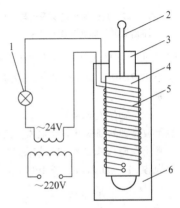

图 11-26　氯化锂感湿元件示意图
1—限流灯泡　2—温度计　3—玻璃管
4—玻璃丝带　5—铂丝　6—玻璃气室

（或银丝），组成一对电极，然后浸涂氯化锂溶液，经干燥后置于密闭的玻璃气室 6 中。电极两端加上 24V 的交流电压。为了防止电流过大烧坏元件，在外电路中串联一只限流灯泡 1。在工作时，待测气体不断地流入玻璃气室，氯化锂吸湿电阻下降，使流经铂丝的电流增大。随即又引起元件温度升高，吸收的水分一部分被蒸发掉，又使氯化锂的电阻升高，电流减小，温度下降，于是元件吸湿性又增大，如此反复逐渐达到平衡。这时装在感湿元件内的电阻温度计 2 上指示出的温度称为平衡温度，它反映了相应气氛中的水分含量。氯化锂感湿元件的平衡温度与气氛中的水气露点存在着近似直线关系，如图 11-27 所示。因此，测出了平衡温度就可以得出气氛的露点。露点仪的环境温度不能高于感湿元件的平衡温度，否则会使元件吸收的水汽蒸发，故夏季常需采取冷却措施；但不能低于气氛的露点，否则将引起水气在元件上结露。

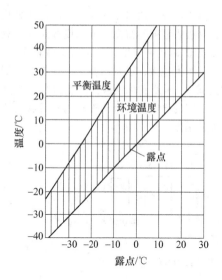

图 11-27　氯化锂露点仪露点与
平衡温度和环境温度的关系

4. 电阻探头　在奥氏体状态的渗碳温度下，一根细铁丝会很快被渗碳，其电阻值与含碳量之间存在单值函数关系：

$$R = f[w(C)]$$

因此测量被渗碳的细铁丝的电阻值，便能感知炉气的碳势。常用电阻探头的结构，如图 11-28 所示。细铁丝直径为 $\phi 0.1 \sim \phi 0.2$ mm，长 1000mm，以双螺

旋方式绕制在刚玉骨架 8 上，两引出端与两根引线 1（镍丝）相焊接或连接，引线上套有刚玉珠 4 绝缘，刚玉骨架用销钉 7 固定在不锈钢套管 6 上，套管内填充 Al_2O_3 粉 5，套管出口处用橡胶塞密封，用压盖 2 固定，外接导线与出口处引线进行锡焊。

电阻探头作炉气碳势传感器的优点是直接测量和控制炉气碳势。其主要缺点是需待铁丝渗碳后才能引起电阻的变化反应，有一定滞后。在低碳势时，性能较好；高碳势时发生渗碳过饱和，电阻值与碳势的对应关系较差，或被炭黑污染，一般 $w(C) \leqslant 1.3\%$，探头细丝寿命较短。

5. 氢分析仪　氢分析仪是利用氢具有较高热导率的特性而设计的，故又称氢热导仪。氢的热导率比氧、氮等高 6~8 倍。气氛中氢含量越多，其导热能力越强。氢分析仪的结构由一工作电桥和一比较电桥组成的双桥电路，如图 11-29 所示。通电加热电桥各臂电阻，在 R_1 和 R_3 中通入被测气体，R_1 和 R_3 的冷却状态和电阻值随被测气体中氢的含量而变化。含氢气氛的通入，使工作电桥对角线上产生了与氢浓度成正比的电压，电路处于不平衡状态。不平衡电压信号输入 A 放大器，驱动可逆电动机 NP 带动滑点移动，直到工作电桥输出电压和滑线电阻 R_x 相应线段上的电压平衡为止，滑动点的位置即指示相对应的氢含量。

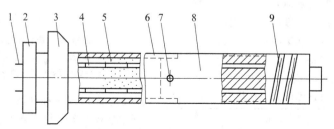

图 11-28　电阻探头结构
1—引线　2—压盖　3—固定座　4—刚玉珠　5—Al_2O_3 粉
6—套管　7—销钉　8—刚玉骨架　9—纯铁丝

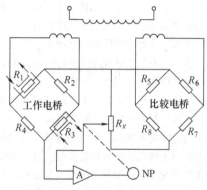

图 11-29　氢分析仪的双桥电路图

氢分析仪常用于测量渗氮气氛中的氢含量，作测定纯氨渗氮氨分解率的指标。此仪表用于氮碳共渗时，常因有水煤气反应，管路上有水珠凝结，造成测量困难。

11.3.3　气氛调节控制仪

作控制气氛的调节控制仪，市场上已有多种产品，这类仪表主要有以下两类：

一类采用通用智能调节仪。把氧探头测得的氧浓度作为氧电势气氛控制信号，输入智能控制仪实现气氛碳势控制；如再加上写有气氛控制过程软件的芯

片，可实现气氛及按一定时间顺序的工艺过程的控制。一般通过 PID 控制策略、模糊控制策略、自适应控制策略的智能数字调节仪对气氛实行调节，例如 UDC3200/3300。

另一类是直接应用 PC 工业控制机进行控制。它以相应的控制软件支持，实现气氛的控制和工艺过程的控制。它以相应工艺过程数学模型为基础，可实现工艺过程的动态控制。

11.3.4　气氛控制执行器

这类执行器有控制可控气体流量或有机渗剂滴量的功能。其类型与控制气体和液体燃料供应的执行器基本相同，炉内气氛控制也可只由智能控制仪或工控机来完成。执行器控制量都属小型的，主要有：电磁

阀、柱塞泵、比例调节阀及开启阀门等。渗碳智能控制仪实时控制整个渗碳过程；工控机通过 RS232 接口板通信联络，完成对多台炉子的巡检监控功能。

11.3.5　渗碳工艺过程控制

渗碳工艺过程控制，通常包括气氛碳势控制和过程动态控制两个内容。

1. 气氛碳势控制

（1）炉气氛反应及气氛控制参数。一般渗碳气氛由 CO、H_2、CO_2、H_2O、CH_4、O_2 和 ［C］ 七种成分及不参加反应的 N_2 组成，这些成分可发生众多的反应，但其基本反应只有四种，其余反应可由四种反应演化。渗碳主要反应及碳势控制方法如表 11-46 所示。

表 11-46　渗碳主要反应及碳势控制方法

反　应　式	平衡常数	控制量	方　法	备　　注
$H_2 + CO_2 = H_2O + CO$	$K_1 = \dfrac{p_{H_2} p_{CO_2}}{p_{H_2O} p_{CO}}$	—	—	易达平衡
$2CO = CO_2 + ［C］$	$K_2 = \dfrac{p_{CO}^2}{a_c p_{CO_2}}$	p_{CO_2}	红外仪	测 CO_2 浓度
$CO + H_2 = H_2O + ［C］$	$K_3 = \dfrac{p_{H_2} p_{CO}}{p_{H_2O} a_c}$	H_2O	露点仪	测露点温度
$CO = ［C］ + \dfrac{1}{2}O_2$	$K_4 = \dfrac{p_{CO}}{p_{O_2}^{\frac{1}{2}} a_c}$	p_{O_2}	氧探头	测氧电势

等温等压条件下，在平衡态渗碳体系中只有三个元素（C、H、O），理论上只要能同时控制气氛中三个组分，则可精确控制碳势气氛。生产中常为简化控制系统，认为某个反应趋近平衡，炉气基本成分不变，只控制一个组分，实施单参数控制。氧探头或 CO_2 红外仪单因素都受到 CO 含量波动的影响，但是前者受影响小于后者，因此氧探头单参数控制精度高于 CO_2 单参数控制。有时为提高精度，也实行两个

参数或三个参数的多参数控制，这需要采用微型计算机控制，包括氧探头、CO_2 红外仪、CO 红外仪以及 CH_4 红外仪。即使是通常难以控制的渗剂，也能达到很高的控制精度，尤其是为近年来出现的直接通入渗碳气体的"直接渗碳法"提供了有效的控制手段。

（2）控制参数与气氛碳势

1）露点与气氛碳势。图 11-30 所示为炉温和气氛露点相平衡时钢的碳含量关系。

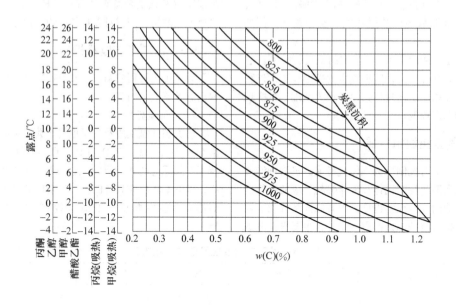

图 11-30　炉温和气氛露点相平衡时钢的碳含量

注：图中数字为炉温（℃）。

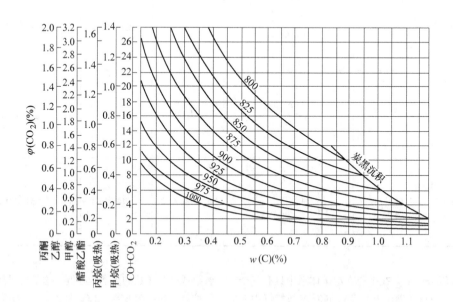

图 11-31　炉温和气氛中 CO_2 含量相平衡时碳钢的碳含量

注：图中数字为炉温（℃）。

2）红外仪测定 CO_2 量与气氛碳势。图 11-31 所示为炉温和气氛中 CO_2 含量相平衡时碳钢的碳含量关系。

3）CO_2 和 CO 量与表面碳含量间关系。图 11-32 所示为渗碳气氛中 CO_2 和 CO 量与渗碳后工件表面碳含量的关系。

4）氧分析仪测定气氛中的氧电势与气氛碳势。表 11-47、表 11-48、表 11-49 为当气氛中 $\varphi(CO)$ 分别为 20%、23%、30% 时氧探头输出电势与炉气碳势关系对照表。

5）钢中各种合金元素对碳活度系数的影响。对于含单一合金元素的合金钢可按照以下经验公式计算碳活度系数：

$$\lg f_C = \frac{2300}{T} - 2.24 + Aw(Me) + Bw(Me)$$

式中的系数见表 11-50。

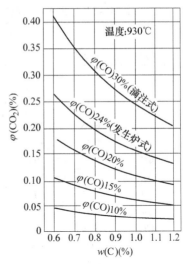

图 11-32 渗碳气氛中 CO_2 和 CO 量与渗碳后工件表面碳含量

表 11-47 氧探头输出电势与炉气碳势关系对照表 $[\varphi(CO) = 20\%]$ （单位：mV）

$w(C)$ (%)	炉 气 温 度 /℃								
	800	825	850	875	900	925	950	975	1000
0.10				1016	1018	1020	1023	1026	1030
0.15			1032	1034	1037	1040	1044	1047	1051
0.20			1044	1047	1051	1054	1058	1062	1067
0.25		1051	1055	1058	1062	1066	1071	1075	1080
0.30		1060	1064	1067	1072	1076	1080	1085	1091
0.35	1063	1067	1071	1075	1079	1084	1089	1094	1100
0.40	1069	1074	1078	1082	1087	1092	1097	1102	1108
0.45	1075	1080	1085	1089	1094	1099	1104	1109	1115
0.50	1080	1085	1090	1095	1100	1105	1111	1116	1122
0.55	1085	1090	1096	1101	1106	1111	1117	1122	1128
0.60	1090	1095	1101	1106	1111	1116	1123	1128	1134
0.65	1094	1100	1105	1110	1116	1121	1127	1133	1139
0.70	1098	1104	1110	1115	1121	1126	1132	1138	1145
0.75	1102	1108	1114	1119	1125	1131	1137	1143	1149
0.80	1106	1112	1118	1124	1130	1135	1141	1147	1154
0.85	1110	1116	1122	1128	1134	1139	1145	1151	1158
0.90	1113	1119	1125	1131	1137	1143	1149	1155	1162
0.95	1117	1123	1129	1135	1141	1147	1153	1159	1166
1.00		1126	1133	1139	1145	1150	1157	1163	1170
1.05			1136	1142	1148	1154	1161	1167	1174
1.10			1139	1145	1152	1158	1164	1170	1178
1.15				1155	1161	1168	1174	1181
1.20					1164	1171	1177	1184
1.25					1167	1174	1180	1188

表 11-48　氧探头输出电势与炉气碳势关系对照表 [φ (CO) =23%]　　　（单位：mV）

w(C)(%)	炉气温度/℃								
	800	825	850	875	900	925	950	975	1000
0.10				1010	1011	1013	1016	1019	1022
0.15			1025	1027	1030	1033	1036	1039	1043
0.20			1038	1040	1044	1047	1051	1055	1059
0.25		1045	1048	1051	1055	1059	1063	1067	1072
0.30		1053	1057	1060	1065	1069	1073	1078	1083
0.35	1057	1061	1065	1068	1073	1077	1082	1086	1092
0.40	1063	1067	1071	1075	1080	1085	1090	1094	1100
0.45	1069	1073	1078	1082	1087	1092	1097	1102	1107
0.50	1074	1079	1084	1088	1093	1098	1103	1108	1114
0.55	1079	1084	1089	1094	1099	1104	1109	1114	1120
0.60	1084	1089	1094	1099	1104	1109	1115	1120	1126
0.65	1088	1093	1099	1104	1109	1114	1120	1125	1131
0.70	1092	1097	1103	1108	1114	1119	1125	1130	1137
0.75	1096	1101	1107	1112	1118	1123	1129	1135	1141
0.80	1100	1105	1111	1116	1122	1127	1133	1139	1146
0.85	1103	1109	1115	1120	1126	1131	1137	1143	1150
0.90	1107	1113	1119	1124	1130	1136	1142	1148	1154
0.95	1110	1116	1122	1128	1134	1139	1145	1151	1158
1.00		1119	1126	1131	1137	1143	1149	1155	1162
1.05		1122	1129	1134	1140	1146	1153	1159	1166
1.10			1132	1138	1144	1150	1157	1163	1170
1.15				1141	1147	1153	1160	1166	1173
1.20					1150	1156	1163	1169	1176
1.25						1159	1166	1173	1180

表 11-49　氧探头输出电势与炉气碳势关系对照表 [φ (CO) =30%]　　　（单位：mV）

w(C)(%)	炉气温度/℃								
	800	825	850	875	900	925	950	975	1000
0.10									
0.15			1000	1005	1010	1015	1019	1023	1027
0.20			1017	1021	1025	1030	1035	1040	1044
0.25			1028	1033	1037	1042	1047	1051	1056
0.30			1038	1043	1047	1052	1057	1062	1067
0.35			1046	1051	1056	1061	1066	1071	1076
0.40		1048	1053	1058	1063	1069	1074	1079	1084
0.45	1049	1054	1059	1065	1070	1075	1081	1086	1091
0.50	1054	1060	1065	1071	1076	1082	1087	1093	1098
0.55	1059	1065	1071	1076	1082	1087	1093	1099	1104
0.60	1064	1070	1076	1081	1087	1093	1098	1104	1110
0.65	1068	1074	1080	1086	1092	1098	1103	1109	1115
0.70	1073	1079	1085	1090	1096	1102	1108	1114	1120
0.75	1077	1083	1089	1095	1101	1107	1113	1119	1125
0.80	1080	1086	1093	1099	1105	1111	1117	1123	1129
0.85	1084	1090	1096	1103	1109	1115	1121	1127	1133

（续）

$w(C)$ (%)	炉 气 温 度 /℃								
	800	825	850	875	900	925	950	975	1000
0.90		1094	1100	1106	1112	1119	1125	1131	1137
0.95		1097	1103	1110	1116	1122	1129	1135	1141
1.00		1100	1107	1113	1120	1126	1132	1139	1145
1.05			1110	1116	1123	1129	1136	1142	1149
1.10			1113	1120	1126	1133	1139	1146	1152
1.15					1129	1136	1143	1149	1156
1.20					1133	1139	1146	1152	1159
1.25						1142	1149	1156	1162

表 11-50　合金元素对碳活度系数影响

合金系	A	B	适用范围		
			$w(C)$ (%)	$w(Me)$ (%)	T/K
Fe-Ni-C	$183/T$	$(1.92/T + 2.9 \times 10^{-3})$	$0 \sim 1$	$0 \sim 25$	$1073 \sim 1473$
Fe-Si-C	$[179 + 8.9w(Si)]/T$	$62.5/T + 0.041$	$0 \sim 1$	$0 \sim 3$	$1121 \sim 1420$
Fe-Mn-C	$181/T$	$-21.8/T$	$0 \sim 1$	$0 \sim 15$	$1120 \sim 1420$
Fe-Cr-C	$179/T$	$-(102/T - 0.033)$	$0 \sim 1.2$	$0 \sim 12$	$1121 \sim 1473$
Fe-Mo-C	$182/T$	$-(56/T - 0.015)$	$0 \sim 1.2$	$0 \sim 4$	$1121 \sim 1473$
Fe-V-C	$179/T$	$-117/T$	$0 \sim 1.2$	$0 \sim 2$	$1121 \sim 1473$

对于 Ni-Cr 钢有以下经验公式：

$$\lg f_C = \left(0.228 - \frac{180}{T}\right)w(C) - \left(0.009 - \frac{31.4}{T}\right)w(Ni)$$
$$+ \left(0.108 - \frac{175}{T}\right)w(Cr) - 2.12 + \frac{2215}{T}$$

对于多元合金钢渗碳表面平衡碳含量，采用下列经验公式：

$$\lg \frac{C_a}{C_c} = w(Mn) \times 0.013 - w(Si) \times 0.005$$
$$+ w(Cr) \times 0.040 - w(Ni) \times 0.014$$
$$+ w(Mo) \times 0.013$$

式中　C_a——合金钢表面达到的实际碳含量；
　　　C_c——在相同的 f_C 时碳钢表面的碳含量。

$\dfrac{C_a}{C_c}$ 称为合金因子，在合金钢渗碳时应按该钢种的合金因子修正碳势的计算值，才能正确控制合金钢渗碳层的碳浓度。只有微机碳势控制系统才能解决这样的问题。

（3）气氛碳势多参数控制。两参数或三参数的碳势控制式，常以表 11-46 所示平衡式为基础，经试验获得相应的数学模型。例如二元控制式，可写成如下基本式：

$$C_g = K_{PB} \frac{p_{CO}^2}{p_{CO_2}} \Delta$$

式中　K_{PB}——平衡常数；
　　　Δ——修正因子，试验确定。
有的资料介绍了如下三元回归表达式：

$$C_g = \frac{1.9371[\varphi(CH_4)]^{0.0771}}{[\varphi(CO)]^{0.3223}[\varphi(CO_2)]^{0.5618}}$$

各种回归式，可利用计算机进行仿真优选，但都需经试验验证。

2. 渗碳过程控制　要实现渗碳过程计算机控制，就要写出渗碳过程的数学模型。渗碳过程的描述大体如下：渗剂输入（滴入）炉内，在高温下产生裂解和反应，产生渗碳气体；渗碳气体在气固界面上发生碳的质传递，在传递过程中发生工件对渗碳气氛的吸附和界面反应，产生活性碳原子；碳原子由工件表面向深度迁移扩散。其中关键是气固界面的碳传递和工件内部的碳扩散。

（1）碳传递。实际渗碳过程中，工件表面的碳势随着渗碳时间的延长而不断提高，并且趋近气相碳势，气相碳势与工件表面的碳势之差是碳从气相介质向工件表面过渡的动力。气固界面间碳传递用一个通式表示：

$$J = \beta(C_g - C_s)$$

式中　J——扩散通量[$g/(cm^2 \cdot s)$];

　　　β——碳传递系数(cm/s);

　　　C_g——气氛碳浓度(g/cm^3);

　　　C_s——钢件表面碳浓度(g/cm^3)。

该式把除碳浓度差以外影响碳传递的因素都归入 β 值中,称碳传递系数。影响 β 值最大的因素之一是渗碳介质在界面上的反应速度。表 11-51 给出四种渗碳介质的反应速度。

表 11-51　渗碳介质反应速度

反应式	反应速度/[$mol/(cm \cdot mm)$]
$CH_4 = [C] + 2H_2$	6×10^{-7}
$2CO = CO_2 + [C]$	2×10^{-7}
$CO + H_2 = H_2O + [C]$	7.9×10^{-6}
$C_3H_8 = 3[C] + 4H_2$	4×10^{-7}

在 CO 和 H_2 同时存在时的反应速度最大。试验也表明,β 值与气氛中 $\varphi(CO) \times \varphi(H_2)$ 的积成正比。在甲醇基的滴注方式下,$\varphi(CO)$ 为 33% 和 $\varphi(H_2)$ 为 66% 的气氛 β 值为 2.8×10^{-5};对 $\varphi(CO)$ 为 10%、$\varphi(H_2)$ 为 20%、$\varphi(N_2)$ 为 70% 的气氛 β 值为 0.35×10^{-5}。图 11-33 所示为各种气氛组成时的 β 值。

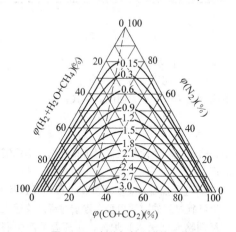

图 11-33　各种气氛组成的 β 值

(2) 碳浓度分布数学模型的建立。联立渗碳过程的碳传递及扩散过程和初始条件及边界条件,可获得渗碳层碳浓度分布方程。不同的边界条件及初始条件可获得不同的解。

气体渗碳过程中物质传递模型包括:①边界层中气体的扩散(渗碳组分扩散到工件表面,脱碳组分离开工件表面);②碳从气相通过表面反应转移到工件表面;③固相中碳从表面向内扩散。实际渗碳过程中碳浓度不是常数,而是时间的函数。因此,当 $t = 0$

和 $0 < x < \infty$ 时,$C = C_0$;当 $t > 0$ 时,在 $x = 0$ 时,则有:

$$\beta(C_g - C_s) = -D\left(\frac{\partial C}{\partial x}\right)_{x=0}$$

按上述初始条件和边界条件求得的解析解为

$$(C_{x,t}) = C_0 + (C_g - C_0)\left[\operatorname{erfc}\left(\frac{x}{2\sqrt{Dt}}\right) - \exp\left(\frac{\beta x + \beta^2 t}{D}\right)\operatorname{exfc}\left(\frac{x}{2\sqrt{Dt}} + \frac{\beta\sqrt{t}}{\sqrt{D}}\right)\right]$$

式中　$C_{x,t}$——在 t 时刻,距离表面 x 处的碳浓度;

　　　C_0——试样原始碳浓度。

这是扩散方程的精确解,对于气相碳势非恒定的复杂边界条件,解析求解是比较困难的。用数值方法则能解决这个问题。

将微分方程转化为差分方程,得

外边界节点 $i = 0$

$$(1 + K + L)C_0^{n+1} - KC_1^{n+1}$$
$$= (1 - K - L)C_0^n + KC_1^n + 2LC_g$$

中间节点 $i = 1, 2, \cdots, (m-1)$

$$-KC_{i+1}^{n+1} + 2(1+K)C_i^{n+1} - KC_{i-1}^{n+1}$$
$$= KC_{i+1}^n + 2(1-K)C_i^n + KC_{i-1}^n$$

内边界节点 $i = m$

$$C_m^{n+1} = C_{m-1}^{n+1} = C^0$$

式中　C_i^n——在 n 时间 i 节点的碳浓度;

　　　C^0——钢的原始碳含量;

　　　C_i^{n+1}——在 $n+1$ 时间 i 节点的碳浓度;

　　　C_g——根据气相碳势计算的碳浓度;

　　　K——中间变量,$K = \dfrac{D\Delta t}{(\Delta x)^2}$;

　　　D——扩散系数;

　　　L——中间变量,$L = \dfrac{\beta\Delta t}{\Delta x}$;

　　　β——传递系数。

若已知 n 时间层的浓度分布,就可以用三对角矩阵法计算 $n+1$ 时间各点的浓度值,这种算法很容易编制计算机程序。

(3) 渗碳层深度的数学模型。当工件的性能确定后,热处理工艺中被控制的参数主要是温度、时间和碳势。因此,有必要找出渗碳时间和渗碳层深度的关系。

1) 渗碳层深度与时间常见的简化关系可以表示为

$$\delta = \frac{803\sqrt{t}}{10^{\frac{3722}{T}}} \text{ 或 } \delta = A\sqrt{t} + S_0$$

式中　δ——渗碳层深度（mm）；

　　　t——渗碳时间（h）；

　　　T——渗碳温度（℃）；

　　　A——试验系数，与渗碳温度、碳势和钢种有关；

　　　S_0——修正系数。

2）渗碳深度与 D、C_g、β、T、t 等因素关系式为

$$\delta = \frac{0.79\sqrt{Dt}}{0.24 + \dfrac{C_{et} - C_0}{C_g - C_0}} - 0.7\frac{D}{\beta}$$

或

$$\delta = 193.2 C_b\sqrt{t}\ln\frac{1 + \sqrt{1 - C'^2}}{C'} \times \exp\left(-\frac{8287}{T}\right) - \frac{D}{\beta}$$

$$C' = \frac{C - C_0}{C_g - C_0}$$

式中　t——渗碳时间（s）；

　　　C_{et}——有效碳浓度（g/cm^3）（指渗碳层在 550HV 处的碳含量）；

　　　C_0——钢原始碳浓度（g/cm^3）；

　　　C_g——炉气碳势（g/cm^3）；

　　　C_b——合金钢与碳钢奥氏体碳的饱和浓度比。

或

$$\delta = 282.59 K\sqrt{t}C_g^{0.6397} \times \exp\left(-\frac{65803 + \dfrac{0.02317}{\beta\sqrt{t}}}{RT}\right)$$

式中　t——渗碳时间（h）；

　　　T——渗碳温度（K）；

　　　R——摩尔气体常数 [8.314J/(mol·K)]；

　　　K——工况校正系数。

（4）真空渗碳过程控制　真空渗碳是在低于大气压力下的渗碳气氛中进行的渗碳过程。用石墨作为加热体的冷壁内热式真空炉，可以用来进行高温真空渗碳，同时具有加热迅速，大幅降低能耗的特点，可在同一真空炉内进行预热、渗碳和渗后热处理。其过程为：先把表面没有严重污染的工件送到冷态的炉内，然后用机械泵抽气，并把零件加热到渗碳温度。加热和真空的双重作用下使工件表面净化后，再通入天然气或其他碳氢化合物气体进行渗碳。真空渗碳通过碳氢化合物气体在钢表面分解和直接吸收进行的，灼热的表面对分解和吸收反应起到催化作用，碳很容易被金属吸收，表面碳含量很快达到饱和奥氏体的碳含量。渗碳之后是扩散阶段，在此阶段中应将渗碳气体抽空，渗层中的碳继续向内扩散达到合理的碳浓度分布。随后的渗后热处理也可以在同一炉膛内进行，通常在扩散阶段结束时，将氮气通入，并用风扇使工

件冷却到 425℃，使奥氏体分解，随后在炉内重新加热到正常淬火温度，然后淬火冷却。另外一种渗碳工艺是渗碳和扩散反复交替进行的脉冲式真空渗碳工艺，特别适用于一些带有小孔或盲孔的零件。真空热处理可以避免内氧化，使渗碳零件性能得到改善；此外，减少环境污染和改善劳动条件也是真空渗碳的优点之一。

11.3.6　渗氮工艺过程控制

1. 氮势与炉内成分的关系　钢的渗氮反应通式可写成：

$$NH_3 = \frac{3}{2}H_2 + [N]$$

在工程技术中，令 $\gamma = p_{NH_3}/p_{H_2}^{1.5}$，其数值和铁表面的平衡活度成正比，称为含氨气体的氮势或简称氮势。在氨气环境下钢中形成 γ' 相（Fe_4N）的反应为

$$NH_3 + 4Fe = \frac{3}{2}H_2 + Fe_4N$$

因此，形成 γ' 相（Fe_4N）的临界氮势可以写成

$$\lg\gamma_{NH_3-\gamma'} = \frac{2065.1}{T} - 3.317$$

同样地，形成 ε 相（Fe_3N）的临界氮势为

$$\lg\gamma_{NH_3-\varepsilon} = \frac{2950.23}{T} - 3.463$$

氮势具有如下性质：氮势值取决于气相的组成；在一定温度下氮势正比于气相平衡铁中的氮活度，并且 γ' 和 ε 相的临界氮势是一确定值。

用纯 NH_3、$NH_3 + N_2$ 或 $NH_3 + H_2$ 进行渗氮时，气氛的氮势可根据 NH_3 的分压、H_2 的分压或氨分解率予以测定，其相应计算公式见表 11-52、表 11-53 和表 11-54。表中，x 为用 H_2 或 N_2 稀释 NH_3 时 1mol 原始混合气体中 NH_3 的摩尔数，V 为 HH_3 分解率，γ 为氮势。

表 11-52　氮势与 NH_3 分压的关系

渗氮气源	计 算 公 式
纯 NH_3	$\gamma = \dfrac{p_{NH_3}}{[0.75(1 - p_{NH_3})]^{1.5}}$
$NH_3 + H_2$	$\gamma = \dfrac{p_{NH_3}(1 + x)^{1.5}}{[1 + 0.5x - (0.5 - x)p_{NH_3}]^{1.5}}$
$NH_3 + N_2$	$\gamma = \dfrac{p_{NH_3}(1 + x)^{1.5}}{[1.5(x - p_{NH_3})]^{1.5}}$

表 11-53　氮势与 H_2 分压的关系

渗氮气源	计　算　公　式
纯 NH_3	$\gamma = \dfrac{1 - 4/3 p_{H_2}}{p_{H_2}^{1.5}}$
$NH_3 + H_2$	$\gamma = \dfrac{0.5x + 1 - (1 + x)p_{H_2}}{(0.5 + x)p_{H_2}^{1.5}}$
$NH_3 + N_2$	$\gamma = \dfrac{x - \dfrac{2}{3}(1 + x)p_{H_2}}{p_{H_2}^{1.5}}$

表 11-54　氮势与氨分解率的关系

渗氮气源	计　算　公　式
纯 NH_3	$\gamma = \dfrac{1 - V}{(0.75V)^{1.5}}$
$NH_3 + H_2$	$\gamma = \dfrac{(1 - V)(1 + x)^{1.5}}{[1 + 0.5x - (0.5 + x)(1 - V)]^{1.5}}$
$NH_3 + N_2$	$\gamma = \dfrac{(1 - V)(1 + x)^{1.5}}{[1.5(x - 1 + V)]^{1.5}}$

2. 渗氮控制系统　图 11-34 所示为可控渗氮微型计算机控制系统示意图。用热导式氢分析器测定炉气的氢分压。在微型计算机中，将氮势给定值换算成与其对应的氢分压给定值，再与测量的氢分压值进行比较，得出偏差的大小及极性，求出与此偏差相对应的控制量，经 D/A 转换后控制电动调节阀的开度，调节氨流量，从而达到控制氮势的目的。目前在生产中应用的渗氮计算机控制，实质上是氨分解率控制。

（1）可控氮势。实际生产中开始形成化合物层的氮势并不等于临界氮势，对应于一定的渗氮时间，形成化合物所需要的最低氮势称为氮势的门槛值，它是渗氮时间的函数。氮势门槛值对于制定可控渗氮工艺具有重要意义。

为了给出氮势门槛值的数学表达式，需要运用气固反应物质传递模型。和渗碳不同，在处理这个关系式时，用活度（a_N）代替浓度更为合理。将原始氮活度（a_{N0}）的工件置于氮活度为 a_{Ng} 的气氛中渗氮，当气相中氮活度高于固相中氮活度时，氮将不断向固相转移。同时工件内表面处的氮活度梯度促使氮向工件内部扩散。工件表面的氮活度升高到 γ' 相（Fe_4N）平衡的氮活度时，表面开始出现白层。应用 Fick 第二定律写出微分方程：

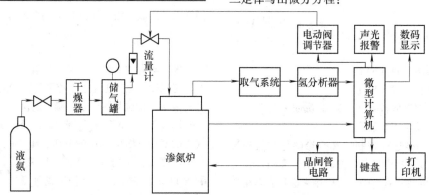

图 11-34　可控渗氮微型计算机控制系统示意图

$$\frac{\partial a_N}{\partial t} = D\frac{\partial^2 a_N}{\partial x^2}$$

边界条件：$\beta(a_{Ng} - a_{Ns}) = D\left(\dfrac{\partial a_N}{\partial x}\right)\Big|_{x=0}$

$$a_N = a_{N0}\big|_{x=\infty}$$

初始条件：$t = 0,\ a_N = a_{N0}\big|_{0 < x < \infty}$

方程的解为

$$a_N(x,t) = a_{N0} + (a_{Ng} - a_{N0})\left[\mathrm{erfc}\left(\frac{x}{2\sqrt{Dt}}\right) - \right.$$

$$\left. \exp\left(\frac{\beta x + \beta^2 t}{D}\right)\mathrm{erfc}\left(\frac{x}{2\sqrt{Dt}}\right) + \frac{\beta\sqrt{t}}{\sqrt{D}}\right]$$

进一步可以求出表面临界氮势出现白层时的氮势门槛值理论公式：

$$\gamma_t = \frac{\gamma_c}{1 - \exp\left(\dfrac{\beta^2 t}{D}\right)\mathrm{erfc}\left(\dfrac{\beta\sqrt{t}}{\sqrt{D}}\right)}$$

式中　γ_t——渗氮时间 t 对应的氮势门槛值；

γ_c——出现化合物的临界氮势；

β——气固反应的传递系数；

D——以活度计算的扩散系数。

采用数值法求解氮势 Fick 方程，便于用来计算各种实际生产过程，用 Crank-Niclson 有限差分得到下列联立方程组：

$$-Ka_{i+1}^{n+1} + 2(1+K)a_i^{n+1} - Ka_{i-1}^{n+1} = Ka_{i+1}^n +$$
$$2(1-K)a_i^n + Ka_{i-1}^n; i = 1, 2, 3, \cdots, m-1$$
$$(1+K+L)a_0^{n+1} - Ka_1^{n+1} = (1-K-L)a_0^n + Ka_1^n + 2La_{Ng}$$
$$(1+K)a_m^{n+1} - Ka_{m-1}^{n+1} = (1-K)a_m^n + Ka_{m-1}^n$$

其中，$\qquad K = \dfrac{D\Delta t}{\Delta x^2}; L = \dfrac{\beta\Delta t}{\Delta x}$

式中　$a_{i+1}^n, a_i^n, a_{i-1}^n$ ——渗层中的第 n 时刻在 i 点及其相邻节点处的活度值；

$\qquad a_{Ng}$ ——气相氮活度。

计算机以三对角矩阵求解，得到渗层中各点的浓度分布。

（2）可控渗氮方法。传统的渗氮方法中氨分解率偏低，常常形成较厚白层及大量脉状氮化物，逐渐被可控渗氮方法取代。可控渗氮方法包括氮势定值控制工艺和氮势分段控制工艺。

1）氮势定值控制工艺具有以下特点：

① 在整个渗氮过程中氮势控制值不变。

② 根据氮势门槛值选择氮势的控制值，能够正确控制表面化合物的厚度和无白层的渗氮层。但是也存在渗氮速度慢，不易对氮势测量与计算等不足。这是因为采用添加氢的方法调节氮势，而炉气中氮氢比并不是常数。

2）氮势分段控制工艺具有以下特点：

① 以门槛值曲线为依据实行氮势分段控制。渗氮初期采用与常规渗氮相同的高氮势，即将出现白层之前降至中氮势，保持一段时间，待到又将出现白层之前，再把氮势降低到低氮势。

② 以氮势门槛值理论公式为依据。

（3）微型计算机氮势动态控制。应用微型计算机，根据渗氮物质传递数学模型的数值解法，计算出不同时刻的氮浓度分布曲线，准确地判断第一阶段高氮势终了的时间。在动态控制阶段，按照下列步骤计算每一时刻的气相氮势设定值。

1）根据上一时刻的氮活度分布曲线，得出工件表面的活度梯度。

2）计算从表面向内部扩散的流通量。

3）当气固界面流通量等于表面流通量时，表面活度不发生变化。

根据这一步骤可以由计算机自动计算当时的氮势控制值，并由计算机控制系统将气相氮势调节到该控制值。

试验结果表明，经过微型计算机氮势动态控制后，渗层浓度分布的实测值与预期的计算结果基本吻合，并且达到了最大的渗氮速度。这种方法兼具一般可控渗氮与常规渗氮的优点，克服了两者的缺点，是一种比较理想的可控渗氮工艺。

11.4　热处理过程真空控制

金属制件在真空或先抽真空后通惰性气体条件下加热，然后在油或气体中淬火冷却的技术被称为真空热处理。真空热处理过程中工件基本不氧化、不脱碳，热处理变形小，现已成为工模具首选的热处理工艺。真空热处理包括真空气淬、真空回火、真空退火、真空表面硬化（如真空渗碳）等。

11.4.1　热处理真空度的选择

工件材料和处理工艺的不同，对设备提出的真空度要求也有所不同。

（1）真空气淬对真空度的要求依材料而定，对于一般材料（如结构钢、轴承钢、工具钢等）的真空热处理可选用真空度为 $4 \times 10^{-1} Pa$，而对于要求较高的材料（如钛合金、磁性材料、高温合金、部分不锈钢等）的热处理，则选用高真空（真空度为 $6.67 \times 10^{-3} Pa$ 以上）；真空回火/退火与真空气淬的真空度要求基本相同，如陶瓷材料、粉末注射成形、多孔材料等真空度要求大约为 $4 \times 10^{-1} Pa$，而硬质合金磁性材料的烧结真空度要求则为 $6 \times 10^{-3} Pa$。

（2）真空表面硬化包括真空渗碳、渗氮氮碳共渗等工艺一般应用于结构钢、轴承钢、工具钢等，对真空度的要求大约在几个帕左右。

11.4.2　真空泵

通常把能够从密闭容器中排出气体或使容器中的气体分子数目不断减少的设备，称为真空获得设备或真空泵。目前在真空技术中，已经能够获得和测量的范围为 $10^{-13} \sim 10^5 Pa$。目前，用以获得真空的技术方法有两种，一种是通过某机构的运动把气体直接从密闭容器中排出；另一种是通过物理、化学等方法，将气体分子吸附或冷凝在低温表面上。

11.4.2.1　真空泵分类

1. 气体传输泵　按真空泵的工作原理，真空泵基本上可以分为两种类型，即气体传输泵和气体捕集泵。

气体传输泵是一种能使气体不断地吸入和排出，借以达到抽气目的的真空泵，这种泵基本上有以下两种类型：

（1）变容真空泵。变容真空泵是利用泵腔容积的周期性变化来完成吸气和排气过程的一种真空泵。

气体在排出前被压缩。这种泵分为往复式及旋转式两种，包括常见的旋片式真空泵、滑阀真空泵、液环式真空泵、罗茨真空泵等。

（2）动量传输泵。这种泵是依靠高速旋转的叶片或高速射流，把动量传给气体或气体分子，使气体连续不断地从泵的入口传输到出口。具体可分为分子真空泵、喷射真空泵、扩散泵、扩散喷射泵和离子传输泵五种类型。

2. 气体捕集泵　气体捕集泵是一种使气体分子吸附或凝结在泵的内表面上，从而减小了容器内的气体分子数目而达到抽气目的的真空泵，有以下几种类型：

（1）吸附泵。它是主要依靠具有大表面的吸附剂（如多孔物质）的物理吸附作用来抽气的一种捕集式真空泵。

（2）吸气剂泵。它是一种利用吸气剂以化学结合方式捕获气体的真空泵。吸气剂通常是以块状或沉积新鲜薄膜形式存在的金属或合金。升华泵即属于这种形式。

（3）吸气剂离子泵。它是使被电离的气体通过电磁场或电场的作用吸附在有吸气材料的表面上，以达到抽气目的的。

（4）低温泵。它是利用低温表面捕集气体的真空泵。

11.4.2.2　真空泵的使用范围

各种真空泵所具有的工作压强范围及起动压强均有所不同，选用真空泵时必须满足这些要求。表11-55给出了各种常用真空泵的工作压强范围及泵的起动压强值，以供参考。

表 11-55　常用真空泵的工作压强范围及起动压强

真空泵种类	工作压强范围/Pa	起动压强/Pa
活塞式真空泵	$1.3 \times 10^2 \sim 1 \times 10^5$	1×10^5
旋片式真空泵	$6.7 \times 10^{-1} \sim 1 \times 10^5$	1×10^5
水环式真空泵	$2.7 \times 10^3 \sim 1 \times 10^5$	1×10^5
罗茨真空泵	$1.3 \sim 1.3 \times 10^3$	1.3×10^3
涡轮分子泵	$1.3 \times 10^{-5} \sim 1.3$	1.3
水蒸气喷射泵	$1.3 \times 10^{-1} \sim 1 \times 10^5$	1×10^5
油扩散泵	$1.3 \times 10^{-7} \sim 1.3 \times 10^{-2}$	1.3×10
油蒸气喷射泵	$1.3 \times 10^{-2} \sim 1.3 \times 10$	$< 1.3 \times 10^5$
分子筛吸附泵	$1.3 \times 10^{-1} \sim 1 \times 10^5$	1×10^5
溅射离子泵	$1.3 \times 10^{-9} \sim 1.3 \times 10^{-3}$	6.7×10^{-1}
钛升华泵	$1.3 \times 10^{-9} \sim 1.3 \times 10^{-2}$	1.3×10^{-2}
锆铝吸气剂泵	$1.3 \times 10^{-11} \sim 1.3 \times 10$	1.3×10
低温泵	$1.3 \times 10^{-11} \sim 1.3$	$1.3 \times 10^{-1} \sim 1.3$

11.4.2.3　真空泵在真空系统中所承担的工作任务

真空度范围为 $10^{-13} \sim 10^5$Pa，宽达18个数量级。显然，只用一种真空泵，获得这样宽的低压空间的气体状态，是十分困难的，往往需要采取真空机组的形式获得目标真空度。因此，有必要明确泵在真空系统中所承担的工作任务。

1. 主泵　主泵就是对真空系统被抽容器直接进行抽真空，以获得满足工艺要求所需真空度的真空泵。

2. 粗抽泵　粗抽泵是指从大气压开始降低真空系统压强，达到另一抽气系统可以开始工作的真空泵。

3. 前级泵　前级泵是指用于使另一个泵的前级压强维持在其最高许可的前级压强以下的真空泵。

4. 维持泵　当真空系统抽气很小时，不能有效地利用主要前级泵。为此，在真空系统中，另配一种抽气速度较小的辅助前级泵，来维持主泵的正常工作或维持已抽空的容器所需的低压，这种真空泵称为维持泵。

5. 粗真空泵或低真空泵　粗、低真空泵是指从大气开始，降低被抽容器的压强后工作在低真空或粗真空压强范围内的真空泵。

6. 高真空泵　高真空泵是指在高真空范围工作的真空泵。

7. 超高真空泵　超高真空泵是指在超高真空范围工作的真空泵。

8. 增压泵　增压泵通常指工作在低真空泵和高真空泵之间，用以提高抽气系统在中间压强范围的抽气量或降低前级泵抽气速率要求的真空泵。

11.4.2.4　真空泵选型

真空度的需求处于两个级别，即 $0.1 \sim 1$Pa 和 $0.001 \sim 0.01$Pa 两个级别。目前，大多采用两级泵（机械泵＋罗茨泵）的形式满足第一个级别真空度要求；而三级泵（机械泵＋罗茨泵＋扩散泵）的形式满足第二个级别真空度要求。

1. 旋片泵　旋片泵是机械泵的一种，转子以一定的偏心距装在泵壳内，并与泵壳内表面的固定面靠近，在转子槽内装有两个（或两个以上）旋片。当转子旋转时，旋片能沿其径向槽往复滑动且与泵壳内壁始终接触，此旋片随转子一起旋转，可将泵腔分成几个可变容积。旋片泵的工作原理图见图11-35。

旋片泵根据介质的不同，可以分为油封旋片泵和旋片干泵。有时为了提高抽气的效率，可以采用在一个泵壳内，并联装有由同一个电动机驱动的多个独立工作室的旋片真空泵，如二级旋片泵。表11-56、表11-57所示分别为 SOGEVAC B1 系列单级旋片泵和2X 系列双级旋片泵的主要技术参数。

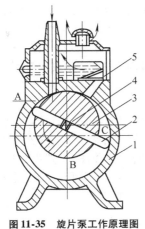

图 11-35　旋片泵工作原理图

1—泵体　2—旋片　3—转子　4—弹簧　5—排气阀

表 11-56　SOGEVAC B1 系列单级旋片泵的主要技术参数

型　　号	SV16BI	SV40BI
抽气速度 /(m³/h)	16	40
排水蒸气能力 /(kg/h)	0.03	0.2
极限真空度 /Pa	≤5(无气镇分压强)	
	≤50(带气镇分压强)	

表 11-57　2X 系列双级旋片泵的主要技术参数

型　　号	2X-2	2X-4	2X-8	2X-15	2X-30	2X-70
极限分压强/Pa	$<6 \times 10^{-2}$($<5 \times 10^{-4}$Torr)					
极限全压强/Pa	<2.66($<2 \times 10^{-2}$Torr)					
抽气速度/(L/S)	2	4	8	15	30	70
电动机功率/kW	0.37	0.55	1.1	2.2	3	5.5
进气口直径/mm	25	28(25)	34(40)	36	65	80
冷却方式	自然风冷				水冷	
注油量/L	0.35	0.55	0.6	3.2	4.2	5
重量/kg	40	60	78	128	231	375

2. 罗茨泵　罗茨真空泵泵内装有两个相反方向同步旋转的双叶形或多叶形的转子，转子间、转子同泵壳内壁之间均保持一定的间隙。罗茨泵结构原理图见图 11-36。

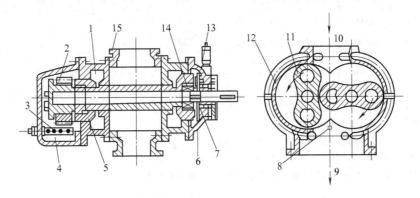

图 11-36　罗茨泵结构原理图

1—端盖　2—同步导向齿轮　3—齿轮箱冷却器　4—齿轮箱　5—轴承座
6—轴承箱　7—油封　8—予真空孔　9—排气　10—进气　11—转子
12—泵壳　13—主轴油封冷却水套　14—轴承　15—内油封

罗茨真空泵的优点是在较低入口压力时具有较高的抽气速率。但它不能单独使用，必须有一台前级真空泵串联，待被抽系统中的压力被前级真空泵抽到罗茨真空泵允许入口压力时，罗茨真空泵才能开始工作；并且在一般情况下，罗茨真空泵不允许高压差时工作，否则将会过载和过热而损坏。因此，使用罗茨真空泵时，必须合理地选用前级真空泵，安装必要的保护设备。

JZJX 系列罗茨旋片机组是由 ZJ 型罗茨泵作为主抽泵，单级或双级旋片泵作为前级泵组成的抽气机组。该机组具有真空度高，抽速范围广等特点。表

11-58 为 ZBK 系列罗茨真空泵的技术参数。

3. 扩散泵　扩散泵是真空喷射泵的一种，它是利用文丘里（Venturi）效应的压力降产生的高速射流，把低压高速蒸汽流（油或汞等蒸汽）把气体输送到出口的一种动量传输泵，适于在粘滞流和过渡流状态下工作。

扩散泵常作为后级泵，与旋片泵、罗茨泵等组成高真空油扩散泵机组进行应用。机组可直接接入与机组相适的被抽容器，使被抽容器获得高真空状态。高真空油扩散泵机组广泛应用于电子、冶金、原子能工程及空间模拟等领域。

表 11-58　ZBK 系列罗茨真空泵的技术参数

机组型号	主泵型号	前级泵型号	抽气速度/(L/s)	极限压力/Pa X 型前级泵	极限压力/Pa 2X 型前级泵	总功率/kW
JZJX70-8	ZJ70	2X-8	70		5×10^{-2}	2.6
JZJX70-4	ZJ70	2X-15	70		5×10^{-2}	3.7
JZJX150-8	ZJ150	2X-15	150		5×10^{-2}	5.2
JZJX150-4	ZJ150	X-30、2X-30	150	1×10^{-1}	5×10^{-2}	6
JZJX300-8	ZJ300	X-70、2X-70	300	1×10^{-1}	5×10^{-2}	7
JZJX300-4	ZJ300	X-70、2X-70	300	1×10^{-1}	5×10^{-2}	9.5
JZJX600-8	ZJ600	X-70、2X-70	600	1×10^{-1}	5×10^{-2}	11
JZJX600-4	ZJ600	X-150	600	1×10^{-1}		20.5
JZJX1200-8	ZJ1200	X-150	1200	1×10^{-1}		26
JZJX150-4.4	ZJ150	ZJ30、2X-8	150		3×10^{-2}	4.85
JZJX150-4.2	ZJ150	ZJ30、2X-15	150		3×10^{-2}	5.95
JZJX300-4.4	ZJ300	ZJ70、2X-15	300		3×10^{-2}	7.7
JZJX300-4.2	ZJ300	ZJ70、X-30、2X-30	300	5×10^{-2}	3×10^{-2}	8.5
JZJX600-4.4	ZJ600	ZJ150、X-30、2X-30	600	5×10^{-2}	3×10^{-2}	11.5
JZJX600-4.2	ZJ600	ZJ150、X-70、2X-70	600	5×10^{-2}	3×10^{-2}	14
JZJX1200-4.4	ZJ1200	ZJ300、X-70、2X-70	1200	5×10^{-2}	3×10^{-2}	24.5
JZJX1200-4.2	ZJ1200	ZJ300、X-150	1200	5×10^{-2}		30
JZJX2500-4.4	ZJ2500	ZJ600、X-150	2500	5×10^{-2}		39

注：1. 以上是国家标准推荐型号，也可根据用户特殊要求设计。

2. 单泵的技术指标详见各泵说明书。

3. 表中的抽气速度系指主泵的集合抽气速度。

4. X 为单级旋片泵，如 X-70 为抽气速度 70L/S 的单级旋片真空泵。

5. 2X 为两级旋片真空泵，如 2X-70 为抽气速度 70L/S 的两级旋片真空泵。

11.5　冷却过程控制

工件加热之后进行淬火冷却处理，为了保证产品性能和减少废品率，有必要对淬火过程实施自动控制。自动控制涉及冷却速度、冷却流场控制等方面，尤其是对于工件厚度差异大、处理工艺段数多和工艺段的时间变化大的情况，对生产控制系统也相应地提出了更复杂的要求，手工控制工艺过程变得非常困

难。对于工艺的确定和优化，传统试验方法显然也是非常困难的。

下面以某大尺寸工件冷却处理为例，介绍了智能化大型塑料模具钢自动淬火设备的冷却过程控制。这个工件需要经过空冷→喷水冷→喷雾冷→喷水冷→喷雾冷→喷水冷→鼓风冷→喷水冷→鼓风冷→喷水冷→鼓风冷等多达十余段工艺，冷却过程非常迅速，时间精度必须控制在秒以内。

11.5.1 新型设备控制系统的设计要求

11.5.1.1 新工艺和新设备对控制系统提出的要求

复合淬火工艺和传统淬火工艺有着巨大差异，自然也就对控制系统提出了许多新的要求，主要表现为：

1. 集中性的要求 复合淬火设备的结构需要使用到更多的组件和设备单元，如导流风机、注水泵机组、阀门系统等。每一个加工形式的实现都要求众多设备和组件的协同运作。

2. 精确性的要求 过度冷却会出现工件裂纹甚至崩裂的危险；工件冷却速度太慢导致工件心部出现了珠光体组织，造成淬火加工失败。因而控制系统必须能保证加工工艺内容的控制是高度精确的。

3. 可靠性的要求 淬火处理的过程是一个连续不可逆的过程，在处理过程中既不能暂停，也不可以出现重复逆加工。这就要求控制系统在控制生产的过程中有更高的可靠性保证。

4. 智能化的要求 智能化控制系统是当前工业控制发展的趋势，也是自动化、集成化生产的需要。对于新型淬火控制系统而言，智能化主要体现在以下两个方面：

（1）工艺控制的智能化。对于不同尺寸的工件，其淬火加工工艺的内容也各不相同。例如，采用人工方式进行工艺内容的设定，显然是繁琐且不可靠的，因而这就要求控制系统具有自动优选加工工艺内容的能力，以应对大批量、多尺寸、多材质大工件的生产。

（2）生产管理的智能化。工业自动化、智能化管理的发展越来越要求生产现场的控制系统能够提供必要的生产信息，以帮助整个企业的集中管理。因而新型控制系统应该具备自动保存和管理加工过程信息等功能，为智能化管理提供帮助。

11.5.1.2 控制系统的设计思路

直接数字控制（DDC）系统中的计算机通过模拟量输入通道（AI）和开关量输入通道（DI）采集实时数据，然后按照已设定规则计算，最后发出控制信号，并通过模拟量输出通道（AO）和开关量输出通道（DO）直接控制生产过程。DDC 单元控制模式的优势在于结构简单，可靠性高，有一定的控制精度，可以基本满足控制系统可靠性和精确性的要求。但是，由于 DDC 控制模式控制对象过于单一，且智能化水平太低，因而无法满足新型控制系统的设计要求。控制系统需要采用以下几个方面的内容：

1. 控制模式采用监督控制（SPC）模式 SPC 控制模式采用上位机与多组 DDC 单元组合的集中控制模式，可以提供很好的智能化和集成化的控制能力。整个新型淬火槽系统中需要控制的设备主要是泵机组、风机组、阀门系统等，这些设备的控制量基本是逻辑开关量，因而 SPC 系统中 DDC 单元应采用可编程序控制器（PLC）。

2. 在控制结构上采用三级独立控制结构 根据 SPC 控制模式的要求，应该把整个控制系统结构划分为三个独立的部分：传感与执行部分、电气集中控制部分（PLC 控制部分）以及上位机控制部分（软件控制部分）。

传感与执行部分是直接与被控设备集成在一起的部分。由各种温度、压力、电压电流等传感设备组成的传感系统，为整个控制系统提供详细的设备运转状况信息，是控制系统进行控制和判别的主要依据来源。执行机构是控制系统实施具体控制行为的对象，主要包括淬火设备上各种泵机、风机、阀门的电气开关。

电气集中控制部分，也就是 PLC 控制部分。其主要由可编程序控制器（PLC）和电气控制开关组成，是对传感与执行部分进行集中、协调控制的主体。可编程序控制器（PLC）是整个控制系统的核心部件之一，其高度的可靠性和强大的逻辑控制能力是整个加工控制过程协调、集中和稳定的主要保证。同时，可编程序控制器（PLC）精确到毫秒级的控制精度也可以满足控制系统精确控制的要求。

上位机控制部分是整个控制系统中最智能化的部分，是实现智能化控制的核心部件。控制系统的所有指令和加工内容都是由软件系统发送给电气集中控制部分中的可编程序控制器（PLC）来加以具体实现的。可以说，软件控制系统是整个控制系统的大脑，也是实现控制系统智能化要求的主体。

3. 控制系统的冗余设计 可靠性要求包括正常生产中的稳定控制和异常情况下仍可以进行稳定控制。为此，系统就必须进行冗余设计。

冗余设计主要集中在以下两个方面：

一个是传感和执行部件的冗余设置。一些主要控制部件上的传感设备应该采用两个独立的传感部件，以保证信号的可靠性。同时在可编程序控制器（PLC）端的信号判别上需要作相应的自锁和互锁处理，进一步保证不会由于传感器的信号异常造成控制系统的误判操作。对于执行机构的反馈信号也应作类似处理，以避免出现控制脱节现象。

另一个方面是上位机与可编程序控制器（PLC）之间指令传送的冗余处理。上位机传送的控制指令必须是完整无误的，任何传送上的缺失都将直接导致加工内容的错误执行。考虑到现场强电磁信号对通信线路的干扰作用，上位机传送指令的方式应尽量采用少批量、多内容、附加校验的方式。

4. 控制系统的自恢复设计　为在实际生产过程中，控制系统能迅速可靠地从万一出现的非正常中断或异常失控的现象中恢复控制，控制系统需要有自恢复设计。

这种复位操作的具体内容应包括以下两个方面：

一个是集中电气控制部分的复位处理，主要是可编程序控制器（PLC）的复位。有两种模式，一种是全部数据和信号设定为默认状态；另一种是自动恢复到上一个合理的运行状态。考虑到多数异常的发生都是瞬间性的，因而尽量采用第2种模式来进行可编程序控制器（PLC）的复位。

另一个是软件控制系统的复位。软件系统的复位操作主要是迅速恢复到上一个正常的运行状态。这一状态的恢复必须要与可编程序控制器（PLC）的状态相一致。这是因为软件控制系统是整个控制系统中最智能化的部分，最容易判别其他控制部分的状态以进行自身的调节。

11.5.2　控制系统的结构组成与功能实现

11.5.2.1　控制系统的结构组成

智能化自动淬火槽设备的控制系统结构如图11-37所示。整个控制系统被划分成3个部分：传感与执行机构、集中电气控制以及上位机控制部分。

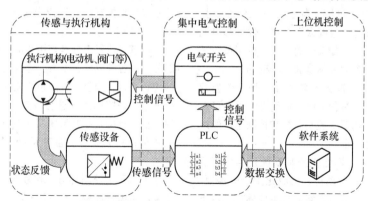

图11-37　智能化自动淬火槽设备的控制系统结构

11.5.2.2　可编程序控制器（PLC）的控制功能实现

可编程序控制器（PLC）是集中电气控制系统部分的核心，是整个硬件控制回路的中心环节。PLC的控制精度，运行的稳定性、可靠性就直接决定了整个硬件控制回路的控制精度、稳定性以及可靠性。

根据研究开发的淬火设备对控制系统的要求，提出了一个兼顾灵活性、通用性、可靠性及精确性的新型控制模式——模块化PLC控制模式。

这种控制模式的基本思路是，在可编程序控制器（PLC）内部，将各种基本的淬火加工所需的控制内容以模块的形式进行固化；同时在可编程序控制器（PLC）内建立一个控制顺序和选项表单。在开始加工控制前，由上位机智能化地规划好加工工艺内容，并按表单的形式传送给可编程序控制器PLC。开始加工后，PLC按照控制表单的内容顺序，调用各个固化

控制模块的内容对设备进行控制。

模块化PLC控制模式的控制流程见图11-38。

模块化PC控制模式的控制流程采用了循环结构来代替传统的顺序结构。每一次循环依次进行的操作是：取得下一个加工阶段的控制时间，对控制计时器进行赋值，取得下一个加工阶段的控制内容，根据控制内容选择操作类型（或结束控制），控制操作执行后起动控制计时器，判断计时是否结束。计时结束后，更新加工控制标志继续下一个循环操作。采用这种循环式的控制流程，充分体现了模块化设计的特点，提高了流程控制的效率，避免了冗长的重复控制，控制的结构更加清晰。同时，这种循环结构的控制灵活性和通用性很高，如需要改变控制加工的内容和顺序，只需要对取得加工内容和时间的数据源进行少量修改，而不必对整个控制结构进行修改和重新编

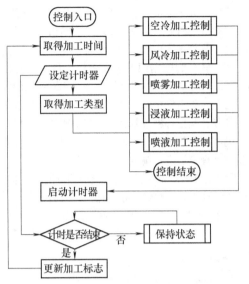

图 11-38　模块化 PLC 控制模式的控制流程

制。由于加工内容和时间的数据源一般都是通过软件控制系统进行传送和设定的，这样的流程结构就有效地把 PLC 控制和软件控制系统隔离开来。只要在传送数据上保持协调一致，两部分可以分别独立地进行设计和改动。

　　显然相对于传统控制 PLC 梯形图结构，新型控制模式的控制梯形图有两个显著的特点。一是新型控制模式是循环结构，采用了地址跳转的操作。传统控制梯形图是顺序控制过程，因而地址也是连续分布的。二是新型控制模式的控制梯形图中还存在数据设定和传递的操作，这是传统控制梯形图中没有的。传统控制梯形图中的所有内容和数据都是预先固化的；而新型控制模式中每次循环都需要重新设定相关的跳转地址和计时器数据，因而要使用到数据设定的操作。

11.5.3　控制软件与功能实现

　　需要具有更高智能的控制软件系统进行指导和监督。该系统控制软件由 4 个主要的功能模块组成，分别是：工艺管理模块、生产管理模块、输入输出模块以及数据显示模块。这 4 个功能模块的组成结构和相互关系可以通过图 11-39 来表示，图中箭头表明了数据的流向。

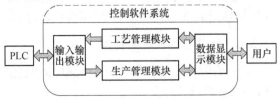

图 11-39　控制软件系统的结构示意图

11.5.3.1　工艺管理模块和生产管理模块的功能及其实现

　　工艺管理模块和生产管理模块是整个控制软件系统的核心部分。工艺管理模块提供智能规划，管理加工工艺数据的功能，是实现淬火工艺设计和自动化的基础和保证；生产管理模块提供了对加工过程中各种状态信息的收集和保存，是实现淬火生产管理和自动化的前提和保障。

　　工艺管理模块需要操作的主要数据文件分为两种：工艺控制文件和工艺数据库文件。工艺控制文件存储的是进行实际淬火加工所需要进行的控制内容。工艺控制文件的结构应与 PLC 控制时使用的数据源的结构相统一，以便于在传送时进行数据格式的转换。工艺数据库文件是存放大量原始工艺数据的文件，这些数据主要来源于计算机的数值模拟以及实际试验的测定。工艺数据库文件是实现智能化、自动化制定淬火加工工艺的基础和依据。

　　实际生产中，工件的形状和尺寸是多种多样的，往往无法直接在工艺数据库文件中找到对应的工艺数据信息。这就需要在有限的数据信息中，通过数据挖掘的方式得到对应工件形状和尺寸的淬火工艺数据。数据库中现有数据信息的结构是二维数据表格，采用分段线性插值的算法代替线性插值算法进行求解。

　　工艺管理模块智能化规划加工工艺内容的实现流程如图 11-40 所示。首先需要确定工件的材料，然后选定相应的工艺数据库文件，通过数值插值求解的方法得到实际工件对应的工艺控制内容，将工艺控制内容保存为对应文件，最后通过输入输出模块传送给可编程序控制器进行实际加工控制。

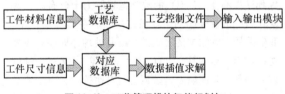

图 11-40　工艺管理模块智能规划加工工艺内容的实现流程

　　生产管理模块的主要作用是对淬火加工过程中各种控制状态信息的收集和保存。控制信息可以分为两大类，一类是关于淬火工艺内容的状态信息；另一类是关于具体各个设备的状态信息。

　　关于淬火工艺内容的状态信息，主要是用以描述当前工艺加工控制所处的阶段和状况。这些信息主要包括：当前所处的控制阶段（索引序数）、当前控制阶段的控制类型、当前控制阶段需要的总控制时间、当前控制阶段已经处理的时间（或是剩余处理时间）

等。此外，关于淬火工艺内容的状态信息还包括整个加工工艺的相关信息，如本次淬火加工的编号、本次淬火加工的工艺控制、本次淬火加工的操作人员信息、本次淬火加工的加工模块信息等，以便于软件控制系统对当前的加工状态有更为全面的掌控。

具体各个设备的状态信息主要是指描述当前各个设备的实际运转状态的信息。这些信息主要通过硬件控制回路中的可编程序控制器（PLC）给出。此外，有些设备系统中还会采用辅助仪表等设备来给出额外的状态信息（如温度、气压等数据）。

11.5.3.2　输入输出模块和数据显示模块的功能及其实现

输入输出模块和数据显示模块是控制软件系统的

接口模块，分别连接着控制硬件回路端的可编程序控制器（PLC）和生产管理人员。输入输出模块的作用是接受工艺管理模块规划的淬火加工工艺，并将这些工艺信息转化为数据源形式发送给可编程序控制器（PLC），同时接收可编程序控制器（PLC）端的控制状态信息，集中发送给生产管理模块使用。数据显示模块的任务是把各种控制状态信息显现给生产管理人员，同时接收管理人员的控制指令，对工艺管理模块和生产管理模块进行调控。

输入输出模块是控制软件系统的接口模块，是连接控制硬件回路和控制软件回路的桥梁。其操作包含3个主要内容：数据转换、校验处理以及传送（或接收）。

图11-41a所示为传送数据操作流程。

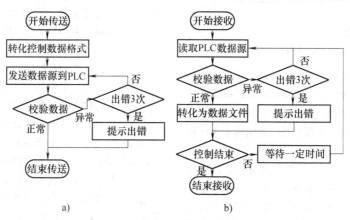

a)　　　　　　　　　　　b)

图11-41　传送和接收数据操作流程
a）传送数据操作流程　b）接收数据操作流程

对于传送数据的校验处理，一般的想法是在传送的数据源中添加相应的校验码来完成，但是考虑到可编程序控制器（PLC）的数学运算能力十分有限，无法自行完成校验码的运算操作。因而在实际操作中，我们采用回读数据的方式进行校验处理，即在完成发送操作后，对对应的 PLC 内存数据再次读取，将读取到的数据与原始发送数据进行对比校验。对于传送中出现失败时的处理，也采用了冗余的设计方式，即出现一次错误后自动进行再次发送处理，以避免偶尔的信号异常影响了加工控制信息的传送。只有在连续出现一定次数（一般为3~5次）的发送失败后，软件系统才会中止传送操作，并提示操作失败。

接收生产加工过程中控制状态信息的操作是一个周期性的操作，每隔一定的时间周期就执行一次，直至生产加工控制结束。图11-41b所示为接收数据操作流程。

数据显示模块是沟通控制软件系统和操作管理人员的桥梁，其作用是为操作管理人员提供一个直观、

便捷的监测管理界面。其主要功能有：实时显示淬火生产加工过程中各种控制状态信息；为用户提供管理工艺控制文件的界面；为用户提供管理和查询生产加工记录文件的界面。

通过图表、动画等形式表现实时显示淬火生产加工过程中各种控制状态信息，以便操作管理人员对淬火处理生产过程进行监管。

图11-42所示为数据显示模块提供的管理工艺控制文件界面的模块结构和运作流程。

管理和查询生产加工记录文件的界面是数据显示模块提供的另一个主要功能。这一界面主要需要提供两个功能，一个是提供生产加工记录的查询功能；另一个是对生产记录文件导出、打印等操作功能。

11.5.4　智能控制系统的特点

对比以往在淬火加工中采用的控制系统，智能控制系统具有以下的特点：

（1）整个控制系统分为两个独立的控制回路：

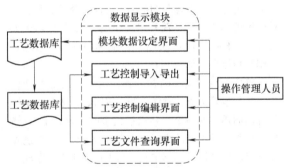

图 11-42　管理工艺控制文件界面
的模块结构和运作流程

控制硬件回路和控制软件回路。两个控制回路相对独立运作，同时又通过数据源的形式有机的结合在一起。两个子系统可以各自独立的设计、制造、运作及改进，大大提高了两个系统灵活性和扩展性。

（2）可编程序控制器（PLC）采用了循环结构的模块化 PC 控制模式。可编程序控制器（PLC）采用了循环结构的控制模式，通过数据源提供的控制数据进行每一次的淬火控制。

（3）上位机系统的脱机智能控制。在一般的 SPC 控制结构中，若上位机系统失灵或异常，就会导致整个控制系统的失灵或异常。而实际生产现场中，存在许多不安全的因素（如强电磁场干扰、意外的断电等）。该机构中采用了数据源一次性传送加工控制信息的运作模式，上位机不直接干预加工的控制行为。因此，可编程序控制器（PLC）的运转稳定性远远强于一般的工业控制计算机（包括数据通信部件的正常运作）。

（4）加工控制对象和内容具有通用性、可扩展性。

11.6　热处理生产过程控制

热处理生产过程中，除了对工艺参数进行控制外，还必须按照一定的工艺路线将零件从一个热处理设备转移到另一个热处理设备，零件在这些设备中顺序完成规定的工艺操作，最后才能获得预期的性能。这样的过程控制通过顺序控制得以实现。顺序控制，就是发出操作指令后，控制系统能自动地、顺序地根据预先设定的程序或条件完成一系列操作，达到控制目的。顺序控制可以分为：时序顺序控制、逻辑顺序控制和条件顺序控制。

1. 时序顺序控制　控制指令按照时间排列，且每一程序的时间是固定不变的顺序控制，称为时间顺序控制。例如，零件的淬火过程按照一定的加热时间

和冷却时间编排控制指令。

2. 逻辑顺序控制　控制指令按动作先后次序排列，但每一程序没有严格时间控制的顺序控制，称为逻辑顺序控制。例如，周期作业炉自动装料过程的控制，炉门打开到规定高度，推杆就自动往炉内装料。

3. 条件顺序控制　控制指令不是按时间和先后排列，而是根据事先规定的条件对控制动作有选择地逐次进行控制的顺序控制，称为条件顺序控制。例如，对工件在传送过程中进行挑选，满足条件的工件进入下一道加工工序，而不满足条件的工件则重新处理。

早期的顺序控制主要是用继电器接点电路来实现的，电路设计复杂，触点多，由此引起的不可靠因素也增多，而且不能适应生产工艺的变化。随着电子技术和控制技术的提高，电子顺序控制器在热处理生产过程中得到了广泛应用。电子顺序控制器由各种无触点逻辑元件组成，可分为简易顺序控制器和可编程序控制器。

11.6.1　热处理生产过程控制设备

1. 继电器接点程序控制系统　此种控制系统是由开关元件组成的起断续作用的程序控制系统，其基本控制元件是继电器、接触器。这种控制系统的优点是结构简单，调整维修容易，抗干扰能力强。其缺点是，有触点开关，允许的工作频率低，当触点打开时，经常产生电弧，触点容易损坏，使开关动作不可靠。目前，该类系统的执行元件正逐渐被无触点逻辑控制系统取代。

热处理过程中常见的基本控制线路包括：电源电路（刀开关控制的电源电路、接触器控制的电源电路）；电动机正反转控制电路（带互锁的正反控制电路、复合按钮的互锁控制电路）；位置控制电路（限位控制回路、自动往复行程控制电路）；顺序动作控制电路；两地控制电路；时间控制电路；保护电路；警报电路；指示电路。

继电器接点控制系统设计方法：继电器接点控制系统（或简称继-接电路）对于大型复杂对象常采用逻辑设计方法，能充分发挥元件的作用，减少元件的数量，电路简单合理。设计方法中，逻辑加在继-接电路中物理意义相当于触点的并联；逻辑乘相当于触点的串联；逻辑非表示与给出关系相反。

2. 顺序控制器（包括可编程控制器）　控制系统顺序控制器主要有两种类型，即矩阵式控制器和可编程控制器。矩阵式控制器常用的有时序步进式和条件步进式。由于矩阵式控制器、继-接电路这类控制器

缺乏存储功能、难以调整修改，逐渐被可编程顺序控制器取代。可编程序调节器是仪表化了的微型控制计算机，它既保留了仪表的传统操作方式，又可以通过编程序来构成控制系统，还可实现比较复杂的逻辑判断。它将过程控制系统中经常用到的运算功能以模块的形式提供给用户，设计人员只需要将各种功能模块按需要以一定的规则连起来即可。

可编程控制器（Programmable Controller）是基于计算机技术和自动控制理论，为工业控制应用而设计制造的。早期的可编程控制器称作可编程逻辑控制器 PLC(Programmable Logic Controller)，它主要用来代替继电器实现逻辑控制。随着技术的发展，PLC 功能已

经大大超过了逻辑控制的范围。因此，今天这种装置称作可编程控制器，简称 PC。但是为了避免与个人计算机（Personal Computer）的简称混淆，所以仍将可编程控制器简称为 PLC。

PLC 采用可编程的存储器，用于其内部存储程序，执行逻辑运算、顺序控制、定时、计数与算术操作等面向用户的指令，并通过数字或模拟式输入/输出，控制各种类型的机械或生产过程。可编程控制器及其有关外部设备，都按易于与工业控制系统联成一个整体，易于扩充其功能的原则设计。PLC 一般由微处理器 CPU、存储器、输入输出系统及其他可选部件四大部分组成，如图 11-43 所示。

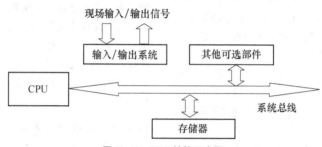

图 11-43　PLC 结构示意图

1) CPU。CPU 是 PLC 的核心，能够识别用户按照特定格式输入的各种指令，发出相应的控制指令，完成预定的控制任务。与其他部件之间的连接是通过总线进行的。

2) 存储器。存储器由系统程序存储器和用户程序存储器两部分组成。系统程序存储器容量的大小决定了功能和性能，用户程序存储器容量的大小决定了用户程序的功能和任务复杂程度。

3) 输入/输出系统。输入/输出系统是过程状态与参数输入以及实现控制时控信号输出的通道，包括被控过程与接口之间的电平转换、电气隔离、串/并转换，A/D 转换等功能。热处理过程中各种连续性物理量（如温度、压力、压差）于在线检测仪表将其转化为相应的电信号，通过模拟量输入通道进行处理；模拟量输出通道则实现对被控对象连续变化的模拟信号的调节输出。对于各种限位开关、继电器或电磁阀门、手动操作按钮的启闭状态，通过开关量输入通道处理，开关量输出通道用于控制电磁阀门、继电器、指示灯、声/光报警器等的开、关状态输出。

4) 可选部件。其是与 PLC 的运行没有依赖关系的一些部件，是 PLC 系统编程、调试、测试与维护等必备设备，包括编程器、外置存储设备、I/O 扩展口、数据通信接口。

PLC 的主要特点如下：

1) 高可靠性。

① 所有的 I/O 接口电路均采用光电隔离，使工业现场的外电路与 PLC 内部电路之间电气上隔离。

② 各输入端均采用 R-C 滤波器，其滤波时间常数一般为 10 ~ 20ms。

③ 各模块均采用屏蔽措施，以防止辐射干扰。

④ 采用性能优良的开关电源。

⑤ 对采用的器件进行严格的筛选。

⑥ 良好的自诊断功能，一旦电源或其他软、硬件发生异常情况，CPU 立即采用有效措施，以防止故障扩大。

⑦ 大型 PLC 还可以采用由双 CPU 构成冗余系统或有三 CPU 构成表决系统，使可靠性更进一步提高。

2) 丰富的 I/O 接口模块。PLC 针对不同的工业现场信号，如交流或直流、开关量或模拟量、电压或电流、脉冲或电位、强电或弱电等，有相应的 I/O 模块与工业现场的器件或设备，如按钮、行程开关、接近开关、传感器及变送器、电磁线圈、控制阀等直接连接。另外，为了提高操作性能，它还有多种人-机对话的接口模块；为了组成工业局部网络，它还有多种通信联网的接口模块，等等。

3) 采用模块化结构。为了适应各种工业控制需要，除了单元式的小型 PLC 以外，绝大多数 PLC 均采用模块化结构。PLC 的各个部件，包括 CPU、电源、I/O 等均

采用模块化设计，由机架及电缆将各模块连接起来，系统的规模和功能可根据用户的需要自行组合。

4）编程简单易学。PLC 的编程大多采用类似于继电器控制线路的梯形图形式，对使用者来说，不需要具备计算机的专门知识，因此很容易被一般工程技术人员所理解和掌握。最普遍的 PLC 编程语言是梯形图与语句表（梯形图助记符）。尽管各个 PLC 产品不相同，但梯形图和编程方法基本上是一样的。梯形图表达式吸取了继电器路线图的特点，是从接触器、继电器梯形图基础上演变而来的，形象直观，简单实用，是 PLC 主要编程语言。为了使编程语言保持梯形图的简单、直观特点，方便现场编制程序，派生了梯形图的辅助语言——语句表（梯形图助记符）。除了这两种编程语言外，还有一些其他编程语言，例如控制系统流程图编程、逻辑方程、布尔编程表达式以及高级编程等。

5）安装简单，维修方便。PLC 不需要专门的机房，可以在各种工业环境下直接运行。使用时，只需将现场的各种设备与 PLC 相应的 I/O 端相连接，即可投入运行。各种模块上均有运行和故障指示装置，便于用户了解运行情况和查找故障。由于采用模块化结构，因此一旦某模块发生故障，用户可以通过更换模块的方法，使系统迅速恢复运行。

PLC 的功能包括逻辑控制、定时控制、计数控制、步进（顺序）控制、PID 控制、数据控制（数据处理能力）、通信和联网。

常见的 PLC 主要有霍尼韦尔 DCP50、DCP100、DCP300，ICP1100S，横河 UP 系列，山武 DCP 系列，西门子 S7-300/400 系列等。

热处理炉加热 PLC 控制原理示意图见图 11-44。

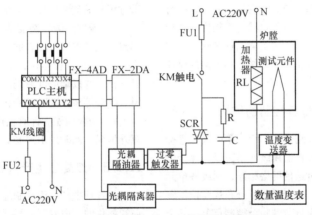

图 11-44　热处理炉加热 PLC 控制原理示意图

3. 热处理顺序控制执行器　热处理生产中经常利用各种调速装置控制工作机构的运动速度，以满足工艺要求。如控制工件在热处理炉中的传送速度，达到控制加热和保温时间的目的。热处理顺序控制系统的执行机构一般包括电器、液压系统、气动系统等。这里简单地介绍这些内容。

（1）电器。电器包括电动机及各种低压电器，如接触器、继电器、电磁铁、行程开关等。

（2）液压系统。液压传动是利用液体传递运动和动力的一种方式。和机械传动相比，液压传动具有可在较大范围实现无级调速、容易实现自动化，以及运动平稳、体积小、重量轻等优点。热处理生产线采用了电-液联动装置，使整个生产线实现了自动化。液压传动系统一般由液压泵、液动缸、液压阀和辅助装置（滤油器、油箱）四部分组成。

液压泵是供给液压系统压力油的元件，它将电动机输出的机械能变为油液的压力能，推动液压系统工作。按照结构形式可分为齿轮式、叶片式和柱塞式三大类，热处理设备中使用最多的是齿轮泵和叶片泵。

液压阀在液压系统中是用来控制和调节液油的流动方向、流量和压力的，使液压系统完成预定的作用，保证设备平稳协调地工作。根据阀在液压系统中所起的作用，可分为三大类：方向控制阀，如单向阀、换向阀等；压力控制阀，如溢流阀、减压阀、顺序阀等；流量控制阀，如节流阀、调速阀等。

（3）气动系统。气动传动是利用气体传递运动和动力的一种方式。和液压相比，两者的传递介质均为流体。气动和液压控制元件的工作原理、元件的组合和实现机构自动化的方法大体相同，但由于液压传递介质是几乎不可压缩的油液，而气动传递介质则是容积变化很大的空气，因此，气动工作速度不稳定，外部载荷的变化对速度的影响较大，难以精确控制工作速度，效率比较低。近年来，采用气液联合传动方法，综合了两者的优点，扩大了气动的应用范围。

气动系统基本上包括两个部分。第一部分是原动机供给的机械能转变为气体的压力能的转还装置，包括空气压缩机、后冷却器、储气罐。第二部分是将气体的压力能转变为机械能的转换装置，即气缸和气动马达。

空气压缩机是将原动机输出的机械能变为空气的压力能，推动起动系统工作。按结构可以分为活塞式、叶片式和齿轮式三种。工厂中广泛使用的是活塞式和叶片式。齿轮式压缩机的效率很低，很少使用。

气缸是将压缩空气的压力能转化为机械能的转换装置，为执行元件，目前尚无统一分类标准和定型完善的结构。

气动控制阀在气动系统中的作用是控制压缩空气的压力、流量和方向。按作用可以分为压力控制阀、流量控制阀和方向控制阀三大类；按各种阀在回路中的主从关系可分为主阀和先导阀。直接控制气动执行机构换向的气阀称为主阀，控制主阀的气阀称为先导阀。压力控制阀包括溢流阀、减压阀和顺序阀等，它们的共同特点就是用空气压力和弹簧力相平衡的原理来工作。

11.6.2　热处理生产过程控制的结构

集散式控制系统可以划分为三级：第一级为直接过程控制级；第二级为操作监视级；第三级为综合信息管理级。各级之间通过通信网络相连，同级各单元由本级的通信网络联系。由于采用了分布式监控预警系统，使各种不稳定因素分散到各个控制点上，某个点或主机出现故障而不影响其他点的监测，因此具有集中管理分散控制、危险分散、可靠性高的特点。从结构上，系统可以分为上、下位机两部分，下位机布置在设备处，采集数据和向上位机传递数据，上位机向下位机传送命令和接收数据。从逻辑上，系统可以纵向分为上下两层：第一层为现场控制层，任务是根据上层决策直接控制热处理设备的温度和气氛等工艺参数；第二层为最优控制层，任务是根据给定的目标函数与约束条件建立系统的数学模型，给出最优控制策略，对现场控制层的控制参数进行设定和PID参数设定。

计算机之间和智能控制器、终端之间的数据传送采用串行通信和并行通信方式。串行方式使用线路少，成本低，尤其适合远程通信。RS232C、RS485是工业控制中最常见的两种串行通信接口标准，其中，RS485具有良好的抗噪声干扰性、传输距离远和多点能力，逐渐取代了较早的RS232C标准。

软件系统是分散型控制系统（DCS）的核心，所有的数据收集、工艺设置、调控协调和监视都通过上位机上运行的软件系统实现。大型的软件系统，如Honeywell PlantScape Vista，这是一款功能齐备的客户机/服务器监控和数据采集软件。PlantScape Vista基于微软 Windows 操作系统，具有良好的人机界面（HMI），适合于中小规模的制造和过程控制环境，也可以移植到更大规模的系统，可以和 UDC2500 等通用温度控制设备集成，甚至可以和第三方公司产品实现集成，它支持 HC900、其他 IM&C 产品及可选择的第三方接口，容易实现功能扩展。但是，针对热处理过程目前没有统一的软件系统，基本上是各个使用客户根据实际情况采用 VC/VC ++ 、VB 等可视化语言编制，再通过接口与 RS232/C 和 RS485 通信。

以渗碳过程为例，控制软件应有以下功能：

1）建立、修改工艺条件，根据工艺参数模拟渗碳过程总的碳浓度分布的变化过程。

2）设置渗碳控制器的 PID 系数、上限值、控制起点，记录保存各仪表的数据。

3）工艺过程操作，实时控制，显示炉温，碳势等参数，并以碳浓度曲线图和过程参数图直观显示炉温、碳势等参数随时间变化情况。

4）报警功能。针对生产过程中出现的各种突发意外情况，及时发出声光警报。

11.6.3　热处理生产过程控制系统发展

热处理生产过程控制的发展趋向从常规控制系统向智能化的方向发展。根据生产规模和控制特征，目前控制系统大体上有如下等级。

（1）热处理单个工艺参数控制。例如，温度、压力、流量、气氛、时间、机械动作及位移等，可以选用常规控制仪表或系统，也可以采用计算机控制系统实现开环控制或闭环控制。

（2）热处理工艺过程控制。对热处理工艺过程进行控制，如控制温度随时间的变化规程，炉气氛随时间的变化规程等。这种控制基本上都采用计算机控制系统，分为静态控制和动态控制。按固定程序进行采样和控制而运算达到控制的效果属于静态控制，控制结果采用数字显示。动态控制是即时进行采样和控制，常利用计算机按数学模型运行程序控制，并可随时改变和处理控制程序，控制的结果可在计算机屏幕上以曲线或动画即时显示。

（3）热处理计算机模拟仿真控制。热处理生产过程的模拟仿真控制是把热处理的最初始的资料，如工件、钢材、技术要求、工况等及工艺过程的基本规律输入计算机，计算机将模拟热处理工艺过程，自动地确定和提供热处理工艺参数。近年发展的热处理动态智能化控制，则是将热处理原理、材料学、弹塑性力学、流体力学、数学等多学科理论知识加以集成，建立定量描述热处理过程中各种现象及其相互作用的数学模型；用计算机模拟热处理生产条件下工件内温度场、浓度场、相变和应力场的演变过程，作为制订合理的热处理工艺和开发热处理新技术的依据；在生产过程现场中实时监视，修正工艺参数，使生产过程始终处在最优的工作状态。

（4）热处理生产线控制。整个热处理生产线，包括各热处理工序、各机械动作、各工艺参数等通过智能控制技术、CAE/CAM 一体化系统、智能化传感与测试技术、生产纪录的管理和利用等子系统协调组成。其中，热处理 CAE/CAM 具有自动生成优化的热处理工艺，自动实现生产过程的自动控制，自动处理各种因素的影响和在生产过程中自动补偿偏差对热处理质量影响的功能。

（5）全热处理车间生产过程控制。此控制属于集散式控制系统（TDCS）或分散型控制系统（DCS），结构上将各设备的控制系统分散，而将全车间的管理高度集中。这种控制系统是以微处理器及微型计算机为基础，集成了计算机技术、数据通信技术、显示技术和自动控制技术的计算机控制系统。分布于生产过程各部分的以微处理器为核心的过程控制站，分别对各部分工艺流程进行控制，又通过数据通信系统与中央控制室的各监控操作站联网，操作员通过监控终端，可以对全部生产过程的工况进行监视和操作，网络中的专业计算机用于数学模型或先进控制策略的运算，适时地给各过程站发出控制信息、调整运行工况，因此称为集散控制系统（TDCS）。分散控制系统可以组成热处理炉的数据采集系统（DAS）、自动控制系统（ACS）、顺序控制系统（SCS）及安全

保护等，完成数据采集与处理、控制、计算等功能，便于实现功能、地理位置和负载上的分散，实现计算机过程控制。目前已有成熟的 DCS 控制设备，如 HC900、PKS 等。

（6）热处理生产与管理全面控制。此种控制系统，除完成热处理工艺过程控制任务外，还能完成整个企业生产调度、生产计划、材料消耗、成本核算、设备检修和维护等企业管理任务，实现信息化的热处理生产管理决策。实际上，热处理的生产率、经济效益和质量保障都和生产管理水平密切相关，例如，空炉升温和冷却造成的蓄热损失在总能耗中占相当大的比例，在满足企业的生产计划和物流自动化的要求，以及满足不同用户对热处理协作件交货期要求的前提下，合理安排热处理生产计划，就有可能大幅度降低热处理能耗。通过电子商务组织异构协作，能有效地提高热处理劳动生产率，进而将信息化的热处理生产管理系统也纳入整个企业的生产管理系统（ERP）。

控制技术正在由分散型过程向网络集成化方向发展，将支持广域网（WAN）、局域网（LAN）、虚拟专用网络（VPN）、标准网络硬件设备、Internet/Intranet 连接、通信协议等。其最终目的是让检测和控制实现完全分散化状态，生产控制与办公网络实现一体。分散的传感设备、I/O 数据、过程控制器，依赖于高速通信通道工业总线组合成分散控制系统（DCS），满足了连续过程控制应用的需要，又适合了分散顺序和运动控制的需要。进一步利用以太网和其他基于现场总线的技术，连接到采用商用操作系统的开放式过程控制系统中，具有基于 Web 技术信息分布形式和其他数据服务功能的特点。

图 11-45 以 Honeywell 混合控制系统为例，通过 PlantScape Vista 模块化监控软件实现生产管理控制。

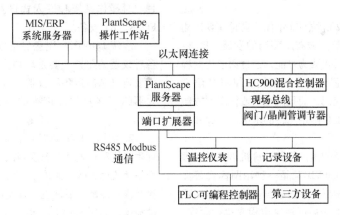

图 11-45　混合控制系统示意图

生产过程控制的发展趋势是 FCS（Field Control System），即总线控制系统或现场控制系统。FCS 是一种分布式的网络自动化系统，其基础是现场总线，形成了从测控设备到操作控制计算机的数字通信网络，适应了网络发展的要求，因而成为控制网络的发展方向。与 FCS 相比，DCS 由于采用独家封闭的通信协议，不同厂家的设备不能互连在一起，系统和外界之间的信息交换难于实现，给用户的系统集成和应用造成了不便。FCS 是开放式系统，采用了一套标准的通信协议，把测控设备和控制系统完美地结合在一起，使设备之间的互操作变得方便、快捷，用户可以选择不同厂商、不同品牌的各种设备连入现场总线，达到最佳的系统集成。但目前 FCS 尚未成为主流，原因在于，FCS 和 DCS 的相比，FCS 系统采用的是数字化通信，省去了 D/A 与 A/D 变换，虽然提高了精度，但是对传感器的要求也高了；DCS 大多为模拟数字混合系统，不需要全部更换测量设备，更适合当前的生产需要。

11.7　虚拟仪器技术在热处理过程控制中的应用

1. 虚拟仪器及 LabVIEW 的特点　计算机和仪器的结合是仪器发展的一个重要方向，这种结合可以通过两种方式实现：一种是将计算机嵌入仪器，相当于智能化的仪器，如 PLC。随着计算机功能的日益强大以及体积的日趋缩小，这类仪器功能越来越强大，已经出现含嵌入式系统的仪器；另一种方式是将仪器装入计算机，以计算机及常用的操作系统为基础，实现仪器的功能。虚拟仪器（VI）就是按照后者思路设计的基于计算机的仪器。具体而言，虚拟仪器就是按照仪器功能架构的数据采集系统，通过软件方便地实现不同仪器仪表的功能，核心功能包括计算机数据采集和数字信号处理。

虚拟仪器的起源 20 世纪 70 年代，当时计算机测控系统在国防、航天等领域有了相当的发展。PC 机出现使仪器级的计算机化成为可能，通过图形化的程序语言（G 语言）编程建立仪器架构。使用 G 语言编程不再需要写程序代码，而是流程图或框图，方便技术人员、科学家、工程师用熟悉的术语、图标和概念来完成需要。

目前使用较为广泛的虚拟仪器计算机语言是美国 NI 公司的 LabVIEW。LabVIEW 是一种用图标代替文本行创建应用程序的图形化编程语言。传统文本编程语言根据语句和指令的先后顺序决定程序执行顺序，而 LabVIEW 则采用数据流编程方式，虚拟仪器是 LabVIEW 的程序模块，程序框图中节点之间的数据流向决定了虚拟仪器 VI 及函数的执行顺序。

LabVIEW 的特点如下：

（1）测试测量。LABVIEW 最初是为测试测量而设计的，因而测试测量也是 LABVIEW 最广泛的应用领域。大多数主流的测试仪器、数据采集设备都提供 LabVIEW 驱动程序，使用 LabVIEW 可以非常便捷地控制这些硬件设备。用户也可以十分方便地找到各种适用于测试测量领域的 LabVIEW 工具包。这些工具包几乎覆盖了用户所需的所有功能，在这些工具包的基础上再开发程序就容易多了。有时甚至只需简单地调用几个工具包中的函数，就可以组成一个完整的测试测量应用程序。

（2）控制。控制与测试是相关度非常高的两个领域，从测试领域起家的 LabVIEW 自然拓展至控制领域。LabVIEW 拥有专门用于控制领域的模块 LabVIEWDSC。除此之外，工业控制领域常用的设备、数据线等通常也都带有相应的 LabVIEW 驱动程序。使用 LabVIEW 可以非常方便地编制各种控制程序。

（3）仿真。LabVIEW 包含了多种多样的数学运算函数，特别适合进行模拟、仿真、原型设计等工作。在设计机电设备时，可用 LabVIEW 搭建仿真原型，验证设计的合理性。

（4）快速开发。完成一个功能类似的大型应用软件，LabVIEW 程序员所需的开发时间是 C 程序员所需时间的 1/5 左右。因此，使用 LabVIEW 可以大幅度缩短开发时间，适合小型急需项目。

（5）跨平台。LabVIEW 具有良好的平台一致性。如果同一个程序需要运行于多个硬件设备之上，可以优先考虑使用 LabVIEW。LabVIEW 的代码不需任何修改就可以运行在常见的三大操作系统（Windows、Mac OS 及 Linux）上。除此之外，LabVIEW 还支持各种实时操作系统和嵌入式设备，比如常见的 PDA、FPGA、RT 设备。

应用 LabVIEW 注意尽可能采用了通用的硬件，各种仪器的差异主要是软件。用户可以根据自己的需要定义和制造各种仪器。虚拟仪器通过各种标准仪器的互连及与计算机的连接，从而实现仪器网络化。

2. 应用　LabVIEW 已经被成功应用在化学热处理生产线和热处理炉温度测试系统的控制等方面。下面举例说明：碳氮共渗生产线包括前清洗—预热、碳氮共渗—冷却—后清洗，以及供气和离子水处理等辅助设备。利用 LabVIEW 开发的过程监控系统由监控主机数据采集卡、气氛控制仪、温度控制仪等多种智能仪表组成，监控主机安装了 LabVIEW 软件，可以控制和修改各种工艺参数，选择预设的工艺方案，监视生产线运行动态，查看生产线并可实时故障报警，监测各部分工艺完成情况，记录各工艺参数运行曲线、故障报警时间并打印出来。生产线的运行情况、报警指示均能通过电脑屏幕监控面板显示出来。气氛控制仪可在设定的参数范围内自动控制，并能对气体进行自动调节，保持实际氮势在设定范围内，温度控制仪器按照设定的 PID 函数控制热源，各个控温区温度控制在设定范围内。

传感器将各种非电量信号转换为电量信号输出，经信号调理装置放大、隔离、滤波、线性化处理等，提供了信号的可靠性等性能。信号进入数据采集卡，数据采集卡将模拟信号转换成数字信号传送到监控主机，主机中的软件完成热处理炉工作状态的检测与记录。

LabVIEW 提供了外挂的控制工具包 LabVIEW PID Control Toolset，包括 PID 控制和模糊逻辑控制，后者用于更复杂的非线性系统控制。热处理温度控制系统适合 PID 控制。在 LabVIEW 中设置不同的参数，组成不同的 PID 控制方案，通过热电偶测量，软件控制，驱动加热器，形成了封闭的环控制系统。气氛控制也类似，通过红外分析仪、氢分析仪、监控主机/软件、气氛控制仪调节气体流量。

监控系统软件是基于 LabVIEW 开发的，主控界面分为 7 个模块：

1) 系统自诊断模块，对软件系统自动检查，如有故障可自动报警并排除故障。

2) 数据采集模块，设置数据采集卡的采集通道号、采集参数、触发方式、同步异步采样等。

3) 数据及曲线表示模块，采用模拟显示控件，对整个连续炉的实时工况进行屏幕显示，如工件状态、保护气氛情况、报警点数量、各温度控制点、氮势控制数据的实时显示。

4) PID 控制模块，利用 PID 控制算法对连续炉内温度进行实时控制，使炉内温度满足要求。

5) 输出信号控制模块，监控主机通过数据采集卡的模拟输出通道输出控制信号到温度控制仪和气氛控制仪，控制炉内温度和气体流量。

6) 故障信息及报警模块。

7) 数据记录及报表生成模块，可以选择显示半年内任何时间段的工艺参数记录曲线或者生成记录报表。整个主控界面设计只需要采用 LabVIEW 控制部件完成，无需书写任何代码，完全是可视化设计过程。

11.8 生产线控制示例——密封箱式渗碳炉生产线控制

对于密封箱式渗碳炉生产线的结构及控制系统，各生产厂的产品有较大差异，以下介绍某生产线的一些控制形式。

1. 生产线组成 生产线由以下部分组成：3 台密封箱式渗碳炉，1 台清洗机，2 台回火炉，2 台升降平台（装料台），2 台固定平台（装料台），2 台吸热式气氛发生炉，氧碳扩散控制计算机，氧碳控制仪，氮气、氨、丙烷汽化等装置，以及测定和校正碳势的辅助仪器，即箔片天平和露点仪。

2. 控制系统和控制任务 某密封箱式炉控制系统组成如图 11-46 所示。

（1）温度控制系统由热电偶、智能调节仪和晶闸管组成。温度信号同时传输给氧碳控制仪和计算机。

（2）碳势控制系统由三大部分组成：①中央指令系统，即氧碳扩散控制计算机（O. C. D）；②二级控制系统，即可编程序控制器、碳势控制仪（或氧碳控制仪）；③执行系统，即机械传动电动机、电磁阀、开关等。

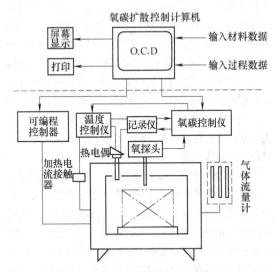

图 11-46 某密封箱式炉控制系统组成

1) 碳势控制仪。碳势控制仪系统如图 11-47 所示。

检测炉气氛碳势的直接仪表，常放置在炉前操作，故常称前沿机。该系统以氧探头作传感器，检测炉气氛氧含量，以氧电势输出，在碳势控制调节仪中与设定值进行比较，进行 PID 运算输出控制量，控制执行元件，调节富化气供入量，同时把氧电势传输给计算机。

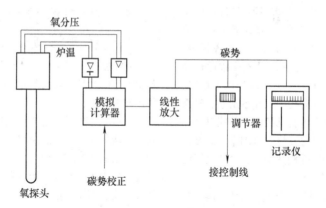

图 11-47 碳势控制仪系统

2）可编程序控制器。其主要功能是按工艺要求对炉内机械动作实行自动控制。密封箱式渗碳炉可实现三种工艺方式，即直接淬火、重新加热淬火和气体淬火。它们的操作程序都储存在可编程序控制器中。

3）氧、碳扩散控制计算机（O. C. D）。它是一个专用工艺程序计算机，其主要控制任务如下：

① 工艺过程自动控制。按渗碳工艺要求分为三类：渗碳工艺、修正渗碳工艺（即对已渗碳工艺的返修工艺）和保护气氛热处理。这三类工艺又可按不同淬火方式分别编制程序。计算机工艺程序编制是通过键盘输入的，输入材料数据和过程数据，例如，钢材心部碳含量、合金化系数、炭黑极限、炉气中 H_2、CO 含量，有效硬化层深度及其碳含量等；再输入各个程序段的数据，如设定温度、设定渗碳最终要求达到的渗层深度等。计算机按工件最终目标进行控制，调节工艺参数，当达到 99% 的渗碳层深后，炉温降到淬火温度并保温，到达要求的渗碳深度后，工件出炉送往淬火槽。

② 渗碳工艺的模拟仿真功能。在计算机控制中，通过模拟运算可实时显示温度和碳势工艺曲线及实时记录曲线、表面碳浓度梯度、设定温度和碳势、实时渗层深度和时间等内容，从而以总览的形式表示各种温度和碳势的状况。实现工件的精密渗碳控制。甚至对大型工件的深层渗碳过程可以实现二维在线模拟仿真，根据工件材料、形状、渗层要求等要素自动生成工艺流程，实时调整工艺参数，以二维渗层分布为控制目标，进行在线渗层计算，以最快的速度达到最合理的渗层分布，获得质量和生产率的最优化。系统还通过上位机监控及生产管理系统，建立基于宽带网的设备故障自诊断、生产批次管理与监控设备故障自诊断、网络远程技术服务功能系统。

（3）渗碳炉内机械传动及控制

1）料盘传送（即推、拉料机构）采用双速电动机，有负荷时慢速运动，空载时快速运动，由可编程序控制器按工艺过程要求控制。

2）淬火升降台动作。工件入油淬火时，升降台下降速度由快变慢，由双速电动机带动。

3）独立速度可变的淬火油搅拌装置，在工件入油后可分阶段控制淬火强度。

以上机械动作的传动电动机，除炉门、中炉门和搅拌风扇外，均采用双速电动机，均由可编程序控制器控制，在程序控制下实现自动切换。

4）控制装卸料、淬火升降台、炉门和炉顶风扇的电动机一旦停电，均可用手柄摇动。

（4）前室炉壁油的自动循环冷却系统。为了加快渗碳后工件在前室的冷速，除在前室顶部安装有大功率的离心风扇外，为防止在前室壁结露，还在其顶部和两侧面安装了扁平油箱，内充普通全损耗系统用油，热油通过循环泵进入炉体外侧的水冷却器。在进入冷却器的热油管路上安装了一个温度传感器，控制供水阀的开度，实现了前室炉壁油的自动循环冷却，其油温控制在 70℃ 左右。

3. 生产线控制

（1）回火炉控制。回火炉设有料盘推拉料装置、风循环装置及温度控制装置。温度控制是一个独立的系统，其余控制均按程序由可编程序控制器控制。

（2）吸热式气氛发生炉。该自动线配备了 2 台吸热式气氛发生炉，其主要技术参数如下：

外形尺寸：1900mm × 1150mm × 2000mm

保温功率：15kW

触媒体积：50L　　电动机功率：1.1kW

丙烷气量：3.2m^3/h （最大）

冷却水量：0.8m^3/h

最大产气量：40m^3/h　　重量：2.5t

加热功率：27kW

发生炉上安装的 CO_2 分析仪为 MAIHAK UNOR-4N 型，用来测量和显示保护气的 CO_2 含量。对 CO_2 的控制是依靠 818 型 CO_2 控制仪进行的，而执行器就是空气旁路上的调节电动机。发生炉的炉温控制亦用 818 温度控制仪完成。这些控制仪都具有 PID 调节功能，使保护气的 CO_2 含量稳定在较小的波动范围内。

为了防止开始产气时保护气中的水分进入红外仪，产气开始先将样气导入一个水冷装置中，它具有类似镜面露点仪的功能，如果气体露点较高就在冷却室周围出现积水，这时应继续调整气体混合比，直至露点室无结露现象，再通过手动阀门将样气导入红外仪。这一设计不仅保护了设备，而且对操作也带来很大方便。

该发生炉还具有完善的安全报警功能，对供水不足、丙烷气不足、混合气进口回火、炉罐超温、CO_2 超过控制极限及气体排放点燃故障等故障状态均会发出声、光报警。

（3）清洗机 KEKTE4/1-70-65-130。清洗机由中央部位的清洗、喷淋室和左右两侧的清水储箱、碱水箱组成。清洗室内装有升降台和活动喷头的清水储箱和碱水储箱，底部均装有浸入式电热管，每一加热区均有膨胀杆式热动开关控制温度，由液位监测器和电磁阀联合控制液位并自动补充新液。每个储箱的外侧均装有溢流管和废料排放管，在清洗机的后侧还装有两台叶轮式离心泵，分别用来完成两个储箱与清洗喷淋室之间的液体循环。

清洗机在工作期间将按下述步骤运行：

升降台升起（原始位置）→装料→升降台落下→碱液清洗→升降台升起→沥干→清水喷淋→沥干→出料。

碱液清洗时间、清水喷淋时间和沥干时间均可在操作面板上手动设定，通过时间继电器进行控制。

清洗机的工程程序可按需要选择自动方式或手动方式运行。

近年来，为了提高气氛控制精度和可靠性，经常采用多系统分析和控制。例如，图 11-48 所示为碳势控制系统方框图，该系统由碳势测量传感器、配气管路、碳势控制仪表等组成。炉内气氛的测量和控制采用氧探、CO/CO_2 红外分析仪两套系统，可随时进行两种控制方式的切换。通过对吸热式发生炉的闭环控制，可获得稳定的吸热式气氛。在此基础上，采用红外仪对炉内的 CO 含量实时跟踪反馈至碳势控制仪表，确保炉内碳势的精确演算与控制，并有效抑制工件的氧化。另外，通过氧探头与 CO/CO_2 红外仪的双因素控制方法，可以对炉内气氛进行多组分测量与监控，对炉内碳势进行适时修正，确保设定的各参数真实可靠，实现工件深层渗碳的精确控制。

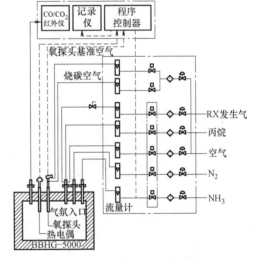

图 11-48　碳势控制系统方框图

参 考 文 献

［1］　韩启纲. 智能化仪表原理及使用维修［M］. 北京：中国计量出版社，2002.

［2］　严隽琪. 制造系统信息集成技术［M］. 上海：上海交通大学出版社，2001.

［3］　陈守仁. 自动检测技术及仪表［M］. 北京：机械工业出版社，1989.

［4］　张伟民，陈乃录，故明娟，等. 热处理智能技术［J］. 热处理，2004，19（1）：1-5.

［5］　王卫兵，等. 可编程序控制器原理及应用［M］. 北京：机械工业出版社，1997.

［6］　曾华鹏，王萍，朱锐. 热处理设备集散式计算机控制系统设计［J］. 仪器仪表用户，2004，11（4）：16-17.

［7］　胡明娟，潘健生. 钢铁化学热处理原理［M］. 上海：上海交通大学出版社，1988.

［8］　朱波，刘茂华，张爱军，等. 井式渗碳炉分布式计算机控制系统［J］. 金属热处理，1996，21（6）：36-37.

［9］　孙一唐，等. 热处理的机械化与自动化［M］. 北京：机械工业出版社，1983.

［10］　曾祥模. 热处理炉［M］. 西安：西北工业大学出版社，1989.

[11] 盂繁杰，黄国靖. 热处理设备 [M]. 北京：机械工业出版社，1988.

[12] 美国金属学会. 金属手册：热处理分册 [M]. 9版. 北京：机械工业出版社，1988.

[13] 王秉铨. 工业炉设计手册 [M]. 北京：机械工业出版社，1996.

[14] 王志勇. 常用自动化控制器件手册 [M]. 北京：机械工业出版社，1996.

[15] 王美怡，蒋建极. 高、低温热处理炉的自动化仪表系统设计 [J]. 工业加热，1997，26 (5)：17-35.

[16] 孙尧卿. 热处理可控气氛炉氧探头的原理及应用 [M]. 武汉：华中理工大学出版社，1995.

[17] 钱初钧，梁海林，张志鹏，等. 智能型密封多用炉生产线计算机控制系统 [J]. 热处理，2006，21 (1)：44-53.

[18] 李国栋，汪新中，陆志平，PLC 可编程控制器在热处理炉控制系统中的应用 [J]. 机电工程，2006，23 (7)：52-55.

[19] 王邦文，李谋谓，赵永众，等. 淬火控冷系统关键技术的研究 [J]. 冶金设备，2003，137 (1)：10-42.

[20] 程志庭，何小辉，汪兴，等. 燃料炉温度及压力控制系统设计 [J]. 工艺加热，2006，35 (6)：61-63.

[21] 方向阳，热处理炉微机模糊控制系统 [J]. 能源工程，1997 (3)：15-18.

[22] 刘君华. 基于 LabVIEW 的虚拟仪器设计 [M]. 北京：电子工业出版社，2003.

[23] 戴文，陆强，林青. 基于 LabVIEW 的热处理炉测试系统 [J]. 电子测量技术，2007，30 (6)：166.

[24] 段晓杰，王宝珠，潘洪刚. 基于虚拟仪器技术的热处理工程监控系统的设计 [J]. 金属热处理，2005，30 (增刊)：175-178.

[25] 韩伯群. BBHG-5000 大型预抽真空多用炉及其精密控制系统 [J]. 金属热处理，2012，37 (4)：131-134.

第12章 热处理工艺材料

武汉材料保护研究所 张炼

好富顿公司 陈春怀

12.1 热处理原料气体

钢件在热处理加热时，严格控制炉内气氛对提高产品质量有着重要作用。组成炉内气氛的气体主要有氧化性气体（空气及氧）、还原性气体（氢、一氧化碳及碳氢化合物）及中性气体（氮、氩及氦等）。制备可控气氛的原料气体包括氢气、氮气、氨气、天然气、油田气、液化石油气、城市煤气及空气等。

12.1.1 氢气

氢气（H_2）是无色无味可燃的还原性气体，它主要以化合状态存在于各种化合物中。氢气的摩尔质量为 2.016g/mol，密度为 0.0899kg/m³，熔点为 −259℃，沸点为 −252.8℃，着火温度为 572℃；与空气混合爆炸极限的下限 $\varphi(H_2) = 4.0\%$，上限 $\varphi(H_2) = 75.0\%$；发热值高值为 12800kJ，低值为 10790kJ。氢在各种液体中溶解甚微。在常温下不活泼，但在高温或有催化剂存在时则十分活泼，能燃烧并能与许多非金属和金属直接化合。工业氢的技术要求见表 12-1。所有瓶装氢气都含有微量的水分和氧气，还可能存在微量的甲烷、氮气、一氧化碳和二氧化碳等杂质，其含量随制备方法而异。

表 12-1 工业氢的技术要求（GB/T 3634.1—2006）

项 目	优等品	一等品	合格品
氢气纯度（体积分数,%）	≥99.90	99.5	99.00
氧含量（体积分数,%）	≤0.01	0.20	0.40
氮含量（体积分数,%）	≤0.04	0.30	0.60
游离水	露点 −43℃	无游离水	无游离水

氢气常用作热处理保护气体，用于低碳钢、不锈钢、电工钢和非铁金属的光亮退火，以及碳化钨、碳化钛和粉末冶金制品的烧结保护。

氢气钢瓶的使用、运输和储存应符合气瓶安全监察规程的规定，不得与氧气瓶或氧化剂气瓶同车运输，车上禁止烟火，要有遮阳设施，防止暴晒。应存放于无明火、远离热源和通风良好的地方。钢瓶涂绿色漆，瓶装压力为 15MPa。

12.1.2 氮气

氮气（N_2）为无臭无味无色的气体，摩尔质量为 28.0134g/mol，密度为 1.2507kg/m³，熔点为 −209.86℃，沸点为 −195.8℃。其化学性质不活泼，在一般热处理温度下（200～1000℃）处于稳定状态，无毒、不燃烧、不爆炸。但在高温下，氮能与某些金属或非金属化合，并能直接与氢和氧化合。在 1000℃ 以上，氮气能对钢铁起渗氮作用。工业氮的技术要求见表 12-2。

表 12-2 工业氮的技术要求（GB/T 3864—2008）

项 目	指标
氮气（N_2）纯度（体积分数）（%） ≥	99.2
氧（O_2）含量（体积分数）（%） ≤	0.8
游离水	无

热处理需用的高纯度氮气，是在普通的深冷空气分离装置中增加一个高纯氮塔而提取的，纯度大于 99.999%（体积分数），常以液氮供应。热处理用高纯氮，还可由分子筛制氮机或中空纤维膜制氮机制取后，再经净化处理而得。

氮气作为氮基气氛的主体气，主要用于钢件光亮退火、淬火、渗碳及碳氮共渗、非铁金属的光亮或无氧化退火，以及粉末冶金产品的烧结保护。

氮气钢瓶的使用、运输和储存应符合相关气瓶安全监察规程的规定，涂黑色漆，瓶装压力为 15MPa，液氮需要使用特殊装置储存。空气中氮含量过高时，人会因缺氧而窒息，因此工作场所空气中氧气的体积分数不应小于 19%。

12.1.3 氨气（液氨）

氨气（NH_3）是一种无色的气体，具有强烈的刺激气味。其摩尔质量为 17.03g/mol，密度为 0.7710kg/m³，常温下加压即可液化成无色的液体（临界温度为 132.4℃，临界压力为 11.22MPa），沸点为 −33.5℃。氨易被固化成雪状的固体，熔点为 −77.7℃。氨溶于水、乙醇和乙醚，高温时会分解成氮和氢，有还原作用。在有催化剂存在时，氨可被氧化成一氧化氮。液氨的技术要求见表12-3。

表 12-3　液氨的技术要求

(GB 536—1988)

项　　目	优等品	一等品	合格品
氨含量(质量分数,%)	≥99.9	99.8	99.6
残留物含量（质量分数,%）	≤0.1	0.2	0.4
水分(质量分数,%)	≤0.1	—	—
油含量(mg/kg)	5 （重量法） 2（红外光谱法）	—	—
铁含量(mg/kg)	1	—	—

氨气是气体渗氮和离子渗氮的渗氮剂。氨分解气氛和氨燃烧气氛，可用作钢件、粉末冶金件和铍青铜零件加热的保护气氛，也可用作淬火、渗碳、碳氮共渗气氛的载体气。

氨气有强烈刺激性，对人体器官如眼、耳、喉都有伤害。装液氨的槽车和钢瓶应耐压 2.94 ~ 3.43MPa，并符合中华人民共和国危险货物运输规则。装液氨的钢瓶应涂黄色油漆。

12.1.4　丙烷

丙烷（C_3H_8）的摩尔质量为 44.09g/mol，密度为 0.5005kg/m³，熔点为 - 187.6℃，沸点为 - 42.17℃。丙烷的发热值为 90730kJ/m³，着火温度为 505℃，着火温度下限的体积分数为 2.4%，上限的体积分数为 9.5%，理论燃烧温度为 1997℃。

丙烷可用作制备吸热式和放热式气氛的原料气，主要用于工件渗碳、碳氮共渗、氮碳共渗，以及退火、正火、淬火和回火。丙烷在常温、常压下为气体，可加压液化。丙烷是易燃易爆物质，在运输、储存时，应遵守安全操作规程并采取防护措施。

12.1.5　丁烷

丁烷（C_4H_{10}）的摩尔质量为 58.12g/mol，密度为 0.5783kg/m³，熔点为 - 138.3℃，沸点为 - 0.5℃。丁烷的发热值为 118490kJ/m³，着火温度为 431℃，着火温度下限的体积分数为 1.8%，上限的体积分数为 8.4%，理论燃烧温度为 1982℃。

丁烷用途、特性、运输及储存等方法和丙烷基本相同。

12.1.6　天然气

天然气主要成分为甲烷（CH_4），约占 97%（体积分数），密度为 0.73kg/m³，熔点为 - 284℃，沸点为 - 162℃，着火温度约为 645℃，一般在压力 4.64MPa、温度 - 82℃ 下使其液化。天然气一般无毒，但对人的呼吸有窒息作用。开采后的天然气要经过脱硫、脱水、脱油处理，脱硫后天然气中硫含量应小于 20mg/m³。

天然气可用作制备吸热式和放热式气氛的原料气，主要用于渗碳、碳氮共渗、零件光亮退火、淬火及粉末冶金零件烧结等。

天然气一般采用管道以气态输送，或经压缩为液态装瓶运输。

12.1.7　液化石油气

液化石油气简称液化气，是石油化工厂的副产气，其主要成分是丙烷（C_3H_8）、丁烷（C_4H_{10}）以及少量丙烯（C_3H_6）、丁烯（C_4H_8）等。液化石油气气态时比空气重，一般密度为 1.5 ~ 2.0kg/m³。作为制备可控气氛的原料气，其丙烷、丁烷或丙烷 + 丁烷的含量应在 95%（体积分数）以上，烯烃含量应小于 5%（体积分数），C_5 以上的重烃应控制在 3%（体积分数）以下，硫含量应小于 0.187g/m³。

液化石油气的用途与丙烷、丁烷相同，通常经加压液化后装入储气瓶中。在运输、储存时，应遵守安全操作规程并采取防护措施。

12.2　热处理盐浴用盐

盐浴作为加热介质，具有加热速度快、温度均匀和不易氧化脱碳等优点，可以完成多种热处理工艺，如淬火及回火加热、分级淬火、等温淬火冷却、局部加热以及化学热处理等。

盐浴按成分种类，可分为中性氯化物盐浴、氰盐浴、硝盐浴和硼盐浴等；除盐浴外，还有碱浴和金属浴等。按加热、冷却、化学热处理等不同工艺，可分为高温、中温、低温、渗碳、碳氮共渗、渗氮、氧化着色、渗硼及渗金属等盐浴。

热处理盐浴用盐应具有适宜的熔点、足够高的沸点和较宽的工作温度范围。在工作温度范围内，盐浴应具有低的挥发性、良好的流动性和导电性、足够的稳定性，且不应腐蚀工件、电极、坩埚及炉衬。

12.2.1　盐浴用原料盐

盐浴用原料盐系指用于配制不同种类盐浴的单质

盐，常用的有氯化物盐、碳酸盐、硝酸盐，此外还有碱、氟化物盐及硼酸盐等。

常用原料盐的物理性质见表 12-4。选用原料盐必须符合国家工业用盐标准和 JB/T 9202—2004《热处理用盐》规定的质量要求。

表 12-4　常用原料盐的物理性质

名　　称	摩尔质量 /(g/mol)	密度 /(g/cm³)	熔点 /℃	沸点 /℃
无水氯化钡 ($BaCl_2$)	208.25	3.856	963	1560
氟化镁(MgF_2)	62.32	3.148	1261	2239
氯化钠($NaCl$)	58.44	2.164	808	1473
氯化钾(KCl)	74.56	1.988	772	1411
碳酸钠 (Na_2CO_3)	105.99	2.532	851	分解
碳酸钾 (K_2CO_3)	138.21	2.428	891	分解
硝酸钠($NaNO_3$)	84.99	2.257	308	380 分解
硝酸钾(KNO_3)	101.11	2.109	334	400 分解
亚硝酸钠 ($NaNO_2$)	69.00	2.168	271	320 分解

通常，氯化物盐具有熔点高、挥发性小、热稳定性好的特点，适用于配制中温及高温盐浴。碳酸盐热稳定性较差，硝酸盐则更差，一般用于配制低温盐浴。氟化镁可用作温度高达 1650℃ 的高温盐浴。

12.2.2　热处理盐浴成分及用途

热处理常用盐浴成分及使用温度见表 12-5 和表 12-6。

热处理盐浴可以采用一种单质盐或两种及两种以上单质盐混配组成。一般在配制盐浴时，根据工艺加热情况可以从熔盐熔度图（即组成-熔点图）中选出最适宜的熔盐配比，通常希望选择混合熔盐最低熔点（共晶点或固溶体最低熔点）的组成配比，因为这种混合盐具有熔点最低、流动性好、导热和导电性高等优点。常用二元及三元体系混合盐的最低熔点及成分列于表 12-7、表 12-8 及表 12-9 中。

盐浴的流动性对热处理工件的质量有很大影响。盐的流动性不好，易造成工件传热慢，加热时间延长；出炉时，工件粘附盐量多，耗盐量大，并使冷却效果变坏。盐浴的流动性由熔盐的粘度来决定，粘度越大，流动性越小。表 12-10 所列为一些盐在其熔点以上附近温度时的粘度。试验证明，温度越高，熔盐

表 12-5　淬火预热、高温和中温加热用盐浴的成分及使用性能

盐浴成分配比（质量分数）（%）	熔点/℃	工作温度/℃
$100MgF_2$	1261	1300~1650
$100BaCl_2$	960	1050~1350
$95BaCl_2 + 5MgF_2$	940	1000~1350
$95BaCl_2 + 5NaCl$	850	950~1200
$100NaCl$	808	850~1100
$100KCl$	772	800~1000
$50NaCl + 50KCl$	670	700~1000
$50BaCl_2 + 50NaCl$	660	680~980
$50BaCl_2 + 50KCl$	650	680~980
$50BaCl_2 + 30KCl + 20NaCl$	560	580~900
$50KCl + 30CaCl_2 + 20NaCl$	530	580~880
$50KCl + 50Na_2CO_3$	590	600~880
$60CaCl_2 + 40NaCl$	505	540~800
$50CaCl_2 + 30BaCl_2 + 20NaCl$	455	480~780

表 12-6　等温淬火、分级淬火和回火用盐浴及碱浴的成分及使用性能

盐浴成分配比（质量分数）（%）	熔点/℃	工作温度/℃
$100NaNO_3$	308	325~550
$100KNO_3$	334	350~550
$100NaNO_2$	281	300~550
$100KNO_2$	297	325~550
$100KOH$	360	400~550
$100NaOH$	322	380~540
$50NaNO_2 + 50KNO_3$	137	150~500
$50NaNO_3 + 50KNO_3$	220	325~550
$65KOH + 35NaOH$	155	200~500
$80KOH + 20NaOH$ 另加 $6H_2O$	140	150~350

粘度越小，流动性越大。大约温度每升高 1℃，粘度降低约 2%。值得注意的是，盐浴体系中若混入固态粒子，如 Al_2O_3、MgO 及 SiO_2 等，而形成多相体系时，粘度会突然增大。例如，$NaCl$-KCl 盐浴在 790℃ 时粘度为 $1.3 \times 10^{-3}Pa \cdot s$，若加入质量分数为 2% 的 Al_2O_3，则粘度会变为 $1.4 \times 10^{-1}Pa \cdot s$，即粘度增大百倍以上。因此，从粘度角度看，盐浴捞渣越彻底越好。

表 12-7　无限互溶二元体系盐浴的最低熔点及成分

盐 A	盐 A 熔点/℃	最低熔点成分		盐 B 熔点/℃	盐 B
		盐 B(质量分数)(%)	最低熔点/℃		
NaCl	808	56	663	775	KCl
NaCl	808	21	552	602	LiCl
LiCl	602	80	492	772	CaCl$_2$
LiCl	62	77	570	712	MgCl$_2$
BaCl$_2$	963	25	848	870	SrCl$_2$
CaCl$_2$	772	73	648	870	SrCl$_2$
LiF	848	56	742	1261	MgF$_2$
Na$_2$CO$_3$	851	60	704	891	K$_2$CO$_3$
NaOH	318	58	155	360	KOH

表 12-8　有限互溶二元体系盐浴的最低熔点(共晶点)及成分

盐 A	盐 A 熔点/℃	共晶成分		盐 B 熔点/℃	盐 B
		盐 B(质量分数)(%)	共晶点/℃		
NaCl	808	53	638	851	Na$_2$CO$_3$
NaCl	808	58	501	772	CaCl$_2$
NaCl	808	70	654	963	BaCl$_2$
NaCl	808	52	450	712	MgCl$_2$
KCl	772	60	590	891	K$_2$CO$_3$
KCl	772	64	587	851	Na$_2$CO$_3$
LiCl	602	92	510	963	BaCl$_2$
LiCl	602	54	506	618	Li$_2$CO$_3$
LiCl	602	13	485	848	LiF
BaCl$_2$	963	39	610	772	CaCl$_2$
BaCl$_2$	963	20	560	712	MgCl$_2$
KF	856	32	710	993	NaF
KF	856	31	492	848	LiF
LiF	848	89.5	604	618	Li$_2$CO$_3$
LiF	848	52	652	993	NaF

表 12-9　三元体系盐浴的最低熔点及成分

盐 A (质量分数) (%)	盐 B (质量分数) (%)	盐 C (质量分数) (%)	熔点/℃
16.4NaCl	24.6KCl	59BaCl$_2$	540
76.4BaCl$_2$	14.0KCl	9.6Na$_2$CO$_3$	542
24NaCl	37KCl	39Na$_2$CO$_3$	580
5NaCl	6KCl	89Na$_2$B$_4$O$_7$	640
60.2AlF$_3$	6.2CaF$_2$	33.6NaF	675
20.2NaCl	48.7CaCl$_2$	31.1BaCl$_2$	453

表 12-10　一些盐在其熔点以上附近温度时的粘度

熔盐	温度/℃	粘度/10^{-3}Pa·s
NaCl	816	1.490
KCl	800	1.080
LiCl	617	1.818
MgCl$_2$	808	4.120
CaCl$_2$	800	4.940
NaOH	350	4.000
KOH	400	2.300
NaNO$_3$	316	2.900
KNO$_3$	400	2.010

分,以及盐浴液面和空气接触等因素影响,会不断氧化变质,导致被加热工件的氧化和脱碳。为此,应定期添加校正剂,以保持或恢复盐浴的加热质量,防止和减少工件氧化和脱碳。

盐浴中的氧及氧化物以 BaO、H$_2$O、O$_2$ 的危害最大,其次是 CO$_2$、Na$_2$O、K$_2$O、Fe$_2$O$_3$,以及其他杂质,如硫酸盐等。通常,校正剂如果能有效地除去 BaO,并严格工艺规范防止带入水分,就基本上能够达到较好的脱氧效果。

盐浴校正剂按使用温度可分为中温盐浴校正剂和高温盐浴校正剂,前者工作温度介于 700～1000℃ 之间,后者工作温度高于 1000℃。按校正剂组成可分为由一种物质组成的单一校正剂和由两种或两种以上物质组成的复合校正剂,其中高温盐浴校正剂和中温盐浴校正剂,原则上可相互通用。任何一种单一校正剂都可以作为复合校正剂的原材料。JB/T 4390—2008《高、中温热处理盐浴校正剂》规定了盐浴校正剂的质量要求及试验方法。常用盐浴单一校正剂的脱氧反应及使用性能见表 12-11。

12.2.3　盐浴校正剂

中温和高温盐浴在使用过程中,受带入杂质、水

表 12-11 常用盐浴单一校正剂的脱氧反应及使用性能

校正剂	脱氧反应	使用性能效果
木炭(C)	$C + [O] \rightarrow CO \uparrow$ $C + 2[O] \rightarrow CO_2 \uparrow$ $2C + Na_2SO_4 \rightarrow 2CO_2 \uparrow + Na_2S$	适用于中温盐浴,除脱氧外,还可除去腐蚀性较强的硫酸盐
碳化硅(SiC)	$SiC + 3[O] \rightarrow SiO_2 + CO \uparrow$ $SiO_2 + BaO \rightarrow BaSiO_3 \downarrow$	用于中温盐浴。单独使用效果较弱,可与 TiO_2 混合使用
硅胶、硅砂(SiO_2)	$BaO + SiO_2 \rightarrow BaSiO_3 \downarrow$ $FeO + SiO_2 \rightarrow FeSiO_3 \downarrow$	与 TiO_2 配合用于高温盐浴脱氧效果较好。对电极有腐蚀作用
硅钙铁合金[化学成分(质量分数)为:60%~70% Si,20%~30% Ca,余为 Fe]	$2Ca + O_2 \rightarrow 2CaO$ $Si + O_2 \rightarrow SiO_2$ $Ca + BaO \rightarrow CaO + Ba$	适用于中温盐浴,速效性弱,持效性较好。与 TiO_2 混配可用于高温盐浴,延长有效时间
镁铝合金(Mg-Al)	$BaO + Mg \rightarrow Ba + MgO \downarrow$ $3Na_2O + 2Al \rightarrow 6Na + Al_2O_3$ $Al_2O_3 + Na_2O \rightarrow 2NaAlO_2 \downarrow$	适用于中温盐浴,具有脱氧、脱硫的强烈速效性,但持效时间较短,约 1~2h
二氧化钛(TiO_2)	$TiO_2 + BaO \rightarrow BaTiO_3 \downarrow$ $TiO_2 + FeO \rightarrow FeTiO_3 \downarrow$	适用于高温盐浴,速效性显著,持效性较差,通常与硅胶 1:1(质量比)配比使用
钛粉(Ti)	$Ti + O_2 \rightarrow TiO_2$ $TiO_2 + BaO \rightarrow BaTiO_3 \downarrow$	适用于中温及高温盐浴,脱氧作用强烈
无水硼砂(Na_2B_4O_7)	$Na_2B_4O_7 \rightarrow 2NaBO_2 + B_2O_3$ $B_2O_3 + BaO \rightarrow Ba(BO_2)_2 \downarrow$ $B_2O_3 + FeO \rightarrow Fe(BO_2)_2 \downarrow$	中温、高温盐浴适用,但效果较弱。对炉壁、电极有腐蚀
氟化镁(MgF_2)	$MgF_2 + BaO \rightarrow BaF_2 + MgO \downarrow$	中温、高温盐浴均适用,脱氧效果良好,捞渣方便

12.3 化学热处理渗剂

渗剂是实现化学热处理工艺的必备材料,其种类繁多。常用于生产的化学热处理渗剂有:渗碳和碳氮共渗剂、渗氮和氮碳共渗剂、渗硫剂、渗硅剂、渗硼剂及渗金属(铝、铬、钒、钛、铌等)剂等。

12.3.1 渗碳剂

12.3.1.1 气体渗碳剂

气体渗碳剂有两类:一类是滴入渗碳炉内的液态有机物,称之为滴注式液态气体渗碳剂,常用的有煤油、甲醇、乙醇、异丙醇、乙醚、丙酮、乙酸乙酯、苯、二甲苯等;另一类是直接通入炉内的气体,称之为通入式气态气体渗碳剂,主要有天然气、甲烷、丙烷、城市煤气、吸热式气氛及氮基气氛等。

1. 滴注式液态气体渗碳剂 液态有机化合物滴入到炉内,立刻受热分解而提供含有 CO、CO_2、CH_4、H_2 和 H_2O 的渗碳气氛,通过调节滴液流量可对碳势进行较精确的控制。滴注式渗碳剂通常选用分

子结构简单,碳、氢、氧原子数较少的液态碳氢化合物,这样在渗碳温度下更易于充分分解。液态有机化合物的渗碳能力可以用碳氧比(化合物分子中碳原子数与氧原子数之比)和碳当量(产生 1mol 碳所需该化合物的重量)来衡量。碳氧比越大,高温分解的活性碳原子越多,渗剂渗碳能力越强;碳当量越小,产生一定数量碳原子所需耗用的有机化合物越少,渗剂渗碳能力越强。表 12-12 列出了一些常用滴注式液态气体渗碳剂的技术参数。

2. 通入式气态气体渗碳剂 通常由基本上不参与渗碳的载气(稀释气)和提供碳源的富化气两部分组成。在工业生产中,一般采用吸热式气氛、净化的放热式气氛或氮基气氛作为载气,并用一种碳氢化合物气体作为碳源气来使之富化。富化气常采用天然气、液化石油气、丙烷或丁烷等。载气与富化气的比例一般在 8:1~30:1 范围内。通过调节载气与富化气的比例可以控制炉内气氛的碳势。载气所用的吸热式气氛或放热式气氛是将天然气、甲烷、丙烷等原料气与空气混合,在吸热或放热式气氛发生器内通过不完

表 12-12　常用滴注式液态气体渗碳剂的技术参数

名称	分子式	碳氧比	碳当量/g	渗碳反应	用　途
甲醇	CH_3OH	1	64	$CH_3OH \rightarrow CO + 2H_2$	炉气稀释剂
乙醇	C_2H_5OH	2	46	$C_2H_5OH \rightarrow [C] + CO + 2H_2$	渗碳剂
乙酸乙酯	$CH_3COOC_2H_5$	2	44	$CH_3COOC_2H_5 \rightarrow 2[C] + 2CO + 4H_2$	渗碳剂
异丙醇	C_3H_7OH	3	30	$C_3H_7OH \rightarrow 2[C] + CO + 4H_2$	强渗碳剂
丙酮	CH_3COCH_3	3	29	$CH_3COCH_3 \rightarrow 2[C] + CO + 3H_2$	强渗碳剂
乙醚	$C_2H_5OC_2H_5$	4	24.7	$C_2H_5OC_2H_5 \rightarrow 3[C] + CO + 5H_2$	强渗碳剂
煤油	$C_{12}H_{26} \sim C_{16}H_{34}$	—	25 ~ 28	$C_nH_{2n+2} \rightarrow n[C] + (n+1)H_2$	强渗碳剂

全燃烧生成的气体；氮基气氛可由工业氮气或氮基气氛发生装置制备。表 12-13 列出了用于气体渗碳的几种常用的载气，大部分气体渗碳炉可用其中的一种载气来稀释用作主要碳源的碳氢化合物富化气。

表 12-13　用于气体渗碳的几种常用载气

分类 中国	分类 美国	制备方法	气体成分（体积分数）（%）N_2	CO	CO_2	H_2	CH_4	露点/℃	一般特征
—	102	浓型放热式	71.5	10.5	5.0	12.5	0.5	室温	可燃，有毒，中等还原性
JFQ70	201	淡型氮制备气氛（净化放热式）	97.1	1.7	0	1.2	0	-40	不可燃，无毒，惰性
PFQ10	202	浓型氮制备气氛（普通放热式）	75.3	11.0	0	13.2	0.5	-40	可燃，有毒，中等还原性
XQ20	302	浓型吸热式	39.8	20.7	0	38.7	0.8	-4 ~ -20	可燃，有毒，强还原性
MQ10	402	木炭燃烧气氛	64.1	34.7	0	1.2	0	-30	可燃，有毒，强还原性

12.3.1.2　盐浴渗碳剂

盐浴渗碳剂一般由中性基盐、供碳剂和催渗剂三部分组成。中性基盐起着加热介质的作用，通常用氯化钠和氯化钡或氯化钠和氯化钾的混合盐，其中，氯化钡除用作加热介质外，还起着催渗剂的作用。供碳剂过去用剧毒的氰化钠或氰化钾，目前则多采用不含氰盐以木炭粉、碳化钙、碳化硅为主要原料的渗碳剂，例如，我国于 1960 年 3 月研制的 603 渗碳剂，武汉材料保护研究所 20 世纪 90 年代研制的以高聚塑料粉为碳源的渗碳剂 C90 等，均已在生产中应用。催渗剂起着促进渗碳和盐浴活性再生的作用，常用碳酸钠或碳酸钡。近年来新型催渗剂的应用研究取得了一定成效，这些催渗剂包括碳化硼、碳酸稀土、三聚氰胺等。表 12-14 列出了几种盐浴渗碳剂的成分配比。

12.3.1.3　固体渗碳剂

固体渗碳剂主要由供碳剂和催渗剂组成。木炭和焦炭是常用的供碳剂，由于木炭的活性远大于焦炭，所以它被更广泛地用作供碳剂。焦炭也具有一定的优点，例如，其热强度高、导热性好，且在高温下与空

表 12-14　几种盐浴渗碳剂的成分配比

盐浴类别	成分配比（质量分数）（%）供碳剂	基盐
低氰盐浴	6% ~ 16% NaCN	45% ~55% $BaCl_2$ + 10% ~ 20% NaCl + 10% ~20% KCl + 30% Na_2CO_3
原料无毒盐浴（603渗剂）	10%（50% 木炭粉 + 20% 尿素 + 15% Na_2CO_3 + 10% KCl + 5% NaCl）	35% ~ 40% NaCl + 40% ~ 45% KCl + 10% Na_2CO_3
无毒盐浴（国产 C90 渗剂）	10%（30% 高聚塑料粉 +70% 木灰粉）	30% ~ 40% NaCl + 30% ~ 40% KCl + 20% Na_2CO_3

气接触时不易发生燃烧，这对于渗碳后工件直接从渗罐中取出淬火的工艺是特别有益的。固体渗碳催渗剂主要为碳酸钡，也可采用碳酸钙或碳酸钠。固体渗碳剂的制备方法对其效能有很大影响，可以将碳酸盐水溶液浸润木炭然后加以干燥，也可将碳酸盐与木炭粉粒机械混合，前者更易得到品质优良的渗碳剂。通过

沥青、糠浆或树脂胶将供碳剂与催渗剂结合，可以制成具有一定颗粒度的固体渗碳剂。商品固体渗碳剂一般是可以重复使用的。JB/T 9203—1999《固体渗碳剂》规定了固体渗碳剂的技术要求。常用固体渗碳剂的成分配比见表 12-15。近年来，通过在传统固体渗碳剂中添加某些化合物，例如高聚塑料粉、醋酸钠、氯化铬或氯化镍等作为催渗材料，如使用恰当，可以得到满意的效果。

表 12-15 常用固体渗碳剂的成分配比

类型	成分配比（质量分数）	特性
粉状或粒状	95% 木炭 + 5% BaCO$_3$ 90% 木炭 + 5% BaCO$_3$ + 3% Na$_2$CO$_3$ + 2% 全损耗系统用油 60% 木炭 + 30% 焦炭 + 10% Na$_2$CO$_3$ 94% 木炭 + 3% Na$_2$CO$_3$ + 3% CaCO$_3$	用于装箱渗碳。易实现高碳势及深层渗碳
CP930 渗碳膏 普通渗碳膏	85% 高聚塑料粉 + 15% 丙烯酸树脂胶 75% 木炭粉 + 10% 碳酸钠 + 15% 胶水	用于局部渗碳；增加盲孔部位渗层深度；可实现同一零件不同渗层深的阶梯渗碳

12.3.2 碳氮共渗剂

碳氮共渗剂可以在 780～880℃ 温度范围对钢铁表面同时进行渗碳和渗氮，但以渗碳为主。主要用于获得深度为 0.10～1.0mm，耐磨性和耐回火性显著超过渗碳表面的渗层。

12.3.2.1 气体碳氮共渗剂

工业上使用的气体碳氮共渗剂大致可分为下列三种类型：

1. 滴注式渗碳剂 + 氨气　滴注式渗碳剂有煤油、苯、甲苯及丙酮等液态碳氢化合物，通过滴量计直接送入炉内，氨气由氨瓶经减压后通过流量计通入炉内。此类渗剂多用于周期式作业的井式炉。

2. 含碳、氮的有机液体　常用的有三乙醇胺、苯胺、甲酰胺、甲醇 + 尿素等。不同的有机液体可以按比例预先混合好，通过滴量计通入炉内。此类渗剂多用于周期式作业的井式炉。

3. 通入式渗碳气氛 + 氨气　渗碳气氛可用城市煤气、吸热式气氛、天然气、丙烷、甲烷等。此类渗剂多用于连续式作业炉。

常用气体碳氮共渗剂的组成见表 12-16。碳氮共渗剂在共渗温度下除发生一般的渗碳、渗氮反应外，还会形成化学性质较活泼的氰氢酸（HCN），它能进一步分解 $2HCN \rightarrow H_2 + 2[C] + 2[N]$，产生活性碳、氮原子，从而促进共渗过程。

表 12-16 常用气体碳氮共渗剂的组成

类型	共渗剂组成
滴注式液态渗碳剂 + 氨气（体积分数）	1）煤油 + 20%～30% 氨气 2）甲苯或丙酮 + 2%～10% 氨气
滴注式液态含氮有机物（质量分数）	1）100% 三乙醇胺 2）20% 尿素 + 80% 三乙醇胺 3）20% 甲醇 + 80% 苯胺或甲酰胺
通入式渗碳气氛 + 氨气（体积分数）	1）70%～80% 城市煤气 + 20%～30% 氨气 2）98%（吸热式气氛 + 丙烷）+ 2%～3% 氨气

12.3.2.2 盐浴碳氮共渗剂

传统的盐浴碳氮共渗剂通常含有氰盐，所以习惯上称为氰化。常用的碳氮共渗盐浴配方（质量分数）为 15%～25% NaCN + 20%～30% Na$_2$CO$_3$ + 50%～60% NaCl。由于氰盐是剧毒物质，在我国已被禁止用于碳氮共渗盐浴。

采用尿素或尿素缩聚物替代氰盐的原料无毒盐浴碳氮共渗剂已在工业上成功应用。其中，最著名的是德国 Durofer 无氰盐浴碳氮共渗工艺，所用的盐浴再生剂 CeControl 由高聚碳素和氨基塑料冷凝物组成。目前成分已公开的几种原料无毒盐浴碳氮共渗剂的组成列于表 12-17 中，组成这些盐浴的原料虽然无毒，但其反应产物中仍含有少量氰化物，其废盐、废水需经处理达标后方可排放。

表 12-17 几种原料无毒盐浴碳氮共渗剂的组成

序号	共渗剂组成（质量分数）	备注
1	37.5% 尿素 + 25% Na$_2$CO$_3$ + 37.5% KCl	烟雾及气味大，盐浴成分稳定性差
2	10% SiC + 5%～10% NH$_4$Cl + 15%～20% NaCl + 60%～75% Na$_2$CO$_3$	氯化铵挥发性大，盐浴活性下降快
3	10%～25% 电玉粉 + 15%～25% Na$_2$CO$_3$ + 50%～70% NaCl	盐浴成分稳定性好，易于再生

12.3.2.3　固体碳氮共渗剂

固体碳氮共渗剂最早是在由木炭、碳酸盐组成的固体渗氮剂中加入含氮固体物质，如骨炭、亚铁氰化钾 $K_4Fe(CN)_6$（黄血盐）、铁氰化钾 $K_3Fe(CN)_6$（赤血盐）等均匀混合组成。目前商品骨炭已不易获得，而氰盐因有毒也很少采用。作为替代品，一些环保无毒的含氮固体化合物，如电玉、三聚氰胺等，已被用作固体碳氮共渗剂中的含氮组分。常用固体碳氮共渗剂的组成见表12-18。

表 12-18　常用固体碳氮共渗剂的组成

序号	共渗剂组成（质量分数）	备　注
1	$60\% \sim 80\%$ 木炭 + $20\% \sim 40\% K_4Fe(CN)_6$	装箱碳氮共渗，处理温度 800 $\sim 900℃$
2	$40\% \sim 50\%$ 木炭 + $20\% \sim 30\%$ 骨炭 + $15\% \sim 20\% K_4Fe(CN)_6 + 15\% \sim 20\% BaCO_3$	
3	80% 木炭 + 15% 电玉 + $5\% BaCO_3$	同上。渗剂环保无毒
4	85% 木炭 + 10% 三聚氰胺 + $5\% Na_2CO_3$	

12.3.3　渗氮剂

12.3.3.1　气体渗氮剂

常用的气体渗氮剂有液氨和氨气。液氨的技术要求见表12-3。渗氮用液氨应符合 GB 536—1988 一等品的规定，纯度大于 99.8%（质量分数）。氨气导入渗氮罐前，须先经过干燥剂脱水。渗氮过程中，氨的分解率是决定渗氮质量的主要因素，分解率过高或过低都不利于钢对活性氮原子的吸收，氨分解率通常控制在 20% ~ 60% 范围，此时气氛中活性氮原子多，零件表面可大量吸收。

渗氮气氛的氮势可通过用氮、惰性气体、氢或氨分解气稀释氨来调节。在氨气中通入氧、空气、二氧化碳以及它们的混合气，可加速渗氮过程。在渗氮罐中加入氯化铵，它在渗氮温度下分解出的氯化氢气体，可以除去工件表面的氧化膜，达到加速渗氮目的。这点对于不锈钢及耐热钢的渗氮特别有益。在氨气介质中加入含稀土氯化物的溶剂，除对渗氮起催渗作用外，还可改善渗层的韧性和疲劳强度。

为了减少渗氮层的脆性，在某些情况下，需要采用脱氮处理。脱氮通常是在完全分解的氨气气氛中于 520 ~ 560℃ 下进行。脱氮处理一方面有利于促使氮从表面去除，另一方面促使氮向基体扩散。表层中氮浓度的降低导致渗层组织中脆性 ε 相的消除，从而减小渗氮层的脆性而不改变它的硬度。

12.3.3.2　离子渗氮剂

离子渗氮剂一般用氨气、氢气与氮气的混合气或氨分解气作为气源，辉光放电时它们电离产生氮、氢离子。

用氨气进行离子渗氮，使用方便，但炉气成分无法调节，获得的化合物层为 $\varepsilon + \gamma$ 相结构，脆性较大，而且氨气在炉内的分解率受进气量、炉温、起辉面积等因素的影响较大，因此氨气一般用于质量要求不太高的工件的离子渗氮。采用热分解氨可以较好地解决上述问题，有利于提高产品质量。从氨分解炉中热分解出来的气体，氨分解率约为 75%，是氨气和氢气 + 氮气的混合气体。

离子渗氮也可以采用氮气作为气源，但如果炉气中没有氢气，则很难获得渗氮层；并且必须使用高纯度氮气 $[w(N_2) \geqslant 99.999\%]$，还必须保证设备达到很高的极限真空度。若炉气中存在一定氢气，氢离子可以起到去除工件表面氧化膜的作用，使渗氮能够顺利进行。用氮气、氢气的混合气体进行离子渗氮，还可以实现渗层相结构可控渗氮，其中氢气为调节氮势的稀释剂。当氮气与氢气的比例（体积比）在 1:9 ~ 9:1 之间变化时，对渗氮层厚度的影响不大，但可获得不同的渗层组织和性能。

为了减少离子渗氮层中化合物层的厚度，可在氨气中添加氩气稀释炉内的渗氮气氛。在氨气和氩气的混合气体中离子渗氮，所得到的渗层厚度比在纯氨中按最佳工艺渗氮处理时所得到的渗层厚。当混合气中氨气的体积分数小于 10% 时，可以得到很厚的扩散层而无化合物层的渗氮层。

12.3.3.3　固体渗氮剂

固体渗氮剂由供氮剂和填充剂组成，其中供氮剂一般占 5% ~ 15%（质量分数）。渗剂中常用的供氮剂为尿素、氯化铵、氟化铵等含氮化合物。它们在 500 ~ 590℃ 之间，能缓慢地分解出活性氮原子。常用的填充剂为多孔陶瓷粉、硅砂、氧化铝之类的稳定物质。供氮剂与填充剂均匀混合后，埋覆在工件周围装箱加热渗氮。

12.3.3.4　盐浴渗氮剂

盐浴渗氮工艺已有 70 多年的历史，早期的盐浴渗氮剂是以氰盐为主的高氰根盐浴，后来由于环境保护问题而逐步发展为采用氰酸盐、尿素、尿素的缩聚物来代替氰盐作为供氮剂和再生剂。上述盐浴中均含有氰根 CN^{-1} 或氰酸根 CNO^{-1}，因此，将其归入氮碳共渗（软氮化）的范畴更恰当。

在低熔点盐浴中，例如，50% $CaCl_2$ + 30% $BaCl_2$ + 20% NaCl 组成（质量分数）的低温盐浴（熔点约 440℃）中，导入氨气可以获得不含碳的纯渗氮层。这种盐浴渗剂无毒，所用设备简单，当要求渗氮层深度 ≤0.4mm 时，处理周期可比气体法缩短 30% ~50%。

12.3.4　氮碳共渗剂

氮碳共渗（又称软氮化）剂是组分中含有氮、碳元素，在共渗温度（500~600℃）下能对工件同时进行渗氮和渗碳，并以渗氮为主的介质。

12.3.4.1　气体氮碳共渗剂

气体氮碳共渗剂主要有以下三类：

（1）以氨气为主，添加吸热式气氛、放热式气氛、醇类裂解气、二氧化碳等任何一种气体组成的混合气。

（2）采用甲酰胺、乙酰胺、三乙醇胺、尿素等含氮有机物，与甲醇、乙醇等以不同比例配制的滴注式渗剂。

（3）炉外预先热分解或直接通入炉内尿素。

常用气体氮碳共渗剂的组成见表 12-19。

12.3.4.2　盐浴氮碳共渗剂

此类渗剂由基盐和再生盐组成。常用的基盐由氰酸钠、氰酸钾、碳酸钠、碳酸钾混合组成，盐浴的活性常用氰酸根 CNO 浓度来度量。再生盐用于调整盐浴成分，可将不断积累的碳酸盐转变为氰酸盐，以保持和恢复盐浴活性。早期的再生盐采用氰化钠或氰化钾，后逐步被氰酸盐和尿素所替代。目前常用的再生盐由密隆 [Melon，分子式 $(C_6N_9H_3)_n$]、氰尿酸

表 12-19　常用气体氮碳共渗剂的组成

类型	共渗剂组成	备　注
氨气 + 通入式气氛（体积分数）	50% NH_3 + 50% 吸热式气氛 50% ~ 60% NH_3 + 40% ~50% 放热式气氛 50% NH_3 + 50% 放热—吸热式气氛 50% ~ 60% NH_3 + 40% ~50% CH_4 或 C_3H_8	排出的废气中有剧毒的 HCN，应经处理后排放
滴注式渗剂（质量分数）	40% ~ 95% NH_3 + 5% CO_2 + 0 ~ 55% N_2	添加氮气有助于提高氮势和碳势
	50% 三乙醇胺 + 50% 乙醇 100% 甲酰胺 70% 甲酰胺 + 30% 尿素	渗氮活性大小顺序:尿素 > 甲酰胺 > 三乙醇胺
尿素	100% 尿素（直接加入 500℃ 以上的炉中或在炉外预先热分解后通入内）	完全分解时炉气组成（体积分数）为 25% CO + 25% N_2 + 50% H_2

$(CONH)_3$ 等含氮、碳元素的高熔点有机物组成。密隆是目前最理想的再生剂，它的再生有效元素氮和碳的质量分数高达 98.6%，再生效率为尿素的两倍多，其熔化温度与盐浴工作温度基本相同。盐浴氮碳共渗常与氧化、抛光工艺结合一起作复合处理，即 QPQ 处理工艺。几种典型的盐浴氮碳共渗剂的组成见表 12-20。

表 12-20　几种典型的盐浴氮碳共渗剂的组成

类型	盐浴组成（质量分数）或商品盐名称	再生剂组成（质量分数）	获得氰酸根 CNO^- 的方法	控制成分（质量分数）		备　注
				CNO^-	CN^-	
氰盐型	40% ~ 60% KCN + 40% ~60% NaCN	KCN 或 NaCN	$2KCN + O_2 \rightarrow 2KCNO$ $2NaCN + O_2 \rightarrow 2NaCNO$	40% ~48%	>20%	高氰盐浴，现已不用
氰盐-氰酸盐型（德国 Tenifer 工艺）	85% NS-1 盐（60% NaCl +40% KCNO）+ 15% Na_2CO_3	NS-1 盐（75% NaCN + 25% KCN）	通过氧化，使 $2CN^- + O_2 \rightarrow 2CNO^-$	42% ~ 48%	20% ~ 25%	工作时需不断通入空气，成分和处理效果稳定,但氰根含量高
尿素 + 碳酸盐	55% $(NH_2)_2CO$ + 45% Na_2CO_3 50% $(NH_2)_2CO$ + 30% K_2CO_3 + 20% Na_2CO_3	尿素	由尿素和碳酸盐反应生成: $2(NH_2)_2CO + Na_2CO_3 \rightarrow 2NaCNO + 2NH_3 \uparrow + CO_2 \uparrow + H_2O$	18% ~45%	5% ~ 10%	原料无毒，反应产物有毒，成分波动大，活性不稳定

（续）

类型	盐浴组成（质量分数）或商品盐名称	再生剂组成（质量分数）	获得氰酸根 CNO^- 的方法	控制成分（质量分数）		备　注
				CNO^-	CN^-	
有机聚合物型	德国 Degussa 商品盐 TF1（由碳酸盐与尿素反应合成）	REG-1（Melon）	xCO_3^{2-} + REG-1（或 Z-1）→$yCNO^-$ + $NH_3\uparrow$ + $zCO_2\uparrow$	33%～36%	≈2.5%	低氰盐浴,处理效果稳定
	国产基盐 J-2（由多种碳酸盐及尿素合成）	再生盐 Z-1（主要成分为含 N、C 有机聚合物）		35%～39%	<3%	

12.3.4.3　离子氮碳共渗剂

离子氮碳共渗剂一般由氨气（液氨）+含碳介质（乙醇、丙酮、二氧化碳、甲烷、丙烷等）组成。少量的碳有助于提高渗层硬度和耐磨性，但含碳介质增加到一定比例，渗层中将会出现 Fe_3C 而造成渗层硬度大幅度下降。所以，离子氮碳共渗气氛中的碳浓度应严格控制。通常情况下，氨气+含碳介质组成的离子氮碳共渗剂中，含碳介质的体积分数应控制在下列指标内：丙酮<1%，甲烷<3%，二氧化碳<5%，乙醇<10%。

12.3.5　渗硫剂

渗硫是一种不产生表面硬化效果，但具有优异的润滑效应和抗咬合磨损性能的表面减摩处理方法。目前用于工业的渗硫工艺主要有气体（离子）渗硫和低温盐浴（电解）渗硫工艺。

12.3.5.1　气体（离子）渗硫剂

气体或离子渗硫可采用固态硫蒸发形成的硫蒸气、硫化氢气体或二硫化碳气体作为渗剂。在普通气体渗氮炉或离子渗氮炉内即可进行低温（180～280℃）或中温（500～600℃）气体及离子渗硫。在渗硫气氛中，通入氢气或氩气有助于形成较厚的 FeS 层。几种常用气体渗硫介质的物理性质见表 12-21。

表 12-21　几种常用气体渗硫介质的物理性质

名称	相对分子质量	密度/(g/cm^3)	熔点/℃	沸点/℃	性状
硫（S）	32.06	2.07	-119	444.6	黄色晶状固体
硫化氢（H_2S）	34.08	1.19	-85.6	-60.7	有毒无色气体
二硫化碳（CS_2）	76.14	1.26	-111.6	46.3	易燃无色液体

12.3.5.2　低温盐浴（电解）渗硫剂

低温渗硫可以在熔融的液态硫或含硫水溶液中进行。低温电解渗硫是在硫氰酸钾、硫氰酸钠、硫氰酸铵（或硫脲）等含硫介质组成的低熔点盐浴中进行，零件为阳极，盐槽为阴极，在盐浴中添加少量的亚铁氰化钾和铁氰化钾，渗硫效果更显著。

低温盐浴渗硫具有处理温度低、时间短、工件不变形的特点，缺点是盐浴易老化，使用寿命短。几种常用低温盐浴渗硫剂的组成见表 12-22。

表 12-22　几种常用低温盐浴渗硫剂的组成

渗硫剂组成（质量分数）		工艺参数		
		温度/℃	时间/min	电流密度/(A/dm^2)
电解盐浴	75% KSCN + 25% NaSCN［可另加 0.1% $K_4Fe(CN)_6$ + 0.9% $K_3Fe(CN)_6$］	180～200	10～20	1.5～2.5
	70% Ca（SCN）$_2$ + 20% NaSCN + 10% NH_4SCN	180	10～20	4～5
	30%～70% NH_4SCN + 70%～80% KSCN	180～200	10～20	3～6
熔融硫浴	99% S（硫磺）+1% I（碘）	130～160	3～5h	加碘可降低硫浴粘度
水溶液	5% S + 45% NaOH + 50% H_2O	110～150	1h	150℃以上易形成 FeS_2

12.3.6　硫氮共渗及硫氮碳共渗剂

硫氮共渗与硫氮碳共渗是将渗硫与渗氮和氮碳共渗相结合的共渗工艺,其共渗层既具有渗硫层摩擦因数小,抗咬合与抗擦伤能力强的特点,又具有渗氮及氮碳共渗层高硬度、耐磨性好的优点。

12.3.6.1　气体硫氮共渗及硫氮碳共渗剂

此类渗剂是在气体渗氮及气体氮碳共渗剂的基础上加入少量含硫介质而组成的,常用气体硫氮共渗及硫氮碳共渗剂的组成见表 12-23。

表 12-23　气体硫氮共渗及硫氮碳共渗剂的组成

类型	共渗剂组成(质量分数)	备　注
硫氮共渗	0.5% ~ 10% H$_2$S + 90% ~ 99.5% NH$_3$	处理温度为 500℃时,渗层中硫含量随氨的增加而增加,600℃时,则随氨的增加而减少
硫氮共渗	1% ~ 2% SO$_2$ + 98% ~ 99% NH$_3$	由波兰首先开发,也可用于氧硫氮共渗,工艺温度 500 ~ 650℃,时间 1 ~ 4h
硫氮碳共渗	0.02% ~ 2% H$_2$S + 5% NH$_3$ + 氮基可控气氛(余量)	必要时可滴注煤油或苯以提高氮势
硫氮碳共渗	每升滴注式氮碳共渗剂(例如:70% 甲酰胺 + 30% 乙醇,或 50% 三乙醇胺 + 50% 乙醇)中,加入硫脲 8 ~ 10g	可同时通入适量氨气或二硫化碳

注:使用温度为 500 ~ 650℃。

12.3.6.2　离子硫氮共渗及硫氮碳共渗剂

离子硫氮共渗剂一般采用氨气和硫化氢的混合气体作渗剂,NH$_3$ 与 H$_2$S 的混合比(体积比)为 10:1 ~ 30:1。离子硫氮碳共渗剂可用氨气(或氨分解气)加入含碳气氛(如甲烷、丙烷等)及含硫介质(如硫化氢、二硫化碳)制备而成。共渗时,含硫介质的通入量不能过高,否则易造成工件表面疏松和渗层剥落。

12.3.6.3　盐浴硫氮碳共渗剂

盐浴硫氮碳共渗剂由基盐和再生盐组成,一般在盐浴氮碳共渗剂的基础上添加少量硫化物(通常为硫化钾 K$_2$S)作为催化剂。硫促使氰化物向氰酸盐转化,因此降低盐浴的氰根浓度,使无污染作业成为可能。硫的加入还可以在工件表面产生一定的疏松层,由此增加工件的抗咬合磨损性能。几种盐浴硫氮碳共渗剂的组成见表 12-24。

12.3.7　QPQ 复合处理工艺用盐

QPQ 复合处理工艺是德国 Haughton Durferrit 公司的专利工艺,它是盐浴氮碳共渗后在氧化盐浴中冷却(Quench)+ 表面抛光(Polish)+ 盐浴氧化(Quench)这一套复合处理工艺的简称,其工艺流程见图 12-1。同类工艺有法国 H. E. F 公司的 ARCOR 工艺和武汉材料保护研究所的 LTC 工艺。上述工艺的实质均为盐浴氮碳共渗(表面硬化)与盐浴氧化(表面钝化)以及抛光(表面精饰)相结合的处理工艺。经 QPQ 工艺处理的工件具有乌黑发亮的色泽和比常规渗氮及氮碳共渗、镀铬、镀镍等工艺更高的耐蚀性。几种商品 QPQ 复合处理工艺用盐见表 12-25。

表 12-24　几种盐浴硫氮碳共渗剂的组成

商品名称	基盐组成(质量分数)	再生剂	控制成分(质量分数)			备　注
			CNO$^-$	CN$^-$	S^{2-}	
俄罗斯 ЛИВТ-6а	57% (NH$_2$)$_2$CO + 38% K$_2$CO$_3$ + 5% Na$_2$S$_2$O$_3$	尿素	18% ~ 45%	5% ~ 10%	—	原料无毒,工作状态下不断形成氰根 CN$^-$,有较大毒性
法国 Sursulf	由 CR4 和 CR2 混配,其中 CR4 由含钠、钾、锂的氰酸盐与碳酸盐和微量硫化钾组成	CR2(为尿素缩聚物)	34% ~ 39%	≤0.8%	< 10 × 10^{-4}%	在盐浴中加入锂元素,使渗速大大加快。加入硫化钾可降低 CN$^-$ 的浓度,并稳定形成 ε 化合物层,增加抗磨性及疲劳强度
中国 LT	国产 J-1(成分与法国 CR4 相当)	Z-1(与法国 CR2、德国 REG-1 相当)	34% ~ 39%	0.1% ~ 0.8%	(10 ~ 20) × 10^{-4}%	

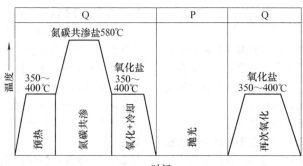

图 12-1　QPQ 工艺流程

表 12-25　几种商品 QPQ 复合处理工艺用盐

工艺名称	工艺用盐		备 注
	氮碳共渗盐	氧化盐	
德国 QPQ	基盐 TF1 再生盐 REG-1	AB1	氮碳共渗工艺:560~590℃×1~3h,用于获得耐磨渗层。氧化工艺:350~370℃×10~20min,用于增加渗层致密度,获得更耐磨蚀的美观黑色膜,并减少残盐的氰根浓度
法国 ARCOR	基盐 CR4(含硫) 再生盐 CR2	SL-1	
中国 LTC	基盐 J-2 再生盐 Z-2	Y-1	

12.3.8　渗硅剂

渗硅主要用于提高钢铁材料的耐蚀性、电工钢的导磁性,以及钼、钨、铜、铌、钛等非铁金属的抗高温氧化性能。

12.3.8.1　固体渗硅剂

供硅剂可采用硅粉、硅铁、碳化硅、硅钙合金等含硅物质的粉末。为防止渗剂烧结及粘附于工件表面,可向渗剂中加入氧化铝、氧化镁、耐火土、石墨等填充剂。活化剂可选用氯化铵、氟化钾、氟化钠等。几种固体渗硅剂的组成见表 12-26。

12.3.8.2　盐浴渗硅剂

通常以碱金属硅酸盐或中性盐为载体,并加入硅、硅铁、硅钙、碳化硅等含硅物质和氟化钠、氟硅酸钠等活性还原剂组成。几种盐浴渗硅剂的组成见表 12-27。

表 12-26　几种固体渗硅剂的组成

序号	渗硅剂成分（质量分数）	渗硅工艺		渗层深度/μm	备 注
		温度/℃	时间/h		
1	40%~60% FeSi70+38%~57% 石墨+3% NH$_4$Cl	1050	4	95~110 （中低碳钢）	渗剂松散,不粘附工件
2	80% FeSi65+8%~18% Al$_2$O$_3$+2%~12% NH$_4$Cl	1100	4	90~130 （中低碳钢）	活化剂加入量超过1%（质量分数）时,渗层中形成多孔的 Fe$_3$Si 相
3	97% Si+3% NH$_4$Cl	900~1050	4	50~120 （难熔金属）	用于钼、钨、钛、铌等金属抗高温氧化
4	40% Si+59% Al$_2$O$_3$+1% NH$_4$Cl	800~900	4	500~1000 （铜及其合金）	纯铜处理后耐 800℃ 高温氧化寿命提高 10 倍

表 12-27　几种盐浴渗硅剂的组成

序号	盐浴成分（质量分数）	处理工艺		渗层深度/μm	备　注
		温度/℃	时间/h		
1	33% Na₂SiO₃ + 50% NaCl + 17% SiC	950~1050	2~6	40~200（工业纯铁）	可获得无孔隙含硅铁素体
2	53% Na₂SiO₃ + 27% NaCl + 20% SiCa	950~1050	2~6	50~435（工业纯铁）	渗层组织为含硅铁素体 + 多孔 Fe₃Si 相
3	60% Na₂SiO₃ + 30% NaCl + 10% FeSi75	950~1050	2~6	45~310（工业纯铁）	渗层组织为含硅铁素体 + 多孔 Fe₃Si 相
4	33% NaCl + 33% KCl + 14% Na₂SiF₆ + 20% Si	900~950	6~10	20~35（Mo、W、Nb 等）	生成耐高温二硅化物层
5	35% NaCl + 35% BaCl₂ + 30% SiCa	950~1000	6~10	30~50（Mo、W、Nb 等）	生成耐高温二硅化物层

12.3.8.3　气体渗硅剂

常用气体渗硅剂为四氯化硅（SiCl₄）和甲硅烷（SiH₄），以氢气、氮气、氨气或氩气为载气，可在 900~1100℃温度下渗硅。在四氯化硅介质中渗硅时，所形成的渗层深度往往是不均匀的，且多孔、性脆，与基体结合不良。使用甲硅烷渗硅时，能使 20 钢获得致密无孔的含硅铁素体渗层。

12.3.9　渗锌剂

工业上常用的渗锌方法有在含锌粉末介质中渗锌和在熔融锌液中热浸渗（镀）锌两种。

12.3.9.1　粉末渗锌剂

粉末渗锌剂的主要成分是锌粉，其中加入氧化

铝、硅粉或氧化锌等填充物，防止锌粉烧结和粘附工件表面。渗剂中可以加入少量氯化铵、氯化锌或氯化锌铵作为活化剂加速渗锌过程。粉末法渗锌通常是在静止或转动的密封容器中进行，在氢气、氮气或真空中渗锌有助于提高渗速，并延长渗锌剂的使用次数。锌粉的密度为 7.14g/cm³，熔点为 419.4℃，是具有很强还原性能的活泼金属。粉末渗锌剂的使用温度一般在锌的熔点附近。渗剂使用多次后，其活性会降低，与此同时，渗剂的耐热性会得到一定程度提高，这就使渗锌过程可以在更高的温度下进行，而不必担心渗剂的烧结和熔化。为了保持粉末渗锌剂的活性，应定期补充一些新的锌粉（约5%~10%，质量分数）。常用粉末渗锌剂的组成见表12-28。

表 12-28　常用粉末渗锌剂和热浸渗锌剂的组成

方法		渗锌剂成分（质量分数）	处理工艺		渗层深度/μm	备　注
			温度/℃	时间/h		
粉末渗锌	1	50% Zn + 48%~49% Al₂O₃ + 1%~2% NH₄Cl	340~440	2~6	25~70	钢铁材料在 360℃以下渗锌，渗层呈银白色光泽，塑性好；380℃以上，渗层为浅灰色，塑性降低。用于铜及铝合金渗锌，可增加其耐磨性
	2	20%~50% Zn + 50%~80% Al₂O₃	340~440	2~6	30~80	
	3	50% Zn + 30% Al₂O₃ + 20% ZnO	340~440	2~6	20~70	
热浸渗锌	1	100% Zn，另加 0.1%~0.15% Al，≤1% Sn	450~500	0.1~5min	30~100	最佳锌液温度为 450~460℃，应避免在 490~530℃区间热浸渗，以防渗层出现脆性相及锌液溶铁过多
	2	95%~97% Zn + 3%~5% Al	450~500	0.1~5min	30~100	

12.3.9.2　热浸渗（镀）锌剂

目前最常用的是以锌为基，适量添加铝、镁、硅、锡、锑、铅和稀土等合金元素组成的熔融锌浴。其中铝是锌浴中最主要的合金元素，它可以显著提高渗层的耐蚀性和表面光泽度，并增加渗层的塑性；硅、镁可改善渗层在海洋及含硫工业大气环境下的耐蚀性；添加锡、锑、铅等元素有助于改善锌层的光泽，获得美丽的锌花。常用热浸渗锌剂的组成见表12-28。

热浸渗锌常用的助渗工艺是微氧化还原法（森吉米尔法）和熔剂法。微氧化还原法多用于带钢、薄板的连续式热浸渗。国内的铁塔构件、水暖及五金标准件等热浸渗锌件大多采用手工操作的熔剂法。助渗熔剂一般为氯化铵或氯化铵＋氯化锌水溶液。小五金件渗镀后，为防止锌层结瘤，可采用离心机甩去余锌，或快速淬入氯化铵水溶液中"爆炸"去除余锌。

12.3.10　渗铝剂

渗铝主要用于提高金属材料的抗高温氧化和耐磨蚀性能。目前用于工业生产的渗铝工艺有粉末渗铝、固体气相渗铝、料浆渗铝和热浸渗（镀）铝等。几种常用渗铝剂的组成见表12-29。

表 12-29　常用渗铝剂的组成

方法		渗铝剂组成(质量分数)	处理工艺		渗层深度/μm	备　注
			温度/℃	时间/h		
粉末渗铝	1	50% Al + 49.5% Al_2O_3 + 0.5% NH_4Cl	800~950	2~6	100~500	渗层较粗糙，且有铝粉粘连，已较少采用
	2	15% Al + 84% Al_2O_3 + 0.5% NH_4Cl + 0.5% KHF_2	850~1050	4~10	100 ~ 600 (中低碳钢) 30 ~ 50(镍基、钴基合金)	降低渗剂中铝粉含量，增加氧化铝含量或用铝铁合金代替纯铝粉，均可改善工件表面质量
	3	35% AlFe20 + 63.5% Al_2O_3 + 1% NH_4Cl + 0.5% KHF_2				
	4	98% ~ 99.5% Al(或 AlFe20) + 0.5% ~ 2% NH_4Cl				
	5	2% ~ 10% Al(粒度 5μm) + 0.1% NH_4Cl，余为 Al_2O_3，也可另加 0.1% NaF、0.1% KHF_3	860~950	5~8	10 ~ 35 (镍基合金)	用于涡轮叶片渗铝，通过采用超细铝粉、降低铝粉及活化剂加入量获得优良渗层。渗层厚度一般不超过38μm，以避免出现裂纹
固体气相法	1	99% ~ 99.5% AlFe30 (φ10 ~ φ30mm 块状) + 0.5% ~ 1% NH_4HF_2	950	1.5~5	5 ~ 20(镍基合金)	渗剂活化：将氟化氢铵溶于水后浸泡铝铁块，然后于300℃以下烘干。φ700 ~ φ900mm 炉罐内应放入经活化的铝铁块80 ~ 100kg，并通氩气保护加热
	2	96% ~ 99% AlFe20(150 目) + 1% ~ 4% NH_4Cl	950	2~5	16 ~ 22(镍基合金) 190 ~ 230 (铁锰铝合金)	用纯铝粉替换 Al-Fe 合金粉，渗速将增大 1 倍
料浆法	1	5% Al + 92% AlFe40 + 3% NH_4Cl + 粘结剂	950~980	6~8	30 ~ 45(镍基合金)	料浆厚度≥0.3mm，氩气保护加热
	2	10% Al + 40% AlFe30 + 45% Al_2O_3 + 5% NH_4Cl + 粘结剂	950	6~8	180 ~ 280 (铁锰铝合金)	
热浸渗(镀)	1	≤2.0% Si，≤0.05% Zn，≤2.5% Fe，≤0.3%杂质，余为 Al	700~780	0.5 ~ 12min	≥80	直接热浸渗铝的渗层外层为铝层，内层为铝铁合金层；浸渗后再经扩散处理的渗层全部为铝铁合金层
	2	4.0% ~ 10.0% Si，≤0.05% Zn，≤4.5% Fe，≤0.3%杂质，余为 Al	670~740	0.5 ~ 12min	≥40	

12.3.10.1 粉末渗铝剂

粉末渗铝剂由供铝剂、活化剂和填充剂组成。供铝剂通常采用铝粉、铝铁合金粉（铝质量分数为60%~80%）。活化剂（催渗剂）通常采用氯化铵或其他卤素化合物，如氟化铵、氟化氢铵、溴化铵、碘化铵、氟化钾、氟化氢钾、氟化铝等。填充剂可用煅烧过的氧化铝或高岭土。粉末渗铝可在密封的渗箱内进行。为了获得表面质量优良的渗铝零件，可将渗箱放在通氮气、氢气或氩气保护的渗罐内进行渗铝，这种方法可用改良的井式气体渗碳炉实现。零件经渗铝处理后，表面铝含量很高，有的达40%~50%（质量分数）左右，使渗铝层很脆。为了降低渗铝层的脆性和表面铝含量，渗铝后的零件有时要在900~1050℃保护气氛下进行4~15h的扩散退火。此时，渗铝层的厚度可增加15%~30%左右。

12.3.10.2 固体气相渗铝剂

固体气相渗铝剂是将固态铝粉、铝屑或铝铁粒与氟化氢铵、氯化铵等活化剂反应，生成气态卤化物，在渗铝炉罐内与零件发生气相化学反应，而分解出活性较大的新生态铝原子，在高温下渗入金属零件的表面。固体气相渗铝与粉末渗铝的机理是相同的，只是气相渗铝时零件与渗剂不直接接触，因此零件表面更光洁，而且消除了粉尘，提高了生产率。固体气相渗铝可以在井式气体渗碳炉内进行，最好采用氩气保护加热。

12.3.10.3 料浆渗铝剂

料浆渗铝剂由粉剂和粘结剂按比例混合并球磨而成。按形成渗铝层的原理可分为熔烧型和扩散型两类。熔烧型渗铝剂采用纯铝粉调制成浆料涂覆于零件表面，在高温下通过铝熔融成液态与零件表面互熔而形成渗铝层，其原理与热浸渗铝相同；扩散型渗铝剂则用铝粉或铝铁粉与填充剂、活化剂一起调制成浆料，在高温下通过气相化学反应生成活性铝原子渗入零件表面形成渗铝层，其原理与粉末渗铝相同。料浆法渗铝剂可采用硝基纤维素、醋酸纤维素等溶剂型粘结剂，也可采用聚乙烯醇、乙二烯等水基粘结剂。

12.3.10.4 热浸渗（镀）铝剂

热浸渗（镀）铝剂主要有纯铝和铝硅合金两种类型，其成分应满足GB/T 18592—2001《金属覆盖层 钢铁制品热浸镀铝 技术条件》的规定。

12.3.11 渗硼剂

金属材料可以在固态、液态（盐浴）和气态等三类活性介质中进行渗硼。欧美国家多采用固体渗硼，在我国固体渗硼和盐浴渗硼均有较多应用。目前，工业规模上很少采用气体渗硼。

12.3.11.1 固体渗硼剂

固体渗硼剂分为粉末、粒状和膏状三类。粉末固体渗硼剂由供硼剂、活化剂和填充剂组成，粒状和膏状渗硼剂还需加入水玻璃、纤维素、粘土或糖浆等粘结剂制成粒状和膏状。粒状渗硼剂可以减少粉末渗硼剂装箱操作时的粉尘，并减少渗硼工件表面渗剂的粘附和结块。膏状渗硼剂可以涂覆在工件局部表面，在装箱或保护气氛加热条件下实现局部渗硼。

供硼剂是在渗硼过程中提供活性硼原子的组分，几种常用供硼剂的物理性质列于表12-30。其中在我国使用较多的是硼铁、硼砂和碳化硼。不同的供硼剂硼含量不同，因而在渗硼剂中所占的比例也不同。碳化硼硼含量高，易于获得厚的渗层和脆性较大的双相（$FeB + Fe_2B$）渗层组织；硼铁合金粉和硼砂则容易得到单相 Fe_2B 或以 Fe_2B 为主的渗硼层，渗层脆性较低。目前国内使用的商品固体渗硼剂主要是以硼铁或硼砂为供硼剂的粒状渗硼剂。渗硼的活化剂能在渗硼温度下与供硼剂反应促进活性硼原子产生，提高渗速。常用的活化剂有氟硼酸钾、氟铝酸钠、氟硅酸钠、氟化钙、氟化铝、氯化铵、碳酸钠、碳酸氢铵等。其中氟硼酸钾和氟硅酸钠在国内应用的较广，氟铝酸钠、氟化铝和碳酸盐在欧美应用较多。采用后者的优点是在渗硼过程中放出的有毒氟化物烟气较少，而且不易造成渗硼剂结块。当渗硼剂以硼砂为供硼剂时，还需加入硅、钙、铝、硅铁或铝铁等还原剂以产生活性硼原子。固体渗硼剂中的填充剂主要用于调节硼势、防止渗剂烧结和氧化，常用碳化硅、氧化铝、氧化镁、碳粉、石墨等。固体渗硼剂应符合JB/T 4215—2008《渗硼》的技术要求。常用固体渗硼剂的组成见表12-31。

表 12-30　常用供硼剂的物理性质

名称	化学式	硼含量（质量分数,%）	密度/（g/cm³）	熔点/℃
非晶态硼	B	95~97	2.35	2050
碳化硼	B_4C	78	2.51	2450
硼铁合金	Fe-B	≥17	7.6~7.8	>1150
硼酐	B_2O_3	37	2.46	450
无水硼砂	$Na_2B_4O_7$	20	2.37	740

表 12-31　常用固体渗硼剂的组成

类别	渗剂组成(质量分数)	渗硼工艺		渗硼层	
		温度/℃	时间/h	层深/μm	组织
粉状或粒状	5% B_4C + 5% KBF_4 + 90% SiC	850 ~ 950	4 ~ 6	60 ~ 150	FeB + Fe_2B
	2% B_4C + 5% KBF_4 + 93% SiC	850 ~ 950	4 ~ 6	30 ~ 80	Fe_2B
	98% ~ 99% B_4C + 1% ~ 2% AlF_3	850 ~ 950	4 ~ 6	60 ~ 200	FeB + Fe_2B
	5% KBF_4 + 25% FeB20 + 70% SiC	850 ~ 950	4 ~ 6	50 ~ 85	Fe_2B
	5% Na_3AlF_6 + 25% FeB20 + 70% Al_2O_3	850 ~ 950	4 ~ 6	50 ~ 85	Fe_2B
	3% Na_2CO_3 + 7% Si + 30% $Na_2B_4O_7$ + 60% 石墨 + 粘结剂	900 ~ 960	4 ~ 6	60 ~ 100	Fe_2B
	20% FeB20 + 20% $Na_2B_4O_7$ + 15% KBF_4 + 45% SiC + 粘结剂	850 ~ 950	4 ~ 6	60 ~ 120	Fe_2B + FeB
膏状	40% B_4C + 40% 高岭土 + 20% Na_3AlF_6 + 乳胶	800 ~ 1000	4 ~ 6	40 ~ 150	FeB + Fe_2B
	50% B_4C + 35% NaF + 15% Na_2SiF_6 + 桃胶液	900 ~ 960	4 ~ 6	60 ~ 120	FeB + Fe_2B
	50% B_4C + 25% CaF_2 + 25% Na_2SiF_6 + 胶水	900 ~ 950	4 ~ 6	80 ~ 100	FeB + Fe_2B

12.3.11.2　盐浴渗硼剂

盐浴渗硼剂是在以硼砂或硼砂与硼酸的混合盐为基盐的熔融盐浴中，加入还原剂而组成。常用的还原剂有碳化硅、铝、镁、硅铁、硅钙合金、硼铁、碳化硼等，其中硼铁和碳化硼还可作为渗硼盐浴的供硼剂。为了提高盐浴的流动性，通常加入一定比例的氯化物（NaCl、KCl）、氟化物（NaF、KF）及碳酸盐（Na_2CO_3、K_2CO_3）等作为稀释剂。硼砂盐浴渗硼剂具有成本低、效率高、渗后可直接淬火等优点，但也存在盐浴粘度大、工件表面粘附残盐不易清洗、渗硼能力易衰减老化等缺点。根据实践经验，采用碳化硼、镁粉或稀土金属作为还原剂，与以往常用的铝粉或碳化硅还原剂相比，可以在不增加盐浴粘稠度的条件下达到还原效果。

在中性基盐（NaCl、KCl、$BaCl_2$ 等）中加入碳化硼或硼砂及还原剂组成中性盐浴渗硼剂，可以很好地改善盐浴流动性以及工件渗硼后表面残盐的清洗状况，但目前尚未在工业中大量应用。常用盐浴渗硼剂的组成见表 12-32。

表 12-32　常用盐浴渗硼剂的组成

类别	渗剂组成(质量分数)	渗硼工艺		渗硼层	
		温度/℃	时间/h	层深/μm	组织
硼砂盐浴	75% $Na_2B_4O_7$ + 15% Na_2CO_3 + 10% B_4C	850 ~ 1000	4 ~ 6	50 ~ 160	FeB + Fe_2B
	70% $Na_2B_4O_7$ + 10% NaF + 20% SiC	900 ~ 1000	5 ~ 8	60 ~ 100	Fe_2B
	80% ~ 85% $Na_2B_4O_7$ + 10% NaF + 5% ~ 10% Al	900 ~ 1000	5 ~ 8	60 ~ 150	Fe_2B + FeB
	60% $Na_2B_4O_7$ + 15% H_3BO_3 + 15% Na_2CO_3 + 10% FeSi75	850 ~ 1000	5 ~ 8	60 ~ 100	Fe_2B + FeB
	40% $K_2B_4O_7 \cdot 5H_2O$ + 20% H_3BO_3 + 15% NaF + 15% K_2CO_3 + 10% Mg	800 ~ 1000	4 ~ 6	40 ~ 180	FeB + Fe_2B
中性盐浴	80% NaCl + 15% $NaBF_4$ + 5% B_4C	850 ~ 950	3 ~ 6	40 ~ 100	Fe_2B + FeB
	24% $Na_2B_4O_7$ + 12% FeB20 + 26% NaCl + 38% $BaCl_2$	900 ~ 950	3 ~ 6	40 ~ 80	Fe_2B

12.3.12　渗铬剂

渗铬主要用于提高零件的耐磨性、抗高温氧化性和耐蚀性。对于碳质量分数小于 0.3% 的低碳钢进行的渗铬为软渗铬，渗层组织主要为高铬固溶体，硬度为 200 ~ 250HV0.1，可提高零件的耐蚀性和耐高温氧化性；对于碳质量分数大于 0.3% 的中、高碳钢及预渗碳、预渗氮钢进行的渗铬为硬渗铬，渗层组织为铬的碳化物或氮化物，硬度为 1200 ~ 1800HV0.1，既耐磨损，又耐腐蚀和高温氧化。工业应用的渗铬工艺主要有固体渗铬、固体气相渗铬和盐浴渗铬。

12.3.12.1　固体渗铬剂

固体渗铬剂主要由供铬剂、活化剂和填充剂组成。供铬剂常用铬粉、铬铁粉、三氧化二铬等。活化剂可以采用氯化物（NH_4Cl、$AlCl_3$、$NaCl$）、氟化物（NH_4F、AlF_3、KF、NaF、KHF_2）、溴化物（NH_4Br）和碘化物（NH_4I、NaI）等卤素化合物中的一种或几种，它们在高温下分解为活性气态介质，既起着排出渗铬箱内空气的作用，又能促进铬原子与零件表面接触，加速渗铬过程。填充剂一般采用氧化铝、陶土、高岭土等耐热材料。含有较多疏松孔隙的陶土是较好的填充剂，它在渗铬过程中可以吸收较多的渗铬介质，使活化剂的反应速度较为平缓，并且在渗铬剂再次使用时释放出吸收的活性介质，从而延缓渗剂的老化变质。通常认为采用碘化物作为活化剂效果最好，这是因为反应形成的 CrI_2 是不稳定的，CrI_2 在冷却过程中会分解析出碘和铬，使渗剂得以再生而保持活性。另外，碘化物对铁腐蚀性小，且不易潮解，因此渗层表面更光洁。常用固体渗铬剂的组成见表 12-33。

表 12-33　常用固体渗铬剂的组成

序号	渗铬剂组成（质量分数）	处理工艺		渗层深度/μm	备　注
		温度/℃	时间/h		
1	60% FeCr65 + 39.8% 陶土 + 0.2% NH_4I	980 ~ 1100（低碳钢）	5 ~ 10	25 ~ 100（渗层为 α 固溶体）	英国 D.A.L 法；加碘盐有助于渗剂抗老化
2	60% Cr + 37% Al_2O_3 + 3% HCl	850 ~ 1000（中高碳钢）			盐酸法；将盐酸与铬粉混合反应生成 $CrCl_2$
3	50% ~ 60% Cr（或 FeCr70）+ 38% ~ 49% Al_2O_3 + 1% ~ 2% NH_4Cl（或 NH_4F）			5 ~ 25（渗层为碳化物）	铵盐法；渗层中出现 Cr_2N 相，对渗层疲劳性能有不良影响
4	50% ~ 60% Cr + 35% ~ 48% Al_2O_3 + 2% ~ 5% AlF_3	900 ~ 1000（或 $AlCl_3$）	5 ~ 10	10 ~ 50	不含铵盐，用于各类碳钢及合金钢
5	60% Cr（或 FeCr70）+ 2% ~ 5% NH_4Cl + 0 ~ 5% KBF_4 + 1% ~ 2% NH_4F + Al_2O_3（余量）	900 ~ 1000	5 ~ 8	10 ~ 30	添加粘结剂制成粒状使用
6	75% Cr + 25% Na_3AlF_6 + 硅酸乙酯　97% Cr + 3% NH_4Cl + 硅酸乙酯	1000 ~ 1200	2 ~ 3min	25 ~ 75（低碳钢）	调成膏状，涂覆于工件表面高频感应加热，实现快速局部渗铬
7	国产商品渗铬剂：MCR100（以钒和稀土改性的铬合金渗剂）、再生剂 RE100（由稀土化合物及碘盐组成）	850 ~ 1000	4 ~ 6	30 ~ 100（低碳钢）　10 ~ 20（中高碳钢）	可重复使用 15 ~ 20 次，成本低。渗铬表面光洁致密，抗剥落及抛光性优异，渗层硬度为 1200 ~ 1800HV0.1

近年来，随着渗铬技术工业化应用的日益广泛，对渗铬产品的表面质量提出了越来越高的要求。许多用于耐磨、耐蚀场合的精密零部件，不仅要求高的表面硬度，而且要求达到镜面的表面粗糙度，这就对渗铬层的抛光性能提出了很高要求。例如，高速微电动机心轴、纺织机械导纱钩、植绒针、钢领等小型、大批量的精密零件，如采用渗硼或纯渗铬的方法，均很难避免零件在抛光过程中经受高速研磨、撞击而产生渗层表面剥落、麻点等缺陷，无法稳定获得镜面抛光效果。合金化渗铬技术因此应运而生，例如，采用添加少量钒、钛等元素的铬合金粉末作为供铬剂，不仅可以降低渗层的脆性，而且使渗层具有更好的抗剥落性和抗疲劳性能。采用碳化铬（Cr_3C_2）、碳化铝（Al_4C_3）等含碳介质作为填充剂，不仅可以防止零件因渗罐密封不严造成氧化、脱碳、漏渗等渗铬缺陷，而且更易获得希望获得的 Cr_7C_3 型 [$w(C)$ 为 9%] 碳化物层，而不是 $Cr_{23}C_6$ 型 [$w(C)$ 为 5.68%] 渗层。Cr_7C_3 的硬度约为 1700 ~ 2300HV0.1，而 $Cr_{23}C_6$ 则低得多，为 1100 ~ 1300HV0.1，在抛光和使用过程中，往往是渗铬层中最外层的 $Cr_{23}C_6$ 层先剥落而造

成表面缺陷。

12.3.12.2　固体气相渗铬剂

通常采用铬或铬铁 + 氟化铵或氯化铵等固体粉末或颗粒混合物，在高温下通入氟化氢、氯化氢、氯气、氢气等与之反应，生成活性气态 CrF_2、$CrCl_2$ 等含铬卤化物蒸气。卤化物蒸气在工件表面发生热化学反应析出活性铬原子，并不断向工件内扩散。由于渗剂不与工件直接接触，因此工件表面没有粘附的渗剂颗粒，表面质量很好。然而，由于采用 H_2、Cl_2、HCl 这类易爆有毒的气体，无疑阻碍了气相渗铬的工业应用；而且，碳含量较高的钢在气相介质中渗铬时，经常有某种程度的表面脱碳现象发生，渗层的硬度也较低。几种固体气相渗铬剂的组成见表 12-34。

表 12-34　固体气相渗铬剂的组成

序号	渗铬剂组成（质量分数）	处理工艺		渗层深度/μm	备　注
		温度/℃	时间/h		
1	30% ~ 60% Cr + 40% ~ 60% 高岭土 + 3% ~ 10% NH₄F + H₂	1050 ~ 1100	2 ~ 6	50 ~ 100（低碳钢）	法国 ONERA 法。渗罐底部放置粉状渗剂，顶部通氢气
2	60% Cr（或 FeCr65） + 20% Cr₂O₃ + 18% Al₂O₃ + 2% NH₄Cl + H₂	1050	12	35 ~ 55	日本专利。装箱后定时通入氢气。用于低碳钢、不锈钢
3	CrCl₂ + N₂（或 H₂ + N₂）	1000	4	40	日本专利，用于 42CrMo 钢。氯化亚铬（CrCl₂）需预先制备
4	Cr（或 FeCr70） + H₂ + HCl	1000 ~ 1100	5 ~ 6	20 ~ 100	将氢气通过发烟盐酸形成 H₂ + HCl 混合气再通入渗罐。有爆炸危险
5	Cr（或 FeCr70） + Cl₂ 或 HCl	1000 ~ 1100	5 ~ 6	20 ~ 80	不含氢气，无爆炸危险；但有毒性和腐蚀性

12.3.12.3　盐浴渗铬剂

盐浴渗铬剂分氯化物盐浴和硼砂盐浴两种类型。氯化物盐浴通常采用氯化钡、氯化钠或它们的混合盐作基盐；硼砂盐浴可以采用四硼酸钠、四硼酸钾或它们的混合盐作基盐。供铬剂常采用铬粉（Cr）、氧化铬（Cr_2O_3）或氯化亚铬（$CrCl_2$）。在盐浴中加入铝粉、硅钙稀土合金、碳化铝等还原剂，以保持渗铬盐浴的活性。

研究表明，在由氯化物组成的中性盐浴中加入 $CrCl_2$ 获得的渗铬结果最稳定，加入 $CrCl_3$ 则不能发生渗铬过程。市场上很少有商品 $CrCl_2$ 供应，通常是将工业 $CrCl_3$ 还原为 $CrCl_2$。这一过程可以采用将 $CrCl_3$ 与 NH_4Cl 混合在一起，加热至 800 ~ 830℃ 进行反应来完成，反应产物基本上是 $CrCl_2$。采用中性盐浴渗铬的缺点是盐浴对坩埚的腐蚀较为严重。在硼砂盐浴中渗铬的工艺主要用于形成高硬度的碳化物层，这种工艺是 TD 工艺的一种。常用盐浴渗铬剂的组成见表 12-35。

表 12-35　常用盐浴渗铬剂的组成

序号	渗铬剂组成（质量分数）	处理工艺		渗层深度 /μm	备　注
		温度/℃	时间/h		
1	5% ~ 15% Cr（或 FeCr65） + 85% ~ 95% Na₂B₄O₇	950 ~ 1050	4 ~ 8	5 ~ 20	硼砂盐浴粘稠度较大，工件粘盐较多
2	10% ~ 15% Cr₂O₃ + 5% Al + 80% ~ 85% Na₂B₄O₇			5 ~ 20	
3	15% ~ 20% Cr₂O₃ + 5% Al + 10% NaF + 65% ~ 70% Na₂B₄O₇	900 ~ 1000	4 ~ 8	5 ~ 20	加入 NaF，增加盐浴流动性
4	20% ~ 30% CrCl₂ + 70% ~ 80% BaCl₂				
5	20% Cr（经盐酸活化） + 20% NaCl + 60% BaCl₂	950 ~ 1000	1 ~ 5	5 ~ 15	中性盐浴，渗速较快

12.3.13　渗钒剂

将碳含量较高［通常 $w(C) > 0.4\%$］的材料进行渗钒处理，可以获得具有高硬度、高耐磨性的表面碳化钒覆层。渗钒工艺可分为固体法、气体法和盐浴法三类，三类工艺常用渗钒剂的组成见表 12-36。

表 12-36　常用渗钒剂的组成

方法		渗钒剂组成（质量分数）	处理工艺		渗层深度/μm	备　注
			温度/℃	时间/h		
固体法	1	50% FeV50 + 48% Al_2O_3 + 2% NH_4Cl	950 ~ 1000	4 ~ 8	10 ~ 20	用于 $w(C) > 0.4\%$ 的各类钢及 $w(Co) \geqslant 10\%$ 的硬质合金
	2	50% FeV50 + 47% Al_2O_3 + 2% NH_4Cl + 1% CaF_2				
	3	60% FeV50 + 30% Al_2O_3 + 5% NaF + 5% NH_4Cl + 粘结剂	900 ~ 950	4 ~ 6	10 ~ 15	制成膏剂用于局部渗钒
	4	70% FeV50 + 5% Al_2O_3 + 5% B_4C + 10% KBF_4 + 10% CaF_2 + 粘结剂				
气体法		VCl_2 + H_2 + Ar	1000 ~ 1100	4 ~ 6	5 ~ 10	渗层均匀光洁，工艺较复杂，尚未工业应用
盐浴法	1	10% ~ 20% FeV50 + 80% ~ 90% $Na_2B_4O_7$	900 ~ 1100	4 ~ 8	5 ~ 15	硼砂盐浴，即 TD 工艺
	2	44.4% FeV50 + 22.2% KCl + 22.2% NaCl + 11.2% Al_2O_3	950 ~ 1000	4 ~ 7	5 ~ 15	中性盐浴
	3	10% V_2O_5 + 48.3% $BaCl_2$ + 20.7% NaCl + 9% NaF + 9% SiCaRE + 3% BaF_2				

12.3.13.1　固体渗钒剂

固体渗钒剂常采用钒铁粉作为供钒剂，再加入一定比例的氧化铝、氧化镁等惰性材料，以及氯化铵、氟化钠、氟化钙、氟硼酸钾等卤化物型的活化剂配成粉末渗剂，或再加入虫胶液、硝基纤维素等粘结剂可以制成膏状渗剂。通常将工件与渗剂一起装入密封容器内进行固体渗钒。碳化钒渗层的抗氧化温度约为500℃，因此，渗钒后应冷却至 500℃ 以下方能开盖取出工件。为了获得足够的基体硬度，渗钒后的工件一般要重新淬火。淬火加热时，要采取真空加热或保护加热的方法防止渗层氧化剥落。

12.3.13.2　气体渗钒剂

气体渗钒剂通常以气态 VCl_2 为供钒剂，以氩气为载体，并通入还原性气体氢气，通过反应：$VCl_2 + H_2 \rightleftharpoons V + 2HCl$ 而产生活性钒原子，在高温下与钢中碳结合成碳化钒覆层。VCl_2 工业上不易得到，可以通过 VCl_3 在 420℃ 加热的分解反应来制得：$2VCl_3 \rightarrow 2VCl_2 + Cl_2$。

12.3.13.3　盐浴渗钒剂

渗钒盐浴主要有中性盐浴（氯化物盐浴）和硼砂盐浴两种类型。硼砂盐浴渗钒又称 TD 覆层工艺，最早由日本丰田公司发明。熔融的硼砂具有溶解金属氧化膜的作用，可对工件表面清洁和活化，有利于钒原子的吸附和扩散。硼砂盐浴的缺点是粘度大，流动性差，处理后工件粘盐较多，既造成浪费，也给残盐清洗带来一定困难，而且硼砂对耐热钢坩埚有一定腐蚀性，使坩埚使用寿命受到一定限制。为了克服以上缺点，国内外均研究了以氯化钡、氯化钠、氯化钾等为基盐的中性盐浴渗钒工艺。中性渗钒盐浴粘度较小，流动性较好，并且可以采用内热式电极在耐火砖炉胆内进行。目前，应用于工业生产的盐浴渗钒剂多采用硼砂盐浴，中性盐浴的工业化应用还有待于生产检验。

12.3.14　渗钛剂

渗钛主要用于提高低碳钢的耐蚀性，以及提高中、高碳钢的耐磨性。渗钛可用固体、盐浴或气体法（CVD）进行。由于钛的化学性质十分活泼，它与氧的亲和力大于钒、铬、铌，采用常规固体法或盐浴法渗钛时，很难防止渗剂的氧化失效，因此渗钛的工业应用远不及渗铬、渗钒或渗铌广泛。目前制备钛的氮化物或碳化物覆层主要采用气相沉积的方法（CVD 或 PVD）。常用固体及盐浴渗钛剂的组成见表 12-37。

表 12-37　常用固体及盐浴渗钛剂的组成

方法	渗钛剂组成（质量分数）	工艺	渗层深度 /μm	备　注
固体法	75% FeTi30 + 15% CaF$_2$ + 4% NaF + 6% 盐酸	1000℃ × 6h	10 ~ 20	渗层主要为 TiC，硬度为 2400 ~ 3800HV
	50% FeTi30 + 40% Al$_2$O$_3$ + 5% NH$_4$Cl + 5% 过氯乙烯			
	50% FeTi45 + 46% SiO$_2$ + 2% CuCl$_2$ + 2% NH$_4$Cl			
盐浴法	40% FeTi45 + 40% NaCl + 10% Na$_2$CO$_3$ + 10% Al$_2$O$_3$	1000℃ × 5h	3 ~ 15	试验应用
	66.5% KCl + 28.5% BaCl$_2$ + 4% K$_2$TiF$_6$ + 1% Ti			

12.3.15　二元及多元金属共渗剂

对钢件同时进行两种或两种以上元素共渗时所用的介质称为共渗剂。实践证明，适当的二元或多元共渗可以提高工件表面的综合性能，达到渗入单一元素所不能满足的性能要求。常用二元及多元共渗剂的组成见表 12-38。

表 12-38　常用二元及多元共渗剂的组成

种类		共渗剂组成（质量分数）	特　性
硼基共渗	硼铝	20% B$_4$C + 60% FeAl65 + 14% Al$_2$O$_3$ + 4% Na$_2$B$_4$O$_7$ + 2% NH$_4$Cl	提高渗层的耐磨、耐热性能，多用于铝合金压铸、热挤压模具
		5% B$_4$C + 40% FeAl65 + 50% SiC + 2% KBF$_4$ + 3% AlF$_3$	
	硼铬	5% B + 50% FeCr60 + 44% Al$_2$O$_3$ + 1% NH$_4$Cl	改善渗硼层脆性，提高渗层耐蚀性和抗高温氧化性
		70% Na$_2$B$_4$O$_7$ + 15% B$_4$C + 15% Cr$_2$O$_3$	
铬基共渗	铬铝	45% Cr + 5% Al + 49% Al$_2$O$_3$ + 1% NH$_4$Cl	改善高温合金的抗高温氧化及抗高温腐蚀性能，用于燃气轮机部件
		50% CrAl + 49.5% Al$_2$O$_3$ + 0.5% NH$_4$F	
	铬铝硅	15% Cr + 5% Al + 79.4% SiC + 0.4% NH$_4$Br + 0.2% AlCl$_3$	
		30% Cr + 8% Al + 60% Al$_2$O$_3$ + 2% Si，另加 0.5% NH$_4$F，0.3% CrF$_3$	
	铬钒	40% FeCr60 + 20% FeV50 + 38% Al$_2$O$_3$ + 2% NH$_4$Cl	用于提高渗铬层的耐磨损和抗剥落性能
		10% Cr$_2$O$_3$ + 10% V$_2$O$_5$ + 75% Na$_2$B$_4$O$_7$ + 5% Al	

12.3.16　TD 超硬覆层处理剂

TD 覆层（Toyota Diffusion Coating）工艺是日本丰田汽车公司发明的一种金属表面强化方法，它是将工件浸入含有碳化物形成元素（Cr、V、Nb 等）的硼砂熔盐中加热，使工件基体中的碳与盐浴中的碳化物形成元素通过热扩散反应结合，形成 Cr$_7$C$_3$/Cr$_{23}$C$_6$、VC、NbC 等超硬碳化物覆层。TD 工艺在欧美被进一步发展后简称为 TRD（Thermo-Reaction Deposition/Diffusion Process）工艺，范围扩大为采用盐浴法、固体法及流态床法处理各类碳钢、合金钢、渗氮钢或碳氮共渗钢，使钢基体中的碳、氮元素与加热介质中的碳化物或氮化物形成元素（V、Nb、Ti、Cr、Mo、Ta、W 等）结合，形成牢固致密的碳化物、氮化物或碳氮化合物层。TD 工艺获得的表面硬化层的主要特点是：高硬度、低摩擦因数、耐磨损、耐腐蚀、与基体冶金结合、抗剥落。目前应用于工业的 TD 超硬覆层主要为盐浴法获得的 VC、NbC 及 Cr$_7$C$_3$ 层，并以 VC 覆层为主。VC 的硬度为 2600 ~ 3800HV，用于模具可提高寿命数倍到百倍。TD 覆层与其他几种表面覆层的性能对比见图 12-2 和表 12-39。

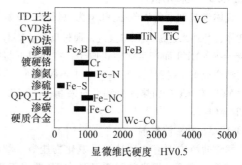

图 12-2　TD 覆层与其他几种表面覆层的硬度对比

表 12-39　不同表面处理工艺覆层性能对比

分类	TD	渗硼	热 CVD	PVD	镀硬铬	渗氮
处理方法	盐浴法	固体或盐浴	化学气相沉积	物理气相沉积	电镀	气体法
处理温度/℃	900 ~ 1000	900 ~ 1000	900 ~ 1000	400 ~ 600	40 ~ 80	500 ~ 600
覆层组织	VC	Fe_2B, FeB	TiC, TiCN	TiN, CrN	Cr	Fe-N
覆层厚度/μm	5 ~ 15	10 ~ 100	3 ~ 15	1 ~ 5	20 ~ 50	10 ~ 20
覆层硬度 HV	2600 ~ 3800	1200 ~ 1700	2300 ~ 3800	2000 ~ 2300	900 ~ 1000	900 ~ 1200
覆层结合力	优	优	良	差	差	良
耐磨损性	优	良	优	良	一般	一般
耐热性	一般	优	一般	一般	一般	良
工件变形	有	有	有	微	无	微

　　近年来，随着 TD 技术的不断发展，出现了硬度和耐磨性均高于普通 VC 覆层的多元合金化 TD 覆层工艺，例如美国 Arvin TD 中心的 NOVA3 工艺、Ionbond Surface Metallurgical 公司的 TD Plus 工艺、Richter 公司的 Tdkote Tri Cplus 工艺等。国内对 TD 技术的应用也日益重视，目前已有商品 TD 覆层处理剂供应。

　　TD 盐浴主要由硼砂基盐、碳化物形成元素、还原剂等组成。根据覆层种类，可选用 Fe-V、V_2O_5、Fe-Nb、Nb_2O_5、Cr、Fe-Cr、Cr_2O_3 等合金粉末或金属氧化物粉末，作为碳化物形成元素的供给物质。可采用 Al、Ca、B、B_4C、Fe-B、Fe-Al 等作为还原剂，加入盐浴中，以保持盐浴的活性。几种 TD 盐浴的组成及覆层性能见表 12-40。

表 12-40　几种 TD 盐浴的组成及覆层性能

序号	TD 覆层剂组成（质量分数）	覆层种类	覆层性能			备　注
			深度/μm	硬度[①] HV0.1	耐热温度/℃	
1	10% ~ 15% FeV50 + 85% ~ 90% $Na_2B_4O_7$ 10% V_2O_5 + 5% Al + 85% $Na_2B_4O_7$ 15% $NaVO_3$ + 5% B_4C + 80% $Na_2B_4O_7$	VC	5 ~ 15	2600 ~ 3800	500	用于拉深、冲压等冷作模具，可提高寿命数十倍
2	10% FeNb50 + 90% $Na_2B_4O_7$ 10% Nb_2O_5 + 5% Al + 85% $Na_2B_4O_7$	NbC	5 ~ 15	2800 ~ 3800	600	与 VC 覆层性能相近
3	10% Cr + 90% $Na_2B_4O_7$ 15% Cr_2O_3 + 5% Al + 80% $Na_2B_4O_7$	Cr_7C_3 + $Cr_{23}C_6$	5 ~ 20	1200 ~ 1700	900	耐磨损性低于 VC、NbC，耐高温性能优良，可用于热作模具、玻璃模具
4	ArVin TD Center Nova3（钒基三元共渗盐浴）	VC + 其他	5 ~ 15	4200 ~ 4600	—	合金覆层；超过以往任何工艺获得的覆层硬度
5	Ion bond TD-Plus（钒铌共渗盐浴）	VC + NbC	5 ~ 15	4000 ~ 4200	600	合金覆层；耐磨损及抗剥落性能优于单一 VC 覆层
6	国产 TD 覆层剂 TD105（钒基合金盐浴）	VC + 其他	5 ~ 15	2600 ~ 3900	600	微合金覆层；易抛光至镜面，硬度超过硬质合金。盐浴可无限重复使用，环保无污染。已实现工业应用

　　① 覆层硬度因基体材料不同会有一定差异。

TD 法是一种利用扩散过程的表面硬化工艺,碳化物覆层中的碳来自于工件基体中的碳元素向表面的扩散,因此要求工件基材的碳质量分数应在 0.4% 以上。

12.4　热处理涂料

12.4.1　热处理保护涂料

热处理保护涂料用于保护和防止金属材料在热处理和热成形等加工过程中,产生表面氧化、脱碳以及元素贫化和渗入,使金属产品质量得到保证。JB/T 5072—2007《热处理保护涂料一般技术要求》规定了金属热处理保护涂料的一般技术要求和涂料性能的检验方法。

良好的保护涂料应满足以下性能要求:

(1) 在常温下具有良好的涂覆工艺性和储存稳定性。

(2) 在工作温度下能形成连续、致密、耐高温的釉质保护层。

(3) 在高温下有较高的化学稳定性,对基体材料无腐蚀及化学反应作用。

(4) 热处理后易于去除。

(5) 环保无毒,价格便宜。

热处理保护涂料通常由粘结剂（低温成膜物质）、瓷釉剂（高温成膜物质）、填充剂及悬浮剂等组成。粘结剂用于将涂料各组分粘结成膜,并赋予涂料良好的流平性及涂覆性能。粘结剂含量一般控制在涂料固体总量的 7% ~20% (质量分数)。含量过高涂层易起泡,保护性差;含量过低涂层粘结强度低,不易涂覆。常用粘结剂有醇溶性酚醛树脂、虫胶、纯丙乳液、苯丙乳液、有机硅等有机物,以及硅酸钠、硅酸钾、硅溶胶、磷酸盐等无机物。瓷釉剂的主要作用是使涂料在高温下形成连续致密的釉质保护膜。瓷釉剂主要组成为玻璃料,通常占涂料固体总量的 50% (质量分数) 左右。玻璃料一般是由 SiO_2、B_2O_3、Al_2O_3、Na_2O、K_2O、SiC、B_4C 等融烧后粉碎研磨制成,或直接混配后球磨制成。填充剂主要用于调节涂层的软化温度和膨胀系数,并改善涂层的耐热性能。常用填充剂有 Cr_2O_3、TiO_2、MgO、Al_2O_3、ZrO_2、氧化稀土等高熔点氧化物,以及高岭土 ($Al_2O_3 \cdot 2SiO_2 \cdot 2H_2O$)、滑石粉 ($3MgO \cdot 4SiO_2 \cdot H_2O$)、莫来石粉 ($Al_2O_3 \cdot 2SiO_2$) 等天然矿物原料。悬浮剂用于防止涂料中密度大的组分沉淀结块,并调节涂料的粘稠度。常用悬浮剂有改性膨润土、增稠剂等。

目前市售商品保护涂料大多未公开成分,几种已知成分的热处理保护涂料组成见表 12-41,其中,玻璃料的组成见表 12-42。

表 12-41　几种热处理保护涂料的组成

型号	涂料组成(质量分数)	使用温度/℃	用　途
1 号	30.7% 03 玻璃料 + 22.1% 05 玻璃料 + 9.3% 氧化锌 + 2.5% 膨润土 + 20% 虫胶液 + 15.4% 醇基溶剂	650 ~700	用于钛合金处理及热成形,空冷自剥落
2 号	32% 03 玻璃料 + 20% 04 玻璃料 + 12% 云母氧化铁红 + 2.5% 膨润土 + 24.5% 虫胶液 + 9% 醇基溶剂	800 ~900	
3 号	20% 04 玻璃料 + 15% 11 玻璃料 + 8% 云母氧化铁红 + 4% 氧化铬 + 10% 滑石粉 + 3% 膨润土 + 20% 虫胶液 + 20% 醇基溶剂	850 ~950	用于合金结构钢淬火,油冷剥落
4 号	10% 03 玻璃料 + 10% 04 玻璃料 + 26% 11 玻璃料 + 6% 氧化铝 + 2% 氧化铬 + 4% 滑石粉 + 2% 膨润土 + 20% 虫胶液 + 20% 醇基溶剂	950 ~110	用于不锈钢及耐热合金热处理,空冷自剥落
5 号	3% 03 玻璃料 + 6% 04 玻璃料 + 35% 11 玻璃料 + 11% 钛白粉 + 3.0% 膨润土 + 21% 虫胶液 + 21% 醇基溶剂	850 ~900	用于合金钢热处理,热处理后自剥落
202	25% SiO_2 + 12.5% Al_2O_3 + 12.5% Cr_2O_3 + 19% SiC + 12.5% 钾长石 + 10% K_2SiO_3 + 水(余量)	800 ~1200	用于碳钢、合金钢高温合金热处理,热处理后自剥落
MP90	40% ~45% H_3BO_3 + 5% SiO_2 + 3% Al_2O_3 + 10% 乳胶 + 38% ~42% 水	650 ~900	用于碳钢及合金钢加热保护,涂层可水洗去除,热后工件表面为银白光亮

（续）

型号	涂料组成（质量分数）	使用温度/℃	用　途
MP100	$20\% \sim 25\% SiO_2 + 30\% \sim 35\% Al_2O_3 + 5\% \sim 8\% SiC + 3\% \sim 5\% Cr_2O_3 + 20\% \sim 25\% K_2SiO_3 + 10\% \sim 15\%$ 水	$900 \sim 1200$	用于结构钢、模具钢及不锈钢加热保护,涂层淬火自剥落
MP120	$40\% \sim 50\% SiO_2 + 12\% \sim 15\% Al_2O_3 + 8\% \sim 10\% ZnO + 8\% \sim 10\% MgO + 3\% \sim 5\% Cr_2O_3 + 10\% \sim 15\% K_2SiO_3 + 10\% \sim 12\%$ 水	$950 \sim 1250$	用于结构钢、模具钢热轧、卷制加热保护

表 12-42　玻璃料的组成

项　目		四种组成指标			
		05	03	04	11
成分（质量分数,%）	SiO_2	6	20	70	40
	B_2O_3	16	15	8	—
	PbO	75	50	—	—
	Al_2O_3	—	5	4	20
	$K_2O + Na_2O$	3	8	15	25
	TiO_2	—	2	—	—
	CaF_2	—	—	3	—
	SiC	—	—	—	15
熔炼温度/℃		$950 \sim 1000$	1100	1200	1350
熔炼时间/min		$20 \sim 30$	$40 \sim 60$	$180 \sim 240$	$420 \sim 480$
烧结温度/℃		$450 \sim 500$	$550 \sim 600$	$750 \sim 800$	$1050 \sim 1100$

12.4.2　化学热处理防渗涂料

热处理防渗涂料涂覆于工件局部需要防渗的部位,在化学热处理过程中起着阻止渗剂中的活性元素渗入工件表面的作用。防渗涂料主要由阻渗剂、粘结剂及悬浮剂等组成。按防渗作用可分为防渗碳、防碳氮共渗、防渗氮、防氮碳共渗、防渗硼、防渗铬及防渗铝涂料等。JB/T 9199—2008《防渗涂料技术条件》规定了防渗涂料的一般技术要求。

防渗涂料首先应具有显著的防渗性能,同时要求涂料在热处理后易于清除。防渗碳及防碳氮共渗涂料的防渗性能用阻硬率 h 表示,规定 $h \geqslant 80\%$ 为合格。h 值按下式计算:

$$h = [1 - (x - y)/y] \times 100\%$$

式中　y——工件心部硬度;

　　　x——工件防渗面硬度。

防渗氮及防渗铬、铝、硼涂料的防渗性能,以涂覆防渗涂料的工件防渗表面最高硬度不高于

320HV0.1 或 320HV10 为合格。

12.4.2.1　防渗碳（碳氮共渗）涂料

钢铁零件的局部渗碳和碳氮共渗是一种非常重要的热处理工艺。对于渗碳零件要求保持良好塑韧性的部位,通常不允许有渗碳层。以往在渗碳生产中,对不需要渗碳的部位,一般采用局部镀铜防渗,或预留加工余量,将工件整体渗碳后再局部切除渗碳层的方法。上述两种方法都存在很大的弊端:前者需要专门的电镀设备,且工艺繁琐,易造成环境污染;后者浪费材料和工时,且不易控制预留切除余量。作为一种简单易行的改进方法,防渗碳涂料近20年来在国内外得到了普遍应用。目前实际应用于工业生产的防渗碳涂料大多为专业厂家生产的商品涂料,一些涂料的防渗可靠性能已经超过传统的镀铜防渗工艺（见图12-3）。特别是以硼酸盐为基的水溶性防渗涂料,由于具有渗碳后残留涂层能在热水中方便地清除干净的特点,非常适合于在大批量连续渗碳生产中用于螺纹、内孔、软花键等部位防渗,目前已被国外福特、通用,国内一汽、二汽以及许多零部件制造商所采用。常用防渗碳及防碳氮共渗涂料的组成见表12-43。

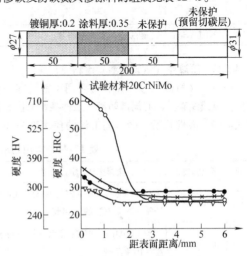

图 12-3　不同防渗碳工艺防渗效果对比

○—未保护　▽—涂料防渗
●—镀铜防渗　×—切除渗碳层

表 12-43 常用防渗碳及防碳氮共渗涂料的组成

序号	商品名称	涂料组成(质量分数)	稀释剂	涂层去除方式	性能特点
1	—	30% CuO + 20% 滑石粉 + 50% 水玻璃	水	喷砂或机加工	900 ~ 1000℃气体渗碳防渗
2	—	45% B_2O_3 + 5% TiO_2 + 10% 聚苯乙烯 + 40% 甲苯	甲苯	热水	950℃以下渗碳及碳氮共渗防渗
3	—	37% B_2O_3 + 5% TiO_2 + 8% CuO + 10% 聚苯乙烯 + 40% 甲苯	甲苯	热水	930℃以下渗碳及碳氮共渗防渗
4	国产 KT930	48.8% SiO_2 + 20.5% SiC + 6.8% CuO + 7.4% K_2SiO_3 + 16.5% 水	水	喷砂或机加工	930 ~ 950℃气体渗碳防渗
5	国产 KT128	29.6% Al_2O_3 + 22.2% SiO_2 + 22.2% SiC + 7.4% K_2SiO_3 + 18.6% 水	水	喷砂或机加工	1000 ~ 1300℃高温渗碳防渗
6	国产 AC100/AC106	10% ~ 15% TiO_2 + 30% ~ 35% 高岭土 + 8% ~ 10% $Na_2B_4O_7$ + 5% ~ 8% Cr_2O_3 + 25% ~ 30% K_2SiO_3	水	喷砂或机加工	850 ~ 1000℃气体或真空渗碳及碳氮共渗防渗
7	国产 AC200/AC201	40% ~ 50% H_3BO_3 + 10% ~ 15% $Mg(BO_2)_2$ + 25% ~ 30% 水性胶 + 水(余量)	水	热水	800 ~ 960℃气体或真空渗碳及碳氮共渗防渗。渗后涂层易清除,特别适用于螺纹内孔及花键部位渗层在 3mm 以内的防渗
8	德国 Condursal 0090	50% B_2O_3 + 25% 树脂漆 + 25% 二甲苯	二甲苯	热水	渗层 2mm 以内防渗。环保性较差
9	德国 Condursal G55	2.5% ~ 25% CuO + 10% ~ 25% Na_2SiO_3 + 硅酸盐填料(余量)	水玻璃液	喷砂或机加工	用于 6mm 渗层深度以内深层渗碳的防渗
10	德国 LUISO W31/W33/W35	硼酸盐 + 水性树脂漆	水	热水	热后涂层易于清除,为水性环保涂料
11	美国 Avion	硼酸盐 + 水性树脂漆	水	热水	

12.4.2.2 防渗氮（氮碳共渗）涂料

防渗氮（氮碳共渗）涂料主要用于钢铁零件在气体渗氮或氮碳共渗时局部防渗。工件某些部位经渗氮或氮碳共渗硬化后,会影响工件的使用寿命和质量,并增加机加工难度。为此,对于不需要渗氮的部位必须采取防渗保护。常用防渗氮及防氮碳共渗涂料的组成见表 12-44。

表 12-44 常用防渗氮及防氮碳共渗涂料的组成

序号	商品名称	涂料组成(质量分数)	稀释剂	涂层去除方式	性能特点
1	德国专利	35% ~ 65% Sn + 25% ~ 55% Cu + 10% ~ 20% 聚醋酸乙烯胶	溶剂	粉化刷除	500 ~ 600℃气体渗氮防渗
2	波兰专利	50% B_2O_3 + 20% 高岭土 + 20% 有机胶 + 10% 溶剂	溶剂	水洗	500 ~ 680℃气体渗氮及氮碳共渗防渗
3	美国专利	66% 高岭土 + 12% Na_2SiF_6 + 22% 水玻璃	水	喷砂	580℃盐浴氮碳共渗防渗

（续）

序号	商品名称	涂料组成（质量分数）	稀释剂	涂层去除方式	性能特点
4	德国 CondursalN523	$Sn + Cr_2O_3 +$ 有机胶液	溶剂	钢刷或喷砂	500～580℃气体渗氮防渗
5	国产 AN560	$Sn + Cr_2O_3 +$ 水性胶液	水	粉化刷除	500～700℃气体渗氮或氮碳共渗防渗
6	国产 AN600P	$Sn + Cr_2O_3 + TiO_2 +$ 有机胶液	水	粉化刷除	500～650℃离子渗氮防渗
7	国产 AN700	35%～45% SiO + 15%～20% PbO + 5%～10% B_2O_3 + 10%～15% Cr_2O_3 + 20%～30% Na_2SiO_3	水	—	用于渗氮罐内壁抗老化，提高氨分解率

12.5　淬火冷却介质

12.5.1　水及盐溶液

水不仅价廉易得，无残留，而且可通过不断补充控制液温。水作介质，环保安全（无烟，无毒，无火灾危险），但亦有以下不足之处：

1）淬火槽、工装吊具容易锈蚀。

2）系统可能滋生细菌。

3）冷却特性较差。

添加防锈剂能改善防锈性能，添加杀菌剂可抑制细菌滋生。

水冷却特性差表现在以下几方面：

1）水温升高，蒸汽膜阶段显著加长，最大冷却速度急剧降低（见图 12-4），工件淬火可能产生软点或硬度不足。

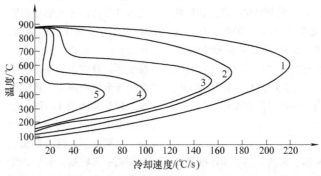

图 12-4　温度对水冷却特性的影响

1—20℃　2—40℃　3—60℃　4—80℃　5—100℃

注：对水进行强烈搅拌。

2）蒸汽膜稳定性与工件表面粗糙度有关，在平面或光滑表面上吸附性强，但在尖角、粗糙表面、缺陷及截面变化处，蒸汽膜易破裂，进入沸腾阶段，工件各部冷却差异加大，增加变形和开裂倾向。

3）对流冷却速度大，与矿物油相比，水在对流阶段冷却速度大，马氏体相变残余应力大，变形和开裂危险明显变大，如图 12-5 所示。

为降低水淬火冷却时蒸汽膜的稳定性，可采取如下措施：

1）有效冷却，保持较低水温。

2）加强搅动。

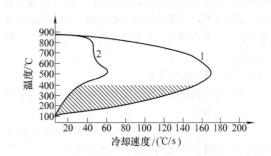

图 12-5　水对流阶段冷速过快

1—水　2—常规冷速油

注：温度为 40℃，强烈搅拌。

3）添加无机盐或碱。通常使用的无机盐或碱有：NaCl，典型质量分数为10%；NaOH，典型质量分数为3%。淬火过程中，微小盐晶沉积在工件表面并在局部高温下剧烈振荡，产生强烈扰动，破坏了蒸汽膜或降低其稳定性，冷却速度快而均匀。NaCl腐蚀系统装置，并有一定的环境毒性，应限制或停止使用。目前已有专用盐类，如好富顿公司生产的AQUA-Rapid A等。

通过控制温度、有效搅拌及使用盐类添加剂，能降低水冷却蒸汽膜的稳定性，但却难以改善对流阶段冷却速度大的缺点，故水冷淬火工件应尽可能形状简单、无尖角，无易造成应力集中的部位，无缺陷等。一般仅局限用于低碳钢、低合金钢、低合金渗碳钢的淬火冷却及表面局部淬火冷却，或非常厚大截面工件的淬火冷却。

实际生产中还有使用氯化钙和硝盐溶液的，以期部分改善水对流冷却速度快的缺陷。氯化钙溶液的冷却性能与浓度和液温有关，在一定程度上能减少工件变形与开裂，较适合小件、薄形、形状复杂及容易淬裂的结构钢和低合金钢零件等，对大件的淬火效果还需要观察。如果搅拌不足，容易出现淬不硬和淬不透的情形。对三硝水溶液，通常使用饱和溶液，如可用配方（质量分数）：25% $NaNO_2$ + 20% $NaNO_2$ + 20% KNO_3 + 35% H_2O。配制时，需注意控制溶液密度。碳钢淬火时，密度控制在 1.40 ~ 1.45g/cm^3；低合金钢淬火可较高一些，一般为 1.45 ~ 1.50g/cm^3。亚硝酸盐可能形成致癌物，应严格限制使用。

12.5.2　淬火油

在发现石油前，植物油、鱼油、动物油特别是鲸鱼油都曾作为淬火冷却介质使用过。大约在1880年，好富顿公司率先开发了第一代矿物油基的淬火油。高品质淬火油需选用高温稳定性好的基础油，配以精选润湿剂和致冷剂以获得所需要的冷却特性；在此基础上，还需要添加性能良好的抗氧化剂，以保证能在高温下长时间连续使用。为方便其后的水洗操作，还可添加乳化剂。

12.5.2.1　淬火油的分类

可依冷却速度、使用温度和残留去除难易程度对淬火油进行分类。

1. 按冷却速度分类　淬火油冷却速度大小直接影响淬后硬度和淬硬层深度。按冷却速度大小，淬火油分为：普通、中速、快速三个级别。

（1）普通淬火油。一般不含致冷剂，冷却速度缓慢，淬火变形小。通常用于淬透性足够高的材料。高合金钢及工具钢大都选用普通淬火油淬火。

（2）中速淬火油。添加有致冷剂，冷却速度适中。被广泛用于中、高淬透性及对变形有较高要求工件的淬火冷却。

（3）快速淬火油。添加有特殊致冷剂，冷却速度快。用于低淬透性工件或大截面中等淬透性及要求较高强度的工件淬火冷却。

2. 按使用温度分类　淬火油使用温度高低直接影响淬火油使用寿命、淬火冷却速度、粘度及带出量、工件变形。

淬火油按使用温度分为冷油和热油或分级淬火油。

冷油设计在80℃以下使用，具有相对较大冷却能力。热油设计在高达200℃下使用，添加有高效抗氧化剂，淬火变形微小，也称为分级淬火油。

分级淬火是加热淬火冷却介质并保持在较高温度，一般为100~200℃，工件淬入介质中后持续到整个工件温度达到平衡状态，然后取出空冷至室温的过程。

工件在淬火冷却过程中，表面比心部冷却快。当表面冷至 Ms 温度发生马氏体转变时，心部仍处于较高温度，有良好塑性，能够协同变形，故会随表面马氏体转变协同发生膨胀变形；继续冷却，当心部达到 Ms 温度发生马氏体转变时，周围已是一层转变了的硬而脆的马氏体"壳"，并不能随同心部发生协同膨胀变形，导致表面最终承受了心部给予的拉应力，称之为残余组织应力，其实质原因在于表面和心部因温度差异导致的相变不同时性。温度差异本身也会因热胀冷缩不同时性导致残余热应力。冷却时表面冷却快，收缩变形，但心部温度较高，仍具有变形塑性，会协同一起收缩，但当心部继续冷却收缩时，表面温度已经很低，塑性大为降低，无法协同收缩，因此，残余热应力的结果是表面承受心部给予的压应力。应力的作用结果是产生变形。以上分析说明，残余应力以及变形的根本原因是温度不同时性导致的相变不同时性和热胀冷缩不同时性，要减少变形，就要减少工件各部位的温度差异。热油或者分级淬火能够有效减少表面和心部的温度差异，从而能有效减少变形。如图12-6所示，表面和心部在冷却过程中存在较大温差，而图12-7显示，工件在热油或分级温度等温后，表面温度和心部温度趋于一致，再取出缓慢冷却，其表面和心部的温差会显著减少，残余应力和变形也会大幅降低。

热油在高温下使用，其配方及物理特性与冷油不同。基础油热稳定性要求高，并要配以性能优异的复合抗氧化剂，方能有效阻止或延缓其氧化和老化。热

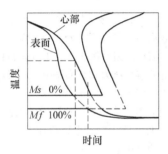

图 12-6　淬火冷却中的表面
与心部温度差异

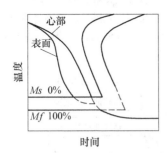

图 12-7　分级淬火减少表面与
心部温度差异

油还要有较高的闪点及粘度，淬火油的使用温度，至少要低于油的闪点 50℃。

3. 按去除的难易程度分类　有些应用条件下，要求淬火油易用水清洗，按照残油去除难易程度，可分为水洗淬火油和一般淬火油。水洗淬火油中加入乳化剂，不会明显影响油的冷却速度，但却可在清水中方便地洗去，不必使用碱性清洗剂或去脂溶剂。

12.5.2.2　淬火油的成分组成

淬火油由基础油和添加剂组成。目前所用基础油基本上都是矿物油基的。石油本身是一个混合物，没有固定化学成分和结构，性能相差悬殊。用作淬火油的基础油，重要的理化指标有粘度、粘温性质和氧化安定性。

基础油粘度与馏分的沸点和化学组成直接相关。馏分沸点高，粘度大。烃类中，环烷烃粘度较大，芳香烃次之，脂肪烃的粘度较小，异构烷烃粘度与正构烷烃相似。结构相似时，单、双环烷环的粘度比单、双芳香烃的粘度大。

淬火油基础油要求高粘度指数。粘度指数 VI 反映粘度随温度的变化。粘度指数高，则粘度随温度变化小，反之亦然。环烷基油粘度指数低；中间基油粘度指数适中，石蜡基油粘度指数最高。但目前利用深度加氢工艺和烯烃合成新工艺，能获得很高粘度指数 VHI 和超高粘度指数 UHI 的基础油。就烷烃结构而

言，正构烷烃的粘度指数可高达 180 以上，但凝点高，呈固体石蜡状，不能用于淬火；异构烷烃的粘度指数低于正构烷烃，凝点也随之降低，分子侧链多的异构烷烃粘度指数最低；环烷烃和芳香烃的粘度指数视它们的烷基侧链不同而变动。

基础油的氧化安定性对淬火油也是至关重要的。淬火油不断与热工件接触而氧化，铜、铁等金属又加速油氧化。氧化变质的淬火油不仅色泽变深，粘度和酸值增加，冷却性能恶化，还会有油泥、积碳产生。基础油中烷烃比较稳定，而环烷烃和芳香烃则较易氧化。虽然饱和烷烃比较稳定，但在较高的温度下，也可氧化生成低分子的醇、醛、酮或酸（羧酸）等含氧化合物；带支链的异构烷烃氧化生成羟基酸，深度氧化后，生成胶状沉淀的氧化缩合产物。环烷烃的氧化一般在环与侧链连接的叔碳原子处发生，然后扩展至相邻碳原子处，最终导致环断裂，生成羟基酸、醛（酮）、酸等，进一步氧化还会生成内酯和高分子聚酯。带长烷基侧链的环烷烃，氧化近似于烷烃，环烷烃的环数越多，越易氧化。芳香烃的氧化产物主要是有机酸、胶质和沥青质；带长烷基侧链的芳香烃，侧链的氧化情况和烷烃相似，生成酸性和中性氧化产物；带有短烷基侧链的芳香烃及多环芳香烃的氧化产物为胶质和沥青质。

综合对粘度、粘度指数和抗氧化性能的要求，淬火油基础油的理想组分应是少环带长直烷基侧链的烷烃。

淬火油基础油还需有良好的冷却性能。Totten 等认为这与油的润湿能力有关。Hampshire 认为油中加入致冷剂实际上也是增加油的润湿能力，使沸腾阶段尽快到来，从而提高最大冷却速度。图 12-8 所示为接触角和最大冷却速度之间的关系，润湿能力越好，最大冷却速度越大。

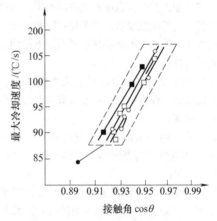

图 12-8　接触角和最大冷却速度关系

根据加入添加剂种类的不同，矿物淬火油已形成了多种系列，如快速淬火油、光亮淬火油、分级淬火油、真空淬火油和水洗淬火油等，它们之间的性能差距甚大。添加剂的主要种类有如下几种。

(1) 致冷剂。破坏蒸汽膜稳定性，增加油对金属的润湿性。致冷剂受热分解，分解灰分沉积在工件表面，作为沸腾的形核核心，促进泡沸腾阶段的到来，从而提高了冷却速度。

(2) 抗氧化剂。有链反应中止型和过氧化物分解剂型两种。前者通过活泼氢原子与自由基作用生成稳定化合物，使氧化反应链中断，如酚型和芳胺型化合物；后者则在使用过程中能分解过氧化物，达到中止油品氧化的作用，如 ZDDP。

(3) 光亮剂。光亮剂大都是一些热稳定性好、无灰分的表面活性剂或清净分散剂。淬火过程中，它能润湿金属表面，避免沉积物在工件表面粘着。它一般具有很好的溶解能力和置换作用，对氧化产物表现出很强的吸附作用。

(4) 乳化剂。为使淬火油随后的清洗变得容易，在淬火油中加入乳化剂。主要应用在一些使用温度高，粘度大的淬火油中。

添加剂的发展方向是多功能复合添加剂，另外，要求添加剂环保性能良好，停止使用钡类等有害添加剂，避免对使用环境及随后的废物处理带来困难。

综上所述，淬火油的要求特性、指标要求及实现途径见图 12-9。

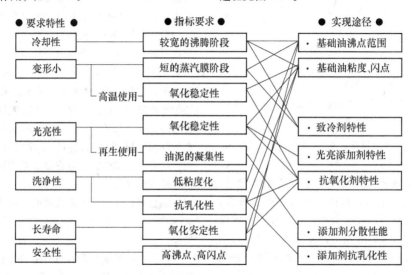

图 12-9　淬火油的要求特性、指标要求及实现途径

12.5.2.3　淬火油的使用维护

氧化、污染、添加剂消耗等都会影响淬火油的性能，所以淬火油应定期检测其物化指标，进行预防性维护。热处理工艺规范也应对此提出要求。如果用户方不具备相应的检测设备，可委托供应商或者相关院所进行检测。淬火油的使用状态可参照下述性能指标的检测进行判断。

1. 粘度　氧化、热分解或污染物都可能引起淬火油粘度变化。油质劣化，粘度一般会上升，并伴有冷却特性改变。

2. 闪点　油品最高使用温度应比开口闪点至少低 50℃。使用中的闪点变化反映淬火油中可能有污染或氧化发生。

3. 水含量　淬火油需避免混入水分，即使水含量为 0.05%（质量分数），也会对淬火油冷却特性有显著影响，如图 12-10 所示。含水可能造成淬火软点、变形甚至开裂。0.5%（质量分数）或以上的水含量，在淬火中因急剧汽化产生大量泡沫，可能导致火灾甚至爆炸。

4. 冷却特性　用冷却速度分析仪如 IVF 仪进行分析。应注意实验室的冷却曲线只有比较价值，所以要保证相同的测试条件，并注意和标准参考曲线对比，看是否出现异常。

5. 酸值或中和值　油氧化最终形成有机酸，酸值（用 mgKOH/g 表示）增加，所以酸值高低标志着淬火油的氧化程度，如图 12-11 所示。氧化形成物降低蒸气膜稳定性，提高最大冷却速度，工件变形加大，但最大冷却速度出现的温度也明显提高，实际硬化能力并未增加，往往还有所降低，淬火后的硬度和力学性能也有所下降。因氧化聚合作用，工件的表面残留明显增加。

6. 皂化值　皂化值衡量油中不饱和碳氢化合物

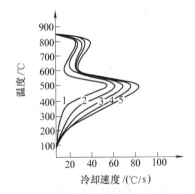

图 12-10　水含量对淬火油冷却特性的影响

1—无水　2—$w(H_2O)$ 为 0.05%

3—$w(H_2O)$ 为 0.10%　4—$w(H_2O)$ 为 0.15%

5—$w(H_2O)$ 为 0.20%

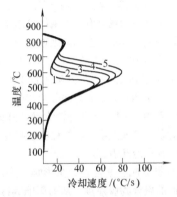

图 12-11　油老化的冷却速度变化

1—0.03mgKOH/g　2—0.18mgKOH/g

3—0.39mgKOH/g　4—0.54mgKOH/g

5—0.69mgKOH/g

含量,不饱和烃可被氧化形成油泥。测定皂化值也能帮助判断淬火油的氧化程度。皂化值还可用来衡量油中脂肪酸类添加剂的含量。

7. 沉淀值　沉淀值高,表明在操作条件下,容易形成油渣,工件上容易留有污渍。

8. 油泥含量　油泥是油氧化聚合反应的结果,它影响冷却特性,降低加热器冷却效率,引起工件粘连污斑。

9. 灰分　灰分衡量油中不完全燃烧物的含量。纯矿物油几乎无灰,污染增加,灰分通常也增加。一些淬火油含有金属添加剂,所以,新油也可能具有较高的灰分数值。

10. 红外分析　通过配制标准油样,建立定量方法,红外分析可直接测量油中添加剂的含量,判断是否变化。利用它还可以检查发现是否由于氧化等有新的物质形成。通过这样直接的成分分析,不仅有助于产

品开发,而且能直接把握淬火油的内部变化。

12.5.3　聚合物淬火液

聚合物淬火液是含有抗蚀剂和其他添加剂的有机聚合物溶液。在用户现场可以方便地进一步稀释使用。目前商业化的有机聚合物主要有:PAG(Polyalkylene Glycols)聚烷撑乙二醇;ACR(Polyacrylates)聚丙烯酸钠;PVP(Polyvinyl Pyrrolidone)聚氧化吡咯烷酮;PEO(Oxazoline Polymer)聚乙基恶唑啉。

聚合物淬火冷却介质不同,性能差异很大。聚合物溶液的浓度、温度及搅拌程度对冷却速度的影响也非常显著。

12.5.3.1　聚合物淬火液的优点

聚合物淬火液的优点表现在环保、生产和技术等方面。

1. 环保优点

(1)消除火灾危险。

(2)清洁、安全的工作环境。淬火或回火过程中无烟雾,地面无油污。

2. 技术优点

(1)冷却速度灵活可调。通过改变浓度、温度和搅拌,能在相当大范围内调节冷却速度,适应不同材料和不同厚度工件的淬火冷却要求。

(2)减少软点。聚合物具有润湿性,避免感应淬火过程中水冷因稳定蒸汽膜而产生的淬火软点。

(3)减少应力及变形。均匀一致的聚合物膜可减少伴随水冷出现的较大温度梯度及残余应力,减少变形。对铝合金固溶处理,减少变形的作用尤为突出。

(4)更能包容水分混入。只要不严重影响浓度,可以容许相对较大量水分存在。而淬火油即使混入微量水分,也会造成软点、变形甚至开裂。

3. 生产优点

(1)降低成本。稀释使用,所以一次投入成本低于油,而且聚合物淬火液粘度通常比油低,带出量和添加量会有所减少。

(2)易于清洗。残留聚合物会在高温下完全分解,形成水蒸气及二氧化碳。工件可直接回火,不必用碱清洗或蒸汽脱脂,降低工序成本。低温回火或时效处理时,残留聚合物不能完全分解,可用清水方便地清洗去除。

(3)降低淬火过程的槽液温升。聚合物淬火液比热容几乎是淬火油的两倍,对相同淬火量而言,温升大约只有油的一半。

12.5.3.2　聚合物淬火液的冷却机制

聚合物的水溶特性对其冷却性能有重要影响。对

高聚物溶解过程的热力学分析表明,只有当聚合物与溶剂的内聚能密度或溶度参数 δ 相近或相等时才能溶解。溶度参数差 $|\delta_1 - \delta_2| > 1.7 \sim 2.0$ 时,则不能溶解(δ_1、δ_2 分别是聚合物和溶剂的溶度参数);但这个条件并不是充分的。

从热力学可求出,聚合物溶液开始相分离的临界互溶温度 $T_{临界}$（逆溶温度或浊点）为

$$T_{临界} = \frac{\theta_F}{1 + \dfrac{C}{M^{1/2}}}$$

式中　　θ_F——聚合物的溶解度；

　　　　C——常数；

　　　　M——聚合物的相对分子质量。

聚合物淬火液冷却特性与在淬火过程中工件周围形成的聚合物层或聚合物富集层的特性、厚度及聚合物粘度密切相关。聚合物相对分子质量愈大,粘度愈大,浓度愈高则聚合物层愈厚,冷却速度愈慢。所以虽然同是聚合物淬火剂,其性能可能相差甚大。除浓度外,系统搅拌和液槽温度也显著影响工件表面聚合物膜,从而显著影响冷却速度。通过严格控制聚合物淬火液的搅拌、浓度和温度,能适应不同淬透性钢种的淬火冷却需要。

一般认为,聚合物淬火液和淬火油的冷却机制大致相同,如图 12-12 所示。即在工件刚浸入到聚合物淬火液中时,工件表面形成蒸汽膜,冷却速度较慢。在这层蒸汽膜中不仅有水蒸气,而且还有聚合物或聚合物的富集层,聚合物层可以是聚合物从水中脱溶(有逆溶特性的聚合物淬火液)形成,也可以是由于周围所含水分蒸发而形成(非逆溶性的聚合物淬火液),此时传热要靠辐射传热和通过蒸汽膜传热(辐射传热所占比例较小),所以冷却速度较慢。随着工件温度降低,富含聚合物的蒸汽膜破裂,冷介质直接接触热工件,冷却速度加快。但聚合物淬火液在冷却过程中,既有水分吸热变成气体,又有聚合物析出妨碍传热,使聚合物水溶液的冷却能力比水小。聚合物水溶液中蒸汽膜阶段有时很短,有的甚至不出现蒸汽膜阶段,而是直接进入核沸腾阶段。在冷却第三阶段,即对流阶段,热传递主要靠对流实现,对流冷却速度快慢不仅与介质粘度密切相关,而且与聚合物回溶程度有关。回溶程度随聚合物的结构或相对分子质量不同,相差甚远。图 12-13 所示为聚合物淬火液对工件的冷却过程。由该图可以看出几个阶段在试样可以同时出现。Totten 等人用润湿概念来解释聚合物的冷却过程。

聚合物淬火液中,除聚合物外,还包含许多其他

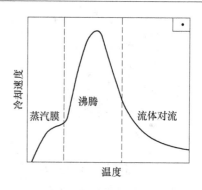

图 12-12　聚合物淬火液的冷却过程

添加剂,如 pH 维持剂、防锈剂、消泡剂、杀菌剂等,以满足现场使用需要。

12.5.3.3　PAG 类聚合物淬火液

PAG 类聚合物淬火液是目前使用最为广泛的水基淬火液。主要应用场合有:①钢件整体淬火;②感应加热喷淋淬火;③铝合金固溶处理。

PAG 聚合物在水中有逆溶性,室温下完全溶于水,高温下逆溶析出,逆溶温度范围为 $60 \sim 90℃$。其逆溶性取决于相对分子质量和分子结构。

1. 冷却特性　PAG 聚合物淬火液冷却速度可以通过改变含量、溶液温度、搅拌程度来调整,以满足各种不同的淬火冷却需要。

(1) 含量影响。聚合物含量影响淬火过程中附在工件表面的聚合物膜厚度,从而影响其冷却速度。PAG 含量对淬火液冷却速度的影响如图 12-14 所示,PAG 含量提高,最大冷却速度及对流冷却速度降低,在搅拌条件下,PAG 含量对蒸汽膜阶段影响不大。

$w(PAG) = 5\%$ 的淬火液,可增加工件表面润湿性,淬火冷却更加均匀,避免感应淬火用水冷却出现的软点缺陷。$w(PAG) = 10\% \sim 20\%$ 的淬火液的冷却速度较快速淬火油稍快,适合于低淬透性材料、力学性能要求高的工件淬火冷却需要。$w(PAG) = 20\% \sim 30\%$ 的淬火液的冷却速度较慢,可用于高淬透性钢的淬火冷却。

(2) 温度影响。温度对 PAG 淬火液冷却速度的影响如图 12-15 所示。在搅拌条件下,温度对蒸汽膜阶段影响不大,但最大冷却速度随温度升高而降低。PAG 淬火液应在逆溶点以下使用,最高使用温度一般不应超过 55℃。

(3) 搅拌影响。搅拌对所有聚合物淬火液的冷却特性都有显著影响。搅拌能促进槽内温度分布均匀,同样也影响冷却速度(见图 12-16)。搅拌强度加大,缩短蒸汽膜阶段,提高最大冷却速度。搅拌对对流阶段冷却速度的影响相对较小。

图 12-13 聚合物淬火液对工件的冷却过程

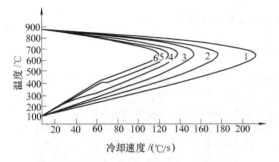

图 12-14 PAG 含量对淬火液冷却速度的影响

1—w(PAG) = 5% 2—w(PAG) = 10%

3—w(PAG) = 15% 4—w(PAG) = 20%

5—w(PAG) = 25% 6—w(PAG) = 35%

注:温度为 40℃,进行强烈搅拌。

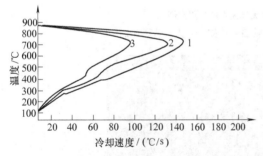

图 12-15 温度对 PAG 淬火液冷却速度的影响

1—20℃ 2—40℃ 3—60℃

注:w(PAG) = 25%,进行强烈搅拌。

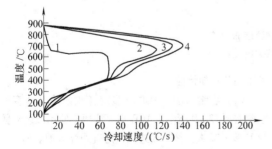

图 12-16 搅拌对 PAG 淬火液冷却速度的影响

1—不搅拌 2—0.8m/s 3—1.6m/s 4—2.4m/s

注:w(PAG) = 25%,温度为 40℃。

2. 典型应用

(1)钢件整体淬火。最初选择用 PAG 淬火液的目的是减小油淬的油烟和火灾危险。其冷却速度可变及较好的经济性使其应用不断拓宽。PAG 淬火液适用钢种范围较宽,包括碳钢、硼钢、弹簧钢、结构钢、马氏体不锈钢、低中合金渗碳钢、大截面高合金钢等。具体到工件,从小至截面尺寸 1mm(针、弹簧、卡环、螺钉、紧固件),大到 10t 或更大的轴、锻件等,都有成功应用,如螺栓、轴承、曲轴、弹簧、钢棒、线圈、高压气缸、一般锻件、农机零件、汽车零件等。PAG 淬火液可用于多种热处理设备上,包括连续网带炉、流态炉、多用炉(密封)、振底炉、压淬设备,以及敞开液槽淬火等。图 12-17 所示为 PAG 淬火液在整体淬火中的应用实例。

(2)表面淬火。PAG 淬火液广泛用于工件感应加热或火焰加热表面淬火冷却,是水、矿物油、可溶性油的最佳替代品。使用的质量分数为 5%～15%,能消除水淬软点,减少变形,并对感应设备提供防锈保护。PAG 淬火液在表面淬火中的应用实例如图 12-18 所示。

(3)铝合金固溶处理。PAG 淬火液广泛用于铝合金固溶处理,可取代水,用在薄构件、超薄工件、铸造及挤压航空零件、发动机缸体、缸盖和汽车轮毂等工件上。

铝合金件固溶处理需要快的冷却速度,以抑制中间相的析出,从而达到所需力学性能及耐蚀性。用 PAG 淬火液进行铝合金件固溶处理,能显著减少或消除水冷时较大的变形,且不损害力学性能和耐蚀性,这对用于航空工业铝构件薄板及铸件、锻件有重要意义。用 30℃的水和 PAG 淬火液对铝合金板进行固溶处理,铝合金板的变形比较如图 12-19 所示。大铸锻件所用的 PAG 淬火液质量分数为 10%～20%,薄板所用的 PAG 淬火液质量分数为 25%～40%。PAG 淬火液可和空气炉、盐浴炉一起使用。对盐浴炉,须注意盐带入后可能影响浓度的测量,需要进行相应补偿和校正。

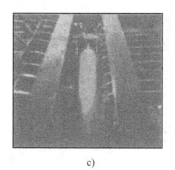

a)　　　　　　　　　　　　　　　　　　　　b)　　　　　　　　　　　　　　　　　　c)

图 12-17　PAG 淬火液在整体淬火中的应用实例

a) $w(PAG) = 25\%$ 的淬火液用于渗碳淬火的传动轴　b) $w(PAG) = 20\%$ 的淬火液用于铁路机车轮毂

c) 用于高压钢瓶淬火

a)　　　　　　　　　　　　　　　　　　b)　　　　　　　　　　　　　　　　　c)

图 12-18　PAG 淬火液在表面淬火中的应用实例

a) 汽车联轴节的感应淬火　b) 汽车凸轮轴感应淬火　c) 大型钻管喷淋淬火

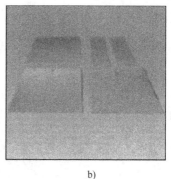

a)　　　　　　　　　　　　　　　　　　b)

图 12-19　铝合金板的变形比较

a) 30℃水　b) 30℃的 PAG 淬火液 [$w(PAG) = 30\%$]

12.5.3.4　ACR 类聚合物淬火液

ACR 类聚合物淬火液具有类油冷却特性，因而可用于高淬透性合金钢的淬火冷却。

1. 冷却特性　ACR 溶液没有逆溶性，其冷却特性取决于表面形成一层高粘度富含聚合物的包覆膜，这层膜会减少冷却速度，使之具有类油特性。同 PAG 淬火液一样，聚合物含量、液温和搅拌程度显著影响其冷却特性。

（1）含量影响。ACR 含量对淬火液冷却速度的影响如图 12-20 所示。ACR 淬火液通常使用质量分数为 15% ~ 25%，其冷却速度接近普通淬火油。

（2）温度影响。温度升高，蒸汽膜阶段延长，最大冷却速度降低，如图 12-21 所示。推荐最高工作温度为 60℃，以减小系统蒸发损失。

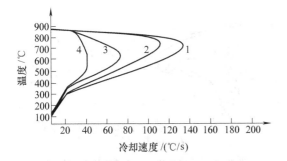

图 12-20　ACR 含量对淬火液冷却速度的影响

1—$w(ACR)=10\%$　　2—$w(ACR)=15\%$

3—$w(ACR)=20\%$　　4—$w(ACR)=25\%$

注：温度为 40℃，进行强烈搅拌。

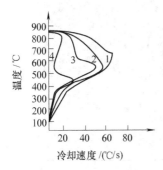

图 12-21　温度对 ACR 淬火液冷却速度的影响

1—20℃　2—40℃　3—60℃　4—80℃

注：$w(ACR)=20\%$，进行强烈搅拌。

（3）搅拌影响。ACR 淬火液冷却特性对搅拌很敏感，如图 12-22 所示。ACR 淬火液蒸汽膜阶段较长；搅拌加剧，蒸汽膜阶段缩短，最大冷却速度明显提高。因此，使用 ACR 淬火液，搅拌尤为重要。

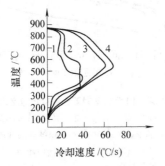

图 12-22　搅拌对 ACR 淬火液冷却速度的影响

1—不搅拌　2—0.8m/s　3—1.6m/s　4—2.4m/s

注：$w(ACR)=20\%$，温度为 40℃。

2. **典型应用**　与油相似的淬火特性，使 ACR 淬火液可用于高淬透性材料的淬火冷却，例如，石油工业用 AISI4140 无缝钢管、AISI4140 和 4340 铸锻件、大齿轮、薄截面合金钢曲轴、高碳铬磨球等。图

12-23 所示为 ACR 淬火液用于高合金石油钻杆整体淬火冷却。

图 12-23　ACR 淬火液用于高合金石油钻杆整体淬火冷却 $[w(ACR)=20\%]$

12.5.3.5　PVP 类聚合物淬火液

PVP 类聚合物淬火液也有与油相似的冷却特性。

1. **淬火特性**　和其他聚合物淬火液一样，PVP 淬火液的冷却特性取决于含量、温度和搅拌程度。

（1）含量影响。PVP 含量对淬火液冷却速度的影响如图 12-24 所示。PVP 淬火液通常使用质量分数为 15%～25%，在此范围内冷却特性与油相似。

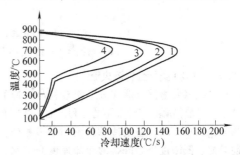

图 12-24　PVP 含量对淬火液冷却速度的影响

1—$w(PVP)=10\%$　　2—$w(PVP)=15\%$

3—$w(PVP)=20\%$　　4—$w(PVP)=25\%$

注：温度为 40℃，进行强烈搅拌。

（2）温度影响。随 PVP 淬火液温度升高，蒸汽膜阶段延长，最大冷却速度减小，如图 12-25 所示。正常使用温度应不高于 60℃，以减小系统蒸发损失。

（3）搅拌影响。PVP 淬火液蒸汽膜阶段不如 ACR 淬火液稳定，但搅拌仍很重要，以确保均匀冷却。搅拌对 PVP 淬火液冷却速度的影响如图 12-26 所示。

2. **典型应用**　PVP 淬火液与油相似的淬火特性，可使之应用范围扩展到高淬透性材料的淬火冷却。PVP 淬火液较多用于钢铁工业中的棒材、轧材和锻件淬火，使用质量分数为 15%～25%。图 12-27 所示为 PVP 淬火液在整体淬火冷却中的应用实例。

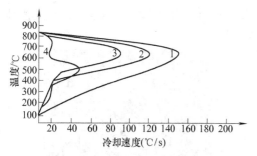

图12-25　温度对PVP淬火液冷却速度的影响

1—20℃　2—40℃　3—60℃　4—80℃

注：$w(PVP)=20\%$，进行强烈搅拌。

图12-26　搅拌对PVP淬火液冷却速度的影响

1—不搅拌　2—0.8m/s　3—1.6m/s　4—2.4m/s

注：$w(ACR)=20\%$，温度为40℃。

a)

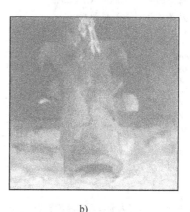

b)

图12-27　PVP淬火液在整体淬火冷却中的应用实例

a)　马氏体不锈钢棒[$w(PVP)=22\%$]　b)　高合金铸钢件淬火

12.5.3.6　PEO类聚合物淬火液

PEO类聚合物淬火液代表了聚合物淬火液的最新技术，目前仍属好富顿公司的专利产品。在所有聚合物淬火液中，PEO基的冷却特性与油最相似，应用前景好。低浓度下，PEO的冷却速度介于水、油之间，所以也广泛用于中低淬透性钢工件的淬火冷却。PEO溶液残留是干膜，特别适用于连续生产线上的淬火工序。

1. 冷却特性　PEO淬火液在60~65℃温度范围出现逆溶，故其淬火机制非常类似于PAG类产品。和所有其他聚合物淬火液一样，PEO淬火液的冷却特性取决于含量、温度和搅拌程度。

（1）含量影响。图12-28所示为PEO含量对淬火液冷却速度的影响。PEO淬火液使用质量分数为5%~25%。PEO淬火液的蒸汽膜在所有聚合物淬火液中最不稳定，这对感应加热淬火及低淬透性钢淬火具有重要意义。但在对流阶段，该淬火液冷却速度又很低。质量分数在15%~25%范围内，冷却速度与油非常相似，故又可用于高合金钢淬火冷却。

（2）温度影响　图12-29所示为温度对PEO淬火

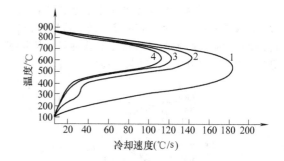

图12-28　PEO含量对淬火液冷却速度的影响

1—$w(PEO)=5\%$　2—$w(PEO)=10\%$

3—$w(PEO)=20\%$　4—$w(PEO)=30\%$

注：温度为40℃，进行强烈搅拌。

液冷却速度的影响。PEO产品有逆溶性，逆溶温度在63℃左右，因而槽液需要有效冷却，其使用温度不宜超过50℃。

（3）搅拌影响。和所有聚合物淬火液一样，搅拌对冷却效果有显著影响，如图12-30所示。然而，PEO产品蒸汽膜易破裂，稍稍搅拌时，蒸汽膜阶段完全消失，这有利于低淬透性钢的淬火。

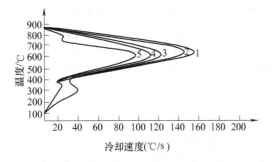

图 12-29　温度对 PEO 淬火液冷却速度的影响

1—20℃　2—30℃　3—40℃　4—50℃　5—60℃

注：$w(\mathrm{PEO})=20\%$，进行强烈搅拌。

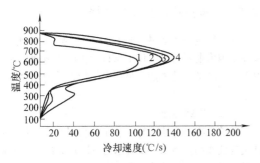

图 12-30　搅拌对 PEO 淬火
液冷却速度的影响

1—不搅拌　2—0.8m/s　3—1.6m/s　4—2.4m/s

注：$w(\mathrm{PEO})=20\%$，温度为 40℃。

a)

b)

图 12-31　PEO 淬火液应用实例

a) 用于流水线作业的凸轮轴淬火

b) 用于高合金钢棒淬火[$w(\mathrm{PEO})=20\%$]

2. 典型应用　PEO 淬火液具有冷却速度灵活可调，蒸汽膜容易破除，对流冷却速度低，无粘着等优点，因而得到了广泛应用。图 12-31 所示为 PEO 淬火液应用实例。其典型应用如下：

(1)感应、火焰加热淬火。用 $w(\mathrm{PEO})=5\%\sim10\%$ 的淬火液可取代 PAG 淬火液或油，对钢和球墨铸铁件进行感应或火焰加热淬火，典型淬火工件有汽车凸轮轴、曲轴、齿轮及石油钻管等。淬火后，残留干硬膜对后序搬运及加工没有影响。

(2)低淬透性工件淬火。PEO 蒸汽膜阶段短，利于低淬透性工件淬火，如紧固件等。$w(\mathrm{PEO})=10\%$ 的淬火液在连续炉中已成功地用于螺栓、螺钉淬火。

(3)合金钢锻件、棒材、铸件淬火。PEO 溶液对流阶段冷却速度低，适用高淬透性合金钢淬火，例如：马氏体不锈钢线棒材，AISI4100 和 4300 系列铸件、锻件，高碳、铬钢磨球和衬板等。使用质量分数为 15%~25%。

(4)球墨铸铁淬火。

12.5.3.7　聚合物淬火冷却介质系统的安装、维护、控制

1. 更换程序　现用水、油系统更换为聚合物淬

火液，根据实际情况，系统可能需要作些改动。

(1)系统清洗。淬火油系统应清洗彻底，清除掉沉淀物及残油。这是因为残油、残渣不仅污染聚合物，影响浓度控制，还可能影响冷却速度。加入聚合物淬火液之前，管路及冷却系统先用清洗剂循环清洗，然后用清水漂洗干净。加入淬火液时，应尽量搅动循环，以混合均匀。

(2)系统相容性。现有液槽如果漆有酚类或树脂类漆，应喷丸清掉，需要时重新用环氧树脂漆漆上。避免使用镀锌液槽。软木及皮革密封材料与聚合物淬火液不相容。环氧树脂、尼龙、聚乙烯和 PVC 塑料可以使用。除聚氨酯外的弹性元件大都可用，丁腈橡胶密封材料兼容性也很好。

2. 搅拌　搅拌对聚合物淬火液的冷却特性影响很大，希望获得剧烈湍流搅拌，以缩短蒸汽膜阶段，保持均匀一致的冷却特性及槽内液温。循环搅拌最好可调，以使冷却速度可调。图 12-32 所示的搅拌形式可供参考。

3. 温度控制　需要控制聚合物淬火液的温度，

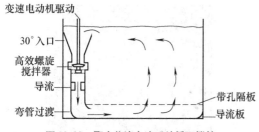

图 12-32　聚合物淬火液系统循环搅拌

保持适当的淬火冷却速度，并防止过多水从槽内蒸发。对 PAG 和 PEO 型淬火液，还要防止温度达到逆溶点。为保持系统温度，需要采用有效的冷却装置。系统的使用温度一般应在 50℃ 以下，最高不超过 60℃。

4. 系统维护　选定合适聚合物淬火液以及所要求的浓度、温度和搅拌条件后，还需对淬火液进行监控和维护。

（1）浓度控制。可用折光仪、粘度计或冷却速度测试仪监控聚合物浓度。

1）折光仪法。适合每天检测。用手持式折光仪测出读数，由标准曲线查出对应浓度或乘以折光系数得到浓度。缺点是折光系数受系统污染影响而变化，引起测量误差。

2）运动粘度法。聚合物溶液粘度和浓度具有对应关系，所以可用粘度控制浓度。聚合物使用过程中的分解老化等也会导致粘度变化，所以粘度法监控更具有积极意义。

3）冷却速度测试法。直接测量淬火冷却介质的实际冷却速度。污染及聚合物老化在淬火冷却性能上有所反映，所以该测量方法监控最为理想。

（2）聚合物淬火液的污染控制。污染缩短聚合物淬火液使用寿命并改变其冷却特性，主要污染可能有以下几类。

1）非溶固体污染。如铁屑、烟尘等不溶于淬火液，对冷却速度影响很小，但影响淬火工件清洁度。

2）液体污染。切削液、防锈剂和液压油等液体污染，促进微生物滋生并延长蒸汽膜阶段。不同类型聚合物的交叉污染也对冷却特性有不利影响，应尽力避免。

3）微生物污染。和所有水基溶液系统一样，聚合物淬火液也可能滋生微生物，并伴随难闻气味，消耗防锈剂等添加剂。真菌滋生可能会阻塞过滤器及喷淋淬火设备的喷嘴，降低系统冷却效率。在聚合物淬火原液中一般配加了杀菌剂，以抑制细菌滋生，但杀菌剂本身也有环保问题。已有生物稳定性产品面世，不用杀菌剂，却能防止微生物的滋生，如好富顿公司

生产的 AQ145。使用过程中，不断循环淬火液，保持有氧的条件，有助于防止厌氧菌的繁殖。

4）溶解物。水中及从盐浴炉中带来的无机盐不断累积，影响折光仪读数，从而影响浓度测控，较多累积的无机盐也会改变淬火冷却特性。

5）氨污染（如来自碳氮共渗气氛的氨）。氨污染会显著影响淬火冷却特性及防腐性。

（3）聚合物淬火液的降解。聚合物淬火液在使用中会逐步老化（降解），老化速度取决于聚合物类型、使用烈度及维护状况，污染会加速聚合物的降解。因此，需要做好聚合物淬火液的维护保养工作。

12.5.4　淬火冷却介质的选择

针对特定应用条件，选择合适的淬火冷却介质，有许多因素要考虑。大体上可以分为两个方面，一个方面是冷却性能的考虑，另一个方面是其他相关因素的考虑。

12.5.4.1　冷却性能

在淬火冷却介质选择中，工件材料和形状尺寸具有决定性作用。表 12-45 所示为不同淬火冷却介质的 H 值范围。

对于材料淬透性低、形状简单的工件，应该选择 H 值高的淬火冷却介质，反之，应该选择缓慢的淬火冷却介质，直至选择热油淬火。

根据测得的冷却曲线，单从蒸汽膜阶段长短来确定淬火冷却介质的淬硬能力，并不合适；仅用最大冷却速度来衡量也不全面，因为最大冷却速度的作用，不仅在其数值大小，还在于最大冷却速度出现的温度，只有最大冷却速度出现的温度和奥氏体等温转变图鼻尖温度接近时，才能最大幅度地发挥作用。Segerberg 利用回归方法，提出了淬火冷却介质淬硬能力 HP（Hardening Power）的计算公式：

$$HP = 91.5 + 1.34 T_{vp} + 10.88 v_{550} - 3.85 T_{cp}$$

式中　T_{vp}——上特性温度，即从膜沸腾到核沸腾的转换温度（℃），见图 12-33；

　　　v_{550}——550℃冷却速度（℃/s），见图 12-33；

　　　T_{cp}——下特性温度，即从泡沸腾到对流传热的转变温度（℃），见图 12-33。

Deck 等人针对 Inconel 探头提出了另外的 HP 计算公式：

$$HP(HRC) = 99.6 - 0.17 T' + 0.19 v_{400}$$

式中　T'——冷却曲线上泡沸腾和对流阶段的转变温度（℃）；

　　　v_{400}——在 400℃ 的冷却速度（℃/s）。

表 12-45　不同淬火冷却介质的 H 值

淬火冷却介质		H 值
水	盐水	5.0 ⋯⋯ 2.0
	清水	2.0 ⋯⋯ 0.9
聚合物淬火液	PAG	2.0 ⋯⋯ 0.7
	PEO	2.0 ⋯⋯ 0.3
	ACR	0.9 ⋯⋯ 0.3
	PVP	0.9 ⋯⋯ 0.3
淬火油	快速油	0.9 ⋯ 0.8
	中速油	0.8 ⋯⋯ 0.5
	常规油	0.5 ⋯⋯ 0.3
	热油	0.3 ⋯⋯ 0.2
工件淬透性大小及形状复杂性对 H 值要求		←碳钢　　淬透性　　高合金钢→ ⟵⟶ 厚件简单形状　　形状复杂性　　薄件复杂形状

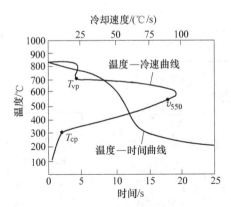

图 12-33　Segerberg 公式的参数含义

12.5.4.2　其他需要考虑的因素

淬火冷却介质选择中还要考虑其他因素。

1. 加热炉类型　大多数加热炉与淬火油配合使用，如改用水基聚合物淬火液，需进行一些改动或采用预防措施。

（1）一体加热淬火炉。内部炉门需良好密封，维持炉内加热区正压力以防止水蒸气对炉内气氛影响。

（2）连续炉。淬火料口上需用喷射液体密封，防止水蒸气对炉内气氛污染。

（3）盐浴炉。高温盐带入，影响浓度测量和改变冷却特性，一般不推荐使用水基聚合物淬火液。低温盐浴加热的铝件固溶处理冷却，可用聚合物淬火液，但要监控盐累积量。

2. 淬火冷却系统　淬火冷却系统设计，特别是淬火冷却介质搅拌程度、循环方法、槽液温度控制，都会影响淬火冷却特性，因而会影响淬火冷却介质的选择。

3. 淬火方法　间歇淬火时通常先在冷却速度快的介质中冷却一定时间，然后转入第二种冷却速度慢的介质中冷却。例如，大锻件可先在水中冷却一定时间，然后转入聚合物淬火液，以减小对流阶段冷却速度。第一种淬火冷却介质也可采用聚合物淬火液，第二种淬火冷却介质用空气，以减少淬火变形与开裂。

喷淋淬火时，淬火冷却介质通过喷嘴直接喷到加热的工件上，一般不宜采用油冷，可以考虑聚合物淬火冷却介质。

4. 变形控制　复杂截面的薄工件易产生淬火变形。控制淬火变形的常用方法有：压淬、使用慢速淬火冷却介质，以及热油淬火或等温淬火等。

5. 安全卫生方面　油淬烟雾及火灾危害在改用聚合物淬火液后即可消除，故在可能情况下应尽量使用聚合物淬火液。

12.5.5　淬火冷却介质使用常见问题及原因

图 12-34 和图 12-35 所示分别为淬火油和聚合物淬火液使用中可能出现的问题分析，供现场人员参考。

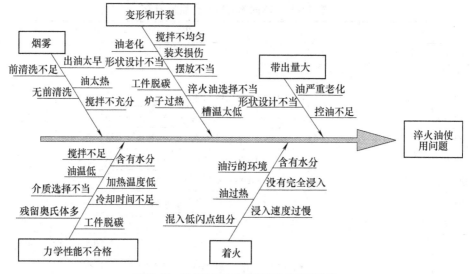

图 12-34　淬火油使用中可能出现的问题分析

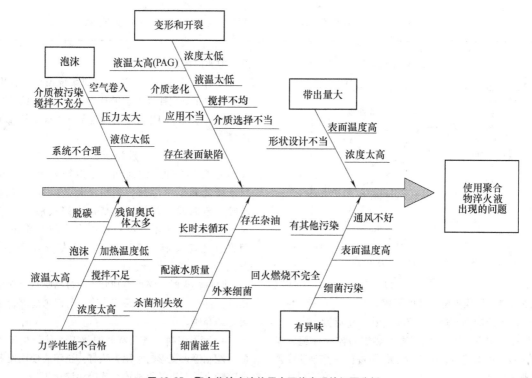

图 12-35　聚合物淬火液使用中可能出现的问题分析

参 考 文 献

[1] 全国热处理标准化技术委员会. 金属热处理标准应用手册 [M]. 2 版. 北京：机械工业出版社，2005.

[2] 机械制造工艺材料技术手册编写组. 机械制造工艺材料技术手册 [M]. 北京：机械工业出版社，1992.

[3] George E Totten, Maurice A H Howes. Steel Treatment Handbook [M]. New York：Marcel Dekker, Inc.,1997.

[4] Tensi H M, Stich A. Characterization of Quenchants [J]. Hear treat, 1993 (5)：25-29.

[5] Lalley K S, Totten G E. Considerations for proper quench tank agitator design [J]. Heat Treatment of Metals, 1992 (1)：8-10.

［6］　Quenching Priciples and Practice. Houghton Vaughan Co. Ltd. 1995.

［7］　颜志光 . 新型润滑材料与润滑技术［M］. 北京：国防工业出版社，1997.

［8］　吕利太 . 淬火介质［M］. 北京：中国农业机械出版社，1982.

［9］　杨淑范 . 淬火介质［M］. 北京：机械工业出版社，1990.

［10］　陈春怀，周敬恩 . 聚合物淬火介质的应用［J］. 中国有色金属学报，2001（11）：25-28.

第13章　热处理节能与环境保护

成都节能工业炉制造有限公司　　水　洪

世界工业发展证实了制造技术的先进性是实现工业生产优质、高效、低耗、环保和保护产品竞争能力的重要保证。热处理作为机械制造的重要工艺，其产量和技术方面的要求将伴随着制造业的发展与日俱增。因此，热处理技术的先进程度将直接影响到机械制成品的先进性和产品的质量。

近年来，我国的热处理技术和水平有了很大的发展和进步，但与世界先进水平仍有较大的差距。因此，进一步提高材料和零件的热处理质量和使用寿命，提高能源的利用效率，降低材料损耗，减少对环境的污染，仍将是我国热处理行业在今后相当长的时期内所面临的艰巨任务。

13.1　热处理节能的几个基本因素

节能是应用技术上现实可行、经济上合理、环保与社会上可以接受的方法，来有效地利用能源资源。因此，节能不是消极地减少能源消费量，而是在生产中充分发挥能源利用的潜力，从而用最少的能源消耗获得最大的社会经济效益，因此节能能促进生产的可持续发展。

13.1.1　能源利用率与能耗

1. 能源利用率　热处理操作是通过加热和冷却来完成其工艺过程的。为此，需要把燃料、电力转化为热能来加热工件，这就出现一个能源在转换为热能的过程中和热能在加热工件的过程中，有多少能源或热能是施加到工件上并被吸收，有多少能源或热能是在转换过程中或加热过程中损失掉了。通常称前者为有效热，后者为热损失。有效热与投入的总能量之比称热效率。有效利用的能源与投入的总能量之比称能源利用率。节能的本质就是提高能源利用率。

2. 能耗　能耗的计算方法多数以单位产品为对象，也有以某工艺或某设备为对象，甚至以某行业产品或整个国民经济产值为对象，以比较各产品、各工艺、各设备、各行业类型在国民经济产值中的能源消耗状况。

能耗是一个综合能量消耗指标，也是衡量所用工艺及设备先进程度的指标，在工艺设计中也常作为估算能量需要量的依据，它是节能最直接、最重要的指

标。例如：表13-1为我国热处理箱式、台车式炉能耗分等标准，表13-2为我国热处理井式炉能耗分等标准，表13-3为我国热处理电热浴炉能耗分等标准，表13-4为我国箱式多用热处理炉可比单耗分等标准，表13-5为我国传送式、振底式、推送式、滚筒式热处理连续电阻炉可比单耗分等标准。这些标准表明同类型的热处理炉能耗可能会存在很大的差别。

表13-1　热处理箱式、台车式炉能耗分等标准（JB/T 50162—1999）

炉型	额定功率/kW	可比单耗指标/(kW·h/t)		
		一等	二等	三等
箱式	15~30	≤400	>400~540	>540~660
	>30	≤350	>350~480	>480~600
台车式	>65	≤390	>390~530	>530~650

表13-2　井式炉能耗分等标准（JB/T 50163—1999）

炉型	额定功率/kW	可比单耗指标/(kW·h/t)		
		一等	二等	三等
中温炉	≤75	≤460	>460~590	>590~700
	>75~125	≤420	>420~550	>550~650
	>125	≤400	>400~510	>510~600
回火炉	≤36	≤210	>210~270	>270~320
	>36	≤190	>190~250	>250~290
气体渗碳(氮)炉	≤35	≤1400	>1400~1550	>1550~1700
	>35~75	≤1000	>1000~1230	>1230~1400
	>75	≤950	>950~1090	>1090~1200

我国热处理工艺能耗指标，在不同的地区和企业，由于装备水平和管理水平的差异，相差较大。近

表 13-3　电热浴炉能耗分等标准

（JB/T 50164—1999）

工作温度/℃	可比单耗指标/(kW·h/t)		
	一等	二等	三等
>1000	≤680	>680~900	>900~1050
>700~1000	≤650	>650~850	>850~1000
>350~700	≤300	>300~400	>400~500
<350	≤165	>165~210	>210~290

表 13-4　箱式多用热处理炉可比单耗

分等标准（JB/T 50182—1999）

额定功率/kW	可比单耗指标/(kW·h/t)		
	一等	二等	三等
≤45	≤540	>540~680	>680~840
>45~75	≤480	>480~630	>630~760
>75	≤440	>440~560	>560~700

表 13-5　传送式、振底式、推送式、滚筒式

热处理连续电阻炉可比单耗分等标准

（JB/T 50183—1999）

炉型	可比单耗指标/(kW·h/t)		
	一等	二等	三等
传送式	≤330	>330~390	>390~470
振底式	≤340	>340~400	>400~480
推送式	≤370	>370~460	>460~560
滚筒式	390	>390~480	>480~600

年来各地也未作精确统计，因此积累收集数据，逐步制定相关的能耗标准正是我们节能工作中要积极进行的工作之一。

表 13-6 列出了日本各种热处理工艺实测的平均热效率及单位电能消耗，可供参考。

13.1.2　热效率与加热次数

1. 热效率　热效率是指加热设备在一定温度下满负荷工作时，加热工件所需的有效热量与总耗热量的百分比。通常按热平衡法计算热效率。热效率主要用于衡量设备有效利用能源的状况，反映设备的先进程度。表 13-7 为几种类型的热处理电阻炉的热效率。

2. 加热次数　加热次数是指一个产品在从原料起到制成成品的加工过程中，需经几次加热才能完成。这个数值严格地说不是指标，但它是考核工艺先进程度、能耗合理性的一个重要依据。减少产品加热

表 13-6　日本各种热处理工艺实测的平均

热效率及单位电能消耗

工艺种类	平均热效率（%）	单位电能消耗/(kW·h/t)	测试炉数
渗碳	24.7	936	6
渗碳淬火	52.6	345	31
碳氮共渗	35.0	418	1
光亮淬火	48.7	367	11
淬火	64.2	255	21
正火	78.4	200	4
退火	46.9	356	4
光亮回火	94.9	158	1
回火	61.1	157	14
球化退火	52.2	233	2
渗氮	25.4	391	3
时效	14.4	171	1
固溶处理	79.4	167	1
共计			100

表 13-7　几种类型热处理电阻炉的热效率

项目	箱式周期炉	井式周期炉	输送带式炉	振底式炉
正常处理量/(kg/h)	160(装炉量400kg)	220(装炉量500kg)	200	200
设备用电/kV·A	63	90	110	80
供给热量/(kW/h)	56	62	78	50
热效率(%)	39	43	35	54
炉墙散热(%)	31	23	36	36
夹具等的吸热(%)	19	29	18	0
被处理件吸热(%)	39	43	35	54
可控气氛所带的热(%)	6	4	6	10
其他(%)	5	1	4	
处理温度/℃	850	850	850	850
全加热时间/min	90	90	40	40

次数是制造产品过程中节能的重要方向。由于锻造、铸造成形技术的发展，以及热处理与前后工序衔接技术的进步，可使产品的加热次数显著地减少。例如，带齿轮的减速器轴的制造工艺可以是原料经一次加热辊锻成形，随即利用余热进行调质处理。此工艺过程可省略数次重复加热。

13.1.3　设备负荷率与设备利用率

1. 设备负荷率　设备负荷率为设备装炉量占设备额定生产量的比例，通常以实际装炉量和额定装炉量的百分比来表示。

2. 设备利用率　设备利用率则被定义为加热设备每年实际开工日数与规定的年工作日的百分比。

此两指标不是节能的直接指标，但与节能有密切关系。

热处理的能耗随设备利用率的下降而增大，如图 13-1 所示。

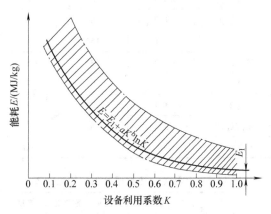

图 13-1　热处理能耗与设备利用率的关系

13.1.4　生产率与产品质量

1. 生产率　生产率是指设备在单位时间内可完成的生产量。这常是工厂生产追求的指标，以求用较少的设备和人力生产更多的产品。此指标虽然不是节能的直接指标，但高生产率的设备会带来良好的节能效果。根据此指标要求，常希望产品生产系统化、连续化和大型化，要求组织有规模、有批量的生产，以产品为对象，各工序互相配合衔接，组织生产线，形成无人操作的生产。从而最大限度地综合利用能源，减少能源消耗。提高生产率和劳动生产率。例如，大型双排渗碳自动线，其中渗碳连续式炉为双排料盘，生产率成倍提高。

2. 产品质量　产品质量通常指产品的合格程度，作为指标有成品率（废品率）、返修率以及产品使用寿命。产品质量不是节能直接指标，但对节能有重大影响。若产品的使用寿命提高一倍，这不但可减少生产一个产品的能量消耗，而且会获得相关的巨大经济效益。例如，切削刀具涂覆 TiN 后，可显著提高使用寿命和切削速度。当切削速度加快一倍，就表明一台切削机床可以顶两台机床使用，其节能的效果就不仅限于切削刀具本身的节能了。提高产品质量与节能有很大的关系，但从节能角度讲，仍希望在保证质量的前提下，力求消耗最少的能源。

13.2　热处理节能技术导则

为了贯彻国家《节能法》，2002 年我国首次发布了 GB/Z 18718—2002《热处理节能技术导则》。该导则规定了热处理生产中为避免能源浪费，保证能源的合理使用应采取的主要节能途径和措施；它是按照《节能法》关于开源节流的规定制定的，是《节能法》主要支撑性技术文件之一，用于指导企业热处理生产和改造。

13.2.1　加热设备节能技术指标

加热设备节能技术指标主要包括加热设备的热效率、利用率与负荷率这"三率"。加热设备节能技术指标见表 13-8。

表 13-8　节能技术指标

项　目	规定值	目标值
加热设备负荷率	不低于 50%	—
加热设备利用率	三班连续生产和维持每周 5 天以上的开工时间	—
电阻炉加热（850~950℃）热效率	不低于 35%	50% 以上
燃烧加热设备热效率	不低于 30%	50% 以上

表 13-8 中，"规定值"指热处理加热设备现阶段应具备的技术指标；"目标值"则指进一步采取节能措施或进行技术改造后，应达到的技术指标。对超期服役、热效率低于 35% 的电阻炉，必须施行节能技术改造。这是一条强制性规定，企业必须贯彻执行。

13.2.2　热处理设备节能技术措施

当前，经济发达国家对热处理设备普遍的要求是保证工艺精度和再现性、节约能源、降低成本和减少公害。热处理节能可以通过保证热处理加热设备连续使用和接近满负荷条件下工作、减少加热设备的热损失或提高热效率、回收利用燃烧废热和废气、燃料尽可能在合理的条件下得到充分燃烧、采用节能的热处理工艺等途径来实现。提高热处理加热设备热效率的技术措施见表 13-9。

表 13-9　提高热处理加热设备热效率的技术措施

加热设备	技 术 措 施
电阻炉和燃烧加热炉	1）改进设备结构，减少散热面积 2）用轻质耐火砖代替重质砖 3）用陶瓷纤维耐火材料代替耐火砖 4）用优质耐热钢做夹具、料盘和炉罐等构件，以减轻其重量 5）提高设备密封性，尽量避免炉膛上开孔，减少炉门开启时间和频次
燃烧加热炉	1）燃烧的空气系数保持在 1.1 ~ 1.2 范围内 2）烧嘴和辐射管必须达到规定的品质标准，必须有预热空气功能 3）采用可严格控制炉温和空气过剩系数的自动调节系统 4）燃烧嘴必须和燃料相适应，严禁更换燃料时不更换烧嘴 5）利用燃烧废热预热空气到 300℃ 以上 6）经常维护和检修燃烧器，使其始终保持正常燃烧状态和规定的消耗水平 7）烧嘴和辐射管必须具有预热功能

13.2.3　热处理节能的工艺措施

（1）通过实际测定，修正在各类加热设备中的加热时间计算系数，最大限度地缩短加热时间。

（2）碳素结构钢和低合金结构钢尽量采用不均匀奥氏体化淬火方式，取消加热保持时间（实行所谓“零保温淬火”）。

（3）采用加速化学热处理的催渗措施。

（4）用低温热处理代替高温热处理。

（5）用局部加热（感应或火焰）热处理代替整体热处理。

（6）用中碳结构钢感应淬火代替渗碳淬火。

（7）尽可能利用锻造余热施行热处理。

（8）采用可施行快速热处理的金属材料，如快速渗碳钢、快速渗氮钢、低淬透性钢等。

（9）建立热处理设备的严格检修维护制度，严格控制工装和工艺材料品质，力求减少和避免返工、返修和报废。

（10）采取各种节能措施，在不投资和少投资的条件下获得节能效果。

13.2.4　热处理节能的主要环节

热处理节能的主要环节如下：

（1）所实施的热处理工艺是否达到热处理目的，而又是消耗最小有效热的工艺。

（2）施加热能于工件的设备是否高热效率。

（3）实施热处理工艺及使用热处理设备的操作是否造成热能额外损失。

（4）热处理工艺及设备的运行是否能准确地执行，而不偏离理想状态，不造成热能的附加消耗。

（5）是否最有效地组织和管理生产，最有效地利用生产设备，减少设备工作和非工作时的能源消耗。

13.2.5　能源管理和合理利用

（1）加热设备的生产能力应和企业的生产纲领相适应。

（2）单件小批量生产以及热处理连续性很差的零件，应委托专业厂协作加工。

（3）燃烧加热设备应选择优质燃料，如发生炉煤气、焦炉煤气、高炉煤气、城市煤气、天然气、液化石油气、轻油和重油，各企业可因地制宜地选取。从环保和方便的角度来看，用天然气最为有利。

（4）热处理企业或热处理分厂、车间设专职或兼职能源管理员，在企业有关领导直接领导下负责企业、分厂、车间的能源管理工作。

（5）能源管理员必须经国家能源主管部门举办的能源管理学习班培训，在取得结业证书后方可担任。

（6）能源管理员要对本单位或部门的燃料、电力消耗，各项能源利用指标，每台设备的能耗统计数字进行经常性记录，并计算单位产量能耗、节能指标完成情况以及具体节能措施效果等。

（7）能源管理员应督促制订各种热处理件的节能工艺规范，并监督执行。

（8）能源管理员应经常提出各项节能措施建议，并组织开展群众性的节能技改活动。

13.3　热处理节能的基本策略

从产品能耗的观点出发，节能的基本策略如下：

(1) 处理时间最小化。

(2) 能源转化过程最短化。

(3) 能源利用效率最佳化。

(4) 余热利用最大化。

13.3.1 处理时间最小化

热处理工件的体积越小，则加热的时间越短，能耗也越少。据此，在满足产品技术要求的前提下，可采用以下措施减少能耗：以局部热处理代替整体热处理；以表面加热替代透烧加热；简化热处理工艺流程，减少热处理工序；优化热处理工艺，以缩短加热时间。

13.3.2 能源转化过程最短化

尽可能直接利用能源，直接加热工件，以减少能源在转化为热能或热能在加热工件过程中的能量损失。其主要措施有：直接加热替代间接加热，直接加热装置替代间接加热炉，如采用感应加热、等离子加热、接触电阻加热、火焰加热等；高能束热处理替代一般热处理，如采用激光、电子束、离子束、电火花、太阳能等进行热处理。

13.3.3 能源利用效率最佳化

要求热处理时能源利用达到最高效率，热损失减到最低。其主要措施有：采用高热效率的热处理炉；采用优良的燃料燃烧装置，使燃料充分燃烧；采用先进的控制装置和方法，合理的控制燃料燃烧及空气/燃料值、控制供电、控制工艺过程及工艺参数；减轻炉内耐热金属构件及工夹具的重量；采用耐火纤维或轻质砖炉衬，减少炉子散热和蓄热损失。

13.3.4 余热利用最大化

在生产过程中尽可能利用废气余热、工件余热及上工序余热。其主要措施有：采用高效率的换热器，回收废气余热预热燃用空气及预热工件等；利用锻造、铸造的余热进行热处理；热处理生产线中各设备间热能要综合利用。

13.4 热处理节能的基本途径

13.4.1 热处理能源浪费的主要原因

要达到节能的目的，首先要了解能源浪费产生的原因，主要有以下几个方面：

(1) 设备负荷率低。在装不满炉的条件下生产，造成能源浪费。

(2) 设备有效利用率低。由于生产组织不当，加热设备不能连续运行，大量时间和电能消耗在炉子升温上。

(3) 加热设备的热损失大，炉衬蓄热量大，绝热效果差，散热严重。

(4) 加热过程中的无效损耗大。各种加热炉的夹具、料盘设计不合理，尺寸过大，导致约 10% ~ 20% 的电能浪费。

(5) 热处理工艺选择不当，加热和保温时间的计算过于保守，使加热和保温时间过长。

(6) 操作人员技术不熟练，造成热处理不合格而返工浪费能源。

(7) 企业的节能意识相对淡薄，节能管理机构不太健全和完善，节能管理人员和措施落实不够。在管理上只注重完成任务，忽视节能工作，缺乏热处理的有效节能措施。

13.4.2 热处理节能的基本思路和途径

热处理的节能贯穿在整个热处理生产的整个过程，必须依靠各环节的技术进步，节能的基本思路和途径应从以下几个方面考虑。

1. 提高热处理生产的能源管理水平

(1) 合理地组织与调度车间生产，力求集中连续地生产。

(2) 加强热处理生产过程的工艺技术管理和生产技术管理。

(3) 在保证零件热处理质量的前提下，对所应完成的热处理任务进行全面的经济分析，核算生产成本，制定合理的热处理能源利用指标。

(4) 建立能源管理制度，包括记录和分析报告制度以及奖惩制度。

2. 推广高效、节能的热处理工艺

(1) 采用形变热处理工艺，将压力加工（锻、轧等）和热处理工艺有效地结合起来，可同时发挥形变强化与热处理强化的作用，以获得单一的强化方法所不能得到的综合力学性能。

(2) 充分利用锻造余热进行热处理，如锻热淬火等。

(3) 用振动时效代替人工时效。

(4) 采用表面或局部热处理代替整体热处理。

(5) 对一些简单零件，采用自回火代替炉中加热回火。

(6) 采用复合热处理，在一次热处理加热过程中实现两种或两种以上的热处理。

(7) 采用碳质量分数为 0.5% 的钢进行激光表面

淬火，代替局部渗碳淬火。

（8）提高渗碳温度、采用真空化学热处理以及各种催渗方法加速化学热处理过程。

（9）采用离子轰击进行物理气相沉积，以提高工件质量，并可取得节能效果。

（10）缩短加热保温时间。

（11）降低加热温度。对亚共析钢，在 $Ac_1 \sim Ac_3$ 温度之间两相区进行加热淬火。

3. 采用高效节能热处理设备

（1）采用振动时效设备代替人工时效。

（2）用高效节能的晶体管高频、超音频感应加热设备代替真空电子管高频、超音频感应加热设备，提高设备效率。

（3）对要求局部热处理的零件，采用超音频、高频感应加热设备，代替盐浴加热炉加热。

（4）合理选择炉型，连续式炉比周期式炉好，圆形炉膛比方形炉膛好。

（5）尽可能采用蓄热少、绝热性好的轻质耐火炉衬，如用耐火纤维对炉衬进行节能改造等。采用密封炉体结构，防止漏出热气和吸入冷空气，减少热损

失，提高热效率。

（6）在炉衬上涂覆红外辐射涂料。

（7）采用远红外加热炉进行热处理，可缩短升温时间，且无环境污染。

（8）使用流动粒子炉（流态床）加热淬火，起动快，能源消耗少。

（9）加强设备的管理和维护工作，保证持续高效运转。

13.5　热处理能源及加热方式节能

13.5.1　热处理能源

能源是人类赖以生存的、经济发展和社会进步的重要物质基础。热处理设备选用何种能源作为燃料更为合理，有较好的节能效果，一方面取决于国家能源状况和政策，同时也与当地能源资源与投资规模和环境保护有关。当今世界，使用的一次能源主要是化石能源，如煤炭、石油和天然气。在中国所占的比例是90%以上，化石能源是不可再生能源，也是不洁净的能源。表 13-10 为 21 世纪初我国常规能源状况。

表 13-10　我国常规能源状况

项　　目	石油/亿 t	天然气/万亿 m³	煤炭/亿 t	水电/亿 kW・h
资源量	940	38	10229	6.76
可开采量	188	12	856	3.79
占世界可开采量的比例(%)	2.3	1.0	11.6	16.7(2004 年)
年消耗量	2.27(2000 年)	283(2002 年)	9.33(2002 年)	0.827(2001 年)
使用年限	<20	<50	120	50

从表 13-10 可知，我国煤炭可采储量占全球的11.6%，是能源优势之一。因此，我国以煤为主的能源政策将会长期存在下去。目前还有不少热处理采用煤作燃料，如铸锻件退火等。用煤作能源的主要原因是资源丰富，价格低廉。虽然煤作为热处理能源的状况将不断缩小，其主要原因不在于是否节能，而是由于热处理工艺参数难于控制和污染环境。燃煤将向转化为燃气加热的方向发展。

我国从 1993 年起已成为石油进口国，石油消耗已超过日本，仅次于美国，成为全球第二大原油消耗国，供需求缺口很大，液化石油气也需大量进口。而直接用石油和天然气作热处理炉的能源，比用火力发电的电能有较高的热效率。

一般火力发电效率为40%，输电损失6%~7%，热处理电阻炉本身的热效率一般低于65%，这样，电阻炉的总电效率约22%；而使用气体或液体燃料

（天然气、油等）热处理炉的热效率为25%~30%，加上利用废气预热工件和燃用空气，可使其总热效率提高约60%。

现在我国热处理炉主要用电能，这是由于电炉易控制，供应和管理方便，车间内环境污染小的缘故。我国目前的电能主要是火力发电，价格较高，因此从节能的观点来看，应发展石油和天然气的直接应用，但随着水力发电和原子能发电的发展，用电的合理性也会增强。

13.5.2　热处理加热方式与能耗

1. 燃料燃烧加热　煤、油和煤气通过燃烧产生热量，在炉内实现炉气、炉衬和工件之间的热交换，把炉衬和工件加热。由于炉衬的蓄热和散热以及废气的热损失，造成了这类加热方式的低效率。

气体燃料乙炔，丙、丁烷等高热值的气体，可以

通过燃烧器形成火焰，直接喷烧工件，有很高的传热系数和加热速度，可实施工件表面加热，故其热效率较高。

2. 电阻法加热　电能转换为热能的方式很多，用得最多的是在电阻炉内，通过电阻发热元件，转化为热能。在炉内形成热源、炉衬、工件之间直接进行热交换，其加热方式也属间接加热，热效率也偏低。

通常通过强化辐射或强化对流，或扩大辐射面积，或减少炉衬蓄热和炉壁散热量，来提高其热效率。

3. 直接通电加热　电力直接通过工件，以工件作为电阻发热体而将本身加热，这种加热方式称直接加热，或接触电阻加热，其能量转换率和利用率很高。这种加热方式通常用于等截面钢丝、钢棒加热。试验表明，这种通电加热用于加热直径小于 $\phi70mm$，长度同直径的平方之比小于1的坯料时，加热每吨金属的电能耗量为 $300 \sim 350kW \cdot h$，约为感应加热的 60% ；但直径大于 $\phi70mm$ 时，其耗量就会大于感应加热。表 13-11 列出三种加热方法的使用范围及经济指标。

表 13-11　三种加热方法的使用范围及经济指标

项　目	加热方法及指标			
	电阻炉加热	感应加热		接触电阻加热
		工频	中频	
钢件直径范围/mm	不限	$>\phi150$	$>\phi15$	$\phi10 \sim \phi70$
钢件长度/mm	不限	不限	不限	>100
每吨钢件电能耗量/(kW·h/t)	600 ~ 700	400 ~ 500	450 ~ 600	300 ~ 350
每千瓦安装容量的相对价格	1	0.8	1.7	1.2
加热每吨锻件的相对价格	1	0.8	0.9	0.7

注：加热温度为1250℃。

4. 感应加热　把金属工件置于交变的电磁场内（感应器中），在交变磁场作用下，在工件内部产生交变电势，并由此而引起交变电流（涡流），涡流产生热量把工件加热，称感应加热。感应加热有工频（50Hz）、中频、高频、超高频、超音频等频率状态的加热，属直接加热。它可用于表面加热或透烧加热，与电阻炉加热相比，有很高的热效率和生产率，

热效率达 55% ~ 90% 。利用感应加热表面淬火代替一般整体加热淬火时，可节约能量达 70% ~ 80% 。

5. 等离子加热　由电能把低真空的气体电离成等离子，在电场作用下，等离子高速冲击工件，把动能转化为热能而加热工件，并溅射掉工件表面的钝化膜，把离子渗入工件内，这种加热方式称离子轰击热处理。这种直接加热的方式有较高的热效率，且加快工艺过程。特别是对有较稳定合金元素钝化膜的钢，依靠溅射作用可加快表面净化过程，为离子渗入创造条件。等离子加热应用于辉光离子渗氮、离子渗碳和离子渗金属等。表 13-12 所示为各种加热方式渗氮的特性比较。

6. 高能束加热　电能通过电磁场的转化形成激光、电子束、离子束等，依靠束流作用在金属表面上轰击加热。通常把这类具有很高能量密度的加热形式称高能束加热。表 13-13 所示为各种高能束处理的功率密度和处理能力比较。

激光硬化在生产中已得到许多应用，如各类发动机缸套（缸体），经激光硬化后提高寿命 1 ~ 3 倍。激光表面涂覆高速钢，形成 $75\mu m$ 的 WC 后，硬度达 1500HV ，刀具寿命提高 2 ~ 3 倍。此外，激光非晶化、激光合金化和熔覆、激光气相渗、激光冲击硬化及激光制备薄膜等都是正在发展的提高质量的节能新技术。

电子束已开始应用于生产，电子束加热与激光加热相比较能量转换效率较高，达 75% ~ 90% ，而激光为 7% ~ 15% ，电子束透入钢材深度大，例如，125kV 加速电子束可透入 0.04mm ，而激光为几个原子深度；电子束加热需在真空室内，而激光则不必。表 13-14 示出电子束与激光热处理的成本和能耗比较。

离子注入技术已在单一离子注入、多种离子混合注入等表面改性技术方面应用，并取得进展。

7. 超硬化合物表面涂覆处理

超硬化合物表面涂覆热处理是已得到应用并迅速发展的新技术，其处理形式有多种，主要有化学气相沉积（CVD）、等离子增强化学气相沉积（PACVD 或 PECVD）及物理气相沉积（PVD）。PVD 法又有真空蒸膜、离子镀膜、溅射镀膜等技术。这种涂覆层硬度高，粘着力强，有很高的耐磨性、耐蚀性，且有良好的光泽和色调。此技术应用于切削工具、成形加工的模具、化学工业耐磨抗蚀的零件（如阀体、喷嘴）以及轴承等耐磨机械构件等，可使寿命提高数倍。图 13-2 所示为各种表面处理方法的表面硬度比较。

表 13-12　各种加热方式渗氮的特性比较

<table>
<tr><th colspan="2">项　目</th><th>离子渗氮</th><th>盐浴渗氮</th><th>气体氮碳共渗</th><th>气体渗氮</th></tr>
<tr><td colspan="2">适用钢种</td><td>全部钢种</td><td>全部钢种</td><td>全部钢种</td><td>渗氮钢</td></tr>
<tr><td rowspan="7">处理条件</td><td>温度/℃</td><td>一般 350 ~ 570</td><td>560 ~ 580</td><td>560 ~ 580</td><td>500 ~ 540</td></tr>
<tr><td>热源</td><td>利用放电现象加热</td><td>外部电加热</td><td>外部电加热</td><td>外部电加热</td></tr>
<tr><td>时间</td><td>一般 15min ~ 20h</td><td>一般 15min ~ 3h</td><td>一般 15min ~ 6h</td><td>一般 40 ~ 100h</td></tr>
<tr><td>渗氮介质</td><td>氮、氢、含碳气体单独或混合使用</td><td>XCN、XCNO（X：碱金属）</td><td>RX 气体、氨气</td><td>氨气</td></tr>
<tr><td>局部渗氮</td><td>非常容易</td><td>难</td><td>难</td><td>难</td></tr>
<tr><td>变形</td><td>极小</td><td>小</td><td>比较小</td><td>有若干</td></tr>
<tr><td colspan="2">处理后的清洗</td><td>不要</td><td>要（从安全角度）</td><td>要</td><td>不要</td></tr>
<tr><td rowspan="2">公害</td><td>排油、水处理</td><td>不要</td><td>要</td><td>要</td><td>不要</td></tr>
<tr><td>有毒有害物质</td><td>完全没有</td><td>废盐</td><td>燃烧气体</td><td>燃烧气体</td></tr>
<tr><td colspan="2">操作环境</td><td>非常好</td><td>不好</td><td>一般</td><td>一般</td></tr>
<tr><td colspan="2">渗层疏松</td><td>完全没有</td><td>易出现</td><td>有可能出现</td><td>没有</td></tr>
<tr><td colspan="2">表层的单相</td><td>有可能 γ′ 或 ε 的单相</td><td>不可</td><td>不可</td><td>不可</td></tr>
<tr><td rowspan="2">消耗量</td><td>气体或盐浴</td><td>气体极少</td><td>盐浴一般</td><td>气体多</td><td>气体多</td></tr>
<tr><td>电力</td><td>中</td><td>多</td><td>多</td><td>多</td></tr>
</table>

表 13-13　各类高能束处理的功率密度和处理能力比较

项　目 类　型	供给材料表面的功率密度（实验平均值）/（W/cm²）	峰值功率密度（局部处理实验值）/（W/cm²）	材料表面吸收的能量密度（理论值）/（J/cm²）	处理能力/（cm³/cm²）	能源的产生类型
激光束	$10^4 ~ 10^8$	$10^8 ~ 10^9$	10^5	$10^{-5} ~ 10^{-4}$	光
电子束	$10^4 ~ 10^7$	$10^7 ~ 10^8$	10^6	$10^{-6} ~ 10^{-5}$	电子
离子束	$10^4 ~ 10^5$	$10^6 ~ 10^7$	$10^5 ~ 10^6$	$1 ~ 10$	在强磁场下微波放电
超声波	$10^4 ~ 10^5$	$10^5 ~ 10^7$	$10^5 ~ 10^6$	$10^{-4} ~ 10^{-5}$	超声波振动
电火花	$10^5 ~ 10^6$	$10^6 ~ 10^7$	$10^4 ~ 10^5$	$10^{-5} ~ 10^{-4}$	电气
太阳能	$1.9 × 10^3$	$10^4 ~ 10^5$	10^5	$10^{-5} ~ 10^{-4}$	光
超高频冲击	$3 × 10^3$	10^4	10^4	$10^{-4} ~ 10^{-3}$	电感应

表 13-14　电子束与激光热处理的成本及能耗比较

处理方式	设备投资/（美元/台）	单位功率成本/（美元/W）	作业成本/（美元/h）	能耗/（J/mm³）
电子束	一般 20 ~ 25 万　自动化设备 40 ~ 50 万	8	16	统计平均 25 ~ 30
激　光	比电子束设备贵 3 倍	30	高于 32	比电子束处理高若干倍

　　近年来，金刚石低压化学气相沉积取得了很大进展，制造了人造金刚石，可在工具衬底（一般为硬质合金）上沉积金刚石薄膜（在 30μm 以下），或把金刚石厚膜（0.3 ~ 1.0μm）经激光切割后钎焊在硬质合金工具上。有试验把纳米级的金刚石粉加入镍镀液中对工件进行电刷复合镀，这种镀层在高负荷下有优良的抗疲劳性，耐磨性为纯镍镀层的 4 倍。

　　以上列举了在热处理技术中的多种能源转换形式，加热方法和热处理形式，以及正在发展中的新技术，展示了热处理节能的发展趋向。但是，各种

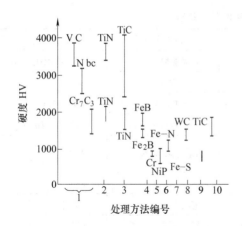

图 13-2　各种表面处理方法的表层硬度
1—TD　2—CVD　3—PVD　4—渗硼
5—电镀　6—渗氮　7—渗硫　8—放电硬化
9—淬火工具钢　10—硬质合金

新技术都有其局限性,目前仍不可能完全替代在电阻炉和燃烧炉中加热的热处理。由于受机器零件及技术要求的多样性、生产规模、设备的装载量及设备的贵重程度等因素影响,在电阻炉和燃料炉中的热处理仍然是热处理的主体。

13.6　热处理工艺与节能

　　一个产品应具有何种性能要求,施行何种工艺过程和热处理,采用何种钢材,在何种设备中处理,这些是热处理设计的内容。它在很大程度上决定了热处理过程中的能耗。

13.6.1　工艺设计节能

　　1. 热处理技术要求　产品的技术要求通常由产品设计师确定,但热处理工程师应从分析产品服役条件着手,审查该技术要求的合理性,按照能满足服役条件又能节能的技术要求选择相适应的、节能的热处理工艺。例如:在许多产品技术要求中渗碳层深度与服役条件的耐磨和抗疲劳性能的要求不匹配。若将渗碳层深度降低 40% ,渗碳处理就可节能 20% ~ 30% 。若把渗碳层深度从 1.1 ~ 1.4mm 降至 1.0mm ,即可使渗碳工艺从 925℃ × 11h 缩短为 925℃ × 7.5h 。

　　有时改变采用钢材,也可相应地更改技术要求。当然,这种改变应满足该零件强度、韧性、耐磨性和疲劳强度等的综合性能要求。

　　2. 热处理工艺路线及工艺的确定　对同一产品的技术要求,常可以选用不同的热处理工艺方案来完成,正确的选择常可带来很大的节能效果。在确

定热处理工艺时应考虑如下问题:
　　(1) 材料的选用是否建立在实际要求的基础上,是否有新的加快工艺过程的材料可供选用(如快速渗碳钢、渗氮钢等)和是否可用预先处理过的材料(如预先处理过的冷拔钢丝等)。
　　(2) 详细比较可满足技术要求的各种热处理工艺,然后优选。例如,选用调质处理还是正火,选用渗碳还是渗氮,选用化学热处理还是感应淬火,以及选用渗碳后二次淬火还是直接淬火等。
　　(3) 产品热处理工艺路线是否最短,加热倍数是否最少,工序间作何配合可达到热能的综合利用,锻造余热是否可利用及形变热处理是否可实施等。表 13-15 列出了锻件热处理可能的方案及加热次数。

表 13-15　锻件热处理可能的方案及加热次数

工艺路线	加热倍数
锻造—正火—加工—调质(淬火 + 回火)	4
锻造—调质—加工	3
锻造—余热调质—加工	2.5
锻造—空冷—加工—回火	2

　　3. 热处理设备的选用　选用热处理设备应在满足热处理工艺要求的基础上,应有较高的生产率、热效率和低能耗。对于炉型的选择,不仅要考虑热处理工件的特点、生产量、热处理的工艺要求等,还要从节能角度出发,考虑炉子的热效率、热量损失、电能(或燃料)的消耗指标等。

　　一方面,作业方式不同,热效率不同。周期作业炉比连续作业炉效率低。据资料介绍,在加热温度为 900 ~ 950℃ 时,连续作业炉的热效率为 40% ,而周期作业炉的热效率只有 30% 。

　　另一方面,作业方式相同的炉子,其热效率也有差异。同样为周期作业的井式炉比箱式炉的热效率高,因为井式炉密封好、散热面积小;连续作用的振底炉比输送带炉的热效率高,因为振底炉没有夹具、料盘等辅助工具的加热损失。

13.6.2　常规热处理工艺节能

　　1. 降低或提高加热温度　热处理加热温度是由钢材的特性决定的,但常允许在一个温度范围内变动。适当降低热处理温度有显著的节能效果。

　　一般亚共析碳钢的淬火加热温度在 Ac_3 以上 30 ~ 50℃ ,共析及过共析碳钢淬火加热温度为 Ac_1 以上 30 ~ 50℃ 。但近年来的研究证实,原始组织较好

的亚共析钢在略低于 Ac_3 的 $\alpha + \gamma$ 两相区内加热淬火（即亚温淬火）可提高钢的强韧性，降低脆性转变温度，并可消除回火脆性淬火，而加热温度可降低约40℃。

对高碳钢采用低温快速短时加热淬火，可减少奥氏体碳含量，有利于获得良好强韧配合的板条马氏体；不仅可提高其韧性，而且还缩短加热时间。

对于某些传动齿轮，以碳氮共渗代替渗碳，耐磨性提高40%～60%，疲劳强度提高50%～80%；共渗时间相当，但共渗温度（850℃）较渗碳温度（920℃）低70℃，同时还可减小热处理变形。

对渗碳深度在 0.5～0.6mm 以下的渗碳件，当用碳氮共渗替代渗碳时，加热温度可从 920～930℃降至 830～850℃。

为了节能也有把加热温度提高的情况。提高渗碳温度，加快碳在钢中的扩散速度，可显著缩短渗碳时间。当渗碳温度从 900～930℃提高到 980～1010℃时，可使渗碳时间缩短40%～50%。由缩短渗碳处理时间带来的节能远大于因温度升高的热损失。实施高温渗碳常受炉罐耐热性和常规钢材晶粒粗大的限制，通常 CrMnN 铸钢炉罐的最高使用温度为950℃。真空高温渗碳，可高达1000℃以上。

2. 缩短加热时间　生产实践表明，依工件的有效厚度而确定的传统加热时间偏于保守，因此要对加热保温时间公式 $\tau = \alpha KD$ 中的加热系数 α 进行修正。按传统处理工艺参数，在空气炉中加热到800～900℃时，α 值推荐为 1.0～1.8min/mm，这显然是保守的，如果能将 α 值减小，则可大大缩短加热时间。加热时间应根据钢种工件尺寸、装炉量等情况通过试验确定，经优化后的工艺参数一旦确定后要认真执行，才能取得显著经济效益。

对中、小尺寸的一般热处理件可施行零保温工艺。所谓零保温工艺是指对一般碳素钢、低合金钢的热处理，当工件被加热到工艺温度后，无需保温即可进行淬火或正火处理。零保温的依据是：从传热学角度来看，凡属"薄件"的工件，当其表面到温后，其心部的温度与表面温度相差很小；从金属学的角度来看，一般钢材的奥氏体化时间仅需 1～2s，因此对许多零件的加热，不必额外增加保温时间。

3. 提高加热速度　加热速度影响加热时间和节能。除大型零件和高合金钢外，绝大多数的钢材允许快速加热。快速加热的基本途径是强化炉内热交换。具体措施如下：

（1）实施热装炉。

（2）提高炉温进行快速加热。提高炉温可显著强化辐射加热。在高温下，即使很小的温差也能产生很大的传热速度。例如，1℃的温差所引起的传热量在1200℃时约为在540℃时的 5 倍。表 13-16 列出了在火焰炉中不同温度下加热 ϕ100mm 钢件（单件）时的加热系数。

表 13-16　不同温度下加热 ϕ100mm 钢件时的加热系数

炉温	300	500	600	800	900	1000	1100	1200
加热系数/（min/mm）	1.0	0.9	0.8	0.7	0.6	0.5	0.4	0.3

（3）提高连续式炉加热段的炉温

（4）在炉内壁上喷涂高红外辐射率的涂料，以强化炉内壁的辐射性能，可缩短炉子和工件的升温时间，一般可节能 5%～10%。选择这类涂料时应注意：在高温工作温度下，应能保持高的辐射率；涂料保持高辐射率应有较长的时期；涂料与炉壁应有较强的粘着力。

（5）工件表面黑化处理，即工件表面磷化等方法涂覆高黑度的涂覆层，以提高对热辐射线的吸收率，加快工件加热。此方法主要应用于激光加热件。

13.6.3　热处理新工艺和特殊工艺节能

热处理工艺节能和减少环境污染主要是依靠热处理的技术创新，在这方面有很多的成功案例。

1. 回火节能

回火是热处理工艺中周期长、耗能多的工序，在这方面节能潜力很大。在现有生产条件下，无需增加投资费用，就能取得显著的节能效果。

（1）应用回火参数公式，缩短回火时间。通常，制订回火工艺是根据钢件所要求的硬度，按回火曲线选择相应的回火温度，把回火时间作为相对固定参数，如工件截面尺寸为 25mm 的回火时间定为1h。钢的回火是一个扩散和析出的过程，因而回火温度和回火时间都是影响回火效果的工艺因素。回火温度和回火时间对回火效果的综合作用，可用回火参数来表示：

$$P = T(c + \lg t) \qquad (13-1)$$

式中　T——回火温度（K）；

　　　t——回火保温时间（h）；

　　　c——与钢的碳含量有关的系数，$c = 21.3 - 5.8w$（C）。

由式（13-1）可见，为了达到所要求的回火硬度，只需取相应的回火参数 P，而具体的回火温度和回火时间可以根据式（13-1）进行组合或调节。

表 13-17 是对 65SiMn 钢工件进行回火试验的力学性能数据。各组的回火温度和回火时间相差很大，但它的回火参数 P 是相同的。表中的数据表明，根据式（13-1）采取不同的回火温度与回火时间的组合，得到的力学性能基本相同。

表 13-17　65SiMn 钢回火力学性能对比

回火规范	硬度 HRC	R_m/ MPa	R_{eL}/ MPa	A （%）	Z （%）	a_K/ （J/cm²）
440℃×120min	40	1402	1200	9.2	35.6	46.0
450℃×30min	40	1409	1280	8.4	35.4	37.1
480℃×10min	40	1411	1208	8.5	41.1	45.2
510℃×1min	40	1476	1273	9.41	40.7	40.1

由此可见，在制订回火工艺时，如能应用回火参数公式，回火温度适当提高可以在保证工件力学指标的前提下，显著缩短回火时间；而适当提高回火温度所略微增加的能耗，远小于因显著缩短回火时间而节省的能源，因此可以取得明显的节能效果。

例如，对于 45 钢、40Cr 钢的轴类工件，要求硬度 240～280HBW。如将调质的高温回火温度提高 20℃，可以使回火保温时间由原来的 150min 缩短为 60～80min。回火结果表示，硬度和金相组织与常规回火的基本相同。由于缩短了回火时间，节能 21%～26%。

（2）利用淬火余热，降低回火能耗。钢件淬火冷却时，为了减少变形和防止开裂，工艺上都不允许将工件在较低温度的淬火冷却介质中冷透。如果在工艺操作中能充分利用并稳定控制这部分工件内部的淬火余热，对工件进行自回火或带温回火，就可以省去或明显降低回火所需的能耗。

表 13-18 是直径为 ϕ30mm 的 45 钢件，感应加热 7s 达到 880℃，喷水冷却不同时间，工件中的淬火余热能达到的自回火温度及回火后的硬度。

表 13-18　感应淬火水冷时间与自回火的关系

淬火水冷时间/s	残余热量 /kJ	余热比率（%）	自回火温 /℃	表面硬度 HRC
3	122.8	40.5	440	46～48
6	80.5	26	270	55～58
8	52.2	12.7	180	61～63
20	0	0	—	62～64

对比试验还表明，当回火硬度相同时，采用自回火和炉内回火所测量的疲劳强度，冲击韧度值和残余应力等基本相符。

感应淬火自回火在回火温度停留的时间很短，所以自回火温度一般要比常规回火温度高 80～140℃。例如 40Cr 钢花键轴，要求硬度为 48～53HRC。原工艺为感应淬火后在炉内 180℃回火 90min。试验表明，花键轴感应加热时有 60%～80% 的热量传至心部，可以充分利用这部分热量对表面淬火层进行自回火。淬火时停止喷水冷却后，经过 40s 表面淬火层温度回升到 245℃，自回火 55s 以上，硬度为 51～54HRC。该工件自回火后，质量稳定，完全省去了另行回火的能耗。

对低碳马氏体钢自回火的研究表明，自回火状态可保持高的强度水平，且塑性不降低。

对于某些整体加热调质处理的钢件，通过工艺试验也可进行自回火。例如，尺寸为 ϕ40mm×500mm 的 45 钢轴，要求硬度为 260～300HBW。通过试验，采用 840～860℃盐浴炉加热 40min 后，在盐水中冷却 8s 左右后空冷，利用工件心部余热外传对工件表层进行回火，实测硬度为 270～310HBW，实现了轴的快速调质处理，同时取得了节能效果。

利用淬火余热，使工件带温入炉回火，缩短炉内回火时间，也能达到节能的效果。例如，ϕ360mm×120mm 的正齿轮，高频感应淬火表面冷到 180～200℃时，立即入 200℃的回火炉中回火 10min，工件具有良好的抗弯强度和疲劳强度，回火炉每月可节电 4200kW·h。

（3）应用淬火炉进行快速加热回火。随着对回火机理研究的不断深化，人们认识到回火参数的概念也适用于变温条件下发生的回火过程。淬火后的工件直接在淬火炉中进行快速加热回火，其实质就是在加热的变温条件下完成了回火组织转变。这种方法不需专用的回火设备，利用淬火炉的工作间隙即可进行回火，节能的效果明显。

相关试验已表明，对于截面尺寸较小的钢件，在淬火炉中快速加热回火与常规回火可获得相同的力学性能。表 13-19 是 ϕ55mm×300mm 的 40Cr 钢试样，盐浴炉 870℃加热淬油后，经不同方法回火的性能对比。

在淬火炉中进行快速加热回火的时间参数与工件的钢号、形状尺寸、硬度要求、淬火炉温度等有关。当这些条件相应固定时，即可通过工艺试验确定所需的回火时间。表 13-20 是直径为 ϕ12～ϕ15mm 的 45 钢工件，经 810～820℃先水淬后油淬，然后在 800℃的淬火盐浴炉和电阻炉中加热回火，回火时间与回火后硬度的关系。

表 13-19　常规回火与快速回火的性能对比

回火方法	600~620℃×3.5h 常规回火	830~850°×6.5min 盐浴炉快速回火
R_m/MPa	733	791
R_{eL}/MPa	687	721
A(%)	21.5	19.7
Z(%)	59.5	61.4
a_K/(J/cm^2)	114	122
表面硬度 HRC	24~28	23~26
中心硬度 HRC	20~23	21~23

表 13-20　45 钢工件在淬火炉中快速加热回火的时间与硬度关系

淬火炉型	电阻炉(800℃)				盐浴炉(800℃)				
回火时间/s	30	60	120	180	12	20	25	38	51
硬度 HRC	56	50	45	30	50	44	37	30	24

快速加热回火可用于碳素钢、低合金钢和形状简单的工件，如各种轴类、套类和板形工件，也可用于弹簧和销轴类。对于弹性夹管的弹性部分和杆形刀具的尾柄部，还可利用淬火盐浴炉进行局部快速加热回火。

利用淬火炉的余热，进行高温快速回火，也可以取得较好的节能效果。例如，对于 φ36~φ55mm 的 45 钢调质件，要求硬度为 23~28HRC，原采用的常规回火工艺为：580℃回火 2h，每炉耗电 150kW·h。经过工艺试验，利用淬火炉余热在 750~800℃入炉回火，保温时间缩短为 15~20min，出炉后性能检测完全合格，而每炉回火只需耗电 125kW·h，节电达 82%左右。

(4) 通过试验对比简化回火工艺。常用钢种虽都已有成熟的回火工艺可循，但是每种具体工件的加工工艺和服役条件往往是复杂多变的。如能针对不同情况和要求通过试验对比和应用考核，对回火工艺进行简化和优化，也可取得明显的节能效果。

例如，对于高速立铣刀，常规的回火工艺是 560℃×1h，回火 3 次。考虑立铣刀为小尺寸刀具易于回火的特点，对立铣刀进行了回火次数与耐用度的对比试验。通过试验对比表明，对于小立铣刀，560℃回火一次的工艺其使用性能最好，且节省了第 2、3 次回火的能耗。

试验还表明，对于中碳结构钢用低中温回火取代高温回火，可获得更高的多冲抗力，延长零件的使用寿命。立柱活塞体用水淬后 450℃回火，代替原油淬

后 600℃回火，其使用寿命提高 4~10 倍，同时节约了回火能耗。

(5) 根据性能要求，有条件地不回火。试验研究表明，对于表面高频感应加热淬火的工件，有条件地取消传统的回火工序，可以保留表层的残余压应力，提高疲劳性能，既可改善性能，又可以简化工艺，节省能源。例如，20CrMnTi 高强度螺栓取消回火工艺后，疲劳强度较经过回火的提高 40%。对于高频感应淬火后不再磨削加工的电机轴，取消回火工艺，不仅节能，而且有利于提高疲劳性能。对低碳马氏体钢自回火的研究表明，自回火状态可保持高的强度水平，且塑性不降低。

(6) 应用成组工艺，分类组合回火。成组工艺是以相似性原理为基础的。回火过程都是由加热、保温和冷却三部分组合而成，故本身就存在着相似性，可以适当放宽成组回火工艺温度范围。如将每档回火温度范围定为 40℃，并以前 20℃ 为主体温度，对于要求后 20℃温度范围回火的工件，可以待主体回火工件出炉后，再稍升温回火，这样只需继续保温 0.5~1h 即可出炉，由于提高了装炉量，一般可节能 10%~30%。

对材料不同而要求相同硬度和回火温度的工件，在一定的范围内，还可以根据回火参数公式，通过计算出不同回火所需的相应回火时间，在同一温度的回火炉中进行组合回火。

例如，材料分别为 T8A、65SiMn 和 45 钢的 3 种小型工件，根据其硬度要求分别需 400℃、420℃ 和 440℃回火，采用组合回火的方法，在 440℃ 的盐浴回火炉中一次即可完成回火，见表 13-21。使工件要求的硬度规范化，适当减少或合并硬度的档次，如将调质硬度 170~430HBW 由原来的十几档减少为 6 档，从而使回火炉的负荷率提高，也有利于节能。

表 13-21　工件的回火要求和组合回火参数

工件材料	45 钢	T8A 钢	65Mn 钢
要求硬度 HRC	35~40	43~48	41~46
常规回火温度/℃	440	400	420
组合回火温度/℃	440	440	440
回火时间/min	60	7	18

2. 合理减少渗层深度。化学热处理周期长，耗电大。有条件地减少渗层深度，以缩短化学热处理的时间，将是节能的重要手段。用应力测定求出必要的硬化层深度，大多表明目前的硬化层过深，一般只需传统硬化层深度的 70% 就足够了。研究表明，碳氮

共渗比渗碳一般可减少层深 30% ~ 40%。若在实际生产中将渗层深度控制在其技术要求的下限，也可节能 20%；同时还缩短了时间，减小了变形。

3. 采用高温和真空化学热处理　高温化学热处理就是在设备使用温度允许及所渗钢种奥氏体晶粒不长大条件下，提高化学热处理温度，从而大大加速渗碳的速度，把渗碳温度从 930℃ 提高到 1000℃，可使渗碳速度提高两倍以上。但由于还存在许多问题，今后的发展还有一定的限度。

真空化学热处理是在负压的气相介质中进行的。由于在真空状态下，工件表面净化，以及采用较高的温度，因而大大提高渗速。如真空渗碳可提高生产率 1 ~ 2 倍；在 1.333 ~ 13.33Pa 下渗铝、铬，渗速可提高 10 倍以上。

工件畸变小是真空热处理的一个非常重要的优点。据国内外经验，工件真空热处理的畸变量仅为盐浴加热淬火的 1/3。研究各种材料、不同复杂程度零件的真空加热方式和各种冷却条件下的畸变规律，用计算机加以模拟，对于推广真空热处理技术具有重要意义。

真空加热、常压或高压气冷淬火时，气流均匀性对零件淬硬效果和质量分散度有很大影响。采用计算机模拟手段研究炉中气流循环规律，对于改进炉子结构亦具有重要意义。

真空渗碳是实现高温渗碳的最可能的方式；但在高温下长时间加热会使大多数钢种的奥氏体晶粒度长得很大。对于具体钢材的高温渗碳、重新加热淬火对材料和工件性能的影响规律加以研究，以及优化真空渗碳、冷却、加热淬火工艺和设备的研究是很有必要的。

真空热处理具有无氧化、无脱碳、可保持零件表面光亮的热处理效果；同时还有可使零件脱脂、脱气、变形小、节能、不污染环境，且便于自动控制以及能大大减少能耗等优点。因此，近年来真空热处理已被广泛采用。

4. 局部加热代替整体加热　对一些局部有技术要求的零件，如耐磨的齿、轴颈、轧辊辊颈等，可采用浴炉加热、感应加热、脉冲加热、火焰加热等局部加热方式代替如箱式炉等的整体加热，可以实现各零件摩擦咬合部位之间的适当配合，提高零件使用寿命；又因为是局部加热，所以能显著减小淬火变形，降低能耗。能否合理地利用能源，用有限的能源取得最大的经济效益，涉及设备能源效率的高低和工艺技术路线是否合理，管理是否科学等多种因素。

5. 离子化学热处理　离子化学热处理技术在近年来取得了较大的发展，离子热处理设备也有不断的改进。对离子渗氮机理和质量控制，在渗碳、碳氮共渗、氮碳共渗、硫氮共渗、渗金属等方面扩大其应用范围，以及在离子沉积和离子注入等技术方面都开展了一系列研究，取得了积极进展和有价值的成果。离子化学热处理，如离子渗氮、离子渗碳、离子渗硫等，具有渗速快、质量好、节能等优点。

6. 利用锻后余热热处理　锻后余热淬火不仅可以降低热处理能耗，简化生产过程，而且能使产品性能有所改善。

采用锻后余热淬火 + 高温回火作为预备热处理，可以消除锻后余热淬火作为最终热处理时晶粒粗大、冲击韧度差的缺点；比球化退火或一般退火的时间短，生产率高，加之高温回火的温度低于退火和正火，所以能大大降低能耗，而且设备简单，操作容易。

锻后余热正火与一般正火相比，不仅可提高钢的强度，而且可提高塑、韧性，降低冷脆转变温度和缺口敏感性，如 20CrMnTi 钢锻后在 730 ~ 630℃ 以 20℃/h 的冷速冷却，取得了良好的结果。

7. 以表面淬火代替渗碳淬火　对 $w(C)$ 为 0.6% ~ 0.8% 的中高碳钢经高频感应淬火后的性能（如静强度、疲劳强度、多次冲击抗力、残余内应力）的系统研究表明，用感应淬火部分代替渗碳淬火是完全可能的。用 40Cr 钢高频感应淬火制造变速器齿轮，代替原 20CrMnTi 钢渗碳淬火齿轮取得了很好的效果，并且减少了能耗。

8. 激光热处理　激光热处理是一种新兴的高能束流加工技术，其规模最终将比其他所有激光加工，如焊接、成形的总和还要大，代表着表面工程的未来。激光热处理技术属于动态热处理范畴，能量密度为所有表面热处理方式之最，达到 106 ~ 109W/cm²，拥有极高的加热速度（ > 105℃/s）和冷却速度（ > 104℃/s），可以通过调整功率密度、离焦量、扫描时间或速度，对材料表面实施各种表面热处理。它不需要淬火冷却介质，可以精确控制激光束的穿透深度，借助光学系统几乎能对任何一个形体进行扫描加热，不仅可以获得优良的表面性能，还能省去热处理后的机械加工工序，节能效果特别显著。

在激光热处理技术中，目前工艺较成熟、机理较清楚，生产上已得到应用的主要是激光淬火，其次是熔凝硬化。激光合金化和涂覆可在材料表面上形成具有优异性能的合金层，大大提高零件的使用寿命，减少优质材料和贵金属元素的消耗量，正日益受到人们的高度重视。激光非晶态、激光冲击淬火和激光退火则有待进一步开拓。

9. 电子束热处理　有关资料介绍，电子束使热处理的精度可达到一般热处理所不能达到的程度。与激光热处理技术相比，由于热效率高，操作费用低，投资少，电子束热处理技术的工业应用潜力很大，已成为最有竞争力的高能束流表面热处理技术。

高速的电子束流轰击被处理零件表面时，电子可穿过被处理零件的表面，进入表面一定深度，并给材料的原子以能量而增加晶格的振动，把电子的动能转化为热能，从而使被处理零件表面层的温度迅速升高。该技术节能效果好是因为它的能量转换率高，可以达到90%以上。

10. 流态化热处理　流态床（炉）是一种重要的热处理节能技术。向炉中吹入适当流速的气体，使炉中细小粒子介质在吹入的气体中浮动，即形成流态床。将零件浸入不同吹入气体的流态床中加热和冷却，就能实施各种热处理工艺。

流态化热处理技术与常规热处理技术相比，最显著的特点如下：

（1）加热强度大，流态床的加热系数比自然对流高 15 ~ 25 倍，比高速对流高 5 ~ 8 倍；加热速度比普通加热炉快 3 倍。由于加热速度快，热效率高，节能效果好。

（2）炉温均匀性好，一般可控制在 ±2℃ 以内；使用温度范围宽，可从室温至 1200℃，无三废问题。

（3）化学热处理效果优异，渗速快，效率高。如要求渗氮层为 0.10 ~ 0.12mm 的 H13 热作模具钢，用井式炉气体渗氮时需要 72h，而用流态床渗氮只需 16h。

（4）炉气易调节，热处理质量重现性好，可一炉多用。

（5）可用作淬火冷却介质。流态床的冷速介于油和空气之间，可作为高合金钢的淬火、分级淬火和等温淬火的冷却介质，也可用作盐浴淬火、铅浴淬火的冷却介质。

（6）目前吹入特定气体进行化学热处理时，气体耗用量和回收是降低运行成本的关键问题。

11. 新型冷却介质　加热和冷却是热处理的两个基本组成部分，热处理基本原理就是通过加热和冷却来改变材料的组织性能。目前，国内外不但发展了一系列适合各种热处理冷却要求的油类冷却介质，而且广泛使用可调节淬火冷却速度的有机淬火冷却介质，对减少热处理畸变和减少环境污染有重大作用。

采用水溶性聚合物淬火冷却介质，由于冷却能力可调，使用中介质浓度可简便测定，可减少畸变，防止淬裂，不锈蚀，免清洗，无味，无烟雾，不着火，少无污染，因而在国外已普及推广应用。在国内也已取得良好成效，在进一步推广中，但尚不普及。许多工厂仍普遍采用普通的矿物油、一定比例的氯化钠水溶液、碱溶液及硝盐溶液为冷却介质，造成严重的污染。有试验表明，采用新型水溶性聚合物淬火液取代矿物油淬火后，其成本由原 15000 元/年降至 8750 元/年，加工成本也由 0.78 元/件降至 0.44 元/件，合格率也由 92.6% 提高到 96.6%，且免除因油在高温中挥发所致的污染。

聚合物淬火冷却介质种类很多，作用、原理和性能亦不尽相同，应根据不同产品，按生产介质厂商提供的建议慎重选用。

研究还表明，聚合物淬火冷却介质在铝合金热处理上的应用也有很大的发展。原采用水淬出现严重畸变的铝合金锻件、蒙皮、型材，采用了水溶液淬火后几乎无畸变或只有少量畸变，矫正工作量减轻了至少 50%，极大地节省了矫正工时。而且水基淬火冷却介质还有在高、中温阶段冷却能力优于快速淬火油，在低温阶段具有油的慢速冷却的特性，它不含矿物油、亚硝酸盐等对人体有害的物质，淬火时不产生明火和烟气，稳定性好，大幅度改善热处理现场工作条件，有利于环境保护，避免了火灾危险。在冶金、机械制造、军工、汽车等行业的热处理领域有广泛的应用。

12. 计算机的应用　电子计算机在热处理中的应用，包括计算机辅助设计（CAD）、计算机辅助生产（CAM）、计算机辅助选材（CAMS）、热处理事务办公自动化（OA）、热处理数据库和专家系统等，它为热处理工艺的优化设计、工艺过程的自动控制、质量检测与统计分析等，提供了先进的工具和手段。

计算机在热处理中的应用，最初主要用于热处理工艺程序和工艺参数（如温度、时间、气氛、压力、流量等）的控制，现在也用于热处理设备、生产线和热处理车间的自动控制和生产管理；还有的用计算机进行热处理工艺、热处理设备、热处理车间设计中的各种计算和优化设计。

计算机在热处理中的应用主要分为以下几个方面：

（1）计算机在热处理生产过程中的控制。例如，碳势控制技术、大规模集散式炉温控制系统、真空热处理系统、PID 自整定、模糊数学与 PID 混合算法、多因素碳势精确控制、微型计算机动态可控渗氮和动态碳势控制技术等，目前已广泛应用。

（2）计算机模拟热处理过程。在优化大件加热规程、预测大锻件组织与性能、确定合理的淬火预冷时间、指导激光热处理生产等方面技术已较成熟。在非线性问题、淬火冷却过程应力场的计算机模拟、沸腾过程中的换热特性、流体力学模拟等方面也已取得重大突破，并已初步应用。

（3）热处理数据与辅助决策系统。诸如热处理计算机模拟技术、热处理 CAD 或 CAPP、人工智能热处理技术的开发应用以及计算机集成制造（CIMS）的发展都需要有强大的热处理数据的支持。

（4）热处理生产的计算机管理。热处理生产软件用于生产统计、工时定额管理、财务管理、能源管理和工艺资料管理等。

在热处理生产过程中引入计算机，可实现热处理生产的自动化，保证热处理工艺的稳定性和产品质量的再现性，并使热处理设备向高效、低成本、柔性化和智能化的方向发展。

13.7　材料与节能

人们历来十分重视新钢材的研究，以适应各种机械零件的使用要求。近年来，特别注意从节能角度出发，寻求可以替代（或省略）某热处理操作而直接满足使用要求，或可以加快化学热处理工艺过程，或可以减少热处理工序，或便于某些热处理工艺操作以及减少合金含量、降低成本的新钢材。

1. 以球墨铸铁代钢　生产高强度和高韧性的球墨铸铁，以代替锻钢，应用于发动机曲轴、连杆、凸轮轴等零件。这种替代不仅材料成本降低 4～5 倍，还可以省略锻造成形工序，简化热处理操作，一般只需进行正火处理。球墨铸铁也可如锻件一样施行渗氮等热处理。

可产生贝氏体组织的球墨铸铁被应用于齿轮、曲轴等零件，也取得了良好的节能效果。

2. 非调质钢　开发和应用非调质钢是近 10 年来热处理节能技术的一项重大进展，具有很大的经济效益。

一种含有适量的 Al、V、Ti、Nb 等合金元素的非热细化钢，无需依靠热处理细化晶粒组织而强化。在热锻之后，可以取消包括淬火、回火的全部热处理工序。

日本研制的含 V 合金的中碳钢，其主要化学成分（质量分数）为：C0.30%～0.56%，Si0.15%～35%，Mn0.60%～1.30%，P0.03%，V0.05%～0.20%。用于锻造曲轴、连杆，能免去锻后热处理。其原因是该钢在 1200℃ 锻造时，大多数合金元素溶入奥氏体中，当锻后空冷时，又由奥氏体中析出，且以细小的 VC 和 VN 等微粒沉淀在钢的基体上，造成

强烈的沉淀硬化。

其他节能钢材还有能省略正火、退火、火焰淬火和等温淬火等的多种钢材。

3. 快速渗碳钢　利用高温渗碳、真空渗碳和离子渗碳固然可以缩短渗碳时间而节能，但因设备投资费用较高而难于广泛推广应用。如能通过优化或调整渗碳钢的化学成分，缩短渗碳过程，则可取得满意的节能效果。在一般情况下，比常规渗碳可减少20%～40%的时间。

国外开发的一种快速渗碳钢 ESI 就是参照现行渗碳钢 SCr420，调整其中 Cr、Mo 和 Ni 等含量得到的，这种钢的合金元素含量（质量分数）为：C0.27%，Mn0.6%，Cr0.6%，Ni0.12%，Cu0.13%。即在含 Cr 的渗碳钢中添加 Ni，因为含 Cr 钢要达到过剩渗碳（碳质量分数大于 0.90%）很困难，而含 Ni 则不同，它有利于过剩渗碳。

4. 快速渗氮钢　提高渗氮温度可以缩短渗氮时间，但会显著降低普通渗氮钢的表面硬度。在钢中加 Ti，可以保证在 650℃ 以上渗氮时获得高的表面硬度，复合加 Ni 时，可产生 Ni_3Ti 的析出物，以强化心部。

减少 Al 含量，提高 V 含量以及多元合金化，也可以缩短渗氮工艺过程。例如，在相同条件下进行渗氮，快速渗氮钢 25CrMoV、30Cr3MoVNbAl、25CrNiMoVZrAl、25CrNiMoVNbAl 的有效渗氮层比标准渗氮钢深 30%，同时还能保证高硬度及耐磨性，仅耐磨性就可提高 1.5 倍。

5. 锻热淬火钢　锻热淬火钢加入微量元素 B 后，因 B 偏析于奥氏体晶界，可以有效地降低晶核的生成，从而有效地提高淬透性。

德国研制的锻热淬火用调质钢系列，不含 Ni、Cr、Mn 等贵重元素，而是在普通碳钢中加入 Nb 和 V。这些元素可抑制再结晶，并能以 NbC 和 VN 的形态析出，可以在锻轧之后直接淬火，节约能源显著。

一般情况下，这类新钢种的抗拉强度比碳钢提高约100MPa。在适当的停轧温度下，脆性转变温度可下降20%～30%。如果采用添加 Nb 和 V 的 45 钢（热锻后直接淬火回火）制造汽车曲轴，获得的力学性能：R_m 为 860MPa，$R_{p0.2}$ 为 520MPa，A 为 64%，Z 为38%，a_K 为 35J/cm^2。

6. 空冷下贝氏体铸钢　通常合金钢需经等温淬火处理才能获得贝氏体组织，以获得很高的强韧性配合及较高的耐磨性；但等温淬火工艺复杂，成本高，能耗大。贝氏体钢可在奥氏体化加热后空冷获得下贝氏体/马氏体复相组织。

空冷贝氏体钢有 Mo-B 系和 Mn-B 系两类，后者

的成本远低于前者。为提高此类钢的耐磨性,产生了高碳低合金贝氏体铸钢。该钢也可施行渗钒处理,渗钒后空冷,心部得到贝氏体/马氏体复相组织,表层为钒化合物层,耐磨性比 T12 钢渗钒高一倍。

7. 新型高速钢　为降低高速钢贵重合金元素的使用量和成本,世界各国致力于开发低合金高速钢,称其为经济型高速钢,如波兰的 SW3S2 钢,瑞典的 D950 钢,美国的 Vasco 钢,中国的 301 钢、D101 钢、D106 钢等。它们的 W、Mo 合金元素的总量仅占传统高速钢的 1/3 ~ 1/2,为保证其主要性能不低于传统高速钢,添加了 Si、N、稀土元素。这些新型高速钢的抗弯强度和韧性一般高于传统高速钢,二次硬化和 600℃ 以下的热硬性略高于或接近于传统高速钢,而 600℃ 以上则略逊。

13.8 热处理设备节能

热处理设备分为主要设备和辅助设备两大类。主要设备是指用于完成热处理工艺过程的热处理炉等,也就是消耗能源最大的设备。对于热处理用炉,其节能的基本要求是有较高的热效率、均匀的温度场、较高的炉膛面积和体积的有效利用率、较小的炉衬蓄热损失、较快的升温速度。因此,提高热处理设备节能可从以下几方面考虑:

(1) 采用振动时效设备代替人工时效设备。

(2) 用高效节能的晶体管高频、超音频感应加热设备代替真空电子管高频、超音频感应加热设备,提高设备效率。

(3) 对要求局部热处理的零件,采用超音频、高频感应加热设备代替盐浴加热炉加热。

(4) 合理选择炉型,连续式炉比周期式炉好,圆形炉膛比方形炉膛好。

(5) 尽可能采用蓄热少、绝热性好的轻质耐火炉衬,如用耐火纤维对炉衬进行节能改造等。采用密封炉体结构,防止漏出热气和吸入冷空气,减少热损失,提高热效率。

(6) 在炉衬上涂覆红外辐射涂料。

(7) 采用远红外加热炉进行热处理,可缩短升温时间,且无环境污染。

(8) 使用流动粒子炉(流态床)加热淬火,起动快,能源消耗少。

13.8.1 热处理炉型选择与节能

当热处理产品的批量及其工艺确定后,选用何种炉型,就成为实现该工艺时降低能耗和生产成本的关键。从节能角度来看,大体上有如下几条选择规则:

(1) 当生产批量足够大时,宜选用连续式炉。表 13-22 为几种连续式炉和周期式炉能耗的比较。

表 13-22　几种连续式炉和周期式炉能耗的比较

炉　型	连续炉			周期炉		
	推杆式	输送带式	台车式	箱式	台车式	坑式
单位能耗 /(4.2 × 10⁷J/t)	25 ~ 175	48 ~ 120	95 ~ 220	30 ~ 228	75 ~ 220	40 ~ 65
	平均 37.7			平均 50		

(2) 当选用连续式炉时,在工件输送方式可适应零件特性和热处理工艺要求的前提下,宜选用炉内构件、料盘等有较少热损失和构件不易损坏的炉子。

(3) 不论周期式炉或连续式炉,尽可能选用密闭式的炉子,如密封式箱式炉(或井式炉),以减少因炉门开启,造成热辐射和热气流溢出的热损失。

(4) 对可控气氛化学热处理的炉子,选用有炉罐的或无炉罐的,应进行均衡比较。有罐的炉子可减少耗气量和缩短开炉的时间,如图 13-3 所示。无炉罐的炉子,炉内热交换较好,热效率较高,还可省略炉罐的消耗。

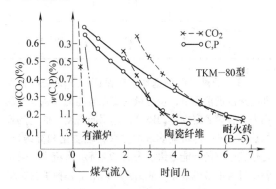

图 13-3　有罐和不同炉衬材料的炉子停炉后开炉所需时间

注:1. 炉子在 850℃ 切断炉气状态 (24 ~ 28h)
　　2. 转化气体量 13m³/h (有罐炉 4m³/h),添加 C₄H₁₀ 1.0L/h。

(5) 对大装载量的退火炉,宜选用炉膛在生产过程中尽量不发生反复冷却、加热的情况。例如罩式炉与台车炉,最好设有多个台座(或台车),炉罩或台车炉膛可连续使用。

(6) 采用能强制炉内热交换的炉子,如带风扇强制对流的炉子。

(7) 炉子的大小应与生产量相匹配。当生产量很大时，采用大型炉更节省，如多排炉料的推杆式渗碳炉。

13.8.2　电阻炉的节能

电阻炉节能应主要从以下几个方面来考虑：

（1）根据热处理工件的特点、生产量、工艺要求等，从节能的角度出发合理选择炉型。

不同炉型的热处理热效率是不同的，在新建、扩建热处理车间或更新热处理设备时，应注意选择采用合适的炉型。实践证明，圆形炉比方形炉好，可节省7%的燃料，连续炉比周期炉好，可节省30%的电能。表13-23所示为圆形炉膛与箱式炉膛的热性能比较。

表 13-23　圆形炉膛与箱式炉膛的热性能比较

项　目	箱式炉膛	圆形炉膛
表面积（%）	100	86.1
炉壁散热/[kJ/(m²·h)]	4380	3550
蓄热量/(kJ/m²)	55.8×10³	54.8×10³
炉壁外表面温度/℃	85	75
单位燃料消耗（%）	100	93.1

（2）炉衬材料的选择。在保证炉子的结构强度和耐热度的前提下，应尽量提高保温能力和减少蓄热损失。合理确定砌体的厚度，选用低密度、低比热容的炉体材料，尽可能实现炉衬材料轻质化和纤维化。可达到较好的节能效果。表13-24所示为箱式炉采用陶瓷纤维的节电效果。表13-25列出了各种炉衬结构和性能的比较。

表 13-24　箱式炉采用陶瓷纤维的节电效果

改装炉子的相对密度	节电效果	
	全年节约电能/亿kW·h	节电比例（%）
10	0.478	2
20	0.932	4
30	1.435	6

（3）合理的加热元件布置。正确合理地设计布置和使用加热元件，对电阻炉的加热性能和传热效率、使用寿命都有一定影响。对于不同的使用温度选用不同的电热元件。

（4）加强炉膛内部的换热效果。合理的炉膛空间、强制炉内的对流换热、缩短加热时间、加快化学热处理的反应过程都可以起到较好的节能效果。

（5）炉膛的密封直接影响热散失。炉膛内各引出构件、炉壳、炉门、炉盖等处的密封将影响气氛控制、工件质量和能耗。当炉内有96Pa的负压，通过3cm²的孔洞将会吸进10m³/h冷空气，炉门开启0.2m²，热能消耗会增加15%。深井式炉也应注意炉壳密封，深井炉膛如烟囱，当炉膛下部密封不严，就会造成冷空气从炉膛下部缝隙中吸入，从上部溢出热空气，造成炉下区温度偏低，升温缓慢的现象。

13.8.3　燃料炉的节能

热处理燃料炉的主要燃料是天然气、煤、油等。由于这些燃料是直接利用能源，故有较高的能源利用率。这种加热方式是以燃料燃烧产生的热量直接加热工件，以达到热处理的目的，炉内热气流的合理分布以及废气的余热利用，是降低这类炉子能耗的关键。

1. 燃煤热处理炉　燃煤热处理炉的热效率较低，CO₂排放量大，严重造成环境污染。虽然采用阶梯式和水平式及链式炉排燃烧装置，实现了连续机械加煤和燃烧，加上在排烟系统上设置消烟除尘装置，使CO₂排放造成的污染有较大改善，但使用的寿命较短，造价较高。

2. 气（液）体燃料热处理炉

（1）空气过剩系数对节能的影响。气体燃料在过剩空气最小的情况下，燃烧时产生的热效率最高，排放量最清洁；而高效率的燃烧又使燃料利用率达到了最高。适当调节空气—燃料比可降低能耗5%～25%。燃烧时，如果空气太少，会导致不完全燃烧，浪费燃料，并会排放出燃烧不完全的CO以及未燃烧的碳氢化合物；如果空气太多，会增加烟气中的废热量，并使热效率降低。当燃料在具有正确空气比例的气氛下燃烧，就可达到温度最大值和最大的热效率。试验表明，当燃气中的氧气体积分数低于2%时，在大多数情况下会得到最佳的效果。表13-26为各种燃烧装置的过剩空气系数。表13-27为减少炉中过量空气的节能效果。

（2）高性能燃烧器的选择。燃烧装置是热处理炉的"心脏"，应该具有高效、节能和高性能的特点。目前新型燃烧器的烧嘴有平焰烧嘴、高速烧嘴、自身预热式烧嘴、蓄热式烧嘴、低氧化烧嘴等。对热处理炉而言，除了高效节能外，还要求高性能，满足

表 13-25　各种炉衬结构和性能的比较①

图例及密度度(kg/m³)
- 耐火粘土砖(2100)
- 轻质粘土砖(1000)
- 硅藻土砖(500)
- 陶瓷纤维毡(150)
- 矿渣棉(200)

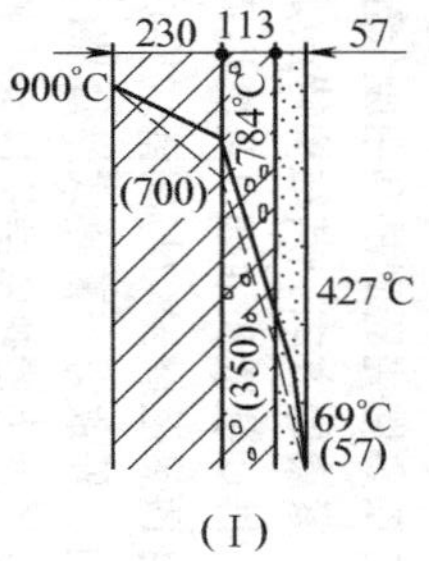

	(I)	(II)	(III)	(IV)	(V)
q_w /[kJ/(m²·h)]	2236	1792	2353	2127	2474
q_x③ /(kJ/m²)	460234	213786	196880	106018	12380
全热损失② /[kJ/(m²·周)]	751698	447610	504258	383260	334735
比例(%)	100	59.5	67.1	51.0	44.5
电能节约 /[kW·h/(m²·周)]		84.5	68.7	102.3	115.8

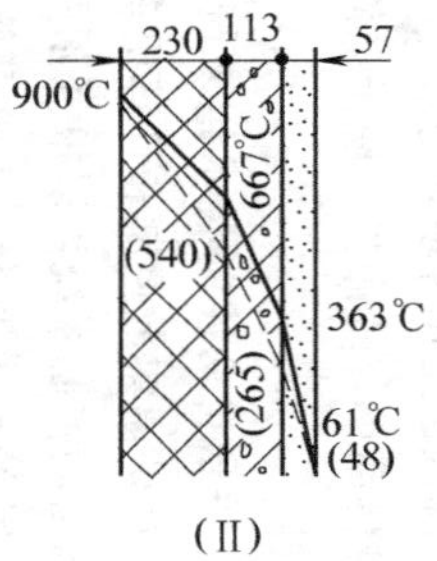

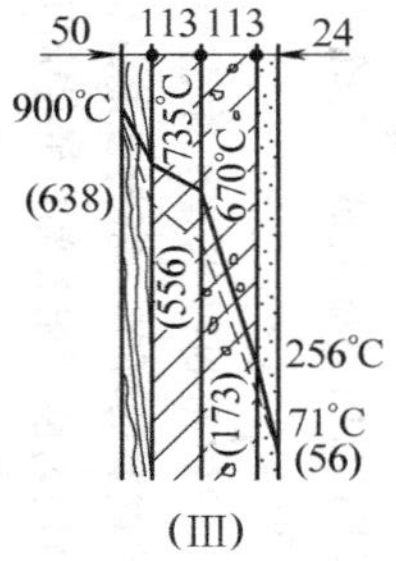

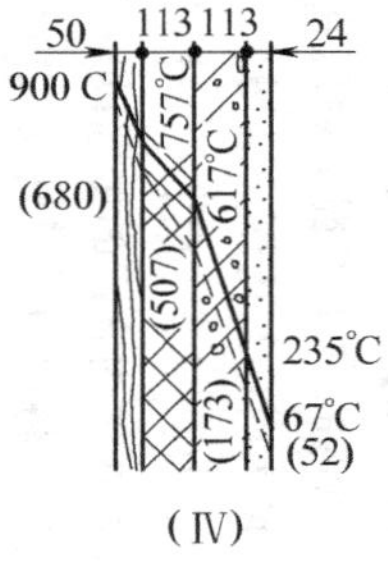

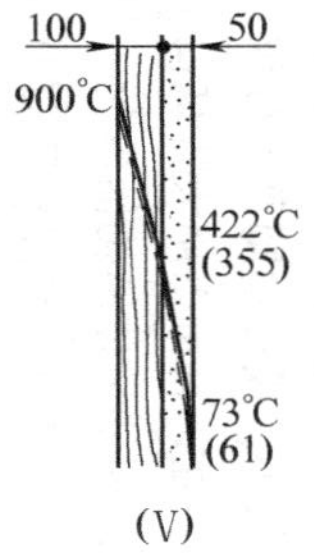

连续作业 一周(144h)

① 表中数据按大平壁计算；表图中捷线部分及括号内数据，按内壁全面积为 6m² 的中小平壁计算得出。
② 全热损失中的外壁散热损失 q_w 部分，按外壁温度加 120h 平衡温度计算得出。
③ q_x 为单位面积蓄热量。

表13-26　各种燃烧装置的过剩空气系数

燃料	燃烧设备	过剩空气系数
重油	油燃烧器	1.05~1.3
煤气	煤气燃烧器	1.05~1.2
煤	手烧炉排	1.5~2.0
煤	抛煤机式	1.4~1.7
煤	链条炉排（强制通风式）	1.3~1.5
煤	下饲炉	1.4~1.7
煤	煤粉燃烧器	1.2~1.3

表13-27　减少炉中过量空气的节能效果

项　目	现有技术	新技术
炉内燃烧气体温度/℃	1900	1900
燃烧气体中的氧气体积分数(%)	4	1
燃料消耗(%)	30.00	25.82
年节省能源成本/万美元		17.355

热处理各种工艺的要求，保证炉温均匀性。目前，在热处理炉中，高速调温燃烧器被广泛选用。这种烧嘴具有以下特性：

1）高速热气流强化了炉内气体循环，有效地提高了炉温的均匀性。经测量，烧嘴在出口速度为100m/s时，气流张角为19°12′，在烧嘴长6m、宽2.8m范围内，气流仍具有80m/s的流速。它所控制的温度场比一般普通烧嘴大5~7倍，也就使炉内温度更均匀，一般情况下可保证炉温均匀在±10℃以内。

2）高速的热气流强化了炉内对流传热。采用高速烧嘴的炉子，工件升温速度显著加快。保温后期工件温度与炉膛温度也趋一致，炉内对流热交换占主导作用，约为35%~85%。

3）可实现自动控制。烧嘴配有自动点火、火焰保护和自动调节等装置。控制上采用国外先进的大小火脉冲燃烧技术。根据热处理工艺在各温度控制范围内供热需求量，控制各个烧嘴大、小火交替变化频率。既保持了高速气流强制循环效果，又保证了控温精度。

（3）使炉体结构简单化。根据高速烧嘴气流特性，烧嘴布置间距可达3m，而一般普通烧嘴布置间距不宜大于1.5m。这样高速烧嘴可设计成单只大容

量的喷嘴，也就减少了烧嘴数量，而不影响炉内温度均匀性。高速气流充满了炉内各处，排烟口对炉内温度场影响很小，设计中则可把排烟口设置在炉内结构允许的任一处，且可以用大排烟口替代数量众多的小排烟口，从而使炉体结构简单化，可节约炉子造价约10%~12%。同时，高速烧嘴强化了炉内气流循环，提高了炉温均匀性，保证了热处理工件质量，而它的燃烧完全和强化对流传热可提高炉子热效率，比一般周期操作热处理炉平均节能达8%~12%。

（4）稳定的炉子工况。炉压在一般情况下，燃料消耗量增大时，炉内压力会增大，当烟囱抽力增大时，炉内压力会减小，反之，炉压会反向变化。炉压控制可采取在炉内合适的位置设置取压元件，通过微差压变送器，将炉内信号转换成电信号，使执行机构动作，自动改变烟阀开度，把炉内压力调整到设定值。在上回路形成炉压自动调节系统。其调节灵敏度在±0.98Pa以内。据测试，正确控制好炉压，将可节能近10%。

（5）炉体密封技术。炉体密封是炉子设计和改造中非常重要的环节，密封性能的优劣，直接影响炉内温度的均匀性、相关部件的使用寿命、燃料消耗及工件的热处理质量。在炉子整体结构中，密封装置处于相对高温区，工作环境较为恶劣。因此，采用性能可靠、结构简单、寿命长、便于维修的密封方案是非常必要的。

（6）炉子自动控制技术越来越多地被应用于热处理炉，如炉温集散控制和计算机多媒体控制的应用等。炉温自动控制系统可以根据预先设计的温度曲线对各区烧嘴的点火及大、小火开闭过程进行PID调节，从而提高了炉温和炉压的控制精度。

自身预热燃烧器则是利用废气预热燃用空气最直接和结构紧凑的方式。其结构特点是燃烧装置、热交换装置、排烟装置和抽烟口及燃烧通道构成一体。早先的自身预热燃烧器均与间壁式换热装置相结合。近年，国内、外致力于蓄热式燃烧器的研究。新型的蓄热室改变了过去蓄热室结构庞大、换热时间长、排烟温度高、热回收率低及预热温度波动大等缺点，而成为结构紧凑、换热面积大、换向时间短、排烟温度低（降至150~180℃）、热回收率高（>85%）和预热温度波动小（<15℃）的热交换装置。采用几毫米的小球体甚至小珠体作蓄热室的热载体，把这种蓄热式热交换装置移植到自身预热式燃烧器上，它不仅可用于高温的钢材加热炉，还可用于低温的钢材热处理炉。表13-28为间壁式与蓄热式自身预热燃烧器的比较。

表 13-28　间壁式与蓄热式自身预热燃烧器的比较

项目	间壁式	蓄热式
工作原理	不换向的换热器，连续工况	需换向的蓄热式，周期工况
空气预热温度/℃	480～600	960～1080
排烟温度/℃	500～600	150～180
使用寿命/年	3～5	>10
余热回收率(%)	40～50	≈90，接近理论值

13.9　热处理的余热利用

　　余热利用作为热处理节能的重要手段，越来越得到广泛的重视。由于热处理炉等设备在生产过程中会排出大量的热能，而余热利用正是将这部分能量进行再利用的重要节能程序，有很高的经济价值。

13.9.1　采用烟气预热助燃空气

　　烟气带走的热量占热处理炉总供热量的 30%～50%。回收从炉内排出的烟气热量，并加以充分利用，是降低炉子能耗，提高炉子热效率的重要措施。

　　在炉子上回收烟气余热最有效和应用最广的是换热器。目前推广应用的高效换热器有：喷流辐射换热器、波纹管插入式管式换热器、网吸面辐射换热器、传输对流换热器等。它们具有综合传热系数高的特点。一般情况下，预热风温每提高 100℃，可节约燃料 5%。实践证明，预热温度在 350℃ 以上才是合理的。但是，由于热处理工艺的独特性，周期间歇式操作较多，当预热风温达最高时，炉子马上转入保温、降温阶段，换热器真正的效益体现并不十分充分。而且随着热处理炉自动控制技术的发展，自动控制和调节阀的采用，气体介质的温度也会受到限制，也就限制了预热风温的提高。因此，需要合理选择性价比较高的换热器才能达到应有的效果。图 13-4 所示为各类燃烧器在不同烟气温度下的热能利用率。

　　目前用得较多的换热器有：

　　(1) 辐射换热器：以辐射传热为主，用于排出的烟气温度 >800℃ 的炉子。

　　(2) 喷流换热器：以对流传热为主，主要用于中温炉上，是将被预热介质高速喷吹到换热器换热管壁上，因而提高了传热系数，换热效率高，但动力损失大。

　　(3) 板式换热器：以对流传热为主，主要用于中温炉上。其结构是将耐热钢板冲压成形，两块钢板焊接成一个换热单元，由多个换热单元组成换热器。具有单位体积小、换热面大、动力损失小等优点。

　　(4) 管式换热器：其是以对流换热为主的换热器，

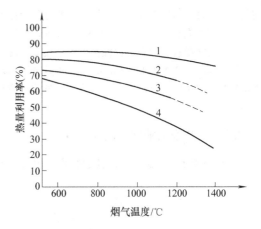

图 13-4　各类燃烧器在不同烟气温度下的热能利用率
1—蓄热式燃烧器　2—优化换热器
3——一般换热器　4—冷风燃烧器

适用于烟气温度 1000℃ 以下。管子材质根据不同烟气温度可选用耐热钢、不锈钢、渗铝钢管和普通钢管。

　　(5) 热管换热器：其是回收低温烟气余热的有效装置。这是新型的工业炉炉尾废气利用装置，可替代空气换热器，将传统的换热介质——空气改变为水，产生的水蒸气可供生产使用。从而既满足生产的需要，又节约能源，减少环境污染，创造了经济效益。图 13-5 所示为空气预热温度与燃料节省率的关系。

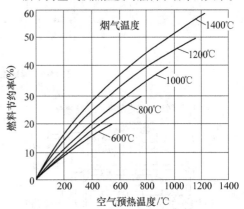

图 13-5　空气预热温度与燃料节省率的关系

13.9.2　铸造、热轧、锻造等工序与热处理有机结合

　　将锻造、热轧、铸造及热处理工序有机地结合在一起。用其余热进行处理，这不但可减免重复加热、提高设备利用率、缩短生产周期，还可节能、降低成本、提高工件的综合性能及质量，更为明显的是减少污染，有利于环境保护。如某拖拉机零件，原锻造后

使其自然冷却，再重新加热 + 保温 + 介质冷却的淬火处理，其平均电耗为 1.25kW·h/件，而现锻造后利用其余热淬火处理，可免去再加热工序，按 20 万件/年计算，可节电 2.5 万 kW·h/年；更可喜的是因避免重新加热带来的重复污染，而取得了明显的经济和社会效益。

13.9.3　生产线热能综合利用

图 13-6 所示为渗碳生产线能源综合利用的系统图。渗碳炉排除的废气，输入燃烧脱脂炉作为其热源，脱脂炉由加热室和油烟燃烧室组成，见图 13-7。带油脂的工件在加热室内被加热至 500℃，使油脂蒸发汽化，汽化的油烟被引入油烟燃烧室，在 800℃ 以上温度下完全燃烧。燃烧气体的潜热通过散热板传入加热室，排出的废气又通过换热器预热燃烧用的空气。脱脂后废气还可输入回火炉，作其部分热源。脱脂后的工件被加热到 500℃，此工件上的热量又被带入渗碳炉内。

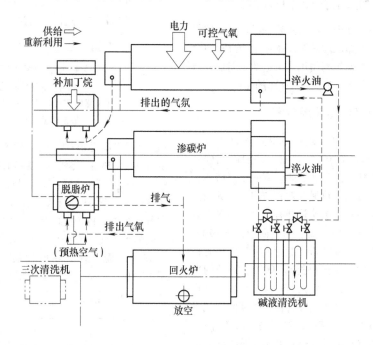

图 13-6　渗碳生产线能源综合利用的系统图

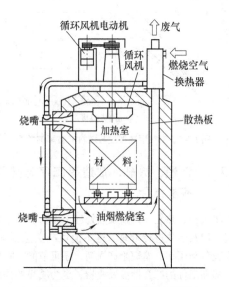

图 13-7　燃烧脱脂炉能源综合利用

放热型可控气氛发生装置，通常在热处理炉外另行设立，在发生装置内所产生的热量被炉壳的冷却水带走。为利用这部分热量，有一种设计在金属管内产生放热型气体的装置，这些金属管被安装在连续热处理炉的加热区段。当放热型气体在金属管内反应产生热量时，就通过金属管壁向炉内辐射，加热工件。此热量的利用，使该连续式热处理炉节能 40% ~ 50%。

13.9.4　废气通过预热带预热工件

废气预热工件最简便和有效的办法是延长连续式炉预热带。预热带节能效果与预热带长度和燃烧带长度之比有关，如图 13-8 所示。

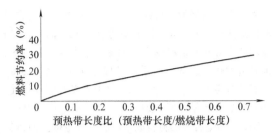

图 13-8　设有预热带的悬链式退火炉
的燃料节约率

13.10　热处理工辅具的节能

13.10.1　工辅具能耗的产生

工装夹具、料筐、料盘等工辅具随炉升温要吸收能源，产生不必要的消耗。另外，工辅具自身经过烧损报废，又产生出消耗。因此，在保证工艺正常进行的前提下，应尽量减少它们的使用。工辅具的能耗主要有以下几方面：

1. 材料选择不当　工辅具随炉升温的热损失量随其重量的加重而增加。我国许多工辅具常为了降低材料费而选用较低档次的材料，用增大其结构尺寸重量的办法来弥补其强度的不足，结果造成能源的巨大浪费。例如，JW-35A 井式气体渗碳炉，炉内耐热构件由 CrMnN 钢砂型铸造，全部耐热构件的重量达481.1kg，而该炉工件最大装炉量≤100kg，构件的重量为工件的 4.8 倍，即其加热能耗为工件加热能耗的4.8 倍。工辅具（如料盘等）与工件一起经受加热和冷却，并在炉气氛作用下经受压缩和拉伸载荷。当材料选用不当，设计不合理，制造质量差时，料盘极易损坏，从而带来能源的周期性消耗。

2. 操作不当　在生产中，常因工辅具的变形后仍强行使用，导致在强力拖动下把炉内构件拖坏，甚至损坏炉子，造成停炉和炉子大修的经济损失。

13.10.2　减少工辅具能耗的措施

1. 根据服役条件选用材料　在生产中，制造厂家或使用者常简单地依据钢铁样本标明的许用温度选用钢材。以 925～1010℃ 温度范围为例，我国许多产品样本标明 Cr25Ni7N、Cr25Ni20 钢可满足此温度范围要求，因前者比后者便宜，故此常选前者。Cr25Ni7N 是因加入 N 而减少 Ni 含量的，但一些小冶炼厂并不具备加 N 的技术，而炼成为 Cr25Ni7 钢，或用废不锈钢再添加铬合金炼成，是不合格的耐热钢，选用时要慎重。

根据美国《金属手册》的推荐，Cr25Ni20 级钢

可用于在 925～1010℃ 炉内不承受外加拉力、压缩力和不经受反复急冷急热的构件，如炉罐等；不宜作反复加热冷却的料盘。为此，推荐 Cr15Ni35 级的耐热钢（美国的 HT 合金）作为此温度范围的标准用钢，此钢奥氏体组织十分稳定，无脆性；然而对经受高温渗碳和强烈淬火的工夹具和料盘，建议选用含有更高铬、镍的耐热钢，这取决于工辅具的成本和寿命比值。在许多情况下，使用较高档的合金钢可能更为经济，如选用 Cr19Ni39、Cr12Ni60 级的耐热钢（美国的 HT、HW 合金）。

渗碳炉的构件宜用有较高镍含量的钢，有较好的成本和寿命比值。

炉内滑轨和辊子在 925～1010℃ 范围内使用，也可使用 Cr15Ni35 级钢，但在有滑动和滚动接触的组件，不要选用同样成分的钢，以消除擦伤或咬合的可能性。

2. 合理的设计　设计内容包括选材、形状和尺寸设计等。合理的工辅具设计都应进行强度计算、能耗和成本以及寿命的估计。例如，料盘必须有足够的强度和截面，以保证有较长的使用寿命；加大截面尺寸可延长使用寿命，但同时也带来加热时能源的浪费和成本的提高。因此，应将料盘的材料、结构尺寸、使用中热能消耗结合起来设计，把有足够的寿命和最低的重量一起衡量。

我国常用的料盘和构件的厚度一般约为 16～20mm，而进口的料盘和构件多用较优质的钢材，厚度一般仅 8～12mm，后者有较好的节能经济效果。

为了节能，炉用构件还应考虑其热交换的效果，如炉罐，通常应做成带波纹的，以增加其辐射面积，也有助于消除热胀冷缩所造成的应力，防止炉罐的变形和开裂。炉罐的壁厚也应适当，因为热能是靠炉罐传递热量到炉罐内壁而加热工件的，这必然造成炉罐内外壁的温度降，这种温度降与炉罐的厚度成正比。因此炉罐材料、壁厚和成本，必须结合起来设计。

辐射管与炉罐相似，应提高其传热效率，通过要求较薄的壁厚，经加工后使用。辐射管加工成光滑的表面，有利于避免集中腐蚀点，或加速腐蚀。光洁、光滑的内表面可防止炭黑沉积和应力集中。

所有耐热构件，在设计和安装时都应留有热胀冷缩的余地。

3. 铸件和锻造合金、焊接件对节能的影响　工夹具和构件是采用铸件还是锻造合金焊接件对节能有很大影响。表 13-29 比较了井式渗碳炉炉罐采用CrMnN 钢铸造炉罐（壁厚）和耐用钢板（薄壁）焊

接炉罐对炉罐质量、热消耗及炉子热工特性的影响。采用耐热钢板焊接炉罐明显地减轻炉罐重量，减少了热处理工艺时间，提高了热效率，节省了电能。显然，在这种情况下，采用耐热合金焊接件是可取的。但是这并不说明在任何条件下焊接件都比铸件好。在要求壁厚以提高强度、刚度或传递推送重型载荷时，或在某些气氛下，形状复杂的构件焊缝会过早破坏时，则不能使用焊接件。

铸造合金与同样成分的锻造合金相比，有较高的强度、较小的变形，更适用于要求高温强度和因蠕变或应力断裂而失效的工夹具及构件，但多数工夹具和构件是因热疲劳脆性断裂而失效的，这时锻件具有较高的耐热疲劳性，在温度波动的情况下寿命较长。铸造耐热合金和锻造耐热合金的镍、铬含量是相近的，但锻造耐热合金的含碳量标准规定 $w(C) \leqslant 0.25\%$，许多规范定为 $w(C) < 0.05\%$，使其有良好的焊接性。铸造合金的碳含量则可较高，一般为 $w(C) = 0.25\% \sim 0.50\%$。铸造合金的材料成本比锻造合金低。但铸造合金截面较厚，受铸造技术限制。近来已不断地发展离心浇铸和精密铸造使铸造截面明显地减薄，也提高了铸件的质量。锻造合金的截面尺寸不受限制，也很少有内部和外部缺陷。

表 13-29　井式渗碳炉不同材料炉罐对节能的影响

电炉型号	额定功率 /kW	装料筐尺寸		空炉升温时间 (20～950)℃ (h:min)	空炉功率 /kW	炉温均匀度/℃	不同耐热钢构件的重量/kg		工件装载量 /kg
		直径 /mm	深度 /mm				CrMnN 铸件	耐热钢板焊接	
JT-25A	25	φ300	450	4:20	7.98	19.1	403.1		50
RQ-25-9	25	φ300	450	2:04	5.21	3.7		142.48	50
JT-35A	35	φ300	600	5:00	8.9	14	481.1		100
RQ-35-9	35	φ300	600	1:53	6.29	6.8		164.47	100
JT-60A	60	φ450	600	上 4:25 下 4:20	14.7	11.3	857		150
RQ-60-9	60	φ450	600	上 1:52 下 1:54	7.51	3.9		314.88	150
JT-75A	75	φ450	900	上 4:07 下 4:01	15.29	17.8	904		200
RQ-75-9	75	φ450	900	上 1:55 下 2:01	9.22	14.5		397.92	200
JT-90A	90	φ600	900	上 4:20 下 4:05	16.68	4	16.89		400
RQ-90-9	90	φ600	900	上 2:11 下 2:08	9.92	5.2		531.85	400
JT-105A	105	φ600	1200	上 4:36 下 4:27	19.83	18	1751		500
RQ-105-9	105	φ600	1200	上 2:20 下 2:10	12.4	13.3		613.4	500

注：1. 本表中的额定温度均为900℃，额定电压均为380V。

　　2. 节能型的型号为RQ，JT为老型号。

　　3. 耐热钢的重量，比原来减轻1/3～2/3。

　　4. 本表数据由上海电炉厂提供，表中数据均系该厂在产品测试中的实测所得。

13.11　热处理控制节能

控制节能的主要要求是，在保证工艺要求的前提下把供电、供气、供水等调整到需要的最小量，并保证达到：

（1）准确执行工艺，提高产品质量。

（2）控制设备正常运行，提高设备利用率、热效率。

（3）实现生产自动化，提高生产率。

（4）防止事故发生，减少废品、设备损害、能源损失和保护环境。

13.11.1　电阻炉温度控制节能

为准确地把炉温控制在设定点上，控制应能及时地根据炉况调整热负荷。若不能做到这一点就会造成工艺的偏差和电能的浪费。例如，如图 13-9 所示，采用位式控制，炉子的温度和供电总在一个范围内变动，造成误差和电能损失，如果炉内构件较多，更会发生控制滞后，引起更大的波动；采用比例控制，则可使炉温与设定点较好的吻合。电炉的各种控制方式比较见表 13-30。

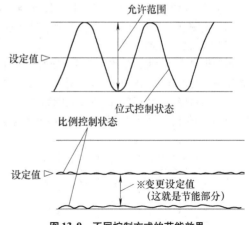

图 13-9　不同控制方式的节能效果

表 13-30　电炉的各种控制方式比较

控制方式	温度控制方式	操作器	基建费（%）	运行成本（%）	寿命（%）	操作性能	控制精度
Ⅰ	双位控制	电磁继电器（接触器）	100	100	100	基本上不作调整	差
Ⅱ	三位控制	电磁继电器（接触器）	120	90	150	稍微作些调整	稍微好些
Ⅲ	时间比例控制	电磁继电器（接触器）	100	90	50	稍微作些调整	好
Ⅳ	相位角控制	晶闸管控制线路	200～500	85	半永久	有必要调整	非常好
Ⅴ	过零控制	晶闸管和双向晶闸管控制	120～300	85	半永久	与Ⅲ相同	好
Ⅵ	过零控制＋周期控制	晶闸管和双向晶闸管控制	130～310	80	半永久	与Ⅳ相同	非常好

13.11.2　燃料炉燃烧控制节能

燃料炉控制涉及的问题很多，如燃料量、燃料燃烧、空燃比、炉压、火焰、换热器等，对节能有很大影响。

燃料炉的控制方法，从单纯的燃料量控制向多种控制的方向发展，向节能的方向发展。图 13-10 所示为燃料炉控制方法的变迁。

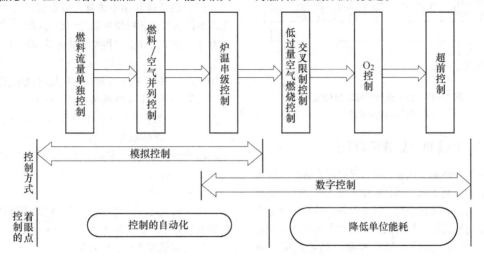

图 13-10　燃料炉控制方法的变迁

燃料炉采用串级控制和交叉限制控制，实现空燃比控制，实施低过剩空气量燃烧，再加上燃烧器改进，可节能 10% ~ 25%。

由于燃料炉炉内充满烟气，且设有烟囱，炉内压力控制显得更加重要，炉内正压力会造成不必要的溢气，负压时会吸入冷空气，都会造成能量损失。图13-11 所示为炉内压力对吸气量造成热损失的影响。

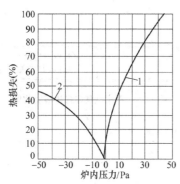

图 13-11 炉内压力对吸气量造成热损失的影响

1—逸出烟气热损失 2—吸入冷空气热损失

注：炉温 1300℃，开口面积 78cm²。

为适应计算机控制，燃料炉采用了脉冲燃烧法，使燃料流量的调节由连续式变为通断式，可使炉温稳定和减少能源消耗量。图 13-12 所示为台车退火炉脉冲燃烧法调节炉温的原理图。

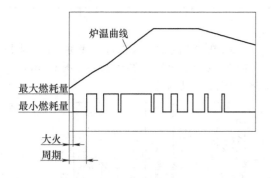

图 13-12 台车退火炉脉冲燃烧法调节炉温的原理图

13.11.3 计算机及智能控制节能

计算机控制的智能化，不但可以配合各种执行机构实现各种控制方式，而且可以根据工艺要求，最准确、及时地控制工艺参数，控制设备运行和进行生产管理，还可实现模拟仿真控制，可对车间生产、节能进行综合监控。实现计算机控制，总体上可节能 10% 以上。

1. 综合监控的主要内容

(1) 工艺过程控制。工艺过程控制包括工艺过程的静态或动态控制，按工艺目标进行仿真控制，预测控制的结果（如可预测渗碳的层深、碳势和碳浓度分布）。该控制使工艺过程最准确地实现目标，同时，又最省时、节能、省材料。

(2) 设备运行控制。控制各设备的动作，按工艺要求或炉温状态进行起停程序控制。例如，电炉起动时间与工艺操作的配合，在通常控制方法的生产状态下，间歇炉常需较早地开动炉子，炉子到温后，还要留有一定的余裕时间才装炉或计时，以防止炉子没有达到设定温度，而造成生产损失，如图 13-13 所示。此余裕时间即是造成能源浪费的时间，而滞留的时间是节能有效控制的时间。采取智能化控制，就很容易实现这种配合，实现对设备、工艺、操作进行联合控制。

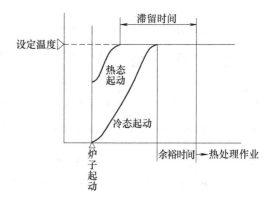

图 13-13 电炉起动时的滞留时间

设备运行控制还包括设备供电、燃烧、供气、供水等控制，以及设备自动运行的监视等。

(3) 设备能耗集中管理。设备能耗集中管理就是对车间各设备进行集中管理、负荷预测、负荷分配控制等。用于对计算机控制能耗的数学模型如下：

$$E = E_1 + aK^b \ln K$$

式中　E——每千克工件消耗的能耗（MJ/kg）；

　　　K——设备利用系数（$K = m/m_p$），其中，m 为被处理工件的净重（kg）；m_p 为设备处理能力（kg）；

　　　E_1——设备利用系数，$K = 1$ 时的能耗（MJ/kg）；

　　　a、b——常数。

这一模型适用于热处理工厂，按此模型得出设备利用系数与能耗的关系（见图 13-1）。

2. 计算机智能控制的效果

(1) 节约能源。通过综合管理控制，一般可节约能源 5% ~30%（随设备不同而异）。

（2）节省人力。实行设备运行、生产组织一元化控制管理，甚至形成无人操作的生产体系，可大量节省人力。

（3）减少投资。因设备负荷合理调配，削减设备数量，从而减少设备投资。

13.12　热处理专业化节能

13.12.1　热处理生产的专业化

我国目前大而全、小而全、封闭型的企业处处可见，即在一个工厂内均设置铸、锻、电镀、热处理、模具制造、供热采暖、运输等共用性极强的车间、工段或班组，往往造成技术进步能力差，产品质量欠佳，任务不饱满、生产效率和设备利用率低下，社会总体能耗、物耗、污染等增大。与美国比较，劳动生产率、专业化程度、利润、年营业额等，均比我国高出 10 倍，而年耗电额低于我国 50%。为此，国家提出开展专业化生产调整，撤销生产不饱满、技术条件差、能耗污染大的工厂，建立专业热处理厂和生产协作点，提高设备利用率。据统计某厂未专业化前，热处理电耗达 3000kW・h/t，而专业化后下降到 800kW・h/t，设备利用率提高 35%，生产率提高 45%，取得了明显的经济效益和社会效益。

13.12.2　热处理厂家的专业化

专业化生产是现代工业的基本特征之一，也是促进热处理行业技术进步的一种重要手段。目前，工业发达国家的热处理专业化程度已达到 80% 以上，而且工业越是发达的国家，其专业化水平也越高，而我国只有 20% 左右。即使是这些为数不多的热处理专业厂，也存在组织管理不善，设备利用率较低，新技术、新工艺采用不多，热处理标准贯彻执行不够，能耗较高，产品质量较差等问题。因此，今后要有目的、有重点地扶持一批有条件的热处理厂和车间，使其成为热处理专业厂和协作点。对热处理专业厂要进一步加强管理，积极采用新技术、新工艺、新设备，严格按照标准化、规范化组织生产，形成技术、经济和服务上的优势，充分发挥专业化生产的优越性。此外，热处理工艺材料，如各种淬火冷却介质、渗剂、保护涂料、清洗剂、加热盐、保护气氛和可控气氛的气源等，也要固定生产单位，进行专业化生产，不断提高质量和扩大品种，并尽可能实现规格化、标准化、系列化。

由此可见，具有战略性调整组建的专业化生产

厂，必将减少大量的热处理生产点，从而导致能耗、物耗、污染的大幅度下降。

13.13　生产管理节能

13.13.1　生产管理节能的基本任务

通常认为，自然、劳动和资本是生产的三要素。自然主要指能源和原材料；劳动即是人从事生产经营活动；资本指投入生产的资金和资金转化的各种机器设备。一切生产经营运行，都在于处理三者的关系。

从节能的角度讲，一个合理的生产活动，应选用能耗最低的工艺和设备，以替代能耗高的设备和劳动量大的操作；组织操作者最有效地利用设备；使能源和原材料得到最充分的利用，获得性能优良的产品，这是生产管理最基本的原则。

生产管理方面的节能在于：

（1）避免违反工艺及设备操作规程的操作，以减少产品废品率和次品率。

（2）提高设备利用率、设备运行效率和热效率。

（3）杜绝或减少除产品生产工艺所需的能源以外的能源消耗，减少非工艺操作和非工艺操作时间的能源浪费，如停炉期间的能源浪费等。

（4）分析在产品生产中能源和原材料利用状况，提出节能的技术决策。

（5）统计和考核生产产品的能耗，对比国家、同行业或企业能耗指标，采取技术和行政措施，达到先进指标。

13.13.2　生产管理节能的基本措施

1. 建立节能的管理体制

（1）成立管理机构，设立负责人、委员会、节能小组等。

（2）在保证零件热处理质量的前提下，对所应完成的热处理任务进行全面的经济分析，核算生产成本，从产品、工艺操作、设备及各生产岗位等方面，制定合理的热处理能源利用指标。

（3）组织宣传，提高人们对节能的认识，发动群众献计献策。

（4）定期检查，实行奖罚制度。

2. 统计能源使用情况

（1）每天记录各设备能源使用量。

（2）计算各种产品、工艺、设备的单位能耗。

（3）统计工艺操作时间和非操作时间的能耗。

3. 生产调度

（1）尽量使热处理炉连续开炉或定期满载开炉。

提高设备利用率，减少停炉时的能源浪费。表 13-31 为提高设备负荷的节电效果。

表 13-31　提高设备负荷的节电效果

设备负荷率(%)	节电效果	
	全年节约用电/亿 kW·h	节电比例(%)
23	0	0
30	5.6	23.4
40	10.2	42.6
50	12.9	54.0
80	17.0	71.0

（2）合理选择炉型，合理调剂工厂产品进度，同温度回火的产品可统一协调进行。

（3）确定最佳装炉量。过少的装载会使设备负荷率降低，造成能源的浪费；过多的装载会引起设备能耗的增加，因此需要选择最佳装炉量。通常，最佳装炉量为最大装炉量的 60% ~75%。

（4）协调工序间的生产，及时把工件转移到下工序，尽量做到工件余热利用。

（5）开展生产协作，当产品热处理量不足以独立开炉时，应委托热处理专业厂生产。

4. 设备维护和保养

（1）定期维修各种热处理炉，当炉衬破损，炉门、炉盖密封损坏等，都会增大热损失。

（2）定期清扫燃烧器，保持其良好的雾化状态和燃烧状态。

（3）定期进行电路维护，防止外电路接触不良、电缆过细等造成能耗，甚至发生事故。

（4）定期进行管路维护，防止管路阀门等泄露，造成浪费。

（5）定期进行计量仪表及控制元件维护，定期检查热电偶、氧探头等传感元件、热工仪表及电磁阀等各种控制执行元件的动作准确性和误差，避免检测失误，导致返工或报废造成的能耗。

（6）定期进行台车、行车装置的维护，减少进出炉不便造成的能耗。

5. 设置检测、记录和控制装置

（1）对各种设备的能源进行定量管理，设置电力、燃料、水、蒸汽、气等计量装置。

（2）对燃烧过剩空气量进行监测，配备氧量计或二氧化碳浓度计，自动检测和调节空气燃料比值。

（3）实现计算机随机检测、显示和控制。

6. 节能分析

（1）定期对各设备、产品施工和生产车间进行热平衡分析，找出能源浪费的根源。

（2）进行热处理生产成本的计算。

（3）分析产品单耗。

7. 提出节能决策　根据节能分析，提出全面的节能治理决策，包括长期和短期计划、目标和具体措施。

提出节能的技术方案，应注意所提的技术方案的技术先进性、实用性和经济性。

13.14　热处理生产的环境污染与危害

环境污染是全人类都关心的话题，只有保护环境才能实现可持续发展。随着环境污染的日趋严重，我国已从法律上进行了规范化，实行"一票否决制"，生产中环保不达标，实行限期改造、甚至停产或搬迁。因此，在热处理生产中充分了解环境污染产生的原因，认识其危害，寻找更好的保护措施，十分必要。

在热处理生产过程中产生的有害因素有两大类，既有化学性有害因素，又有物理性有害因素。对其系统而全面的认识、了解，并采取有效措施进行控制，对防止污染，保护环境，节约能源具有很大的现实意义。

13.14.1　化学性有害因素对环境的影响

热处理作业环境中，存在有毒物质、毒气和粉尘等化学性有害物质，如硝酸、氯化钠和氯化钡，以及其他金属盐；在工作中会蒸发各种有害气体，如零件的化学清洗及表面化学热处理会使用到的酒精、煤油、汽油、丙酮等；在燃料燃烧时会排出烟气、粉尘等；在进行喷砂时，会产生大量的二氧化硅粉尘等。这些化学性有害因素，不仅对环境造成污染，而且是不安全因素的根源。

1. 气态污染物　气态污染物种类繁多，主要有：硫氧化合物（如 SO_2）、氮氧化合物（如 NO_x）、氧化物（如 CO）、碳氢化合物（如 HCN）及卤化物（如氯化氢）等。在热处理生产中常存在着这些化合物。表 13-32 所示为热处理车间存在的大气污染物。

（1）一氧化碳（CO）在常温下为无色、无臭、无刺激的有毒气体，它来源于燃料不完全燃烧产物、渗碳气氛及可控气氛的排出和泄漏。CO 吸入人体后，轻者出现眩晕、心悸等症状；重者昏迷、窒息。发现有中毒时，应及时把中毒者送到空气流通的地方进行人工呼吸或送医院抢救。

表 13-32　热处理车间存在的大气污染物

来　源	有害物质
燃料燃烧, 可控气氛	二氧化碳、一氧化碳、硫氧化物、氮氧化物
高、中温盐浴	氯、氯化氢及盐酸、钡及其化合物、氟化物
渗碳、渗氮、碳氮共渗、氮碳共渗等化学热处理工艺	一氧化碳、氨、氰化氢及氢氰酸盐、甲醇、丙酮、苯、氮氧化物、甲酰胺、甲烷
等温、分级淬火和回火等低温盐浴	氮氧化物
清洗、发蓝等	苛性碱、二氧化硫、三氯乙烯、盐酸、丙酮、苯
吹砂和喷丸、浮动粒子炉、固体渗碳等	粉尘
淬火、回火用油	油烟中的碳氢化合物及其他有害气体
煤油、气体燃烧排出的烟气、烟尘、粉尘	二氧化碳、二氧化硫、二氧化硅、一氧化碳、碳氢化合物

（2）二氧化碳（CO_2）为无色、无味的无毒气体, 但在高浓度 CO_2 的封闭室内也会导致人缺氧、窒息。CO_2 是燃料燃烧的产物, 排放量最大的是煤的燃烧。CO_2 在大气层大量的积存, 使得该气层对地表长波热辐射吸收能力加大, 导致地表温度及气温升高, 即出现温室效应。

（3）二氧化硫（SO_2）是无色、有强烈刺激性的气体。燃料中的硫经燃烧后形成 SO_2, 其中一部分可能进一步氧化生成 SO_3。后者的毒性比前者大 7 倍。SO_3 与大气中的水分相结合形成硫酸烟雾。SO_2 会使人的呼吸器官受损。

（4）二氧化氮（NO_2）是有刺激性臭味的红棕色气体。一氧化氮和二氧化氮主要是燃料燃烧的产物, 一氧化氮在空气中易氧化为二氧化氮。二氧化氮能溶于水而形成硝酸, 对人的眼睛、鼻、呼吸道有侵蚀作用。

（5）氨（NH_3）是一种无色有强烈刺激性臭味的气体, 极易溶于水而成氨水, 呈碱性。大气中的氨对眼膜、鼻粘膜、口腔、上呼吸道有强烈刺激作用。氨主要来源于渗氮的废气和泄漏。若被氨强烈刺激眼、鼻等部位, 要及时用水冲洗。

（6）氰氢酸（HCN）是无色极毒的液体, 气态称氰化氢, 有苦杏仁味。碳氮共渗时, 会产生 HCN, 盐浴化学热处理渗剂中的氰化物会吸收空气中的水和二氧化碳分解生成氰化氢。慢性中毒者呈现头晕、头痛、乏力等症状。重者危及性命。使用产生 HCN 的设备应密闭, 排出的废气应高温裂解（最好在触媒作用下）燃烧掉。

（7）氯化氢（HCl）是一种无色、有刺激性的气体, 极易溶于水。酸洗液中的盐酸挥发出氯化氢蒸气, 它与空气中的水结合成盐酸雾。危害人体的呼吸道、支气管和肺等部位。

（8）氟化氢对人体的危害与氯化氢相似。另外, 当氟与骨骼或体液中的钙相结合形成难溶的氟化钙, 会导致软骨症、也会使牙齿钙化不全, 牙釉质受损。渗硼剂会挥发出氟化氢气体。

（9）甲醇（CH_3OH）蒸气是甲醇挥发物, 略有酒精气味, 有毒。吸入高浓度蒸气会呈眩晕、恶心、视力减退等症状, 口服 15mL 可致双眼失明, 20 ~ 400mL 导致死亡。甲醇与水互溶, 所以当眼及皮肤有中毒现象时, 可用大量水冲洗。甲醇是化学热处理常用剂。

（10）苯蒸气是苯的挥发物, 有特殊的芳香气味, 有毒, 难溶于水。苯蒸气被吸入或皮肤吸收引起中毒, 呈现眩晕、恶心、昏迷、甚至死亡等症状。苯有时在渗碳处理中应用。

2. 烟尘与粉尘

（1）烟尘。烟尘是燃料燃烧过程中的烟灰, 其粒径一般为 $0.01 ~ 1\mu m$, 很轻, 由热气流带起飞扬。燃煤的烟尘最为严重, 有烟黑和粉尘, 烟黑含碳量高达 96.2%（质量分数）, 是在加煤后炉内出现周期性低温缺氧燃烧工况下煤的挥发分不完全燃烧的产物。粉尘是煤燃烧后留下的灰分。煤的烟尘量平均为 20g/kg 煤。1t 燃料油产生的烟尘约 0.1kg。脏煤气（未经除尘的煤气）本身含有烟尘。烟尘中大于 $10\mu m$ 的颗粒很快落到地面, 小于 $10\mu m$ 的悬浮在大气中。

烟尘妨碍植物光合作用, 并伤害人的呼吸道和心血管。

（2）粉尘。粉尘是指悬浮在气体中的细小固体粒子, 通常是由于固体物料的破碎、研磨、装载、输送等机械过程及煤的燃烧过程产生的。热处理车间的粉尘有: 喷砂的粉尘、化学热处理的粉尘、粉煤的制备和燃烧的粉尘等等。

粉尘粒径一般为 $1 ~ 200\mu m$ 的固体微粒, 其中较大的在重力作用下易沉降, 较小的则在空气中悬浮。

粉尘对人体的危害随尺寸变小而增大。粒径小于 $2\mu m$ 的粉尘能使肺伤害, 造成硅肺。粒径大于 $5\mu m$ 的粉尘危险性较小。

3. 水源污染

水源污染的主要根源是工业废水。热处理车间的废液、废水，若不加处理直接排放会造成水源污染。热处理车间的废液有酸洗液、发蓝液、工件清洗液、淬火冷却介质等。在这些废液中含有酸、碱物质、有机液、油剂等。在废淬火冷却介质中，还带有从工件上脱落的金属氧化皮等有毒、有害物质。

4. 固体废物　污染环境的固体废弃物是指有毒性、腐蚀性、易燃性和放射性的废物。热处理车间污染环境的废弃物主要有从盐浴炉内捞出的废渣和固态化学热处理的废渗剂。这些废渣含有氯化钡、亚硝酸盐，也可能有氯化盐等有毒和腐蚀性的物质。固体废弃物常未经处理而埋入地下，自身虽不易扩散，但经过若干年，雨水的渗透，会在当地发生污染，影响当地水质、土壤、植被等。有毒物也可能因接触或误吃而直接危及人身和动物的安全。因此，宜按废弃物的类别，采取有针对性的处理后再予处置。

13.14.2　物理性有害因素对环境的影响

1. 噪声污染　噪声是指各种不同频率、不同强度的声音无规律的杂乱组合。工业噪声的种类很多，通常分为以下三类：

（1）空气动力性噪声。这类噪声由压力突变引起气体扰动而发生的尖叫声。在热处理车间有燃料燃烧喷嘴、压缩空气喷嘴、喷丸喷砂喷嘴、风机等发出的尖叫声。

（2）机械噪声。这类噪声是固体振动产生的声音。在热处理车间有空气压缩机、传动机械、机床、振动时效装置等的振动声。

（3）电磁噪声。这类噪声是由电磁场脉冲、磁场伸缩、引起电器部件振动的声音。在热处理车间有中频发电机、高频振荡器、变压器、控制柜中的继电器和交流接触器等的振动噪声。

噪声会使人造成噪声性耳聋，引发人生理病变，如神经、心血管、视觉器官、消化及内分泌等系统的病变。如对持续时间长，且达 90 ~ 100dB 以上的噪声，长时间接触，还会对人体生理造成更大危害。

2. 电磁场辐射、放射性辐射及热辐射　这类污染指某些物质或装备散发的电磁辐射和放射性辐射，对人体造成危害的污染。在热处理生产和产品检测中产生这类辐射的有：

（1）高频发生装置由于高频率的交变电流而产生射频辐射（一般认为电流频率达 105Hz 以上的电磁场为射频电磁场）。

（2）在金属材料检测设备运行中，发射的 X 射线或 γ 射线。

（3）在高能束热处理中，电子束、离子束的电压高达数万伏，一般当电压高至 15kV 时，就可能产生 X 射线。

（4）热处理各种加热体都辐射热射线。热射线因频率低，对人身不造成病变性伤害，主要是可能对皮肤造成灼伤。近来有提出热污染的观念，这种观点认为，能源燃烧发出热量除被利用有效热外，大量无用热散发到大气中，造成地球温度的升高，是对大气的一种污染。

长期受射频辐射会因电磁场作用发生热效应，导致生物体局部损伤，发生中枢神经系统机能障碍和植物神经紧张及失调症状，如头昏、疲劳、食欲不振等。X 射线、γ 射线的辐射会损伤肠道系统，如恶心呕吐、腹泻等，其严重性取决于照射量。

在使用高频感应加热设备的车间中，高频电磁场对人体的危害也不可忽视。长期接触对人体心血管和神经系统造成功能失调和紊乱。因此，隔噪、降噪、对高频辐射电源的场地施行金属网络的整体屏蔽，以及对高频变压器实行单元屏蔽等都是改善作业环境，提高热处理作业环境条件安全化的必要措施。

13.14.3　忽视生产安全的危害和影响

在热处理生产中除存在着上述的各种对环境、人体危害物外，还存在着一些对生产安全有危害的物质、设备和操作，当处置不当时，就可能对操作者和车间造成危害。

热处理生产常见的危险物有：易燃物质、易爆物质、毒性物质、高压电、炽热物体、腐蚀性物质、制冷剂、坠落物体及进出料等。热处理生产存在的危险物及危害见表 13-33。

表 13-33　热处理生产存在的危险物及危害

类　　别	来　　源	危　害　程　度
易燃物质	1）淬火和回火用油 2）有机清洗剂 3）渗剂、燃料和制备可控气氛的原料：煤油、甲醇、乙醇、乙酸乙酯、异丙醇、丙酮、天然气、丙烷、丁烷、液化石油气、发生炉煤气、氢等	1）油温失控超过燃点即自行燃烧，易酿成火灾 2）有机液体挥发物和气体燃料泄出后，遇明火燃烧

（续）

类　别	来　源	危害程度
易爆物质	1）熔盐 2）固体渗碳剂粉尘 3）渗剂、燃料、可控气氛 4）火焰淬火用氧气和乙炔气 5）高压气瓶、储气罐	1）熔盐遇水即爆炸。硝盐浴温度超过 600℃ 或与氰化物、炭粉、油脂接触即爆炸 2）燃气、炭粉在空气中的浓度达到一定极限值，遇明火即爆炸 3）气瓶、储罐的环境温度过高易爆炸
毒性物质	1）液体碳氮共渗、氮碳共渗和气体氮碳共渗用的原料及排放物：氰化钠、氰化钾、氢氰酸 2）气体渗碳的排放物：一氧化碳 3）盐浴中的氯化钡和钡盐渣	造成急性中毒或死亡
高压电	1）高频设备 2）中频设备 3）一般工业用电	电击、电伤害甚至死亡
炽热物体及腐蚀性物质	1）高温炉 2）炽热工件、夹具和吊具 3）硫酸、盐酸、硝酸、氢氧化钠、氢氧化钾 4）热油、熔盐 5）激光束	1）热工件、热油、熔盐和强酸、强碱使皮肤烧伤 2）激光束使皮肤及视网膜烧伤
制冷剂	氟利昂、干冰＋酒精和液氮	造成局部冻伤
坠落物体及进出料等	1）工件装运、起吊 2）工件矫直崩裂 3）工件淬裂	造成砸伤或死亡

13.15　热处理生产的环境保护

13.15.1　调整能源结构

不同燃料燃烧所生成的 CO_2 数量不同，燃烧 1kg 煤炭产生的 CO_2 是天然气的近 2 倍，是油的 1.5 倍。燃烧 100 亿 m^3 天然气与燃烧同热量煤炭比，减少 CO_2 2500 万 t，减少 SO_2 20 万 t，减少 NO_x 12 万 t。所

以应尽可能选用天然气、油或煤转化成气体燃料，淘汰直接燃煤。国内外热处理能源技术概况见表 13-34。世界与中国一次能源消费结构见表 12-35。燃料易燃性和对大气污染轻重的顺序见表 13-36。

大气中的 SO_2，2/3 来自煤的燃烧，1/5 来自石油燃烧；NO_x 的 90% 来自燃料燃烧。燃料燃烧每年向大气中排放上百亿吨的 CO_2，我国达 30 亿 t，占世界排放量的 13.6%，其中，85% 是燃煤的结果。

表 13-34　国内外热处理能源技术概况

国家或地区	能耗/(kW·h/t)	热效率(%)	能源结构	热处理能源技术发展措施
欧洲	300 ~ 450	40 ~ 50	煤、石油、天然气、电、天然气占 20% ~ 30%	挖掘设备潜力，实现专业化生产和企业最佳管理，开发高温空气燃烧技术、蓄热式燃烧器技术、感应加热技术等
美国	350 ~ 450	43 ~ 48	煤、石油、天然气、电、天然气占 25.5%	炉子热源多样性，燃烧器改进，富氧燃烧技术(1997 年)，改善热源形状和对流，改进绝热材料，天然气/电加热系统开发，NO_x 和 SO_x 排放及计算机控制技术(1999 年)

（续）

国家或地区	能耗/(kW·h/t)	热效率(%)	能源结构	热处理能源技术发展措施
日本	323	49.8	煤、石油、天然气、重油,燃料炉燃烧器产值占总值36.1%	普及推广低燃料消耗的工业炉,合理利用能源法(20世纪70年代末),防止地球温暖化行动计划(1990年),高性能工业炉的开发,高温空气燃烧技术(1992—1999年),政府财政支持
中国	800	约≤29	煤、电为主,电能占90%以上	《中华人民共和国节能法》(1998年),开发多种能源(天然气、核能、水力、风力等),开始研发高温空气燃烧技术,高性能燃烧技术及装置,废热利用和环保技术等受到重视

表 13-35　世界与中国一次能源消费结构

(%)

一次能源	世界	中国
煤炭	26.2	72.9
石油	40.0	22.5
天然气	23.8	2.1
水电	2.6	2.0
核电	7.4	0.5
合计	100	100

表 13-36　燃料易燃性和对大气污染轻重的顺序

顺序	名称	顺序	名称
1	天然气	9	焦炭
2	液化石油气	10	褐煤
3	发生炉煤气	11	低挥分烟煤
4	焦炉煤气	12	重油
5	高炉煤气	13	高挥发分烟煤
6	煤油	14	煤焦油
7	轻质燃料油	15	城市垃圾
8	无烟煤		

13.15.2　采用少无污染的生产工艺及设备

1. 生产工艺　少无污染的生产工艺,随技术进步而发展,目前主要有:

（1）感应加热工艺。

（2）高能束热处理（激光、电子束）和等离子加热。

（3）表面改性工艺,如镀膜、离子注入、沉积TiN 等。

（4）真空热处理。

2. 设备的发展

（1）采用密闭式热处理炉。

（2）设备机械化、自动化以及无人操作生产线。

（3）计算机综合控制。

（4）采用真空炉和真空清洗机。

（5）采用湿法喷砂。

3. 介质变化

（1）采用氮基气氛。

（2）采用粒子流态化介质。

（3）采用无毒化学渗剂。

（4）采用水基有机物淬火冷却介质。

（5）采用高压气作淬火冷却介质。

（6）废除氰盐、铅浴、三氯乙烷清洗液等污染环境的介质。

13.15.3　废弃物综合利用

1. 废气无害化处理　按环保的要求,废气排入大气前应进行无害化处理。从实用性讲,这是寻找经济有效的治理方法,使各工业企业能够接受和采用,但目前我们尚不能完全做到。

废气无害化的处理方法主要有:

（1）烟囱高空排放。烟囱越高,允许的排放量越大。

（2）静电除尘。这是一种较理想的方法,如发生炉煤气炉排出废气的除尘。此方法要求废气中无可燃物,如 CO,否则静电会把可燃物点燃。因此,在热处理炉上很少应用。

（3）机械除尘装置除尘。机械除尘装置如袋式除尘器、旋风除尘器,多应用于冲天炉等,在热处理燃料炉上目前还很少应用。

（4）烟气脱硫。烟气脱硫有多种方法,如烟道石灰水喷射脱硫技术和开米柯文丘里管洗涤塔。

（5）化学热处理炉排出的废气的无害化处理。该处理方法有出炉后点燃法（如渗碳炉,可控气氛炉的 CO 燃烧）、经高温裂解后排放法（如含 HCN 的废气高温裂解，或在铂、镍触媒作用下裂解）及有害物溶于水后排出法（如 HN_3 溶于水后成氨水）。

2. 废液无害化处理　热处理车间排出的无毒废水应经自然沉淀、浮选、过滤后排出。酸洗的废液应经中和处理后方可排放。

3. 废渣无害化处理　热处理车间的盐浴炉废渣和化学热处理废渣的无害化处理方法有焚化法、填埋法、化学法等，其中化学处理法是处理和处置的最终方法。化学法应用最普遍的是：酸碱中和法、氧化和还原处理法及化学沉淀处理法。

4. 废弃物的综合利用和净化回收　这是环境保护的重大技术措施。

（1）废气的利用有废气余热利用、废气中可燃物再燃烧、废气再循环利用及废气净化回收。

（2）废液的利用在热处理车间主要是各种水介质的重复使用，如感应加热装置的冷却水及淬火冷却介质等的循环使用。废酸液的回收在一般热处理车间因数量较少，而很少进行此项工作。在钢铁厂酸洗车间，以及拔丝的酸洗车间，硫酸的用量较多时，应考虑回收。硫酸液的回收方法有多种，真空冷却结晶法是目前应用比较广泛的废酸回收法。它可用蒸汽、水力和机械方法产生真空。其过程是，用泵将废酸液输送到中间槽，借助真空将其吸入预冷器，然后进入结晶器，用喷射器把结晶器吸成真空，致使废酸液在负压下绝热蒸发，温度降低，洁净析出硫酸亚铁。

（3）废渣的利用。在热处理车间主要是废盐液渣的回收利用。某单位有高、中温盐浴炉各一台，全年排出钡钠混合废渣约 300kg，采用热析结晶法，将废盐溶于水，加热煮沸，结晶出复合盐 100kg 以上，在经济上是合算的。

13.16　环境保护管理

由于环境保护日益显示其重要性，所以要求企业的环保管理与生产管理紧密结合起来，动用行政的、经济的、技术的和法律的管理手段，对企业的环境污染进行科学的有效管理。

13.16.1　环境保护法规

在我国环境保护已法律化，国家陆续制定了各种环境保护法和各种标准。

《中华人民共和国环境保护法》规定了环境保护的基本原则，即：把环境保护纳入国家计划和经济管理的轨道，贯彻预防为主的方针；在基本建设中执行"三同时"的方针，执行谁污染谁治理的方针；实行

"综合利用，化害为利"的原则及依靠群众，作好环境保护工作的原则。

提出了防止污染和其他公害的法规，如《大气污染防治法》、《水污染防治法》等。

制定了自然环境和资源保护的法规，如《矿产资源法》、《土地管理法》等。

为工业颁发环境管理法规。《工业企业环境保护考核制度实施办法》，对工业企业的主要污染物排放量和污染物排放达标率作出了考核规定。《征收排污费暂行办法》，用经济手段进行环保管理，实行奖罚制度。

13.16.2　环境保护的相关标准

环境保护标准是控制环境污染、保护环境立法和管理的重要依据。以下仅列举几个与热处理生产有密切关系的标准。表 13-37 为热处理车间空气中有害物质的最高允许浓度。表 13-38 为工业废水最高允许排放浓度。国际标准化组织（ISO）提出了使用 A 声级作噪声评价标准。这个标准规定，为了保护人的听力，每天工作 8h，允许连续噪声的声级为 90dB（A）；工作时间减半，允许噪声级提高 3dB（A），但任何情况下不允许超过 115dB（A）。表 13-39 为我国工厂企业噪声卫生标准。表 13-40 为燃煤工业炉窑烟尘排放标准。

表 13-37　热处理车间空气中有害物质的最高允许浓度（JB/T 5073—1991）

有　害　物　质	最高允许浓度/（mg/m^3）
一氧化碳	30
二氧化碳	15
苛性碱（换算成 NaOH）	0.5
氮氧化物（换算成 NO_2）	5
氨	30
氢氰酸和氢氰酸盐（换算成 HCN）	0.3
氯	1
氯化氢和盐酸	15
甲醇	50
丙酮	400
苯	40
三氯乙烯	30
氟化物（换算成 F）	1
二甲基甲酰胺	10
粉尘	2（含质量分数为 10% 的游离 SiO_2）
	1（含质量分数为 80% 以上的游离 SiO_2）
钡及其化合物	0.5

表 13-38　工业废水最高允许排放浓度

有害物质名称	最高允许排放浓度 /(mg/m³)
汞及其无机化合物	0.05(按 Hg 计)
镉及其无机化合物	0.1(按 Cd 计)
六价铬及其化合物	0.5(按 Cr^{6+} 计)
砷及其无机化合物	0.5(按 As 计)
铅及其无机化合物	1.0(按 Pb 计)
pH 值	6 ~ 9
BOD_5	60mg/L
COD(重铬酸钾法)	100mg/L
硫化物	1mg/L
挥发性酚	0.5mg/L
氰化物(以游离 CN^- 计)	0.5mg/L
石油类	10mg/L
铜及其化合物	1mg/L(按 Cu 计)
锌及其化合物	5mg/L(按 Zn 计)
氟的无机化合物	10mg/L(按 F 计)
苯胺类	3mg/L

表 13-39　工厂企业噪声卫生标准

每个工作日接触噪声时间/h	允许噪声/dB (A)	
	新建、扩建、改建企业	现有企业暂时达不到标准
8	85	90
4	88	93
2	91	96
1	94	99
最高不得超过 115		

表 13-40　燃煤工业炉窑烟尘排放标准

区域类别	适用地区	允许烟尘浓度 /(mg/cm³)[①]		允许林格曼里度级
		现有	新扩建	
1	风景名胜区、自然保护区和其他需要特殊保护区域	200	—	1
2	规划居民区	300	—	1
3	工业区、郊区及县城	300	200	1
4	其他地区	600	400	2

① 指标准状态下的体积。

13.16.3　环境保护技术管理

环境保护管理的基本任务，就是贯彻国家环境保护法和标准，制定本企业污染防治的技术措施，保证企业环保品质。环境保护管理的主要内容如下：

（1）环境品质监测。定期地监测企业的环境品质。

（2）分析环境状况。分析造成污染超标的原因，提出要求和改进方案。

（3）处理环境污染事故。对发现临时超标以及环保设备停运的情况，及时采取措施，加以解决。

（4）开展环境保护科学研究。研究少无污染的无害生产工艺及有害物料的替代物，研究"三废"综合利用和净化回收技术，研究"三废"经济的无害化处理技术，研究一次污染和二次污染的现象、危害、机理和根源（污染物直接排出的污染称一次污染；排出污染物之间或与其他成分之间反应产生的污染称二次污染），研究环境污染的监测技术。

（5）制定近期的、长远的环境保护规划。

参 考 文 献

[1]　徐跃明，樊东黎. 热处理与可持续发展 [J]. 金属热处理, 2001 (3)：1-4.

[2]　樊东黎. 热处理的昨天、今天与明天 [M]. 北京：中国机械工程学会热处理学会, 2004.

[3]　宋湛苹，史竞. 工业炉的现状与发展趋势 [J]. 工业炉, 2004, 26 (6)：13-18.

[4]　张丽荣，杨丽娜. 浅谈热处理发展方向 [J]. 煤矿机械, 2006, 27 (6)：919-920.

[5]　许晓兰. 热处理节能途径 [J]. 煤矿机械, 2003 (12)：71-73.

[6]　李旌海. 先进的热处理炉技术以及热处理炉的改造

[J]. 工业炉, 2004 (1)：50-52.

[7]　王彦芳，刘忆，李兆严. 绿色热处理 [J]. 煤矿机械, 2000 (10)：27-29.

[8]　徐素英. 应用系统工程理论实现节能降耗 [J]. 节能与环保, 2004 (4)：44-45.

[9]　程利华，刘明. 热处理的节能技术 [J]. 山西能源与节能, 2003 (1)：27-28.

[10]　曹永川. 浅谈热处理炉的设计与节能 [J]. 国外金属热处理, 1999 (5)：20-21.

[11]　王福轩，刘永魁. 浅析热处理工艺节能措施 [J]. 热加工工艺, 2006, 35 (14)：69-70.

[12]　黄春峰. 金属热处理节能技术及其研究进展 [J].
　　　　航空制造技术，2004（5）：77-80.

[13]　王开远. 新发布的《热处理节能技术导则》国家标
　　　　准浅析 [J]. 国外金属热处理，2004（3）：41-44.

[14]　李茂山，赵宝荣，吴光英，等. 我国热处理现状与

发展方向 [J]. 兵器材料科学与工程，1999（2）：
48-55.

[15]　刘砚祥. 热处理节能与环保 [J]. 国外金属热处理.
　　　　2002（6）：40-42.

第14章　热处理车间设计

机械工业第三设计研究院　李儒冠　张开华

为新建、扩建或改建的热处理车间进行规划、论证和编制成套设计文件，是工厂设计的范畴。工厂设计一般分可行性研究、初步设计和施工图设计三个阶段。

14.1　工厂设计一般程序

14.1.1　设计阶段

1. 设计前期工作阶段

（1）制定行业规划。根据国家和地区中长期发展规划及产业政策，结合行业自身特点和发展规律，由政府主管部门或行业协会、学会牵头制定行业规划。

（2）编制项目建议书。提出项目的轮廓设想，重点论证项目建设的必要性、目标、主要技术原则、建设条件和经济效益等，为项目的决策提供初步的依据，也是报主管部门批准立项和列入计划的依据。

（3）撰写可行性研究报告。根据国家和地区行业发展规划及产业政策，论证该项目的市场需求、关键技术、主要配套措施及投资效益和社会效益，以呈报主管部门核准或备案。

2. 设计工作阶段

（1）初步设计。对工程项目分车间和部门进行初步设计。

（2）施工设计。提供工程施工图。

14.1.2　初步设计

初步设计阶段的任务是：根据生产纲领和总体设计的要求，对车间的生产工艺、设备、人员、部门设置、物料需求和流动、设备布置等进行设计，计算工艺投资，并对车间建筑、结构、供电、供水、动力、采暖通风和环境治理、职业安全卫生等提出设计要求，保证设计的完整和协调。

工艺部分初步设计的内容如下：

（1）车间生产纲领、车间任务、生产协作关系。

（2）生产类型、生产组织方式。

（3）车间组成。

（4）工艺分析及设备选型。

（5）计算设备、人员、面积和公用动力需要量。

（6）辅助部门。

（7）车间运输。

（8）绘制工艺设备平面布置图、剖面图，编制设备明细表、计算工艺投资。

（9）计算确定工作人员。

（10）向土建、公用、总图、环保、节能、技经等专业提出设计任务资料。

（11）编写车间工艺设计说明书。

（12）提出非标设计任务书。

14.1.3　施工设计

施工设计是将初步设计进一步深化和具体化，以满足施工、安装、调试和验收的要求。施工设计的内容如下：

（1）确定设备型号、规格、数量及其在车间的布置和详细的安装尺寸。

（2）完成工艺设备和起重运输设备的安装设计。

（3）提出厂房、构筑物和公用专业（采暖、通风、给排水、动力、电气、安全环保等）施工设计的工艺要求、图样和说明。

（4）确定车间设备的基础和地下构筑物的结构、尺寸等。

（5）绘制车间管线汇总图。

（6）确定车间工艺投资。

14.2　热处理车间分类和特殊性

14.2.1　热处理车间分类

1. 按工件分类

（1）原材料及毛坯热处理车间（或称第一热处理车间）：承担锻件、铸件毛坯热处理任务，主要实施退火、正火、调质等预备热处理工艺。这类车间也可附设在锻造、铸造等车间内。

（2）半成品及成品热处理车间（或称第二热处理车间）：承担产品最终的热处理任务，主要实施淬火回火、渗碳、感应淬火等热处理，以达到产品最终技术要求。这类车间常独立设置，与机加工车间相邻或设在机加工车间内。

（3）工具及机修件热处理车间：一般承担自制工具及机修件的毛坯热处理和最终热处理。

2. 按工艺及设备分类

（1）可控气氛热处理车间。

（2）感应热处理车间。

（3）真空热处理车间。

3. 按生产规模分类

（1）小型热处理车间：热处理件年生产纲领 ≤1000t；

（2）中型热处理车间：热处理件年生产纲领为 1000～3000t；

（3）大型热处理车间：热处理件年生产纲领 >3000t；

（4）重型热处理车间：重型、矿山机器厂等重型工厂热处理车间。

14.2.2 热处理车间生产的特殊性

1. 操作环境特殊性

（1）高温操作。

（2）有多种易燃易爆介质（液体或气体）。

（3）存在废气、废液、粉尘和电磁污染物。

（4）工作地有较多水油槽和地坑。

（5）工件堆放量较大。

2. 设备装置的特殊性

（1）多数设备较笨重，位置固定，不易移动。

（2）有较多的检测、记录、控制设备。

（3）有较多的电、气、水管路。

3. 工件的特殊性

（1）热处理件的品种多和技术要求变化大，需检测的项目多，如金相组织、硬度、渗层深度等。

（2）较易产生次品和返修品。

（3）热处理件常有生锈、粘油、粘盐等现象。

（4）工件的材质和热处理工艺常变更。

14.3 热处理车间生产任务和生产纲领

1. 生产任务 根据项目设计要则规定的产品产量和车间分工表，确定热处理车间承担的生产任务。

2. 生产纲领 生产纲领是指车间承担的热处理件年生产量，是根据项目产品产量以及单台产品热处理件数量、重量和零件热处理工艺要求，同时结合产品特点、企业生产工艺水平确定的备（废）品率计算出产品热处理纲领，然后加上辅助专业提出的工具机修件数量（有协入件的热处理车间还要加上协入件数量）综合编制而成的。它决定了车间的规模。

是确定工艺和选择设备的依据。热处理车间纲领以重量（t/a）表示，个别工艺如高、中频感应淬火件以件数（件/a）表示。在编制纲领表时，应将零件及工具机修件等热处理纲领分别列出，见表 14-1。

表 14-1 热处理生产纲领表

序号	产品名称及型号规格	年产量/台	热处理件重/t				备注
			每台	全年	备(废)品	合计	
	一、产品						
1							
2							
3							
	合计						
	二、自制件						
1	工具						
2	机修						
	合计						
	三、协入件						
1							
2							
	合计						
	总计						

3. 工序纲领 根据产品零件的热处理工艺要求，按工序分类统计计算。

4. 辅助生产纲领 自制工具、机修件的热处理生产纲领，应由工具和机修车间的规模确定。

14.4 车间工作制度及年时基数

14.4.1 工作制度

热处理车间的工作制度，应根据车间的规模、生产特点、工艺水平和类型区别对待，合理确定，以达到充分利用设备、节约能源、便于组织生产的目的。

一般中小件的综合热处理车间或工段，高、中频感应加热热处理工段，采用二班制；部分生产周期长的，如渗碳、回火、碳氮共渗、渗氮等设备及连续生产线宜采用二班制或三班制。

大型零件热处理车间及大量生产的热处理车间采用三班工作制。有的车间或设备双休日不停产，采用连续工作制。

在加工流水线上的热处理设备所采用的工作制度，应与整个流水线的生产班次相适应。

小型热处理工段，由于任务量小，负荷低，且无就近协作可能的，可采用一班制。个别设备采用二班或三班制。

14.4.2　年时基数

1. 设备设计年时基数　设备设计年时基数为设备在全年内的总工时数，等于在全年工作日内应工作的时数减去各种时间损失，见表 14-2。

2. 工人设计年时基数　热处理车间工人设计年时基数见表 14-3。

表 14-2　热处理车间设备设计年时基数

序号	项　　目	生产性质	工作班制	全年工作日	每班工作时数			年时基数		
					一班	二班	三班	一班	二班	三班
1	一般设备	阶段工作制	1、2、3	251	8	8	6.5	1970	3820	5250
2	重要设备(高、中、工频等)	阶段工作制	1、2、3	251	8	8	6.5	1930	3700	5030
3	小型及简单热处理炉	阶段工作制	1、2、3	251	8	8	6.5	1970	3820	5250
4	大型及复杂热处理炉	阶段工作制	2、3	251	8	8	8	—	3700	5030
5	大型及复杂热处理炉	连续工作制	3	355	8	8	8			7240

表 14-3　热处理车间工人设计年时基数

项　　目	全年工作日	每班工作时数				年时基数			
		一班	二班	三班		一班	二班	三班	
				间断性生产	连续性生产			间断性生产	连续性生产
一般工作条件	251	8	8	6.5	8	1790	1790	1450	1790

注：工人中女工占 25% 以下。

14.5　工艺设计

14.5.1　工艺设计的基本原则

热处理工艺设计是热处理车间设计的中心环节，是设备选择的主要依据。热处理车间工艺设计的基本原则如下：

(1) 符合国家和项目所在地的行业发展规划和产业政策要求。

(2) 在满足产品技术要求的前提下，选择的工艺设备技术先进、安全可靠、经济合理。

(3) 积极推广应用少、无氧化热处理工艺，如可控气氛热处理、真空热处理及感应热处理工艺。

(4) 积极稳妥地应用新工艺、新设备、新材料、新结构及复合表面处理工艺。

(5) 应用清洁或少污染热处理技术，减少和防止环境污染，改善操作环境。

(6) 应用新型节能工艺和设备，节约能源。

(7) 提高机械化、自动化程度，充分提高设备利用率，提高劳动生产率，减轻工人劳动强度。

(8) 在满足正常使用和安全间距的前提下，设备布置尽量紧凑，以缩短物流距离，节约厂房用地。

(9) 应用计算机控制技术，实现工艺参数、工艺过程及产品的自动检测、控制与管理。

14.5.2　工艺设计的内容

热处理工艺设计的主要内容有：

(1) 分析产品零件的工作条件、失效形态和技术条件。

(2) 制订热处理零件在工厂生产过程中的加工路线，确定热处理工序在其中的位置。

(3) 制订热处理工艺方案。

(4) 编制热处理工艺规程及工艺卡片。

(5) 计算热处理各工序的生产纲领。

14.5.3　零件技术要求的分析

零件技术要求是产品零件设计者通过对产品零件的服役条件和失效分析而制定的。从原则上讲，热处理工作者只需以技术要求作为依据来选择和制订热处理工艺，但经常由于设计图样标明的技术要求过于笼统，使热处理工艺制订发生失误。例如，产品图样上标注硬度要求，但有不同的热处理方法可产生相同的硬度值和抗拉强度，而其冲击韧度却差别很大。有时不正确的热处理虽可产生要求的性能指标，但可能产生不适应使用条件要求的组织。

因此，在工艺设计时，应根据产品零件的工作条件和主要的失效形态，优化热处理工艺，以满足零件实际使用要求。

14.5.4　零件加工路线和热处理工序的设置

零件加工路线是零件从毛坯生产、加工处理到装配成产品所经过的整个加工过程。零件的加工路线是工厂生产组织的基础。它涉及零件加工制造的总体方案、工序的组合和工序间的配合。常规零件加工路线中热处理工序的设置如下：

（1）铸铁、铸钢、非铁金属铸件，要求毛坯热处理。其工艺包括正火、均匀化退火、等温退火、球化退化、可锻化退火、再结晶退火、消除内应力退火及人工时效（稳定化处理）等，可于铸造后在铸造车间进行。

（2）硬度要求在 285HBW（30HRC）以下的一般锻件，可在机械加工前热处理到要求的硬度。当机加工量较大有可能因加工而去掉较多的热处理硬化层时，为保证足够的硬化层，应在粗加工后进行热处理。

（3）表面硬化和化学热处理工序，一般应在机加工后进行，热处理后尽可能不再加工，或仅进行精加工，以保留硬化层和渗层压应力状态。一些精度要求高，可使用特殊刀具加工的零件，也可在加工前热处理。

（4）局部化学热处理零件，当生产量大时，非处理的部分应用镀层保护；当批量小时，可采用机械

保护、涂防渗剂防渗，或加工去除渗层等方法。

（5）零件冷拔、冷镦、冷挤前后应进行去应力退火、再结晶退火、正火等热处理工序。

（6）弹簧钢丝冷绕制后应进行回火处理。热绕制的弹簧应进行淬火和回火。

（7）表面淬火件一般要求进行预备热处理。

（8）模具和刀具在毛坯锻造后应进行球化退火处理。

14.5.5　热处理工艺方案的制订

通常应根据产品的技术要求，提出几种可靠的热处理工艺方案进行对比性论证，选择出最佳的工艺方案来。一般论证的主要内容如下：

（1）对产品零件技术要求的适应性、工艺的先进性和可靠性、热处理质量的稳定性。

（2）物料供应及能源需求。

（3）设备、厂房的投资及折旧。

（4）生产运行成本和维护费用。

（5）对环境及劳动安全卫生的影响。

14.5.6　热处理工序生产纲领的计算

热处理工序生产纲领（退火、正火、渗碳等）是根据车间生产任务和热处理工艺过程统计出来的。它是计算热处理设备数量的依据。零件热处理工序生产纲领的计算见表 14-4。

表 14-4　零件热处理工序生产纲领计算表

序号	产品名称	年热处理件重量/t	加热倍数	热处理车间工序生产的重量/t															
				退火	正火	渗碳	渗氮	碳氮共渗	渗金属	淬火			回火			表面淬火	时效	冷处理	强化	发蓝
										油	水	空气	高温	中温	低温					
1																				
2																				
3																				

14.6　热处理设备的选型与计算

设备选择的基本原则是质量安全可靠，能生产出优质的产品，高的生产率，低的生产成本和良好的作业环境。

14.6.1　热处理设备选型的依据

（1）零件热处理工艺要求、技术条件。

（2）零件的形状、尺寸、重量和材质。

（3）零件生产量和劳动量。

（4）热处理所需的辅料及能源供应。

（5）车间劳动安全卫生和环保要求。

（6）设备投资和运行成本。

（7）与前后工序的关系和衔接。

（8）企业及车间的自动化、机械化、现代物流和现代管理要求。

（9）项目所在地及企业的特殊要求和条件。

14.6.2　热处理设备选型的原则

1. 少品种大批量生产的热处理设备的选型　对于少品种大批量热处理件的生产，应根据工艺要求，优先考虑组建各类全自动热处理生产线，选用安全可靠、生产率高、运行成本低的连续式热处理设备。

2. 批量生产的热处理设备的选型　对于批量热处理件的生产，原则上应以连续式热处理生产线为主；但由于热处理件的品种规格较多，工艺和生产量常需调整，因此所选设备应便于工艺和生产调整。

3. 多品种单件生产的热处理设备的选型　对于多品种单件热处理件的生产，宜采用周期式热处理设备，或以周期式热处理设备组建局部机械化、自动化联动线的方式。

14.6.3　热处理设备的选型

1. 热处理炉型的选择　选择热处理炉型时，应根据热处理件特点、工艺要求和批量，合理选择炉型。以下是几种常用的炉型选择：

（1）汽车齿轮类渗碳零件，大批量生产时，一般选用推杆式连续渗碳淬火自动线；中批量生产时，选用密封箱式炉组成联动线；小批量生产时，应优先选用密封箱式炉完成渗碳淬火，尽量避免使用井式渗碳炉，致使工件在空气介质中入油淬火带来的表面氧化脱碳。

（2）轴承类零件，根据零件大小，一般选用辊底式炉、铸链式炉、推杆式炉或网带式炉组成自动生产线；而滚珠多选用鼓形炉组成的自动生产线。

（3）长轴件，大批量时，选用辊底式炉生产线（也可选用感应加热淬火回火自动生产线）；小批量时，选用井式炉或台车炉。

（4）大件及长板件，选用步进式炉或台车式炉。

（5）中小标准件，选用铸链炉、网带式炉、振底炉。

（6）工、模具及刃具，优先选用真空炉，也可选用流态炉，尽量不用盐浴炉。

（7）钢带等退火件，推广应用保护气氛罩式炉、井式炉和箱式炉。

2. 热处理炉生产率　热处理炉生产率是指某热处理炉在1h内可完成某热处理工序零件的重量，即kg/h。它与炉型、炉膛尺寸、工艺类型、零件装夹方式等因素有关。几种炉型单位炉底面积的平均生产率参考指标见表14-5。

表 14-5　单位炉底面积的平均生产率参考指标

［单位：kg/(m² · h)］

炉子类型	退火	正火、淬火	回火	气体渗碳
箱(室)式炉	40 ~ 60	100 ~ 120	80 ~ 100	
推杆式炉	60 ~ 70	120 ~ 160	100 ~ 125	35 ~ 45
输送带式炉		120 ~ 160	100 ~ 125	
立式旋转炉		100 ~ 120	80 ~ 90	
台车式炉	35 ~ 50	60 ~ 80	50 ~ 70	
双台车式炉	60 ~ 80	120 ~ 140	100 ~ 120	
振底式炉		140 ~ 180	100 ~ 120	

平均生产率是指热处理炉在一般正常生产条件下所达到的生产率。热处理炉产品样本所标出的生产率数值，通常是指该设备可能完成的最大生产率。车间设计时，应根据零件或代表产品实际排料计算设备的平均生产率。几种典型设备的平均生产率按如下方法计算：

（1）周期式作业炉的平均生产率 P 的计算公式为

$$P = \frac{m}{t} A$$

式中　m——炉子一次工件装载量（kg）；

t——工件在炉内停留时间（h）；

A——该设备的附加系数（一般 A 取 1.02 ~ 1.2）。

（2）推杆式炉的平均生产率 P 的计算公式为

$$P = \frac{60}{t} mnA$$

式中　m——一个料盘装载的工件重量（kg）；

n——一次推入的料盘数量（个）；

t——推料周期（min）；

A——该设备的附加系数（一般 A 取 1.1）。

（3）传送带式炉的平均生产率 P 的计算公式为

$$P = \frac{L}{t} mA$$

式中　L——传送带在炉内的长度（m）；

m——每1m传送带工件装载量（kg）；

t——工件入炉到出炉的总时间（h）；

A——该设备的附加系数（一般 A 取 1.1）。

3. 感应加热设备的选择

（1）频率选择。感应加热所需电流频率，取决于产品零件对淬硬层深度的要求。表 14-6 为感应加热电流透入深度与淬硬层深度的合理频率范围。

表 14-6　感应加热电流透入深度与淬硬层深度的合理频率范围

频率/kHz	工频	1	2.5	8.0	30~40	90~130	200~300	300~500
电流透入深度/mm	70	15.8	10	5.5	2.9~2.5	1.7~1.4	1.1~0.9	0.9~0.7
最佳淬硬层深度/mm	15	7.5	5	2.3	2	1.5	1~1.2	0.8
适用淬硬层深度/mm	150	5~1.3	2.4~8.0	1.5~5.5	1.3~4.0	1~3	0.5~2.0	0.3~1.2
适用零件直径/mm	(透热)	40~100		20~50	15~30	12~25	10~20	

（2）功率确定

1）同时加热淬火时，设备功率的计算公式为

$$P = \frac{P_0}{\eta}S$$

式中　P——设备的功率（kW）；

P_0——单位功率（kW/cm²），单位功率有有效功率、加热功率和额定功率之分，通常

设计工作所指单位功率为额定功率，表 14-7 为单位功率的经验数值；

S——加热表面积（cm²）；

η——设备效率，$\eta = \eta_1$（感应器效率）$\times \eta_2$（淬火变压器效率），常用感应淬火设备的效率见表 14-8。

2）扫描加热时，设备功率的计算公式为

表 14-7　单位功率的经验数值　　　　　　　　　　（单位：kW/cm²）

频率/kHz	1.0	2.5	8.0	30~40	200~300
扫描加热	4.0~6.0	3.0~5.0	2.0~3.5	1.6~3.0	1.3~2.6
同时加热	2.0~4.0	1.4~2.8	0.9~1.8	0.7~1.5	0.5~2.0

表 14-8　常用感应淬火设备的效率

序号	项　目	η	η_1	η_2
1	中频设备淬圆柱形零件	0.64	0.8	0.8
2	中频设备淬平板形零件[1]	0.64	0.8	0.8
3	高频设备淬圆柱形零件	0.64	0.8	0.8
4	高频设备淬平板形零件[2]	0.40	0.5	0.8

注：η 值根据不同产品进行调整。

[1] 指带有导磁体的感应器。

[2] 指不带导磁体的感应器。

$$P = \frac{\pi D h P_0}{\eta}$$

式中　D——零件直径（cm）；

h——感应器有效宽度（cm）；

η——设备效率，见表 14-8。

根据表 14-7 中所列数据，对某些功率的感应加热设备可同时加热的面积参考指标如表 14-9 和表 14-10 所示。

表 14-9　中频电源设备可同时加热面积参考指标

中频电源频率/kHz		2.5			8.0		
中频电源功率/kW		100	160	250	100	160	250
最大加热面积	轴类	140	230	350	250	400	600
/cm²	空心轴类	180	300	500	320	500	750
合适加热面积	轴类	70	110	170	120	200	300
/cm²	空心轴类	90	150	250	160	250	370

表 14-10　高频电源设备可同时加热面积参考指标

振荡功率/kW	30	60	100	200
同时最大加热面积/cm²	90	180	300	600
合适的加热面积/cm²	30	60	100	200

（3）设备生产率。感应加热设备生产率差异很大，根据生产统计资料，感应加热设备生产率参考指标如表 14-11 所示。

表 14-11　感应加热设备生产率参考指标　　　　　　　　（单位：件/h）

零件重量/kg	≤0.3	0.3~1.0	1~2	2~5	5~10	10~20	≥20
高频设备	400~600	200~300	100~200				
中频设备			100~200	60~100	40~60	20~40	10~30

感应加热技术近年来的发展主要表现在加热电源方面。

过去采用的效率较低的中频发电机多被淘汰，代之以频率达 1kHz 的晶体管电源；目前，又有 IGBT（绝缘栅双极型晶体管）电源大量出现，已部分取代前者用于工业生产。国内最大的 IGBT 电源已达 250kW、50kHz，

国外已有 600kW、100kHz 的电源商品生产。

原有的电子管高频振荡电源正由 MOSFET（场效应晶体管）电源及 SIT（静电感应晶体管）电源所替代，国产电源可达 300kW、200~300kHz，发达国家已有 500kW、300kHz 的产品问世。MOSFET（场效应晶体管）电源及 SIT（静电感应晶体管）与电子管高

频振荡电源相比，具有体积小、效率高、控制方便、使用寿命长、安全性高等突出特点。

4. 辅助设备的选择

（1）可控气氛发生装置。应根据热处理工艺及项目所在地供应条件选择。随着现代可控气氛检测和控制技术的发展，应尽量采用炉内直生式气氛。

（2）冷却系统的计算

1）淬火槽容积的计算公式为

$$V = \frac{mc(t - t_0)}{c_1(t_0' - t')\rho \times 1000}$$

式中　V——淬火液的容积（m^3）；

m——同时淬入零件重量（kg）；

$t - t_0$——淬入零件的温度差（℃），一般工件 850℃ - 100℃ = 750℃，重型零件和锻模 850℃ - 200℃ = 650℃；

$t_0' - t'$——淬火液在淬火前后的温度差（℃），油为 80℃ - 40℃ = 40℃，水为 38℃ - 18℃ = 20℃；

ρ——淬火液密度（g/cm^3），油为 $0.9g/cm^3$，水为 $1g/cm^3$。

c_1——淬火液的比热容 [$kJ/(kg \cdot ℃)$]，水为 $1kJ/(kg \cdot ℃)$，油为 $0.45kJ/(kg \cdot ℃)$；

c——淬火钢件平均比热容 [$kJ/(kg \cdot ℃)$]，采用 $0.628kJ/(kg \cdot ℃)$；

淬火槽容积指标见表 14-12。

表 14-12　淬火槽容积指标

（单位：m^3/t）

热处理件类型	淬火油槽	淬火水槽
一般工件	7	6
锻模	6	5

实际为便于制造和操作方便，一般淬火水槽与淬火油槽尺寸相同。以上计算的容积还需考虑淬火液温度升高的体积膨胀及淬火工件的体积。

2）油冷却系统的计算如下：

油冷却器面积 A 按下式计算：

$$A = \frac{Q \times 0.9}{K \Delta t \tau}$$

式中　Q——油冷系统中淬火油槽同时吸收热量的总和（kJ）；

0.9——考虑 10% 的热量由液面及管道散失；

K——油冷却器传热总系数 [$kJ/(m^2 \cdot h \cdot ℃)$]，管式冷却器：铁管为 $160kJ/(m^2 \cdot h \cdot ℃)$，铜为 $200kJ/(m^2 \cdot h \cdot ℃)$；

Δt——油水算术平均温度差（℃），对于一般地区，$\Delta t = \left(\frac{80 + 40}{2} - \frac{18 + 28}{2} \right)℃ = 37℃$，对于夏季水温较高地区，$\Delta t = \left(\frac{80 + 40}{2} - \frac{28 + 34}{2} \right)℃ = 29℃$；

τ——淬火油冷却间隔时间（h），成批大量生产及中小型车间为 1~2h，单件小批生产的重型热处理车间为 4h、6h、8h。

循环油量 V_1 按下式计算：

$$V_1 = \frac{Q}{c_1(t_0' - t')\rho \times 1000\tau}$$

集油槽的容积（m^3）：$V_2 = (V_1 + $ 全车间循环淬火油槽总容积$) \times 1.2$

（3）清洗设备。清洗设备有连续式、室式、槽式等清洗机和清洗槽。多数清洗机是与加热淬火设备配套使用的，作前清洗或后清洗用。应根据多数热处理件的批量和加热淬火炉的操作方式选择。

（4）清理及强化设备。清理及强化设备主要用于清理零件热处理后表面的氧化皮或进行表面强化用。该设备（如喷丸机、酸洗槽、清理滚筒）多有粉尘、酸气、噪声等污染环境物，因此，多数独立设置。可按处理量计算所需的设备量。

（5）矫直设备。热处理后的弯曲工件需要用手动或机械矫直。小型零件用手动螺旋压床或齿条压床，中型、大型零件用液压机。一般零件所需矫直机的参数见表 14-13。

表 14-13　矫直机的参数

零件直径 /mm	矫直机吨位/t	矫直机类型	平均生产率 /(件/h)	零件状态
$\phi 5 \sim \phi 10$	1~5	手动	70~90	调质
$\phi 10 \sim \phi 20$	5~25	液压	60~80	调质
$\phi 20 \sim \phi 30$	10~30	液压	50~70	调质
$\phi 30 \sim \phi 60$	15~50	液压	30~40	调质
$\phi 50 \sim \phi 70$	25~63	液压	15~20	调质
$\phi 80 \sim \phi 200$	50~100	液压	10~15	正火

（6）起重运输设备。起重运输设备应根据设备安装、修理、工艺所需起吊运输最大重量以及工艺平面布置确定，起重运输设备的适用范围及选择原则见表 14-14。

表 14-14 起重运输设备的适用范围及选择原则

设备名称	常用规格	主要适用范围	选用意见
桥式起重机	5 ~ 10t	大型设备维修，大型零件运输、装卸	一般厂房长 50m 选用一台
梁式起重机	1 ~ 5t	中小型设备维修，中小型零件运输、装卸	每一跨可选用一台
电动葫芦	0.25 ~ 1t	井式炉组，小型热处理车间表面淬火组、酸洗、发蓝生产线的起重运输、工序衔接	根据工作量，每条生产线可选用一台
旋臂起重机	0.25 ~ 1t	工作量较大的局部地区或桥式、梁式起重机达不到的地区	为某项设备及工艺专设
悬挂起重机	≤2t	大量生产车间运输，生产设备之间运输	
辊道		大量生产中工序间连接，连续生产线上夹具、料盘的输送	
平板车		车间或跨间大型零件运送及过跨	
电瓶车、叉车、手推车		各车间之间零件运输，车间内运输，小件车间之间运输	

考虑到空中布置管线便于工艺设备调整和降低厂房造价，热处理车间总的发展趋势是尽量取消行车。

14.6.4 设备需要量的计算

设备需要量可根据热处理工序生产纲领和设备生产能力计算出设备年负荷时数，再计算出设备需要量。

1. 设备年负荷时数　对某一生产产品，设备年负荷时数 G 为

$$G = Q/p$$

式中　Q——该设备年需完成的生产量（kg/年）；

　　　p——该设备的生产率（kg/h）。

2. 设备数量计算　设备需要量（C）为

$$C = G/F$$

式中　F——每台设备设计年时基数（h）。

计算的 C 值，一般不是整数，取整数为 C'。

3. 设备负荷率　设备负荷率（K）为

$$K = (C/C') \times 100\%$$

热处理车间设备的计算见表 14-15。

合理的设备负荷率一般规定为，三班制为 75% ~ 80%，二班制为 80% ~ 90%。由于我国热处理设备的可靠性普遍提高，为充分利用设备，设备负荷率可提高到 80% 以上。

表 14-15 热处理车间设备计算表

序号	设备名称	工件名称	工序名称	年生产量/kg	设备生产能力/(kg/h)	设备年负荷时数/h	设备年时基数/h	设备数量/台 计算值	设备数量/台 采用值	设备负荷率（%）
1	2	3	4	5	6	7	8	9	10	11

14.7 车间位置与设备平面布置

14.7.1 总平面布置

1. 热处理车间的位置　热处理车间产生有害气体，如蒸汽、油烟、粉尘等，应位于机加工、装配等车间的下风向（按项目建设地主导风向）。

2. 厂房间的安全卫生间距　一般车间考虑采光、自然通风要求的间距要满足消防、环保等现行规范的要求，同时应 ≥10m。近年随着钢结构厂房的推广应用，对少、无污染的热处理车间也可与机加工、装配车间组建成联合厂房。

3. 防振间距　热处理车间应与锻造车间、铁路等保持一定的防振间距，或采取相应的隔振措施。防振间距见表 14-16。

表 14-16 防振间距（单位：m）

振源		热处理车间	高频间	试验室	检查站
锻锤	<1t		80	30 ~ 60	30 ~ 60
	1 ~ 2t	40 ~ 50	120	50 ~ 90	50 ~ 90
	≥3t	50 ~ 70	150	70 ~ 100	
活塞式空压机[1]				20	20
氧气机				20	20
铁路				15 ~ 20	15 ~ 20

① 现在常用的螺杆式压缩机由于振动和噪声小，不受此限制，可直接布置在车间辅房内。

4. 热处理车间为独立厂房时在总图中的位置

（1）考虑日晒的影响，热处理车间尽可能采用南北向。

（2）考虑通风良好，最好与当地主导风向垂直。

（3）应在锅炉房，铸、锻、电镀车间及大量产生灰尘和废气场所的上风向。

（4）应与锻锤等振源保持足够的距离。

（5）应尽量靠近联系密切的车间布置，以缩短零件运输距离。

（6）应根据企业规模和发展需要，考虑适当的发展余地。

5. 热处理车间在联合厂房内的位置

（1）应尽量靠近联系密切的车间，确保物流便捷。

（2）热处理车间至少有一面靠外墙，车间纵向、天窗与主导风向垂直，以利通风。

（3）应有单独通向外部的门和通道。

（4）外部有布置室外设施（如循环水池、油池等）的场地和空间。

14.7.2　车间平面布置

1. 车间设备平面布置的原则

（1）车间内的设备布置、工艺流程、车间进出口及通道位置等，应根据企业运输路线及与邻近车间的关系来设计。

（2）大型连续式设备及机组的布置，一般应尽量布置在同一跨度内，有利于使用起重运输设备。

（3）如车间只有一面靠外墙时，大型设备应尽量靠内墙布置，以利采光和通风。

（4）设备布置应符合工艺流程的需要，零件的流向应尽可能由入料端流向出料端，避免交叉和往返运输。

（5）在工艺流程基本顺畅的情况下，可按设备类型分区布置。

（6）设备应尽量排列整齐，箱式炉以炉口取齐，井式炉以中心线取齐。

（7）应考虑半成品、成品存放地和渗碳件、回火件存放地，以及夹具、吊筐等堆放面积。

（8）车间内隔间应尽量集中布置，喷砂间应尽量靠外墙。

（9）有地坑和基础的设备要注意柱子的影响。

（10）需要起重运输工具的设备，应布置于起重机的有效范围内。

（11）需局部通风的设备应靠外或靠近柱子布置，以利风管的引出。

（12）车间应留出必要的通道，通道的宽度一般为 2 ~ 3m。

2. 设备的间距

（1）炉子后端距墙或柱的距离如下：

一般箱式炉：1 ~ 1.2m。

后端有烧嘴的燃气炉和燃油炉：1.2 ~ 1.5m。

可控气氛炉应留出辐射管取出的距离。

（2）炉子之间的距离（一般是炉子外壳间的距离，

燃气炉和燃油炉应为两炉外侧管道间的距离）如下：

小型炉：0.8 ~ 1.2m。

中型炉：1.2 ~ 1.5m。

大型炉：1.5 ~ 2.0m。

连续式炉：2.0 ~ 3.0m。

（3）井式炉间的距离如下：

小型炉：0.8 ~ 1.2m。

中型炉：1.2 ~ 1.5m。

大型炉：2.5 ~ 4.0m。

井式炉地坑坑壁离车间内墙：1.2 ~ 1.5m；

（4）连续式炉的炉前、炉后通道及零件堆放地的距离如下：

锻件热处理连续炉：炉前 6 ~ 8m，炉后 8 ~ 12m。

连续气体渗碳：炉前 4 ~ 6m，炉后 2 ~ 3m。

一般连续式炉：前后 4 ~ 6m。

（5）炉子与淬火槽的距离如下：

一般炉子：1.5 ~ 2.0m。

大型锻模热处理炉：2.0 ~ 3.0m。

3. 主要设备操作高度

（1）井式炉炉口高度：0.4 ~ 0.6m。

（2）箱式炉炉口高度：0.8 ~ 0.9m。

4. 设备平面布置常用图例　车间平面布置图中所用的图样、图例可参考表 14-17 所示样式。

表 14-17　热处理车间布置图常用图例

名　　称	图　　例
1）新增工艺设备	
2）原有工艺设备	
3）不拆迁的原有工艺设备	
4）预留工艺设备位置	
5）单独基础工艺设备	
6）控制柜	K
7）温度控制柜	W
8）工作台	G
9）水泥工作台	SG
10）瓷砖工作台	CG
11）操作工人位置	
12）动力配电柜	

（续）

名　　称	图　　例
13）桥式起重机	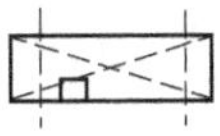
14）梁式起重机	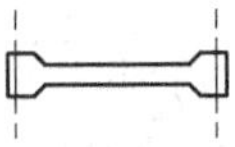
15）梁式悬挂起重机	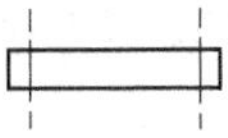
16）电动葫芦	
17）壁行起重机	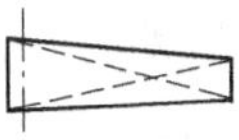
18）墙式旋臂吊车	
19）柱式旋臂吊车	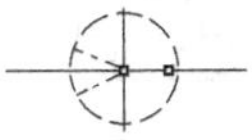
20）电动平板车	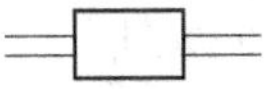
21）上吊车平台梯子	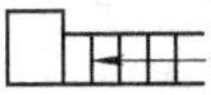
22）毛坯、半成品、成品堆放地	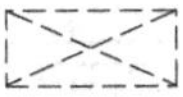
23）地坑及网纹盖板	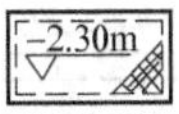 -2.30m
24）封顶隔断	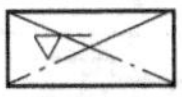
25）地漏	
26）洁净空调	TK
27）全室通风	TF
28）局部通风	TF
29）舒适空调	S
30）0.3MPa 压缩空气供应点	
31）0.6MPa 压缩空气供应点	
32）天然气供应点	T
33）可控气氛供应点	K
34）氨气供应点	AQ
35）乙炔供应点	YI
36）蒸汽供应点	Z

（续）

名　　称	图　　例
37）氮气供应点	DQ
38）液化气供应点	YH
39）吸热式气氛供应点	XR
40）放热式气氛供应点	FR
41）循环水点	XH
42）供水点	S
43）排水点	X
44）化学污水排水点	H
45）燃油供应点	RY
46）供油点	Y
47）排油点	PY
48）排气点	P
49）排烟点	PY
50）除尘	
51）电源接线点	
52）单相接地插座	
53）三相接地插座	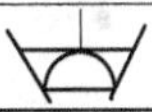

5. 热处理车间工艺平面布置实例

（1）齿轮热处理车间工艺平面布置如图 14-1 所示。

（2）拖拉机零件热处理车间工艺平面布置如图 14-2 所示。

（3）重型柴油机厂部件热处理车间工艺平面布置如图 14-3 所示。

（4）重型柴油机厂大件热处理车间工艺平面布置如图 14-4 所示。

（5）工程机械可控气氛热处理车间工艺平面布置如图 14-5 所示。

（6）曲轴热处理车间工艺平面布置如图 14-6 所示。

14.7.3　热处理车间面积

1. 车间面积　车间面积包括生产面积和辅助面积。

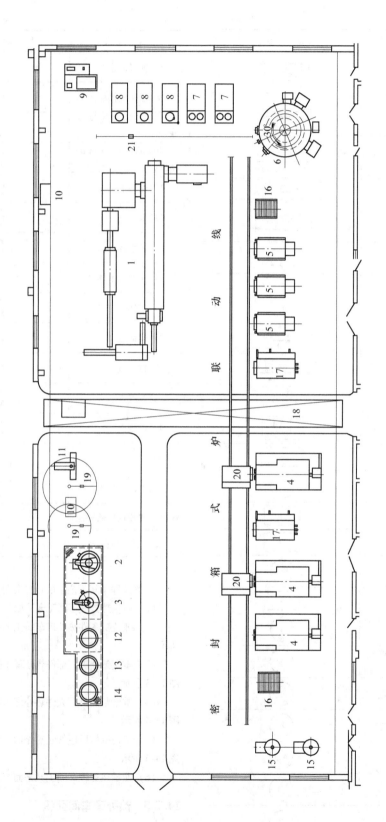

图 14-1 齿轮热处理车间工艺平面布置

1—连续式气体渗碳淬火自动线 2—井式回火电阻炉 3—井式回火渗碳炉 4—密封箱式炉 5—箱式回火炉 6—转底式光亮淬火炉 7—芯轴淬火装置 8—淬火压床 9—循环油槽 10—检验平台 11—矫直机 12—淬火油槽 13—清洗槽 14—碱洗槽 15—吸热式气氛发生器 16—备料台 17—淬火平台 18—桥式起重机 19—平衡吊 20—推拉料小车 21—手动单轨机吊车

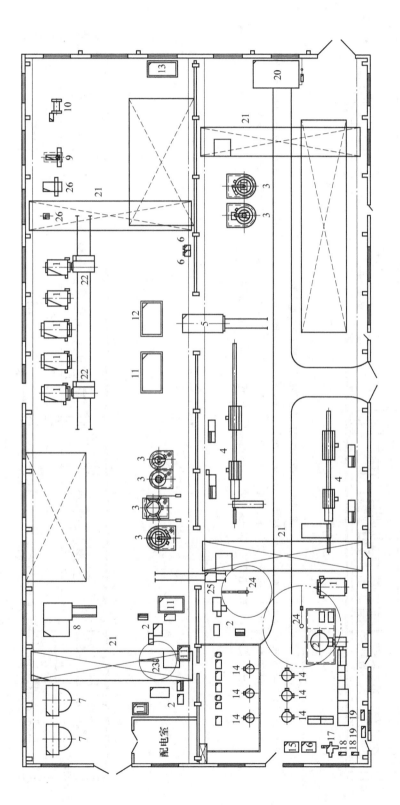

图 14-2 拖拉机零件热处理车间工艺平面布置

1—箱式电阻炉 2—淬火机床 3—井式回火电阻炉 4—中频淬火电阻炉 5—台车式电阻炉 6—实验电阻炉 7—抛丸机 8—清洗机 9—矫直机 10—摩擦压力机 11—水槽 12—淬火油槽 13—循环水油槽 14—中频感应加热装置 15—淬火水槽 16—冷却水槽 17—工具模床 18—砂轮机 19—电焊机 20—油槽 21—桥式起重机 22—推拉料小车 23—摇臂吊 24—推拉料小车 25—平板车 26—硬度计

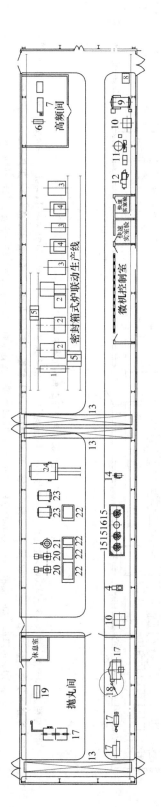

图 14-3　重型柴油机厂部件热处理车间工艺平面布置

1—上下料台　2—多用炉　3—箱式回火炉　4—清洗机　5—运料小车　6—淬火机床　7—高频淬火机床　8—低温冰箱　9—真空淬火炉　10—干燥箱
11—辉光离子渗氮炉　12—机床　13—拆式起重机　14—矫直机　15—井式回火电炉　16—冷却水槽　17—抛丸机　18—悬臂起重机
19—磁粉探伤机　20—盐浴炉　21—硝盐浴炉　22—淬火槽　23—箱式电阻炉　24—台车式电阻炉

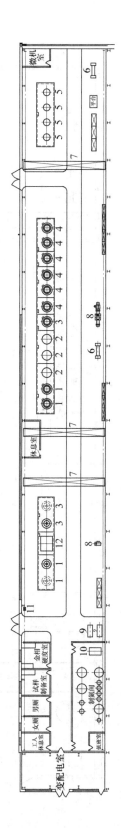

图 14-4　重型柴油机厂大件热处理车间工艺平面布置

1—井式淬火炉　2—井式淬火槽　3—井式回火炉　4—井式去应力炉　5—井式渗氮炉　6—翻转架　7—桥式起重机
8—矫直机　9—空压机　10—制氮机　11—砂轮机　12—淬火槽

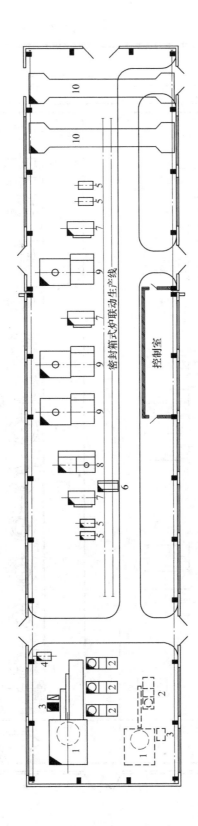

图 14-5　工程机械可控气氛热处理车间工艺平面布置

1—转底式加热炉　2—淬火压床　3—淬火油槽　4—液压机　5—上下料台　6—运料小车　7—箱式回火炉　8—清洗机　9—多用炉　10—行车

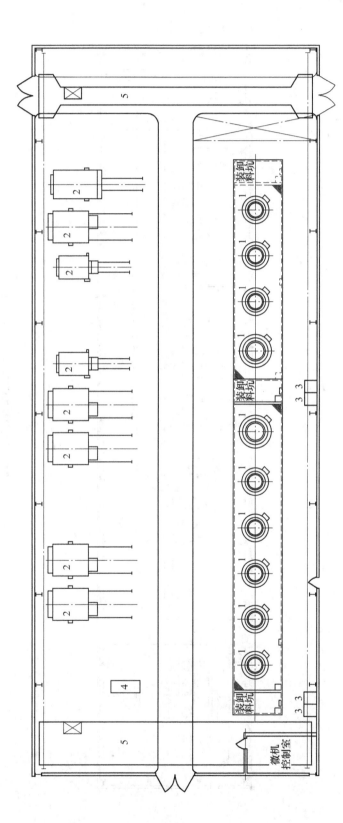

图 14-6　曲轴热处理车间工艺平面布置

1—井式气体渗氮炉　2—台车式电阻炉　3—CO$_2$ 气瓶组　4—检验平台　5—行车

（1）生产面积指各主要工序、辅助工序及与生产、辅助工序有关的操作所占的面积，如加热炉、加热装置、淬火槽等本身所占用的面积，操作所需的面积及工人在操作时所需的通道面积均属于生产面积。矫直、检验所占用面积也算在生产面积内。生产面积约占车间总面积的70%～80%。

（2）辅助面积指服务于生产而不参与主要工作和辅助工作的机构。包括车间配电室、变频间、电容器间、检验室、车间试验室、保护气氛制备间、机修间、仪表间、通风机室、油循环冷却室、辅料库、主要通道、地下室及车间办公室、生活间等所占用的面积。辅助面积约占车间总面积的20%～30%。

2. 车间面积概算指标

（1）各类热处理车间面积指标。各类热处理车间每平方米总面积生产指标，如表14-18所示。

表14-18　热处理车间每平方米总面积生产指标

车间类型	规模	生产指标/[t/(m²·a)]
锻件热处理	小型	2～3
	中型	3～4.5
	大型	5～6
半成品热处理	小型	1.5～2.0
	中型	1.8～2.5
	大型	2.5～3.0
综合热处理	小型	0.8～1.2
	中型	1.0～1.5
	大型	1.7～2.1
标准件热处理		3.0～4.0
齿轮热处理		1.0～2.0

（2）热处理设备面积指标。各类热处理设备所占车间面积指标如表14-19所示。

表14-19　各类热处理设备所占车间面积指标

序号	设备名称	占用面积/(m²/台)	备　注
1	箱式电炉	25～35	包括淬火油槽及堆放面积
2	盐浴炉	20～30	
3	井式气体渗碳炉	15～25	
4	井式回火炉	15～25	
5	井式淬火炉	15～25	
6	输送带式电炉	108～216	
7	推杆式电炉	108～216	
8	振底式电炉	108～216	
9	高频设备①	60～70	包括淬火机床
10	中频设备①	20～90	
11	齿轮淬火机床	20～30	
12	喷砂机、清洗机	20～30	
13	转台抛丸机	20～30	
14	矫直机	15～25	

① 为传统高、中频设备所占面积，采用静态高、中频电源时，其面积相应减少。

（3）车间通道面积约占车间总面积10%。

（4）成品仓库面积。成品仓库面积可根据生产任务依下式计算：

$$A = \frac{qd}{H}$$

式中　A——仓库面积（m²）；

d——零件存放天数，大批量生产时，毛坯热处理车间为10～12天，小批单件生产时为6～7天；成品热处理车间为3～5天；具体存放天数可按企业实际管理水平确定；

q——生产任务（t/天）；

H——每平方米仓库面积荷重，对大型锻件为2～2.5t；中小型锻件为1～5t；成品件为1.0～1.5t。

14.8　热处理车间建筑物与构筑物

14.8.1　对建筑物的要求

（1）防火要求。根据GB 50016—2006《建筑设计防火规范》的规定，热处理生产在火灾危险分类中属"丁"类，厂房的耐火等级通常为二级。要求建筑物的墙、隔墙、地面、顶棚等必须耐火，通常为钢筋混凝土或钢结构。

（2）防爆要求。对于用液体、气体作为燃料或可控气氛原料的热处理车间，需采取必要的防爆措施和泄压面积，且泄压面积的设置应避开人员集中的场所和主要通道。

（3）通风要求。热处理车间存在油烟、蒸汽、热气、有害健康的气体及粉尘等，因此要求采光充足，自然通风良好。厂房最好是独立建筑，至少有一长边靠外墙，每跨厂房最好有天窗（气楼）。

14.8.2　厂房建筑参数

1. 建筑模数　它是一种选定作为统一与协调各种建筑尺寸的基本标准尺度单位。我国规定建筑的基本模数为100mm，以 M_0 表示。

2. 柱网、柱距、跨度

（1）厂房平面柱网和柱距。厂房平面柱网是厂房纵横坐标的定位轴线。厂房柱距一般采用6m或6m的倍数。钢结构厂房可适当加大，一般为6~9m，在起重机起重量不大时，钢结构厂房的柱距在7.5m较经济。

（2）跨度。厂房跨度 ≤18m 时，应采用3m（$30M_0$）的倍数；厂房跨度 ≥18m 时，应采用6m（$60M_0$）的倍数。

（3）热处理车间柱距与跨度选择。厂房的跨度和柱距取决于生产规模、设备类型和平面布置。当采用钢结构厂房时，其跨度和柱距可根据工艺需要，由结构专业人员做出技术经济比较后确定。

3. 厂房高度　厂房高度是指屋架下弦（或屋盖结构件的最低点）以及起重机轨顶距车间室内地面的高度，分别以屋架下弦底面标高和轨顶标高表示（室内地面标高为 ±0.000）。自地面至柱顶和自地面至支承起重机梁的牛腿面的高度均应为300mm的倍数，自地面至起重机轨顶高应为600mm的倍数。工艺设计通常只提出起重机轨顶的高度要求，此高度可用下式表示：

$$H_1 = h_1 + h_2 + h_3 + h_4 + h_5$$

式中　H_1——起重机轨顶面的高度（mm）；

h_1——车间内设备，隔墙或检修工件的高度（以多数设备高度为基准）（mm）；

h_2——运行时吊运件距生产设备的安全操作距离，一般 ≥500mm；

h_3——最大加工件或设备检修时最大件高度（mm）；

h_4——吊钩与吊运件之间的绳索距离（mm）；

h_5——吊钩与起重机轨顶面的最小距离（mm）。

屋架下弦高度按下式计算：

$$H = H_1 + h_6 + h_7$$

式中　H——屋架下弦的高度（mm）；

H_1——起重机轨顶面的高度（mm）；

h_6——轨面至起重机顶面尺寸（mm），由起重

机规格表中查得；

h_7——屋架下弦至起重机顶面间安全间隙（mm），$h_7 \geq 220mm$。

热处理车间厂房的高度取决于产品的工艺需要和设备类型。井式炉应尽可能置于地坑内，以降低厂房高度。在通常情况下，厂房高度的确定，可参考表14-20。

表14-20　厂房高度的确定

车间情况	下弦高度/m
不设起重机的单件小批生产车间	6~7
设有起重机的成批生产车间	8~9
大批大量流水生产且有桥式起重机车间	10~11
需要特殊高度的车间，如有较长轴件的车间	计算决定

4. 门洞　门洞设计要满足生产、消防安全、人流疏散及建筑模数等要求。

门按制作材料分类，有木门、钢门；按开启形式分类，有平开门、推拉门、折叠门、升降门、卷帘门、翻转门等。对要求高的企业，还可采用感应遥控门。

门洞的净宽应大于运输工具、产品、设备等宽度600mm以上，洞口净高应大于运输工具、产品、设备等高度300mm以上。对一些特大型设备的出入，可以预留门洞，待设备进入后再封墙。各种大门一律向外开。厂房较长时，需在车间两端或中部开门。常用门洞尺寸见表14-21。

表14-21　常用门洞尺寸

（单位：mm）

通行要求	单人	双人	手推车	电瓶车	轻型货车	中型货车	重型货车	汽车起重机
洞口宽	900	1500	1800	2100	3000	3300	3600	3900
洞口高	2100	2100	2100	2400	2700	3000	3900	4200

5. 窗　窗的尺寸一般为300mm的倍数，也可设计成带形窗，具体由建筑专业人员确定。

6. 隔断及封顶　热处理车间内除一般生产区外，有时还设有高频间、中频间、喷砂间、喷丸间、检验室、仪表间、办公及辅料库等。为隔断粉尘、有害气体的侵入和降低噪声危害，必须隔断及封顶。

隔断面积的大小按工艺需要决定，最好以柱距为基准。一般采用砖墙隔断。

封顶高度主要视设备及起重设备的高度决定。喷

砂间等通常采用 4.5m，检验室、仪表间、办公室通常采用 3.6m。

7. 高频间及中频间

（1）位置：高频间及中频间应单独设置，其位置应放在车间的上风向和非发展方向的一端，远离油烟、灰尘和振动较大的设备。

（2）地面：一般采用水磨石或压光水泥。

（3）封顶及隔断：高频间的封顶高度不低于 4.5m，中频发电机室的封顶高度一般为 5.5 ~ 6.0m，具体视设备大小和单轨轨顶高确定。

（4）门窗：应设置足够的窗户，以利采光及自然通风。高频间及中频发电机室门的尺寸一般为：2.1m × 2.7m。

（5）高频间屏蔽：高频间一般采用 ϕ1mm 钢丝制成 5mm × 5mm 的钢丝网，或用 0.5 ~ 0.6mm 厚的钢板进行屏蔽；门、窗用双层钢丝网屏蔽；金属屏蔽层必须接地，以保安全。凡引入屏蔽间的管道，其四周应与屏蔽层焊牢，并采取措施切断屏蔽层与管道系统的导电连接。电源必须经过滤波器，然后引入屏蔽间，以抑制通过导线传播干扰。

8. 地面载荷及地面材料

热处理车间地面载荷取决于生产设备，可参照表 14-22 设计。

表 14-22 地面载荷

部 门 名 称	地面载荷 /(t/m²)
试验及辅助部门	0.5 ~ 1.0
工具、机修备件热处理部门	1.0 ~ 2.0
综合性热处理部门（中、小件）	1.5 ~ 2.0
大批大量流水生产半成品热处理	2.0 ~ 3.0
大批大量流水生产毛坯热处理部门	3.0 ~ 5.0

热处理厂房的地面材料要求耐热、耐蚀、耐冲击，应根据车间生产工艺选择，见表 14-23。

表 14-23 热处理厂房的地面材料

部门名称	地 面 层 材 料			
	混凝土	水磨石	块石	耐酸水泥
毛坯热处理	✓		✓	
半成品热处理	✓	✓		
辅助热处理	✓	✓		
喷砂间	✓	✓		
酸洗间				✓
盐浴炉间		✓		
高中频间		✓		
油冷却地下室	✓			

注："✓"表示选择。

9. 地下构筑物

某些热处理设备需安装在地坑或地下室内，较深的地坑应不影响厂房柱子基础。若地下构筑物深度超过地下水位时，要作防水处理。

14.9 车间公用动力和辅助材料消耗量

热处理车间需消耗各种动力和辅助材料，包括电力、燃料、压缩空气、蒸汽、水、油类、盐类、化学热处理渗剂及保护加热气体等。这些物料的供应、储存、输送等设施，多数由工厂动力部门统一设置和管理，有些需在车间内设中间储存地（或库）。车间设计时，必须计算其消耗量，提供给有关部门进行设计。

根据工厂公用专业设计的需要，车间动力及辅助材料消耗量计算，需提供如下计算项目：

（1）各类设备所需动力的小时最大消耗量，此数据主要作计算该设备支路路、线路之用。

（2）各类设备所需动力的小时平均消耗量，此数据主要作计算该设备全年动力消耗。

（3）单台设备各类动力年消耗。

（4）汇总的各类动力的车间小时平均消耗量，此数据作计算车间各类动力年消耗量。

（5）汇总的各类动力的车间年消耗量，作为车间各类动力消耗数据，经全厂汇总后作为计算全厂能量消耗的依据。

14.9.1 电气

热处理车间电气资料包括设备明细表和工艺平面布置图，以及车间工艺设备年耗电量。

1. **用电设备的接线** 固定的用电设备，应在平面布置图上标出电源进线的位置；当接线点在地面 1m 以上或地面以下时，应注明标高。

移动式用电设备，应注明其工作区域及供电方式（如滑触线或电缆）。

电动葫芦、梁式和门式起重机及电动平板车，应在工艺平面布置图上，标出滑触线起止位置和电缆供电点位置。

2. **安装容量** 用电设备的安装容量是指其额定功率或额定容量。

一般用电设备或只带一般降压用变压器的设备，如以电动机为动力的设备及电阻炉等，安装以 kW 为单位；带专用变压器的设备，如高频电源、磁粉探伤机等，安装容量以 kV·A 为单位。

3. **电源种类、电压、相数和频率** 当设备需要的电源不是一般常用的交流、380V、50Hz 时，应在设备明细表的技术规格栏中注明。

4. 防火、防爆、屏蔽、接地　存放易燃、可燃或易爆物质的场所及存在易燃易爆的气体或大量粉尘的场地，应注明储存物品的名称、数量或气体（粉尘）的成分和含量。

当工作场地存在腐蚀性气体、蒸汽或特别潮湿时，以及存在高温、强烈振动或辐射时，应予注明。

5. 照明　热处理车间工艺设计人员仅需提出车间的照明要求和照明区域等资料，由电气专业设计人员依据车间特性和照明面积进行计算和设计，统筹考虑工作地的照明、局部照明和事故照明等。

6. 车间电能耗量计算　热处理车间用电设备电能耗量的计算方法有：按设备负荷时数计算和按产量计算。由于按设备负荷时数法计算耗电量困难较多，且误差较大，一般按单位产品产量的耗电指标计算。粗略计算时，可依单位质量工件耗电量指标和车间生产量计算。表14-24为各热处理工序加热1kg金属所需电能、煤气、重油概略指标。

表 14-24　各种热处理工序加热 1kg 金属所需电能、煤气、重油概略指标

工序	温度范围 /℃	电能[$Q = 3.6 \times 10^6$ J/(kW·h)]/($\times 10^6$ J/kg)	煤气[$Q = 5024$ kJ/m³]/(m³/kg)	重油[$Q = 41868$ kJ/kg]/(kg/kg)
淬火	800～850	1.44～1.80	0.5～0.7	0.08～0.09
淬火	≈1300	2.16～2.88	0.7～0.8	0.1～0.12
正火	860～880	1.80～2.16	0.6～0.8	0.08～0.09
碳氮共渗	840～860	2.16～2.52	0.7～0.8	0.09～0.1
气体渗碳	900～920	2.88～4.32	1.0～1.2	—
固体渗碳	900～920	5.40～6.12	2.8～4.0	0.4～0.5
短时间退火	850～870	2.16～2.52	0.7～0.9	0.1～0.12
长时间退火	850～870	3.60～5.40	2.0～2.4	0.2～0.25
高温回火	500～600	0.90～1.08	0.3～0.5	0.05～0.06
低温回火	180～200	0.36～0.54	0.15～0.2	—
时　效	100～120	0.14～0.18	—	—

14.9.2　燃料消耗量计算

热处理车间燃料消耗量，粗略计算时，可依单位重量工件消耗燃料指标和燃料炉生产量计算（参见第6章）。详细计算时，应依据各燃料炉的燃料消耗量进行计算和统计。

14.9.3　压缩空气消耗量计算

热处理车间压缩空气消耗量是以温度为20℃，绝对压力为101.3kPa时的自由空气占有的体积为标准计算的。

1. 连续稳定用气设备耗气量计算

（1）设备小时最大耗气量。连续稳定用气设备小时最大耗气量系指设备开动时的单位时间耗气量，相当于设备连续开动1h的耗气量。一般设备每次用气时间是较短的，可将设备开动时的耗气量除以开动时间作为设备小时最大耗气量 q_{max}^s（m³/h），即

$$q_{max}^s = \frac{q^s}{t}$$

式中　q^s——设备开动时间内的耗气量（m³）；

　　　t——设备开动时间（h）。

（2）设备小时平均耗气量。连续稳定用气设备小时平均耗气量系指设备以小时平均生产率运行时每小时的耗气量，其数值等于班耗气量的小时平均值。设备小时平均耗气量 q_p^s（m³/h）可按下式计算：

$$q_p^s = K_1 q_{max}^s$$

式中　K_1——用气设备的利用系数，见表14-25。

表 14-25　用气设备的利用系数 K_1

用气设备名称	利用系数 K_1
一般用途吹嘴	0.05～0.2
喷砂与喷丸	0.5～0.8
溶液搅拌	0.1～1.0
风动工具	0.2～0.4
气动夹具	0.04～0.08
喷淋装置	0.05～0.1

2. 不均衡用气设备耗气量计算

（1）设备小时最大耗气量。不均衡用气设备小时最大耗气量，等于设备在单位时间耗气量最大的操

作过程的耗气量除以该过程的时间。

（2）设备小时平均耗气量。不均衡用气设备的小时平均耗气量 q_p^s 等于设备以小时平均生产率工作时的小时耗气量，即

$$q_p^s = nq_0$$

式中 q_0——每一工作循环的耗气量（m^3）；

n——在设备平均生产率时的每小时工作循环次数。

3. 炉门升降气缸压缩空气耗量 气缸工作用压缩空气消耗量，可以依据气缸的容积、单位时间内起动次数和所用的压力进行计算。炉门升降气缸压缩空气消耗量可按表14-26提供的数据计算，其他气缸推动机械也可参考此表数据估算。

表14-26 炉门升降气缸压缩空气消耗量

气缸直径/mm	拉力/kN	气缸行程/mm	工作行程时间/s	工作行程耗气量/（m^3/次）	每小时最大耗气量/（m^3/h）	每小时平均动作次数			
						5	10	20	40
						每小时平均耗气量/（m^3/h）			
$\phi80$	2.0	300	1.5	0.016	24	1.0	1.1	1.2	1.4
		500	2.5	0.026		1.1	1.2	1.3	1.7
		1000	5	0.053		1.3	1.4	1.8	2.8
$\phi100$	3.4	300	1.5	0.025	40	1.1	1.2	1.3	1.7
		500	2.5	0.041		1.2	1.3	1.6	2.2
		700	3.5	0.058		1.3	1.5	2.0	2.9
		800	4	0.066		1.3	1.6	2.1	3.2
		1000	5	0.083		1.4	1.7	2.5	3.9
$\phi125$	5.3	500	2.5	0.064	62	1.3	1.6	2.1	3.2
		700	3.5	0.090		1.4	1.8	2.6	4.2
		900	4.5	0.116		1.5	1.9	2.9	5.0
		1000	5	0.129		1.6	2.1	3.2	5.6
$\phi160$	9.9	500	2.5	0.107	102	1.5	1.7	2.7	4.7
		700	3.5	0.150		1.8	2.3	3.6	6.4
$\phi160$	9.0	900	4.5	0.193		1.9	2.7	4.5	8.1
		1000	5	0.214		2.0	2.9	4.9	9.0
		1200	6	0.257		2.2	3.4	5.7	10.6

4. 各类用途喷嘴压缩空气消耗量 用于喷丸、吹干等用途的压缩空气消耗量可参考表14-27进行计算。

表14-27 不同用途喷嘴压缩空气消耗量

喷嘴直径/mm	用途	压力/kPa	每小时最大耗气量/（m^3/h）	每小时平均耗气量/（m^3/h）
$\phi5$	吹干热处理零件	300~400	42	8.4
$\phi5$	吹扫工作台面	300~400	42	4.2
$\phi5$	高温盐炉吹扫盐蒸气	300~400	25	25
$\phi5$	搅拌淬火液	300~400	98	40
$\phi5$	渗碳炉烧炭黑	500~600	96	3
$\phi10$	喷砂	300~400	280	200

（续）

喷嘴直径/mm	用途	压力/kPa	每小时最大耗气量/（m^3/h）	每小时平均耗气量/（m^3/h）
$\phi10$	喷丸	500~600	390	300
$\phi13$	喷丸	500~600	480	360

各设备压缩空气年消耗量＝小时平均消耗量×设备负荷率×设备设计年时基数。

车间压缩空气年消耗量＝各设备年消耗量之和×不正常损耗系数（一般取1.3~1.4）。

14.9.4 生产用水量计算

1. 热处理车间设备用水要求 热处理车间除高、中频设备冷却用水外，其余设备对水质无特殊要求，一般生活用水则可满足要求。热处理设备用水要求见表14-28。

表 14-28　热处理设备的用水要求

使用场合	水压/kPa	水温/℃		水质要求	可否循环
		进水	出水		
一般场合	120 ~ 250	< 28	< 50	自来水	
高频设备冷却水	120 ~ 200	20	< 50	盐含量 < 0.17g/L，电阻 > 4000Ω·cm³	可
高频感应淬火用水	200 ~ 300	20 ~ 30	< 50	自来水	可
中、工频设备冷却水	200 ~ 300	10 ~ 30	≤ 40	自来水	可
电容器冷却水	200 ~ 300	10 ~ 30	< 50	总硬度 ≤ 10（相当于 CaO 含量为 0.1g/L）	可
淬火变压器冷却水	200 ~ 300	10 ~ 30	< 50	总硬度 ≤ 10（相当于 CaO 含量为 0.1g/L）	可
中频淬火用水	400 ~ 500	20 ~ 40		自来水	可
晶闸管变频装置	120 ~ 200	≤ 30	≤ 40	总硬度 ≤ 8（相当于 CaO 含量为 0.08g/L）	可
喷液淬火	400 ~ 500	≤ 20			可

根据目前各地自来水水质情况，除个别地区外，均可满足感应加热设备的用水要求，如达不到标准要求的，可采用蒸馏水，或采用离子交换树脂软化水。

2. 热处理车间工艺用水量　热处理工艺操作的耗水量的计算，通常按工序每吨工件水消耗量指标作概略计算，如表 14-29 所示。车间用水应尽可能循环使用。

表 14-29　按工序每吨工件水消耗量指标

工　序	消耗量指标/(m³/t)	备　注
钢件淬火	6 ~ 8	供水温度 15 ~ 20°C，应考虑循环
	10 ~ 12	供水温度 20 ~ 30°C，应考虑循环
淬火油冷却	12 ~ 15	供水温度 15 ~ 20°C
高温回火冷却	3 ~ 4	
铝合金固溶处理冷却	2 ~ 2.5	
淬火冷却用碱盐水	0.25	
零件清洗	0.3 ~ 0.5	
防锈液	0.1 ~ 0.15	
表面淬火冷却	2.0	应考虑循环
	0.5	循环

3. 感应加热设备耗水量

（1）感应加热设备冷却用水量。按设备产品样本的规定，感应加热设备冷却用水量如表 14-30 所示。

表 14-30　感应加热设备冷却用水量

名　称	型　号	水量/(m³/h)
全固态高频感应加热装置	JGP30	0.030
	JGP45	0.050
	JGP50	0.050

（续）

名　称	型　号	水量/(m³/h)
全固态高频感应加热装置	JGP75	0.060
	JGP100	0.075
	JGP150	0.085
	JGP200	0.115
	JGP250	0.150
电子管式高频感应加热装置	GPC10-C2	0.80
	GP30A-C2	1.6
	GP60-CR 13-2	2.9
	GP100-CM	3.2
	GP200-C2	5.0
超音频感应加热装置	CHYP60-C2	2.6
	CHYP100-C2	3.8
	CHYP100-C3	4.0
可控硅中频感应加热装置	KGPS-100/2.5	13
	KGPS-162/8	18
	KGPS-250/2.5	25
机式中频感应加热装置	DGFC-52-2	6.2
	DGFC-102-2	7.3
	DGFC-108-2	7.4
	DGFC-252-2	9.7
	DGFC-208-2	14.0
	DGFC-502-2	28.5

（2）感应淬火用水量。感应淬火用水的常用压力为 200 ~ 300kPa，单位淬火面积单位时间所需淬火冷却水量指标如表 14-31 所示。

表 14-31　感应淬火冷却水需要量

淬火水压力/kPa	淬火面积/cm²	淬火冷却水需要量/[10⁻³m³/(cm²·s)]
100	34 ~ 88	0.023 ~ 0.016
200	34 ~ 88	0.0325 ~ 0.023
300	34 ~ 88	0.04 ~ 0.028
400	34	0.045

14.9.5　可控气氛原料消耗量计算

各种可控气氛单位体积气氛的原料消耗量见表 14-32。

表 14-32 可控气氛单位体积气氛的原料消耗量

气 氛 类 型		天然气 /(m³/m³)	丙烷 /(kg/m³)	丁烷 /(kg/m³)	液氨 /(kg/m³)	其他 /(kg/m³)
吸热式气氛		0.138	0.147	0.149		
放热式气氛	淡型	0.124	0.091	0.094		酒精 0.2
	浓型	0.164	0.121	0.124		
氨分解气氛					0.379	
制备氮气氛	工业氮和氢催化(淡型)	0.167	0.122	0.121		
	放热式气氛净化(浓型)	0.189	0.137	0.138		
	氨燃烧				0.228	
木炭发生器						木炭 0.25
滴注式气氛						各 种 有 机 液 0.5

14.9.6 蒸汽消耗量计算

热处理车间使用蒸汽为饱和蒸汽,常用压力为 200 ~ 400kPa。蒸汽的比热容一般取较低数值,即 2100kJ/kg。表 14-33 为各类液槽加热温度与蒸汽消耗量的概略计算指标。

蒸汽每小时平均消耗量可按最大消耗量的 30% ~ 50% 计算。车间蒸汽最大小时消耗量为各设备每小时最大消耗量之和乘以同时使用系数。

表 14-33 各类液槽加热温度与蒸汽消耗量的概略计算指标

液 槽 类 型	加热方式	蒸汽消耗	在下列加热温度(℃)下蒸汽耗量/(kg/m³)							
			30	40	50	60	70	80	90	100
酸洗、清洗、中和、皂化、发蓝槽	蛇形管	每小时最大	43	64	85	107	135	158	181	209
		每小时平均	2.7	4.9	7.8	11.8	17.2	24.4	34.4	47.8
淬火水槽、高频循环冷却	直接加热	每小时最大	—	—	55	70.5	86	102	117	133
		每小时平均	—	—						
洗涤、流动热水槽	蛇形管	每小时最大			85	107	135	158	181	204
		每小时平均 2h 换一次			46	60	75	92	111	131
		每小时平均 3h 换一次			34	44	55	70	85	102

14.9.7 辅助材料消耗量计算

热处理车间辅助材料很多,主要是各种工艺材料,如化学热处理渗剂、加热介质等。它们的消耗量常按生产经验数作概略的估算。当消耗量较大时由公用设计部门设计相应的输送管道和仓库等;当消耗量较少时,则在车间内设置堆放地。

14.10 热处理车间的职业安全卫生与环境保护

14.10.1 职业安全卫生

热处理车间是一个潜在触电、爆炸、灼伤、火灾和毒害危险的工作场所。因此,在车间设计过程中,应严格按照职业安全卫生和环境影响报告书的要求进行设计和配置。

（1）车间设计中有关劳动安全所采取的主要防范措施和设施（如防火、防爆、防震、防尘、防毒、防腐蚀、设备的安全间距及防机械伤害、降暑降温、防噪声、防振动、防辐射、防电气伤害等）。

（2）车间设计中有关职业卫生所采取的主要措施和配置的设施，包括工作场所办公室、生产卫生室（浴室、存放室、盥洗室、洗衣房等）、生活室（休息室、厕所）、妇女卫生室等，具体按 GBZ 1—2010《工业企业设计卫生标准》中的规定执行。

（3）汇总由工艺本身自行处理所需的主要设备及投资（同一治理项目在环保投资中已列的在职业安全卫生投资中不再重复计算）。

14.10.2　环境保护

热处理车间存在着对人身和环境有害的物质，主要有废气（如二氧化硫、硫化氢、氧化氮、一氧化碳）、废水（含碱、油、盐废水）、粉尘、放射性物质以及噪声等环境污染源。车间设计时，必须根据建设项目环境影响报告书的要求，采取可靠的治理措施。

（1）首先说明工艺及所选用工艺设备本身所具有的环保设施，如废水废气治理、吸尘、隔噪等，说明所选属绿色环保型产品的工艺设备，对环境少、无污染。

（2）说明对车间环境造成污染的污染源、污染物名称、浓度及排放量、排放方式（连续排放、间歇排放或定期排放）。

（3）简述对产生的废水、废气、粉尘、噪声、振动、废弃物的治理措施，达到效果及综合利用情况，具体治理措施由环境保护专篇论述。

（4）汇总由工艺本身自行治理部分所需的主要设备及环境保护投资，必要时亦可列表说明。

14.11　节能与合理用能

1. 节能与合理用能的考虑　在进行热处理车间设计时，要充分考虑采用合理用能的新技术、新工艺、新材料、新设备，在能源选用、余热回收及综合利用等方面所采取的具体措施，以及在能源管理和监测等方面所采取的措施及效果。

2. 能耗　热处理车间所需各种能源的消耗量列入能耗量表，见表14-34。

表 14-34　能耗量表

序号	能源种类	技术要求		耗　量				折标煤量/t	备注
		温度/℃	表压力/MPa	单位	小时平均	小时最大	全年		
1	煤								
2	电量								
3	燃气								
4	……								
	合　　计								
车间电力安装容量		××kW		××kV·A					

注：能源种类按煤、电、燃气、石油制品、蒸汽、压缩空气、水、氧、乙炔……顺序排列。

14.12　热处理车间人员定额

热处理车间工作人员包括生产工人、辅助工人、工程技术人员、管理人员和服务人员。

1. 人员分类

（1）生产工人是指直接从事热处理工艺及设备操作的工人。

（2）辅助工人是指生产工人以外，直接为热处理生产服务的工人，如热处理件准备工、电工、钳工、仪表工、起重运输工等。

（3）工程技术人员是指从事技术工作的人员。

（4）管理人员是指从事车间企业管理人员。

（5）服务人员是指服务于生产和职工生活福利的人员，如清洁工等。

2. 生产工人数量　每类设备所需生产工人数量计算如下：

基本生产工人数＝设备年负荷时数×每台设备所需工人数/工人设计年时基数

车间基本生产工人计算指标见表 14-35。

表 14-35　车间基本生产工人计算指标

序号	设备类型	热处理工序	每台设备所需的基本生产工人
1	箱式炉	淬火	0.5～1
		正火、退火	0.5
2	盐浴炉	预热、淬火	1～1.5
3	井式回火炉	回火	0.3～0.5
4	井式气体渗碳炉	渗碳	0.5～1
5	井式加热炉	淬火、正火	1
6	台车式炉	正火、退火	2
7	推杆式炉	淬火、回火	2
8	推杆式渗碳炉	气体渗碳	1～1.5
9	输送带式炉	淬火、回火	1～2
10	转底式炉	淬火	1
11	高频设备	淬火	2（内含电工 1 人）
12	淬火机床	淬火	1
13	冷处理设备	冷处理	0.5～1
14	喷砂(丸)机	清理	1
15	清洗机	清洗	1
16	矫直压床	矫直	1

3. 车间其他人员计算　车间其他人员的计算通常以基本生产工人为基数，按指标作概略计算。表 14-36 为车间其他人员计算的指标。

表 14-36　车间其他人员的计算指标

序号	人员类别	占基本生产工人比例(%)	备注
1	辅助工人	30～40	
2	工程技术人员	10～12	
3	管理人员	4～5	
4	服务人员	1～2	
5	检验人员	4～7	不计入车间工作人员内

14.13　热处理车间工艺投资及主要数据和技术经济指标

1. 工艺投资概（估）算　热处理车间工艺投资概（估）算表见表 14-37。

2. 主要数据及技术经济指标　车间主要数据及技术经济指标见表 14-38。

表 14-37　热处理车间工艺投资概（估）算表

序号	项目名称		国内设备		国外设备			合计	备注
			费率(%)	人民币(万元)	金额				
					费率(%)	人民币(万元)	外币(万美元)		
1	利用原有设备原值								
2	新增投资	新增设备	设备原价						
			设备运杂费						
			设备安装费						
		利用原有设备二次费用	设备拆迁费						
			设备安装费						
		新增投资合计							
	工艺总投资								
3	设备基础费	新增设备基础							不计入工艺投资费中
		利用原有设备基础							
		小　计							

注：1. 工具器具费、模具费及生产用家具费由经济部门统一考虑，但如果是新建厂或新建车间，此部分投资较大，工艺部门与经济部门协调，如经济专业同意将此部分费用计入工艺总投资，则在投资概算表中应增加此部分费用。

　　2. 设备基础费，由工艺设计人员与土建部门相关人员共同协商后，计入土建工程费用之中。

表 14-38　主要数据及技术经济指标表

序号	名　称		单　位	数据	备　注
一	主要数据				
1	年产量		台（套、件）		
			t		
2	年总劳动量	台时	h		
		工时	h		
3	设备总数		台		
	主要生产设备		台		
	新增主要生产设备		台		
4	车间总面积		m^2		
	生产面积		m^2		
	新增车间面积		m^2		
5	人员总数		人		
	工人		人		
	生产工人		人		
	新增人员总数		人		
6	电力安装容量		kW		
			$kV \cdot A$		
7	综合能耗		t 标煤		
8	工艺总投资		万元		含外汇：××万美元
	新增工艺投资		万元		含外汇：××万美元
	……				
二	主要指标				
1	每一工人年产量		台（套、件）		
			t		
2	每一生产工人年产量		台（套、件）		
			t		
3	每台主要生产设备年产量		台（套、件）		
			t		
4	每平方米车间面积年产量		台（套、件）		
			t		
5	每平方米车间生产面积年产量		台（套、件）		
			t		
6	每台主要生产设备占车间生产面积		m^2		
7	每台（套、件）产品劳动量	台时	h		
		工时	h		
	每吨产品劳动量	台时	h		
		工时	h		
8	主要生产设备的平均负荷率		%		
9	每台（套、件）产品占工艺总投资		万元		
	每台产品占工艺总投资		万元		
10	每台（套、件）产品综合能耗量		t 标煤		
	每吨产品综合能耗量		t 标煤		

14.14　需要说明的主要问题及建议

最后需说明，在热处理车间设计中，由于客观条件种种限制（如资金来源、车间面积、产品条件等）而尚未解决的问题，应提出解决遗留问题的方法及建议。

参 考 文 献

[1]　机械工业第三设计研究院. 热处理车间设计手册 [M]. 重庆：机械工业第三设计研究院，1986.

[2]　可控气氛热处理编写组. 可控气氛热处理应用与设计 [M]. 北京：机械工业出版社，1982.

[3]　中华人民共和国公安部. GB 50016—2006 建筑设计防火规范 [S]. 北京：中国计划出版社，2006.

[4]　潘邻. 表面改性热处理技术进展 [J]. 金属热处理，2005，30（增刊）：23-24.

[5]　卫生部职业卫生标准专业委员会. GBZ-1—2010. 工业企业设计卫生标准 [S]. 北京：人民卫生出版社，2010.

第15章 热处理炉设计基础资料表

山东大学　黄国靖

北京机电研究所　徐跃明　邵周俊

表 15-1　常用热工单位换算表

物理量名称	符号	换算系数			
		国际单位制	米制工程单位		英制工程单位
压力	p	$10^5\,Pa$	$atm \cdot kgf/cm^2$		$psi \cdot lbf/in^2$
		1	1.01972		14.5038
		0.980665	1		14.2233
		0.0689476	0.070307		1
运动粘度	ν	m^2/s	m^2/s		ft^2/s
		1	1		10.7639
		0.092903	0.092903		1
			$1st = 10^{-4}\,m^2/s$		
动力粘度	μ	$kg/(m \cdot s)(N \cdot s/m^2)$	$kgf \cdot s/m^2$		$lbf \cdot s/ft^2$
		1	0.101972		0.671969
		9.80665	1		6.58976
		1.48816	0.151750		1
热量	Q	kJ	$kcal$		Btu
		1	0.238846		0.94783
		4.1868	1		
		1.05504			1
比热容	c	$kJ/(kg \cdot ℃)$	$kcal/(kgf \cdot ℃)$		$Btu/(lbf \cdot ℉)$
		1	0.238846		0.238846
		4.1868	1		1
		4.1868	1		1
热流密度	q	W/m^2	$kcal/(m^2 \cdot h)$		$Btu/(ft^2 \cdot h)$
		1	0.859845		0.316992
		1.163	1		0.368662
		3.15465	2.71251		1
热导率	λ	$W/(m \cdot ℃)$	$kcal/(m \cdot h \cdot ℃)$		$Btu/(ft \cdot h \cdot ℉)$
		1	0.859845		0.577789
		1.163	1		0.671969
		1.73073	1.48816		1
表面换热系数	α	$W/(m^2 \cdot ℃)$	$kcal/(m^2 \cdot h \cdot ℃)$		$Btu/(ft^2 \cdot h \cdot ℃)$
		1	0.859845		0.176111
传热系数	k	1.163	1		0.204817
		5.67824	4.88241		1
功率	P	$W(J/s)$	$kcal/h$	$kgf \cdot m/s$	$lbf \cdot ft/s$
		1	0.859845	0.101972	0.737562
		1.163	1	0.118583	0.857785
		9.8665	8.433719	1	7.233012
		1.355818	1.165793	0.138255	1

表 15-2 金属材料的密度、比热容和热导率

材料 (质量分数)	20℃			热导率 λ/[W/(m·℃)] 温度/℃									
	密度 ρ/(kg/m³)	比热容 c_p/[J/(kg·℃)]	热导率 λ/[W/(m·℃)]	-100	0	100	200	300	400	600	800	1000	1200
纯铝	2710	902	236	243	236	240	238	234	228	215			
杜拉铝 (Al96%,Cu4%)	2790	881	169	124	160	188	188	193					
铝合金 (Al92%,Mg8%)	2610	904	107	86	102	123	148	180					
铝合金 (Al87%,Si13%)	2660	871	162	139	158	173	176						
铍	1850	1758	219	382	218	170	145	129	118				
纯铜	8930	386	398	421	401	393	389	384	379	366	352		
铝青铜 (Cu90%,Al10%)	8360	420	56		49	57	66						
青铜 (Cu89%,Sn11%)	8800	343	24.8		24	28.4	33.2						
黄铜 (Cu70%,Zn30%)	8440	377	109	90	106	131	143	145	148				
铜合金 (Cu60%,Ni40%)	8920	410	22.2	19	22.2	23.4							
黄金	19300	127	315	331	318	313	310	305	300	287			
纯铁	7870	455	81.1	96.7	83.5	72.1	63.5	56.5	50.3	39.4	29.6	29.4	31.6
灰铸铁 (C 3%)	7570	470	39.2		28.5	32.4	35.8	37.2	36.6	20.8	19.2		
碳钢 (C 0.5%)	7840	465	49.8		50.5	47.5	44.8	42.0	39.4	34.0	29.0		
碳钢 (C 1.0%)	7790	470	43.2		43.0	42.8	42.2	41.5	40.6	36.7	32.2		
碳钢 (C 1.5%)	7750	470	36.7		36.8	36.6	36.2	35.7	34.7	31.7	27.8		
铬钢 (Cr 5%)	7830	460	36.1		36.3	35.2	34.7	33.5	31.4	28.0	27.2	27.2	27.2
铬钢 (Cr 13%)	7740	460	26.8		26.5	27.0	27.0	27.0	27.6	28.4	29.0	29.0	
铬钢 (Cr 17%)	7710	460	22		22	22.2	22.6	22.6	23.3	24.0	24.8	25.5	
铬钢 (Cr 26%)	7650	460	22.6		22.6	23.8	25.5	27.2	28.5	31.8	35.1	38	
铬镍钢 (Cr18%~20%, Ni8%~12%)	7820	460	15.2	12.2	14.7	16.6	18.0	19.4	20.8	23.5	26.3		

(续)

材料 (质量分数)	密度 ρ/ (kg/m³)	20℃ 比热容 c_p/ [J/(kg·℃)]	热导率 λ /[W/ (m·℃)]	热导率 λ/[W/(m·℃)]　温度/℃									
				-100	0	100	200	300	400	600	800	1000	1200
铬镍钢(Cr17%~19%, Ni9%~13%)	7830	460	14.7	11.8	14.3	16.1	17.5	18.8	20.2	22.8	25.5	28.2	30.9
镍钢(Ni 1%)	7900	460	45.5	40.8	45.2	46.8	46.1	44.1	41.2	35.7			
镍钢(Ni 3.5%)	7910	460	36.5	30.7	36.0	38.8	39.7	39.2	37.8				
镍钢(Ni 25%)	8030	460	13.0										
镍钢(Ni 35%)	8110	460	13.8	10.9	13.4	15.4	17.1	18.6	20.1	23.1			
镍钢(Ni 44%)	8190	460	15.8		15.7	16.1	16.5	16.9	17.1	17.8	18.4		
镍钢(Ni 50%)	8260	460	19.6	17.3	19.4	20.5	21.0	21.1	21.3	22.5			
锰钢(Mn 12%~13%, Ni 3%)	7800	487	13.6			14.8	16.0	17.1	18.3				
锰钢(Mn 0.4%)	7860	440	51.2			51.0	50.0	47.0	43.5	35.5	27		
钨钢(W 5%~6%)	8070	436	18.7		18.4	19.7	21.0	22.3	23.6	24.9	26.3		
铅	11340	128	35.3	37.2	35.5	35.3	32.8	31.5					
镁	1730	1020	156	160	157	154	152	150					
钼	9590	255	138	146	139	135	131	127	123	116	109	103	93.7
镍	8900	444	91.4	144	94	82.8	74.2	67.3	64.6	69.0	73.3	77.6	81.9
铂	21450	133	73.3	73.3	71.5	71.6	72.0	72.8	73.6	76.6	80.0	84.2	88.9
银	10500	234	427	431	428	422	415	407	399	384			
锡	7310	228	67	75	68.2	63.2	60.9						
钛	4500	520	22	23.3	22.4	20.7	19.9	19.5	19.4	19.9			
铀	19070	116	27.4	24.3	27	29.1	31.1	33.4	35.7	40.6	45.6		
锌	7140	388	121	123	122	117	112						
锆	6570	276	22.9	26.5	23.2	21.8	21.2	20.9	21.4	22.3	24.5	26.4	28.0
钨	19350	134	179	204	182	166	153	142	134	125	119	114	110

表 15-3　常用金属不同温度的比热容　　　　[单位：kJ/(kg·℃)]

温度/℃	铝	铜	纯铁	钢 w(C) 0.3%	钢 w(C) 0.6%	钢 w(C) 0.8%	铸铁 w(Mn)0.6% w(Si)1.5% w(C)3.7%	铸铁 w(Mn)0.7% w(Si)1.5% w(C)4.2%	高合金钢 w(C)0.13% w(Mn)0.25% w(Cr)12.9%
100	0.938	0.389	0.465	0.469	0.481	0.502	—	0.544	0.473
200	0.950	0.398	0.490	0.481	0.486	0.502	0.461	0.565	0.513
300	0.955	0.410	0.511	0.502	0.515	0.523	0.494	0.565	0.553
400	0.959	0.41	0.536	0.515	0.528	0.536	0.507	0.565	0.607
500	0.971	0.423	0.561	0.536	0.544	0.553	0.515	0.586	0.682
600	0.978	0.435	0.595	0.569	0.574	0.586	0.536	0.607	0.779
700	1.453	0.444	0.599	0.603	0.607	0.615	0.603	0.641	0.875
800	1.344	0.448	0.632	0.687	0.678	0.691	0.666	0.691	0.691
900	1.352	0.444	0.649	0.699	0.678	0.678	0.678	0.712	0.670
1000	—	0.465	0.632	0.699	0.678	0.670	0.670	0.720	—
1100	—	0.662	0.678	0.699	0.682	0.653	0.670	0.733	—
1200	—	0.689	0.678	0.703	0.682	0.653	0.871	0.909	—
1300	—	0.641	0.682	0.703	0.687	0.653	0.879	0.909	—
1400	—	0.628	0.691	0.703	0.687	0.653	0.883	0.913	—
1500	—	0.632	0.699	—	—	—	—	—	—

表 15-4　保温、建筑及其他材料的密度和热导率

材料	温度 t/℃	密度 ρ/(kg/m³)	热导率 λ/[W/(m·℃)]	材料	温度 t/℃	密度 ρ/(kg/m³)	热导率 λ/[W/(m·℃)]
膨胀珍珠岩散料	25	60~300	0.021~0.062	石棉板	30	770~1045	0.10~0.14
沥青膨胀珍珠岩	31	233~282	0.069~0.076	碳酸镁石棉灰		240~490	0.077~0.086
磷酸盐膨胀珍珠岩制品	20	200~250	0.044~0.052	硅藻土石棉灰		280~380	0.085~0.11
水玻璃膨胀珍珠岩制品	20	200~300	0.056~0.065	粉煤灰砖	27	458~589	0.12~0.22
蛭石	20	395~467	0.10~0.13	矿渣棉	30	207	0.058
膨胀蛭石	20	100~130	0.051~0.07	玻璃丝	35	120~492	0.058~0.07
沥青蛭石板、管	20	350~400	0.081~0.10	玻璃棉毡	28	18.4~38.3	0.043
石棉粉	22	744~1400	0.099~0.19	软木板	20	105~437	0.044~0.079
石棉砖	21	384	0.099	木丝纤维板	25	245	0.048
石棉绳		590~730	0.10~0.21	稻草浆板	20	325~365	0.068~0.084
石棉绒		35~230	0.055~0.077	麻秆板	25	108~147	0.056~0.11

（续）

材料	温度 t /℃	密度 ρ/ (kg/m³)	热导率 λ/ [W/(m·℃)]	材料	温度 t /℃	密度 ρ/ (kg/m³)	热导率 λ/ [W/(m·℃)]
甘蔗板	20	282	0.067 ~ 0.072	水泥	30	1900	0.30
葵芯板	20	95.5	0.05	混凝土板	35	1930	0.79
玉米秸板	22	25.2	0.065	耐酸混凝土板	30	2250	1.5 ~ 1.6
棉花	20	117	0.049	黄砂	30	1580 ~ 1700	0.28 ~ 0.34
丝	20	57.7	0.036	泥土	20		0.83
锯木屑	20	179	0.083	瓷砖	37	2090	1.1
硬泡沫塑料	30	29.5 ~ 56.3	0.041 ~ 0.048	玻璃		2500	0.52 ~ 1.1
软泡沫塑料	30	41 ~ 162	0.043 ~ 0.056	聚苯乙烯	30	24.7 ~ 37.8	0.04 ~ 0.043
铝箔间隔层(5层)	21		0.042	花岗石		2643	1.73 ~ 3.98
红砖(营造状态)	25	1860	0.87	大理石		2499 ~ 2707	2.70
红砖	35	1560	0.49	云母		290	0.58
松木(垂直木纹)	15	496	0.15	水垢	65		1.31 ~ 3.14
松木(平行木纹)	21	527	0.35	冰	0	913	2.22

表 15-5　几种保温、耐火材料的热导率与温度的关系

材料	材料最高允许温度/℃	密度 ρ/ (kg/m³)	热导率 λ/ [W/(m·℃)]	材料	材料最高允许温度/℃	密度 ρ/ (kg/m³)	热导率 λ/ [W/(m·℃)]
超细玻璃棉毡、管	400	18 ~ 20	$0.033 + 0.00023t$ [1]	微孔硅酸钙制品	650	≤250	$0.041 + 0.0002t$
矿渣棉	550 ~ 600	350	$0.0674 + 0.000215t$	耐火粘土砖	1350 ~ 1450	1800 ~ 2040	$(0.7 ~ 0.84) + 0.00058t$
水泥蛭石制品	800	120 ~ 450	$0.103 + 0.000198t$	轻质耐火粘土砖	1250 ~ 1300	800 ~ 1300	$(0.29 ~ 0.41) + 0.00026t$
水泥珍珠岩制品	600	300 ~ 400	$0.065 + 0.000105t$	超轻质耐火粘土砖	1150 ~ 1300	540 ~ 610	$0.093 + 0.00016t$
粉煤灰泡沫砖	300	500	$0.099 + 0.0002t$	超轻质耐火粘土砖	1100	270 ~ 330	$0.058 + 0.00017t$
水泥泡沫砖	250	450	$0.1 + 0.0002t$	硅砖	1700	1900 ~ 1950	$0.93 + 0.0007t$
A 级硅藻土制品	900	500	$0.0395 + 0.00019t$	镁砖	1600 ~ 1700	2300 ~ 2600	$2.1 + 0.00019t$
B 级硅藻土制品	900	550	$0.0477 + 0.0002t$	铬砖	1600 ~ 1700	2600 ~ 2800	$4.7 + 0.00017t$
膨胀珍珠岩	1000	55	$0.0424 + 0.000137t$				

① t 表示材料的平均温度。

表 15-6　常用材料的线胀系数　　　　　　（单位：10⁻⁶/℃）

材料	温度范围 /℃								
	20	20 ~ 100	20 ~ 200	20 ~ 300	20 ~ 400	20 ~ 600	20 ~ 700	20 ~ 900	70 ~ 1000
结构钢		16.6 ~ 17.1	17.1 ~ 17.2	17.6	18 ~ 18.1	18.6			
黄铜		17.8	18.8	20.9					
青铜		17.6	17.9	18.2					
铸铝合金	18.44 ~ 24.5								

（续）

材料	温 度 范 围 /°C								
	20	20~100	20~200	20~300	20~400	20~600	20~700	20~900	70~1000
铝合金		22.0~24.0	23.4~24.8	24.0~25.9					
碳钢		10.6~12.2	11.3~13	12.1~13.5	12.9~13.9	13.5~14.3	14.7~15		
铬钢		11.2	11.8	12.4	13	13.6			
30Cr13		10.2	11.1	11.6	11.9	12.3	12.8		
铸铁		8.7~11.1	8.5~11.6	10.1~12.1	11.5~12.7	12.9~13.2			
镍铬合金		14.5							17.6
砖	9.5								
水泥、混凝土	10~14								
胶木、硬橡胶	64~77								
玻璃		4~11.5							
赛璐珞		100							
有机玻璃		130							

表 15-7　常用材料的摩擦因数

材　料	摩 擦 因 数 f			
	静 摩 擦		动 摩 擦	
	无润滑剂	有润滑剂	无润滑剂	有润滑剂
钢—钢	0.15	0.1~0.12	0.15	0.05~0.1
钢—软钢			0.2	0.1~0.2
钢—铸铁	0.3		0.18	0.05~0.15
钢—青铜	0.15	0.1~0.15	0.15	0.1~0.15
软钢—铸铁	0.2		0.18	0.05~0.15
软钢—青铜	0.2		0.18	0.07~0.15
铸铁—铸铁		0.18	0.15	0.07~0.12
铸铁—青铜			0.15~0.2	0.07~0.15
青铜—青铜		0.1	0.2	0.07~0.1
软钢—槲木	0.6	0.12	0.4~0.6	0.1
软钢—榆木			0.25	
铸铁—槲木	0.65		0.3~0.5	0.2
铸铁—榆、杨木			0.4	0.1
青铜—槲木	0.6		0.3	
木材—木材	0.4~0.6	0.1	0.2~0.5	0.07~0.15
皮革(外)—槲木	0.6		0.3~0.5	
皮革(内)—槲木	0.4		0.3~0.4	
皮革—铸铁	0.3~0.5	0.15	0.6	0.15
橡胶—铸铁			0.8	0.5
麻绳—槲木	0.8		0.5	

表 15-8　常用材料极限强度的近似关系

材料	极 限 强 度					
	对 称 应 力 疲 劳 极 限			脉 动 应 力 疲 劳 极 限		
	抗拉压疲劳极限 σ_{-1t}	抗弯疲劳极限 σ_{-1}	抗扭疲劳极限 τ_{-1}	抗拉压脉动疲劳极限 σ_{0t}	抗弯脉动疲劳极限 σ_0	抗扭脉动疲劳极限 τ_0
结构钢	$\approx 0.3 R_m$	$\approx 0.43 R_m$	$\approx 0.25 R_m$	$\approx 1.42 \sigma_{-1t}$	$\approx 1.33 \sigma_{-1}$	$\approx 1.5 \tau_{-1}$
铸　铁	$\approx 0.225 R_m$	$\approx 0.45 R_m$	$\approx 0.36 R_m$	$\approx 1.42 \sigma_{-1t}$	$\approx 1.35 \sigma_{-1}$	$\approx 1.35 \tau_{-1}$
铝合金	$\approx \dfrac{R_m}{6} + 73.5\text{MPa}$	$\approx \dfrac{R_m}{6} + 73.5\text{MPa}$	$\approx (0.55~0.58)\sigma_{-1}$	$\approx 1.5 \sigma_{-1t}$		

表 15-9　某些物体间的滑动摩擦因数

摩擦物体		滑动摩擦因数 f	
		静摩擦	动摩擦
轮缘与钢轨间	起动时	0.20	
	速度 $v = 5 \text{m/s}$ 运动时		0.15
钢锭与钢制辊子间	热金属	0.3 ~ 0.25	
	冷金属	0.15	
滑动轴承	热轧机带有金属轴衬		0.07 ~ 0.10
	冷轧机带有金属轴衬		0.05 ~ 0.07
	带有木质塑料制轴衬		0.01 ~ 0.03
	液体摩擦因数		0.003 ~ 0.005
滚动轴承（有润滑时）	减速机	0.005	
	吊车车轮	0.008	
	辊道辊子与热金属	0.015	
	辊道辊子与冷金属	0.010	
常温时		0.2	
300℃时		0.3	
400 ~ 500℃时		0.4 ~ 0.5	
600 ~ 800℃时		0.6 ~ 0.8	
>800℃时		0.8 ~ 1.0	
推杆式炉双面加热、水冷滑轨并有实炉底段时		0.55 ~ 0.6	
无水冷滑轨、高温段用铸钢（铁）滑轨时		0.6 ~ 0.7	
单面加热采用耐火砖实炉底时		0.8 ~ 1.0	

表 15-10　材料滚动摩擦因数

摩擦材料	滚动摩擦因数 k/cm
软钢与软钢	0.005
淬火钢与淬火钢	0.001
铸铁与铸铁	0.005
木材与钢	0.03 ~ 0.04
木材与木材	0.05 ~ 0.08
淬火圆锥车轮与钢轨	0.08 ~ 0.1
淬火圆柱车轮与钢轨	0.05 ~ 0.07
橡胶轮胎与路面	0.2 ~ 0.4

表 15-11　某些物体间的滚动摩擦因数

摩擦物体		滚动摩擦因数 k/cm
车轮与钢轨间（起重机大车行走时）	车轮加工良好	0.08 ~ 0.05
	车轮粗加工	0.10
	平均值	0.08
铁路轮对		0.025 ~ 0.015
滚动轴承中的滚柱和滚珠		0.001 ~ 0.003
辊道的辊子在运输过程中	900 ~ 1200℃热钢锭包覆一层厚氧化皮	0.25
	冷钢锭，包覆氧化铁皮	0.20
	500 ~ 1000℃的轧件	0.15
	冷轧件	0.10
工件或料盘沿滚轮移动	200℃	0.05 ~ 0.1
	200 ~ 400℃	0.1 ~ 0.2
	400 ~ 700℃	0.2 ~ 0.3
	>700℃	0.4 ~ 0.5

表 15-12　水的物理性质

温度 $t/$ ℃	比热容 $c/[\text{kJ}/(\text{kg} \cdot ℃)]$	热导率 $\lambda/[\text{W}/(\text{m} \cdot ℃)]$	动力粘度 $\mu/10^{-5}\text{Pa} \cdot \text{s}$	运动粘度 $\nu/(10^{-6}\text{m/s})$	热扩散率 $a/(10^{-4}\text{m}^2/\text{h})$	普兰特准数 Pr	密度 $\rho/$ (kg/m^3)
0	4.224	0.558	182.5	1.79	4.7	13.57	999.9
10	4.195	0.577	133.0	1.30	4.9	9.42	999.7
20	4.183	0.597	102.0	1.00	5.1	6.97	998.2
30	4.178	0.615	81.7	0.805	5.3	5.38	995.7
40	4.178	0.633	66.6	0.659	5.5	4.34	992.2
50	4.178	0.647	56.0	0.556	5.6	3.58	988.1
60	4.178	0.658	48.0	0.479	5.8	2.99	983.2
70	4.178	0.668	41.4	0.415	5.8	2.53	977.8
80	4.195	0.673	36.3	0.366	5.9	2.19	971.8
90	4.208	0.678	32.1	0.326	6.0	1.91	965.3
100	4.212	0.682	28.8	0.295	6.1	1.72	958.4

表 15-13 干空气的物理性质

$t/℃$	$\rho/(kg/m^3)$	$c/[kJ/(m^3 \cdot ℃)]$		$\lambda/$ $[10^2 W/(m \cdot ℃)]$	$a/$ $(10^{-2} m^2/h)$	$\mu/$ $(10^{-5} Pa \cdot s)$	$\nu/$ $(10^{-6} m^2/s)$	Pr
		实际	平均					
0	1.2930	1.2971	1.2971	2.43	6.75	1.71	13.23	0.705
20	1.2045	1.2987	1.2979	2.59	7.72	1.81	15.03	0.701
40	1.1267	1.3004	1.2983	2.76	8.76	1.91	16.9	0.696
60	1.0595	1.3021	1.2991	2.91	9.81	2.01	18.97	0.696
80	0.9998	1.3042	1.2996	3.06	10.91	2.11	21.1	0.696
100	0.9458	1.3059	1.3004	3.19	12.0	2.19	23.15	0.694
150	0.8342	1.3147	1.3038	3.56	15.1	2.41	28.89	0.689
200	0.7457	1.3239	1.3071	3.87	18.2	2.60	34.85	0.689
250	0.6745	1.3364	1.3117	4.19	21.6	2.79	41.36	0.688
300	0.6157	1.3502	1.3172	4.48	25.1	2.97	48.24	0.692
350	0.5662	1.3653	1.3226	4.78	28.8	3.14	55.46	0.693
400	0.5242	1.3808	1.3289	5.05	32.5	3.30	62.95	0.697
450	0.4875	1.3963	1.3352	5.34	36.5	3.46	70.97	0.699
500	0.4564	1.4118	1.3427	5.62	40.6	3.62	79.32	0.703
600	0.4041	1.4411	1.3565	6.15	49.2	3.91	96.75	0.708
700	0.3625	1.4680	1.3708	6.66	58.3	4.17	115.0	0.710
800	0.3287	1.4918	1.3842	7.20	68.3	4.43	135.5	0.714
900	0.3010	1.5128	1.3976	7.61	77.7	4.66	154.8	0.717
1000	0.2773	1.5312	1.4098	8.04	88.2	4.90	176.7	0.721
1100	0.2571	1.5471	1.4215	8.48	99.2	5.12	199.1	0.722
1200	0.2377	1.5618	1.4328	8.90	111.6	5.34	224.6	0.724
1400	0.2110	1.5860	1.4529	—	—	5.76	—	—
1600	0.1885	1.6053	1.4709	—	—	6.16	—	—
1800	0.1703	1.6216	1.4868	—	—	6.55	—	—

注：ρ—密度；λ—热导率；a—热扩散率；μ 和 ν—动力粘度和运动粘度；Pr—普兰特准数。

表 15-14 1kg 空气的湿体积和饱和水含量

$t/℃$	水含量/(g/kg)	不同饱和度 $\varphi(\%)$ 时的湿体积 V/m^3							
		100	90	80	70	60	50	40	30
-15	1.04	0.747	0.747	0.747	0.747	0.747	0.747	0.746	0.746
-10	1.63	0.762	0.762	0.762	0.762	0.762	0.761	0.761	0.761
-5	2.52	0.778	0.778	0.777	0.777	0.777	0.776	0.776	0.776
0	3.85	0.794	0.794	0.793	0.793	0.792	0.792	0.791	0.791
5	5.51	0.811	0.810	0.809	0.809	0.808	0.807	0.806	0.806
10	7.78	0.828	0.827	0.826	0.825	0.824	0.823	0.822	0.821
15	10.86	0.847	0.846	0.844	0.843	0.841	0.840	0.838	0.837

（续）

$t/\text{℃}$	水含量/(g/kg)	不同饱和度 $\varphi(\%)$ 时的湿体积 V/m^3							
		100	90	80	70	60	50	40	30
20	15.00	0.867	0.865	0.863	0.861	0.859	0.857	0.855	0.853
30	27.78	0.915	0.911	0.907	0.903	0.899	0.895	0.891	0.887
40	49.98	0.977	0.970	0.962	0.954	0.947	0.940	0.933	0.925
50	88.42	1.07	1.05	1.04	1.02	1.01	0.996	0.983	0.970
60	156.6	1.20	1.17	1.15	1.12	1.09	1.07	1.05	1.02
70	286.0	1.44	1.38	1.32	1.27	1.22	1.17	1.13	1.09
80	571.3	1.95	1.79	1.65	1.53	1.43	1.34	1.26	1.19
90	1509.0	3.57	2.88	2.42	2.08	1.83	1.63	1.47	1.33
100	—	—	10.9	5.45	3.63	2.72	2.17	1.81	1.55
120	—	—	11.5	5.73	3.82	2.86	2.28	1.90	1.63
140	—	—	12.0	6.01	4.01	3.00	2.40	2.00	1.71
160	—	—	12.6	6.30	4.19	3.14	2.51	2.09	1.79
180	—	—	13.2	6.58	4.38	3.29	2.63	2.19	1.87
200	—	—	13.7	6.86	4.57	3.43	2.74	2.28	1.96

表 15-15　单一气体的密度　　　　（单位：kg/m³）

$t/\text{℃}$	O_2	N_2	H_2	CO	CO_2
0	1.43026	1.25158	0.089965	1.25150	1.97880
100	1.04576	0.91529	0.065845	0.91510	1.44130
200	0.82440	0.72161	0.051923	0.72146	1.13380
300	0.68044	0.59572	0.042861	0.59549	0.93614
400	0.57930	0.50711	0.036400	0.50699	0.79706
500	0.50436	0.44152	0.031700	0.44141	0.69383
600	0.44693	0.39125	0.028100	0.39116	0.61475
700	0.40094	0.35100	0.025200	0.35091	0.55143
800	0.36354	0.31825	0.022800	0.32054	0.50003
900	0.33252	0.29111	0.020900	0.29302	0.45719
1000	0.30639	0.26823	0.019200	0.26984	0.42405

表 15-16　单一气体的动力粘度　　　　（单位：10^{-6}Pa·s）

$t/\text{℃}$	O_2	N_2	H_2	CO	CO_2	H_2O	SO_2
0	19.1	16.6	8.4	16.6	13.7	—	12.1
100	24.4	20.9	10.3	20.7	18.2	12.3	16.1
200	28.7	24.6	12.1	24.5	22.4	16.5	20.0
300	33.1	28.0	13.8	27.9	26.3	20.6	23.8

（续）

$t/°C$	O_2	N_2	H_2	CO	CO_2	H_2O	SO_2
400	36.9	31.2	15.4	31.2	29.8	24.8	27.5
500	40.3	34.0	16.9	34.4	33.0	28.9	31.3
600	43.5	36.6	18.3	37.3	36.0	33.1	35.0
700	46.5	39.2	19.9	40.4	38.8	37.2	38.6
800	49.4	41.6	21.1	43.2	41.5	—	42.8
900	52.1	43.9	22.3	46.0	44.0	—	45.7
1000	54.7	46.0	23.7	48.7	46.4	—	49.2

表 15-17　单一气体的运动粘度　　　　　（单位：$10^{-6} m^2/s$）

$t/°C$	O_2	N_2	H_2	CO	CO_2	H_2O	SO_2
0	13.4	13.3	93.0	13.3	6.9	—	4.1
100	23.3	22.8	157.0	22.6	12.6	20.9	7.5
200	34.8	34.1	233.0	33.9	19.7	35.6	11.8
300	48.6	47.0	323.0	47.0	28.1	53.1	17.1
400	63.7	61.5	423.0	61.8	37.4	76.1	23.3
500	79.9	77.0	534.0	78.0	47.6	101.8	30.4
600	97.3	93.5	656.0	96.0	58.6	131.3	38.3
700	116.0	111.7	785.0	115.0	70.4	164.6	46.8
800	135.9	130.7	924.0	135.0	83.0	—	56.5
900	156.7	150.8	1070.0	157.0	96.2	—	66.8
1000	178.5	171.5	1230.0	180.0	109.4	—	78.3

表 15-18　单一气体的平均比热容　　　　　[单位：$kJ/(m^3 \cdot °C)$]

$t/°C$	O_2	N_2	H_2	CO	CO_2	H_2O	H_2S	SO_2
0	1.3059	1.2987	1.2766	1.2992	1.5998	1.4943	1.507	1.733
100	1.3126	1.3004	1.2908	1.3017	1.7003	1.5052	1.532	1.813
200	1.3352	1.3038	1.2971	1.3071	1.7873	1.5223	1.562	1.888
300	1.3561	1.3109	1.2992	1.3167	1.8627	1.5424	1.595	1.955
400	1.3775	1.3205	1.3021	1.3289	1.9297	1.5654	1.633	2.018
500	1.3980	1.3322	1.3050	1.3427	1.9887	1.5897	1.671	2.068
600	1.4168	1.3452	1.3080	1.3574	2.0411	1.6148	1.708	2.114
700	1.4345	1.3586	1.3121	1.3720	2.0884	1.6412	1.746	2.152
800	1.4499	1.3717	1.3168	1.3862	2.1311	1.6680	1.784	2.181
900	1.4645	1.3846	1.3226	1.3996	2.1692	1.6956	1.817	2.215
1000	1.4775	1.3971	1.3289	1.4126	2.2035	1.7229	1.851	2.236
1100	1.4892	1.4089	1.3360	1.4248	2.2349	1.7501	1.884	2.261
1200	1.5006	1.4202	1.3431	1.4361	2.2639	1.7769	1.909	2.278
1300	1.5106	1.4306	1.3511	1.4465	2.2898	1.8028	—	2.303

表 15-19　单一气体的热导率　　　　　[单位: $10^{-3}W/(m \cdot ℃)$]

$t/℃$	O_2	N_2	H_2	CO	CO_2	H_2O	SO_2
0	24.5	24.2	172	23.3	14.5	—	8.4
100	32.8	31.3	220	30.1	22.3	24.7	12.3
200	40.6	37.4	264	36.5	30.1	33.3	16.6
300	47.9	43.1	307	42.6	37.9	43.5	21.2
400	54.9	48.6	348	48.5	45.6	55.5	25.8
500	61.4	53.5	387	54.1	53.4	68.6	30.7
600	67.3	57.9	427	59.7	62.1	82.9	35.8
700	72.7	62.1	476	65.0	68.8	98.0	41.1
800	77.6	66.2	528	70.1	76.5	—	46.3
900	81.9	70.1	583	75.5	84.2	—	51.9
1000	85.7	73.9	636	80.6	91.9	—	57.6

表 15-20　单一气体的热扩散率　　　　　（单位: $10^{-2}m^2/h$）

$t/℃$	O_2	N_2	H_2	CO	CO_2	H_2O	SO_2
0	6.80	6.89	48.6	6.46	3.25	—	1.70
100	12.1	11.6	83.4	11.3	6.09	6.66	3.14
200	18.4	18.3	126	17.9	9.57	3.3	4.48
300	25.4	25.5	178	23.8	13.7	20.9	7.29
400	33.3	33.3	236	31.1	18.4	30.0	10.0
500	42.0	41.1	300	38.9	25.3	40.5	13.2
600	50.8	49.1	370	47.4	31.4	52.3	17.0
700	60.0	57.0	455	56.6	36.6	65.5	21.5
800	70.0	65.4	552	66.7	42.3	—	26.4
900	79.7	73.1	655	76.8	47.9	—	32.0
1000	90.0	80.2	764	88.1	53.5	—	38.2

表 15-21　单一气体的普兰特准数

$t/℃$	O_2	N_2	H_2	CO	CO_2	H_2O	SO_2
0	0.709	0.695	0.688	0.740	0.765	—	0.874
100	0.693	0.707	0.677	0.718	0.744	1.13	0.863
200	0.681	0.671	0.666	0.708	0.741	1.09	0.856
300	0.689	0.663	0.655	0.709	0.738	0.92	0.848
400	0.689	0.665	0.644	0.711	0.732	0.90	0.834
500	0.685	0.674	0.640	0.720	0.677	0.90	0.822
600	0.689	0.685	0.635	0.727	0.672	0.90	0.806
700	0.686	0.705	0.621	0.732	0.692	0.90	0.788
800	0.699	0.719	0.602	0.739	0.706	—	0.774
900	0.708	0.743	0.588	0.740	0.723	—	0.755
1000	0.714	0.770	0.580	0.744	0.736	—	0.740

表 15-22　碳氢化合物气体的密度　　　　　　　　（单位：kg/m³）

t/°C	CH₄	C₂H₆	C₃H₈	C₄H₁₀	C₅H₁₂
0	0.71680	1.34146	1.96723	2.59299	3.21875
100	0.52470	0.98183	1.44984	1.89784	2.35584
200	0.41359	0.77419	1.13533	1.49647	1.85761
300	0.34120	0.63905	0.93716	1.23526	1.53336
400	0.29102	0.54420	0.79806	1.05192	1.30578
500	0.25303	0.47389	0.69495	0.91600	1.13706
600	0.22436	0.41969	0.61546	0.81124	1.00701
700	0.20142	0.37647	0.55209	0.72771	0.90332
800	0.18207	0.34132	0.50054	0.65975	0.81897
900	0.16701	0.31220	0.45784	0.60347	0.74911
1000	0.15340	0.28770	0.42191	0.55612	0.69032

表 15-23　碳氢化合物气体的动力粘度和运动粘度

t/°C	CH₄		C₂H₆		C₃H₈		C₄H₁₀		C₅H₁₂	
	μ/10^{-6}Pa·s	ν/(10^{-6} m²/s)	μ/10^{-6}Pa·s	ν/(10^{-6} m²/s)	μ/10^{-6}Pa·s	ν/(10^{-6}m²/s)	μ/10^{-6}Pa·s	ν/(10^{-6} m²/s)	μ/10^{-6}Pa·s	ν/(10^{-6} m²/s)
0	10.28	14.30	8.55	6.37	7.50	3.81	6.82	2.63	6.23	—
100	13.32	25.40	11.50	11.70	10.06	6.94	9.47	4.99	8.50	3.61
200	16.04	38.80	14.10	18.20	12.48	11.00	11.85	7.92	10.79	5.81
300	18.50	54.20	16.40	25.70	14.75	15.70	14.20	11.50	12.95	8.45
400	20.80	71.50	19.00	34.90	17.15	21.50	16.50	15.70	15.10	11.56
500	22.68	89.60	21.40	45.10	19.40	27.90	18.80	20.50	17.25	15.20
600	24.65	109.60	23.80	56.70	21.80	35.40	21.00	25.90	19.30	19.20

表 15-24　碳氢化合物气体的平均比热容　　　　　[单位：kJ/(m³·°C)]

t/°C	CH₄	C₂H₆	C₃H₈	C₄H₁₀	C₅H₁₂	C₂H₄	C₃H₆
0	1.5500	2.2098	3.0484	4.1284	5.1274	1.8268	2.6766
100	1.6421	2.4949	3.5098	4.7054	5.8354	2.0620	3.0484
200	1.7588	2.7746	3.9653	5.2564	6.5154	2.2826	3.3792
300	1.8862	3.0442	4.3691	5.7722	7.1355	2.4953	3.7057
400	2.0155	3.3084	4.7596	6.2671	7.7409	2.6858	4.0047
500	2.1403	3.5525	5.0937	6.6891	8.2563	2.8633	4.2831
600	2.2609	3.7778	5.4322	7.1149	8.7831	3.0258	4.5389
700	2.3768	3.9863	5.7236	7.4851	9.2315	3.1698	4.7765
800	2.4941	4.1809	5.9887	7.8083	9.6255	3.3080	4.9913
900	2.6025	4.3620	6.2315	8.1144	9.9918	3.4315	5.1910
1000	2.6992	4.5293	6.4614	8.4041	10.3448	3.5471	5.3723
1100	2.7863	4.6838	6.6778	8.6788	10.6794	3.6555	5.5402
1200	2.8629	4.8255	6.8817	8.9384	10.9967	3.7526	5.6972

表15-25　焦炉煤气和碳氢化合物气体的热导率和热扩散率

t/℃	CH$_4$		C$_2$H$_6$		C$_3$H$_8$		C$_4$H$_{10}$		C$_5$H$_{12}$	
	λ/[10^{-3} W/(m·℃)]	a/(10^{-2} m^2/h)	λ/[10^{-3} W/(m·℃)]	a/(10^{-2} m^2/h)	λ/[10^{-3} W/(m·℃)]	a/(10^{-2} m^2/h)	λ/[10^{-3} W/(m·℃)]	a/(10^{-2} m^2/h)	λ/[10^{-3} W/(m·℃)]	a/(10^{-2} m^2/h)
0	30.0	6.96	18.0	2.93	14.7	1.73	13.0	1.14	11.9	—
100	44.7	12.5	32.3	5.72	27.7	3.42	24.5	2.28	22.2	1.68
200	62.1	19.2	49.4	9.5	43.1	5.53	38.3	3.75	34.8	2.74
300	81.9	26.8	67.2	13.2	59.9	8.14	53.1	5.48	48.5	4.07
400	102.3	35.9	84.7	17.3	76.4	10.9	68.6	7.49	62.9	5.58
500	122.1	45.1	107.9	23.3	95.6	14.4	90.2	10.4	84.7	7.96
600	144.2	55.8	132.6	30.1	118.6	18.8	113.0	13.7	106.1	10.5

表15-26　碳氢化合物气体的普兰特准数

t/℃	CH$_4$	C$_2$H$_6$	C$_3$H$_8$	C$_4$H$_{10}$	C$_5$H$_{12}$	t/℃	CH$_4$	C$_2$H$_6$	C$_3$H$_8$	C$_4$H$_{10}$	C$_5$H$_{12}$
0	0.739	0.782	0.793	0.830	—	400	0.717	0.726	0.710	0.754	0.746
100	0.731	0.736	0.730	0.788	0.774	500	0.715	0.698	0.697	0.710	0.686
200	0.726	0.712	0.716	0.760	0.763	600	0.710	0.679	0.677	0.680	0.657
300	0.729	0.700	0.694	0.755	0.747						

表15-27　高炉煤气（G）、发生炉煤气（F）和水煤气（B）的密度（单位：kg/m^3）

气体	发热量 Q$_d$/(MJ/m^3)	温　度/℃										
		0	100	200	300	400	500	600	700	800	900	1000
G	3.35	1.3431	0.9814	0.7734	0.6384	0.5435	0.4732	0.4193	0.3764	0.3417	0.3124	0.2882
G	3.72	1.3094	0.9568	0.7540	0.6225	0.5299	0.4614	0.4088	0.3670	0.3332	0.3047	0.2810
G	4.10	1.2997	0.9498	0.7486	0.6180	0.5261	0.4580	0.4059	0.3644	0.3308	0.3026	0.2790
F	4.77	1.1452	0.8371	0.6598	0.5447	0.4637	0.4037	0.3577	0.3212	0.2916	0.2667	0.2458
F	5.44	1.1232	0.8210	0.6472	0.5342	0.4548	0.3960	0.3509	0.3150	0.2859	0.2615	0.2411
F	5.70	1.1369	0.8310	0.6550	0.5407	0.4603	0.4008	0.3551	0.3188	0.2894	0.2647	0.2440
F	5.80	1.1221	0.8203	0.6466	0.5338	0.4544	0.3956	0.3506	0.3148	0.2858	0.2614	0.2409
F	6.10	1.004	0.8042	0.6338	0.5232	0.4454	0.3878	0.3436	0.3085	0.2800	0.2561	0.2362
B	10.20	0.7245	0.5295	0.4173	0.3444	0.2932	0.2553	0.2262	0.2032	0.1848	0.1690	0.1558

表15-28　高炉煤气（G）、发生炉煤气（F）和水煤气（B）的动力粘度

（单位：10^{-6}Pa·s）

气体	发热量 Q$_d$/(MJ/m^3)	温　度/℃										
		0	100	200	300	400	500	600	700	800	900	1000
G	3.35	16.08	20.21	24.06	27.57	30.76	33.75	36.53	39.19	41.71	44.08	46.39
G	3.72	16.14	20.24	24.07	27.58	30.75	33.73	36.51	39.17	41.69	44.06	46.37
G	4.10	16.22	20.31	24.13	27.63	30.79	33.78	36.56	39.23	41.77	44.15	46.47
F	4.77	16.29	20.33	24.11	27.57	30.70	33.66	36.41	39.07	41.56	43.91	46.21
F	5.44	16.18	20.20	23.96	27.39	30.51	33.43	36.16	38.79	41.26	43.59	45.87

（续）

气体	发热量 Q_d/ (MJ/m^3)	温 度/℃										
		0	100	200	300	400	500	600	700	800	900	1000
F	5.70	16.14	20.17	23.94	27.38	30.51	33.44	36.18	38.82	41.30	43.64	45.92
F	5.80	16.27	20.28	24.03	27.47	30.58	33.52	36.27	38.92	41.42	43.77	46.03
F	6.10	15.98	20.02	23.79	27.25	30.38	33.32	36.06	38.72	41.19	43.54	45.83
B	10.20	15.59	19.55	23.18	26.60	29.70	32.09	35.50	38.32	40.91	43.36	45.85

表 15-29　高炉煤气（G）、发生炉煤气（F）和水煤气（B）的运动粘度

（单位：$10^{-6}m^2/s$）

气体	发热量 Q_d/ (MJ/m^3)	温 度/℃										
		0	100	200	300	400	500	600	700	800	900	1000
G	3.35	11.97	20.59	31.10	43.19	56.59	71.32	87.12	104.1	121.1	141.0	160.9
G	3.72	12.32	21.16	31.92	44.30	58.02	73.11	89.30	106.7	125.1	144.6	165.0
G	4.10	12.48	21.38	32.23	44.71	58.53	73.76	90.09	107.7	126.2	145.9	166.5
F	4.77	14.22	24.28	36.54	50.62	66.22	83.37	101.8	121.6	142.5	164.7	187.9
F	5.44	14.41	24.60	37.02	51.27	67.08	84.49	103.1	123.2	144.3	166.9	190.3
F	5.70	14.20	24.27	36.54	50.64	66.27	83.44	101.9	121.8	142.7	164.9	188.2
F	5.80	14.50	24.72	37.16	51.46	67.30	84.73	103.4	123.7	144.9	167.4	191.2
F	6.10	14.52	24.90	37.59	52.07	68.20	85.90	104.9	125.5	147.1	170.0	194.1
B	10.20	21.52	36.93	55.54	77.23	101.3	128.1	166.9	188.5	221.3	256.7	294.3

表 15-30　高炉煤气（G）、发生炉煤气（F）和水煤气（B）的实际比热容

［单位：$kJ/(m^3 \cdot ℃)$］

气体	发热量 Q_d/ (MJ/m^3)	温 度/℃										
		0	100	200	300	400	500	600	700	800	900	1000
G	3.35	1.3415	1.3729	1.4068	1.4449	1.4842	1.5232	1.5596	1.5918	1.6207	1.6458	1.6672
G	3.72	1.3352	1.3636	1.3946	1.4306	1.4687	1.5068	1.5420	1.5738	1.6023	1.6266	1.6488
G	4.10	1.3293	1.3540	1.3821	1.4160	1.4524	1.4892	1.5236	1.5541	1.6818	1.6961	1.6274
F	4.77	1.3163	1.3360	1.3590	1.3875	1.4189	1.4516	1.4830	1.5114	1.5378	1.5618	1.5822
F	5.44	1.3193	1.3423	1.3687	1.4013	1.4369	1.4729	1.5072	1.5391	1.5680	1.5939	1.6169
F	5.70	1.3226	1.3473	1.3758	1.4097	1.4465	1.4838	1.5190	1.5512	1.5805	1.6069	1.6303
F	5.80	1.3142	1.3335	1.3574	1.3879	1.4218	1.4566	1.4901	1.5206	1.5487	1.5709	1.5960
F	6.10	1.3281	1.3586	1.3909	1.4277	1.4666	1.5052	1.5416	1.5751	1.6056	1.6333	1.6575
B	10.20	1.3080	1.3348	1.3557	1.3783	1.4022	1.4273	1.4520	1.4763	1.4997	1.5215	1.5424

表 15-31　高炉煤气（G）、发生炉煤气（F）和水煤气（B）的平均比热容

［单位：kJ/(m³·℃)］

气体	发热量 Q_d/ (MJ/m³)	温　　度/℃										
		0	100	200	300	400	500	600	700	800	900	1000
G	3.35	1.3415	1.3574	1.3733	1.3909	1.4093	1.4281	1.4470	1.4654	1.4830	1.4997	1.5156
G	3.72	1.3352	1.3494	1.3641	1.3800	1.3976	1.4156	1.4340	1.4516	1.4687	1.4851	1.5001
G	4.10	1.3293	1.3419	1.3544	1.3691	1.3854	1.4026	1.4202	1.4369	1.4532	1.4691	1.4838
F	4.77	1.3163	1.3264	1.3364	1.3486	1.3624	1.3770	1.3921	1.4072	1.4218	1.4361	1.4495
F	5.44	1.3193	1.3306	1.3427	1.3565	1.3720	1.3888	1.4055	1.4227	1.4390	1.4549	1.4700
F	5.70	1.3226	1.3352	1.3481	1.3628	1.3791	1.3963	1.4139	1.4315	1.4482	1.4645	1.4800
F	5.80	1.3142	1.3239	1.3343	1.3469	1.3615	1.3770	1.3934	1.4093	1.4252	1.4403	1.4549
F	6.10	1.3281	1.3435	1.3590	1.3754	1.3934	1.4118	1.4306	1.4491	1.4671	1.4842	1.5001
B	10.20	1.3080	1.3226	1.3339	1.3444	1.3561	1.3678	1.3800	1.3921	1.4038	1.4160	1.4528

表 15-32　高炉煤气（G）、发生炉煤气（F）和水煤气（B）的热导率

［单位：10^{-3}W/(m·℃)］

气体	发热量 Q_d/ (MJ/m³)	温　　度/℃										
		0	100	200	300	400	500	600	700	800	900	1000
G	3.35	22.97	30.38	37.09	43.41	49.52	55.23	60.63	65.87	71.00	76.12	81.01
G	3.72	24.20	31.89	38.84	45.40	51.69	57.64	63.26	68.74	74.19	79.65	84.83
G	4.10	24.24	31.83	38.70	45.17	51.37	57.22	62.74	68.13	73.44	78.77	83.85
F	4.77	32.61	42.39	51.29	59.71	67.44	75.28	82.53	90.00	97.83	105.75	113.17
F	5.44	33.32	43.38	52.64	61.44	69.58	77.79	85.48	93.46	101.84	110.39	118.06
F	5.70	32.69	42.65	51.80	60.53	68.63	76.77	84.41	92.32	100.62	109.08	117.03
F	5.80	32.99	42.88	51.94	60.57	68.54	76.57	84.10	91.88	100.04	108.37	116.17
F	6.10	35.54	46.45	56.56	66.23	75.13	84.26	92.83	101.84	111.41	121.21	130.40
B	10.20	67.74	87.42	105.61	123.24	138.39	155.97	172.07	190.31	210.53	231.31	250.91

表15-33　高炉煤气（G）、发生炉煤气（F）和水煤气（B）的热扩散率

（单位：10^{-2}m²/h）

气体	发热量 Q_d/ (MJ/m³)	温　　度/℃										
		0	100	200	300	400	500	600	700	800	900	1000
G	3.35	6.65	11.77	17.80	24.56	32.03	39.99	48.40	57.38	67.00	77.26	88.02
G	3.72	7.04	12.45	18.81	25.97	33.80	42.18	51.11	60.55	70.67	81.72	93.24
G	4.10	7.09	12.51	18.90	26.09	33.98	42.42	51.31	60.77	70.85	81.94	93.35
F	4.77	9.62	16.87	25.49	35.18	45.67	57.17	69.26	82.58	97.13	113.15	129.56
F	5.44	9.82	17.19	25.93	35.84	46.53	58.27	70.56	84.13	99.11	115.74	132.73
F	5.70	9.61	16.83	25.39	35.13	45.53	57.11	69.19	82.55	97.27	113.26	130.03
F	5.80	9.76	17.11	25.82	35.63	46.23	57.99	70.20	83.70	98.60	114.77	131.83
F	6.10	10.41	18.18	27.50	37.94	49.20	61.72	74.92	89.64	105.91	123.87	142.60
B	10.20	20.12	34.80	52.61	73.16	94.72	120.71	156.85	178.56	214.13	253.15	294.30

表 15-34　高炉煤气（G）、发生炉煤气（F）和水煤气（B）的普兰特准数

气体	发热量 Q_d/ (MJ/m^3)	温　　度/℃										
		0	100	200	300	400	500	600	700	800	900	1000
G	3.35	0.648	0.630	0.629	0.633	0.636	0.642	0.648	0.653	0.656	0.657	0.658
G	3.72	0.630	0.612	0.611	0.614	0.618	0.624	0.629	0.634	0.637	0.637	0.637
G	4.10	0.634	0.615	0.614	0.617	0.620	0.626	0.632	0.638	0.641	0.641	0.642
F	4.77	0.532	0.518	0.516	0.518	0.522	0.525	0.529	0.530	0.528	0.524	0.522
F	5.44	0.528	0.515	0.514	0.515	0.519	0.522	0.526	0.527	0.524	0.519	0.516
F	5.70	0.532	0.519	0.518	0.519	0.524	0.526	0.530	0.531	0.528	0.524	0.521
F	5.80	0.535	0.520	0.518	0.520	0.524	0.526	0.530	0.532	0.529	0.525	0.522
F	6.10	0.502	0.493	0.492	0.494	0.499	0.501	0.504	0.504	0.500	0.494	0.490
B	10.20	0.385	0.382	0.380	0.380	0.385	0.382	0.383	0.380	0.372	0.365	0.360

表 15-35　天然气（T），石油气（H）和丙、丁烷气（TD）的密度　（单位：kg/m^3）

气体	发热量 Q_d/ (MJ/m^3)	温　　度/℃										
		0	100	200	300	400	500	600	700	800	900	1000
T	34.00	0.8204	0.6903	0.4731	0.3904	0.3328	0.2895	0.2566	0.2303	0.2084	0.1910	0.1756
T	35.00	0.7728	0.5657	0.4459	0.3679	0.3137	0.2728	0.2419	0.2171	0.1963	0.1800	0.1654
T	35.60	0.8360	0.6117	0.4820	0.3977	0.3391	0.2949	0.2614	0.2347	0.2123	0.1946	0.1790
T	36.50	0.7771	0.5689	0.4284	0.3700	0.3155	0.2773	0.2432	0.2183	0.1974	0.1810	0.1664
T	37.20	0.7810	0.5718	0.4506	0.3718	0.3170	0.2757	0.2444	0.2194	0.1984	0.1819	0.1672
T	38.10	0.7960	0.5827	0.4592	0.3789	0.3231	0.2810	0.2491	0.2236	0.2022	0.1854	0.1704
H	42.50	0.9330	0.6834	0.5383	0.4442	0.3786	0.3294	0.2920	0.2620	0.2371	0.2173	0.1998
H	46.70	1.0164	0.7447	0.5865	0.4840	0.4125	0.3589	0.3180	0.2834	0.2584	0.2367	0.2177
H	51.10	1.1147	0.8168	0.6432	0.5308	0.4523	0.3936	0.3488	0.3130	0.2834	0.2595	0.2388
H	54.85	1.2803	0.9378	0.7387	0.6097	0.5194	0.4521	0.4006	0.3594	0.3255	0.2980	0.2744
H	59.20	1.3817	1.0130	0.7973	0.6581	0.5606	0.4880	0.4323	0.3878	0.3514	0.3216	0.2962
H	63.85	1.4309	1.0932	0.8603	0.7100	0.6048	0.5265	0.4664	0.4184	0.3792	0.3470	0.3196
TD	94.0	2.0298	1.4946	1.1714	0.9670	0.8234	0.7170	0.6350	0.5696	0.5165	0.4724	0.4353
TD	96.75	2.0924	1.5394	1.2076	0.9968	0.8488	0.7392	0.6546	0.5872	0.5324	0.4870	0.4488
TD	99.50	2.1550	1.5842	1.2437	1.0266	0.8742	0.7613	0.6742	0.6048	0.5483	0.5015	0.4628
TD	102.20	2.2175	1.6290	1.2798	1.0564	0.8996	0.7834	0.6938	0.6223	0.5642	0.5161	0.4756
TD	105.00	2.2801	1.6738	1.3159	1.0862	0.9250	0.8055	0.7134	0.6399	0.5801	0.5306	0.4890
TD	107.70	2.3427	1.7186	1.3520	1.1160	0.9504	0.8276	0.7329	0.6535	0.5961	0.5452	0.5024
TD	110.45	2.4052	1.7634	1.3881	1.1458	0.9758	0.8497	0.7525	0.6750	0.6120	0.5598	0.5159
TD	113.20	2.4678	1.8082	1.4242	1.1756	1.0011	0.8718	0.7721	0.6926	0.6279	0.5743	0.5293
TD	115.90	2.5304	1.8530	1.4604	1.2054	1.0265	0.8939	0.7917	0.7101	0.6438	0.5889	0.5427

表 15-36　天然气（T），石油气（H）和丙、丁烷气（TD）的动力粘度

（单位：10^{-6} Pa·s）

气体	发热量 Q_d/（MJ/m³）	温　度/℃						
		0	100	200	300	400	500	600
T	34.0	10.84	14.00	16.85	19.42	21.87	23.90	26.01
T	35.00	10.59	13.70	16.49	19.02	21.40	23.36	25.40
T	35.60	10.54	13.72	16.57	19.15	21.60	23.64	25.75
T	35.50	10.36	13.44	16.20	18.70	21.07	23.02	25.06
T	37.20	10.26	13.33	16.08	18.56	20.93	22.88	24.93
T	38.10	10.17	13.23	15.98	18.46	20.84	22.81	24.86
H	42.50	9.91	12.74	15.73	18.25	20.68	22.77	24.92
H	46.70	9.59	12.61	15.34	18.83	20.28	22.42	24.60
H	51.10	9.29	12.26	14.98	17.46	19.91	22.08	24.30
H	54.85	9.19	12.17	14.91	17.45	19.93	22.17	24.42
H	59.20	8.96	11.90	14.60	17.08	19.60	21.00	24.22
H	63.85	8.72	11.62	14.30	16.66	19.28	21.60	23.94
TD	94.00	7.42	10.00	12.41	14.70	17.08	19.34	21.72
TD	96.75	7.35	9.93	12.35	14.64	17.02	19.28	21.64
TD	99.50	7.27	9.87	12.28	14.58	16.95	19.22	21.56
TD	102.20	7.20	9.81	12.22	14.53	16.89	19.16	21.48
TD	105.00	7.13	9.75	12.15	14.47	16.82	19.10	21.40
TD	107.70	7.07	9.69	12.09	14.42	16.76	19.04	21.32
TD	110.45	7.00	9.64	12.03	14.36	16.69	18.98	21.24
TD	113.20	6.94	9.58	11.97	14.31	16.63	18.92	21.16
TD	115.90	6.88	9.52	11.91	14.25	16.56	18.86	21.08

表 15-37　天然气（T），石油气（H）和丙、丁烷气（TD）的运动粘度

（单位：10^{-6} m²/s）

气体	发热量 Q_d/（MJ/m³）	温　度/℃						
		0	100	200	300	400	500	600
T	34.00	13.21	23.32	35.02	49.76	65.71	82.58	101.34
T	35.00	13.71	24.22	36.99	51.70	68.22	85.62	105.00
T	35.60	12.61	22.42	34.38	48.16	63.71	80.17	98.49
T	36.50	13.31	23.62	36.13	50.55	66.79	83.93	103.04
T	37.20	13.14	23.31	35.67	49.92	66.02	83.01	101.98
T	38.10	12.78	22.71	34.79	48.73	64.50	81.18	99.82
H	42.50	10.62	18.98	29.22	41.08	54.63	69.13	85.35
H	46.70	9.44	16.93	26.15	36.84	49.14	62.46	77.35
H	51.10	8.34	15.02	23.28	32.89	44.03	56.11	69.66
H	54.85	7.18	12.97	20.19	28.62	38.36	49.04	60.96
H	59.20	6.48	11.75	18.31	25.96	34.96	44.88	56.04
H	63.85	5.85	10.63	16.62	23.62	31.88	41.02	51.32
TD	94.00	3.66	6.69	10.60	15.20	20.75	26.98	34.20
TD	96.75	3.51	6.45	10.22	14.69	20.05	26.09	33.00
TD	99.50	3.38	6.23	9.88	14.21	19.39	25.25	31.96
TD	102.20	3.25	6.02	9.55	13.75	18.77	24.46	30.98
TD	105.00	3.13	5.83	8.24	13.32	18.19	23.72	30.06
TD	107.70	3.02	5.64	8.94	12.92	17.63	23.01	29.09
TD	110.45	2.91	5.46	8.67	12.54	17.11	22.34	28.22
TD	113.20	2.81	5.30	8.40	12.17	16.61	21.70	27.40
TD	115.90	2.72	5.14	8.16	11.82	16.14	21.10	26.63

表 15-38 天然气（T），石油气（H）和丙、丁烷气（TD）的实际比热容

[单位：kJ/(m³·℃)]

气体	发热量 Q_d/（MJ/m³）	温度/℃										
		0	100	200	300	400	500	600	700	800	900	1000
T	34.00	1.5759	1.7827	2.0348	2.2898	2.5334	2.7570	2.9605	3.1434	3.3046	3.4466	3.5772
T	35.00	1.5675	2.7719	2.0256	2.2843	2.5326	2.7608	2.9684	3.1556	3.3210	3.4692	3.6006
T	35.60	1.6077	1.8317	2.1013	2.3714	2.6285	2.8634	3.0765	3.2682	3.4369	3.5873	3.7216
T	36.50	1.5918	1.8108	2.0792	2.3505	2.6101	2.8474	3.0635	3.2582	3.4294	3.5831	3.7191
T	37.20	1.6035	1.8296	2.1051	2.3823	2.6469	2.8889	3.1091	3.3067	3.4809	3.6366	3.7757
T	38.10	1.6236	1.8598	2.1441	2.4292	2.6996	2.9475	3.1719	3.3737	3.5508	3.7095	3.8506
H	42.50	1.7744	2.0699	2.4045	2.7273	3.0291	3.3030	3.5491	3.7690	3.9590	4.1290	4.2814
H	46.70	1.8862	2.2303	2.6084	2.9659	3.2967	3.5952	3.8623	4.1001	4.3036	4.4857	4.6494
H	51.10	2.0205	2.4149	2.8386	3.2314	3.5927	3.9172	4.2061	4.4623	4.6800	4.8743	5.0501
H	54.85	2.2056	2.6486	3.1162	3.5399	3.9264	4.2718	4.5787	4.8492	5.0765	5.2796	5.4638
H	59.20	2.2919	2.8018	3.3222	3.7878	4.6264	4.5816	4.9115	5.2021	5.4433	5.6593	5.8557
H	63.85	2.4325	2.9973	3.5672	4.0712	4.5234	4.9245	5.2775	5.5877	5.8435	6.0725	6.2815
TD	94.00	3.1566	4.0964	4.9890	5.7460	6.4079	6.9886	7.4914	7.9315	8.2869	8.6047	8.8957
TD	96.75	3.2644	4.2253	5.1422	5.9197	6.5976	7.1929	7.7087	8.1597	8.5201	8.8488	9.1469
TD	99.50	3.3725	4.3539	5.2955	6.0918	6.7868	7.3972	7.9264	8.3878	8.7605	9.0929	9.3981
TD	102.20	3.4805	4.4828	5.4487	6.2639	6.9765	7.6015	8.1442	8.6160	8.9970	9.3370	9.6493
TD	105.00	3.5881	4.6118	5.6019	6.4355	7.1661	7.8059	8.3615	8.8442	9.2336	9.5811	9.9005
TD	107.70	3.6962	4.7407	5.7548	6.6076	7.3558	8.0102	8.5792	9.0728	9.4750	9.8256	10.1521
TD	110.45	3.8041	4.8692	5.9080	6.7797	7.5454	8.2145	8.7969	9.3006	9.7071	10.0697	10.4034
TD	113.20	3.9121	4.9982	6.0612	6.9518	7.7347	8.4188	9.0142	9.5292	9.9436	10.3138	10.6546
TD	115.90	4.0202	5.1272	6.2145	7.1238	7.9244	8.6231	9.2319	9.7573	10.1806	10.5578	10.9058

表 15-39 天然气（T），石油气（H）和丙、丁烷气（TD）的平均比热容

[单位：kJ/(m³·℃)]

气体	发热量 Q_d/（MJ/m³）	温度/℃										
		0	100	200	300	400	500	600	700	800	900	1000
T	34.00	1.5759	1.6718	1.7886	1.9125	2.0385	2.1591	2.2755	2.3873	2.4987	2.6017	2.6942
T	35.00	1.5675	1.6613	1.7781	1.9033	2.0306	2.1528	2.2718	2.3852	2.4991	2.6047	2.6992
T	35.60	1.6077	1.7120	1.8376	1.9699	2.1034	2.2311	2.3547	2.4719	2.5891	2.6971	2.7947
T	36.50	1.5918	1.6931	1.8171	1.9489	2.0833	2.2115	2.3354	2.4371	2.5724	2.6825	2.7809
T	37.20	1.6035	1.7082	1.8363	1.9711	2.1085	2.2395	2.3660	2.4870	2.6075	2.7197	2.8197
T	38.10	1.6236	1.7338	1.8661	2.0055	2.1466	2.2814	2.4112	2.5347	2.6578	2.7721	2.8748
H	42.50	1.7744	1.9155	2.0750	2.2374	2.3995	2.5510	2.6980	2.8357	2.9701	3.0945	3.2071
H	46.70	1.8862	2.0528	2.2349	2.4170	2.5983	2.7650	2.9278	3.0785	3.2238	3.3586	3.4813
H	51.10	2.0205	2.2131	2.4191	2.6213	2.8223	3.0053	3.1849	3.3490	3.5056	3.6509	3.7840
H	54.85	2.2056	2.4242	2.6523	2.8738	3.0924	3.2887	3.4830	3.6588	3.8234	3.9766	4.1181

（续）

气体	发热量 Q_d/ (MJ/m^3)	温　度/℃										
		0	100	200	300	400	500	600	700	800	900	1000
H	59.20	2.2919	2.5456	2.8043	3.0501	3.2912	3.5073	3.7191	3.9100	4.0871	4.2521	4.4049
H	63.85	2.4325	2.7147	2.9994	3.2674	3.5299	3.7627	3.9925	4.1977	4.3869	4.5628	4.7269
TD	94.00	3.1548	3.6291	4.0943	4.5092	4.9103	5.2532	5.6003	5.8996	6.1705	6.4196	6.6553
TD	96.75	3.2644	3.7489	4.2236	4.6494	5.0610	5.4127	5.7686	6.0755	6.3522	6.6076	6.8496
TD	99.50	3.3725	3.8686	4.3526	4.7897	5.2117	5.5722	5.9369	6.2517	6.5343	6.7960	7.0439
TD	102.20	3.4805	3.9879	4.4815	4.9300	5.3624	5.7317	6.1052	6.4280	6.7160	6.9844	7.2381
TD	105.00	3.5881	4.1072	4.6105	5.0702	5.5132	5.8912	6.2731	6.6038	6.8982	7.1724	7.4324
TD	107.70	3.6928	4.2270	4.7399	5.2109	5.6649	6.0508	6.4414	6.7801	7.0799	7.3608	7.6267
TD	110.45	3.8041	4.3467	4.8688	5.3511	5.8146	6.2103	6.6097	6.9564	7.2620	7.5492	7.8209
TD	113.20	3.9121	4.4661	4.9978	5.4914	5.9658	6.3698	6.7780	7.1326	7.4441	7.7372	8.0152
TD	115.90	4.0202	4.5854	5.1271	5.6317	6.1161	6.5293	6.9463	7.3085	7.6258	7.9256	8.2095

表 15-40　天然气（T），石油气（H）和丙、丁烷气（TD）的热导率

[单位：$10^{-3}W/(m \cdot ℃)$]

气体	发热量 Q_d/ (MJ/m^3)	温　度/℃						
		0	100	200	300	400	500	600
T	34.00	28.41	42.09	58.15	76.16	95.90	113.28	133.56
T	35.00	29.18	43.29	59.98	78.78	99.37	117.24	138.30
T	35.60	27.98	41.88	58.32	76.86	97.17	115.08	136.05
T	36.50	28.89	43.12	60.01	79.10	100.01	118.33	139.91
T	37.20	28.73	49.98	59.94	79.11	100.17	118.70	140.49
T	38.10	28.38	42.61	59.57	78.51	99.84	118.53	140.48
H	42.50	26.09	39.63	55.79	74.04	94.20	112.74	134.22
H	46.70	24.71	37.99	53.89	71.87	91.88	110.73	132.43
H	51.10	23.43	36.39	51.97	69.61	89.33	108.29	129.93
H	54.85	21.86	34.09	48.76	65.34	83.86	102.02	122.63
H	59.20	20.31	32.31	46.75	63.15	81.50	100.37	121.45
H	63.85	19.28	31.04	45.25	61.41	79.61	98.59	119.80
TD	94.00	15.00	25.96	39.72	55.68	74.21	94.98	117.97
TD	96.75	14.78	25.66	39.31	55.21	73.65	94.39	117.35
TD	99.50	14.56	25.35	38.93	54.75	73.12	93.81	116.73
TD	102.20	14.36	25.06	38.55	54.30	72.59	93.25	116.15
TD	105.00	14.16	24.78	38.19	53.87	72.09	92.71	115.58
TD	107.70	13.97	24.50	37.83	53.45	71.59	92.19	115.04
TD	110.45	13.78	24.25	37.49	53.03	71.64	91.68	114.51
TD	113.20	13.60	23.98	37.16	52.64	70.66	91.19	114.01
TD	115.90	13.42	23.74	36.83	52.24	70.21	90.71	113.52

表 15-41　天然气（T），石油气（H）和丙、丁烷气（TD）的热扩散率

（单位：$10^{-2}\text{m}^2/\text{h}$）

气体	发热量 $Q_d/$	温　度/℃						
	（MJ/m^3）	0	100	200	300	400	500	600
T	34.00	6.49	11.61	17.83	25.20	33.60	41.87	51.89
T	35.00	6.70	12.07	18.47	26.06	34.78	43.31	53.62
T	35.60	6.26	11.24	17.33	24.52	32.81	41.00	50.87
T	36.50	6.52	11.78	18.01	25.45	33.96	42.38	52.55
T	37.20	6.44	11.58	17.78	25.10	33.57	41.91	52.00
T	38.10	6.29	11.26	17.34	24.53	32.80	41.00	50.97
H	42.50	5.29	9.41	14.47	20.54	27.58	35.00	38.42
H	46.70	4.69	8.37	12.90	18.32	24.72	31.58	39.44
H	51.10	4.18	7.41	11.42	16.29	22.08	28.38	35.57
H	54.85	3.57	6.33	9.77	14.00	18.94	24.53	30.82
H	59.20	3.19	5.66	8.78	12.59	17.19	22.32	28.45
H	63.85	2.86	5.08	7.91	11.40	15.61	20.40	26.15
TD	94.00	1.71	3.10	4.97	7.32	10.27	13.86	18.11
TD	96.75	1.63	2.97	4.76	7.05	9.90	13.38	17.52
TD	99.50	1.56	2.85	4.59	6.79	9.56	12.91	16.96
TD	102.20	1.49	2.74	4.41	6.55	9.23	12.58	16.42
TD	105.00	1.42	2.64	4.25	6.33	8.94	12.18	15.90
TD	107.70	1.36	2.54	4.10	6.11	8.63	11.72	15.42
TD	110.45	1.30	2.44	3.96	5.92	8.37	11.44	14.98
TD	113.20	1.20	2.36	3.82	5.72	8.10	11.03	14.55
TD	115.90	1.20	2.28	3.70	5.54	7.86	10.72	14.08

表 15-42　天然气（T），石油气（H）和丙、丁烷气（TD）的普兰特准数

气体	发热量 $Q_d/$	温　度/℃						
	（MJ/m^3）	0	100	200	300	400	500	600
T	34.00	0.733	0.723	0.719	0.712	0.704	0.710	0.703
T	35.00	0.736	0.722	0.721	0.714	0.706	0.712	0.705
T	35.60	0.725	0.718	0.714	0.707	0.699	0.704	0.697
T	36.50	0.735	0.722	0.722	0.715	0.708	0.713	0.706
T	37.20	0.734	0.726	0.722	0.716	0.708	0.713	0.706
T	38.10	0.731	0.726	0.722	0.715	0.708	0.713	0.705
H	42.50	0.723	0.726	0.727	0.720	0.713	0.711	0.706
H	46.70	0.724	0.728	0.730	0.724	0.716	0.712	0.706
H	51.10	0.719	0.730	0.734	0.727	0.718	0.713	0.705
H	54.85	0.724	0.738	0.744	0.738	0.729	0.721	0.712

（续）

气体	发热量 Q_d/	温　　度/℃						
	（MJ/m³）	0	100	200	300	400	500	600
H	59.20	0.732	0.747	0.751	0.742	0.732	0.724	0.709
H	63.85	0.737	0.753	0.756	0.746	0.735	0.724	0.707
TD	94.00	0.769	0.777	0.768	0.747	0.727	0.701	0.680
TD	96.75	0.775	0.782	0.772	0.750	0.729	0.702	0.679
TD	99.50	0.781	0.787	0.775	0.753	0.730	0.704	0.679
TD	102.20	0.787	0.791	0.779	0.756	0.732	0.700	0.679
TD	105.00	0.793	0.796	0.782	0.758	0.733	0.701	0.679
TD	107.70	0.798	0.800	0.785	0.761	0.735	0.706	0.679
TD	110.45	0.804	0.805	0.788	0.763	0.736	0.703	0.678
TD	113.20	0.809	0.809	0.791	0.766	0.738	0.708	0.678
TD	115.90	0.814	0.813	0.794	0.768	0.739	0.708	0.678

表 15-43　可燃气的成分和燃烧性质

煤气成分	发热量 Q/(kJ/m³)		理论燃烧空气量/ (m³/m³)	可燃范围			燃烧速度 /(m/s)	着火温度 /℃	理论燃烧温度/℃
				混合气体中的煤气浓度 （体积分数）（%）					
	高值	低值		下限	上限	燃烧速度最大时的浓度			
H_2（氢）	12800	10790	2.38	4.1	74.2	41.6	2.92	572	2114
CO（一氧化碳）	12620	12620	2.38	12.5	74.2	41.6	0.43	609	2102
CH_4（甲烷）	40070	36090	9.52	5.3	13.9	10.8	0.374	633	1966
C_2H_6（乙烷）	69500	63510	16.7	3.1	15.0	6.3	0.437	473	1971
C_2H_4（乙烯）	64480	60580	14.3	3.0	34.0	7.45	0.753	490	2102
C_2H_2（乙炔）	67200	56350	11.9	2.5	80.0	10.0	1.56	305	2327
C_3H_8（丙烷）	94200	90730	23.8	2.4	9.5	5.1	0.43	505	1977
C_3H_6（丙烯）	93340	87290	21.4	2.2	11.3	5.1	0.482	559	2067
C_4H_{10}（n 丁烷）	128120	118490	31.0	1.8	8.4	3.5	0.417	431	1982
C_4H_{10}（i 丁烷）	127700	118070	31.0	1.9	9.37	3.4	0.387	476	1982
C_4H_8（1-丁烯）	121840	114300	28.6	1.82	11.0	3.9	0.478	444	2047
C_4H_8（2-丁烯）	121420	113880	28.6	1.82	9.5	—	—	—	—
C_4H_8（i-丁烯）	121210	113670	28.6	—	—	3.84	0.413	—	—

表 15-44　工业用气体燃料的比热容　　　　　[单位：kJ/(m³·℃)]

温度/℃	发生炉煤气	焦炉煤气	高炉煤气	水　煤　气
0	1.365	1.365	1.390	1.386
200	1.411	1.394	1.432	1.428
400	1.461	1.428	1.478	1.470

（续）

温度/°C	发生炉煤气	焦炉煤气	高炉煤气	水　煤　气
600	1.495	1.465	1.520	1.507
800	1.528	1.499	1.562	1.549
1000	1.562	1.537	1.600	1.591
1200	1.595	1.566	1.633	1.624
1400	1.624	1.599	1.662	1.658

表 15-45　辐射换热计算式

项　目	计　算　式
黑体辐射力	$E_0 = \sigma_0 T^4$，$\sigma_0 = 5.67 \times 10^{-8}\,W/(m^2 \cdot K^4)$
灰体辐射力	$E = \varepsilon\sigma_0 T^4$，$\varepsilon = E/E_0$，$\varepsilon$ 为物体发射率（黑度）
两无限大灰体平行放置之间的辐射热交换	$Q_{1-2} = \varepsilon_s \sigma_0 A\,(T_1^4 - T_2^4)$，$A$ 为辐射面积（m²） $\varepsilon_s = 1/\left[\,(1/\varepsilon_1 + 1/\varepsilon_2)-1\,\right]$，$\varepsilon_s$ 为系统发射率（黑度）
一物体被另一物体包围且角度系数 $\phi_{21} = 1$ 的辐射热交换	$Q_{1-2} = \varepsilon_s \sigma_0 A_2\,(T_1^4 - T_2^4)$，$A_2$ 为被包围物体面积（m²） $\varepsilon_s = 1/\left[\,1/\varepsilon_2 + A_2/A_1\,(1/\varepsilon_1 - 1)\,\right]$
通过炉门口的辐射热损失	$Q_{1-2} = \sigma_0\,(T_1^4 - T_2^4)\,\phi A$ ϕ 为遮蔽系数，A 为炉口面积
炉内气体与固体壁面间的辐射热交换	$Q = \varepsilon_s \sigma_0 A\,(T_g^4 - T_w^4)$ $\varepsilon_s = 1/\varepsilon_g + 1/\varepsilon_w - 1$，g、w 代表气体和固体壁

注：T 代表温度（K）。

表 15-46　常用材料的发射率（黑度）

材　料　名　称	t/°C	发射率（黑度）ε	材　料　名　称	t/°C	发射率（黑度）ε
绝对黑体	—	1.0	白漆	40~95	0.80~0.96
石墨粉	—	0.95	各种不同颜色的油质漆料	100	0.92~0.96
石棉纸板	24	0.96	磨光的硬橡胶板	23	0.945
石棉纸	40~370	0.93~0.945	加热到 325°C 以后的铝质涂料	150~315	0.35
表面粗糙的红砖	20	0.93	灰色不光滑的软橡胶板（经过精制）	24	0.859
表面粗糙未上釉的硅砖	100	0.83	平整的玻璃	22	0.937
表面粗糙上釉的硅砖	1100	0.85	上过釉的瓷器	22	0.924
上过釉的粘土耐火砖	≈1100	0.87	熔覆铁上的珐琅	19	0.897
耐火砖（新的）	≈1000	0.83~0.87	表面磨光的铝	225~575	0.039~0.057
耐火砖（用过的）	≈1000	0.72~0.76	表面不光滑的铝	26	0.055
涂在不光滑铁板上的白釉漆	23	0.906	在 600°C 时氧化后的铝	200~600	0.11~0.19
涂在铁板上有光泽的黑漆	25	0.875	表面磨光的铁	425~1020	0.144~0.377
无光泽的黑漆	40~95	0.96~0.98	氧化后的铁	100	0.736

表 15-47　辐射遮蔽系数

炉口深度 /mm	炉口宽度 /mm	炉口高度 /mm					炉口深度 /mm	炉口宽度 /mm	炉口高度 /mm				
		150	250	450	600	750			150	250	450	600	750
115	150	0.55	0.63	0.66	0.68	0.69	345	150	0.36	0.43	0.45	0.47	0.49
	300	0.63	0.70	0.73	0.76	0.78		300	0.42	0.48	0.52	0.55	0.57
	600	0.68	0.76	0.80	0.82	0.84		600	0.47	0.55	0.59	0.62	0.64
	900	0.71	0.79	0.83	0.85	0.87		900	0.50	0.58	0.63	0.66	0.69
	1200	0.72	0.81	0.85	0.87	0.89		1200	0.52	0.60	0.65	0.68	0.71
	1500	0.73	0.82	0.86	0.89	0.91		1500	0.53	0.61	0.66	0.70	0.72
230	150	0.43	0.49	0.52	0.55	0.56	460	150	0.31	0.36	0.39	0.42	0.43
	300	0.49	0.56	0.60	0.63	0.64		300	0.36	0.43	0.46	0.49	0.51
	600	0.55	0.63	0.67	0.70	0.72		600	0.42	0.49	0.53	0.56	0.58
	900	0.57	0.66	0.70	0.73	0.75		900	0.45	0.52	0.57	0.60	0.62
	1200	0.59	0.68	0.72	0.76	0.78		1200	0.47	0.55	0.59	0.63	0.65
	1500	0.61	0.69	0.74	0.77	0.79		1500	0.48	0.56	0.61	0.64	0.67

注：圆形炉口可近似地以其直径作边长按正方形炉口计。

表 15-48　热处理炉的综合热交换

项　　目	计　　算　　式
炉内工件加热综合热交换	$Q = \alpha_\Sigma A_m (T_g - T_m)$ $\alpha_\Sigma = 1.03 \times 10^{-7} T_g^3 + 12 W/(m^2 \cdot K)$ 式中的 A_m 为工件面积(m^2)；T_g 为炉气温度(K)；T_m 为工件温度(K)；α_Σ 式中，前项为辐射值，后项为对流值
炉外壁综合散热	$Q = \alpha_\Sigma A(t - t_0)$ 式中的 t、t_0 分别为炉外壁面和周围空气温度(℃)；A 为炉外壁面积(m^2)；α_Σ 为炉外壁对空气的综合传热系数(见表 15-49)

表 15-49　炉壁外表面的综合传热系数　　　　［单位：$W/(m^2 \cdot ℃)$］

炉外壁温度/℃	垂直壁面	水　平　壁　面	
		顶　　面	底　　面
25	9.0	10	7.6
30	9.5	10.7	8.0
35	10.2	11.6	8.4
40	10.6	12.0	8.6
45	10.8	12.3	8.8
50	11.5	13.1	9.4
60	12.2	14.0	9.9
70	12.9	14.8	10.6
80	13.4	15.2	10.8
90	14.1	16.0	11.4
100	14.7	16.7	11.9
125	16.3	18.5	13.3

注：若炉外壁涂银粉时，从表中查得的数值应乘上 0.79。

表15-50 高电阻电热合金丝电阻、面积、重量换算表

直径/mm	每米表面积/(cm²/m)	截面/mm²	20℃时每米电阻/(Ω/m)					每米重量/(g/m)				
			Cr15Ni60	Cr20Ni80	Cr13Al4	Cr17Al5	0Cr25Al5	Cr15Ni60	Cr20Ni80	Cr13Al4	Cr17Al5	0Cr25Al5
0.20	6.283	0.0314	35.01	35.33	40.1	41.37	46.14	0.2561	0.2639	0.2325	0.2262	0.2231
0.25	7.854	0.0491	22.41	22.61	25.67	26.48	29.54	0.4001	0.4124	0.3633	0.3534	0.3485
0.30	9.425	0.0707	15.56	15.70	17.82	18.39	20.51	0.5761	0.5938	0.5231	0.5090	0.5019
0.35	11.000	0.0962	11.43	11.54	13.10	13.51	15.07	0.7841	0.8082	0.7120	0.6927	0.6831
0.40	12.57	0.1257	8.75	8.831	10.02	10.34	11.54	1.024	1.056	0.9318	0.9050	0.8925
0.50	15.71	0.1963	5.604	5.655	6.419	6.623	7.387	1.600	1.649	1.453	1.413	1.394
0.60	18.85	0.2827	3.891	3.926	4.457	4.599	5.129	2.304	2.375	2.092	2.035	2.007
0.70	21.99	0.3848	2.859	2.885	3.274	3.378	3.768	3.136	3.232	2.848	2.771	2.732
0.80	25.13	0.5027	2.188	2.208	2.506	2.586	2.884	4.097	4.223	3.720	3.619	3.569
0.90	28.27	0.6362	1.729	1.745	1.981	2.043	2.279	5.185	5.344	4.708	4.581	4.517
1.00	31.42	0.7854	1.401	1.413	1.604	1.655	1.846	6.401	6.597	5.812	5.655	5.576
1.50	47.12	1.767	0.6225	0.6282	0.7131	0.7357	0.8206	14.4	14.84	13.08	12.72	12.55
2.00	62.83	3.142	0.3501	0.3533	0.4010	0.4137	0.4614	25.61	26.39	23.25	22.62	22.31
2.50	78.54	4.909	0.2241	0.2261	0.2567	0.2648	0.2954	40.01	41.24	36.33	35.34	34.85
3.00	94.25	7.069	0.1556	0.1570	0.1782	0.1839	0.2051	57.61	59.38	52.31	50.90	50.19
3.50	110.0	9.621	0.1143	0.1154	0.1310	0.1351	0.1507	78.41	80.82	71.20	69.27	68.31
4.00	125.7	12.57	0.0875	0.0883	0.1002	0.1034	0.1154	102.4	105.6	93.18	90.50	89.25
4.50	141.4	15.90	0.0692	0.0698	0.0793	0.0818	0.0912	129.6	133.6	117.7	114.5	112.9
5.00	157.1	19.63	0.0560	0.0566	0.0642	0.0662	0.0739	160.0	164.9	145.3	141.3	139.4
5.50	172.8	23.76	0.0463	0.0467	0.0530	0.0547	0.0610	193.6	199.6	175.8	171.1	168.7
6.00	188.5	28.27	0.0389	0.0396	0.0446	0.0460	0.0513	230.4	237.5	209.2	203.5	200.7
6.50	204.2	33.18	0.0332	0.0334	0.0380	0.0392	0.0437	270.4	278.7	245.5	238.9	235.6
7.00	219.9	38.48	0.0286	0.0289	0.0327	0.0338	0.0377	313.6	323.2	284.8	277.1	273.2
8.00	251.3	50.27	0.0219	0.0221	0.0251	0.0259	0.0288	409.7	422.3	372.0	361.9	356.9

（续）

直径/mm	每米表面积/(cm²/m)	截面/mm²	20℃时每米电阻/(Ω/m)					每米重量/(g/m)				
			Cr15Ni60	Cr20Ni80	Cr13Al4	Cr17Al5	0Cr25Al5	Cr15Ni60	Cr20Ni80	Cr13Al4	Cr17Al5	0Cr25Al5
9.00	282.7	63.62	0.0173	0.0175	0.0198	0.0204	0.0228	518.5	534.4	470.8	458.1	451.7
10.00	314.2	78.54	0.0140	0.0141	0.0160	0.0166	0.0185	640.1	659.7	581.2	565.5	557.6
11.00	361.3	95.03	0.0116	0.0117	0.0133	0.0137	0.0153	774.5	798.3	703.2	684.2	674.7
12.00	377.0	113.1	0.0097	0.0098	0.0111	0.0115	0.0128	921.8	950.0	836.9	814.3	803.0
13.00	408.4	132.7	0.0083	0.0084	0.0095	0.0098	0.0109	1082	1115	982.0	955.4	942.2
14.00	439.8	153.9	0.0071	0.0072	0.0082	0.0084	0.0094	1254	1293	1139	1108	1055

表 15-51 高电阻电热合金带电阻、面积、重量换算表

尺寸(厚×宽)/mm	每米表面积/(cm²/m)	截面/mm²	20℃时每米电阻/(Ω/m)					每米重量/(g/m)				
			Cr15Ni60	Cr20Ni80	Cr13Al4	Cr17Al5	0Cr25Al5	Cr15Ni60	Cr20Ni80	Cr13Al4	Cr17Al5	0Cr25Al5
1.0×10	220	9.40	0.1170	0.1181	0.1340	0.1383	0.1543	76.61	78.96	69.56	67.68	66.74
1.0×15	320	14.70	0.0748	0.0755	0.0857	0.0884	0.0986	119.80	123.5	108.8	105.8	104.4
1.0×20	420	19.60	0.0561	0.0566	0.0643	0.0663	0.0740	159.70	164.6	145.0	141.1	139.2
1.0×30	620	29.40	0.0374	0.0378	0.0429	0.0442	0.0493	239.60	247.0	217.6	211.7	208.7
1.5×10	230	14.10	0.0780	0.0787	0.0894	0.0922	0.1028	114.9	118.4	104.3	101.5	100.1
1.5×15	330	22.05	0.0499	0.0503	0.0571	0.0590	0.0658	179.7	185.2	163.2	158.8	156.6
1.5×20	430	29.40	0.0374	0.0378	0.0429	0.0442	0.0493	239.6	247.0	217.6	211.7	208.7
1.5×30	630	44.10	0.0249	0.0252	0.0286	0.0295	0.0329	359.4	370.4	326.3	317.5	313.1
2.0×10	240	18.80	0.0585	0.0590	0.0670	0.0692	0.0771	153.2	157.9	139.1	135.4	133.5
2.0×15	340	29.40	0.0374	0.0378	0.0429	0.0442	0.0493	239.6	247.0	217.6	211.7	208.7
2.0×20	440	39.20	0.0281	0.0283	0.0321	0.0332	0.0370	319.5	329.3	290.1	282.2	278.3

（续）

尺寸（厚δ×宽）/mm	每米表面积/(cm²/m)	截面/mm²	20℃时每米电阻/(Ω/m)					每米重量/(g/m)				
			Cr15Ni60	Cr20Ni80	Cr13Al4	Cr17Al5	0Cr25Al5	Cr15Ni60	Cr20Ni80	Cr13Al4	Cr17Al5	0Cr25Al5
2.0×30	640	58.80	0.0187	0.0189	0.0214	0.0221	0.0247	479.2	493.9	435.1	423.4	417.5
2.0×40	840	78.40	0.0140	0.0142	0.0161	0.0166	0.0185	639.0	658.6	580.2	564.5	556.6
2.5×20	450	49.00	0.0225	0.0227	0.0257	0.0265	0.0296	399.4	411.6	362.6	352.8	347.9
2.5×25	550	61.25	0.0180	0.0181	0.0206	0.0212	0.0237	499.2	514.5	453.3	441.0	434.9
2.5×30	650	73.50	0.0150	0.0151	0.0171	0.0177	0.0197	599.0	617.4	543.9	529.2	521.9
2.5×40	850	98.00	0.0112	0.0113	0.0129	0.0133	0.0148	798.7	823.2	725.2	705.6	695.8
3.0×22	500	64.68	0.0170	0.0172	0.0195	0.0201	0.0224	527.1	543.3	478.6	465.7	459.2
3.0×25	560	73.50	0.0150	0.0151	0.0171	0.0177	0.0197	599.0	617.4	543.9	529.2	521.9
3.0×30	660	88.20	0.0125	0.0126	0.0143	0.0147	0.0164	718.8	740.9	652.7	635.0	626.2
3.0×40	860	117.60	0.0094	0.0094	0.0107	0.0111	0.0123	958.4	987.8	870.2	846.7	835.0
3.5×22	510	75.46	0.0146	0.0147	0.0167	0.0172	0.0192	615.0	633.9	558.4	543.3	535.8
3.5×25	570	85.75	0.0128	0.0129	0.0147	0.0152	0.0169	698.9	720.3	634.6	617.4	608.8
3.5×30	670	102.90	0.0107	0.0108	0.0122	0.0126	0.0141	838.6	864.4	761.5	740.9	730.6
3.5×40	870	137.20	0.0080	0.0081	0.0092	0.0095	0.0106	1118.0	1152.0	1015.0	987.8	974.1
4.0×25	580	98.00	0.0112	0.0113	0.0129	0.0133	0.0148	798.7	823.2	725.2	705.6	695.8
4.0×30	680	117.60	0.0094	0.0944	0.0107	0.0111	0.0123	958.4	987.8	870.2	846.7	835.0
4.0×40	880	156.80	0.0070	0.0071	0.0080	0.0083	0.0092	1278.0	1317.0	1160.0	1129.0	1113.0

注：电热合金带四角呈圆弧状，其截面计算式为 $f=\delta b c$。式中，δ—厚度（mm）；b—宽度（mm）；c—系数，$\delta \leqslant 10$mm 时，$c=0.94$，$\delta>10$mm 时，$c=0.98$。

表 15-52　炉子功率与电热元件（0Cr25Al5）计算参考数据

电炉功率/kW	元件温度/°C	元件功率/kW	元件数目	接线法	相数	电源电压/V	元件电流/A	元件热阻/Ω	元件直径/mm	元件长度/m	全台长度/m	全台重量/kg	表面负荷/(W/cm²)
1	1200	1	1	+	1	220	4.55	48.4	1.0	25.2	25.2	0.141	1.26
3	1200	3	1	+	1	220	13.64	16.1	2.0	33.6	33.6	0.750	1.42
5	1200	5	1	+	1	220	22.73	9.68	2.8	39.5	39.5	1.726	1.44
7	1200	7	1	+	1	220	31.82	6.91	3.5	44.1	44.1	3.01	1.44
9	1200	9	1	+	1	220	40.91	5.38	4.0	44.8	44.8	4.00	1.60
10	1200	10	1	+	1	220	45.45	4.84	4.5	51.0	51.0	5.76	1.39
12	1200	12	1	+	1	220	54.55	4.03	5.0	52.5	52.5	7.32	1.45
15	1200	15	1	+	1	220	68.18	3.22	5.5	50.7	50.7	8.55	1.71
15	1200	15	1	+	1	380	39.47	9.65	4.0	80.5	80.5	7.20	1.49
18	1200	18	1	+	1	220	81.82	2.69	6.5	59.2	59.2	13.9	1.49
20	1200	20	1	+	1	220	90.91	2.42	7.0	61.8	61.8	16.9	1.47
20	1200	20	1	+	1	380	52.63	7.23	5.0	94.1	94.1	13.1	1.35
24	1200	24	1	+	1	220	109.1	2.02	7.5	59.1	59.1	18.5	1.72
24	1200	24	1	+	1	380	63.16	6.03	5.5	95.0	95.0	16.0	1.47
25	1200	25	1	+	1	220	113.6	1.94	8.0	64.8	64.8	23.1	1.52
25	1200	8.3	3	Y	3	380	37.8	5.83	4.0	48.6	145.8	13.0	1.35
30	1200	10	3	Y	3	380	45.45	4.84	4.5	51.0	153.0	17.4	1.39
35	1200	11.7	3	Y	3	380	53.00	4.13	4.8	49.6	148.8	19.1	1.56
45	1200	15	3	Y	3	380	68.18	3.22	5.5	50.7	152.1	25.7	1.71
45	1200	7.5	6	YY	3	380	34.09	6.45	3.5	41.2	247.2	16.9	1.65
45	1200	7.5	6	YY	3	380	34.09	6.45	4.0	53.7	322.2	28.5	1.11
54	1200	18	3	Y	3	380	81.82	2.69	6.5	59.2	177.6	41.8	1.49
54	1200	18	3	△	3	380	47.37	8.05	4.5	84.9	254.7	28.8	1.50
54	1200	9	6	YY	3	380	40.91	5.38	4.0	44.8	268.8	24.0	1.60
54	1200	6	9	YYY	3	380	27.27	8.07	3.0	37.8	340.2	17.1	1.69
60	1200	20	3	Y	3	380	90.91	2.42	7.0	61.8	185.4	50.7	1.47
60	1200	20	3	△	3	380	52.63	7.23	5.0	94.1	282.3	39.3	1.35
60	1200	10	6	YY	3	380	45.45	4.84	4.5	50.1	300.6	34.6	1.39
75	1200	25	3	Y	3	380	113.6	1.94	8.0	64.8	194.4	69.4	1.54
75	1200	12.5	6	YY	3	380	56.8	3.88	5.0	50.5	303.0	42.3	1.58
75	1200	8.34	9	YYY	3	380	37.9	5.81	4.0	48.4	455.6	38.9	1.37

表 15-53　热处理件加热时厚、薄件的极限厚度

项　目	定　义
比欧数 B_i	$$B_i = \frac{\delta/\lambda}{1/\alpha} = R_内/R_外$$ 式中的 δ 为工件加热厚度(m)；λ 为工件热导率[W/(m·℃)]；α 为炉内加热介质对工件综合表面传热系数[W/(m²·℃)]；$R_内$ 为热流从工件表面向中心的热阻；$R_外$ 为热源与工件表面传热热阻
$B_i < 0.1$ 时	可认为加热的任一瞬间加热体内部各点温度基本相同
$B_i = 0.25$ 时	工件截面上的最大温差约为加热介质与工件初始温差的10%，在工程上，常以 $B_i = 0.25$ 为分界限，$B_i \leqslant 0.25$ 为薄件，$B_i > 0.25$ 为厚件

薄 件 的 极 限 厚 度（$B_i = 0.25$）

热 处 理 操 作			加热或冷却介质	介质温度/℃	平均表面传热系数/[W/(m²·℃)]	薄件的极限厚度/mm
加热	淬　火		空气或煤气	750~950	150	100
			盐　浴	1200~1300	1160	12
	回火	高温	空气或煤气	550~700	93	160
		低温	空气或煤气	100~300	35	400
			油	150~250	350	40
			硝　盐	250~350	350	40
冷　却			水	20~30	5800~2300	2~6
			油	20~30	1200~350	10~40
			空　气	20~30	60~23	200~500

表 15-54　局部阻力系数表

局 部 阻 力 图	局 部 阻 力 系 数 ξ						计算采用流速

$\dfrac{A_0}{A_1}$	ξ		$\dfrac{A_0}{A_1}$	ξ			
	收缩	扩大		收缩	扩大		
0.1	0.47	0.81	0.6	0.25	0.16		v_0
0.2	0.42	0.64	0.7	0.20	0.09		
0.3	0.38	0.49	0.8	0.15	0.04		
0.4	0.34	0.36	0.9	0.09	0.01		
0.5	0.3	0.25	1.0	0	0		

$\dfrac{A_1}{A_0}$	ξ						
	α						
	5	10	15	20	25	30	45
1.25		0.01	0.02	0.03	0.04	0.05	0.06
1.50		0.02	0.03	0.05	0.08	0.11	0.13
1.75	—	0.03	0.05	0.07	0.11	0.15	0.20
2.00		0.04	0.06	0.10	0.15	0.21	0.27
2.25		0.05	0.08	0.13	0.19	0.27	0.34
2.50		0.06	0.10	0.15	0.23	0.32	0.40

计算采用流速 v_0

（续）

局 部 阻 力 图	局 部 阻 力 系 数 ξ	计算采用流速

$\dfrac{A_0}{A_1}$	ξ						
	α						
	5	10	15	20	25	30	45
1.25	0.15	0.22	0.27	0.31	0.33	0.38	0.47
1.50	0.22	0.31	0.38	0.44	0.48	0.55	0.68
1.75	0.30	0.43	0.52	0.61	0.65	0.75	0.93
2.00	0.39	0.56	0.68	0.79	0.85	0.98	1.21
2.25	0.50	0.70	0.86	1.00	1.08	1.23	1.53
2.50	0.62	0.87	1.07	1.24	1.33	1.52	1.89

计算采用流速 v_1

$\dfrac{R}{d}$	ξ						
	α						
	30	45	60	70	80	90	120	180
0.75	0.23	0.31	0.39	0.43	0.47	0.50	0.58	0.70
1.00	0.12	0.16	0.19	0.22	0.24	0.25	0.29	0.35
1.25	0.09	0.12	0.15	0.17	0.19	0.20	0.23	0.28
1.50	0.08	0.11	0.14	0.16	0.17	0.18	0.21	0.25
2.00	0.07	0.09	0.12	0.13	0.14	0.15	0.17	0.21

计算采用流速 v_0

$Re \geqslant 5 \times 10^4, \xi_s = n\dfrac{s}{b}\alpha + \beta;$

（n—纵向管排数）

$Re \leqslant 5 \times 10^4, \xi_s' = \bar{\alpha}_s \xi_s$

$\dfrac{2\delta}{b}$	α	β	$\dfrac{2\delta}{b}$	α	β
0.10	2.75	81	0.45	0.14	1.60
0.15	1.22	32	0.50	0.11	1.00
0.20	0.69	16	0.60	0.08	0.44
0.25	0.44	9	0.70	0.06	0.18
0.30	0.30	5.4	0.80	0.04	0.06
0.35	0.23	3.5	0.90	0.03	0.01
0.40	0.17	2.2	1.00	0.03	0

Re	$\bar{\alpha}_s$	$\bar{\alpha}_c$	Re	$\bar{\alpha}_s$	$\bar{\alpha}_c$
4×10^3	1.70	1.40	10^4	1.37	1.22
5×10^3	1.60	1.36	2×10^4	1.18	1.10
6×10^3	1.55	1.32	3×10^4	1.06	1.05
8×10^3	1.44	1.26	4×10^4	1.00	1.00

$Re \geqslant 5 \times 10^4, \xi_c = (0.8 \sim 0.9)\xi_s;$

$Re < 5 \times 10^4, \xi_c' = \bar{\alpha}_c \xi_c$

计算采用流速 v_1

（续）

局 部 阻 力 图	局 部 阻 力 系 数 ξ	计算采用流速

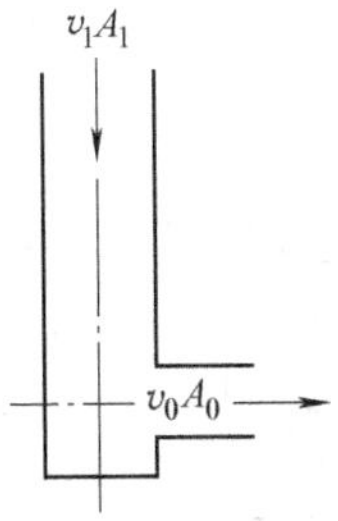

$\dfrac{A_0}{A_1}$	0.1	0.2	0.3	0.4	0.5	0.6	0.7	0.8	0.9	1.0
ξ	0.76	0.78	0.81	0.86	0.93	1.0	1.09	1.2	1.32	1.45

W_0

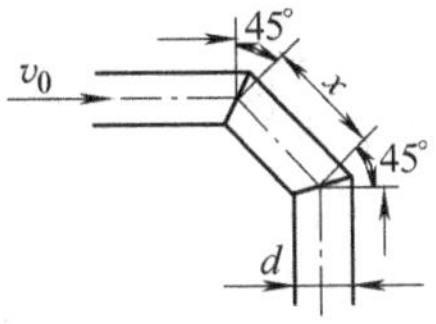

$\dfrac{x}{d}$		1	2	3	4	5	6
ξ	光面	0.35	0.31	0.33	0.37	0.38	0.39
	粗面	0.41	0.40	0.43	0.45	0.44	0.42

v_0

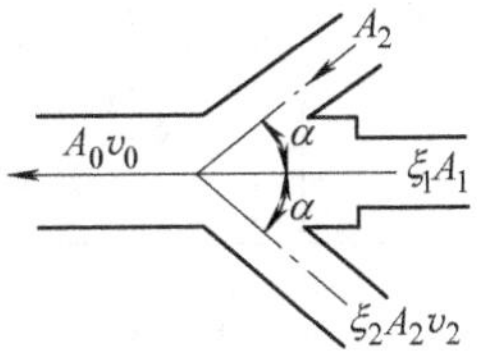

$\dfrac{A_2}{A_0}$	0.1		0.2		0.3		0.4	
α	30°	45°	30°	45°	30°	45°	30°	45°
ξ_1	2.0	2.1	2.1	2.2	2.2	2.5	2.5	3.1
ξ_2	−0.1	−0.1	0.1	0.1	0.05	0.05	−0.03	−0.03

v_0

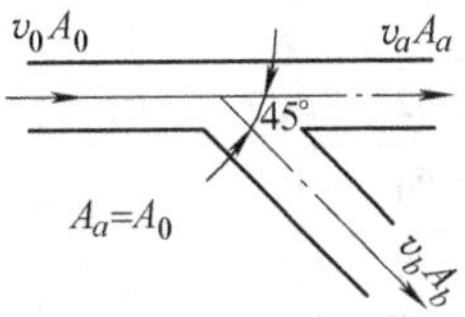

$\dfrac{v_b}{v_0}$	ξ					
	A_b/A_0					
	0.1	0.2	0.4	0.6	0.8	1.0
0	1.02	0.96	0.92	0.91	0.91	0.90
0.2	0.97	0.70	0.47	0.46	0.46	0.68
0.4	6.90	2.20	0.36	0	0.00	0.50
0.6	19.4	5.10	0.90	−0.1	−0.1	0.37
0.8	35.3	9.00	1.90	0.4	0.1	0.33
1.0	50.4	13.40	3.40	1.3	0.5	0.50

主流方向 v_a

分流方向 v_b

（续）

局部阻力图	局部阻力系数 ξ	计算采用流速

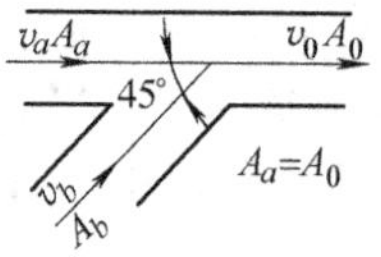

表1

$\dfrac{v_b}{v_0}$	ξ A_b/A_0					
	0.1	0.2	0.4	0.6	0.8	1.0
0	-1.0	-1.00	-0.97	-0.94	-0.90	-0.90
0.2	2.3	0.44	-0.28	-0.44	-0.46	-0.36
0.4	11.0	3.48	0.52	0.06	-0.08	0.00
0.6	24.0	8.00	1.50	0.64	0.32	0.22
0.8	—	—	2.64	1.32	0.72	0.37
1.0	—	—	4.10	2.14	1.14	0.38

计算采用流速 v_0

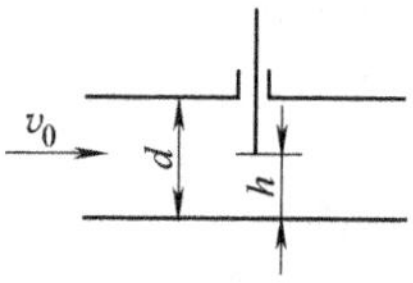

$\dfrac{h}{d}$	0.1	0.2	0.3	0.4	0.5	0.6	0.7	0.8	0.9	1.0
ξ	193	44.5	17.8	8.12	4.02	2.08	0.95	0.39	0.09	0

计算采用流速 v_0

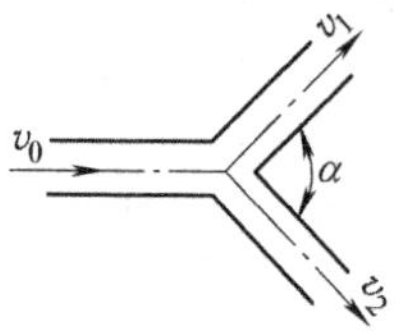

α	90°	180°
ξ	1.0	1.5

计算采用流速 v_0, v_1, v_2

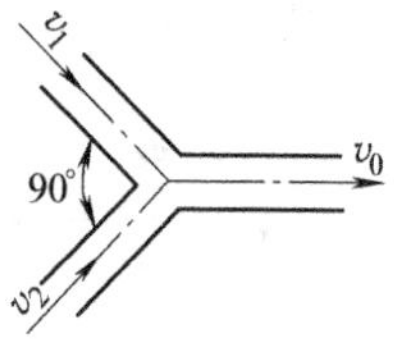

$$\xi = 1.15$$

计算采用流速 W_0, v_1, v_2

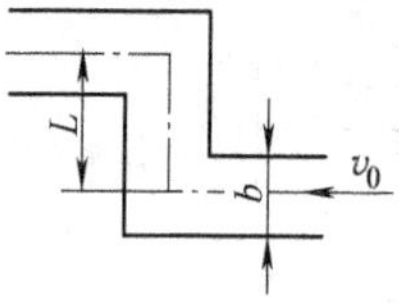

$\dfrac{L}{b}$	ξ	$\dfrac{L}{b}$	ξ	$\dfrac{L}{b}$	ξ
0	0	1.6	4.18	5.0	2.92
0.4	0.62	1.8	4.22	6.0	2.80
0.6	0.89	2.0	4.18	7.0	2.70
0.8	1.61	2.4	3.75	9.0	2.50
1.0	2.63	2.8	3.31	10.0	2.41
1.2	3.61	3.2	3.20	∞	2.30
1.4	4.01	4.0	3.08		

计算采用流速 v_0

（续）

局 部 阻 力 图	局 部 阻 力 系 数 ξ						计算采用流速

$\dfrac{h}{D_0}$	ξ	$\dfrac{A}{A_0}$	$\dfrac{h}{D_0}$	ξ	$\dfrac{A}{A_0}$
0.125	97.8	0.16	0.6	0.98	0.71
0.2	35.0	0.25	0.7	0.44	0.81
0.3	19.0	0.38	0.8	0.17	0.90
0.4	4.6	0.50	0.9	0.06	0.96
0.5	2.06	0.61	1.0	0	1.00

计算采用流速 ξ

a		5	10	20	30	40	50	60	70
ξ	圆管	0.24	0.52	1.54	3.91	10.8	32.6	11.8	751
	方管	0.28	0.45	1.34	3.54	9.27	24.9	77.4	368

计算采用流速 v

$\xi = 4 \sim 4.5$

计算采用流速 v

a		5	10	15	22.5	30	45	60	90
ξ	光面	0.02	0.03	0.04	0.07	0.13	0.24	0.47	1.13
	粗面	0.02	0.04	0.06	0.15	0.17	0.32	0.63	1.27

计算采用流速 v

表 15-55　台车炉牵引力和推拉料机推拉力计算式

工件(料盘)沿导轨滑动时推力 F/N	工件(料盘)或台车沿滚轮移动时的推力 F/N

$$F = \beta Ggf$$

式中　G—工件及料盘总重量(kg)

　　　g—重力加速度,一般取 $9.81\mathrm{m/s^2}$

　　　f—滑动摩擦因数

　　　β—系数(考虑轨道不平、热变形等因素),β 取 $1.1 \sim 1.3$

$$F = \beta Gg(2k + fd)/D$$

式中　G—工件(料盘)或台车总重量(kg)

　　　g—重力加速度,一般取 $9.81\mathrm{m/s^2}$

　　　d、D—轴颈及车轮直径(mm)

　　　k—滚动摩擦因数(mm)

　　　f—滑动轴承的滑动摩擦因数

　　　β—系数,推料机取 $1.1 \sim 1.3$;台车炉滑动轴承取 $1.25 \sim 1.5$,滚动轴承取 $2 \sim 4$

表 15-56　炉衬材料图例

图例	名称	图例	名称
	N-5 粘土质耐火砖		玻璃棉 矿渣棉
	N-2 粘土质耐火砖		砂、蛭石粉、 珍珠岩粉
	N-1 粘土质耐火砖		石棉板
	(LZ) 高铝砖		异形耐火砖
	(MZ) 镁砖		金属及型钢
	轻质耐火 粘土砖		土地
	碳化硅砖		混凝土
	红砖		钢筋混凝土
	硅藻土砖		轻质耐火混凝土
	耐火纤维		耐火捣打料
	耐火浇注料		